U0332220

THE ENCYCLOPEDIA OF ANIMALS

世界动物百科全书

THE ENCYCLOPEDIA OF ANIMALS

世界动物百科全书

[美] 珍妮·布鲁斯/卡伦·麦吉/卢巴·范吉鲁娃/
理查德·沃格特　著

苏永刚/林妙冠/黄兰兰/孟　晓/丛海滋　译
李景新　审校

明天出版社·济南

山东省著作权合同登记号：图字15-2014-283号

图书在版编目（CIP）数据

世界动物百科全书/（美）珍妮·布鲁斯等著；苏永刚等译. —2版. —济南：明天出版社，2023.1
ISBN 978-7-5708-1621-7

Ⅰ. ①世… Ⅱ. ①珍… ②苏… Ⅲ. ①动物－普及读物 Ⅳ. ①Q95-49

中国版本图书馆CIP数据核字（2022）第198309号

责任编辑：张　扬
美术编辑：赵孟利

SHIJIE DONGWU BAIKE QUANSHU
世界动物百科全书
[美] 珍妮·布鲁斯/卡伦·麦吉/
卢巴·范吉鲁娃/理查德·沃格特　著
苏永刚/林妙冠/黄兰兰/孟　晓/丛海滋　译
李景新　审校
*
出版人　李文波
山东出版传媒股份有限公司　明天出版社出版发行
（济南市市中区万寿路19号）
http://www.sdpress.com.cn
http://www.tomorrowpub.com
新华书店经销　深圳市鸿盛科技印刷包装有限公司印刷
*
229毫米×262毫米　16开　38印张
2023年1月第2版　2023年1月第1次印刷

ISBN 978-7-5708-1621-7
定价：268.00元

顾　问

佛瑞德·库克博士
美国鸟类学学者协会会长
（英国诺福克）

休·丁戈尔博士
美国加利福尼亚大学名誉教授
（美国戴维斯）

斯蒂芬·哈钦森博士
英国南安普敦大学海洋学术中心高级访问学者
（英国南安普敦）

乔治·麦肯博士
澳大利亚保护生物学术顾问
（澳大利亚悉尼）

理查德·斯高德博士
澳大利亚国家野生动物收容中心成员
（澳大利亚堪培拉）

诺尔·泰特博士
澳大利亚无脊椎生物学顾问
（澳大利亚悉尼）

理查德·沃格特博士
巴西爬行动物博物馆馆长、国家亚马孙研究所教授
（巴西马瑙斯）

Project Editors Stephanie Goodwin, Angela Handley
Designers Clare Forte, Hilda Mendham, Heather Menzies, Helen Perks, Sue Rawkins, Jacqueline Richards, Karen Robertson
Jacket Design John Bull
Picture Research Annette Crueger
Copy Editors Janine Flew, Lynn Humphries
Editorial Administrator Jessica Cox

Text Jenni Bruce, Karen McGhee, Luba Vangelova, Richard Vogt

Species Gallery Illustrations MagicGroup s.r.o. (Czech Republic) — www.magicgroup.cz
Pavel Dvorský, Eva Göndörová, Petr Hloušek, Pavla Hochmanová, Jan Hošek, Jaromír a Libuše Knotkovi, Milada Kudrnová, Petr Liška, Jan Maget, Vlasta Matoušová, Jiří Moravec, Pavel Procházka, Petr Rob, Přemysl Vranovský, Lenka Vybíralová
Feature Illustrations Guy Troughton
Maps Andrew Davies Creative Communication and Map Illustrations
Information Graphics Andrew Davies Creative Communication

目　　录

前　言

和所有优秀的自然历史参考书一样，这部动物百科全书的最新出版有两个原因，其中之一是令人欣慰的，而另一个却让人非常伤感。从令人欣慰的方面看，动物学家还在寻找着未被记载的种类，同时，也发现了动物的很多让人吃惊的新特征。25年前，我们所知道蛙的种类不足三千种，而现在已经达到近五千种；仅在10年前，人们认为蛇类照料后代的行为极为罕见，但最近野外生物学家发现，大部分雌龟壳花蝮蛇会照料刚出生的幼蛇大约一周。对生物体分类的更好的方法也进入了科普读物，所以，我们正在讨论：鳄鱼和鸟类的关系更密切，还是和蜥蜴更密切？因此，研究短吻鳄、鹰和已经灭绝了的恐龙的筑巢行为和声音交流，很可能看出它们和祖龙（古蜥）有共同的遗传基因。

这部动物百科全书确切地传递了生物多样性的内涵和生物体本身极大的变异性。在这些专家的笔下，这本书的内容主要涵盖了脊椎动物中最受欢迎的两大种群——哺乳类和鸟类。但书中对其他动物的描写，也很详尽。读者不仅可以了解非常稀少的熊猫，还可以熟悉大头象鱼、胃育溪蛙、怪异的梳齿鼠和其他你认为简直不可能存在的动物。你将会在此看到通常微不足道，但又令人着迷的两栖类和没有四肢的鱼螈，并读到各式各样以前不甚了解的无脊椎动物。书中介绍的动物都有美丽的插图、精确的诠释，以及无数出色的照片，并描绘出它们与栖息地之间的特殊关系。

这本精美巨著的出版还有一个令人非常伤感的问题：某些物种的状况由濒临灭绝变成灭绝，还有其他许多种变成濒临灭绝的动物。保护环境是我们最重要也是最艰巨的责任，是必须由教育着手的头等大事。我们越了解生命体在环境中的丰富多样性及惊人的适应性，就越能关心它们。因此，只要人类更珍惜动物在实用上和美观上的价值，我们就越能在困难的个人及环境抉择上，为它们多加考虑。希望这部动物百科全书能鼓励你进入自然，让你因为已学到的知识而更能欣赏动物，然后，尽你的力量去保护它们，让我们——人类和动物共同拥有一个快乐的家园。

哈利·W.葛林

（美国康乃尔大学生态学与演化生物学教授）

如何使用这本书

本书的第一章提供了世界上动物生活的概况、历代动物、动物分类、动物的群落和习性、栖息地与适应性，以及濒临灭绝的动物。后面是分类学上的六章，分别是：哺乳类、鸟类、爬行类、两栖类、鱼类和无脊椎动物。每章都包括一个介绍性的特写，针对这个类别进行大体介绍，然后，分节详细介绍其独特的亚种，每章的分量不一定完全相同，例如：在哺乳动物和无脊椎动物之间就有差异，后者介绍了更多的分类学群体，作为一个整体，对无脊椎动物做了详尽的介绍。书后还有术语表和索引。

种群的分布图

该图显示某个种群在全球的分布状况，另有释文更加详细地解说某些独特种群的分布情况。

栖息地图标

下面的19种栖息地图标，一看便知各种物种或种群生活在什么不同的区域。需要指出的是，本书的图标都是相同的，胜于按照它们的重要性顺序排列。在本书的第40页到第53页，你可以看到每种栖息地更详细的介绍。

- 热带雨林
- 热带季风林
- 温带林
- 针叶林
- 荒野和石南树丛
- 开放栖息地（包括热带大草原、草地、田野、潘帕斯草原以及稀树草原）
- 沙漠和半沙漠
- 山脉和高原
- 苔原
- 两极地区
- 近海和海洋
- 珊瑚礁
- 红树林湿地
- 海岸地区（包括沙滩、海岸悬崖、沙丘、潮池及沿海水域）
- 江河和溪流（包括河岸）
- 湿地（包括沼泽、沼池、漫滩和三角洲）
- 湖泊和池塘
- 城区
- 寄生地

章节名称

表明本页所讲的内容。

分类栏

该栏是按照动物分类学标记的分类情况。

剖视图

只要需要，就放入剖视图来解说解剖学或物种习性的要点。

142 哺乳动物 海豹、海狮和海象

海豹、海狮和海象

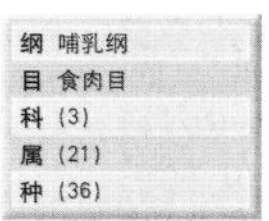

海豹、海狮和海象有弹性的流线型身躯，以及演化成鳍状的四肢和绝缘性极佳的鲸脂和体毛，因此，非常适应海中的生活。但与陆地的关联并未完全切断，它们还必须回到岸上繁殖。这些海洋哺乳动物总称为鳍足类动物，以前原本有自己的目，但现在被视为食肉目的一部分。它们大多以鱼、乌贼和甲壳类动物为生，不过，有些也吃企鹅和腐肉，而且，可能会攻击其他海洋哺乳动物的幼兽。它们能潜入深海寻找猎物，象鼻海豹待在水里的时间，可长达两小时。

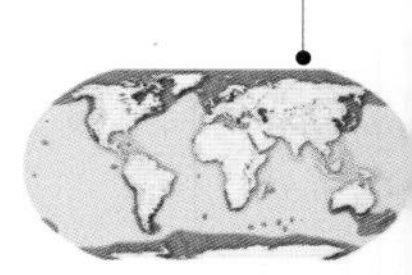

寒带水域动物 虽然温暖的水域能看到僧海豹，但大部分的海豹、海狮和海象，都只局限于较寒冷、食物更丰富的极地和温带海域。化石显示，这三科动物都源自北太平洋，现在，在北太平洋、北大西洋和南极周围海中数目最多。

共同生活 大部分的鳍足类都是群居动物，喜欢生活在大群同类之中。海象群的数目成百，甚至上千，可能是单性或混性而居，身体和象牙的尺寸决定它们的等级。

三大种群

鳍足类动物分为三科，海豹科即真海豹。它们游泳时，主要靠后鳍划水。真海豹的后鳍无法像脚一样往前弯，这使它们在陆地上的动作，显得特别笨拙。真海豹的听力很好，在水中听力尤其优越，但没有外耳。

海狮和海狗属于海狮科。这些“有耳海豹”有小型外耳，它们主要靠前鳍来游泳。在陆地上，后鳍能弯曲，使它们能用“四脚”走路，并以半挺的姿势坐着。

第三科是海象科，它只有单一品种，即海象。雌雄海象的犬齿都会形成长长的牙，因而极易分辨。海象和真海豹都用后鳍游泳，没有外耳，但是，它又和有耳海豹一样，能将后鳍向前弯。

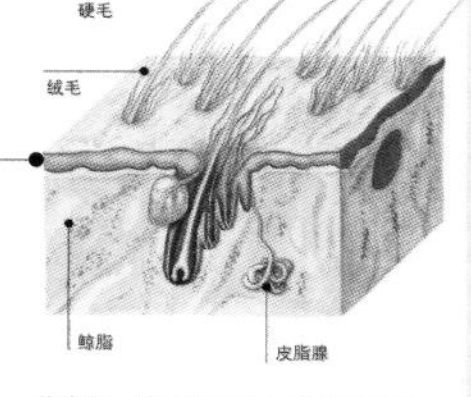

绝缘层 鳍足类动物有一层很厚的鲸脂，它有绝缘、浮力和贮存能量的功能。至于更进一步的保护，除了海象，其他的都有长毛的身体，海狗更有浓密的绒毛，形成防水的屏障。

养育后代

所有的鳍足类动物都会回到陆地或冰上生产和交配。母兽每次通常产下一崽，生产后数日，便会再交配。但受精卵要等数月后，才会在子宫着床。这种延后着床的现象让生产、养育和交配，能在一季之内完成。所以，这些动物居住在陆地上最脆弱的时期，一年便只会出现一次。幼兽依赖亲代的期间各有不同，以北极竖琴海豹（右图）为例，只得到12天的照顾，海象幼崽则在母海象身边长达2年。

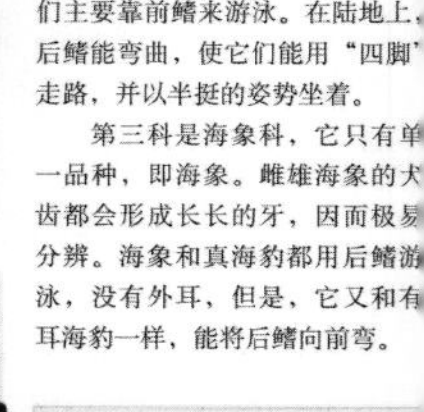

保护警报

商业化猎捕海豹之举始于16世纪，对鳍足类动物的数目造成破坏性的影响。在36种鳍足类动物中，36%被列入国际自然与自然资源保护联合会的《濒危物种红色名录》中，请见下表：

2种灭绝
1种极危
2种濒危
7种易危
1种近危

特征栏

该栏的说明文字详细地描述了某个物种行为或生物群落，还附有相关的照片、图表或剖视图。

保护警报

该栏根据国际自然与自然资源保护联合会（英文缩写为IUCN）的《濒危物种红色名录》的统计，说明一个特定物种或某一种群动物的状况。这一栏也可能概述威胁该物种生存的因素。

保护信息

在小档案栏中介绍的每个物种，我们都根据国际自然与自然资源保护联合会和其他保护分类，给予如下的一个保护状态：

† 表示该物种被列为以下类别：

灭绝 该物种的最后个体毫无疑问已经死亡。

野外灭绝 只生活在栽培、圈养条件下或者远离其过去的栖息地作为自然化种群。

表示该物种被列为以下等级：

极危 在野外面临极高风险，而且有立即灭绝的危险。

濒危 在野外于不远的将来，会面临极高的灭绝风险。

此外，也使用以下类别：

易危 于可见的未来，在野外会面临很高的灭绝风险。

近危 在不远的将来，可能会符合上述的一个类别。

依赖保护 依赖物种或栖息地特别保护计划，使它们不会进入上述危险的等级中。

数据缺乏 缺乏适当资料，无法评估它的风险等级。

未知 未评估或鲜少研究。

常见 分布普遍，数目众多。

当地常见 在分布地普遍，数目众多。

不常见 大多见于偏僻的栖息地，但数目不多。

罕见 只可见于某些偏僻的栖息地，或是很小的特定区域。

小档案栏统计图例

利用下列图标和资料，介绍与该物种或种群有关的重要或有趣事实。所举的测量数据多是最大值。

体长

- 哺乳类：头和身体
- 鸟类：喙尖至尾尖
- 爬行类：蛇和蜥蜴为吻至腔门，其他爬行类是头和身体（包括尾巴）。
- 龟：甲壳长度
- 两栖类：头和身体（包括尾巴）
- 鱼类：头和身体（包括尾巴）

高度

- 哺乳类：肩膀高度
- 鸟类：头或身体高度

尾（哺乳类）

- 尾巴长度

翼展（鸟类）

- 从一侧翅膀尖端到另一翅膀尖端

重量/质量

- 体重

群体单位（哺乳类）

- 独栖
- 成对
- 小至大群
- 在上述状态间变化

羽毛（鸟类）

- 雌雄相似
- 雌雄不同

繁殖（鸟类和爬行类）

- 产卵数

迁徙（鸟类）

- 迁徙
- 部分迁徙
- 不迁徙
- 居无定所

习性（爬行类和两栖类）

- 陆栖
- 水栖
- 穴栖
- 树栖
- 在上述习性间变化

繁殖季节（两栖类）

- 繁殖发生时，例如春季

繁殖（爬行类和鱼类）

- 胎生（产下活的幼体）
- 卵生（产卵，卵在母体外发育）
- 卵胎生（产卵，卵在母体内发育）

性别（爬行类和鱼类）

- 爬行类：表示该物种不是以温度决定性别，便是以基因决定性别。鱼类：表示分别有雌雄异体、雌雄同体或阶段性雌雄同体。

属和种的数目

相关解剖学种群中属和种的数目

海豹、海狮和海象 **哺乳动物** 143

新西兰海狗
(*Arctocephalus forsteri*)

雄性体长可达2.2米，雌性可达1.7米。

南美海狮
(*Otaria byronia*)

雄性体重可达雌性的三倍。

雄性有显著的鬃毛。

南非海狗
(*Arctocephalus pusillus*)

雄性体长可达2.1米，雌性可达1.5米。

北海狗
(*Callorhinus ursinus*)

雄性的颈部长有厚密鬃毛。

加利福尼亚海狮
(*Zalophus californianus*)

雄性体长可达2.5米，雌性可达1.8米。

黑色鳍肢上有短刚毛。

最大型的有耳海豹。

北海狮
(*Eumetopias jubatus*)

小档案

新西兰海狗 晚春时，雄海狗在岩石岸上建立地盘，等雌海狗加入，进行繁殖。幼兽出生后，雌性到海中觅食，雄性则待在岸上，直到繁殖季节结束。

雄性 360千克
雌性 110千克
一雄多雌
常见

澳大利亚西南部至新西兰

北海狗 这些海狗冬季南迁，春季时再回到北方繁殖。某些海狗每年迁徙超过10,000千米。

雄性 275千克
雌性 50千克
一雄多雌
易危

北太平洋

加利福尼亚海狮 海狮是人们最常用在动物表演上的鳍足类动物。这种喧闹的群居动物常在海岸附近活动，并常爬上陆地或码头、防波堤等建筑上。

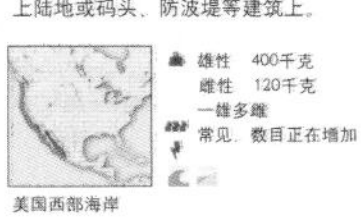

雄性 400千克
雌性 120千克
一雄多雌
常见，数目正在增加

美国西部海岸

雄性卫士

有耳海豹常有很高的群体性，在繁殖季节会以大量的数目聚居。雄海豹保卫它的岸上地盘和众多雌海豹，以不受其他雄性侵犯。在它们真正打斗前，会先摆出攻击性的姿态和尖叫。

小档案栏

该栏描述一种或多种物种或种群，其资料包括它的体形、外表、栖息地、分布范围、繁殖、迁徙习惯、行为、鸣叫或地区性的变异。

物种分布图

该图显示物种的分布状况（必要时，还显示以前的分布状况）。如果它遍布全球，便会使用世界地图；如果只有区域性分布，则只用该地区的地图。

栖息地图标

该图标显示可见到该动物的各种栖息地，例如珊瑚礁或雨林。完整的图标清单请见本书第10页。

特写栏

该栏说明某个物种或该物种种群的有趣特点。

保护符号

根据国际自然与自然资源保护联合会的《濒危物种红色名录》规定，物种名称上的红色十字表示它已经灭绝；红色闪电表示它属于极危或者濒危物种。

名称标记

该标记显示某个物种的俗名和学名，必要时，还有该物种所属的纲、目或科的名称。

特别标记

该标记强调某个物种的特征，例如颜色、习性、栖息地、体形和解剖学上的特征。

动物

综　述

生物学家通常把生物世界划分为五个“界”，动物界是其中之一。原核生物界包括细菌和蓝色与绿色的海藻；原生生物界包括大部分大的单细胞组织，比如变形虫和草履虫，它们曾经被划为动物，但是，现在归为自己的界。霉菌、菌类和蘑菇属于真菌界，因此，顾名思义，植物界只包含植物。据最近的报道，在175万个生物种类中，超过100万种生活在陆地上，而动物界无疑是其中最大的也是种类最繁多的。它包括我们大部分人很容易就认作动物的所有有机体，还有一些种类，它们的身份让那些非专业人士非常困惑。绝大多数动物是无脊椎动物——没有脊柱的动物。其中，昆虫无论是在数量上，还是在种类多样化上都占主要地位。然而，正是我们所熟悉的脊椎动物（鱼、两栖动物、蜥蜴、鸟和哺乳动物），从进化的观点上看，和我们人类关系最密切。

长途旅行者　精细、纤弱的外表通常能够掩饰强大的忍耐力。蛾和蜻蜓能够迁徙，但是，在昆虫世界里真正远行的明星要数蝴蝶。美洲蛱蝶（*Vanessa virginiensis*；上图）在春天从墨西哥和美国南部往北迁徙，行程达2400千米。

特征定义

动物王国中的大大小小的成员也常称为复细胞动物或后生动物，这个术语暗示了里面所有的成员都是多细胞的。和植物一样，动物的组织也是由真核细胞组成的，不过，动物体内的真核细胞缺少细胞壁，动物细胞通过细胞外的矩阵固定在一起，这就不可避免地含有胶原质，并提供一个非常有弹性的框架，在这个框架里，细胞组织在一起。

所有动物的另外一个关键特征是它们都是异养生物，而植物却不一样，它们属于自养生物，动物不能自己给自己生产食物，因此，只能直接或者间接地食用其他的生物体，以此来获得营养。这有助于驱使现在所见到的多种特殊动物群体，通过采用各种方式来跟踪、捕获并消化食物，从而使该种群发展进化。

食物需求对动物的身体结构有影响，大部分动物具有集中的消化系统，可以吃进并且分解食物。

获取食物的必要性和靠近食物来源也促进了动物的运动能力，尽管并不是非常明确，要区分大多数的动物和植物，能否运动性是一个重要特征。在过去，运动性的问题让科学家非常困惑，比如对有些种类的划分，尤其是海绵体，这种动物经历了最长时间的进化，这是惟一活着的缺少组织细胞的动物，因此，它们没有

依附场所　有些动物不能够四处移动，比如海鞘（上图）。海鞘的像蝌蚪一样的幼虫不需要喂养，它的惟一目的是找到适合的地方来定居，一旦发现了，这些幼虫就用头部黏性的乳突牢牢地粘在一个坚硬的物体上，而后，进化成简单的靠过滤进食的成年虫体。

提供温暖的食物　棕熊（*Ursus arctos*）是熊科动物最大的动物之一。它们以块茎、浆果、鱼和腐肉为食。冬天来临之前，北方的熊在体内储存脂肪，进入洞穴准备过冬。熊在冬天进入睡眠状态，这和冬眠有所不同，因为，它们的体温并不下降，完全靠体内的脂肪生活。

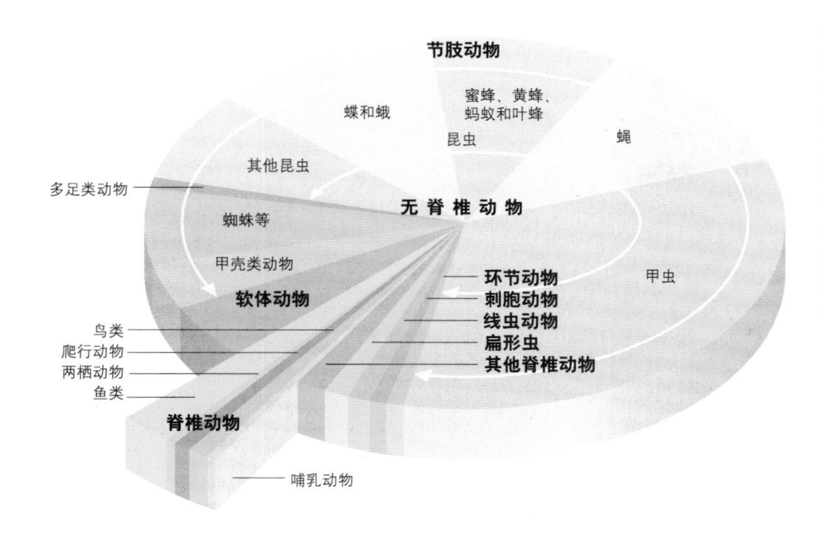

物种的数目 科学家已经发现地球上大约有1,750,000种生物，但是，有人认为这只是很少的一部分，据估计，应该在5,000,000种到100,000,000种之间。即使所知道的种类数目也很难限定下来，因为每时每刻都有新的物种被发现。脊椎动物（见左图）是分类最好的，但也仅占动物物种的5%。所知道的昆虫的数目大约为1,000,000种，但是，真正的数目可能超过30,000,000种。

空中骄子 金雕的活动范围跨越北半球从高山到低地的上空，它们俯冲时捕食的大部分哺乳动物来自陆地，但是，金雕非常敏捷灵活，所以，也能捕食空中的鸟儿。有些金雕还成对捕杀猎物。

器官和组织，这一独特的特征，使得它们的分类在过去让科学家们扑朔迷离。

然而，它们的细胞能够小范围移动，大部分细胞在幼虫时期能够自由游动，毫无疑问，现在它们属于动物而不是植物。

独立运动的必要性和能力也有助于推进大多数动物神经系统的发展，并和感觉器官一块协调并指导运动。它们中大部分还有有助于运动的身体组织，比如肌肉等。

雌雄交配繁殖是另外一个共同的特征。几乎所有的动物种类，在生命循环中的某个阶段通过雌雄交配来繁殖后代，也有些动物通过无雌雄交配方法来繁殖后代。

团队工作 蚂蚁是昆虫中高度群体化的动物，它们切断树叶的努力协作，保证了源源不断的食物来源。蚂蚁把树叶咬成碎片，拖到地下，然后，依靠随后在这些植物上生成的真菌生活。

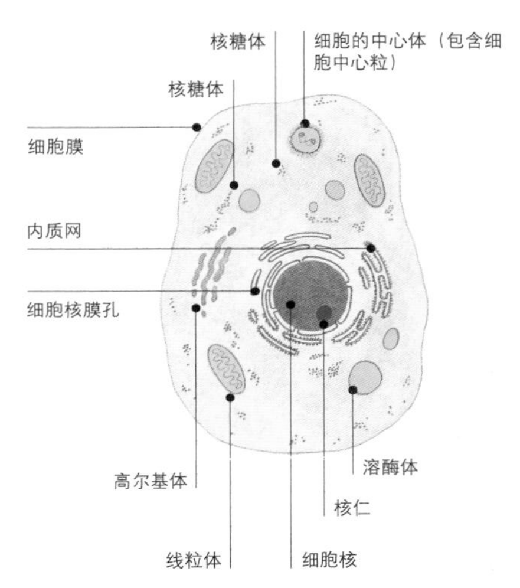

建筑构造 地球上所有的生物都由细胞组成，最早的是原核生物——一个细胞壁内基因物质的简单组合。这种结构在细菌内可以看到，原核生物发展成更大、更复杂的支撑动物和植物进化的真核生物。真核生物的基因物质包含在一个细胞核内，不同的细胞器官行使着不同的作用。

动物分类

人类生来喜欢对事物进行分类和组织，自从古希腊哲学家亚里士多德以来，我们始终致力于对许多种生物进行分类，这些生物有机体和我们共同生活在这个星球上。到现在为止，生物学家已经发现了地球上大约一百七十五万种动物、植物和微生物，并且，对它们进行了描述和命名——不过，据推测，这只是其中的一部分。此外，还有许多物种曾经在地球上生存过，但是，现在已经灭亡了，科学家们同样对它们进行了命名。现代分类学就是致力于为关于各种有机体的大量信息提供秩序和结构，具体说来，就是根据有机体相互之间的进化关系对每一种有机体进行单独命名，并把它们分成不同的等级，即“分类单元”。这种分类方法既可以明白无误地区分每一种有机体，同时，又可以体现它们和其他有着相同祖先的有机体之间的相互关系。但是，随着人们对已知物种的进一步了解以及不断发现新物种，这些分类方法也在发展变化。近年来，科学家能够通过基因技术对有机体的DNA（脱氧核糖核酸）进行研究和比较，这使得他们不得不考虑对许多物种进行重新分类。

科学分类

分类学是对有机体及其进化关系进行有系统分类的科学。分类学中，涉及有机体命名和分类的学科构成了分类系统的亚学科。分类学的基础单位（即分类单元）是物种。理论上讲，所有比较高级、全面的分类单元应该包括一个祖物种及其所有后代。这种关系的确定，立足于有着一个或者多个相同进化特征的所有物种。

正确命名

在不同的语言环境下或者不同国家，甚至在同一个国家，动物有不同的俗名。因此，为了避免造成混淆，科学家使用拉丁语对有机体进行命名，这样提供了普遍性和稳定性，人们不必将这些学名翻译成不同语言。无论人们使用哪种语言，这些拉丁语的学名马上就可以使他们将这些名称和具体的有机体联系起来。

在所有的分类方法中，最基本的范畴就是物种。物种是具有一个或者多个区别性特征的所有有机体的总称，而任何相关有机体都不会具备这些特征。这就意味着，生物体只能和同一物种的其他个体杂交才可以繁殖后代，不过，具有密切亲缘关系的不同物种有时候也可以进行杂交。

亲缘关系 在达尔文之前，科学家已经注意到人类和黑猩猩之间某些相同的行为特征和生理特征，并且，对这些相同点进行了研究。近年来，科学家能够对这两个物种的DNA进行比较。最近的研究结果表明，人类和黑猩猩基因中的98%是相同的，这能够进一步证明，这两个物种应该划分为相似的范畴。

林氏分类法 在这一体系中，每一组都包含具备渐进性相同特征的多个有机体。例如：家猫属于动物界中的脊索动物门（即动物背部有一条脊索），脊椎动物亚门（就是动物的脊椎都包在脊椎骨里面），哺乳纲（即长有毛发、乳腺以及四个心室的温血脊椎动物）。如果进一步分类，家猫属于真哺乳亚纲（即有胎盘的胎生哺乳动物），食肉目（即长有适合咀嚼肉类食物的牙齿的动物），猫科（所有猫科动物），猫属（所有小型猫科动物）。除此之外，它还有一个区别于所有其他动物的学名——*Felis catus*（家猫）。

种：家猫

属：猫属——家猫、丛林猫、沙猫、黑足猫、荒漠猫等。

科：猫科——家猫、狮、虎、美洲豹、黑豹、美洲狮、猞猁、剑齿虎等。

目：食肉目——家猫、海豹、狼、犬、熊、袋狼等。

纲：哺乳纲——家猫、人、狐猴、海豚、鸭嘴兽、猛犸等。

门：脊索动物门——家猫、鱼、真螈、恐龙、信天翁等。

界：动物界——家猫、竹节虫、海胆、海绵等。

常见的混淆 这种产于南美洲的昆虫（左图）称为美洲树螽，又称为扁头树螽，更令人费解的是，在南美洲，树螽又称为长角蚱蜢和丛林蟋蟀，而欧洲有时候则用鹩兹（Tizi）这个名称。使用林氏分类法，树螽这种昆虫称为“*Lirometopum coronatum*”，这样就避免了名称模糊不清的情况。

新发现 一些无脊椎动物的新物种不断被人们发现，但是，这种情况对于哺乳动物来说十分罕见。上个世纪，人们在东南亚的森林中发现了三个小型鹿科动物物种，称为“麂”，这在当时造成了不小的震动。

历经考验的体系

18世纪早期，瑞典博物学家卡罗卢斯·林内乌斯根据有机体是否具备某些外在特征而发明了一个用来对有机体进行命名、分类的系统，该系统最早公布于1735年。后来，在他有生之年对这种分类系统进行了多次修改和改进，再后来，又经过科学家多次修正，直到现在，该系统仍然是世界通用的生物学分类法的基础。因此，林内乌斯被公认为“分类学之父”。

林氏分类法的主要特征就是双名法，这种方法至今仍然使用。就是说，每一种有机体的名称由两部分构成，名称的前一部分表示该物种所属的类别，称为“属名”，它可以表明与该物具有最近亲缘关系的其他物种（无论这些物种现在是否存活下来）。后一部分是专有名称，即“异名”，这个名称是为某一个物种所独有。这样，每一个物种都具有这样一个独一无二的由两部分构成的名称。全世界的科学家达成共识：在使用某一个名称时，他们所讨论的都是同一个物种。

属名的开头字母为大写，异名为小写，在打印中这两部分都使用斜体字母。

有些情况下，某一个物种的个体数量很多，地域分布比较广泛，并且，这些个体之间存在某些相对稳定的不同之处，那么，人们就把这个物种分为不同的亚种，在其属名和异名之后还会有第三部分，这个名称和异名一样采用小写字母，并且打印为斜体。

相同的跳跃 所有的蛙类和蟾蜍具有一个区别于其他两栖动物的特征：它们的踝骨很长，这增加了后腿的长度，使它们擅长跳跃。这是蛙类和蟾蜍所属的无尾目动物的一个区别性特征。此外，蛙类和蟾蜍还具有另外一个适合跳跃的特征：它们的脊柱较短，可活动椎骨不超过十块，后面是尾骨，包括已经退化的融合椎骨。

不可貌相 物种之间的亲缘关系，有时无法通过外在的解剖学特征体现出来。例如：在非洲分布着一种称为非洲蹄兔的哺乳动物（右下图），现存的所有物种体形都只有家兔大小，并且看上去很像啮齿目动物。但实际上，它们属于有蹄类哺乳动物，而在现存的物种中，它们最近的亲缘动物是大象和海牛。蹄兔属的大多数物种都是独居在树上，这样，它们便成为有蹄类动物中惟一生活在树上的一类。

哺乳动物

哺乳动物共分为26个目，根据它们生殖器官的特征，又将它们分成三大类。最原始的一类是卵生哺乳动物，其中只有单孔目动物；有袋类动物的生殖方式也比较原始，现在共包括7个目，其余18个目的动物都属于有胎盘的哺乳动物。最近的DNA分析表明，鲸和偶蹄目的有蹄类动物是亲缘关系最近的动物。DNA分析还表明，有胎盘的哺乳动物有三个分散群落：非洲、南美洲和北半球。

哺乳纲

卵生哺乳动物
单孔目
单孔类动物

有袋类动物
有袋目
美洲负鼠

鼩负鼠目
鼩鼱

智鲁负鼠目
智鲁负鼠

毛尾袋小鼠目
袋鼬、狭足袋鼠、袋食蚁兽及其同类

袋狸目
袋狸

袋鼹目
袋鼹

双齿目
负鼠、袋鼠、无尾熊、袋熊及其同类

有胎盘的哺乳动物
贫齿目
树懒、食蚁动物和犰狳

鳞甲目
穿山甲

食虫目
食虫动物

皮翼目
飞狐猴

攀兽目
树鼩

翼手目
蝙蝠

灵长目
灵长动物

湿鼻亚目
狐猴

狭鼻亚目
猴和猿

食肉目
肉食动物

犬科
狗和狐狸

熊科
熊和熊猫

鼬科
小灵猫

海豹、海狮和海象
海豹科
海豹

海狮科
海狮和海狗

海象科
海象

浣熊科
浣熊

鬣狗科
鬣狗和土狼

熊科（见第130页）

麝猫和猫鼬类动物
灵猫科
麝猫、香猫和灵猫

獴科
猫鼬

猫科
猫

长鼻目
大象

海牛目
儒艮和海牛

海牛科
海牛

儒艮科
儒艮

奇蹄目
奇蹄类动物

马科
马、斑马和驴

貘科
貘

犀科
犀牛

蹄兔目
蹄兔

管齿目
土豚

偶蹄目
偶蹄类动物

牛科
牛、羚羊和绵羊

鹿类动物
鹿科
鹿

鼷鹿科
麝香鹿

麝科
黑麝

叉角羚科
叉角羚

长颈鹿科
长颈鹿和㺢㹢狓

骆驼科
骆驼和大羊驼

猪科
猪

西貒科
西貒

河马科
河马

鹿科（见第190页）

鲸目
鲸类动物

齿鲸亚目
齿鲸

须鲸亚目
须鲸

啮齿目
啮齿类动物

松鼠亚目
松鼠类和鼠类啮齿动物

豚鼠亚目
豚鼠类啮齿动物

兔形目
野兔、家兔和鼠兔

跳鼩目
象鼩

鸟 类

自达尔文以来，鸟的分类一直立足于观察它们之间的自然关系。这种方法就是把外表相近、杂交繁殖的个体划分为同一个物种，亲缘物种划分为同一属，以此类推，从而构成了鸟类进化的树形图。

我们现在对物种的定义是：外表相似的、相互之间能够自由杂交繁殖的个体属于同一个物种。纲、目、科的划分，则是立足于躯干、骨骼和羽毛等结构上的相似特征为基础的。鹦鹉科鸟类的足部特征是两趾朝前、两趾向后，并且具有钩状的喙和垂直向下弯曲的颌骨。

20世纪30年代，美国科学家亚历山大·韦特莫尔收集材料，着手设计鸟类在科和目方面的分类，这件里程碑式的事件成为20世纪鸟分类学的标准。后来，DNA分析和分子生物学研究表明，由于趋同进化，许多用于鸟分类的结构特征并不可信，特别是鸣禽科的许多物种，而这些鸟占世界所有鸟类的二分之一还多。具体说来，科学家发现，澳大利亚的鹪鹩、鹟、旅鸫和莺与亚欧大陆上的物种并没有亲缘关系，尽管它们在外表上比较相近。现代研究表明，澳大利亚这些古老的物种是曾经生活在冈瓦纳古大陆上的鸣禽的直系后代。

本书所使用的鸟类分类方法考虑到了这些变化，在种、属和科这三个分类概念的层面上，立足于世界上最新、最权威的分类表，即发表于2003年由霍华德和穆尔所著的《世界鸟类名录大全》。该名录没有涉及“属”这一层面，因此，本书中我们采用常用的韦特莫尔分类法。

鸟纲

平胸目
平胸鸟

鸵鸟目
鸵鸟

美洲鸵鸟目
美洲鸵

鹤鸵目
鹤鸵和鸸鹋

无翼目
几维鸟

鸡形目
猎鸟

雁形目
水禽

企鹅目
企鹅

潜鸟目
潜鸟

䴙䴘目
䴙䴘

管鼻目
信天翁和海燕

红鹳目
火烈鸟

鹳形目
苍鹭及其同类

鹈形目
鹈鹕及其同类

隼形目
猛禽

鹤形目
鹤及其同类

鹬形目
涉禽和岸鸟

沙鸡目
沙鸡

鸽形目
鸽子

鹦形目
鹦鹉

鹃形目
杜鹃和蕉鹃

几维鸟（见第251页）

鹈形目（见第271页）

鸮形目
猫头鹰

夜鹰目
夜鹰及其同类

雨燕目
蜂鸟和雨燕

鼠鸟目
鼠鸟

咬鹃目
咬鹃

佛法僧目
鱼狗及其同类

䴕形目
啄木鸟及其同类

雀形目
燕雀

雀形目（见第324页）

爬行动物

爬行动物通常包括龟鳖目、鳄目、喙头目和有鳞目（例如蜥蜴类爬行动物、蛇亚目爬行动物和蚓蜥属动物）等爬行动物。鳄目爬行动物和鸟类的亲缘关系非常近，不过，因为鸟类单独论述，所以，本章理论上只涉及非鸟类的爬行动物。龟鳖目爬行动物在分类表上的位置一直存在争议，一些研究表明，龟鳖目爬行动物和有鳞目爬行动物的关系很远，它们应该从属于单独的一个纲。蜥蜴类爬行动物的足已经退化，应为蛇亚目或者蚓蜥属爬行动物，所以，有鳞目爬行动物的亚目分类也存在争议。目前，普遍认可的就是斑点楔齿蜥的分类，这是盛行于中生代的喙头蜥动物中惟一现存的种类。本书采用的是传统分类法，但是，读者也要注意这种分类方法中存在的人为因素。书中所使用的科名、属名和种名都依据《爬行动物数据库》，网址为：http://www.emblheidelberg.de/~uetz/LivingReptiles.html。

爬行纲

龟鳖目
陆龟和海龟

鳄目
鳄

喙头目
楔齿蜥

有鳞目
蜥蜴和蛇

蚓蜥亚目
虫蜥蜴

龟鳖目（见第358页）

两栖动物

现存的两栖动物包括三个目：无尾目（如蛙和蟾蜍）、有尾目（如鲵、蝾螈和水螈）和蚓螈目（即蚓螈）。所有的两栖动物都来自同一个祖先，它们共同的特征就是皮肤光滑，没有鳞片。本书所采用的科名、属名和种名都依据《世界两栖动物数据库》，这是一个联机数据库，网址为：http://research.amnh.org/herpetology/amphibia/index.html。其他常用名称遵循《两栖动物名录》所使用的名称。

两栖纲

有尾目
鲵和蝾螈

蚓螈目
鱼螈

无尾目
蛙和蟾蜍

无尾目（见第428页）

鱼

任何有关鱼类的研究都表明，这是一个数量庞大、种类繁多的群体，它们在栖息地和身体形态等方面存在很大的差异。因此，绝大多数生物学家仅仅把“鱼”当做一个方便常用的名称，而不是准确的分类学单位。分类学单位用来描述某一类水生脊椎动物，例如盲鳗、八目鳗、鲨鱼、鳐、肺鱼、鲟鱼、雀鳝和更高级的辐鳍鱼。鱼类的分类方法有许多种，但是，最近广为认可的一种是把现存的鱼类分为五个纲，把已经灭绝的分为三个纲。现存的这五个纲在后面有详细的阐述，它们分别是盲鳗纲、八目鳗纲、软骨纲、肉鳍纲和辐鳍纲。这几个纲又可以归纳为两个总纲，即有颌总纲和无颌总纲。三个已经灭绝的纲是无颌盾皮鱼、有颌盾皮鱼（身体外面包裹着角质硬甲）和棘鱼（这类小型鱼长有两个长长的背鳍）。

无颌鱼
无颌总纲
八目鳗纲和盲鳗纲

无颌总纲（见第453页）

有颌总纲
（包括下列各种鱼类）

软骨鱼
软骨纲
鲨鱼、魟及其同类

板鳃亚纲
鲨鱼
魟及其同类

全头亚纲
鲛鱼

板鳃亚纲(见第462页)

有骨鱼

肉鳍纲
肺鱼及其同类

辐鳍纲

软骨硬鳞亚纲
多鳍鱼及其同类

新鳍亚纲

雀鳝和弓鳍鱼

真骨鱼

骨舌次亚纲（见第472页）

骨舌次亚纲
骨舌鱼及其同类

海鲢次亚纲
鳗鱼及其同类

鲱次亚纲
沙丁鱼及其同类

正真骨次亚纲
（包括下列各种鱼类）

骨鳔鱼总目
鲶鱼及其同类

鲑形总目
鲑鱼及其同类

巨口鱼总目
龙鱼及其同类

仙女鱼总目
狗母鱼及其同类

灯笼鱼总目
灯笼鱼

须鱼总目
须鱼

月鱼总目
月鱼及其同类

副棘鳍总目
鳕鱼、安康鱼及其同类

棘鳍总目
刺鳍鱼

棘鳍总目（见第498页）

无脊椎动物

地球上95%以上的动物属于无脊椎动物，它们在身体结构上具有一个相同特征：没有脊椎骨。无脊椎动物分为三十多个门，每一门都具有独特的身体特征。无脊椎动物之间的进化关系可以从解剖学特征以及胚胎早期发育等方面来研究，近年来，通过利用分子生物学技术，特别是基因分析和遗传密码，人们能够进一步了解这个问题。区分不同类别动物的一个特征就是身体构成，从体细胞连接相对松散的多孔动物门到具有组织形态的刺细胞动物门（又称腔肠动物门），再到具有身体器官的扁形动物门。具有充盈体液的体腔是动物进化过程中的一个决定性特征，这使得一些动物能够在液体压力的驱动下借助于体内液压系统移动身体，例如，线虫、环节动物以及许多类型的蠕虫。体腔的形成和形态各不相同，这也用于区分不同门类的动物。某些门类的动物是软体动物，也有些动物身体外部有各种结构支撑，例如，软体动物具有甲壳，节肢动物则具有外骨骼。有些动物的身体分为不同的体节，这更加有利于身体不同部位的分工。节肢动物的附肢分节分别执行不同的功能，比如感官知觉、取食以及运动等。根据动物胚胎早期发育情况，许多较高级的门类可以分为两个体系，一个包括从棘皮动物到脊索动物（即脊椎动物所属的类别），另外一个则包括大多数门类的动物。我们对于动物进化过程的许多观点立足于解剖学研究和动物发育特征，现代分子生物学研究已经证实了这些观点。不过，科学家们仍然在很多问题上存在分歧。另外，人们不断发现无脊椎动物的新物种，这表明，还有很多东西需要我们去发现，当然，这些物种在生态系统中发挥的作用也有待我们进一步去了解。

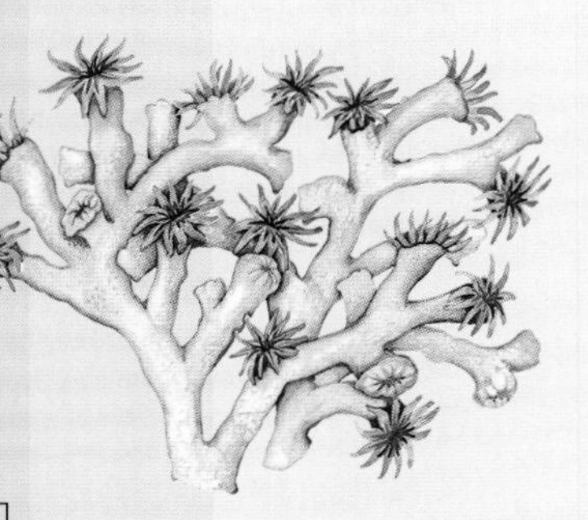
刺细胞动物（见第520页）

脊索动物门
无脊椎脊索动物

尾索动物亚门
海鞘

头索动物亚门
蛞蝓鱼

多孔动物门
海绵

刺细胞动物门
刺细胞动物（海葵、珊瑚虫和水母）

扁形动物门
扁虫

线虫动物门
蛔虫

软体动物门
软体动物（双壳纲动物、蜗牛和乌贼）

软体动物门（见第525页）

环节动物门
环虫

节肢动物门
节肢动物

螯肢动物亚门
螯肢动物

蜘蛛纲
蜘蛛类动物

肢口纲
马蹄蟹

海蜘蛛纲
海蜘蛛

多足动物亚门
多足动物（蜈蚣等）

蜘蛛纲动物（见第536页）

甲壳动物亚门
甲壳动物

六足动物亚门
六足动物

昆虫纲
昆虫

蜻蜓目（见第554页）

蜻蜓目
蜻蜓和豆娘

螳螂目
螳螂

蜚蠊目
蟑螂

等翅目
白蚁

直翅目
蟋蟀和蝗虫

半翅目
蚜虫和水蝽等

鞘翅目
甲虫

双翅目
苍蝇

鞘翅目（见第563页）

鳞翅目
蝴蝶和蛾

膜翅目
蜜蜂、黄蜂、蚂蚁和叶蜂

纺足目
足丝蚁

革翅目
蠼螋

缨尾目
蠹虫

竹节虫目
竹节虫和叶虫

衣鱼目
衣鱼

蛇蛉目
蛇蛉

蜉蝣目
蜉蝣

鳞翅目（见第570页）

广翅目
鱼蛉和泥蛉

虱毛目
寄生虱

啮虫目
书虱和树皮虱

蚤目
跳蚤

缨翅目
蓟马

脉翅目
草蛉和蚁蛉等

长翅目
蝎蛉

襀翅目
石蝇

毛翅目
石蛾

缺翅目
缺翅虫

蚤目（见第580页）

蛩蠊目
蛩蠊

捻翅目
捻翅虫

弹尾目
跳虫

原尾目
原尾虫

双尾目
铗尾虫

棘皮动物门
海星、海胆和海参

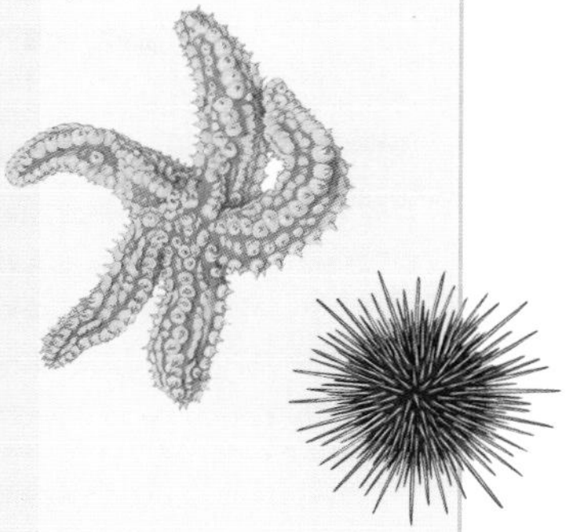

纽形动物门
纽虫

内肛动物门
高足杯虫

缓步动物门
熊虫

栉水母动物门
栉水母

轮形动物门
轮虫

半索动物门
玉钩虫

毛颚动物门
箭虫

棘皮动物门（见第583页）

腹毛动物门
腹毛虫

动吻动物门
多刺羽冠虫

帚虫动物门
马蹄虫

有爪动物门
天鹅绒虫

腕足动物门
海豆芽

轮形动物门（见第586页）

苔藓虫门
苔藓虫

星虫动物门
星虫

螠虫动物门
螠虫

铠甲动物门
矮铠甲虫

曳鳃动物门
曳鳃虫

线形动物门
马尾虫

棘头动物门
棘头虫

须腕动物门
须腕虫

颚胃动物门
沙虫

环口动物门
圆环虫

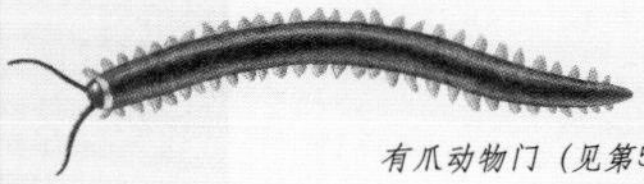

有爪动物门（见第587页）

扁盘动物门
丝盘虫

直泳虫动物门
直泳虫

菱形虫动物门
菱形虫

进 化

几千年来，关于生命如何开始、从哪儿开始等问题一直让人们着迷并迷茫着，在各种文化里还创造出了很多神话和传说。科学地讲，这些答案还在被争论，并且，近期内不可能会确定下来。然而，有些观点科学家们还是一致同意的：地球上所有的生命由一个共同的祖先繁衍而来；产生生命起源的至关重要的事件发生在40亿年前。在那个时候，地球的生命大约仅有几亿年，而且，大部分是海洋，那时，地球可能是一个非常不适合生活的地方：紫外线非常强，电闪风暴肆虐，火山活动频繁，大气中氧气含量稀少，主要是甲烷、氢和氨。不过，正是在这恶劣的环境下，生命开始萌芽了，这看起来有点不可思议。在这随后的数十亿年里，生命自身缓慢地发展了，这所需要的一切过程逐渐地改变了这个星球。

生命的证据 化石纪录为进化论提供了一致的证据，它解释了地球上生命的进化。大部分人认为，化石是在岩石、土壤或者沉积物里保存下来的骨骼或者骨骼的形状（轮廓）。实际上，化石是古代动物和植物遗留下来的确凿证据，这些史前生命的证据在各大洲都已经被发现。

生命的萌芽

关于生命起源最流行的科学理论是：生命起源于简单的有机分子，所有的生命都建立在有机分子之上，而有机分子是从地球早期环境里的无机化合物上本能地出现的。这是如何发生的呢？20世纪50年代初期，一个出名的实验最早阐述了这一观点，这个实验由芝加哥大学的生化学家斯坦利·米勒以及哈罗德·尤里所做。在实验室里，他们模拟了40亿年前的地球环境，制造出了和所有生命一样的有机物质，包括氨基酸和核苷酸。

这些分子的聚集被认为是产生了最早的细胞，这和有些类型的厌氧细菌产生发酵相似。在格陵兰岛古岩石上发现的这种细胞的最早证据表明，在35亿年前，这种有机物就已经形成了。下一个关键的步骤是要求细胞能够利用太阳能产生动力。

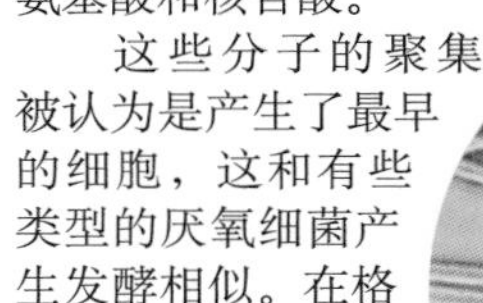

活化石 有的化石叠层具有35亿年的历史，是世界上已知的最古老的化石。这些古老的叠层结构由具有光合作用的藻青菌微生物群形成。在开始漫长的20亿年里，藻青菌曾经是地球上主要的生命形式。叠层由包含沉积微生物的碳酸盐和硅酸盐的岩石构成，因为，新生的微生物群落在原有叠层上朝阳光生长，所以，岩石在垂直方向上层层相叠。在澳大利亚西部的鲨鱼湾，这个过程仍然在进行。现在，世界只有两个地方还存在活的叠层，这就是其中之一。

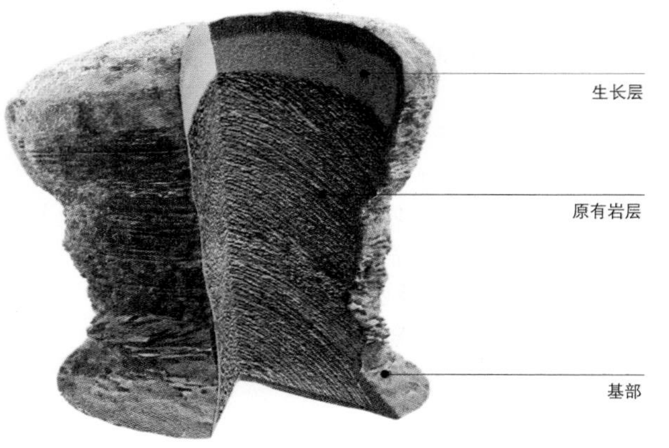

进化论

最终，某些细胞逐渐具备了光合作用的功能，就是利用太阳光合成自身所需的氧分（以单糖的形式）的功能。最重要的是，光合作用可以释放出一种副产物——氧气。随着氧气逐渐在大气层中聚集，出现了另外一种细胞——真核细胞。最近，在澳大利亚西北部的岩石里发现了这些细胞进行代谢过程的证据，这种过程在27亿年以前已经发生。就是这种真核细胞逐渐进化发展成为动物和植物等多细胞生物。

上个世纪90年代中期之前，已知的最古老的动物化石可以追溯到6000万年以前。然而，在1998年，科学家宣布发现了更加古老的动物存在的证据——一种类似蠕虫的动物10亿年以前在海底爬行的踪迹化石。这块化石发现于印度，当时那里曾经是大海。

不论生命起源于何时，大多数科学家都一致认为，现在地球上的生命形式多达数十亿种，这种生命的多样性是进化的结果。进化论的核心观点（即相似的物种具有相似的祖先）可以追溯到古希腊时期。但是，直到1859年，英国博物学家达尔文才在《物种起源》中正式提出进化论。现在看来，这个理论的提出，是科学发展史上的一个巨大飞跃，它影响到几乎所有领域的生物学研究。该理论提出以后几经修正和改进，但基本原则没有变化，这就是环境的变化导致不同物种的出现的基本原则。

在地球形成的45亿年里，地球环境一直处于变化之中。根据进化论的观点，只有那些成功适应环境变化的物种才能够延续下去，而无法适应环境变化的物种就会灭绝，这个观点后来被称为“适者生存”。达尔文的理论还认为，适应能力较强的有机体比适应能力较差的有机体生存的时间更长，结果，它们繁衍后代的机会也越多。相应地，这些后代可能会具备使它们的亲代成功存活的特征。

科学家已经在化石中发现了大量进化论和自然选择的证据，另外，在解剖学、生物胚胎发育学和分子生物学方面都证明，物种（包括现存物种和已经灭绝的物种）之间的比较也能够有力地支持进化论。

勇敢的新工作 19世纪中期，在宗教势力强大的英国，达尔文的进化论遭到了许多虔诚教徒的严厉批评，达尔文成为许多漫画和讽刺画的讽刺对象（见下图），同时，也成为众多辩论的主题，因为，他的学说对当时关于地球和生命形成的主流思想提出了挑战。尽管，达尔文在最初发表进化论时回避了人类起源的问题，教徒们仍然对他的暗示愤怒不已。

大陆漂移说

在20世纪早期以前，人们一致认为大陆的位置是固定不变的。然而，到了20世纪60年代时，通过地质学、古生物学和现代生物学广泛地研究，科学家已经找到了种种证据，证明古代大陆的位置和现在不同，并且，各大陆现在仍然以每年几厘米的速度在不断地移动着。科学家认为，三亿年以前，现在的所有大陆全部连接在一起，这块面积广阔的大陆称为“泛古陆”。大约两亿年以前，泛古陆开始分离为两个大陆。科学家研究了澳大利亚、印度、非洲、南美洲和南极洲上保存在化石中的古生物物种和现存的生物物种，发现了生活在这些大陆上的物种彼此存在一定的联系，由此推断，这些位于南半球的大陆曾经连在一起，科学家称它为“冈瓦纳古陆”，而位于北半球的亚洲、欧洲和北美洲那时也连在一起，称为“劳亚古陆”。

头足动物的进化 鹦鹉螺是现存的最古老的头足纲软体动物，它们的历史可以追溯到五亿多年以前的寒武纪。科学家认为，这类动物在古代包括许多物种，例如凶猛的大型直体肉食动物，后来的鲨鱼就承担了这种软体动物的生物学功能。

自然选择的作用 19世纪早期，分布在英国的灰蛾（*Biston betularia*）体色呈灰白色，上面点缀着黑点，使它能够适应一般颜色比较清白的树木（如白杨类）上生长。后来，工业污染导致树皮的颜色变黑，这就出现了一种颜色呈黑色的飞蛾，它们更加善于伪装，也更容易躲避天敌。再后来，这种飞蛾占据了绝对优势。

生命发展透视

地球历史发展的间隙很长，其中不时地插入一些片断，例如某个物种的进化或者灭绝。这部历史告诉我们，与过去曾经存在的以及将来会产生的物种相比，我们人类这个物种是多么地微不足道。现代人类的历史只有10万年，这在跨越40多亿年的整个生命历史上仅仅是一瞬间。

对地球历史重要事件的研究推测，主要来自地质学和古生物学的研究，其中，不可避免地涉及到复杂的时间推测和岩石、化石的研究分析。绝大多数动物化石是从寒武纪早期（6亿年以前）开始保存下来的，在此之后的地质学分类依据是生活在各个时期的主要动物。例如，侏罗纪通常被称为“恐龙时代”，因为，无论从物种数量还是从物种多样性来看，恐龙都是当时位于主宰地位的动物。这个时代之后是“哺乳动物时代”。不过，地球历史反复印证的一点就是：主导地位并不能保证物种永远延续。

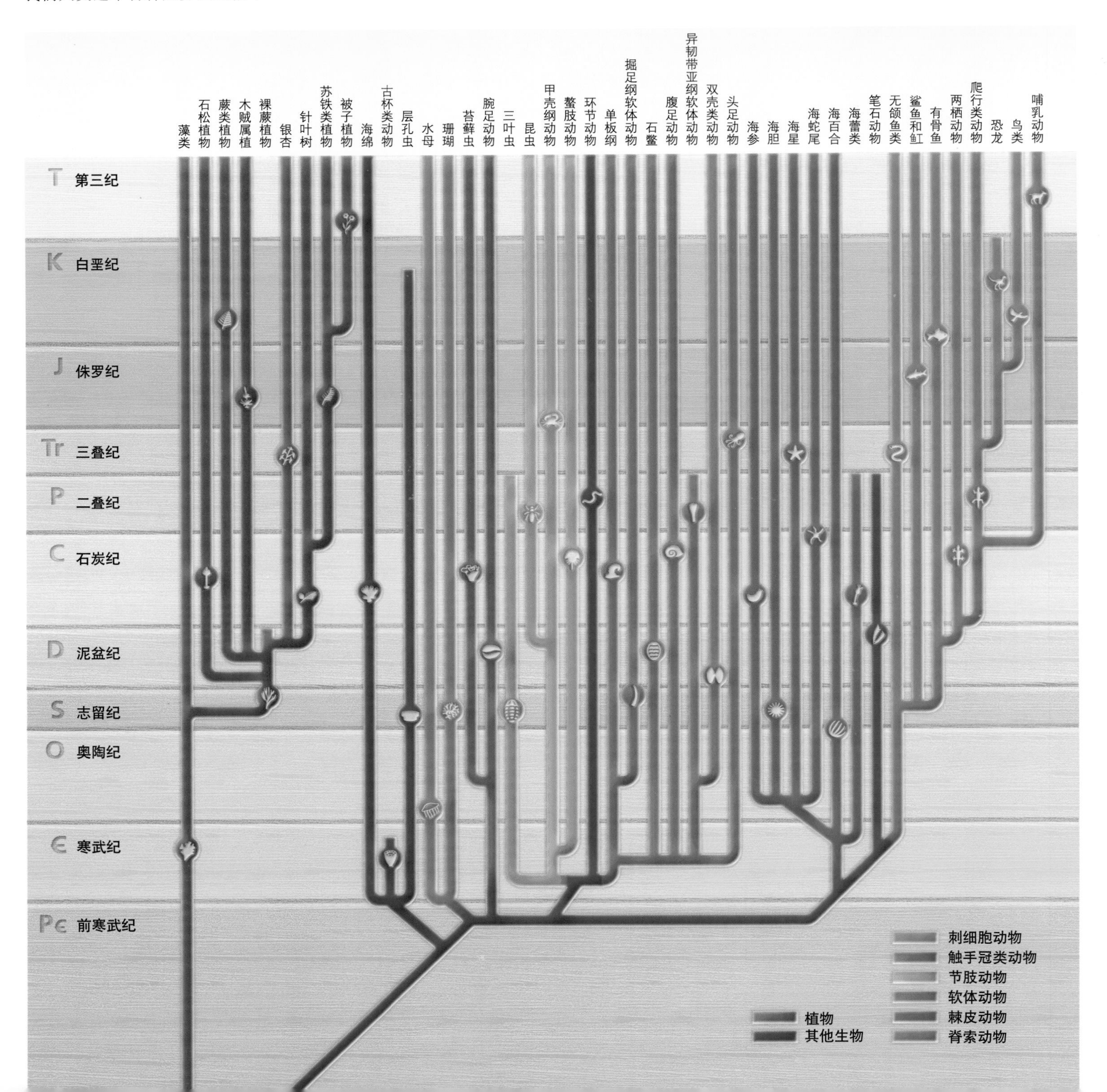

性别进化

假如没有性别，进化无从谈起，因为，有性生殖能够提供遗传变异，而这正是自然选择赖以存在的变化和适应性所必需的。

最早的生物繁殖方式肯定是无性繁殖，即细胞简单地分裂为子细胞，这种繁殖方式至今仍然在某些单细胞物种中存在。许多“原始”的多细胞物种也可以进行无性繁殖，例如，蠕虫和海绵能够通过“芽体”繁殖后代，这种再生结构包含有一个外部生长物，可以发育成一个新的个体。再高级的多细胞动物通过单性繁殖进行无性繁殖，即配子未经受精就能发育成新个体的繁殖方式。无性繁殖可以使物种的个体数量迅速增加，但是，所有个体在基因方面几乎没有差异。

有性繁殖大约出现在15亿年以前，后来成为较高级动物主要的也是惟一的生殖方式。有性繁殖所产生的后代遗传亲代双方各一半的遗传特征，通常具有其独特的个体特征。因此，对于任何一个物种来说，它们都具备一系列可以随时变化的基因，以适应环境的改变。如果基因具有优势，那么，物种就能够生存下去并且繁殖后代。有些基因是良性的，也有些作用不是特别重要，而处于劣势的基因却可以导致物种的灭绝。

芽体 刺丝胞动物包括珊瑚、水母、水螅和海胆，是常见的采用无性生殖方式繁衍后代的少数动物门类之一。薮枝螅（左上图）上生长的芽体可以发育成基因相同的个体。在珊瑚等群生的物种中，个体都附着在共同的组织上，逐渐成为树形有机体。

成功的繁殖 某个物种的每一代都具有某些与亲代不同的基因组合，因此，与生殖能力较差的物种相比，任何生殖速度较快的物种或者群体（比如许多昆虫）都能更好地适应环境的变化。这在一定程度上可以解释昆虫在几乎任何陆栖息地上都能成功生存的原因。

兴旺和灭绝 对某些物种来说，有性生殖是具有优势的。一些生殖速度较低的物种（如大型的加拉帕戈斯海龟，下图）适合生活在比较稳定的环境中。但是，这个物种不太能够适应科隆群岛（又称加拉帕戈斯群岛）环境的变化，例如，外来物种的竞争以及外来天敌的威胁等等，因此，这个物种的生存受到严重威胁。

物种灭绝

今天，某个物种灭绝时，许多人会感到既愤怒又伤感。人们这样做完全是有理由的，现代历史中（即在过去的几百年里），有记录可查的每个物种的灭绝都是和人类活动直接相关的。

不过，物种灭绝并非总是件坏事，事实上，这是进化过程必不可少的一部分，同时，也是一个必然的结果。曾经在地球上生存的所有物种中，99%的都已经灭绝，这些物种的总数估计至少为20亿。与这个数目相比，今天生活在地球上的大约3000万个物种只是微不足道的一小部分，而在这些物种中，人们已经确认和能描述的只有200万个。

根据科学家掌握的证据，特别是化石证据，大多数物种在灭绝之前存在的时间为100万到500万年之间。不过，许多物种延续的时间要短得多，当然，也有些物种延续的时间更长。这种现在仍然存在的物种被人们称为“活化石”，例如腔棘鱼科的两个物种，根据科学家推断，它们出现在6500万年以前，其中一个直到20世纪90年代才为人们发现（另外一个发现于1938年）。

全体灭绝

科学家认为，在正常情况下，由于自然进化每年导致1个到10个物种的灭绝，这被人们称为物种灭绝的基本速度。然而，在漫长的地球地质历史中，这个速度在某些特定时期会大幅度升高，这种情况称为物种的“全体灭绝”。

根据化石所提供的证据，科学家已经比较准确地推断出五次物种全体灭绝的情况，最后一次，也是最严重的一次，发生在6500万年以前的侏罗纪晚期。当时，地球上超过三分之一的物种灭绝，其中就包括恐龙。有几个可能的原因导致了这次地球生命的大灾难：气候的急剧变化、小型彗星撞击地球以及剧烈的地质活动。

这种地球物种的大量灭绝会延续很多年，甚至在有些情况下延续数百万年。现在令许多人感到不安的是，我们或许正在经历第六次物种的全体灭绝，而由于人类的活动，物种灭绝的速度被大大加快了。

趋同进化 有些情况下，动物在相似的环境中进化，从而产生机体结构上的相似性变异特征，因而，会使人们错误地认为，这些动物之间存在亲缘关系。例如，人们过去就错误地认为企鹅（左图）和刀嘴海雀具有较近的亲缘关系，因为它们都生活在寒冷的海洋环境中，都无法飞翔，都长有类似鳍状肢的翅膀，善于潜水。但实际上，企鹅只分布在南极地区，它们同海燕和信天翁具有较近的亲缘关系。刀嘴海雀主要分布在北极地区，是角嘴海雀和海鸥的亲缘动物。而赤道地区温暖的海水，千万年来早已经成为它们不可逾越的障碍。

征服干燥 具有羊膜的卵最早出现于爬行动物中，这对于脊椎动物向陆上栖息地迁徙具有非同寻常的意义。羊膜是一层薄薄的、坚韧的膜囊，在钙质外壳的内侧包裹住正在发育的胚胎，它能够保证氧气和二氧化碳等气体的交换，同时，又可以防止水分流失。

“远房亲戚” 海百合（左图）和海星（前页右中图）等棘皮动物看起来和人类没有任何联系，其实不然。古代动物中有一类发生分化，其中一个分支是这些海生动物，另外一个分支后来进化为脊索动物，即包含所有脊椎动物的一类动物。科学家研究人类和这些海生动物的早期胚胎发育，从而发现了这种关系。

琥珀 昆虫或者蜘蛛的身体很容易被扭曲和积压，因此，保存下来的这些动物的化石都不令人满意，不过，在琥珀（下图）中保存下来的昆虫和蜘蛛却完整得多。另外，在琥珀中还发现了古代的蜈蚣、蜥蜴和各种植物，最著名的琥珀产地是波罗的海沿岸的陆地。

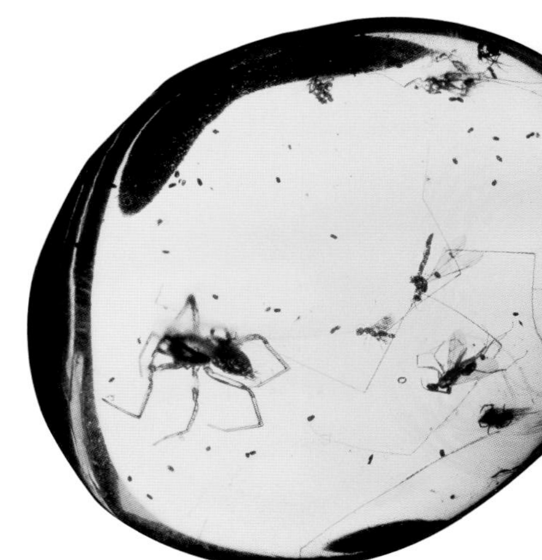

最早的动物

人类迄今发现的最早的也是最完整的化石是前寒武纪末期的动物化石，不过有化石证明，在这之前早已出现了多细胞动物。那是一种被称为埃迪卡拉动物群的海生软体动物。20世纪40年代，在澳大利亚南部富林德斯山脉的埃迪卡拉山上的5.65亿年前的古老岩石里，科学家发现了这种动物的化石。从那以后，在除南极洲以外的各大陆都陆续发现了相似的化石。

埃迪卡拉动物群包括许多奇形怪状的动物，它们和其他任何时期的物种都不相同。其他化石里面的动物类似于蠕虫、水母、节肢动物以及大型的海笔石，这些动物和刺细胞动物门的动物比较相似。

埃迪卡拉动物群与地球上出现的动物群的关系并不明确，有些科学家相信，它们是后来出现的动物群的祖先；另一些科学家则认为，它们是进化的尽头：一种自然历史经历的结束，而没有发展成任何其他的东西。

生命爆炸时期

在还没发现埃迪卡拉动物群并认可其意义之前，最古老的多细胞动物化石来自寒武纪，这个时期被认为是生命爆炸时期。从这个时期开始，除了海洋生物以外，突然在岩石里出现了生物化石：生物的种类、数量急剧上升，这是前所未有的。在寒武纪，几乎所有主要的生物门类的祖先第一次出现在化石中，大部分仅在4000万年之内，尤其有意义的是，最早有证据表明，发现了坚硬的贝壳和外骨骼，这可能部分是由于肉食动物的追赶造成的。

早就灭绝的三叶虫以及眼睛发育很好的节肢动物雏形急剧增长，海绵也迅猛发展。其他有特色的寒武纪动物群包括穴居、类似虫子的大型蝓虫肉食动物。棘皮动物的数量也非常巨大，出现了几个大的纲。然而，据说只有一个海百合纲存活到现在。

腹足纲和头足纲的软体动物从寒武纪初期开始在化石里出现，但是，这些物种后来才达到全盛时期，最早的脊椎动物，也就是我们人类以及其他脊椎动物的祖先，在这个阶段也出现了。

除此以外，还有许多奇怪的生命形式看起来和任何已知的群体有亲缘关系。最出名的是威瓦亚虫（*Wiwaxia*），它生活在水底，5厘米长，身上披着盔甲状鳞片，长有成排的脊椎。据说，这种动物很像蛞蝓虫，但是，它同任何生物群体的关系至今并不明确。

威瓦亚虫是在最出名、最广泛的寒武纪化石沉积物里发现的（称为伯吉斯页岩化石宝库），发现地位于加拿大落基山脉的不列颠哥伦比亚优鹤国家公园。这个地点最早发现于1909年，在20世纪80年代被列入《世界文化与自然遗产名录》，在这儿发现了6万多件化石，有些化石保存非常完好，连胃里的东西、肌肉情况以及内部器官都可以测定。

恐龙灭绝 为什么恐龙会灭绝呢？一个广为流传的理论是：由于地球和一颗小流星相撞，导致气候巨变，引起恐龙（包括下图的三角龙）灭绝。有化石证据证明，恐龙的消失与地理上的巨大变化发生在同一时期。

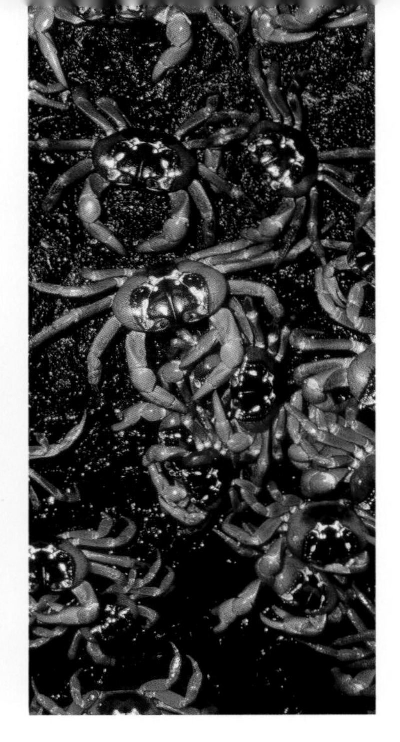

陆地上生活的蟹子 生物的习性能够给其起源和进化关系提供线索，成年的陆地红蟹（*Gecarcoidea natalis*）几乎专门生活在印度洋圣诞岛雨林的陆地上和洞穴里，然而，每年它们集体（左图）移居到悬崖峭壁上，在这儿，雌蟹把大量的卵产在原来祖先生活的海洋里，其幼虫在这儿生活四周以上，然后，这些未成熟的红蟹就到陆地上生活。

鸟类之谜 南美麝雉（*Opisthocomus hoazin*）的进化血缘让科学家们困惑了二百多年，麝雉和其他的鸟类不一样，它和牛一样在消化道的前部消化食物。翼爪，作为小麝雉爬树的工具，让人想起史前著名的始祖鸟（*archaeopteryx*），形态学暗示它是雉和鸡的祖先。然而，近来基因研究最终确定，它和杜鹃关系最密切。

寒武纪之外

化石记录为两种寒武纪生物非常像是脊椎动物的祖先提供了证据。一种像鱼的通过过滤进食的小动物和现在的文昌鱼非常接近，匹卡亚虫（*Pikaia*；发现于加拿大阿伯塔省的匹卡亚山的伯吉斯页岩化石沉积层）和华夏鳗（*Cathaymyrus*；发现于中国南部）是所发现的化石中最古老的脊索动物（5.3亿年前）。据说，最早的脊椎动物就是在寒武纪末期（5亿年前）从这种脊索动物进化而来。这些无颌类的鱼主要生活在深海底层，很多情况下，它们通过重重的像盔甲一样的鳞片来躲避天敌的侵害。

鲨鱼这种最早的软骨鱼出现在奥陶纪末期，根据化石记录，海鲢（现在和脊椎动物差异很大的群体）出现得稍微晚一点，大约在志留纪晚期，即4亿多年前。在泥盆纪之前，鱼类大量繁殖，以至于这个时期又被称为“鱼类时代”。

在此之前，即志留纪末期，4.2亿年前，维管束植物在陆地上出现不久，最早的动物开始从海洋爬到陆地上，这是些节肢动物，表面上坚硬的外骨骼（最初可能是用来保护自己免遭肉食动物伤害）用来防止水分蒸发。蜘蛛纲和百脚唇足亚纲的动物是最早的在陆地上生活的动物之一，然后发展成地球上非常成功的动物。

陆上脊椎动物

在泥盆纪初期，海鲢（*the Sarcopterygii*）鳍的进化，为脊椎动物到陆地上生活打下基础，到了泥盆纪中期，据认为一群骨鳞鱼（属于肉鳍鱼纲）开始使用肉鳍在温暖、缺少氧的浅水底部爬行，有时，甚至到陆地上作短暂停留。这些鱼和现在的肺鱼（幸存下来的很少的骨鳞鱼之一）以及两栖动物具有相似特征。在泥盆纪末期，3.8亿年前，骨鳞鱼或者类似的鱼类发展成最早的两栖动物。

据说，最早的爬行动物（可能是很小的虫食动物）从两栖动物的祖先很快进化而来，用进化的术语来说，不足3000万年。那个时候，地球温暖潮湿，当天气开始变得相当干燥的时候，2.8亿年以前，在二叠纪初期，爬行动物开始变化，到了2.75亿年前，类似哺乳动物的爬行动物出现了，短期内，它们成了陆地上主要的脊椎动物，但是，到了2.3亿年前，大部分又消失了。

然而，2.2亿年前，这些爬行动物中幸存下来的一种犬齿动物成了最早的哺乳动物。大约在同一时期，类似现代青蛙和真螈的两栖动物也出现了，鳄鱼、乌龟以及恐龙也在这一时期出现。

恐龙世界

三叠纪晚期，已经出现了许多种植食性恐龙，有一些物种体

喜欢陆地的鱼 观看弹涂鱼在泥滩上“爬树”（左图），就不难想象早期动物是怎样移居到陆地上的。然而，弹涂鱼骨骼结构的鳍以及相关的肌肉组织和那些最终发展成陆地脊椎动物的鱼有着明显的差异。

巨犀 这类无角的大犀牛在2500万年前灭绝了，它们可能是当时陆地上最大的哺乳动物。成年的巨犀肩部高度可达5.5米，重量超过13.6吨。

舒适的新环境 当一个物种到达或者出现在非常舒适的新环境里，而且，在那儿几乎没有什么竞争，它就会经历一个迅速的进化（称为适应新环境）。狐猴（下图、右图、右下图）就是典型的例子，它们是原始的灵长类，最早来自印度洋上的马达加斯加岛，估计在五千五百万年前，狐猴的祖先就离开了它们在非洲大陆上的竞争者，依靠天然的漂流物来到这个岛上。这里没有和它们有着共同需求的竞争对手，它们很快经过重复进化，成为一个独特的群体，现存的狐猴有三十多个物种，每个物种与其他物种在生态栖息地方面都多少存在些差异，有些物种还具有对付自然的独特性征。

形越来越大，成为巨型恐龙，巨大的身躯成为它们的一个显著特征。在恐龙物种分化的同时，针叶植物出现并且在全球分布开来。科学家认为，这些植物成为某些大型植食恐龙的主要食物来源。

恐龙统治地球长达1500多万年，最终在6500万年以前灭绝。恐龙的灭绝发生在白垩纪末期物种大量灭绝时期。在恐龙达到兴盛时期，一些小型的二足肉食恐龙进化成最早的鸟类。科学家认为，羽毛的出现起初是为了保暖，并非用于飞翔。

哺乳动物兴起

最早的哺乳动物是和恐龙在同一时期出现的，但是，哺乳动物物种的分化当时受到恐龙进化的制约。因此，哺乳动物早期的分化和进化比较缓慢，在以后的数百万年里，多数物种体形较小（和今天的鼩鼱及老鼠大小相当），并在夜间活动。后来，随着恐龙这个强大对手和天敌的灭绝，哺乳动物数量剧增，物种分化也大大加快了。

在白垩纪末期物种大量灭绝之前，出现了一类重要的主要在树上活动的动物，即普尔加托里猴（*Purgatorius*），这类动物存活了下来，其中就有现代灵长目动物（包括人类）最古老的祖先。而现代人类最早出现在大约10万年之前。

活化石 2.25亿年以前的三叠纪，喙头蜥目动物是世界上分布最广的一个物种，但是，现存的斑点楔齿蜥，它们的同类绝大多数都已经在600万年以前灭绝了。通过研究化石证明，科学家发现存活下来的斑点楔齿蜥只分布在新西兰附近的一些岛屿上，至今仍保留着早期进化以来的绝大多数特征。现存的楔齿蜥（*Sphenodon guntheri*）大约为四百只，斑点楔齿蜥（*Sphenodon punctatus*）为六万多只。

古老的“飞船驾驶员” 蜻蜓目昆虫（即蜻蜓和豆娘所属的类别）是昆虫中存活下来的历史最长的动物。某些古代蜻蜓飞翔起来翅膀展开达到一米的宽度。它们不大可能依靠忽闪翅膀来飞翔，科学家认为，它们很可能采用滑翔的方式，因此，它们的空中技巧不是多么高明。翅膀在昆虫进化早期已经出现，很可能是从鳍状的器官进化而来的。

生物和行为

所有动物的生存延续都要求具备一些基本的生存条件，例如呼吸、进食和栖息的需要，它们通过一系列的生物学和行为学的反应来适应外部环境。这些行为在动物界不同物种之间共同存在。这使人们能够识别动物普遍具有的生物学和行为学特征，这些特征普遍存在于不同的物种之间以及相同的物种之内。例如，所有的动物都是通过细致、湿润的表面来吸收氧，所有蠕虫的身体表面都可以完成这个任务，大多数鱼类通过鳃内的脉管组织膜吸收氧，而所有的陆生脊椎动物都是通过肺脏来进行呼吸，从而达到吸收氧气的目的。

食物链 食物链下端要比顶端物种更多。太阳能驱动食物链运行，在海洋生态体系中，太阳能促成浮游植物生长，反过来，这些植物被浮游动物（左图）和较大的滤食动物（比如：下图的日本大蜘蛛蟹；*Macrocheira kaempferi*）所食用，同样，浮游动物又被较大的水生动物所食。

身体的重要性

为什么大的昆虫和其他的节肢动物是科幻小说的素材呢？这儿有很好的理由：其一是它们有坚硬的外骨骼，要想生长，节肢动物必须蜕皮：外骨骼需要蜕掉之后，新的外骨骼还没有长出来之前，身体才能生长，由于有地球引力作用，在每个生长阶段，动物内部柔软的组织就没有保护层了。

动物越大，身上受到的重力就越大，重力会让身体体积过大的动物在蜕皮期间瘫成一团，因此，大型的节肢动物会生活在水生环境里，那儿有水来支撑它们。

重力也有助于限定哺乳动物的最大体积，因此，最大的哺乳动物和最大的动物（蓝鲸；*Balaenoptera musculus*）都是水生动物就不是巧合的了。蓝鲸亦称剃刀鲸，体长超过33.5米，体重几乎达到190吨，但水可以帮助它们支撑巨大的身体。

大型的哺乳动物的表面积和体积的比例要小一些，因为，小动物表面积和体积的比例要大一些，所以体温散失得快。因此，较大的哺乳动物通常在寒冷的地方出现，而较小的物种多聚集在靠近热带的地方。同样的原因，例如海豹、企鹅和麝牛（*Ovibus moschatus*）等极地动物有着非常紧凑的身体，包括四肢、耳朵和嘴巴，使其身体的表面积和体积的比例尽可能地缩小。

小个头 与较大的哺乳动物相比，较小的需要消耗更多的食物（和本身的体积相比），这种动物新陈代谢比率较高，寿命较短。大的鼩鼱（*Tupaia tana*）平均体重才100克，它的寿命为2年至3年。它们在自己的领地内标上自己的气味，照顾后代是所有鼩鼱日常生活中的重要部分。

不劳而获 动物之间的对抗尽管看起来是恶意的和让人生气的，不过，很多时候也有些道理。获得统治权而没有让双方受到严重的伤害对物种的生存是至关重要的。这两只大灰狼（*Canis lupus lupus*；右图）之间的对抗，通过一方仰面躺下露出肚子来解决了，这个姿势是投降屈服的信号。

巨人之战 海豹之间的交配由一小群占统治地位的雄性海豹掌握着，在一小段海滩上，每只雄性海豹控制着五十多只雌性海豹；这只雄性海豹通常鼓起鼻子发出一种像鼓声一样的声音来警告较小的雄性海豹离开。雄性动物间的冲突也可能很激烈，比如，当一只北方海象（*Mirounga angustirostris*；右图）的领地受到严重威胁，或者一只雄性海象试图取代另一只统治地位的时候，它们之间就发生冲突。

交配之战

所有的物种天生就会传宗接代，大部分通过雌雄交配繁殖后代，这涉及到精子和卵子的结合。

雌雄同体在动物中是合理的广为传播的现象，但更多的是雌雄异体，最适合的物种通过生物的和习性的适应来进化以确保繁衍后代。这些动物最能适应环境，因此，含有相同基因的动物更可能确保自己的生存。

有很多这样的例子，雄性动物为了证明自己的繁殖价值而进行争斗，因此，这是雄性动物的身体通常比雌性动物大的原因之一，这还促进了雄性动物作战器官的进化，比如犀牛、甲壳虫和鹿等多种动物的角。行为展示通常也很重要，尤其是哺乳动物，目的是为了减少或避免冲突的残酷，这样，作战双方就不会在争斗中死亡或受重伤。

炫耀和展示

有些雄性动物为了赢得繁殖权利，它们通过直接向未来的配偶证明自己基因的适应性，专门为此展示身体上和习性上的进化。有些雄性的鸟类和鱼类，对自己独特的色彩、特征以及精心表达的求偶行为的展示是非常普遍的。

雄性动物还有许多其他的方法来吸引雌性动物，雄性园丁鸟建造了给人印象深刻的草做的拱形巢，上面点缀着一些小礼物，目的是吸引未来的配偶。同样，雄性棘鱼也用筑巢来赢得雌棘鱼的注意。

有些雄性动物向配偶提供礼物（通常是食物）来展示它们基因的适应性，昆虫和有些蜘蛛通常采用这种策略。对蜘蛛来说，这种礼物通常是雄蜘蛛自己。据说，吃这些食物可以分散雌蜘蛛的注意力，使其不与其他雄蜘蛛交配，同时也提供了养分，让它的后代有一个良好的生命开端。

在鸟类中，有些鸟在求偶时用喂食来显示它做父亲的能力：能够给后代觅食。

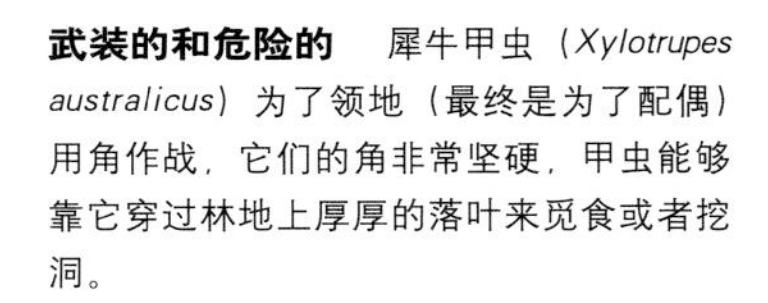

武装的和危险的 犀牛甲虫（*Xylotrupes australicus*）为了领地（最终是为了配偶）用角作战，它们的角非常坚硬，甲虫能够靠它穿过林地上厚厚的落叶来觅食或者挖洞。

展示时间 通常情况下，雄鸟在求偶方面起主动作用，它们先向颜色暗淡的雌鸟展示自己的漂亮羽毛，或许印度雄孔雀（*Pavo cristatus*）拥有最漂亮的羽毛。半圆形的辐射状羽毛排列，需要每根羽毛底部以非常精确的角度竖起来。值得注意的是，它们是靠雄鸟尾部的肌肉控制位置，它不仅能够展示羽毛，而且，还能让羽毛抖动并发出沙沙的声响。

牙齿与咀嚼 一只母狮（*Panthera leo*）正扑倒一匹斑马（*Equus burchelli*），这样做是非常危险的，因为，斑马飞舞的蹄子能给母狮带来致命的伤害。尽管有危险，在东非的热带稀树大草原上，斑马是狮子的主要食物来源。

树上的居住者 有鬃毛的三趾树懒（*Bradypus torquatus*）不但吃东西慢，而且消化得也慢——食物从多复室的胃部到小肠需要一个月。

低能量饮食

饮食影响了新陈代谢和活动水平，有时候，还能提供保护，防止肉食动物伤害。比如，南美箭毒蛙（*Dendrobates sp.*）通过食用某种蚂蚁，在皮肤上产生了一种毒素，只有一种蛇对这种毒素有免疫力。

低营养的饮食，通常导致有些动物行动缓慢而且嗜睡。热带雨林生活着三趾树懒，它们主要食用很难消化的高纤维素植物。缓慢的新陈代谢、较低的体温、一天18小时以上的睡眠，这些都有助于在低能量饮食的情况下生存。在澳大利亚，无尾熊（又称考拉、树袋熊、树熊）和三趾树懒一样，在生理上和习性上都适应了低能量饮食的情况，它们只能吃几种桉树的叶子。

吃还是被吃

动物最容易被认可的生理和行为上的特征，通常和需求直接联系在一起，这种需求是尽可能有效地寻找并吃掉猎物。大部分食肉目动物（比如非洲稀树大草原上的大型猫科动物）长有巨大、锋利的牙齿，用来撕裂猎物坚韧的皮肉，它们反应敏捷，动作神速。它们捕捉草食动物（比如斑马和瞪羚），但是，群居的行为能够让草食动物做出安全的反应，它们进化的蹄子能够给肉食动物带来伤害，它们还有敏锐的视力和灵敏的嗅觉器官，这些都能尽量避免肉食动物的伤害。

那些有特殊饮食的动物，有很多极其敏锐的饮食适应性，例如，蜜雀长长的舌头和弯曲的喙，对吸食花朵里的蜜汁来说是最理想的设计。南美切叶蚁主要食用植物，同时还补充一些菌类食物。它们将切下的树叶——上面还有许多食叶的昆虫——作为种植真菌的原料。

颜色 较小的火烈鸟（*Phoenicopterus minor*）颜色之所以是粉红色的，是因为它们所吃的植物和浮游生物里面含有类胡萝卜素蛋白质的缘故。

雨林食物链　在南美洲的雨林中（右图），就像其他地区的食物链一样，在食物链的底部比顶部的物种种类更多，而且每一种的数量也多。森林环境中最稳定的是地面。在这儿，很少有风，而且温度、湿度和周围的光线很少变化。在食物链中，猎食者和猎物经常为显示生物优越性而作战，促进彼此更多的进化。

无声无息的杀手　像其他猫头鹰物种一样，乌林鸮（*Strix nebulosa*）无声无息地扑向猎物。它外面的飞羽有锯齿般的边缘，能减缓翅膀上的气流，减小拍打翅膀发出的噪音。大多数鸟的飞羽都有光滑的边缘。

繁荣或者破坏　蝗虫通常是独居的昆虫。但当食物充足的时候，它们可能聚集成几十亿只的大群，然后飞向天空。大群的蝗虫能在几个小时内损害大片的庄稼，给农民带来灾难。

分解掉

无论是直接还是间接的，所有的动物最终都是从植物获得营养。然而，草食动物不是植物的主要消费者。大量的植物被腐生物吃掉，腐生物包括地下的蚯蚓和昆虫幼虫。

也有很多的动物（例如苍蝇和甲虫）生活在陆地环境中，它们在分解动物的尸体中起了重要作用。在水生环境中，甲壳动物（例如螃蟹）、以腐肉为食的鱼类、滤食的浮游动物、居住海底的海葵和海星以及其他无脊椎动物都直接分解有机物质。

腐生物的作用对于所有生物的生存都是至关重要的，因为，它们的行为释放了矿物和营养，使它们能够在食物链中再循环。

什么时候才能吃饱

对于很多草食动物来说，这个问题的回答是从来没有。与肉相比，植物在营养方面（例如蛋白质）是很低的。它们也很难被动物消化，因为，它们不能产生必要的酶来分解植物细胞壁那坚韧的纤维质。草食动物已经进化，有了各种方式来对付这些挑战。它们花大部分的时间进食，而且，它们有长长的、复杂的肠道，里面有共生的细菌来分解植物纤维质。

然而，甚至最有效的草食动物吞下去的植物中，也有大量的没有被消化。例如，成年象每天消耗的几百千克植物中有一半以上没有被消化就排泄掉了。

因为肉的营养成分高于植物，并且容易消化，肉食动物的消化道相对来说要短许多，而且它们不经常进食。大白鲨（*Carcharodon carcharias*）是一种凶猛的海洋猎食者，属于几天才大量进食一次的动物。

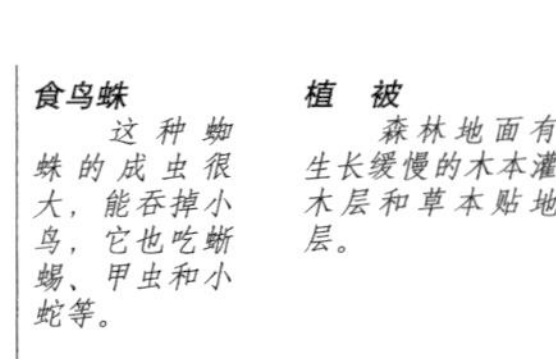

攻击和自卫

猎食者和猎物的永久斗争加强了很多动物的适应性进化,其中,伪装是常用的策略,它能帮助猎食者捕猎,被猎物则用来隐蔽。

有些鸟不敢吃一些带刺的毛虫,同样,澳大利亚野狗不敢碰针鼹鼠。有毒的猎物通常颜色鲜艳,以此警告其他动物——它们的肉有毒而且味道不好。为了吓退猎食者,没有毒的动物甚至模仿有毒动物的斑纹。

肉食动物也可能使用模仿的办法。琵琶鱼在嘴前面摇摆像虫子一样的诱饵。一些蛇以同样的方式用尾巴的尖端来吸引猎物。

到处走走

每一种动物在生命中的某些时期能够行动。至于如何行动则取决于它生活的环境和行动的动机。例如,几乎所有的鱼会游泳,但是,猎食的鱼总是比那些坐在那儿等待海洋沉积物来猎食的动物行动要迅速、灵活得多。

当然,海洋哺乳动物是最熟练的游泳健将。但是,令人惊奇的是,大量的陆生哺乳动物在需要的时候游泳也很好。然而,更多的时候,它们是通过走、跑、爬和跳来捕猎的。少数生活在树林里的哺乳动物(例如负鼠和松鼠)能滑翔。蝙蝠是地球上仅有的能够像鸟一样熟练飞翔的哺乳动物。

一些动物在它们生活周期的不同阶段还能改变行动的方式,例如,很多蝌蚪在变成青蛙或蟾蜍之前,过着自由自在的浮游生活。

快速变化 变色龙因为它们的高度发达的伪装而闻名,这和它树叶形状的身体结合起来,在慢慢跟踪猎物的时候特别有用。当变色龙发出警告(比如一只雄性变色龙对另外一只雄性时)或者受到惊扰时也可能改变颜色。

猎豹捕食 猎豹通常在开阔的地带捕食,首先,它选择一个猎物,然后紧紧跟随,这时,它全然不顾其他的猎物,哪怕它们离得更近或者更容易捕获。猎豹的快速追击很少超过20秒钟,这样快的速度需要大量的能量,并且产生了大量的热量,因此,猎豹很快就觉得身体很热,而且气喘吁吁了。

装死的负鼠 当碰到危险的时候,负鼠(右图)常常会变得昏迷不醒,看上去像死了一样。负鼠朝一侧躺着,身体僵直,流着口水。它的眼睛呆滞,舌头伸到嘴外。这种反应完全是自然的,能持续四个小时之久,这可帮助负鼠躲过攻击,因为,很多肉食动物认为负鼠已经死了,就放弃了。

以珊瑚虫为食的海蛞蝓 很多海蛞蝓(又右图)颜色鲜艳警告猎食者,它们的味道不好或者有毒。其他一些颜色巧妙用于伪装。很多海蛞蝓以刺细胞动物,例如海葵为食。海蛞蝓把海葵的刺细胞长在自己身上,成为抵抗肉食动物的自卫体系的一部分。

大型有袋类动物 大型有袋类动物红袋鼠（*Macropus rufus*）有巨大的、有力的后腿和长长的后脚使它们能飞快地跳跃，它们长长的、不易弯曲的尾巴用来保持平衡。这是一种有效利用能量的运动方式：跳跃的袋鼠比同样大小的四腿动物以同样的速度运动付出更少的能量。然而，这种行动意味着有袋类动物不能行走。当行动缓慢的时候，它们把后腿及臀部提起来，用前肢和尾巴组成一个三脚架，然后，把两只后腿同时向前摇摆。

从一棵树飞到另一棵树 飞鼠是滑行而不是飞行。它用身体两侧的膜（翼膜）当降落伞，用尾巴当舵。方向由腿、尾巴和翼膜的硬度控制。在着陆以前，飞鼠把身体和尾巴向上弯曲，而后慢慢地停下来。

高速行动

高速行动能力使猎食者大受裨益。猎豹（*Acinonyx jubatus*）的很多生理系统是为速度构造的（从流线型的身体，有力的长腿，大大的鼻孔、肺、心脏和肝，到像舵一样的长尾巴和增加摩擦力的爪子），它能以最高110千米/小时速度奔跑，没有其他动物能与它争锋。它最喜欢的猎物瞪羚尽管行动也很迅速，但它也没有猎豹快。不过，瞪羚经常不是用速度而是用策略逃脱追捕。

海洋中最快的游泳者是旗鱼（*Istiophorus sp.*），这种远洋肉食动物以其他鱼类和头足动物为食。据纪录，它们能以110千米/小时左右的速度行进。

游隼（*Falco peregrinus*）在水平飞行的时候能达到旗鱼的速度，不过，当它垂直俯冲，猛扑猎物的时候，速度高达440千米/小时。

快速行动并不一定都需要肢或翼。一种东非有毒的黑色树眼镜蛇（*Dendroaspis polylepis*）能够把头和身体的前部分抬离地面，以11千米/小时的速度滑行。

游泳高手梭鱼类 黑鳍白鲑（*Sphyraena genie*）的构造能达到最大的流动力效率：身体是流线型的，并且有凹槽和凹陷，这样，鳍可以折进去，降低湍流。虽然梭鱼不一起合作捕食，但是，它们经常一起攻击鱼群，把鱼群冲散，这样，各自就可以轻松地捕捉猎物了。

动物的导向

科学家近来才发现，动物有用来引导它们行动的导航工具。蜜蜂在每天的搜寻冒险中根据太阳的位置，使用偏振光来导航。鸟类可能也是用太阳作为长途迁徙的向导，但是，地球磁场也被认为起着重要的作用。地球磁场被认为对迁徙的鲸很重要，但它们也可能靠辨认海岸附近的可见的陆标迁徙。像真螈和啮齿目动物这样种类繁多的动物在短途迁移中使用气味踪迹。气味可能也帮助海龟找到它们筑巢的海岸。

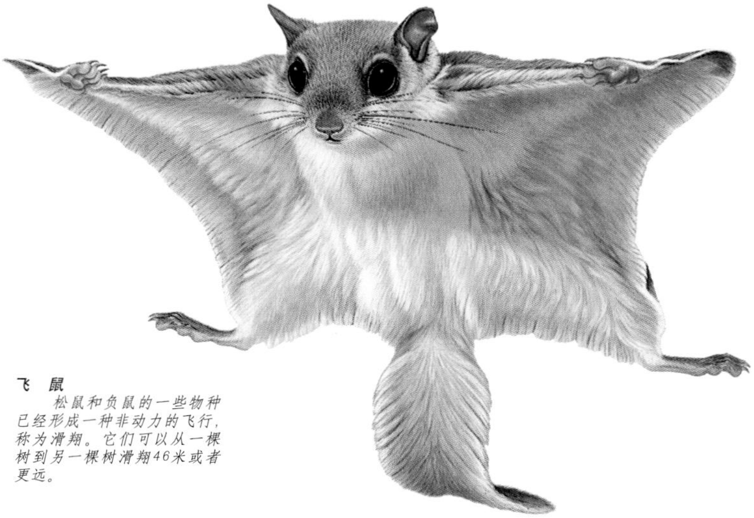

飞 鼠

松鼠和负鼠的一些物种已经形成一种非动力的飞行，称为滑翔。它们可以从一棵树到另一棵树滑翔46米或者更远。

生活在一起

动物和同一种类的其他成员生活在一起有很多好处。一群动物可以完成很多事情，这使生活变得相当容易，例如，提防和击退猎食者，寻找、猎取或者采集食物等。

很多鸟生活在简单的家庭群体中，有一雌一雄的成年鸟年复一年地哺育小鸟。单亲家庭在鸟和哺乳动物中一样普遍。在这些情况下，通常是雌鸟而不是雄鸟同后代保持密切联系，直到它们长大能够照料自己。

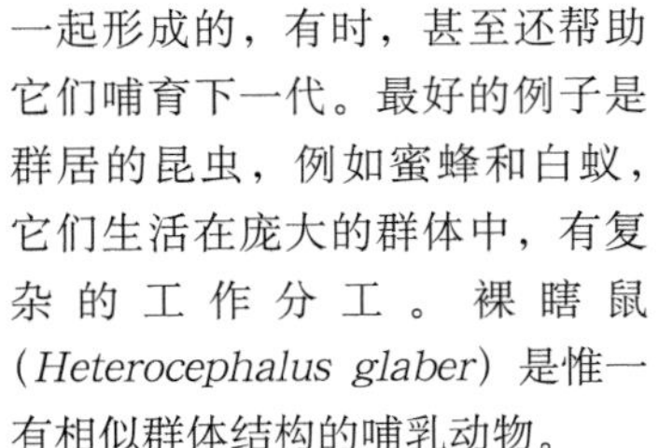

大家庭是由于不同的幼崽在成熟后仍然同它们的父母生活在一起形成的，有时，甚至还帮助它们哺育下一代。最好的例子是群居的昆虫，例如蜜蜂和白蚁，它们生活在庞大的群体中，有复杂的工作分工。裸瞎鼠（*Heterocephalus glaber*）是惟一有相似群体结构的哺乳动物。

外部联系

很多动物同其他物种形成密切的联系，通常情况下它们先后进化发展。对双方都有益的联合称为互惠共生。例如，黄嘴牛椋鸟（*Buphagus sp.*）从草食动物（如斑马）的皮肤上捕食寄生虫来获得营养。作为回报，它们为斑马提供最早的警报信号，在猎食者接近时，它们会飞到空中尖叫。

在共生关系中，只有一个物种受益，而另一个不受影响。鲫鱼和大型的鱼生活在一起，获得保护和食物碎屑，而大鱼在这个关系中既没有得到也没有失去任何东西。

但在寄生关系中，宿主常常是受害者，有时甚至会被杀死。

群体生活 山魈生活在几只或者几十只同类组成的群体中。幼小的山魈通过观察它们的妈妈来学习选择和准备食物。通过这种方式，群体的饮食习惯得以发展下去。成年山魈也不让小山魈吃不熟悉的食物。像其他灵长目动物一样，山魈用各种接触方法（包括梳理体毛）来巩固群体关系纽带。

杀死异己 狮子过群体生活，一个群体通常由5只到15只成年雌狮和它们的后代，以及1只到6只成年雄狮组成。新的狮王往往杀死前狮王所有的后代。没有幼狮哺育会促使雌狮发情，同新的狮王交配，这样，就会提高新狮王后代的成活机会。

互惠互利 一种动物本来有可能成为其他动物的猎物，但是，它为另外一种动物提供一定的帮助从而又得到了这种动物的保护。虽然海鳝是肉食动物，但它们不吃清洁虾，反而依靠清洁虾来除去寄生虫（左图）。作为回报，清洁虾得到食物和保护，因为海鳝的出现会吓退其他猎食者。

海洋中的家 海獭是仅有的会使用工具的海生哺乳动物。它会用石头锤打软体动物的硬壳，敲碎硬壳，然后吸取里面的肉。它潜水寻找食物，用灵活的前爪感觉软体动物和甲壳动物，例如，蛤、海胆、鲍鱼、螃蟹和贻贝。虽然一些海獭能在水下呆五分钟，不过大多数潜水只持续一分钟多。海獭把猎物储藏在腋窝疏松的皮肤褶皱里，升到水面再慢慢吃，或者喘一口气再次潜水。海獭生活在雌雄分开的群体中，一群有几只到几千只不等。

本能和学习

所有的动物有天生的能力、反应和适应性，这些都是动物的本能。然而，很多动物还能够后天学习。甚至一些无脊椎动物都有简单的学习能力，这称为适应性。当动物受到重复性但非连续性的刺激时，其反应就会下降。例如，海蜗牛（*Aplysia californica*）在受到触摸的时候，会缩进它的体管（用于排泄废物）。当重复性的触摸它，而没有危害的话，体管的收缩反应便会停止。

通过条件作用，动物学会预见刺激的后果。例如，如果一只鸟吃到一只毛虫，发现它很难吃，在下一次碰到这种毛虫的时候，就会认出来，不去吃它。

生活在明确群体结构中的动物，有很强的反复试验学习的能力。在这个过程中，动物通过反复出错，是学会完成一定行为的最好的方法。很多幼小的动物通过这种方式在玩耍中学习生存技巧。它们也通过观察父母或其他成年动物，学习重要的求生本领。

“文化”联系

通过模仿，一些动物把学会的技巧在个体之间，甚至几代之间传授，这样，它们就形成了一种“文化”。据报道，灵长目动物、鲸和大象都具有这种能力。在20世纪50年代，记载了一个著名的例子：在日本附近岛屿上生活着一群猕猴，科学家拿一些甘薯喂这些猴子，一只猴子在水里洗甘薯，除去上面的泥土。很快，所有的猴子都这么做，并且成为这个群体的固定行为。

也有很多关于黑猩猩利用工具的例子，例如，用树枝从土墩里取得白蚁，后来，它们把这个技巧传授给同伴和后代。

闯入者 布谷鸟习惯在其他鸟类（例如蒲苇莺；下图）的巢穴里产卵，这已经名声远扬了。然而，在一百三十多种寄生物种中只有大约五十种是真正寄生的。在一些寄生物种中，布谷鸟的幼鸟把其他的卵和幼鸟推出巢穴，自己独占，而在另外一些寄生物种中，寄生的幼鸟与宿主的幼鸟争夺食物，使它们饿死。布谷鸟的卵通常和宿主的卵很相似，并且，同一物种的布谷鸟的不同雌鸟可能适应寄生不同物种的宿主。

对环境的影响

很多动物对它们生活的环境会产生深远的影响（既有有益的，也有有害的）。例如，蚯蚓的行为分解了植物，使土壤更加肥沃。然而，大群的蝗虫会吞食植物叶子，从而降低或者损害一个地区的农业生产。

大象在寻找食物的时候也同样具有破坏性，它们经常推倒整棵的大树来获得最适宜的树叶。

海狸的筑坝行为甚至会产生更加严重的后果，它会改变小溪和江河的水流。

动物建筑师

虽然海狸是动物界中最有名的建筑师，其实，很多其他的动物也有高超的建筑技巧，给人留下了深刻的印象。非洲织巢鸟是最熟练的鸟类筑巢建筑师之一。雄鸟仔细地编织草茎和草叶，建成有几个出口的巨大结构。

很多昆虫建造掩体和陷阱，但是，最高超的昆虫建筑师是白蚁。有些蚁冢能高达九米，里面有成百万只的白蚁。

信息传递

通过发出称为信息素的化学物质，动物能够留下或者传达信息给同类的其他成员。接收者用它们的嗅觉（有时是味觉）来探测这些信号。

信息素会使接收者产生行为上的反应，有时甚至产生生理上的反应。例如，蜜蜂蜂房里的蜂后发出的一种信息素会抑制雌性工蜂的生殖系统，并刺激有交配权的雄蜂仅仅同蜂后交配。裸瞎鼠鼠后尿里的化学物质据说起着同样的作用。

特殊的感觉

人类具有的五种基本感觉（视觉、触觉、味觉、嗅觉和听觉）也在动物界起作用，但接受的器官各不相同。例如，蚂蚁的触角会对触动做出反应，就像蜘蛛的腿探测振动一样。很多蛾的触角也能用类似嗅觉的感觉来探测化学信息。

感觉器官感觉的范围也变化很大。例如，大象和鲸能用人耳听不到的次声感觉进行交流。一些动物，如犬科动物和鲨鱼，能跟踪人类无法察觉的微弱的气味。同样，依靠视觉的动物的视力在不同的动物群体之间也大不相同。

动物也有人类没有的感觉方式。例如，鱼有侧线，皮肤下面通过小孔同外界联系的充满胶状物的导管系统。它们能够感受周围水压的变化，表明附近有猎物或者其他动物。

回声定位

在动物界里，回声定位已经独立地进化了好几种。蝙蝠、齿鲸、海豚以及一些鸟类使用这种精确的声波定位方法来掌握方向、确定位置以及捕捉食物。即使一些哺乳动物，比如：鼩鼱和无尾猬，使用基本的回声定位方法在黑暗中寻找道路。

运用回声定位的动物首先发出声音（例如，海豚发出喀哒声，而蝙蝠发出吱吱声），这些声音都不在人耳的听觉范围之内，然后，它们根据附近物体反射的回声来辨别物体的角度和特征。鸟类使用的频率范围大约为1000赫兹左右，蝙蝠在300,000赫兹到120,000赫兹之间，而鲸在200,000赫兹以上。

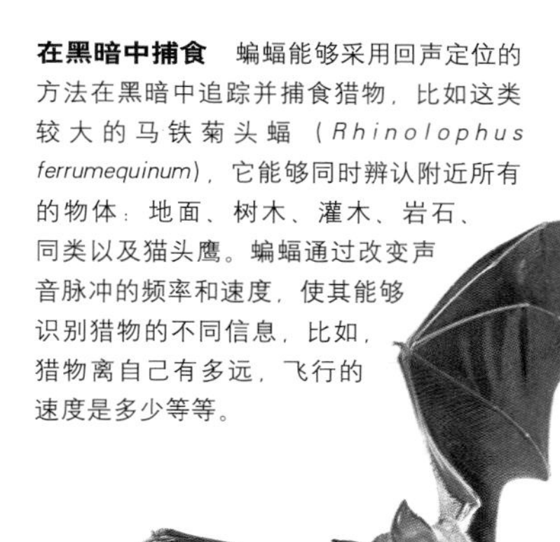

在黑暗中捕食 蝙蝠能够采用回声定位的方法在黑暗中追踪并捕食猎物，比如这类较大的马铁菊头蝠（*Rhinolophus ferrumequinum*），它能够同时辨认附近所有的物体：地面、树木、灌木、岩石、同类以及猫头鹰。蝙蝠通过改变声音脉冲的频率和速度，使其能够识别猎物的不同信息，比如，猎物离自己有多远，飞行的速度是多少等等。

警告信号 响尾蛇（比如北太平洋的响尾蛇；*Crotalus viridis oreganus*）的尾巴梢成了警告敌害的装置，喀嗒声是由于它特殊形状的干鳞屑造成的，当尾巴摇动时，每一节相互之间的运动还会产生嗡嗡声。

吸引与排斥 非洲月亮蛾和大部分飞蛾一样，靠释放外激素来传递信息。一般说来，雌蛾释放外激素来吸引远处的雄蛾，而雄蛾只有在靠近雌蛾时才释放外激素，以便刺激雌蛾交配的欲望。和大多数昆虫一样，这种飞蛾依靠触角来辨别气味。有些飞蛾还能够发出超声波，以便扰乱它们的天敌——蝙蝠的回声定位功能。

“甜蜜家园” 雄性园丁鸟科的小鸟常用色彩亮丽的材料建成精致漂亮的小窝，这种鸟巢并不是用于遮风挡雨，而是为了吸引雌鸟。这种鸟和它们建造的鸟巢都是非常特别的，大部分对某种颜色情有独钟，这种西方园丁鸟（*Chlamydera guttata*；左图）建造了两个平行的篱笆墙，其他的建造了一个平台或者小垫子，但是，鸟类最伟大的建筑师是褐色园丁鸟（*Amblyornis inornatus*），它能够建造一个高高的柱形建筑物，有的高达1.5米。雄性园丁鸟把毕生大部分的时间用在了建造和装饰自己的家园上。

影响好坏 当食物缺乏时，非洲象（*Loxodonta africana*）能够毁坏大片的树木，它们推倒大树，站到最高的树枝上。然而，大象在生态系统中通过其他各种途径起着关键的作用：它们的粪便可以传播种子，并为种子提供养分；它们挖掘水坑为其他动物提供了水源；它们开拓出通往水源的通道，这就形成了森林里的防火带。此外，它们还给其他物种提供了保护，因为，它们个子高大能够看到远处，能早早地发出危险的警告。

栖息地与适应性

栖息地是生物体生活的场所或环境。栖息地为动物和植物提供食物、庇护所以及其他基本必需品。不同栖息地的特色通常体现在气候和地理方面，不过有时候，这儿生活的生物群体也是一大特色。比如：珊瑚礁主要出现在热带浅海里，在那儿，珊瑚虫把含钙的外骨骼沉积在一起，形成珊瑚礁。然而，不同类型的森林是由各种因素的组合来定义的，包括它们的纬度、降水量、降水是全年还是集中在某个特定季节以及主要的植被等。

不同的栖息地

尽管大部分物种在同一个栖息地生活，但是，也有许多生活在或者有规律地轮流生活在不同的生活环境。企鹅在寒冷的冬天按照血统群体聚集在南极洲的冰雪天地里，但是，要进食的时候就要到很远的未结冰的海洋里捕食鱼类。为了躲避困难或者改变环境，迁徙的动物也经常在不同的生活环境之间来回迁徙。同一个生活环境之内，动物还在自己的生态小环境内活动。范围的划定可以通过动物所起的作用、所吃的食物、它们的天敌、在哪儿居住、从哪儿寻找食物以及它们对其他生物的反应和交流等来实现。有些动物种类适应了某个特定的小环境，这儿的特色也比较少，比如，无尾熊只食用自己特有的食物（桉树类植物的叶子），因此，它们只能生活在桉树生长的环境里。

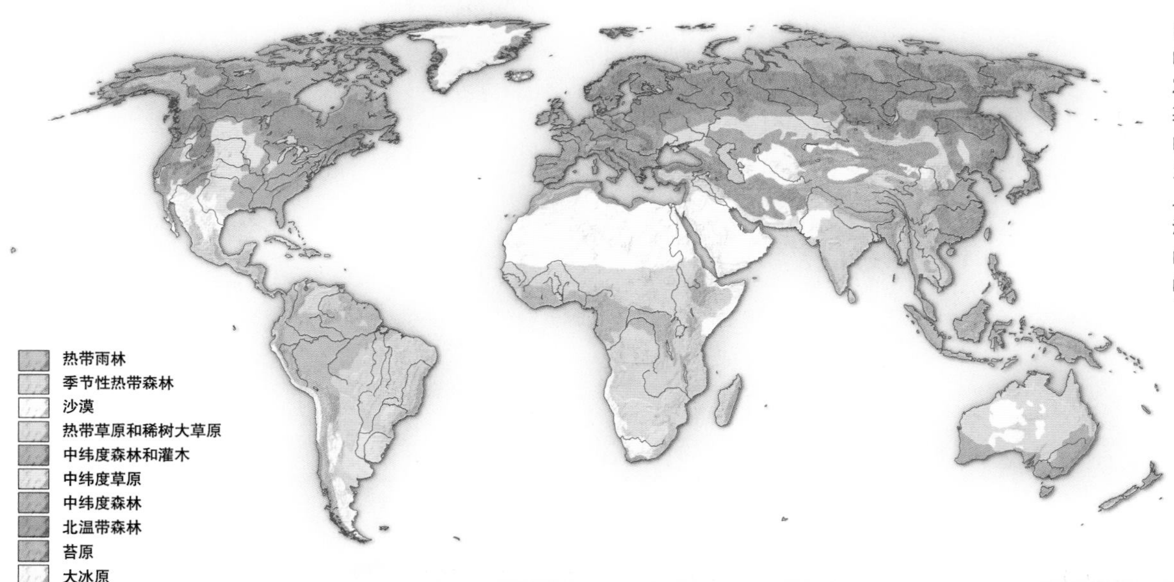

自然植被 这幅地图标明了没有人类影响的情况下植被的分布情况。气候和土壤决定了某个地区的植被，反之，植被决定了某个地区动物种类和生活范围。每一地区的动物和植物形成了一个生态群体（称之为生物群落）。热带的降水和气温，使世界上最大的生物差异上升。除了陆地之外，淡水和海水生物群落也含有各种各样丰富的生物，比如，海洋是多种生物（从很小的浮游生物到巨大的鲸目动物）的家乡。

树上住户无尾熊 既不筑巢，也不挖洞，桉树为这种有袋类动物既提供住处，又提供食物。无尾熊喜欢吃的桉树类的植物含有很高的纤维、纤维素成分以及高浓度的有毒化合物。无尾熊必须吃大量树叶来吸取充足的营养。

冬眠的刺猬 刺猬受环境状况影响很大，并不是所有的刺猬都有这种特征，当环境状况不好时，刺猬就进行一段冬眠时期。这时候，它们的体温下降的和环境温度相差无几。热带刺猬不冬眠，但是，如果面临缺少食物、周围环境温度太低的情况，它们也会长时间睡大觉。

界限问题

某种自然环境从哪儿开始，到哪儿结束，并不是很好定义。比如，许多森林在边缘部分逐渐地过渡到开阔地带（例如草原）。不过，有些地方的界限非常分明。地质学上经常详细地描绘洞穴这种自然环境，在洞内生活就需要对光线要求不能太高，而且，洞内得有食物来源。洞口的情况通常和洞内的大相径庭。同样，近年来的研究发现，深海的热液喷发只会发生在界限分明、富饶、高产的海洋地区。

从高到低 经度和纬度对自然环境有非常大的作用。乞力马扎罗山的山顶常年覆盖着积雪，与山下半干旱草原形成鲜明对比。

美国卡尔斯贝德石灰岩洞国家公园 这个位于新墨西哥州的大岩洞看起来不适合生活，不过，在夏天繁殖季节，这儿成了蝙蝠的天堂——成千上万只蝙蝠倒挂在洞顶。

环境变化

栖息地并不是一成不变或者静态的，随着时间的推移，环境发生变化是很自然的，有些环境是通过像地震和火山喷发那样的突发地质事件造成的，也有些是经过类似侵蚀这样的自然力量缓慢形成的。气候的改变通常产生季节性的、可循环的以及可逆的改变。此外，生活在这种环境下的动物和植物反过来也会改变环境。

然而，我们见到的很多变化不是自然力量或者自然事件造成的，而是人类的活动引起了这种显著的转变。比如，大部分动物栖息地在逐渐缩小，主要的例外包括正在扩大的沙漠、半沙漠以及更加糟糕的城市环境。还有一点非常明显，那就是大部分栖息环境的生物种类也在急剧减少。

物种繁多、复杂的自然环境（比如雨林和珊瑚礁）曾被认为是最有弹性而不易改变的，但是近来，已经有迹象表明，这些地方也是非常脆弱的。

雨　林

雨林是一个多种生物群体生活的潮湿环境，这儿主要生长着根系较浅的阔叶树木。每年的降水量超过一千毫米，一年到头几乎天天下雨。热带雨林分布在八十多个国家（主要在南美洲、中美洲、非洲西部以及东南亚地区），也就是很小的赤道两边的一段热带地区。这儿仅占世界陆地面积的7%，但是，世界上有一半以上的动物和植物物种生活在这里。温带雨林主要分布在比较凉爽的地带，尤其是北美洲的太平洋沿岸、澳大利亚的小部分地区、新西兰、挪威、日本和英国等。

产卵策略　红眼树蛙在水面上方的树叶上产卵，当小蝌蚪孵化出来后，它们就蠕动着爬进水里。

掩盖　豹猫依靠雨林浓密的覆盖物来保护自己，它身上的斑点就像迷彩服一样可以做伪装。在1975年的国际贸易协议中，豹猫已作为濒危物种受到保护。

努里格保护区　南美洲北部的法属圭亚那雨林努里格保护区是众多鸟类（包括金刚鹦鹉和巨嘴鸟）的家园。美洲豹和其他大型猫科动物生活在雨林的低层地带，很难被发现。

分层生活

雨林在垂直方向分层，每层的生物各不相同。最高的树冠层高达40米，这里阳光充足，风力较大，是大型鹰科猛禽经常光顾的地方。

不过，大多数树冠在这个高度以下，形成浓密的“天篷”，这儿非常茂密以至于阳光都透不下来，这一层生活着大量的昆虫，所以，大量的鸟类和哺乳动物很少到雨林的地面活动。这儿声音交流很常见，不时地传出一些刺耳的声音：有嚎叫声、口哨声以及尖叫声等。

适应阴暗的灌木和小树构成了林下叶层，这儿是大型猫科动物（比如南美洲的美洲豹以及东南亚的云豹）的天堂。

森林的地面是大量昆虫、啮齿动物和大型哺乳动物（包括貘、大象和大猩猩）的生活场所。

经常和水生环境联系在一起的青蛙和其他动物，在这异常潮湿的雨林里大量繁殖，这儿的要比普通陆地环境的多多了。

季风雨林

季风雨林也被称为落叶雨林，它们生长的地区每年在非常潮湿或者季风盛行的时候降水充沛。这种生活环境经历了一个极其干旱的季节，这个季节几乎没有降水或者降水非常稀少，大部分树木和灌木在此时落叶。季风雨林没有像热带雨林那么高大，林下叶层因为接受到较多的阳光，所以，能够得到较好的发展。在这种生活环境里，因为大部分植物在雨季开花结果，因此，生活也有明显的季节差异。季风雨林在东南亚最为常见。

可怕的蜥蜴 在印度尼西亚中部几个热带小岛上发现了巨蜥（*Varanus komodoensis*）。这些凶猛的动物主要以腐肉为食，但是，它们有时候也捕食大型的哺乳动物，比如鹿和水牛。

被雨林包围的城市 缅甸的摩拉克城几乎全部被热带雨林包围着，有些地方为了满足人口增长的需要而毁坏森林，这给动物和植物的生长环境带来了巨大的伤害。

针叶林

在这种环境里主要生长着常绿的针叶树木，比如冷杉和松树。它们的叶子呈针状，在球果里结籽。这种环境冬天寒冷漫长，夏天湿润短暂。这儿的动物经常通过冬眠或迁徙来躲避寒冬。北半球大陆广大的地区（在北纬50度到60度之间）覆盖着针叶林木，以泰加林或者北方针叶林而闻名。针叶林也是世界各地山区的一大特色。

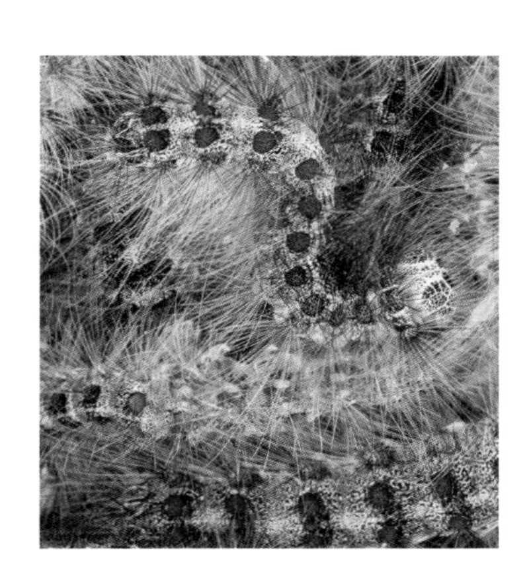

舞毒蛾 1869年，一位博物学家把舞毒蛾（*Lymantria dispar*）从欧洲带到了美国。有些舞毒蛾跑了出去，很快，这种动物就成了一大灾害。在春天，舞毒蛾吃掉大量的树叶——松树和云杉受害最重。

树中巨人 在美国加利福尼亚潮湿的北海岸，红杉国家公园是地球上最高的树木——红杉分布广泛的地区。这种生长缓慢的“树中巨人”已在地球上生活了两千多年，这儿已形成了复杂的生态系统，数百种不同的动物和植物在这儿生活。但是，人们的无序砍伐一直威胁着这片生长缓慢的森林。

温带森林

在地球纬度25度到50度之间的大陆上分布着温带森林，主要是阔叶林。在北美洲东部、东亚和西欧，冬天有霜冻，这会导致阔叶林每年落叶。这些地区四季分明，在全部落叶之前，树叶的颜色也不断变化，并成为一大景观。生活在这儿的动物一般通过冬眠或迁徙来躲避寒冬。在南美洲、中国南方、新西兰、澳大利亚东部、日本、美国南部和朝鲜的冬天比较温暖，大部分地方没有霜冻，阔叶林是常绿的。

美国大提顿国家公园 秋天，这片广袤的土地变成了金黄色，斯奈克河蜿蜒而流，穿过公园。雄鹰和鱼鹰在河岸旁随处可见，海狸、黄鼠狼和丛林狼经常在湿地、草原和森林里出入。

食物丰富 浣熊（*Procyon lotor*）是一种喜欢独处的哺乳动物，在冬天，它们整天呆在树洞或地洞里睡觉。森林里有机物丰富，给动物种群提供了充足的食物。

负鼠 负鼠（*Gymnobelideus leadbeateri*）以植物汁液和昆虫为食。它们生活的澳大利亚的原始森林里，由于森林的过度砍伐，使这些有袋动物濒临灭绝，现在，它们已经列为濒危动物。

季节性生活

明显的季节变化让生活在温带落叶林里的动物有自己的生活特征，随着春天来临，天气变暖，食物也逐渐丰富起来，像刺猬和熊这样的冬眠动物醒来了，迁徙到温暖地方过冬的许多动物也陆续回来了。尤其是迁徙的鸟儿回来享用着急剧增多的昆虫，在春天，这是森林里典型的特征。这时节，求偶和繁殖也到了狂热的程度，这样，当条件最好的时期来临，就能繁殖后代，为生存打下了坚固的基础。

季节的变化在温带常绿森林里并不明显，这儿的动物冬天的生活并不是和温带落叶林的动物一样。它们生长和繁殖的高峰期要早一点，在冬末就开始了。这些森林也有一些长势良好的林下层灌木和小树，因此，和生活在温带落叶林的动物相比，生活在这儿的群居动物就有更多的食物来源。

英国古老的橡树林 橡树是耐寒、长寿、喜阴的树种。在同一棵树上能开柔荑花（雄花）和穗状花（雌花）。

高原沼泽与荒地

这种荒芜的生活环境使得灌木、青草和一些其他的植被长得比较矮小，因此，大部分动物生活在靠近地面或者地下的环境里。尽管高原沼泽经常和英国联系在一起，但是，在其他暴露的或者开阔的高原上、沿海地区以及高山上等都有分布。例如，在埃塞俄比亚高原上就有大面积的高原沼泽，那儿生活着濒危动物埃塞俄比亚狼（*Canis simensis*）。在欧洲，高原沼泽通常和荒地联系在一起，这些荒地是在5000年前由于当时的农民砍伐森林造成的，现在，一些濒危物种（如黄条蟾蜍）就生活在这里。

托雷斯·戴尔·培恩国家公园 这个公园（右边图）位于智利的巴塔哥尼亚。公园里有稀树大草原、荒地、森林和沙漠，这儿是多种哺乳动物的家园，包括原驼（*Lama guanicoe*）。图中是几只较大的野生原驼在粗旷的原野上觅食。

寻找蜂蜜 蜜雀主要生活在大洋洲地区。这些鸟长有一种结构独特的舌头，舌上有一个很深的裂缝，尖端呈放射状，这样，就像一根吸管，这种形状适合吸食花蜜。图中这只黄脸蜜雀（*Lichenostomus chrysops*）正在吸食山龙眼的花蜜。

开阔的生活环境

草原地区每年稀少的降水（约500毫米至750毫米）限制了树木的生长，一般在这儿形成了森林和沙漠的结合带。平坦广袤的草原开阔的环境，几乎不能给大型动物提供藏身之处，然而，这儿却被大型的草食动物占据着。这些动物数目众多，集体进食，能够迷惑并击败潜在的肉食动物。成群的美洲野牛和叉角羚曾经遍布美洲大草原；非洲的稀树大草原仍以拥有大量的斑马、羚羊和其他大型的哺乳动物而闻名(尽管由于大型猫科动物以及鬣狗的捕杀，这些动物的数目有所减少)。其他开阔的栖息地，还有乌克兰干草原、南美洲的潘帕斯草原以及非洲南部的大草原。

高高耸立 白蚁冢在澳大利西亚东北点缀着桉树的干草原上格外惹人注目。有些鸟类在上面筑巢，这些土丘有隧道通风，保证温度和湿度处于最佳状态。

塞伦盖蒂的大象群 “塞伦盖蒂”这个词来自马萨伊语，意思是广袤无垠的平原。这是坦桑尼亚最早也是最有名的国家公园，平坦的没有树木的大草原一眼望不到边。这片广大的草原上生活的动物群体多的让人震惊。

沙漠和半沙漠

这种栖息地占据了全球陆地面积的三分之一，其典型特征是缺少水分。这主要是由于蒸发强或者降水少导致，有时候两种原因都存在。沙漠地区每年平均降水不足250毫米，而半沙漠地区每年降水仅为250毫米至500毫米。这些地区降水是零星的，也是不可预见的。世界上最干旱的地区大部分位于赤道南北15度到40度之间，这儿，白天灼热的天气屡见不鲜，但是，也并不是一直这样，晚上，有时候温度达到零摄氏度以下。南极洲大部分地区终年寒冷，也属于沙漠地区这个定义。

蜿蜒移动 为了在松软的沙子或泥地上行走，蛇采用了一种称为间接运动的方法。蛇身先跟地上的一个支点接触，昂起身子越过去，然后，再寻找另一个接触点。图中是一条沙漠蝮蛇（*Bitis peringueyi*）蜿蜒前进穿越非洲纳米布沙漠。

沙漠策略 南非大羚羊（*Oryx gazella*）非常适合这种炎热气候，当它喘息的时候，空气通过血管网络快速地流入流出，以此冷却流往大脑的血液。南非大羚羊主要在夜间进食，这时候，植物体内的水分处于最佳状态。南非大羚羊有八字形分开的蹄子，这有助于它们在流动的沙子上行走而不至于深陷下去。

充分利用雾气 惟一能够给非洲纳米布沙漠带来潮气的是从海岸随风而来的雾气。为了利用这一资源，黑甲虫（*Onymacris baccus*）将脊背立起迎着雾气，耐心地等待着雾气凝成的小水滴沿着背上的凹槽流入口中。

隐居生活

生活在沙漠和半沙漠地区的生物总是比我们想到的要多，生活在这儿的动物非常关心高温和干旱，大部分动物通过调整身体和行为来适应这儿的自然环境。

较小的动物通常夜间出来捕猎或者寻找食物，以避免白天的炎热和蒸发，这些动物包括各种节肢动物，比如：蜘蛛、蜈蚣、蝎子和袋鼠等其他哺乳动物。由于地表没有植被，再加上地下的条件通常更适宜，所以在白天，地下洞穴是最常见的庇护所。

像骆驼、山羊、驴、鸸鹋和鸵鸟这样的大型动物，由于拥有厚厚的毛皮或羽毛从而阻止了热量吸收，然而，同样也阻止了热量散发，因此，这些动物身体上也有一些特殊部位用来释放多余的热量。

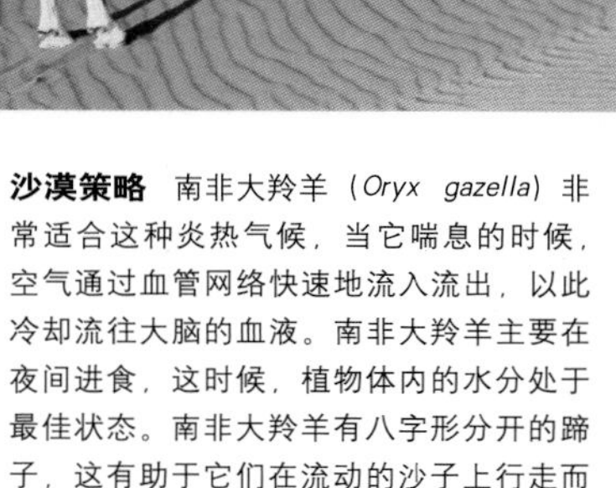

奔驰在盐地上的鸵鸟 鸵鸟强健有力的腿以及宽大的脚趾，使其能够飞快地奔跑，这就弥补了鸵鸟不会飞的缺点，鸵鸟食用水果、种子、富含水分的叶子、青草和灌木的嫩枝等。为了寻找水源和食物，鸵鸟可以长途跋涉越过荒凉的纳米比亚的埃脱沙盐沼泽地平原。

山脉和高地

山脉就像陆地上的岛屿，进化的过程经常导致生物间的隔绝，所以，在这个山区的动物可能和其他山区的动物不同（即使相隔不远）。不过，山脉的环境分为不同的层次，这主要是由于山脉不同的高度决定了不同的气候条件，比如，海拔越高，气温越低，因此，即使热带的山脉（比如非洲的肯尼亚山和乞力马扎罗山），山顶上也有常年不化的积雪。灵活敏捷是山区动物的一大特征，比如欧洲的岩羚羊和亚洲的雪豹。较小的动物通常因为环境恶劣而躲在洞穴里，在冬天进行冬眠。

空中的食腐动物　王鹫（*Sarcoramphus papa*）依靠上升热气流升高，能翱翔很远的距离。王鹫自己闻不到腐肉的味道，因此，经常和土耳其兀鹰一块合作，靠它们辨别腐肉的气味。一旦发现食物，王鹫就会飞下来，撕开猎物，美餐一顿，然后，才让其他的鸟儿吃剩下的食物。

比利牛斯山的云雾　比利牛斯山脉厚厚的云雾、高高的山峰以及冬天的积雪，在法国和西班牙之间形成了一道令人望而生畏的屏障。比利牛斯山脉的高原牧场曾经是牲畜的天堂，现在，欧洲经济山区的重点逐渐转移到了旅游业和娱乐业。

苔　原

真正苔原的生活环境条件非常恶劣，生物种类也最少，苔原主要分布在北半球北纬55度以北，这片不长树木的广袤地区约占陆地面积的1/5。这儿降水稀少，动物的食物也很罕见。在漫长的严冬，几个月都见不到太阳，最浅的冻土也有25厘米厚。夏天非常短暂，这时，一天几乎24小时都能见到太阳，永久冰冻带的表层能够融化，在潮湿的地方形成了短暂的浅湖。有些昆虫、鸟类和哺乳动物迁徙到这儿，充分利用这短暂的生长季节。

阿拉斯加麝牛　在严酷的寒冬，毛皮和羽毛是最重要的越冬保障。阿拉斯加麝牛（*Ovibus moschatus*）的针毛长达60厘米至90厘米，这是所有动物中最长的。雷鸟（松鸡类）能够飞到松软的积雪里睡眠，它们的羽毛厚度在鸟类中也是屈指可数的。

北极苔原的秋天　有些北极动物，比如雪鸮（*Nyctea scandiaca*）和雪鞋兔（*Lepus americanus*），它们在暖和的季节皮毛是棕色的，而到了冬天则变成了白色，这种随着季节而变色的能力，可以使它们不容易被猎食者发现。

两极地区

南极洲是最寒冷、风力最强、最干旱的大陆，而北极地区几乎是同样的荒凉。尽管如此，有些动物竟然能够在两极生存，这简直让人难以置信。比如，北冰洋拥有一些世界上最多产的渔场，而在南极洲，黄蹼洋海燕（*Oceanites oceanicus*）是一种繁殖了数百万只的鸟类。严寒使这些动物适应性很强，厚厚的脂肪、毛皮或羽毛有助于鸟类或者哺乳动物减少热量散发。动物通常用迁徙来躲避最严酷的季节。很多鱼类和无脊椎动物体液里有一种天然“防冻剂”，从而使自身受到保护。

企鹅的游行 矮胖的企鹅（*Pygoscelis adeliae*）从很小的时候就长出浓密的、类似毛皮的短羽毛，为它们能够在南极洲寒冷条件下生活提供了保护。

寒冷的慰藉 北极熊（*Ursius maritimus*）拥有减少热量流失的机能，来自心脏的暖血把热量传递给从皮肤返回的冷血。

生活在冰下 像海葵和海绵这些在海底生活的物种能够存活并繁衍下去原因之一，是因为它们生活在极冰延伸不到、相对安静的水域里。

湖泊和池塘

大约有五百万个湖泊以及更多的池塘散布在大陆上。存在的时间越长，生活在里面的当地生物群落可能就越多。大部分池塘和湖泊动物群分为三种不同种类：浮游动物主要生活在浅水里，它们是一些很小的动物，比如：甲壳类动物和轮虫；自游生物包括鱼类和一些大的无脊椎动物，它们生活在整个水域，以浮游生物为食，它们有时候也吃深海的生物，这大部分是生活在海底的无脊椎动物，比如甲壳类动物以及软体动物等；大部分池塘和湖泊，也有一些动物生活在其周围的植物上面或者里面以及岸边的沉积物里。

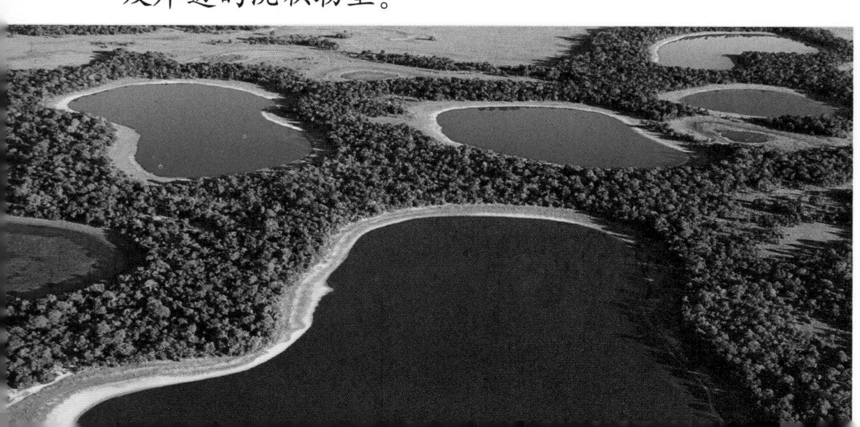

阿根廷的淡水沼泽 这个地区是南美洲野生动物最集中的场所之一，这儿有六百多种鸟类。在湿季，这儿成了世界上最大的淡水沼泽地。

迁徙前的休息 雪雁（*Anser caerulescens*）夏天在北美洲的北极苔原地区繁殖，冬天到太平洋沿岸的湿地以及多沼泽的海湾里生活。

海　洋

海洋约占全球面积的3/4，平均深度为3000米，这片广阔的水域比任何其他的生活环境都大。大部分是浮游动物（生活在整个水域），或者是深海动物（生活在海底）。浮游动物群包括的种类繁多，有随水流漂浮不定的微小浮游生物，也有像海洋哺乳动物、鱼类以及乌贼这样的游泳佼佼者。阳光对海洋的表层以及浅层水域的生物有直接影响。对许多生活在深海的动物而言，阳光的缺乏和不断增加的压力，是迫使它们做出相应改变的关键原因。

跳跃的海豚　海豚（*Stenella longirostris*）以其美妙的跳跃而闻名。现在海豚的主要威胁来自捕捞金枪鱼，这已经引起了成千上万头海豚的死亡。

海藻　植物因为要靠阳光进行光合作用，这就限制了海藻要生活在清澈的浅水中。各种各样的无脊椎动物附着在海藻上，其中有裸鳃亚目动物以及藤壶。

红树林湿地

红树林湿地一般分布在热带和亚热带的河流三角洲、河口以及海岸地带。几乎四分之三的热带海岸线狭窄的边缘地带具有这种有价值的栖息地。这儿主要生长着耐盐碱、根系较浅的树林和灌木。这些植物缠绕在一起、大量的根系固定了沉积物，保护了植被，从而创造了一种生活环境，大量的生物体（从细菌到蠕虫）在这儿繁衍生息。红森林湿地还为许多较大无脊椎动物群（从软体动物到甲壳类动物）提供栖息以及避难之处。尽管大的脊椎动物很少进入该环境，相当于温床的红树林湿地为幼年期和不成熟时期的各种鱼类起着关键的作用。

藤壶的食物　气生根把空气传送到红树林的根系底部，从而构成一个垂直的小环境，在不同的区域生活着不同的动物。树根上的这只锯缘青蟹（*Scylla serrata*）的位置取决于它对潮汐的忍耐力。

沿海的红树林　互花米草和红树林植物的根系能够排出所吸收水分中的大部分盐分，那些进入植物体液的盐分通过草叶和树叶表面的气孔排出。

珊瑚礁

珊瑚礁主要是由一种无脊椎小动物（珊瑚虫）坚硬的外骨骼聚集而成的，珊瑚虫与海葵和水母有亲缘关系。并不是所有的珊瑚虫都能形成珊瑚礁，那类坚硬的珊瑚虫生活在互连群体里，它们互相挤压、聚集在坚硬的碳酸钙杯状沉积物上，等这些动物死了以后，其坚硬的外骨骼就沉积下来，而新的珊瑚虫继续在上面沉积，这样就逐渐形成珊瑚礁。其他的无脊椎动物（包括海绵等软体动物以及某些海藻）也能分泌碳酸钙，对珊瑚礁的形成也有一定的作用。

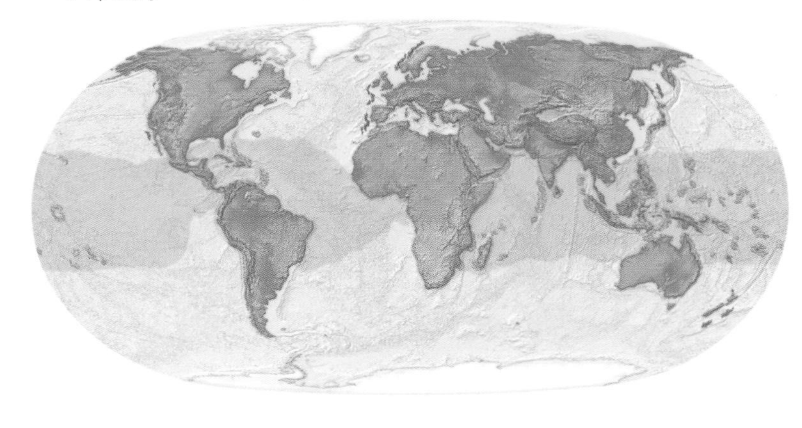

 深水珊瑚礁　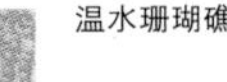 温暖的海洋　温水珊瑚礁

珊瑚礁上的生命 珊瑚礁为各种各样的大量动物群体提供了生活场所，有的动物生活在珊瑚礁上，有的生活在洞内，甚至有的食用这种坚硬的珊瑚。这些动物在食物、空间和配偶方面具有强烈的竞争，而且还不断受到猎食者的威胁。

限制性需要

石灰石珊瑚虫骨骼形成的珊瑚礁提供了一个其他生物的生活场所，其他不移栖的无脊椎动物和海藻在这上面定居并生长，大量的动物在这儿生活、进食并把这儿当做藏身之所。

世界上的珊瑚礁大部分位于西太平洋的热带区域。水温为21摄氏度至29摄氏度、深度为10米的清澈海水最适合珊瑚礁的发展。这是因为这些条件正适合单细胞海绵（虫黄藻）的生长，它和珊瑚虫是一种共生的关系。如果没有这种海绵，构成坚硬的珊瑚礁的珊瑚虫就不能生活，因为，单细胞海绵能够为珊瑚虫提供必要的营养成分，而珊瑚礁反过来为它们提供食物和生活环境。

最常见的珊瑚礁与海岸平行，它们通过浅浅的泻湖与海岸水域分开。北半球最大的珊瑚礁是堤礁，它同样与海岸线平行，但是在较宽的、更深的泻湖边缘也有分布。

脆弱的生活环境 每年由于油污、污水、沉降、过度采捞以及全球变暖从而破坏了珊瑚礁。深海的冷水珊瑚礁也受到了拖网的威胁。

澳大利亚大堡礁 大堡礁是所有珊瑚礁群中最大的，也是全球最大的生物实体。暖水珊瑚礁可以和热带雨林争夺生物群和动物群。

沿海区域

这一区域包括海滩、海洋悬崖、沙丘、潮间带岩石水坑和浅海水域。沿海区域的生物受到大风、海水泡沫、滚滚的波浪和潮汐的影响。无脊椎动物是那儿的主要动物，它们包括在潮湿的沙滩上钻洞觅食的多毛目环节动物，还有带有硬壳的腹足纲软体动物。它们伪装得很好，牢固地附着在岩石上，任凭海浪不断拍打也不动摇。海鸟在海边的悬崖上面繁殖，在海滩和布满岩石的海岸上寻找食物。在一些受保护的沿海区域，海生哺乳动物（比如海豹）在岸上交配并哺育幼兽，海龟也选择一定的海滩筑巢和孵卵。

食草的儒艮 在太平洋和印度洋的海岸水域发现有儒艮（*Dugong dugon*）。它们几乎没有防御能力，而且繁殖率也很低，这就使其列为易危物种。

布满岩石的海岸 澳大利亚维多利亚州的十二使徒岩是国家海洋公园和动物保护区。水下的拱门、峡谷、洞穴和岩墙吸引了成群的珊瑚礁鱼类和众多的鸟类。

江河与溪流

在这些栖息地生活的生物受到水的特征的影响，例如营养溶解水平、含氧量、混浊度以及水流速度。这些因素如果在空间和时间上越稳定，生活其中的物种就越繁多。一些江河与溪流经历季节涨落，随着春季融雪或夏季降雨的增多，水流就会增大，流速也随之加快，动物的生活周期已经适应了这种变化。生物也能很好地适应深海或者地表水的环境，就像适应其他水生环境一样。江河与溪流的岸边以及植被也成了动物生活的小环境。

跳跃的食物 大灰熊（*Ursus arctos horribilis*）从冬眠中醒来，十分饥饿。它们在溪流的岸边寻找茂盛的嫩草，直到每年夏季的鲑鱼洄游开始。那时，溪流里挤满了鲑鱼，鲑鱼首尾相接，靠在一起，跳跃前进。大灰熊在岸边按等级排列，以确保等级最高的灰熊得到最好的捕鱼区。

水中的河马 河马（*Hippopotamus amphibius*）的耳朵、鼻子和眼睛都长在头顶，因此，它们即使呆在水下也能知道周围的情况。河马一般在日落的时候上岸。

湿 地

湿地对于其他栖息地的健康状态非常重要。因为它吸收、减缓增长的洪水，以及在洪水到达地表以后，渗漏、捕获多余的营养物、沉淀物和污染物。由于后一个原因，湿地有时被称为“地球的肾”。湿地被水浸泡，以湿涨的泥土为特点，它包括干燥的陆地和地表水之间的所有的淡水和盐水环境。湿地包括沼泽、三角洲、泥塘和漫滩。很多是永久性的，但也有一些是季节性的。湿地分布在全世界，沿着河流、溪流和湖泊都能见到；在平原地区的湿地，有时被融雪和升高的地下水淹没。

重新认识

直到上个世纪末，湿地被广泛地认为是非生产性的荒地，除了用作填实他用外没有什么用处，结果很多湿地被破坏了。现在世界的陆地表面大约有百分之六的土地是这种栖息地。

现在人们已经理解并且广泛意识到湿地能帮助保护和净化其他栖息地，湿地有大量的动物和植物生存，其中大多数既能适应陆地环境也能适应水中环境。永久性的湿地居民包括鱼类和两栖动物，例如青蛙和蟾蜍、海龟、鳄鱼、蛇和蜥蜴，还有一些无脊椎动物，包括昆虫和甲壳动物。

还有，湿地也是迁徙动物（特别是鸟类）的重要的临时栖息地。一些动物把湿地作为到其他地方的中途停留地，在这儿进食和休息。很多的水鸟（例如苍鹭、白鹭、鹈鹕等）也把湿地作为自己繁殖地。

卡马尔格马 这种野生的小白马仅生活在卡马尔格——法国东南部的一处咸水沼泽地。这种强壮的动物能够经受这一地区寒冷的冬季和炎热的夏季。

休息中的短吻鳄 美洲短吻鳄（*Alligator mississippiensis*）居住在美国东南部的沼泽地里。当要捕食的时候，它用沉重的头部穿过植物密布的地区，然后，用宽大的长吻咬住猎物。

花枝招展的琵鹭 粉红琵鹭（*Platalea ajaja*）居住在美洲岸边的沼泽地上。为了进食，它把部分张开的长嘴伸到水中移动。当发现猎物的时候，嘴立即合上咬住猎物。

城　市

在城市栖息地，人类和他们的活动是主导力量。例如，食物链的上层被人类和他们驯养的动物（例如狗和猫）控制着。决定城市的生物是由少量物种的很多个体组成的。很多动物对食物和居所可以随心所欲地选择，有时候选择的余地很大，这些动物包括麻雀、鸽子、老鼠、蟑螂和其他昆虫。那些数量时多时少的动物能更好地适应城市环境。然而，有些繁殖率低的物种在城市中几乎不能生存。那些对栖息地要求范围大或者那些对空气和水污染敏感的动物（例如青蛙）也不易生存。

麻雀在喂养雏雀　麻雀窝由几层草和泥或牛粪球组成。为了防止它在雨中裂碎，麻雀选择这样一些地点，例如谷仓的椽子上，或者大桥下。

高空居住者　游隼（*Falco peregrinus*）大部分在高高的悬崖上筑巢，现在已经适应了在北美洲和欧洲城市中的高楼大厦的边缘筑巢。这种凶猛、快捷的猎食者能在半空中捕获猎物。

寄生方式

有些动物（大部分是小的无脊椎动物）一生中全部或大部分时间生活在其他生物体内。为了活下去，这些寄生虫需要适应它们所寄生的动物和植物体内的化学和物理环境，它们也需要抵御所生活的寄生体的免疫系统对它们进行的自卫。过寄生生活的动物需要在宿主之间转移。对于有些动物来说，这意味着通过被囊阶段或者复原休眠阶段躲过外部的恶劣环境，还有一些动物用其他生物体的身体作为宿主来避免接触外部环境。

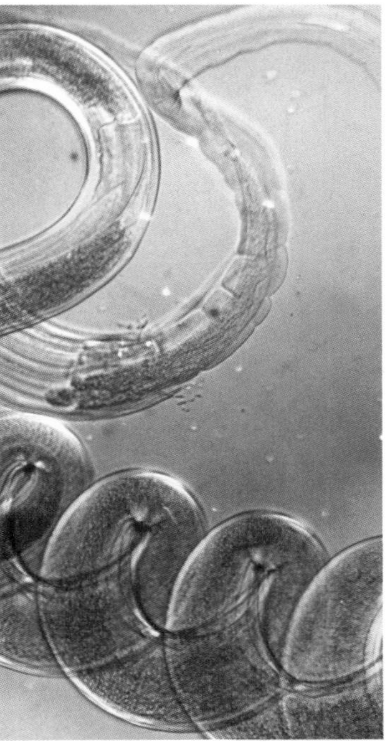

寄生虫　寄生蜂昆虫（左图）经常把卵产在麻醉的但仍然活着的毛虫身上，这样，蜂的幼虫就有丰富的食物。有时候，有许多寄生虫寄生在一只毛虫上。

不受欢迎的客人　毛圆科的线虫，或者叫蛔虫（左图）是反刍动物身上一种常见的寄生虫。它们寄宿在宿主小小的肠道内，使宿主身体虚弱，抑制宿主的正常发育。

蝗虫身上的居民　寄生螨的幼虫通常附着在蝗虫成虫翅膀的根部，在宿主身上进食，直到成虫。人们认为，它们对宿主不会产生危害（上图）。

濒危动物

生物多样性是所有生活在地球上的动物、植物和微生物以及它们携带的遗传信息的总和。这个词包括物种之间，以及物种和生态系统之间的相互作用。研究表明，保持生物多样性对于栖息地健康和稳定极其重要，反过来，栖息地的健康和稳定又为人类提供基本生活条件。保存尽可能多的地球物种的另一个理由是，它们的基因经常为工业和医学提供新物质的原料。进一步来说，生物多样性已经涉及到所有人类文化的发展，这是保护物种的理论依据。

雨林危机 热带雨林不是用之不竭的，然而无序的伐木仍然在继续（左图）。虽然茂密的森林表明土壤很肥沃，但事实是，有规律的大雨冲走了大部分营养：生态系统中的营养固定在活着的野生植物上。当生物死去后，它们被分解掉，无机物被森林吸收，如果大片的区域被破坏，土壤在几年内就会匮乏，树木也不再生长了。

现代医药 在进行新药的研究中，蟾蜍和青蛙的皮肤分泌物引起了人们的注意，例如澳大利亚的绿金雨滨蛙（*Litoria aurea*）。有些青蛙的皮肤据说有抗生素，研究表明，这些用于自卫的混合物在医药界有巨大的潜力。因此，人们更加注意保护青蛙，就像这种易受攻击的绿金雨滨蛙（上图）。

主要威胁

随着人类数量的增加，地球上生物的种类正急剧地减少，灭绝率比人类自己进化前要高出一千多倍。气候变化也威胁着动物和植物，同样，大量的人和用于日常生活而产生的污染也威胁着动物和植物。由于不合理的土地使用造成了进一步的威胁，如土地开垦和偷猎、合法打猎以及商业捕猎带来的过度开采，都造成了栖息地退化和丧失。有意或无意进来的动物和植物物种的竞争也留下了不可消除的灾害。

根据科学杂志《自然》上发表的一个国际专家队2004年的报告，仅仅是气候变化就能在不久的将来引起令人震惊的生态损害。这篇报道（《来自气候变化的灭绝危险》）的作者警告说，全球变暖的结果是：2050年以前，100万种以上的哺乳动物、鸟类、爬行动物、青蛙、无脊椎动物和植物将会灭绝。

钦吉伯玛拉哈自然保护区 马达加斯加的印度洋诸岛及附近岛屿仅仅有非洲陆地面积的1.9%，但是，这儿的兰花比整个非洲大陆的兰花还要多，大约25%非洲植物、所有的大陆狐猴和大多数爬行动物和两栖动物把这儿当做家园。钦吉伯玛拉哈自然保护区（右图）是罕见的濒危狐猴和鸟类的栖息地，但是，由于刀耕火种的农业，树木滥砍乱伐，难以控制的放牧和狩猎，很多马达加斯加的生物资源处于危险中。腐蚀造成了荒芜问题，由于植被破坏，土壤流失，使河流里经常流淌着血红色的水流。

生物多样性热点地区

1 加利福尼亚
2 加勒比海
3 中美洲
4 乔可－达里安－西厄瓜多尔
5 热带安第斯山脉
6 巴西塞拉多保护区
7 大西洋森林
8 智利中部
9 地中海盆地
10 高加索地区
11 几内亚森林
12 非洲东部拱形山和沿海森林
13 马达加斯加及附近印度洋诸岛
14 南非干旱台地
15 南非海角地区
16 印度加茨山脉和斯里兰卡
17 中国西南部山脉
18 印度东部和缅甸等
19 菲律宾
20 苏门答腊岛
21 华莱士区
23 新西兰
24 新喀里多尼亚
25 波利尼西亚和密克罗尼西亚

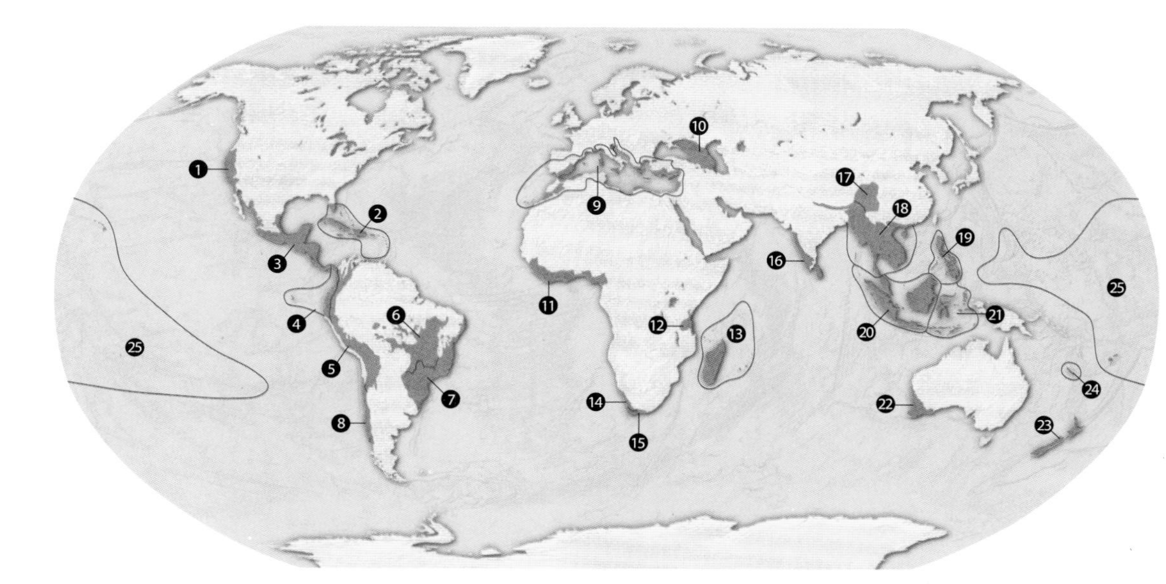

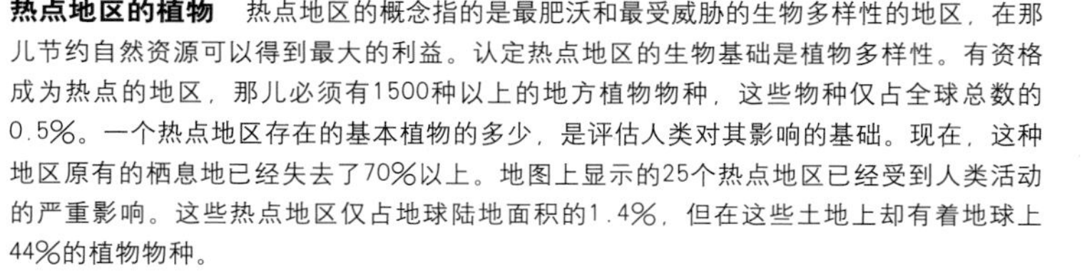

热点地区的植物 热点地区的概念指的是最肥沃和最受威胁的生物多样性的地区，在那儿节约自然资源可以得到最大的利益。认定热点地区的生物基础是植物多样性。有资格成为热点的地区，那儿必须有1500种以上的地方植物物种，这些物种仅占全球总数的0.5%。一个热点地区存在的基本植物的多少，是评估人类对其影响的基础。现在，这种地区原有的栖息地已经失去了70%以上。地图上显示的25个热点地区已经受到人类活动的严重影响。这些热点地区仅占地球陆地面积的1.4%，但在这些土地上却有着地球上44%的植物物种。

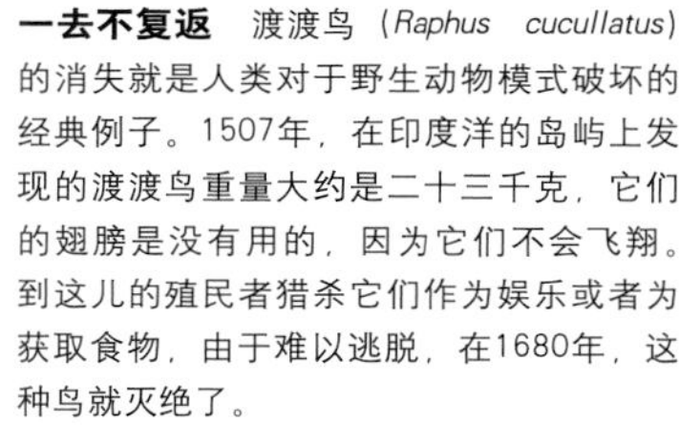

一去不复返 渡渡鸟（*Raphus cucullatus*）的消失就是人类对于野生动物模式破坏的经典例子。1507年，在印度洋的岛屿上发现的渡渡鸟重量大约是二十三千克，它们的翅膀是没有用的，因为它们不会飞翔。到这儿的殖民者猎杀它们作为娱乐或者为获取食物，由于难以逃脱，在1680年，这种鸟就灭绝了。

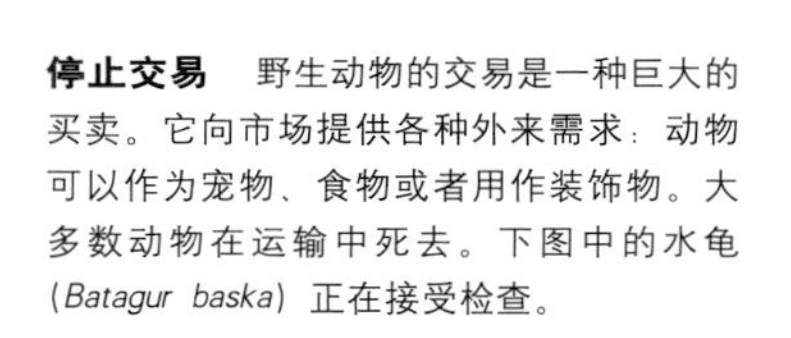

停止交易 野生动物的交易是一种巨大的买卖。它向市场提供各种外来需求：动物可以作为宠物、食物或者用作装饰物。大多数动物在运输中死去。下图中的水龟（*Batagur baska*）正在接受检查。

灵活的攀登者 这种行动迅速的岩羚羊(*Rupicapra rupicapra*)生活在比利牛斯山脉和欧洲的其他山脉里。虽然作为一个物种没有受到威胁，但由于过度狩猎以及同家畜争夺环境资源，一些亚种的数量正在下降。在一些地区，岩羚羊正被引进或者重新引进，取得了良好的效果。

不要打搅我 对塔斯马尼亚岛的巨型淡水龙虾(*Astacopsis gouldi*)的过度捕捞导致这种育龄动物的数量降到了危险的程度。这一物种的雄性和雌性要分别花9年和14年的时间才能达到性成熟。这儿（右上图）一只龙虾样本正在被测量和加标签，然后放回到野生环境中去。

红色警告 白秃猴(*Cacajao calvus*)生活在巴西和秘鲁潮湿、茂密的森林里。由于开矿和伐木，白秃猴和它的亚种被国际自然与自然资源保护联合会定为濒危物种。可是，至今仍有人捕捉白秃猴作为食物或者作为宠物卖掉它们。

第六次大规模灭绝

科学家认为，按照自然灭绝的比例，自然界中平均每四年就有一个物种灭绝。然而，估计每年有17,000种物种灭绝，其中，大部分还没有被科学家记载就消失了。很多德高望重的生态评论员说，这是地球上的第六次大规模灭绝。上一次发生在6500万年前，当时，地球上3/4以上的物种，包括大量的恐龙，永远消失了。

科学家认为，其他的物种大规模灭绝都与某种形式的自然现象有关。他们声称，目前的危机毫无疑问同全球人类活动有关。一些科学家认为，这可能是不可避免的，造成物种目前大规模灭绝的同样因素也会让我们自己处于危险的边缘。很多专家认为，我们有方法和足够的时间来减缓、甚至终止目前正在扩展的灭绝危机。不过，更重要的是我们是否愿意这么做。

神化的神秘动物 雪豹(*Uncia uncia*)是中亚高山地区难以捕获的动物。由于对这种动物安装了无线电项圈进行跟踪，我们才对这种动物有所了解。同时，科学家还教给当地农民各种方法保护家畜，而不要去杀死这种处于灭绝危险之中的动物。

濒临灭绝 澳大利亚的豪勋爵岛竹节虫(*Dryococelus australis*)被认为在20世纪20年代就灭绝了，不过，在2001年又重新发现了这种动物。仅仅在岛上发现三个这种不会飞翔的大型昆虫（上图）的样本，但科学家希望通过物种复原计划使它恢复到以前的活动范围。

失去的动物

世界自然保护联盟估计1/4的哺乳动物和1/8的鸟类正面临着灭绝的危险，同样有25%的爬行动物、20%的两栖动物，以及30%的鱼类也面临着同样的遭遇。目前，世界上许多地区的大量鸟类和哺乳动物面临着威胁。昆虫和无脊椎动物的其他种群受到的威胁要小一些，不过，那可能是因为它们的数量众多，有很多还没有纪录。

两栖动物对环境恶化特别敏感，因此，最近它们数量的下降有力地表明，我们的星球正逐渐失去保持生物多样性的能力。

现在，全世界正在进行的一项营救大行动，这是为了保护濒临灭绝的人类最近的亲属（四种猩猩）而做得最后努力。联合国专家预测：大猩猩、猩猩、黑猩猩和倭黑猩猩再有几十年就会从野生世界中消失。

食物危机 中国大熊猫（*Ailuropoda melanoleuca*）的活动范围正逐渐缩小，因为土地的开恳影响了它的栖息地。它食用的竹子正在大规模地定期开花，使得这些竹子大面积地死亡，从而造成大熊猫食物的危机。在过去，大熊猫能迁徙到其他地方进食，可是，现在栖息地的减少使得这种行为非常困难。目前，中国当地政府建立了大熊猫栖息地自然保护区，使得大熊猫的生长有了一个相对安稳的环境。

长距离旅行者 漂泊信天翁（*Diomedea exulans*；左图）有广阔的海洋活动范围，一次迁徙就能飞行15,000千米。信天翁已列为易危动物，由于长线钓鱼作业和肉食动物（例如一些岛屿引进猫和狗）带来的威胁，信天翁正处于危险中。

致命的油污 黑脚企鹅（*Spheniscus demersus*）已列为易危动物。它是不会飞的鸟，生活在南非海岸附近的区域。油轮上非法输送石油导致原油泄漏、采集企鹅蛋食用以及商业捕鱼造成的食物缺少都为这些鸟敲响了丧钟。值得庆幸的是，南非国家保护海岸鸟类基金会正在营救浸油的海鸟，并取得良好的效果。

处于危险边缘的海洋

很长时间以来，海洋环境中的污染和过度捕捞一直受到人们的关注。土地开垦也会对海洋产生恶劣的影响，因为，它会导致沉积物流失，又会直接影响到海岸地区的生物，并且，最终影响到深海区域的生物。现在，全球变暖也是对海洋生物多样性的主要威胁。

低洼的大陆沿海地区的洪水，可能影响到在潮间带生活的很多物种。岛屿的海岸线也将遭受同样的命运，可能一些岛屿将会完全消失在大海下面，它们那里独一无二的植物和动物也会随之消失。

近来科学家的预言备受关注，世界上的最大的珊瑚虫有机体系统（澳大利亚的大堡礁）由于海平面的上涨和海洋温度的上升，可能在2050年前后失去95%的珊瑚虫，可能在2100年左右，这个有机体系统会完全崩溃。

科学家还发现，浮游植物（所有海洋食物链的基础）正以惊人的速度减少，这在北太平洋地区尤其明显。

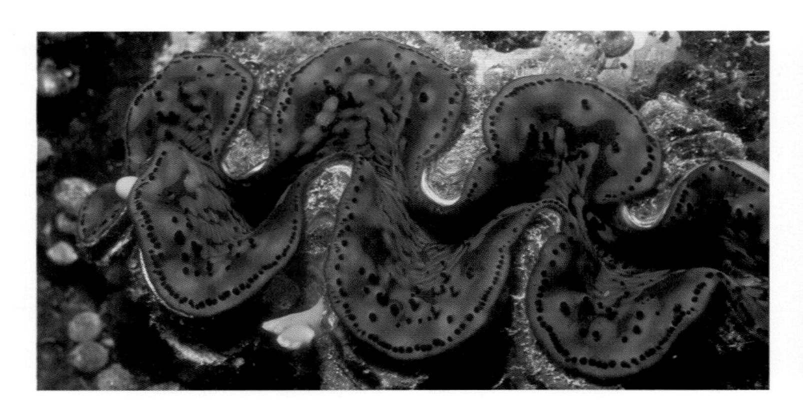

偷猎的威胁 巨大砗磲贝（*Tridacna gigas*）仅仅生活在印度洋－太平洋地区的热带水域。目前，这些砗磲贝正处于危险中，因为它们的肉（上图）被人们大量的食用，而它们的壳（右图）被当做商品买卖。

全球变暖 最近的数据资料表明，海平面平均每世纪上涨20厘米。看上去这似乎不多，但是，对于南太平洋的低洼的岛屿和环状珊瑚岛来说，这些上涨是灾难性的。很多岛屿到本世纪末会被淹没。

鲨鱼销售 很多种类的鲨鱼的鱼翅（右中下图）是世界上最受欢迎的渔业产品。在有些国家，几个世纪以来鱼翅汤一直是美味佳肴，由于人们过度捕捞鲨鱼，使得很多种类的鲨鱼处于危险中。

严重后果 大型捕捞船（左图）把很多便宜的鱼类用于商业生产，甚至导致了某些鱼类的灭绝。水产养殖——例如这种鲑鱼养殖场（下图）——被吹捧为发展前景光明的未来蛋白质来源。但是，水产养殖会对养殖场所在地区的生物多样性及海水产生有害的影响。

寻找答案

2002年，在南非约翰内斯堡举行的可持续发展首脑会议的代表一致同意：在2010年以前，努力争取把生物多样性损失率降到最低限度。这一协议显然是沿着正确的方向迈进了一步，重要的问题在于如何实现这个目标。从全球范围来说，现在有一系列的国际协议、草案规定了增加保护以及降低对物种的开采，特别是那些列入濒危和易危的物种。这些协议包括《关于保护野生动物迁徙物种的协议》、《关于濒危物种的国际贸易协议》以及《关于生物多样性的协议》等等。

在很多国家，特别是在那些富裕国家，采取有力的处罚立法在很多方面起着越来越重要的作用，比如，阻止工业污染、偷猎行为和其他威胁濒危物种和栖息地的因素方面，那些规定合理地使用陆地和海洋栖息地及资源的法律也变得尤其重要。

然而，人们普遍认为，一般民众——包括社区、学校及家庭的教育和引导将会最终确保地球生物多样性的未来。

创造安全的避难所 国家公园、野生动物与植物保护区和其他保护区是自然界的监护人，对于成千上万的野生动物和植物的生存至关重要。在美国怀俄明州的黄石国家公园（左图），依赖保护的野牛（*Bison bison*）成群地在那儿漫步。然而，当公园在1872年刚开放的时候，由于没有资金来管理它，偷猎也得不到控制，导致美国最后的野牛数量减少到22只。

野马的灭绝 19世纪，俄罗斯南部和乌克兰的大草原的快速开垦导致了野马的消失。普氏野马（*Equus ferus przewalskii*；现存仅有的亚种）是在圈养繁殖计划中幸存下来的，有计划地把这些动物送回到野生世界中去，这个冒险计划能否最终成功，取决于保护它们的自然栖息地的人们的努力。

救救它 虽然戟齿砂鲛（*Carcharias taurus*）在没有受到挑衅的时候很温顺，但是，由于它的外表非常凶猛，经常受到猎捕而处于危险中，再加上它的繁殖率很低，目前，已被列为易危物种。这种鲨鱼很容易被逮到，因此，我们经常在水族馆和海洋公园里见到它。

现代诺亚方舟 对正在消失的动物物种实行圈养繁殖计划，在动物园中已经进行了，最终的目标是重新恢复野生动物的数量，不论是濒危的还是已经灭绝的。然而，作为预防措施，国际上不同地区的科学家已经开始收集和储藏濒危动物的冷冻组织样本，对于濒危动物来说，克隆技术和基因工程技术是最后的一招。现在，科学家们已经开始克隆苏门答腊虎（*Panthera tigris sumatrae*）和中国的大熊猫。

哺乳动物

综 述

纲	哺乳纲
目	(26)
科	(137)
属	(1142)
种	(4785)

哺乳动物具有惊人的多样性，从娇小的田鼠，到比人类大1750倍的庞大蓝鲸都有。哺乳动物的适应性和智力使它们能占据地球上所有的大陆和几乎所有的栖息地，汲取陆地上、地面下、树木、天空、淡水和咸水中的资源。虽然哺乳动物的体形各不相同，但它们都有一些共同特征。它们的定义特征是它们的下颌骨，即齿骨，直接连在颅骨上。再就是，哺乳动物是恒温动物，用乳腺制造乳汁养育后代，其身上通常有毛。

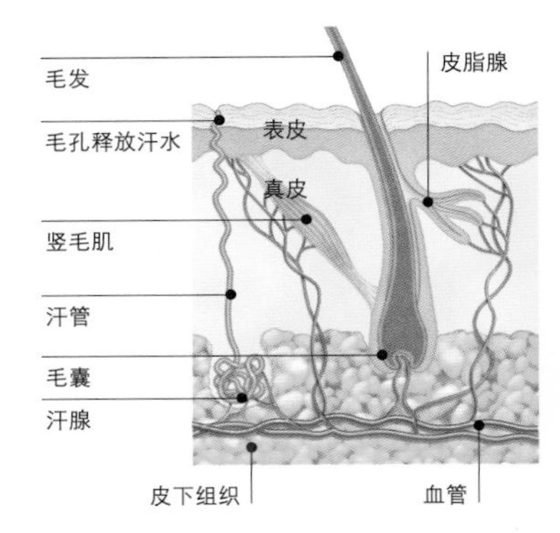

皮肤构造 哺乳动物的皮肤有两层。表皮是死亡细胞形成的外层；真皮则含有血管、神经末稍和腺体。肌肉能让皮肤上的毛发竖起或放下，以保持或释放具有隔离作用的一层空气。

鲸目动物 海豚之类的鲸目动物有流线型的躯体，在水中动作流畅。它们已经失去体毛，全赖一层鲸脂作为与外界的隔离层。

起源和构造

哺乳动物由一群像哺乳动物的爬行类动物演化而来，这些爬行类动物咬合有力，并有复杂的牙齿。在齿骨和颅骨间，有明显咬合骨的真正动物，最初出现于1亿9500万年前。这些真兽类是夜行性、长得像鼩鼱的动物，身长约有2.5厘米，以昆虫为生。接下来的1亿3000万年，恐龙主宰地球，哺乳动物的体形依然矮小。但是，约6500万年前，全球气候发生剧变，使当时所有的动物物种有70%灭绝，其中包括恐龙。幸存的哺乳动物开始填补新空出来的生态环境，从此展开一场演化，产生了今日无比繁多的物种。

哺乳动物在严酷的气候变化期间得以幸存，关键可能在于，它们能以调节新陈代谢、血流、发抖、流汗或喘气，来调整体内温度。恒温使哺乳动物即使在极端的外在温度下，都能保持活力，因而能占领范围更广大的栖息地。

哺乳动物共同的一个特征是体毛。许多哺乳动物都有柔软的底毛和粗硬的披毛构成的双层毛皮，以隔离冷和热。特殊的毛形成须或触须，对碰触极为敏感。皮毛的纹路可作为伪装或沟通信息之用。刺和刺毛是变形的毛，能产生一层防护罩。

哺乳动物的皮肤中，有数种有用的腺体。雌性有乳腺，能分泌乳汁，养育后代。皮脂腺产生油脂润滑剂，以保护毛皮，让它防水。汗腺对体温控制很重要，它们让许多哺乳动物能释放蒸发汗水，让身体冷却。臭腺产生复杂的气味，传达一个哺乳动物的情况、性状态和其他信息。某些物种例如臭鼬，也用气味来防卫。

以体形而言，哺乳动物的脑较大。味觉是重要的沟通工具。一些哺乳动物开始具有独立的色彩知觉，立体视觉则让灵长类动物能判断距离。哺乳动物的中耳都有三根听骨，且大多有外耳，以收集声音。

毛皮和胡须 从澳大利亚树栖性的刷尾负鼠（右图），到热带斑海豹（下页图），几乎所有的动物都依赖一身毛皮做隔离层。毛细胞有强化角质素，有些也会形成触须，这些对碰触敏感的胡须能提供重要的触觉信息。

巨大的草食动物 非洲象是陆地上最大的哺乳动物，这种草食动物以灵巧的象鼻采集草、树叶、树枝、花和果实充饥，以支撑巨大的身躯。由于它的食量极大，因此，每天得用3/4的时间搜寻食物。

振翅而行 飞行能力加上高超的回声定位系统，使小棕蝠(*Myotis lucifugus*)能尽情捕食大量的夜行性飞虫。

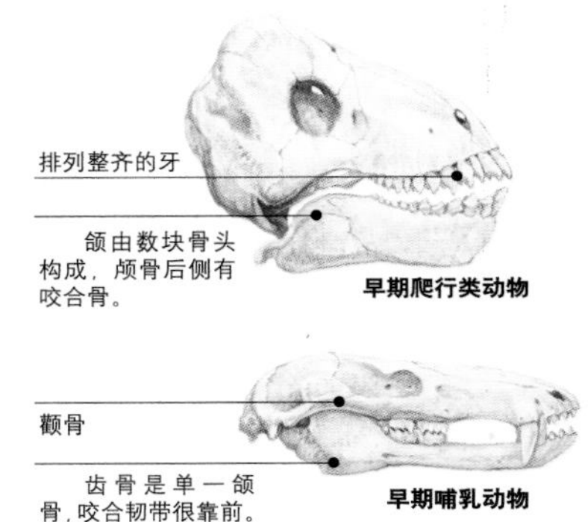

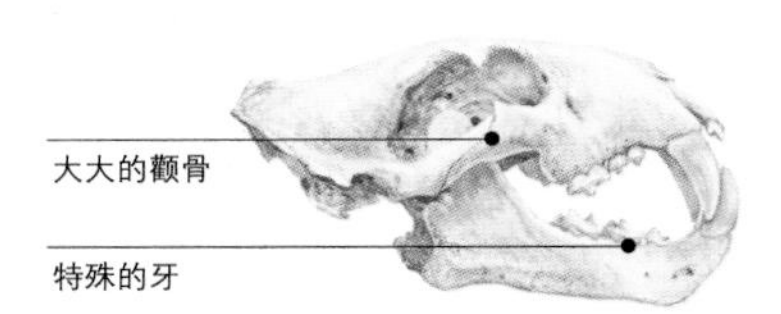

颌和牙 哺乳动物是惟一会咀嚼食物的动物。它们异于爬行类祖先之处是具有单一颌骨，在颧骨上有强力的颌肌和复杂的牙。

多样的生活方式

哺乳动物移居到不同的栖息地后，会调整它们的构造、运动方式、饮食习惯和群体习惯，以适应特殊的生态环境。大部分地栖性哺乳动物都以四肢行走，但有些则只靠两腿行走。有些动物，例如熊，将整个脚掌贴地，有些只用脚趾(猫)或趾尖(鹿)碰到地面。有些避居在地下，鼹鼠和其他擅长挖掘的动物，一生几乎都生活在地下洞穴里。许多灵长目、啮齿目动物和其他哺乳动物以树为家。它们有些手脚有力，能牢牢抓住树枝，抓握力强的尾巴则像第五只手。有些品种有滑翔膜，能让它们在树木间滑翔。蝙蝠已发展出真正的飞行能力，拍动翅膀便能在空中飞越很长距离。许多哺乳动物擅长游泳，但水生哺乳动物，如鲸、海豚、海豹和海牛等，已完全适应水中生活。它们的身体变成流线型，四肢则变成鳍状肢。

游戏 对于许多幼小的哺乳动物来说，例如这些正在摔跤的幼棕熊，游戏对于学习今后的捕猎和社交技巧有重要作用。

猎物 肉类能提供高能量，容易消化，但捕捉猎物需要很大的力气和智能。加拿大猞猁的食物中，白靴兔便占有35%至97%的分量。

为了有能量随时调节体温，哺乳动物必须大量进食。颌骨和肌肉结构让哺乳动物有很强的咬合力，能撕开并咀嚼食物。牙齿不同的形态，反映出各种动物的饮食习性。例如，肉食动物的臼齿锐利，能咬碎生肉和骨头；草食动物的臼齿宽平，适合磨碎植物；杂食性动物则有多颗臼齿，让它们动物和植物通吃。许多哺乳动物是机会主义者，一旦遇到食物，便会把握机会进食；有些则有特定的习性，专吃昆虫和其他无脊椎动物，或小型、大型脊椎动物。草食动物可能专吃水果、树叶或草。它们通常有复杂的消化系统，并依赖胃里的微生物，分解植物的纤维质。

哺乳动物的适应力反映在它们多样的群体组织中。成年哺乳动物可能独居、成对或以小型家族群体而居，或是一雄多雌，或是成群而居。这些群体可能是暂时而有弹性，或是稳定而持久。由于所有哺乳动物的幼崽都靠母兽的乳汁养育，这也使它们产生某种群体关系。

长尾叶猴 长尾叶猴住在雨林冠层中，用它那有力的手脚抓紧树枝，在树间跳跃。它的便便大腹中有复杂的消化系统，能消化大量的树叶。

狂吃 由于新陈代谢快速，鼩鼱每隔数小时便得进食，一天所吃的无脊椎动物重量，等于它体重的90%。它栖息于地洞中，但通常以其他物种废弃的地洞为家。

哺乳动物的繁殖

所有雌性哺乳动物的卵，都在体内由雄性的精子授精。单孔目动物于数天后产卵，并抱着卵直到孵化为止。有袋类和胎盘哺乳动物都会直接产下幼崽。有袋类动物的幼崽由于怀孕期短，出生时尚未发育成熟，但它会附着在育儿袋里，由母兽的乳汁哺育。胎盘动物在子宫内生长得较久，由胎盘滋养。出生时，它们的发展通常较为成熟。

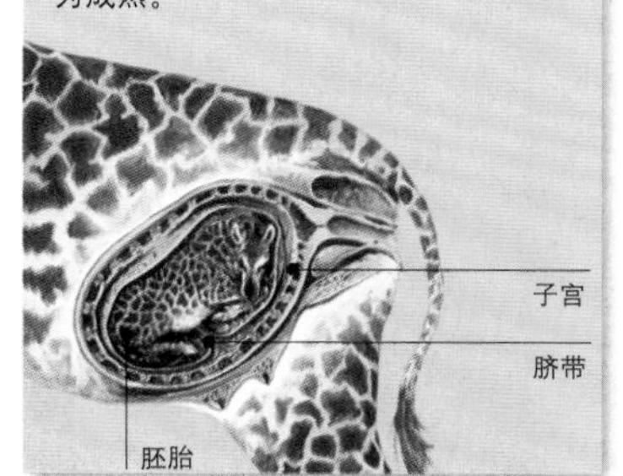

这可能只是动物初期的现象。以树鼩为例，母树鼩只在短暂的养育期，每隔几天去探视幼崽一次，有些啮齿目动物数周后便断奶。不过，有许多哺乳动物幼崽，仍得依赖母兽数个月，甚至数年，例如灵长目动物、象和鲸。

哺乳动物借由气味、触觉、声音、表情和姿势来沟通。许多物种都有高度发展的竞争和合作现象。同种个体会竞争栖息地领域、食物来源、交配权和群体地位。群体性的物种会依赖同伴协助养育幼崽、合作狩猎或分享食物来源的信息、警示危险和诱离猎食者。

骑在背上 尽管有袋类动物出生时几乎是胎生状态，但当它们断奶时，和新生的胎盘动物发育相似。一只无尾熊七个月大时离开育儿袋，但它会继续在母考拉背上呆五个月。

团队精神 大型草食哺乳动物常聚集成群，如此才有许多耳目来侦查危险，让单一个体被捕的机会降低。雄红水羚防卫求偶场所的交配领域，雌红水羚生育时会来这里。

单孔目动物

纲	哺乳纲
目	单孔目
科	(2)
属	(3)
种	(3)

和其他哺乳动物一样，单孔目动物全身也覆盖着毛皮，以乳汁养育幼崽，心脏隔为四个房室，下颌有一块骨头，中耳有三块听骨。但是，它们也很不寻常，因为它们产卵，而非生下活生生的幼崽。它们的某些构造也和爬行纲动物相似，例如，肩部有额外的骨头。单孔目有两科，针鼹科包括两种针鼹，鸭嘴兽科则只有鸭嘴兽一种。它们有鸭子样的喙、蹼脚以及毛皮身体和海狸状的尾巴，从1799年，第一只样本被送到英国后，便一直令科学家们啧啧称奇。

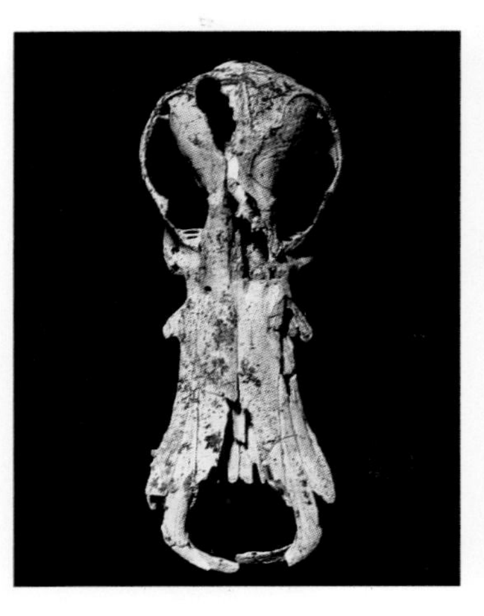

鸭嘴兽化石 在目前所发现的少数单孔目动物化石中，这个在澳大利亚发现的1500万年前的鸭嘴兽颅骨化石是其中之一。化石记录显示，单孔目动物至少起源于1亿1000万年前，那时的澳大利亚仍是冈瓦纳古陆的一部分。

水中搜捕能手 鸭嘴兽潜进水中时，会闭上眼、耳，转而依赖它那柔软的喙。这个喙不仅有敏锐的触觉，还能侦查到蛰伏水底的无脊椎动物所释放的信号。

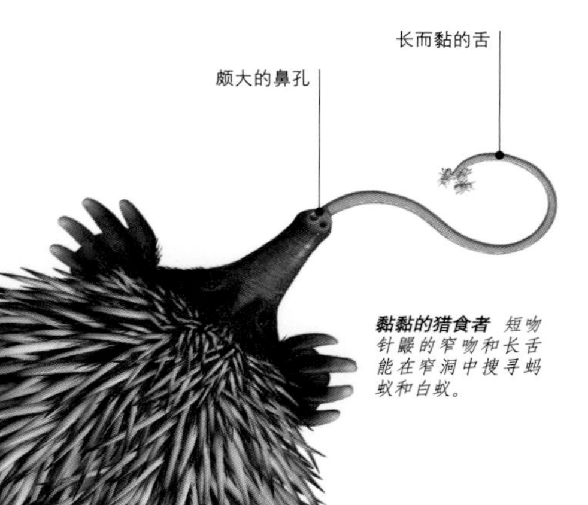

黏黏的猎食者 *短吻针鼹的窄吻和长舌能在窄洞中搜寻蚂蚁和白蚁。*

以刺防卫 短吻针鼹为了躲避澳大利亚灰狼等猎食者的猎捕，能快速挖洞，缩进地下，只露出它的刺尖。若在坚硬的地面受到威胁，针鼹会蜷缩成一颗刺球。

产卵哺乳动物

单孔目动物的卵有软壳，约在授精10天后孵化。幼崽孵化后，数个月都得依赖母兽的乳汁。这种依赖在哺乳动物中很典型。

春季交配后，雌鸭嘴兽在岸边地洞中，可产下三枚卵，自己则蜷缩起来，用尾和身体包住卵。孵化的幼崽在地洞中待三四个月，靠母兽身上两个像乳头的乳腺涌到毛皮上的乳汁维持生命。等幼崽在地洞中能自由活动时，便会逐渐断奶，最后离巢，从此，它们大多独居生活。野生鸭嘴兽至少能活15年。

在冬季交配期间，数只雄短吻针鼹会跟随一只雌针鼹长达14天，进行挖掘和推挤比赛，直到一只赢得交配权为止。接着，雌针鼹在它的袋中产下一枚卵。幼崽孵化后待在袋中，直到它长出刺来，再移到一个地洞中。母针鼹没有乳头，但它的乳腺会在袋中展开，成为一块块的表皮。它喂哺幼崽的时间可长达7个月。一只豢养的短吻针鼹已经活了49年，但野生针鼹最长寿的记录是16岁。

虽然长吻针鼹的繁殖周期不明，但据说应该和短吻针鼹类似。

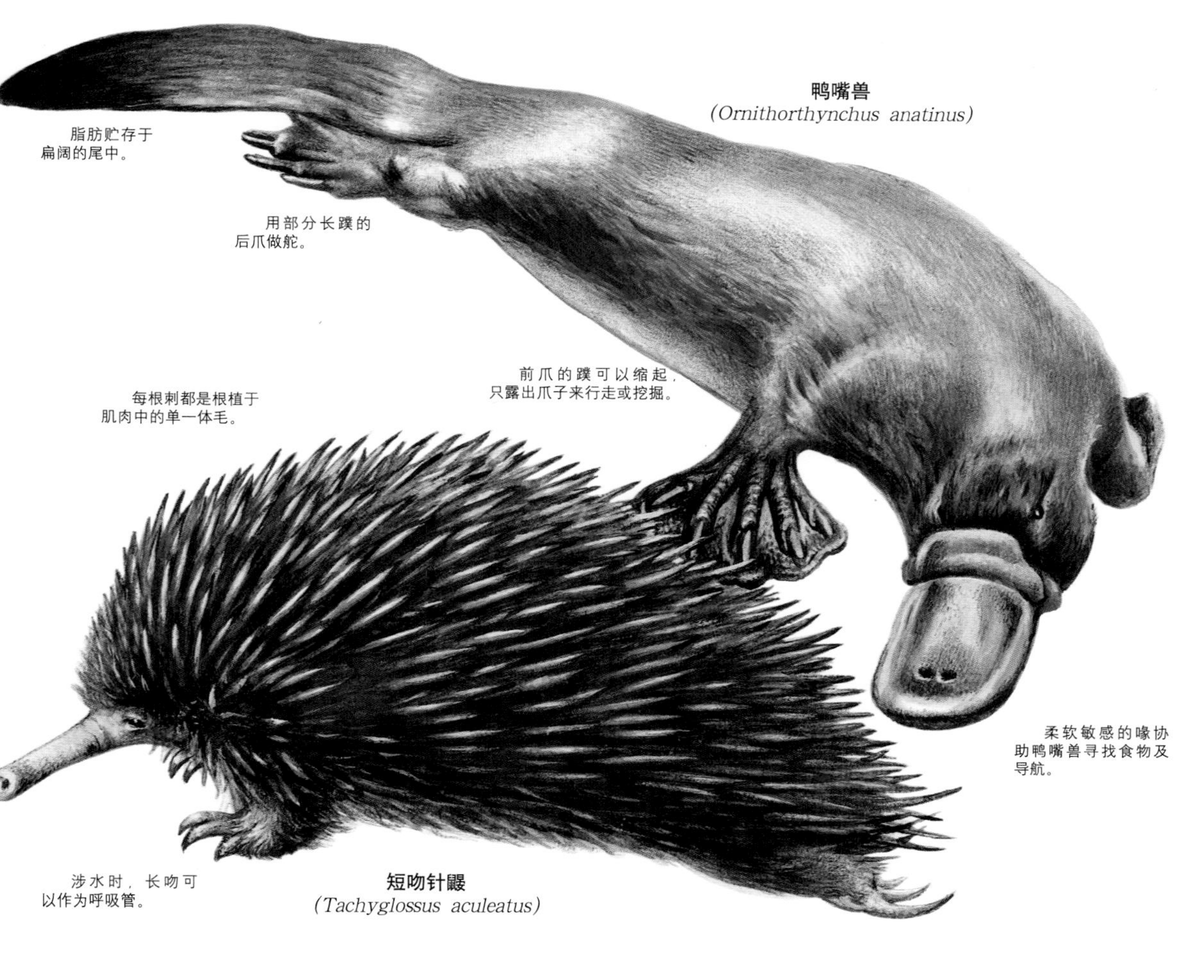

长吻针鼹
(*Zaglossus bruijni*)

嘴在长吻的末端

用摇动的步伐行走。

小档案

鸭嘴兽 这种两栖哺乳动物可能是最不寻常的动物。它有柔软的鸭喙、厚毛皮和蹼爪，住在河边地洞中，靠昆虫幼虫和其他无脊椎动物为生。

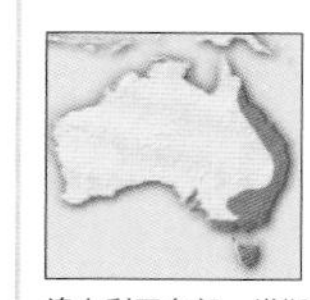

40厘米
15厘米
2.4千克
独栖
当地常见

澳大利亚东部、塔斯马尼亚岛、袋鼠岛和国王岛

短吻针鼹 这种针鼹健壮的身体上覆盖着长刺和较短的体毛，以摇动的步伐行走。它生存在范围很广的栖息地中，从半干旱地区到高山地区都有，主要以蚂蚁和白蚁为生。

35厘米
10厘米
7千克
独栖
当地常见

澳大利亚东部、塔斯马尼亚岛和新几内亚

长吻针鼹 这种针鼹与短吻针鼹相较，毛较多，刺较少。舌头上的小刺有助于捕捉它的主食——蚯蚓。

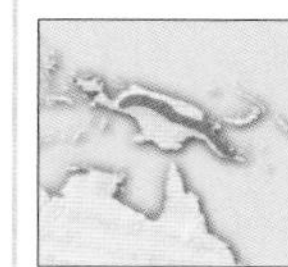

80厘米
无
10千克
独栖
濒危

新几内亚

毒 刺

雄鸭嘴兽能用后脚踝的刺注射麻痹物质，使它成为世界上少数的有毒哺乳动物之一。这个特征能帮它在繁殖季节与其他雄性争夺领域和交配权。

保护警报

长吻针鼹 长吻针鼹只见于新几内亚的高山森林和水边草地，目前数量约三十万只，但人类却猎捕它们为食。同时，也遭受到栖息地减少的威胁，因为栖息地大量被人们开垦，产生的农场越来越多。

有袋类动物

纲	哺乳纲
目	(7)
科	(19)
属	(83)
种	(295)

有袋类动物通常被称为有袋哺乳动物，共有七个目。幼崽刚出生时，简直只是胚胎，但它必须立刻爬到母兽的乳头上。这些乳头在育儿袋里。幼崽紧贴着乳头数周或数月，等发展到和待在子宫中由胎盘吸收养分的新生哺乳动物相当时，才会离开乳头。大多数有袋类动物的其他特征，也和胎盘哺乳动物不同：上下颌有更多门牙；后脚有一根可外张的脚趾；相对较小的脑和略低的体温和代谢率。

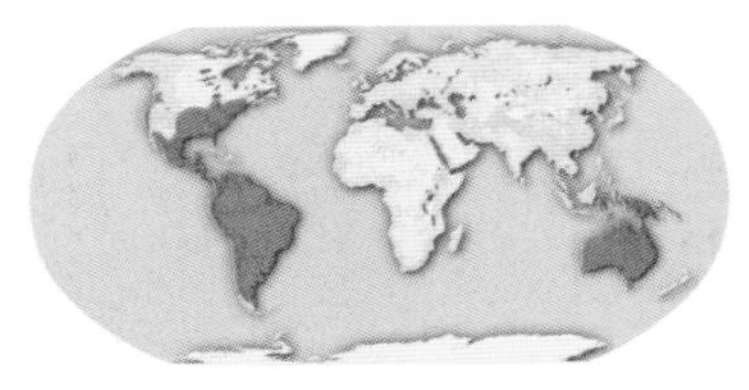

占优势的物种 虽然有些有袋类动物在美洲繁衍众多，但在没有胎盘哺乳动物的澳大利亚和新几内亚，却最具多样性。它们已经被引进到新西兰、夏威夷和英国等地。

同胞反目 雌北方负鼠一次能产下50多只幼崽，但只有附着在它13个乳头上的那些才能存活。一旦幼崽进一步发育，即使仍然很无助，母鼠仍会将它们留在巢中，独自出去觅食。

袋中生涯 沙袋鼠、袋鼠和其他大型有袋类动物一胎会产下一崽，并用一个容量大的前开式育儿袋哺育它。即使完全断奶，幼崽仍继续用育儿袋当交通工具和睡觉之用。

类似的捕食之道

由于与世隔离数百万年，澳大利亚与新几内亚的有袋类动物，就像胎盘哺乳动物充斥于其他地方一样，占据相同的生态环境，而且经常呈现类似的适应性，这个现象称为趋同演化。三纹缟袋鼯是澳大利亚和新几内亚的一种有袋类动物，指猴是马达加斯加的一种胎盘哺乳动物，它们都是树栖性食虫动物，二者都有一根特别长的手指，让它们能挖出蛰伏在木头里的昆虫幼虫。

找到一个生态环境

有袋类动物原本被视为一个目，但是，它们的多样性远超过胎盘哺乳动物中的任何一目，现在已被分成七个目。其中，负鼠目（包括北美负鼠）、少结节目（鼩鼠）和袋熊目（山猴）在美洲可见；澳大利亚－新几内亚地区则有毛尾袋小鼠目（袋鼬、狭足袋鼠、袋食蚁兽）、袋狸目（袋狸）、智鲁负鼠目（袋鼹鼠）和有袋目（负鼠、袋鼠、无尾熊和毛鼻袋熊）。

化石记录显示，有袋类动物和胎盘哺乳动物于一亿多年前分化。在北美洲和欧洲，有袋类动物灭绝，胎盘哺乳动物则多样化。至于南美洲，由于与北美洲分隔大约一千万年，使有袋类动物演化，占据各种生态环境。当南美洲和北美洲于四五百万年前结合时，北美洲的肉食动物如美洲豹，很快便取代南美洲的大型肉食有袋类动物。不过，小型杂食性有袋类也顽强抵抗，包括北方负鼠在内的一些物种再度占据北美洲。只有在澳大利亚－新几内亚地区，有袋类动物维持了最久的优势，并发展出最大的多样性。

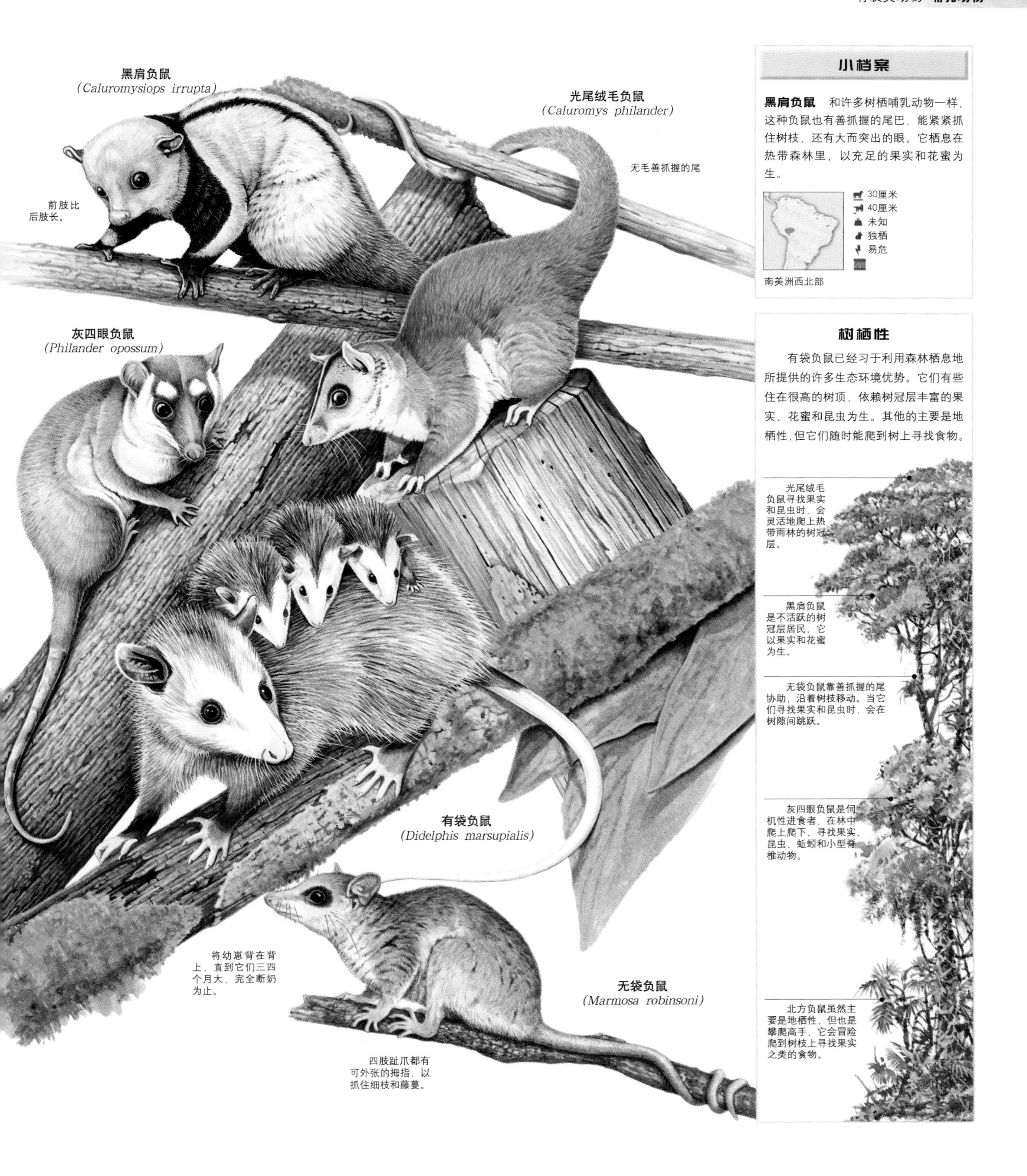

小档案

黑肩负鼠　和许多树栖哺乳动物一样，这种负鼠也有善抓握的尾巴，能紧紧抓住树枝，还有大而突出的眼。它栖息在热带森林里，以充足的果实和花蜜为生。

树栖性

有袋负鼠已经习于利用森林栖息地所提供的许多生态环境优势。它们有些住在很高的树顶，依赖树冠层丰富的果实、花蜜和昆虫为生。其他的主要是地栖性，但它们随时能爬到树上寻找食物。

游　泳

中美洲和南美洲的蹼足负鼠是惟一真正水栖的有袋类动物，极适应水中生活。它的后爪趾长而有蹼，毛皮防水，潜水时育儿袋能关闭。大多在夜晚捕食鱼类、蛙、甲壳类动物和昆虫。白天则在河岸边的巢穴里休息。

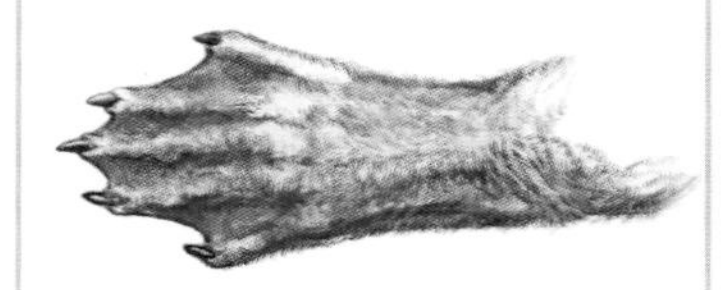

划动蹼足

负鼠用它那有蹼的后爪在水中有力地划动，让前爪能随意寻找溪流底部的食物。

有袋类动物的起源

DNA研究证实，阿根廷和智利的山猴是袋熊目动物仅存的惟一成员。这一目中南美洲的有袋类动物与澳大利亚有袋类动物的关系，比它与南美洲其他有袋类动物的关系还密切。加上南极半岛发现的有袋类动物化石，山猴研究证实，有袋类动物是1亿年前到6500万年前，从南美洲经由南极洲传播到澳大利亚的。当时，这些大陆是一个单一陆地，名为冈瓦纳古陆。

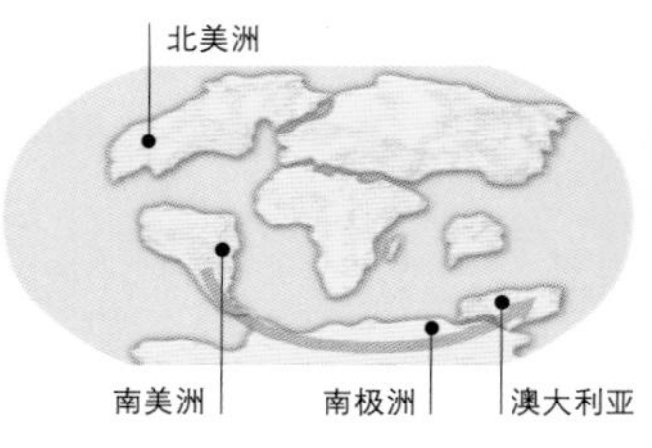

种群分离

有袋类动物由南美洲扩散到南极洲和澳大利亚。由于澳大利亚的竞争者少，使它们繁衍茁壮，但南极洲分离南移后，有袋类动物却随之绝迹。当南美洲和北美洲再度结合时，北美洲的肉食动物取代了南美洲的大型有袋类动物。

山　猴

山猴居住在智利和阿根廷茂密潮湿的高原森林中。

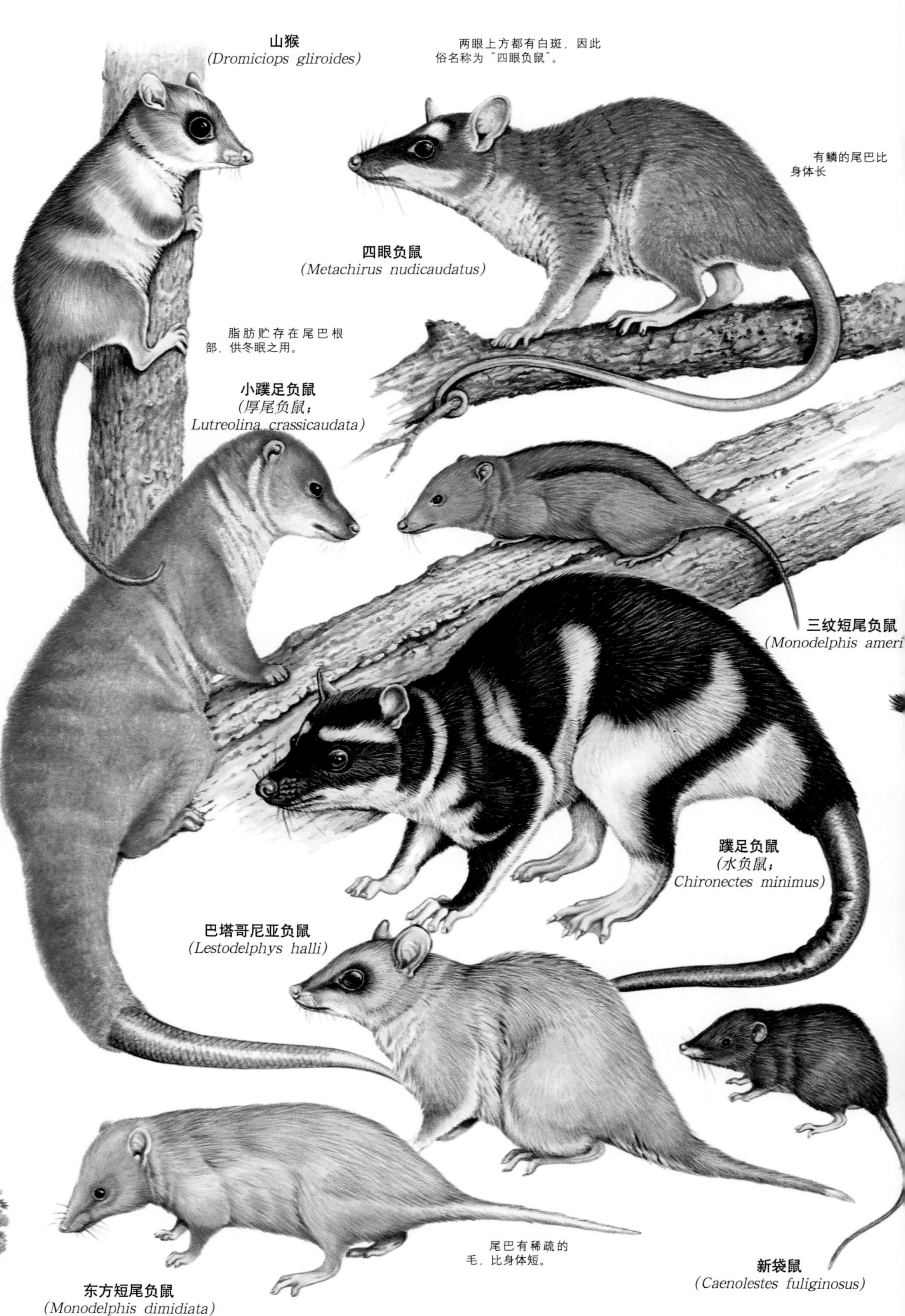

小档案

袋獾 体形约和小型猎犬一样，袋獾目前是最大型的肉食有袋类动物。袋獾会猎捕负鼠和沙袋鼠等活的猎物，但它宁可以腐肉为食。受威胁时会尖声吠叫。

塔斯马尼亚岛

袋食蚁兽 袋食蚁兽是惟一完全在白天活动的有袋类动物，大多数时间都在寻找白蚁。它几乎完全以白蚁为生，会用前爪挖出松软泥土中的白蚁，并用它那长而黏的舌头捕捉它们。

澳大利亚西南部

以前的活动范围

袋鼹鼠 袋鼹鼠在澳大利亚的沙漠下寻找蛰伏的昆虫和小型爬行类动物为食。它不建造地道，而在地下"游泳"，让地道在它身后崩塌。

澳大利亚中部

灭绝的老虎

袋狼 袋狼是已灭绝的最大型肉食有袋类动物，长得像狼，但有明显的条纹外皮和僵直的长尾。主要以猎捕鸟类、沙袋鼠和小型哺乳动物为生。虽然和灰狼竞争的结果，使它于3000年前从澳大利亚大陆消失，但在欧洲人到达前，它在塔斯马尼亚岛分布很广。由于它有猎杀绵羊的恶名，使它被扑杀殆尽。经证实，最后一次被人目睹，是在20世纪30年代。

塔斯马尼亚岛（到20世纪30年代为止）

灭绝前的分布范围

小档案

毛尾袋小鼠 在澳大利亚中部的沙漠和干燥草地上，这种小型有袋肉食动物猎捕昆虫和小型鸟类、爬行类和其他哺乳动物。为了在干旱的气候中求生，毛尾袋小鼠藏身在地洞中，由它的食物获得所有的水分，因此，它不需要喝水。

18厘米
14厘米
140克
独栖
易危

澳大利亚中部

年度大灭亡

所有袋鼦和两种狭足袋鼠都有一个最不寻常的生命循环：它们一年繁殖一次，每年的同一时间，在经过两周极为激烈地交配季后，一个种群中的所有雄性都会相继死亡。它们那激烈的交配过程产生极高的压力，使它们为了繁殖而放弃进食。但它们也因此容易罹患胃肠溃疡等疾病。雌性能活到第二年，但一生通常只产下一二只幼崽。

单亲 *雌性暗色狭足袋鼠(Antechinus swainsonii)在它的种群中的所有雄性相继死亡后，独自抚养幼崽。*

休眠期

狭足袋鼠和其他小型食虫有袋类动物有时会进入休眠期，此时，它们的代谢率降低，心脏和呼吸系统减慢。这种状态能保存精力，减少进食需求。这在食物匮乏的冬季很有裨益。休眠期可能持续数十小时，至多数日。

冬季的尾巴

肥尾袋小鼠在冬季时，会进入休眠期，靠它在食物充足的时期贮存在尾巴中的脂肪为生。

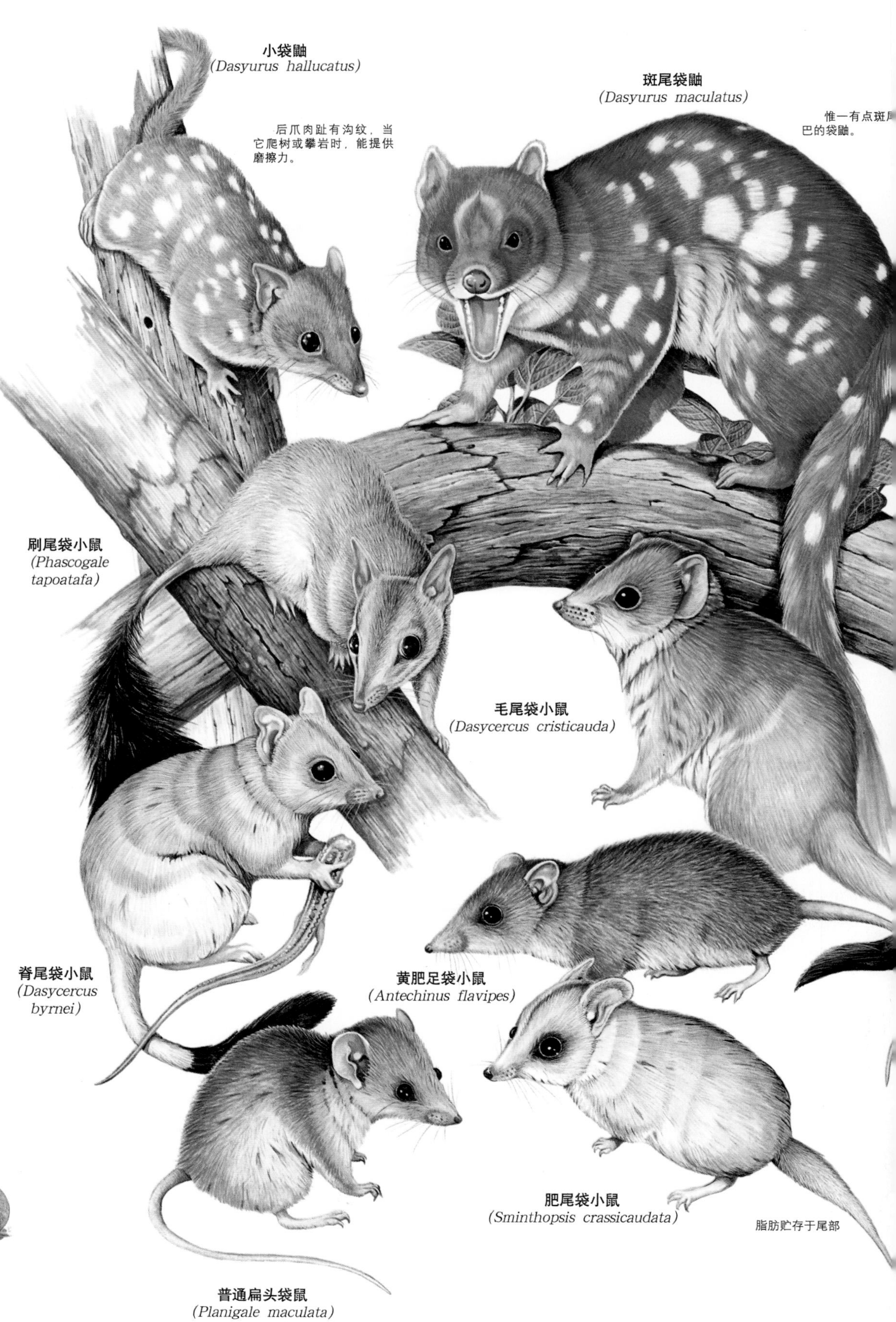

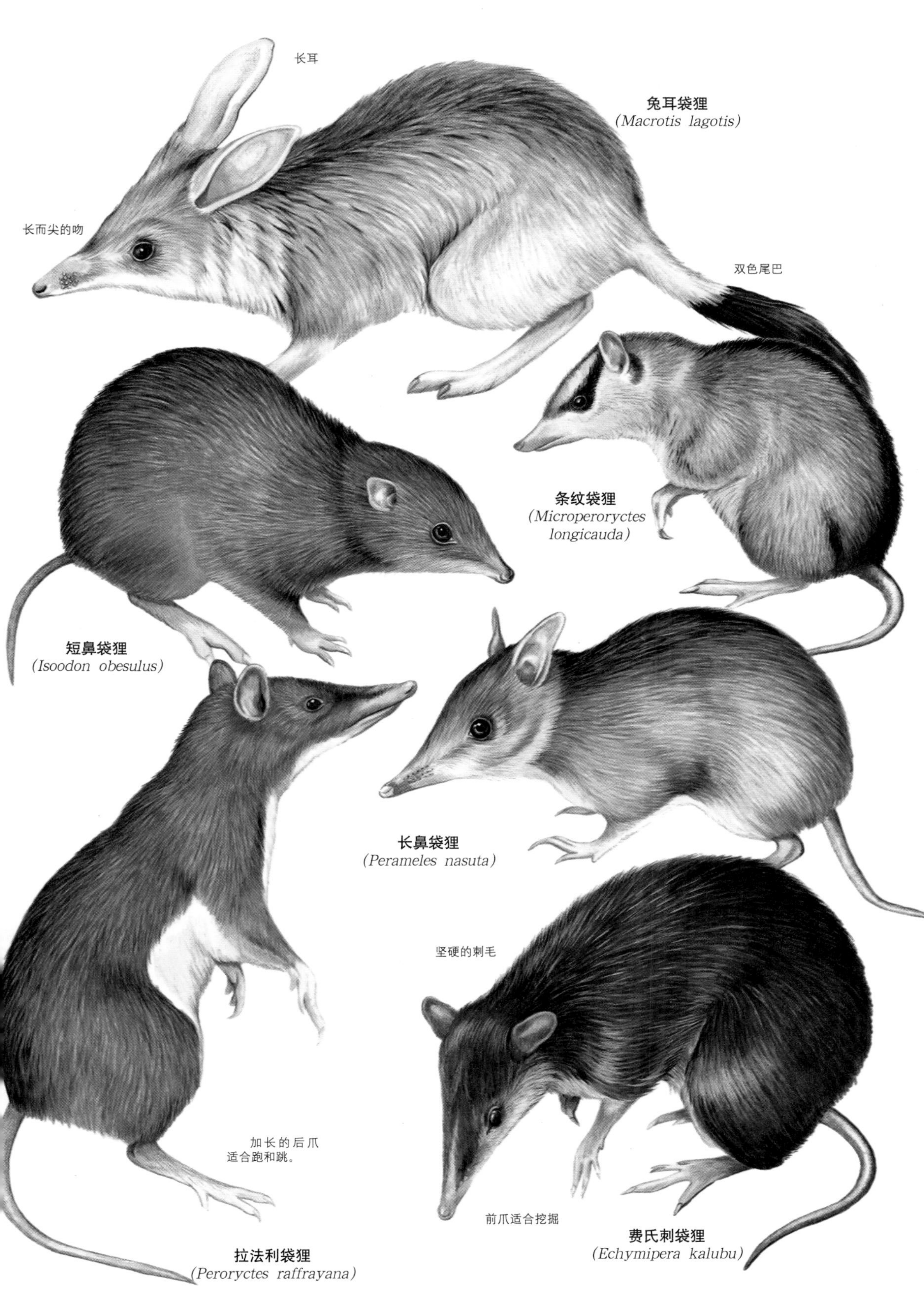

小档案

兔耳袋狸 兔耳袋狸很擅长挖掘，它在居住范围内建造的地洞可高达12个。从它的长耳上，可将它和其他袋狸区分开。

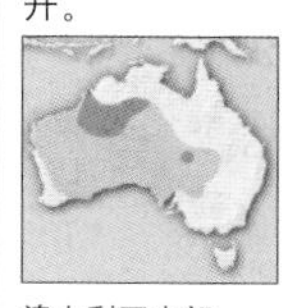

澳大利亚中部
●以前的活动范围

短鼻袋狸 这种杂食性动物用尖锐的前爪挖掘昆虫和蠕虫，再重复践踏，踩死猎物。它也吃果实、种子和菌类植物。

澳大利亚南部和东部海岸、塔斯马尼亚岛

袋　狸

杂食性的袋狸和其他有袋类动物的关系不明。它们的齿列类似肉食有袋类动物，但它们的后脚也有合趾，这种名为并趾的特征和草食的袋鼠及毛鼻袋熊相同。袋狸分为二科：澳大利亚袋狸科（包括长鼻袋狸和短鼻袋狸两种）和新几内亚袋狸科（包括费氏刺袋狸）。

快速繁殖

差不多经过短短12日的妊娠期，袋狸幼崽便已快速发育，大约90天便已达到性成熟。

保护警报

拯救兔耳袋狸 过去100年间，由于兔耳袋狸的栖息地变成农田，使它们的数目和活动范围急剧减少。外来种更使情况恶化，狐狸和野猫猎捕兔耳袋狸，牛、羊和兔子则竞争它的食物。现在它们已受到保护，经豢养繁殖后再到野外放生，希望能重新恢复其种群数目。

小档案

斑袋貂 这种雨林有袋类动物大部分都待在树上，白天睡在树叶做成的小床中，夜晚食用树上的果实、花和叶子。雄性全身白底灰斑，雌性通常通体灰色，没有斑纹。斑袋貂在新几内亚不但遭到滥捕，也因伐木业和农业破坏了它们的栖息地而受到威胁。

58厘米
45厘米
4.9千克
独栖
易危

澳大利亚北部、新几内亚及附近某些岛屿

山上的食物

山鼯是惟一住在雪线以上的澳大利亚有袋类动物。它善用栖息地资源，摄食的食物类型很广，但依季节而有特定的食物。在较暖的月份，它大多吃博根蛾。这种蛾每年都会迁移到澳大利亚高山地区，它也吃少量的其他昆虫。每年的7月左右，当食物不很充足时，它改吃预先为寒冷的冬季月份贮藏的种子和莓果。

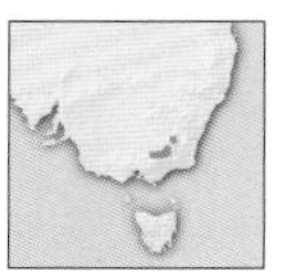

12厘米
15厘米
80克
独栖
濒危

澳大利亚高山地区

以蛾为食

在温暖活跃的月份，博根蛾成为山鼯的主要食物，约占它全部的食量的三分之一到全部。

保护警报

山鼯 这种有袋类动物的成熟体总数不到两千只，因此被列为濒危物种。山鼯的活动范围只局限于澳大利亚东部高山地区，一度被认为已经灭绝。它的栖息地大多因为建造公路、水坝和滑雪度假区，以及近来的野火而遭到破坏或支离破碎。

小档案

环尾岩负鼠 这种负鼠白天待在凉爽安全的岩缝中，夜晚才到树上觅食。雄性和雌性共同照顾幼崽。雄性参与的程度在哺乳动物中很少见，其他有袋类动物则尚不清楚。

澳大利亚北部

环尾绿负鼠 这种负鼠背上黑、黄和白色的毛杂生成带状，使它呈现莱姆绿的明显外观，帮它隐藏在雨林树木中，不受猎食者伤害。主要以树叶为生。

澳大利亚东北部

普通环尾袋貂 这种夜行性动物主要以尤加利叶为生，但也食用果实、花和花蜜，在都市地区，甚至会吃啮齿目小动物。小型家族群体居住在鼠窝中——这种窝位于树干分叉处或浓密的灌木丛中，以树皮、小树枝和羊齿植物做成。

澳大利亚东部

有毒的饮食

普通环尾袋貂主要以尤加利叶为生，但这种树叶有毒，又缺乏营养价值。这种负鼠有特殊的消化系统，它的加大的盲肠（大肠中的一个袋囊）能除去树叶的毒素，再排出它能吃的软粪丸（未消化的物质则变成硬丸排泄出来）。为了配合这种低热量饮食，普通环尾袋貂的代谢率很低。

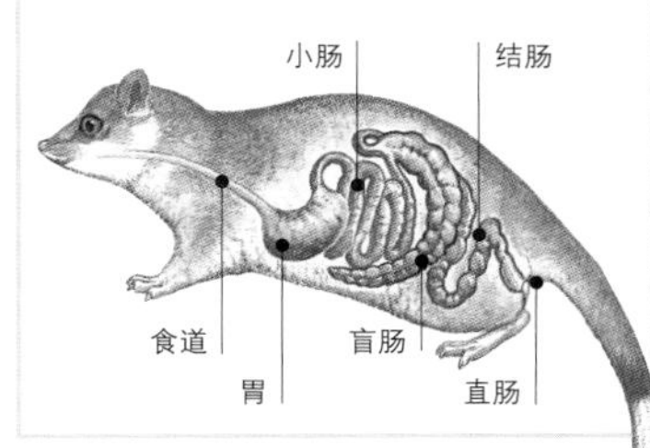

小档案

李氏负鼠 这种负鼠善用高地森林野火生态系统所创造出来的生态环境。当野火席卷一个地区时，会烧毁老树，为新生的金合欢清出空间。李氏负鼠群体会共享大树的空心，以碎树皮筑巢，靠寄居在树皮中的昆虫为生。

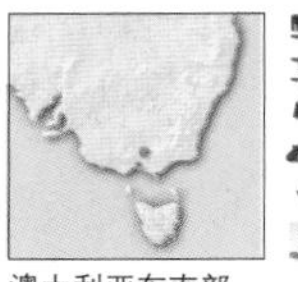

17厘米
18厘米
160克
成对或家族群体
濒危

负鼠的选择
李氏负鼠不只靠寄居在金合欢树皮中的昆虫为生，也吃周围金合欢的树汁。

吸树汁的动物

袋鼯的滑翔膜由腰延伸到膝，让它能从一棵觅食的树飞行一段距离，到另一棵树上。降落后，便用牙在树皮上咬出一个缺口，再舔食树汁和树脂。黄腹小袋鼯的目标是几种尤加利树，短头袋鼯则偏好金合欢和桉树的树脂。

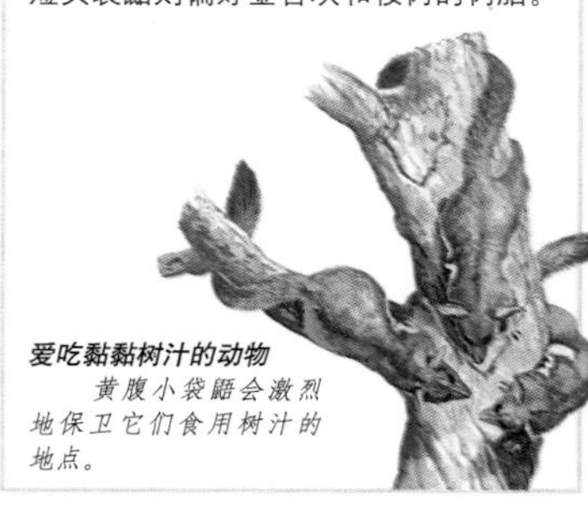

爱吃黏黏树汁的动物
黄腹小袋鼯会激烈地保卫它们食用树汁的地点。

保护警报

特别的巢 李氏负鼠依赖非常特定的栖息地，只有树龄高达150岁以上的老空心树才适合筑巢。1939年的一场野火，将它们的栖息地烧毁近70%，差点儿被推向灭绝。目前，李氏负鼠的数目约5000只，但仍因伐木业而濒危。即使采取保护措施，剩余的筑巢地点可能也不足以维持这个物种。

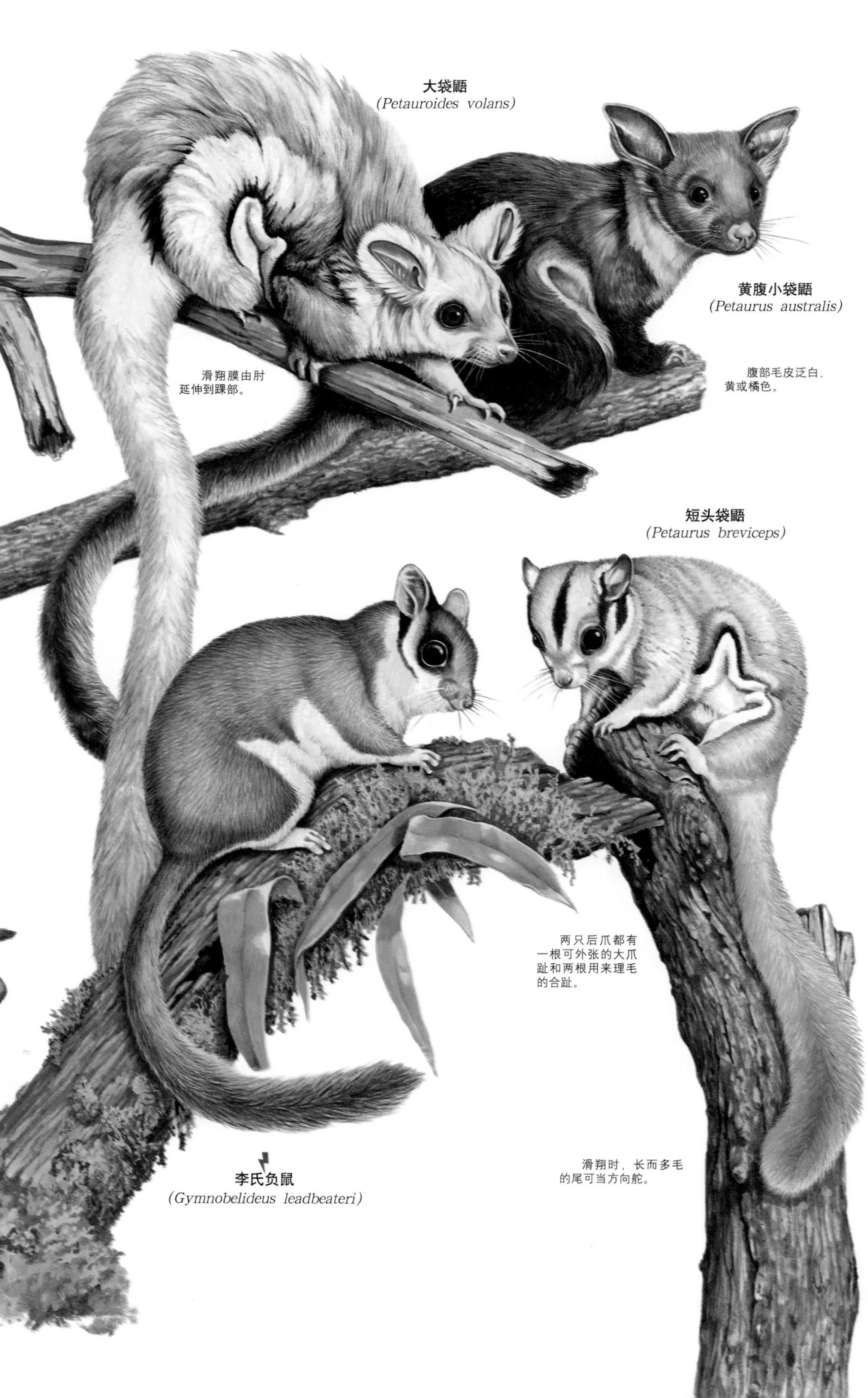

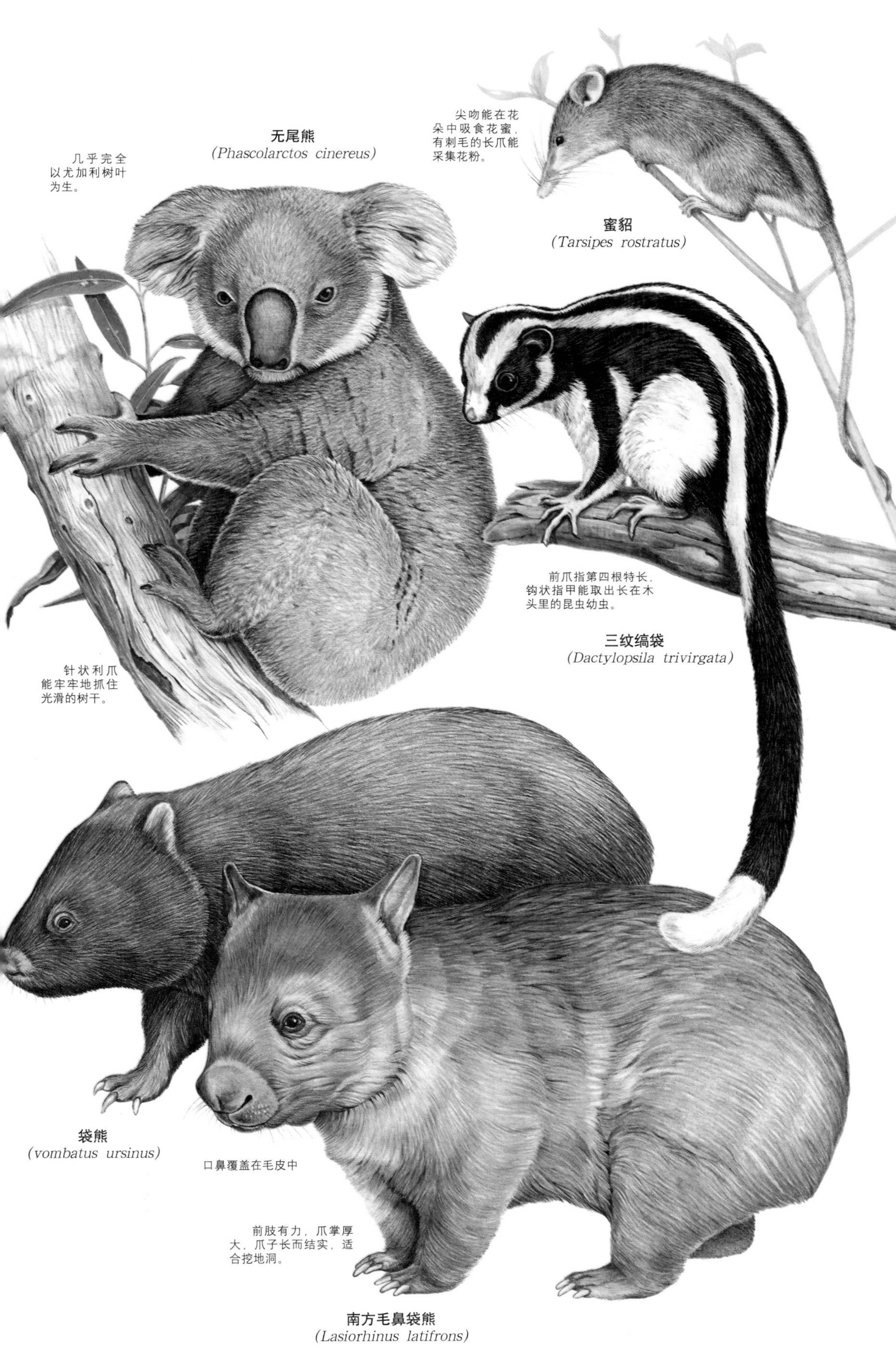

小档案

无尾熊 无尾熊几乎一生都待在树上，每天睡18小时以上，夜晚进食，偏好五种特定的尤加利树。繁殖期间，竞争的雄性会整夜咆哮。雌性产一只幼崽，当它大得能离开育儿袋时，母兽便会将它背在背上。

澳大利亚南部和东部

南方毛鼻袋熊 这种毛鼻袋熊被昵称为"灌木丛里的推土机"，玩耍或害怕时，能以高速奔跑。白天，它们一起在地洞中避热，夜晚才出来摄食青草、植物根、树皮和菌类等。

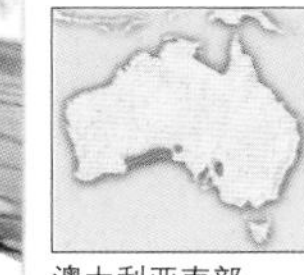

澳大利亚南部

到地面下

袋熊靠它那有力的前肢和爪子挖出范围很大的地洞，其宽度可达50厘米，长度可达30米。它的表亲南方毛鼻袋熊可和多达10只的同类共享地洞，袋熊则不然，它只会单独待在地下。

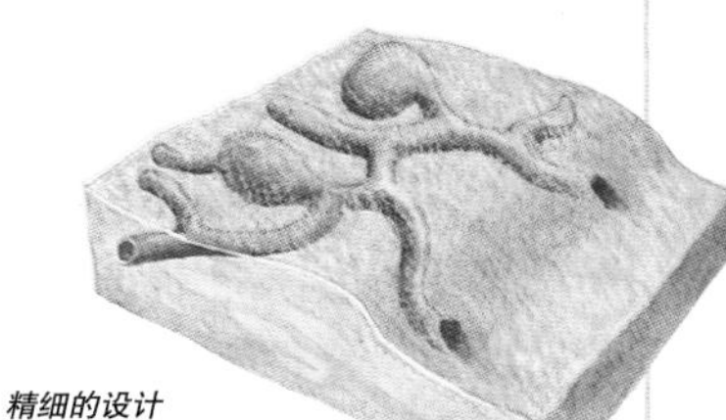

精细的设计
毛鼻袋熊的地洞通常有数个入口，并有厕坑和睡觉的房间之分。

保护警报

澳大利亚毛鼻袋熊 澳大利亚毛鼻袋熊(*Lasiorhinus krefftii*)目前仅剩70只，被围在澳大利亚昆士兰州的一座国家公园里，因此被列为极危动物物种。由于这种毛鼻袋熊有厚毛皮，一度受到人们的滥捕，现在，则因为有牛群竞争它的食物青草，使它的数目持续减少。

小档案

古氏树袋鼠 等长的四肢和利爪有利这种有袋类动物在雨林中攀缘爬行。它们以小群体居住在遮蔽处，以树叶和果实为生。

63厘米
76厘米
8.5千克
独栖
濒危

新几内亚

北刺尾袋鼠 因为尾巴上的硬刺而得名。这种动物居住在稀树草原或宽阔林地里，白天待在树丛下的浅巢中，夜晚则以栖息地的草根为生。

70厘米
74厘米
9千克
独栖
当地常见

澳大利亚北部

刷尾短鼻袋鼠 刷尾短鼻袋鼠已适应广泛的栖息地，从温带森林到干旱草原都有它们的踪迹。它不吃绿色植物，也很少喝水，主食是它从地下挖出的菌类。

38厘米
35厘米
1.6千克
独栖
依赖保护

澳大利亚西南部
●以前的范围

赤腿丛袋鼠 惟一住在潮湿热带森林里的地栖性沙袋鼠。这种夜行性动物在浓密的森林底层寻找食物，如树叶、果实、树皮和蝉等。

54厘米
47厘米
6.5千克
独栖
当地常见

澳大利亚东北部和新几内亚

保护警报

刷尾短鼻袋鼠 虽然刷尾短鼻袋鼠以前的活动范围超过澳大利亚国土面积的60%，现在却局限于少数几个小地区。它是外来物种猎食和竞争以及栖息地因农业而减少的牺牲品。近年来，国家豢养计划和当地狐狸数目的控制，使这种有袋类动物得以重新引进到澳大利亚南部。

有袋类动物的繁殖

有袋类动物繁殖的独特性质始于亲代的构造。由外表看，雌性的生殖系统似乎比胎盘哺乳动物简单，它除了消化和生殖道外还有一开口，名为泄殖腔。但它的体内原来就有两个生殖道和两个子宫，每个子宫各有一个阴道。许多雄性有袋类动物有叉状阴茎，会将精液导入两个阴道。雌性怀孕后会发展出第三条阴道，作为产道。经过短暂的妊娠期，由某些袋狸品种的12天，到大灰袋鼠的38天，几乎仍是胚胎的幼崽诞生，幼崽诞生后，再爬到育儿袋内的一个乳头上。一旦幼崽完全成熟，便会放开乳头，逐渐断奶。它们通常得花数个月，才能完全独立。

第三条通道 雌性有袋类动物的内部构造和胎盘哺乳动物的极为不同，它有双子宫和双阴道。一旦雌有袋类动物怀孕，便会发展出第三条通道——供生产幼崽之用。

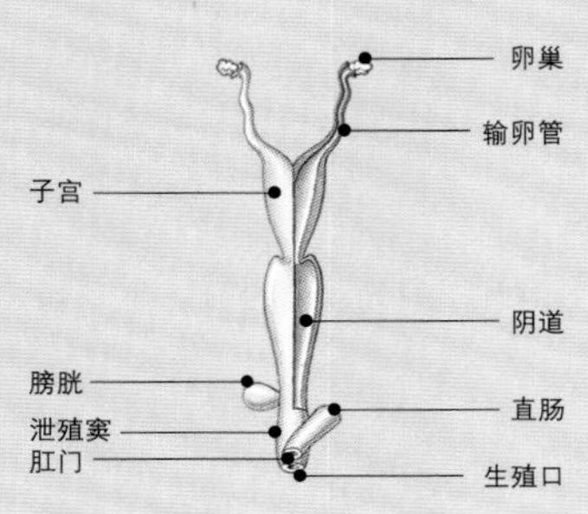

雌胎盘哺乳动物

这种系统有单子宫和单阴道，生殖和消化道的开口分开。

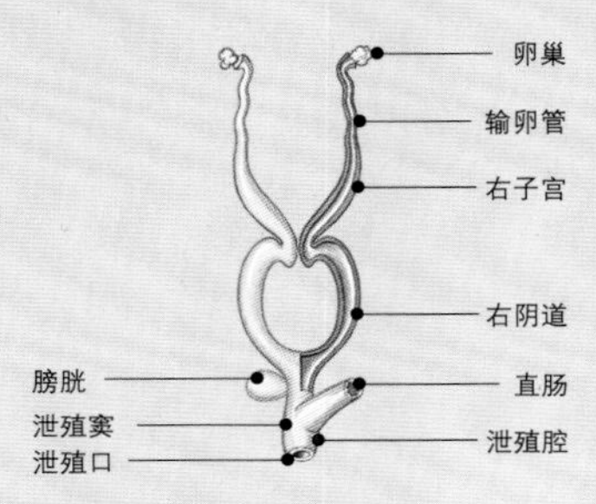

未怀孕的雌有袋类动物

双子宫通往双阴道。阴道和直肠通往单一通道，名为泄殖腔。

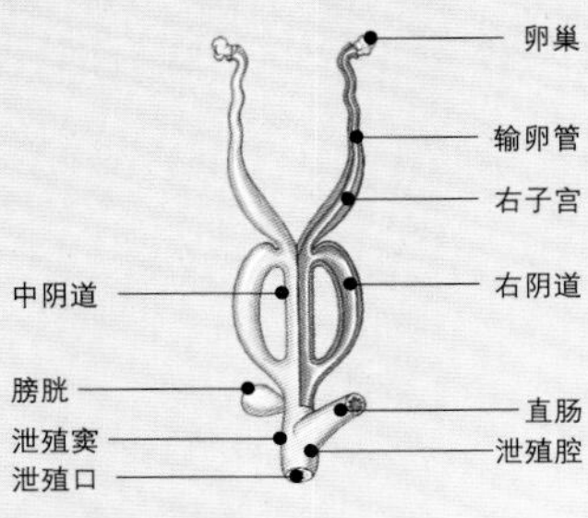

怀孕的雌有袋类动物

怀孕期间才出现的中间产道，生产后大多会消失。但它会留在袋鼠和蜜貂体内，成为永久的构造。

抚养幼崽 许多袋鼠和沙袋鼠每次只生一胎，但分娩后可以在一两天内交配。当雌袋鼠在哺育一只能在育儿袋内外自由活动的幼袋鼠时，它腹内还有一胎——袋内一只更小的哺乳期袋鼠。另外，它还有一个胚胎——一只静止的受精卵，直到袋内的小袋鼠离开育儿袋才开始发育。

袋中岁月 有袋类动物出生时很小——红袋鼠的新生幼崽只有母兽体重的0.003%，人类婴儿的体重则是母亲的5%左右。但是到断奶时，有袋类动物幼崽和母兽的体重比，与胎盘哺乳动物的相当。

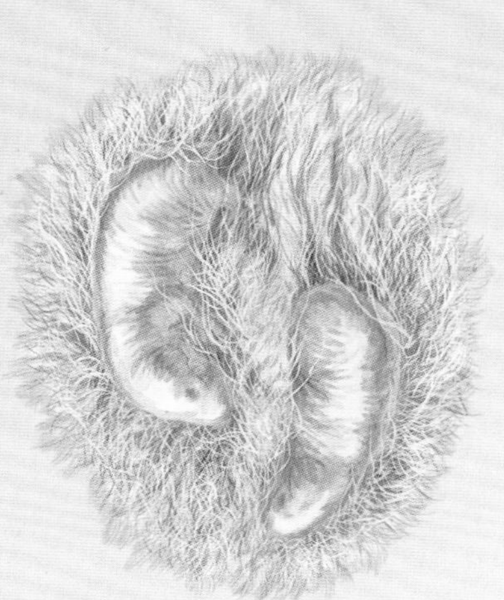

1. 在途中

新生的东方袋鼬(Dasyurus viverrinus)爬过母袋鼬的腹毛，以找到它袋中的乳头。在这个阶段，它们的眼、耳和后肢仍在胚胎期，但它们的鼻孔、嘴和前肢都又大又有功能。虽然母袋鼬能产下30只幼崽，但只有大约6只能附着在母亲的乳头上，得以存活。

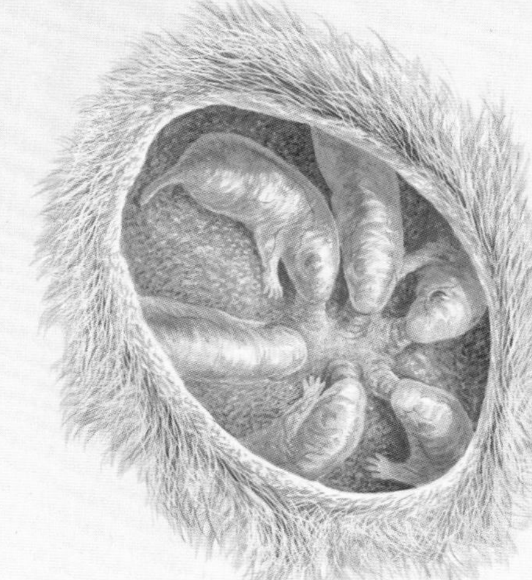

2. 紧贴不放

袋鼬幼崽紧贴着母袋鼬的乳头，静静地发育八周，此时称为袋胚。为了避免噎着，一片很大的声门会关闭宝宝口中的气管。

3. 走入世界

一旦发育完成，袋鼬幼崽便会放开乳头，离开育儿袋，但仍会留在母袋鼬身边数月，母袋鼬觅食时，它们便紧紧抓住它的背。晚上，一起在洞中睡觉，并以母袋鼬的乳汁为生。

小档案

帕尔马沙袋鼠 这种动物是最小的沙袋鼠，数十年前便被认为已经灭绝，但1965年，在新西兰的卡瓦乌岛再度被人发现。很久以前，它就已经被引进该地。后来，在澳大利亚东部也发现其他幸存的种群。

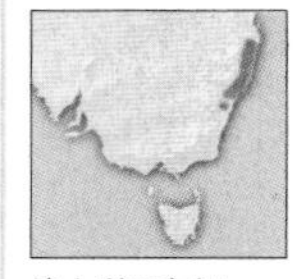

澳大利亚东部

- 53厘米
- 54厘米
- 6千克
- 独栖
- 近危

红袋鼠 红袋鼠是最大的有袋类动物，通常跳跃缓慢，但时速也能高达55千米至70千米。这个品种的雄性有泛红的毛皮，雌性则呈蓝灰色。

澳大利亚大陆

- 140厘米
- 99厘米
- 85千克
- 成群
- 常见

袋鼠群

大型袋鼠经常以50头或更多头聚集成群，当地人称为袋鼠群。袋鼠的这种策略有助于赶走灰狼之类的猎食者。虽然雄性没有领域性，但交配权取决于它们在袋鼠群中的地位。这通常以体形为准。一头统率袋鼠群的雄性大灰袋鼠一季能孕育出30头幼崽，但大部分的雄袋鼠却毫无交配的机会。

“泰式拳击” *雄袋鼠有时会为统率群体权打斗，并用有力的后腿踢对方。*

保护警报

在有袋类动物的295个品种中，有56%被列在国际自然与自然资源保护联合会的《濒危物种红色名录》中，请见下表：

- 10种灭绝
- 5种极危
- 27种濒危
- 47种易危
- 45种近危
- 32种数据缺乏

贫齿目动物

纲	哺乳纲
目	贫齿目
科	(4)
属	(13)
种	(29)

世界上最奇特的一些动物——食蚁兽、树懒和犰狳——构成贫齿目（又称为异关节目）动物。古老的贫齿目动物原本更多样化：有比大象还大的地懒，比北极熊还大的有甲哺乳动物。贫齿目动物起源于美洲，也仅分布于此。在它们的脊椎下侧，都有额外的关节。它们会限制扭动和转身，但却使下背和臀部更有力，这对穴栖性的犰狳特别有利。贫齿目动物的脑容量小，牙齿退化，食蚁兽则没有牙齿。由于代谢慢，使这些品种能充分利用狭窄的生态环境。

紧抓不放 怀孕一年后，雌树懒产下一崽，哺乳期大约一个月。之后，小树懒跟随母兽数个月，用它那弧型的爪子紧紧抓住母兽那浓密的毛皮。

下树排泄 大约一周一次，树懒得离开树木，到地面排泄。由于它无法支撑体重，因此，得用长长的前肢拖着身体前进。如厕地点经过精心挑选，显示树懒可能是在为它喜爱的觅食树木施肥。

尾巴当毛毯

大食蚁兽一天的休息时间高达15小时。它在地上挖个浅洞就躺进去，蜷缩在它那浓密的扇状尾巴里。此举不但能保暖，也能在食蚁兽最脆弱时，作伪装之用。

深入挖掘 食蚁兽锐利的前爪能撕裂水泥般坚硬的白蚁冢，让它那又长又黏的舌头舔食白蚁。但是，这样的攻击却不会对蚁窝造成太大的伤害，因为，它的攻击只有数分钟，被吃的白蚁数目也不多。幸存的白蚁会修补好毁坏的蚁冢。

缓慢稳定

食蚁兽和树懒的代谢速率和体温都低，使它们只能挑特定的食物吃，善用资源充裕但能量低的食物来源。犰狳则不同，它们吃多样的食物，但只住在很深的地道里。犰狳的低代谢率，这使它们不会体温过高。

不论是地栖性的大食蚁兽或树栖性的二趾食蚁兽及小食蚁兽，都有敏锐的嗅觉来侦查蚂蚁和白蚁。它们会从特别长的管状吻中，伸出更长的舌头来，舌上有细小的刺和黏稠的唾液，使它能快速捕捉猎物。

树懒行动无比的缓慢，清醒的时间几乎都用来吃树叶。它们的食量大到吃饱时，体重会增加将近三分之一。树懒的胃有多个间隔，能中和树叶中的毒素，并慢慢分解树叶，大约要一个月或更久才能消化完毕。

犰狳有一身坚硬角质板形成的甲壳，不仅能防御猎食者，在干燥多刺的植被地区活动也轻松自如。虽然它们的主食是无脊椎动物，但也吃果实和小型爬行类动物。它们能用有力的四肢和尖锐的爪子在栖息地范围内，开凿出二十多个地洞，以挖出猎物来。

小档案

鬃毛三趾树懒 这种动物除了肩部有黑色鬃毛，其余的粗硬毛皮呈浅褐色，有时因藻类寄生而呈绿色。这种颜色能帮行动缓慢的树懒伪装，让它在树上安全地活动。

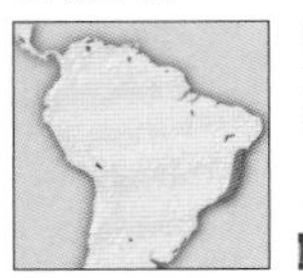

50厘米
5厘米
4.2千克
独栖
濒危

南美洲东北部

二趾食蚁兽 这种小型树栖食蚁兽用它的长爪和善抓握的尾，紧紧抓住树枝，以寄生在树上的蚂蚁和白蚁为生。独生幼崽由双亲扶养。

21厘米
23厘米
275克
独栖
不常见

中美洲和南美洲北部

同卵四胞胎

过去150年来，美国惟一的贫齿目动物九带犰狳已快速扩张势力范围。它和犰狳属的其他物种一样，有脊椎动物罕见的特性，即雌性会产生一个受精卵，它再分成数个完全相同的胚胎。

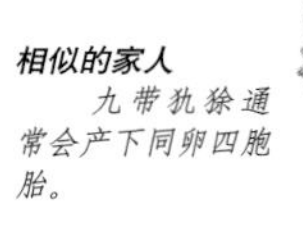

相似的家人
九带犰狳通常会产下同卵四胞胎。

57厘米
45厘米
6千克
独栖
常见

北美洲南部到南美洲北部

保护警报

易危的树懒 树懒有非常特定的习性，鲜有天敌或猎食者，故在中美洲和南美洲繁衍众多。但它们的未来却取决于栖息地雨林的存亡，因为，这些雨林正以惊人的速度在消失。三趾树懒已经成为濒危动物，目前，仅局限于小范围的巴西海岸雨林中。

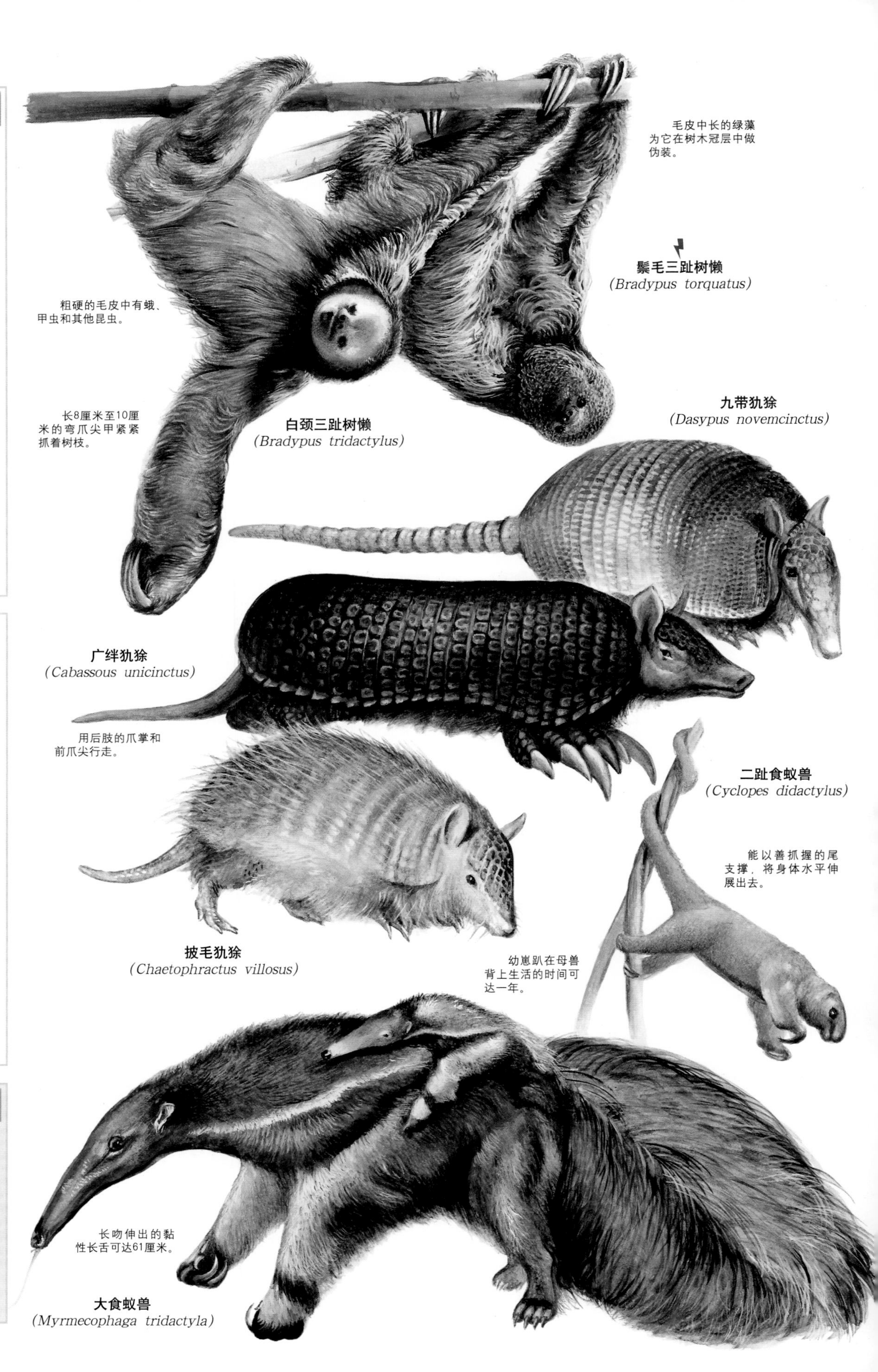

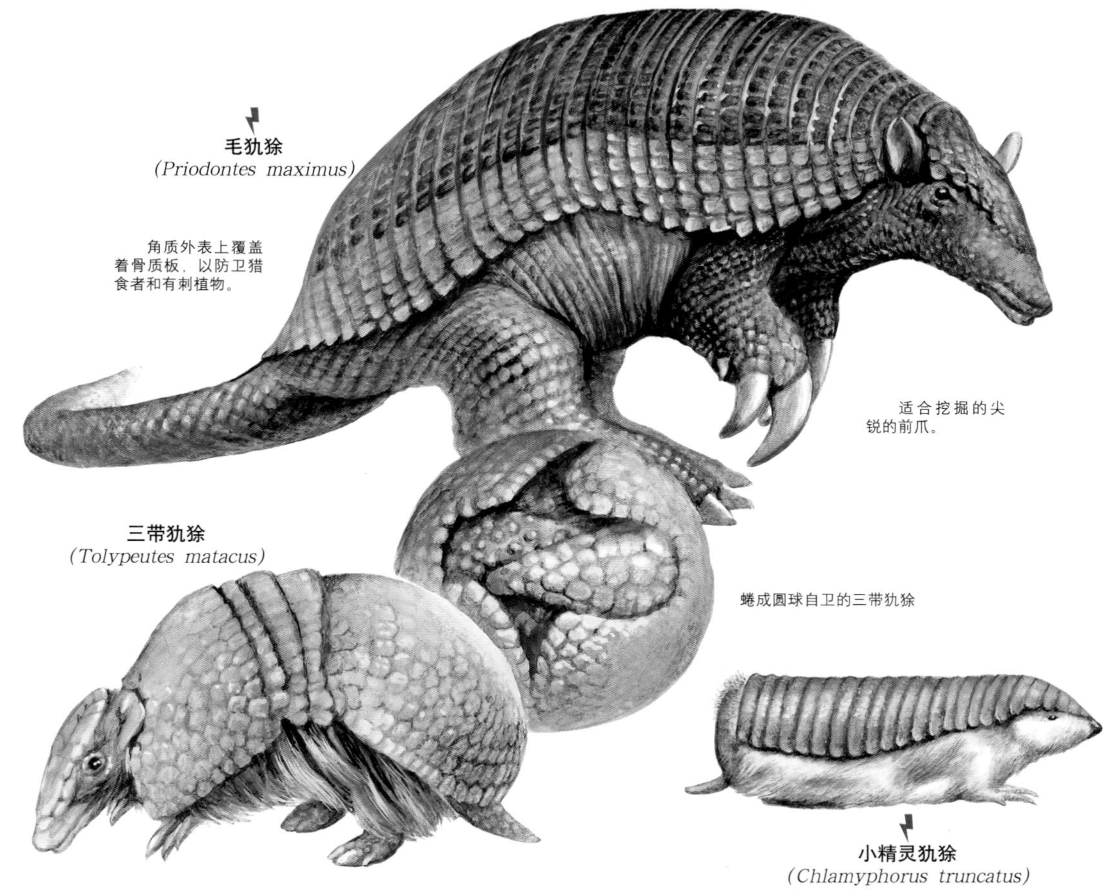

穿山甲

纲	哺乳纲
目	鳞甲目
科	穿山甲科
属	穿山甲属
种	7

从厚皮中长出一身角质鳞甲，使穿山甲和其他哺乳动物极为不同。非同寻常的舌，其长度超过头和身体的总和，休息时蜷缩在口中，需要时可伸入蚂蚁窝或白蚁冢中。穿山甲无牙，全靠胃部有力的肌肉和小石子将食物磨碎。地栖性品种如大穿山甲会挖地洞，供白天遮蔽之用。长尾穿山甲和其他树栖品种有善抓握的尾巴帮忙攀缘，休息时，则在树洞中蜷缩成球。

小档案

毛犰狳 毛犰狳的体形和德国牧羊犬相当。有巨大的前爪，可用来挖地洞及挖掘白蚁冢。虽然它偏好白蚁，但也吃其他昆虫和蠕虫、蛇和腐肉等。

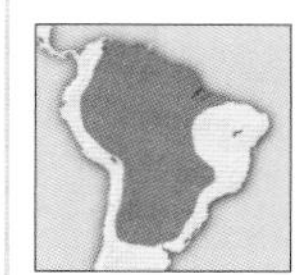

南美洲北部

100厘米
55厘米
30千克
独栖
濒危

三带犰狳 其他犰狳遇到威胁会快速挖地洞，但这种犰狳不同，它会蜷成一个硬球，完全由盔甲保护自己。只留下一个小开口，等猎食者探入趾爪时，再突然将它关闭。但这种策略对人类无效，有些人会猎捕犰狳作为食物。

南美洲中部

27厘米
8厘米
1.2千克
独栖
近危

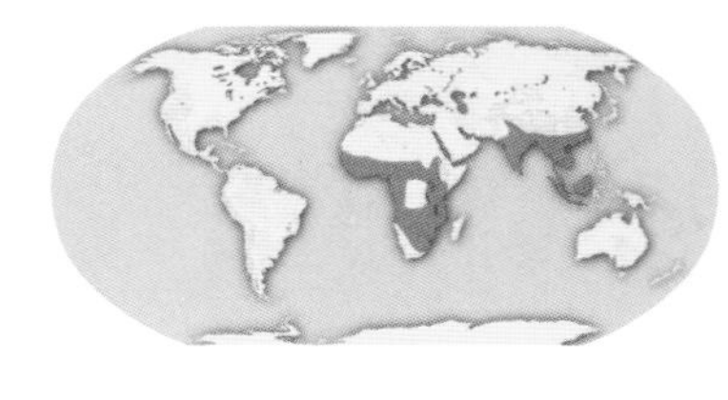

亚洲和非洲 穿山甲大多见于南亚、东南亚和亚热带的非洲。亚洲种有外耳，鳞甲根部有毛；非洲种无外耳，尾巴下方也没有鳞片。和美洲的食蚁兽及澳大利亚、新几内亚的针鼹一样，穿山甲专吃蚂蚁和白蚁。

保护警报

惨遭猎捕 穿山甲一直遭到滥捕，非洲人将之视为美食；亚洲人喜欢它鳞片的药用价值。它的栖息地雨林的破坏也威胁到这些有特定习性的动物。非洲的南非穿山甲(*Manis temminckii*)和亚洲全部三个品种——印度穿山甲(*M. crassicaudata*)、爪哇穿山甲(*M. javanica*)和中国穿山甲(*M. pentadactyla*)——都被国际自然与自然资源保护联合会在《濒危物种红色名录》中列为近危动物。

食虫目动物

纲	哺乳纲
目	食虫目
科	7
属	68
种	428

小而敏捷，有窄长的吻，鼩鼱、针鼹、刺猬和其他食虫动物构成一个多样化，但分类上备受争议的目——食虫目。食虫目动物虽有哺乳动物的原始特征，如小而平滑的脑、耳中有简单的听骨和发育不完全的牙，但它们有许多也展现出特殊习性，如适应地洞生活，有防卫的长刺和有毒的唾液。食虫目动物因它们偏好吃昆虫而得名，但许多也食用随机可得的食物来源，乐意食用植物和其他动物。它们通常害羞，具夜行性。行动中，依赖敏锐的嗅觉和触觉，而非视觉——其眼睛不大，甚至极为细小。

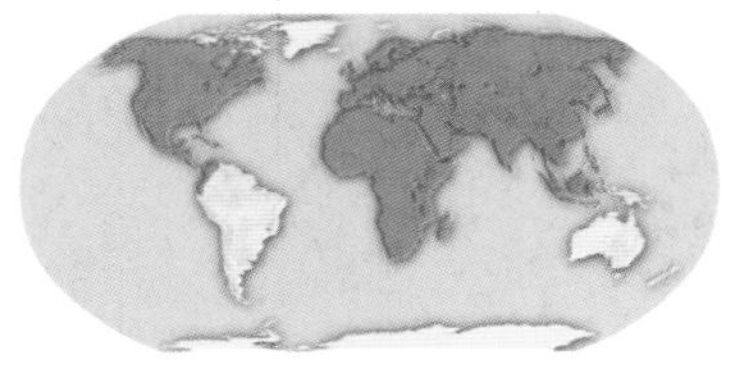

遍及世界 虽然食虫目动物的三个科——猬和刺毛鼩猬、针鼹和麝鼹，以及鼩鼱——在世界各地多能看见，但是古巴鼩、马达加斯加猬和其他鼩鼱都极具地域性。

排成一列 为了避免走失，白足鼩鼱（*Crocidura russula*）的幼崽在母兽身后排成一队，后面的幼崽会紧紧抓住前面那只的后端。

快餐 鼩鼱的代谢率极为快速，因此，必须吃大量的食物。它们通常住在食物充沛之处。欧亚水鼩 *Neomys fodiens*）的食物主要是水生无脊椎动物、鱼和蛙等。

趋同物种

食虫目动物里有无数趋同演化的范例。这些动物虽然不是近亲，却有类似的栖息地，展现类似的行为或生理适应。有些食虫目动物利用水中生态环境。欧洲麝鼹和马达加斯加的水栖稻田猬 *(Limnogale mergulus)*在完全隔离的状况下演化，却都有浓密防水的毛皮、流线型的身体、部分有蹼的脚、可当方向舵的长尾和特殊的身体构造，以便呼吸和侦查水中猎物。欧鼹和非洲金鼹是极远的表亲，金鼹演化自像鼩鼱的动物，金鼹与马达加斯加猬的血缘更近，它们长得非常相像，二者都展现出地洞生活的适应性。它们的身体结实，呈圆筒状，四肢短而有力，前肢有适合挖掘的大爪，眼睛极微小，且藏在体毛或外皮中。

欧洲猬和非洲的马达加斯加猬都采用类似的自卫方式。二者都有一身刺，受到威胁会蜷缩成一颗有刺的球，以吓退猎食者。

古巴和伊斯帕尼奥拉岛的古巴鼩以及非洲的马达加斯加猬，显然都有高超的回声定位能力。这种方法能借声音在周遭环境中反弹，定出猎物的位置。

杂食 食虫目动物通常是杂食者，能吃各类猎物和植物。刺猬大多吃无脊椎动物，例如蚯蚓、蛞蝓、甲虫和蚱蜢等，但它也大啖脊椎动物的腐肉和幼鸟。

扁平足

几乎所有食虫目动物都有跖行步态，行走时，脚跟、脚掌和脚趾都贴在地面上。

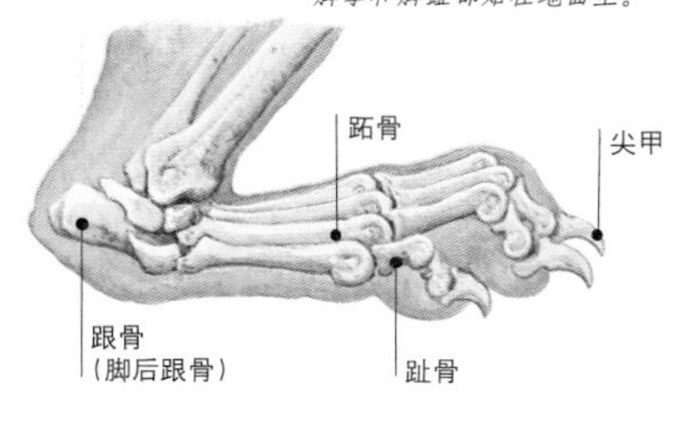

小档案

古巴鼩 和伊斯帕尼奥拉岛的海地齿沟鼩(*Solenodon paradoxus*)一样，古巴鼩能从一颗下门牙齿沟中释放出有毒的唾液。它能用毒液使青蛙之类较大的猎物麻痹。20世纪80年代以来，在野外便只见过少数个体，因此，这个品种的未来尚不确定。

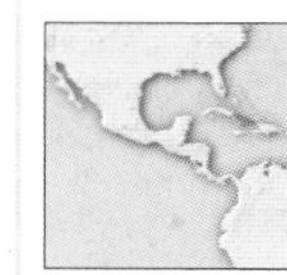

獭鼩 在非洲的民间传说中，是半鱼半哺乳动物。獭鼩用它那侧扁的尾巴在水中有力地游泳。它在夜晚出猎，用气味和触觉寻找蟹、蛙、鱼和昆虫等。觅食后，会从水底入口回到它的地洞中。

马达加斯加猬

马达加斯加岛于1亿5000万年前与非洲大陆分离后，马达加斯加猬是最先来到这里的一种哺乳动物，而且竞争者很少。它们分化后，进入各个生态环境，产生适应水中、陆上、树上和地下生活的不同品种。

尾骨 长尾稻田猬（*Microgale longicaudata*）的尾巴有47块尾骨。

保护警报

古巴鼩 自从欧洲人在西印度群岛建立殖民地后，数目日趋减少，现在，古巴鼩的两个品种已被列为濒危物种。因为在古巴鼩居住的岛上，原先天敌很少，因此，它们一直未发展出有效的防卫方法，轻易地便成为殖民者带来的猫鼬、家猫和家犬等外来物种的猎物。农业整地更使它们雪上加霜，此举破坏了这些食虫动物的栖息地。

小档案

刺毛鼩猬 烂洋葱的臭味、汗酸味或氨水的气味，可能显示有刺毛鼩猬的存在。它的肛门附近有两个腺体，会发出强烈的气味。这种动物用这种强烈臭味来标示它的领地。刺毛鼩猬是独居动物，遇到同种的其他成员，便会发出嘶嘶叫声或低吼，以示威胁。白天，它在树洞或岩石裂缝中休息，夜晚出来搜寻猎物，如昆虫、蚯蚓、甲壳类动物、软体动物、蛙和鱼等。

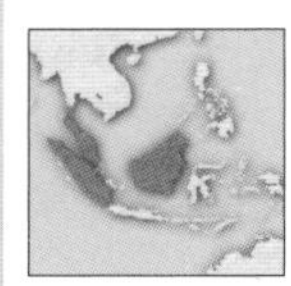

46厘米
30厘米
2千克
独栖
当地常见

马来半岛、苏门答腊岛和加里曼丹岛

小毛鼩猬 这种动物大多生活在潮湿的高山森林地面，以小步跳跃来移动，有时会在树丛中攀爬，通常住在岩石下。

14厘米
3厘米
80克
独栖
当地常见

中南半岛、马来西亚和印度尼西亚

赤金鼹 鼻上有角质垫，前肢的爪子，让赤金鼹能在地下挖出四通八达的通道。它和没有血缘关系的澳大利亚袋鼹一样没有视力，残余的眼睛被毛皮覆盖着。

14厘米
无
100克
独栖
当地常见

南非南部

保护警报

人口压力 巨金鼹(*Chrysospalax trevelyani*)是世界上最稀有的1000种动物之一，只居住在南非角以东地区的几个小地区。这个物种已经濒危，但人类人口的增加，使它更加受到威胁。人们还错怪它破坏农作物，其实是鼹形鼠和其他啮齿目动物造成的。家犬的猎捕、森林栖息地日渐残缺、人类砍伐树木，以及引进牲口等都对巨金鼹造成严重冲击。

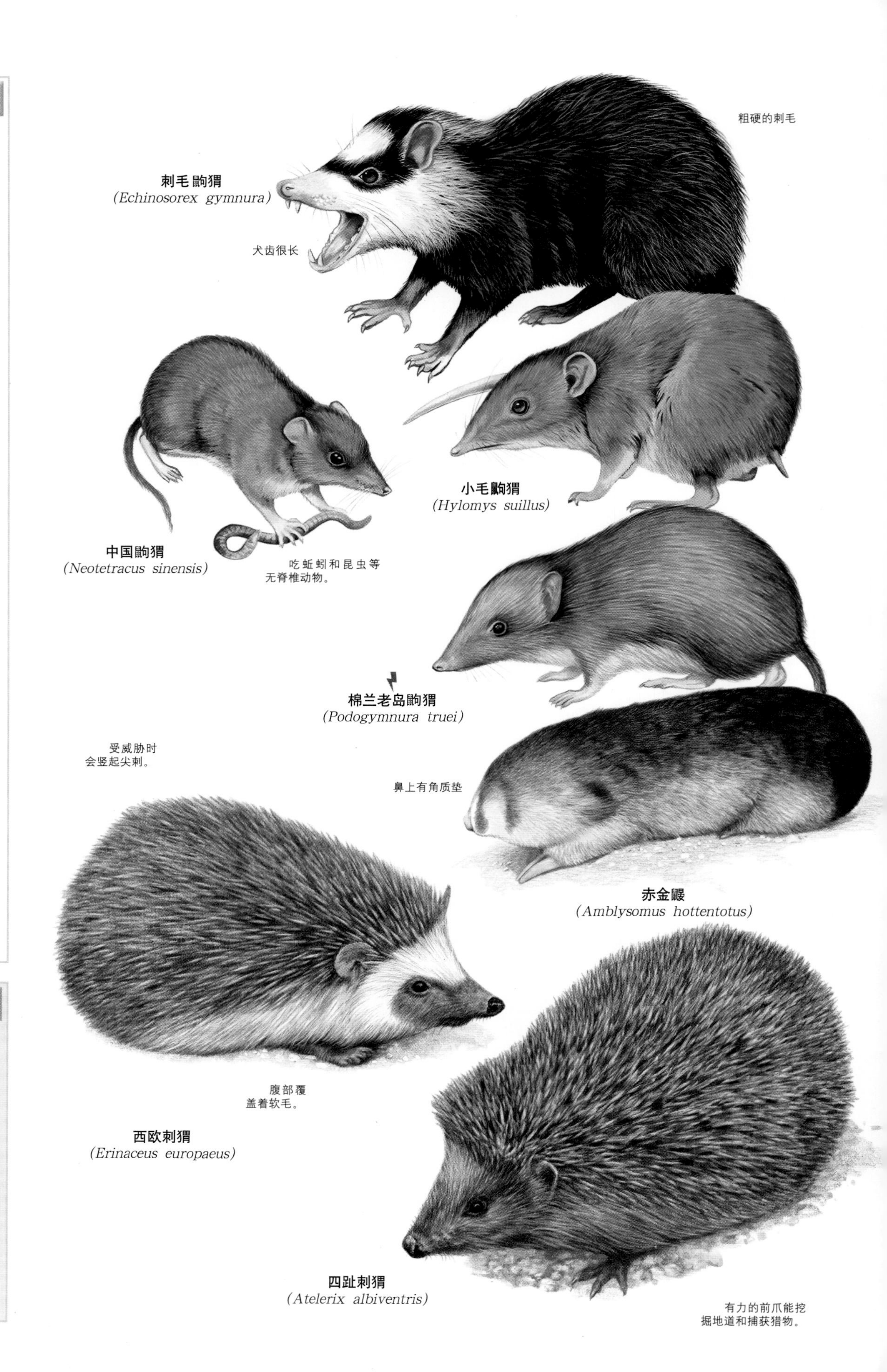

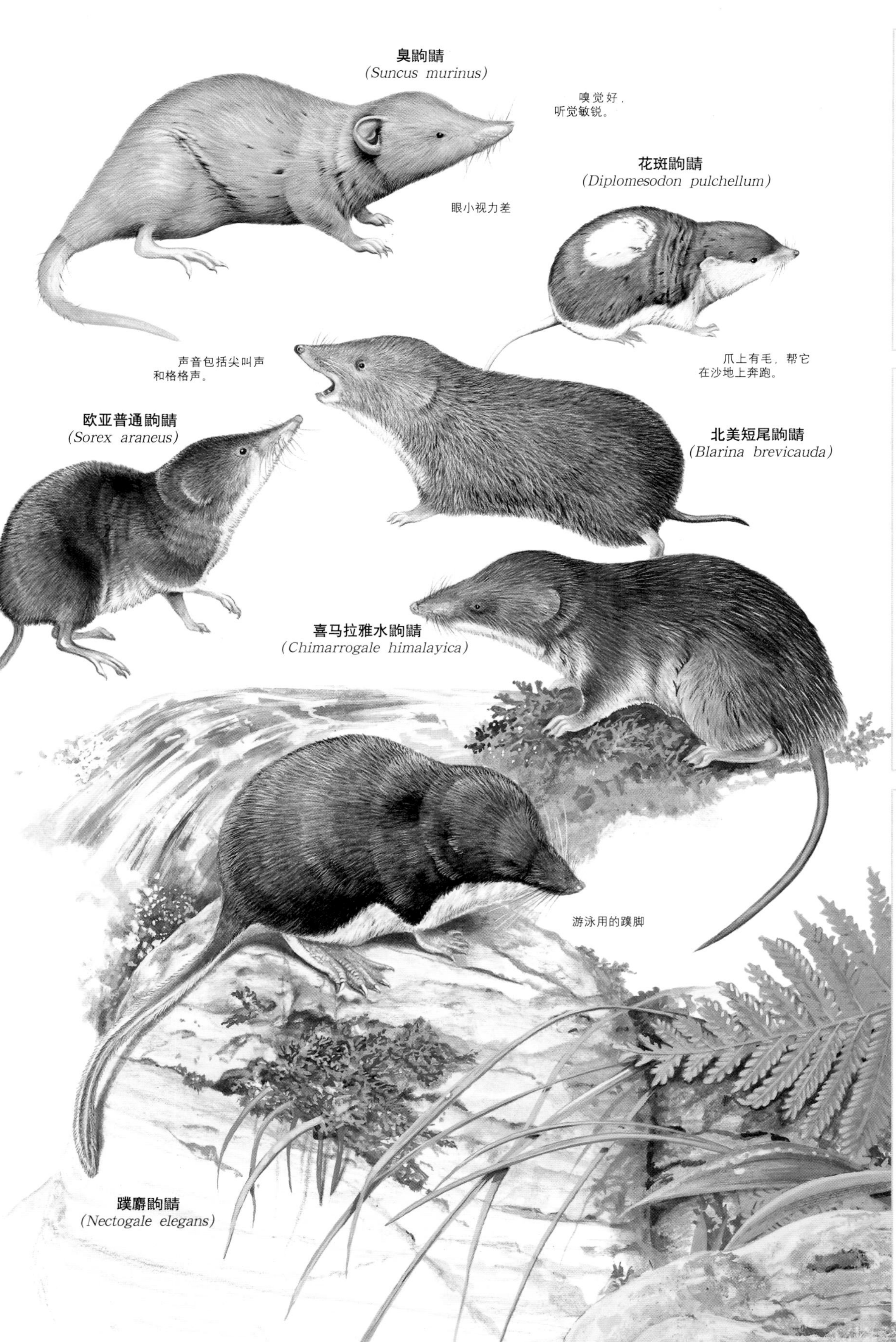

小档案

西欧刺猬 和其他猬一样，这个品种也有能竖起或放下刺毛，遇到危险时，也蜷成一颗有刺的球来保护头腹。夜晚时，用鼻子在田野、树林和都市花园中寻找昆虫、蠕虫、卵和腐肉等充饥。

欧洲北部和西部

26厘米
3厘米
1.6千克
独栖
常见

冬 眠

为了度过缺乏食物的寒冬，刺猬会冬眠，以降低它们的体温、心跳和呼吸率，从而减少它们所需的能量。它们的代谢率可降低100倍，甚至能停止呼吸长达两小时。冬眠中的刺猬靠夏末堆积在身上的多余脂肪为生，但每隔数周，便会醒来一天左右，以便进食和排泄。

做窝 *刺猬夏季时会仓促做窝，但冬天时，则会小心翼翼地选个隔离效果好的地点。*

小档案

臭鼩鼱 和家鼠一样，臭鼩鼱伴着人类繁衍茁壮生长。它又名钱鼠，当在房屋内觅食昆虫时，常发出刺耳的噪音。

南亚和东南亚

16厘米
9厘米
90克
独栖或小群
常见

北美短尾鼩鼱 这种鼩鼱的体形类似针鼹，已适应地洞生活。它猎捕栖居于土中的动物，当它咬住田鼠和老鼠等较大型的猎物时，会注射有毒唾液让它们先失去活动能力。

北美洲东部

8厘米
3厘米
30克
独栖
常见

小档案

俄罗斯水鼹 这种群居物种原本遍布欧洲，目前，仅局限于俄罗斯少数几个河流盆地。它的软毛使它成为捕猎人的目标，但现在已受到法律保护。

22厘米
22厘米
220克
独栖
易危

欧洲东部

北美洲鼩鼹 约和鼩鼱一样大，但没有其他鼹都有的大前肢。这种动物是北美洲最小的鼹，它也是惟一能爬树的鼹类动物。

8厘米
4厘米
11克
独栖
当地常见

北美洲西部

敏锐的触觉

鼻子周围的肉质触毛使星鼻鼹能感觉到小鱼、水蛭、蜗牛和其他水生猎物。这个灵活的游泳高手离开水后，通常会退回到它那复杂的地道中。

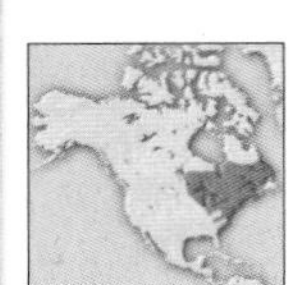

13厘米
8厘米
85克
独栖
当地常见

北美洲东部

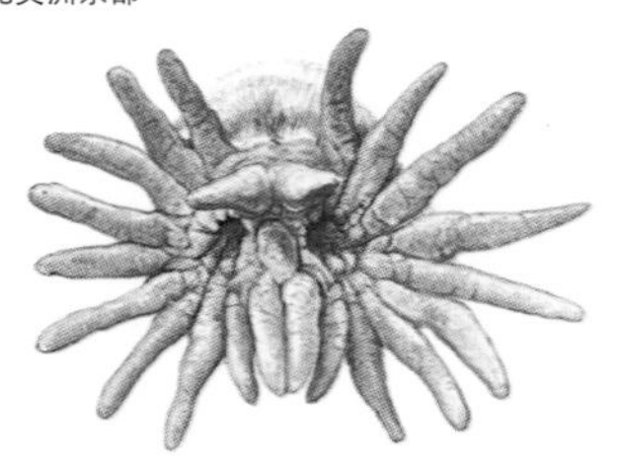

灵敏的触毛 *星鼻鼹的22根肉质触毛，每根都有数千个感觉器官。*

保护警报

食虫目动物的428个品种中，有40%被列入国际自然与自然资源保护联合会的《濒危物种红色名录》中，请见下表：

5种灭绝
36种极危
45种濒危
69种易危
5种近危
9种数据缺乏

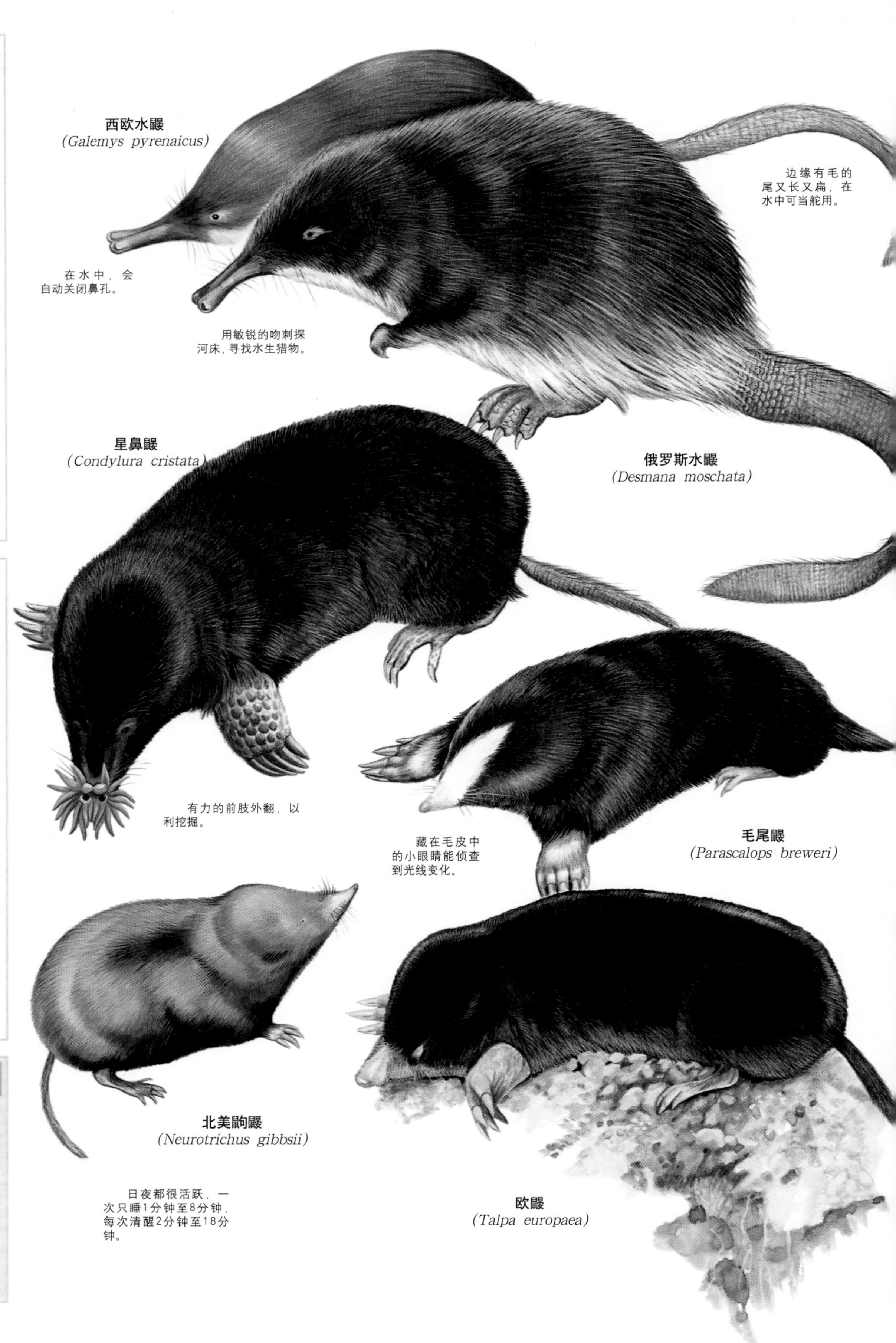

地下生涯

一个地区有鼹的惟一征兆，通常是发现了鼹丘的存在。鼹丘是鼹挖掘通到地面的垂直竖坑时，所制造的小土堆。鼹一生大多栖息在复杂的地道中。它在地下巢穴中睡觉，抚养幼崽，并在地道中寻找蚯蚓、昆虫幼虫、蛞蝓和其他土壤中的无脊椎动物。一只鼹一天能挖出20米长的地道。鼹出现在地面上时，通常是为了收集杂草和落叶，来做巢的衬垫，或是被较强的动物逐出家门，使它必须找个新的地盘。

在黑暗中养育幼崽 在为期24小时至48小时的疯狂繁殖季节，鼹会在雌鼹的地洞中交配。一个月后，母鼹平均会产下三只幼崽，并继续在巢中照顾它们一个月。幼崽初次随母鼹探索过整个地道系统后不久便得离开，到他处另建自己的地道。

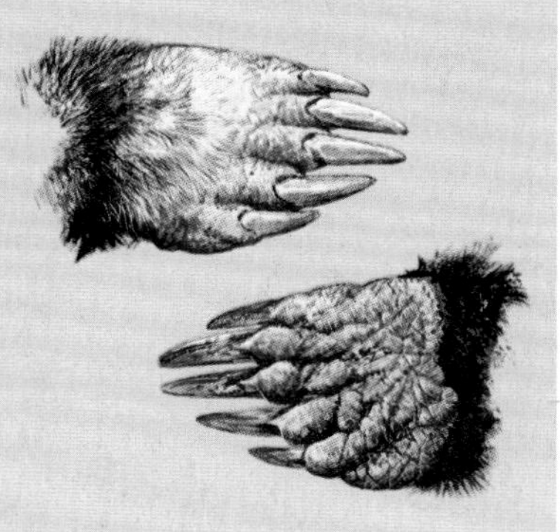

专为挖掘而生的前爪 大部分的鼹都有巨大有力的前肢、外张的爪和铲子状的尖甲。挖地道时，鼹将土壤抛到侧边和后面，并用较小的后肢支撑身体。

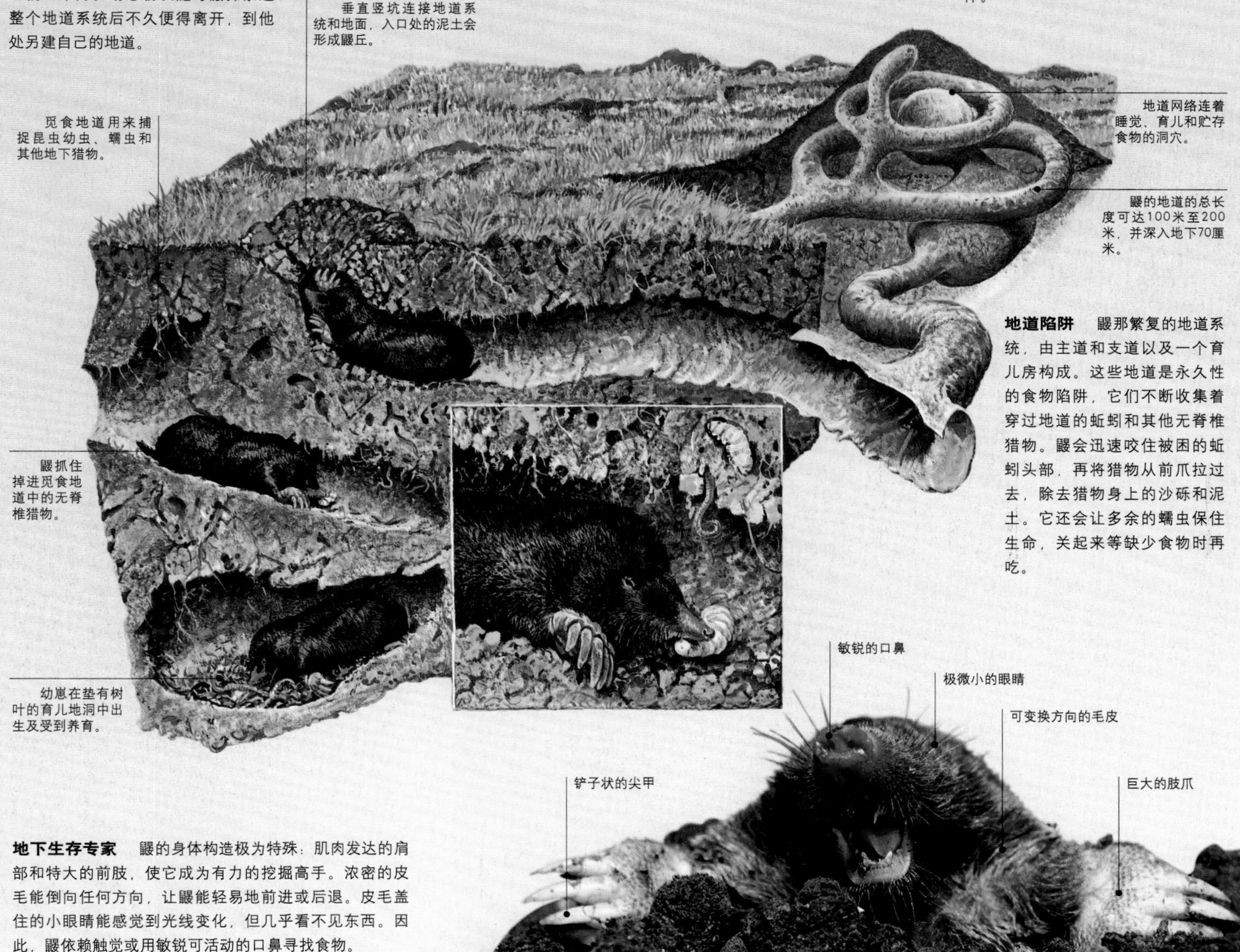

地道陷阱 鼹那繁复的地道系统，由主道和支道以及一个育儿房构成。这些地道是永久性的食物陷阱，它们不断收集着穿过地道的蚯蚓和其他无脊椎猎物。鼹会迅速咬住被困的蚯蚓头部，再将猎物从前爪拉过去，除去猎物身上的沙砾和泥土。它还会让多余的蠕虫保住生命，关起来等缺少食物时再吃。

地下生存专家 鼹的身体构造极为特殊：肌肉发达的肩部和特大的前肢，使它成为有力的挖掘高手。浓密的皮毛能倒向任何方向，让鼹能轻易地前进或后退。皮毛盖住的小眼睛能感觉到光线变化，但几乎看不见东西。因此，鼹依赖触觉或用敏锐可活动的口鼻寻找食物。

飞狐猴

纲	哺乳纲
目	皮翼目
科	鼯猴科
属	鼯猴属
种	2

飞狐猴又名鼯猴或猫猴，它们不是真会飞，也不是真的狐猴。它们只会在空中滑翔，而且自成一个小小的目——皮翼目。这些体形像猫的动物在地上却显得很无助，攀爬时动作笨拙，左颠右倒，但它们在栖息的雨林中，却能在高大的树木间轻易移动。为了降低滑翔时被敏捷猛禽攫走的风险，飞狐猴具有夜行性。白天，它们不是栖息在中空的树中，就是用尖锐的针状爪子，紧紧抓住树干休息。雌飞狐猴通常只产一只发育尚未完全的幼崽，再将它带在肚子上，直到它断奶为止。它的滑翔膜能叠起来，成为紧紧包住幼崽的育儿袋，当它倒挂在树枝上时，滑翔膜和腹部则变成幼崽的吊床。

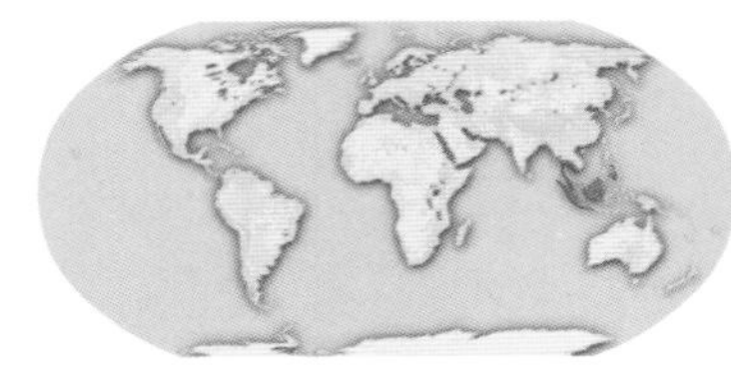

分布狭隘 斑鼯猴可见于马来西亚、泰国和印度尼西亚；菲律宾鼯猴则只分布在菲律宾。当地人猎捕这两个品种，以取得它们的毛皮和肉，雨林栖息地的破坏也威胁到它们的生存。

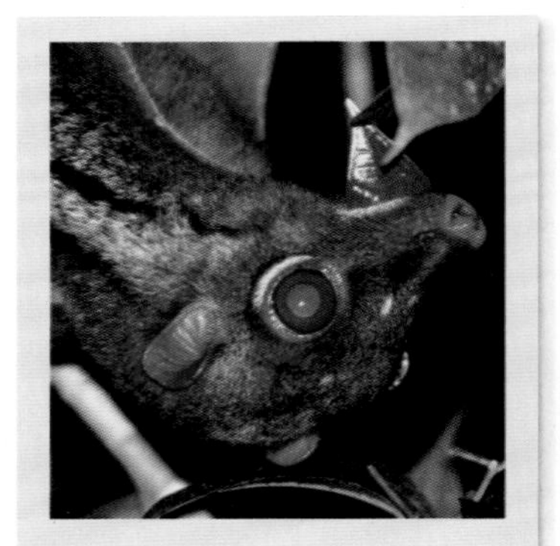

食叶者
飞狐猴有特殊的胃，能消化它大量进食的多叶植物。其他食物则包括芽苞、花、果实，可能还有树汁。

滑翔膜和腹部可当幼崽的吊床。

斑鼯猴
(Cynocephalus variegatus)

以连串的跳跃攀爬树干，并用尖锐的爪子紧紧抓住树皮。

菲律宾鼯猴
(Cynocephalus volans)

像风筝 飞狐猴的滑翔膜由颈延伸至四肢和尾的末端，是所有滑翔动物中最大的。飞狐猴可在空中滑翔135米，并以它的立体视觉辅助做精确的降落。森林哺乳动物的另外四种——鼯鼠（*Sciuridae*；松鼠科）、鳞尾松尾（*Anomaluridae*；鳞尾松尾科）、短头袋鼯（*Petauridae*；袋鼯科）和大袋鼯（*Pseudocheiridae*；环尾袋貂科）都独立演化出滑翔的能力。

树　　鼩

纲	哺乳纲
目	攀兽目
科	树鼩科
属	5
种	19

在某些亚洲热带森林里，长相像松鼠，名叫树鼩的哺乳动物匆忙地在地面和树上奔波，到处觅食昆虫、蠕虫、小型脊椎动物和果实。它们的利爪和外张的趾掌能牢牢抓住树枝和岩石，一条长尾则帮忙保持平衡。进食时，它们以两只前爪握着食物，挺腰而坐，并时刻提防猛禽、蛇和獴等猎食者。它们通常收集羽毛在中空的树中做巢，再铺上树叶。每次平均会产下三只幼崽。雌树鼩提供的照顾大多很有限，有的每隔两天才去探视一次。树鼩被视为一种原始胎盘哺乳动物，和真鼩没有直接关系。虽然，有些树鼩几乎终生都待在树上，但大部分是半地栖性，有些甚至很少冒险到树上去。

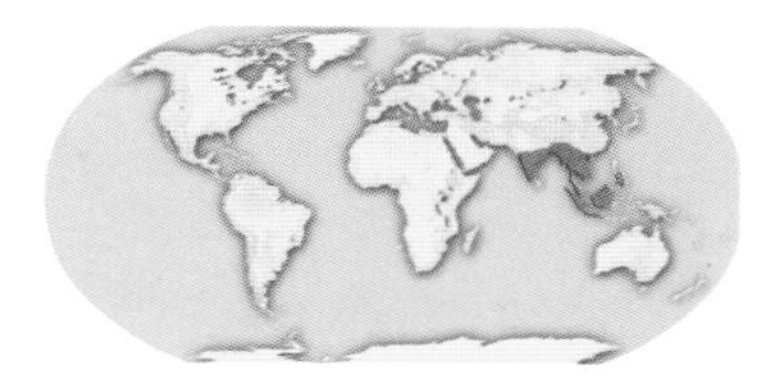

分裂的家族 树鼩居住在南亚和东南亚的热带雨林里。原本被视为食虫目动物，后来被归在灵长目动物内，现在，又被分在单一的目——攀兽目里，且只有一个科（树鼩科），再分成两个亚科。笔尾树鼩亚科只有一个种——笔尾树鼩，它可见于加里曼丹岛和马来半岛。树鼩亚科包括其他18种树鼩。它们大多居住在加里曼丹岛上，其余则遍布整个印度东部和东南亚。

忠贞不二 树鼩在它们两三年的生命期间，会固定配对，并对伴侣展现高度的忠贞。虽然白天，配偶各自去觅食，但它们共享一个领域，会共同对抗同种的其他成员。为了宣示主权，它们会在重要地点和新物体上，用尿液、粪便做记号。或是沿着树枝磨擦身体，将胸部及腹部腺体分泌的气味留下来。树鼩也用气味在伴侣和幼崽身上做记号，若幼崽的气味被擦掉，母树鼩将无法辨认自己的后代，可能会将幼树鼩吃掉。

保护警报

在19种树鼩中，32%被列在国际自然与自然资源保护联合会的《濒危物种红色名录》中，请看下表：

2种濒危
4种易危

蝙 蝠

纲	哺乳纲
目	翼手目
科	18
属	177
种	993

蝙蝠是惟一能拍动翅膀的哺乳动物，因此，也是惟一能真正飞行的哺乳动物。它能以高达50千米的时速飞越空中。这种能力让它们能长途旅行，充分利用大范围的食物来源，并占据全球大部分的地方，包括偏远的新西兰和夏威夷。在那里，它们是惟一土产的大陆哺乳动物。将近一千种蝙蝠构成翼手目，它也是哺乳动物中的第二大目。翼手目分成两个亚目：旧大陆果蝠，又名大翼手亚目；大部分食昆虫的新大陆蝙蝠，又名翼手亚目。

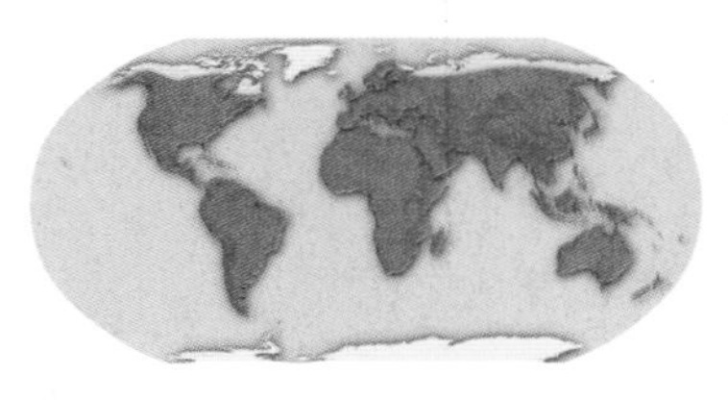

遍布全球 在所有的哺乳动物品种中，蝙蝠的种数占了总种数的将近四分之一。虽然它们绝大部分居住在较温暖的地区，但除了极地地区和少数孤立的岛屿外，全球都能见到它们的踪影。森林蝙蝠通常有较宽大的翅膀，以增加灵活性；居住在空旷栖息地的蝙蝠则有小而窄的翅膀，以提升飞行速度。

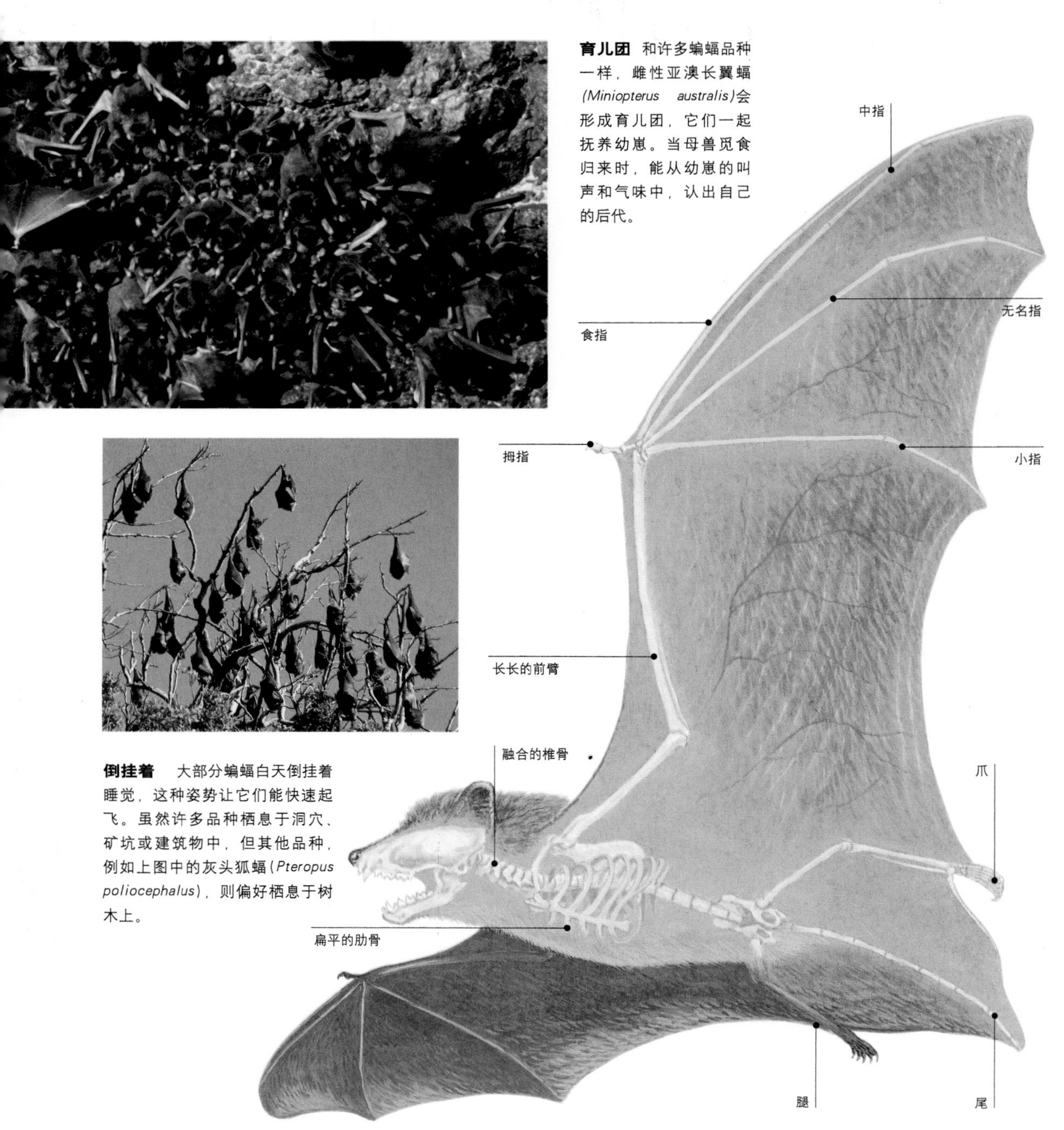

育儿团 和许多蝙蝠品种一样，雌性亚澳长翼蝠(*Miniopterus australis*)会形成育儿团，它们一起抚养幼崽。当母兽觅食归来时，能从幼崽的叫声和气味中，认出自己的后代。

倒挂着 大部分蝙蝠白天倒挂着睡觉，这种姿势让它们能快速起飞。虽然许多品种栖息于洞穴、矿坑或建筑物中，但其他品种，例如上图中的灰头狐蝠(*Pteropus poliocephalus*)，则偏好栖息于树木上。

飞行 蝙蝠有非常长的前肢和高度强化的爪子。除了拇指，每根手指都大为加长，以支撑实为翼膜的翅膀。翼膜由两层皮构成，既有弹性又韧性。

飞行觅食

蝙蝠常被描绘成吸血恶魔，但仅有三种蝙蝠吸血。即使这些吸血蝠也展现出高度的利他主义，会和饥饿的同伴分享它们的食物。大部分的蝙蝠是喧闹的动物，有些蝙蝠群的个体有数千只，甚至数百万只。

有70%以上的蝙蝠摄食夜间飞行的昆虫，仅有其他少数哺乳动物利用这种食物来源。这些猎者除了依赖它们的飞行能力外，还有回声定位能力。这个方法是发出高频音，再侦查它的回声，以定出障碍物或猎物的位置。在许多生态系中，蝙蝠在控制昆虫数目方面，扮演着重要的角色。

大部分的蝙蝠是草食动物，它们用敏锐的嗅觉和有效的夜视能力，找到植物的果实、花、花蜜和花粉。这些蝙蝠对授粉和散布种子非常重要。有些植物为了吸引它们，还特别长出大果实，或在夜晚开出气味浓烈的花。

为了减少能量的消耗，许多蝙蝠都能调节体温，白天栖息时让它降低。为了配合食物缺乏的冬季，有些温带品种会进入较长的冬眠期，靠秋季贮存的脂肪为生。其他则迁移到气候较暖的地区，欧洲夜蝠迁移时能飞行2000千米。

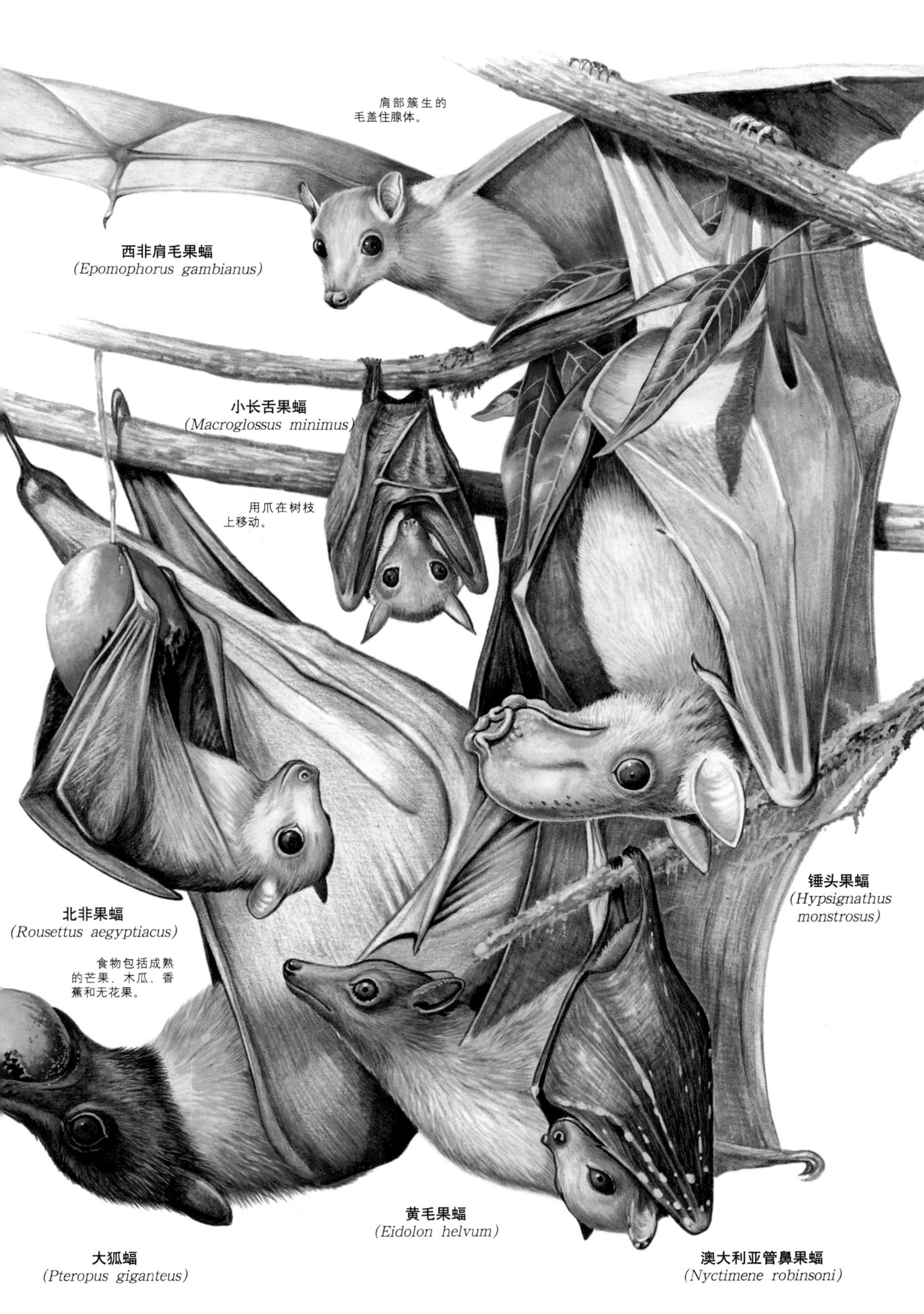

小档案

小长舌果蝠 这种小型蝙蝠用非常长的舌头，吸食香蕉、椰子和红树的花蜜与花粉。它们在各个觅食点游走时，也帮这些植物传授了花粉。

7厘米
1厘米
18克
独栖或成对
当地常见

澳大利亚北部、新几内亚和附近岛屿

北非果蝠 虽然它们主要是依靠视觉行动，但却是旧大陆果蝠中，具有初步回声定位机制的一个品种。由于它们栖息在昏暗的洞穴中，这个功能倒是很方便。

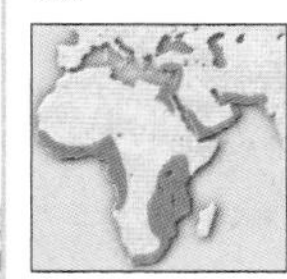

14厘米
2厘米
160克
成群
常见

非洲和西亚

锤头果蝠 这种栖息于树冠层的大型果蝠有加大的吻和喉头，这让它们能发出很大的叫声。

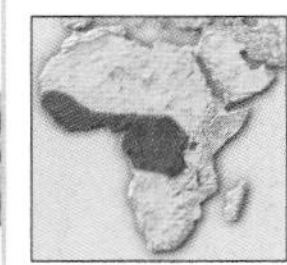

30厘米
无
420克
群居，雄性间的炫耀行为
当地常见

非洲西部和中部

睡姿不同

栖息中的旧大陆蝙蝠用翅膀将自己的身体裹住，头部则和胸部呈直角。新大陆蝙蝠通常将翅膀收在身侧，头部下垂或与背部垂直。

保护警报

易危的蝙蝠 由于大部分的蝙蝠一年只养育一只幼蝠——以这种体形的动物而言，繁殖率非常低——它们非常容易受到伤害，种群数目也容易骤降。在非洲、亚洲和太平洋地区许多地方，人类自古就捕食果蝠。近年来，它们遭到的威胁除人类的捕杀外，还包括栖息地破坏和杀虫剂中毒等。

小档案

黄翼洗浣蝠 雨伞花树是这种蝙蝠最喜欢栖息的地点之一。当这种树开花时，会引来成群的昆虫，正好成为这种蝙蝠的囊中之物。

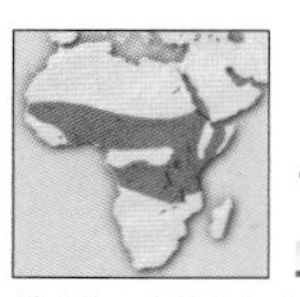

8厘米
无
36克
成对或成群
当地常见

撒哈拉以南的非洲中部

兔唇蝠 这种蝙蝠以之字型飞越池塘、溪流和海岸边，用回声定位和锐利的大后爪寻找和捕捉鱼类。

13厘米
4厘米
90克
成群
当地常见

中美洲和南美洲及加勒比海地区

搭帐篷

有数种果蝠不倒挂在洞穴或树枝上，而会自己搭建遮蔽物，白外叶蝠就是其中一种。它会咬断棕榈叶中央叶脉和叶缘之间的纤维，让叶子卷起来。

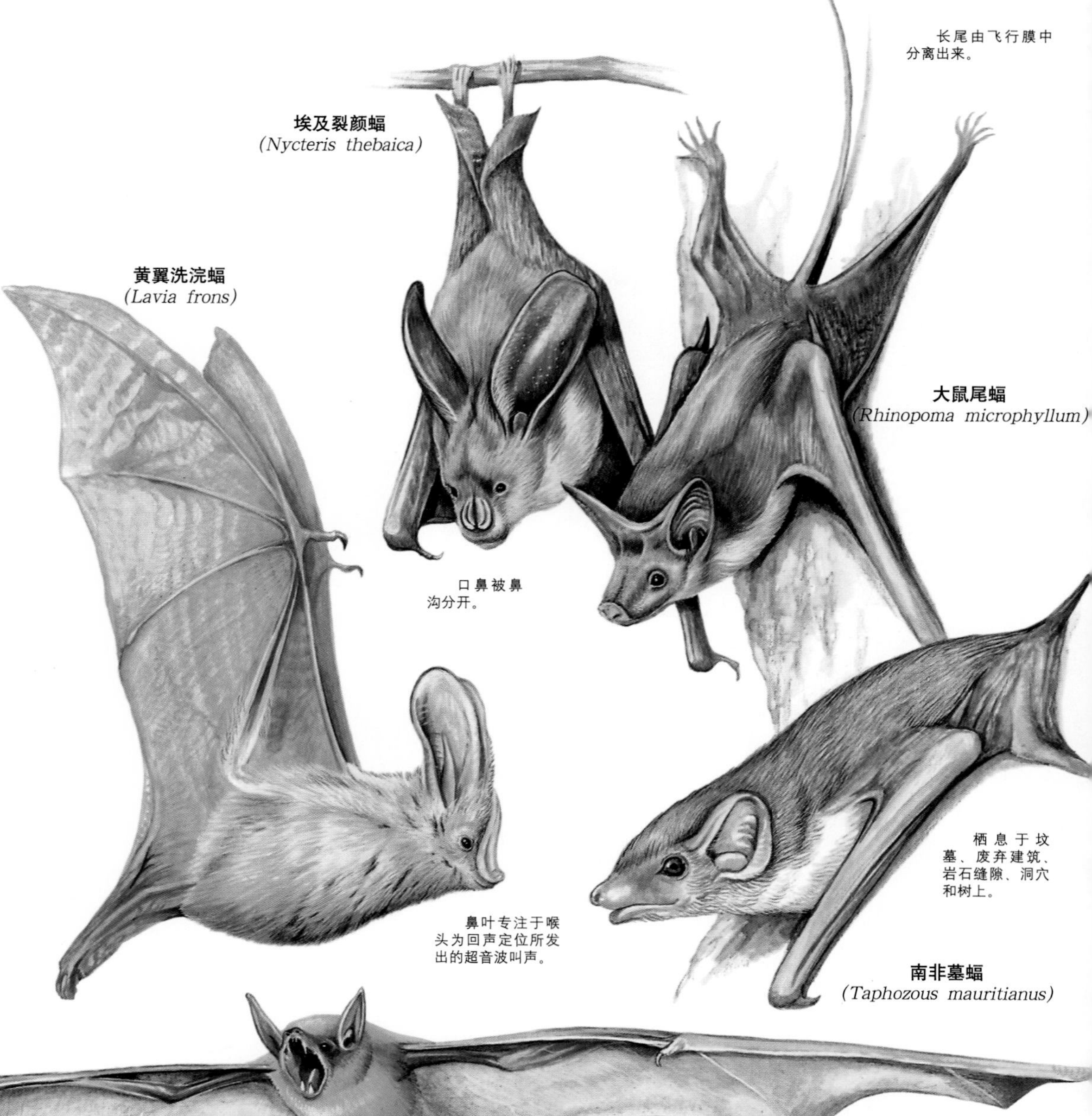

保护警报

在993种蝙蝠之中，有52%被列在国际自然与自然资源保护联合会的《濒危物种红色名录》中，请看下表：

12种灭绝
29种极危
37种濒危
173种易危
209种近危
61种资料不全

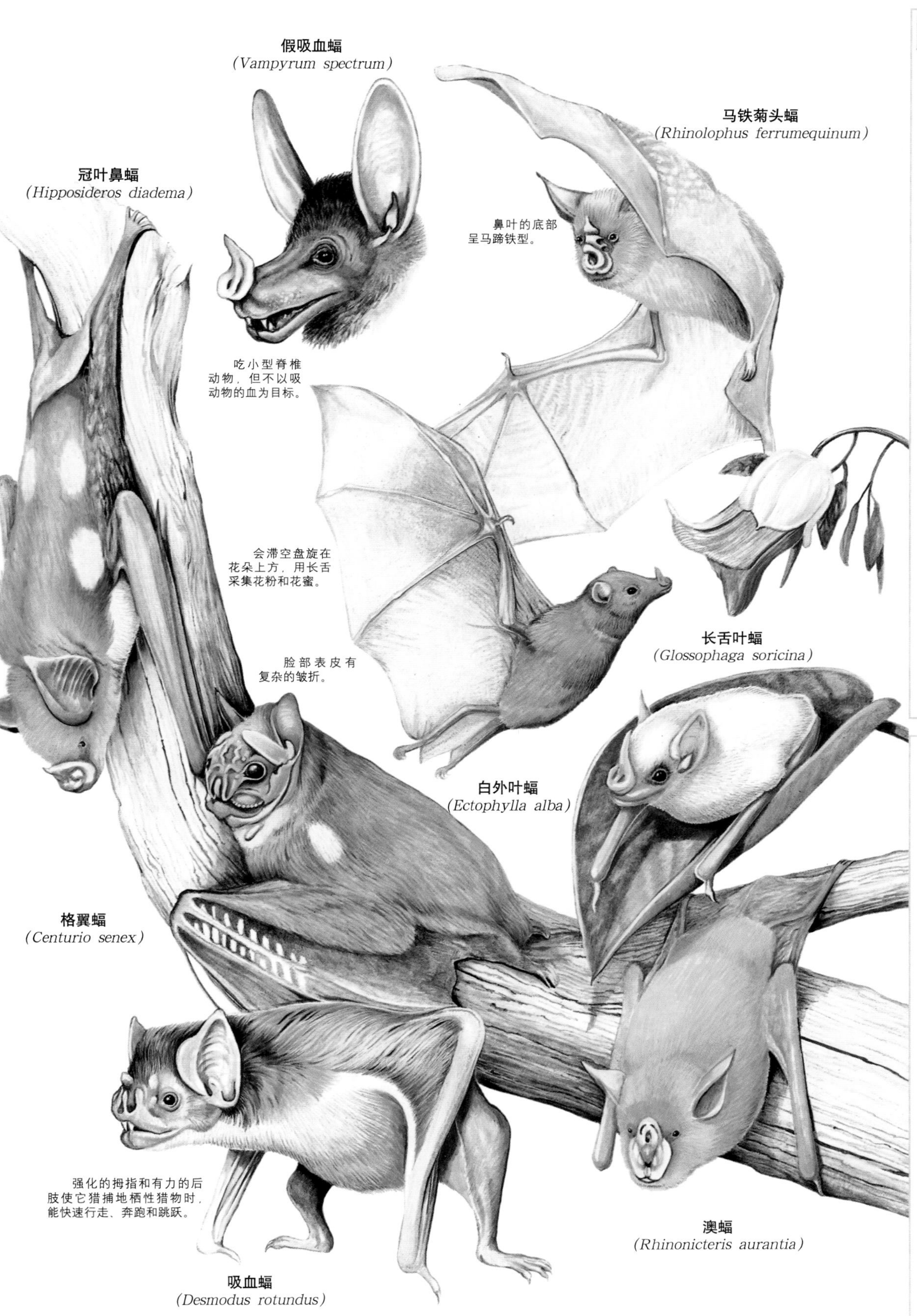

小档案

吸血蝠 这种蝙蝠会用锋利的牙齿，咬破牛、马、鹿或其他大型哺乳动物的一小块皮肤，再舔食其鲜血。猎物未注意到它的攻击，它才能饱餐一顿。大部分年轻的吸血蝠三晚只有两晚能觅食成功。这种蝙蝠只要几天不吸血便会饿死，因此，饥饿的吸血蝠会乞求同伴给它血液。同伴若会同意，便会将血液反吐出来。这种蝙蝠是少数几种能有此慷慨之举的哺乳动物之一。

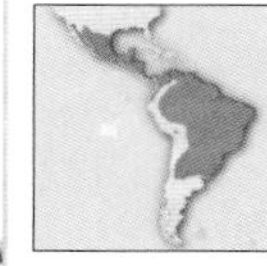

中美洲和南美洲

9厘米
无
50克
小至大群
常见

蝙蝠獠牙
吸血蝠加大的上犬齿和门牙非常锋利。

假吸血蝠的食物

假吸血蝠是美洲最大的蝙蝠，它猎捕鸟类、鱼类和其他蝙蝠，以及小型啮齿类、爬行类、两栖类动物，但不吸血。这种蝙蝠结合回声定位和绝佳的视力，成为优异的猎食者。

中美洲和南美洲

16厘米
无
190克
小群
近危

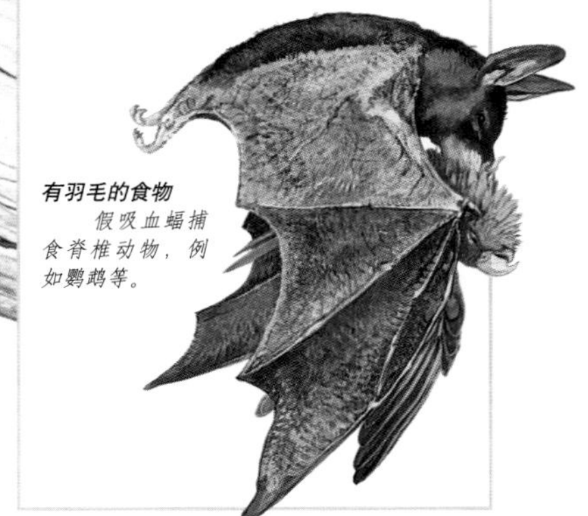

有羽毛的食物
假吸血蝠捕食脊椎动物，例如鹦鹉等。

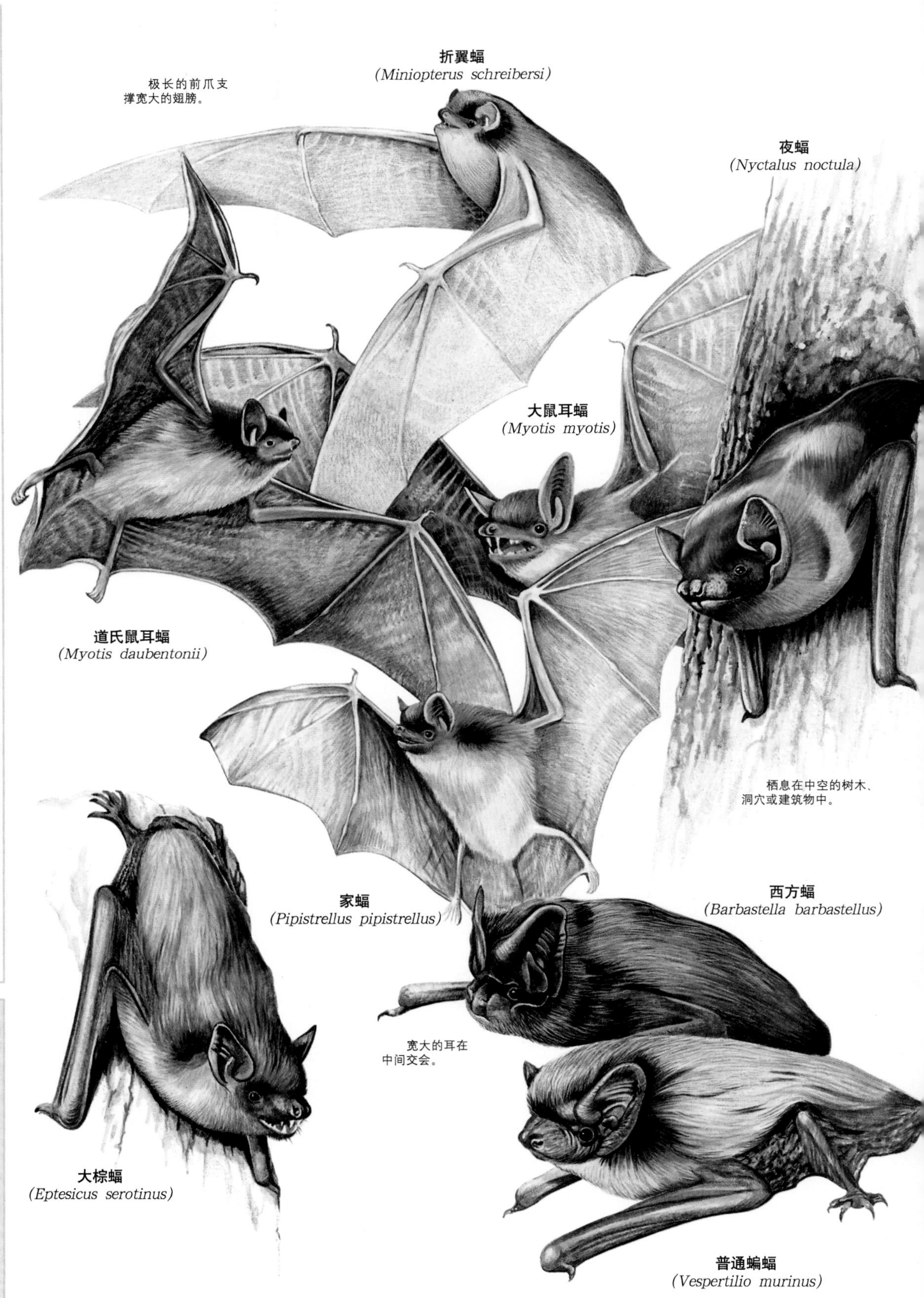

小档案

西方蝠 这种中型蝙蝠栖息于洞穴、矿坑、地窖、中空的树木或不牢固的树皮下方，黄昏时出动搜寻蛾子等为食。虽然分布很广，但现在似乎到处都很罕见。

6厘米
4厘米
10克
小群
易危

欧洲西部、摩洛哥和加那利群岛

折翼蝠 在某些地区，这种蝙蝠会在冬季迁移到较温暖的地方。白天它们栖息在洞穴或建筑物内，幼崽被成群安置，与成年蝠分开。

6厘米
6厘米
20克
大群
近危

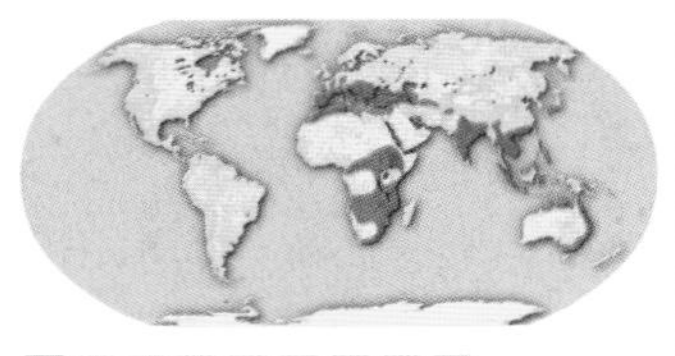

欧洲、非洲、亚洲南部和澳大利亚

大鼠耳蝠 这种蝙蝠捕食甲虫和蛾，每晚的摄食量达它体重的一半。10只至100只成一群，共同栖息于洞穴和楼房阁楼中。幼蝠于每年4月至6月出生，它们必须囤积脂肪，才能度过冬眠期。

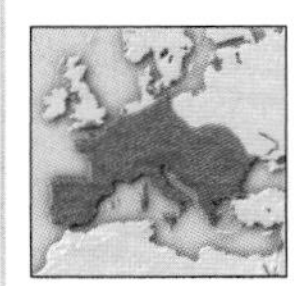

8厘米
6厘米
45克
小至大群
近危

欧洲和以色列

保护警报

蝙蝠科 这页只介绍蝙蝠科中的几种蝙蝠。这科蝙蝠成员最多，分布最广，其中包括一个沿北极地区森林线而居的品种。这科成员使用的栖息地点几乎无所不包，连建筑物都在内。虽然它们的应变力如此之强，但有2种已经灭绝，许多都有赖保护，其中有7种极危，20种濒危，52种易危。就连英国最多的家蝠，自1986年以来，也已经减少了60%。

小档案

墨西哥犬吻蝠 许多品种的蝙蝠都会集体栖息，但墨西哥犬吻蝠保持着最大群居的记录，在美国得克萨斯州的布拉肯洞，共聚居了2000多万只犬吻蝠。每天傍晚，壮观的蝙蝠群从洞中蜂涌而出，一齐去寻找食物。据估计，它们每晚要吃225吨的昆虫。春季时，这个品种的许多成员会从墨西哥迁移到得克萨斯州来繁殖，秋季时再回到南方。

7厘米
4厘米
15克
大群
近危

北美洲和南美洲及加勒比海地区

吸盘足蝠 这种小蝙蝠现在只见于马达加斯加岛，它用爪子上的吸盘附着在树叶上，并以它的长尾支撑。中美洲和南美洲的盘翼蝠（盘翼蝠属）的四肢末端也有吸盘。这种特点显然是在旧大陆和新大陆品种中，各自演化出来的。

6厘米
5厘米
10克
未知
易危

马达加斯加岛东部和北部

新西兰短尾蝠 这种蝙蝠和上世纪初灭绝的另一种较大型蝙蝠，是新西兰惟一土产的陆地哺乳动物。它们是南美短尾蝠的亲属的后裔，会在地面及树干上觅食，必要时才会飞行。

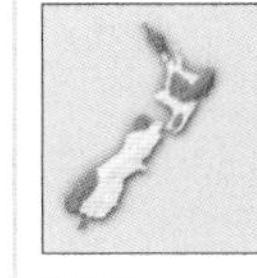

7厘米
1厘米
15克
大群
易危

新西兰

以声寻物

要在黑暗中得知去路，追踪昆虫或其他猎物，许多蝙蝠都依赖回声定位，边飞边放出连串的超声波叫声。回声的强度让它们知道障碍物或猎物的距离，回声些微的延宕差异显现出它们的方向和大小。

灵长目动物

纲	哺乳纲
目	灵长目
科	(13)
属	(60)
种	(295)

具有超凡智能的狐猴、猴、猿和它们的近亲构成灵长目动物群体。早期的灵长目动物住在树上，因此，它们的发展都是为了适应树栖生活：面向前的眼睛有立体视觉，如此在树木间活动时，有助于判断距离；灵活的手能牢牢抓住树枝；长而有弹性的四肢能增加觅食时的敏捷。大部分的灵长目动物至今仍以树栖为主要的生活方式。不过，即使选择在地上生活的品种，至少也保有树栖生活的某些特点。也许这个目更迷人的特征，是许多品种展现出来的复杂的群体行为。

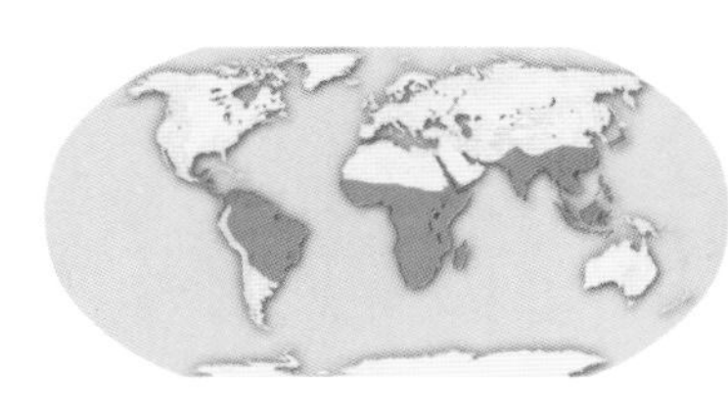

分布范围 虽然大部分的灵长目动物居住在北纬25度到南纬30度之间的热带雨林中，但仍有一些品种可见于更远的北非、中国中部和日本。

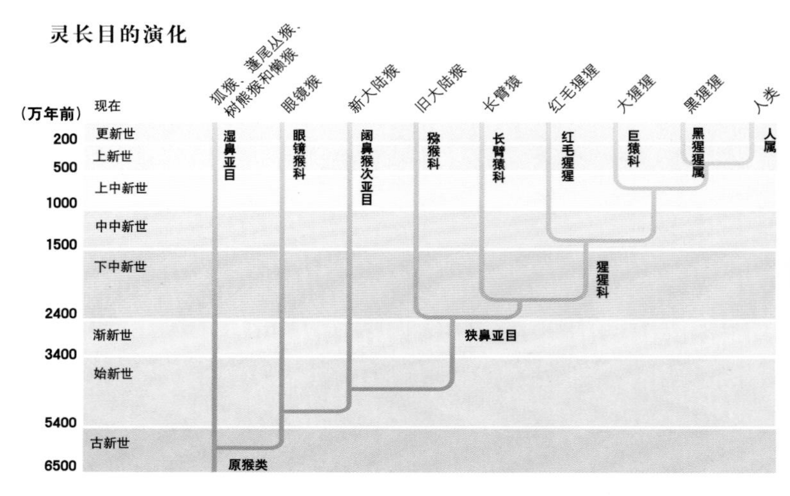

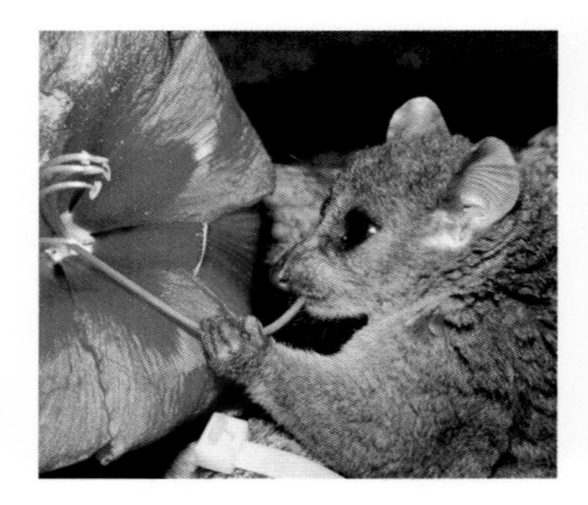

考氏鼠狐猴 和湿鼻亚目中的其他成员一样，考氏鼠狐猴的特征是有个又湿又尖的吻和敏锐的嗅觉。这种小型的夜行性独居灵长目动物以花、果实和昆虫为生。

肉食动物 对大部分的灵长目动物而言，叶、果实和昆虫便是它们的主食。但狒狒、黑猩猩和人类也捕食大型脊椎动物。图中这只橄榄狒狒(*Papio hamadryas anubis*)带着它猎杀的幼羚羊归来。

原猴亚目之王 大猩猩和其他猿与猴子和人一起组成原猴亚目。大猩猩是群体性动物，它们成群生活在一起，其中有一两只银背雄性，几只年轻的雄猩猩，几只雌猩猩和小猩猩。

多样化的灵长目动物

虽然有些小型灵长目动物单独觅食，靠躲藏和夜行习性来逃避猎食者，但是，许多较大型的灵长目动物却在白天活动，并成群结队，以此保护自己。群体能提供许多耳目来留意猎食者。即使猎食者真来攻击，它对付群体中一个个体的机会也很大。有些灵长目动物会合力击退攻击者——狒狒便能杀死一只来袭的猎豹。

灵长目动物群体的大小和组织能力差异极大。有些品种以一雄一雌生活，有些则数头雌性和一头或多头雄性组成队伍。数个由150只狮尾狒组成的稳定队伍，有时会结合成600只的狒群。最常见的架构是有血缘关系的雌性及其后代，它们通常有一只雄性领导。群体生活使食物和交配的竞争加剧，必须透过复杂的等级和联盟来交涉。这些复杂的群体架构得依赖精确的沟通，许多品种还使用一套微妙的视觉和声音信号。以体形而言，灵长目动物的脑比其他哺乳动物都大，这个特征也许和它们的复杂群体生活有关。

灵长目动物的生命节奏缓慢。妊娠期长，生育率低，一次只产一崽或二崽；生长速率慢，幼崽和未成年的依赖期间长；生命期也长。也许这是灵长目动物脑部大的代价，否则，用在大脑上的能量便能用来生长和繁殖。

灵长目动物的体形由10厘米长、30克重的矮狐猴(*microcebus myoxinus*)，到站立时超过1.5米长、重180千克的大猩猩都有。

许多小型灵长目动物主要靠

舒适的生活 日本猕猴是少数住在热带与亚热带地区以外的灵长目动物。在寒冷下雪的冬季，它们的毛变厚，靠树皮、树叶和预先贮存的食物为生，它们还会在温泉中取暖。

挺身而坐 黑猩猩和其他猿类会挺身而坐，甚至站立，支撑它们的是比猴和狐猴更短的背部、较宽大的胸腔和较有力的骨盆。手臂通常用在行动上，它们比腿长，手腕极有弹性。

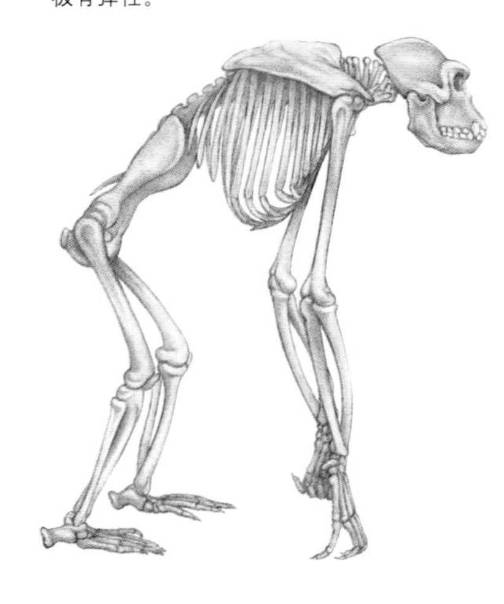

荡过树林 长臂猿用它们那极长的手臂，在树木间摆荡，这种运动方式称为“摆跃行动”。在摆动中，它们靠立体视觉精确判断下一次手要伸到的树枝的距离。

社交生活 狒狒等灵长目动物非常需要大的头脑，以应付等级化的群体中的复杂的“群体关系”。虽然群体生活使食物的竞争加剧，但却减少被猎食者攻击的风险。

挣扎求生 约有三分之一的灵长目动物品种，正面临灭绝的危险。它们是栖息地丧失和猎捕下的牺牲品。像红毛猩猩之类的大型品种生存环境更加脆弱，因为它们更容易被猎人发现而遭枪杀。

昆虫为生，这种食物好消化，能为它们快速的代谢提供能量。较大型的品种需要更大量的食物，通常专吃树叶、幼苗和果实，这些食物虽然消化慢，但却非常充裕。灵长目动物大多分布于热带，可能与它们普遍依赖果实、幼苗、树叶和昆虫有关，因为，这些食物在热带地区，全年都不虞匮乏。

灵长目分成两个亚目：湿鼻亚目，由狐猴和它们的亲属组成；狭鼻猴亚目，由眼镜猴、猕猴、猿和人类组成。眼镜猴和湿鼻亚目的猴类共有数个灵长目动物的特征，一向被合称为原猴类。

原猴类动物

纲	哺乳纲
目	灵长目
科	(8)
属	(22)
种	(63)

原猴类动物一词的意思是“在猴子之前的动物”，表示这些动物保持着早期灵长目动物的许多特征，这一些动物占了灵长目八个科。美洲没有这种动物，狐猴则分布于马达加斯加，蓬尾丛猴和树熊猴在非洲，懒猴在亚洲——它们全是湿鼻亚目的成员。这些品种全都具有湿而尖的吻，大部分的眼睛里都有个能反射光的盘状物，一根理毛爪，紧密的下排牙齿形成梳齿。现在，被归类于狭鼻亚目的眼镜猴也常被称为原猴类，因为它们的外表和独栖、夜行习性，就和许多湿鼻亚目的成员一样。

树栖生活 像其他原猴类动物一样，瘦长懒猴极度适应树上的生活。它向前的大眼睛提供立体视觉，可以准确判断距离。而灵巧的爪子可以牢牢地抓住树枝。

捉虫吃 指猴是惟一没有梳齿和梳毛爪的湿鼻亚目动物。但它有不断生长的大门牙，可以啃穿树皮，一根细长的中指能掏出树皮中的昆虫。

特殊的感官

原猴类动物通常体形较小，具有夜行性，栖居在树上，独自觅食，但偶尔也会形成有限的群体。大部分以昆虫为主食，但也摄取果实、树叶、花、花蜜和树脂。它们展现两种特殊的梳毛行为：后爪的第二趾有一根长爪，名为梳毛爪；还有梳齿——长在下颌紧密突出的一排牙齿。梳齿似乎也用来刮下树上的树脂。

狐猴、懒猴和其他湿鼻亚目动物都有潮湿、像狗嘴一般的吻，让它们能借嗅觉获得丰富的情报。视觉也很重要，但它们不像猿和猴，有全彩视觉。对这些夜晚在昏暗光线下觅食的动物而言，细致的色彩视觉用处不大。但是，大部分原猴类动物在视网膜后方，都有一层水晶状的构造，名为脉络膜层，它能反射光线，产生许多夜行性哺乳动物特有的反光。

声音对原猴类动物的沟通很重要，许多品种采用警告的叫声和宣示领域的叫声。但气味也占主要角色。它们通常用尿液、粪便或特殊臭腺的分泌物来标示领域。气味能传达一个个体的性别、身份和生育状况。

地栖性的队伍 环尾狐猴在原猴类动物中很不寻常，它们在白天活动，大部分的时间都待在地上。它们的队伍介于3只到20只之间，由雌狐猴统御，其他灵长目动物只有少数几种是母系结构。雌狐猴一胎生一崽或两崽，由整个队伍一起照顾。

小档案

平鼻驯狐猴 这种狐猴的食物，95%是竹子的笋、叶和嫩茎。它是世上最罕见的哺乳动物之一，已有一个世纪不见踪影，原本以为已经灭绝，直到1972年，才又被人发现。

马达加斯加岛东南部

獴狐猴 干季时，獴狐猴通常是夜行性，到了较冷的湿季，就会改为白天活动。它们由一雌一雄以及它们的后代组成一个小群体一起活动。

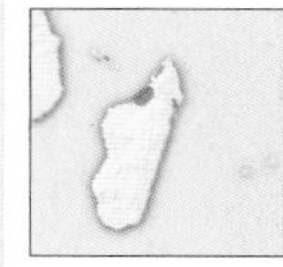

马达加斯加岛西北部（纳林达湾以南）和科摩洛岛

黑狐猴 多年以来，雌雄黑狐猴被视为是不同的两个品种，因为它们看来极不相同。雄性是黑色，雌性则是红棕色，腹白，耳有簇毛。这种树栖狐猴以果实、花和花蜜为生。

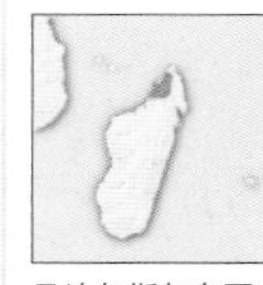

马达加斯加岛西北部（纳林达湾以北）

马达加斯加狐猴

数百万年来，狐猴被隔绝在马达加斯加岛上。它们在此适应了各种森林生态环境，并发展出今天我们所见到的多样性。现在，它们的体形由老鼠到中型家犬大小的都有，但最近灭绝的懒狐猴（*Archaeoindris fontoynontii*），比雄性大猩猩还大。大部分狐猴具树栖性和夜行性，但有些住在地面，并在白天活动。它们可以是独居、成对或形成较大的永久性群体。

栖息地丧失 *和马达加斯加所有的狐猴一样，红腹狐猴(Eulemur rubriventer)的数目也随着雨林栖息地的破坏而急剧下降。*

手和脚

灵长目动物的生活，由它们的手和脚便可见一般。大狐猴和眼镜猴垂直地攀附在树上，并在树木间跳跃，指猴则在树枝上攀爬。大猩猩能爬树，但大部分的时间待在地面。

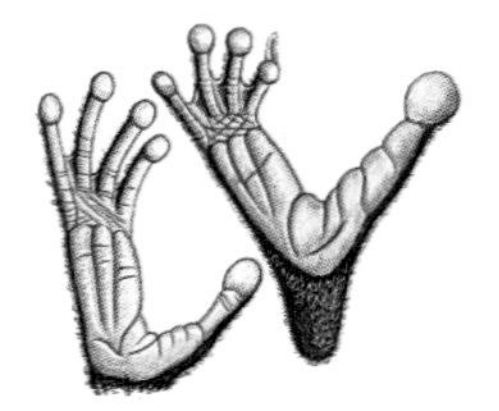

牢牢攀附的大狐猴

大狐猴的拇指和大脚趾帮它牢牢地攀附在树干上。

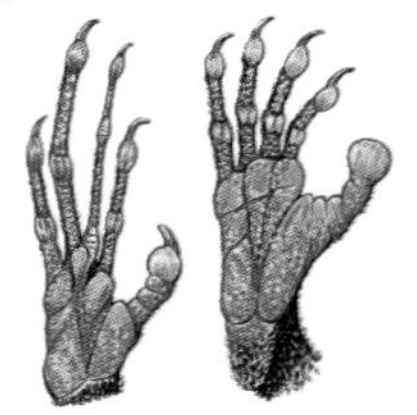

能挖凿的指猴

指猴不攀附树木，而以长爪挖凿进树皮中捉虫吃。

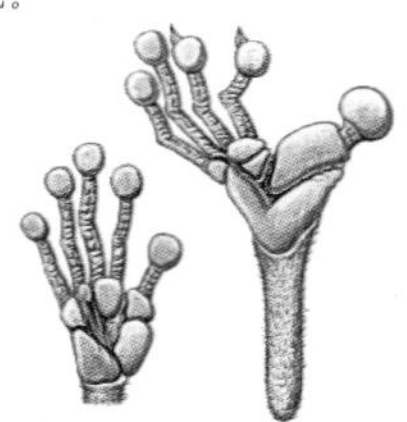

摩擦力强的眼镜猴

眼镜猴靠前后肢爪子上盘状肉垫的摩擦力，来增加它的抓握力。

宽掌的大猩猩

大猩猩主要是地栖性，因此，它有宽大的手掌和脚掌协助支撑体重。

保护警报

原猴类动物的63个品种中，76%被列入国际自然与自然资源保护联合会的《濒危物种红色名录》中，请见下表：

3种极危
8种濒危
12种易危
17种近危
8种数据缺乏

小档案

绒毛狐猴 这个品种的警告叫声听起来像拉丁文“毛狐猴属”的读音，因此属名才会取为绒毛狐猴。由配偶和它们的幼崽组成的家庭群体，白天都在藤蔓中睡觉。

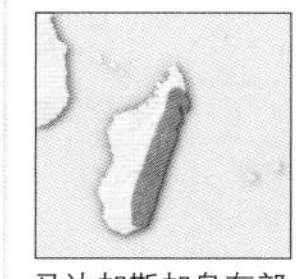

45厘米
40厘米
1.2千克
成对
近危

马达加斯加岛东部

大狐猴 大狐猴是现存最大的狐猴，白天活动，在树木间跳跃，寻找果实和花充饥。它以大哭声宣示它的存在，并以脸颊里的臭腺标示它的领域。

90厘米
50厘米
10千克
家族队伍
濒危

马达加斯加岛东北部

留下踪迹

狐猴用头、手或臀部腺体分泌的气味，标示它的领域。大狐猴的臭腺在它的脸颊上，绒毛狐猴的则在颈部。

攀缘和跳跃

大狐猴、威氏原狐猴和绒毛狐猴都以垂直的姿势攀缘和跳跃。它们在树木间活动时，上身维持挺直，长而有力的腿可行进达十米。当这些狐猴很偶然地来到地面上时，会用腿跳跃，并将手臂高举过头，以保持平衡。

行动中的威氏原狐猴
威氏原狐猴在地面上会举起手臂侧身跳。手臂根部的小皮膜能帮它在树木间滑翔。

小档案

蓬尾丛猴 这种夜行性动物偏好以蚱蜢和其他昆虫为生。在干旱季节，当昆虫变少时，它全靠刺槐树脂为生，如此，它便能在较干旱的栖息地中求生。

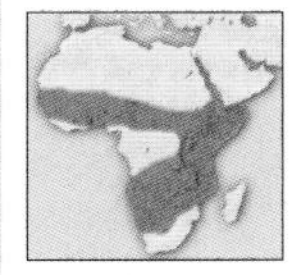

20厘米
30厘米
300克
家族队伍
常见

非洲中部和南部

杰米多夫婴猴 白天，杰米多夫婴猴睡在以树叶做成的精致球形巢中。它是最小的灵长目动物之一，代谢率很快，需要高热量的食物，食物中70%由昆虫构成。

15厘米
21厘米
120克
家族队伍
当地常见

非洲中部

活泼与缓慢

蓬尾丛猴又名婴猴，属于婴猴科，它用长长的后肢行进，并以长而多毛的尾维持平衡，能很活泼地在树林间跳跃（下图）。与此相反的是懒猴科的懒猴、树熊猴和金熊猴，它们缓慢地在树枝上爬行。至于其他以四肢移动的灵长目动物，它们的四肢约略等长，尾巴短。

保护警报

受威胁的蓬尾丛猴 蓬尾丛猴只有朗氏杰米多夫婴猴（*Galago rondoensis*）这一种被列为濒危，其他六种都列为近危。此外，还有许多问题未经深入研究，因此，无法精确评估它们的状况。近年来才辨识了数个品种，可能还有更多的有待发现。但同时，它们的热带雨林栖息地正遭到快速破坏，并因伐木和农耕而变得支离破碎。

小档案

树熊猴 这种动物总是非常缓慢的移动，企图避免被发现，必要时，它能固定在原地数小时不动一动。它们的爪子有贮存血液的地方，让它们能持续握紧而不会肌肉疲劳。面对猎食者时，树熊猴会采用防卫姿势，受到攻击时会张口咬对方。

45厘米
10厘米
1.5千克
独栖
当地常见

非洲中部

防卫姿势
受威胁的树熊猴会将头缩回压低，露出颈部。颈上有一片覆盖着角质皮的多刺椎骨。

眼镜猴

将眼镜猴分在狭鼻亚目猴类很恰当。它们没有湿鼻亚目猴类都有的潮湿吻部，但表面上和这个种群很相像。它们有长腿、纤长的爪子、大耳和巨大的眼，看来像有细尾的蓬尾丛猴。眼镜猴是惟一的肉食灵长目动物，当它们搜寻昆虫、蜥蜴、蛇、鸟和蝙蝠等猎物时，头部几乎能360度部转动。

马来跗猴 和其他眼镜猴一样，这种夜行性动物眼睛中缺少反光面，以增加它的夜视能力，但它有两只大得不可思议的眼睛，每个眼睛看上去比它的脑袋还大。

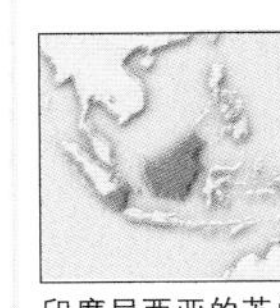

15厘米
27厘米
165克
独栖
数据缺乏

印度尼西亚的苏门答腊岛、加里曼丹岛、邦加岛、勿里洞岛和塞拉先岛等地区

眼镜猴 这种小型灵长目动物靠极长的后肢行进，可在树木间跳六米远的距离。在地面，它以后肢跳跃移动。

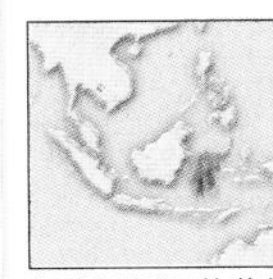

15厘米
27厘米
165克
独栖
近危

印度尼西亚的苏拉威西、山吉、巴兰和撒拉亚等地区

猴类动物

纲	哺乳纲
目	灵长目
科	(3)
属	(33)
种	(214)

地理决定了两支分离的猴类世系：美洲的新大陆猴被称为阔鼻类动物；非洲和亚洲的旧大陆猴则和猿及人类合称狭鼻类动物。这两种猴类占了灵长目的三个科。分辨这两类猴最容易的方法是根据它们的鼻子和齿列。所有的新大陆猴都住在树林中，许多有善抓握的尾巴，以便抓住树枝。旧大陆猴虽然大部分也是树栖性，但却都没有善抓握的尾巴，而且，有些品种具半地栖性性。有些旧大陆猴的臀部有坐胼胝，是新大陆猴所没有的特征。

明显的区别 旧大陆猴(上图)有显著的鼻，鼻孔狭窄朝前开。新大陆猴(右图)的鼻子较扁，鼻孔开向两侧。

树顶生涯 南美洲的灰绒毛猴(*Lagothrix cana*)极为适应树栖生活。它借由结实的肩和臀、长而有力的四肢和握力十足的爪子，在树林里摆荡。善抓握的尾巴的作用像第五只爪子，特征是近尾端下侧有一块无毛的握垫。

拉锯的等级 许多狒狒生活在有多只雄性的大队伍中，雄性间得激烈打斗，才能取得优势，得以接近雌狒狒。借打斗在狒狒群中取得的等级地位并非恒久不变，当踞统治地位的雄狒狒变老，或有雄狒狒加入或离开队伍，排名次序便会改变。

群体化的猴类

猴子通常体形中等。大小由15厘米、重140克的侏儒狨，到体长达76厘米、重25千克的山魈都有。它们大多生活在群体中，白天活动，主要以果实和树叶为生。所有的旧大陆猴和许多新大陆猴都已发展出全彩视觉，它们能在密林中，轻易地发现果实。

猴和猿一样，与狐猴及其他湿鼻亚目动物不同之处，是它们有干燥而略微长毛的口鼻，对视觉的依赖多于嗅觉和与体形而言相对较大的脑。猴和猿不只脑较大，脑的外层新皮质也特别发达。新皮质与创意、思考有关，这一点在面对群体生活机制时，是一大优势。众所皆知，猴类会故意欺骗群体中的其他成员。发出假警报，将其他成员诱离食物来源便是一例。

猴类的群体组织展现出很大的多样性：小家庭群体可能只有一雄一雌的配偶和它们的后代；由一只雄猴统治多只雌猴的一雄多雌制和由数只雄猴和许多雌猴组成的大团队。虽然在大团队中，为了建立地位，得激烈竞争，但它们也展现出广泛的合作。猴类之间的关系通常亲密而持久，定期的互相梳毛使情谊更加牢固。

小档案

巴西金狮狨 世界上大约只剩下八百只巴西金狮狨了。它们那醒目的外表，使它们成为受欢迎的宠物和动物园里的展览品，许多成为活体动物交易的牺牲品，直到20世纪70年代，才受到当地的立法保护。森林的持续破坏对它们造成了严重的冲击。

巴西海岸森林

侏儒狨 世上最小的猴子。这种猴子能在树干上凿洞，让树流出它们最喜爱的树汁和树脂。它靠四肢在树枝上奔跑，在树木间跳跃。群体成员间以高频颤音来沟通。

亚马孙河流域上游地区

棉冠狨 在树枝分叉处安眠一夜之后，三只至九只成一群的棉冠狨会在树林的冠层中活动，寻找昆虫、果实和树脂充饥。

哥伦比亚北部

合作养育

狨和狮面狨经常由数只没有血缘的成年雄狨和雌狨组成小群体。群体中通常只有一只繁殖的雌狨，它通常与一只以上的雄狨交配，并产下二崽。幼崽由群体中的所有成员一起照顾，包括无血缘关系的雄性。这种情形在灵长目动物中很独特。

护幼责任

即使雌棉冠狨的幼崽不是一只雄狨的亲生后代，它也会背着它们。

小档案

夜猴 夜猴是世界上惟一的夜行性猴。它们用敏锐的嗅觉和大眼，在幽暗的光线中寻找昆虫、果实、花蜜和树叶。它们以一雄一雌成对而居，雄猴承担大部分的育儿责任。

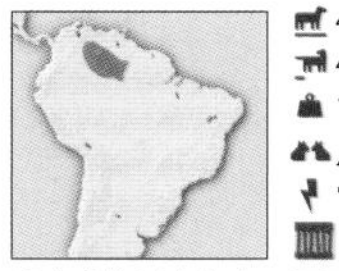

47厘米
41厘米
1.2千克
成对
常见

委内瑞拉西南部和巴西西北部

红伶猴 红伶猴生活在紧密的家庭团队中，配偶常并肩而坐，尾巴交缠在一起。它们白天活动，摄食大量的水果。

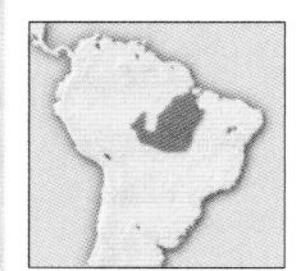

36厘米
46厘米
1.4千克
家庭团队
当地常见

亚马孙河流域中部

白僧面猴 这种活泼的树栖动物能用长长的后肢，在树木间跳跃达十米。夜里它像猫一样，蜷在树枝上睡觉。

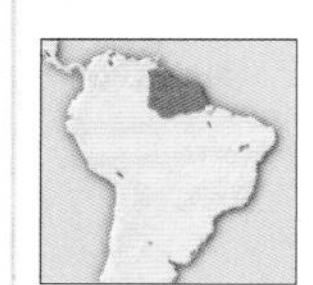

48厘米
45厘米
2.4千克
家庭团队
不常见

圭亚那、委内瑞拉和巴西北部

黑头秃猴 这个群居性品种的群体，个体可多达50只，其中包括一只以上的雄性。成年雌猴和幼崽会做社交性梳毛。以树栖性动物而言，秃猴有很不寻常的短尾。

50厘米
21厘米
4千克
大群
罕见

亚马孙河流域上游地区

保护警报

在猴类的214个品种中，有56%被列入国际自然与自然资源保护联合会的《濒危物种红色名录》中，请见下表：

14种极危
32种濒危
32种易危
2种依赖保护
26种近危
13种数据缺乏

小档案

松鼠猴 这些活泼的猴子，以50只或更多之数成群而居。和大部分的猴子不同，它们的繁殖有季节性，每年的9月至11月间，在它们自己的群中杂交。幼猴在每年2月至4月间出生，此时是全年最湿的季节，食物也最充分。

32厘米
43厘米
1.4千克
大群
常见

亚马孙河流域和圭亚那

红吼猴 在九种吼猴品种中，红吼猴的体形最大。吼猴有非常深的颌骨，有助于咀嚼它们最主要的食物——树叶，还有个极大的胃来帮忙消化食物。

69厘米
79厘米
11千克
家庭团队
当地常见

委内瑞拉到亚马孙河流域上游地区

褐卷尾猴 约由十来只褐卷尾猴组成的队伍白天一起觅食。这种猴子有时会使用简单工具，用石头敲开核果便是一例。

48厘米
43厘米
4.5千克
小群
当地常见

南美洲东北部

吼　叫

吼猴的叫声是动物世界中最响亮的一种叫声。清晨时，吼猴大队以震耳欲聋的吼叫声交谈，宣示它们的存在。吼声产生的共鸣能传到5000米之外。吼叫声帮猴群互相避开，以免为了领域起冲突，浪费时间和精力，而能专心地用来进食或休息。

小档案

绒毛猴 这种沉重的猴子大部分的时间都待在树上，但经常来到森林地面，以便用它的后腿直立行走。夜晚，多达70只包含多只雄猴的大群体一起入睡。但白天时，可能会分成较小的家族群去寻找果实和其他食物。

58厘米
80厘米
10千克
不一定
不常见

亚马孙河流域上游地区

卷毛蜘蛛猴 又名蛛猴。卷毛蜘蛛猴只见于不受干扰的高海拔森林中，但这些森林已有95%遭到破坏。目前，这种猴子野外仅剩不到500只。雄猴终生都留在它出生的队伍中，雌猴成年后却得离开，加入别的队伍，这在灵长目动物中很少见。

63厘米
80厘米
15千克
不一定
濒危

巴西东南部

黑蜘蛛猴 约二十只成一群的黑蜘蛛猴，数群会共同防卫领域或群攻猎食者，但它们会分成每群六只的小群去觅食。

62厘米
90厘米
13千克
不一定
当地常见

亚马孙河北部和里约热内卢以东地区

树顶构造

蜘蛛猴极活泼并善攀爬，它们有纤长的身体，长长的四肢，缺少拇指的手像简单的钩子，一根灵活善抓握的尾有如第五只爪子。它们常以四肢在树枝上奔跑，但也会快速地用它们的手和尾抓紧树枝，在树林中摆荡。一支队伍常排成一排行动，领头的成员为跟随者测试树枝强度。

小档案

长鼻猴　这种猴类因为雄猴有悬鼻而得名。它们由一雄数雌组成稳定的"一雄多雌"群体。性接触由雌猴发动，它以缩拢嘴唇表示对一只雄猴有兴趣。雄猴若也回看它，它便会摇头。接着雄猴会模仿它的嘴部表情，雌猴则将它的臀部对着雄猴。交媾时，雌雄长鼻猴都会保持撅嘴表情，雌猴会不断地快速摇头。

杀幼行为

虽然人类对长尾叶猴的杀幼行为研究得最彻底，但许多灵长目动物都有此行为。当一群单身雄猴入侵，新的雄猴统治一支队伍时，通常便发生这种现象。新来的雄猴杀死队伍中所有未断奶的幼猴，据推测，应该是因为分泌乳汁会防碍母猴受孕。虽然，母猴经常会试图保护它们的幼崽，但通常都功亏一篑。幼猴死后，雌猴停止泌乳，便能为新来的猴王孕育下一代。

竞争和合作

激烈的竞争使长尾叶猴有杀幼崽之举，稳定的队伍中则有高度的关怀和合作，二者对比鲜明。

敌对的雄猴

当年轻的雄长尾叶猴被逐出它们出生的队伍时，会形成单身猴群。它们可能会入侵一支育儿中的队伍，强夺猴王的地位，并杀死哺乳期中的幼猴。

疣　猴

和亚洲的叶猴一样，非洲的疣猴也有特殊的胃，让它们能利用森林栖息地中最可信赖的食物来源。它们的胃分成一个非常大的上层隔间区和下层的胃酸区，可以装载的树叶高达它们体重的四分之一，而且，胃中还含有一种特殊细菌，能分解植物，中和毒素。疣猴会用它们那没有拇指的手当钩子牢牢抓紧树枝，并展现出极大活力，沿着树枝狂奔，或飞跃到邻近的树上。大部分的疣猴生活在十只左右的群体中，主要成员是有血缘的雌猴。雌猴经常会“照护”非亲生的幼崽，甚至会哺育它们。

起　跳

疣猴能从一棵树矫捷地跳到另一棵树上，不是为了获得新的食物来源，就是为了躲避追逐的猎食者。

混合联盟

疣猴经常和其他种猴子形成暂时甚至固定的伙伴关系。例如，瓦顿小姐红疣猴和僧面猴到水池边从事喝水等危险活动时，便会轮流注意猎食者。

保护警报

日渐消失的红疣猴　红疣猴的八个亚种全被列为濒危或极危动物。另一个亚种，瓦顿小姐红疣猴（*Procolobus badius waldroni*）于2000年被宣告灭绝，这是1900年以来，第一个登记灭绝的灵长目动物。红疣猴会被猎食，因为它们颜色鲜艳，叫声嘹亮，所以，很容易成为目标。它们的栖息地也因为伐木、造路和农耕而迅速消失。

小档案

恒河猴　这种猴子每群达200只之多。它们能适应的栖息地范围很广，食物视季节和位置而定，有些在都市地区，会侵袭花园和垃圾桶。这种猴子在医学研究上应用很广。

65厘米
30厘米
10千克
大群
近危

阿富汗和印度到中国以及东南亚

北非猕猴　这个群居品种每群多达40只，其中包含多只雄猴。雌猴和队伍中的所有雄猴交配，每只雄猴选择一只幼猴，协助养育，但这只幼猴可能不是它的亲生后代。

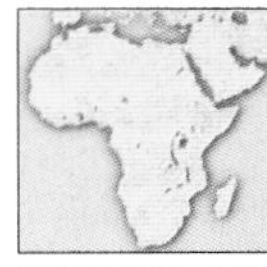

70厘米
无
10千克
不一定
易危

摩洛哥北部、阿尔及利亚到直布罗陀

日本猕猴

日本猕猴栖息地比其他灵长目动物更靠北(除了人类以外)。在寒冷下雪的冬季，它们以植物的芽苞和树皮以及贮存的脂肪为生。20只到30只日本猕猴组成的队伍由一只猴王带领，它们的群体生活通常很和谐，大多数时间用来互相梳毛，并共同照顾幼猴。

60厘米
15厘米
10千克
不一定
数据缺乏

日本

滚雪球

冬天，日本猕猴会做雪球，它们先用手做个小球，然后在地上滚，好让它变大。

小档案

阿拉伯狒狒 夜晚，多达750只狒狒在裸露的岩石上睡觉，清晨则分成每群20只到70只的小队去觅食青草、果实、树叶、花和小型脊椎动物。这些队伍由一雄多雌家庭组成——一只占统治地位的雄狒狒，数只雌狒狒和它们未成年的后代。

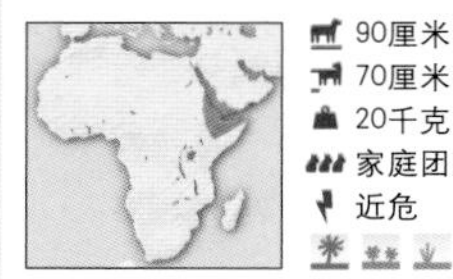

埃塞俄比亚、索马里、厄立特里亚、苏丹和阿拉伯半岛

豚尾狒 这个品种能生活在各类栖息地中，包括除了人类以外，没有其他灵长目动物居住的最干燥环境。据观察，纳米比亚沙漠中的一队豚尾狒116天没有饮水，只靠无花果取得所有水分，却能存活。它们平常的食物包括植物的果实、叶、根和昆虫。

非洲南部

警戒中 *队伍中的狒王随时在提防单身雄狒的挑战。*

草食性的狮尾狒

狮尾狒和同属的其他动物，原本广泛地生活在非洲，现在该属仅剩狮尾狒一种，并局限于埃塞俄比亚西北部高地。在这里，它们睡在大部分猎食者无法到达的岩石悬崖上，白天在附近的草地上觅食。它们几乎完全靠青草为生，由于食性太窄，使这个品种特别脆弱，因为当地人口增加，需要更大片的草地让牲口觅食。

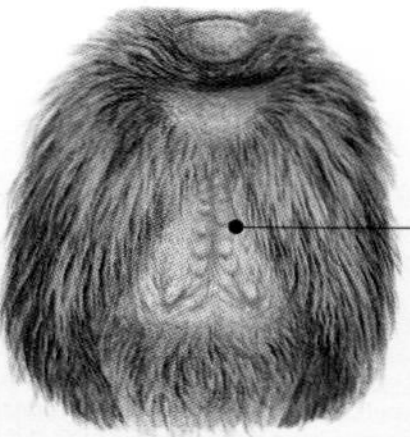

鲜红的心 雌雄狮尾狒都有无毛的胸部，它们会随雌性的性周期改变颜色和外观。其他狒狒以臀部表现性状态，狮尾狒呈现在胸部，让它能维持着保暖的蹲踞姿势。

群体性动物 狮尾狒群体的基本单位是一只雄狒狒统领着数只雌狒狒和它们的后代。但数个家庭约七十只狒狒会组成一个觅食大队。有时，数队会集结成六百只以上的狒狒群。

小档案

山魈 非洲山魈在所有猴类中，体形最大，由醒目的红色和蓝色脸便可认出它们。白天，它们从睡觉的树上爬下来，在雨林地面寻找果实、种子、昆虫和小型脊椎动物。多达二百五十多只山魈的队伍，由包含多只雄性山魈的小队组成，每个小队由一只魈王带领约二十只的山魈，魈王是大多数幼崽的父亲。

炫耀 *雄山魈为了威胁对手或猎食者，会张开手臂并打哈欠，露出它那令人丧胆的獠牙。*

吸引的颜色 *雄山魈除了有亮丽的脸，还有黄色胡须、淡紫色臀部、红色阴茎和淡紫色的阴囊。魈王的颜色最鲜艳——这些似乎与酮素浓度有关，也可能在宣示它的生殖力。*

保护警报

鬼狒和山魈 因为伐木、农耕和人类聚居，不断大量地破坏鬼狒和山魈的雨林栖息地，使它们的生存受到威胁。这两个品种也会被猎食，由于它们成群结队，叫声响亮，使它们容易曝露行踪。现在鬼狒已濒危，近年来，它们的数目减少了80%。山魈则被视为易危物种，预计在不远的将来，数目还会减少。

小档案

青猴 这个品种由一只成年雄猴统治10只至40只雌猴和它们的后代构成的队伍。雌猴们会互相协助养育幼猴。

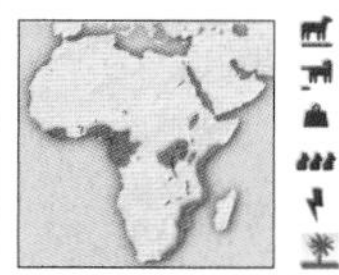

67厘米
85厘米
12千克
家庭团队或不定
当地常见

非洲中部、东部和南部

僧面猴 这种猴子偏好住在河边森林里，但它们能适应多种栖息地，包括人类的聚居点周围。

62厘米
72厘米
9千克
成群
数目渐减

非洲撒哈拉以南地区

戴安娜须猴 戴安娜须猴一生都住在高高的树上，单一雄性与15只或更多只个体成群而居。幼猴借此不停地嬉戏以获得树栖技巧。

60厘米
80厘米
7.5千克
家庭团队
濒危

西非海岸

北非长尾猴 这种小型灵长类和其他许多旧大陆猴一样，觅食时会将果实和昆虫贮存在颊囊里。

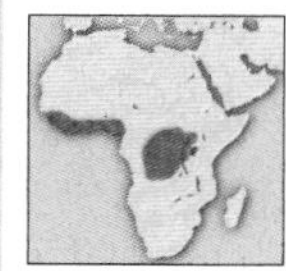

70厘米
70厘米
7千克
成群
当地常见

非洲中西部

物种混合

较大的猴群中，有时不仅只有一个品种。以东非为例，青猴和红尾猴便会形成稳定的伙伴关系，一起旅行进食。这种安排减少遭到猎食的风险，但又能避免单一品种群体太大，增加竞争的困境。

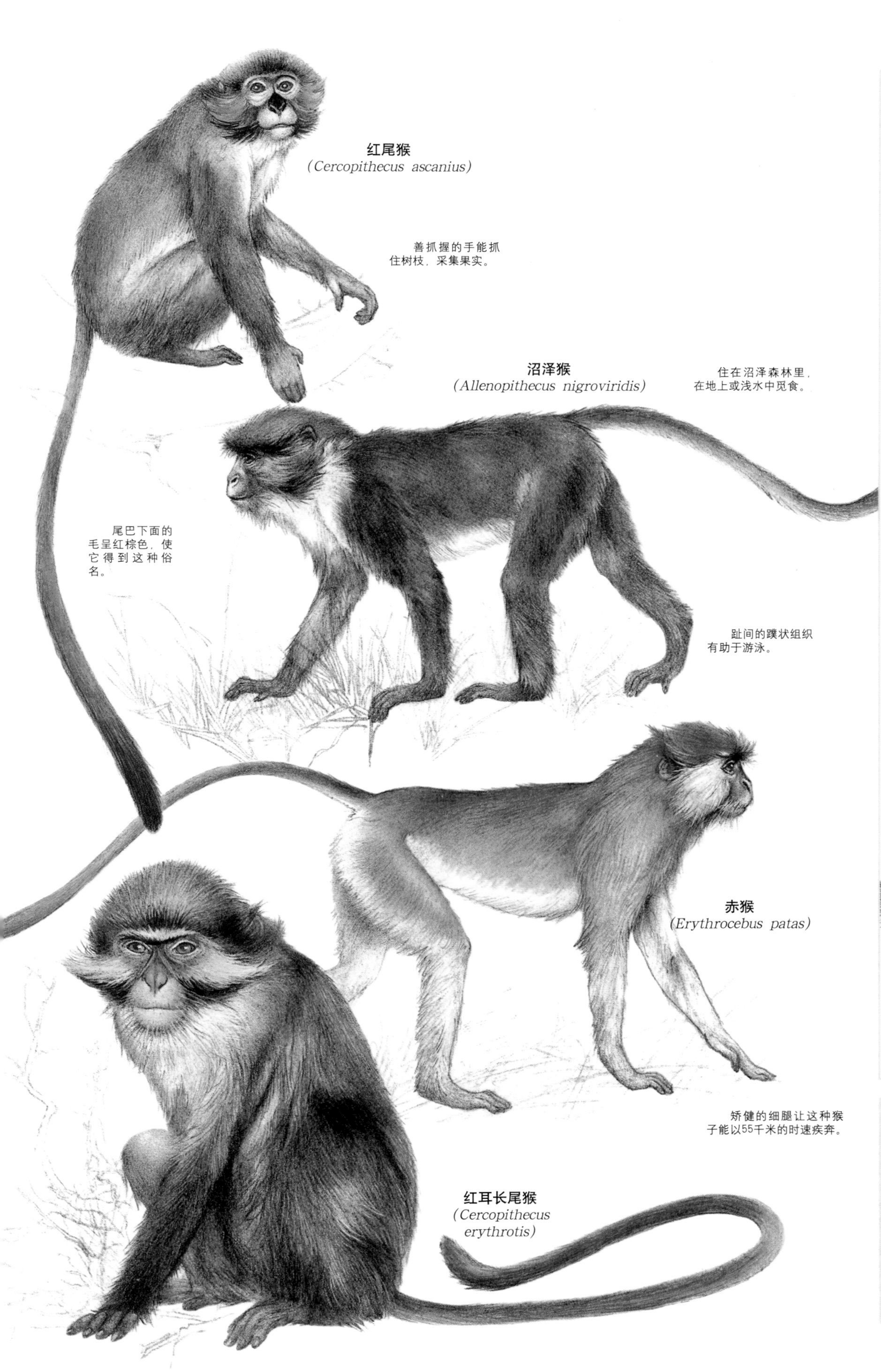

猴子信号

长尾猴属的猴子有时也称为长尾猴。它们全都会用信号和同种的其他成员沟通。这些信号有许多是有声的，包括吠叫、咕噜声、尖叫、隆隆声和啁啾声，其他的则是触觉或是视觉。许多品种都用鼻对鼻的接触表示友好之意，尾巴的位置可显示一只猴子的信心程度；瞪视、不停点头和打哈欠通常是用来表示威胁，以便恫吓潜在的对手，咬紧牙关则是害怕的表情，用来作为让步的姿态。

鼻对鼻
两只红尾猴之间鼻对鼻问候之后，接着通常是梳毛或嬉戏。

有信心的表示
在僧面猴之间，尾巴的位置表示一只猴子是否害怕。当它四肢着地，尾巴拱在身体上方时，表示它极有信心。

发出警报
僧面猴用特殊的叫声，警告队伍有猎食者接近：咂嘴声会让群猴起立，检查草地；咳两声表示有老鹰，会让它们立刻看天空并躲起来；尖叫声表示有豹，会促使它们赶快跑到树上。

保护警报

脆弱的赤猴 这种地栖性的猴子住在中非的热带稀树大草原上。在这个偏干旱的地区，这些猴子原本已经因为降雨不定而脆弱不堪，猎人捕食和农人因为它们采食农作物而扑杀它们，使更多的赤猴死亡。它们的栖息地也因为人类的活动而逐渐支离破碎。

猿类动物

纲	哺乳纲
目	灵长目
科	(2)
属	(5)
种	(18)

猿和人类一样，聪明、模仿能力很强，能形成复杂的小群体，并花数年照顾每个后代。它们在灵长目内占了两科：长臂猿科的长臂猿和人科的大型猿类——红毛猩猩、黑猩猩、大猩猩和人类。虽然，猿和旧大陆猴有类似的鼻型和齿列结构，而且一起被归为狭鼻亚目，但很多方面它们都不相同。猿的骨胳适合挺直的坐或站。旧大陆猴没有，它们最下面的椎骨融合形成尾骨，而且脊椎较短，胸部呈桶状，肩和腕非常灵活。

难为人母 所有的猿类都得依赖父母很长的时间。雌大猩猩通常一次产下一崽，并得花三年才会断奶。由于三分之一以上的大猩猩幼崽在此之前便会死亡，因此，大部分的雌猩猩得花六年到八年，才能养育出一个存活的后代。

生活之歌

长臂猿夫妇通常以双重唱展开一天的生活。由雌猿领唱，雄猿加强，这种歌声除了能增进夫妻感情，也具有领域性，可作为宣示空间的叫声，能帮助长臂猿在白天觅食时，避开其他的家庭。许多长臂猿品种有喉囊，能放大它们的叫声。最大型的长臂猿——合趾猿，不分雌雄都有巨大的喉囊。当喉囊充气时，会发出砰砰声，接着是震耳欲聋的吼叫或尖叫声。

聪明的猿

猿的群体有不同的组织方式。一雄一雌俩长臂猿，与它们的后代一起生活，一群可高达6只。它们与红毛猩猩的领域重叠，因而偶尔会碰面，形成松散的关系，但雄猩猩通常单独觅食，雌猩猩则通常只和它的单一幼崽生活。黑猩猩的族群有40只到80只，但它们很少同时聚在一起，通常会成小群体去觅食。大猩猩是一雄多雌制，由一只占统治地位的雄猩猩，可能还有一或两只等级较低的成年雄猩猩与数只雌猩猩和它们的后代组成。

至少2000万年前，长臂猿和大型猿类便演化成明显不同的科。

据说，黑猩猩和人类的血缘最接近，直到大约600万年前，都还有共同的祖先。大型猿类似乎能像人类一样解决问题。野生的黑猩猩和红毛猩猩以能制造工具而著称，在动物研究中心里，所有的大型猿类都学习过使用器械，还能辨识镜子里的它们。大型猿类展现出自我的概念，有些还学习辨认和使用符号，例如手语。

行动中的猿 虽然除了人类以外，所有的猿类手臂都比腿长，但是，只有红毛猩猩和长臂猿的手臂，比躯干还长。红毛猩猩头到身体的长度约1.5米，但它们的手臂张开来超过2.2米。长臂猿靠臂跃行动，利用手臂从一根树枝荡到另一根上。红毛猩猩不靠臂跃行动，但会手脚并用以四肢在树林里缓慢攀爬。黑猩猩3/4的时间在地面上，但在树上会以臂跃行动。大猩猩主要是地栖性，很少爬树。

灵活的抓握 红毛猩猩有力的手脚像钩子一样，拇指和大脚趾较短，其他的较长。

吊 挂 红毛猩猩虽然也会吊挂在树枝上，但在树林里移动时，用的却是四肢。

保存精力 长臂让红毛猩猩只要费最小的力气，便能够到水果。

保护警报

广泛的伐木和清除热带雨林，已经使大部分的猿类遭遇危险。野味交易更使情况雪上加霜。在18种猿类中，100%都列在国际自然与自然资源保护联合会的《濒危物种红色名录》中，请见下表：

- 3种极危
- 7种濒危
- 3种易危
- 4种近危
- 1种数据缺乏

小档案

倭猿 倭猿以臂跃行动穿越森林，能将自己甩过间距十米以上的树木。它以果实为主食，尤其是富含糖分的无花果，但也会吃花和昆虫等。

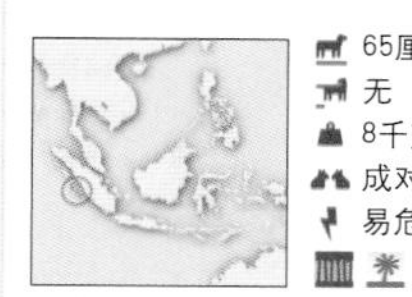

65厘米
无
8千克
成对
易危

印度尼西亚的明打威岛

白眉长臂猿 这种大型长臂猿的栖息地比其他品种在地球上更往北往东。为了避免与其他灵长目动物竞争，它们特别偏好成熟的果实。但由于猎捕和栖息地遭到破坏，它们的数目正日渐减少。

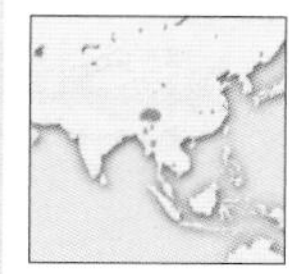

65厘米
无
8千克
成对
濒危

印度东北部、孟加拉国、中国西南部和缅甸

白手长臂猿 这种长臂猿完全以成熟的果实、嫩叶和植物芽苞为生。它们会摆荡到森林的冠层边缘，因为食物在这里最充足。

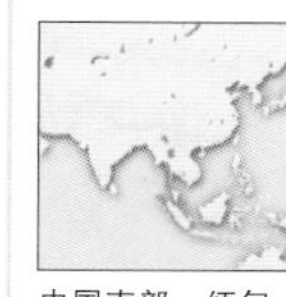

65厘米
无
8千克
成对
近危

中国南部、缅甸、泰国、马来西亚和苏门答腊地区

黑冠长臂猿 这种长臂猿出生时有金黄色或淡黄色的毛，约六个月便转成黑色。雄性维持黑色，但雌性成熟后，会再转成金黄色或淡黄色，有时还保留数片黑毛。

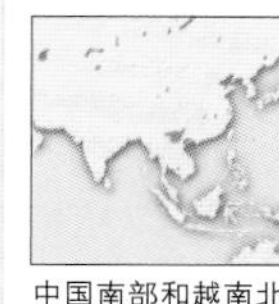

65厘米
无
8千克
成对
濒危

中国南部和越南北部

合趾猿 合趾猿是最大型的长臂猿，每天要花五小时进食；进食时，通常以一只手臂吊挂着。虽然它吃大量的果实和一些昆虫及小型脊椎动物，但多达一半的食物是树叶。

90厘米
无
13千克
成对
近危

马来西亚和苏门答腊地区

小档案

红毛猩猩 红毛猩猩是亚洲惟一的大型猿类，也是世界上最大的树栖性哺乳动物。它们很少爬到森林地面，在森林中活动时，会摇晃自己在的这棵树，直到它能抓住另一棵树为止。每天晚上，红毛猩猩都会在一棵树的树冠处做一个精巧的巢，并用植物盖着睡觉。

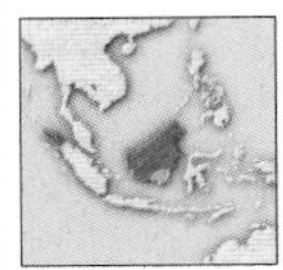

1.5米
无
90千克
独栖或成对
濒危

加里曼丹岛和苏门答腊地区

大猩猩 最大型的灵长目动物，雄猩猩会一直长到约十二岁，背部会形成有银白色毛的鞍座形状，因此，成熟雄性才会被称为"银背"。猩猩大部分的时间都待在地面上，完全靠四肢行走。

1.8米
无
180千克
不一定
濒危

非洲中西部

利用工具

黑猩猩的聪明和灵巧展现在工具的使用上。它们摘下小树枝和草茎，用来戳蚂蚁和白蚁的窝；并用特别挑选的石头来打开核果和有硬壳的果实。在展现力量或狩猎时，有些黑猩猩会用棍子和石头当飞弹。使用工具是从猩猩群体中学习而来的传统，不同黑猩猩种群之间，各有不同的传统。

93厘米
无
50千克
大群
濒危

非洲中部和西部

保护灵长目动物

根据国际保护组织，195个灵长目动物品种和亚种——约为所有灵长目动物的2/3——在未来数十年间，都有灭绝的危机。大约半数的疣猴和长臂猿受到威胁。在人科中，只有人类是惟一安全的品种，所有的大型猿类都被视为濒危。宠物或生物医学研究用途的活体交易，以及将灵长目动物当成食物或害兽猎杀，使它们的数目更趋减少。但对它们最大的威胁却是伐木、开垦和采集枝木作为燃料，破坏了它们的栖息地。因为，灵长目动物的繁殖速度慢，种群数目得花很长的时间才能恢复。它们几乎都是热带动物，多居住在较贫穷的国家，由于人口增长对森林造成迫切的需求，所以，使保护工作更加复杂。

灭绝 一度可见于加纳和科特迪瓦的瓦顿小姐红疣猴(*Procolobus badius waldroni*)，是20世纪期间被正式记载为灭绝的惟一一种灵长目动物。灭绝的原因显然是野味业者猎杀造成的。伐木业深入原本偏僻的森林也使情况恶化。许多现存的灵长目动物品种，依然面对类似的威胁。虽然濒危动物的活体交易已遭到禁止，但某些灵长目动物仍然被非法捕捉出售，成为宠物或医学研究用途，而且，还有许多被杀害作为野味出售。

栖息地破坏 当一片雨林被砍倒时，数种灵长目动物便会立即受到影响，并造成永久的破坏。雨林的土壤薄而贫脊，但因为养分能在生态系统中充分再循环，因此，能长出茂盛的植物。一旦失去树木的覆盖，土壤被雨水冲刷流失，这个地区很快便会变成不毛之地。

拯救红毛猩猩 虽然被违法饲养的灵长目动物获得拯救，但它们缺乏在野外求生的技巧。在加里曼丹岛上的西必洛红毛猩猩保护中心，获救的红毛猩猩得接受保卫自己的训练，才能放回森林。已有一百多只红毛猩猩在康复后，加入西必洛保护中心的野生种群。

1. 隔离检疫
所有新来的红毛猩猩都得隔离检疫三个月到六个月，以防它们将疾病传染给中心里的其他红毛猩猩。

2. 训练幼崽
野生动物管理员训练年轻的红毛猩猩(最高可达三岁)学习基本求生技能，从爬树到建造睡觉的巢，以及在森林里找果实和其他食物。

3. 放生学校
中心人员逐渐减少供应给它们的食物量和情绪支持，鼓励红毛猩猩防卫自己。

4. 求生训练
当红毛猩猩开始显现独立的征兆时，供应的食物便会更加减少。最后，大部分获救的红毛猩猩都会加入西必洛的野生红毛猩猩种群。

亚洲灵长目动物 濒危的灵长目动物，45%的在亚洲，尤其是印度尼西亚(有35种濒危的灵长目动物)、中国、印度和越南(以上三国各15种)。这张照片是白臀黑叶猴(*Trachypithecus delacouri*)，一个濒危的越南品种。

食肉目动物

纲	哺乳纲
目	食肉目
科	(11)
属	(131)
种	(278)

从巨大的北极熊到小黄鼠狼，从敏捷的猎豹到喧闹笨拙的海象，从成群而居的狼到独居的老虎，食肉目里的成员展现出无比的多样性。虽然它们常被称为食肉目动物，但食肉目动物只是对大多肉食动物的泛称，有些食肉目动物其实很少吃肉。只是食肉目成员的一个共同特点是，它们有个肉食性的祖先，它们都有四颗裂齿——能像剪刀般剪断生肉的尖齿。大部分的食肉目动物仍保有裂齿，这点使它们与其他肉食性哺乳动物不同。主要为食虫或食草的食肉目动物，它们的裂齿已经转为磨碎食物的用途。

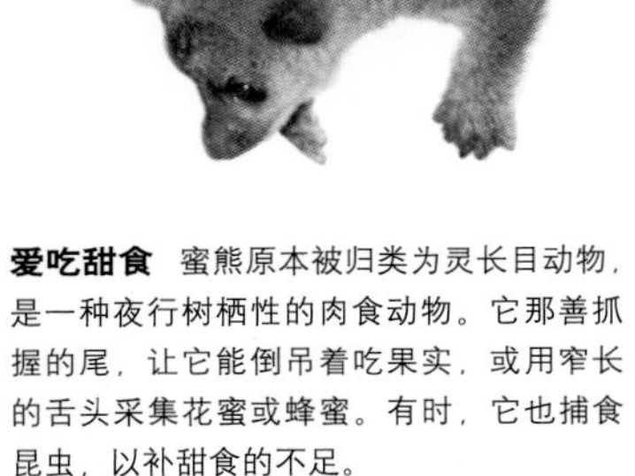

爱吃甜食 蜜熊原本被归类为灵长目动物，是一种夜行树栖性的肉食动物。它那善抓握的尾，让它能倒吊着吃果实，或用窄长的舌头采集花蜜或蜂蜜。有时，它也捕食昆虫，以补甜食的不足。

潜行觅食 和大部分的食肉目动物一样，美洲豹是种猎食者，通常吃自己猎捕的肉类。这种单独行动的猎食者潜近猎物时，依赖隐秘的行动和敏锐的感觉。它们的大耳能捕捉声波，大眼不分日夜都能提供绝佳的立体视觉。

吃素的食肉目动物 虽然大熊猫也会吃小型哺乳动物、鱼和昆虫，但竹子却占它们食量的99%。竹子虽然是充足的全年生食物来源，但营养价值极低，因此，大熊猫每天得花10小时至12小时的时间进食，以满足它们所需的能量。

顶尖的猎食者

除了南极洲，肉食目动物在所有大陆上，都是最具优势的陆上猎食者——天生的打猎高手。它们依赖敏锐的视觉、听觉和嗅觉，来帮它们侦查猎物。复杂的耳部通常不只一个耳室，使它们对猎物所发出的频率更加敏感。

智能、灵巧和速度帮助食肉目动物有效地潜近、追逐和捕捉猎物。就连熊之类较笨重的品种，都有令人惊叹的弹跳能力，猎豹则是地球上跑得最快的陆地动物。所有食肉目动物的前脚都有融合的骨头，这个特征能吸收跑步时的震动。退化的锁骨增加肩部肌肉的活动性，让它们能加大步幅，速度更快。

食肉目动物通常用它们有力的颌骨和利牙杀死猎物。黄鼠狼咬住猎物的头部后侧，将其颅骨咬碎；猫攻击小型猎物的颈，折断脊椎；狗则用颌咬住猎物，用力摇晃，让猎物的颈骨脱臼。

适应力强的动物 几乎地球上的所有栖息地，都能看到食肉目动物。北极熊、北极狐和灰狼生活在冰封的北极地区；海獭和海豹大部分的时间都待在水中；大型猫科动物在丛林和热带草原潜行；胡狼居住在沙漠中。

合作狩猎让狼、狮子和其他成群行动的食肉目动物能攻击更大型的猎物，例如水牛和非洲羚羊。几乎所有较大型的食肉目动物都猎捕脊椎动物。较小型的食肉目动物大多吃无脊椎动物，因为它们较容易捕捉，但很难满足大型食肉目动物的需要。有几种食肉目动物专吃白蚁、蠕虫、鱼类和甲壳类，有些则以素食为主，偏好莓果和其他果实、核果、种子、花蜜或竹子。

大约五千万年前，食肉目分成两大系，像猫的食肉目包括灵猫类（灵猫科）、猫（猫科）、鬣狗（鬣狗科）和獴鼠（獴科）。像狗的食肉目包括狗（犬科）、熊（熊科）、浣熊（浣熊科）、黄鼠狼（貂科）、海豹（海豹科）和海狮（海狮科）。直到近年，海豹都还经常被视为一个不同的目，称为鳍脚目，但基因研究显示，它和其他食肉目动物有着共同的祖先。

群体生活 对许多小型食肉目动物而言，群体生活能减少遭到猎食的风险。在由两个或三个家庭单位组成的灰獴狸队伍中，各个成员轮流看守，以防危险。

专为猎捕设计 猫的骨胳所呈现的许多特征，正是使食肉目动物成为有效猎食者的构造。脊椎有弹性、四肢长、腕骨融合、锁骨变小，都增加了猫的速度和敏捷。

引进食肉目动物

食肉目动物有绝佳的猎捕能力，使人以为能将它们引进到非原生地区，以控制害虫。这种引进行为常造成灾难性的后果。现在，新西兰土生的动物受到白鼬（右图）的威胁，该国曾于19世纪80年代引进白鼬，以解决野兔过剩的问题。在加勒比海地区和夏威夷，为了控制啮齿目动物和蛇而引进的小型红颊獴（*Herpestes javanicus*），反而在当地传播了狂犬病。在一些偏远的岛屿上，原本应该要消灭老鼠的野猫，却偏好吃没有飞行能力的一些鸟类，因而破坏了它们的种群数目。

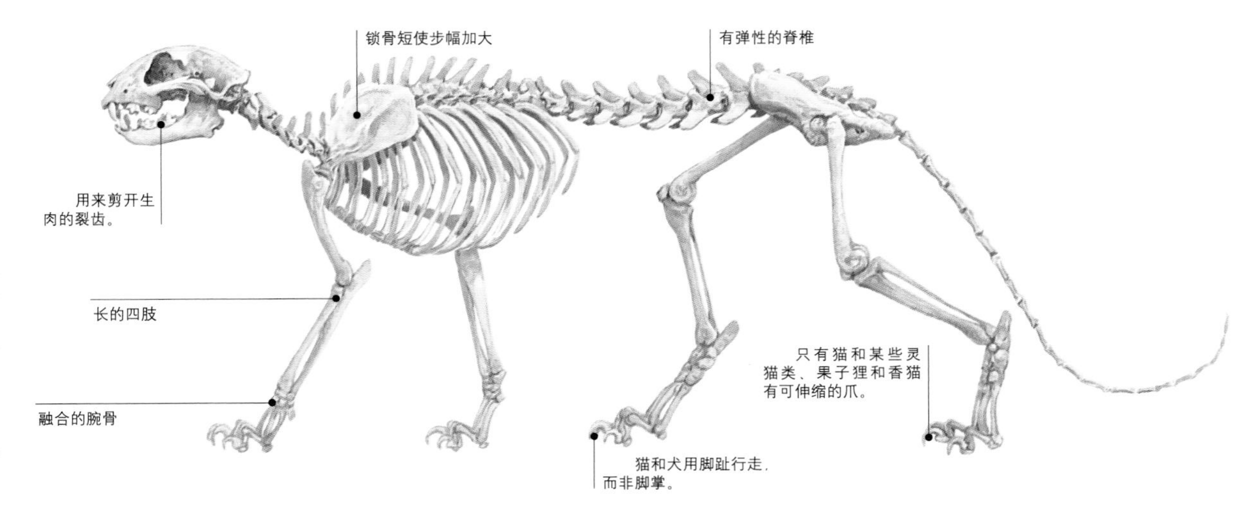

犬科动物

纲	哺乳纲
目	食肉目
科	犬科
属	（14）
种	（34）

其他动物可能都无法像构成犬科动物的狗、狼、丛林狼、胡狼和狐狸一样，与人类有如此爱恨交加的关系。至少在14,000年前，狗就被驯养，成为人类的第一个动物伙伴，人类广泛地用在狩猎、警戒、温情和陪伴上。但与此同时，野生犬类却遭到人类无情的迫害，它们被指控残杀牲畜和散播狂犬病，并猎捕它们成为运动和时尚。虽然，赤狐和丛林狼之类的品种已经适合都市发展，能在其间茁壮生存，但红狼之类的其他品种却已在濒危边缘。

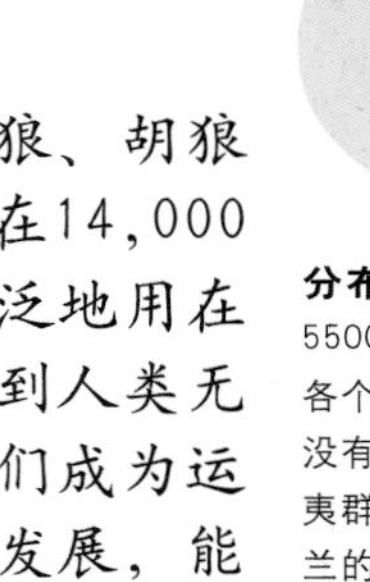

分布广泛 犬科动物发源于3400万年至5500万年前的北美洲，现在除了南极洲，各个大陆都有它们的踪影。但有些岛屿却没有犬科动物，包括马达加斯加岛、夏威夷群岛、菲律宾群岛、加里曼丹岛和新西兰的南岛及北岛。史前时代，它们便被引进新几内亚和澳大利亚，现在全球都有家犬。

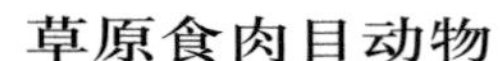

草原食肉目动物

大部分食肉目动物都住在广袤的草原上，犬科动物以突然猛扑或长途追逐来捕捉猎物。由于它们体形修长、有力、胸腔大，又有长而结实的腿，使它们有很强的耐力。除了有食肉目动物共有的融合腕骨，犬科动物的前肢骨头还紧紧相扣，以防奔跑时能急速旋转。突出的口鼻有很大的嗅觉器官，让犬科动物能长途追踪猎物。大而竖起的耳朵让它们有敏锐的听觉。

犬科动物偏好刚杀死的鲜肉，但它们随遇而安，适应性强，能把握当地就能取得的食物。它们有许多会吃鱼类、腐肉、莓果和人类的食物垃圾。不分品种，它们的群体组织都有类似的弹性，并常反映出它们的饮食习惯。胡狼和狐狸之类较小型的品种主要吃小型动物，通常独居或成对生活。较大型的品种如灰狼和非洲野犬通常形成有等级性的群体，群居狩猎，合作击倒比它们更大的猎物。猎捕特大型动物的犬科动物常常组成很大的群体，但在小型猎物充足的地区，有些灰狼会选择成对而居。

群体生活除了有利狩猎，还有别的好处，但有些犬科动物成群而居，却单独狩猎。这些动物会共同照顾幼崽，防卫它们的领域不被敌群入侵。

互助的狩猎者 灰狼通常以家庭为单位，5只至12只狼一起生活，由一对灰狼领导。狼群合作猎捕鹿之类较大型的猎物，大多以猎物群体中年幼、年老或衰弱的成员为目标，追逐到它体力不支为止。

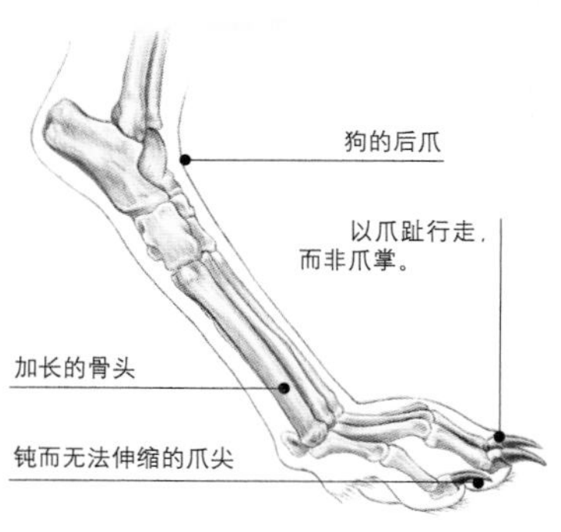

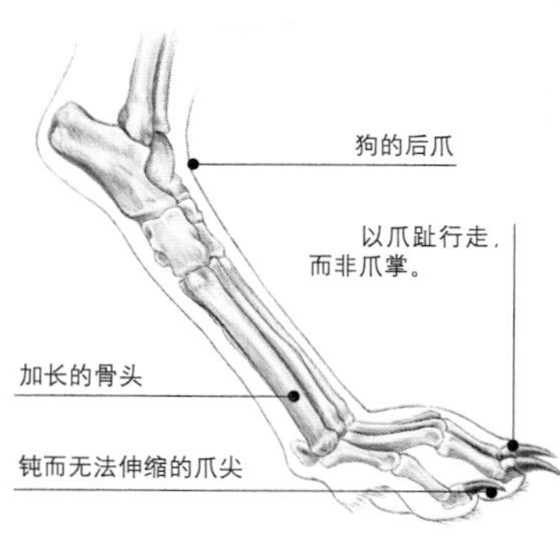

以趾尖行走 犬科动物成员有加长的脚，并且是趾行动物：只用脚趾，而不用整个脚底行走。由于爪子无法收缩，所以会磨损变钝。犬科动物的前脚的腕骨融合，有助于吸收奔跑时所受的冲击。

家庭生活

在哺乳动物之中，常可见到一雄一雌的终生伴侣形成群体单位。胡狼也是如此，一对胡狼都积极地照顾幼狼。幼狼哺乳期约八周，再以反刍的食物喂养数周。在许多胡狼家庭中，一只或两只幼狼会在达到性成熟后，继续留在家庭中一年，以协助抚养一下自己的弟弟或妹妹们。

丛林狼的沟通方式

虽然许多丛林狼独栖，但其他的却成对或成群生活狩猎。和其他犬科动物一样，丛林狼用气味、脸部表情、身体和尾巴姿势，以及各种尖锐叫声、短吠声和嚎叫声来沟通。

友善

臣服

嬉戏

攻击

防卫

保护警报

日渐减少的狼 虽然机智多变的丛林狼数目和活动范围正在增加，但灰狼却不然。灰狼曾散布在北半球的大部分的地区，现在却只局限于北美洲和欧亚大陆的几个地区。红狼极危，只有大约二百只还残存在野外。

小档案

条纹豺 这种夜行性的动物不追逐猎物，而是快速猛扑昆虫、老鼠和鸟类，或吃其他猎食者猎杀吃剩的肉。每个条纹豺家庭都有特殊的吠叫声，只有它自己的成员才能辨识。

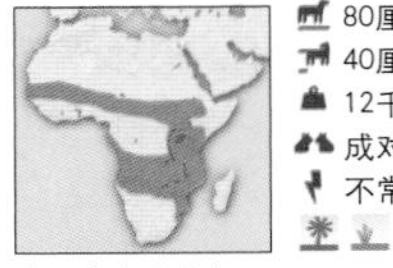

80厘米
40厘米
12千克
成对
不常见

非洲中部和南部

金豺 这种分布最广的动物，自古便已生活在人类聚居地的边缘。在埃及神话中，它具有重要的地位。

100厘米
30厘米
15千克
成对
常见

非洲北部、欧洲东南部到泰国和斯里兰卡

黑背豺 这种动物在村庄附近是夜行性的，但在其他地方，它可能在白天也可能在晚上活动。它的食物有半数是昆虫，其余的是小型哺乳动物和果实。雄性和雌性形成长期伴侣，会共同照顾它们的幼仔。

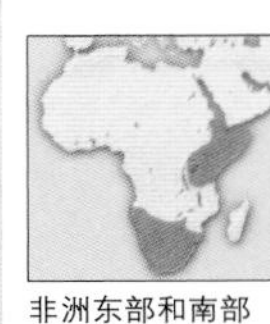

90厘米
40厘米
12千克
成对
当地常见

非洲东部和南部

埃塞俄比亚狼 又称西门豺。这个品种只见于十几个埃塞俄比亚的荒凉地区中。野外残存的成狼不足500只，是世上最濒危的一种犬科动物。

100厘米
30厘米
19千克
独栖或小群
极危

埃塞俄比亚高地

灰狼 可能至少在3500年前，就被亚洲人带到澳大利亚。灰狼在澳大利亚的许多地区成为最具优势的猎食者，它们合力猎捕大型有袋类动物，例如袋鼠和沙袋鼠。

100厘米
36厘米
24千克
独栖或小群
当地常见

澳大利亚大陆

小档案

北极狐 这种狐狸冬季会长出白毛，以配合它那白雪皑皑的栖息地，并以海洋哺乳动物、海鸟、鱼和甲壳类动物以及预先贮存的食物为生。当夏季来到时，它的毛会转成褐色或黑色，以便融入苔原植被中。

70厘米
40厘米
9千克
独栖
常见

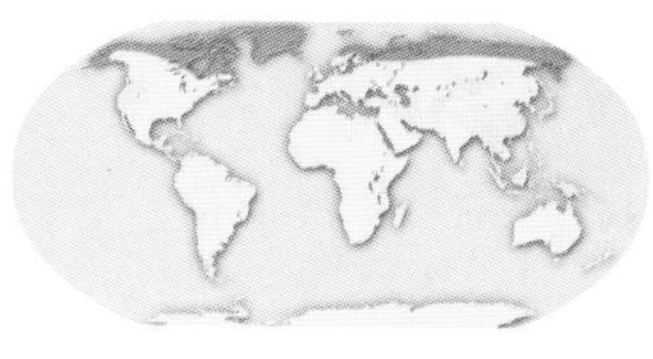

北美洲北部、欧亚大陆北部以及冰岛、格陵兰岛

非洲野犬 这种犬科动物完全以肉食为生。完成猎捕后，健康的成犬会反刍喂食所有年幼、生病或受伤的同群成员。

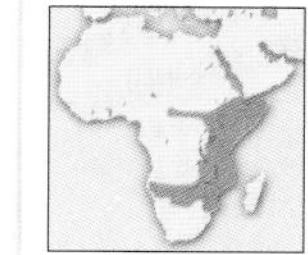

90厘米
40厘米
36千克
独栖或小群
濒危

非洲东部和南部

不寻常的犬科动物

貉是惟一会在冬季进入休眠的犬科动物，也是惟一不会吠的犬科动物。其他犬科动物大多生活在广阔的草原上，但貉却偏好低矮的浓密森林。它起源于东亚，被毛皮商人引进到欧洲。

很像浣熊
貉有一副黑脸面，粗壮的身体，多毛的尾巴和爬树的能力，这使它和浣熊非常相像。

保护警报

犬科动物的34个品种中，有53%被列入国际自然与自然资源保护联合会的《濒危物种红色名录》中，请见下表：

- 1种灭绝
- 2种极危
- 1种濒危
- 2种易危
- 1种近危
- 2种依赖保护
- 9种数据缺乏

小档案

北美长耳狐 北美长耳狐可见于干旱地区，白天在地下穴中休息，以躲避高温，夜晚才出来猎捕兔子和更格卢鼠。这种狐狸依赖猎物体内所含的水分来补充体液，因此，光为了满足它的精力需求，猎杀的动物便超过它的食量。

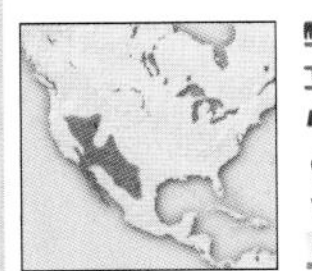

52厘米
32厘米
2.7千克
独栖
依赖保护

美国西南部和墨西哥北部

繁荣的赤狐

赤狐是世界上分布最广的一种犬科动物，它那多样化的进食习性，使它能在森林、大草原、农地和都市郊区茁壮繁衍。过去，猎捕狐狸成为一项时髦运动；现在，人类为了取它的毛皮而加以繁殖。世人常怪罪它杀死家禽，并散布狂犬病而大加捕杀。只要有引进赤狐的地方，例如澳大利亚，它就会对当地动物造成较大威胁。

50厘米
33厘米
6千克
独栖或成对
常见

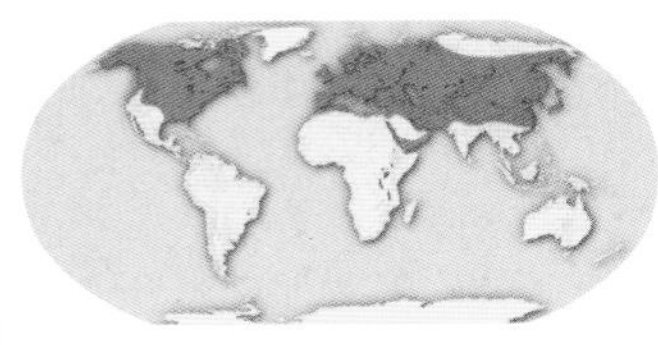

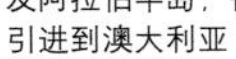

北美洲、欧洲、亚洲北部和中部、非洲北部以及阿拉伯半岛，被引进到澳大利亚

狐狸大餐 *赤狐几乎无所不吃，从啮齿目动物和兔子到果实和食物垃圾都吃。*

保护警报

敏狐的再引回 敏狐曾经纵横北美大草原，但却因为人类的农业和都市化而丧失栖息地，它们也遭到猎捕和毒害。到1978年时，它已从加拿大消失，但“再引回计划”已经在艾伯塔省和萨克斯喀彻温省建立了小的种群数目，这个品种已经由濒危变为较不危险。

小档案

食蟹狐 这种狐狸随机进食，通常在湿季时吃螃蟹和其他甲壳类小动物，干季时便转而吃昆虫。它的食物还包括果实、龟卵、小型哺乳动物、鸟类、爬行类动物、两栖类动物、鱼类和腐肉等。

哥伦比亚至到阿根廷（亚马孙河流域除外）

鬃狼 这种杂食性犬科动物吃大量的香蕉、蕃石榴和其他果实，动物食物则有犰狳、兔子、啮齿目动物、蜗牛和鸟类等。它在夜晚像狐狸一样进行猎捕，猎捕时，会突然扑向猎物。

巴西、巴拉圭和阿根廷

阿根廷胡狼 这种夜行性动物通常以小群体一起生活，成员有一对交配伴侣和它们的后代，有时还有第二只雌性帮忙抚养幼崽。这个群体会保护一个常居性的领域。

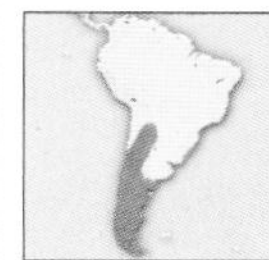

智利和阿根廷

丛林犬 丛林犬长相矮胖，脸型短，使它比其他犬科动物更不像狗。多达十只成一群，在森林的树丛中觅食，以高频率的吱喳声和哀怨叫声，互相保持联系。

巴拿马西部、巴拉圭、阿根廷北部

河狐 当受到人类威胁时，河狐会定住不动，搬动时也会静止不动。只有交配季节，配偶才会住在一起，并共同照顾下一代。

玻利维亚东部、巴西南部和阿根廷

熊科动物

纲	哺乳纲
目	食肉目
科	熊科
属	(6)
种	(9)

熊虽然有令人畏惧的恶名，但却是最偏向草食性的食肉目动物，只有北极熊这个品种是全肉食性动物。美国黑熊的主食是莓果、核果和球茎等，懒熊大多吃昆虫，大熊猫几乎只吃竹子。大约两千万年到两千五百万年前，最早的熊科动物在欧亚大陆由犬科动物分离出来。这些早期的动物体形和浣熊差不多，有长尾和食肉目动物都有的锐利裂齿。经过一番岁月，大部分的熊体形变大，尾巴变短，裂齿变扁，以便磨碎植物性食物。

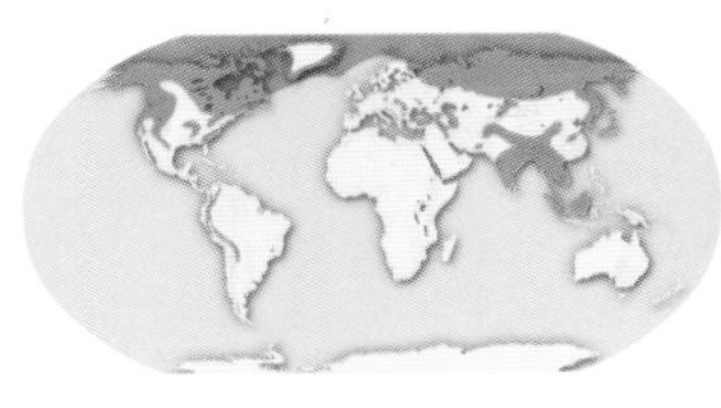

多样化的熊科动物 熊科动物在北半球最多，它们分布于欧洲、亚洲和南美洲、北美洲。17世纪以前，非洲北部还能看到棕熊。今天，除了两个品种，其他熊科动物都濒临危机，成为栖息地破坏和滥捕的牺牲品。

鱼肉大餐 每年秋季，在北美洲西北部海岸地区，棕熊会在瀑布上方，等待要逆流去产卵的鲑鱼。这一年一度的鱼肉大餐，能在冬季来临前，为棕熊提供重要的蛋白质。

挺立 灰熊(*Ursus arctos horribilis*)会以后腿站立，甚至以两脚做短距离行走，企图威吓对手或敌害。这种挺立的姿势使它们那原本就很惊人的体形更加巨大。它们可能还会怒吼，并露出长长的犬齿。

强壮笨重

小熊猫体重平均只有三千克，但大部分分类在熊科的动物都很有分量。北极熊和棕熊互相角逐最大型地栖性食肉目动物的头衔。由于它们大部分的时间用在觅食，而非猎捕，因此，天生就是力气大于速度，有结实有力的身体、粗壮的腿和巨大的头颅。加大的口鼻让它们有敏锐的嗅觉。由于视觉和听觉较不重要，因此，眼睛和耳朵相对较小。

热带也能见到熊科动物，但在寒冷的北方，数目最多。在这里，它们那巨大的体形让它们能在食物最充裕的春季和夏好贮存脂肪。等天气变凉，熊会退至洞穴中，进入漫长的睡眠，为期可长达半年。在这段休眠期，它们完全靠体内脂肪为生，既不进食，也不排尿或排粪，心跳和呼吸速率都减慢。但是，和真正的冬眠不同，它们的体温几乎不会下降。更为神奇的是，雌熊会在冬季休眠期生产幼崽，使小熊在进入下一个冬季之前，有最大机会可以生长和积累脂肪。

熊大多独栖，但小熊通常待在母亲身边二三年。在繁殖季节，敌对的两只公熊有攻击性，打斗中常会造成伤亡。

从容不迫

熊通常以四肢缓慢而从容不迫地移动着，但追逐猎物时，也能爆发极快的速度。它们以跖行步态行走，即将整个脚掌贴在地上。如此不仅能支撑它们庞大的躯体，也让它们能用后脚站立。虽然熊主要是地栖动物，但也能灵活地爬树。

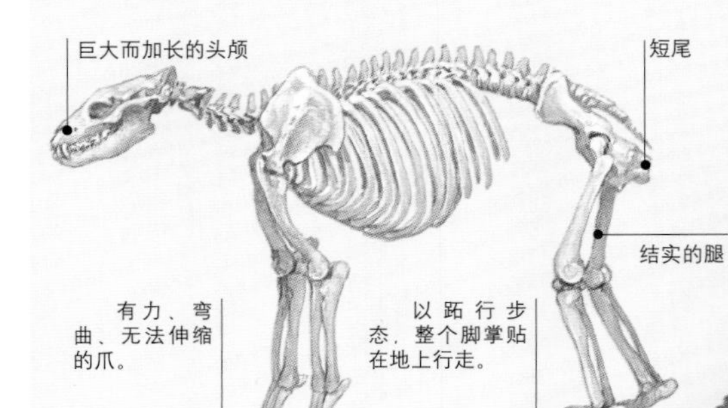

小档案

棕熊 这个品种一度遍布欧亚大陆、北美洲、非洲和墨西哥。它的亚种包括欧洲棕熊(*Ursus arctos arctos*)、北美洲棕熊或灰熊(*U. a. horribilis*)、阿拉斯加棕熊(*U. a. middendorffi*)和喜马拉雅棕熊(*U. a. isabellinus*)。

- 2.8米
- 21厘米
- 600千克
- 独栖
- 当地常见

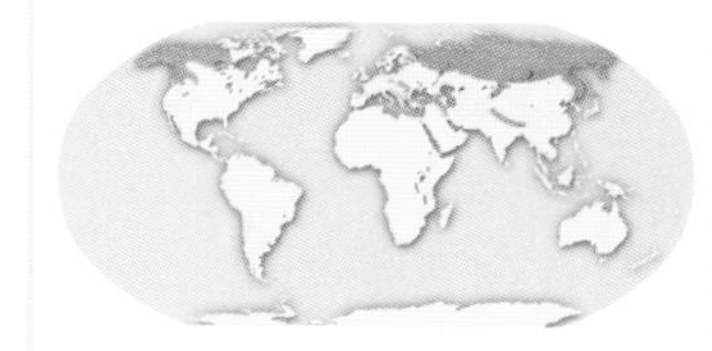

散居北美洲西北部、美国的怀俄明州、欧洲西部和北部、喜马拉雅山区及日本

美洲黑熊 这是最常见的熊，能适应多种栖息地，可随季节改变它的进食习性。

- 2.1米
- 18厘米
- 240千克
- 独栖
- 当地常见

北美洲北部森林及其附近岛屿

亚洲黑熊 这个品种主要为杂食性，能轻易爬到树上采集果实和核果。当它要惊吓老虎之类的猎食者时，会站立起来，露出它胸前白色的图案。

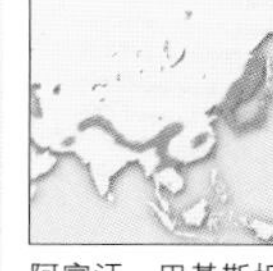

- 1.9米
- 10厘米
- 170千克
- 独栖
- 易危

阿富汗、巴基斯坦、中国、韩国和日本

熊　掌

熊的脚掌反映出它们多样化的栖息地和食性。美洲黑熊有钩状的爪子，适合爬树和挖出树根。大熊猫为能握住竹子，前肢脚掌进化出钩形的肉垫，这部分肉垫的下面是一根进化了的腕骨，这根腕骨起到了第六根手指的作用。

美国黑熊　　　　大熊猫

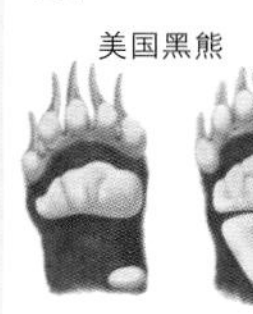

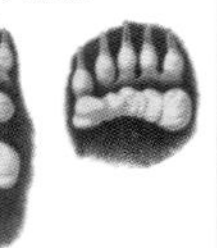

前脚　后脚　前脚　后脚

小档案

大熊猫 大熊猫一天要吃的竹子，重量达它体重的40%。它春天吃竹笋，夏天吃竹叶，冬天吃竹子的嫩茎。而且，在冬季不冬眠。

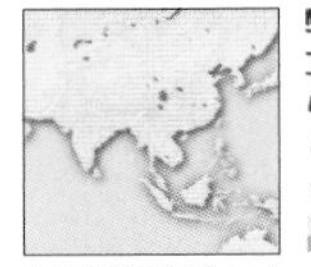

1.5米
10厘米
160千克
独栖
濒危

中国西部偏僻山区

小熊猫 这个品种原本被分在浣熊科，因为它们的脸部很相像，但基因研究将它和大熊猫归为同类。它白天在树上睡觉，晚上在地上吃竹子和果实。

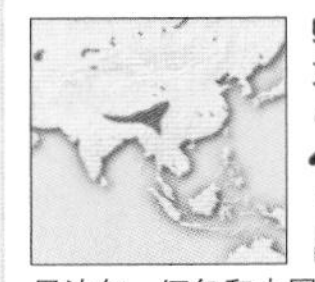

65厘米
48厘米
6千克
成对
濒危

尼泊尔、缅甸和中国西部

懒熊 懒熊用它那又长又弯的爪子扯开白蚁冢和蚂蚁窝，再用长舌粘起这些昆虫。它也会爬到树上，从蜂巢里采蜂蜜吃。

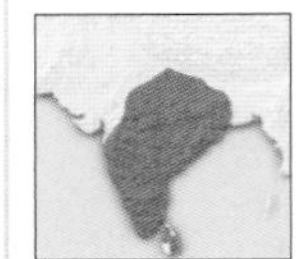

1.8米
12厘米
145千克
独栖
易危

斯里兰卡、印度和尼泊尔

大熊猫

由于中国人口增加，大熊猫的大部分栖息地遭到破坏。目前，大约只有一千五百多只野生大熊猫还留在野外，且局限于高山中分散的竹林里。当地人都知道大熊猫是保护动物，保护大熊猫已成为每一个当地人的自觉行动。

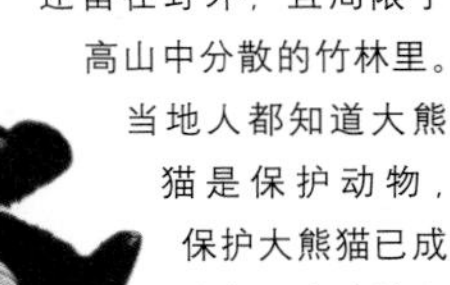

保护警报

熊科动物9个品种中，7种被列入国际自然与自然资源保护联合会的《濒危物种红色名录》中，请见下表：

- 2种濒危
- 3种易危
- 1种依赖保护
- 1种数据缺乏

北极熊的一年

已经适应北极酷寒气候的北极熊，生活在冰雪覆盖的水域附近，水中则有它的主食——环纹海豹。和其他生活在寒冷环境中的熊不同，这种半水栖性的食肉目动物，即使冬季也仍然保持活跃，但是，当食物匮乏时，不论在一年中的什么时候，它都能进入休眠状态，靠身体中的脂肪为生。只有在繁殖季节或成年公熊的所谓“懒散”时期，大伙儿成群禁食，才会中断它们的独栖习性。

保护幼熊 公北极熊有时会杀死幼熊，原因可能是为了让母熊恢复“自由”，方便交配。母熊通常会保卫它的幼熊，为了保护幼熊，母熊会攻击体形比它们大很多的公熊。

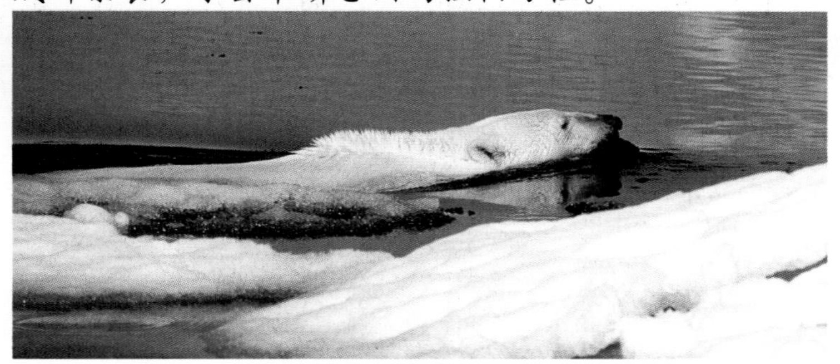

海豹猎人 北极熊会在海豹的呼吸孔旁守候数小时，伺机猛扑冒出水面的猎物。北极熊几乎只吃海豹等海洋哺乳动物。

游泳专家 北极熊能用它那巨大的前掌当桨，游泳数小时。在陆地上，它惊人的敏捷，时速可达40千米。浓密的毛和一层皮下脂肪能隔绝北极的酷寒。

集体禁食 *夏季时，北极熊猎捕数量充足又疏于警戒的环纹海豹幼崽。7月末，当海冰融化时，熊群会上岸来集体禁食，直到再度结冰为止。*

交配 *雌北极熊花费极长的时间养育幼熊，因此，每隔3年才能交配一次；交配季节是每年的四五月间。雄北极熊为了交配，之间竞争激烈。*

传艺幼熊 *当幼熊大得可以冒险走到海冰上时，母熊会带着它们离开兽群。幼熊在母熊身边待二三年，学习攸关生存的猎捕技巧。*

哺育幼崽 *当其他北极熊在冬季依然活跃时，每年的11月至来年的1月间，怀孕的母熊会退居雪中的兽穴里，产下它们的幼崽。一胎大多生下二崽，并哺育到3月末左右。*

鼬科动物

纲	哺乳纲
目	食肉目
科	鼬科
属	(25)
种	(65)

鼬科动物中的鼬、水獭、臭鼬和獾，是一群最成功，又最多样化的食肉目动物，其品种也比其他科多。几乎任何类型的栖息地，都能见到鼬科动物，包括森林、沙漠、苔原、淡水和咸水；它们可能树栖、地栖、穴栖、半水栖或完全水栖。虽然有些品种，例如海獭和貂熊的重量可以超过25千克，但其他成员大多是中等体形，最小的银鼠重量只有30克。具有高度肉食性的鼬类是贪得无厌的猎者，经常会攻击比它们大很多的猎物。

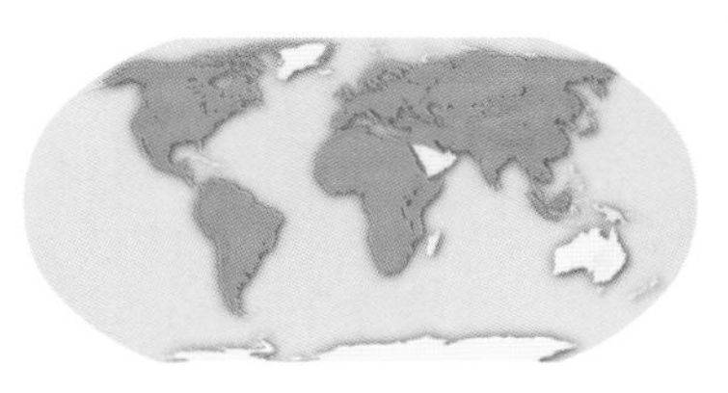

遍布各地 只有澳大利亚和南极洲没有鼬科动物，欧洲、亚洲、非洲和美洲则处处可见。虽然它们分布很广，但只有少量经过仔细研究。鼬类被引进到许多地方，有些是意外地被它们逃出养殖场，有些则是为了控制啮齿目动物和野兔而刻意引进的。

跳跃的鼬 敏捷又极为强壮的鼬能带着相当于一半体重的食物奔跑。最小的鼬科动物银鼠会不屈不挠地穿越浓密草地，或在雪地下追捕家鼠和田鼠等猎物。

气味防卫 几乎所有鼬科动物在肛门附近都有臭腺，它能制造一种有臭味的液体，以标示领域。臭鼬将这种特征发展成一种防卫系统，当它喷出有恶臭的液体时，只有最坚定的猎食者才不会被它熏跑。

猎食者

鼬科动物有加长的身体和短腿，能追逐啮齿目动物和野兔跟着进入地洞中。鼬的身体通常修长柔软，有弹性的脊椎让它们能奔跑跳跃。獾则不同，它有矮胖的身体，以滚动步态缓缓前进。许多鼬类还是出色的游泳和攀爬高手，随时能捕捉水栖、树栖以及地栖的猎物。

鼬科动物的头颅短扁，短脸上有小耳和小眼。嗅觉通常是最重要的感觉，可用来定位和追踪猎物。由于它们以气味标记领域，因此，嗅觉也是同种成员间的沟通工具。大部分的鼬类用长而弯、无法收缩的爪子来挖掘。水栖和半水栖品种的爪趾之间通常有蹼，以帮助游泳。

鼬科动物有双层皮毛，一层软而浓密的绒毛点缀着较长的刚毛。这身温暖防水的绒毛让鼬科动物能在水中狩猎，并在冬季依然活跃，但也使它们成为毛皮交易的最大目标。

独栖生活

大部分的鼬科动物都有强烈的独栖性，只有在繁殖季节才会聚在一起。通常是雄性以暴力强迫雌性交配。交媾可长达两个多小时，并刺激雌性排卵，这种过程几乎保证受精。卵子受精后会保持在休眠状态数周甚至数月，只有情况适当，才会在子宫中着床。例如松貂（左图）在冬季交配，但直到早春受精卵才会着床，让幼崽能在4月出生。

小档案

美洲獭 这种独栖水獭白天大多时间在潜水抓鱼。它在水中吃小猎物，但会将较大的猎物带上岸来。

81厘米
57厘米
15千克
独栖
数据缺乏

墨西哥至乌拉圭

大水獭 数个大水獭家庭群体共享一个河边地洞，并可能一起觅食。人类的滥捕，使这个品种成为最稀有的水獭品种。

1.2米
70厘米
34千克
家庭团队
濒危

委内瑞拉南部和哥伦比亚到阿根廷北部

海獭 这种通常独栖的品种能终生待在海中，睡在海面上，一天花五小时觅食，但有时也会上岸，在性别隔离的大群体中休息。它是惟一会使用工具的非灵长目哺乳动物，它会用石头敲开鲍鱼或贝类的硬壳。

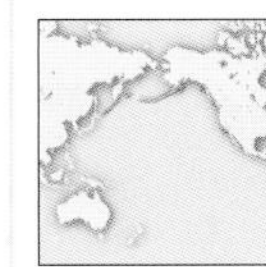

1.2米
36厘米
45千克
独栖或成群
濒危

太平洋北部

水栖的脚掌

所有的水獭都有灵活的脚掌，但长蹼的程度和有爪与否则各有不同。大部分水獭的脚掌（如欧洲水獭，见图）有适合游泳的蹼，挖掘用的利爪，脚掌呈圆形，适合在陆地上行走。

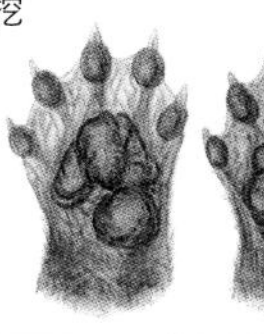

保护警报

濒危的海獭 到1911年时，毛皮猎人已经将海獭的数目猎捕得不足2000只。立法保护和再引回计划让它们的数目增加到大约150,000只，但该品种依然濒危，它们所受的威胁有盗猎、海洋石油污染、捕鱼业的迫害和虎鲸的猎食。

小档案

猪獾 虽然猪獾有时会成为豹和老虎的猎物，但它一定会反抗。受到威胁时，它会拱背并竖起刚毛怒吼。也可能会从肛门腺体发射恶臭的液体。

70厘米
17厘米
14千克
未知
未知

印度东北部到中国东北部和东南亚

狗獾 大部分的獾都偏好独栖，但这个品种却以大家族聚居。它们擅长挖掘，住在名为"住穴"的永久性地洞结构中，而且会代代相传。

90厘米
20厘米
16千克
家庭团队
当地常见

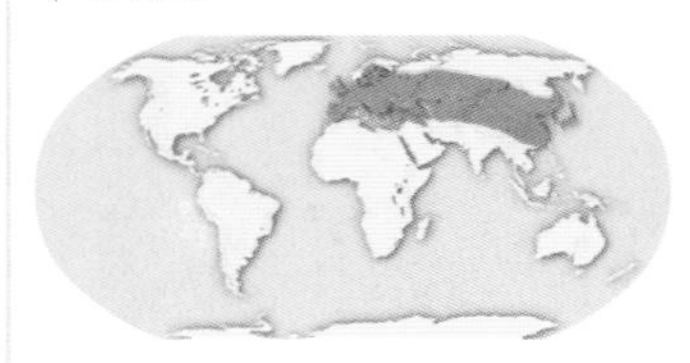

英国和西欧到中国、韩国和日本

美洲獾 这种独栖的品种大部分的时间都在挖掘草原犬鼠和田鼠之类的啮齿目动物。在地面上受猎食者威胁时，会迅速地挖洞穴逃离危险。

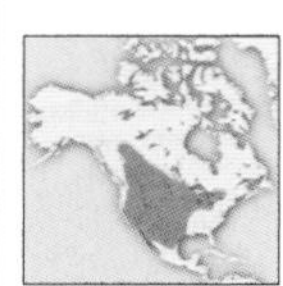

72厘米
15厘米
12千克
独栖
当地常见

加拿大北部到墨西哥

善攀爬的獾

鼬獾是最小的獾类，它在夜间觅食蠕虫、昆虫、蛙、小型啮齿目动物和果实，白天则躲在地洞或岩石隙缝中，有时也会用长爪爬树，并在树上休息。

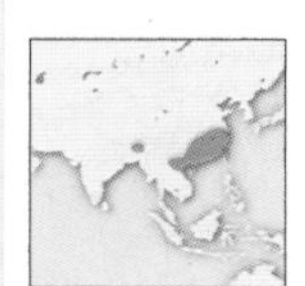

43厘米
23厘米
3千克
未知
当地常见

印度东部、东南亚、中国南部和台湾岛

小档案

加拿大星鼬 这种夜行性动物是杂食者，偏好食用的食物种类很多，从小型哺乳动物、昆虫和鱼类到果实、核果、谷类和草都可。冬季时变得不活跃，很少从洞穴里出来。

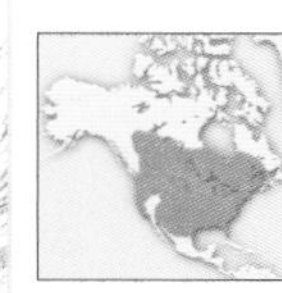

80厘米
39厘米
6.5千克
独栖
常见

加拿大北部到墨西哥

斑臭鼬 惟一能爬树的臭鼬，其且也比其他品种更警觉活跃。三四月交配季节期间，雄性会陷入“交配狂热”中，用臭气乱喷它遇到的所有较大型的动物。

33厘米
28厘米
900克
独栖
常见

美国落基山东部

安第斯獾臭鼬 这种臭鼬以岩石隙缝、空树洞，或其他动物的废弃洞为穴。它会猛扑昆虫，也会猎捕啮齿目动物、蜥蜴和蛇等小型脊椎动物。它对百步蛇的毒液有些抵抗力。

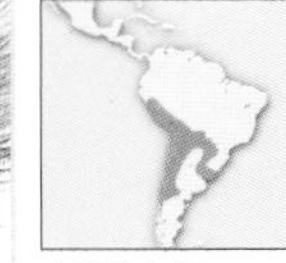

33厘米
20厘米
3千克
独栖
常见

南美洲中部

臭鼬的防卫

臭鼬从肛门腺体中喷出恶臭之前，会给敌害充分的警告。它会抬起尾巴、跺步、假装冲刺，甚至会以前脚倒立。臭鼬那明显的黑白图案也能用来警告猎食者——最好别动它的脑筋。

危险的姿势
生命受到威胁时，加拿大星鼬会将它的头和臀部对着敌害。

小档案

美洲貂 这种敏捷的鼬科动物能快速地在树上飞奔，追捕红松鼠和其他猎物。它也会猎捕鸟类和昆虫，觅食浆果、核果和腐肉。虽然主要是树栖，但在地面上或水中活动也怡然自得。

45厘米
23厘米
1.3千克
独栖
不常见

阿拉斯加和加拿大到美国加利福尼亚州及科罗拉多州北部

渔貂 渔貂是最大型的貂，会袭击豪猪。其他猎食者会被豪猪的硬刺吓阻，但渔貂的高度却正好能咬到豪猪的脸。豪猪多次被咬陷入休克后，渔貂便会将它翻转过来，先吃它柔软的腹部。

79厘米
41厘米
5.5千克
独栖
不常见

加拿大到美国加利福尼亚州北部

令人垂涎的毛皮

紫貂是亚洲北部茂密针叶林中的动物，在森林地面狩猎筑穴。以前连北欧的半岛地区，都可见到它们的踪影，但由于遭到毛皮商太多的诱捕，使它们的分布范围和数目已经大为减小。

56厘米
19厘米
1.8千克
独栖
不常见

亚洲北部

珍贵的毛皮 *紫貂有光滑的冬季长毛，使它的毛皮成为毛皮商最看重的商品。*

保护警报

鼬科动物的65个品种中，有35%被列入国际自然与自然资源保护联合会的《濒危物种红色名录》中，请见下表：

- 2种灭绝，或在野外灭绝
- 7种濒危
- 8种易危
- 2种近危
- 4种数据缺乏

小档案

银鼠 银鼠是最小的食肉目动物，常和较大型的亲戚白鼬共享领域，但它专吃较小型的猎物，例如家鼠和田鼠。和白鼬一样，它的毛色会在冬季变白。

26厘米
8厘米
250克
独栖
常见

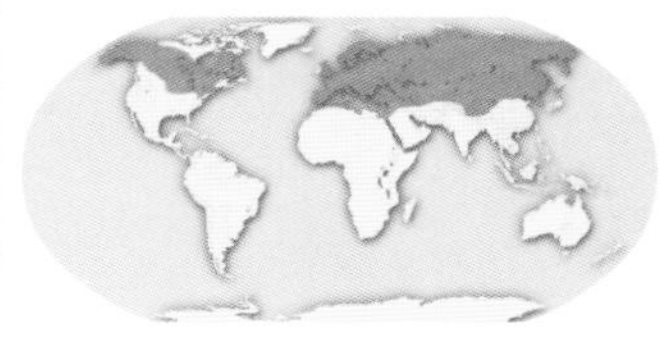

北半球北部，被引进到新西兰

长尾鼬 这个品种的雌鼬在每年的5月左右平均产下六崽。小鼬跟着母鼬学习猎捕技巧，长到八周大便能杀死猎物。

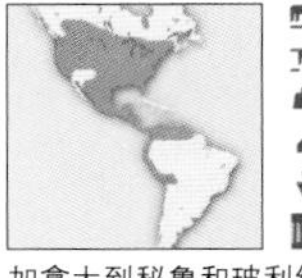

26厘米
15厘米
365克
独栖
常见

加拿大到秘鲁和玻利维亚

白鼬 冬天将近时，白鼬夏季的棕色毛常会蜕落，换成一身又长又厚的白毛，只留下黑色的尾端。长久以来，白鼬的白色毛皮便是毛皮贸易的珍品而遭猎杀。

32厘米
13厘米
365克
独栖
常见

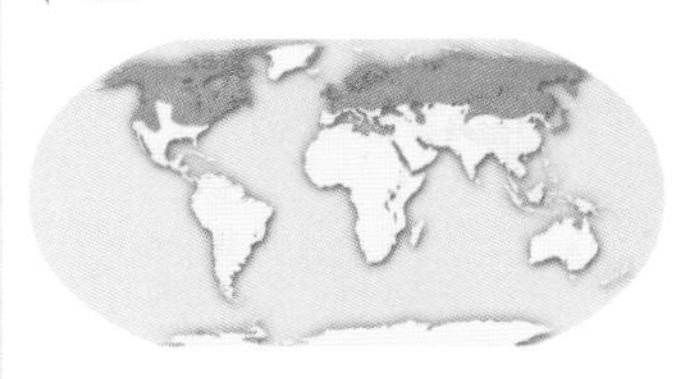

北半球，被引进到新西兰

貂 熊

貂熊（*Gulo gulo*）是最大的地栖性鼬科动物，居住在欧亚大陆和北美洲的北方针叶林和冻原地带。它的长相有点像熊，但行为绝对是鼬类。以体形而言，它非常强壮凶猛，可以击倒驯鹿和美洲驯鹿，但若有腐肉，它也不排斥。多余的食物都贮存在雪下地道中，最长可以吃6个月。貂熊巨大头部里的上下颌上的牙齿能嚼碎大骨头和结冻的肉。大脚和整个脚掌都贴在地上的行走步态，让貂熊能在雪地上快速移动，追上有蹄猎物。这种北方鼬类也是灵活的攀爬高手和强壮的游泳健将。

不屈不挠的猎食者

鼬能在地下或雪地下追逐猎物，还能带着相当于一半体重的食物奔跑。较小型的鼬偏好家鼠和田鼠，较大型的鼬则偏好兔子，但二者都能猎捕它们遇到的任何动物。

小档案

黑足鼬 虽然大部分的鼬类都随机进食，但黑足鼬几乎只猎捕草原犬鼠，并用它们的地洞为家。

46厘米
14厘米
1.1千克
独栖
野外已经灭绝

加拿大南部到美国得克萨斯州西北部，20世纪80年代末，重新引进美国的蒙大拿、达科塔州和怀俄明州。

● 以前的范围

鼬间的战争

欧洲鼬和美洲鼬都是杂食性动物，会在水中或近水处狩猎。由于美洲鼬由欧洲的养殖场逃脱，成为欧洲鼬在野外的直接竞争者，使后者的数目下降。

美洲鼬

50厘米
20厘米
900克
独栖
常见

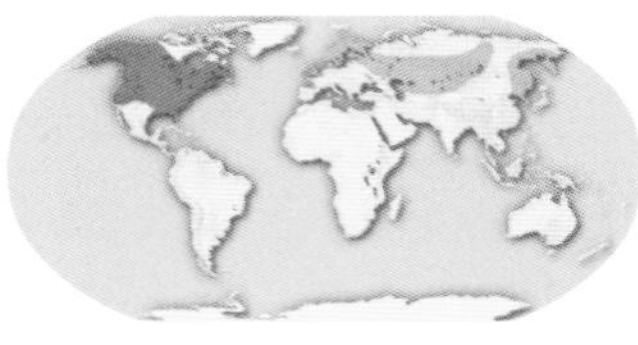

北美洲：被引进欧洲和西伯利亚

● 被引进的范围

不一样

美洲鼬大部分是棕色，但10%有蓝灰色的毛。

欧洲鼬

43厘米
19厘米
740克
独栖
濒危

法国和西班牙、芬兰到罗马尼亚及高加索南部

● 以前的范围

保护警报

数目渐减的鼬 1920年，有五十多万只黑足鼬生活在北美平原上。但随着人类消灭它们的猎物草原犬鼠，鼬的数目下降到让人以为它们已经灭绝的地步。20世纪80年代，发现一个小种群后，美国制定了豢养繁殖计划，但它仍是北美洲处境最危险的哺乳动物。

小档案

蜜獾 这种鼬科动物主要为地栖性，但会爬树寻找蜂蜜。它和蜜向导——一种鸟，已发展出共生关系，这种鸟会唱一种独特的歌，带领它到蜂巢去，等它用有力的爪子打开蜂巢，蜜獾便吃掉大部分的蜂蜜，留下蜂蜡和蜂蛹给鸟享用。杂食性的蜜獾还吃昆虫和大小脊椎动物。

蜜獾与毒蛇
蜜獾有时会攻击毒蛇。它那又长又厚的毛和坚韧的外皮让蛇很难咬到它的肉。

装 死

受到威胁时，非洲艾鼬会让它的长尾蓬起，并吼叫或尖叫。若是无效，便会由肛门腺体射出恶臭液体，对付攻击者。无计可施时，艾鼬会装死。虽然有这些防卫策略，非洲艾鼬偶而仍会沦为家犬和野猫的牺牲品。它们更常丧生轮下，一旦有一只被撞，它的家人便不会离开现场，因此，一家老小也常会遭到相同的厄运。

令人恶心的猎物
虽然装死使非洲艾鼬更容易受到攻击，但也让猎食者有机会尝尝肛门腺体分泌在毛上的气味。由于它恶臭无比，使猎食者可能干脆放弃这一餐。

海豹、海狮和海象

纲	哺乳纲
目	食肉目
科	(3)
属	(21)
种	(36)

海豹、海狮和海象有弹性的流线型身躯，以及演化成鳍状的四肢和绝缘性极佳的鲸脂和体毛，因此，非常适应海中的生活。但与陆地的关联并未完全切断，它们还必须回到岸上繁殖。这些海洋哺乳动物总称为鳍足类动物，以前原本有自己的目，但现在被视为食肉目的一部分，分属自己的科。它们大多以鱼、乌贼和甲壳类动物为生，不过，有些也吃企鹅和腐肉，而且，可能会攻击其他海洋哺乳动物的幼兽。它们能潜入深海寻找猎物，象鼻海豹待在水里的时间，可长达两小时。

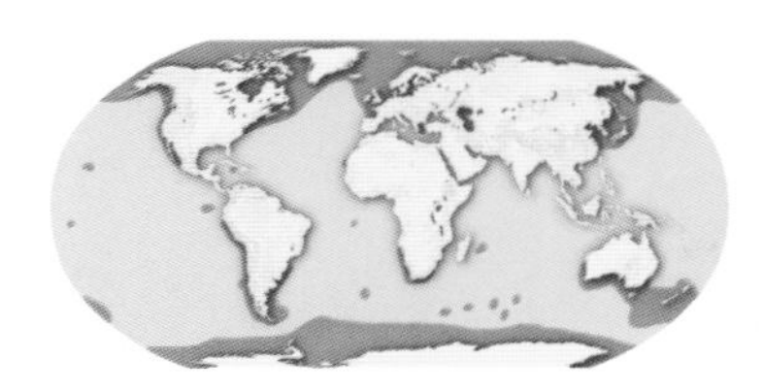

寒带水域动物 虽然温暖的水域能看到僧海豹，但大部分的海豹、海狮和海象，都只局限于较寒冷、食物更丰富的极地和温带海域。化石显示，这三科动物都源自北太平洋，现在，在北太平洋、北大西洋和南极周围海中数目最多。

共同生活 大部分的鳍足类都是群居动物，喜欢生活在大群同类之中。海象群的数目成百，甚至上千，可能是单性或混性而居，身体和象牙的尺寸决定它们的等级。

三大种群

鳍足类动物分为三科，海豹科即真海豹。它们游泳时，主要靠后鳍划水。真海豹的后鳍无法像脚一样往前弯，这使它们在陆地上的动作，显得特别笨拙。真海豹的听力很好，在水中听力尤其优越，但没有外耳。

海狮和海狗属于海狮科。这些“有耳海豹”有小型外耳，它们主要靠前鳍来游泳。在陆地上，后鳍能弯曲，使它们能用“四脚”走路，并以半挺的姿势坐着。

第三科是海象科，它只有单一品种，即海象。雌雄海象的犬齿都会形成长长的牙，因而极易分辨。海象和真海豹都用后鳍游泳，没有外耳，但是，它又和有耳海豹一样，能将后鳍向前弯。

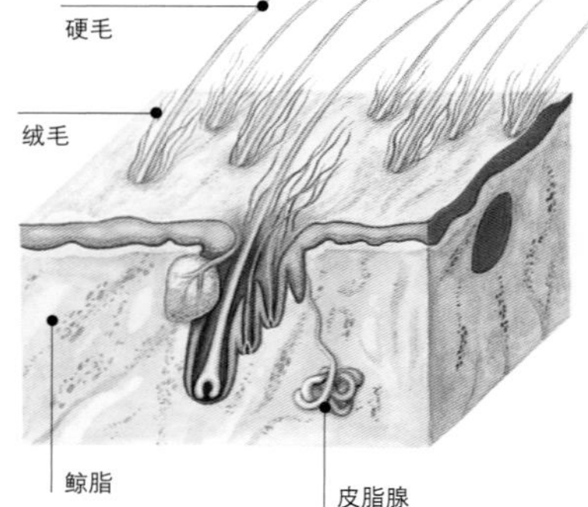

绝缘层 鳍足类动物有一层很厚的鲸脂，它有绝缘、浮力和贮存能量的功能。至于更进一步的保护，除了海象，其他的都有长毛的身体，海狗更有浓密的绒毛，形成防水的屏障。

养育后代

所有的鳍足类动物都会回到陆地或冰上生产和交配。母兽每次通常产下一崽，生产后数日，便会再交配。但受精卵要等数月后，才会在子宫着床。这种延后着床的现象让生产、养育和交配，能在一季之内完成。所以，这些动物居住在陆地上最脆弱的时期，一年便只会出现一次。幼兽依赖亲代的时间各有不同，以北极竖琴海豹(右图)为例，幼崽只得到12天的照顾，而海象幼崽则在母海象身边长达2年。

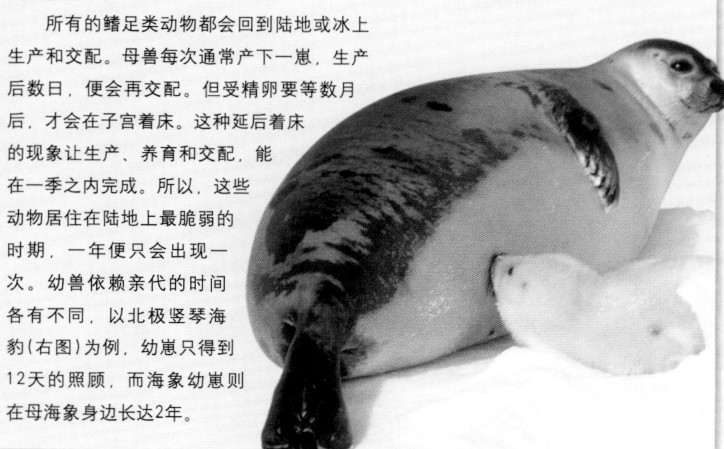

保护警报

商业化猎捕海豹之举始于16世纪，对鳍足类动物的数目造成破坏性的影响。在36种鳍足类动物中，36%被列入国际自然与自然资源保护联合会的《濒危物种红色名录》中，请见下表：

- 2种灭绝
- 1种极危
- 2种濒危
- 7种易危
- 1种近危

小档案

新西兰海狗 晚春时，雄海狗在岩石岸上建立地盘，等雌海狗加入，进行交配。幼兽出生后，雌性到海中觅食，雄性则待在岸上，直到繁殖季节结束。

雄性360千克
雌性110千克
一雄多雌
常见

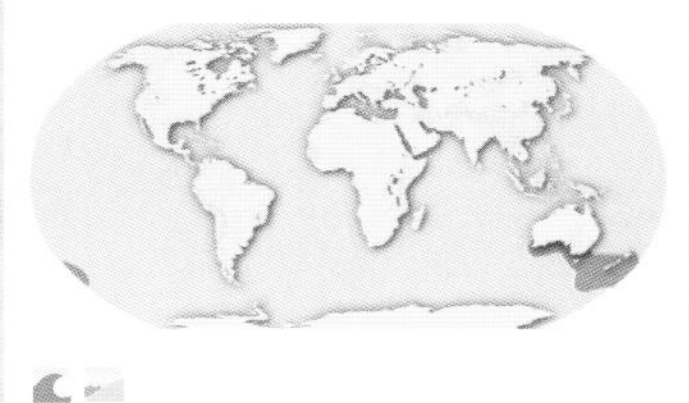

澳大利亚西南部至新西兰

北海狗 这些海狗冬季南迁，春季时再回到北方繁殖。某些海狗每年迁徙超过10,000千米。

雄性275千克
雌性50千克
一雄多雌
易危

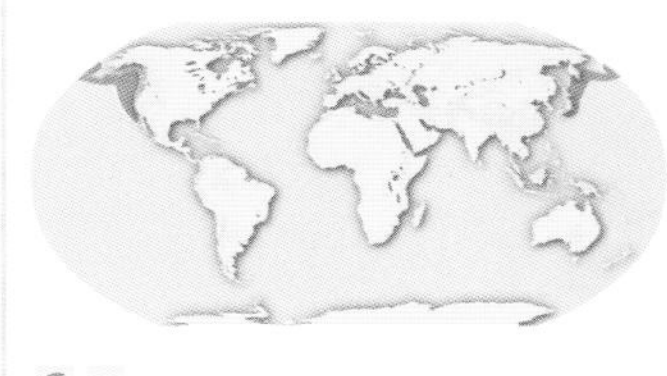

北太平洋

加利福尼亚海狮 海狮是人们最常用在动物表演上的鳍足类动物。这种喧闹的群居动物常在海岸附近活动，并常爬上陆地或码头、防波堤等建筑上。

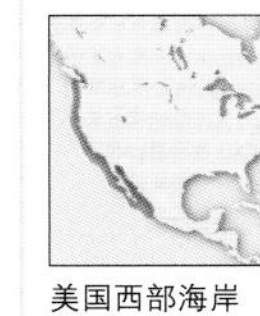

雄性400千克
雌性120千克
一雄多雌
常见，数目正在增加

美国西部海岸

雄性卫士

有耳海豹常有很高的群体性，在繁殖季节会以大量的数目聚居。雄海豹保卫它的岸上地盘和众多雌海豹，以不受其他雄性侵犯。在它们真正打斗前，会先摆出攻击性的姿态和尖叫。

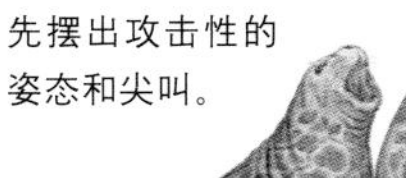

小档案

斑海豹 斑海豹是分布最广的鳍足类动物，它们通常独栖，但在陆地上会成群聚集。昂加瓦海豹是加拿大的一个品种，居住在淡水水域。

雄性150千克
雌性110千克
不一定
常见

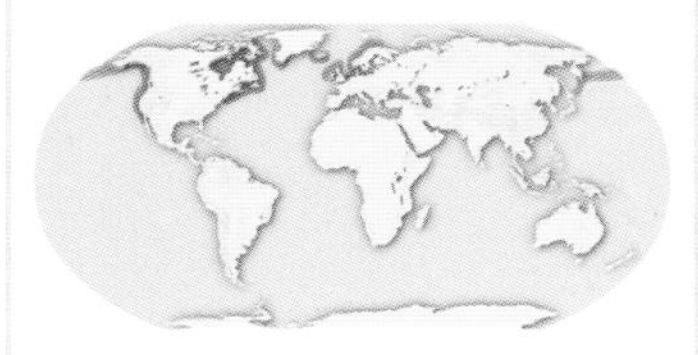

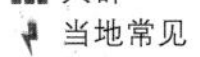

北大西洋和北太平洋

海象 海象以敏锐的胡须寻找它们的主食，例如蛤和贻贝等，再以口鼻将它们挖出来。海象的体形很大，象牙最长的海象通常是海象群中的领军人物。

3.5米
1650千克
大群
当地常见

北极浅海水区

雪中巢穴

环斑海豹在一年当中，至少有部分时间生活在冰封的海中。怀孕的雌海豹会在它呼吸用的气孔上方雪中挖洞，如此既能让它的幼崽不受酷寒的北极气候伤害，也能躲避北极熊之类饥饿的猎食者。

保护警报

拯救琴海豹 20世纪80年代末，大众的呐喊制止了加拿大人以木棍击杀“白袍”——极年幼的琴海豹的行为。在那以前，整个大西洋地区较大的琴海豹便遭人猎杀，此举使琴海豹的整体数目严重下降。

小档案

地中海僧海豹 这个品种以前在整个地中海沿岸很常见，但不断增加的人口使它的数目渐减。今天，它们的主要避难场所都是些小而贫瘠的岛屿。

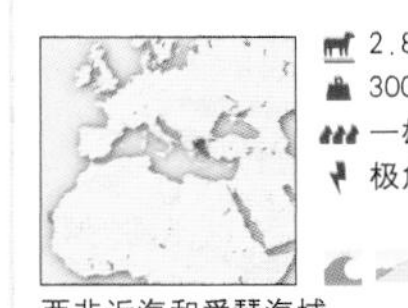

2.8米
300千克
一雄多雌
极危

西非近海和爱琴海域

象鼻海豹 这个品种的雄性可以比雌性重6倍。只有10%的最大型的雄性才有交配的机会。为了吸引雌海豹，雄性海豹会鼓胀和象鼻一样的鼻子。

雄性3700千克
雌性600千克
一雄多雌
当地常见

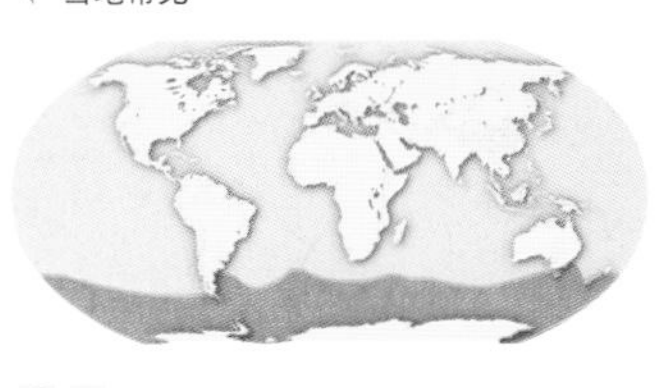

阿根廷、新西兰和南极周围岛屿

嗜食南极虾

食蟹海豹是名不符实的海豹，它们并不吃螃蟹，而是几乎完全依赖南极水域极丰富的南极虾。它们以复杂的疙瘩状牙齿过滤这种小型甲壳类动物。

充气鼻

成熟的雄性冠海豹吸引异性、受到威胁或兴奋时，便会展现不寻常的能力，将它们的黑色囊鼻吹胀，囊鼻是鼻腔的延伸。它们还能将左鼻孔的内衬充气，变成一颗红色气囊。

吹气 *雄性冠海豹的求偶行为之一，便是将它的红色鼻囊吹胀。*

浣熊科动物

纲	哺乳纲
目	食肉目
科	浣熊科
属	(6)
种	(19)

浣熊家族仅分布于新大陆，成员包括浣熊、长鼻浣熊、蜜熊、蓬尾浣熊和南美节尾浣熊。它们全是中等体形，身体和尾修长，宽脸竖耳。除了蜜熊，它们的脸上都有面具般的图案，尾巴则有深浅交错的环纹。杂食性使这一科的成员能在各种栖息地中繁衍，例如针叶林、热带雨林、湿地、沙漠、农田和都市地区。浣熊科动物经常以声音吠叫或尖叫，以维持复杂的群体结构。浣熊常栖息于共享的巢穴中，雄性常成群行动，雌浣熊则和一只至四只雄浣熊形成"配偶关系"。雄性长鼻浣熊独栖，大约十五只雌长鼻浣熊结伴，互相梳毛，共同照顾幼崽，并合力击退猎食者。蜜熊以一雌二雄，加上它们的幼崽成群而居。

杂食者 浣熊虽然偏好栖息在近水的林地，但它们已经习于随人类在都市和郊区环境生活。它们经常拜访北美洲家庭的后院，翻倒垃圾桶，寻找残留的食物，并会在旧建筑物、地窖或阁楼中筑巢。

小档案

蜜熊 夜行性的蜜熊原本被归为狐猴类，它有善抓握的尾，大而朝前的眼睛，主要以果实为生，并栖息在树顶端。但基因研究显示，它是食肉目动物，应该和浣熊及长鼻浣熊归于浣熊科动物。

55厘米
57厘米
3.2千克
独栖或成对
当地常见

墨西哥南部到玻利维亚和巴西

长鼻浣熊 白天，长鼻浣熊在森林地面的落叶中觅食，它们用有弹性的口鼻和敏锐的嗅觉找到隙缝中的昆虫猎物。它们也摄食大量果实和小型脊椎动物，例如蜥蜴和啮齿目动物。夜晚，它们则撤退到树顶端休息。

69厘米
62厘米
4.5千克
家庭团队
当地常见

美国亚利桑那至哥伦比亚和厄瓜多尔

浣熊 这种戴着"面具"的夜行性动物无所不吃，从小型脊椎动物、昆虫和蠕虫，到浆果、核果和种子都是。它们偏好水生猎物，例如鱼、甲壳类动物和蜗牛，它们会用灵活的双手抓着猎物清洗。

55厘米
40厘米
16千克
独栖
常见

北美洲和中美洲

惟一有善抓握尾巴的新大陆肉食动物。

蜜熊
(*Potos flavus*)

蓬尾浣熊
(*Bassariscus astutus*)

尾巴有14条至16条黑白交错的环纹。

灵活的尾巴可用来平衡。

浣熊
(*Procyon lotor*)

前掌敏锐而灵活。

长鼻浣熊
(*Nasua narica*)

保护警报

浣熊19个品种中，有63%被列入国际自然与自然资源保护联合会的《濒危物种红色名录》中，请看下表：

1种灭绝
7种濒危
3种近危
1种数据缺乏

鬣狗和土狼

哺乳纲
食肉目
鬣狗科
(3)
(4)

鬣狗科中的四个品种——土狼和棕鬣狗、条纹鬣狗以及斑鬣狗——长相都很像狗，但却被归类为像猫的肉食动物，因为，它们的血缘与猫科动物及灵猫科动物更接近。它们的前腿长，后腿短，脊椎很明显地向尾巴倾斜。颇巨大的头部有宽吻，颌骨和牙咬合有力，能咬碎较硬的骨头。和其他哺乳动物不同的是，鬣狗能消化皮毛和骨头。它们常以狮子和其他猎食者吃剩的动物残骸为食，但有时也会自行捕捉猎物。斑鬣狗是最有效率的猎者，能合作击毙斑马和非洲羚羊等大型猎物。土狼主要以昆虫为生，它用又长又黏的舌头和猪一样的牙，每晚便能捕食近二十万只白蚁。

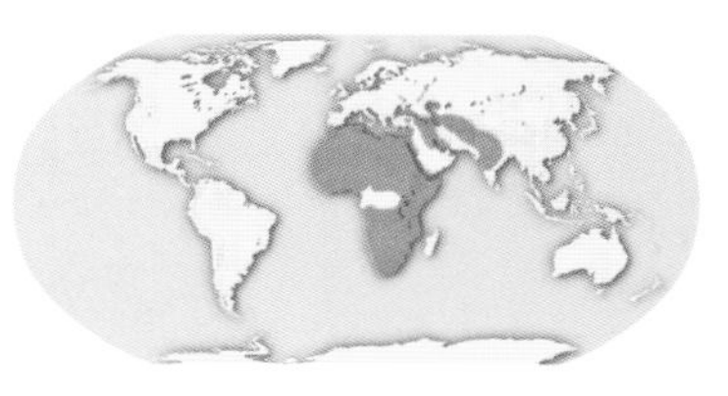

分布地域 除了条纹鬣狗的分布范围远至中亚和南亚，其他鬣狗科成员都局限于非洲。鬣狗和土狼最常见于草原或稀树草原地带，在此，它们躲在洞穴、茂密植被或别的动物废弃的树洞里。虽然没有一个鬣狗品种濒危，但它们通常令人厌恶，遭人迫害。斑鬣狗需要更好的保护才能生存。

占优势的雌性 雌斑鬣狗(*Crocuta crocuta*)体形比雄性大，有类似阴茎和阴囊的大型雌性生殖器，在群体中的地位比雄性高。雌斑鬣狗不靠雄斑鬣狗协助，独力抚养幼崽。小斑鬣狗数个月大时，便会迁入公共兽穴中，并在那里待到15个月大才断奶。

群居动物

所有的鬣狗都成群生活，共享一个栖息范围。斑鬣狗聚集的数目可达80只。它们以气味做记号，并以精巧的问候仪式维持复杂的群居体系。当条纹鬣狗或棕鬣狗见面时，会竖起鬃毛，互相闻对方的头和身体，而且，可能还从事仪式性的打斗。

灵猫和猫鼬

纲	哺乳纲
目	食肉目
科	(2)
属	(38)
种	(75)

食肉的灵猫科动物包括灵猫、麝猫和条纹灵猫。以前也包括猫鼬，但猫鼬现在被归为獴科。灵猫科和獴科动物，与猫科及鬣狗科动物有血缘关系，它们多有中等体形，头颈长，并有修长的身体和短腿。它们的骸骨构造和牙极类似最早的食肉目动物，但内耳却非常发达。灵猫科动物通常为夜行性，栖息在森林的树上，有长尾，可伸缩的爪和直而尖的耳。许多在生殖器附近有臭腺，有些品种会分泌灵猫香，这种香料以前是制造香水的材料。猫鼬大多见于较空旷之处，通常为地栖性，白天活动。它们的尾较短，爪无法伸缩，耳朵小而圆。

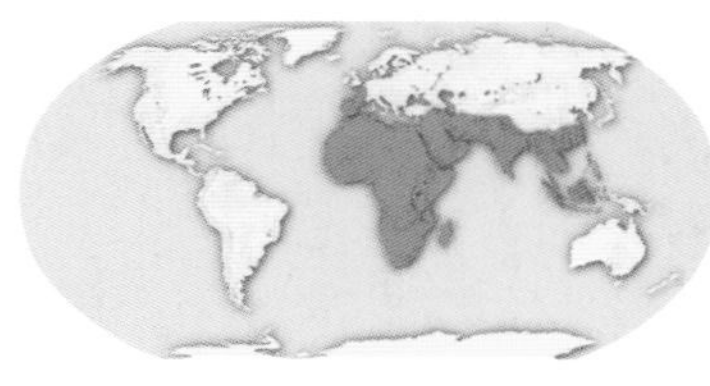

旧大陆家族 灵猫科动物的灵猫、麝猫和条纹灵猫，以及獴科动物猫鼬，是土生土长的旧大陆动物，有些品种只见于马达加斯加岛。由于猫鼬以擅长捕鼠闻名，因此，有些被引进到新大陆的许多岛上，却常造成灾难性的结果。以西印度和夏威夷群岛为例，外来种小型红颊獴(*Herpestes javanicus*)现在已成为会攻击家禽和当地动物的害兽。

保护警报

虽然有些灵猫科动物和猫鼬适应性极佳，使它们在某些地区被视为害虫，但有些地区的却饱受栖息地遭到破坏之苦。在马达加斯加岛，森林砍伐是严重的问题，这里有两科四个品种濒危。在75种灵猫科和獴科品种中，有32%被列入国际自然与自然资源保护联合会的《濒危物种红色名录》中，请见下表：

1种极危
8种濒危
9种易危
6种数据缺乏

大斑麝猫 (*Genetta tigrina*)

体毛非常醒目，在较潮湿的地区，颜色更鲜艳，图案更鲜明。

安哥拉麝猫 (*Genetta angolensis*)

水麝猫 (*Osbornictis piscivora*)

无毛的掌心能找到躲在水中缝隙中的鱼。

生活习性 虽然所有的灵猫科和许多獴科动物通常都独栖或成对生活，有些猫鼬品种却会成群而居。灰貂狸群体数目可达30只，它们合作照顾幼崽，警戒危险。非繁殖成员会充当保姆，轮流担任哨兵的工作。

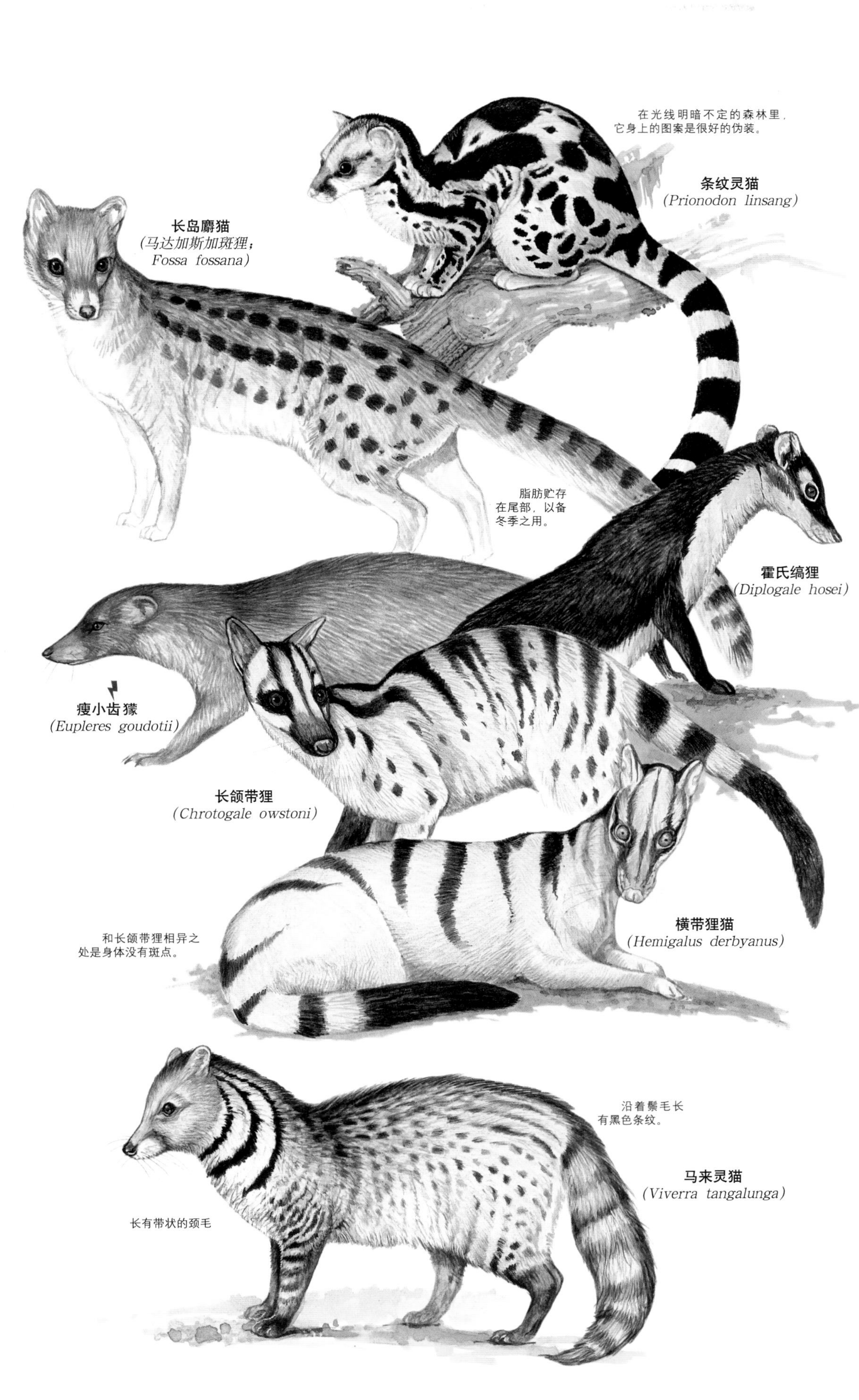

小档案

条纹灵猫 也称为虎灵猫。这种行踪诡秘的森林动物，睡在树根或林木下方铺着植物枝叶的窝里。主要以昆虫和小型脊椎动物如松鼠、鸟类和蜥蜴为生。

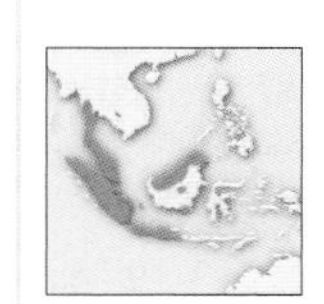

泰国、马来西亚、苏门答腊岛、爪哇岛和加里曼丹岛

长岛麝猫 又名马达加斯加斑狸，它的幼崽出生时发育得很好，毛已长齐，眼睛张开。几天内便会行走，一个月便能进食，十周断奶。

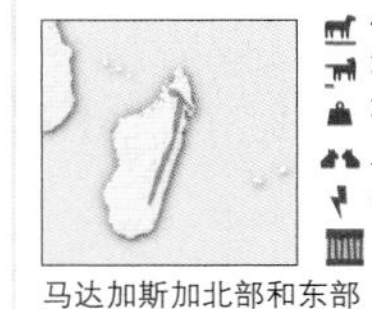

马达加斯加北部和东部

瘦小齿獴 和长岛麝猫一样，这种灵猫科动物会生下早熟的幼崽，才两天便能随母兽活动。它们主要以昆虫和其他无脊椎动物为生，会将脂肪贮存在尾部，等冬季猎物稀少时使用。

马达加斯加北部和东部

长颌带狸 这种少有人研究的灵猫科动物显然以地栖性为主，以蚯蚓为生。它那醒目的毛可警告猎食者：它的肛门腺体会发出恶臭。

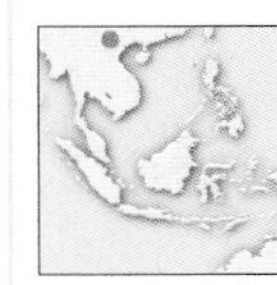

越南北部、老挝北部和中国南部

横带狸猫 横带狸猫是夜行性，而且高度肉食性的动物。白天在树洞中睡觉，夜晚才出现，在森林地面上觅食，寻找蚂蚁、蚯蚓、蜥蜴和青蛙等小型猎物。

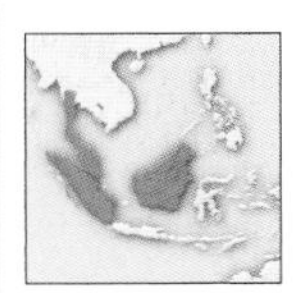

泰国、马来西亚、加里曼丹岛、苏门答腊岛和蒙达威岛

马达加斯加长尾灵猫

马达加斯加岛上最具优势的猎食者是马达加斯加长尾灵猫（*Crytoprocta ferox*）。这种敏捷的灵猫在树林里追捕狐猴，但也会猎食蛇、马达加斯加猬和地面上的珠鸡。交配季节，雌长尾灵猫在一棵树的高处等候雄长尾灵猫在下面聚集，然后，挑选数只交配将近三小时。

平衡绝技

马达加斯加长尾灵猫的尾几乎和身体等长，当它在树林里追逐狐猴时，有助于平衡。

戴面具的哺乳动物

中国和东南亚的果子狸在它的生态系统中，扮演着重要角色。由于它的杂食性，使它能控制昆虫和小型脊椎动物的数目，并能帮忙散布种子。相对的，它是老虎、鹰和豹等品种的猎物。为了吓退猎食者，这种灵猫科动物依赖肛门腺体产生强烈的臭味。它那醒目的脸部图案能警告猎食者，它有这种恶臭。

小档案

环尾獴 通常由一雌一雄和它们的幼崽组成小群体生活，这种优美的动物夜晚待在地洞中，白天，它能轻松地在地上或树上寻找狐猴、其他小型脊椎动物、昆虫和果实等。

38厘米
30厘米
900克
独栖或成对
易危

马达加斯加

灰鼯狸 担任放哨的灰鼯狸感觉有危险时，会发出警告的尖叫。整群灰鼯狸会企图跑赢胡狼之类的地栖性猎食者，这时，雕、鹰和其他猛禽则追击胡狼，客观上帮助它们逃回地洞中。

31厘米
24厘米
950克
家庭团队
当地常见

非洲南部

黄獴 这种白天活动的群居性动物，由8只到20只构成复杂的群体，成员主要是一对配偶及它们的幼崽和其他獴科动物。它们经常与灰鼯狸和地鼠共享地洞系统。

35厘米
25厘米
900克
家庭团队
当地常见

非洲南部

捕蛇高手

有些品种的獴，包括印度獴，以它们杀蛇的能力闻名于世。虽然一般认为，它们对眼镜蛇和其他毒蛇的毒液有免疫力，其实猫鼬只能忍受少量蛇毒，所以，也必须尽量避免被咬。它们依赖速度和敏捷来征服如此危险的猎物，猎捕的方法是以锐利的牙齿，咬进蛇的脖子，将它们的脊椎咬断。

猫鼬战毒蛇 *一只猫鼬会以连续的冲刺，试图消耗眼镜蛇的精力，同时，又灵巧地躲避毒蛇的攻击。*

猫科动物

纲	哺乳纲
目	食肉目
科	猫科
属	(18)
种	(36)

猫科动物是最出色的猎者。它们除了肉类，很少吃其他食物，使它们成为最具肉食性的食肉目动物。它们的猎食专长使它们在各个大陆，都位于食物链的顶端，只有澳大利亚和南极洲例外。它们的栖息范围由沙漠到北极地区均是。猫科动物的体形差异极大，但外形差异不多。每个品种都有肌肉发达的强壮身体，盾状的脸上有大而向前直视的眼睛，锐利的牙齿和爪子，敏锐的感官和迅速的反应动作。它们通常依赖潜行或突袭等秘密行动来捕获猎物。猫科动物虽然大多为地栖性，但也有灵活的攀爬高手，通常也擅长游泳。

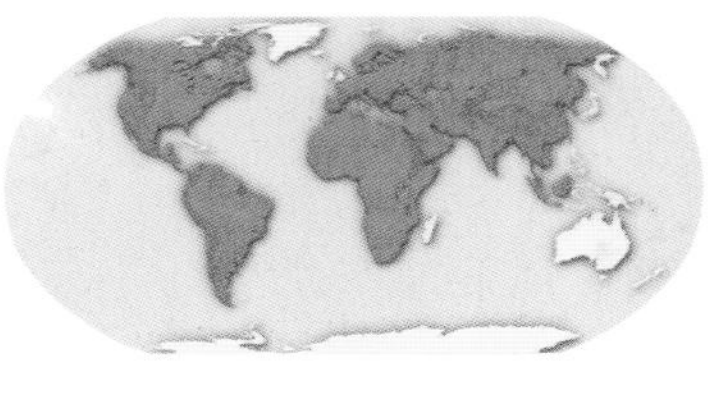

遍及全球 在大部分的大陆上，野生猫科动物都是最具优势的猎食者，只有澳大利亚、马达加斯加、格陵兰和南极洲等地没有它们的踪影。数千年前，古埃及最早驯养家猫，自那时起，它们便散布到世界各地，只有南极洲除外。至于未驯服的野猫，则对当地的生态系统造成严重冲击。

奇袭 山猫、野猫和猞猁偏好猎捕啮齿目等小型哺乳动物、蜥蜴和鸟类。它们偷偷潜近猎物，再跳起猛扑，并一口咬住颈部，杀死猎物。

吼叫和满足的颤音 狮子吼叫通常是为了宣告它对领域的控制权。只有大型猫科动物有伸缩性够大的喉头，能发出吼叫声。所有的猫科动物都能发出表示满足的颤音，但大型猫科动物只有吐气时才能发出颤音，小型猫科动物则能发出持续的颤音。

血盆大口

由于猫科动物很少吃植物，因此，缺乏磨碎用的臼齿，但它们那有力的上下颌上却有锋利的牙，包括适合戳刺的犬齿和适合剪断的裂齿。粗糙的舌上覆盖着细小的倒刺，可用来锉下骨头上的肉和整理毛皮。

顶尖的猎食者

猫科动物分成三个亚科：大型猫科动物属于豹亚科，其中包括老虎、狮子、豹和美洲虎；小型猫科动物属于猫亚科，其中包括美洲狮(它们有时长得比某些“大型”猫科动物还大)、猞猁、山猫和美洲豹猫；猎豹则自成一个猎豹亚科。大型和小型猫科动物的主要差别在它们喉头的伸缩性，大型猫科动物的伸缩性好，才能吼叫。猎豹的特征是爪子不能收缩，而且，又有极快的速度，因此，它们在短距离时，能追上羚羊等奔跑快速的猎物。

猫科动物都用嗅觉来沟通，它们在自己的领域内，用气味做记号。但是狩猎时，猫科动物对视觉的依赖超过声音。往前直视的眼睛让它们有立体视觉，对判断距离有帮助。眼睛里的反光面和快速适应的虹膜增强它们的夜视力，让它们的视觉比人类强六倍。可活动的大耳将声音导入敏锐的内耳，使它们能接收到老鼠之类小型猎物发出的高频微弱叫声。

最早的猫科动物于4000万年前开始演化，产生了今天这些品种和一个分支。这个分支包括剑齿虎，这是一种有巨大犬齿的庞然大物，它直到1万年前——上个冰河时期结束时才消失。大约7000年前，中东开始驯养猫，这使它们成为人类的陪伴动物，现在，地球各处几乎都有它们的踪影。

保护警报

由于猫科动物需要广阔的范围来寻找充足的猎物，因此，特别容易受栖息地丧失的影响。猎捕也使大部分的猫科动物品种雪上加霜。在猫科动物的36个品种中，有69%被列入国际自然与自然资源保护联合会的《濒危物种红色名录》中，请见下表：

1种极危
4种濒危
12种易危
8种近危

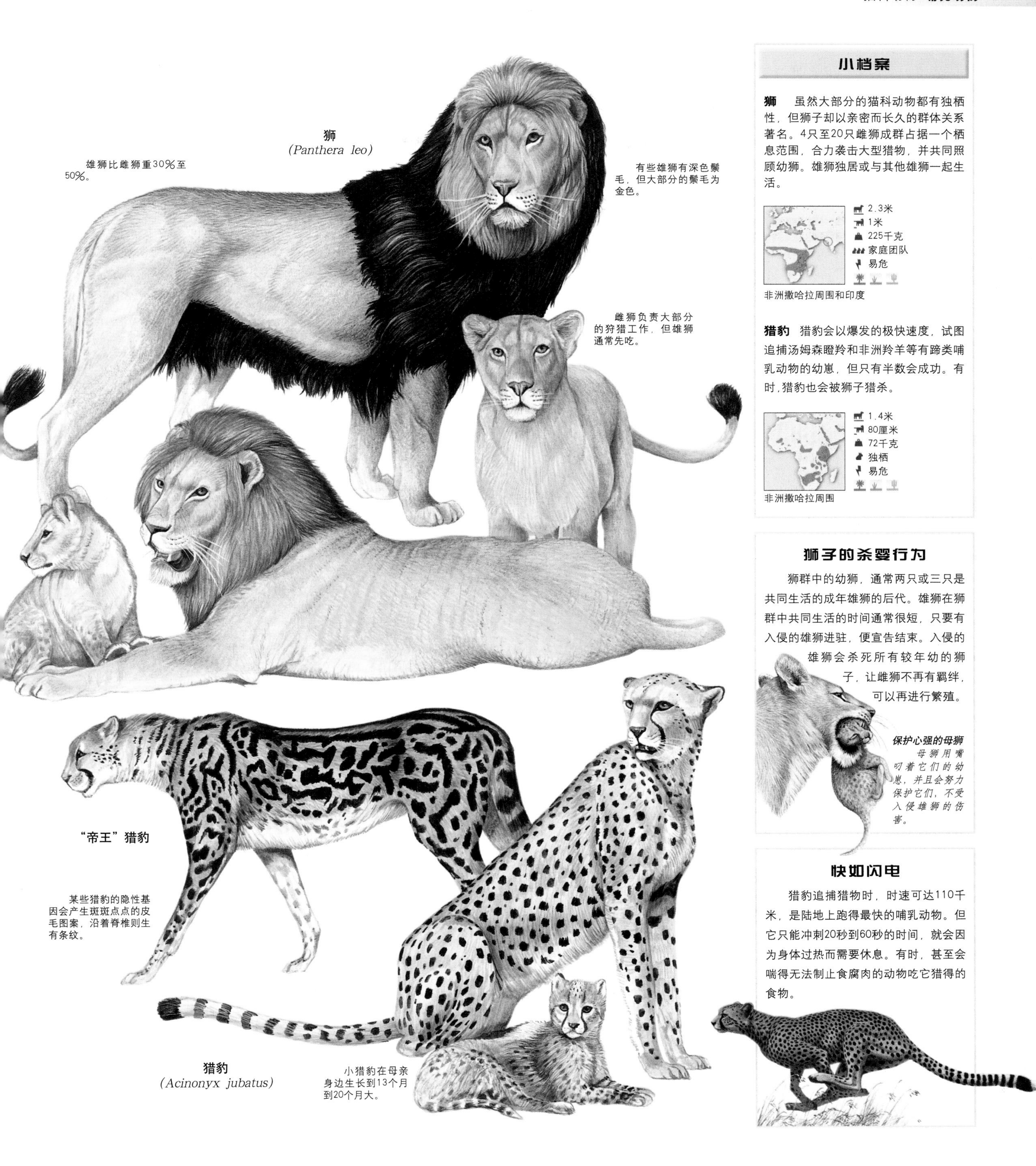

小档案

狮 虽然大部分的猫科动物都有独栖性，但狮子却以亲密而长久的群体关系著名。4只至20只雌狮成群占据一个栖息范围，合力袭击大型猎物，并共同照顾幼狮。雄狮独居或与其他雄狮一起生活。

- 2.3米
- 1米
- 225千克
- 家庭团队
- 易危

非洲撒哈拉周围和印度

猎豹 猎豹会以爆发的极快速度，试图追捕汤姆森瞪羚和非洲羚羊等有蹄类哺乳动物的幼崽，但只有半数会成功。有时，猎豹也会被狮子猎杀。

- 1.4米
- 80厘米
- 72千克
- 独栖
- 易危

非洲撒哈拉周围

狮子的杀婴行为

狮群中的幼狮，通常两只或三只是共同生活的成年雄狮的后代。雄狮在狮群中共同生活的时间通常很短，只要有入侵的雄狮进驻，便宣告结束。入侵的雄狮会杀死所有较年幼的狮子，让雌狮不再有羁绊，可以再进行繁殖。

保护心强的母狮

母狮用嘴叼着它们的幼崽，并且会努力保护它们，不受入侵雄狮的伤害。

快如闪电

猎豹追捕猎物时，时速可达110千米，是陆地上跑得最快的哺乳动物。但它只能冲刺20秒到60秒的时间，就会因为身体过热而需要休息。有时，甚至会喘得无法制止食腐肉的动物吃它猎得的食物。

小档案

虎 俗称老虎。这种独栖的猎者是最大型的猫科动物，它们主要靠体形比较大的猎物为生。老虎为了搜寻食物，一天可走20千米，每三五天便得杀死一只有蹄类哺乳动物，才能维持生命。老虎的栖息地虽然很多样化，但都有会产生斑斓图案的茂密植被。因此，老虎的醒目条纹，其实是为了与背景融为一体，让它能偷偷潜近猎物，而不被察觉。这种伪装很重要，因为，老虎跑不过它要猎取的大型猎物，只能以突袭取胜。即使如此，它们的成功率也只有5%。

3.6米
1米
360千克
独栖
濒临危险

印度到西伯利亚东部
以前的范围

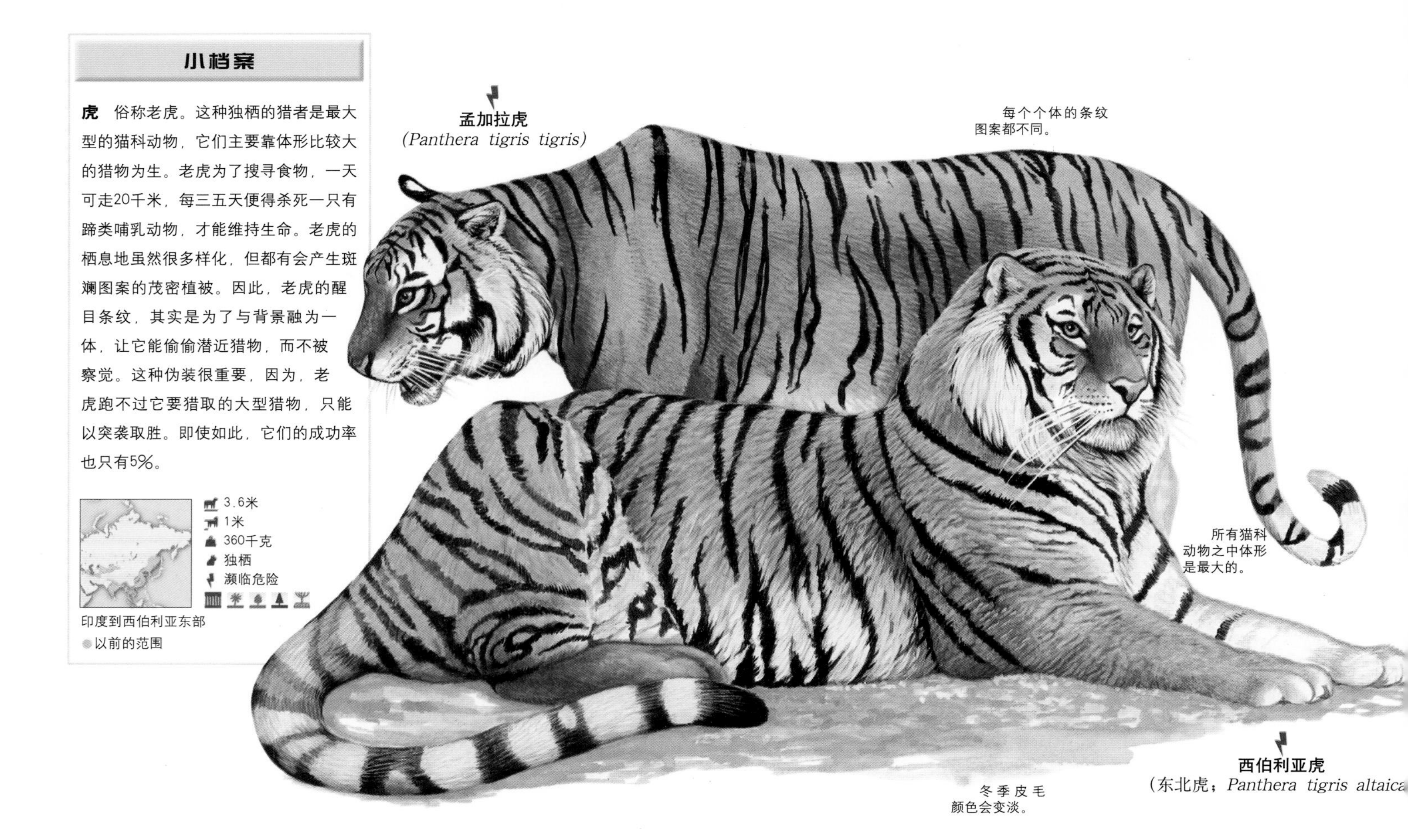

消失中的老虎

20世纪开始时，约有12万只老虎，漫游在亚洲的热带丛林、稀树草原、大草原、红树林沼泽、落叶林和被白雪覆盖的针叶林中，从土耳其东部到俄罗斯的远东地区。今天，残留在野外，能够繁殖的成体可能不到2500只。巴厘虎、里海虎和爪哇虎——共8个老虎亚种的其中3种，现在都已灭绝。至于其他亚种，华南虎的残存数目只有二三十头，西伯利亚虎（东北虎）只有大约500头，苏门答腊虎只剩下约500头。数目最多的是孟加拉虎（如左图）和中南半岛虎，但即使这两种虎，也属极危物种。

自古以来，老虎便遭到射杀或毒害，有的是因为被视为害虫，有的是因为它们的皮以及身体某部位（用于传统的草药药剂中）价格高昂，有的则是因为以打猎为乐的猎人视它们为战利品。同时，许多地方的人口不断增加，使老虎的大部分栖息地遭到破坏，变得支离破碎；它们的主要猎物——大型有蹄类哺乳动物，也因为猎人的猎捕而大量消灭。

现在，老虎虽然受到大部分国家的保护，但非法盗猎依然存在。保护方法包括保护老虎的栖息地和在某些地区重新引进老虎。

小档案

豹 豹是分布最广的大型猫科动物，它们的食性很广，包括羚羊、胡狼、狒狒、獾以及啮齿目、爬行类动物和鱼类。它是灵活的攀爬高手，经常将猎得的食物拖到安全的树枝高处。

- 2.1米
- 1.1米
- 90千克
- 独栖
- 当地常见

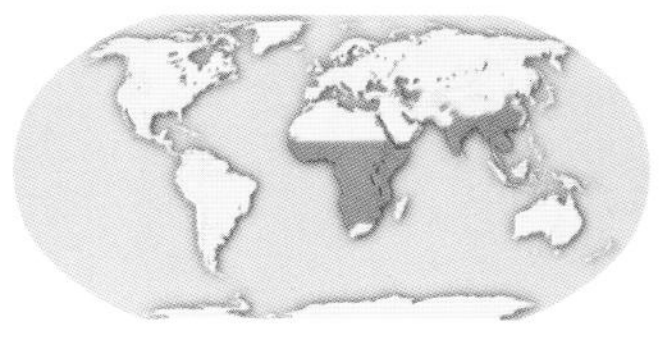

撒哈拉周围和非洲南部以及亚洲南部、东南部和中部

云豹 这种大多栖息在树上的猫科动物会守在树上，等着突袭从树下方经过的鹿和野猪等猎物。它也会猎捕树上的灵长目动物和鸟类。云豹是大型猫科动物中最小的品种，只会发出轻软的吼叫声。

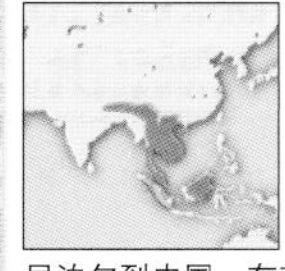

- 1.1米
- 90厘米
- 23千克
- 独栖
- 易危

尼泊尔到中国、东南亚

美洲虎 这种新大陆猫科动物看来像豹，但生态环境却与老虎类似。它偏好住在靠近水边的浓密植被区，会偷袭鹿和西貒之类的大型猎物。它也会捕捉鱼类和其他水生猎物。

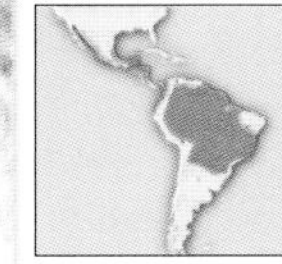

- 1.9米
- 60厘米
- 160千克
- 独栖
- 近危

墨西哥到阿根廷

困于雪中

雪豹极适应高海拔环境，生活在偏僻的中亚高山地区。它们有浓密的体毛，爪子极大又多毛，作用像雪鞋。一胎最多可产五崽，幼崽出生在岩石兽穴中，上面铺着雌豹叼来的和自己身上蜕下的毛。

小档案

美洲野猫 在它分布的某些范围罕见，某些范围则较常见。山猫通常在夜晚猎捕小型猎物，例如兔子和啮齿目动物，但是也会吃腐肉。它白天通常在洞穴中休息。

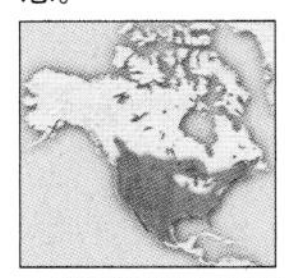

105厘米
20厘米
31千克
独栖
当地常见

北美洲温带地区到墨西哥

猞猁 猞猁大多与它的主要猎物小型鹿出现在偏僻的森林地区，这个品种整个冬季月份都仍很活跃。

1.3米
24厘米
38千克
独栖
近危

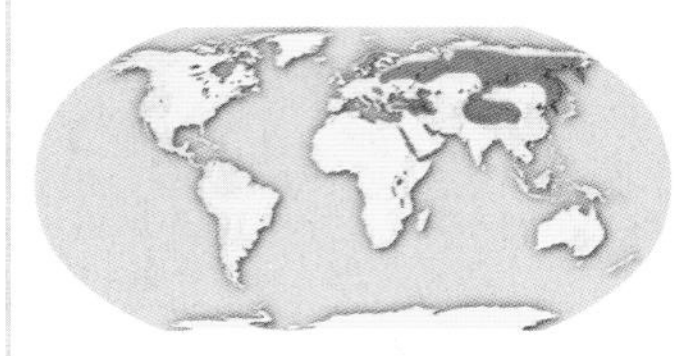

法国、巴尔干半岛、伊拉克、斯堪的那维亚半岛、俄罗斯到中国

美洲狮 这种原本分布极广的猫科动物，如今仅限于偏僻的高山地区，以猎捕白尾鹿、麋鹿和北美驯鹿为生。美洲狮会发出嘶嘶声，低吼、呼啸和颤音，但不能吼叫。

1.5米
96厘米
120千克
独栖
近危

加拿大到阿根廷和智利南部

波斯野猫 波斯野猫是最迅速的小型猫科动物，能跃起三米多高，捕捉空中的飞鸟。它也会猛扑啮齿目动物和羚羊。

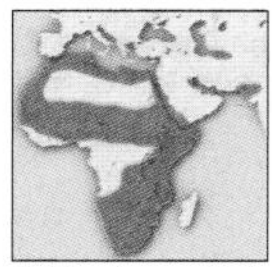

92厘米
31厘米
19千克
独栖
不常见

非洲、中亚、印度和巴基斯坦西北部

折叠刀般的爪子

除了猎豹，所有的猫科动物都有可伸缩的爪子，它们只有捕捉猎物或爬树时，爪子才会出鞘，因此，能经常保持其锐利。

小档案

沙猫 这种沙漠动物能在极干旱的情况下生存。它们靠啮齿目动物、野兔、鸟类和爬行类动物等猎物来获得足够水分，因此不需要饮水。

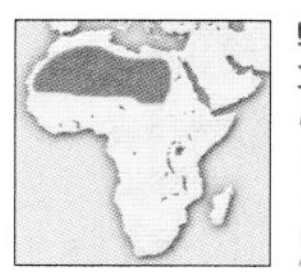

54厘米
31厘米
3.5千克
独栖
近危

撒哈拉沙漠(非洲北部)

欧洲野猫 这个品种看来像较大的家养虎斑猫，但头部较宽，毛色较深。这种独栖性动物主要在夜晚猎捕啮齿目动物、鸟类、小型爬行类动物和昆虫。

75厘米
35厘米
8千克
独栖
当地常见

非洲，欧洲到中国西部和印度西北部

来自野外

最早开始驯养猫的是古埃及人，因为，他们贮存的谷物会将大小老鼠吸引到人类村居来，大小老鼠则会引来野猫。人类可以容忍野猫，因为它们能控制这些啮齿目动物的数量。罗马人将家猫散播到欧洲各地。今天，光是美国，就有超过一亿只的家猫和野生家猫。

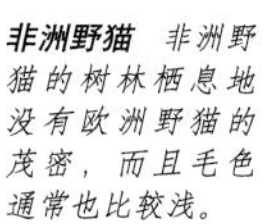

野性的猫科动物 *野猫的性情通常比家猫凶残，但是家猫仍保有狩猎本能，而且随时能再变成野性未驯的猫。*

非洲野猫 *非洲野猫的树林栖息地没有欧洲野猫的茂密，而且毛色通常也比较浅。*

保护警报

小型猫科动物的状况 在20世纪期间，大部分小型猫科动物的数目都锐减。其中有一些，例如美国佛罗里达的美洲狮，由于栖息地支离破碎，使孤立的种群发生近亲交配。毛皮业也使它们造成严重冲击，对美洲豹猫和乔氏猫尤其严重。但由于人们已开始察觉这些问题，情况已逐渐缓和。

小档案

云猫 形似较小的云豹，这种极具树栖性的品种主要以鸟类为生。它们躲藏在茂密的热带森林树枝间，很少被人看见，人们对它们的行为所知不多。

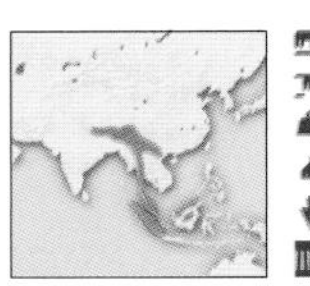

53厘米
55厘米
5千克
独栖
易危

尼泊尔、印度东北部和东南亚

金猫 这种猫科动物主要猎捕小型哺乳动物和鸟类，但成对也会击倒小牛犊等较大型的猎物。雌猫在树洞或岩石间的兽穴里产下一二崽。和其他的猫科动物一样，雄猫会协助抚养幼猫。

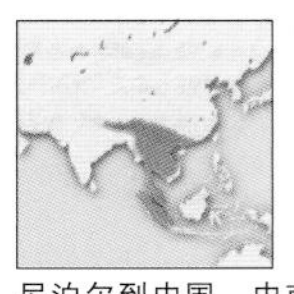

105厘米
56厘米
15千克
独栖
易危

尼泊尔到中国，中南半岛，马来西亚，苏门答腊

豹猫 豹猫的游泳能力或许能解释它为何会出现在亚洲的许多岛上；它的亚种西表猫只见于西表和琉球群岛等日本的小岛上。

107厘米
44厘米
7千克
独栖
当地常见

巴基斯坦和印度到中国、韩国及东南亚

加里曼丹金猫 这个品种罕见得直到1998年才被人拍到野生猫的照片。它们生活在加里曼丹岛丛林和靠近森林的石灰石矿之间。最常见的毛色是棕红色，但有的是灰色。

67厘米
39厘米
4千克
独栖
濒危

加里曼丹岛

鱼猫 这种猫会轻点水面来吸引鱼类。它也会爬树，再以头部入水的姿势潜进水里，用嘴抓住水中猎物。

86厘米
33厘米
14千克
独栖
易危

印度、尼泊尔、斯里兰卡和东南亚

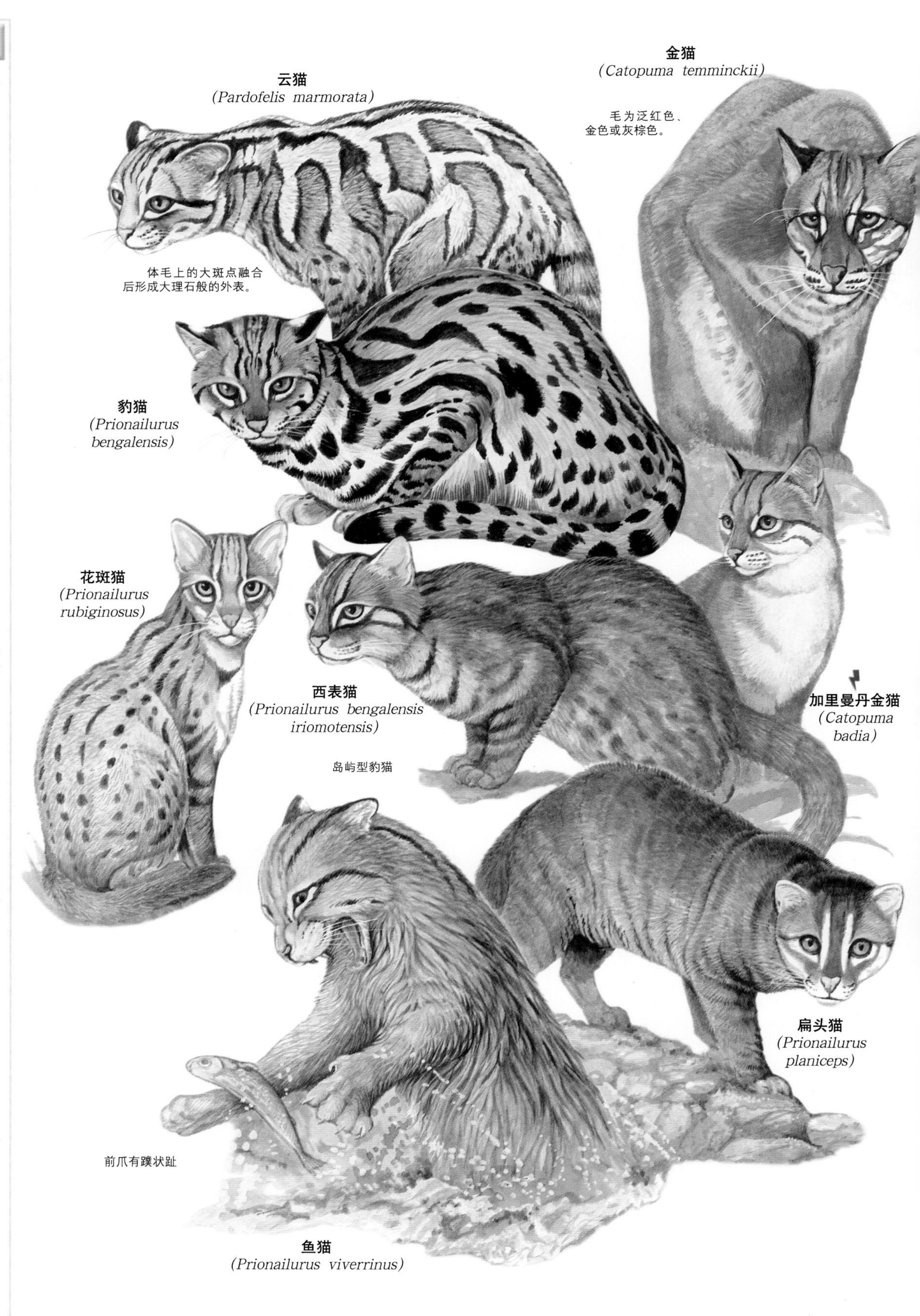

小档案

细腰猫 这个品种和其他南美洲猫科动物的血缘不近，外表也不像典型的猫。它有时被称为鼬猫，因为它那修长的身体、短腿和非常长的尾巴的确很像鼬类动物。细腰猫是灵活的攀爬好手和游泳健将。

美国亚利桑那和得克萨斯州到巴西南部及阿根廷北部

美洲豹猫 这种随机性捕猎者的猎物种类繁多，使它能居住在多样化的栖息地中，由茂密的雨林到半干旱的灌木林皆可。美洲豹猫的醒目皮毛在茂密的植被区是很好的伪装，但也使它成为非法捕猎者的主要目标。现在，国际上已经禁止美洲豹猫的毛皮交易。

美国得克萨斯州东南部到阿根廷南部

乔氏猫 这种灵活的猫能倒吊在树枝上行走，也能用双爪倒挂在树上。它的数目因为毛皮业而锐减。1976年到1979年之间，由阿根廷输出的毛皮便超过34万张。

玻利维亚南部、巴拉圭到阿根廷与智利

猫科动物的防卫

同种猫科动物避免冲突之道，便是以气味标示它们的领域，但恶意交战还是会发生。小型猫科动物也有遭遇大型猫科动物的风险。遇到威胁时，猫科动物会以一系列的身体和尾部姿势和脸部表情，努力避免发生惨烈的冲突。

最初警告 *张大眼睛瞪视，表示这只虎猫已经准备要自我防卫。*

最后警告 *耳朵向后贴，嘴巴大张，露出牙齿，这只虎猫让敌害有撤退的最后一次机会。*

狩猎策略

虽然有些食肉目动物主要以打劫、靠腐肉和容易捕获的无脊椎猎物或植物为生，但大部分至少在某些时候，都会猎捕脊椎动物，有许多甚至能击倒比它们本身更大的动物。那些以小型哺乳动物、鸟类和爬行类动物为目标的食肉目动物，通常单独狩猎。至于大型猎物，通常都得集合群体的力量，但也并非毫无例外。集体狩猎在犬科动物、狮子和斑鬣狗之间最常见，浣熊类、灵猫类、獴类、鼬类、棕鬣狗和条纹鬣狗，以及大部分的猫科动物大多是单打独斗的猎食者。鬣狗用颌骨摇晃小型猎物，让它因颈骨脱臼而死；打败大型猎物的方法则是让它开肠破肚，或咬住它的喉咙或鼻子。几乎所有的猫科动物都以大嘴咬住猎物的脖子，而鼬类、灵猫类、獴类和美洲虎则是往猎物的后头骨下口，它们咬进猎物的头骨后侧，不让它们的爪和牙近身。较大型的食肉目动物通常每隔几天便得捕获体形够大的猎物。为了找到足够的食物，这些猎食者通常得在很广大的栖息范围游走，至于范围多大，则由猎物是否充足来决定。以狮子和老虎为例，活动范围为20平方千米至500平方千米，而且它们一天可能要走20千米。

规则之外 多数大型食肉目动物都需要吃脊椎动物才足以维持生命。虽然昆虫较容易捕获，但体形太小，通常能以捕获昆虫为生的食肉目动物都不会比獾或土狼大。然而，比獾至少大五倍的懒熊，虽以无脊椎动物为主食，却能设法存活。它那肌肉发达的四肢，又长又弯的爪子，让它能挖开白蚁冢，一次捕捉数千只的白蚁充饥。

鬣狗变奏曲 棕鬣狗和条纹鬣狗以腐肉为主食，再辅以无脊椎动物和小型猎物。所以，它们偏好单独觅食，因为群体觅食的好处不多，却会造成激烈的竞争。较大型的斑鬣狗较依赖狩猎和追逐大型猎物，例如斑马、非洲羚羊、非洲大羚羊和黑斑羚。当猎物的体形比它们大时，鬣狗常靠同类的合作来击倒它。即使猎物年幼，体形较小，一只鬣狗也能单独完成任务的猎物，也要数只同类集体捕食。由于杀死的猎物足供数只鬣狗分食，因此，集体狩猎可以避免浪费。

家内分食 *斑鬣狗可能以多达80头的数目成群而居，但它们的狩猎队伍较小，而且，通常是由近亲组成。这样一来，当出猎成功时，才能确保受益的是亲人，而非没有关系的鬣狗。*

热烈追逐 *鬣狗能维持60千米的时速，追逐猎物长达3千米，直到猎物累了，容易攻击为止。但鬣狗群这样的追逐，大约只有1/3有所收获。*

宰杀 *鬣狗通常以年幼、衰弱、生病或受伤的有蹄哺乳动物为目标。它们将猎物和群体隔离，当目标步履蹒跚时，狗群成员便同时咬猎物的腹部，首先将它开肠破肚，置于死地。*

长趋直入 即使一群斑鬣狗击倒猎物，也不保证能饱餐一顿。它们的主要竞争者狮子，猎捕的也是相同的动物。狮子会被鬣狗的争吵声引来，长趋直入地将猎物据为己有。一群大声吠叫，并肩前进的鬣狗，也许会让雌狮或较年轻的狮子心生胆怯，但它们绝不是雄狮的对手，因此，鬣狗们通常会将这一餐拱手出让。

快食者 *若未受到打扰，斑鬣狗会狼吞虎咽，一次吃下相当于自己三分之一体重的食物。它们还会将部分的残骸藏在泥水中，等稍后再来吃。*

物尽其用 *鬣狗的食物落入狮口后，它们会等到狮子吃饱，再来吃残羹剩菜。鬣狗巨大的头颅里，有短而有力的颌骨和无比强健的牙齿。让它们能切穿大型猎物的坚硬厚皮，咬碎骨头，吃进肚里。它们的酸性消化系统会从猎物的骨头里摄取所有可能的养分。*

成功与失败 虽然猎食者天生就是比它们的猎物聪明、快速、有力，但它们并未占尽先机。大部分的猎捕行动都以失败收场。猎豹追逐时，能爆发极快的速度，但不到一分钟便因为身体过热而需要休息。只要猎物设法撑过这段时间便能逃脱。

食性广泛 虽然有些食肉目动物有特殊食性，一定要捕捉特定种类的猎物，大多的食性却很广，随遇而安。美洲鼬会猎捕水中的甲壳类动物和鱼类，捉陆地上的兔子和鸟类，并为捕捉小型哺乳动物而追进地洞。当食物缺乏时，美洲鼬便得和食性狭窄却有效率的猎食者竞争，不过，它们随时能转而寻找到替代的食物来源。

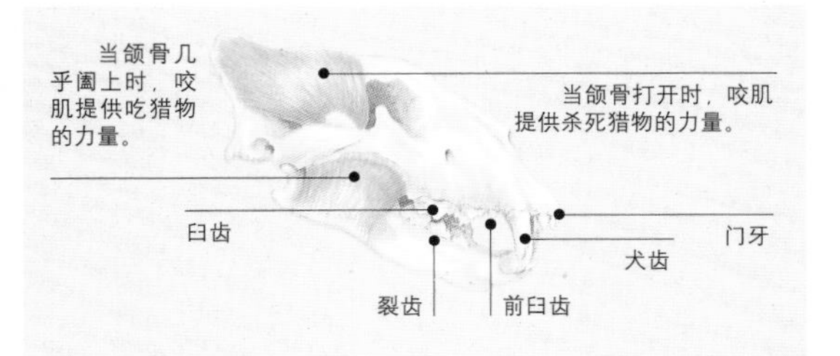

吃肉的牙

食肉目动物的颌和牙为了食肉而有独特的构造。颌骨通常极为有力，即使它的嘴巴大张，也能让猎物窒息或压碎骨头，并能提供足够的力量切穿皮肉。食肉目动物一般有44颗牙，颌骨的每一边有3颗门牙，1颗犬齿，4颗前臼齿和3颗臼齿。上颌最后一颗臼齿和下颌的第一颗臼齿正好形成适合撕裂动物皮肉的一对牙齿，斜而锐利的牙尖能像剪刀般将肉剪开。以昆虫或植物为主食的食肉目动物，相对位置的牙齿已经变成扁平，成为适合研磨的表面，但它们的祖先有裂齿。某些食肉目动物，尤其是猫科动物，犬齿特别大，可用来刺穿猎物坚韧的皮肉。

有蹄类动物

纲	哺乳纲
目	(7)
科	(28)
属	(139)
种	(329)

大约六千五百万年前，一个名叫踝节目的有蹄类哺乳动物，开始演化成许多不同的目，其中的七个目至今依然存在。这七个存活下来的目，现在总称为有蹄类动物。事实上，只有两个目有真正的蹄：奇趾有蹄类动物（奇蹄目）包括马、貘和犀牛；偶趾有蹄类动物（偶蹄目）则包括猪、河马、骆驼、鹿、牛、绵羊和山羊。其他各自特殊的五个目为大象（长鼻目）、土豚（管齿目）、蹄兔（蹄兔目）、儒艮和海牛（海牛目）以及鲸和海豚（鲸目）。

补充矿物质 高山上的山羊、鹿和其他有蹄类动物会全部聚集到有丰富矿物质的栖息地。研究者认为，动物舔这些岩石能补充吃草所缺乏的养分。

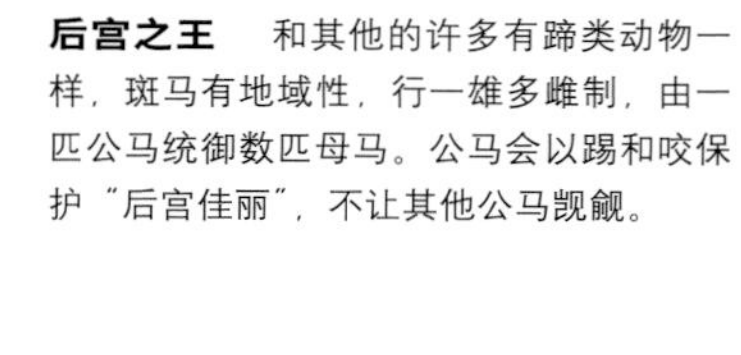

后宫之王 和其他的许多有蹄类动物一样，斑马有地域性，行一雄多雌制，由一匹公马统御数匹母马。公马会以踢和咬保护“后宫佳丽”，不让其他公马觊觎。

蹄和群

虽然奇蹄目和偶蹄目动物之间的关系，没有它们和其他有蹄动物密切，但它们都以脚尖站立，脚尖则裹在蹄中。加上它们有增长的指(趾)骨(人类的手骨和脚骨)，这种有蹄类动物会将腿延长，使它们步幅更大，速度更快。由于有蹄类动物主要是地栖性的草食动物，因此，需要有跑得比其他大型猎食者更快更远的能力。它们也有可活动的耳朵、锐利的立体视觉和灵敏的嗅觉，以便侦查危险。

许多草原有蹄类动物采用另一种求生策略，就是成群结队。成群而居会增加侦查出猎食者的机会，也减少任一个体遇袭的风险。但只有在空旷平原，大群体而居才实际，这样，许多动物才能保持密切联系。很多生活在森林里的有蹄类动物，以小家庭群体而居，或是独栖。

几乎所有的有蹄类动物都是草食动物，牙齿适合研磨。它们有特殊的消化系统，能分解植物细胞壁中通常无法消化的纤维质成分。食物在后肠（盲肠和大肠）或特殊的胃室中，由微生物发酵。鹿之类的反刍动物会让发酵过的食物回流到口中，再咀嚼一次，这种行为我们称之为“反刍”。

大象、蹄兔和土豚没有真正的蹄，因此，没有有蹄类动物的站姿。大象只以脚趾(包在脂质硬皮中)骨头接触地面，蹄兔和土豚则以整个脚行走。

鲸、海豚、儒艮和海牛的演化完全为了在水中生活，它们有流线型的身体和鳍肢。事实上，鲸和海豚最近才被归类为有蹄类动物，基因研究显示，它们与河马是近亲。有些专家甚至建议将它们归为偶蹄动物，立有专属的鲸偶蹄目。

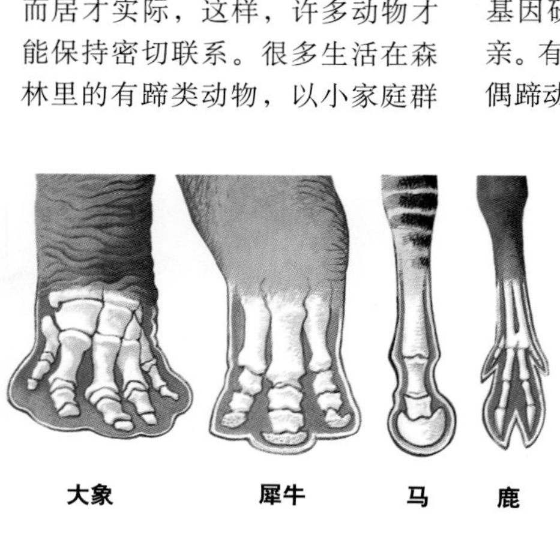

趾与蹄 大象有宽大的脚，五根脚趾包在脂质硬皮内。至于“真正的”有蹄动物，至少有一根脚趾退化，其余的脚趾形成一个蹄。奇蹄动物的蹄有三根脚趾（例如犀牛）或一根脚趾（例如马），偶蹄动物则有两根或四根脚趾，它们也许会融合，形成裂蹄（例如鹿）。

驯养有蹄类动物 绵羊和山羊在公元前7500年开始驯养，不久牛也加入家畜行列。总计大约有15种有蹄类动物品种已经被驯养，而且遍布全世界。但它们的大量繁殖，使地球表面遭到严重破坏，并危害到野生有蹄类动物的生存——在非洲，四种家畜便占非洲稀树草原有蹄类动物数量的90%。

食叶和食草 有蹄类动物有的是食叶动物，靠树木和灌木等植物的叶子为生；有的是草食动物，靠青草为生；有的则是混合型。非洲象在湿季期间集中在稀树草原，等到干季，青草枯死后，它们便转而吃树木和灌木的枝叶。

早熟的幼崽 虽然猪一胎能生很多小猪，但大部分的有蹄类动物都只生一只发育完全的幼崽。幼崽出生不久便能站立、视物、听声。黑斑羚生产时，会离开群体，但一二天内，便会和幼崽重新加入群体中。

能发酵的胃 有蹄类动物靠体内的微生物分解植物的纤维质。许多偶蹄目动物，例如鹿、牛和羊，是反刍动物。它们有复杂的胃，包括一个瘤胃，食物在此发酵后，再回流到嘴里咀嚼一次。反刍动物的消化过程可花上四天，由食物中取得最多的养分。奇蹄目动物，例如马、犀牛和貘，在后肠中发酵食物，消化过程费时两天。由于效率不如反刍动物，使奇蹄目动物需要消耗更大量的食物。

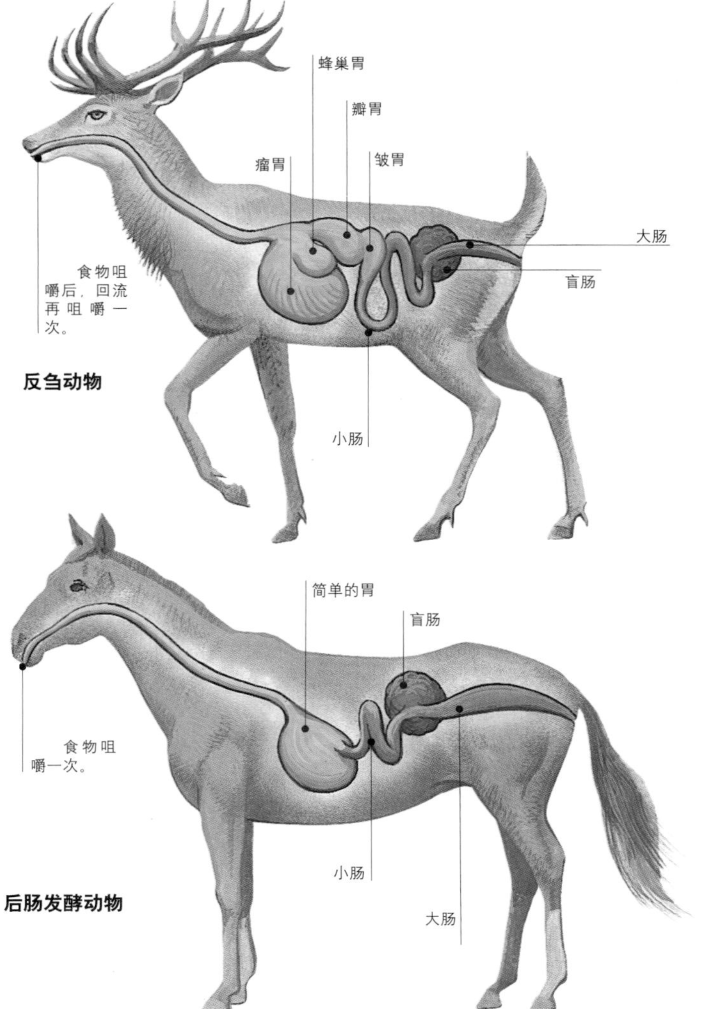

象科动物

纲	哺乳纲
目	长鼻目
科	象科
属	(2)
种	(2)

象科动物我们统称为“大象”，大象体重可达七吨，是世界上最大的陆地动物。它们那庞大的身躯由四根柱状的腿和宽大的脚支撑。奇大无比的头上有扇状大耳和长而有弹性的鼻子。象耳上满布血管，除了能散热，炎热的日子里还能扇风。鼻子和上唇合而为一的象鼻，有超过十五万束的肌肉，除了能抬起小树枝，还能抬起沉重的木头。大象的寿命可超过七十岁，除了人类，比陆地上其他的哺乳动物都长。大象除了长寿和有力气，还非常友善、聪明，这些特征鼓励人们驯养它们。

亚洲象

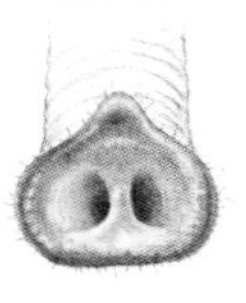

非洲象

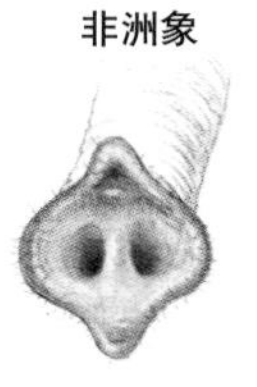

有弹性的象鼻 象鼻既能用来爱抚、抬物、进食、拂尘、嗅闻，又能当呼吸管、当武器和发出声音，非常灵巧。亚洲象的鼻尖有一个手指状的突起，非洲象则有两个。

亲密关系 雌象经过18个月至24个月的妊娠期，通常产下一崽。它的妊娠期是所有哺乳动物中最长的。幼象断奶非常缓慢，有时10岁了还要吃母乳。断乳后，雌小象继续待在母象群中，雄象大约13岁时脱离母象群。

共同照顾 *象群中的雌象会共同照顾幼象，遇到危险时，会围成圆圈保护它们。*

生长快速 *小象长到6岁大时，将重达1吨，15岁后生长变慢，但终生都会持续生长。*

消除威胁

虽然两种大象都遭到栖息地丧失的威胁，但非洲象美丽的象牙，使它们更成为象牙业的主要目标。肯尼亚政府曾为了禁止象牙交易，烧毁成堆的盗猎象牙(下图)，此举使国际上的象牙交易暂时得到遏止。

女家长和狂暴

长鼻目动物出现在5500万年前，一度包括庞大的乳齿象和长毛象。它的成员居住在各种栖息地上，由北极地区到雨林都有。它们曾遍布除了澳大利亚和南极洲之外的各个大陆。今天，大象仅局限于非洲和亚洲的热带森林、稀树草原、大草原和沙漠地带。

为了维持如此庞大的身体，大象一天要花18小时至20小时觅食或为食物奔走。一头成年象一天得吃150千克的植物，喝160升的水。

大象的基本群体单位是由有血缘关系的雌象以及它们的后代组成的家庭团体，由一头雌象领导。成年雄象只有交配时，才会来拜访这些群体，其他时间都独处或与其他雄象一起生活。数个家庭团队可能会形成较大的象群。为了维持它们的群体关系，大象有一套用于沟通方法，这些方法主要是利用碰触(例如，以交缠象鼻互相问候)、声音(有些声音比人耳能听见的频率低，而且能传到四千米之外)和姿势(抬起象鼻可以视为警告)。

成熟的雄象有发情期，此时，眼睛和耳朵之间的狂暴腺体会分泌液体，让固酮的浓度上升。这时的雄象会变得较有攻击性，也更能赢得打斗，而且会长途跋涉去寻找雌象。

小档案

亚洲象 比非洲象小，它们的血缘与已经灭绝的长毛象更近。雌象通常没有象牙。8头至40头有母亲、女儿和姊妹关系的雌象，在一位女家长带领下，成群生活。雄性大多独居，或至多七八头，形成暂时的群体，但交配时，会加入雌象群。大象靠声音沟通，以低频叫声呼唤，保持长距离的联系。高频叫声表达情绪；响亮的喇叭叫声可用来示警。

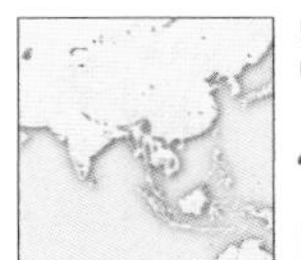

6.4米
3米
5.4吨
不一定
濒临危险

印度到中国西南部和东南亚

非洲象 这个品种主要分布于非洲保护区中的沙漠、森林、河谷和湿地以及稀树草原。盗猎使它们的数目急速减少，肯尼亚大象的数目由1970年的167,000头，降至1989年的22,000头。在空旷的栖息地，特别是在湿季，成群的大象会聚集在一起，形成多达数百头的暂时群体。栖息在森林里的大象体形较小，以小家庭群体一起生活。

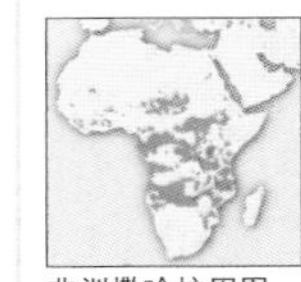

7.5米
4米
6.3吨
不一定
濒临危险

非洲撒哈拉周围

头部构结

大象巨大的头颅中有气室，以减轻重量。象牙是由牙槽中伸出来的加长门齿，臼齿像输送带般呈水平排列，新牙由后面长出来，再慢慢往前移，取代磨损的旧牙。

适合研磨的颌骨

和其他有蹄类动物一样，大象咀嚼时，颌骨会左右移动，而非像大多数哺乳动物一样，上下移动。

象牙

臼齿

长下颌

儒艮和海牛

纲	哺乳纲
目	海牛目
科	(2)
属	(3)
种	(5)

据说美人鱼的神话，是海牛目的水生哺乳动物引发的灵感。这些胆小温驯的动物，从来不敢冒险涉足陆地。它们是惟一以浅水中的草和其他水生植物为主食的哺乳动物，这种独特生态环境或许可以解释这个目为何如此缺少多样性，因为海草的种类比陆地上的草少很多。现存的四种海牛目动物品种都分布于热带和亚热带地区的温暖水域。儒艮局限于海中，亚马孙海牛则只见于亚马孙河的淡水中。非洲和加勒比海牛生活在淡水、入海口和海洋栖息地。

保护警报

海牛目动物温和的天性和美味的肉质造成人类的滥捕。现在这种动物已受到保护，但非法捕猎依旧。海牛目动物的5个品种全列在国际自然与自然资源保护联合会的《濒危物种红色名录》中，请见下表：

1种灭绝

4种易危

适合水中生活的体形 儒艮有流线型的身体，桨状的鳍肢取代前肢，尾巴像海豚的尾鳍；海牛的尾则较像海狸。虽然海牛目动物通常以缓慢游动来保存精力，但它们也能迅速游泳，以逃避危险。

繁殖缓慢 海牛目动物的繁殖速度非常慢，这是使它们数目减少的一个因素。雌性一胎产一崽，而且至少得等两年，甚至更久，才会再度生育。幼崽哺乳期长达两年，在这段期间，它跟悉心照料的母兽学习寻找食物来源和迁移路线。

靠髭觅食 和所有的海牛目动物一样，加勒比海牛在水中缓慢游动，吃水生植物和海草。口鼻上的毛像胡髭般敏锐，能协助找到食物，再以发达的唇攫住植物，送进口中。

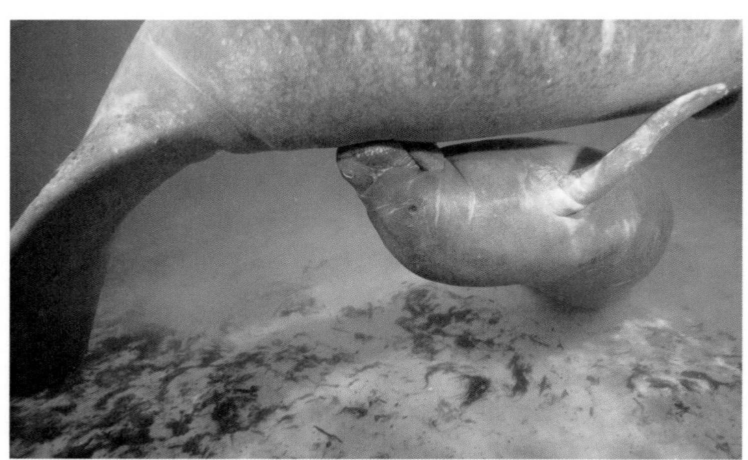

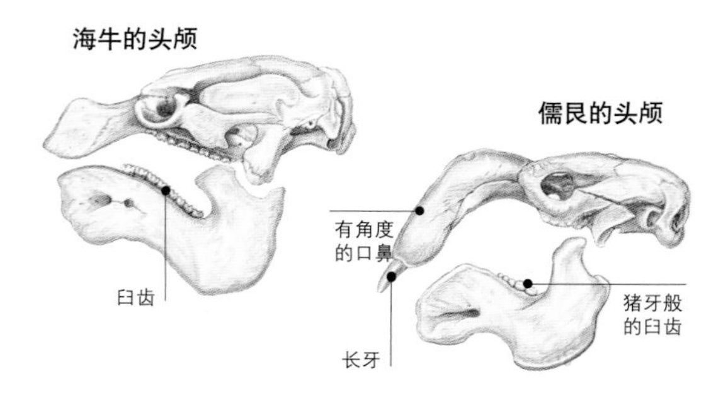

不同的头颅 海牛有一排臼齿，后面新生的牙会不断向前移，取代磨损的牙。儒艮的头颅有个有角度的口鼻，里面只长几颗像猪一样的臼齿，它们终生都会生长。雄性儒艮的长门齿会形成象牙。

温和的草食动物

和其他水生哺乳动物一样，海牛目动物有流线型的身体、鳍肢和扁平的尾，并以长在头部顶端的鼻孔露出水面呼吸。为了维持吃草的生活方式，海牛目动物的头长得像猪，可以用来拔起沉积层中的植物地下茎。儒艮口鼻的角度使它只能在水底觅食，海牛则可以在水中各层进食。

海牛目动物的牙为了咀嚼大量植物，已经有种种变化。儒艮用口中的粗糙角质垫来压碎食物，再以终生不断生长的几颗猪牙般的臼齿研磨。海牛用前臼齿咀嚼，这些臼齿磨损后，会被后面的新齿取代。

海牛目动物有简单的胃和极长的小肠。它们的植物性食物在消化道的后段，由微生物分解，使它们像马和其他奇蹄类一样，成为后肠发酵动物。为了制止它们进食所造成的浮力，海牛目动物通常有致密沉重的骨头。

由于海牛目动物的视力大多很差，因此，多依赖触觉来觅食。它们在水中的听力很好，声音会透过头颅和颌骨传送。它们会发出吱吱叫的声音来沟通，由于没有声带，发声原理至今仍是个谜。

有些海牛目动物独栖，但更常以十来只形成结构松散的群体。这些群体偶而会聚集，形成100头或更多的大群体。团体情结靠嬉戏般的磨擦鼻子来增强。

由于儒艮和海牛的天敌不多，因此，除了体形大，并未发展出其他防卫方法，使它们成为猎者容易下手的目标。目前世界上只剩130,000头海牛目动物，远比其他目的哺乳动物少。

小档案

非洲海牛 这个世人研究不多的品种，据传至少部分是夜行性。可见于近海至河流中，偏好在水面或靠近水面处觅食。

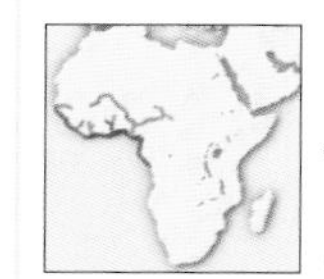

4米
500千克
独栖或家庭团队
易危

非洲西部沿海和尼日尔河

儒艮 这个海洋品种原本的分布范围是配合它的主食海草的分布，但现在数目已经大减。儒艮主要在海床上觅食。

4米
900千克
不一定
易危

红海到太平洋西南部群岛

加勒比海牛 这个品种自由地在淡水和海洋栖息地间游移。雌海牛准备交配时，多达20头成熟雄海牛会追逐它，为了吸引雌海牛的注意，雄海牛间的竞争长达一个多月。

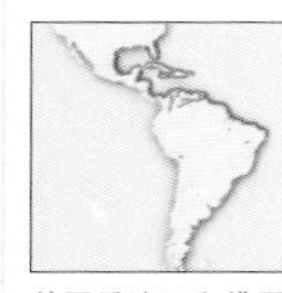

4.5米
600千克
独栖
易危

美国乔治亚和佛罗里达到巴西沿海

亚马孙海牛 亚马孙河混浊的水中，生长的植物不多，因此，这种海牛主要靠水面植物，主要以漂浮的草和布袋莲为生。

2.8米
500千克
独栖
易危

亚马孙河流域

灭绝的海牛

1741年，欧洲人首次见到巨儒艮（大海牛；*Hydrodamalis gigas*），1786年，这种海牛便因滥捕而灭绝。它是最大型的海牛目动物，可重达10吨。

马、斑马和驴

纲	哺乳纲
目	奇蹄目
科	马科
属	马属
种	(9)

马科的马、斑马和驴靠它们的硕大体形，迅速的奔跑和成群结队来逃避猎食者。马科动物靠每只蹄上的单一趾尖承担体重，这种姿势使它们有跳跃式的步态。休息时，修长的腿会紧紧扣住，肌肉不会收缩，这种机制能减少这些动物长时间进食时消耗的能量。它们的牙为了食用青草和其他植物而高度异化，门齿能剪断植物，复杂粗糙的颊齿用来研磨。植物的细胞壁在后肠中发酵，使马类能在干旱地区，靠充足的低品质食物为生。

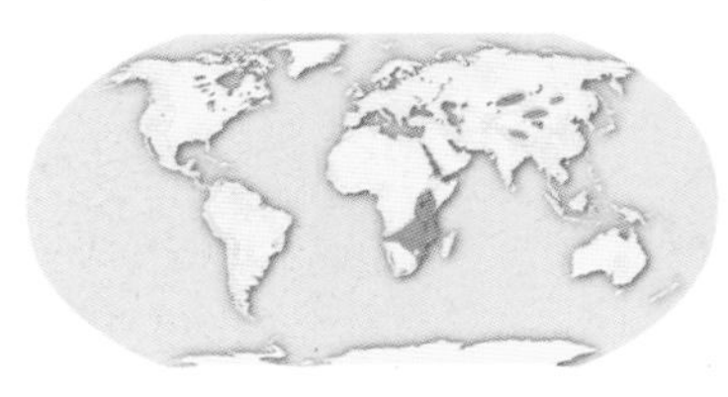

野生和野性化 野马居住在非洲和亚洲的高原草原、稀树草原和沙漠里。它们通常聚集成群，占据广大的领域。由于猎人的猎取，以及竞争草地而遭到迫害，使野马的数目减少，大多濒临灭绝。现在，除了南极洲，每个大陆上都可见到野性化的家马。

马类的生活群体 野马和斑马及山斑马一样，由雌马和它们的幼马组成永久性的群体，由一只雄马统御。雌马之间通常没有血缘关系，是雄马将它们由原来的家庭团队中“诱拐”来的。成年的驴和格氏斑马会形成暂时的同伴关系。

最后的野马 驯养的马是欧洲野马的后代。 惟一存活到现代的欧洲野马是普氏野马(*E.f.przewalskii*)，这个亚种原本分布在蒙古高原，但现在只见于动物园和一些重新引进的地区。

马科动物的演化

所有的马科动物都覆有厚毛，长颈上生有鬃毛。大部分品种都有单一颜色的毛，但斑马却有醒目的黑白条纹，一眼即可辨认。生于两侧的眼睛，日夜都能提供全方位的视觉；直立可活动的耳朵有灵敏的听觉，能听出各种危险的信号。马类通常会逃离猎食者，但必要时，也会以踢咬自卫。这种高度群体化的动物会以各种马嘶声来沟通。视觉线索包括尾、耳、口部姿势，再加上气味，都是马类的沟通方式。

马科动物，最初是体形像狗的哺乳动物演化而来。它们出现在5400万年前，当初以脚上的软肉垫行走。北美洲是马科动物的演化中心，至少在500万年前，产生了单趾像马的动物。这种像马的动物迁移到亚洲和非洲，后来才有现代品种的斑马和驴。到上个冰河时期结束时，马已经从北美洲消失，后来才由欧洲人重新引进。

公元前3000年左右，中东人开始驯养驴，但在500年间，更快更强壮的家马，已经由中亚传来。家马使农业、交通、狩猎和战争产生变革。今天，所有的野马都是野性化的家马。

一起理毛 家马和野马都以互相理毛增强群体联系。图中的两匹崽马在轻咬对方的肩膀和背部，头对尾的姿势让它们在亲热的同时能继续留意猎食者。

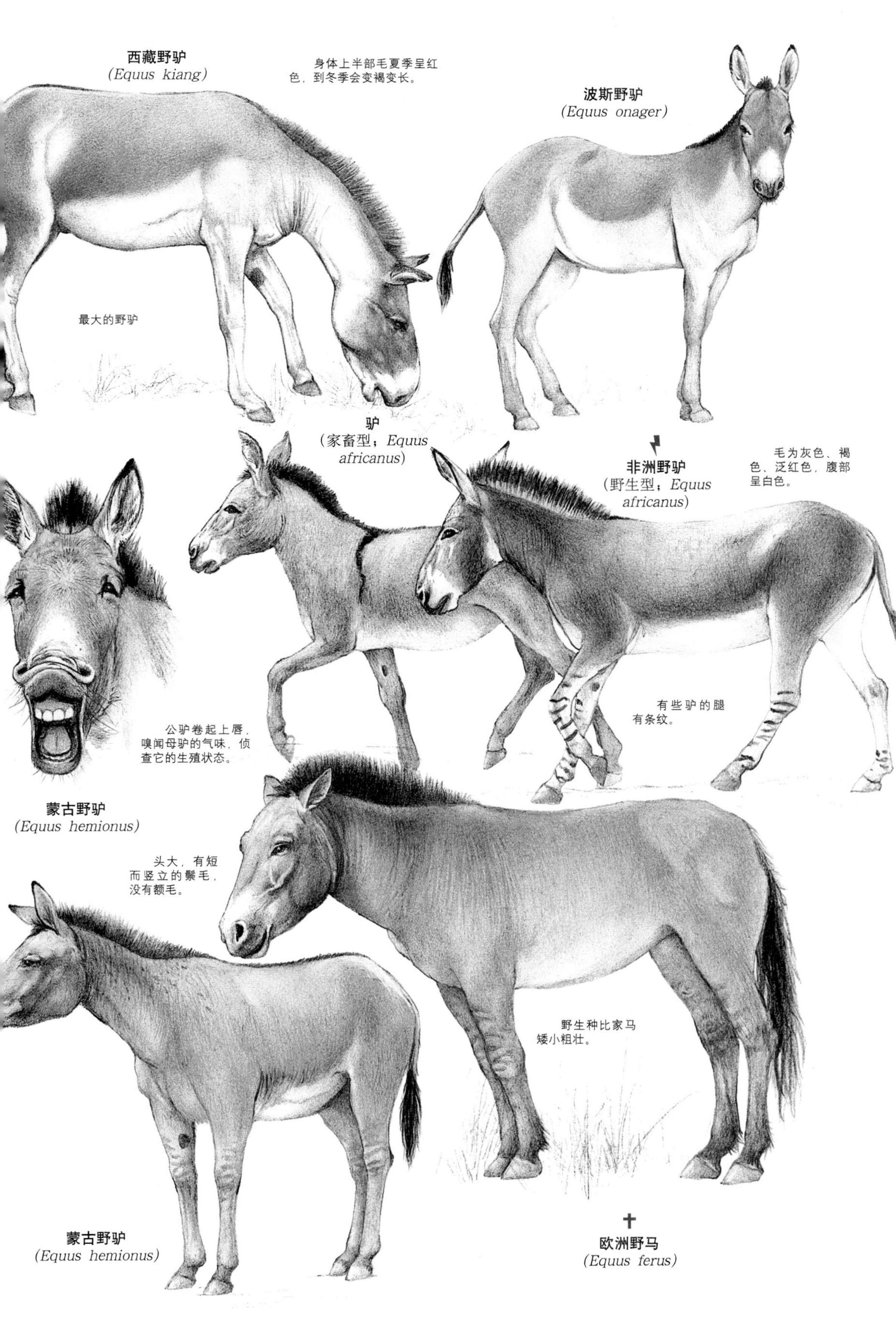

小档案

西藏野驴　一头老母驴可能带领多达400头的雌驴和它们的后代。公驴通常独居，但冬季期间，几头会在一起生活。夏季交配季节，公驴会跟随大群母驴，并为了交配权公驴间争斗。

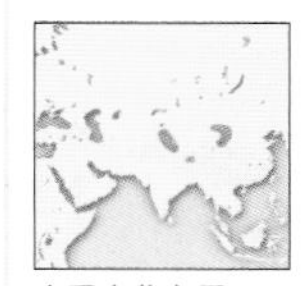

中国青藏高原

波斯野驴　这种野驴在马科动物中速度最快，短程冲刺时速可达70千米。它们生活在干旱环境中，会聚集成不稳定大群体，成驴之间没有长久的关系。崽驴哺乳期可达18个月，但不到一半能活过第一年。

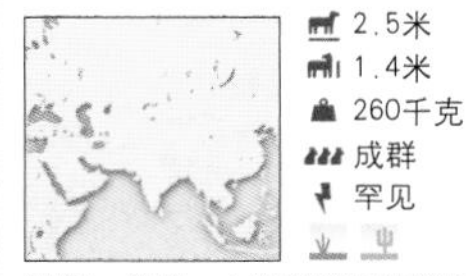

印度、伊朗；土库曼斯坦重新引进

驴　野生型的驴很罕见，只剩不到3000头。这种老实的动物，6000年前便已开始驯养，至今仍是用来负重的牲畜。驴的耐力很强，长时间在食物、饮水缺乏的炎热状况下也能存活。野性化的驴是驴的后代，生存于一些地区。在美国的西南部，它们被称为小驴。

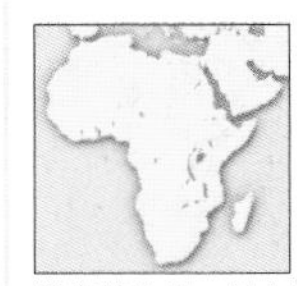

埃塞俄比亚、厄立特里亚、索马里和吉布提

保护警报

斑驴（*Equus quagga*）是种褐色斑马，于19世纪70年代灭绝。欧洲野马被归为在野外灭绝，残存的真正野生亚种普氏野马，自1968年，便不曾出现在它们的自然栖息地。马类9个品种中，6种列入国际自然与自然资源保护联合会的《濒危物种红色名录》中，请见下表：

- 1种灭绝
- 1种在野外灭绝
- 1种极危
- 2种濒危
- 1种易危

小档案

斑马 所有的斑马都有白底黑色条纹。这种图案被认为是可当做伪装，或让猎食者混淆不清等说法都不足信，最可能的解释是这些条纹具有群体功能，有助于个体间互相辨认。

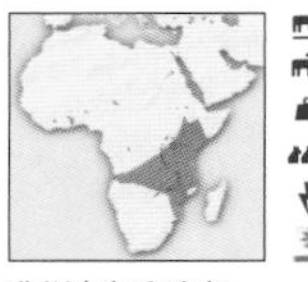

2.5米
1.5米
385千克
一雄多雌
常见

非洲东部和南部

条纹和情绪

和所有的马科动物一样，斑马用一套视觉信号来表达情绪。竞争的雄马会摇头、拱背、跺脚，然后才展开争斗，互咬对方的颈和腿。雌马和雄马都会踢腿，以阻击猎食者。

准备开咬 *雄马展开争斗之前，会先做出开咬的姿势。*

准备后踢 *受到威胁的马科动物会踢后腿自卫。*

闻个仔细 *雄马张开它的上唇，将雌马尿液的气味，引入它口腔上面的贾克布森氏器官，以侦查雌马是否准备交配。*

貘

- 哺乳纲
- 奇蹄目
- 貘科
- 貘属
- (4)

貘出现在化石记录上的时间，比马或犀牛还早，但经过3500万年，这群动物却没有什么改变。它们是隐居在热带森林中的草食动物，体形和猪差不多，矮胖但呈流线型的身体，适合穿过茂密的矮树丛，敏锐善抓握的长鼻可用来攫取食物，或以气味侦查危险，并可当呼吸管道。貘夜晚钻出茂密灌木丛，寻找低矮植物上的叶子、芭芽、嫩枝和果实——它们的粪便能散布种子，因此，在森林生态系统中，扮演着重要角色。由于爱水善游，貘也吃水生植物。虽然它们的小眼睛视力差，但听觉和嗅觉都很敏锐。貘通常独栖，而且分布零散，但之间以高音的口哨声和气味标记来沟通。妊娠13个月后，雌貘多产下一崽。母貘觅食时，新生幼貘会躲藏在茂密灌木中，它的毛花纹在有斑斓光线的森林里，是很有效的伪装。一星期后，它便能陪伴母貘活动，等到两岁时，便能独立生活。

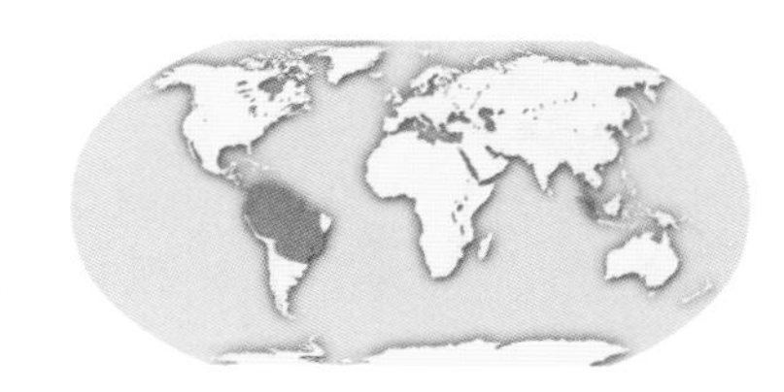

范围减少 曾在不同时期，遍布北美洲、欧洲和亚洲的貘，现在有三个品种只局限于中美洲和南美洲，一个品种限于东南亚。

水中避难所 貘从不离水太远，它们大多数时间都泡在水中，只有长鼻露出水面。水帮它们躲避猎食者，也能缓解酷热。

小档案

南美貘 当这种貘跳进水中，躲避美洲虎时，反而得冒被鳄鱼猎捕的风险。但它的主要猎食者却是猎人，猎人们会追踪它明显的觅食痕迹找到它们。

2米
1.1米
250千克
独栖
易危

南美洲热带地区（安第斯山东部）

马来貘 这是惟一生活在亚洲的貘，追求异性很明显，雌雄会绕圈行走，企图闻对方的生殖器。

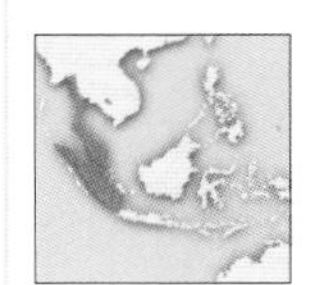

2.5米
1.2米
320千克
独栖
易危

缅甸、泰国、马来西亚和苏门答腊岛

保护警报

貘的数目渐减，原因是它们的森林栖息地丧失或支离破碎，猎人猎捕野味，与牲畜竞争食物常遭到迫害等。4个品种全列在国际自然与自然资源保护联合会的《濒危物种红色名录》中，请见下表：

2种濒危
2种易危

犀 牛

纲	哺乳纲
目	奇蹄目
科	犀牛科
属	(4)
种	(5)

犀牛最显著的特征是它的口鼻——一根或两根纤维化角质素大角。犀牛用它们那醒目的角来与敌害作战，保护幼崽不受猎食者伤害，或引导它们的幼崽觅食，还可以用它将粪便堆成堆，做成有气味的标记。虽然角质素是普通的物质，人类的指甲也是，但犀牛角在亚洲传统医药上，却占有非常重要的地位。这种需求使成千上万的犀牛遭到盗猎，现在，全部五个品种都面临灭绝的危险。今天，非洲野生犀牛已不到一万五千头，亚洲还不到三千头。

高速冲刺 白犀牛的体重在所有陆上哺乳动物中，排名第三(仅次于非洲象和亚洲象)，但当它以冲刺吓退敌害时，仍能爆发令人惊叹的速度。

犀牛对抗赛 两种非洲犀牛品种都用它们的角来与敌害作战，亚洲种则用它们锐利的切齿或犬齿争斗。在进行争斗之前，犀牛会采取一系列姿态，包括把角顶在一起、用角扫过地面、喷尿等。黑犀牛(右图)特别有攻击性，半数雄犀牛和三分之一雌犀牛会在打斗后死亡。

庞大的草食动物

犀牛科动物原本数量庞大，分布广又多样化。以披毛犀为例，它们曾漫步欧洲，直到10,000年前冰河期结束时，其形象曾出现在早期的洞穴艺术中。巨犀是一种无角犀牛，是曾经生存在陆地上的最大型动物。今天，犀牛只剩五个品种，两种在非洲）白犀牛和黑犀牛)，三种在亚洲（印度、爪哇岛和苏门达腊岛)。

犀牛有庞大的身体，由四条粗短的腿支撑，每只蹄有三根蹄趾，所到之处，都会留下明显的蹄印。它们的皱折厚皮有灰有褐，但真正的肤色常被干泥巴掩盖，因为它们喜欢在泥巴池里打滚。白犀牛和黑犀牛虽然取这样的名字，但它们的肤色并没有明显的分别，二者都是灰色，并都染上当地土壤的颜色。

犀牛的寿命长达50年，但繁殖速度很慢，使它们特别容易受到栖息地丧失和滥捕的伤害。妊娠16个月后，雌犀牛会产下一崽，哺乳期超过1年。母子的亲密关系维持2年至4年，直到下一胎出生。大部分的成年犀牛都独栖，但发情期配偶会一起生活数个月。雌犀牛或未成熟的雄犀牛有时会形成暂时的群体。白犀牛有一个著名的特性——遇到敌害时，会围成圆圈，保护幼犀牛，以防猎食者伤害。

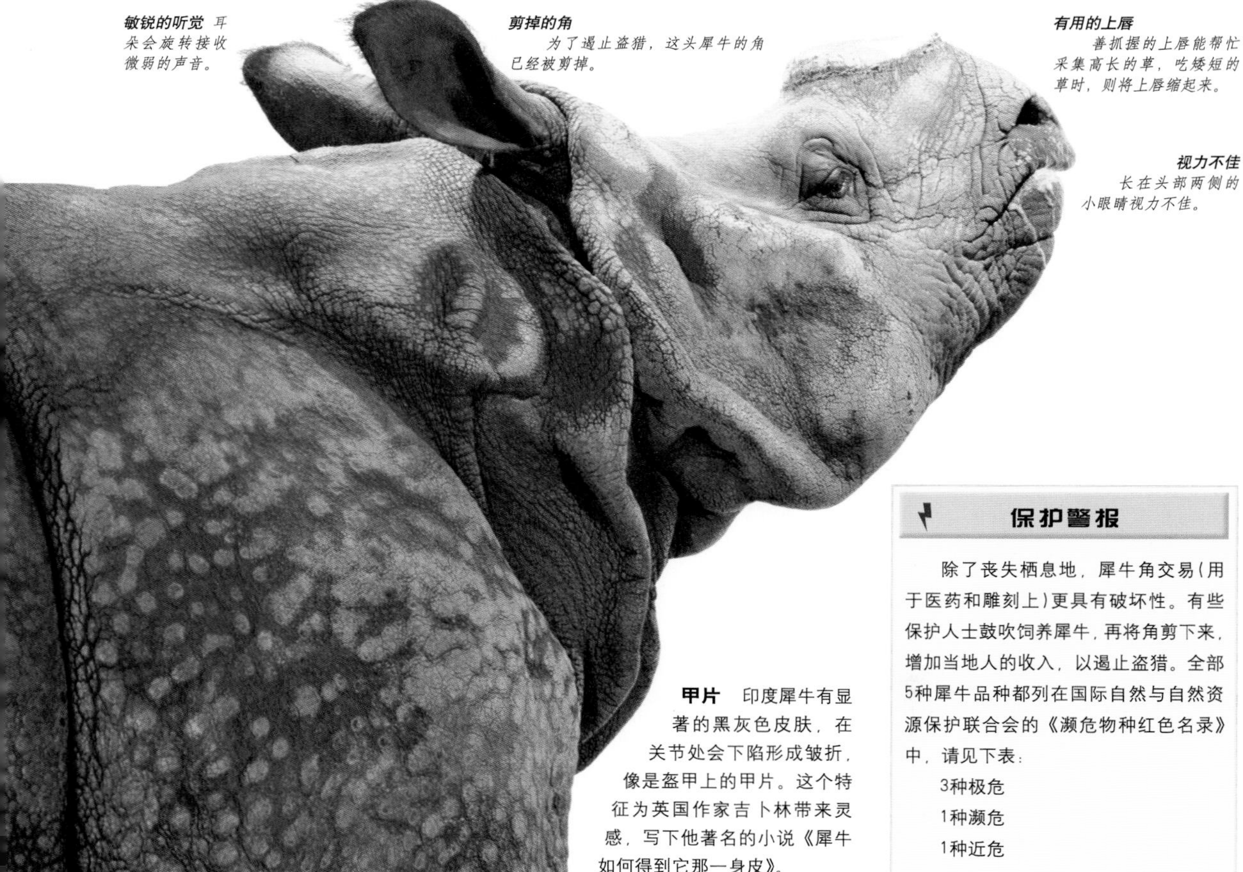

敏锐的听觉 *耳朵会旋转接收微弱的声音。*

剪掉的角 *为了遏止盗猎，这头犀牛的角已经被剪掉。*

有用的上唇 *善抓握的上唇能帮忙采集高长的草，吃矮短的草时，则将上唇缩起来。*

视力不佳 *长在头部两侧的小眼睛视力不佳。*

甲片 印度犀牛有显著的黑灰色皮肤，在关节处会下陷形成皱折，像是盔甲上的甲片。这个特征为英国作家吉卜林带来灵感，写下他著名的小说《犀牛如何得到它那一身皮》。

保护警报

除了丧失栖息地，犀牛角交易(用于医药和雕刻上)更具有破坏性。有些保护人士鼓吹饲养犀牛，再将角剪下来，增加当地人的收入，以遏止盗猎。全部5种犀牛品种都列在国际自然与自然资源保护联合会的《濒危物种红色名录》中，请见下表：

- 3种极危
- 1种濒危
- 1种近危

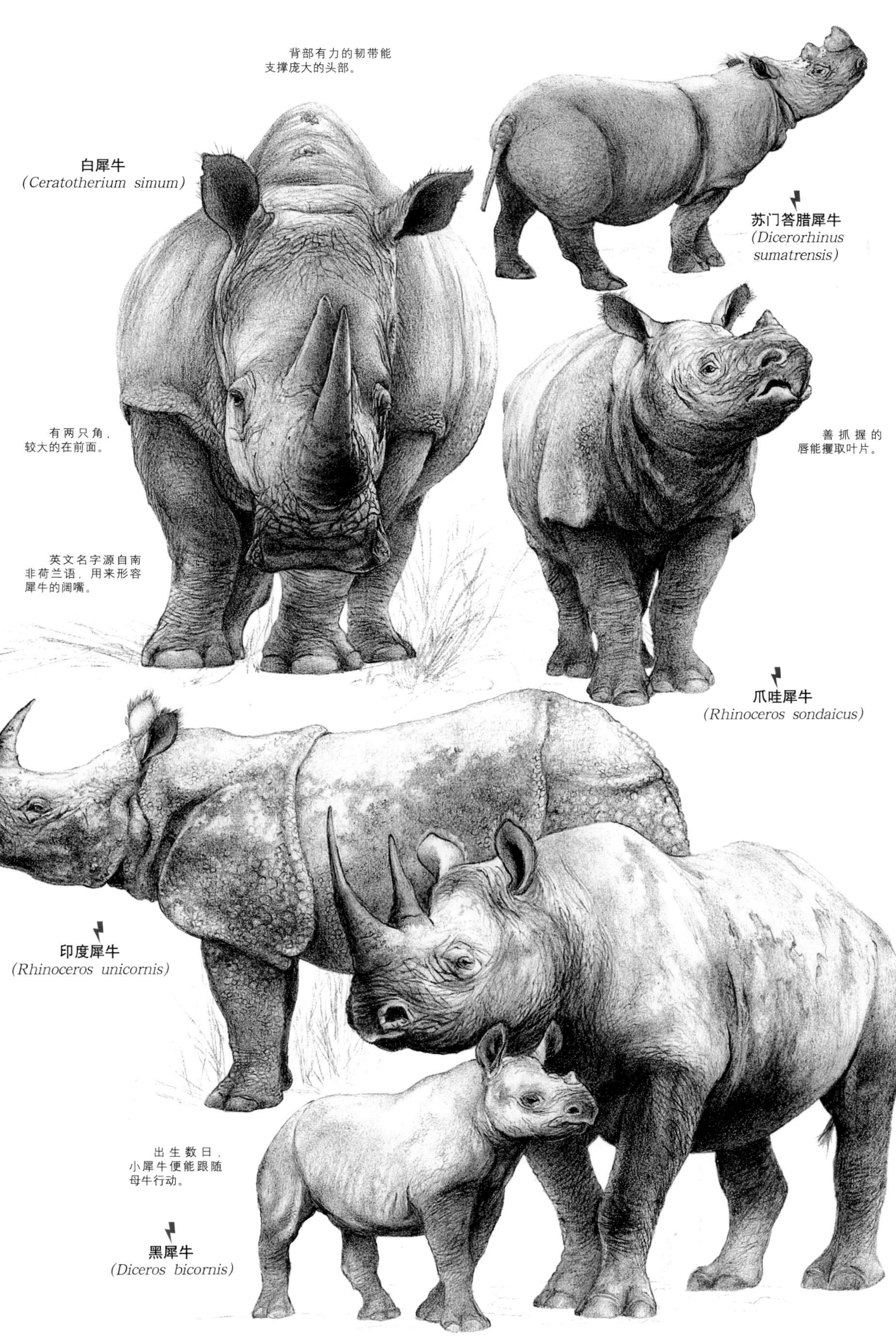

小档案

● 以前的范围

白犀牛 白犀牛是现存最大型的品种，它有长长的头和方形的上唇，能有效地咬断矮草。白犀牛体形虽大，性情却通常很温和。

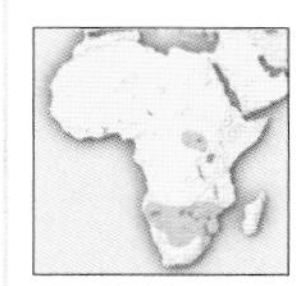

4.2米
1.9米
3.6吨
独栖或家庭团队
近危

非洲撒哈拉周围

苏门答腊犀牛 最小型的犀牛，也是最受威胁的品种——野外只剩大约三百头。这种吃树叶的动物主要以树苗为生，是亚洲犀牛中惟一有两只角的犀牛。

3.2米
1.5米
2吨
独栖
极危

泰国、缅甸、马来半岛、苏门答腊岛和加里曼丹岛

爪哇犀牛 这种独角犀牛有皱折极深的皮，很像它的印度邻居。这个品种的未来很不确定，野外只剩六十余头，而且只局限于两座国家公园。

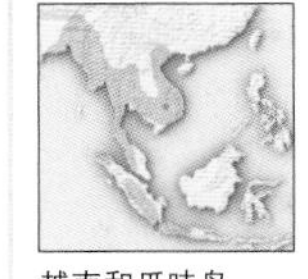

3.2米
1.8米
2吨
独栖
极危

越南和爪哇岛

印度犀牛 这个品种是较大型的单角犀牛，它们偏好高长的草，但也会吃灌木、农作物和水生植物。为了避开白天的高温，都在清晨或傍晚，或是夜晚觅食。

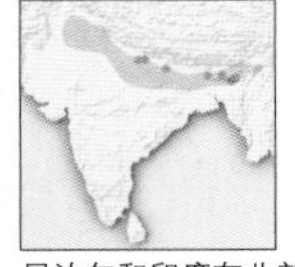

3.8米
1.9米
2.2吨
独栖
濒危

尼泊尔和印度东北部

黑犀牛 这种食叶动物有个擅长抓握的上唇，能将树枝扯进它的嘴里。黑犀牛比白犀牛具攻击性，会冲撞人类和车辆。

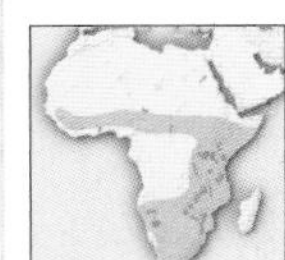

3.8米
1.8米
1.4吨
独栖
极危

非洲撒哈拉以南地区

蹄 兔

纲	哺乳纲
目	蹄兔目
科	蹄兔科
属	(3)
种	(7)

蹄兔的体形近似兔子，外表和天竺鼠很像。它们常被误以为是啮齿目动物，其实是有蹄类动物，脚上有蹄状的扁平指甲。数百万年前，有些大得像貘的蹄兔，是北非最主要的食草哺乳动物，后来被羚羊和牛等较大型的有蹄类动物取代。现存的蹄兔是强壮灵活的动物，能沿着陡峭岩石和树枝奔跑跳跃。它们的蹄掌构造特殊，能产生吸力，腺体分泌的液体能保持脚底软垫的湿润，肌肉曳引至蹄掌中央，形成吸盘。蹄兔是群居动物，有些品种聚集的数目高达八十多只。

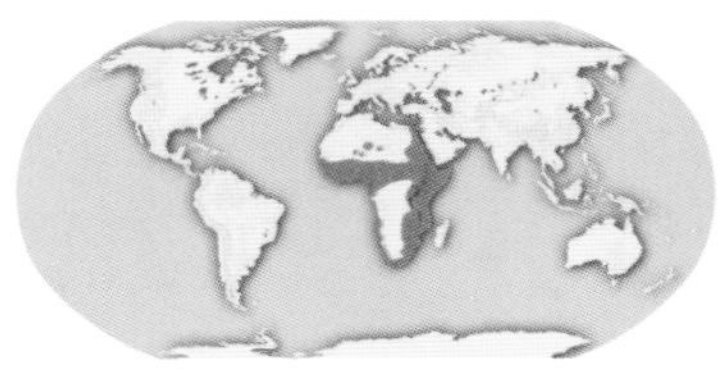

非洲到中东 蹄兔的品种数量曾经更多，分布也更广，但现在只见于非洲和中东，只剩下七个品种。岩蹄兔（蹄兔属；*Procavia*）主要居住在大部分非洲和部分中东的裸露岩石和悬崖上，但也可见于草原和有矮树丛的环境。黄斑蹄兔（异蹄兔属；*Heterohyrax*）也占据类似植息地，不过大多局限于东非。树蹄兔（*Dendrohyrax*）也栖息在非洲，但偏好住在森林中。

杂食性的蹄兔 所有的蹄兔品种都能在树上和地上觅食，已知它们能跋涉将近一千多米，去寻找食物。岩蹄兔主要吃草，黄斑蹄兔和树蹄兔偏好树叶茂盛的植物。它们有间隔的胃，胃中的微生物会消化植物的纤维质。蹄兔是很吵闹的动物，声音与其他动物都不相同。群居性的地栖品种会发出喀答声、口哨声和尖叫声。夜晚，树蹄兔先是连续哇哇开声，再以一声尖叫为结尾。蹄兔的叫声种类，会随着年纪改变和增加。年幼的蹄兔会发出越来越强的长喀答声，这种叫声，只是成年亲属叫声种类的一小部分。

拥抱取暖 大部分小型哺乳动物都是夜行性，但蹄兔于白天活动。由于体温调节功能差，它们以互相拥抱和晒太阳来保存体温。蹄兔以家庭团队共同生活，成员为数只雌蹄兔和它们的后代，由一只具领袖地位的雄蹄兔统御。雌蹄兔通常终生留在原生家庭中，雄性约两岁时，便会被赶走。它们可能生活在一个家庭团队边缘，希望能取代那块地盘上原来雄蹄兔的地位。

南非树蹄兔
(Dendrohyrax arboreus)

黄斑蹄兔
(Heterohyrax brucei)

岩蹄兔
(Procavia capensis)

保护警报

猎取毛皮 随着森林消失，树蹄兔也正在失去栖息地。至少有一个品种——东非树蹄兔(*Dendrohyrax validus*)，因为毛皮而遭到滥捕。在蹄兔的7个品种中，3种因为易危，被列入国际自然与自然资源保护联合会的《濒危物种红色名录》中。

混　居

蹄兔是少数能两种哺乳动物品种共同栖息的典型。黄斑蹄兔和岩蹄兔一向共同生活在相同的南非丘陵地区，夜晚共享遮蔽的洞穴，白天一起拥抱取暖。它们不会杂交，但两种雌蹄兔常在相同时间生殖，两个品种的成员对幼崽都很有兴趣。它们避免竞争的方式是吃不同的食物。

提高警觉 蹄兔是雕、蟒、蛇和豹的猎物。当一群蹄兔忙着觅食或休息时，至少有一个成员会负责守望，提防危险。只要一声响亮的示警叫声，就能让这些动物匆忙地躲到岩石缝隙之间。

不同食性 黄斑蹄兔是食叶动物，主要以树叶为生，岩蹄兔则专吃青草。

土　豚

- 哺乳纲
- 管齿目
- 土豚科
- 土豚属
- 土豚种

土豚是种长相像猪，有粗短身体、长口鼻和大耳的中型动物。它是管齿目动物仅存的成员，演化自早期的有蹄动物。这种高度异化的独栖夜行性动物，天黑后才从地洞里现身，寻找蚂蚁和白蚁，一晚大约能吃五万只蚂蚁或白蚁。敏锐的嗅觉让土豚能侦查到猎物，长有硬甲的前蹄，几分钟便能将白蚁冢挖开。长着鼻毛的鼻孔能收缩，耳朵能向后折，以免挖掘时泥土进入。又长又黏的舌头舔到白蚁后，未经咀嚼便吞下肚，再以结实的胃研磨。由于有厚皮和利爪，除了鬣狗和人类，成年土豚的猎食者不多。

小档案

土豚 土豚最常见于它们最喜爱的食物白蚁冢附近。土豚是夜行性的害羞动物，因此，人们很少在野外见到它们。

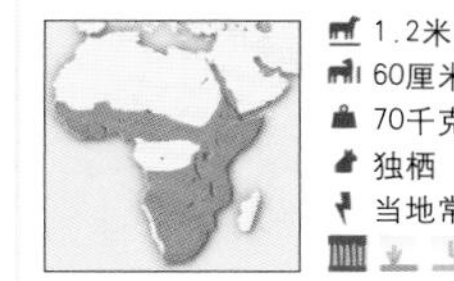

- 1.2米
- 60厘米
- 70千克
- 独栖
- 当地常见

非洲撒哈拉以南地区

土豚
(*Orycteropus afer*)

保护警报

异化的土豚 虽然土豚并未列入遭受威胁名单，但它那极特殊的食性，使它很容易因为栖息地的改变而受害。野生有蹄类动物和家畜吃草的草地对土豚有益，因为，白蚁在被践踏过的土地上，繁衍更多，但开垦种植农作物的农田，却会让土豚的数目减少。土豚的肉也是猎人们猎取的目标。

挖掘高手 土豚的两只前蹄上各有四根铲子状的硬甲，可用来挖出食物和掘地洞。

牛科动物

纲	哺乳纲
目	偶蹄目
科	牛科
属	(47)
种	(135)

牛科动物包括数以千万计的家畜，如牛、绵羊、山羊和水牛。在这135个品种中，野生牛科动物较多样化，由体形只有25厘米高，2千克重的倭岛羚，到肩高超过2米，体重高达1吨，体形庞大的犎牛不等。牛科动物和它们的亲属原生于欧亚和北美洲的大部分地区，引进品种则在澳大利亚形成野化种群，如今，它们在非洲的大草原、稀树草原和森林里数目和种类最多。

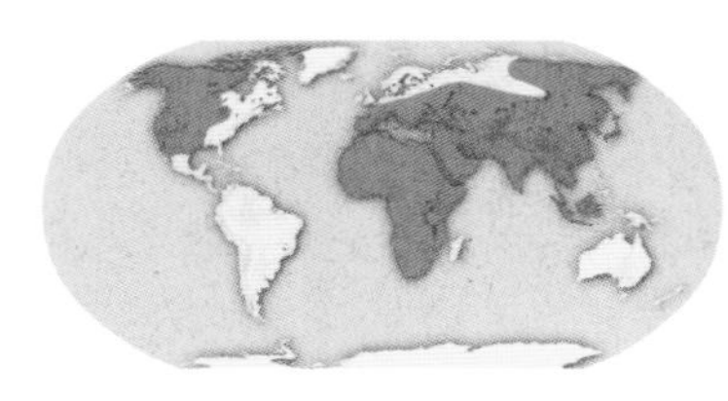

分布广泛 牛科动物的分布范围由炎热的沙漠和热带雨林，到北极和高山地区都有。澳大利亚和南美洲没有土生的牛科动物，但世界各地都能见到驯养的品种。全球豢养的牛已超过十亿头，它们都是欧洲野牛的后代。欧洲野牛原本是分布很广的野生牛，但于1627年灭绝。

数大才安全 雌南非水牛和崽牛组成的牛群常有50头到500头，但在湿季时，数千头雌、雄和崽牛会聚集成群。虚弱的牛只在群体中方可得到生存，它们能合力赶走敌害。

环 角
当雄瞪羚用角互斗时，凸纹让角不会因为过滑而造成严重伤亡。

双 色
汤氏瞪羚的双色毛因为脸上和体侧的黑色纹路而中断。

随时警戒 由于牛科动物常沦为猎物，因此，它们只能依赖敏锐的感官来侦查危险。它们大多有大而可活动的耳；长在两侧，有立体视觉的双眼和灵敏的鼻子。许多品种还有醒目的色泽，它还能中断它们的身体轮廓，作为伪装之用。

保护警报

牛科动物135个品种中，83%被列入国际自然与自然资源保护联合会的《濒危物种红色名录》中，请见下表：

4种灭绝
2种在野外灭绝
7种极危
20种濒危
25种易危
37种依赖保护
19种近危

多样化的牛科动物

牛、水牛、犎牛、羚羊、瞪羚、绵羊、山羊等牛科动物成员都是反刍动物，它们有四个可让植物纤维质发酵的胃室。这种有效的消化系统，让牛科动物能从青草等营养成分低的食物中，获得最多的营养，并能定居在各式各样的栖息地，由干旱的灌木林到北极冻原不等。食草的牛科动物通常有结实的体格，以容纳它们的大胃。羚羊和其他纤细的牛科动物通常是食性较窄的草食动物。

所有的雄性和大部分牛科动物都有角。角有骨质中心，外面包覆一层永不脱落的角质层。牛科动物的尖角没有分支，大小各异，形状有的直，有的弯，有的呈螺旋形，可用来抵御猎食者，雄性间也会用角来竞争。牛科动物的腿适合逃离危险，以四只蹄上的两根脚趾形成的裂蹄来负荷重量。蹄上的大骨融合形成胫部，有助于吸收奔跑时的冲击。

虽然有些牛科动物独栖或成对生活，但它们大多为群居动物。有些在一头雄性带领下，行一雄多雌制，有些群体由雌性和牛犊组成，雄性大多独栖或与其他单身雄性组成群体。群体生活不仅能减少被猎食的风险，还能让成员分享觅食地点的信息。

牛和羊最先在数千年前被人类驯养。自那时起，大部分的野生牛科动物数目便日减。人类为了肉、皮和休闲，大量猎杀牛科动物，野生品种也因为农业而丧失大部分的天然栖息地。

小档案

小羚羊　小羚羊是种小型的短角羚羊，住在森林边缘，以树叶为生，偶而也辅以昆虫和小型脊椎动物。小羚羊的英文名是南非荷兰语，意即“潜逃兽”——因为这种害羞的动物受到惊吓时，有潜进矮树丛的习惯。

斑小羚　这种肌肉结实的品种有醒目的条纹外表，极容易辨认。和斑马一样，每一只斑小羚羊都有独特的条纹。斑小羚是日行性动物，它们通常成对生活，以互相理毛来增强相互的情感。

90厘米
50厘米
20千克
独栖或成对
易危

利比里亚

灰小羚　这种夜行性的羚羊居住的海拔高度比其他非洲有蹄类动物更高。它靠惊人的速度和持久力来逃避大型猫科动物、犬科动物、狒狒、蟒蛇、鳄鱼和雕等猎食者。

115厘米
50厘米
21千克
独栖
常见

非洲雨林地区之外的撒哈拉周围

埃氏小羚　这个具地域性的品种于白天活动，常成对生活。它主要以森林中的猴子和鸟丢弃在地面的花、果实和树叶为生。和许多其他的小羚羊一样，埃氏小羚有柔软光滑的毛，头上有泛红色的冠毛。

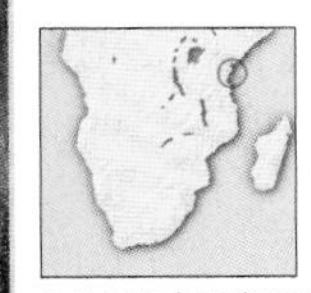

72厘米
32厘米
12千克
独栖或成对
濒危

桑给巴尔岛和肯尼亚西南海岸

保护警报

目眩眼花的猎物　小羚羊是猎野味者及以休闲打猎者喜爱的战利品，夜晚猎人以灯光让它们目眩，便能轻易捕获。16种小羚羊品种在国际自然与自然资源保护联合会的《濒危物种红色名录》中，全被列为受到威胁。其中最稀有的品种是濒危的埃氏小羚，它们在野外，数目已不足1400只。

小档案

利希滕施泰因麋羚 这种生活在稀树草原的动物，雄性很有领域性，它们用角在地上画出它们的地盘，并得为交配权打斗，胜利者和三只至十只雌麋羚及它们的后代一起生活。较弱的雄性单独生活，或与其他单身雄性形成松散的团队。

2.1米
1.3米
170千克
小型团队
依赖保护

非洲南部

亨氏牛羚 这个品种是世界上最稀有的一种哺乳动物，自1976年到1995年，野生数目由14,000头减少至300头。这种挑食的草食动物只吃刚长出来的嫩草，当草长高，或受到其他草食动物打扰，便会转移到另一地区。许多科学家相信亨氏牛羚在演化上，联结了真麋羚和牛羚属，因此，它们的生存对羚羊的演化研究，极为重要。

2米
1.3米
160千克
成群
极危

肯尼亚－索马里边界地区

鄂氏牛羚和转角牛羚 这些大型草食动物每年繁殖一次，通常在干季将尽时产崽。在大群体中，幼犊比较会跟随行动，并受一群成体牛的保护。在小群体中，当成体牛去觅食时，幼犊大多躲藏在茂密的植物丛中。

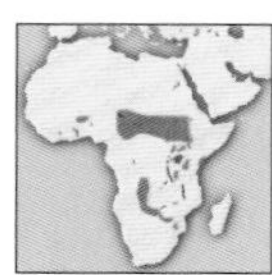

2.6米
1.2米
140千克
成群
依赖保护

非洲撒哈拉周围的稀树草原区

麋羚 这种大型动物的背往后倾斜，看来很笨拙，但时速却能达到80千米。它居住在空旷平原，偏好森林边缘的栖息地。麋羚会加入其他羚羊和斑马群而形成很大的团队。

1.9米
1.3米
150千克
成群
依赖保护

西非荒漠草原、塞伦盖蒂地区、纳米比亚到博茨瓦纳

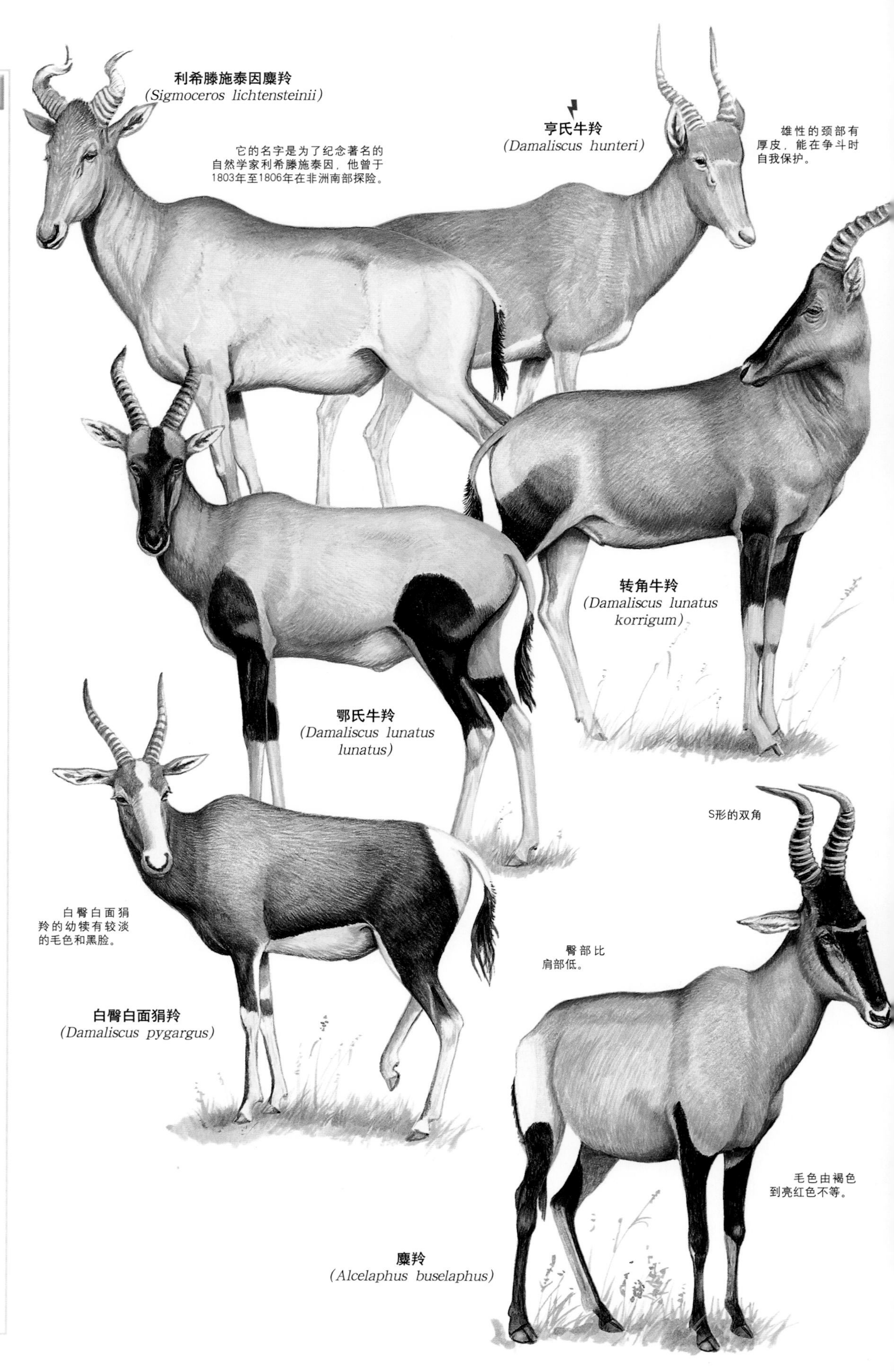

小档案

剑羚 这个品种通常以四十头左右成群聚居，但湿季期间，可能聚集数百头。干季时，剑羚可以数日不饮水，以果实和植物根部的水分为生。

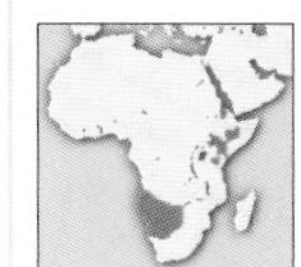

1.6米
1.2米
240千克
成群
依赖保护

非洲东北部和西南部

高角羚 湿季时，高角羚以茂盛的嫩草为生；干季时，则改吃树叶。受到威胁时，这种动物通常会企图逃离危险，但也可能往各个方向乱跳，以混淆猎食者。

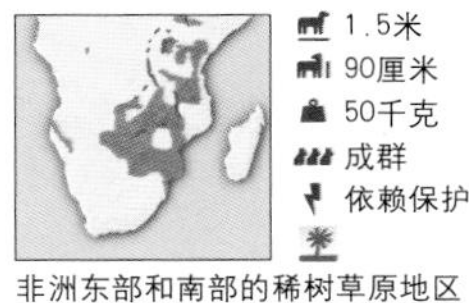

1.5米
90厘米
50千克
成群
依赖保护

非洲东部和南部的稀树草原地区

非洲羚羊 大部分非洲羚羊幼犊经过8个月妊娠期后，都集中于3周内诞生。出生后几分钟，幼羚羊便能站立吃乳，40分钟后便能跑步。

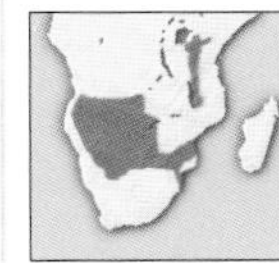

2.3米
1.5米
250千克
成群
依赖保护

非洲东部和南部

发情期

交配季通常在湿季结束时。雄高角羚会发情，以气味标示领域，并采取防卫姿势和肢体冲突来保护领域。在干季期间，高角羚的觅食范围加大重叠，领域便随之瓦解。

喧闹的叫声

雄高角羚咆哮时，先爆发喷鼻声，接着再发出数声洪亮的咕噜声。

小档案

高鼻羚（赛加羚羊） 这种羚羊虽然有凸纹的角，嘴上方悬着可活动的长鼻，但模样却像只小绵羊。繁殖季节一雄多雌的雄高鼻羚，会造成严重的影响。它们没时间吃草，只能靠贮存的脂肪为生，花许多精力保卫雌高鼻羚不受其他雄高鼻羚的觊觎。当繁殖季节结束时，高达90%的雄高鼻羚会死于打斗或饥饿或遭到猎食。此时，成千的高鼻羚会混合形成大群体，往夏季草地迁移。

1.4米
80厘米
69千克
成群
极危

俄罗斯和哈萨克斯坦

跳跃行为

瞪羚有时会一再跳跃，它们拱着背，腿打直，并四蹄着地——这种习性称为跳跃行为。这种行为出现在瞪羚激动或警戒时，它可能要借此分散猎食者的注意力，或是警告同类：我们已经被发现。

跳跃的羚羊

跳羚因为有跳跃行为而得名，当它跳到四米的高度时，会竖起背上的白色饰毛。

保护警报

危险的角 由于在药性上有解热功效，雄高鼻羚（雄赛加羚羊）的角黑市交易热销。自20世纪90年代，苏联解体后，保护措施变弱，盗猎便急遽增加。猎人只以雄高鼻羚为目标，因此，残余的雄高鼻羚便得保护不断增加的雌羚，无法让所有的雌高鼻羚受孕。过去10年期间，高鼻羚的数目已减少了大约80%。

小档案

岩羚 这种动作迅速的羚羊是纯粹的食叶动物，偏好营养的嫩叶、花、果实和幼苗。它是惟一会在排泄后，跑刮地面的牛科动物。

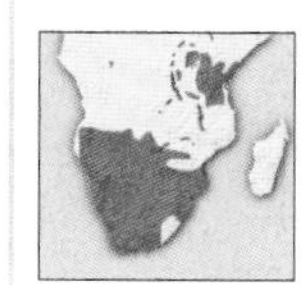

85厘米
50厘米
11千克
独栖或成对
常见

非洲东部和南部

山羚 这种脚步踏实的悬崖居民有浓密的像藓苔一样的毛，这能保护它不被碰伤和刮伤。它以小家庭群体聚居，其中一名成员担任哨兵，并以凄厉的口哨声示警。

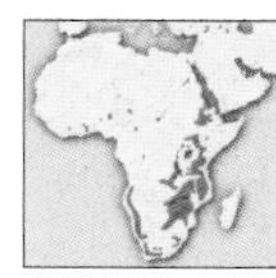

90厘米
60厘米
13千克
成对或家庭团队
依赖保护

非洲东部和南部高山和岩石地区

犬羚 这种害羞的羚羊有可活动的长口鼻，据传和体温的控制有关。流到口鼻处的血液会先冷却，再流回脑部。

65厘米
38厘米
5.5千克
成对
常见

非洲东北部

水羚 水羚群中的老弱者很容易成为猎食者的目标。但随着水羚变老，汗腺的分泌物会慢慢使身体散发出不好的气味，让猎食者厌恶而到他处觅食。

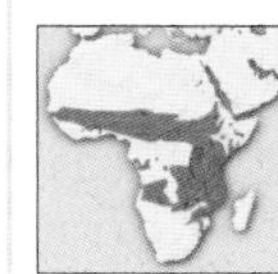

2.4米
1.4米
300千克
成群
有赖保护

非洲撒哈拉周围的稀树草原地区

山地苇羚 只要条件合适，这个品种随时都能繁殖。和许多羚羊及鹿一样，尾部下方呈白色，当它逃离危险时，便会露出来这片白色部位。

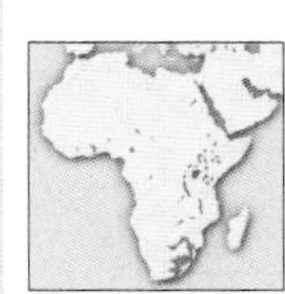

1.3米
72厘米
30千克
一雄多雌
有赖保护

非洲中部、东部和南部山区

雄性竞争

在繁殖季节，雄性瞪羚会防卫自己的领域和伴侣，不受来挑战的雄性的侵犯。雄瞪羚以双眼下方的臭腺分泌物，以及尿液和粪便标示领域。挑衅行为先是将头抬高，让角与背平行，接着，头部往下缩，让角与地面垂直。低头让角指着对手，通常是争斗之前的最后姿势。

缓冲的打斗

鹅喉羚有时会做“气垫”打斗，即敌对双方做势用头冲撞对方，但停在大约三十厘米之处。如此反复数次后，若双方都不承认落败，便会展开真正的争斗。

勾心斗“角”

和其他的瞪羚一样，鹅喉羚打斗时，也是俯首让角交缠，再扭转推挤，直到一方放弃逃走为止。

暂 停

瞪羚打斗时，会中途停下来假装吃草，然后继续交战。

危险的游戏

单身的瞪羚会打斗数回合，磨练技巧，但争夺领域的打斗，有时会造成严重的伤害。

小档案

汤氏瞪羚 这个品种的食物，90%是青草，因此，几乎算是纯粹的草食动物。数以千计的汤氏瞪羚会聚集做年度迁移，干季时迁至树林，湿季时迁到草原。成熟的雄性会划定领域，只有小群结构松散的雌瞪羚和幼羚才能越界。

1.1米
65厘米
25千克
成群
依赖保护

非洲东部

格氏瞪羚 这种大型动物有很独特的求偶仪式，雄性会将头部和尾巴抬高跟随雌性，喷气拍动嘴唇发出声音。格氏瞪羚已适应干热的环境，能用后肢站立，够到富含水分的嫩树叶。

1.5米
95厘米
80千克
成群
依赖保护

非洲东部

小档案

西班牙山羊 西班牙山羊在伊比利亚半岛原本数目极多，但现在受到滥捕等因素影响，数目急剧下降。目前，残存的西班牙山羊不到三万头，而且，有些亚种已经灭绝。

西班牙

- 1.4米
- 75厘米
- 80千克
- 成群
- 近危

西高加索山羊 这种高海拔动物以数十只组成稳定的群体，不过，有时也会形成多达500头的大群体。它们夏季会迁移到更高处吃草，冬季时再回到较低的山坡，吃树和灌木的枝叶。

西高加索山区

- 1.7米
- 1.1米
- 100千克
- 成群
- 濒危

雪羊 这种动物寻找青草、地衣和树叶等食物时，能快速灵活地攀爬岩石山坡。

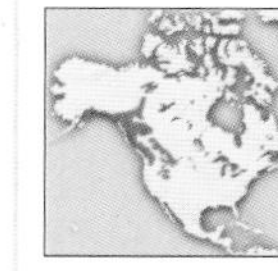

北美洲西部

- 1.6米
- 1.2米
- 140千克
- 家庭团队
- 当地常见

韧性强的草食动物

绵羊、山羊、麝牛和它们的亲属总称为羊羚类动物，属于羊亚科。它们最早出现在热带，但逐渐移居到偏僻地区，例如沙漠和高山。今天的品种由居住在物产丰富栖息地的长鬃山羊之类，到岩羚羊之类偏好群居、分布广，并适应艰苦条件的草食动物组成。

高山生活

岩羚羊生活在欧洲和西亚的森林线以上，它们以跺蹄和口哨声示警，并跳跃崎岖的山地，一直逃到捕猎者难以到达的地点为止。

小档案

喜马拉雅塔尔羊 夏季发情期，竞争的雄性会竖起鬃毛，俯头露角行走。较强壮的喜马拉雅塔尔羊会阻挡其他羊的去路，或将它们赶走。它们的竞争很少演变成头部角力。

1.4米
1米
100千克
成群
易危

喜马拉雅山地区

塔尔羊 这个品种原本数目众多，成群漫步在长满青草的印度南部山上。但猎捕和丧失栖息地使它们的数目一度仅剩不到一百只。经过保护，其总数增加到现今的一千多只。塔尔羊有粗硬的毛和刚硬的短鬃毛。

1.4米
1米
80千克
成群
近危

尼尔吉里山(印度南部)

螺角山羊 这种动物遭到人们的滥捕，现在仅剩少数生活在森林线以上偏僻崎岖的地区。它那螺旋状的角是休闲猎人的战利品和有药用价值。与驯养的山羊竞争食物使其情况更加恶化。

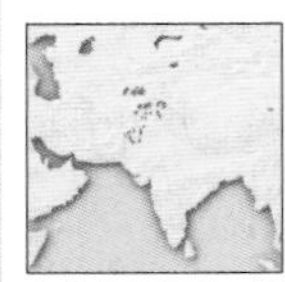

1.8米
1.1米
110千克
成群
濒危

土库曼斯坦到巴基斯坦

武广牛 20世纪90年代之前，科学界已有数十年不曾记载有新的大型哺乳动物。但1992年，在越南发现了武广牛。由于越南遭遇连年的战争，与国际接触又少，因此，阻碍了该国对动物的研究。武广牛被视为世上最稀有的一种哺乳动物，这种夜行性、栖息在森林里的野牛，只见于印度支那偏僻的高山地区，数只成小团队一起活动。它们显然是草食动物，以无花果叶和其他雨林植物为生。

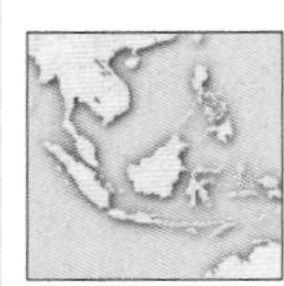

2米
90厘米
100千克
独栖或家庭团队
濒危

老挝和越南

小档案

鬣羊 鬣羊发源于非洲撒哈拉的丘陵地区，19世纪初被引进欧洲，20世纪50年代被引进美国西南部。交配开始前，雄鬣羊会舔雌性的腹侧，并会互相磨擦鼻子。

1.7米
1.1米
145千克
成群
易危

非洲北部；引进欧洲和美国

大角羊 为了赢得交配权，雄性大角羊之间会用头争斗，争斗时间有时超过24小时。这种羊除了有重达14千克的巨角，还有加厚的头颅，以一条粗韧带连在脊椎上。

1.8米
1.2米
135千克
成群
有赖保护

北美洲西部

北极生存者

麝牛必须在零摄氏度以下的温度和黑暗中度过漫长的冬季。它们粗硬的长披毛下，有到春季时会脱落的软毛。为了要吃到雪地下的杂草和莎草，麝牛会用它们的角和前蹄清出圆形的进食区。成年牛会包围着牛犊，以免牛犊遭到猎食者伤害。

2.3米
1.5米
410千克
成群
不常见

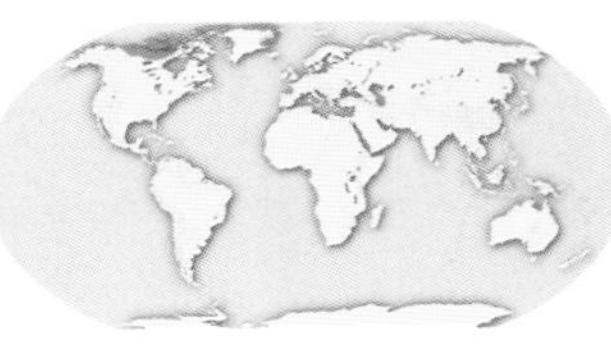

加拿大和阿拉斯加的北极地区及格陵兰岛

小档案

短角水牛 这个品种通常独栖，住在低地森林和湿地里，以森林下层的植物为生。

1.7米
1米
300千克
家庭团队
濒危

苏拉威西（印度尼西亚中部）

犎牛 北美洲原有6000万头犎牛，但现在只见于两座国家公园。雌牛、小牛和几头较年长的公牛会成群一起生活，成年的雄性独栖或形成单身团队。

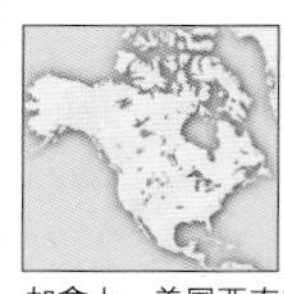

3.5米
2米
1吨
成群
依赖保护

加拿大、美国西南部

大额牛 清晨，成群雌牛和小牛便在一头雄牛的带领下，走出森林，在附近的山坡吃青草，晚上再回到森林里睡觉。

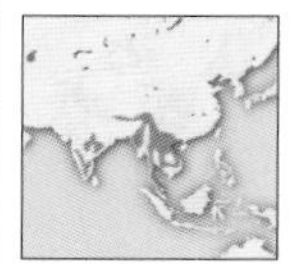

3.3米
2.2米
1吨
成群
易危

印度到印度尼西亚和马来西亚

牦牛 虽然中国青藏高原的大部分地区，都可见到驯养的牦牛，但野生牦牛仅局限于无人居住的高山冻原和寒冷的大平原地区。

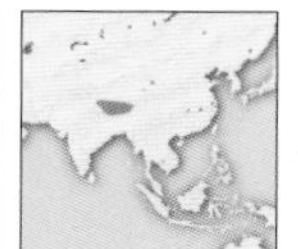

3.3米
2米
1吨
成群
易危

中国青藏高原地区

保护警报

猎捕野牛和水牛、栖息地丧失和家牛（它们与野生种杂交，传染疾病，并竞争食物），都对野牛和水牛品种造成严重危害。今天，它们大多依赖保护才能生存，包括高棉牛和明多罗水牛在内的几个品种已经濒危。保护计划有一些成效，最成功的是欧洲野牛（*European bison*），自1919年，它们便已自野外灭绝，但已经从动物园重新放生到野外。

牛科动物的角

所有的牛科动物都有中空而且没有分支的角，角由一层角质层包着一个骨质核构成。和象牙、猪牙等不同的是，这种角不会妨碍嘴吃草。角有时也用来防卫，不过牛科动物宁可选择逃离猎食者。角长得很精巧的牛科动物都是领域性强，或一雄多雌的雄性，它们必须互相竞争交配权。

不可思议的旅程

自然界最惊人的景象是大型有蹄类动物的季节性迁移，例如加拿大和阿拉斯加的美洲驯鹿、蒙古瞪羚，以及苏丹南部的水羚和东非的非洲羚羊、斑马和瞪羚。迁移的动物数目以千万计，气候变化会促使它们开始集体行动。在较冷的气候区，美洲驯鹿和蒙古瞪羚朝北往夏季活动地区前进，冬季则往南走。在非洲，动物群的移动与干季和湿季的交替有关。现在最壮观的迁移现象，是大约130万头非洲羚羊，在大约20万头斑马和瞪羚的陪伴下，由坦桑尼亚的塞伦盖蒂迁徙至肯尼亚的马赛马拉——每年，它们都顺时针依此路线旅行超过2900千米。有些不可思议的迁徙已经不复得见，因为，有蹄类动物数目已经减少，它们迁徙路线上的许多土地也已经被人开发。从前，数十万只跳羚会在非洲南部做长途迁徙；高达400万头的美洲水牛曾行经大平原，夏季往北，冬季往南，到有新鲜青草的地方生活。

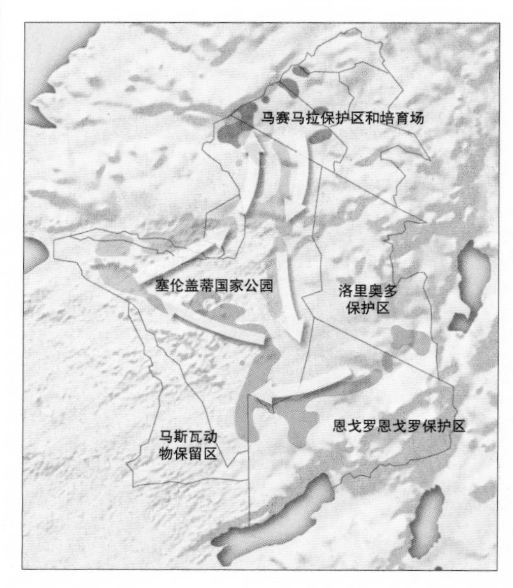

顺时针移动

数以千计的非洲羚羊在早春生产，然后散布在塞伦盖蒂平原上，此时，草原上有被雨水滋润过且富含矿物质的短草。5月末，当湿季即将结束时，草已经被吃光，动物们分小群往西和往北行进，进入过渡区，并在此交配。在5月至6月动物的发情期间，这个地区回响着低鸣声，因为每头占优势的雄性都在保护它的伴侣，以免遭到其他雄性侵犯。到7月，数千只非洲羚羊会形成一个大群体，往马赛马拉前进，它们整个干季都在河流附近，吃新长的草和饮水，并在11月末启程回到繁殖地区。

- 湿季
- 过渡区
- 干季

过河 非洲羚羊大迁徙的最危险的部分是穿过横跨马赛马拉大草原的马拉河。由于刚下过雨，河水上涨，河流成为狂暴的激流，迁徙的羚羊群聚在河岸，直到被后面源源不断拥来的动物群拥过河流。很多羚羊在跳到岩石的河底时把腿摔断了，或有的被淹死了或者被汹涌的水流冲走了。大量的鳄鱼等在下游，把冲下来的羚羊作为它们一年中的主要食物。那些在过河中的幸存者，还必须立即躲避对岸早已饥饿难耐的狮子。

游泳的美洲驯鹿 每年春季，阿拉斯加和加拿大都有数以千计成群的美洲驯鹿，由冬季栖息地往北迁徙到夏季产崽地区。它们得越过很深的积雪和结冰的河流。产崽后，母鹿吃冻原上营养丰富的新生青草，以分泌养分高的母乳。当冬季将近，产崽地区北风变冷时，美洲驯鹿再回到南方。在欧洲，与美洲驯鹿同种的欧洲驯鹿已经被驯养。牧养驯鹿的萨摩斯人会追随这种动物自然的迁移路线。

冬季的牛群 世界上仅存面积最大的温带草原，位于蒙古东部。这些大平原是蒙古瞪羚（*Procapra gutturosa*）的家。夏季期间，雌雄瞪羚分群而居，雌瞪羚在此时生产幼羚。冬季迁徙时，数以千计的瞪羚会混合成群，一天行进300千米，直到它们抵达南方的交配场为止。这个品种的整体数目显然正在减少。除了野火、传染病和其他天然灾害的冲击，蒙古与中国边界的建筑以及蒙古境内的一条新铁路，都使瞪羚的迁徙路线中断，令状况更加恶化。

年度循环 *非洲羚羊的交配季在每年的5月到6月之间。等到7月，它们要渡过凶险河流，这时，90%以上的成年雌非洲羚羊都已经受孕。*

同行旅伴 *斑马伴随非洲羚羊，或在它们之前行进，吃掉高而硬的草，将露出来的嫩草留给非洲羚羊。瞪羚通常跟随在非洲羚羊群之后。*

适者生存 *只有最强壮的非洲羚羊才能渡河到对岸去。成功者的奖赏是得到丰盛茂密的青草，并能慢慢屯积脂肪，以便应付返回塞伦盖蒂平原的漫长旅程。*

危险的旅程 每年1月末开始的六周期间，大约有四十万头非洲羚羊会出生在塞伦盖蒂。这些小羚羊约有三分之二会在首次迁徙至马赛马拉的旅途中丧生，但残余的仍足够补充东非庞大的非洲羚羊数目。

猎食者的盛筵 *大群动物出现在马赛马拉，会引来大量的猎食者。迁徙的动物过河时，鳄鱼先饱餐一顿，狮子和鬣狗的目标则是那些落后的老弱病残者。*

鹿类动物

纲	哺乳纲
目	偶蹄目
科	(4)
属	(21)
种	(51)

鹿类动物中最大的种群是鹿科，包括鹿和它们的亲戚，有麋鹿、驯鹿。在许多方面，鹿和羚羊很像，都有长长的身体和颈部，修长的腿，短尾，长在头部两侧的大眼和高高竖立的耳朵。但它们最醒目的特征是，大多数品种的雄性，通常都有很壮观的角(雌驯鹿也有)。鹿角和牛角不同，牛角是角质层构成的永久性角，鹿角则由骨头构成，而且每年都会脱落。生长中的鹿角的初期是著名的“鹿茸”，一旦鹿角长成，它便会死亡磨损。有的鹿角像简单的小钉子，有的则有庞大的树枝状结构。

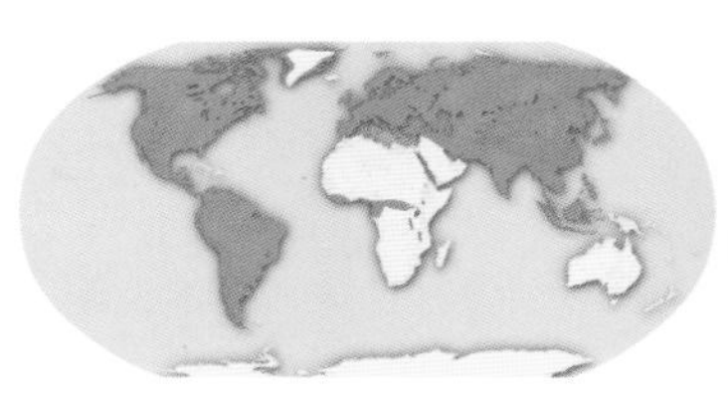

鹿的分布图 鹿从不进入非洲的撒哈拉沙漠周围，但它们原生于非洲西北部、欧洲、亚洲和美洲，有些则被引进到他处。鹿的品种依它们的血统可分成两群：旧大陆种群最早演化自亚洲，新大陆种群则始于北极地区。

躲藏 图中这种新生的骡鹿，在还不够强壮，不能加入鹿群之前，都躲在植物之间。许多新生崽鹿身上都有斑点状的毛，以打断轮廓做伪装。母鹿会定期来探视，让崽鹿吸吮乳汁。

北方栖息地 大部分的鹿都位于温带或热带森林，但有些品种已经适应更严苛的环境。麋鹿(右图)栖息于北方的湿地，夏季主食中包括水生植物的根。驯鹿则生活在没有树林的北极冻原。

大和小

鹿类动物的大小由仅重8千克的南方普度鹿，到800千克的麋鹿都有。麋鹿的鹿角宽幅可达2米，即使这种宽度，和已经灭绝的大角鹿（*Megaloceros*）相比，依然相形失色，大角鹿的两角相距可达3.5米。獐是鹿类动物的一种，它完全没有角，但它那加长的犬齿形成小刀般的长牙。东南亚的鹿只有钉子状的鹿角，但也长有长牙。

由于鹿是被猎食品种，因此，它们发展出不同的逃跑策略。有些跳跃着躲进藏身处，有些依赖速度和耐力来跑赢威胁。麋鹿能轻易地越过障碍，体形较矮小的猎食者却得减慢速度。

所有的鹿类动物都是反刍动物，胃有四室。但和牛科动物不同的是，它们不习惯吃粗硬的草，而依赖较容易消化的植物，例如幼苗、嫩叶、嫩草、地衣和果实。即使全吃草的品种，也需要吃大量高品质的树叶。

鹿类动物由鹿科和其他三科跟鹿很相像的有蹄类动物组成。其中包括鼷鹿科的鼷鹿和麝鹿科的麝鹿，二者都有长犬齿，而没有鹿角。北美洲的叉角鹿自成一个叉角羚科。

集体吃草 虽然有些较小的鹿种独栖或成小家庭群体，但黇鹿之类较大的品种常形成大群。生活在群体中有较好的机会躲避猎食者，因为猎食者较容易被发现，猎食者也经常以衰弱的猎物为目标。现在，新西兰和其他地方引进鹿，并加以繁殖，做商业用途。

小档案

斑鼷鹿 这种夜行性动物的多样化饮食中包括植物和小型动物。

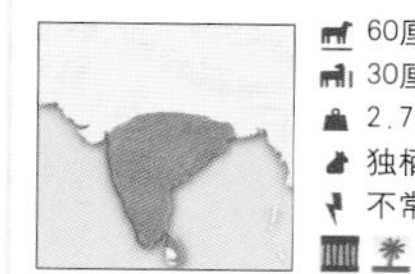

印度和斯里兰卡

水鼷鹿 这种完全夜行性的独栖动物，白天躲在热带森林的茂密低矮树丛中。它通常生活在近水处，会躲进水中逃避猎食者，但不能长久游泳。

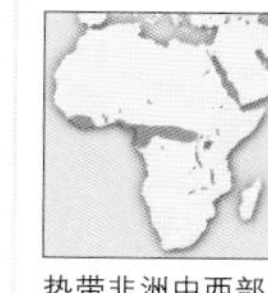

热带非洲中西部

大鼷鹿 这个品种全年都能繁殖，雌鹿产后数小时便能交配，因此，雌鹿终生大部分的时间都在怀孕。

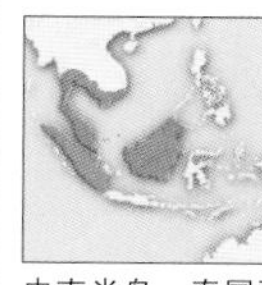

中南半岛、泰国到马来半岛、苏门答腊岛和加里曼丹岛

鼷鹿 这种动物是最小型的偶蹄类，腿和铅笔一样粗。它独栖或形成小家庭群体，以掉落的果实和树叶为生。

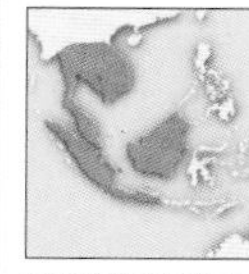

泰国到马来半岛和印度尼西亚

鼷　鹿

鼷鹿又名鼠鹿，是最小型的偶蹄目反刍动物，但和真正的鹿和牛不同，它们没有角，雄性有持续生长的长犬齿。鼷鹿很害羞，通常具夜行性，偏好独栖在森林中。它们被归类为鼷鹿科。

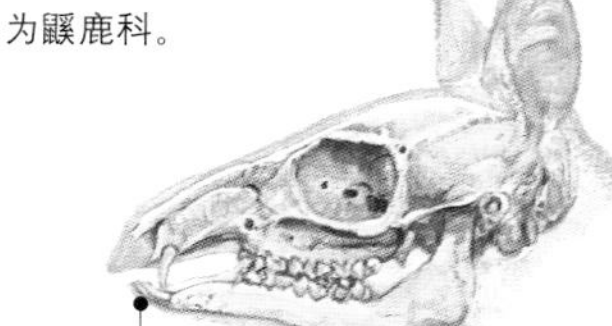

小档案

水鹿 原生于亚洲，又被引进澳大利亚、新西兰和美国。这种夜行性的鹿最常见于山坡森林。数只雌鹿和幼鹿一起生活，雄鹿通常独栖。繁殖季节期间，雄鹿除了与雌鹿在它们的地盘上交配，还要保卫它们的领域。

2.5米
1.6米
260千克
独栖或一雄多雌
当地常见

印度和斯里兰卡到中国南部和东南亚

发 情

马鹿（*Cervus elaphus*）在北美洲又称为美洲赤鹿，在欧洲名叫红鹿，是最吵闹的鹿种。求偶行为以号角般的叫声揭开序幕，雄鹿聚集数名雌鹿，并在整个发情或交配季，英勇地保护它们，使其不受其他雄鹿侵犯。

声音攻击 *有了雌鹿的雄鹿和它的挑战者会互相对吼数分钟，再进行争斗。*

鹿角交缠 *做完平行而走的仪式后，两只雄鹿会将鹿角缠在一起角力，直到一方被推得倒退逃走为止。*

保护警报

偶蹄目动物4个鹿类科的51个品种中，有76%被列在国际自然与自然资源保护联合会的《濒危物种红色名录》中，请见下表：

1种灭绝
1种极危
7种濒危
11种易危
7种近危
12种数据缺乏

小档案

白斑鹿 这种鹿主要是栖息在草原上的草食动物，但也会进入森林吃掉落的果实和树叶。在繁殖季节，占优势的雄鹿会跟随雌鹿和幼鹿。

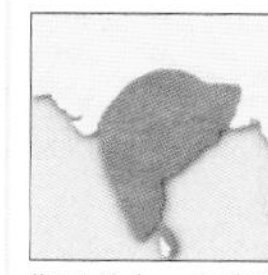

1.8米
1米
110千克
成群
常见

斯里兰卡、印度和尼泊尔

黇鹿 大部分的种群都已经被迁离原来的分布范围。由于黇鹿能适应各种食物，因此，被引进到多样化的栖息地，由热带到高山不等。

1.8米
1.1米
100千克
成群
当地常见

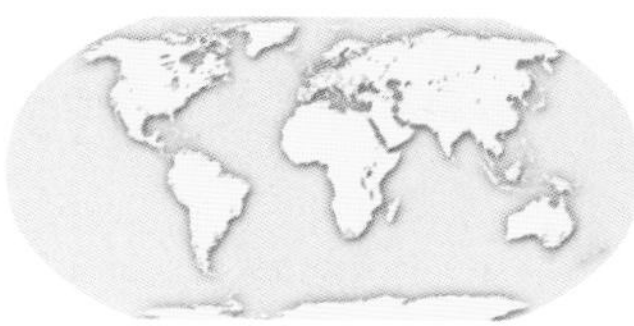

原生于地中海地区到亚洲西部

毛冠鹿 雄毛冠鹿有钉状小角，上颌长有象牙般的长犬齿。角常被它前额上的毛遮盖。

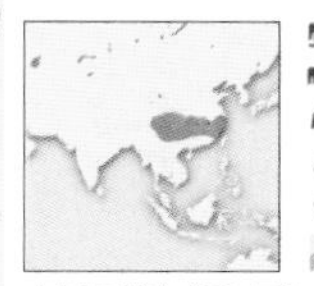

1.6米
70厘米
50千克
独栖
数据缺乏

中国西藏东部和缅甸北部到中国东南部

越南大麂 这种隐秘的动物最初发现于1994年，体形和大型狗差不多，体重几乎是赤麂的两倍。

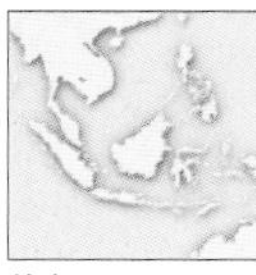

1米
70厘米
50千克
独栖
未知

越南

赤麂 又名吠鹿。这个品种感觉到有猎食者存在时，会吠叫超过一个小时。它是杂食性，用前蹄踢和用嘴咬来制服小型猎物。

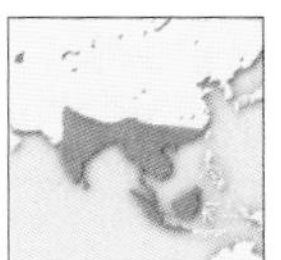

1.1米
65厘米
28千克
独栖
不常见

斯里兰卡、印度、尼泊尔到中国南部及东南亚

鹿角的周期

雄鹿打斗时会用到鹿角，但它们会长那么大，显然是为了向雌鹿宣示它们的健康基因。长有大型鹿角的品种求偶时，大多数时间都在刻意展示鹿角。

春

温带地区的鹿种于春末开始长出新的鹿角。这时，鹿角覆盖着敏感的皮，称为鹿茸。

夏

到了夏末，鹿角已经完全长成并变硬，原先角上的鹿茸开始干枯变松。

秋

雄鹿用灌木和小树将鹿茸（角上的皮）磨掉。现在已经可以用鹿角在交配季争斗和展示了。

冬

交配季后，两只鹿角会在数天内相继脱落。

小档案

赤短角鹿 这种难以捉摸的动物大多住在浓密的热带森林里，以躲到地下或游泳来逃避猎食者。它们独栖或成对生活，以果实、树叶和蕈类为生。

1.5米
80厘米
48千克
独栖
数据缺乏

墨西哥南部到阿根廷北部

南方普度鹿 南方普度鹿是体形最小的鹿科品种，能以后腿站立够树叶或测试风向。这种领域性强的动物除了交配期，都是独栖生活，它们会循标示清楚的路径到进食和休息的地点。由于家犬猎捕，以及黇鹿等外来品种竞争食物，使这个品种被列为易危。

83厘米
43厘米
13千克
独栖
易危

智利南部和阿根廷西南部

叉角鹿

惟一归类于叉角羚科的品种，叉角鹿的奔跑速度能高达时速65千米，使它成为陆地上长时间奔跑最快的哺乳类之一。它最醒目的是不寻常的叉状角，这种角和羚羊一样，是由角质层包裹骨质核形成的。但和鹿角一样，角质层每年都会脱落。

1.5米
1米
70千克
成群
当地常见

北美洲中西部

独特的角

雄叉角鹿的头部有叉状角、突出的眼睛和长睫毛以及一脸的黑毛。

长颈鹿和獾伽狓

纲	哺乳纲
目	偶蹄目
科	长颈鹿科
属	(2)
种	(2)

头顶部距离地面达5.7米，使长颈鹿成为地球上最高的动物。它和它惟一的近亲獾伽狓被归类为长颈鹿科。长颈鹿和獾伽狓都有长长的颈，前肢都比后肢长，因而产生斜背。它们有小而不断生长的角，这是由骨头包毛皮形成的，在哺乳纲动物中很独特。长颈鹿的唇薄而且可以活动，黑色长舌善抓握，眼和耳都大。两个品种都见于撒哈拉沙漠周围，它们的醒目花纹能帮它们融入栖息地中——长颈鹿的大斑点很像稀树草原树林中斑斓的阳光；獾伽狓臀部的条纹则在茂密的雨林植被中打乱它们的轮廓。

危险的饮水 长颈鹿所需要的水，大多来自食物，但有水喝时，它仍会把握机会饱饮一番。它必须张开前腿才能喝到水，此时，它最容易受猎食者攻击。

交颈的对手 为了建立等级，年轻的雄长颈鹿得进行仪式性的“颈力”比赛。和比腕力一样，两头长颈鹿要互相缠住脖子互推，直到一方退让为止。较年长的雄长颈鹿会用头互撞，以便推倒对方。较劲的雄獾伽狓也比颈力，然后才做更激烈的比赛。

臀部的条纹

1901年，獾伽狓才初次登上记载。当时一位英国探险家前去寻找当地人猎得的一种似马的动物。乍看之下，獾伽狓看起来不像长颈鹿，反而像斑马，但是，它和长颈鹿却有同样醒目的特征，包括覆盖着表皮的角、特殊的牙和舌，以及反刍用的四个胃。臀部的条纹可能像个英文“跟我走”的符号，让年轻的獾伽狓能跟随它的母亲。由于前肢也有条纹，当它们在茂密的森林植被中时，身体轮廓会因而被打乱。

不同的生活方式

长颈鹿和獾伽狓虽然外表相似，其实却有着很显著的差异。最明显的对照是体形和外形，獾伽狓的外表很像马，长颈鹿极修长的体形则让人一眼便认得出来。长颈鹿只有七节颈椎，和大部分的其他哺乳动物一样，只是每一节都加长了。特殊的循环系统有力地将血液送到它的大脑，但当它俯身饮水时，却得靠一系列瓣膜来调整血压。长颈鹿非比寻常的高度，让它能充分利用稀树草原树林中的资源，因为它在整个干季，都能够到高大金合欢的树叶。长颈鹿在动物界长得最高，并全年都能繁殖。当它躺下来或饮水时，最容易受狮子和其他猎食者攻击。为了避免遭到猎捕，长颈鹿依靠敏锐的视觉、味觉和听觉。它能以超过50千米的时速逃跑，或是用前腿对敌害猛踢。

獾伽狓住在茂密黑暗的热带森林里，视力不佳，但有敏锐的视觉和良好的嗅觉。它极为谨慎，一有危险迹象，便会立刻躲进密荫中。这个品种大多独栖，会以尿液或用颈磨擦树来划定领域。

较空旷的稀树草原栖息地使长颈鹿必须群居，大约十头左右的长颈鹿，会组成一个松散的小群体。年轻的雄鹿会形成单身小队，但随着年纪增加，会变成独栖。雄鹿会为了争夺交配权而争斗，它们会一再挥动长颈，用头猛力撞击对手的腹部。被撞的腹部通常能吸收这种撞击的冲击，但偶尔也会被撞得失去知觉。

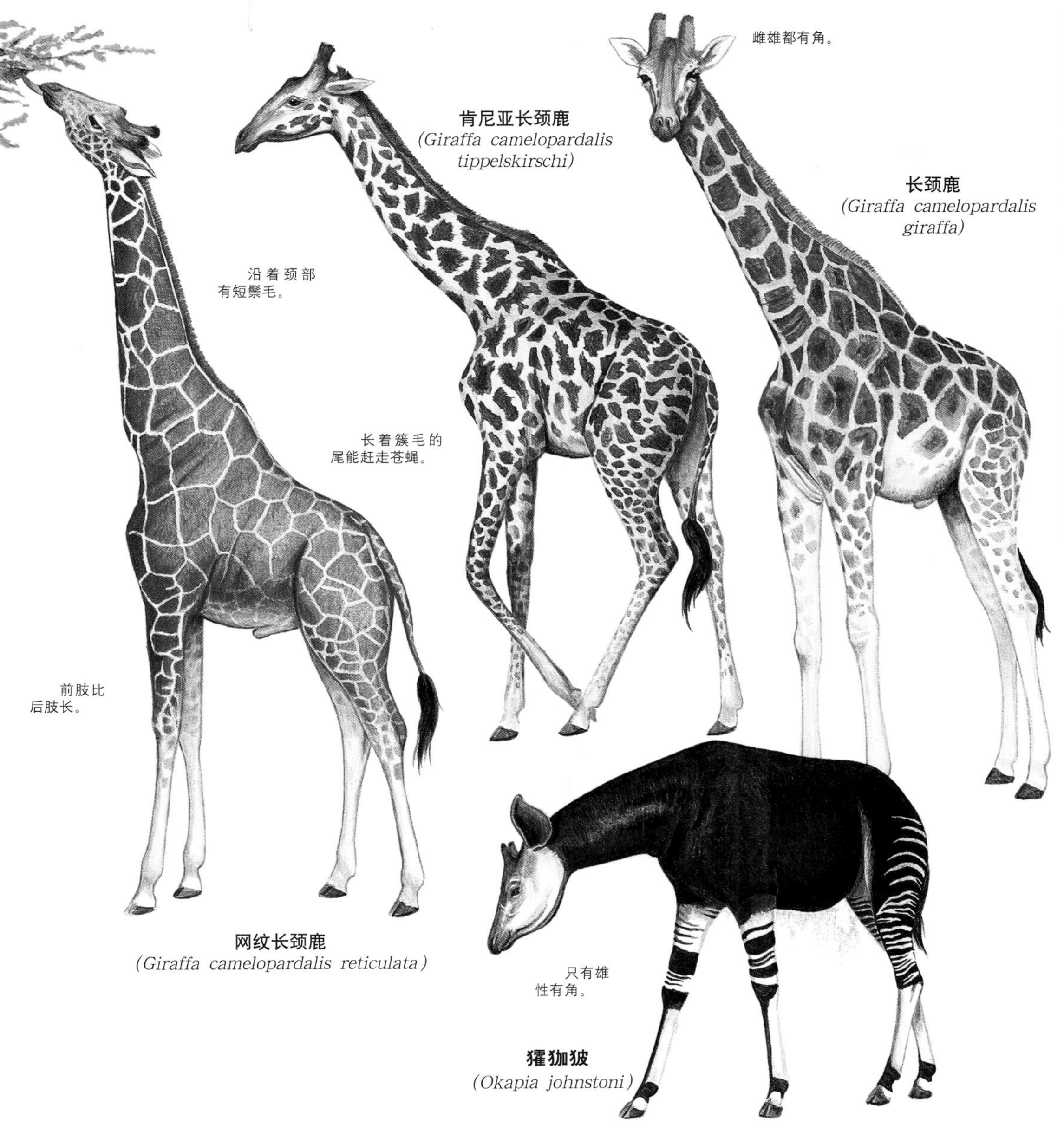

小档案

长颈鹿 这种群居动物由十头左右的雌鹿和幼鹿，在一头成年雄鹿的带领下，组成松散而暂时性的群体。干季时，它们能长期不饮水，靠金合欢高处树枝上的叶片为生。长颈鹿全年都能繁殖。

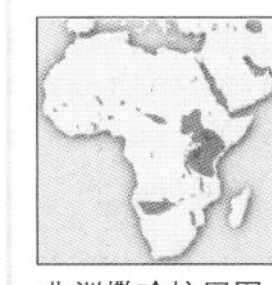

非洲撒哈拉周围

獾伽狓 獾伽狓白天沿着即有的小径，在茂密的热带森林中走动，觅食树叶、嫩芽和幼苗。除了母子成对生活，其他的都独栖，成年雌獾伽狓湿季时会产下一崽。

扎伊尔东北部

辨识花纹

长颈鹿斑驳的花纹，在光线斑斓的稀树草原树林中是很好的伪装。每头长颈鹿都有独特的花纹，但不同亚种各有类似的花纹。

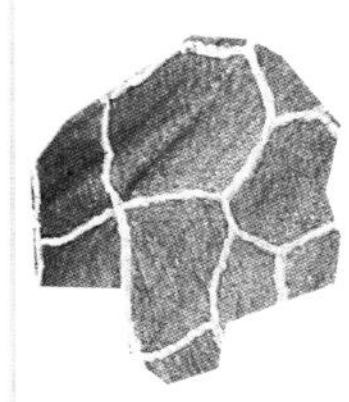

网状花纹 *网纹长颈鹿由白色线条分隔出明显的红棕色大块斑。*

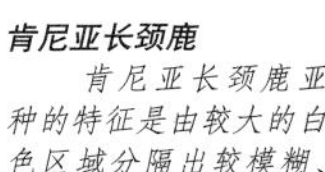

肯尼亚长颈鹿 *肯尼亚长颈鹿亚种的特征是由较大的白色区域分隔出较模糊、较小、较深的块斑。*

特殊的食叶动物

长颈鹿和獾伽狓几乎是完全的食叶动物。它们都有薄而有力的唇，黑色长舌能灵活地摘下叶子，或将树枝拉进嘴里。长颈鹿的舌（右图）特别长，可达46厘米。这两个品种都用有裂口的独特犬齿剥下树枝上的树叶，再用臼齿研磨。有四个室的胃能发酵食物后，反刍到口中再嚼一次，从中取得最多的营养。和其他反刍动物不同，长颈鹿能边走边嚼反刍的食物，让它们有更多的进食时间。一头长颈鹿一天大约要花12小时到20小时进食，并且吃下高达34千克重的食物。

长颈鹿能适应各种品质的食物。它们偏好嫩叶、花和果实，但也能改吃小树枝和干叶。它们的主食是金合欢。金合欢的化学成分有毒，它的叶子不宜食用。长颈鹿的应变之道是小心的选择最没有毒的叶片食用，而且有浓稠的唾液和特殊的肝脏功能来化解金合欢的毒素。长颈鹿和獾伽狓似乎都从其他管道补充矿物质的消耗：长颈鹿吃土壤或其他食腐动物丢弃的骨头，獾伽狓则舔食河岸上的黏土，并吃树木燃烧后变成的木炭。

保护警报

长颈鹿和獾伽狓都列在国际自然与自然资源保护合会的《濒危物种红色名录》中。由于这两种动物的自然活动范围缩小了50%，使长颈鹿成为依赖保护的动物。但它们在食叶家畜的上方觅食，因此，状况比其他土生的有蹄类动物好很多。獾伽狓被列为近危，虽然自1933年便受到立法保护，但獾伽狓仍遭到盗猎。它那极狭窄的分布也使它容易因为栖息地丧失而受害。

骆驼科动物

纲	哺乳纲
目	偶蹄目
科	骆驼科
属	(3)
种	(6)

骆驼以有长期不饮水也能存活的能力而闻名于世。它们的两个主要品种一种为单峰的单峰骆驼，现在只有北非和中东能见到驯养种群；另一种为双峰骆驼，豢养于中亚及中国西部和蒙古国等，但也有少量的野生种群。再就是骆驼科的其他属种有南美洲的四种骆驼科动物——野生的羊驼和小羊驼，以及驯养的骆马和羊驼。骆驼科动物大约于4000万年前，最早出现于北美洲，但于10,000年前，冰河期结束时在北美洲消失。此时，它们已经散布到地球上的其他地区了。

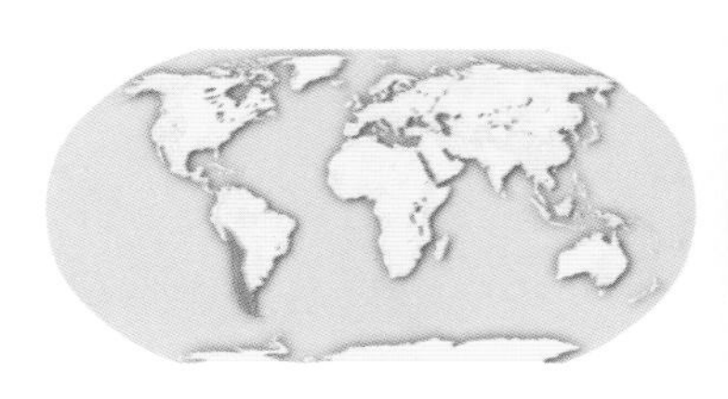

旧和新 两种旧大陆骆驼原生于北非和中亚。四个南美洲品种的分布范围由安第斯山脉的山脚到高山草原不等。驯养的骆驼科动物已经被引进到许多地方，包括澳大利亚；澳大利亚的野化单峰骆驼在其中部的沙漠中自由游荡。

早熟的幼崽 所有骆驼科动物都在漫长的妊娠期后产下一崽，南美洲的羊驼是11个月。新生的羊驼出生30分钟后，便能跟着母驼走动。

牛饮 单峰骆驼于数千年前，由阿拉伯引进到北非。它们的驼峰贮存的是脂肪，不是水。但它们光靠沙漠植物，便能数月不饮水。当有水可饮时，它们喝下的水量，相当于体重的四分之一，这真可谓"牛饮"。

驯养和野生

不久之前，人类驯养的骆马（右图）和羊驼都被认为是野生羊驼的后代。但分子研究显示，羊驼可能是骆马和野生小羊驼混种而成的。骆马和羊驼两个品种已经被驯养数百年，现在不再有野生种群。它们的数目远超过野生的羊驼和小羊驼，但所有的南美洲骆驼科动物都因为引进的家羊而相形见绌。4000年至5000年前，南美洲开始驯养骆驼科动物，骆马是印加帝国兴盛的主因。骆马和羊驼现在已被引进到他处，用来生产羊毛、登山者的驮重动物和宠物等。

结实的骆驼科动物

所有的骆驼科动物都适应干旱或半干旱地区。复杂的三室反刍胃由它们的主食——青草，萃取最多的营养。它们的蹄在有蹄哺乳类中很独特，只有蹄的前缘会碰到地面，身体的重量则分布在蹄掌肉垫上。骆驼的蹄宽大，让它能在软沙地上行走，而不会下陷。四种南美洲品种有较窄的蹄，适合稳健地走在崎岖山坡上。它们浓密的双层体毛能隔绝热和冷。

虽然旧大陆骆驼科动物因为体形较大，又有显著的驼峰，而与新大陆的同科品种明显不同，但它们的整体构造很类似。所有品种都有纤长的腿、短尾、呈弧状的长颈和相对较小的头及分裂的下唇。骆驼科动物行走时，同侧的前后腿一起移动，这种独特的步态称为踱步。骆驼科动物是群居动物，偏好一雄多雌，由一头优势的雄驼带领数头雌驼和小驼。没有配偶的雄性会形成单身团队。

牧养骆驼科动物能得到肉、奶、毛、燃料和运输工具，让人类能在极端艰难的环境中求生，由炎热的撒哈拉沙漠到寒冷的安第斯高山均行。世上有超过2000万头的骆驼科动物，但差不多95%是驯养的动物。

小档案

双峰骆驼 这个品种和单峰骆驼是很独特的哺乳动物，因为，它的血液细胞是椭圆形，而非圆形。这种形状能帮助细胞通过浓稠缺水的血液。

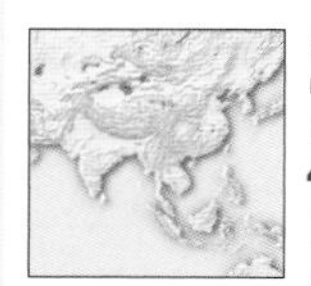

- 3.5米
- 2.3米
- 700千克
- 一雄多雌
- 极危

哈萨克斯坦到蒙古国

单峰骆驼 单峰骆驼虽然已经被驯养，但交配季期间，骆驼群无人看管，它们便改而过一雄多雌的生活。

- 3.5米
- 2.3米
- 650千克
- 一雄多雌
- 野外灭绝，只剩驯养和野化种群

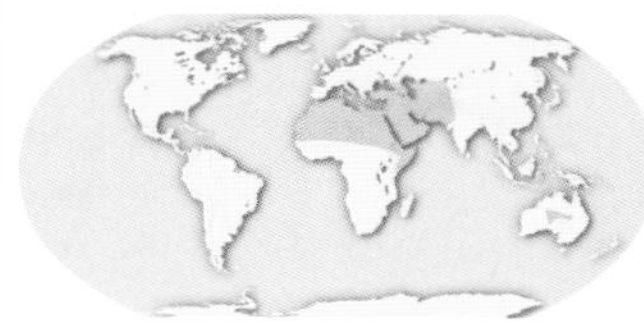

北非到印度，引进澳大利亚

羊驼 雄性羊驼就像所有的南美洲骆驼科动物一样，有锐利的勾状牙，当它与对手争斗时，会用来当武器。

- 2米
- 1.2米
- 120千克
- 家庭团队
- 当地常见

秘鲁南部、智利到阿根廷东部和火地岛

小羊驼 这种小型骆驼科动物是绝对的草食动物，它们有不断生长的锐利切齿，可用来剪断短草。

- 1.9米
- 1.1米
- 65千克
- 家庭团队
- 依赖保护

秘鲁南部到阿根廷西北部

保护警报

骆驼科动物的六个品种中，两种被列入国际自然与自然资源保护联合会的《濒危物种红色名录》中：双峰骆驼极危，目前野外只剩大约一千头；小羊驼则有赖保护。单峰骆驼也已经在野外灭绝多年，但以驯养和野化形态保存了下来。

猪科动物

纲	哺乳纲
目	偶蹄目
科	猪科
属	(5)
种	(14)

大部分的偶蹄目动物都是绝对的食植性动物，即草食动物，但猪科中的猪、野猪、山猪、鹿猪不同，它们是杂食动物，食物包括昆虫幼虫、蚯蚓和小型脊椎动物，以及各式各样的植物。猪有显著的口鼻，鼻孔环绕着盘状软骨。这个盘状物由独特的准鼻骨支撑，方便它用鼻子拱落叶或泥土，寻找食物。其他大部分品种的上下犬齿都会形成锐利的长牙，可用来当武器。野生猪类原生于非洲和欧亚森林，已经被引进到北美洲、澳大利亚和新西兰。

地位的象征 雄鹿猪弯弯的长牙其实是加长的犬齿，被视为是地位的象征。上面的长牙会穿过脸部皮肤。

家庭关系 雄性野生猪类通常不是独栖，便是形成单身汉团队，雌性则和它们的后代形成亲密的家庭团队。右图中，小疣猪正追随要去觅食的母疣猪。

保护警报

在许多地方，野化的猪类现在威胁到原生种动物，其中包括其他种的猪。栖息地丧失也使某些野生猪的数目减少。在猪科的14个品种中，43%被列入国际自然与自然资源保护联合会的《濒危物种红色名录》中，请见下表：

2种极危
1种濒危
2种易危
1种资料缺乏

小档案

疣猪 这种草原草食动物以前肢跪着进食，用它那特殊的切齿咬断嫩叶。当干季青草枯萎时，它就挖出青草的根茎来吃。

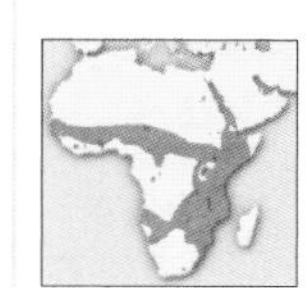

1.5米
70厘米
105千克
独栖
常见

非洲撒哈拉以南

丛林猪 适应性极强的丛林猪常跟随猴子行动，以便在树下吃它们掉落的果实，若有机会，它们也会偷吃农作物。雄性的地位以头对头互推来决定高下。

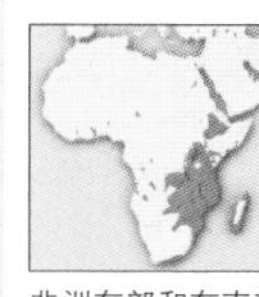

1.3米
90厘米
115千克
家庭团队
当地常见

非洲东部和东南部，引进到马达加斯加

巨林猪 黄昏左右，雄雌混合的巨林猪群会穿过茂密植被，回到一个大窝里睡觉。雌猪会共同照顾同群的小猪，哺育并保护它们。雄性的竞争很激烈，争斗的双方还会以高速头对头撞击，有时会造成头颅骨折。

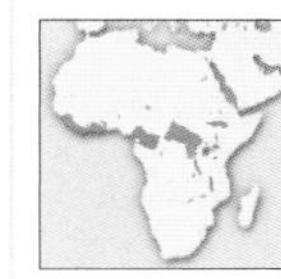

2.1米
1米
235千克
家庭团队
不常见

非洲中西部

非洲野猪 这个品种会挖地洞栖息。它白天休息，夜晚出来觅食。非洲野猪行一雄多雌，由一头雄猪带领数头雌猪和小猪。

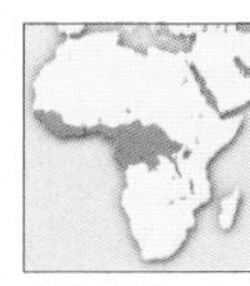

1.5米
1米
130千克
家庭团队
当地常见

非洲中西部

鹿猪 鹿猪以树叶、果实和蕈类为主食，食性比其他猪科动物窄，它们也很少用口鼻将食物拱出来。化石研究显示，它是最原始的猪种。

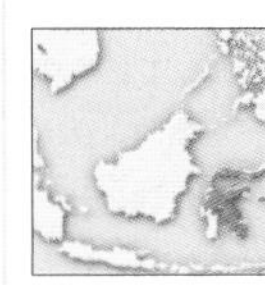

1.1米
80厘米
100千克
家庭团队
易危

印度尼西亚苏拉威西岛及其附近小岛

西貒科动物

纲	哺乳纲
目	偶蹄目
科	西貒科
属	(3)
种	(3)

虽然长相很像猪科动物，但西貒科中的三个品种腿较纤长，胃较复杂，臀部有臭腺。它们和猪一样是杂食性，但偏好果实、种子和藤蔓，草原貒主要以仙人掌为生。这些群居动物成群聚居，草原貒为2只至10只，白唇貒则为50只至400只。群体中的成员互相以颊磨擦臭腺来增强感情。遇到敌害时，数只白唇貒会留下来和猎食者对抗，让其他的成员逃走。

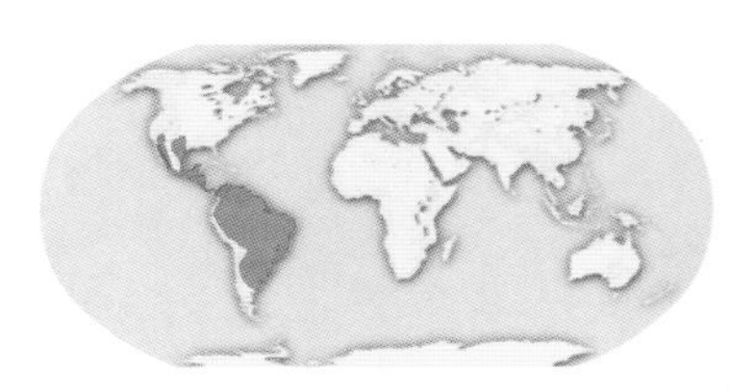

美洲猪类动物 虽然猪类动物原生于非洲和欧亚大陆，西貒却只局限于美洲，它们的分布范围由美国西南部到阿根廷北部。环颈西貒和白唇貒可见于美洲的热带森林、稀树草原树林和有刺灌木丛。草原貒主要见于半干旱的有刺树林中。

双生西貒 西貒一胎通常产二崽，但也有的高达四崽。小环颈西貒依赖母兽的时间约六个月。

保护警报

多重威胁 除了野味业者的猎捕，引进品种带来的疾病，南美洲热带雨林的快速破坏，对活动范围大的三个品种的西貒也造成严重冲击。目前，草原貒大约只剩五千只，被列入国际自然与自然资源保护联合会的《濒危物种红色名录》中。

群居品种 所有的西貒都极具群居性。环颈西貒(上图)和草原貒由数个家庭成群而居，数百只白唇貒会聚集成群，但觅食时会分成较小的群体。和猪一样，西貒非常吵闹，用咕噜声、尖叫声和牙齿的喀答声来沟通。

河马科动物

哺乳纲
偶蹄目
河马科
(2)
(4)

河马与鲸的血缘关系，比其他有蹄类动物还密切。现存两个河马品种过着半水栖的生活，白天大多在水中休息，夜晚才上岸觅食。它们的厚皮只有很薄的一层表皮，除非定期滋润，否则，很快便会干裂。两个品种都有大头、水桶状的身体和极短的腿的特征。然而，它们的体形差异却极大。栖息在草原的食草性河马的体重，是栖息在森林的食叶性侏儒河马的七倍。由于水的浮力能分担重量，因此，它们能保存精力，需要的食物相对较少。

张开大嘴 颌关节在头颅深处，让河马的嘴能张得非常大，变成150度的大开口，比人类张大口还要宽100度。雄性下颌的大犬齿可用来当武器，争夺交配权。

水中有蹄类动物 由于缺乏汗腺，河马靠水来保持清凉。它们是游泳和潜水好手，身体密度让它们能沿河床或湖床行走，一次能潜水大约五分钟，肺部充气便能浮起来。河马的蹄有蹼，鼻孔和耳朵能在水中关闭，而眼、耳和鼻孔的位置让它只要把头顶浮出水面，便能看、听和呼吸。幼崽在水中出生和吃乳。多达40头的河马群白天会一起待在水中，大部分时间都在睡觉或休息，晚上，才离开水到陆地上觅食五六个小时。

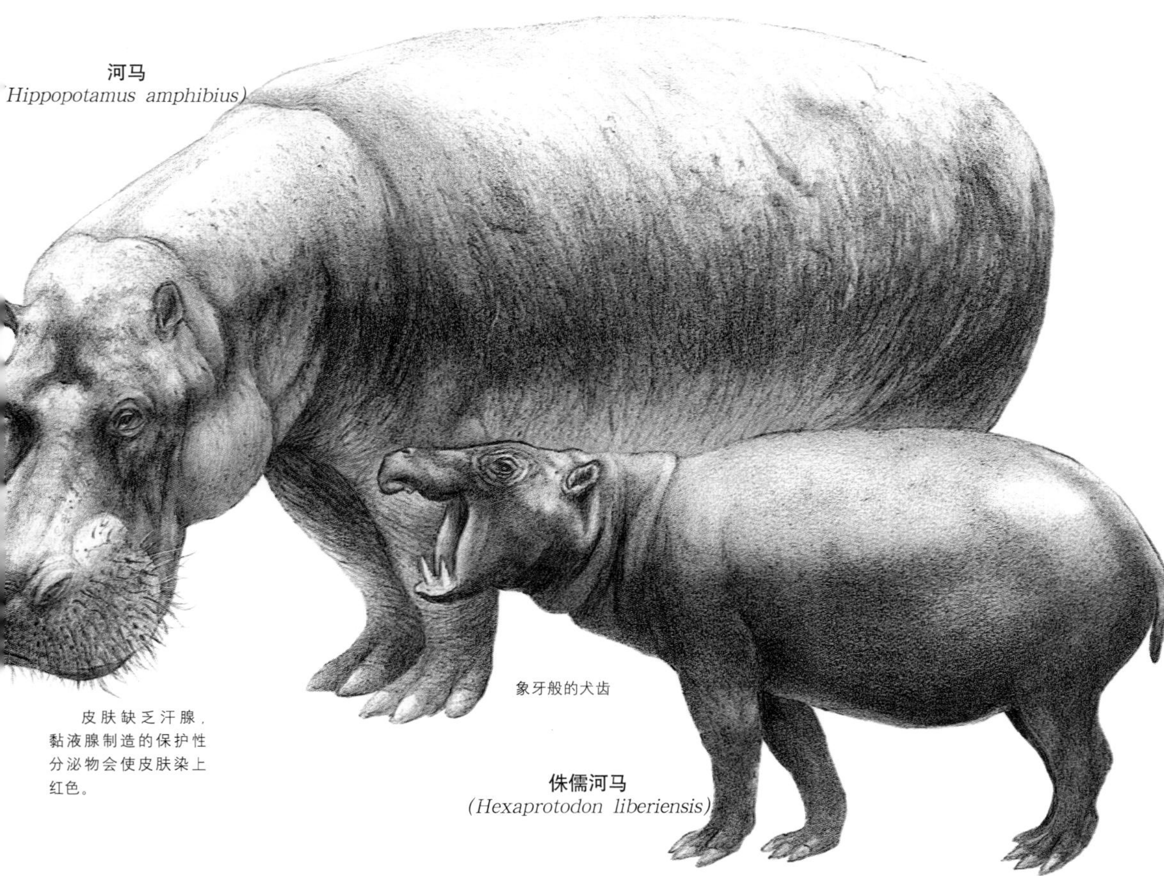

小档案

河马 数头雌河马和它们的幼崽白天一起待在水中，夜晚则单独到陆上觅食。占优势的雄河马领域性很强，会和进入它们的河岸或湖岸范围的雌河马交配。这个品种主要吃青草。

4.2米
1.5米
2吨
成群
当地常见

非洲热带和亚热带地区

侏儒河马 侏儒河马通常独栖，白天躲在河岸边大水獭的地洞里，它的食物包括植物的根茎和果实。

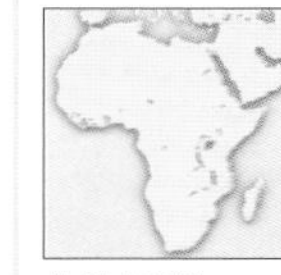

2米
90厘米
275千克
独栖或成对
易危

非洲中西部

保护警报

虽然某些地区的河马数量很多，但西非却很少。河马大群聚集的习性，使它们容易成为人类的猎物。栖息地丧失和盗猎的威胁，使侏儒河马被列入国际自然与自然资源保护联合会的《濒危物种红色名录》的中。它在茂密森林中的栖息地和独栖天性，令人难以估计出侏儒河马精确的数量。

鲸目动物

纲	哺乳纲
目	鲸目
科	(10)
属	(41)
种	(81)

由于完全过着水栖生活，鲸目中的鲸、海豚和鼠海豚可能是最特殊的哺乳动物。它们在水中觅食、休息、交配、生产和养育后代，但又和其他哺乳类一样是温血动物，得到海面呼吸氧气。群居性又有智能的鲸目动物似乎和海马一样，是同一陆地哺乳类的后裔，但它们的祖先在大约五千万年前，就适应了水中生活。历经岁月，它们像鱼一样变成流线型，毛和后肢消失，前肢变成鳍，并发展出有力的水平尾鳍，使其中的一些品种成为海中游泳最快的动物之一。

准备喷水 鲸目动物的喷水孔由鼻孔演化而来。当它们浮出水面呼吸时，会由头顶的一个或两个喷水孔喷出气体和很浓的水气。喷水孔在水中会关闭。

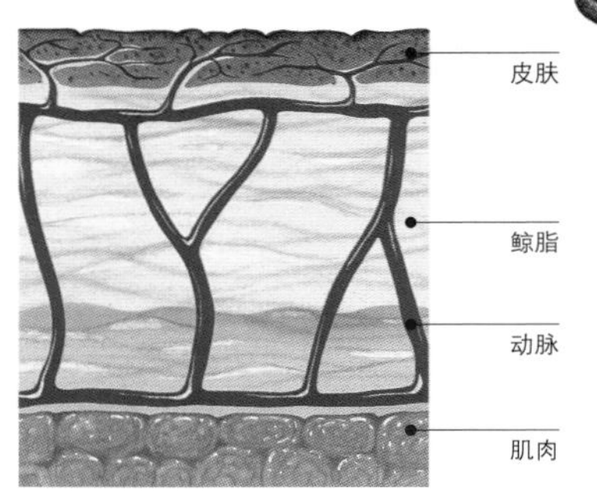

保暖和散热 由于没有毛发，鲸目动物靠皮下的一层鲸脂做绝缘体，挡住冰冷海水的侵袭。鲸脂中的动脉和静脉网络称为"奇迹网络"，能帮助鲸目动物调节体温。

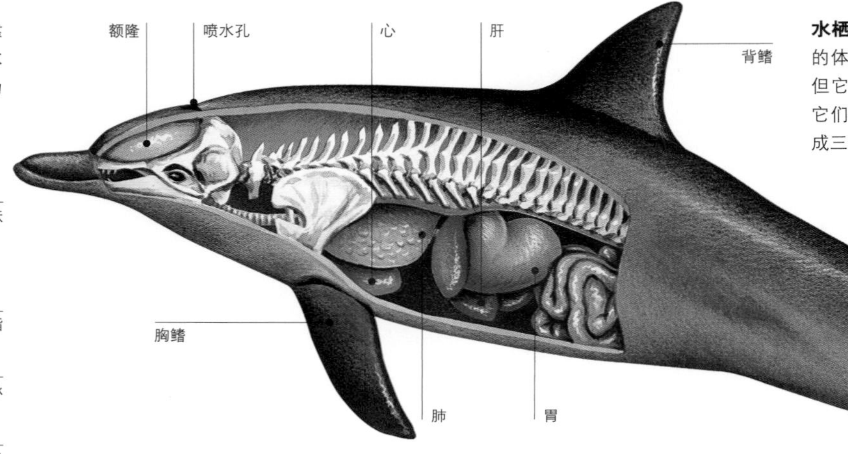

水栖哺乳动物 虽然海豚和其他鲸目动物的体形为了水中生活发生了极大的变化，但它们仍然是温血动物，靠肺呼吸空气。它们有一个分成四个房室的心脏和一个分成三室的胃。

巨大的水平尾鳍 和其他鲸目动物一样，抹香鲸以它的水平尾鳍用力地上下划动，将自己向前推进。前鳍则用来操控方向。

依附性强的幼鲸 经过漫长的娠妊期，母鲸在水中产下一崽。幼鲸以尾先头后产出后，母鲸或鲸群中的其他成员会将它顶出水面，让幼鲸吸下第一口气。在有营养的乳汁滋养下，幼鲸快速成长，但仍会跟随母鲸数年。

鲸目动物的记录

世上所有的海洋和某些河与湖都能见到鲸目动物。它们分成两个现存的亚目：齿鲸类的齿鲸亚目和须鲸类的须鲸亚目。齿鲸类包括海豚、鼠海豚和抹香鲸，它们有简单的圆椎形牙齿，能牢牢咬住滑溜溜的鱼或乌贼。须鲸类包括蓝鲸、大翅鲸、灰鲸和露脊鲸。它们是滤食性动物，用悬在口腔顶上的须状骨板，过滤大量的微小浮游生物、无脊椎动物和小鱼。

由于体重有水支撑，某些鲸类动物能长到极大的体形。蓝鲸是有史以来最大的动物，记录上的重量是190吨——差不多等于35头大象的重量，记录上的长度则为33.5米。

抹香鲸是另一种鲸目动物，据说是所有哺乳类中，能潜水最深最久的动物。据传，抹香鲸至少能潜至3050米深，潜水时间能持续超过2小时。当鲸目动物潜水时，心跳速率会减慢50%，血液由肌肉流到重要器官，让它能以非常少量的氧气存活，直到它浮上水面呼吸为止。

鲸目动物的嗅觉很差，或没有嗅觉。它们那相对较小的眼睛在水面上下，都具有还不错的视觉。所有的品种都缺少外耳，但它们的听觉极为敏感，让它们能接收到远距离外同种成员的叫声。为了找到猎物和躲避障碍，齿鲸类动物用回音定位，先发出一系列的滴答声和口哨声，再分析反射回来的声音。

声音对鲸目动物的沟通极为重要。蓝鲸和长须鲸发出的低频脉冲在海中能传递的范围极广，并能达到188分贝——是所有动物中发出的最大的声音。雄大翅鲸能发出动物界最长也最复杂的

跃身击浪 大翅鲸会连续跃出水面一百多次。这种跃身击浪显然是为了和其他鲸沟通，不过也可能有其他目的。

声音。

由于鲸目动物大部分的时间都在水中，因此，很难统计出精确数字。然而，可以肯定的是，人类的活动破坏了鲸目动物的生存。商业捕鲸(现在大多已经禁止，但挪威和日本仍有捕鲸业)、流网渔业 (常意外困住鲸目动物)和水污染，都在严重危害到鲸目动物。

群居动物 所有鲸目动物几乎在某种程度上都有群居性。齿鲸比须鲸更有形成大群体的倾向，而且，有更复杂的群体结构。成百甚至上千的短吻真海豚一起旅行，以极快的速度游泳或跃出水面。一个群体的成员通常同时进食，而且会合作狩猎，它们一起将鱼群驱赶成密度更大的鱼群。

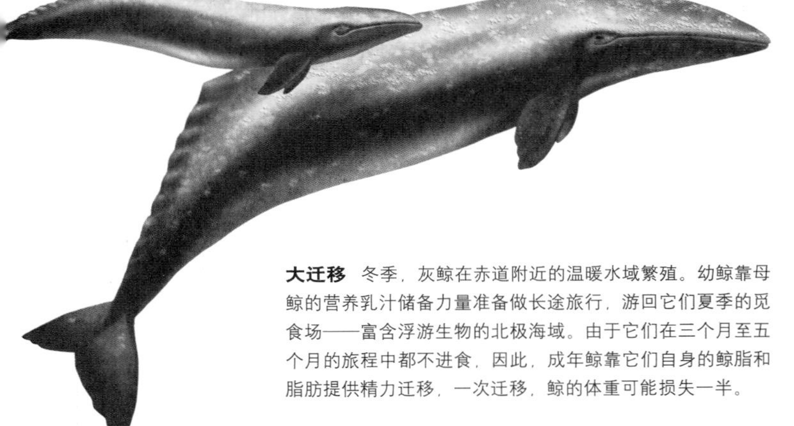

大迁移 冬季，灰鲸在赤道附近的温暖水域繁殖。幼鲸靠母鲸的营养乳汁储备力量准备做长途旅行，游回它们夏季的觅食场——富含浮游生物的北极海域。由于它们在三个月至五个月的旅程中都不进食，因此，成年鲸靠它们自身的鲸脂和脂肪提供精力迁移，一次迁移，鲸的体重可能损失一半。

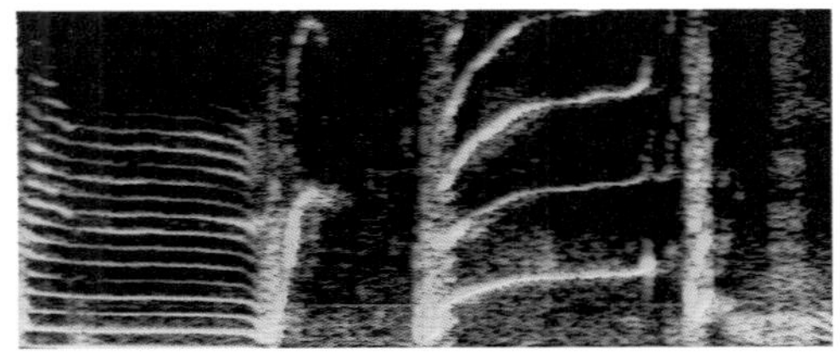

虎鲸之歌 每群虎鲸都有明显的"语言"，当它们旅行或觅食时，会使用一种重复的声音模式，此举也许能帮助它们协调行动。当它们社交时，叫声会更多样化。

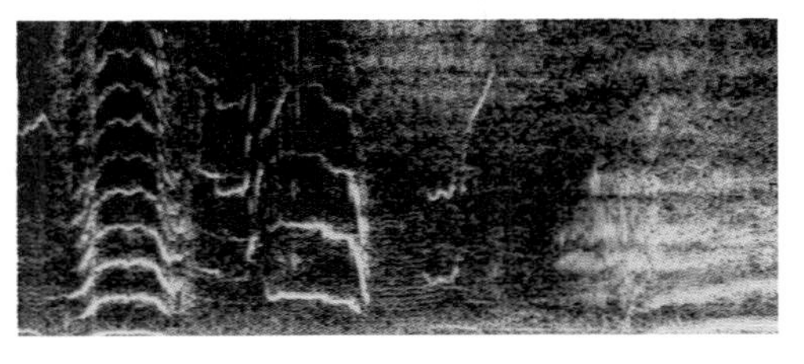

大翅鲸之歌 雄大翅鲸唱的复杂歌曲由九个主题组成，历时可达半小时。一个海洋盆地中的所有雄性大翅鲸都唱相同的歌，但可能会随时间逐渐改变。

齿 鲸

纲	哺乳纲
目	鲸目
科	(6)
属	(35)
种	(68)

大约百分之九十的鲸目动物都是齿鲸，它们属于鲸目下属的齿鲸亚目中的六个科。和体形巨大的须鲸比较，齿鲸通常有中等体形，不过，最大的抹香鲸，则是庞然大物。它们的大脑相对其他鲸而言较大，使它们成为灵长目动物以外最聪明的哺乳动物。虽然有些品种独栖，但大部分极具群居性，而且经常非常喧闹爱玩。一个群体的成员会合作狩猎，彼此照顾幼崽。大部分齿鲸以鱼或乌贼为主食，但有一个品种——虎鲸，会主动追捕温血猎物，例如海豹和其他鲸的幼崽。

致命的牙 齿鲸有尖锐的圆椎状牙齿：吃鱼的海豚有无数颗细小的牙。虎鲸会猎捕海洋哺乳动物的幼崽，有较少但较大的牙（上图）；吃乌贼的喙鲸，上下颌都只有一颗牙。

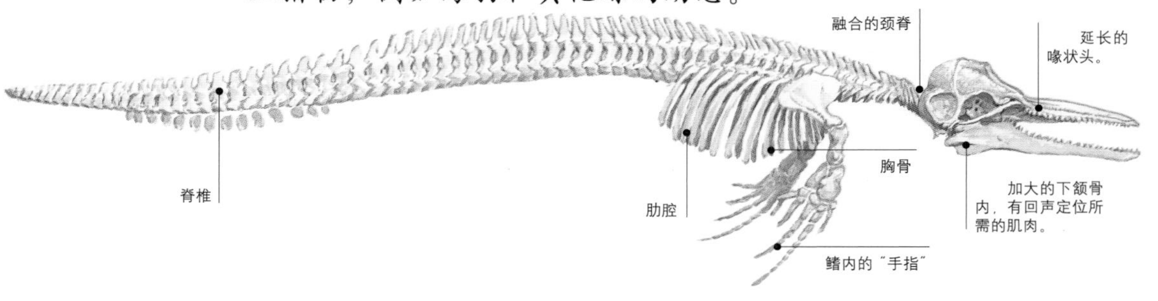

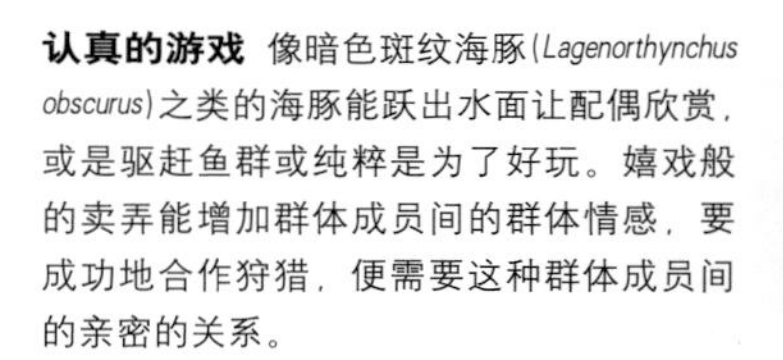

长而窄 齿鲸的骨胳已经将陆地哺乳类祖先的骨胳大为修正：后肢消失，前肢变成鳍肢，只是五根手指还存在。头部通常窄长，形成一个长喙。

认真的游戏 像暗色斑纹海豚(*Lagenorthynchus obscurus*)之类的海豚能跃出水面让配偶欣赏，或是驱赶鱼群或纯粹是为了好玩。嬉戏般的卖弄能增加群体成员间的群体情感，要成功地合作狩猎，便需要这种群体成员间的亲密的关系。

群聚的品种 大约十几头有亲属关系的雌抹香鲸和它们的幼崽，会形成很密切的群体。成年鲸会彼此照顾幼崽，并保护受伤成员，不受猎食者猎捕。年轻的雄鲸会离开，形成单身群体，但随着年纪增加，群居性会越来越少。

保护警报

68种齿鲸亚目动物中，82%列在国际自然与自然资源保护联合会的《濒危物种红色名录》中，请见下表：

2种极危
2种濒危
4种易危
10种有赖保护
38种数据缺乏

群居的鲸目动物

齿鲸亚目中多样化的成员包括抹香鲸、海豚、虎鲸和领航鲸(被一起归类为海豚科)、鼠海豚和江豚。它们大多有加长的喙状头和尖锐的圆椎状牙齿，能牢牢地咬住猎物，但不能咀嚼。由于它们只有一个喷水孔，因此，头颅并不对称。它们有一个充水的器官，名叫额隆，据说，是专门用来收集回声定位和用于沟通的滴答声的。抹香鲸的额隆特大，而且充满一种名为鲸蜡的油。这个有鲸蜡的器官可能也有助于让声音定位。

齿鲸有颇为可观的群体组织。大部分的群体都以雌鲸为中心，雄性于青春期离开群体。但雄虎鲸和领航鲸终生都不离开原生群体。江豚偏好形成小群体，甚至独栖。河口性海豚形成较大的群体，因为它们的猎物集中于特定地区，而且，面对的猎食者也较多。在深海，有近亲关系的小群体会形成暂时性的大群，大群内有数以千计的海豚。

虽然海豚以温和爱玩闻名，但它们也会争斗。群体生活常得面对食物或交配的竞争，而且可能导致肢体冲突。许多齿鲸都有牙齿划过的痕迹，便是这类遭遇战留下的伤疤。

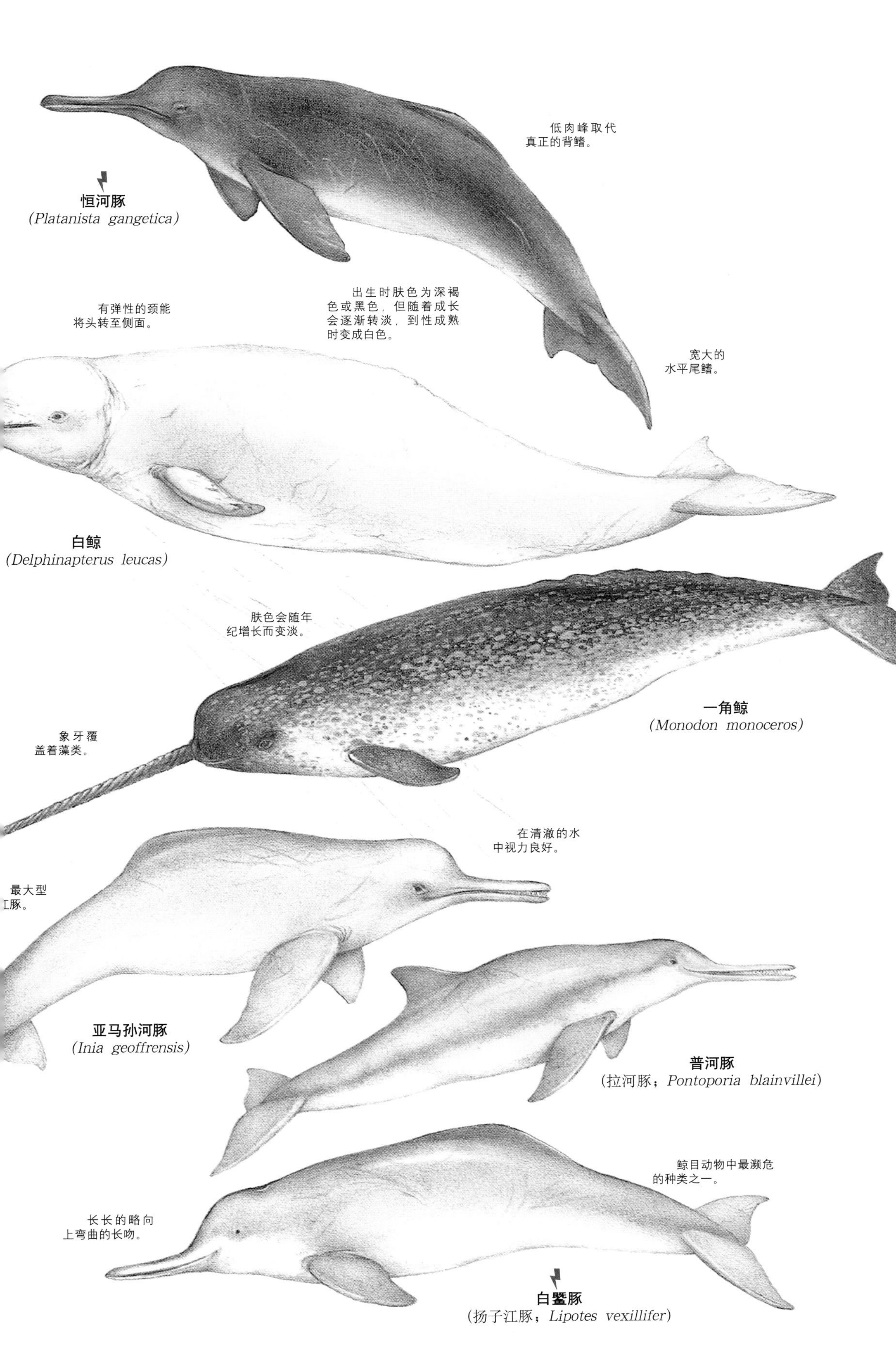

小档案

恒河豚 这种江豚几乎全盲，全靠回声定位在混浊的栖息水域中游动，并用口鼻刺探泥泞的河底，寻找虾和鱼。和所有江豚一样，这个品种受污染、修筑水坝和猎捕的严重影响，目前仅存数千只。

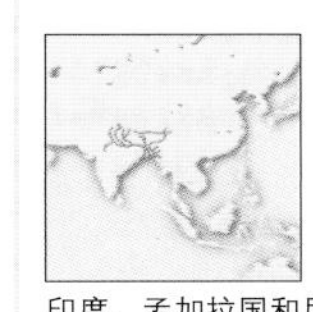

3米
90千克
独栖
濒危

印度、孟加拉国和尼泊尔的河流

白鲸 这种群聚的动物有表情丰富的面孔，并用很多声音来沟通。它们的昵称为“海中金丝雀”，会发出滴答声、拍掌声、牛叫声、鸟的啁啾声、口哨声和铿锵声。

5米
1500千克
不一定
易危

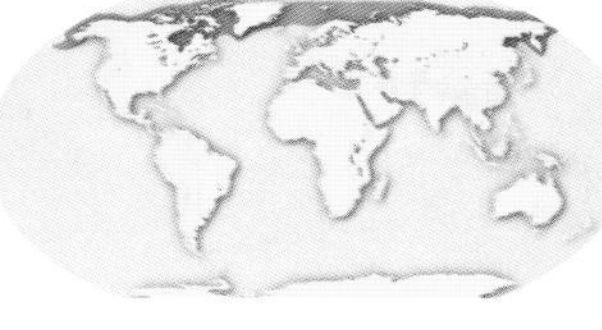

北冰洋和圣劳伦斯湾

海中的独角兽

一角鲸只有两颗牙，二者都在上颌。雌性的牙通常埋在牙床中，但雄性的左牙会长出来，变成一根非常长，又有致密螺纹的长牙，长度可达3米。

6米+长牙3米
1600千克
不一定
数据缺乏

北冰洋

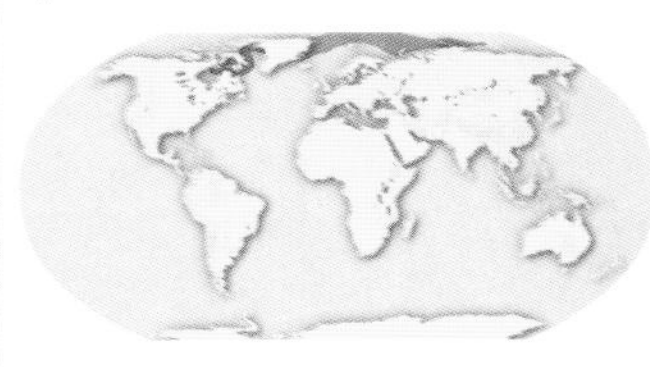

比剑用的长牙 *雄一角鲸用长牙的大小向其他雄性宣示它的力量，竞争对手也用长牙来当武器。*

小档案

瓶鼻海豚 这个品种在海洋公园中，最常见到它们的表演。在野外，近海和外海都常见到它们形成十几只的群体，有时甚至会形成数百只的大群。它们为了觅食，活动范围很广，游泳时的平均时速为20千米。

4米
275千克
不一定
数据缺乏

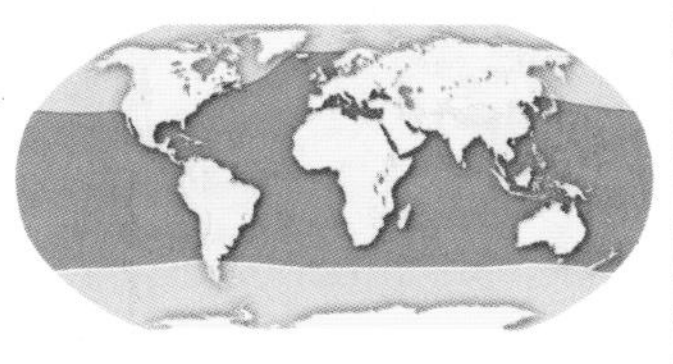

温带到热带海洋

短吻真海豚 这种小型动物是数量最多的海豚品种，它们常以数百只，甚至数千只成群生活；觅食时，还可能加上斑纹海豚或瓶鼻海豚。

2.4米
85千克
小至大群
常见

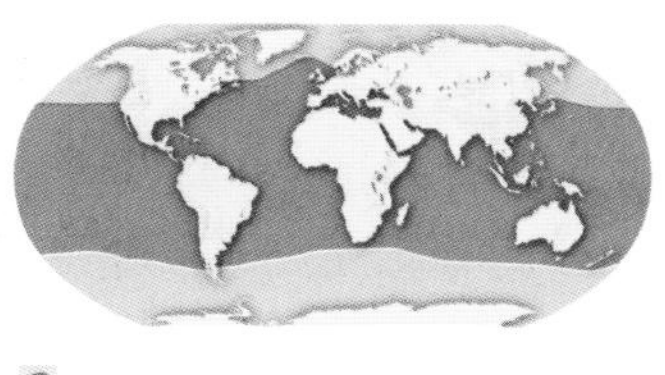

温带到热带海洋

缠在网中的牺牲品

商业渔业所用的大拖网对海豚是极大的威胁，它们常因追随猎物而进入网中被网缠住。由于无法浮到水面呼吸，不久海豚便会淹死。拖网上设立更显眼的一些措施虽有帮助，但每年仍有数以千计的海豚意外被网住。

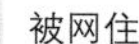

小档案

虎鲸 这种食性广泛的猎食者会成群狩猎，团团困住鱼群和乌贼；有时，让自己冲上海滩，捕捉岸上的海狮，或弄翻浮冰，让海豹和企鹅纷纷落水，再进行猎捕。

9.8米
9吨
不一定
依赖保护

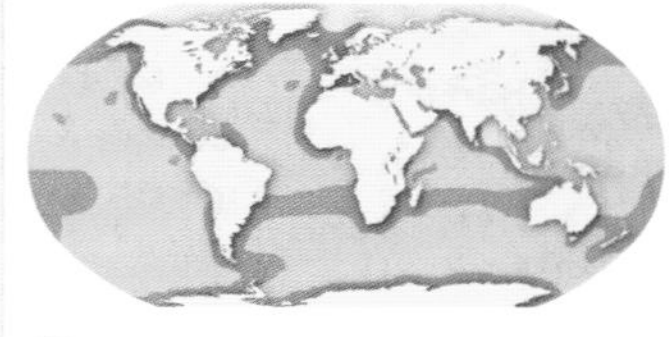

全球，但两极海域特别多

伊洛瓦底江豚 这个品种偏好浅水海域，但也能永久生活在淡水河中。会形成6只到15只的群体。

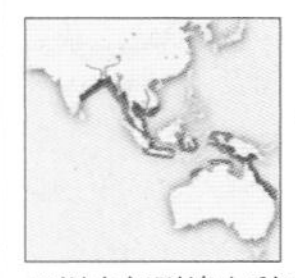

2.8米
200千克
家庭团队
数据缺乏

亚洲南部到澳大利亚北部的海洋和河流

小虎鲸 这个品种主要以鱼和乌贼为生，但也会攻击其他小型鲸目动物。

2.8米
156千克
成群
数据缺乏

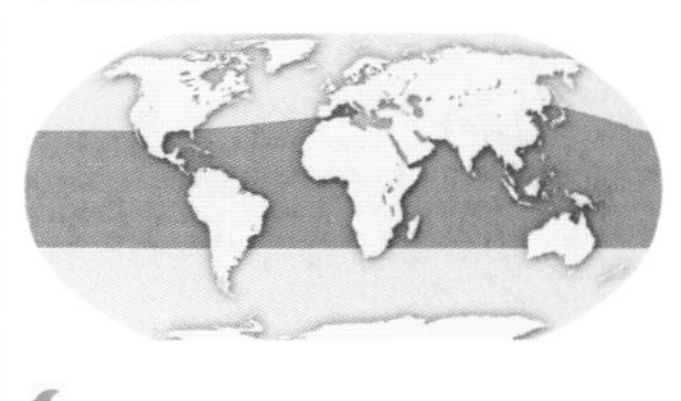

热带到亚热带海洋

以声音寻物

为了分辨去路和定位猎物，齿鲸会发出一连串高频的滴答声，再定位回声。滴答声由鼻腔通道中的软组织发出，头部充满油脂的额隆也有助于将滴答声聚焦成一个窄的音束。

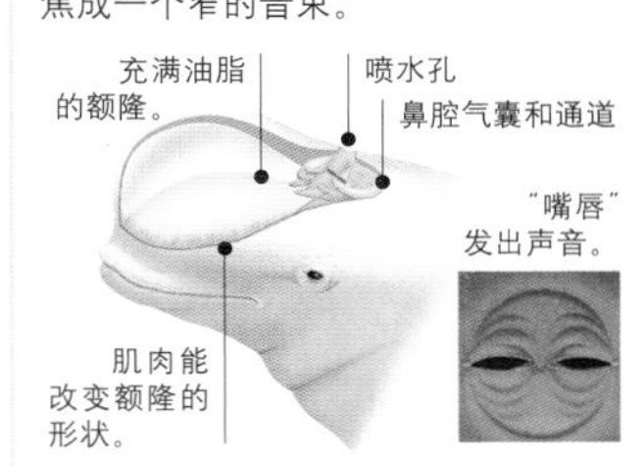

小档案

黑框鼠海豚 这种鼠海豚不像其他小型鲸目动物那么爱耍特技，只在水中慢慢游动。它们通常独栖或成对生活，以鱼类和乌贼为生。

2.1米
115千克
独栖或小群
数据缺乏

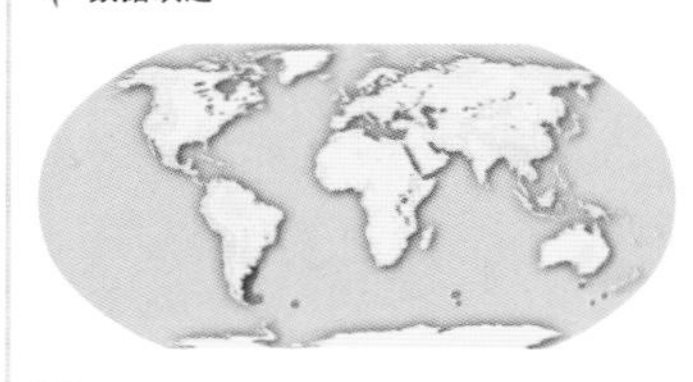

阿根廷、塔斯马尼亚岛和南极周围群岛海域

棘鳍鼠海豚 这种动物的种名（*spinipinnis*）是“有刺的鳍”之意，因为沿着它的背鳍前沿，会产生小突起，这是其他鼠海豚大多也有的特征。

1.8米
70千克
小群
数据缺乏

秘鲁到巴西海洋和近海水域

太平洋鼠海豚 这个品种只见于加利福尼亚湾北部，比其他鲸目动物的分布范围狭窄。它显然是演化自南美洲的棘鳍鼠海豚，当热带水域变暖时，被隔离在北半球。

1.5米
55千克
未知
极危

科罗拉多河出海口和加利福尼亚湾

港湾鼠海豚 较圆的体形和较小的鳍肢、尾和背鳍，减少了这种鲸目动物的表面积。加上体内一层鲸脂，所以，它虽然体形小，也能在较冷的水域存活。

1.9米
65千克
不一定
易危

北半球温带水域

高明的狩猎策略

为了在海中得到丰富的食物，鲸目动物发展出多样的肢体特征和狩猎策略。须鲸巨大的嘴能吞下大量的小动物，齿鲸则依赖回声定位，寻找追逐它的猎物。许多品种都采用合围狩猎，以一套声音来沟通下一个动作。这种策略的成功，得归于它们的群体鼓励亲密的结构关系。

大翅鲸猎食 许多大翅鲸(上图)会同步猎食，一起冲向鱼群或将分散的猎物驱赶成更密集的猎物群。以气泡"网"围猎(下图)时，大翅鲸边吐气边在水面旋转，产生一大张气泡网，困住小小的猎物。然后，大翅鲸再冲进"网中"央饱餐一顿。

1. 慢慢吐气 当大翅鲸往水面旋转时，会慢慢吐气，产生许多气泡柱。小群的鱼会被困在气泡网中。

2. 同心协力 气泡网可能由一只大翅鲸制造，也可能由数头鲸一起合作。

3. 冲刺捕食 一旦鱼被气泡网困住，大翅鲸便由网的中心向水面冲刺，并张大嘴将猎物吞下。

回声定位 齿鲸以回声定位追踪猎物。海豚每秒能发出600次滴答声，分析回声后，建立周围环境的图像，包括猎物的位置。虎鲸追逐鱼群时用回声定位，但猎捕其他鲸目动物时，更依赖视觉，因为，猎物会因滴答声而提高警觉。

发送的声音

返回的回声

海底觅食者 灰鲸以浅水区的底栖性甲壳类、软体动物和蠕虫为生。它潜到海床，侧转身体，再吸进满嘴的沉积物。当它将沉积物推出去时，猎物会被鲸须过滤出来。

互助合作和单独行动 虎鲸以所在地最丰富的猎物为主食，因此，猎物种类决定它们的狩猎方法。当鲑鱼和鲱鱼等鱼类很普遍时，虎鲸常会合作狩猎。在阿根廷，单独的虎鲸会冲上岸，捕捉年幼的海狮(上图)。

小档案

抹香鲸 抹香鲸的食道大得能吞下一个人。这种能深潜的哺乳动物有时也吃鲨鱼和较大的鱼类，不过，它的主食是巨乌贼、章鱼和深海鱼类。它们有聚居性，常以30头至100头之数成群生活。

18.5米
70吨
不一定
易危

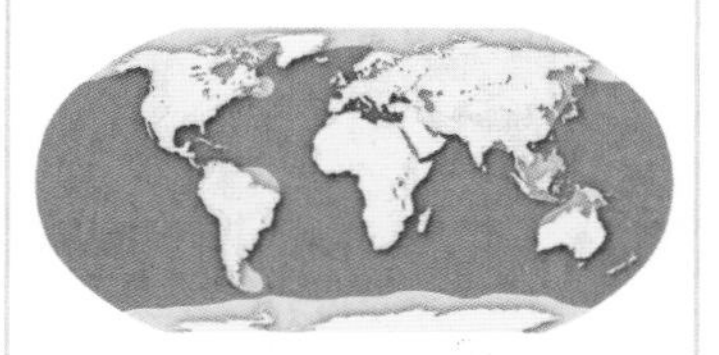

温带和热带海洋

贝尔氏喙鲸 大约六头至三十头贝尔氏喙鲸在一头优势雄鲸的带领下，在外海深水处过着群体关系紧密的群居生活。竞争领导地位通常会导致肢体冲突，因此，大部分雄鲸的喙和背都有疤痕。

13米
15吨
不一定
有赖保护

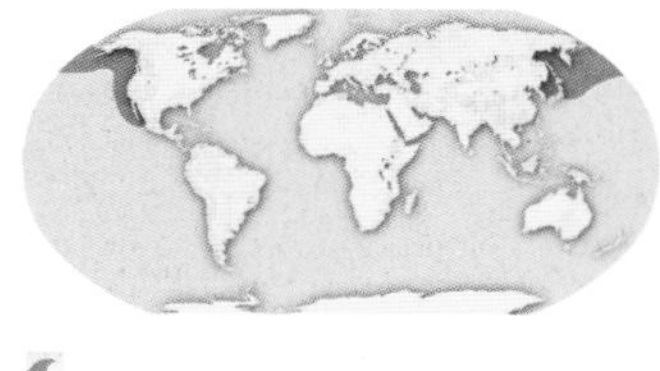

北太平洋

长牙的喙

贝尔氏喙鲸吸水捕食乌贼，因此，几乎都没有牙齿。但雄鲸的一对或两对牙会由嘴里长出来，形成象牙似的长牙，这显然有武器的用途。

裹起来

雄带齿喙鲸(Mesoplodon layardii)的一对牙齿长得特别长，而且会包住上颌，结果它的嘴只能打开约2.5厘米宽。

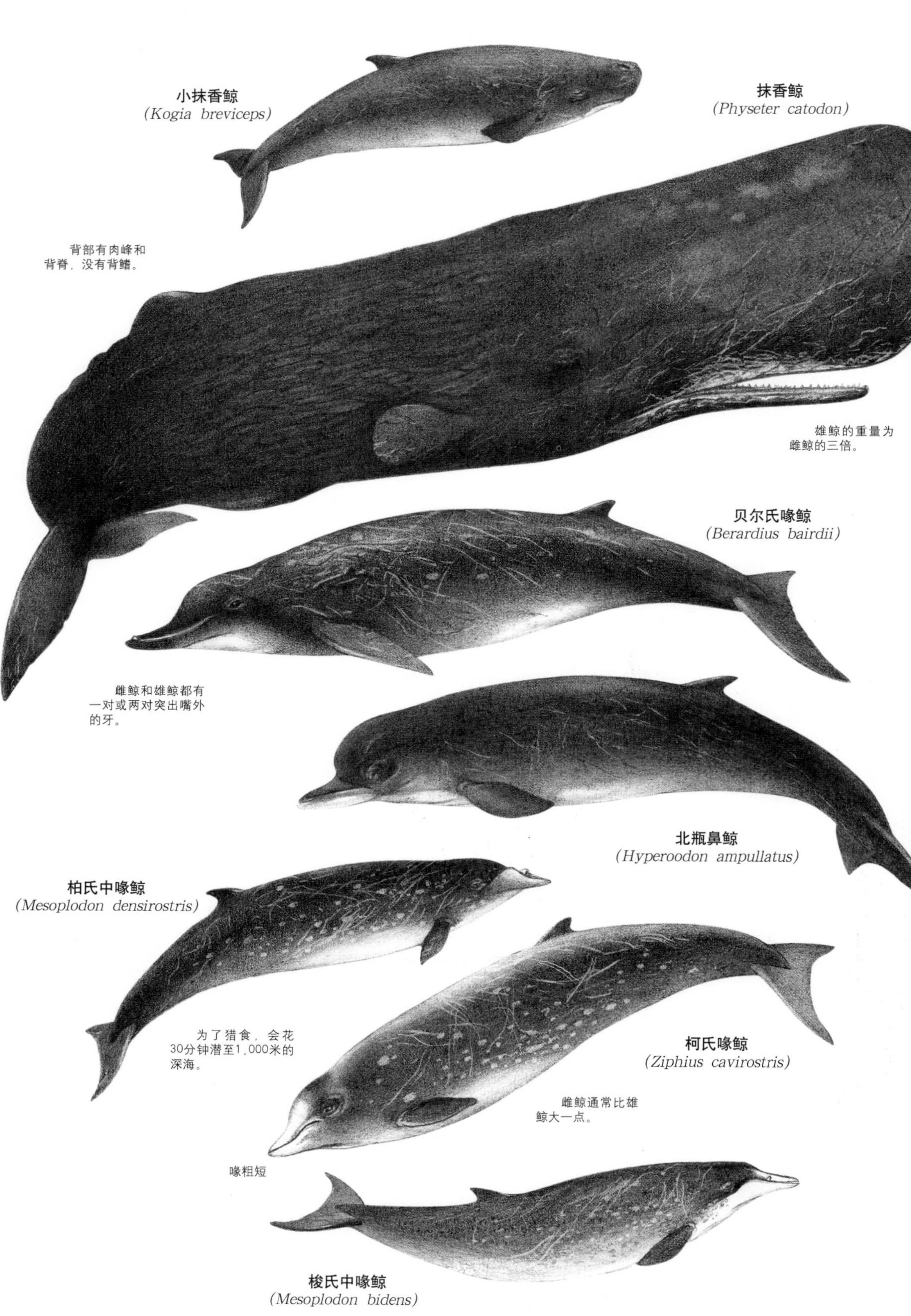

须　鲸

哺乳纲
鲸目
(4)
(6)
(13)

海洋巨人须鲸属于鲸目下属的须鲸亚目，共四个科，都以微小的猎物为生。它们用筛子状的须板，滤食水栖的无脊椎动物和小鱼。它们那庞大的体形在寒冷水域极占优势，因为和体重相比，它们能丧失体温的表面积很小。厚层的鲸脂有绝缘作用，而且，许多品种会做年度大迁移，此时，便得利用这些鲸脂。全球所有的海洋都能见到须鲸亚目动物，它们包括灰鲸、露脊鲸、北极露脊鲸和鳁鲸——它由蓝鲸、长须鲸、塞鲸（黑鳕鲸）、布氏鲸、大翅鲸和小须鲸组成。

合法捕鲸 基于营养和文化理由，因纽特人（上图）每年都获准猎捕小量的北极露脊鲸。由于19世纪的商业捕鲸，使北极露脊鲸数目严重减少，但目前似乎正在缓慢恢复中。

大口 和其他鳁鲸一样，大翅鲸的喉咙有皱折，当它们吞进海水和浮游生物时，皱折会打开形成巨大的囊袋，接着喉咙再收缩，逼出海水，将猎物困在须板内。

显目的记号 露脊鲸最显目的是头部有胼胝。成片的硬化茧皮常被鲸虱和藤壶等寄生虫感染。雄鲸的胼胝比雌性略大，显示它们是用来与竞争对手争斗的武器。

鲸须和鲸脂

须鲸能用嘴掠过水面捕食，或大口吞食。露脊鲸慢慢地沿水面游动，将它们的长须板所碰到的小动物，都吸进口中。鳁鲸则张开大嘴，冲进一群鱼中，吞进海水，再以舌头逼出海水，用它们的短须板过滤鳞虾和其他水生动物。灰鲸在海底觅食，用它们的粗须滤食沉积物中的甲壳类和软体动物。

须鲸的大部分猎物都很微小，因此，需要大量进食才能生存。夏季期间，一头大型蓝鲸一天会吃下四吨的鳞虾。其他时期则很少进食，只靠夏季贮存的鲸脂为生。

鲸须和鲸脂是这些水中巨兽生存的利器，但也吸引着商业捕鲸业。自1985年，所有的商业捕鲸行动便已暂停，但挪威和日本并未实行，已受到世人的谴责。

质轻的骨头 鲸类动物的骨胳不是为了支撑它们的体重，而是要固定肌肉。骨头质轻多孔，充满油脂。须鲸最戏剧化的特征是巨大的头部。

和身体尺寸相较，头部极其庞大。

拱形的喙内有须板。

没有胸骨

阴茎肌肉中有后肢和骨盆的遗迹。

保护警报

13个须鲸亚目品种全列入国际自然与自然资源保护联合会的《濒危物种红色名录》中，请见下表：

5种濒危
1种易危
4种有赖保护
3种数据缺乏

小档案

蓝鲸 蓝鲸是地球上最大的动物，在夏季主要进食季节期间，一天要吃下大约4吨的鳞虾。新生蓝鲸至少有5.9米长，一天要吃190升的乳汁，每个小时会增加3.6千克的体重，并能继续活上110年。20世纪早期和中期，蓝鲸遭到滥捕，目前，残存的种群只剩6000头至14,000头。

33.5米
190吨
不一定
濒危

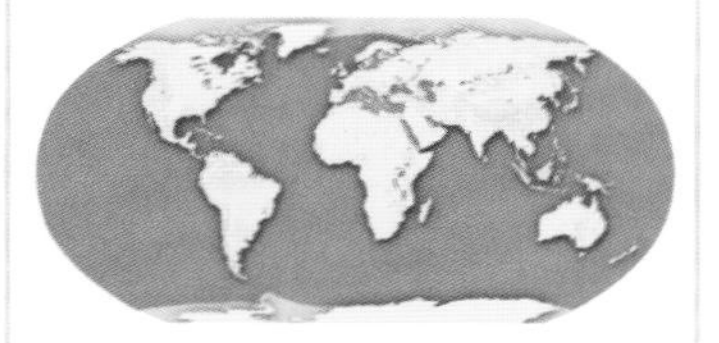

北冰洋高纬度地区以外的所有海洋

长须鲸 长须鲸的体形只逊于蓝鲸，其游动时速可高达37千米，这使它成为游速最快的鲸目动物。虽然这个品种能以300头或更多的数目一起迁移，但更常见到它们成对或数只组成小群一起活动。

25米
80吨
不一定
濒危

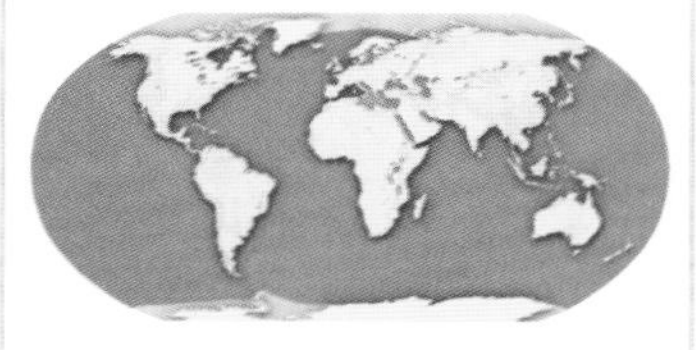

北冰洋高纬度地区以外的所有海洋

北露脊鲸 这个品种体内充满油脂，容易捕捉，早期的巴斯克捕鲸人称它们为"最适合"猎捕的鲸类。目前，它们只剩数百只。

18米
90吨
不一定
濒危

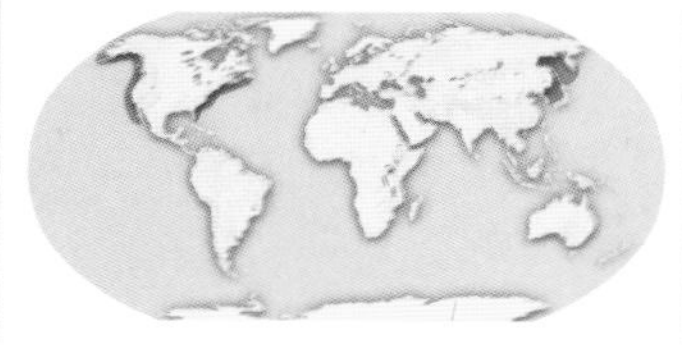

北太平洋和北大西洋西部

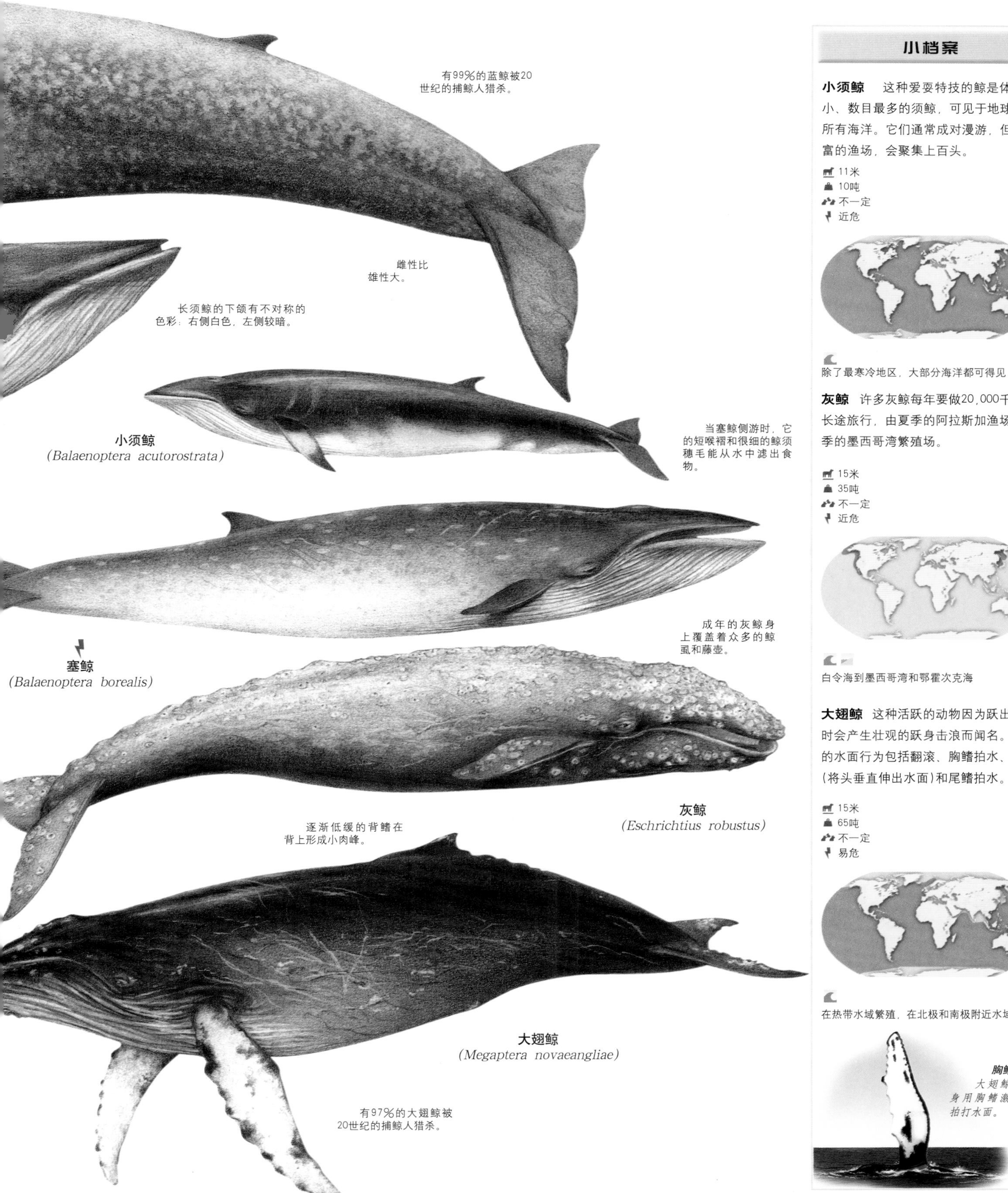

小档案

小须鲸 这种爱耍特技的鲸是体形最小、数目最多的须鲸，可见于地球上的所有海洋。它们通常成对漫游，但在丰富的渔场，会聚集上百头。

- 11米
- 10吨
- 不一定
- 近危

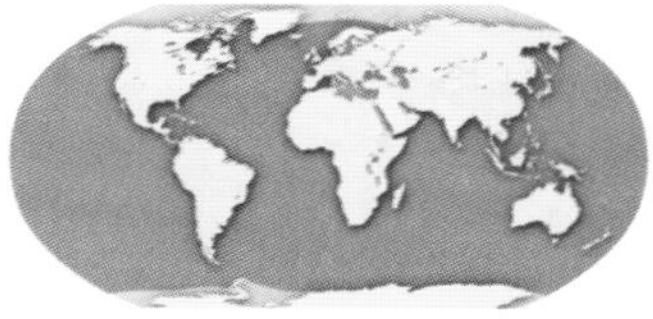

除了最寒冷地区，大部分海洋都可得见

灰鲸 许多灰鲸每年要做20,000千米的长途旅行，由夏季的阿拉斯加渔场到冬季的墨西哥湾繁殖场。

- 15米
- 35吨
- 不一定
- 近危

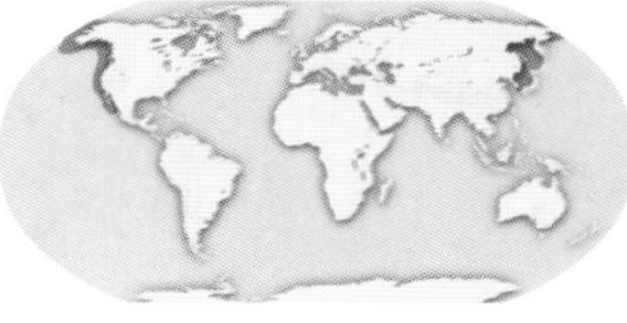

白令海到墨西哥湾和鄂霍次克海

大翅鲸 这种活跃的动物因为跃出水面时会产生壮观的跃身击浪而闻名。其他的水面行为包括翻滚、胸鳍拍水、浮窥（将头垂直伸出水面）和尾鳍拍水。

- 15米
- 65吨
- 不一定
- 易危

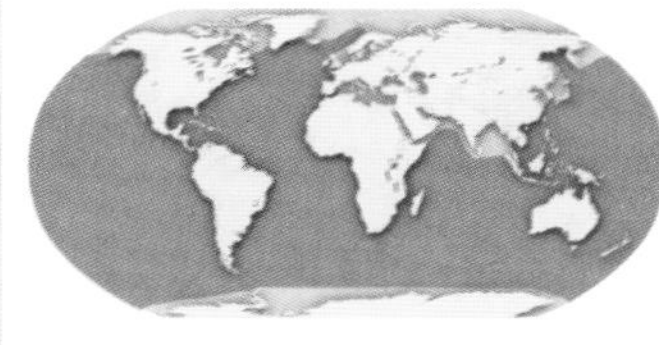

在热带水域繁殖，在北极和南极附近水域觅食

胸鳍拍水
大翅鲸会侧身用胸鳍激烈地拍打水面。

啮齿目动物

纲	哺乳纲
目	啮齿目
科	(29)
属	(442)
种	(2010)

啮齿目动物有2010种，在所有哺乳动物中，这一目的物种占了40%以上，而且，几乎已定居在地球上的所有栖息地。它们如此成功的关键是能快速且大量地繁殖，在严苛的情况下也能生存，并能善用有利的条件。此外，大多数啮齿目动物体形小，这也让它们能利用许多微小的栖息地。虽然啮齿目动物是最早的胎盘哺乳动物之一，最早的啮齿目动物化石可追溯至5700万年左右，但最大的鼠科(大鼠和小鼠)，却直到500万年前才出现，不过，它们的品种数几乎已经占啮齿目动物的2/3。

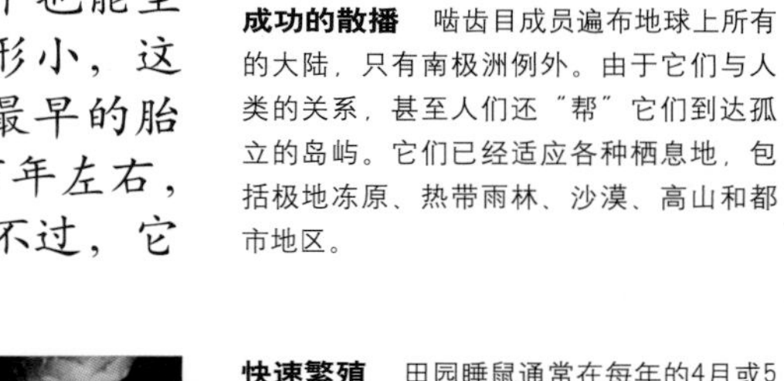

成功的散播 啮齿目成员遍布地球上所有的大陆，只有南极洲例外。由于它们与人类的关系，甚至人们还“帮”它们到达孤立的岛屿。它们已经适应各种栖息地，包括极地冻原、热带雨林、沙漠、高山和都市地区。

永久的害虫 啮齿目动物是杂食者，繁殖快速，其中有许多靠人类而更见茁壮。黑家鼠(左图)之类的害虫不只吃大量农作物和粮食，还会以它们的排泄物污染食物，散播疾病。

快速繁殖 田园睡鼠通常在每年的4月或5月冬眠苏醒，并进行繁殖。经过22天至28天的短暂妊娠期，雌鼠产下2只至9只崽鼠。新生幼鼠完全依赖母鼠，而且得再等21天，才会张开眼睛。6周后便能独立生活，快速生长，直到第一次冬眠到来。虽然有些啮齿目品种6周大便能繁殖，但田园睡鼠得经过一年，才能达到性成熟。豢养的田园睡鼠可活五六年，以啮齿目动物而言，这是寿命最长的。

典型的啮齿目动物 褐家鼠有典型的啮齿目动物构造，身体结实、腿短、脚有爪、尾长，还有敏锐的须。优异的嗅觉和视觉有利于啮齿目动物找到食物，躲避猎食者。

一致的构造

啮齿目动物的体形由不到5厘米长，仅有5克重的侏儒跳鼠，到长度超过1.3米，重达64千克，很有分量的水豚都有。然而，典型的啮齿目动物都有小而粗壮的身材，腿短，有尾。

啮齿目动物最显著的特征是牙齿的排列。所有啮齿目动物的口部前方，都有两对特别锐利的切齿，它们能啃穿种子、坚果和其他坚硬物，以吃到里面的营养食物。切齿会持续生长，并能互相磨擦，自动变利。切齿后没有犬齿，一个名叫牙间隙的缝隙让它在啃东西时，能闭着嘴唇，不能吃的物质便不会进入口中。嘴的后侧有一系列臼齿，它们能磨碎啮齿目动物的植物性主食。

虽然，有些啮齿目是肉食动物，但大部分都是杂食者，吃叶子、浆果、坚果和种子，以及毛毛虫、蜘蛛和其他小型无脊椎动物。那些无法消化的纤维质，在消化系统中由大盲肠(阑尾)里的细

有弹性的觅食者 居住在温带森林里的红松鼠主要吃种子和坚果，但也会吃花、幼苗、蕈类和小型无脊椎动物。它们会建造贮藏室，埋藏种子和坚果等到寒冷的冬季再食用。

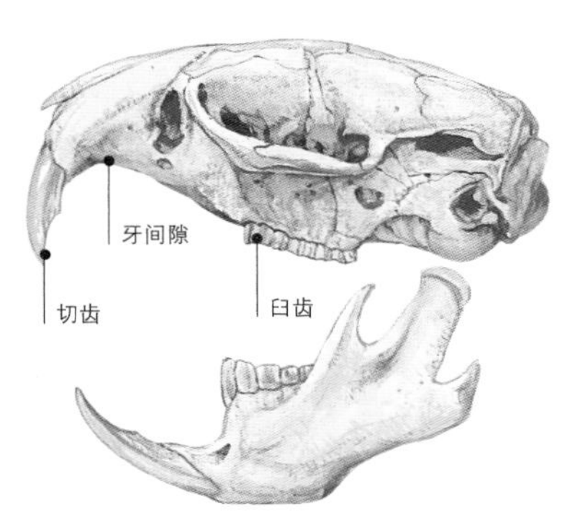

专门啃咬的牙 一个名叫牙间隙的缝隙将啮齿目动物咀嚼用的臼齿和持续生长的锐利切齿隔开。牙间隙让它们在啃东西时，嘴唇能在切齿后紧闭，将不能吃的东西挡在嘴外。

生态角色 啮齿目动物是仓枭等中型猎食者的主要猎物。它们在生态链中占有重要的角色。它们散布蕈类种子，滋养树根，对北美洲和澳大利亚森林也很重要。

啮齿目动物的尾巴 啮齿目动物多样化的生活方式反映在各种形状和功能的尾巴上（右图）。美洲飞鼠（*Glaucomys sabrinus*；上图）在树上滑翔时，尾巴有操控方向和稳定的作用。

菌分解。

有些品种会将处理过的食物排出肛门，再吃一次，从中取得更多的营养，再以干丸状的粪便排出，这个过程称为食粪行为。

啮齿目动物既聪明又机巧，能将差不多一致的构造发挥多样化的用途。许多品种是地栖性，会在森林、草原、沙漠或人类聚居地寻找食物，其他的大部分时间都待在树上，在树枝上快跑，有些还会在树木间滑翔。有些品种在复杂的地洞网络中求生，有些则是游泳好手，能过半水栖的生活。虽然少数啮齿目是独栖动物，但大部分具有高度群居性，这个特征的极致是数千只草原犬鼠组成的“城镇”。

啮齿目动物以前曾根据颌肌的排列，分成三个亚目：松鼠形亚目、鼠形亚目和天竺鼠形亚目。这种分类至今仍非正式使用，以求方便，但基因证据显示，它们只分成两个亚目：松鼠亚目，包括所有松鼠形和鼠形亚目，加上豚鼠形亚目的一个梳齿鼠科。再就是豪猪亚目，包括其他豚鼠形亚目。

保护警报

有些啮齿目品种依赖人类环境大量繁衍，已经成为害虫。但有些只局限于某些范围，且因人类的活动而受到威胁，甚至趋于灭绝。在2010种啮齿目动物中，有33%的列入国际自然与自然资源保护联合会的《濒危物种红色名录》中，请见下表：

32种灭绝
68种极危
95种濒危
165种易危
5种有赖保护
255种近危
49种数据缺乏

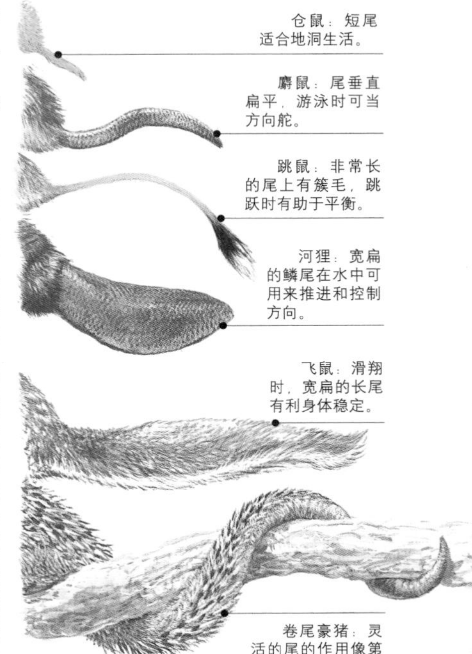

松鼠形亚目动物

纲	哺乳纲
目	啮齿目
科	(8)
属	(71)
种	(383)

松鼠、河狸和另外几科啮齿目动物总称松鼠形亚目动物，共有383个品种。它们的颌肌排列让它们有有力的前咬能力。它们有简单的牙，每排牙齿都有一颗或两颗前臼齿，这是其他啮齿目动物亚目所没有的特征。除了颌肌和前臼齿，松鼠形亚目各科共有的特征不多，可能是啮齿目动物在早期演化时，分化的结果。它们包括河狸（河狸科）、山狸（山狸科）、松鼠（松鼠科）、囊鼠（囊鼠科）、小囊鼠（更格卢鼠科）、鳞尾松鼠（鳞尾松鼠科）和跳兔（跳兔科）。

冬眠 从每年的10月到来年的3月或4月，土拨鼠（*Marmota monax*）在地下洞穴中冬眠。此时，它的心跳减慢，体温下降，靠体内的脂肪为生。春季从地洞中出来后不久，便会交配。

树上跳跃专家 红松鼠之类的树松鼠在树木之间跳跃时，会伸展四肢，身体变扁，并略微拱起尾巴，好让它的表面积增至最大。长而蓬松的尾有舵的作用。

群居的物种 草原犬鼠生活在很大的“城镇”中，有复杂的群体结构。“城镇”内有许多家族，即一只雄鼠、数只有亲缘关系的雌鼠和它们的后代组成的群体。一个家族的成员共享地洞和食物。

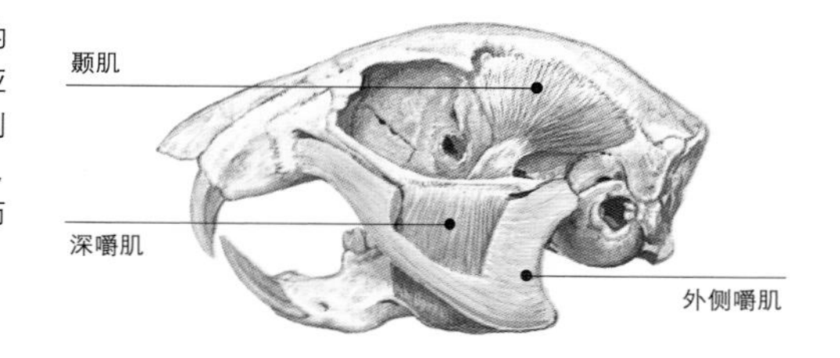

有力的前咬能力 咀嚼用的肌肉称为嚼肌。在松鼠形亚目动物中，外侧嚼肌延伸到口鼻处，当它们张口咬时，会将颌往前拉。深嚼肌短而直，而且很接近颌部。

保护警报

383种松鼠形亚目动物中，有21%的被列入国际自然与自然资源保护联合会的《濒危物种红色名录》中，请见下表：

8种极危
11种濒危
3种有赖保护
58种近危
2种数据缺乏

洞栖者和跳跃者

松鼠科的松鼠占所有松鼠形亚目动物的3/4。树松鼠白天活动，有长而轻盈的身体，尖锐的爪子适合攀附在树枝上，优异的视力能判断距离。它们的移动方式为在树枝上奔跑，能头下尾上地爬下树干，或在树木间跳跃。夜行性的飞鼠靠长在身体两侧的有毛飞膜协助，在空中滑翔。树栖性的松鼠大多以浆果、坚果、种子、幼苗和树叶为生，也会辅以昆虫。地栖性的松鼠包括地松鼠、草原犬鼠、土拨鼠和花鼠，它们偏好青草和香草。这些地栖性品种，许多有群居性，并有复杂的群体组织。

鳞尾松鼠和真松鼠只是远亲。和树松鼠一样，几乎所有品种的鳞尾松鼠都有滑翔膜。

河狸有流线型的身体、扁平的尾和蹼状的爪，体形优异，适合长时间在水中生活。它们的大切齿让它们能切断树木，建造水坝和木屋。

囊地鼠、小囊鼠、山狸和跳兔都是栖息在地洞中的松鼠形亚目动物。囊地鼠和小囊鼠都会将食物藏在口中两侧的颊囊中。

小档案

十三纹地松鼠 这种松鼠形亚目动物白天活动，主要以草和种子为生，会以颊囊将一些食物运到地下贮藏室中。

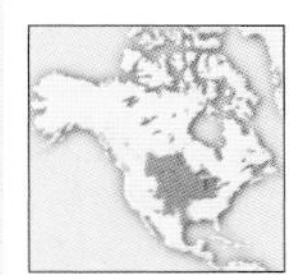

18厘米
13厘米
270克
独栖
当地常见

北美洲中部高草草原

黑尾草原犬鼠 这种群居品种的成员一起游戏、理毛，并以一套叫声沟通。一种警告的吠叫声表示“有危险”，另一种吠叫声表示“状况解除”。

34厘米
9厘米
1.5千克
家庭团队或成群
近危

北美洲西部矮草草原

山狸 山狸是绝对的地栖动物，住在网状的地下通道和洞穴里。它们大多独栖，但也会用有限的时间和同种动物在一起。

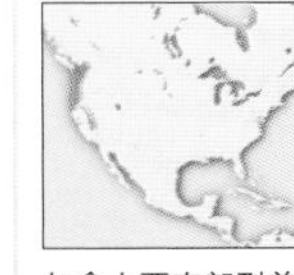

42厘米
5厘米
1.2千克
独栖
近危

加拿大西南部到美国加利福尼亚州北部

土拨鼠

土拨鼠（又称旱獭）完全局限于北半球，主要见于高山栖息地。它们是真正的冬眠者，整个酷寒的冬季都待在地洞中休息，靠体内脂肪为生。除了美洲旱獭，所有的土拨鼠都以家庭团队生活。年轻的雌土拨鼠常留在父母身边，协助养育弟妹。

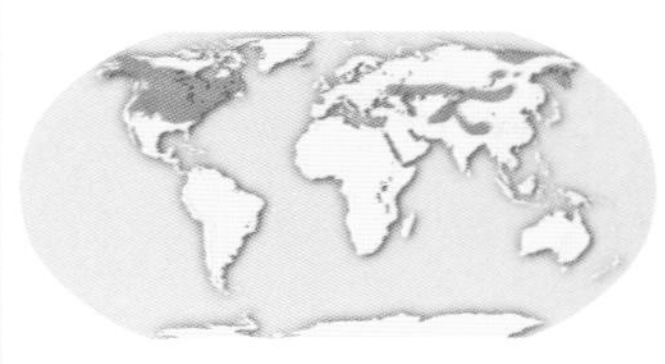

面对面 和大多数的其他土拨鼠一样，奥林匹克土拨鼠（Marmota olympus）极具群居性。幼土拨鼠得跟随母鼠生活两年。

小档案

美洲灰松鼠 这种松鼠除了维护中空木头中的洞穴，还会用小树枝和树叶在树枝分杈处筑巢，并铺上草和碎树皮。这种巢可用来休息进食，也可做育儿室用。

28厘米
24厘米
750克
独栖
常见

加拿大南部到美国得克萨斯州和佛罗里达

欧亚红松鼠 这种松鼠能用有力的切齿，在数秒内打开坚果。白天它大多忙着收集种子和坚果，以及蕈类、鸟蛋和树叶等。

28厘米
24厘米
280克
独栖
近危

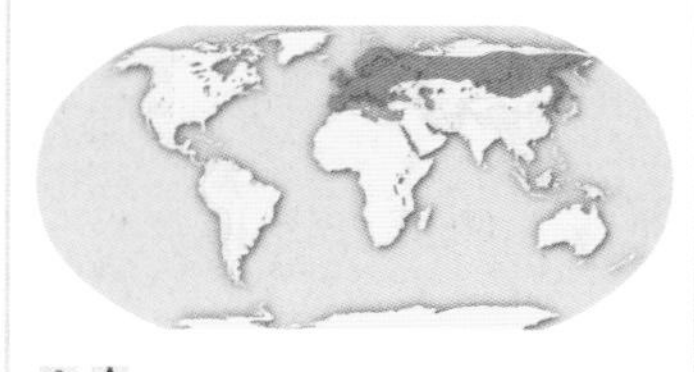

欧洲西部到俄罗斯东部、韩国和日本北部

松鼠贮藏室

红松鼠和许多生活在严寒冬季地区的树松鼠一样，会贮存食物，以度过寒冬月份。它收集数以千计的松树和针枞球果，并贮存在一个隐蔽的贮藏室里，这个贮藏室可能隐藏在一块木头下面，或一根中空树桩中。松鼠会激烈地保卫贮藏室周围的领域。

保护警报

竞争的松鼠 虽然欧亚红松鼠在大部分的中欧仍然常见，但滥捕却使其数目日趋下降。现在这个品种已经在英国大部分地区消失，因为，它们与1902年由北美洲引进的美洲灰松鼠竞争食物资源时居于劣势。

小档案

美洲飞鼠 这种夜行性的滑翔动物以坚果和橡实为主食，但也会摄食许多昆虫和幼鸟。它们通常成对生活，但在冬季月份，会成大群栖居在洞中。

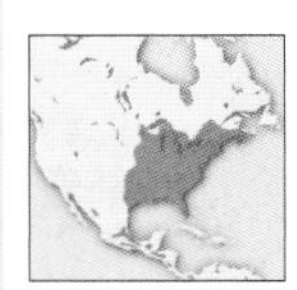

14厘米
12厘米
85克
成对或小群
当地常见

加拿大东南部到美国东部

干燥地松鼠 和草原犬鼠一样，这种群居性的动物成群聚居。它们极依赖声音，会以警告叫声来示警。

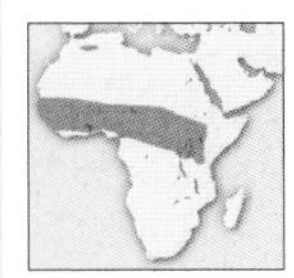

40厘米
30厘米
1千克
成群
当地常见

非洲西部到肯尼亚

美东花鼠 这个品种通常单独栖息在地洞中，当它们的颊囊塞满食物时，能和头一样大。

17厘米
12厘米
150克
独栖
当地常见

北美洲东南部

西非倭松鼠 这个品种的体形约和人的拇指一样长，是最小型的松鼠，居住在树木的空树干中。

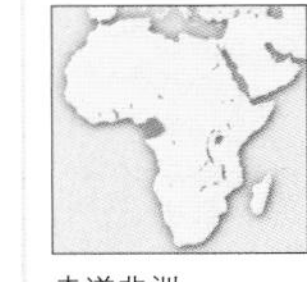

7.5厘米
6厘米
17克
独栖
易危

赤道非洲

滑　翔

飞鼠滑翔能超过100米，此举比攀爬更省力，而且能让它逃脱无法飞行的猎食者，大部分飞鼠品种的滑翔膜都由腕延伸到踝，攀爬时则会折起来。

降　落
飞　鼠降落时会抬起尾巴，并将前肢往前移，用它的膜形成降落伞状。

动物界的工程师

河狸是动物界的伟大工程师，能建造水坝、运河和木屋，刻意改变它们的环境。这些工事虽然常损及农人和其他人类的利益，但却具有重要的生态功能，它有助于减少侵蚀和洪水，并为水栖品种创造新的栖息地。河狸行一雄一雌，它们和数名后代组成家庭，一起生活。它们以不同的叫声和姿势沟通，并会以尾拍打水面示警。虽然北美洲的美洲河狸（*Castor canadensis*）和欧洲的欧洲河狸（*C. Fiber*）两个品种有类似的外表和行为，但不能杂交。

安静的冬季 河狸通常在夜晚进食和做工。但在下雪的冬季，它们很少离开能提供温暖环境的木屋。此时，它们依赖贮藏在水中的木棍以及贮存在尾中的脂肪为生。

木屋和水坝 河狸可能共享一个河岸中的地洞系统，或是在水中盖木屋。木屋以木棍和泥巴盖成圆顶，入口在水中，能通到一个位于水面上铺着植物的生活区。为了帮木屋打造出平静的池塘，河狸会建造水坝，阻挡水流，它们也会挖掘水道，以连接它们的水坝和邻近的食物及建材来源。数代河狸会一起维修一个水坝，但最后池塘会淤积，定居于此的家庭便得寻找新地点，建造新家。

牙齿像凿子 和所有的啮齿目动物一样，河狸会自动磨砺不断生长的切齿。切齿的外面表层有坚硬的珐琅质保护，里面表层较软，会随着河狸的啃咬磨损，因而产生像凿子一样锐利的边缘。

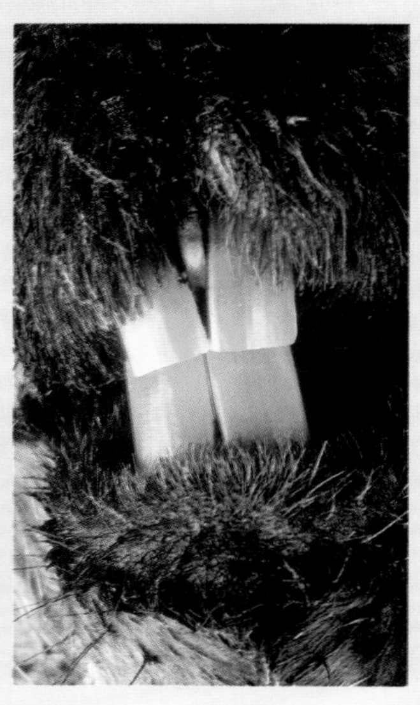

水栖适应 河狸用扁平的鳞尾和有蹼的后爪，推动流线型的身体在水中前进。透明眼睑在水中保护眼睛，有阀门的鼻孔和耳朵能防止进水。覆盖着油脂的浓密皮毛在寒冷的水中，有绝缘的作用。

河狸宝宝 *河狸平均一窝产下两崽至四崽，并哺乳六周至八周。幼河狸生长快速，但仍会和家庭团队生活长达两年，以学习建造水坝和木屋的技巧。*

阻挡水流 *河狸用泥、石头、木棍和树枝来建造水坝的挡水墙，此举所产生的池塘会成为它们的木屋周围的护城河，可以阻止住大部分的猎食者。*

迅速复原 *河狸偏好白杨、赤杨和柳树等。这些都是生长快速的树，它们被河狸啃倒后，能迅速再恢复生气。*

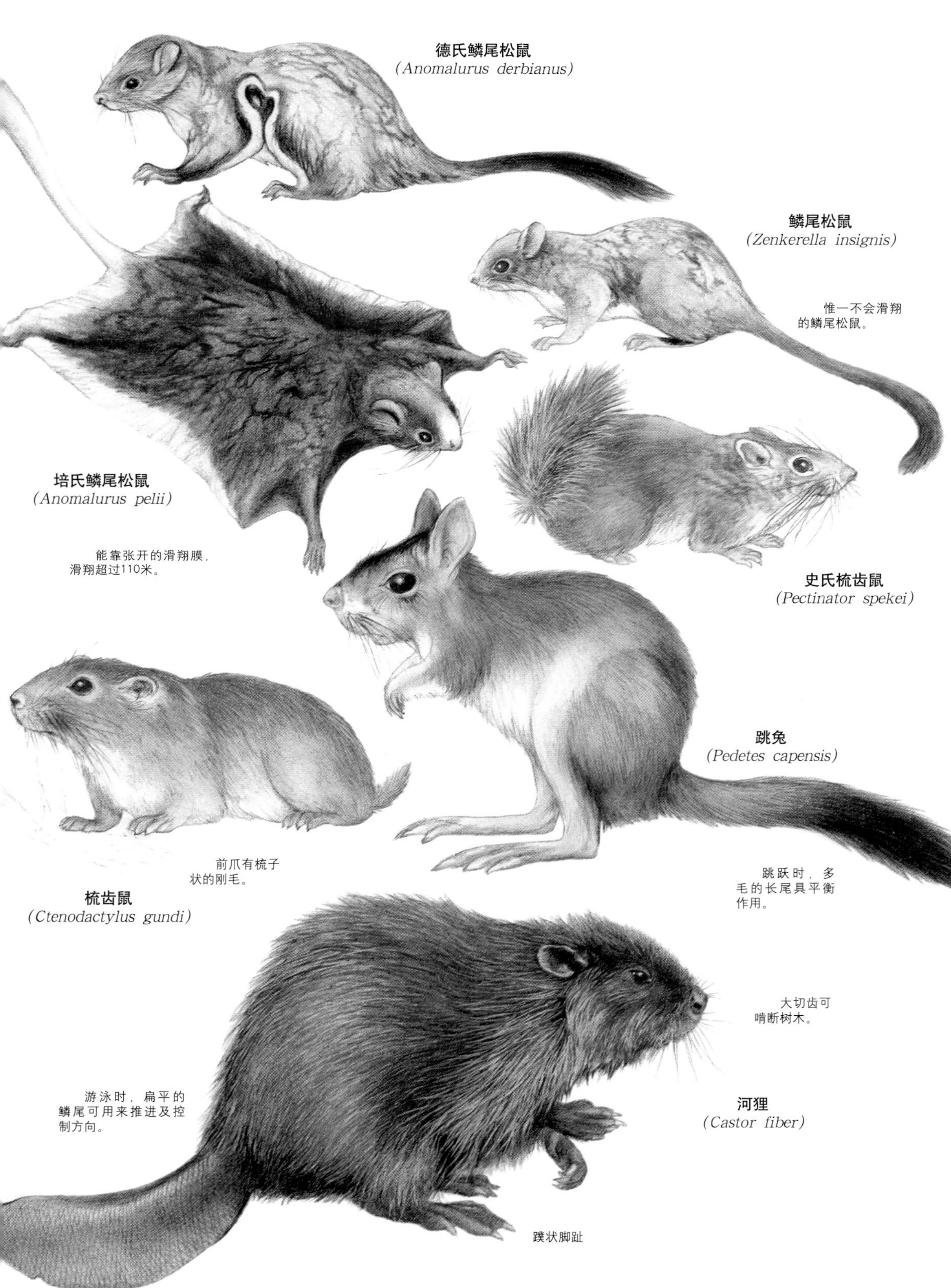

小档案

梳齿鼠 梳齿鼠原本被归类为豚鼠形亚目，现在则被归为松鼠形亚目，都隶属于啮齿目。它们吃各种沙漠植物，从不饮水，仅由食物中取得水分。

20厘米
2.5厘米
290克
家庭团队或成群
当地常见

非洲北部

跳兔 跳兔像小袋鼠，用长长的后肢跳跃。这种松鼠形亚目动物白天在地洞中躲避高温，夜晚才出来觅食青草或农作物。

43厘米
47厘米
4千克
独栖
易危

非洲东部和南部

河狸 这种半水栖的松鼠形亚目动物是纯植食性动物，主要以水生植物为生。它也会把白杨树、赤杨和桦树啃断当建水坝或小屋的材料。

80厘米
45厘米
25千克
成对或家庭团队
近危

欧洲西部到西伯利亚东部

鳞尾

鳞尾松鼠科的鳞尾松鼠和松鼠科的真松鼠并无直接关系，除了其中的一种，其他的都会滑翔，是飞鼠独立发展出来的一种。其尾巴根部的鳞片能帮鳞尾松鼠在滑翔结束时，攀附在树干上，然后再沿树干往上爬。

保护警报

消失的栖息地 热带非洲大部分的鳞尾松鼠都被定为近危。它们筑巢需要中空的树木，只有年代久远的森林才有这样的树，但当地农业的发展，使这些森林正在快速消失中。

小档案

更格卢鼠科 本科包括小囊鼠和更格卢鼠及其他一些鼠类。它们和囊鼠科的囊地鼠是近亲，都有颊囊和栖息地洞的生活形态。

长尾小囊鼠 这个品种最常见于砾漠地区，在干旱时期，雌鼠会避免产崽。

10厘米
12厘米
25克
独栖
常见

美国内华达州和犹他州到加利福尼亚州北部

湿滑毛鼠 这个品种全年都可繁殖，使它们在适当条件下，能把握机会繁衍后代。

13厘米
13厘米
60克
独栖
不常见

美国得克萨斯州南部到墨西哥

赤色衣囊鼠 这种独栖的松鼠形亚目动物会挖掘占地很广的地洞，有地道通到中间的一个房间。交配季期间，雄鼠会挖地道，直到雌鼠的洞穴中。

20厘米
12厘米
250克
独栖
常见

加拿大南部到美国得克萨斯州

大耳更格卢鼠 和其他更格卢鼠一样，这个品种也有长后肢，以跳跃来移动。用短前肢进食。

15厘米
20厘米
90克
独栖
未知

美国加利福尼亚州

荒漠更格卢鼠 为了在干旱环境中保存水分，这种松鼠形亚目动物夜晚湿度最高时，才会离开地洞，并且会浓缩尿液。它很少饮水，主要由食物中取得水分。

15厘米
21厘米
150克
独栖
常见

美国内华达州到墨西哥北部

鼠形亚目动物

哺乳纲
啮齿目
(3)
(306)
(1409)

哺乳纲所有品种中，超过四分之一是鼠形亚目动物，共有一千四百多个品种。这些动物原本有专属的目，嚼肌的排列方式让它们具备多样化的啃咬动作。它们的每排牙齿也都有最多高达三颗的颊齿。它们的寿命通常很短，但大部分都早熟而多产。在这类动物中，最具优势的是鼠科，品种超过一千种，包括旧大陆和新大陆的大鼠和小鼠、田鼠和旅鼠、仓鼠和沙鼠，其他科的鼠形亚目动物有睡鼠科的睡鼠和跳鼠科的跳鼠、蹶鼠等。

嗅出气味 高达50只的家鼠会以家庭团队聚居。它们会在整个居住领域留下尿液，以气味做记号，以便互相辨认，侦查入侵者。

快速散播

数百万年前，鼠科最早的成员才出现，以演化的观点，它还非常年轻。但自此之后，这一科便发生剧烈的变化，现在它们几乎遍布全世界所有的陆地栖息地，由两极地区到沙漠均有。大多数成员都是体小、夜行性、吃种子的地栖性动物，脸尖有长须，但也有一些大部分时间都待在水中或树上，有些则住在地下。

旧大陆大鼠和小鼠超过500种，它们的差异极大，其中包括无所不在的小家鼠和褐家鼠，二者都是有名的都市害虫。新大陆大鼠和小鼠的种类由攀爬鼠到食鱼鼠不等，但大多住在森林或草原地区。

大鼠和小鼠的品种占鼠科的80%，田鼠、旅鼠、仓鼠和沙鼠则形成不同的亚科。整个北半球都能见到的田鼠和旅鼠，它们已经适应吃粗硬的草。冬季时，许多都待在雪地下的地道中。欧亚大陆的各种仓鼠虽然是儿童流行的宠物，在野外却绝对独栖，对入侵者的反应激烈。沙鼠主要见于非洲和亚洲大陆的干燥地区。

跳鼠科比鼠科的体形小，而且习性更特殊。睡鼠偏好住在树上，寒冷的冬季会冬眠。跳鼠、蹶鼠和夜跳鼠都有长长的后肢和尾巴，让它们能靠跳跃移动。夜跳鼠已演化得能在世上最艰难的沙漠中求生。

杂食动物 睡鼠(上图)和大部分的其他鼠形亚目动物主要是草食动物，靠种子、果实和嫩芽为生，偶而辅以昆虫。田鼠和旅鼠有点儿特殊，以草为生。有几个品种较有食肉性，水鼠以水生无脊椎动物为主食，偶而也吃乌龟或蝙蝠，褐家鼠甚至会攻击家禽或兔子。

大家庭 大鼠和小鼠都很多产。大部分都成熟迅速，妊娠期短，一窝产下许多体形大的幼崽。某些品种光是一对老鼠和它们的后代，不到一年便能制造出数千只老鼠。

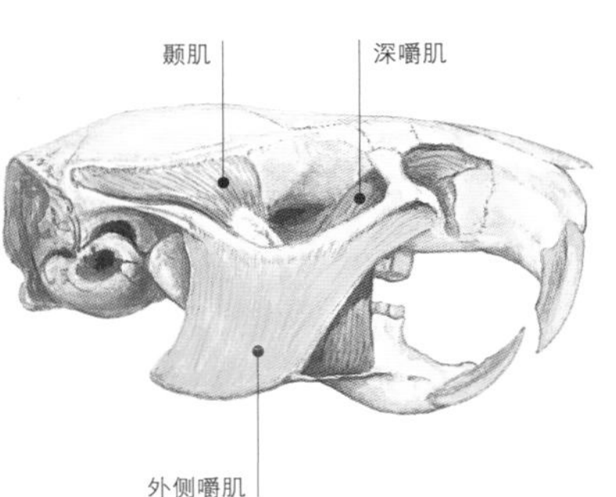

多样化的动作 鼠形亚目动物的颌肌排列，让它们具有多样化的啃咬动作。深嚼肌延伸到上颌，和外侧嚼肌一起配合，将颌往前拉，以便咬碎。

小档案

金黄地鼠 这个品种现在是流行宠物，也是最著名的仓鼠，但在野外却濒危。自20世纪30年代被引进美国和英国后，在豢养中繁衍茂盛。

18厘米
2厘米
150克
独栖
濒危

中东、欧洲东南部和亚洲西南部

欧洲黑腹地鼠 这种独栖在地洞中的动物会冬眠，大约每周苏醒一次，吃它大量贮存的植物的种子和根。在温暖的月份，它会囤积冬季的食物补给，用颊囊运送植物性食物。

32厘米
6厘米
385克
独栖
常见

比利时到中亚的阿尔泰山

佛罗里达林鼠 这种夜行性和独栖的动物是猫头鹰、鼬和蛇的猎物。它保护巢穴的方法是用木棍、骨头和树叶遮挡出口，或在岩缝或树根间建造出口。

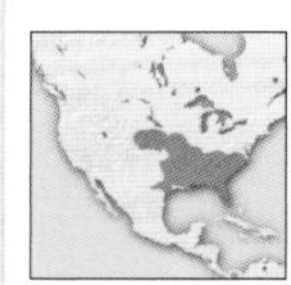

27厘米
18厘米
260克
独栖
常见

美国东南部

粗毛棉田鼠 只要27天的妊娠期，这个品种的雌鼠便能产下数只完全长毛的幼鼠。雌鼠几乎立即便能再交配，幼鼠则在40天内达到性成熟。

20厘米
16厘米
225克
独栖
常见

美国东南部到委内瑞拉和秘鲁北部

鹿鼠 这种杂食性的小型鼠形亚目动物已适应多样化的栖息地，由北部山区森林到沙漠不等。它们的繁殖迅速，雌鼠一年可产四窝，每窝四只到九只幼鼠。

10厘米
12厘米
30克
独栖
常见

北美洲（除冻原和美国东南方）

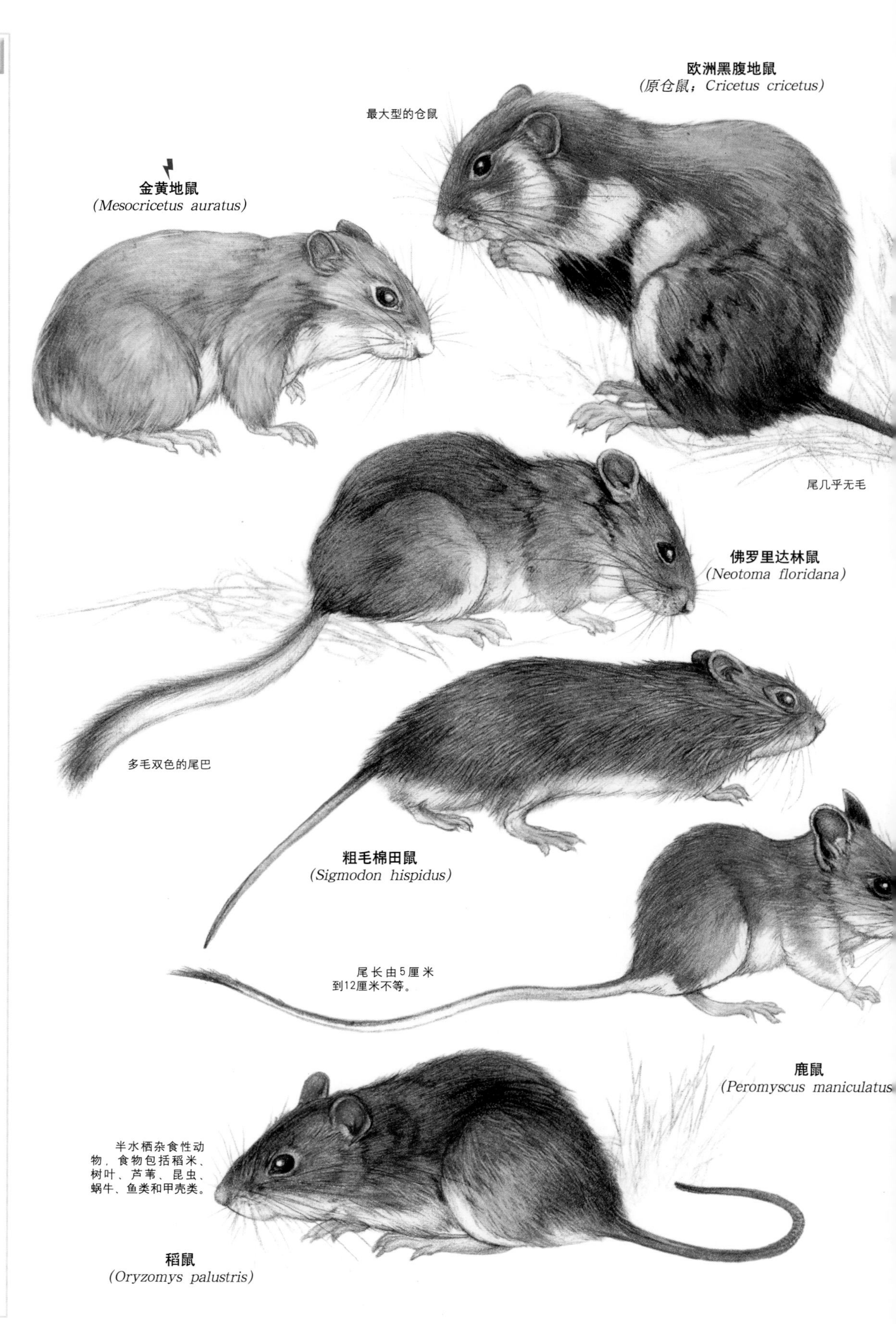

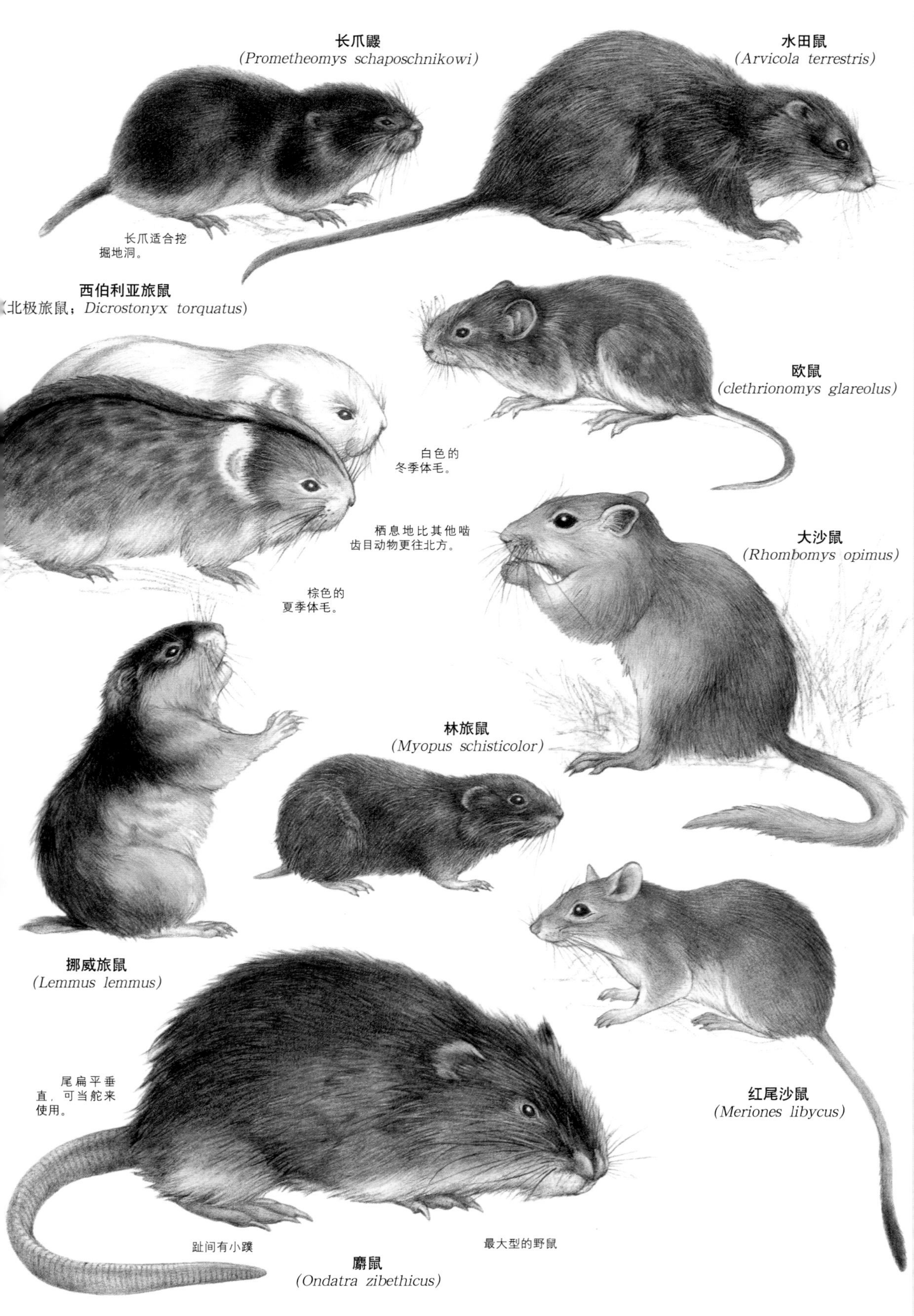

小档案

西伯利亚旅鼠 这个冻原品种夏季都待在高而崎岖地区的浅地洞中。冬季时，会移居到较低的水边草地，住在雪地下的地道中。

- 15厘米
- 1厘米
- 90克
- 独栖
- 常见

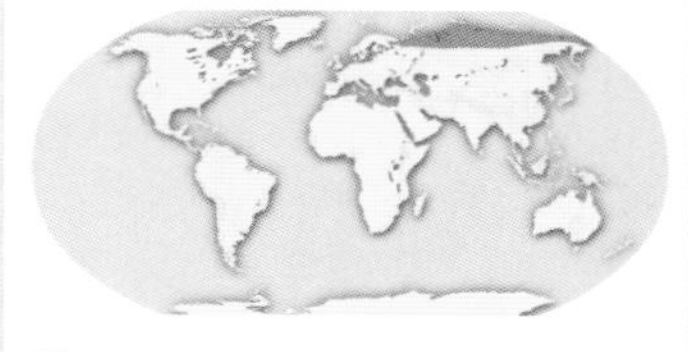

欧亚大陆的北极地区

大沙鼠 为了在寒冬中求生，这种大沙鼠大群挤在范围广阔的地洞中，此举不仅能互相取暖，还能保护它们囤积的食物。

- 20厘米
- 16厘米
- 未知
- 小型大群
- 常见

里海地区到蒙古、中国和巴基斯坦

麝鼠 这种半水栖鼠形亚目动物用大而有蹼的后爪游泳，并以无毛的尾当舵。同河狸一样，它们成群生活在河岸的地洞中，或以小树枝和泥建造的木屋中。

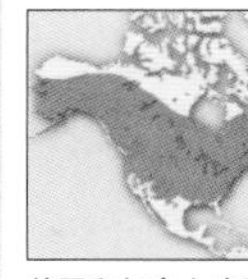

- 33厘米
- 30厘米
- 1.8千克
- 小至大群
- 常见

美国和加拿大冻原以外的地区，引进欧亚地区

数目起伏的旅鼠

和流行的神话相反，挪威旅鼠并不会刻意自杀，但每隔三年或四年，它们的数目便会上升，在个数最多的时期，旅鼠互相无法容忍，会变得极具攻击性。这种冲突会激发大迁移，让它们由拥挤的高山冻原移居较低的森林。当旅鼠遇到河流等障碍时，惊慌会使它们逃跑，有些便坠入河中。

打斗技巧 *挪威旅鼠会摔跤、拳击或采取凌空压制的姿势。*

小档案

巨林鼠 这种树栖性的大鼠在树洞中筑巢，几乎完全是食植性，以植物幼苗为食。

37厘米
41厘米
1.3千克
独栖
常见

新几内亚中央高地

巢鼠 这个品种是最小型的一种小鼠类，依赖高大的农作物、种子、竹叶或长草为生。双亲会花费数日，为每一窝后代建造球形的巢，将它悬挂在地面上植物的茎杆之间。

2.5厘米
2.5厘米
7克
独栖
近危

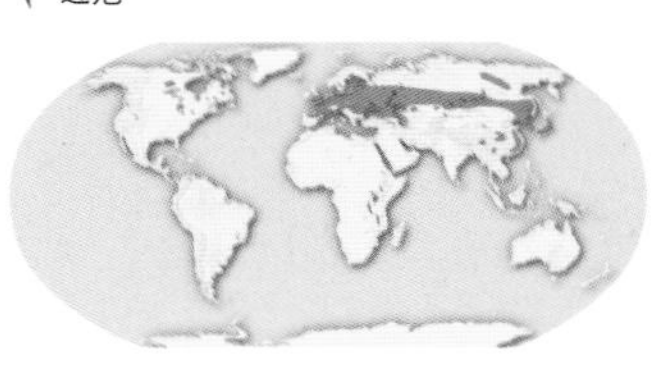

英国和西班牙到中国、韩国和日本

多斑纹草鼠 这种稀树草原居民栖身于地下洞穴或废弃的白蚁巢中。它们会为产下的幼鼠建造呈球形的巢，母鼠经过28天的妊娠期后，崽鼠于雨季时出生。

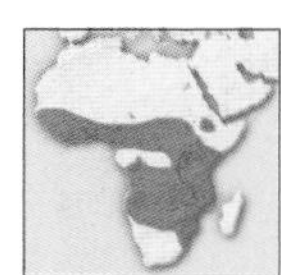

14厘米
15厘米
68克
独栖
常见

非洲撒哈拉以南地区

小家鼠 由于它们和人类的关系，使这个品种散布到全世界。它们在建筑物中或附近田野筑巢，几乎人类的食物它都能吃，甚至还包括胶水和肥皂。

10厘米
10厘米
30克
不一定
很多，常被视为害虫。

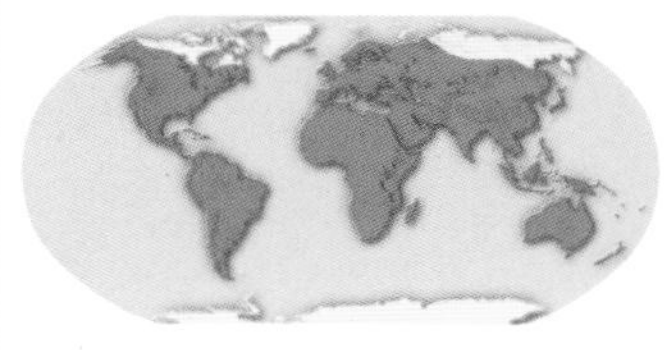

全球各地（除了冻原和两极地区）

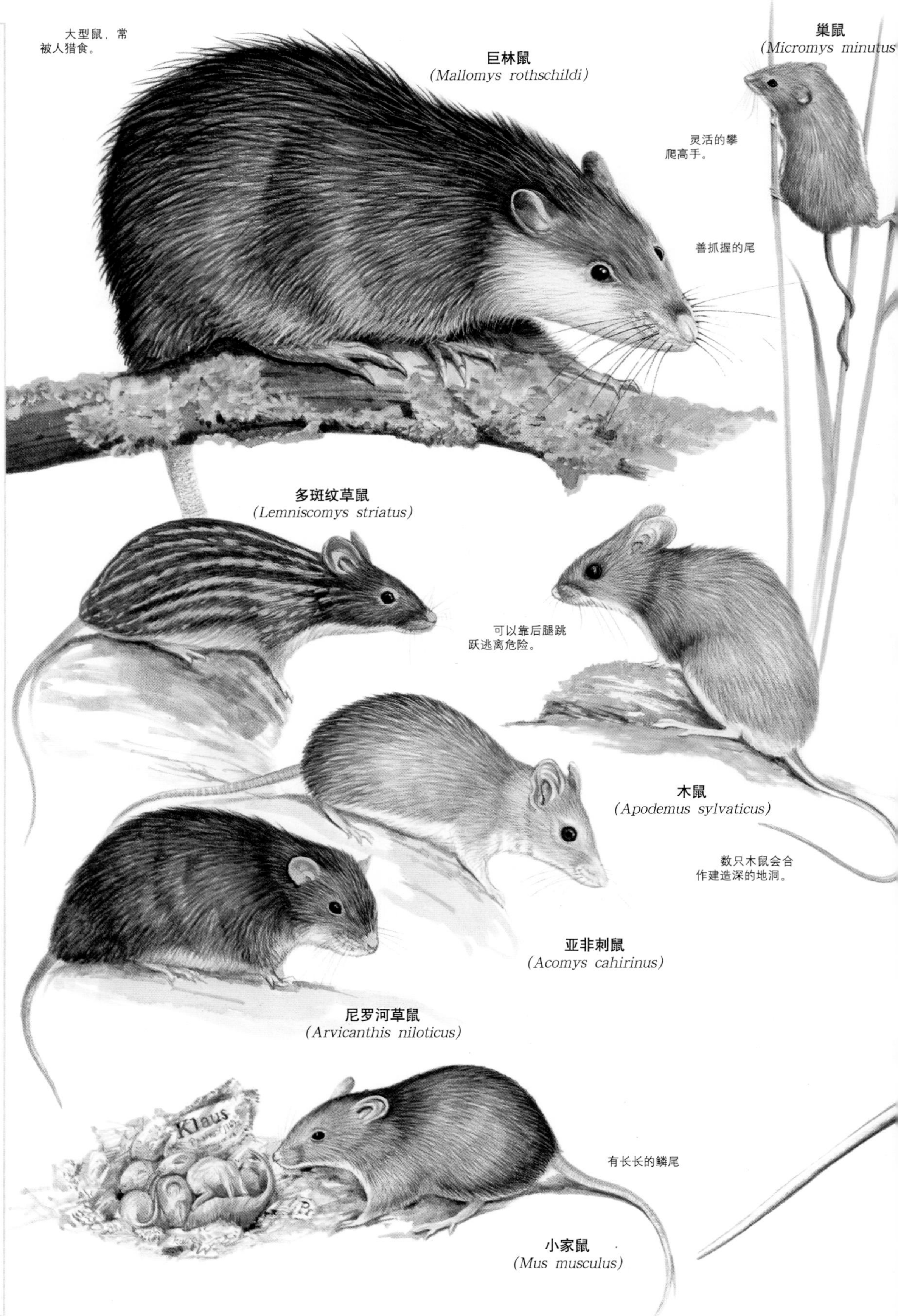

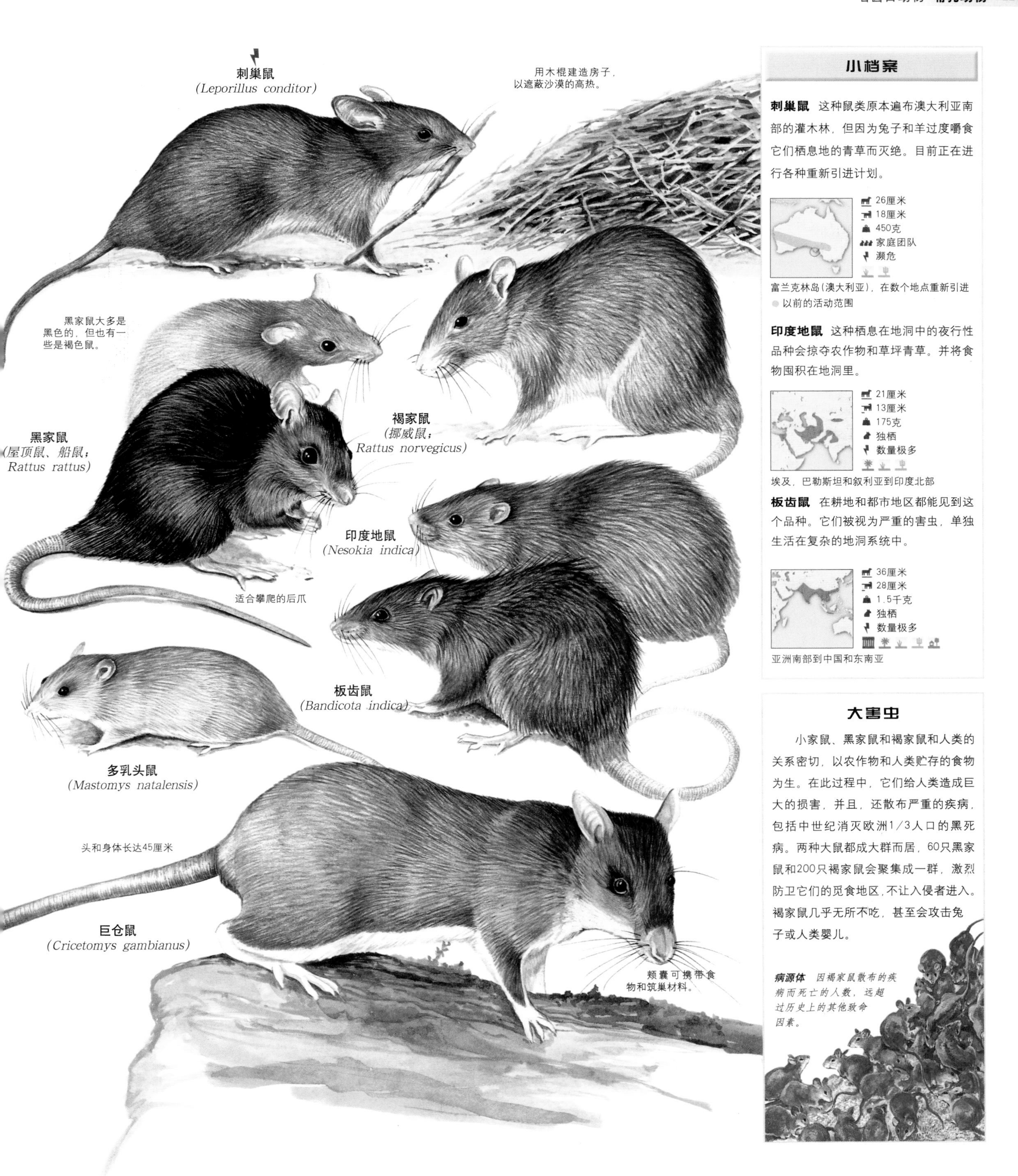

小档案

刺巢鼠 这种鼠类原本遍布澳大利亚南部的灌木林，但因为兔子和羊过度嚼食它们栖息地的青草而灭绝。目前正在进行各种重新引进计划。

- 26厘米
- 18厘米
- 450克
- 家庭团队
- 濒危

富兰克林岛(澳大利亚)，在数个地点重新引进

以前的活动范围

印度地鼠 这种栖息在地洞中的夜行性品种会掠夺农作物和草坪青草。并将食物囤积在地洞里。

- 21厘米
- 13厘米
- 175克
- 独栖
- 数量极多

埃及，巴勒斯坦和叙利亚到印度北部

板齿鼠 在耕地和都市地区都能见到这个品种。它们被视为严重的害虫，单独生活在复杂的地洞系统中。

- 36厘米
- 28厘米
- 1.5千克
- 独栖
- 数量极多

亚洲南部到中国和东南亚

大害虫

小家鼠、黑家鼠和褐家鼠和人类的关系密切，以农作物和人类贮存的食物为生。在此过程中，它们给人类造成巨大的损害，并且，还散布严重的疾病，包括中世纪消灭欧洲1/3人口的黑死病。两种大鼠都成大群而居，60只黑家鼠和200只褐家鼠会聚集成一群，激烈防卫它们的觅食地区，不让入侵者进入。褐家鼠几乎无所不吃，甚至会攻击兔子或人类婴儿。

病源体 因褐家鼠散布的疾病而死亡的人数，远超过历史上的其他致命因素。

小档案

黑耳树鼠 这种小型鼠在它那善抓握的长尾协助下，能轻易地攀爬稀树草原栖息地上的高秆草和灌木。它能挖出简易的地洞，躲避季节性的火灾，但大多居住在地面上的球形草窝里。

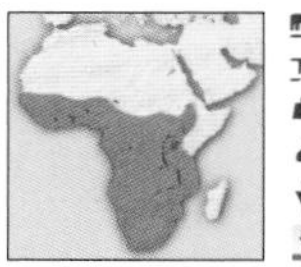

7厘米
8厘米
8克
独栖
常见

非洲撒哈拉以南地区

宽耳泽鼠 和田鼠及旅鼠一样，这种大鼠居住在潮湿的草地，并挖地道穿过草地，通到觅食地区。它会逃进水中，躲避猎食者。

22厘米
11厘米
180克
独栖
当地常见

非洲南部

喉囊蹿鼠 这种栖息在地洞中的夜行性动物受惊吓时，会以长长的后腿弹跳离开。它的尿液高度浓缩，以保存水分。

12厘米
16厘米
50克
家庭团队
近危

澳大利亚中部吉伯沙漠

澳大利亚水鼠

澳大利亚水鼠住在河岸或湖岸的地洞中。它们能忍受污染，在都市地区常见。它们摄食大量的淡水食物，包括甲壳类、软体动物和鱼类。宽大的蹼爪在水中像桨一样，体毛不能防水，但体内一层脂肪有助于维护心脏的温暖。

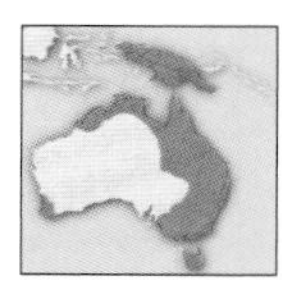

39厘米
32厘米
1.2千克
独栖
当地常见

巴布亚新几内亚、澳大利亚大陆和塔斯马尼亚岛

水栖猎食者 *水鼠常将捕得的猎物带到进食的平台。*

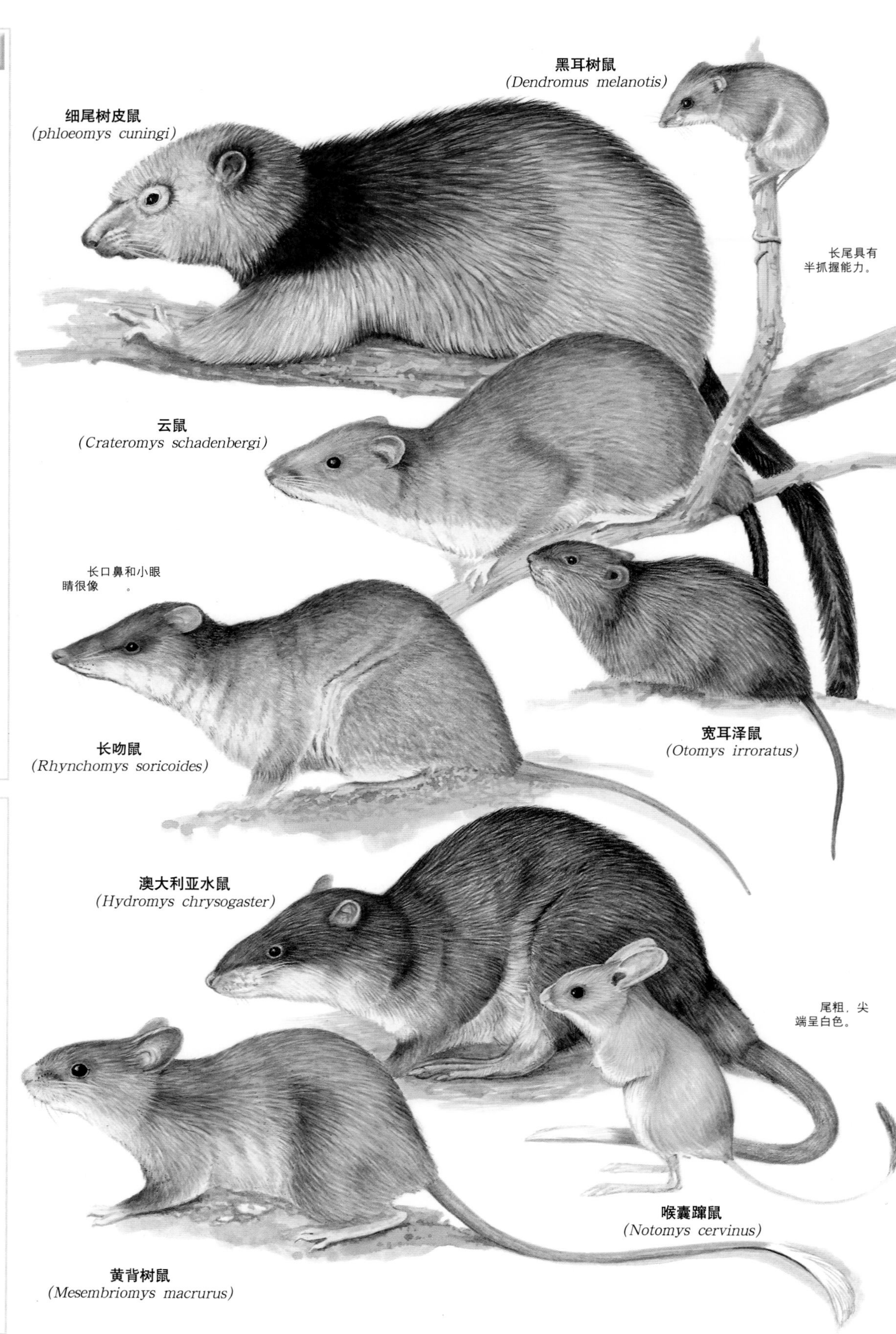

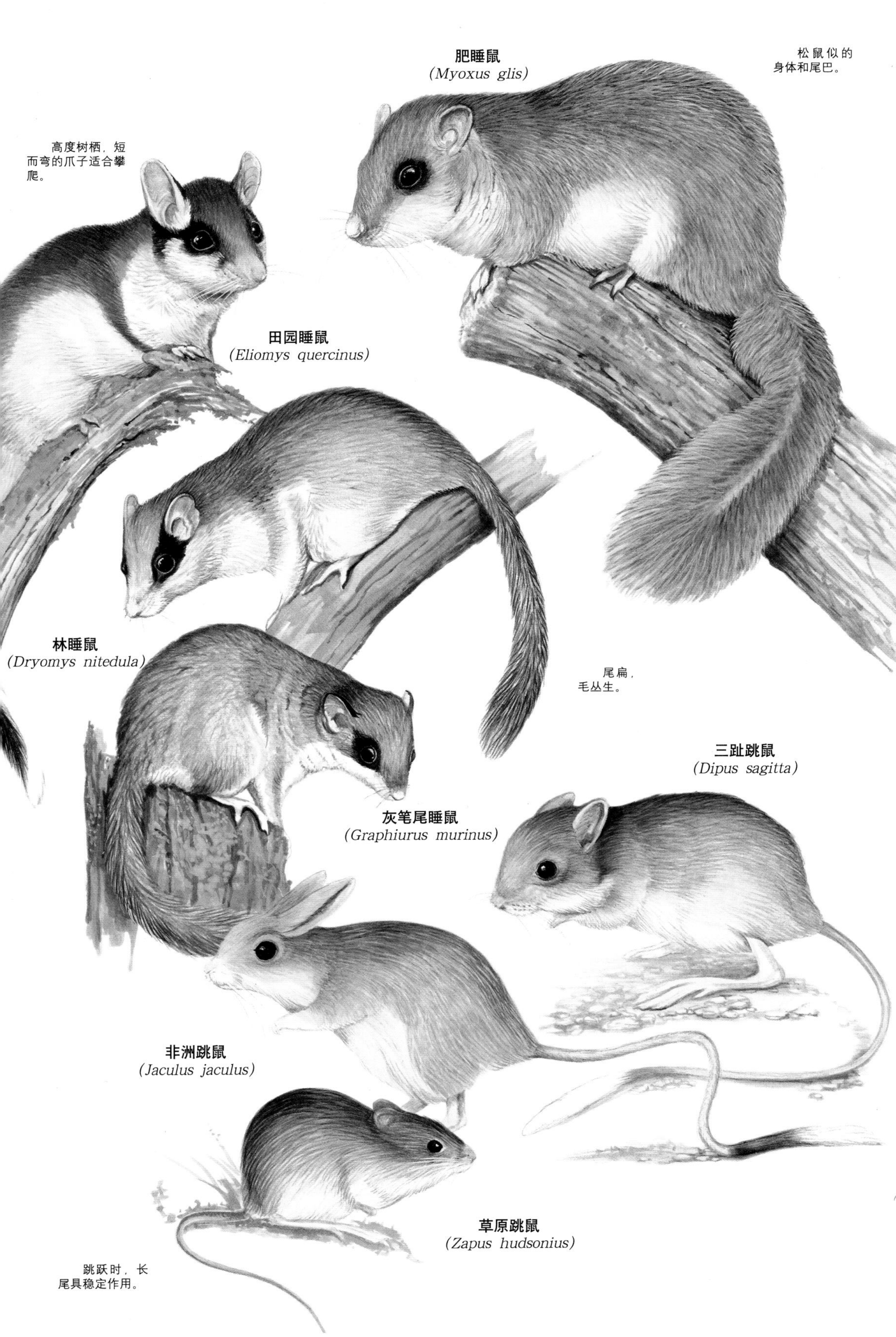

小档案

田园睡鼠 这种吵闹的鼠形亚目动物以大种群聚居。它们在树洞里、灌木丛间或岩缝里，用树叶和草建造圆形的窝。它们除了吃橡实、坚果和浆果，也会猎捕昆虫和小型啮齿目动物及鸟类。

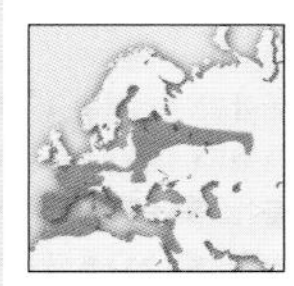

17厘米
13厘米
120克
种群聚居
易危

欧洲地区

非洲跳鼠 这种独栖性的沙漠动物后腿比前腿长四倍，能以跳跃逃离危险。夏季的白天，它们都待在地洞里，并用泥土塞住入口，以创造较凉爽潮湿的微环境。

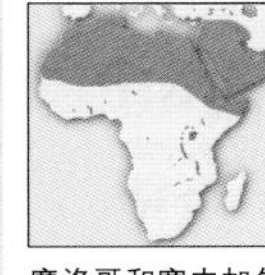

10厘米
13厘米
55克
独栖
未知

摩洛哥和塞内加尔到索马里和伊朗西南部

草原跳鼠 虽然这种小鼠通常以短距离跳跃来移动，但受到惊吓时，也能跳一米多高。冬眠后出来活动不久便可繁殖。

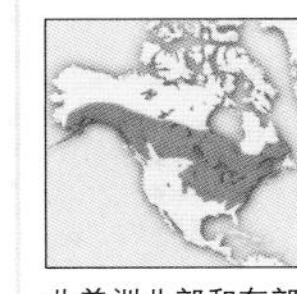

10厘米
13厘米
30克
独栖
当地常见

北美洲北部和东部

冬　眠

欧洲睡鼠准备冬眠时，会在身体内囤积一层脂肪，并在它们的窝或地洞中贮存食物。冬眠时间视气候而定，一年中，用来冬眠的时间，有的高达9个月。冬眠醒来便能交配。

天竺鼠形亚目动物

纲	哺乳纲
目	啮齿目
科	(18)
属	(65)
种	(218)

这类动物的特征是头大，身体圆胖，腿小，尾短。共有218个品种。天竺鼠——是典型的天竺鼠形亚目动物。不过，这种共通的体形也有例外：某些天竺鼠形亚目动物，例如针鼠科的针鼠，看来更像小鼠和大鼠。所有天竺鼠形亚目动物都共有一种明显的颌肌排列，让它们有有力的前咬能力。和大部分其他啮齿目动物不同，它们的窝数较少，幼崽发育良好。旧大陆和新大陆都有天竺鼠形亚目动物，但它们的关系仍在辩论中。

长刺的小豪猪 新大陆豪猪和其他天竺鼠形亚目动物一样，会产下发育完全的幼崽，而且夭折率低。新生豪猪已能睁开眼睛，几乎立即能行走，数天内便能爬树。

鼠形亚目动物的外表 针鼠科的针鼠比其他天竺鼠形亚目动物更像鼠形亚目的一般小鼠和大鼠。被猎食者捉住时，针鼠的尾会脱落，让它能速迅逃走。

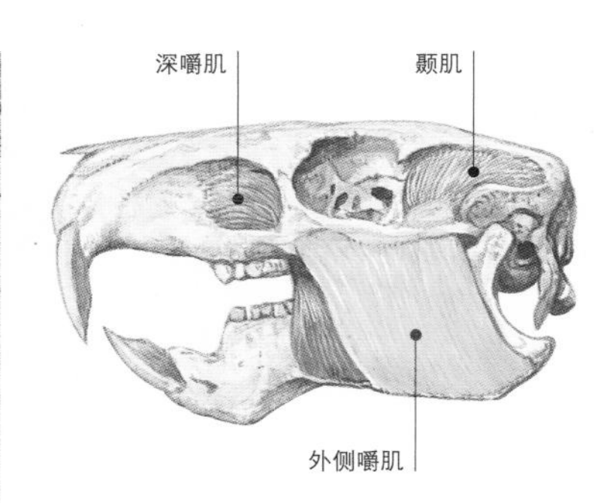

有力的咬合能力 和松鼠形亚目动物一样，天竺鼠形亚目动物也有有力的前咬能力，但这种能力是由不同的颌肌排列产生的。外侧嚼肌靠近颌骨，深嚼肌则延伸经过眼睛，将颌往前拉，以便用力咬。

成对生活 兔豚鼠又名巴塔哥尼亚豚鼠(*Dolichotus patagonum*)在哺乳动物中很不寻常，它们终身都行一雄一雌。每对的其中一个成员进食时，另一个便提防危险。不同对的兔豚鼠很少互动，但它们会共享一个公共的育儿室，父母每天都会去探视幼崽。

保护警报

在218种天竺鼠形亚目中，有33%的列入国际自然与自然资源保护联合会的《濒危物种红色名录》中，请见下表：

12种灭绝
8种极危
3种濒危
15种易危
24种近危
9种数据缺乏

天竺鼠形亚目和它们的亲戚

虽然南美洲天竺鼠形亚目动物到底是来自北美洲，还是由非洲漂流而来，至今仍有争议，但今天，大部分的天竺鼠形亚目动物却都见于中美洲和南美洲。天竺鼠形亚目不只包括天竺鼠和类似品种，还有兔豚鼠，一种长腿的草食动物。半水栖的水豚超过一米长，使它成为最大的啮齿目动物。长尾龙猫和兔鼠主要居住在高海拔地区，以厚密的软毛保暖。刺豚鼠有纤长的四肢，让它们能迅速逃离危险。虽然南美洲大部分的天竺鼠形亚目动物是地栖性，栉鼠却会挖复杂的地洞。其他南美洲天竺鼠形亚目动物包括灌丛八齿鼠、硬毛鼠、驼鼠、巨水鼠和长尾豚鼠。

新大陆豪猪可见于南美洲和北美洲，它们具树栖性，能灵活地爬树，有些品种还有善抓握的尾辅助。它们和非洲、亚洲和欧洲等旧大陆豪猪有许多共同的特征，但后者主要为地栖性。

除了豪猪，旧大陆天竺鼠形亚目动物还包括非洲鼹形鼠、大藤鼠和岩鼠。北非的梳趾鼠(梳趾鼠科)有天竺鼠形亚目的颌肌，但现在被归类在松鼠形亚目。其他天竺鼠形亚目动物则一起归类于豪猪亚目。

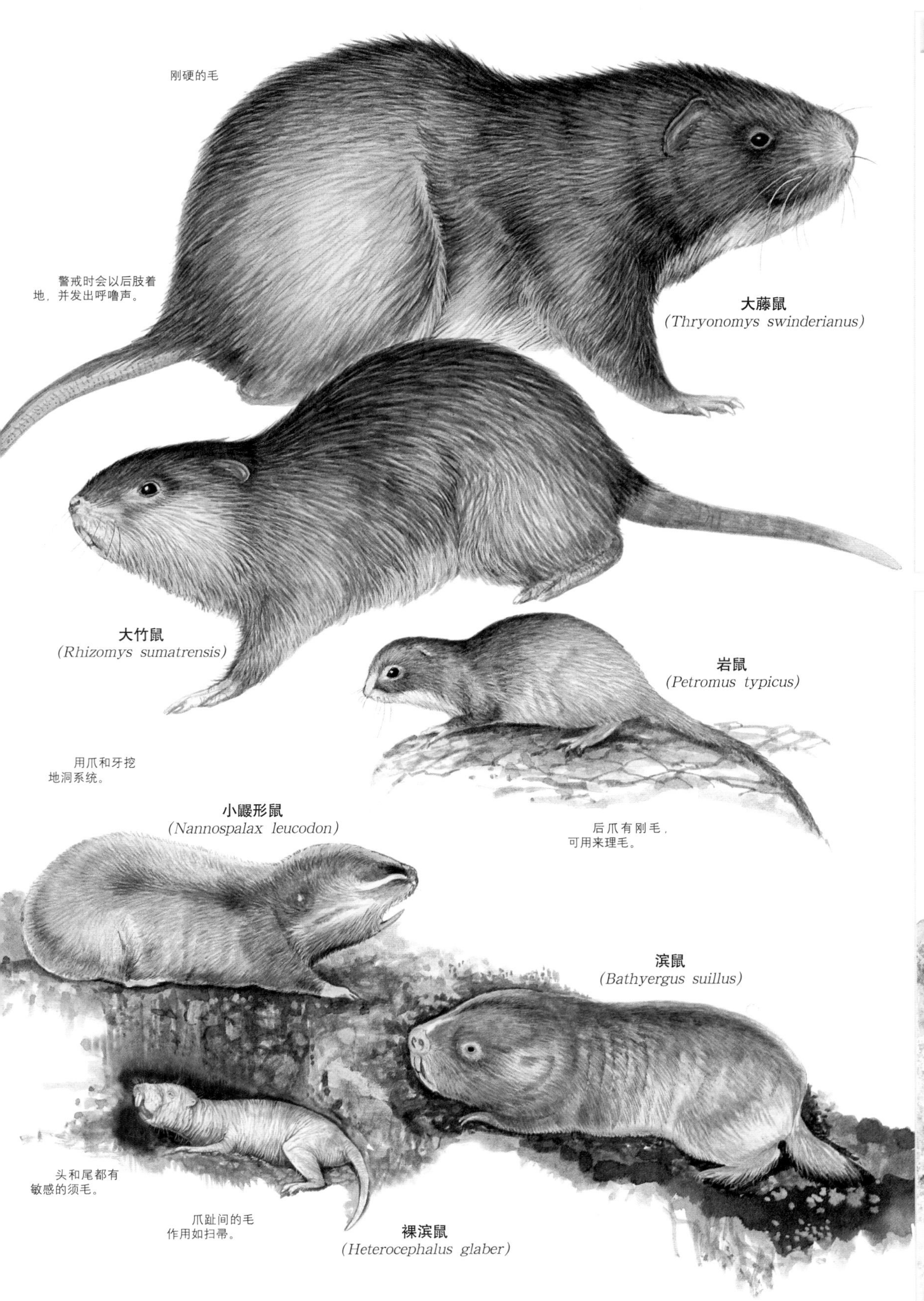

小档案

大藤鼠 这种强壮的夜行性天竺鼠形亚目动物主要以草和甘蔗为生，并以小家庭团队一起生活。受到威胁时，它会发出呼噜声，并以后爪顿地，或逃进水中。擅长游泳和潜水。

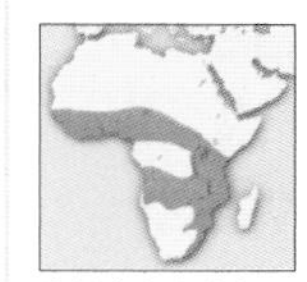

60厘米
19厘米
4.5千克
小群
当地常见

非洲中部和南部

岩鼠 头颅扁，腕灵活，这种岩栖性的动物能将自己挤进隙缝中，以躲避猎食者。雌鼠的体侧甚至长有乳头，让它即使躲藏时，也能哺乳幼崽。

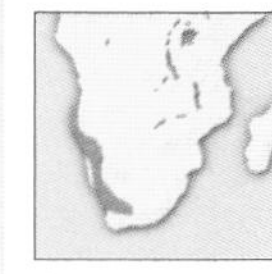

21厘米
15厘米
210克
成对或家庭团队
未知

安哥拉西南部、纳米比亚和南非

互助合作的群体

裸滨鼠分布在埃塞俄比亚、索马里和肯尼亚的干燥地区，大约七十只成群住在复杂的地下通道里。和蚂蚁及蜜蜂等群居昆虫一样，一只称为鼠后的雌鼠和几只雄鼠负责所有的繁殖工作，其他成年鼠非工鼠即兵鼠，即使受精也不会产生后代。工鼠通常是较小的成员，负责挖地洞，并运送食物到相通的窝里。较大型的兵鼠在窝中休息，需要保护群体时才会出动。鼠后的幼崽由群体中的所有成员一起照顾。

挖掘高手 *裸滨鼠群体中的工鼠形成挖掘链，以建造觅食用的地道。*

小档案

旧大陆豪猪 这类豪猪通常为地栖性，翎管成丛嵌在皮中，新大陆豪猪则为树栖性，翎管个别嵌在皮中。旧大陆品种可分成丛尾豪猪（摇动时会刷刷作响的纤长尾巴）和长刺豪猪（有黑白长刺毛和会嘎嘎作响的短尾）。

长刺豪猪 这种豪猪据说能杀死狮子、鬣狗和人。当它受到威胁时，会竖起翎管，让它显得更大，若这招无法吓退敌害，它就会倒转身用翎管刺向猎食者。

70厘米
12厘米
15千克
家庭团队
近危

意大利、巴尔干半岛、非洲中部

非洲帚尾豪猪 这个品种由一对雌雄豪猪和数个后代组成家庭，一起生活。它们白天大多待在洞穴、隙缝或树洞中，夜晚才出来单独觅食，以植物的根、叶、果实和芽为生。

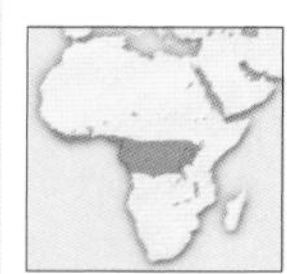

57厘米
23厘米
4千克
家庭团队
常见

赤道非洲

长尾豪猪 和其他旧大陆豪猪不同，这种林栖性动物无法竖立或摇动翎管，但被猎食者捉住时，其长尾能由身体脱落。它会爬树取得果实和其他食物。

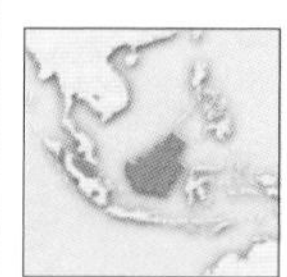

48厘米
23厘米
2.3千克
未知
未知

马来半岛、苏门答腊和加里曼丹岛

保护警报

以刺保护 豪猪的刺形成有效的盔甲，使它们少有天敌。但人类却会为食物、娱乐和灾害控制等理由杀害它们。大部分旧大陆品种都很常见，但马来豪猪被列为易危，长刺豪猪和粗针豪猪（*Hystrix crassispinis*）被列为近危。

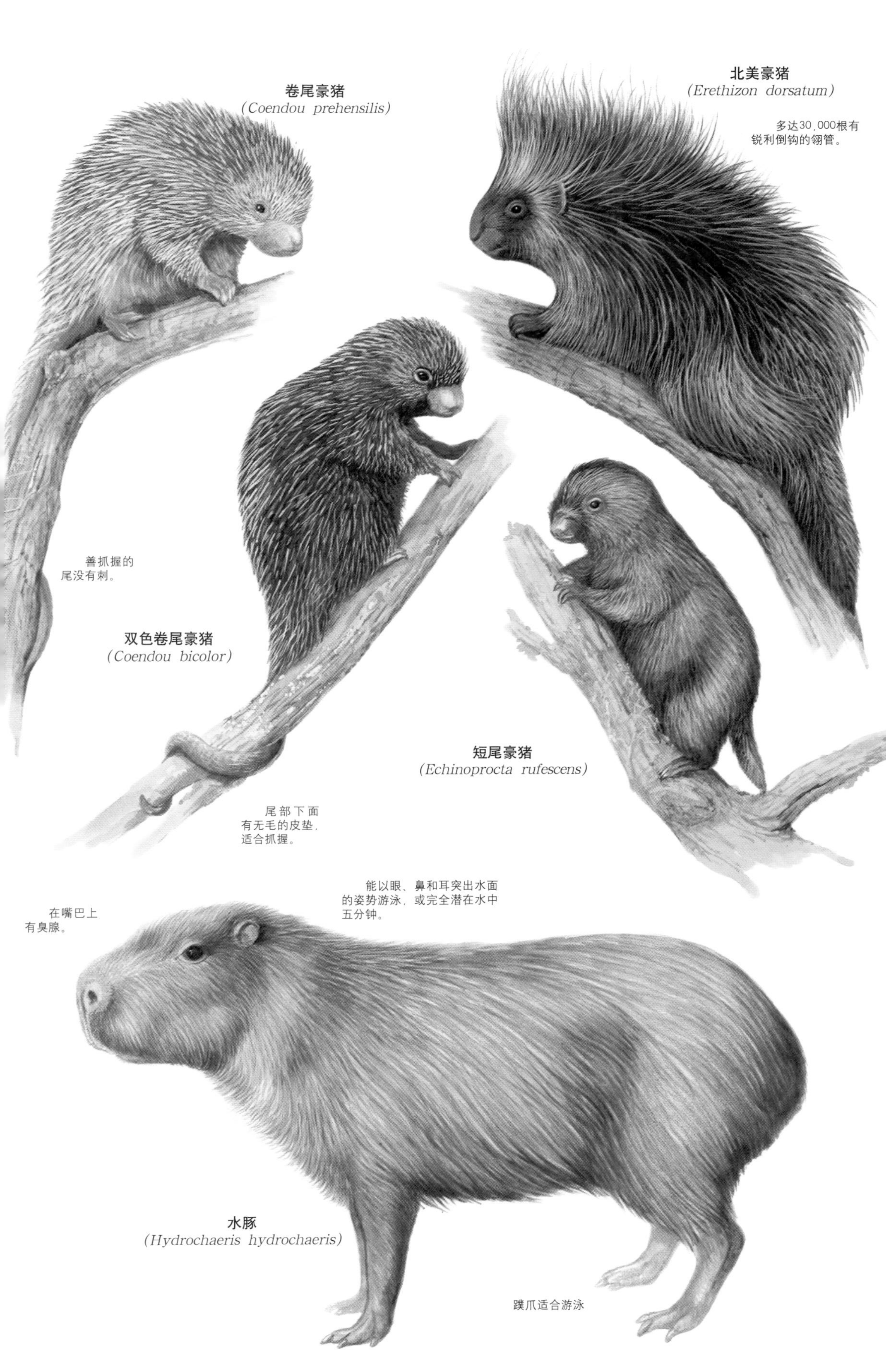

小档案

新大陆豪猪 这些豪猪有适合抓握的大爪、在有力的尖甲和无毛爪掌的协助下爬树。它们的视力差，但嗅觉和听觉灵敏。

北美豪猪 这个品种躲在洞穴、岩缝或倒卧的树木下，夜晚才出来在树木和灌木丛中觅食。

1.1 米
25厘米
18千克
独栖
当地常见

北美洲北部和西部

双色卷尾豪猪 善抓握的长尾帮助这个品种在森林的中层和上层中攀爬。它偶尔才会下到地面上。

49厘米
54厘米
4.7千克
成对
当地常见

安第斯山东侧山脚，由哥伦比亚到玻利维亚

短尾豪猪 这种鲜少研究的品种有多毛的短尾。越靠近臀部的刺越粗越短。

37厘米
15厘米
未知
未知
未知

哥伦比亚安第斯山地区

最大的啮齿目动物

水豚是有桶状体形的草食动物，以长在水中或近水处的草为主食。它们到水中躲避中午的高温、逃避猎食者和交配。这些群居动物通常以家庭团队一起生活，成员有一雄数雌和它们的后代，但在干燥季节会形成暂时性的大群体，数目多达100只。

1.3米
2厘米
65千克
家庭团队
当地常见

巴拿马到阿根廷东北部

小档案

驼鼠 这种独栖动物白天待在浅地洞中。人类猎捕它们以取其肉，也因为它们是农业害虫。现在，它们已经失去大部分的森林栖息地。

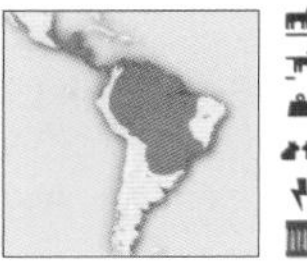

78厘米
3厘米
13千克
成对
常见

墨西哥东南部到巴西南部和巴拉圭北部

刺豚鼠和南美刺豚鼠

刺豚鼠和南美刺豚鼠的妊娠期约一百天，与其他品种相比算是很长。幼崽出生时毛已长好，眼睛已经睁开。数小时内，它们就能跑步、吃绿色植物。即使如此，它们仍继续依赖母鼠哺育数周。它们的潜在寿命很长，可达17岁，但大部分都撑不过第一年，便成为长鼻浣熊的猎物，或在干季期间饿死。

南美红刺豚鼠 白天活动的南美红刺豚鼠会在食物丰足时期，将一些食物埋起来。此举不旦让它们到了食物匮乏时期，仍有足够的食物，而且还帮忙将种子散布在整个森林。

39厘米
8厘米
1.5千克
独栖
数据缺乏

哥伦比亚南部到圭亚那、亚马孙盆地

黑灰毛臂刺鼠 这个品种能往上跳跃超过两米。它以爪趾行走，赶路时会狂奔。雄性求偶时，会对雌性喷尿液，使它做出疯狂的举动。

76厘米
4厘米
6千克
独栖或成对
常见

亚马孙河上游盆地

巴西刺豚鼠 和其他刺豚鼠一样，这种动物的身体前段修长，后段较粗壮。这种适应是为了在低矮灌木林中寻找它最爱的食物——树上掉落的果实。

64厘米
3厘米
6千克
成对
常见

委内瑞拉东部和圭亚那到巴西东南部

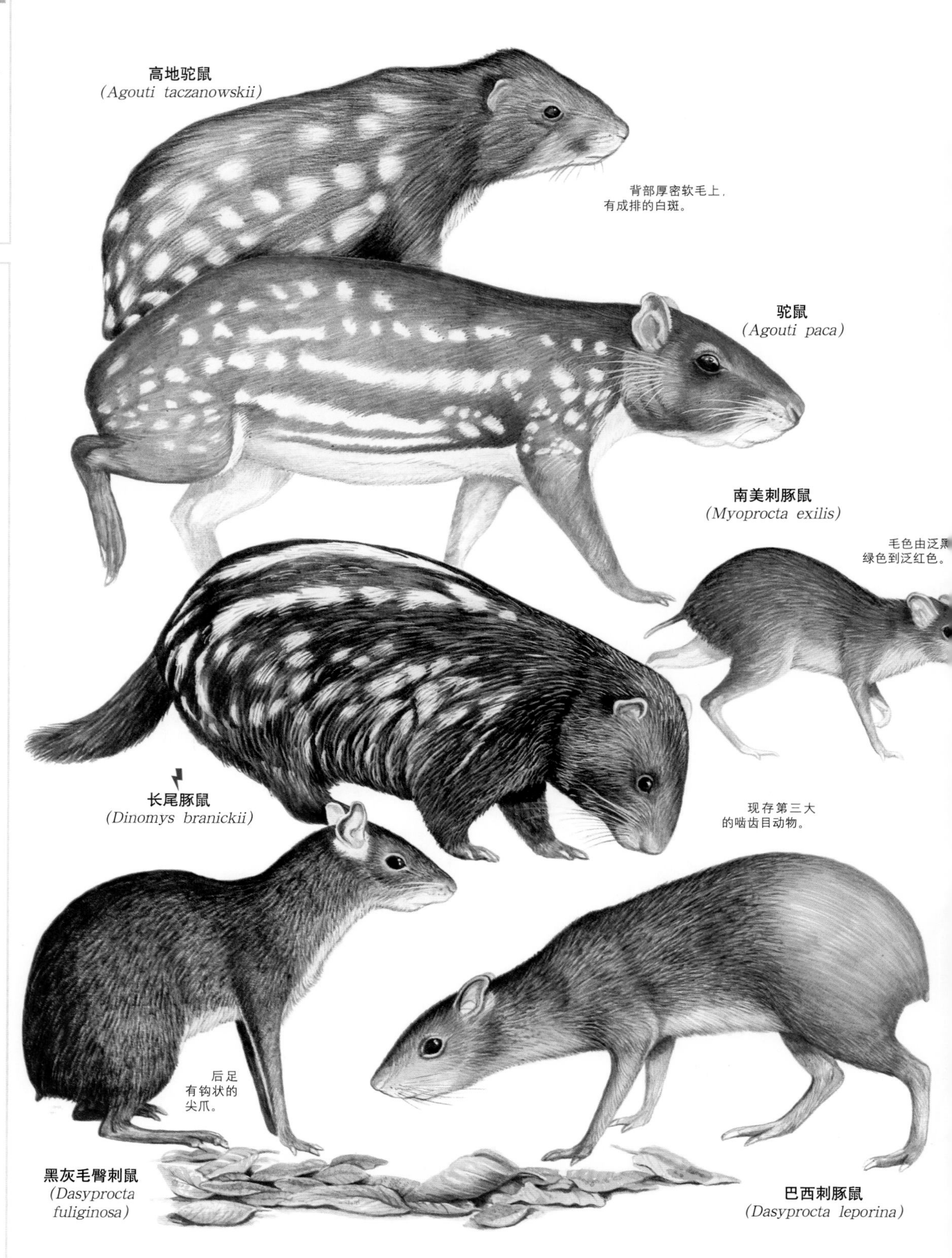

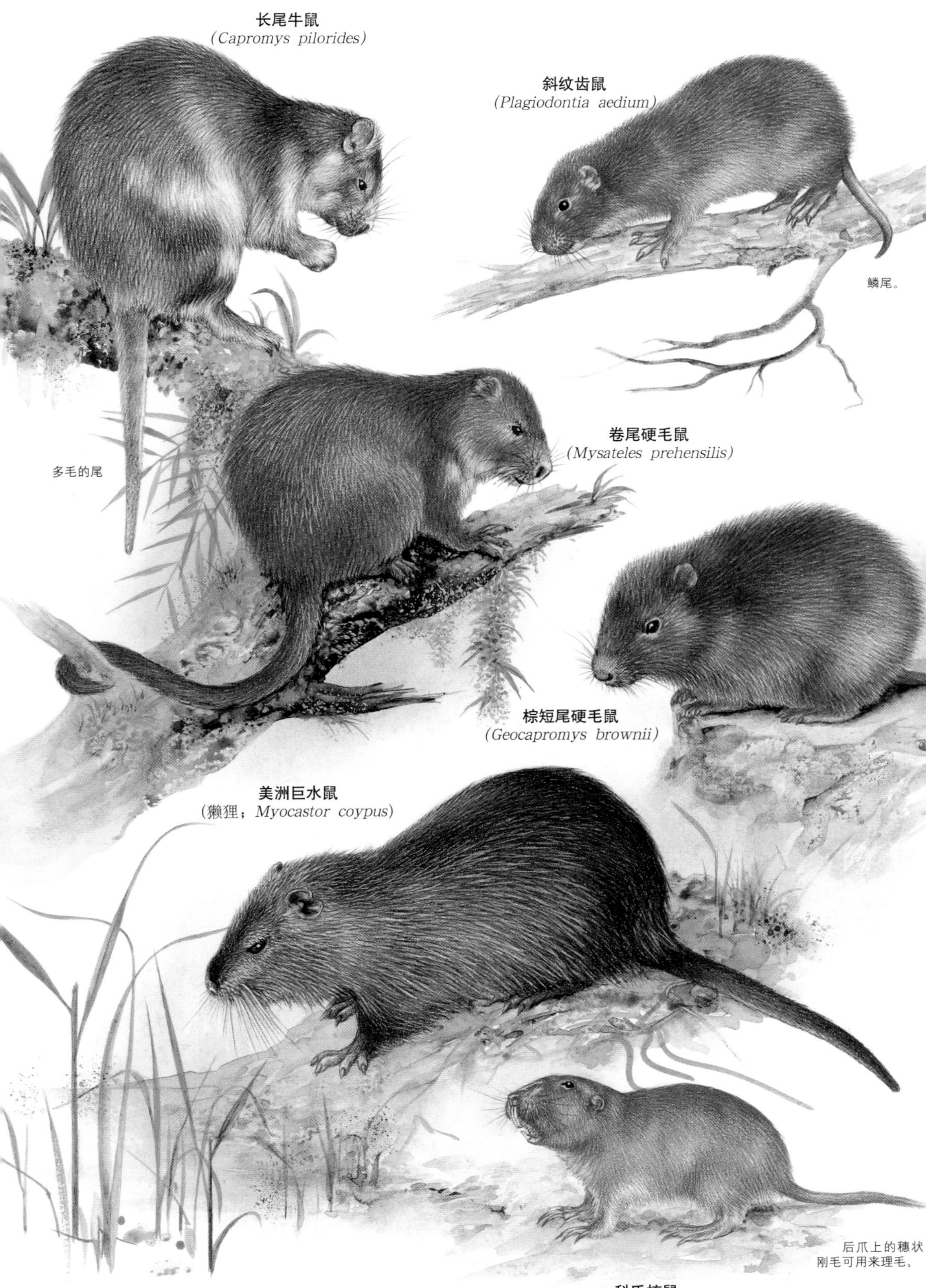

小档案

长尾牛鼠 这个品种虽然有有力的爪子，能轻松地爬树，但它待在地面的时间，远比其他硬毛鼠多。它和其他硬毛鼠一样，有隔成三室的胃，在所有啮齿目动物中，它们的胃最复杂。

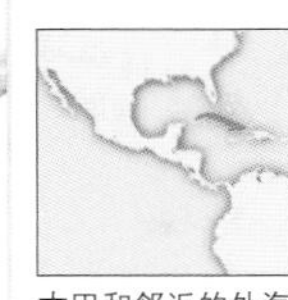

古巴和邻近的外海岛屿

棕短尾硬毛鼠 这种地栖性动物通常单独生活，但也可见到多达十只形成的家庭团队。白天它们躲在岩缝中，夜晚再摇摇摆摆地在森林里寻找树叶、根、树皮和果实。

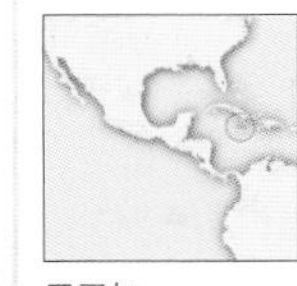

牙买加

美洲巨水鼠 这种半水栖动物在咸水和淡水中都怡然自得，它们用有蹼的后爪游泳，并能潜在水中长达五分钟，以水生植物和贝类为生。

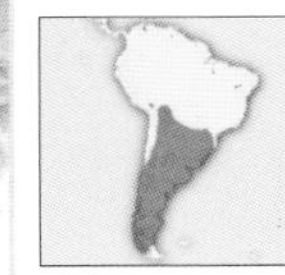

玻利维亚和巴西到巴塔哥尼亚

科氏梳鼠 这种粗壮的动物栖息在地洞中，能以前肢有力的爪子挖地道，并用突出的切齿切断植物的根。由于被视为害虫，被捕杀的数目极多。

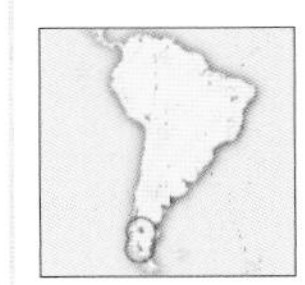

仅知阿根廷有两处地区

保护警报

消失中的硬毛鼠 天竺鼠亚目的硬毛鼠只生活在西印度群岛，被人类大量捕食。它们也是猛禽、蛇和外来豢养动物的猎物。近年来，6种硬毛鼠已经灭绝，另外有6种极危，4种易危，2种近危。

小档案

鼹八齿鼠 这种群居性的品种住在复杂的地洞中，以各种叫声互相沟通，其中包括一种长时间、音乐般的颤音，可历时两分钟。

17厘米
4厘米
120克
成群
常见，数目渐减

智利中部

灰色华毛鼠 这种小型鼠类有长尾龙猫般的软毛，但身体和头部像大鼠。它是夜行性动物，白天在地洞或岩缝中休息。

19厘米
7厘米
未知
成群
未知

秘鲁西南部、智利北部和阿根廷西北部

长尾龙猫 最常见于贫瘠的岩石山区。这种夜行性动物以100只之数成大群聚居。长尾龙猫是受欢迎的宠物，目前野外的数目已经很少。

23厘米
15厘米
500克
成群
易危

智利北部安第斯山区

灌丛八齿鼠和草原犬鼠

灌丛八齿鼠在生态上的地位，相当于北美洲的草原犬鼠（左图）。二者都是日行性啮齿目动物，大群聚居在范围很大的地洞系统中，并以一套声音互相沟通。灌丛八齿鼠和草原犬鼠仅为远亲，它们的类似性是趋同进化的结果，这两个种群在它们的半干旱栖息地上有相同的习性。

保护警报

遭到猎捕的毛丝鼠科动物 毛丝鼠科的长尾龙猫和兔鼠由于有一身软毛而遭到大量猎捕。光是20世纪初，智利便出口了500,000张长尾龙猫毛皮。短尾龙猫（*C. brevicaudata*）现在已经极危，长尾龙猫则被视为易危。

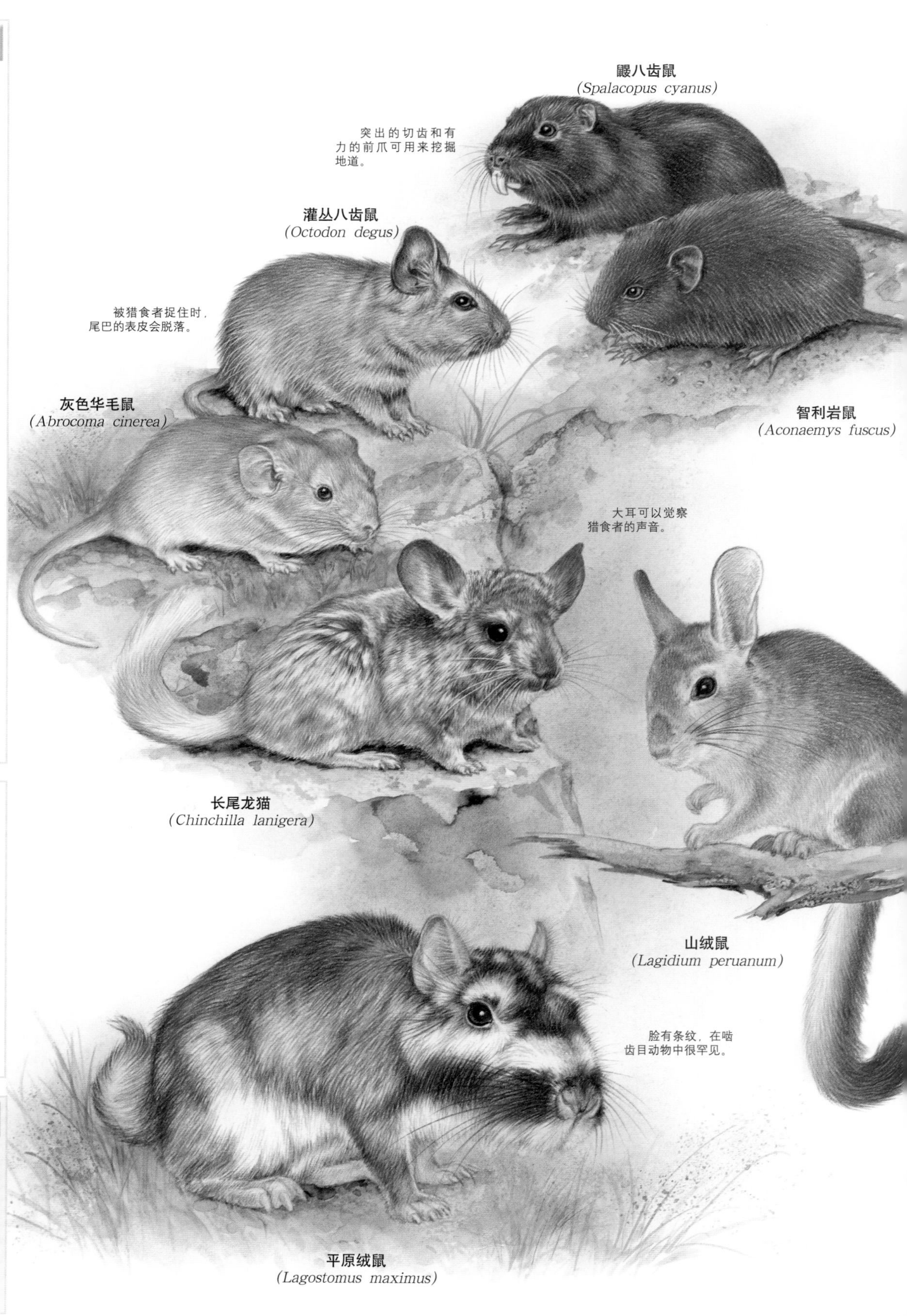

兔形目动物

哺乳纲
兔形目
(2)
(15)
(82)

兔形目动物中的兔子、野兔和鼠兔曾被视为啮齿目的一个亚目，它们和大型啮齿目动物的确也有些类似。它们都是爱啃咬的食植性动物，有不断生长的大切齿，没有犬齿，切齿和臼齿间有缝。和啮齿目动物一样，它们的唇可以在这个缝中闭合，啃咬物品时，便不会将它吃进嘴里。和啮齿目动物不同的是，它们的第一对切齿后面，有第二对较小的上切齿，称为三角齿。所有的兔形目动物都是地栖性，几乎全球各种不同的栖息地都能见到它们，由白雪覆盖的北极冻原到炽热的热带雨林及炙人的沙漠均能见到它们的踪迹。

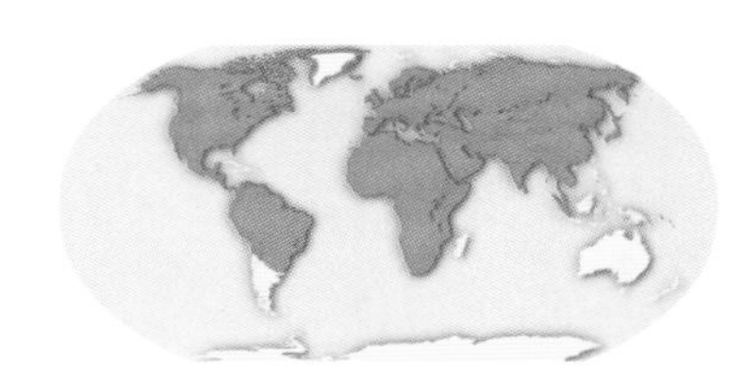

与人为伴 由于和人类的密切关系，使兔形目动物几乎传遍全世界，只有南美洲的南部和许多岛屿没有它们的踪迹。凡是引进兔形目动物的地方，例如澳大利亚和新西兰，通常都有破坏性的后果，因为，它们会抢夺原生动物和家畜的食物。

采收中的鼠兔 夏秋期间，大部分的鼠兔都在为冬季做准备。它们每天约以三分之一的时间，用来采集青草、树叶和花朵，堆积在突出岩石下方的干草堆上。

疾如狡兔 野兔有力的长后腿，是为跑赢猎食者而设计的。它们的时速可高达70千米，即使全速奔跑，这些灵活的动物也能突然改变方向。

打拳击的野兔 在整个交配季中，雄雪兔都在为雌兔竞争，每只雌兔则忙着驱逐它没兴趣的雄兔。雪兔常以小家庭团队聚居，但超过100只个体的大团队也会出现，尤其是在寒冷的北方岛屿上。

保护警报

虽然有些兔形目动物已经成为害虫，但许多特殊的品种却面临威胁。在兔形目的82个品种中，有37%的被列入国际自然与自然资源保护联合会的《濒危物种红色名录》中，请见下表：

1种灭绝
4种极危
7种濒危
6种易危
8种近危
4种数据缺乏

兔子、野兔和鼠兔

兔形目分成两科：兔子和野兔属兔科，鼠兔属鼠兔科。由于它们是许多猛禽和肉食动物的主要猎物，因此，所有兔形目动物的眼睛都长在头部两侧，以提供宽广的视野，相对较大的耳朵，使它们有敏锐的听觉。鼠兔的耳朵短而圆，兔子和野兔则有非常长的耳朵。

所有兔形目都是群居动物，全都会用臭腺沟通。鼠兔还辅以各种叫声，因而，使它们得到啼兔的昵称。

为了逃避猎食者，兔子和野兔都有长后腿，让它们的快速奔跑——兔子常逃跑躲避，野兔则企图在宽阔的地方跑赢猎食者。鼠兔的腿较短，但它们通常住在崎岖的地方，因此，能快速地闪进隙缝中。

虽然兔形目动物的所有品种都有反猎食的策略，但由于它们是其他动物的重要食物来源，因此死亡率很高。策应之道便是多产。它们的妊娠期短，通常只要30天至40天，就能一窝产下多崽。许多品种很快便达到性成熟——雌家兔只要3个月便能繁殖。雌兔的卵在交媾时释出，且生产后便几乎能立刻受孕。某些品种的雌兔还怀着前一窝，便已经受孕要怀第二窝。这种繁殖速度使某些品种，例如家兔，数目多得被视为害虫。

小档案

高山鼠兔 即使在漫长的寒冷冬季，这个品种仍很活跃。它在地面上待到积雪已有30厘米深，才会退到雪底下的地道中。

20厘米
无
200克
独栖
未知

蒙古，西伯利亚

灰鼠兔 虽然这种鼠兔通常在自然岩堆里筑巢，但它也会住在人类建造的房屋石壁中。由于它全年都在觅食，因此，不像其他鼠兔会堆积干草堆。

20厘米
无
200克
独栖
未知

巴基斯坦、印度、尼泊尔和喜马拉雅山区

达乌尔鼠兔 这种居住在草原的动物极具群居性，由家庭团队构成的大种群生活在地洞中。家庭成员以一套叫声、互相理毛、磨擦鼻子和一起嬉戏来沟通。

20厘米
无
200克
大群
常见

蒙古草原和西伯利亚南部

岩鼠兔 每只岩鼠兔都会保护一块岩石领域，雄性和雌性比邻而居，但领域分开。

22厘米
无
175克
独栖
当地常见

北美洲西部

保护警报

高原鼠兔 由于数目多，又有挖地洞的习性，使中国青藏高原上的高原鼠兔（*Ochotona curzoniae*）被视为害虫，一度成为毒杀的目标。此举忽视鼠兔在生态系统中扮演的重要角色。它们不只是许多猎食者的猎物，它们的地洞也是许多鸟类和蜥蜴的避难所，它们的挖掘也增加了植物的生长并减少侵蚀。

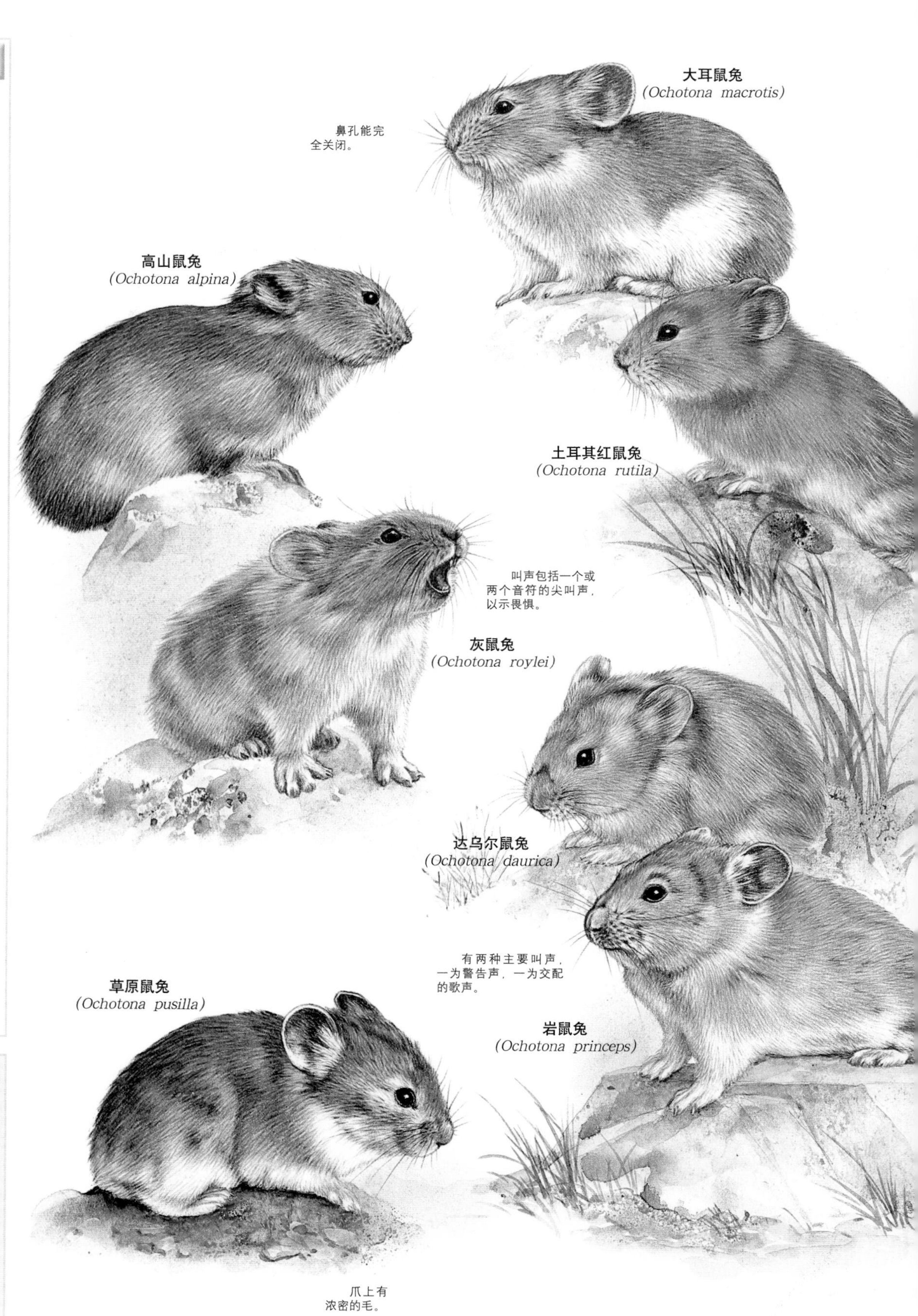

小档案

雪兔 这种通常独栖的野兔为了度过酷寒的北极冬季，常会聚集高达数百只，较小群的野兔会合作建造保护性的雪墙。雪兔也会随季节改变毛色，冬季长出白色毛，以便融入雪景中；夏季，毛变成棕色，以配合冻原植被。

- 60厘米
- 8厘米
- 6千克
- 独栖
- 常见

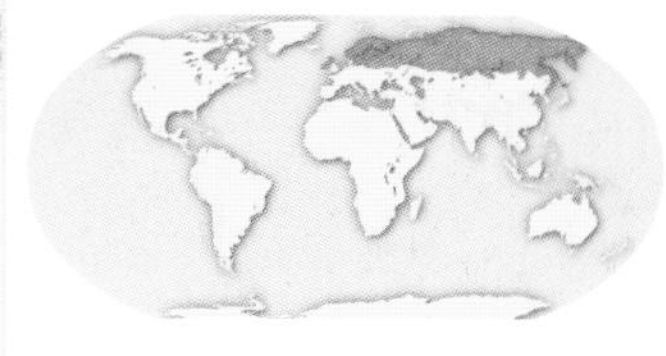

冰岛、爱尔兰、苏格兰和欧亚大陆北部

羚羊兔 和羚羊一样，这种大型野兔也能凌空跳跃。栖息在沙漠中，具夜行性，由植物中获取所有的水分，长期不用饮水也能存活。

- 60厘米
- 8厘米
- 6千克
- 独栖
- 常见，数目渐减

美国亚利桑那南部到墨西哥北部

普通野兔 雌野兔一年可产四窝，第一个月，幼兔被留在长草浅凹处的兔窝里，母兔每天来探视一次。

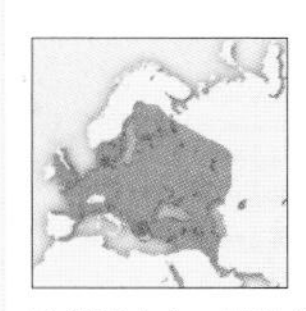

- 68厘米
- 10厘米
- 7千克
- 独栖
- 常见，数目渐减

欧洲到中东，引进范围广泛

清凉的耳朵

加州兔居住在北美洲沙漠中，靠长耳朵保持清凉。耳朵表面数以百计的微血管有利散热，让血液在回到心脏前能降温。一天中最热的时候，加州兔都在灌木丛或长草中休息。

小档案

东林兔 这种独栖的兔子白天在树洞或灌木丛中休息。虽然出生时无毛又看不见，但小东林兔两周便能离开兔窝，七周便得离巢，只要三个月，便达到性成熟。

50厘米
6厘米
1.5千克
独栖
常见

北美洲东部和南部

北美侏儒兔 这个最小型的兔子品种住在茂密的山艾树林中。它们以山艾树为主食，会挖地洞。它们发出独特的口哨声向邻居示警。

28厘米
2厘米
460克
独栖
近危

美国西部

欧洲兔 这个品种是受欢迎的休闲打猎用动物，被刻意引进到许多地方，经常对原生动物造成严重的影响。

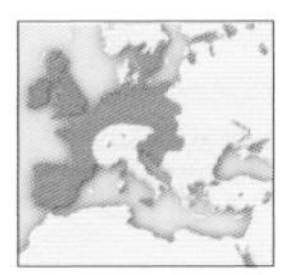

46厘米
8厘米
2.2千克
家庭团队
数量庞大

英国各岛、西班牙到巴尔干半岛，引进范围很广

阿萨密兔 猎捕和家犬危害这种动物的数目，但它们的最大威胁却是人类刻意烧毁它们的草原栖息地。

50厘米
4厘米
2.5千克
独栖或成对
濒危

尼泊尔和印度北部的喜马拉雅山区

兔 窝

欧洲兔是少数会挖自己的地洞的野兔品种，也是惟一生活在具有领域性的稳定繁殖群体的品种。大量幼兔在地下兔窝的保护下生长。

象鼩科动物

哺乳纲
跳鼩目
象鼩科
(4)
(15)

象鼩近年来才有人研究。它在不同时期各被分类为食虫动物、有蹄动物、树鼩科和兔形目动物。由于它们太过独特，因此，现在自成跳鼩目。它们那长而可活动的口鼻很像象鼻，使自然学家为它们取了象鼩这个俗名。它们是地栖性，靠敏锐的听觉和视觉来侦查危险，纤长的四肢让它们能快速奔跑，逃离猎食者。有些小型品种受惊吓时会以跳跃移动，很像迷你羚羊，所以，又称跳鼩 。象鼩以昆虫为生，但大脑比食虫动物更大更进化。

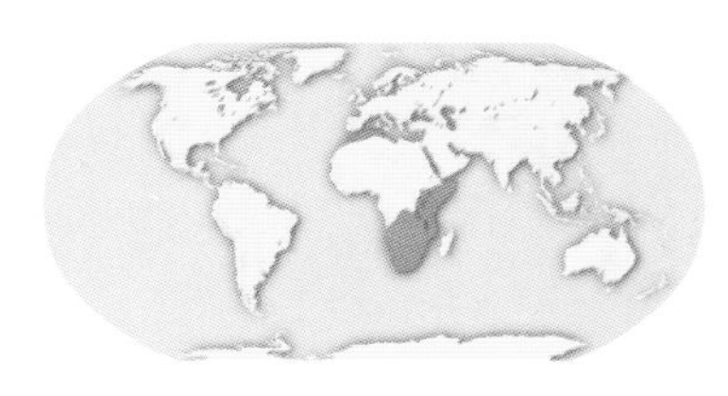

非洲栖息地 非洲大部分地区可见到象鼩，但西非和撒哈拉沙漠例外。它们占据多样化的栖息地，包括多岩石的裸矿、沙漠、稀树草原、草原、有刺灌木林平原和热带雨林。这种地栖性哺乳动物虽然在白天活动，但行踪隐秘迅速，因此，并不常见。

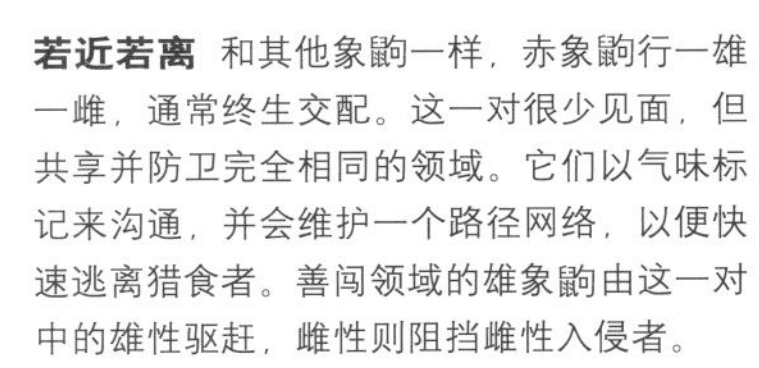

若近若离 和其他象鼩一样，赤象鼩行一雄一雌，通常终生交配。这一对很少见面，但共享并防卫完全相同的领域。它们以气味标记来沟通，并会维护一个路径网络，以便快速逃离猎食者。善闯领域的雄象鼩由这一对中的雄性驱赶，雌性则阻挡雌性入侵者。

食虫动物

象鼩能花80%的清醒时间觅食。象鼩虽然和食植动物一样，有类似的大盲肠，可以摄食一些果实、种子和其他植物，但它们主要为食虫动物，以无脊椎动物如蜘蛛、甲虫、白蚁、蚂蚁、蜈蚣和蚯蚓等为主食。它们那敏感可活动的长口鼻可以拱落叶，以嗅觉侦查小型猎物。某些品种以它们的爪和牙侵袭蚂蚁和白蚁的地道系统。和其他象鼩一样，南非象鼩(*Elephantulus intufi*)有长舌(见上图)，能快速的将昆虫舔进口中。

方格长鼻跳鼩
(*Rhynchocyon cirnei*)

高度敏锐，可活动的口鼻。

赤象鼩
(眼镜象鼩；
Elephantulus rufescens)

后腿比前腿长。

大大的眼和耳。

四趾岩跳鼩
(*Petrodromus tetradactylus*)

像老鼠般有硬毛的尾。

鸟

综 述

门	脊索动物门
纲	鸟纲
目	(30)
科	(194)
属	(2161)
种	(9721)

鸟起源于爬行动物，后来，这种动物发展了飞行能力。在现今所有活着的动物中，它们是移动性最大的一种。鸟类在沼泽、林地和雨林中数量巨大。它们还适应了大城市、荒凉的沙漠甚至南极和北极圈内的生活。有些从不离开家，有些横跨整个海洋和大洲，有时甚至是一次性飞行。在大小上，从很小的蜂鸟到庞大的鸵鸟。在鸟类9721个品种中，大多数鸟类羽毛色彩斑斓、图案绚丽。有些鸟已濒临灭绝，而另一些，如鸡的数量已经超过了人类。

早期的鸟 一亿五千多万年前，最早的鸟类从恐龙进化而来。人所共知最早的鸟是始祖鸟。第一块始祖鸟化石是1861年在德国发现的。始祖鸟是两条腿的猎手，动作迅速，身上长满羽毛，可能已能够飞行。

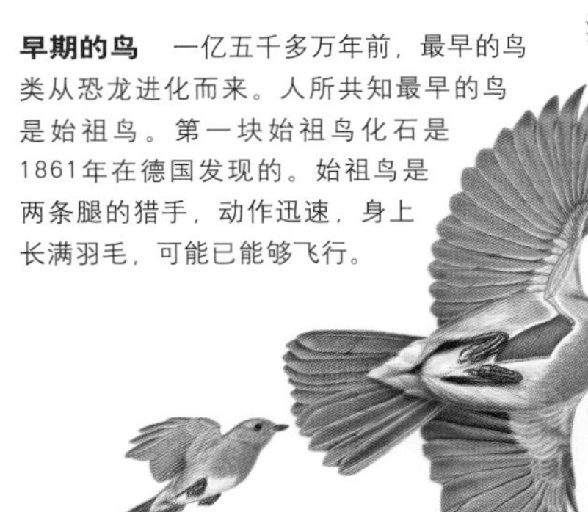

飞行 欧洲知更鸟（上图）拍打翅膀的方式在鸟类中是非常典型的：翅膀在上飞和下飞的动作中平稳地扇动。企鹅（右图）属于少数不会飞的鸟之一。

空气中的力量 像其他猛禽或猎鸟一样，白尾海雕（*Haliaeetus albicilla*；下页图）用它的力爪和尖喙捕捉鱼或其他动物，使它们动弹不得。

飞行和歌唱

数千年来，鸟儿飞行和歌唱的能力使人们敬慕。这些独特的动物不仅是机械飞行器发明的灵感来源，也是神话、音乐作品和其他艺术形式的灵感来源。

虽然鸟类中有些种类已经丧失飞行能力，但它们都有羽毛。一般来说，没有其他动物能依靠自己的力量进行这么远或这么快的旅行。

鸟儿可以进行惊人的空中表演，从猛扑和飞升到盘旋。有些情况下甚至能向后飞。它们飞行可能为了寻找食物或更有利的气候，或其他目的，如躲避肉食动物或相互交流。

有些鸟儿寻找领地是为了哺育、筑巢或喂食，而有些鸟儿整个一生都生活在同一个地方。许多鸟类迁徙到很远的地方躲避严冬，然后，天气再次转暖时再返回出生地。这些，都是受本能和经验的引导。

并非所有的鸟儿都会唱歌，大多数鸟类被看做会唱歌的鸟。有些鸟类拥有大量“保留剧目”，主要用于雄性求偶或阻止来自其他领地的雄鸟。

有些鸟单独生活，有些是群居的，甚至可能帮其他的父母照看幼鸟。

在20世纪，三十多种鸟类都濒临灭绝。今天约有九分之一的鸟类都面临危险，更多的鸟类数量逐渐减少。过去物种的消失主要是由于过度捕猎，比如候鸽。

今天，栖息地消失或遭受破坏，从而导致全球范围内鸟类减少。这是目前最严峻的因素。杀虫剂和其他污染物也为鸟类敲响了丧钟。还有引进的物种，如猫和老鼠——对鸟的伤害，尤其对那些对此没有抵抗力的岛屿鸟的伤害，尤其严重。

许多鸟类都出现在濒危名录中，鹦鹉的问题尤其突出。因为，它们亮丽的羽毛吸引偷猎者，另外，它们喜欢生活在热带雨林中，而如今的热带雨林也正在迅速消失。

缓慢开始 所有的鸟都从卵里孵出（左图）。典型的方式是父母中的一方或双方卧在蛋上孵化，使蛋保持足够的温度，这样胚胎才能发育。胚胎发育成熟后，雏鸟将蛋壳啄破从里面出来。

求偶 多数鸟儿都是单配偶。它们吸引异性，然后，用各种方式巩固这种结合。这些方式包括唱歌，展示专门训练过的翅膀，表演空中特技，或像这些鹤一样（下图）跳舞。

鸟喙 鸟儿的喙给其生活方式提供了重要线索。上图从左到右：角嘴海雀锯齿状的嘴可以抓住鱼；金刚鹦鹉可以轻易地剥开坚果和种子的壳；白鹭的喙非常适合在水中捕捉池塘生物。

羽毛类型

鸟有三层羽毛。第一层是蓬松的绒毛紧贴着身体，可以御寒。上面一层是轮廓羽毛，短而圆，使鸟的身体流畅。最上一层较长的飞羽可以使鸟起飞、飞行、在空中表演和着陆。

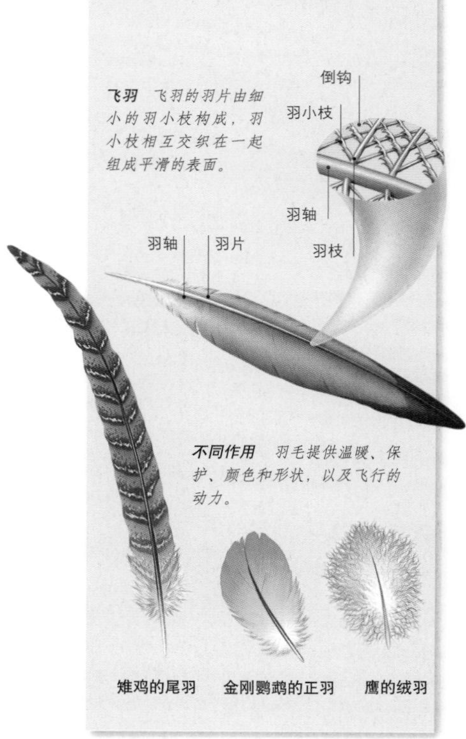

飞羽 *飞羽的羽片由细小的羽小枝构成，羽小枝相互交织在一起组成平滑的表面。*

不同作用 *羽毛提供温暖、保护、颜色和形状，以及飞行的动力。*

物种的奇迹

鸟的体形和大小各不相同。但是，尽管物种间的外部特征差异显著，但所有鸟的解剖都惊人地相似。所有的鸟儿都来自会飞行的祖先，前肢都进化成翅膀。鸟类身体的进化使它能在空中飞行。比如多数鸟儿重心在身体中间，轻盈又结实。骨头的数量比爬行动物或哺乳动物少得多。飞行是要求很高的活动，它需要迅速的新陈代谢，这样，呼吸系统和心脏效率才高。

鸟的消化道在脊椎动物中是相当典型的，尽管有些鸟有暂时存放食物的嗉囊（以便将食物在砂囊中磨碎，并通过肠壁吸收，或者，为了反刍以便哺育幼鸟）。

有些鸟类的特征——比如腿、爪和卵的大小——使人想起它们的祖先爬行动物。

但是，因为鸟是恒温动物，所以，它们大部分时间都用来寻找食物。它们的食物从种子和果实到昆虫、小型哺乳动物甚至是其他的鸟儿。

喙对于鸟儿的作用就相当于手对于人类，它们的主要任务是采集食物。鸟儿的喙和爪在结构和形状上有巨大差异，这是物种适应生态环境的反应。

翅膀和尾巴的形式决定了飞行中的上升、推进和飞行中的灵活性。其中一个方面的改进，一般只能通过牺牲另外两个来获得。需要迅速躲避猎手的小鸟，翅膀会很短；大鸟通常飞行距离很远，比如信天翁，翅膀又细又长，可以长距离滑翔。

视力是鸟发展最完善的感官，听力第二——尽管它们没有外耳。

鸟儿的羽毛色彩缤纷（会随季节的改变而不同），除了飞行外，羽毛还常用于鸟儿的表演。雄性的羽毛会比雌性更艳丽。

庞然大物 鸵鸟（*Struthio camelus*；右图）是世界上最大的鸟。和多数鸟不同，它的羽毛蓬松，不会飞。因为扁平的胸骨，鸵鸟所属的种类也是不同寻常的。

乱而有序 这群雪雁（*Chen caerulescens*；上图）可能看起来乱成一团，但是，鸟儿可以感受到它们的邻居，迅速移动避免撞车，非常像在繁忙的城市街道上穿梭的人们。

保持体温 有的鸟如主红雀并不住在或迁徙到气候温暖的地方。在冬天的几个月里，它们努力获得足够的食物，保持体温稳定。蓬松的羽毛可以容纳空气，帮助身体隔绝寒气。

为了保持羽毛的形状，鸟儿定期用嘴梳理羽毛，每一根从头到尾，使羽毛平滑，驱除杂物。但即使最精心呵护的羽毛也会变老破碎。所以，鸟儿一年至少蜕毛一次，再长出新的来。这个过程叫换毛期。通过在水里或尘土中洗澡，鸟儿也清理自己身上的脏物。

为了给幼鸟提供住所，许多鸟会建巢穴。它们产卵的数量从一枚到十二枚甚至更多。一年产卵一次或多次。

有些种类发育充分，一生下来就能照料自己；有些鸟出生时既看不见，又无助。它们呆在巢里，依赖双亲中的一个或两个提供食物，并保护它们不受侵害，一直到幼鸟足够强壮并且能够独立为止。雏鸟期从一个星期到五个多月不等。

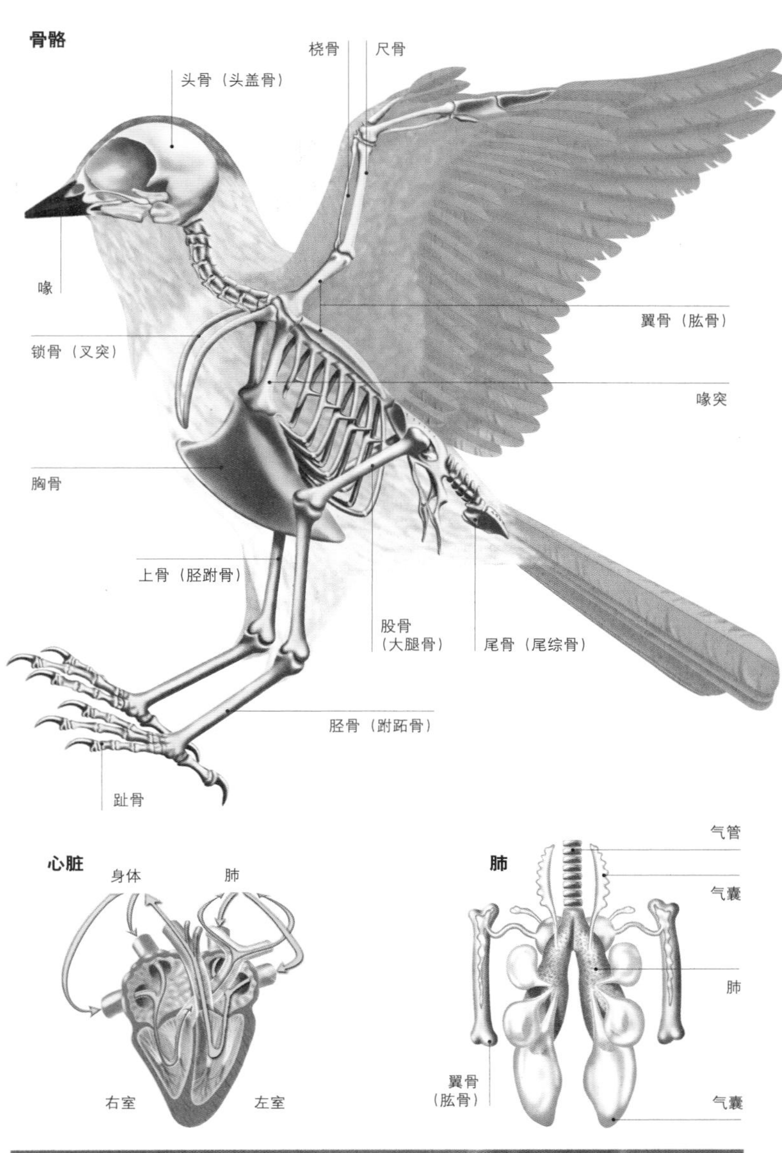

适应飞行 鸟儿的骨骼（右上图）在脊椎动物中是典型的，其变异的进化使飞行具有动力。部分脊椎简化成一个叉突（一般称为叉骨）。鸟儿飞行时，这块骨头就像一根弹簧。胸骨或胸片宽且弯曲，为结实的飞行肌肉提供安全保障。肺不停地将氧气传给血液。强有力的心脏把血液传给肌肉。

正在消失的鹰类 成千上万受到威胁的鸟中，有一种叫角鹰（右图），是世界上最强大的猛禽。目前，在中美洲和南美洲的热带雨林中数量急剧减少，已威胁到它们的生存。大多数濒危鸟类生活在发展中国家。

保护警报

国际自然与自然资源保护联合会共列了2139种濒危物种的《濒危物种红色名录》上所列的濒危鸟类分成以下几种：

- 129种灭绝
  - 3种野外灭绝
- 182种极危
- 331种濒危
- 681种易危
  - 3种依赖保护
- 731种近危
  - 79种数据缺乏

平胸目鸟类和䳍类鸟

纲	鸟纲
目	(5)
科	(6)
属	(15)
种	(59)

平胸目鸟不会飞，它们长着平胸骨，缺少鸟类主要的像龙骨脊的胸骨。像其他不会飞的鸟一样，人们认为它们失去了飞行的能力，其实，是因为它们既缺少捕食者，又可以通过耗能较少的方法躲避敌害。平胸目鸟类包括两种已经灭绝的大鸟：新西兰的恐鸟和马达加斯加的象鸟。人们认为，多数平胸目鸟源于相似的品种而不是一个独特的祖先。䳍类鸟属于与鸟类有关的目，长着有龙骨的胸骨，和平胸目鸟一样具有不同寻常的解剖学特点——长有独特的颌。这两类鸟，共占了鸟纲中的五个目。

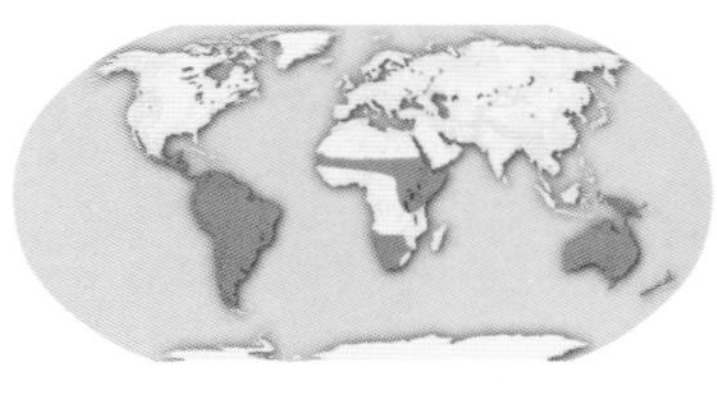

分布 在南半球平胸目鸟类和䳍类鸟只见于冈瓦纳古陆南部。各种品种适应了草地、森林、林地或高山。鸸鹋是最常见的，它们在不同的栖息地之间漫游。

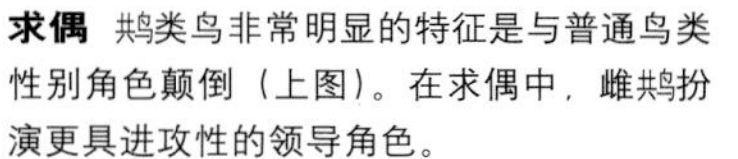

求偶 䳍类鸟非常明显的特征是与普通鸟类性别角色颠倒（上图）。在求偶中，雌䳍扮演更具进攻性的领导角色。

领头的父亲 和许多其他平胸目鸟和䳍类鸟一样，雄鹤鸵（右上图）负责孵卵和喂养雏鸟。雄鸸鹋则在整个八周孵蛋期内依赖储存的脂肪，这期间不抽出一点空闲进食进水，甚至排泄。

巨鸟和赛跑者

成年平胸目鸟类和䳍类鸟——其中有鸟类中最大的鸟——鸵鸟，最高的鸵鸟的体高超过2.8米——很像长得过大的小鸡，翅膀粗短，发育不全，羽毛柔软。

作为强大的赛跑者，平胸目鸟每只脚只有两个脚趾，而不像其他鸟类是标准的四个。鸵鸟可以比赛马跑得还快，有时还会用踢来自卫。三趾鸵鸟，也称美洲鸵，在奔跑时，有时会张开翅膀。但这种情况下，翅膀起到帆的作用，而不是飞行。

新西兰的鹬鸵长着退化的翅膀。这种夜行鸟——这个国家的象征——住在洞穴中，用敏感的长喙通过气味寻找猎物无脊椎动物。它们是少数几种嗅觉灵敏的鸟类之一。

䳍类鸟属于古老的目。它们包括种类各异、数量众多的小鸟，体态丰满，身材矮小，翅膀圆，羽毛蓬松。在47种䳍类鸟中，有的在树上栖息，有的栖息在地上。虽然它们能飞，但通常躲避猎手的方式是悄悄地消失在草丛中或原地不动。

轻松前进

三趾鸵鸟又大又重，体高1.5米。当它们奔跑时，强有力的腿可以承担很大的重量，但是，脚上额外的肉垫有很大的反弹作用。三个向前的脚趾也完全适合奔跑。

宽扁的喙便于吃种子和水果。

鸵鸟
(Struthio camelus)

色彩对比鲜明的尾巴在自我展示时抬起并扇动。

小美洲鸵
(Pterocnemia pennata)

作为非洲惟一的平胸鸟类，鸵鸟只有两根脚趾。

美洲鸵，就像大多鹈类一样，只生活在南美洲。

♂ ♀

鸸鹋，像鹤鸵一样，有一对毛绒绒的翅膀。

大美洲鸵
(Rhea Americana)

够食物方便的长脖子。

鸸鹋
(…aius novaehollandiae)

北鹤鸵
(Casuarius unappendiculatus)

南鹤鸵
(Casuarius casuarius)

强劲有力的短腿非常适合在雨林中奔跑。

褐几维
(Apteryx australis)

小斑几维
(Apteryx owenii)

几维鸟，只见于新西兰，在喙顶部有敏感的鼻孔。

小档案

鸵鸟 野生鸵鸟一度在中东和亚洲出现过，但目前主要局限于东非和南非的国家公园中。在地面上繁殖和挖巢时，雄鸵鸟会暂时拥有一群雌鸵鸟。

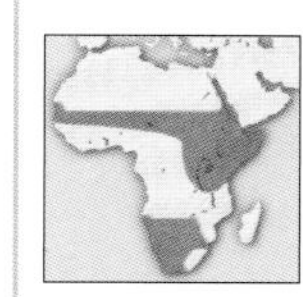

2.9米
5枚—11枚
雌雄不同
迁徙
当地常见

非洲的中部、东部和南部

鸸鹋 鸸鹋在鸸鹋科中是惟一幸存下来的。它们的适应性很强，生活在各种各样的环境中。在交配季节，它们组成临时伴侣。为了寻找果实、种子、昆虫和嫩芽，它们需要长途跋涉。

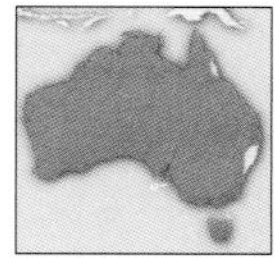

2米
7枚－11枚
雌雄相似
迁徙
当地常见

澳大利亚大陆和塔斯马尼亚岛

大美洲鸵 两种美洲鸵中较大的一种。大美洲鸵的喙又宽又扁，非常适合在草原上吃草。跑起来动作敏捷，可以突然改变方向以躲避追赶者。雄鸟间会为栖息地争斗。

1.6米
13枚－30枚
雌雄相似
不迁徙
近危

南美洲的东部、东南和中西部

南鹤鸵 生活在神秘的热带雨林中，单独活动，雌性比雄性更大，色彩更鲜艳，头顶有高高的盔状突。雄鸟抚养雏鸟。

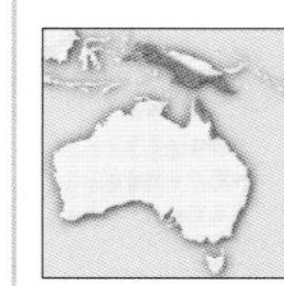

2米
3枚－5枚
雌雄相似
不迁徙
在澳大利亚属易危种类

印尼斯兰岛、新几内亚南部、澳大利亚东北部

保护警报

国际自然与自然资源保护联合会的《濒危物种红色名录》将三种鹤鸵中的两种列为易危物种，而三种几维鸟则全部是易危物种。鸸鹋在澳大利亚大陆极为普通，但是在澳大利亚东南部的国王岛和袋鼠岛上，欧洲殖民时期仍然存活的侏儒鸸现在已经灭绝了。

鸡形目鸟类

纲	鸟纲
目	鸡形目
科	(5)
属	(80)
种	(290)

在鸟类中，人们最熟悉的是鸡（中亚原鸡驯化后的家养鸡）和火鸡。人们还猎食雉鸡、三石鸡、松鸡和鹌鹑。有时把孔雀关起来供人观赏，因为它们有美丽的羽毛和绚丽的孔雀开屏。这些鸟大小各异，但是，都有矮壮的体格，头部相对较小，翅膀短而宽。典型特征是飞得又低又快。它们是许多野生猛禽的偏爱。为了躲避天敌，鸡形目鸟类依靠灰暗的羽毛作伪装，或者迅速跑开或者飞走。它们一窝孵的蛋很多，能到二十多枚。但是，这一物种的数量却波动很大。

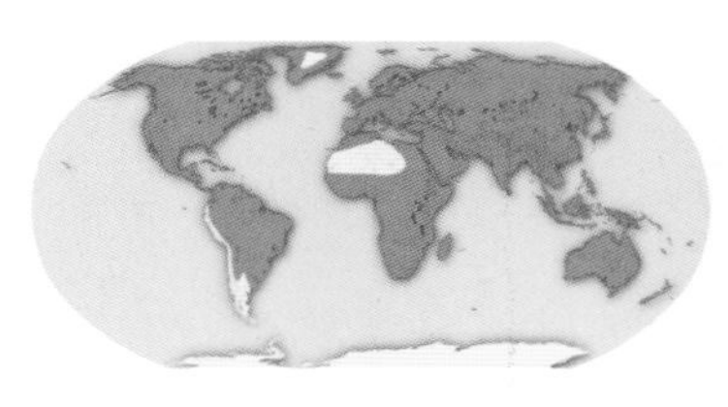

分布广阔 鸡形目鸟类生活在各种气候带。根据它们的种类不同，有的喜欢森林、丛林、旷野或草地。有些种类分布更广，比如鹌鹑和三石鸡，好几个大洲都能见到它们的影子。而火鸡只见于北美洲。

小档案

丛冢雉 在一堆腐烂发酵的土堆上孵卵。这样的土堆是一堆能释放热量的腐烂物质。它们会在土堆上增加或拿掉一些发酵物质来保持土堆的适当温度。

70厘米
15枚－27枚
雌雄相似
不迁徙
当地常见

澳大利亚东部

大凤冠雉 这种细长的鸟生活在森林中，大部分时间在陆地上。搜寻掉落的果实和种子，用坚硬的喙啄食。它们在树上栖息或避难，也用植物在树枝间筑窝。

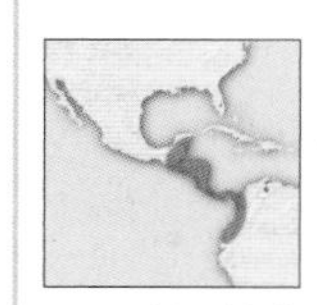

92厘米
2
雌雄不同
不迁徙
当地常见

墨西哥东部到南美洲西北部和考祖梅岛

白冠长尾雉 这种漂亮的鸟喜欢隐秘，只局限于亚马孙河南部很小的地区。叫声悠远，能够穿透树林，这是因为它的气管能放大声音。

83厘米
3枚－4枚
雌雄相似
不迁徙
近危

亚马孙河流域的巴西东北部

求偶表演 鸟类都有精彩的求偶表演。雄艾草椿鸡（上图）聚集土丘上。在每只雄鸟表演过后，会有一只幸运的雄鸟占优势，可以和几十只雌鸟交配。

展示 一只普通的雄雉（上图）在展示自己的美姿，它快速扑打翅膀发出特有的啼叫声。有些种类主要栖息在树上，但多数鸡形目鸟类大部分时间生活在地面上，腿强壮有力，善于奔跑。所有的雄雉都色彩绚烂。

珠颈翎鹑
(*Callipepla californica*)

珠颈翎鹑是全球非常普遍的观赏鸟。

花脸鹌鹑
(*Coturnix delegorguei*)

红嘴林鹑
(*Perdicula erythrorhyncha*)

许多林鹑面部有条纹。

赤鸡鹑
(*Galloperdix spadicea*)

雄鸟的后腿上有两根细长的距。

红腿石鸡
(*Alectoris rufa*)

石鸡生活在欧亚地区，体侧翅膀都有不同斑条。

红喉鹧鸪
(*Francolinus afer*)

栗枕鹧鸪
(*Francolinus castaneicollis*)

这一物种只见于非洲东北部的埃塞俄比亚和索马里。

双距鹧鸪
(*Francolinus biacalcaratus*)

身上有斑条，栖息在西非热带地区的树下草丛中。

鹧鸪是一种像鹌鹑的粗壮大鸟，在树下草丛中寻觅草籽儿、球茎和昆虫为食。灰纹鹧鸪仅限于非洲的安哥拉西部。

灰纹鹧鸪
(*Francolinus griseostriatus*)

黑鹧鸪
(*Francolinus francolinus*)

小档案

珠颈翎鹑 雌雄头顶都有一根长羽。一般食草，但也吃各种无脊椎动物。雏鸟羽毛生长很快，几周后就可飞行。

28厘米
13枚－17枚
雌雄不同
不迁徙
当地常见

美国西部、墨西哥西北部和加拿大西南部

红腿石鸡 雌鸡可以在两个不同的巢里下两窝蛋。其中一窝由雄鸡来孵。这一品种曾引入英国。

38厘米
11枚－13枚
雌雄相似
不迁徙
当地常见

伊比利亚半岛和法国到意大利北部

双距鹧鸪 常以小群出现，生活在沿海低地林地边缘。性羞怯，不易见到，但栖息在土堆或高木上时，偶尔鸣叫。

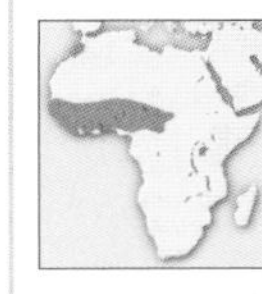

34厘米
5枚－7枚
雌雄相似
不迁徙
当地常见

摩洛哥西部和塞内加尔南部到乍得南部和喀麦隆

黑鹧鸪 这一品种的六个亚种大小和羽毛颜色稍有不同。这种不同在雌鸟身上体现最明显。黑鹧鸪已被许多国家引入。

36厘米
6枚－12枚
雌雄不同
不迁徙
当地常见

中东、高加索山脉两侧到印度北部

保护警报

濒临灭绝 鸡形目鸟类和水鸟是猎杀最为严重的鸟。因为它们繁殖量大，通常能承受这种压力。但一旦增加对其栖息地的破坏，就会导致数量严重减少。威胁最大的鸡形目鸟类是那些分布非常有限的雉类鸟，如秘鲁西北部的白翅冠雉。

小档案

黑松鸡 这种鸡栖息在各种地方，从林地到沼泽地。黑松鸡在地面挖的洞穴中筑巢。雌鸡在此孵卵。主要食草，食量很大。

60厘米
6枚－11枚
雌雄不同
不迁徙
当地常见

英国和欧亚大陆北部到西伯利亚东部和朝鲜北部

岩雷鸟 夏季雄鸟和雌鸟的上半部分别呈暗灰色和棕色，但到了冬季雌鸟和雄鸟几乎全都变成纯白。腿部和脚部的羽毛使它们可以在深深的雪地上行走而不陷进去。

38厘米
5枚－8枚
雌雄不同
部分迁徙
当地常见

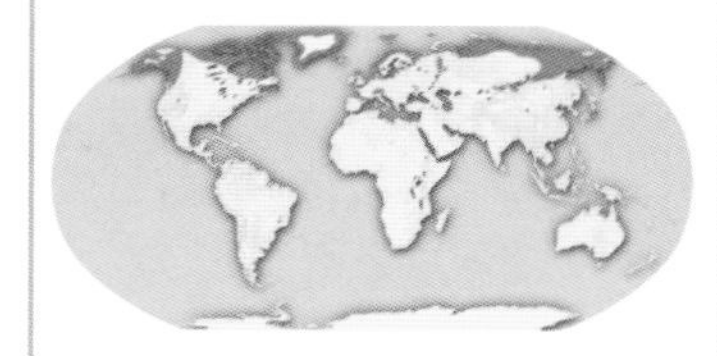

北美洲北部、欧洲和欧亚大陆北部

红原鸡 至少5000年前，在印度河流域地区这种艳丽的原鸡被驯化成家鸡。鸡肉和鸡蛋目前被全世界的许多人享用。

75厘米
4枚－9枚
雌雄不同
不迁徙
当地常见

印度北部和亚洲东南部

脚距装备

在原鸡中（以及这一目中的近亲），公鸡腿后部有脚距，位于趾爪上面。这是和其他公鸡搏斗的武器。斗鸡比赛使用驯化过的鸡，已有上千年的历史。在许多国家这是非法的，但在一些国家仍会看到。脚距本身不会致命，但人们将锋利的距铁附在斗鸡腿上后，搏斗就会是致命的了。

小档案

白冠长尾雉 这种美丽的鸟只生活在东北亚中部的山林中。几个世纪来，人们用它动人的长尾羽和其他羽毛作服装、礼仪和宗教的装饰。

- 2.1米
- 6枚—9枚
- 雌雄不同
- 不迁徙
- 易危

中国和蒙古的中北部

头盔珠鸡 这一家养珠鸡的祖先在地上植被中筑巢。雌鸟孵卵后，雏鸟有时仍然成群聚在一起。

- 63厘米
- 6枚－12枚
- 雌雄相似
- 不迁徙
- 当地常见

撒哈拉沙漠以南的非洲

冠青鸾 在这种鸟的求偶表演中，雄鸟清理出林地中的一片地方。雄鸟围着雌鸟跳舞，展开翅膀露出立体的眼睛图案。和其他的鸟一样，雄鸟的繁殖任务在交配后结束。

- 2米
- 2枚
- 雌雄不同
- 不迁徙
- 近危

马来半岛、苏门答腊岛和加里曼丹岛

飞行肌肉

鸡形目鸟类都有强壮的飞行肌肉，这样它们可以迅速飞走以躲避许多捕食者。所有的鸟类在胸骨上都长有龙骨，分开两翼肌肉。这一块骨头在鸡形目鸟类中增大，以满足扩大的胸肌的需要。

起飞

一只白冠长尾雉利用有力的翅膀使结实的身体飞离地面。

水 禽

纲	鸟纲
目	雁形目
科	(3)
属	(52)
种	(162)

水禽属雁行目鸟类。在被驯养的鸟类中，早在四千五百多年前，人们就饲养鸭和鹅，以备食用。由于它们的美丽和优雅，天鹅还经常被关在笼子里供人观赏。有几种是不会飞的，但其余的都是强健的飞行家。许多北方鸟类随家族迁徙到很远的地方。在空中，它们不停地拍打翅膀，最快时速超过122千米。人们观察到有些鸟在8485米的高空飞行，这个高度接近珠穆朗玛峰的峰顶。它们的叫声差别很大，从呷呷声到小狗般清脆的叫声、尖锐的嘘嘘声、刺耳的轰鸣声，甚至喇叭似的声音。

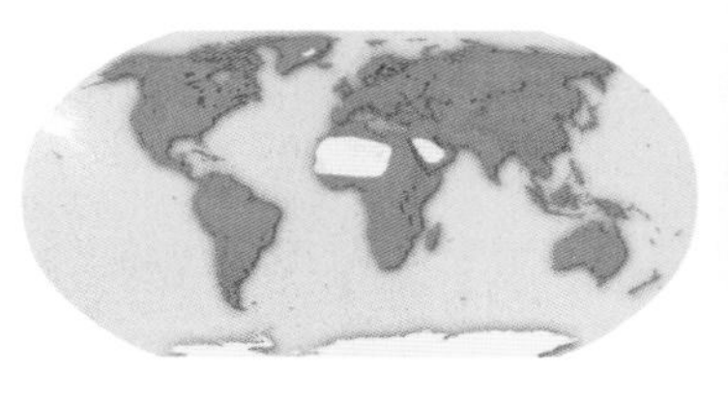

世界居民 水禽在北半球占主要地位（北美洲数量最多）。但是，除了南极洲，世界各地都可以见到它们的踪迹。它们生活在各种湿地，从城市池塘到北冰洋海湾。有些鸟大量时间在海上生活。

水上的家

这一目所有种类在外形上都显著相似，短腿、蹼趾、相对的长颈和宽而扁平的嘴巴。多数是游泳健将，虽然有些种类已经适应陆上生活，且脚趾间的蹼较少。

为了抵御冷水，它们依赖浓密的防水羽毛和一层厚厚的保温绒毛。它们的羽毛通常色彩艳丽，图案精美。

家养水禽来自绿头鸭、美洲家鸭、灰色雁和鹅雁。产于北半球的野鸭被广泛引入其他地区，引起了意想不到的杂交和当地物种的基因稀释。

许多水禽食草、种子、谷物和其他植物，但也有一些吃鱼、昆虫、软体动物和甲壳类动物。

南美洲叫鸭表面和其他雁形目水禽没什么相似之处，但在解剖学上有一些类似。

准备起飞 雁形目中最大最尊贵的鸟——大天鹅（上图）身高几乎达1.5米。它们必须先在水上奔跑，并用力拍打翅膀以产生足够的速度，这样，沉重的身体才能飞起来。

跟随领队 小雌麻鸭跟在母鸭后面游泳（上大图）。雏鸭可以自己觅食。但它们都记住了一个父母，跟着它们以便学习各种行为。母鸭的形象也会影响到它们后代所中意的伴侣。

小档案

冠叫鸭 这种鸭生活在沼泽地和河道旁。是非常典型的群居鸟类，善游泳，趾间无蹼。现在，有许多当地人饲养驯化过的冠叫鸭。

95厘米
3枚－5枚
雌雄相似
不迁徙
当地常见

南美洲东部及其海岸

雪雁 雪雁有两种颜色，一种是身体为全白，翅膀为黑色；另一种是白头，蓝灰色身体和翅膀。夏季，在北极苔原地带繁殖，飞行时可听到嘎嘎的鸣叫声。

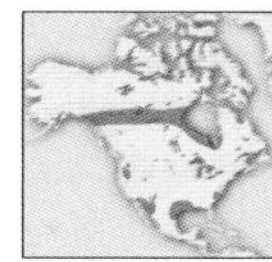

80厘米
4枚－5枚
雌雄相似
迁徙
普遍

北美洲中北部和南部

黑额黑雁 黑额黑雁大约有十二种，其大小、颜色和地理分布各不相同。最早生活在北美洲，现在是城市公园常见的风景鸟类。黑额黑雁世界各地都广泛引进。

1.15米
4枚－7枚
雌雄相似
迁徙
当地常见

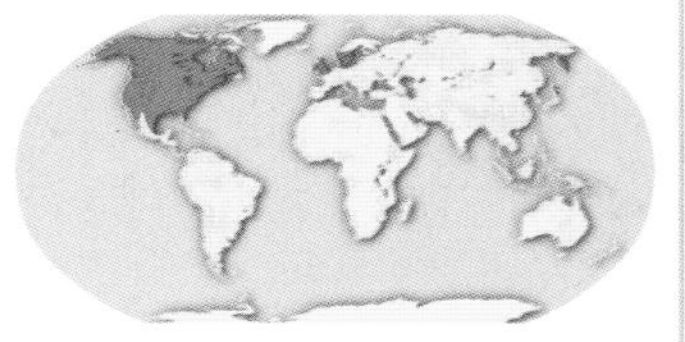

北美洲、欧洲北部和亚洲东北部

人字形飞行

黑额黑雁属于迁徙飞行时呈人字形飞行的雁。这种队形使领头的雁冲破空气阻力，产生气流效应，并引起上升气流以帮助后面的雁群减少空气阻力而保存能量。大雁们轮流飞在前面，日夜不停地飞向度夏或过冬的地区。

小档案

翘鼻麻鸭 这种麻鸭生性好斗，飞行时显得笨重，缓慢地拍打翅膀。经常在旧的兔子洞或旧建筑下的裂缝中繁殖雏鸭。雄麻鸭叫声响亮，雌麻鸭叫声低沉。

- 65厘米
- 8枚－10枚
- 雌雄不同
- 迁徙
- 当地常见

欧洲西部、亚洲海岸和非洲西北部。

瘤鸭 这种也是喙根上部有疣的鸭，因为公鸭喙根上部有显著而肥胖的肉冠。在繁殖季节前，肉冠会变得相当大。

- 76厘米
- 6枚－20枚
- 雌雄不同
- 迁徙
- 当地常见

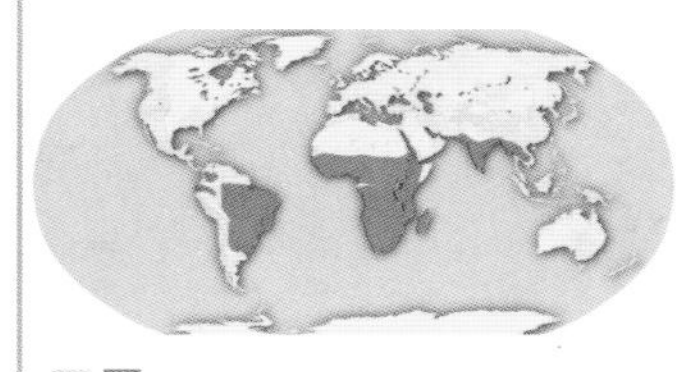

非洲撒哈拉沙漠南部、亚洲南部和南美洲北部及东部

林鸳鸯 这种美丽的鸟在树洞中栖息。现在，人们建了许多巢箱，以帮助重新建立这种濒危物种。筑巢后，雄性的羽毛变得和雌性一样单调，但仍保留着独特的红喙。林鸳鸯从鼻腔发出长而尖的鸣叫。

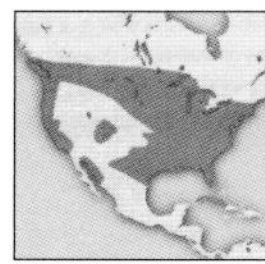

- 51厘米
- 9枚－15枚
- 雌雄不同
- 部分迁徙
- 当地常见

北美洲沿海和南部、古巴西部

铲形的喙

琵嘴鸭的名字来自它独特的厚重的喙，喙呈铲形，比头还长。它在浅水中伸长脖子在水面下摆动喙觅食。喙两边梳子般的锯齿状突起可以过滤食物。

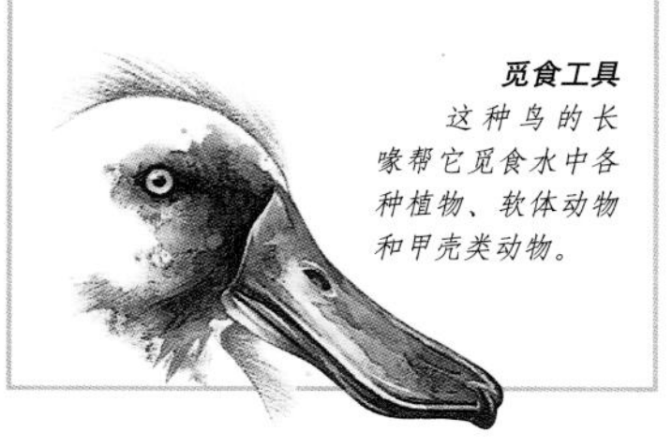

觅食工具

这种鸟的长喙帮它觅食水中各种植物、软体动物和甲壳类动物。

赤嘴潜鸭
(*Netta rufina*)

长尾鸭
(*Clangula hyemalis*)

尽管它们有独特的长尾，长尾鸭几乎只在北冰洋边觅食甲壳类动物和软体动物。

红头潜鸭
(*Aythya ferina*)

潜鸭主要以潜水和在水底泥沙中摆动嘴巴来觅食。它们游到湖泊和沼泽底部主要觅食植物的根和种子。

秋沙鸭潜到水中觅食鱼和水生无脊椎动物。

秋沙鸭
(*Mergus merganser*)

麝鸭
(*Biziura lobata*)

这种鸭的嘴部有瘤疣附生物。

欧绒鸭是海生动物，生活在多岩石的海滨周围波涛汹涌的海上，它们潜入水中觅食甲壳类动物和软体动物。

欧绒鸭
(*Somateria mollissima*)

♀

♂

白头硬尾鸭
(*Oxyura leucocephala*)

雄欧绒鸭羽毛的颜色会暗淡，但绝不会像棕色雌欧绒鸭一样单调。

繁殖期羽毛完全变色的雄欧绒鸭。

小档案

赤嘴潜鸭 这种会潜水的鸭子主要在夜间觅食。要想飞行，它们必须在水面上跑一段才能获得足够的动力将身体升到空中。雄鸭给雌鸭食物或嫩枝作为求偶仪式的一部分。

58厘米
6枚－14枚
雌雄不同
部分迁徙
当地常见

欧洲沿海和南部、亚洲南部和非洲北部

欧绒鸭 这种鸭的绒毛又浓又密，具有任何自然材料中最好的隔热性能。欧绒鸭很早就在水面上度过大部分时间，而且，经常是在汹涛骇浪中。它们常在燕鸥群中筑巢。

69厘米
3枚－6枚
雌雄不同
部分迁徙
当地常见

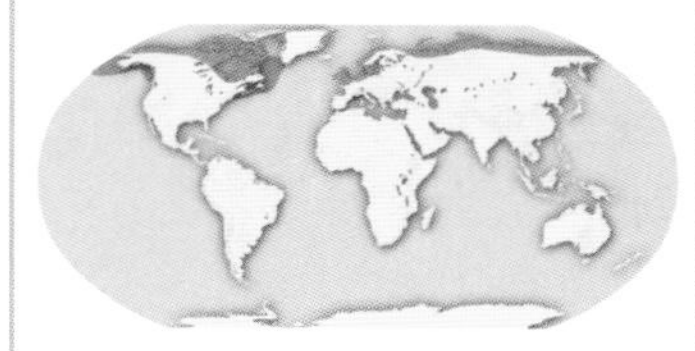

北美洲北部及北冰洋、欧洲和亚洲北部

白头硬尾鸭 这种鸭很稀少，它们在浅浅的含盐的湿地上繁殖，那里有丰富的植物和芦苇。由于人们的猎杀、栖息地丧失和杂交，它们的数量已经减少。雄性亮蓝色凸起的喙在冬天会变小变灰。

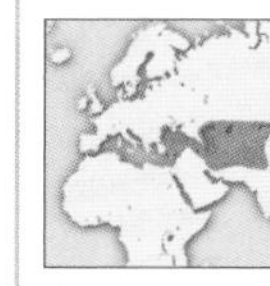

46厘米
5枚－8枚
雌雄不同
部分迁徙
濒危

欧洲南部、中东、亚洲海岸到印度北部

有蹼的爪子

由于水禽的爪有蹼，可以充当桨在水中推动它们前进，所以，大部分雁形目水禽是游泳健将。这些蹼使它们能在泥地上行走。但腿的位置太靠后，只便于在水中推动身体前进，它们在陆地上只能笨拙地摇摆行走。

企 鹅

纲	鸟纲
目	企鹅目
科	企鹅科
属	(6)
种	(17)

企鹅单独立目，单独成科。作为所有鸟中最依赖水的鸟类，企鹅的形态至少4500万年来保持不变。虽然它们从鸟类进化而来，但是，在17种企鹅中竟没有一种是会飞的！它们是高度专门化、群体性的海鸟，都能利用流线型的身体（将阻力降低到最小限度）以及鳍状的小翅膀，在水下的速度每小时可达24千米。它们一次在水下停留的时间长达20分钟甚至更多，只在繁殖期和换毛期上岸。它们吃鱼、磷虾和其他无脊椎动物。

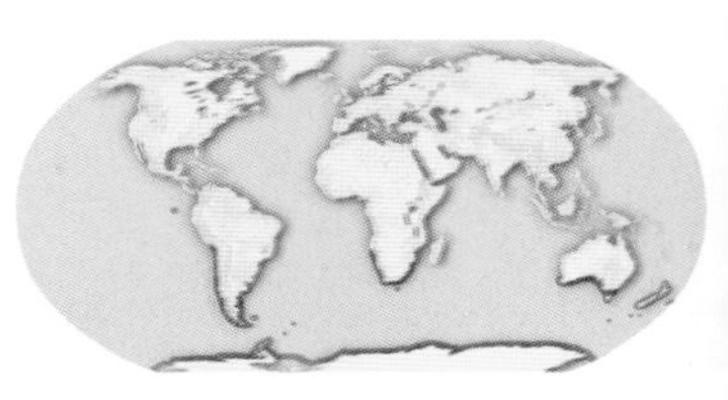

南部海洋的居民 企鹅遍布地球南部海洋较冷的水域中。种类最多的是分布在新西兰和马尔维纳斯群岛（又称为福克兰群岛）及四周。最北部的企鹅几乎就生活在赤道上，地点是厄瓜多尔的科隆群岛。

在水中飞翔 企鹅在陆地上很笨拙，但在水下却是游泳能手（左图）。它们常常腹部贴着冰面猛地滑入水中。

挑战极限

企鹅可以忍受很大的温差，从南极地区的－63℃到热带的37℃，都有它们的踪影。它们浓密的绒毛般的羽毛可以将热气挡在保温层内。它们还有一层肥厚的脂肪提供热量和中性浮力。

雏企鹅生来就有保温绒毛，但是还不能下到水里，直到长出成鸟才有的防水羽毛。而长大后，因为蜕毛它们又失去这层羽毛，所以，必须在岸上再呆三周至六周等羽毛重新长出来。在这期间，它们的体重会减少三分之一甚至更多。

企鹅是优秀的游泳高手和潜水员。它们用翅膀作驱动力。其翅膀已进化成又平又硬像桨一样的鳍。它们转动鳍状翅为游泳或下潜提供推动力。它们的身体还具有许多特殊的生理特征，这使它们能在冰水里调整体温和氧气。

帝企鹅 （左图）依赖父母得到温暖和保护。有些企鹅的巢建在地上或洞里，而帝企鹅属于在脚上孵卵的企鹅。六个月后，小企鹅就脱毛成熟，可以到海里去了。

拥挤的生活 企鹅在拥挤的企鹅群中抚养雏鸟。一只成年帝企鹅（上图）在一群小企鹅之中非常显眼，小企鹅的绒毛是单一的棕灰色，直到长出鲜艳的成鸟羽毛，才随父母到海中游泳。父母通过叫声辨别是否自己的孩子。

保护警报

脱离危险 过去有人为了掠夺企鹅的脂肪和卵，使其中许多种类遭到毁灭。对鸟粪的开采也破坏了企鹅的栖息地。近些年来，这些活动已经减少。除了大约两种企鹅，现在已经没有企鹅遭受全球化的威胁。

帝企鹅
(Aptenodytes forsteri)

帝企鹅雏鸟绒毛灰白色，面部黑色。

王企鹅
(Aptenodytes patagonicus)

黑脚企鹅
(Spheniscus demersus)

王企鹅可以下潜到200米以下追逐猎物和其他头足类动物。

阿德利企鹅
(Pygoscelis adeliae)

竖冠企鹅
(Eudyptes robustus)

竖冠企鹅生活在远离新西兰南端的地方，通过下潜追踪和捕食猎物。

矮企鹅
(Eudyptula minor)

长冠企鹅
(Eudyptes schlegeli)

这种企鹅只在南极海洋的麦加里岛附近繁殖。

只局限于新西兰西南部，通常认为没有抵抗力

黄眼企鹅
(Megadyptes antipodes)

小档案

帝企鹅 作为最大的企鹅，帝企鹅非常独特，因为它们在冬季中间孵卵。孵卵通常每年在固定的冰上进行，不像其他企鹅通常只站立在地上孵卵，这使它们成为独一无二的鸟。

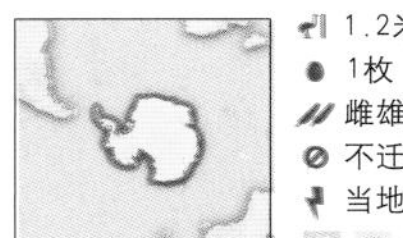

1.2米
1枚
雌雄相似
不迁徙
当地常见

南极洲海洋和海岸

王企鹅 第二大（最艳丽）企鹅的雏鸟在被称为托儿所的成群企鹅中过冬。它们只是零星地得到喂食，并且很多会消失。繁殖区内的企鹅可超过十万只。

1米
1枚
雌雄相似
部分迁徙
地域普遍

南极北部海洋和岛屿

矮企鹅 30只世界上最小种类的企鹅与1只帝企鹅的重量相当。矮企鹅羽毛为紫蓝色和鼠灰色。也称为神仙企鹅，它们在一些地区深受游客的喜爱。

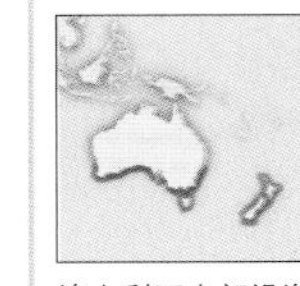

45厘米
2枚
雌雄相似
不迁徙
当地常见

澳大利亚南部沿海和新西兰沿海

巴布亚企鹅

这种企鹅主要栖息在马尔维纳斯群岛，在多岩石的海滨和内陆草地上筑巢。它们用小圆石和（在南极洲）蜕掉的羽毛或（南极洲附近的岛屿上的）植物筑一个不起眼的巢。筑巢时，它们会变得非常好斗，当它们四处收集材料时，常会因为这些材料争斗。

潜鸟和䴙䴘

纲	鸟纲
目	(2)
科	(2)
属	(7)
种	(27)

这两种鸟都是单独立目。虽然它们都是在水下用蹼作动力的水鸟，但是潜鸟和䴙䴘的关系较远。人们认为，它们的相似性是趋同进化的结果。在这一过程中，它们形成相同的特征，适合潜水猎捕鱼类和水生无脊椎动物。从生理上来说，潜鸟像粗壮的鸭子，有尖尖的喙，潜水很深。人们还认为，它们都来自用翅膀作推动力的会游泳的祖先。因此，可能与企鹅和海燕有些关系。有些䴙䴘纤细优雅，小一些的䴙䴘像小鸭。

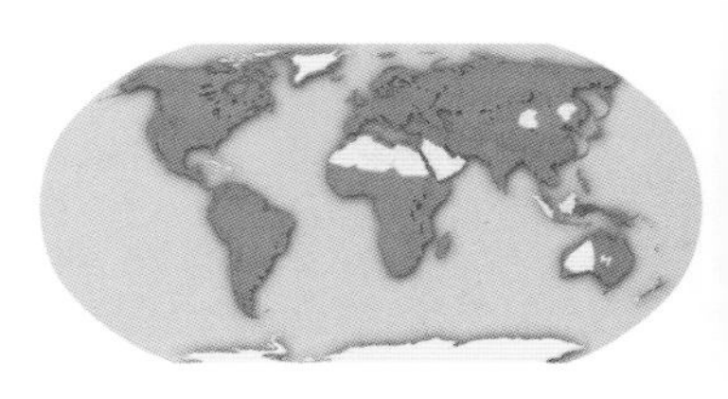

水上世界 潜鸟和䴙䴘大部分时间在水上度过，只是上岸筑巢（䴙䴘甚至在水上漂浮的植物平台上筑巢）。潜鸟生活在淡水湖中；䴙䴘一般生活在湿地上。

双人舞 北美䴙䴘（上图）求偶的仪式高度仪式化。它们最初表演"种子舞"，嘴里叼着一缕青草，然后，一起在水面上翩翩起舞。雄性间也用跳舞来防卫自己的领地。

羽毛不止用于飞翔 凤头䴙䴘（上图）和其他几种䴙䴘会大量吞食羽毛，这些羽毛在胃里形成柔软的球，这也许是为了保护鸟儿防止被吞入的鱼骨刺伤。因为，它们的游泳比飞行多，所以，䴙䴘可以同时蜕掉所有的羽毛。

训练有素的跳水运动员

潜鸟很害羞，严格来说，它们不会走路。它们在湖边筑巢，这样可以很容易跳入水中。在水里，它们可以游得很快，能下潜到六十多米的深处捕鱼。它们在水上度过冬天。

䴙䴘也是爱躲避的鸟类。它们看起来没有尾巴，尾部是松松的羽毛，像粉扑一样。在繁殖季节，雌性通常爬到雄性身上进行交配。

潜鸟和䴙䴘的雏鸟出生后就能游泳和潜水，但是，因为对冷水很敏感，所以，它们宁愿骑在父母的背上或躲在父母翅膀下面。

它们每天飞行并不多，通常跳入水中以躲避危险。

潜鸟的鸣叫

潜鸟（上图）发出攻击性的叫声来声明自己的地盘。返回的迁徙潜鸟用真假嗓音变换发出高声鸣叫——在离它近两千米的地方都能听得见，这是北美洲北部和亚欧大陆北部非常常见的景象。这些羞涩的鸟在迁徙中最常见。

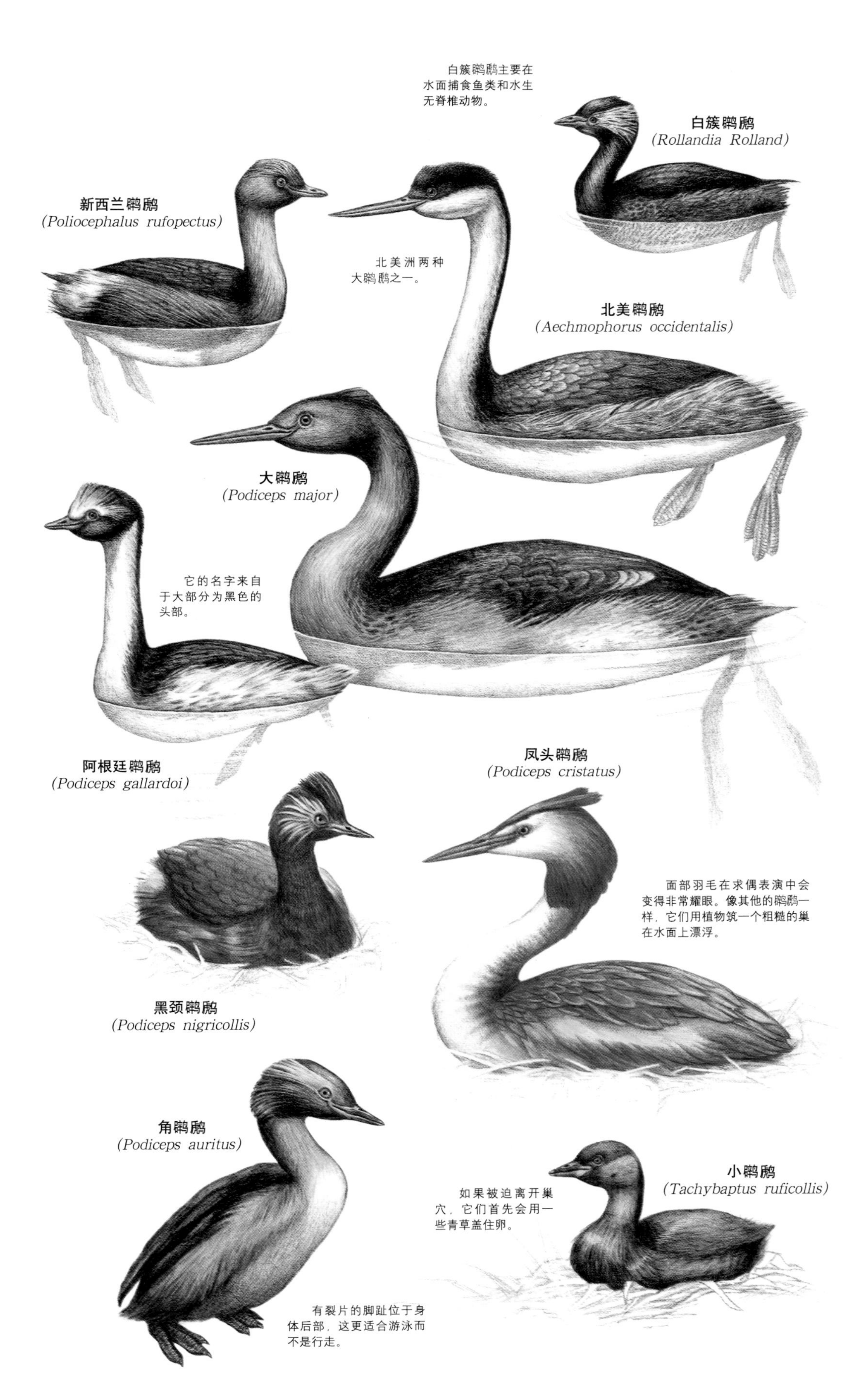

小档案

北美䴙䴘 这种鸟很优雅，以其壮观的求偶表演著名。在湖上的栖息地筑巢，夜晚捕食，是惟一一种用喙刺鱼的䴙䴘。

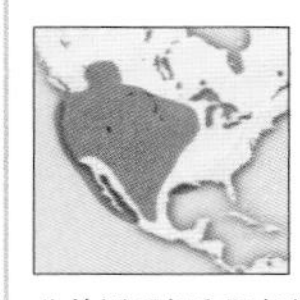

76厘米
3枚－4枚
雌雄相似
迁徙
当地常见

北美洲西部和西部沿海

凤头䴙䴘 这种优雅的水鸟最为著名，为了得到其头部华丽的羽毛，在某些地区它们几乎被人们猎光。

64厘米
3枚－5枚
雌雄相似
部分迁徙
当地常见

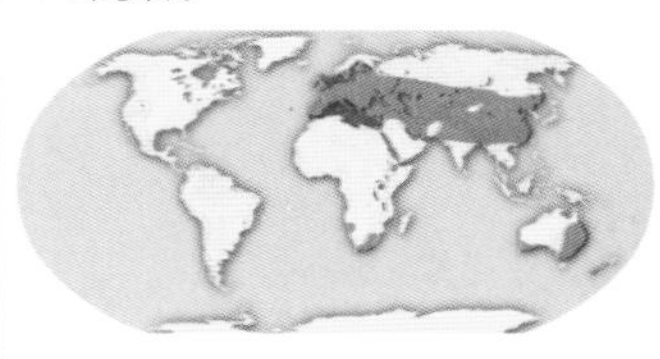

欧亚大陆、非洲南部、澳大利亚南部和新西兰

黑颈䴙䴘 它们主要栖息在沼泽、池塘和湖泊中。它们的羽毛一度成为服饰上流行的装饰品。它们的卵被采集食用。和所有䴙䴘一样，它们也成双成对地表演求偶仪式，亲密地跳舞。

33厘米
3枚－5枚
雌雄相似
迁徙
当地常见

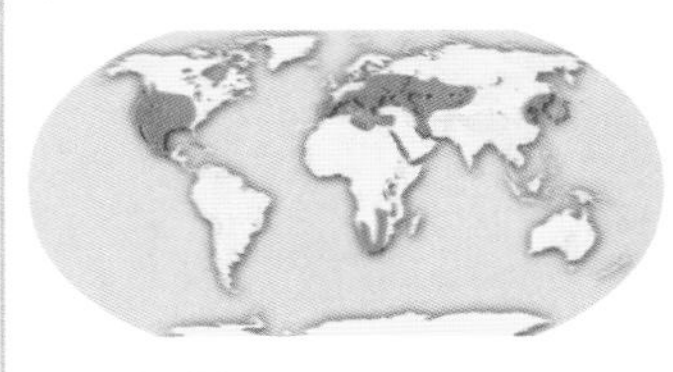

北美洲、欧洲、亚洲、非洲部分地区

小䴙䴘 这种矮小的鸟尾部有绒毛。如果受到打搅，它们很快沉入水里，再在很远的地方出现。它们会发出高亢的独特的鸣叫。

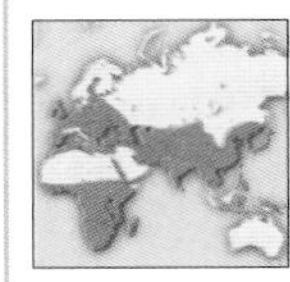

28厘米
3枚－7枚
雌雄相似
部分迁徙
当地常见

非洲撒哈拉南部、欧亚大陆西部和南部到美拉尼西亚北部

信天翁和海燕

纲	鸟纲
目	管鼻目
科	(4)
属	(26)
种	(112)

信天翁和海燕统称为管鼻目（又称鹱形目）鸟，非常适应海上的生活。它们可以滑翔几个小时而不拍打翅膀。对它们来说，飞行几百千米寻找食物是很常见的事。这些食物包括乌贼、鱼和大浮游动物。除了繁殖，它们很少靠近陆地。其中体形最大的是漂泊信天翁，它们拥有鸟类中最长的翅膀——长达3.3米。巨海燕和某些信天翁的大小差不多，但最小的海燕翼展平均只有30厘米左右。潜鹱的翅膀短而坚硬，既适合划水又适合飞行。

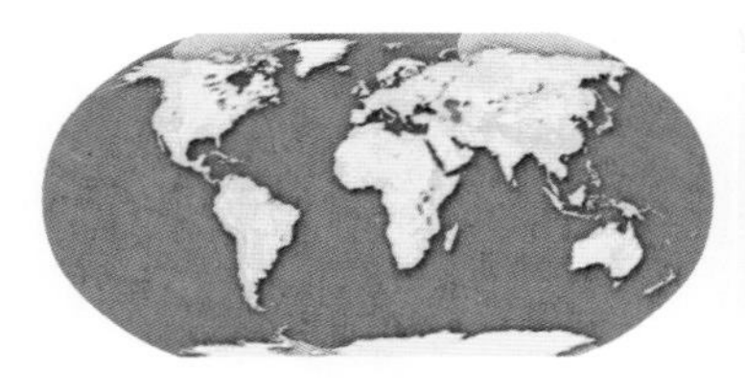

远洋航行鸟 信天翁是最常和狂风肆虐的南半球海洋联系在一起的鸟。

筑巢本能 黑背信天翁（*Diomedea immutabilis*）父母照顾它们只有一周大的雏鸟（上图）。信天翁父母吐出食物和储存的油喂雏鸟，这些食物是丰富的、半消化的混合物。雏鸟要九个月才能长全羽毛。

欢迎仪式 漂泊信天翁（*D. exulans*；左图）伸展双翅迎接对方。参与求偶仪式的雄鸟多达八只。

表 白

管鼻目鸟遍布于世界各大洋。它们大大的管状鼻腔长在外面，嗅觉相对发达，使它们可以找到食物、繁殖地或发现对方。博物馆里展出的所有管鼻目鸟都散发出一股霉味，几十年不消散。

大部分管鼻目鸟在胃里储存大量的油。它们将油反刍给幼鸟，或者喷射出来阻挡捕食者。

管鼻目的雌鸟和雄鸟会在地上展示壮观的求偶表演。它们面对面，伸展翅膀，扇动尾巴，发出咯咯声和嘶鸣声时头部向后摇动。它们通过复杂的头部动作和仪式，签订和终生伴侣间的契约。这种仪式常常会持续好几天。

管鼻目鸟都很长寿，但是，至少十岁前不会开始繁殖。有些鸟两年才繁殖一次。

保护警报

信天翁和其他大型鼻管目鸟受到人类捕鱼的严重威胁。它们跟踪渔船，会冲向抛到船外在鱼线上的诱饵，然后被钩住，淹死。另一种信天翁——短尾信天翁（*Phoebastria albatrus*）在20世纪早期的羽毛贸易中几乎被猎杀殆尽。现在，国际自然与自然资源保护联合会的《濒危物种红色名录》中列入的管鼻目鸟类有78种，请见下表：

3种灭绝
13种极危
14种濒危
31种易危
13种近危
4种数据缺乏

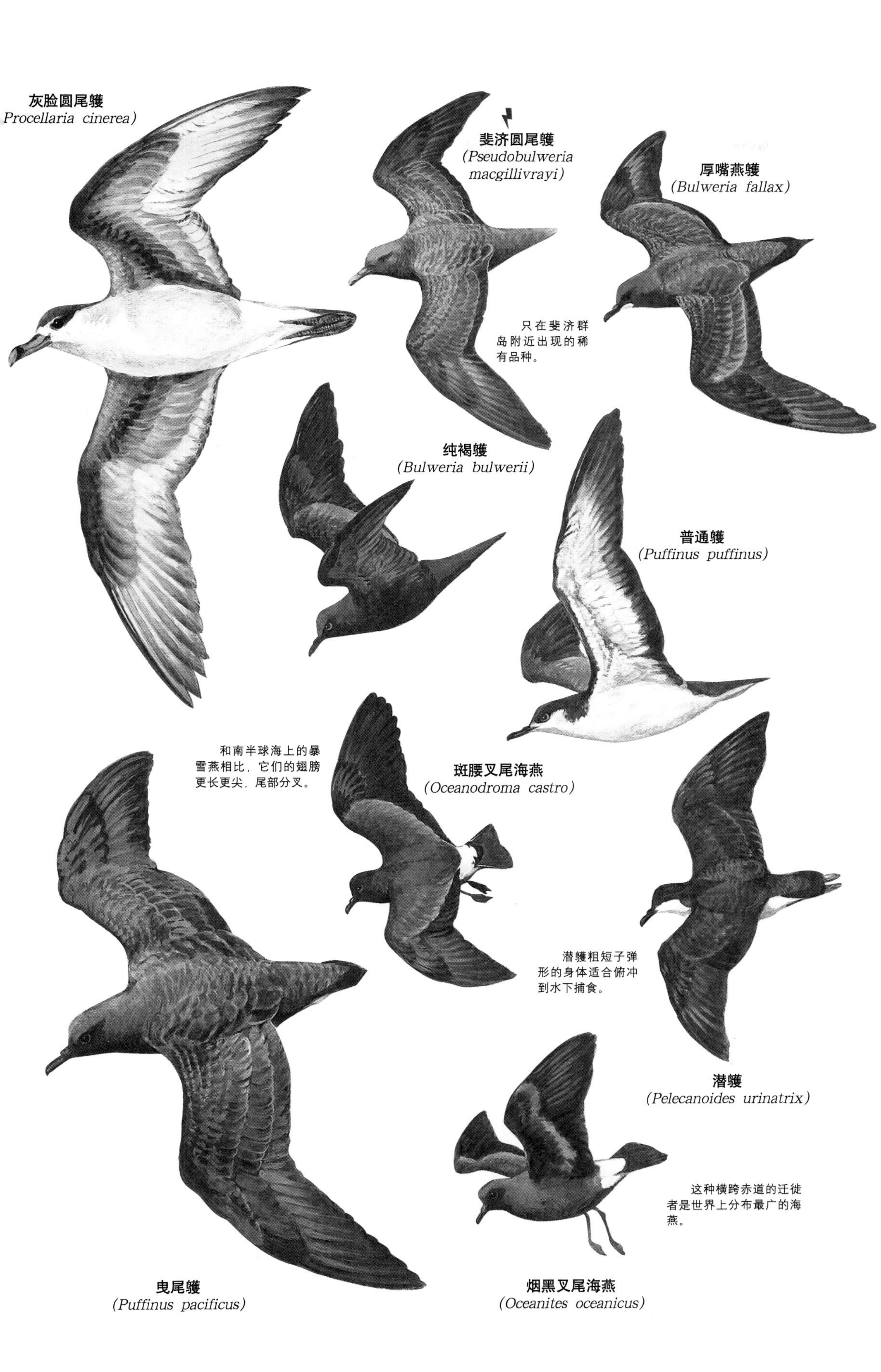

小档案

烟黑叉尾海燕 和其他海燕一样，烟黑叉尾海燕群居，在岩石裂缝或地下筑巢，大部分建在孤岛上。它们长途迁徙，在南极洲和靠近北极的地带飞翔。

- 19厘米
- 1枚
- 雌雄相似
- 迁徙
- 当地常见

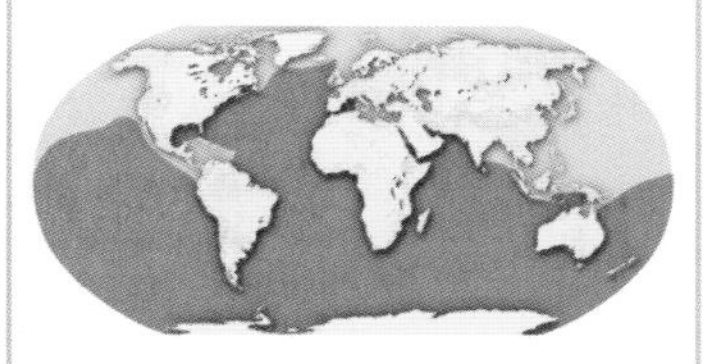

南极洲及其海洋至赤道北部

潜鹱 它们潜入水中觅食。在水中和在空中一样自如。管状鼻腔向上而不是向前以防止海水进入。

- 25厘米
- 1枚
- 雌雄相似
- 不迁徙或部分迁徙
- 当地常见

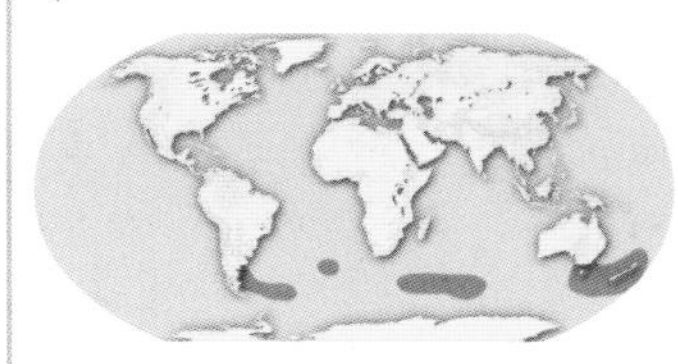

澳大利亚东南部海洋和新西兰、非洲和南美洲东南海洋

漫长的回乡路

有几种鹱是鸟儿环行迁徙的例子。春天，它们沿大陆一侧的海岸飞行，秋天，又从另一侧飞回，呈一个大大的椭圆形。环行迁徙可能是因为食物的获取、海流、盛行风和气温的缘故。

长途飞行 鹱的长翼使它们穿越海洋长途迁徙。

迁 徙

世界上近半数的鸟一生中主要把时间花在迁徙的路上。大多数迁徙是因为食物的季节波动。很多鸟独自飞行，但也有的鸟喜欢成群迁徙，甚至和其他的鸟类一起。它们白天或者黑夜从陆上或海上飞行。许多把整个行程分成几个几百千米的短程飞行。但陆上的鸟要穿越海洋，它们无法在海上停留，必须一次完成这英勇的迁徙。其中一种鸟是美洲金鸻，它们在阿拉斯加和夏威夷之间迁徙，一年两次。为了准备这样高能量的迁徙，起飞前它们吃下的食物几乎和平时的体重相当。

旅行者 庭园林莺（*Sylvia borin*；上图）在欧洲度过夏天，在非洲度过冬天。

英勇的行程 燕鸥（*Sterna paradisaea*；下图）比其他任何鸟的迁徙路程都要远。它们一年两次在极地之间飞行。

仰望天空 迁徙中的成群雪雁（*Chen caerulescens*），叫声响亮，在北美洲部分地区是一道壮丽的景观。

太阳和迁徙

大自然告诉鸟儿白天的长度和气温，使它们决定何时迁徙。它们飞行还依靠其他的线索：地形地物、太阳和星星的位置以及地球的磁场。它们还有敏锐的时间感，帮它们判断飞行的距离。

鸟儿天生知道飞行时和太阳形成一定的角度。

在笼子里用镜子反射太阳光，鸟儿会重新适应。

不管太阳的角度如何变化，鸟儿都会相对应地调整飞行。

火烈鸟

- 鸟纲
- 红鹳目
- 红鹳科
- (3)
- (5)

这些美丽的鸟与众不同，极易识别。它们的羽毛是鲜艳的粉红色或红白相间，脖子和腿很长（比其他任何鸟都长，但比例恰当），喙呈奇特的扁平状。火烈鸟（又称红鹳）所属的红鹳科有五个品种，其中最大的是大红鹳，它们身高近一米半。大批火烈鸟集中在东非大裂谷的湖边，是非洲著名的景观之一。它们羽毛上的红色来自食物中的类胡罗卜素，肝酶将其分解成有用的色素储存在火烈鸟的皮肤和羽毛中。

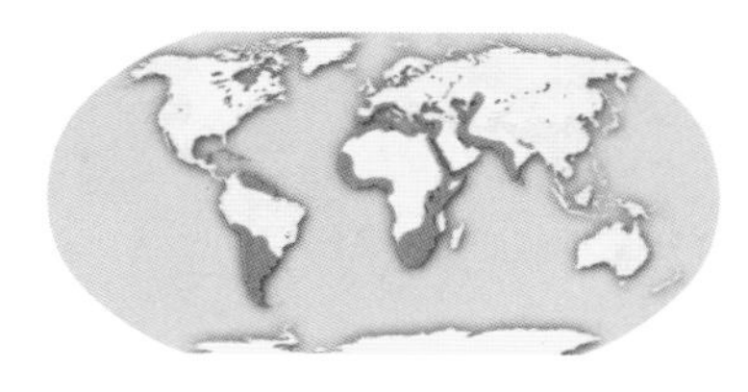

喜欢咸水　火烈鸟一度在每个大洲都有，但现在已从澳大拉西亚消失。它们主要是热带鸟，生活在浅湖区和海岸地区，喜欢含盐的水。它们栖息在某些孤岛上，也可见于安第斯山脉的高纬度地区。

大聚会　大红鹳（右图）是群居动物，它们在泥地和沙地上筑起圆锥形的巢。这些巢聚集在非洲中部和加勒比海的浅海中。

与众不同的角度

长颈和向后弯的喙非常适合将头长时间浸在水中觅食。

特殊进食者

火烈鸟的进化仍然是个迷。虽然它们可能代表苍鹭及其同类和水禽之间的关系。

它们弯度很大的喙是经过精心设计的，专门过滤小甲壳类动物、昆虫、单细胞动物和藻类。为了进食，它们弯下腰、垂下头（从两腿间向后看），喙在水中张开向前移。合上喙后，它们用下颌和舌头（有齿状突出物）通过上颌的缝隙将水和泥挤出。然后将剩下的食物吞下。

有时，火烈鸟生活的浅水区会干涸，它们被迫跋涉很远到食物丰盛的地方。它们在夜晚旅行，飞行时发出叫声。

火烈鸟在湖上和海岸边筑巢。每个繁殖季节产一枚或两枚卵。雏鸟很早就会奔跑和游泳，出生四天后，雏鸟就能离开巢穴跟随父母捕食，七八十天就可飞行。

成鸟常常在夜晚捕食，它们在深水中捕食时，有时是游泳而不是行走。

保护警报

咸水栖息地　由于火烈鸟喜欢生活在咸水中，它们的栖息地并没有像其他水鸟的一样受到影响。即便如此，有两种火烈鸟只见于南美洲安第斯地区：安第斯红鹳和山地红鹳（*Pheonicoparrus jamesi*），目前也正面临威胁。

苍鹭及其同类

纲	鸟纲
目	(3)
科	(5)
属	(41)
种	(118)

长腿涉禽包括苍鹭、鹳、朱鹭和篦鹭等，它们在水中行走而羽毛不会沾湿，以鱼、昆虫和两栖动物为食。有些苍鹭被称为白鹭。因为，它们繁殖期的羽毛是特殊的细丝状，所以，被19世纪时期西方的制帽匠高度收购。其中许多种类是群居的。有时可见大批鹭鸟一起觅食、栖息或筑巢。白鹳是迁徙鸟，它们常常成双成对在烟筒上筑巢。长久以来，在西方民间传说中，它们和人的出生联系在一起。

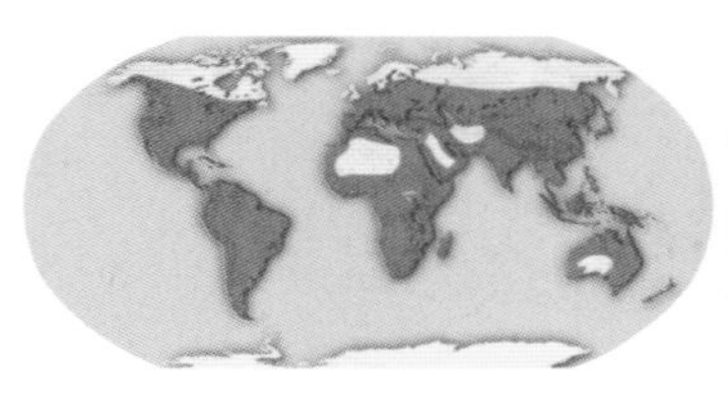

淡水居民 苍鹭及其同类分布于极地以外的世界各地。它们非常典型地生活在各种淡水域内或附近，包括沼泽、湿地、河流、小溪、湖泊和池塘。但是，也有几种已经适应了较为干燥的环境。

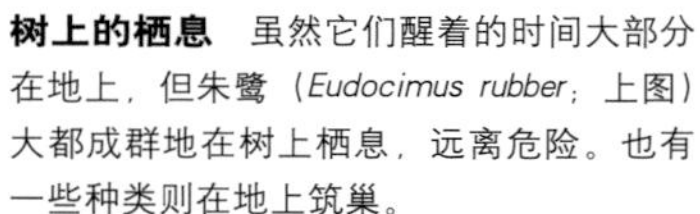

树上的栖息 虽然它们醒着的时间大部分在地上，但朱鹭（*Eudocimus rubber*；上图）大都成群地在树上栖息，远离危险。也有一些种类则在地上筑巢。

捕食 一只未成年的大蓝鹭（右上图）叼着一条刚刚捕到的鱼。多数鹭鸟的喙很长，可用来捉鱼。这一种群的其他鸟的喙各不相同，由它们的食物和捕食方式而定。

水中跋涉

所有这类鸟都是短尾、长颈、长喙和长腿，但它们的大小、颜色、羽毛类型和捕食习惯却有显著不同。

有些种类已经适应非常具体的小环境，例如，牛背鹭跟随草食动物（比如水牛），以其身上的昆虫为食。有些苍鹭会在湿地中伪装，如果靠近，它们试图和芦苇混在一起，将头抬向天空，缩紧身体，并和植物一起摇晃。和它们的近亲不同，苍鹭飞行时将头缩在肩膀上，极易识别。

它们有特殊的羽毛，称为粉状羽。这些羽毛不会脱落，但会继续生长。当羽毛顶部开始磨损，就会变成细小的粉末。鸟儿将这些粉末叼起，梳理羽毛，用来除去羽毛上的黏液和油污。有些鹳和朱鹭颈部没有羽毛，也许是为了吃腐肉时避免弄脏的缘故。其中许多种类能长途迁徙。可能因为它们庞大的身躯在冬天需要更多的能量保暖。

小档案

苍鹭 这种群居鸟通常和其他鸟类一起栖息在树上。父母共同照顾雏鸟，雏鸟要在巢里生活近两个月。苍鹭的食物有时也包括别的小鸟。

- 1米
- 3枚－5枚
- 雌雄相似
- 部分迁徙
- 当地常见

非洲撒哈拉南部、欧亚大陆沿海和南部到印度尼西亚

大蓝鹭 它们在不同的地区呈现白色和灰色。作为北美洲最熟悉的大型涉禽，常见于湖和沼泽边。

- 1.4米
- 3枚－7枚
- 雌雄相似
- 部分迁徙
- 当地常见

北美洲南部到中美洲和科隆群岛

草鹭 比大蓝鹭羞涩，它们独自或成群在芦苇中筑巢。作为普通的鸟，除了固定食物两栖动物、鱼和无脊椎动物外，它们有时也捕食小鸟和小型哺乳动物。

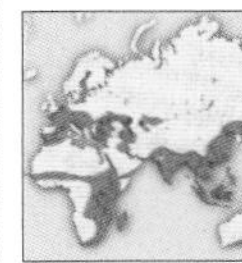

- 90厘米
- 2枚－5枚
- 雌雄相似
- 部分迁徙
- 当地常见

欧洲南部和沿海到中东、非洲撒哈拉南部、马达加斯加岛、亚洲沿海和东部到巽他群岛

遮挡捕食

黑鹭（*Egretta ardesiaca*）展开翅膀在水面上形成一个斗篷。这可以减少水面的反射，提高鸟儿的视力，还可以吸引鱼到阴影中来。有些种类静静地站着，等着猎物上钩，而有些种类则积极地寻找猎物。

小档案

锤头鹳 因其头部呈锤形而命名，多数独自或成对生活。飞行缓慢，呈波浪形。叫声沙哑。以水生动物为食，主要在黄昏或傍晚捕食。

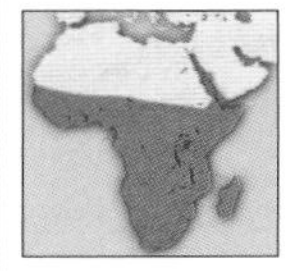

- 56厘米
- 3枚－6枚
- 雌雄相似
- 不迁徙
- 当地常见

非洲撒哈拉沙漠以南和马达加斯加岛

鲸头鹳 这种鸟长相奇怪，如此命名是因为它的面部好像戴了一层重物。它的大嘴，通常放在胸部，非常适应捕捉黏滑的肺鱼。肺鱼产于湿地中。

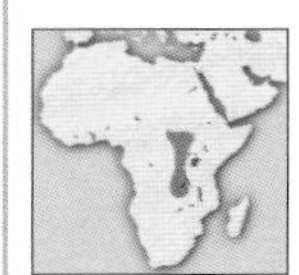

- 1.2米
- 1枚－3枚
- 雌雄相似
- 不迁徙
- 近危

非洲中部

非洲白鹮 这种独特的鸟在古埃及神话中非常著名，它代表透特——智慧和学识之神。埃及人将它们制成木乃伊。非洲白鹮最终还是在埃及消失，虽然它们仍然在其他地方挣扎。

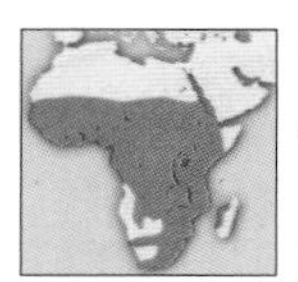

- 90厘米
- 2枚－3枚
- 雌雄相似
- 部分迁徙
- 当地常见

非洲撒哈拉沙漠以南和马达加斯加岛西部

马达加斯加朱鹮 这种地域性的大鸟在森林和灌木丛的湿地上捕食。一旦受到干扰，它们不是飞走而是奔跑，沿途穿过林木以躲避威胁。

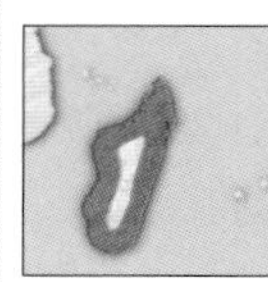

- 50厘米
- 雌雄相似
- 2枚－3枚
- 不迁徙
- 近危

马达加斯加岛四周

保护警报

消失的湿地 世界范围内的许多湿地受到排干和污染，已经造成苍鹭和其同类数量的显著减少。它们主要靠湿地生活。几种亚洲鹳：其中一种叫"亚洲副官"，已经由于食物的缺失和毒害而消失。

鹈鹕及其同类

纲	鸟纲
目	鹈形目
科	(6)
属	(8)
种	(63)

独特的鹈鹕（它们在第三纪中期就已经存在，远在3000万年以前）和其他四个科的水鸟有着联系：塘鹅和鲣鸟、鸬鹚和美洲蛇鸟、军舰鸟。它们都有蹼，可以在水中轻松游动。四个脚趾间的蹼非常独特。许多鹈鹕都有裸露的大喉囊，用来装鱼或在求偶表演时吸引异性。这种与众不同的巨大气囊在胸部和喉的下部，这些地方像铺了柔软的垫子（因此在潜水时起到保护作用），并且产生浮力。它们主要以鱼、鱿鱼和其他无脊椎动物为食。

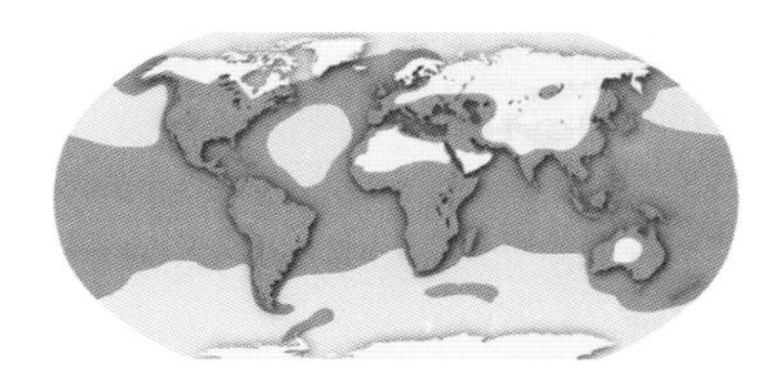

不同范围 鹈鹕和它们的近亲生活在各种水生环境，从海洋、海岸到湖泊、沼泽和河流。许多种类生活在热带或温和的地区。

鹈鹕聚会 许多鹈鹕（上图）在水面进食，扎入水中将鱼捕入囊中。成群的鹈鹕有时将鱼群赶到浅水区，那儿它们可以更轻易地捕到鱼。经常可以见到，它们在渔船和码头附近寻觅食物。

结合 在求偶和筑巢时，塘鹅（上图）和它的配偶通过“触喙”结合：快速而吵闹地碰喙。雄塘鹅比雌塘鹅稍大些。

蛇鹈和美洲蛇鸟看起来像鹈鹕，但它们不是潜入水中捕猎，而是像潜水艇一样下潜。

捕鱼专家

和陆地相比，这些鸟更适合在水中生活。几乎不能行走，因为它们的腿太靠后，所以，不得不用腹部往前挪。有一种生活在科隆群岛的鸬鹚不会飞。但令人吃惊的是，鹈鹕可以在空中很优美地飞行，尽管从体重上来说，它们是最大的鸟类之一。另一方面，军舰鸟体态轻盈，可以在空中飞行数日。

鹈鹕及其同类都是捕鱼专家。有些种类可以从很高的高度俯冲下来。中国渔民已经好几世纪给鸬鹚戴上系有绳子的项圈，让它们下水捕鱼（但不吞下），然后，将它们拉回船上，取出猎物。

鸬鹚和蛇鹈翅膀不能防水。这使它们潜得更深，更有效地在水中游动。但是，它们的羽毛最终会浸满水，所以，它们必须在岸边花上大量时间等羽毛干透。

这一种群和其他鸟类同在一个大的栖息地生活繁殖，但是，它们会坚决捍卫自己的领地。同一个栖息地的繁殖周期的各个阶段会同步。许多鸟会年复一年地使用同一个巢。

保护警报

近危 虽然鹈鹕及其同类许多都生活在海上，在偏远的岛上筑巢，但是，在其繁殖的栖息地，它们还是会被大量残杀，并受到人们提取鸟类的干扰。其中两种濒危物种只生活在印度洋东部澳大利亚的圣诞岛上。

小档案

白鹈鹕 由于体形“超重”（它是世界上最重的鸟之一），它尽可能多地依靠热量。由于平衡的原因，它不能将袋囊装满飞行。

- 1.75米
- 1枚－3枚
- 雌雄相似
- 部分迁徙
- 当地常见

欧洲东南、非洲和亚洲南部及海岸

红尾鹲 飞行方式独特。尖尾、尖嘴、翅膀细长。在海岸边岩石地带的栖息地筑巢。因从极高的高度俯冲入水捕鱼而闻名。

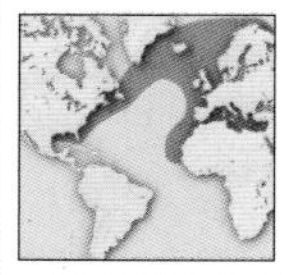

- 92厘米
- 1枚
- 雌雄相似
- 部分迁徙
- 当地常见

大西洋北部和地中海

蓝脚鲣鸟 一般认为它的名字来自于西班牙语的“小丑”一词。这种第二稀有的鲣鸟俯冲到水里捕鱼，但这种鸟俯冲下去常会错过猎物，必须在猎物再次浮出水面时将它捉住。

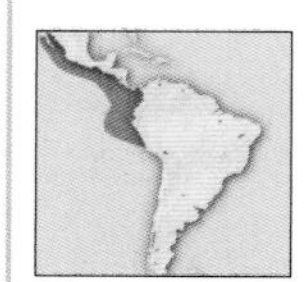

- 84厘米
- 1枚－3枚
- 雌雄相似
- 部分迁徙
- 当地常见

墨西哥西北至秘鲁北部和科隆群岛

哺育雏鸟

在鹈鹕雏鸟长大能够自己捕食之前，雏鸟把喙插到父母的喉咙里，使父母把半消化的鱼肉反刍出来。平时，成鸟一返回巢中，雏鸟则大叫着乞求食物。

雏鸟的餐盒

鹈鹕的喙不只是鱼的陷阱，还是为雏鸟提供反刍食物的容器。

角鸬鹚
(Phalacrocorax auritus)

成鸟头两端有较短的羽冠，喙下是明亮的橘红色皮肤。

普通鸬鹚
(Phalacrocorax carbo)

这是一种最普通的鸬鹚。

繁殖期侧翼长出小片白色羽毛。

克岛鸬鹚
(Phalacrocorax verrucosus)

繁殖期的欧鸬鹚头部长出短羽冠。

欧鸬鹚
(Phalacrocorax aristotelis)

海鸬鹚
(Phalacrocorax pelagicus)

游泳时尾部变平，可以当桨用。

帝鸬鹚
(Phalacrocorax atriceps)

毛脸鸬鹚
(Phalacrocorax carunculatus)

小档案

普通鸬鹚 这种最大的鸬鹚在有岩石的海岸边和树林中筑巢。巢用植物简陋地堆成一堆。常可见它们栖息时伸展翅膀晾晒。

- 1米
- 3枚－5枚
- 雌雄相似
- 部分迁徙
- 当地常见

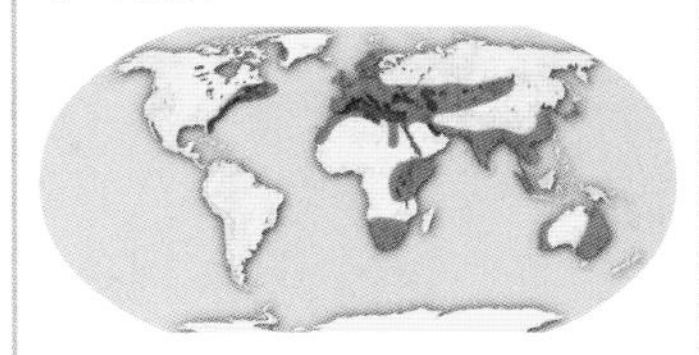

北美洲东部、欧亚大陆、非洲海岸和南部及澳大利亚

欧鸬鹚 这种群居的海鸟在悬崖上筑巢。在繁殖季节发出呼噜声和嘎嘎声，但冬天一般保持安静。

- 79厘米
- 2枚－4枚
- 雌雄相似
- 不迁徙
- 当地常见

欧洲大陆沿海、地中海和冰岛

帝鸬鹚 雌鸟和雄鸟外貌非常相似。它们总是呆在海岸附近，多生活在南极洲附近的冷水域中。住在海岛上的帝鸬鹚相互隔绝，所以会稍有不同。

- 76厘米
- 雌雄相似
- 2枚－3枚
- 不迁徙
- 当地常见

南美洲南部沿海及马尔维纳斯群岛

俯　冲

鲣鸟一般从30米的高度向下俯冲。三维视觉（双眼位于头前部的原因）帮助它们定位猎物。

猛　禽

纲	鸟纲
目	隼形目
科	(3)
属	(83)
种	(304)

那些技巧高超的狩猎鸟统称为猛禽，属隼形目，拉丁语意思是“能猎取并带走的动物”。它们组成鸟类世界中最大的目。其成员包括速度最快的鸟到最丑陋的食腐鸟，体长从15厘米到1.2米多。它们的狩猎能力使自以为世界的主人的人类感到敬佩。它们还是一些国家军徽章、国徽和商业标识的共同特征。眼睛很大，喙和爪强劲有力，但其捕猎行为差别很大。

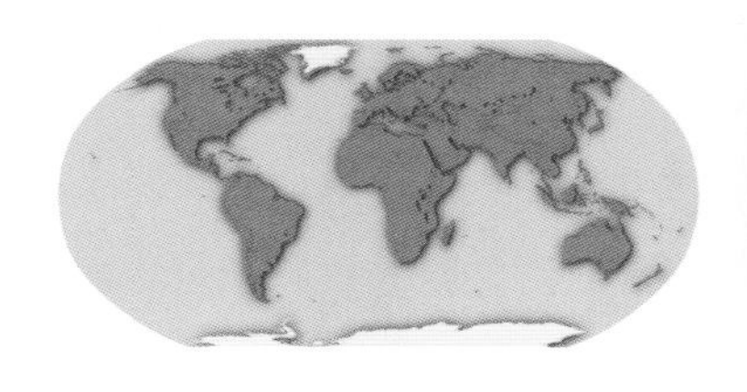

分布广泛　多数地方都可以见到猛禽的踪迹，从北极冻原到热带雨林、沙漠、沼泽、荒野和城市。因为猎食需要很大的空间，所以，它们的出现是由自然环境而不是由植被类型决定的。

羽　翼

有些猛禽的翅膀又长又宽，在寻找地面腐肉或活物时，适合高飞。有些种类的羽毛尖细，使它们能快速飞行或迅速转向。下面是几种猛禽的翼展：

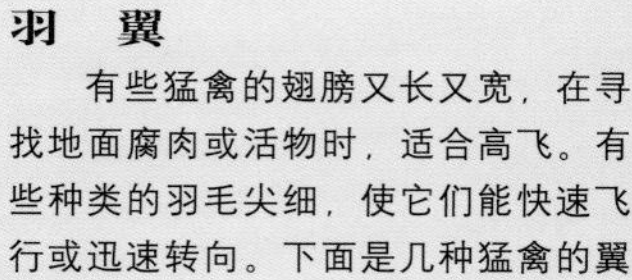

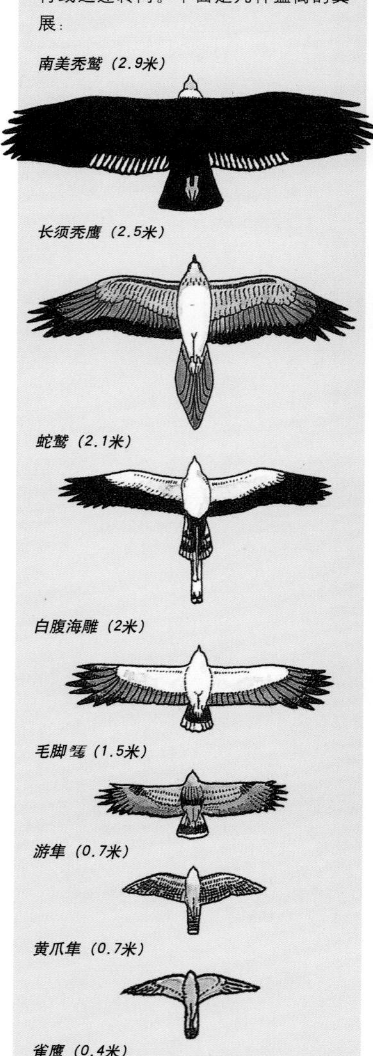

捕食　有些猛禽如鱼鹰（上上图）擅长猛扑，它们用爪子将猎物抓住并带走。许多猛禽在寻找猎物时可以飞得又快又远。食腐动物不需要很灵敏，相反，它们在寻找猎物时可以长时间地高飞。

肉宴　像这只秃鹰（上图）一样，许多猛禽在树上繁殖，也有些在地面植被上或悬崖边的小洞中筑巢。雄鸟和雌鸟之间通常分工明确，雌鸟给雏鸟提供撕碎的猎物。

估量　在猛禽中雌鸟比雄鸟大是非常典型的，非洲鱼鹰（*Haliaetus vocifer*；上图）就是这样。这种二态性在有些种类中并不多见。这些猛禽是捕食行动缓慢或不轻易移动的动物。

终极杀手

猛禽的喙呈尖钩状，适合把肉撕裂；强有力的趾爪可以将猎物抓住；眼睛很大，在白天也能发现猎物。它们的食物种类繁多：包括昆虫、鸟、哺乳动物、鱼和爬行动物等。它们的解剖特征相应有所不同。长趾爪可以抓住飞行中的猎物。强健的腿能将鸟类击倒。硕大的腿和趾爪也能抓住猴子、树懒和其他栖息在树上的哺乳动物。

猛禽以它们敏锐的视觉和空中威力而闻名。一只距离500米远的兔子，人们的肉眼很难看到，而楔尾雕却可以从1600米外就能看得见。鹰、隼和鱼鹰一看到可能的目标就会猛扑下来。

许多食腐猛禽头部和颈部光秃秃的。也许是为了避免头部插入尸体时将羽毛弄脏，或者是为了调节体温。

小档案

加利福尼亚兀鹫 这种食腐动物的雏鸟期在所有鸟类中是最长的——长达五个月。在此期间，雏鸟完全依赖父母哺育。现在为了挽救它们，人们先将它们放在笼中饲养，然后放生。

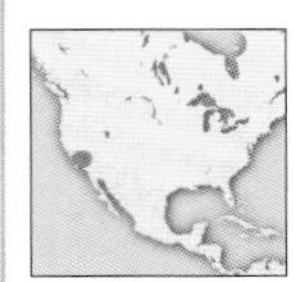

1.3米
2.7米
1枚
不迁徙
极危

美国西南部

鱼鹰 生活在湖河和海岸附近。用干树枝和其他植物筑巢。巢大而简陋，能使用好几年。似乎只以鱼为生。

58厘米
1.7米
2枚－4枚
部分迁徙
普遍

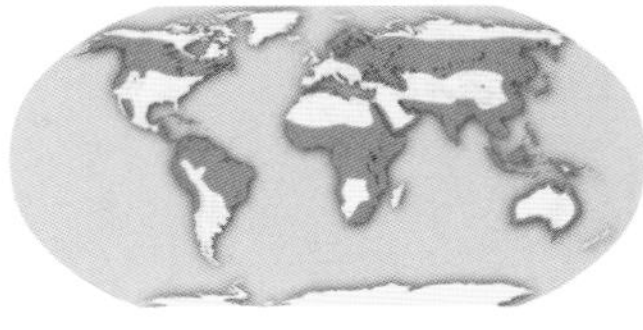

美国北部和南部、亚欧大陆、非洲和澳大利亚

王鹫 这种独特的鸟现在仍然很普遍。它们的典型特征是将巢高高地筑在树上，并以腐肉为食。见到食物，它们在对手享用之前用强劲的喙将尸体上的肉撕下吃掉。

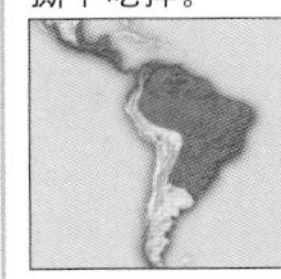

81厘米
2米
1枚
不迁徙
当地常见

南美洲东北部沿海

强健的工具

鱼鹰把爪子伸到水里捉鱼。外趾可以翻转，爪子长而弯曲。它们还长着带刺的粗爪（这种刺叫“骨针”）。这些爪子能帮它们抓住猎物。和所有猛禽一样，它们用来撕肉的喙强壮而弯曲。

小档案

食螺鸢 这种猛禽只吃水蜗牛。在淡水低地的沼泽中寻找食物。它们经常开辟新的领地。食螺鸢有时也成群地聚集在一起。在草丛和水生灌木中筑巢。

43厘米
1.1米
2枚－3枚
部分迁徙
当地常见

美国东南、中美洲沿海和南美洲东北部

白头海雕 又名美洲雕、秃鹰。白头海雕因为模样凶猛而成为美国的象征。尽管也吃鸭子和腐肉，但主要食物是鱼。它们还从别的鸟那里偷取食物。

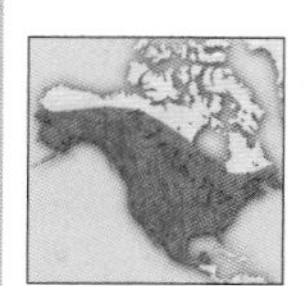

96厘米
2米
1枚－3枚
迁徙
当地常见

北美洲、墨西哥北部

短趾雕 喜欢在常青树上筑巢。栖息地分布在有大片空旷地的矮小植被和林地中。主要以爬行动物为食，尤其是蛇和蜥蜴。甚至还吃毒蛇。

67厘米
1.85米
1枚
部分迁徙
当地常见

非洲西北、欧亚大陆西部至海岸、中国西部和印度

成对组合

和许多猛禽一样，白头海雕是单配偶。一对白头海雕通过特殊的空中表演更新它们的关系。雄雕通常向雌雕俯冲，而雌雕在它下面飞行。然后，雌雕翻过来，抬起腿，雌雕抓住雄雕的爪子，在空中一起翻滚。

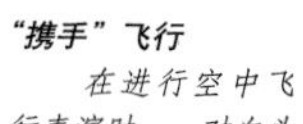

“携手”飞行

在进行空中飞行表演时，一对白头海雕在空中抓住彼此的爪子飞行。

小档案

兀鹫 欧洲最大的鹫。这种猛禽喜欢筑巢、栖息，在山峦中高飞，但它们在宽阔的平原捕食，主要吃大型哺乳动物如山羊的腐肉。

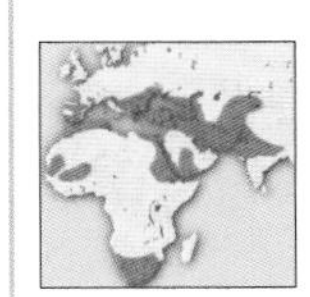

- 1.1米
- 2.8米
- 1枚
- 不迁徙
- 当地常见

非洲南北两端、欧洲南部到中东和高加索地区

白兀鹫 这种猛禽用小树枝和人类的垃圾建造粗糙的巢。它们的巢典型地分布在岩洞和岩石上的隐蔽处。食物包括腐烂的水果、食物垃圾、腐肉和某些牲畜的粪便。

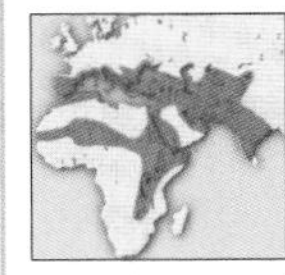

- 69厘米
- 1.7米
- 2枚
- 部分迁徙
- 当地常见

欧洲南部、非洲北部和东部、亚洲西南到印度

冠兀鹫 它们没法和动物尸骸地带的食腐动物相比，所以，它们围在尸体外围，捡拾残渣。是惟一一种可以生活在高降雨量地区的秃鹫。

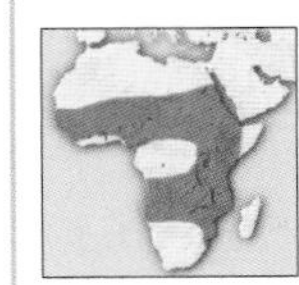

- 69厘米
- 1.8米
- 1枚
- 不迁徙
- 当地常见

非洲中部地区（刚果盆地除外）

抢食腐肉

和其他兀鹫一样，黑白兀鹫是群居鸟类。一旦发现动物尸体就会有好几十只一起冲下来抢食。

保护警报

兀鹫数量急剧减少 20世纪末，整个南亚地区的兀鹫数量急剧减少。原因是腐肉内聚集的毒素，以及其他引起兀鹫肾衰竭的有毒食物。

小档案

小歌鹰 这种猛禽有两种完全不同的颜色，一种是灰色，另一种主要是黑色。它们可以从树上迅速出击，捕食鸟、小哺乳动物、蜥蜴和昆虫。它们喜欢降雨量少的地方。

36厘米
60厘米
2枚－4枚
部分迁徙
当地常见

非洲撒哈拉南部（刚果盆地除外）和也门南部

刚果蛇雕 关于这种独特的长尾鸟猛禽人们所知甚少。它们的大眼睛可以看清楚昏暗的林下叶层。捕食变色龙、蜥蜴和其他蛇以外的动物。

51厘米
1.1米
未知
不迁徙
当地常见

利比里亚和刚果盆地

白尾鹞 别名泽鹰。白尾鹞在草地和开阔地带非常普遍，尤其是沼泽地。和其他鹞不同，它们从不在高过篱笆的植物上栖息。

51厘米
1.2米
3枚－6枚
迁徙
当地常见

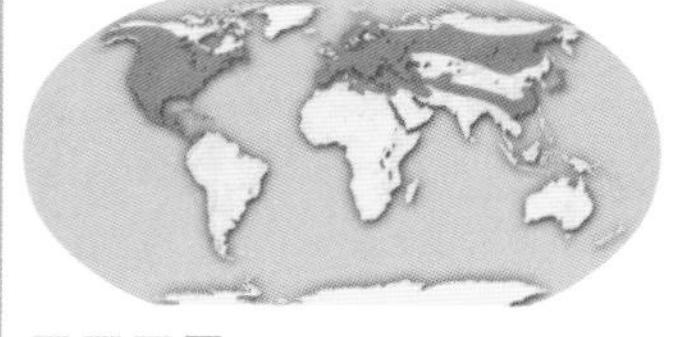

美洲中北部、欧亚大陆北部和沿海

哺 育

许多猛禽在树上栖息，但是白尾鹞在高植被的地上筑巢。雌鸟喂养雏鸟，而雄鸟负责寻找食物，直到这些雏鸟能够飞行、捕食。整个时间约为一个月。

这种雕在暴露的栖息地捕食。它们从空中俯冲下来突袭树上的蛇和其他爬行动物。

鹞在开阔的低地和草地捕食。寻找猎物时，双翅可以上升滑翔。

鹞的爪子长而纤细，便于抓住植物和低空捕获的猎物。

小档案

毛脚鵟 少数在北极繁殖的猛禽。夏季，它们在开阔的北极苔原森林线以上哺育雏鸟，之后迁徙到过冬区——北美洲、欧洲和亚洲的沼泽和农田。

- 60厘米
- 1.5米
- 3枚－5枚
- 迁徙
- 当地常见

北美洲、亚欧大陆北部和沿海

普通鵟 这种鸟生活在开阔地区的森林地带。它们沿着林边低飞捕食猎物。主要捕食鸟类和小型哺乳动物及昆虫。

- 38厘米
- 74厘米
- 3枚－6枚
- 部分迁徙
- 稀少

欧洲、非洲东北部和亚洲北部到南部

争　斗

猛禽有时会争夺猎物。普通鵟用强壮的利爪相互攻击。不管喙看起来有多么厉害却从未使用过。

用利爪搏斗

两只普通鵟用这惟一的斗争方式争斗。

小档案

非洲冠雕 虽然偶尔也吃包括毒蛇在内的爬行动物，但这种强壮的大雕主要捕食哺乳动物，如小羚羊等。它们在求偶时非常吵闹。

1米
1.8米
1枚－2枚
濒危
正在消亡

非洲沿海到中部、东南部

鹫鹰 这一科中惟一幸存的代表，它们没有近亲。鹫鹰是半陆地猛禽，长腿，粗壮的短脚，钩似的爪子。它们在草原上跋涉，寻找到猎物，会将猎物一下击倒。

1.5米
2.1米
1枚－3枚
不迁徙
当地常见

非洲撒哈拉沙漠以南（刚果盆地除外）

金雕 这种猛禽重复使用简陋的巢。通常，它们在岩石或树上建几个巢，轮流使用。捕食哺乳动物、鸟，有时也吃腐肉。它们占据的栖息地可达一万多公顷。

1米
2.2米
1枚－3枚
部分迁徙
当地常见

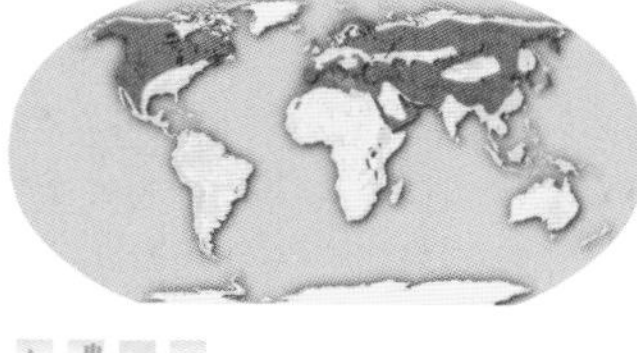

北美洲、亚欧大陆和非洲西北部

保护警报

猛禽警示 全球的猛禽都在消退。主要是由于栖息地破坏造成的猎物减少，而非直接丧失栖息地。由于猎物中积累的滴滴涕造成的伤害和建巢失败也导致了它们的死亡。国际自然与自然资源保护联合会的《濒危物种红色名录》中列出了1种灭绝物种——瓜达卢佩卡拉鹰（*Caracara lusotus*）和14种濒危、10种极危、27种易危、30种近危、1种数据缺乏。

捕食方法

尽管劲腿和利爪是主要武器，猛禽还有很多猎杀猎物的办法：有些追杀空中的猎物，有些捕食地上的爬行动物和小哺乳动物。隼用强有力的爪子就可以将猎物挤压致死。有些鹫将乌龟壳摔裂，然后扑下来吃里面的肉。雕和鱼鹰从水里抓鱼。鹫鹰会将猎物踢死。非洲鹞的腿极其灵活，可以将腿弯到极限去探索树洞里是否有雏鸟和其他小动物。

敲开食物

白兀鹫有时使用工具如树枝敲开鸵鸟蛋。它们也从空中将蛋扔下，或者将石头扔向太大的蛋。髭兀鹰也会将大骨头扔到岩石上将其摔裂。

捕猎阶段 游隼在空中袭击和捕捉猎物。这儿我们可以看到游隼的捕猎过程：跟踪猎物（左上图）；俯冲准备进攻（左图）；袭击蛎鹬（下图）。

用计捕捉 鹰（上图）用劲腿和利爪捕杀哺乳动物如狐狸等。鱼身很滑，但鱼鹰的爪很大，而且爪底多尖刺，可以解决这个问题。

小档案

红腿小隼 最小的猛禽之一。这种鸟羞涩而紧张。在被遗弃的热带巨嘴鸟和啄木鸟洞中栖息繁殖。它们很少在任何一个地方久居。

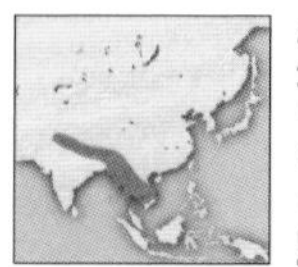

18厘米
34厘米
4枚－5枚
不迁徙
当地常见

喜马拉雅山地区和印度北部到缅甸和印度支那

欧亚隼 它们生活在各种开阔的地带：从多岩石的海岸到山脉和耕地。有时在建筑架上或其他鸟遗弃的巢中做窝。

38厘米
81厘米
3枚－6枚
部分迁徙
当地常见

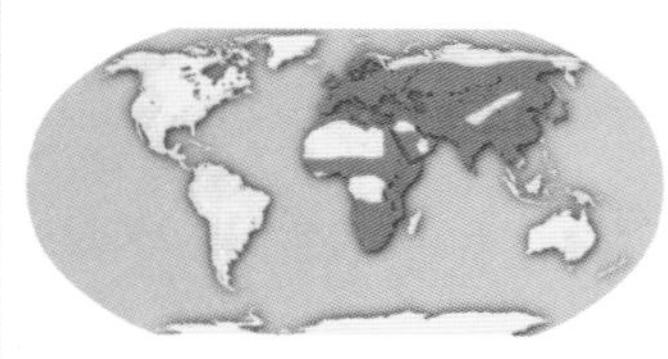

欧亚大陆北部到南部、非洲撒哈拉东南部

黄头叫隼 繁殖期外，它们成群地栖息在一起。早上，每只隼飞向自己的捕食区。这种隼的叫声刺耳，像猫一样。它们常受其他鸟的攻击。

43厘米
74厘米
1枚－2枚
不迁徙
当地常见

南美洲东北部

同一科

隼科包括真正的隼和长腿兀鹰。和真正的隼不同，长腿兀鹰在地上捕食。食物有昆虫、水果和种子或者腐肉。

方式比较

隼的典型特征是能在空中捕食，但它们的近亲南美隼却在地上以搜寻腐肉为生。

长腿兀鹰是食腐动物，它们在地上寻找蠕虫、蛆和其他食物。

黄头叫隼的特点是黄白色的脖颈和头。

鹤及其同类

纲 鸟纲
目 鹤形目
科 (11)
属 (61)
种 (212)

在这个古老的鸟目中，有些鸟与鸟类世界并不相称，包括许多主要生活在陆地上的鸟。它们喜欢行走和游泳而不是飞行。实际上，有些鸟已经完全失去飞行能力。鹤形目由栖息在陆地上的水鸟进化而来，它们已经遍布世界各种生态小环境。它们的典型特征，是在地上或在沼泽的高地上筑巢。其中大多数叫声很大，在某些情况下雌雄表演二重唱。在亚洲部分地区，鹤是好运和长寿的象征；一只人工喂养的鹤已经活了83岁。

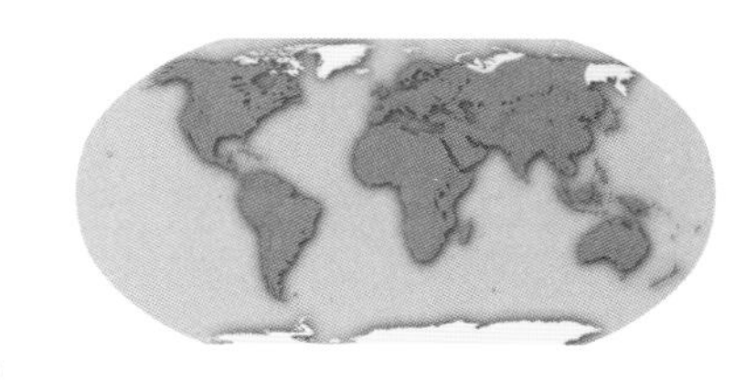

遍布世界 鹤的种类中至少有一种产于南极洲外的各个大陆和岛屿。它们生活在湿地、沙漠、草原和森林等地。喇叭鸟和秧鹤只生活在新大陆；多数大鸨栖息在非洲。有些稀有的种类生活的地带非常狭窄。

求偶舞 两只灰冕鹤（*Balearica regulorum*；左图）在表演优美的求偶舞蹈，舞蹈包括鞠躬和摇头。其他相关种类的求偶仪式更为奇特，特征是喉囊膨胀。

惊奇发现 20世纪40年代，一度数目繁多的南秧鸟（上图）发现于新西兰一个无法进入的山谷中。此前，它们已消失五十多年。这种隐蔽的鸟不会飞，是鹤类中许多与众不同的种类之一。

小档案

白枕鹤 这种鹤以其鲜艳的头部而出众。它们用干草修筑扁平巢。这些巢建在沼泽中微微露出的地面上。也常见于开垦的稻田中。

1.5米
2枚－3枚
雌雄相似
迁徙
易危

亚洲东北部

白鹤 和大多数鹤不同，白鹤的叫声像笛声，而且经常在浅水中觅食。到五岁至七岁时才开始繁殖。这种鹤非常机警，人们很难靠近。巢就筑在水边。

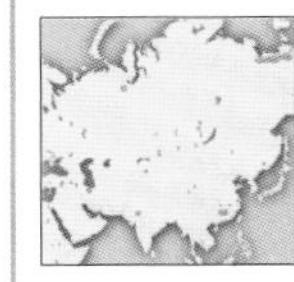

1.4米
2枚
雌雄相似
迁徙
极危

西伯利亚东北到伊朗、印度西北和中国

蓑羽鹤 它们经常在人类居住地附近觅食和筑巢。蓑羽鹤吃植物、昆虫和其他无脊椎动物。雏鸟和父母在一起，直到完全独立。

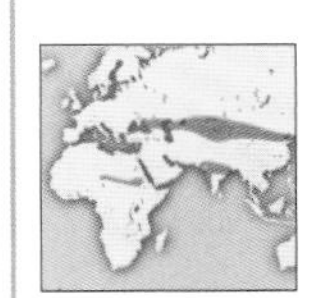

90厘米
1枚－2枚
雌雄相似
迁徙
稀少

欧亚大陆中部、非洲东北和印度北部

小档案

棕三趾鹑 虽然这种鸟一般生活在低海拔地区，但也出现在喜马拉雅山南部地区。它们常常在甘蔗园、茶园和咖啡园里觅食。

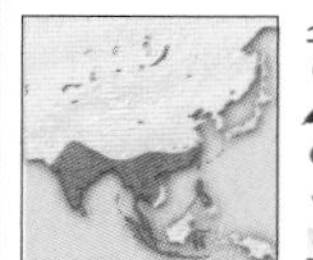

17厘米
3枚－5枚
雌雄不同
不迁徙
当地常见

亚洲大陆南部、东南到菲律宾

麝雉 这种鸟很像史前鸟，嗉囊奇大。孵出后仅几天，雏鸟就可以用爪、喙和特殊的翅膀爬树。翅膀上有“爪子”，但长大后会逐渐消失。

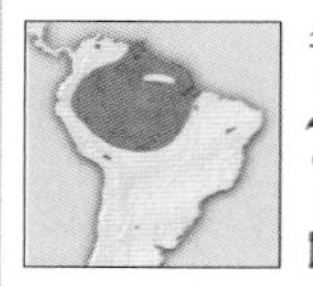

70厘米
2枚－4枚
雌雄相似
不迁徙
当地常见

南美洲北部

秧鹤 作为这一科中惟一的种类，秧鹤和鹤有很近的关系。它们用长长的弯喙把蜗牛从壳里叼出来。巢很大，用灯芯草和树枝建成。在受到保护前，狩猎使它们的数目大量减少。

70厘米
5枚－7枚
雌雄相似
不迁徙
当地常见

中美洲沿海到南美洲东北、西印度群岛

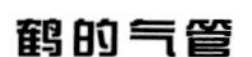

鹤的气管

它们的叫声变化很大，从咕噜咕噜声到尖叫声。它们盘绕的气管很长，和胸骨融合在一起。在那一部分，气管的骨环就像震动的金属片，放大发音器官发出的声音。某些情况下，声音可以传到1.6千米以外。鹤类的气管发育较好，可以发出高音。

盘绕的气管

胸骨

林三趾鹑
(*Turnix sylvatica*)

尽管外表非常像鹌鹑，林三趾鹑只有三根趾爪。雌性比雄性的羽毛更鲜艳。

棕三趾鹑
(*Turnix suscitator*)
♀

麝雉
(*Opisthocomus hoazin*)

在吸引到伴侣后，雌林三趾鹑离开雄鸟去寻找另外的伴侣，让雄鸟独自孵化和哺育雏鸟。

♂

棕三趾鹑
(*Turnix suscitator*)

白胸拟鹑
(*Mesitornis variegatus*)

奇特的麝雉有家禽大小，它们之间的关系尚不明确；有些研究者甚至把它们和布谷鸟联系在一起。

本氏拟鹑
(*Monias benschi*)

灰翅喇叭鸟
(*Psophia crepitans*)

秧鹤
(*Aramus guarauna*)

小档案

角骨顶 这种秧鸡筑圆锥形巨大的巢。它们的巢建在鹅卵石或木棍上，高出水面一米。有叶状爪，善游泳和潜泳。

- 53厘米
- 3枚－5枚
- 雌雄相似
- 不迁徙
- 易危

南美洲西海岸及安第斯山地区

长脚秧鸡 黎明或傍晚活动。大部分时间在高草丛中觅食。一次孵两窝，窝在地上的草丛中。捕食无脊椎动物、植物、种子和谷物等。

- 30厘米
- 8枚－12枚
- 雌雄相似
- 迁徙
- 易危

欧亚大陆西部及海岸、非洲东南部

南秧鸟 秧鸡科中现有数量最多的鸟。不会飞，翅膀只用来求偶表演或攻击。通常一窝中只有一只雏鸟可以度过第一个冬天。

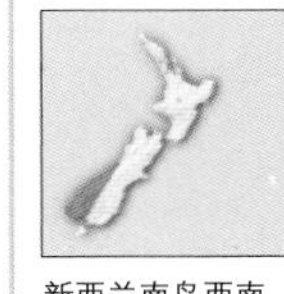

- 63厘米
- 1枚－3枚
- 雌雄相似
- 不迁徙
- 濒危

新西兰南岛西南

秧鸡和捕食者

生活在岛屿上的秧鸡中，不会飞的占很达的比例。所以，对于引进的动物如老鼠等没有抵抗力。再度引进计划已经使有些秧鸡种类恢复。

从濒临灭绝的边缘恢复 豪勋爵岛秧鸡一度曾仅存十对人工饲养的种鸡，但经过一段时间的圈养，人们已成功将之放归大自然。

保护警报

农业的受害者 长脚秧鸡一度在欧洲和北亚的草地上非常普遍，但由于机械化耕种而迅速减少。由于在苏联时期发生的土地的大机械化作业，使长脚秧鸡也成为易危物种。

小档案

日鳽 日鳽沿着森林的河流和小溪觅食。它们站在一根显眼的树枝上，扇动艳丽的翅膀和尾巴，进行求偶表演。

48厘米
1枚－2枚
雌雄相似
不迁徙
易危

南美洲沿海及北部

大鸨 主要是草食动物，在地上筑巢，一窝只有两三枚蛋，由雌鸟孵卵。5周内雏鸟就会飞，12周至14周可以完全独立。

1.05米
2枚－3枚
雌雄不同
不迁徙
易危

欧洲、亚洲沿海及东部

黑冠鸨 一旦受到惊吓，就趴在地上，很难发现。它们美丽的装饰性羽毛在求偶表演中派上用场。一只雄鸟可以有很多配偶。

1米
1枚－2枚
雌雄相似
部分迁徙
当地常见

非洲中部到南部沿海

非洲鳍脚䴘 这种鸟喜隐蔽，在流速缓慢的水中觅食无脊椎动物。在水中，两条腿交替摆动。一旦受到惊吓，便会沉入水中，只把头和颈露在外面。

59厘米
2枚－3枚
雌雄相似
不迁徙
易危

非洲中部沿海和东南

保护警报

陆地生活危机 鹤形目中很大比例比任何其他主要鸟类都面临更多的威胁。国际自然与自然资源保护联合会的《濒危动物红色名录》中列出23种濒危（其中7种极危）、28种近危、3种灭绝。所有鹤类都在地上觅食筑巢，所以，对栖息地的改变和掠夺它们没有抵抗力。

涉禽和岸鸟

鸟纲
鹬形目
(3)
(83)
(304)

世界上的浅水区和海岸地带挤满了海陆动物。群体性的涉禽和岸鸟面临着它们的威胁。涉禽和岸鸟有重要不同，所以，它们在水生环境中获取不同的食物来源。典型的涉禽如矶鹬和鸻在浅水区和海岸觅食。海鸥也在海岸寻觅食物，但它们也适应在深水海面觅食。燕鸥在远离海岸的地方冒险，潜水捕食。海雀在水下跟踪猎物，就像企鹅一样。涉禽和岸鸟的眼睛长在头两侧可以同时观察身体两侧的猎物。

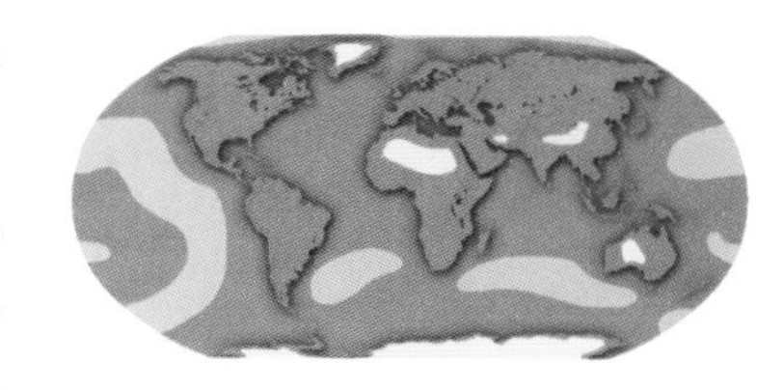

水世界 涉禽和岸鸟中，有几种生活在海洋附近，在入海口或海岸，而另一些却远在内陆，生活在干旱的气候下的陆地，或在沙漠中。

缤纷世界

涉禽和岸鸟在解剖上呈现许多不同，以适合各自的小环境。那些在泥地或浅水中觅食的鸟腿长而细，颈和喙也长。那些在海上觅食的岸鸟腿通常短些，这样可以在海水来临时迅速跑开。那些会游泳的鸟，在水面上捕食，身材矮壮，趾爪间有蹼。

在深海上捕食的岸鸟更善于飞行：腿更短，爪更小，但翅膀细长。燕鸥非常灵活，尾巴是长长的剪刀状，可以在空中迅速飞行。

海雀的蹼爪长在结实的身体后部，在水下翅膀充当鳍用。

这些鸟的食物差别很大，从昆虫和蠕虫到鱼和甲壳类动物，有些鸟还是食腐动物。

水上行走 水雉（上图）是非常独特的鸟，可以踩在大百合叶上在平静的水面上行走。它们的爪子已专门适应这种水上行走。

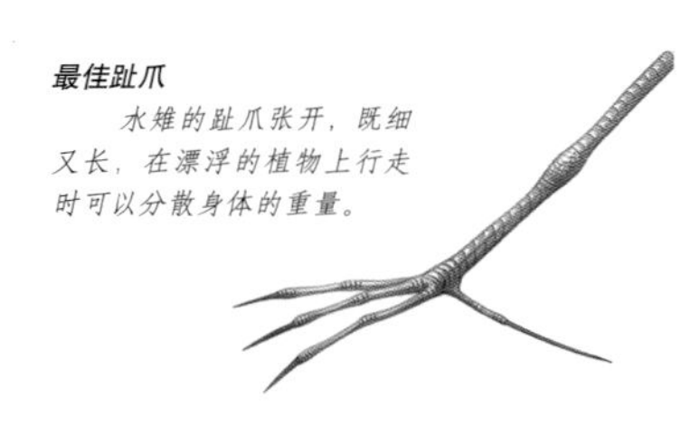

最佳趾爪

水雉的趾爪张开，既细又长，在漂浮的植物上行走时可以分散身体的重量。

地洞 像许多涉禽和岸鸟一样，角嘴海雀（右图）常在海边成群地筑巢。这一目中没有几种鸟能造出精细的巢。和角嘴海雀一样，许多鸟在地上挖洞，然后将卵产在洞中。它们细心地哺育雏鸟，直到雏鸟可以独立时为止。

海盗鸟 中贼鸥（*Stercorarius pomarinus*；上图）是最大的贼鸥。它们的翅膀宽大而强健。经常在海鸟群周围觅食腐肉。它们也偷食别的鸟的食物。贼鸥飞行时能迫使其他的鸟吐出嘴里的食物。

小档案

非洲水雉 用很高的步态在漂浮的植物上行走，而不会被长长的趾爪绊倒。它们在植物下寻觅昆虫、蜗牛和其他生物。

- 30厘米
- 4枚
- 雌雄相似
- 不迁徙
- 当地常见

非洲撒哈拉沙漠以南地区

蛎鹬 姿态优雅，以软体动物和其他无脊椎动物为食。常沿海边觅食。蛎鹬成群活动，既可以长途飞行，也会游泳和潜水。

- 46厘米
- 2枚－5枚
- 雌雄相似
- 迁徙
- 当地常见

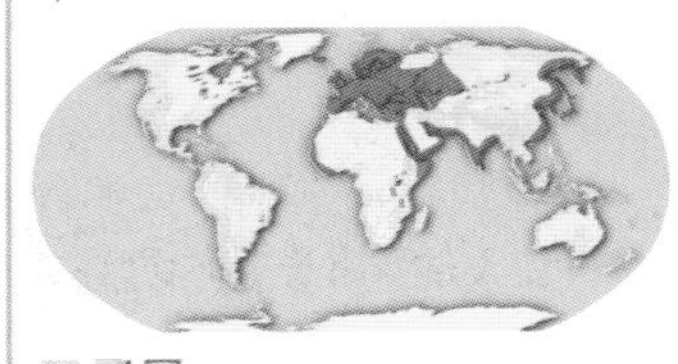

欧洲及亚洲西部、西南部和东部，非洲西北、北部和东部

澳大利亚石鸻 眼睛黄色，大眼，可以发现螃蟹和其他贝类。夜晚常在暗礁上、泥泞的海边沙滩觅食。叫声刺耳且怪异。在沙地里挖巢。

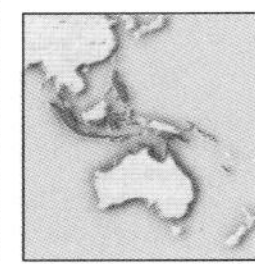

- 56厘米
- 1枚
- 雌雄相似
- 不迁徙
- 易危

马来半岛到菲律宾、新几内亚和澳大利亚北部

不同的喙

鸟喙由于食物和捕食习惯的差异而不同。角嘴海雀的大喙有锯齿状的边，可以在水下抓住鱼。涉禽如青脚鹬的喙细长，适合摸索并叼起昆虫和其他小动物。海鸥的喙粗短结实，顶部有尖，适合将食物撕裂。

世界热带地区有八种非洲水雉。在沼泽地的漂浮植物上生活筑巢，细长的爪可以防止它们沉入水中。

各大洲的栖息地都能发现这种鸟；长腿使它们可以在淡水和稍咸的浅水区觅食水生无脊椎动物。

反嘴鹬的喙向上卷曲，非常独特，适合在泥水中捕捉浮游生物。长腿可以在水中跋涉，但它们也会游泳。

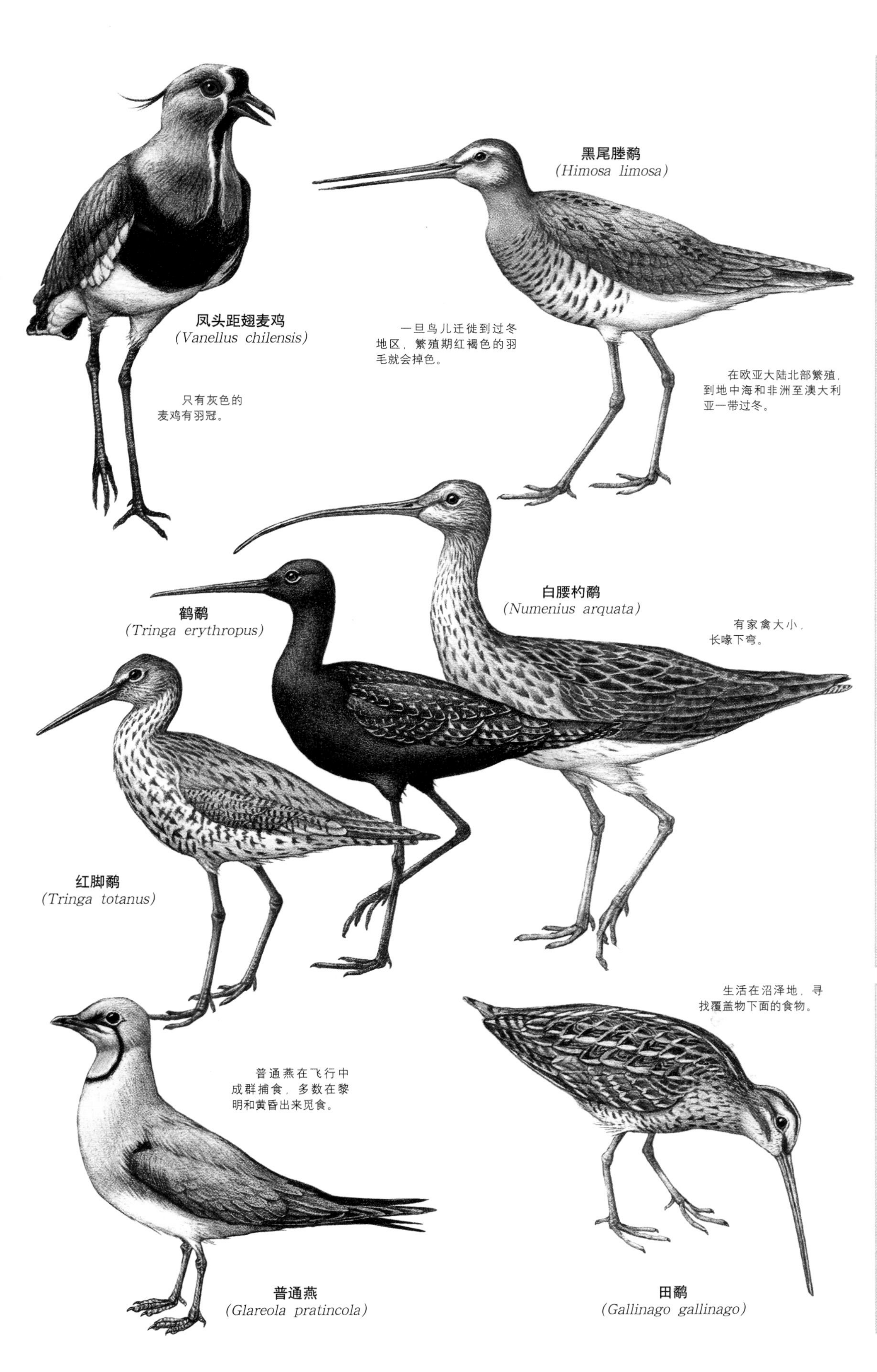

小档案

凤头距翅麦鸡 经常出没于湿地和农田，捕食昆虫和其他小动物。在地上挖洞做巢，周围浅浅地放上一层草。

38厘米
3枚－4枚
雌雄相似
不迁徙
当地常见

南美洲北部、东部和南部

鹤鹬 一种孤独害羞的鸟，一般只能在其他涉禽中发现。繁殖期生活在淡水、稍咸或咸水中。生活地带包括欧石南丛生的荒野、沼泽和苔原。

32厘米
3枚－5枚
雌雄相似
迁徙
当地常见

欧亚大陆北极以南地区到亚洲南部和非洲中部

田鹬 喜隐蔽，飞行时喙朝下，呈独特的“之”字飞行。喙顶部有神经末稍。它们可以通过触觉发现昆虫、软体动物和其他食物。

27厘米
2枚－5枚
雌雄相似
迁徙
当地常见

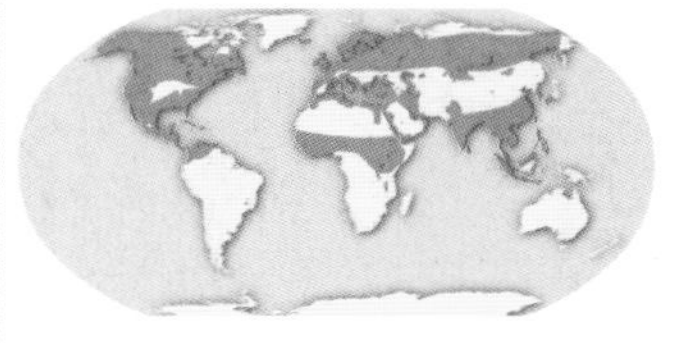

美洲北部和中部、欧亚大陆到非洲中部

田鹬的飞行

田鹬最显著的表演是俯冲时发出“噗噗”声。雄鸟从很高的高度急剧俯冲，扑打翅膀，尾部打开。最外面的尾部羽毛和其余部分分开。从空中俯冲时，发出“噗噗”声，然后，再重复表演。

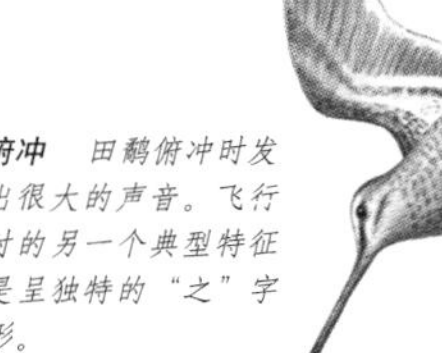

俯冲 *田鹬俯冲时发出很大的声音。飞行时的另一个典型特征是呈独特的“之”字形。*

小档案

白腰草鹬 名字来自于夏季时身体下半部发出青光。它们沿着水道把喙深入泥里寻找食物。

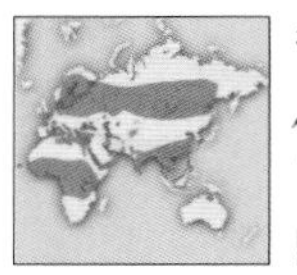

24厘米
3枚－4枚
雌雄相似
迁徙
当地常见

欧亚大陆中西部到中东部、非洲中部和亚洲南部

红领瓣足鹬 三种瓣足鹬中最小的一种。它们成群飞行，迅速而古怪。它们在海上过冬，能优雅地游泳，头部高抬，并不停地没入水中。

20厘米
3枚－4枚
雌雄相似
迁徙
当地常见

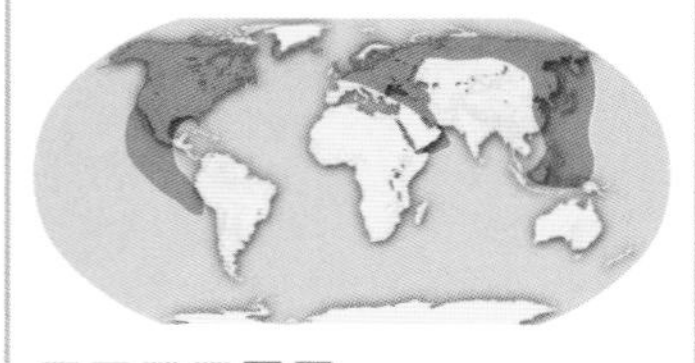

北极地区、美洲北部和中部、欧亚大陆

流苏鹬 春天可以看到上千只流苏鹬迁徙。雌鸟用精良的草做窝，窝建在密草或莎草或灯芯草丛中。

32厘米
3枚－4枚
雌雄不同
迁徙
当地常见

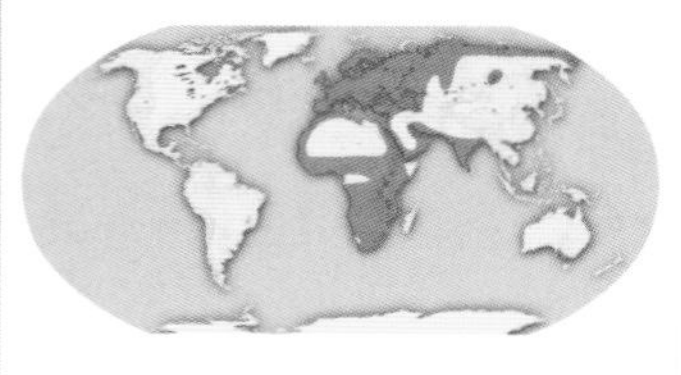

北极地区到欧亚大陆西部和南部、非洲

取　胜

春天繁殖季节，雄流苏鹬耳部长出一丛鲜艳的羽毛，脖子周围有领子状可竖起的羽毛。每天早上，雄鸟集中在选好的小丘上向雌鸟表演。

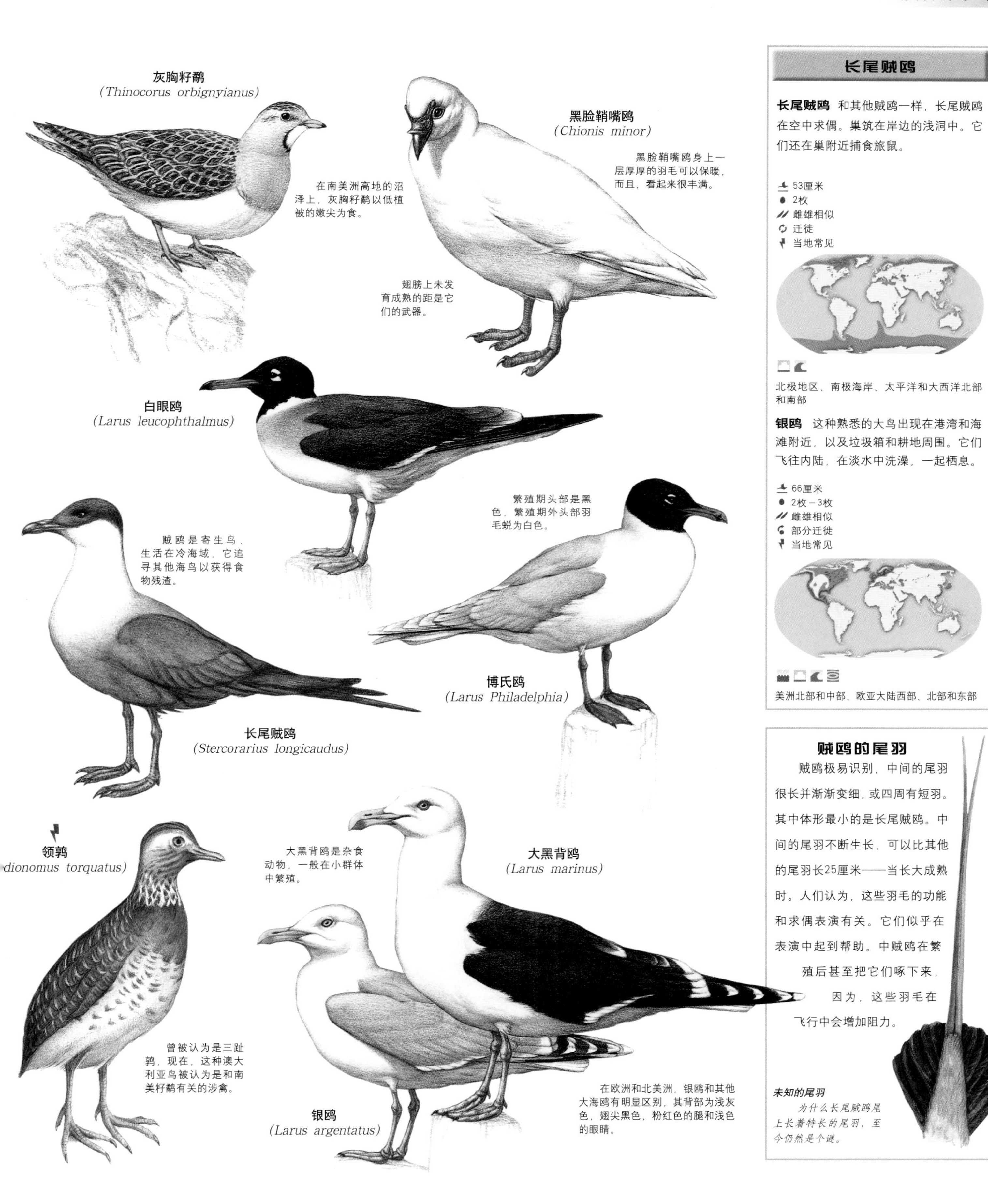

长尾贼鸥

长尾贼鸥 和其他贼鸥一样，长尾贼鸥在空中求偶。巢筑在岸边的浅洞中。它们还在巢附近捕食旅鼠。

- 53厘米
- 2枚
- 雌雄相似
- 迁徙
- 当地常见

北极地区、南极海岸、太平洋和大西洋北部和南部

银鸥 这种熟悉的大鸟出现在港湾和海滩附近，以及垃圾箱和耕地周围。它们飞往内陆，在淡水中洗澡，一起栖息。

- 66厘米
- 2枚–3枚
- 雌雄相似
- 部分迁徙
- 当地常见

美洲北部和中部、欧亚大陆西部、北部和东部

贼鸥的尾羽

贼鸥极易识别，中间的尾羽很长并渐渐变细，或四周有短羽。其中体形最小的是长尾贼鸥。中间的尾羽不断生长，可以比其他的尾羽长25厘米——当长大成熟时。人们认为，这些羽毛的功能和求偶表演有关。它们似乎在表演中起到帮助。中贼鸥在繁殖后甚至把它们啄下来，因为，这些羽毛在飞行中会增加阻力。

未知的尾羽

为什么长尾贼鸥尾上长着特长的尾羽，至今仍然是个谜。

小档案

眼斑燕鸥 只在荒凉的沙滩或潮涨点以上的海滩上筑巢，对骚扰没有抵抗力。它们在澳大利亚是群居，但在新西兰却单独生活。

- 27厘米
- 1枚－2枚
- 雌雄相似
- 部分迁徙
- 易危

新喀里多尼亚、珊瑚海、澳大利亚西部和南部、塔斯马尼亚岛、新西兰北岛北部

小燕鸥 是燕鸥中最小的一种。燕鸥种类之间非常相似。它们生活在海滩、海湾和大河岸边。

- 28厘米
- 2枚－3枚
- 雌雄相似
- 迁徙
- 当地常见

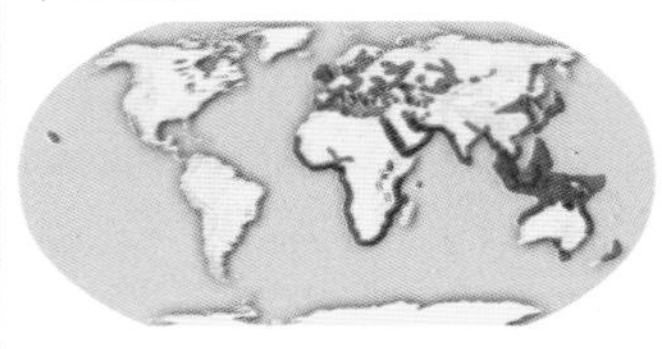

欧洲、非洲、亚洲到大洋洲和太平洋西部

普通燕鸥 这种小鸟在北半球的湖泊、海洋、海湾和沙滩上栖息，迁徙到南半球过冬。它们成群地在沙滩和小岛上筑巢。

- 38厘米
- 2枚－4枚
- 雌雄相似
- 迁徙
- 当地常见

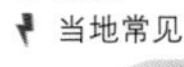

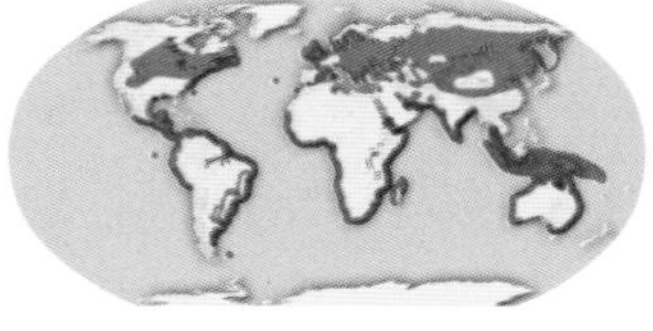

世界各地海滨

俯冲

燕鸥和海鸥相似，但更适合俯冲到海里捕鱼。它们的身体紧凑，呈流线型，锥形喙，细长。翅膀窄长。剪刀状的尾巴可以迅速减速和在空中表演。它们在海洋或内陆湖面低飞，短暂地盘旋，然后冲到水里捕食。

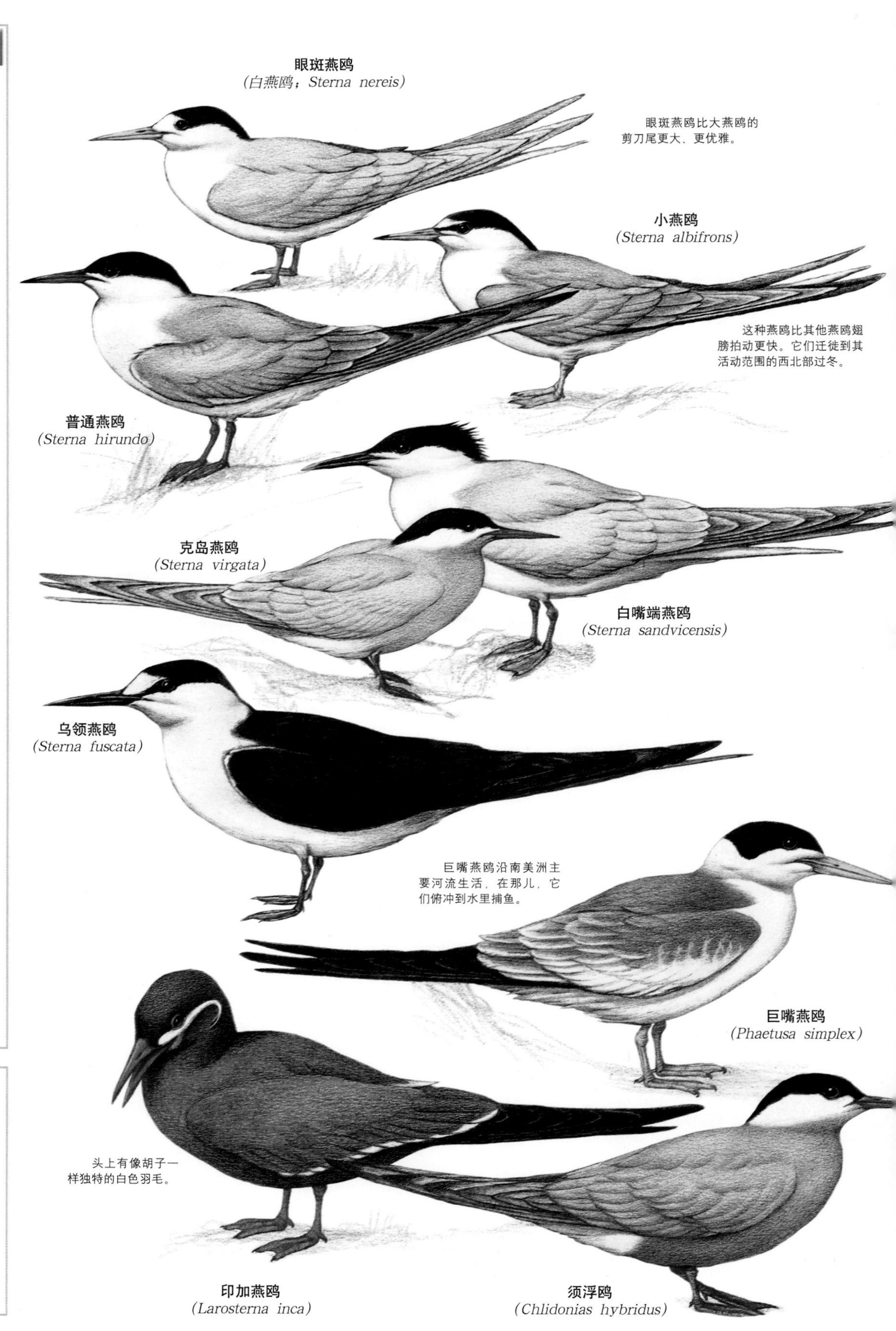

小档案

海鸦 世界上分布最广的海鸟。海鸦成群地在海岬和岛屿上筑巢。雏鸟羽毛丰满后由雄鸟陪伴。

- 43厘米
- 1枚
- 雌雄相似
- 地域迁徙
- 当地常见

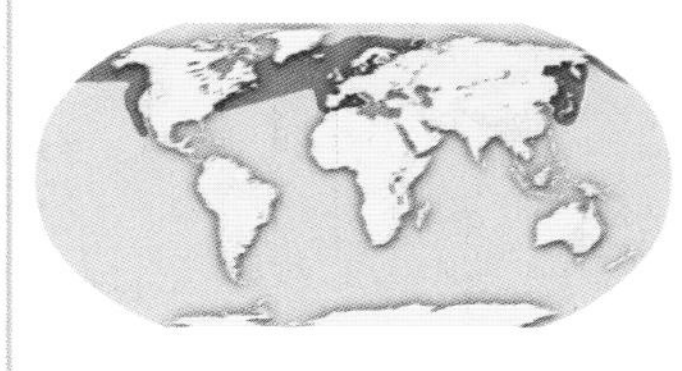

太平洋和大西洋北部

大西洋海鹦鹉 夏季，大西洋海鹦鹉的喙是红色、蓝色和黄色。冬季，部分喙褪掉颜色，其余部分是灰棕色，顶部为黄色。海鹦鹉在一起筑巢，有时利用野兔或海鸥类遗弃的洞穴。

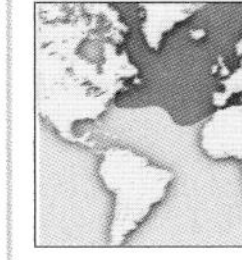

- 36厘米
- 1枚
- 雌雄相似
- 部分迁徙
- 当地常见

北极地区、大西洋北部

原地滚动

海鸦的典型特征是一次只下一个蛋。蛋下在海岸或悬崖上看起来不稳定的裸露岩石上。和许多椭圆形的蛋不同，海鸦的蛋是锥形。因此，如果受到碰撞，它们就会就地滚动，不会离原地太远。

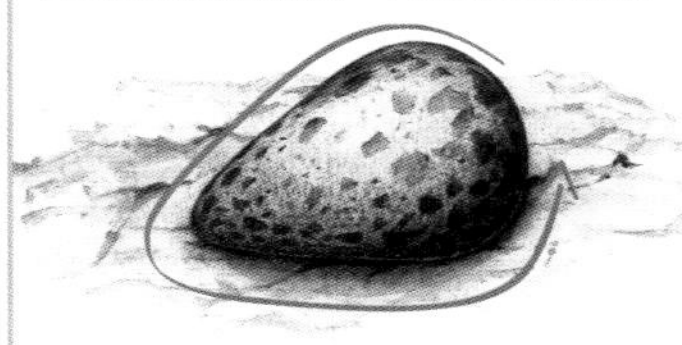

保护警报

海雀科 大海雀在19世纪时灭绝。海雀科的其他24种中，国际自然与自然资源保护联合会的《濒危物种红色目录》上列出1种易危，4种近危，1种数据缺乏。其中5种是小海鸦，这些鸟生活在日本和美国西海岸间的北太平洋上。濒危的原因主要是因为栖息地上引进的老鼠和狐狸以及污染和捕鱼业，它们造成了小海鸦食物资源的衰竭和海鸦卵的毁坏。

鸽子和沙鸡

纲	鸟纲
目	(2)
科	(3)
属	(46)
种	(327)

鸽子和沙鸡有很大不同，甚至可能没有关系，它们都有自己的目——鸽形目和沙鸡目。家鸽和野鸽非常普遍，大多在树上栖息，以水果和种子为食。它们和人的关系密切，人类很早就知道用鸽子来传递消息。鸽子的颜色差别很大，从熟悉的土褐青灰色街鸽到印度—太平洋区五彩缤纷的果鸽。鸽子用嗉囊中产生的类似奶的物质哺育雏鸽。它们还有专门适合吸水的喙。相比之下，沙鸡颜色单调，但飞行迅速，生活在沙漠中，已适应了干旱的气候。

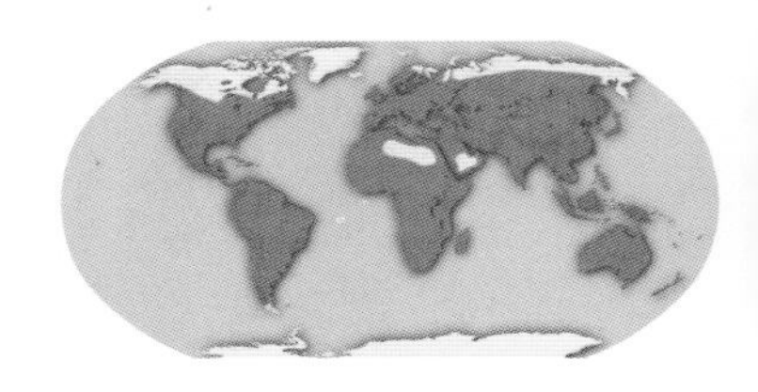

数目繁多 除了两极地区，家鸽和野鸽遍布世界各地，但沙鸡只生活在非洲和欧亚大陆上。

小档案

岩鸽 也称野鸽，对全世界的城市居民来说都非常熟悉。最初生活在欧亚大陆和北非地区，在岩石上筑巢，现在已经适应生活在城市高高的建筑构架上。

- 33厘米
- 2枚
- 雌雄相似
- 不迁徙
- 当地常见

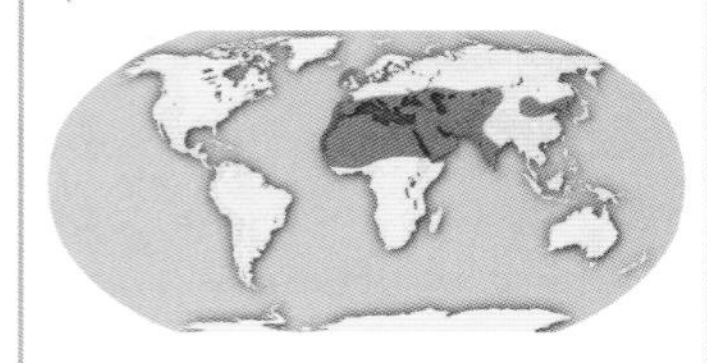

欧洲南部、中东、亚洲西南和中东部、非洲北部

毛腿沙鸡 这种稀有的鸟类在中亚开阔的大草原上繁殖。每年，大批沙鸡飞离主要的活动范围，长途跋涉到草原和沙滩，以躲避风雪。

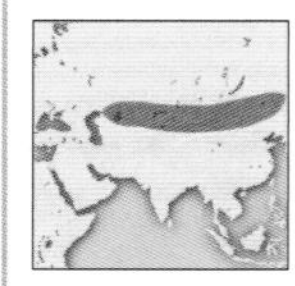

- 40厘米
- 2枚—3枚
- 雌雄不同
- 部分迁徙
- 当地常见

乌拉尔南部、外高加索地区到蒙古

翠翼鸠 栖息在热带的雨林或茂密的植被附近。单独或成对在林地上觅食。还可以看到它们在觅食区间的空地上疾飞。

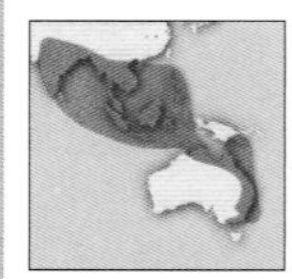

- 27厘米
- 2枚
- 雌雄不同
- 不迁徙
- 当地常见

印度和亚洲东南到澳大利亚东部和美拉尼西亚群岛

登峰造极 凤冠鸠（上图）的冠极为壮观，其中有三种生活在新几内亚岛的雨林中。作为世界上最大的鸽子，其独特之处是头上的薄羽冠。这种鸽子的求偶表演包括鞠躬和特殊飞行。

肩并肩 像这一目的其他鸟类一样，翠翼鸠（左上图）在一起筑窝。高度群体性的鸟——家鸽、野鸽和沙鸡常常成千上万地聚集在一起。

小档案

马达加斯加绿鸠 这种美丽的鸟以果实为食，是绿鸠中的一种。大部分时间在树上和灌木丛中，像鹦鹉一样攀爬。绿鸠的叫声复杂柔和，在家鸽和野鸽中并不典型。

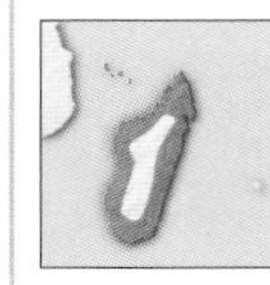

- 32厘米
- 2枚
- 雌雄相似
- 不迁徙
- 当地常见

马达加斯加岛和科摩罗群岛

哀鸽 野鸽的一种，名字来自其低沉、悲哀的咕咕叫声。是强健、快速的飞行者，常常在黎明或傍晚飞到相当远的地方觅食，但在最近的水源地喝水。

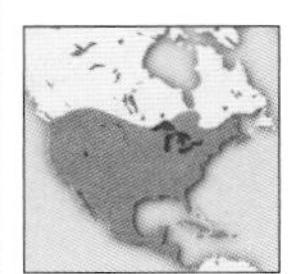

- 34厘米
- 2枚
- 雌雄相似
- 部分迁徙
- 当地常见

美洲北部和中部、西印度群岛

维多利亚凤冠鸠 这是惟一的凤冠鸠，冠顶部为白色。生活在雨林低地，但只在新几内亚北部偏远的地区较普遍。

- 76厘米
- 1枚
- 雌雄相似
- 不迁徙
- 易危

新几内亚北部低地

销声匿迹

旅鸽（*Ectopistes migratorius*）一度是世界上最丰富的鸟。在北美洲成群出现，有上亿只。但由于人类的无情猎杀，在1914年，最后的几种也消亡了。

保护警报

在鸽子中，国际自然与自然资源保护联合会的《濒危物种红色名录》中列出有11种极危，5种濒危，30种近危。栖息地的破坏和猎杀是问题的根源。旅鸽、渡渡鸟、愚鸠、索科特拉哀鸽、索罗门冕鸽都已绝迹。

鹦 鹉

纲	鸟纲
目	鹦形目
科	鹦形科
属	(85)
种	(364)

鹦鹉和大冠鹦鹉形成一支古老而独特的目——鹦形目。喙和脚使它们极易识别：喙短钝，上颌下弯；两只趾爪向前，两只趾爪向后。虽然有些鹦鹉颜色单调，但大多数羽毛艳丽，主要是各种绿色，点缀以红色、黄色和蓝色。它们的视觉魅力是几个世纪以来成为宠物的一个原因。另一个原因是它们的动作滑稽：它们可以表演杂技、用爪子或喙吊在树上，还能模仿人声。

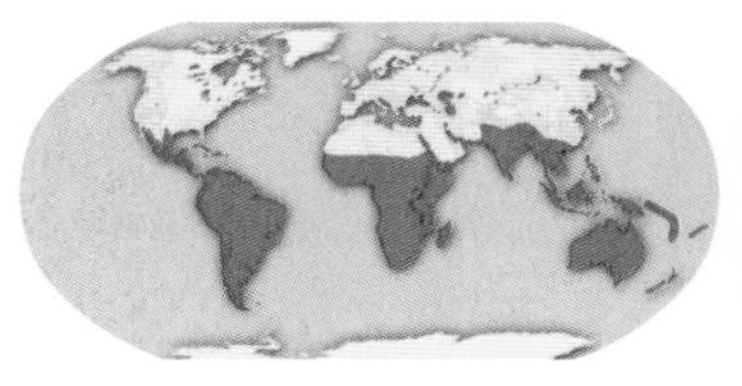

分布南方 鹦鹉主要生活在南半球。在热带雨林中最为普遍，尤其是热带雨林低地。但有些种类喜欢开阔、干燥的地区。在澳大拉西亚和南美洲集中着种类最多的鹦鹉。最南部的鹦鹉栖息在南美洲南端的火地岛。

群体动态 在这些群居的鸟中，橙颊鹦鹉（*Pionopsitta barrabandi*）和蓝头鹦鹉（*Pionus menstruus*）是典型的有代表性的群居鸟。鹦鹉经常一小组或一大群一起觅食栖息，其中包括许多对鹦鹉或家庭。

有力的喙 和其他鸟的喙比起来，鹦鹉的喙活动范围更大更有力。上颌发育良好的铰合韧带可以起到杠杆作用，使鸟可以用喙钩住树枝。而肌肉强健的下颌可以嗑碎大坚果。

奇特的羽毛 虽然很难在森林顶部看到，人们可以通过其彩色的羽毛和长长的尾巴来识别红绿金刚鹦鹉（*Ara chloroptera*；下图）。锥形翅膀可以使它们比一般大的鸟飞得更快。

奏曲 鹦鹉的爪子可以当手使用抓住物体。这只棕榈凤头鹦鹉（*Progosciger aterrimus*；上图）用一根木棍敲打空树干发出梆梆的声音。

内视 *剖面图反映了喙和颌的进化。*

高高在上 *两只艳丽的红绿金刚鹦鹉飞行时显现出七彩色。它们属于最大的鹦鹉。*

喜欢群居

多数鹦鹉既吃水果又吃种子和坚果（它们用厚厚的喙嗑开坚果）。它们在树顶或地上觅食。另一方面，吸蜜鹦鹉则完全栖息在树上，它们吃浆果，吸食花朵里的花粉和花蜜。

尽管鹦鹉的基本特征会稍有不同，但大小和体形相差很大。有的翅膀尖细，有的圆宽。同样，有的尾巴尖长，有的方短。与“树鹦鹉”属不同亚科的大冠鹦鹉有突出的竖冠。通常雌雄相似。

鹦鹉是喜欢群居的鸟。它能大声频繁地鸣叫。在野外到处都是它们的叫声，但不容易发现它们的踪迹。当它们从森林顶部飞过时，也很难观察到，因为有绿色的羽毛伪装。但这并不能阻止它们落入偷猎者的手中。偷猎者把它们卖到宠物市场。偷猎和栖息地的破坏已经使这种最普通的鸟列在了近危物种的名录上。

小档案

啄羊鹦鹉 世界上少数颜色单调的鹦鹉之一。它的颜色、强健的体形和喙的形状使它看起来更像猛禽。它们有时的确也吃腐肉。牧羊人常怀疑它们杀死自己的牲畜。

48厘米
2枚－4枚
雌雄相似
不迁徙
不常见

新西兰南岛山区

粉红凤头鹦鹉 白天气温高时，它们在林中休息。以林地上觅到的种子和其他植物为食，也吃昆虫及其幼虫。在澳大利亚干旱的内陆，可以看到成群的粉红凤头鹦鹉。

36厘米
2枚－6枚
雌雄相似
不迁徙
当地常见

澳大利亚

宠物鹦鹉

和金鱼一样，人们熟悉的相思鹦鹉（*Melopsittacus undulatus*）是世界上最多的宠物。19世纪中期，它们就成为笼中之鸟。其他流行的驯化鹦鹉品种有：澳大利亚鹦鹉和爱情鹦鹉。虽然鹦鹉可以模仿人的语言，但它们并不理解自己说的话。

驯化

在澳大利亚野外，相思鹦鹉主要是浅绿色和淡黄色。而驯养的相思鹦鹉已经有很多种颜色。

保护警报

犯罪 宠物业的非法捕捉和栖息地的丧失一样威胁着相思鹦鹉和凤头鹦鹉。在野外，甚至一些稀有物种的蛋都被偷走。盗贼侵扰洞中的鸟巢，使鹦鹉不能再次筑巢。国际自然与自然资源保护联合会的《濒危物种红色名录》上列出2种灭绝，9种极危，25种濒危，46种易危。巨大的南美金刚鹦鹉在每一类中排名尤其靠前。

小档案

亚历山大鹦鹉 通常在树上啄的洞里做窝，或者利用自然的洞穴，甚至做在烟囱里。亚历山大鹦鹉一小群生活在一起，晚上聚成一大群。只有雄鸟颈部有明显的黑色。常见于林地和耕地。

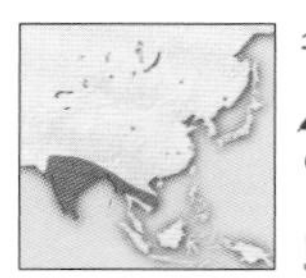

62厘米
3枚
雌雄不同
不迁徙
当地常见

亚洲南部和东南部

蓝顶短尾鹦鹉 这种小鹦鹉在东南亚森林低地中非常普遍。它们以蓓蕾和花朵为食，也吃浆果、坚果和种子。它们也有其倒挂睡觉的习惯，是蝙蝠鹦鹉的一部分。

12厘米
3枚－4枚
雌雄不同
不迁徙
当地常见

马来半岛、加里曼丹岛、苏门答腊岛及其附近岛屿

不同的蓝色

有些鹦鹉由于黄色色素的抑制发生变异产生了不同的蓝色，亚历山大鹦鹉就是其中一种。由于精湛的模仿技术和友好的行为，它们成为很受欢迎的宠物。名字取自古罗马传奇人物亚历山大大帝。

伸展

一只飞行的澳东玫瑰鹦鹉展示其丰富的羽毛颜色和形状。

保护警报

红牡丹鹦鹉 又称为爱情鹦鹉。这种漂亮的鸟曾经很普遍，产于东非大草原和森林地带。目前，由于宠物业而遭受大量捕捉。即便如此，野外的数量仍达到一百万只左右，至少一半在保护区和公园内受到保护。"爱情鹦鹉"的名字来自于这种鹦鹉配偶间的密切关系。

小档案

厚嘴鹦鹉 雏鸟的喙颜色较浅，成熟后逐渐变深。以松果、杜松子和橡子为食。成群迁徙，数量从五六只到上百只。

43厘米
1枚－4枚
雌雄相似
迁徙
濒危

墨西哥西北部

紫蓝金刚鹦鹉 鹦鹉科中最大的种类。鸟宠物业的贸易和人们以食物和羽毛为目的的猎杀，数量现在已不如过去多。雄鸟比雌鸟稍大。

1米
2枚－3枚
雌雄相似
不迁徙
濒危

南美洲东北和中部

绯红金刚鹦鹉 色泽鲜艳，以浆果和坚果为食，亦吸食花蜜和花朵。有时吃黏土帮助消化未成熟果实中的化学物质。

89厘米
3枚－4枚
雌雄相似
不迁徙
当地常见

南美洲中部和北部

挖洞鹦鹉

多数鹦鹉以树洞或白蚁冢的洞为巢。另一方面，阿根廷北部的挖洞鹦鹉在悬崖和河岸或海岸上挖很深的洞穴。这可以防御捕猎者。

小档案

鸮面鹦鹉 世界上体重最重的鹦鹉，属夜行性鸟，由于缺少一根胸骨而不能飞行。咀嚼植物的叶茎吸取其汁液。求偶时喉部气囊膨胀发出隆隆的声音。

64厘米
1枚－3枚
雌雄相似
不迁徙
在自然范围内灭绝

新西兰南岛西南并被人们引进到小屏障岛、莫德岛、考斐岛和珍珠岛

蓝顶鹦鹉 树栖鹦鹉，在森林中攀爬树枝，在树洞中筑巢。一窝孵2枚至4枚蛋，在25天的孵化期中，主要由雌鸟孵卵。

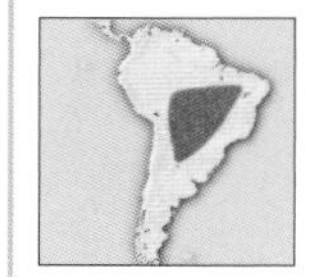

37厘米
2枚－4枚
雌雄相似
不迁徙
当地常见

南美洲东北和中部

灰胸鹦鹉 南美洲物种，适应性强，生活在城市公园、农田、花园以及热带或亚热带稀树大草原、森林和棕榈树林中。和其他鹦鹉不同，它们用树枝筑相当复杂的巢。

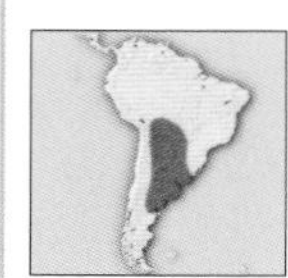

29厘米
1枚－11枚
雌雄相似
不迁徙
当地常见

南美洲中部和东南部

显著的颈部羽毛

亚马逊河的鹰头鹦鹉（*Deroptyus accipitrinus*）颈部有一圈显著的羽毛，颜色艳丽并高高地竖起。它们激动或生气时，这些羽毛会竖起来。它们吵闹而显眼，喜欢群居。通常沿河道栖息在森林内部或边缘。

正面 *竖起的颈部羽毛。*

侧面 *有饰边的羽毛。*

这种鹦鹉不会飞，其羽毛具有隐蔽性，能帮助其在茂密的栖息地中隐藏。但这并不能阻止外地进来的白鼬、老鼠和野猫等将其在自然范围内消灭

像其他鹦鹉一样，鸮面鹦鹉也是两根趾爪向前，两根向后。

杜鹃和蕉鹃

鸟纲	
鹃形目	
(3)	
(46)	
(327)	

杜鹃和蕉鹃是两种古老的鸟类，它们之间有些相似，但是在发育过程、解剖和其他特征上有显著不同。杜鹃有寄生鸟的恶名，它们哄骗其他鸟类抚养自己的幼鸟。但在大约一百四十种杜鹃中，只有不到一半有这种行为。所有的杜鹃趾爪都是两只朝前和两只朝后，但其他方面相差很大。蕉鹃则更为相似：颈部纤细，长尾，短圆翅，羽冠直立且两侧扁平，只有一种例外。

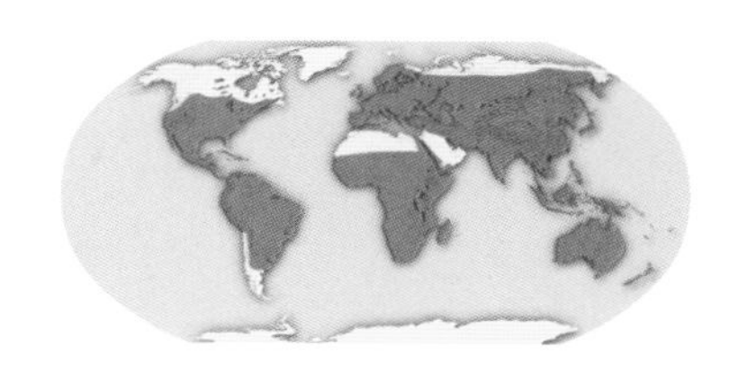

遍布全球 蕉鹃栖息在热带稀树大草原和森林中。只产于非洲撒哈拉南部。杜鹃则适应各种栖息地——从开阔的荒原到热带雨林，而且，遍布世界各地，尽管它们主要分布在热带和亚热带地区。

消灭对手 一只大杜鹃雏鸟（左图）在宿主的蛋孵出之前孵出，这里的蛋是苇莺的。三四天内，杜鹃雏鸟就能把巢中的蛋或刚孵出的鸟挤出去，这样，它可以独占宿主的关注和食物。同一类的不同雌杜鹃会选择同一类的宿主。

蓝蕉鹃
(*Corythaeola cristata*)

这是最大的蕉鹃，有小火鸡大小，产于热带非洲，腹部为独特的橘红色。

蓝冠蕉鹃
(*Tauraco hartlaubi*)

所有蕉鹃尾部纤细。

和多数蕉鹃一样有绿色羽毛；产于非洲东部的赤道地区。

斑翅凤头鹃
(*Clamator jacobinus*)

亚－非凤头鹃是惟一有羽冠的杜鹃。

大斑凤头鹃
(*Clamator glandarius*)

紫蕉鹃
(*Musophaga violacea*)

紫蕉鹃和短冠紫蕉鹃的特征是羽毛呈紫罗兰色，都产于非洲中西部的森林河边。

秘密抢劫

有些杜鹃采用相当迂回的策略消灭它们的宿主，例如产下和宿主的蛋极为相似的蛋。

尽管旧大陆东半球热带地区的金杜鹃色彩鲜艳，但是，多数“真正的杜鹃”是土褐色的。有些杜鹃独自生活，而另一些则群居，并维持它们的领地不受其他鸟类干扰。有些杜鹃很少飞行，它们更喜欢奔跑，如走鹃和地鹃。

蕉鹃喜欢群居，而且吵闹，它们刺耳的叫声可以传到很远。它们聚成小群，在树之间滑翔或振翅飞翔。它们在树枝间奔跑时比飞行更灵活。生活在稀树大草原的蕉鹃羽毛暗淡，但那些在森林生活的蕉鹃羽毛鲜艳，身上还有特殊的可溶于水的蓝绿色色素。蕉鹃主要是草食动物，但也吃少量的昆虫。

亮丽的颜色 许多鸟亮丽的颜色是光反射引起的。和它们不同，蕉鹃——如南美洲的尼斯那蕉鹃（*Tauraco corythaix*；下图）是真正的色素沉着色彩。

小档案

大杜鹃 这种著名的鸟生活在林中空地和农业耕地上，以昆虫为食。它的叫声响亮。雌杜鹃有多个配偶，是寄居鸟。

33厘米
12枚–20枚
雌雄不同
迁徙
常见

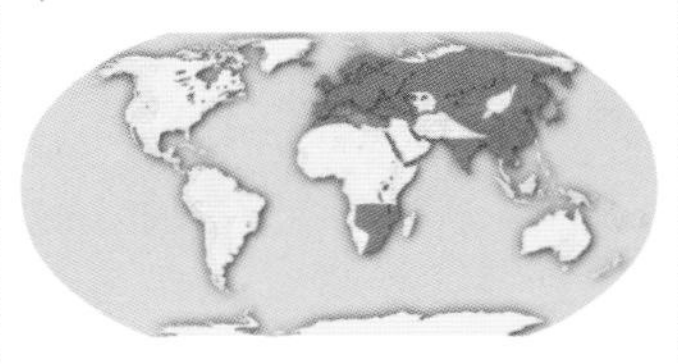

欧亚大陆（不包括西南部）、非洲西北和南部

褐翅鸦鹃 褐翅鸦鹃不寄居，有自己的领地。由于其大小和大尾巴常被误认为是猛禽。叫声独特，发出单调的隆隆声，以及各种“嘎嘎”声和“咯咯”声。

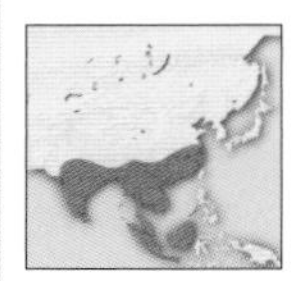

52厘米
2枚–4枚
雌雄相似
不迁徙
常见

亚洲南部和东南部、大巽他群岛及菲律宾部分岛屿

走鹃 这种鸟是诸多漫画家的模特。它们生活在有灌木丛和仙人掌的干旱地区和沙漠中。快跑时，用尾巴做舵改变方向。以蛇和其他爬行动物为食。

56厘米
2枚–6枚
雌雄相似
不迁徙
常见

美国西南到墨西哥中部

毛茸茸的盛宴

旧大陆的杜鹃以昆虫及其幼虫为食。它们尤其喜欢吃许多鸟都避之不及的毛茸茸的毛虫。冬季食物的匮乏迫使欧洲杜鹃迁徙到非洲过冬。

猫头鹰

纲	鸟纲
目	鸮形目
科	(2)
属	(29)
种	(195)

猫头鹰又称鸮，属于鸮形目。鸮夜间单独行动，两眼向前，面部像人脸，身材健壮。鸮有两个科：斑林鸮——面部为心形，喙伸长；“真正的鸮”长着圆脸，有鹰一样的喙。它们通常在边远的地方栖息，即便外出，也能够忍受艰苦的条件。鸮身上有斑驳土色的羽毛掩护，通常人们只闻其声，不见其影。它们神秘的夜行习惯、深远的叫声，以及偶尔怪诞的声音，增添了许多民间迷信色彩。生活方式和夜行猎禽没有区别。

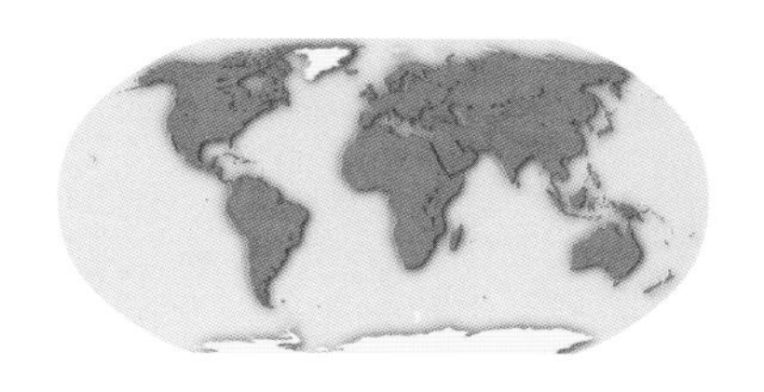

四海为家 两种鸮分布都很广泛。斑林鸮是分布最广的鸟之一，很多种类生活在林地和森林边缘，也有的喜欢没有树的栖息地。

嗷嗷待哺 乌林鸮（上图）在给雏鸟喂一只啮齿动物。有些鸮能根据食物的多少改变繁殖季节和卵的大小。卵的孵化并不同步，如果食物不够，发育快的雏鸟会吃掉小的雏鸟。

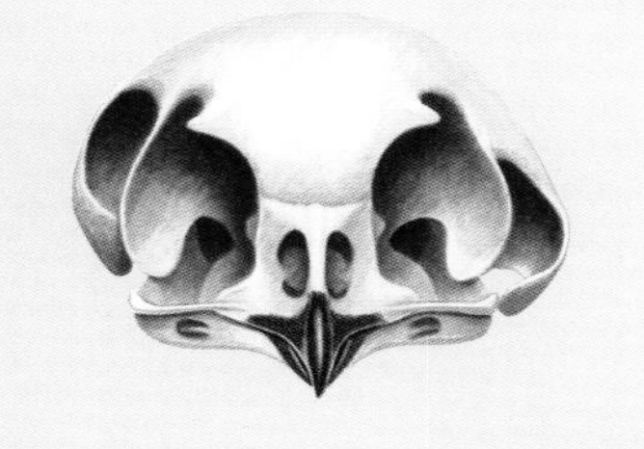

立体听觉

许多鸮的两耳在大小和形状上都不对称。通过耳朵接收到的声音信号的细微差别，它们能够准确地找到猎物。

秘密飞行 长耳鸮（右图）的羽毛柔软疏松，边缘呈磨损状，这会减缓翅膀上空气的流动，从而使飞行时悄无声息。

无声的飞行者

扑向未防备的猎物时，长耳鸮的翅膀可以减少噪音。

夜间猎手

在黎明和傍晚时分活动尤其频繁，非常适应夜间捕食的生活方式。它们双眼向前，是双目视觉，能更准确地判断距离，还能旋转头部，观察身后。管状的眼睛以及眼内丰富的感光棒使得它们在微弱的光线下也能看得很清楚。它们的听觉很敏锐，有些种类可以利用面部更有效地收集声波。

鸮长有尖尖的弯喙、强健的腿和锋利的爪。它们在树上或林边栖息时，也对猎物保持警觉，一旦发现猎物就扑过去，捕捉地上那些不够警惕的哺乳动物或昆虫。它们能抓住树上的哺乳动物或昆虫，还能抓住正在飞行中的昆虫。

当捉到较大的猎物时，鸮会落在地上将其啄死。抓到小的猎物时，鸮会用一只爪子举到嘴边整个吞下去，像鹦鹉一样，大的猎物则先用嘴撕碎再吞下去。

受到打扰时，鸮把羽毛压平，使自己不太显眼。有些有直立的羽毛，像耳朵一样，这些羽毛在行动时竖立起来。

多数雌鸟比雄鸟大，体重会重两倍。幼鸟会飞前就离开巢，但仍由它们的父母继续喂食，直到能自己寻找食物。

所有的鸮都会叫，尤其在繁殖季节到来时。鸮常以其典型的叫声命名。少数几种鸮甚至会唱歌。

小档案

乌林枭 这种大鸟有时利用其他鸟抛弃的鸟巢。当食物短缺时，它们会好几年不产卵，当食物丰盛时，它们产的卵可达9枚。

- 70厘米
- 2枚–9枚
- 雌雄相似
- 不迁徙
- 不常见

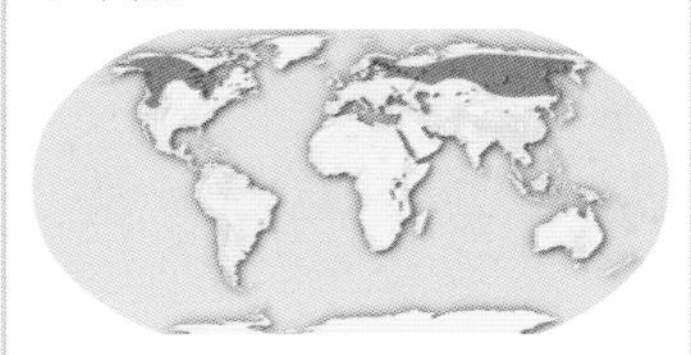

北美洲北部、欧亚大陆北部

雪鸮 在冬天迁徙，常见于湖边、沼泽地或海边。它们在树上或岩石上栖息，飞行时突袭猎物——无脊椎动物、小型哺乳动物或鸟。

- 70厘米
- 3枚–11枚
- 雌雄不同
- 部分迁徙
- 不常见

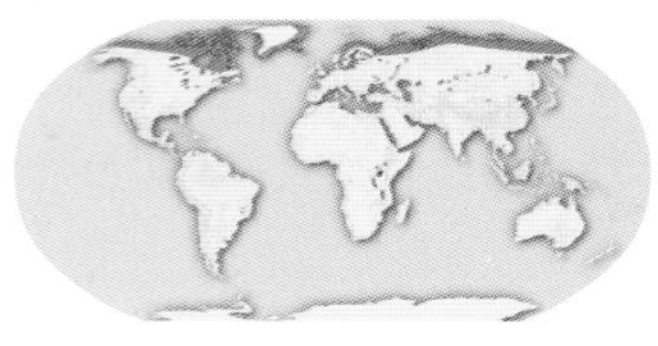

欧亚大陆北部、加拿大北部、北极地区

鸺鹠的伪装

鸺鹠通过伪装成周围环境的颜色来保护自己。它们的夜行习惯也和多数敌人不同。它们还有更进一步的保护措施，许多鸺鹠的脑后有像眼睛一样的斑点。这些斑点是欺骗对手让它们相信自己早已注意到了它们。

长在脑后的“眼睛”
上图左：鸺鹠面部真正的眼睛。
上图右：羽毛组成的假眼在脑后。

小档案

仓鸮 世界上分布最广的鸟之一。常在长满草的公路两侧或中间猎食啮齿动物。仓鸮的听力极其敏锐，可以只凭借声音的引导在黑暗中捕食。它们偶尔也在白天觅食。

- 44厘米
- 4枚–7枚
- 雌雄相似
- 不迁徙
- 常见

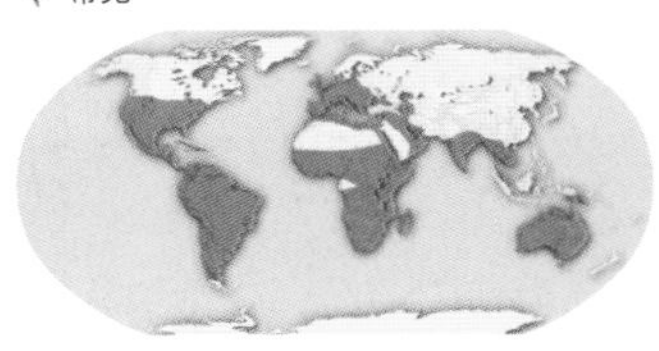

北美洲南部和南美洲、非洲撒哈拉沙漠以南、欧亚大陆西部到澳大利亚

长耳鸮 长耳鸮有时借用松鼠的巢。雌鸟哺育幼鸟，但是由雄鸟承担大部分捕食工作。主要食物包括小型哺乳动物、鸟和无脊椎动物。一般雌鸟比雄鸟颜色深，体形大。眼睛的颜色随地区不同，从黄色到金黄色。

- 40厘米
- 5枚–7枚
- 雌雄相似
- 部分迁徙
- 当地常见

北美洲中部和南部、欧亚大陆温带西部到东部

长耳鸮

为了阻止捕猎者靠近，雌鸟会展开翅膀，张开飞羽，低下头，使自己看起来比实际大些。

夜鹰及其同类

纲 鸟纲
目 夜鹰目
科 (5)
属 (22)
种 (118)

虽然在夜行性上和鸮类似，但夜鹰目——包括油鸱、蟆口鸱、林鸱、裸鼻鸱和夜鹰——与它们的关系却很远。像鸮一样，夜鹰目的鸟在黎明和晚上活动频繁。它们柔软的羽毛的颜色和形状与树或地面很难区分开。眼睛不像鸮那样朝前，头和眼相当大。管状眼睛在微弱光线下也能看得很清楚。该类鸟听觉敏锐。

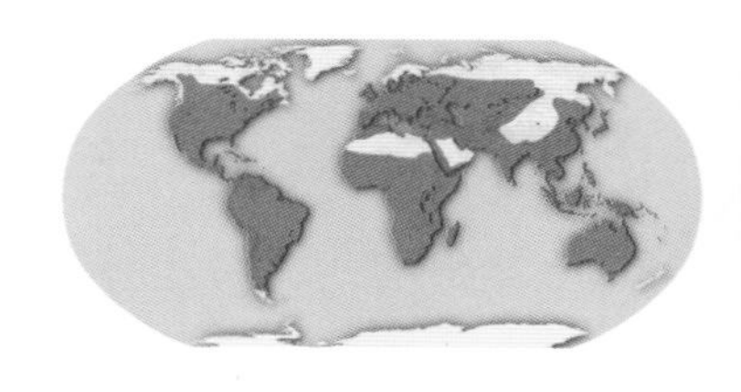

各种栖息地 油鸱只生活于南美洲热带地区的洞穴里。林鸱栖息在中美洲和南美洲的开阔林地。蟆口鸱和裸鼻鸱生活在澳大拉西亚林中或附近。夜鹰生活在世界各种温暖的栖息地。

跟踪 夜鹰（上图）的长尾和尖长的翅膀使它们可以飞得很快。在古代，人们常责备夜鹰偷喝山羊奶，因此，夜鹰有个外号叫"吮羊奶鸟"。事实上，是集中在牲畜周围的昆虫吸引了它们。

寻找 茶色蟆口鸱（上图）伪装得和环境极其相似。它们是夜行性鸟，白天尽量保持隐蔽。图中这只鸟在巢里一动不动。它的体色与树枝相似。

伪装大师

这些外表不寻常的夜鹰是以假乱真的专家。它们摆出各种姿势假装成断枝。

它们的喙宽而平，适合捕捉昆虫。喙周围的刚毛使食物（昆虫、果实或其他动物）像漏斗一样集中到大嘴里。

油鸱是油鸱科中惟一的成员。它们的尾巴像扇子，翅膀宽而长。油鸱是穴居动物，和蝙蝠一样依靠回声在黑暗中飞行。

蟆口鸱样子奇特，头部蓬松，大而平的身体逐渐变细。结实的喙像骨头般坚硬，可以一下咬住猎物，使之无法逃脱。

林鸱和蟆口鸱相似，但喙较细，刚毛较少，飞行时捕捉昆虫。

夜鹰数量占夜鹰目的一半。它们飞行迅速，但腿和爪相对较弱，很少使用。一旦感到危险，夜鹰会张开大嘴，露出鲜艳的颜色来吓退对方。

裸鼻鸱像夜鹰和鸮的过渡物种。它们扁平的宽喙几乎完全被刚毛盖住了，腿较长，比同类中的其他鸟更善于奔跑，喜欢在树上突袭猎物。

保护警报

理智体形 夜鹰目中只有3种被国际自然与自然资源保护联合会的《濒危物种红色目录》列入极危行列，5种列入易危。但是，可能有更多的夜鹰面临威胁，因为我们对这些隐蔽的鸟所知甚少。所有极危夜鹰都在牙买加、波多黎各、中美洲和南美洲。

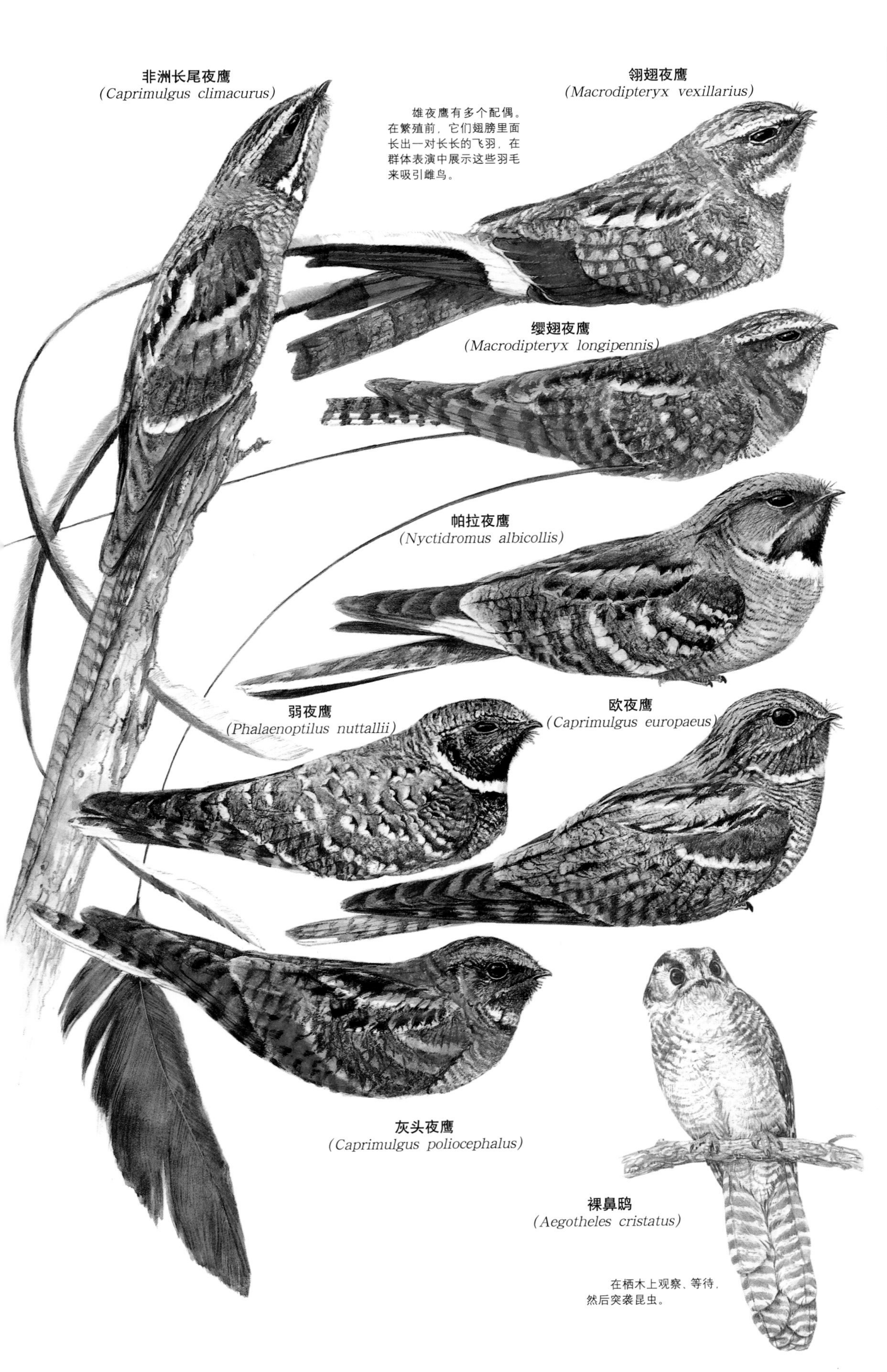

小档案

油鸱 穴栖鸟，多数生活在山里，有时也在多岩石的海岸一带活动。巢为杯形，由反刍的果实做成。采集果实和种子时，它们在空中盘旋，通过视力和气味发现食物。

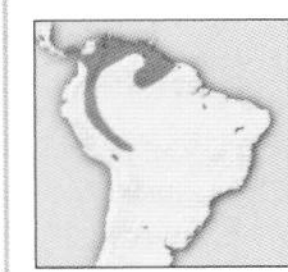

50厘米
1枚—4枚
雌雄相似
不迁徙
当地常见

南美洲北部和西北部

茶色蟆口鸱 群居鸟，常成对或一家出现在栖息木上。它们在地上寻找食物——无脊椎动物、小型哺乳动物和啮齿动物。一有危险就飞入树林中。

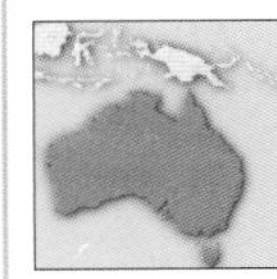

53厘米
1枚—3枚
雌雄相似
不迁徙
常见

澳大利亚大陆和塔斯马尼亚

欧夜鹰 一窝卵在不同时间孵化。鸟巢建在地上不规则的浅窝中。卵有保护色。成鸟用特殊的表演引开任何靠近巢的捕猎者。

28 厘米
1枚—2枚
雌雄不同
迁徙
常见

欧亚大陆西部和中部、非洲西部和东南部

张嘴捕食

普通夜鹰在黑暗中飞行迅速，飞行时大张着嘴，以便捕捉飞蛾、甲虫、蟋蟀和其他昆虫。它们用敏锐的视力寻找猎物。嘴边的刚毛有助于捉住猎物。

大张嘴巴
夜鹰在飞行时大张着嘴巴捕捉昆虫。

蜂鸟和雨燕

纲	鸟纲
目	雨燕目
科	(3)
属	(124)
种	(429)

蜂鸟和雨燕差别较大，它们的共同祖先一定非常古老。它们在解剖后的确有重要的相似性，比如翼骨的相对长度。这和两种鸟的独特特征有关：频繁拍打翅膀和飞行方式。蜂鸟为大众所知，还因为它们娇小的体形、鲜艳的彩虹色和停悬习惯，它们的平均体重不超过8.3克。吸蜜蜂鸟是最小的鸟，体重只有2.5克。雨燕相对较大，它们是鸟类中最快的飞行者。

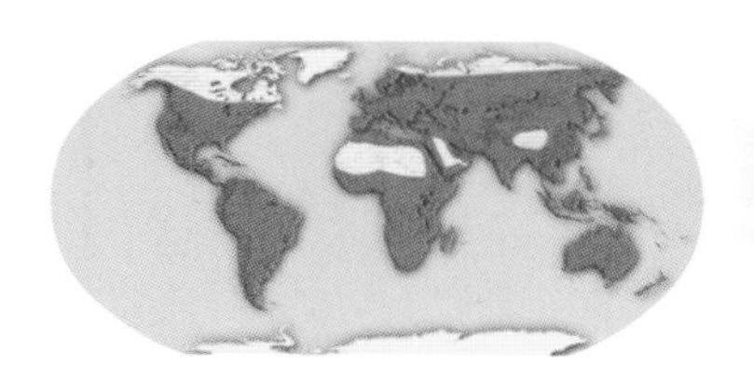

遍布全球 雨燕分布很广，尤其在热带地区数量最多。蜂鸟主要集中在新大陆，许多生活在热带。

小母亲 绿色隐蜂鸟（*Phaethornis guy*；上图）在喂雏鸟。通常雌鸟筑巢，孵化雏鸟。它们的巢是用植物做成的小杯，通过蜘蛛网连在一起。巢有时建在叶子下方。

吐出来 许多雨燕（左图）的唾液腺在繁殖期会变大。它们用唾液腺分泌物把原料粘在一起筑巢，然后把巢粘在树洞的垂直壁上。有些穴居雨燕的巢完全由唾液做成，在亚洲被奉为珍味。

马不停蹄

雨燕大部分时间都在飞行。它们利用向后倾斜的窄翼捕捉成群的昆虫，如飞蝼蛄和白蚁，有时也捕食蜜蜂和黄蜂。有些雨燕长途迁徙，穿越大陆和海洋到南半球过冬。

雨燕主要为黑色，短腿，长有粗爪。金丝燕在深洞中筑巢栖息，洞里一点光线也没有。它们是少数几种可以通过回声飞行的鸟。

蜂鸟的喙细长，可以插入花朵中吸食花蜜。它们在花朵前盘旋，用刷子似的舌尖收集糖分，有时也吃昆虫补充蛋白质。

雨燕和蜂鸟休息时会蛰伏，以便保存能量，降低新陈代谢速度和体温。

空中进食 由于独特的翅膀结构，蜂鸟可以停在空中进食（右图）。它们的翅膀可以向前拍，也可以向后拍，所以，它们可以向任何方向移动。宽尾巴可以使它们的动作非常准确。

小凤头雨燕
(Hemiprocne comata)

小凤头雨燕的巢呈半碟形，用的材料是羽毛和树皮。它们把巢建在森林大树疏松的树枝上。惟一的卵孵化后变成有保护色的雏鸟。

小白腰雨燕
(Apus affinis)

小白腰雨燕和其他雨燕的区别在于方形的尾巴和宽宽的尾部白羽。它们在高空捕食，生活在非洲和亚洲西南部。

高山雨燕
(Tachymarptis melba)

高山雨燕在欧亚大陆高纬度地区繁殖，迁徙到非洲和印度。它们在飞行中也可以睡觉。

凤头雨燕
(Hemiprocne longipennis)

凤头雨燕从树顶暴露的栖木上飞出觅食昆虫。它们都有短冠或白色的面部条纹。

楼燕
(Apus apus)

楼燕在欧亚大陆分布最广。大多在建筑物的洞中筑巢，独自迁徙到非洲赤道南部过冬。

棕雨燕
(Cypsiurus balasiensis)

烟囱刺尾雨燕
(Chaetura pelagica)

非洲棕雨燕
(Cypsiurus parvus)

棕雨燕长有长长的叉尾和锥形翅膀，多在棕榈树上栖息筑巢。

小档案

楼燕 大部分时间在都市和乡村飞行。喜群居，常唧唧喳喳成群飞行。父母共同抚养幼鸟。幼鸟在2个月内会飞。

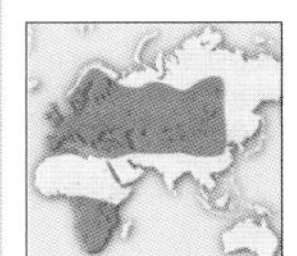

- 17厘米
- 1枚—4枚
- 雌雄相似
- 迁徙
- 常见

欧亚大陆西部和中部

烟囱刺尾雨燕 在空中高飞时常发出尖锐的嘁嘁喳喳声。常和燕子结伴。它们和燕子相似却没有密切关系。

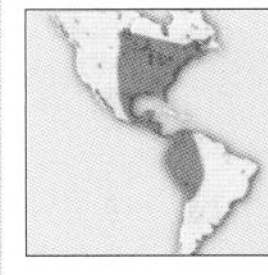

- 13厘米
- 2枚—7枚
- 雌雄相似
- 迁徙
- 常见

北美洲东南部、南美洲西北部

非洲棕雨燕 用种子绒毛做成的扁平小垫紧贴于巢中的棕榈树叶下。雌鸟用唾液将卵粘在垫上。父母直立着孵卵。幼鸟钩住垫子直到会飞。

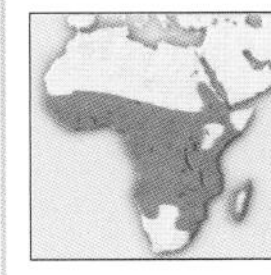

- 16厘米
- 2枚
- 雌雄相似
- 不迁徙
- 当地常见

非洲撒哈拉沙漠以南、马达加斯加岛

空中生存

由于其小巧的身体和独特的翅膀形状，雨燕在空中极易被识别。它们大部分时间在空中飞行，只在晚上栖息。它们甚至可以在空中交配。雌鸟向下滑翔时将翅膀做出V形，雄鸟追逐雌鸟，轻轻落在雌鸟背上，在向下滑翔时交配。

交配 *雄雨燕和雌雨燕一起滑翔时交配。*

小档案

赤叉尾蜂鸟 这种鸟极其美丽，在蜂鸟中体形第二大。它们生活在亚马孙河地区，常见于森林中，很难观察到。雄鸟的长尾羽在中间交叉。

22厘米
2枚
雌雄不同
不迁徙
当地常见

南美洲北部

巨蜂鸟 雨燕目中最大的鸟，和大雨燕相当。羽毛大部分为棕色，和其他蜂鸟比起来颜色要单调得多。喙细长，舌分叉。

23 厘米
1枚–2枚
雌雄不同
不迁徙
当地常见

安第斯山脉西部

刀嘴蜂鸟 舌头比身体还长。和身体相比较，它的舌头在所有鸟中是最长的。刀嘴蜂鸟和西番莲一起进化。

23厘米
未知
雌雄不同
不迁徙
当地常见

安第斯山脉

黑喉芒果蜂鸟 这种小鸟最喜欢吸食红花的花蜜，有时也吸食别的花蜜。在求偶表演中，它们翅膀拍打的次数是平时的两倍。

12厘米
2枚
雌雄不同
部分迁徙
常见

南美洲西北部、东北部和中东部

保护警报

栖息危机 国际自然与自然资源保护联合会的《濒危物种红色目录》列出7种极危蜂鸟。它们都在中美洲和南美洲北部，那儿栖息地的破坏是灾难性的。另外有7种濒危，11种近危。雨燕面临的威胁不大。

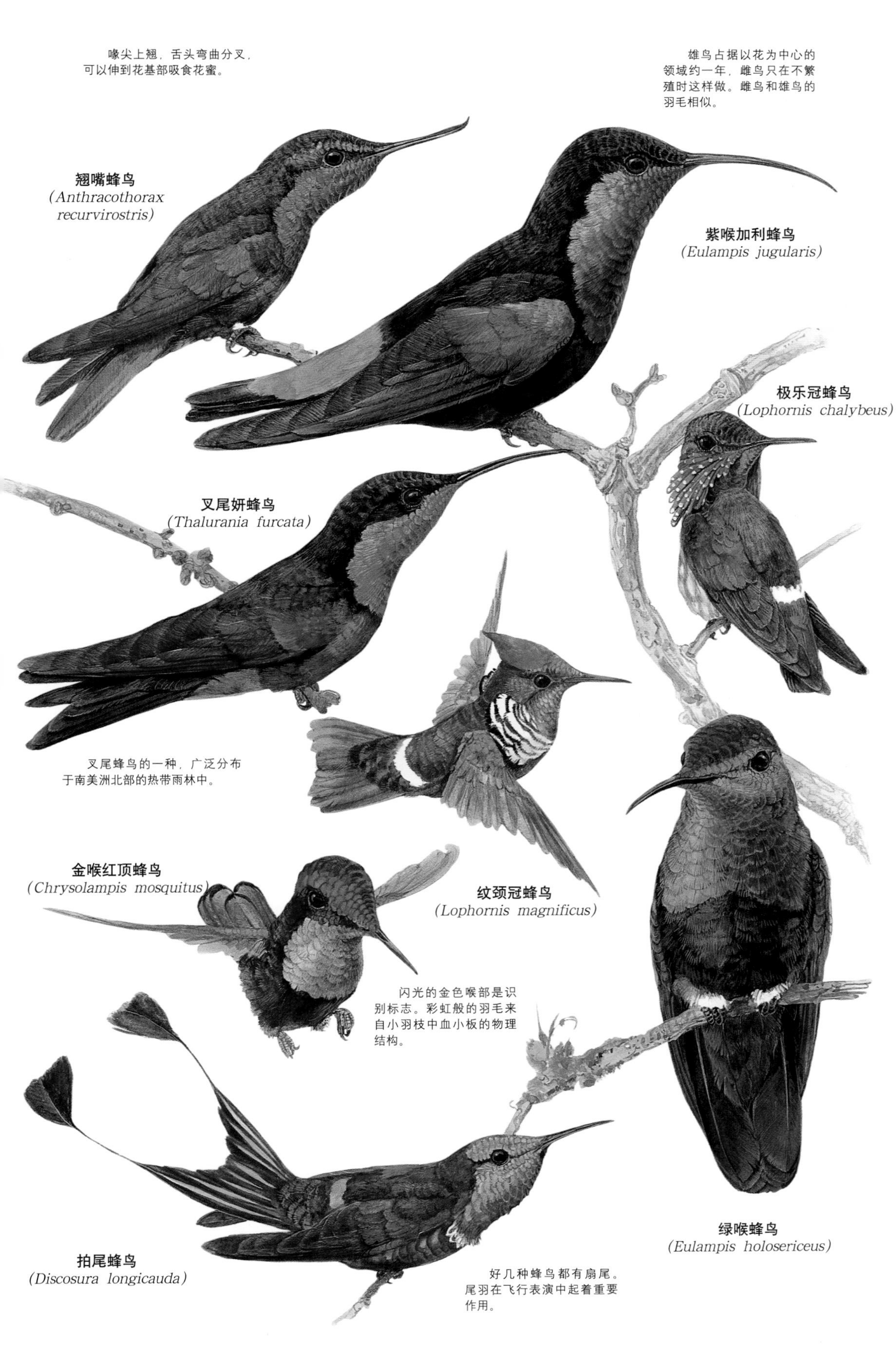

小档案

紫喉加利蜂鸟 生活在小安的列斯群岛高纬度森林和各种栖息地中。雌鸟的喙比雄鸟弯长。杯形的巢用青苔作掩护。

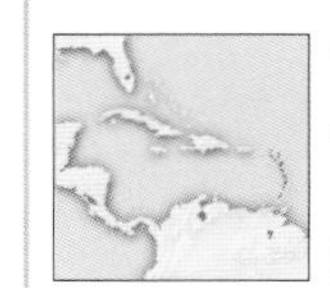

12厘米
2枚
雌雄相似
不迁徙
当地常见

小安的列斯群岛

极乐冠蜂鸟 生活在湿润的森林和灌木丛中。产于从哥伦比亚到阿根廷的安第斯山脉东部海拔1000米的低地。

8.5厘米
2枚
雌雄不同
不迁徙
不确定

南美洲西北部

绿喉蜂鸟 主要为绿色，长有细弯的黑喙。偶尔见于高海拔地区和红树林中，主要生活在干燥的低海拔地区。有时将巢建在高高的树枝上。

13厘米
2枚
雌雄相似
居无定所
当地常见

波多黎各东部、小安的列斯群岛、格林纳达

快速新陈代谢

蜂鸟能量集中的飞行方式要求有高效的获取氧气的系统，以及迅速处理大量食物的能力。它们的心脏也很大，是鸣禽的两倍。心脏将血泵出，把能量输送给翅膀。有些蜂鸟进行长途迁徙，以便保持在蜜源附近。

渴望能量
蜂鸟将长喙伸入花朵吸食花蜜。

蜂鸟的飞行

蜂鸟的飞行

多数鸟只能向前飞，但蜂鸟还可以向后、向两侧、直上或直下飞，它们甚至不需转身就能改变飞行方向。它们之所以能这样做，是由于特殊的生理和解剖结构。蜂鸟的翅膀可以转动180度。为了停在空中，它们每秒拍打翅膀90次。它们还能迅速停止或加速。蜂鸟的整个翅膀都是飞羽，胸骨非常强壮。

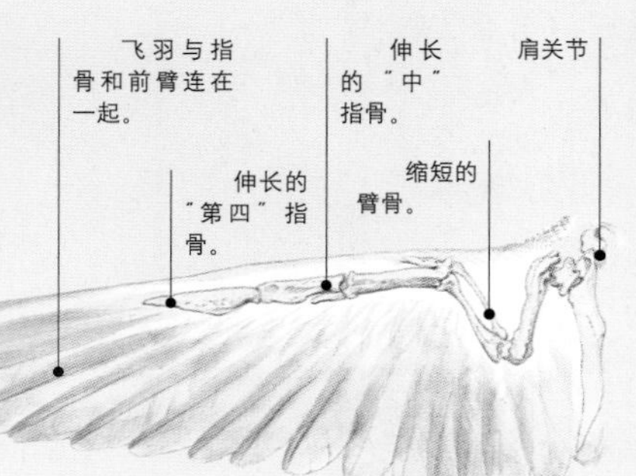

蜂鸟的翅膀结构 这种结构把巨大的能量转换到飞羽上。

向前 蜂鸟上下拍打翅膀向前移动。

停悬 蜂鸟呈八字形迅速拍打翅膀，以便停悬在原地。

向上 通过改变翅膀运动的角度，可以直接改变方向。在这幅图中，蜂鸟不停地重复上下角度就可以垂直向上飞。

向后 蜂鸟在头上和头后拍打翅膀可以向后飞。

定位因素 辉煌蜂鸟（*Selasphorus scintilla*；下图）能以正确的角度定位吸食到花蜜。它们通过翅膀飞速拍打停留在原来的位置，而身体静止不动。

自由移动 *停在空中吸食花蜜时，这只辉煌蜂鸟的翅膀瞬间向后拍打。肩部独特的结合系统使蜂鸟可以自由移动。*

鼠　鸟

纲 鸟纲
目 鼠鸟目
科 鼠鸟科
属 (2)
种 (6)

鼠鸟的名字来源于它们古怪的习惯。它们在灌木丛中爬行，身体悬在树上，长尾巴高高翘起。鼠鸟是草食动物，食物包括野果或水果，甚至种子。园丁和农夫认为它们是害虫。它们在灌木丛中筑巢。如果离开巢穴，它们有时会吃掉幼鸟。鼠鸟不喜欢雨水和寒冷，这时它们挤在一起，有时会蛰伏。它们的羽毛不定期换颜色，后羽长。

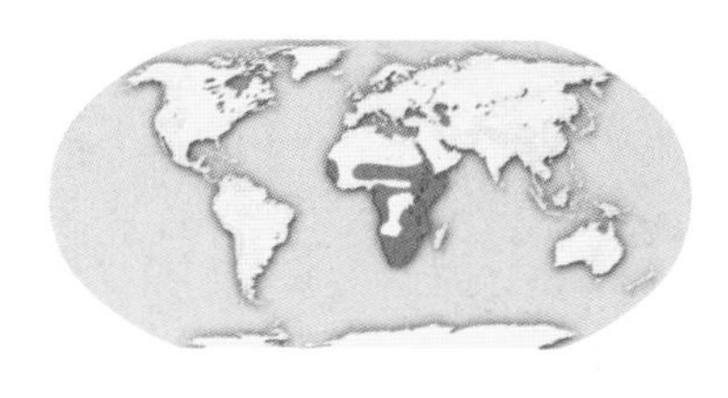

分布 鼠鸟仅分布在非洲，从近干旱的灌木丛地带到撒哈拉南部的森林边缘。

伸展 蓝枕鼠鸟（*Urocalius macrourus*；左图）展现鼠鸟科一个不寻常的特征：脚趾与肩几乎在同一水平面的栖息方式。

前后自如 鼠鸟的脚上有两个独特的趾，既可以向前，又可以向后。因此，它们可以模仿其他任何鸟的脚趾形状。这对于攀缘悬挂在植物上非常有用。

指向各点
鼠鸟的中趾可以指向任何方向。

白头鼠鸟
(*Colius leucocephalus*)

局限于非洲之角。人们对其习性知之甚少，但是像其他鼠鸟一样，它们成群栖息在一起。

点斑鼠鸟
(*Colius striatus*)

分布于热带非洲到非洲东部，单一配偶，同一群体的其他鸟会帮助抚养幼鸟。

咬　鹃

纲 鸟纲
目 咬鹃目
科 咬鹃科
属 (6)
种 (39)

这些鸟颜色鲜艳，其中最著名的是绚丽的绿咬鹃。它是危地马拉的国鸟，被古代玛雅人视为神圣的鸟。雌咬鹃一般比雄咬鹃的颜色单调。亚洲咬鹃颜色不那么鲜艳。咬鹃非常隐蔽，而且具有地域性。它们在栖息木上观察猎物，以昆虫和小蜥蜴为食，有些种类也吃果实。雄鸟有时进行表演，包括树间的追逐。

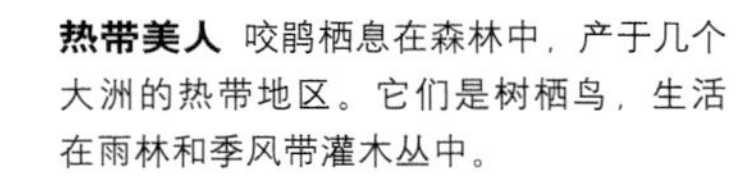

热带美人 咬鹃栖息在森林中，产于几个大洲的热带地区。它们是树栖鸟，生活在雨林和季风带灌木丛中。

凤尾绿咬鹃
(*Pharomachrus mocinno*)

像小鸡一样大，生活在中部美洲热带雨林荒山中。雌鸟的颜色较单调，尾部较短。

白尾美洲咬鹃
(*Trogon viridis*)

绿颊咬鹃
(*Apaloderma narina*)

红头咬鹃
(*Harpactes erythrocephalus*)

探出 雄凤尾绿咬鹃（上图）从树洞的巢中探头观察。咬鹃在树洞里筑巢，或在枯树上挖洞做巢。雄鸟会成群为几只雌鸟表演，但它们是单配偶制，并且共同分担筑巢工作。

鱼狗及其同类

纲	鸟纲
目	佛法僧目
科	(11)
属	(51)
种	(209)

由于某些解剖和行为上的相似，鱼狗和短尾鴗、翠鴗、食蜂鸟、佛法僧、犀鸟、戴胜鸟及林戴胜鸟有关。所有这些鸟都有三趾在前的爪子。它们的耳骨和卵蛋白质有密切关系。许多鸟的羽毛鲜艳，栖息在洞中。它们在土里或枯树上啄洞。鱼狗的特征是腿短，长直的大喙强劲有力，喙尖锋利或稍弯曲。短腿最适合击打鱼和其他猎物，喙能叼紧猎物。

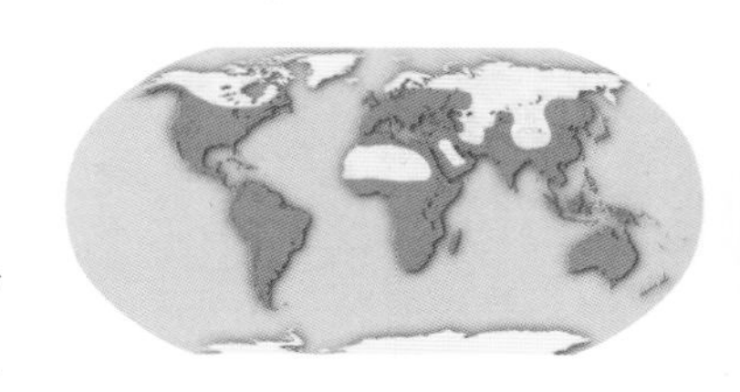

水域和林地 鱼狗及其近亲产于世界各地的各种水域和林地中，在非洲和东南亚种类最多。三宝鸟只见于马达加斯加岛。

母亲的助手 洋红蜂虎（*Merops nubicus*；上图）集中在博茨瓦纳的一个巢群。佛法僧目的许多鸟类都是合作抚养，其他成鸟帮助雌鸟喂养雏鸟。这显著提高了幼鸟的成活率。

不同的习惯

多数鱼狗捕食陆生或水生无脊椎动物和脊椎动物。它们典型的捕食方法是静静地站在栖木上，仔细观察环境，一旦发现猎物，马上俯冲下去叼住。将猎物带回栖木后，鱼狗在树枝上不停地摔打致死，然后再吃掉。

还有一些鱼狗的食物明显与上述不同，它们的捕食方法也不同，如有些鱼狗钻到湿泥里寻找蚯蚓。

短尾鴗身材矮壮，喙平，从树叶下面捕捉昆虫。它们飞行时也会捕捉昆虫。

食蜂鸟以带刺的昆虫为食。它们将刺挤出蹭掉，然后再吞下去。

猝不及防 一只普通鱼狗（*Alcedo atthis*；上图）捉住了一条鱼。尽管它们有这样的名字，但许多种类也吃各种食物，包括昆虫。

大鱼狗
(*Megaceryle maxima*)

鱼狗的典型特征是有粗壮的直喙。大鱼狗在非洲撒哈拉沙漠以南分布广泛，是所有鱼狗中体形最大的，有小鸡大小。

斑鱼狗
(*Ceryle rudis*)

在非洲撒哈拉沙漠以南和南亚分布广泛。它们沿河、湖、水道生活，从岸边的栖木上潜入水里捕鱼。

带鱼狗
(*Megaceryle alcyon*)

楔形短尾是许多鱼狗的典型特征。

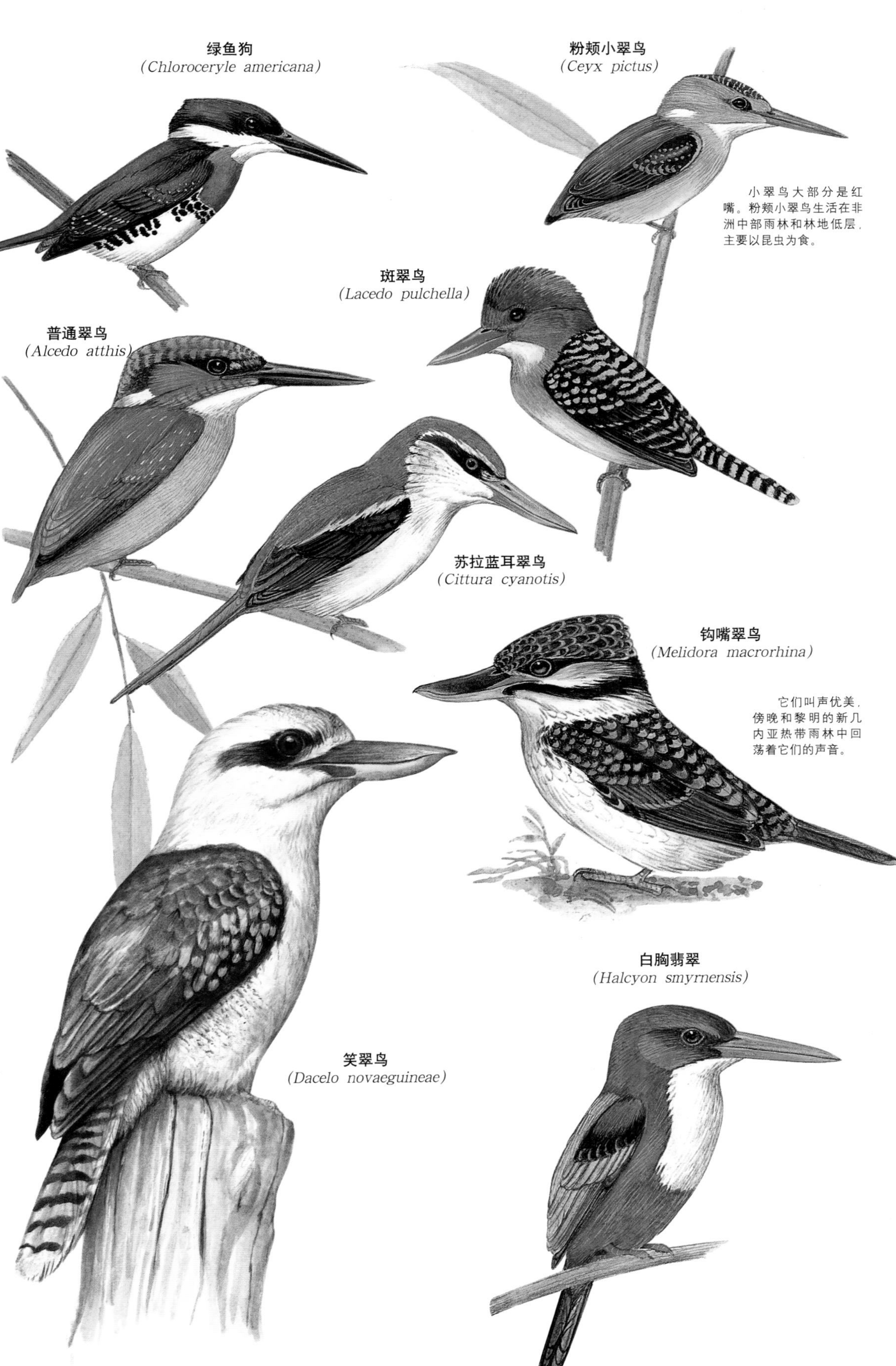

小翠鸟大部分是红嘴。粉颊小翠鸟生活在非洲中部雨林和林地低层，主要以昆虫为食。

它们叫声优美，傍晚和黎明的新几内亚热带雨林中回荡着它们的声音。

小档案

普通翠鸟 上半身呈鲜艳的蓝色或翡翠色，由光的反射决定。它们在水面低飞，在河岸的深洞里筑巢。

- 16厘米
- 4枚–10枚
- 雌雄相似
- 部分迁徙
- 常见

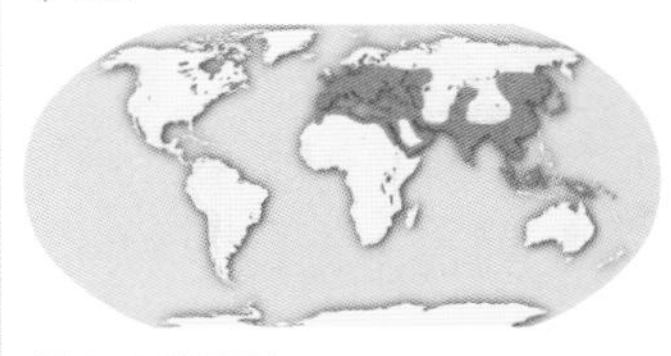

欧洲、非洲北部、欧亚大陆西部到美拉尼西亚北部

笑翠鸟 高声鸣叫像笑声，不易误认。在空树干或树洞中筑巢，有时利用空蚁穴。雏鸟在巢中的时间超过一个月。

- 43厘米
- 1枚–4枚
- 雌雄相似
- 不迁徙
- 常见

澳大利亚东部和西南部、塔斯马尼亚岛

俯 冲

翠鸟父母训练雏鸟捕鱼。它们将死鱼扔到水里，让幼鸟去捕。幼鸟能捕捉到活鱼后被父母赶出领地。

翠鸟典型的捕食方法是站在树上、电线或其他高栖木上俯视水面，或在水面上盘旋。有些翠鸟眼睛里有极化滤光器，可以滤掉水的反射，更清楚地看到水下的猎物。它们的眼睛有一层膜保护。当它们感到鱼在嘴里时，会立刻闭上。

训练有素的眼睛
翠鸟在水面上飞行寻找鱼。

捕食
发现猎物后，翠鸟垂直冲下，用嘴叼住鱼。

小档案

杂色短尾鴗 五种短尾鴗都集中在西印度群岛。它们的典型特征是进行弧线飞行捕捉树叶下的昆虫，在地洞中筑巢。

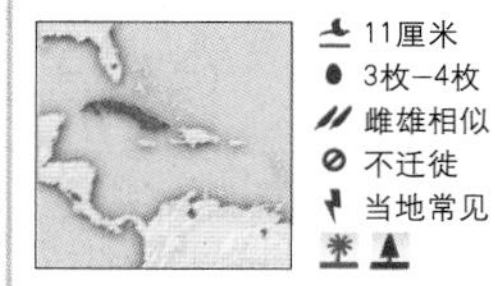

- 11厘米
- 3枚–4枚
- 雌雄相似
- 不迁徙
- 当地常见

古巴青年岛

黄喉蜂虎 用嘴捉住有毒的昆虫，吃前将刺去掉。成对的鸟用嘴和脚挖地道，在地道中筑巢。

- 28厘米
- 4枚–10枚
- 雌雄相似
- 迁徙
- 常见

欧亚大陆西南部

三宝鸟 名字来自翅膀上银白色的圆形色块，飞行时，这些色块就像美国银币。它们主要以昆虫为食，空中捕食。

- 32厘米
- 3枚–5枚
- 雌雄相似
- 部分迁徙
- 常见

亚洲南部和东南部到澳大利亚东部与美拉尼西亚北部

洋红蜂虎 两地的洋红蜂虎每年做三个阶段的迁徙，喜群居，一群可达1000对。它们骑在大型哺乳动物的背上捕捉昆虫。

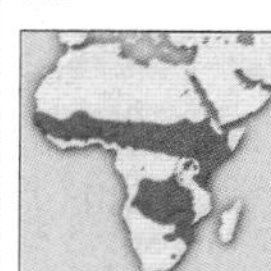

- 27厘米
- 2枚–5枚
- 雌雄相似
- 迁徙
- 常见

非洲撒哈拉沙漠以南

保护警报

危险焦点 世界上有5种三宝鸟生活在马达加斯加，其中3种被国际自然与自然资源保护联合会的《濒危物种红色目录》列为濒危物种。在21种濒危和易危佛法僧目鸟中，有9种生活在菲律宾，其中包括极危的黑嘴斑犀鸟（*Anthracoceros montani*）和扭嘴犀鸟（*Aceros waldeni*）。8种近危翠鸟中的4种也生活在那里。对犀鸟来说，栖息地的破坏和猎捕是造成目前状况的主要原因。

所有的短尾鴗有着同样形状的羽毛和短而直的尾巴，只有杂色短尾鴗颊上有淡蓝色。

生活在东南亚热带雨林的上层，站在有利的裸枝上，在土岸的洞里筑巢。

所有翠鴗尾尖都是球拍形。这种翠鴗长着蓝顶和红褐色胸。

站在高高的裸枝上优雅地捕捉飞行的昆虫。只有生活在东亚和澳大利亚的品种迁徙，生活在热带地区的不迁徙。

像许多食蜂鸟一样，洋红蜂虎在繁殖期尾巴中间伸长。在非洲撒哈拉沙漠以南的土岸上，成群的红蜂虎在洞中筑巢。它们的繁殖期在雨季。

小档案

戴胜 是戴胜科中惟一的成员。它们用长喙在软泥、垃圾或粪便中寻找昆虫及幼虫，年复一年地重复使用某些巢。

- 32厘米
- 4枚–8枚
- 雌雄相似
- 部分迁徙
- 常见

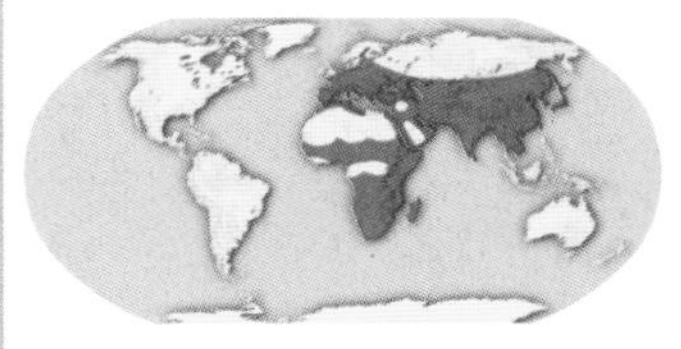

欧亚大陆西部、东部和南部，非洲撒哈拉沙漠以南

鹃鴗 大型树栖鸟，活跃、吵闹，常成对出现，在枝叶间捕捉大型昆虫和蜥蜴，有时在森林顶部盘旋。

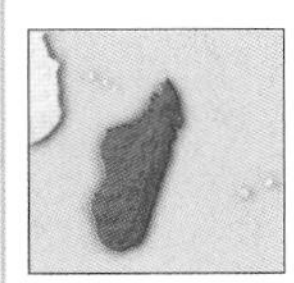

- 50厘米
- 4枚–5枚
- 雌雄不同
- 不迁徙
- 当地常见

马达加斯加

双角犀鸟 喙上半部有盔。雌雄鸟嘴部、眼睛、眼圈颜色不同。以果实、无脊椎动物和小型脊椎动物为食。

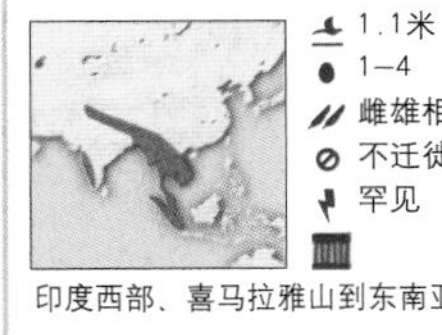

- 1.1米
- 1–4
- 雌雄相似
- 不迁徙
- 罕见

印度西部、喜马拉雅山到东南亚、苏门答腊岛

巢 穴

林戴胜（下图）在空洞中筑巢，有些巢会被重复使用。雏鸟先由雌鸟喂养，然后和雄鸟双方共同照顾。许多犀鸟也在自然洞穴中筑巢，把洞口封住，雌鸟和雏鸟在里面呆上几个月。雄鸟通过小洞给它们喂食。

鸟 巢

许多鸟一旦配成对，其中一只或两只就开始筑巢。巢用来产卵，给雏鸟提供住处和安全保障。雌鸟和雄鸟一方或双方选址筑巢。每个成鸟的投入——选址、技巧，建筑材料，以及精力都是独特的。众所周知，杯形巢的典型筑法是将嫩枝和其他植物交织在一起，可以防止巢坍塌。其他的巢包括黏的平面、掏空的树洞、地上的浅窝或洞、泥“炉”或腐烂的植物堆。有些鸟使用其他鸟的巢。只有少数几种鸟筑巢不是为了给雏鸟住，或者根本不筑巢。有的鸟在非繁殖期也使用鸟巢睡觉，这种居住的巢很少用来哺育幼鸟。雄园丁鸟筑的巢非常精致，但只为了吸引雌鸟。交配后，雌鸟独自离开去修筑真正产卵和雏鸟住的巢。少数鸟不筑巢，比如有些企鹅在脚上孵卵。

现成的家 长耳鸮（上图）在现成的树洞中做窝，在悬崖或旧建筑的洞中抚养幼鸟，它们有时也使用乌鸦或鹰的巢。其他鸟，如鱼狗也在洞中筑巢，它们在河岸上挖洞。还有的鸟使用旧兔穴。

多刺的住所 棕曲嘴鹪鹩（*Campylorhynchus brunneicapillus*；右图）用木棒筑成半球形的大巢。它们喜欢将巢放在仙人掌的刺中间。它们也筑用于栖息的巢。

浅窝巢 红喉潜鸟（*Gavia stellata*；上图）加入雏鸟鸟巢。这个巢筑在阿拉斯加湖边。潜鸟巢只不过是沼泽地上的一个浅窝。有些鸟用芦苇和水草筑巢，这些巢常建在半岛或小岛上。

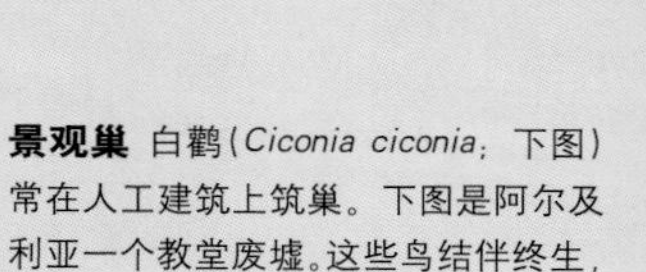

景观巢 白鹳（*Ciconia ciconia*；下图）常在人工建筑上筑巢。下图是阿尔及利亚一个教堂废墟。这些鸟结伴终生，用树枝堆成巨大的巢，并且使用多年。

共用一巢 群织雀(*Philetairus socius*;上图)从公共巢中向外张望。织雀以能用草织出复杂的巢穴而闻名。它们把草推拉成圈和结，这种方法和编织篮子很相似。

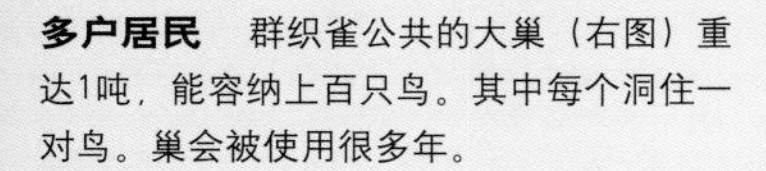

多户居民 群织雀公共的大巢（右图）重达1吨，能容纳上百只鸟。其中每个洞住一对鸟。巢会被使用很多年。

悬崖峭壁上的巢 在马尔维纳斯群岛，一大群王鸬鹚（*Phalacrocorax albiventer*；左图）卧在巢中。这种鸬鹚用泥和植物在悬崖顶的斜坡上筑巢，还有的鸬鹚用海草、海鸟粪或旧骨头筑巢，那些在树上筑巢的鸬鹚用嫩枝做材料。

杯形之屋 一只莺雀（下图）卧在橡树上的巢中。杯形是防止卵滚出去的最理想形状。蜘蛛网用来连接，外面的苔藓用来伪装。

精工细作 *莺雀（右图）用细草、蜘蛛丝和树皮筑成杯形巢，挂在中高层树杈上。*

啄木鸟及其同类

纲	鸟纲
目	䴕形目
科	(6)
属	(68)
种	(398)

䴕形目的6个科——啄木鸟、响蜜䴕、鹟䴕、蓬头䴕、拟䴕和巨嘴鸟——看似不同，却有着某些共同的解剖特征，比如对生趾——两趾向前，两趾向后，一般都没有绒羽，产白色的卵。多数色彩鲜艳，有的甚至非常华丽。它们大都是热带鸟，在树、蚁山或地上的洞里筑巢。较为典型的是啄木鸟和拟䴕自己挖洞。洞被抛弃后，又被其他鸟利用。啄木鸟有时生活在大城市，是养鸟站的常客。

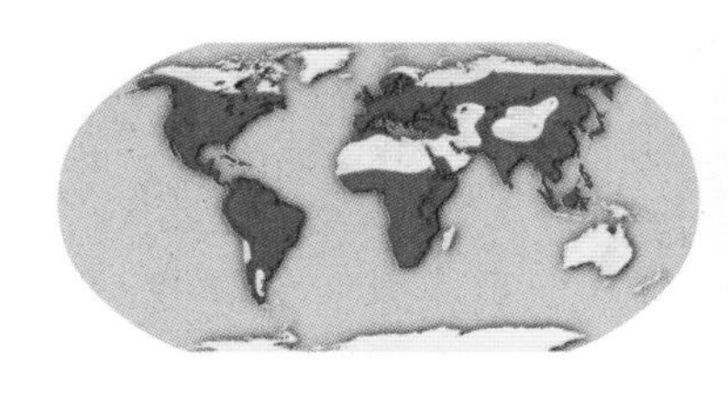

分布广泛 啄木鸟生活在森林中，巨嘴鸟、鹟䴕和蓬头䴕生活在新大陆热带地区，响蜜䴕主要集中在非洲，拟䴕分布较广。

橡树啄木鸟（*Melanerpes formicivorus*；左图左）攀附在树上。它们把橡子存放在树洞中，然后在冬季食物缺乏时使用这些粮食储备。它们生活在美洲西部橡树林和混合橡树林中。单配偶或多配偶因地区不同而异。

巨嘴鸟（左图右）在吃黄檀树的果实。这些模样怪异的鸟有带褶边的舌头和锯齿状的喙。这使它们能熟练地摘取果实，有时也猎食无人照看的卵和幼鸟。它们是惟一生活在热带雨林以外的巨嘴鸟，常出现于河边和稀树大草原。

特　征

啄木鸟常常未见其影先闻其声。它们的喙呈锥形，强劲有力，常用凿子般的喙啄树皮，觅食昆虫。头颅上的骨骼和肉垫能减少震动。它们用长而有力的爪子抓住树皮，尾巴笔直，抵在树上可以起到支撑身体的作用。多数啄木鸟跳跃而不行走。

尽管巨嘴鸟艳丽的大嘴是身体的三分之一甚至更长，但它们在树上栖息时却并不显眼。主要以果实为食。颜色鲜艳的拟䴕同样也食果实，它们的喙相对粗壮，有的呈锯齿状。

鹟䴕和蓬头䴕以昆虫为食，它们从栖木上飞起捕捉昆虫，在自己挖的地道中筑巢。有的种类用树枝盖住入口。蓬头䴕的典型特征是不显眼，也不活跃。它们的名字来自于其少见的蓬松羽毛。

响蜜䴕食用昆虫和蜂蜡。有种响蜜䴕能将人引到蜂巢，因而得名。

这些科中，有的鸟单独生活，还有一些，如蓬头䴕和黑䴕是群居的鸟，甚至合作哺育幼鸟。有些非洲拟䴕成对在一起筑巢，数量达100只，甚至更多，并且在同一棵枯树上。黑喉响蜜䴕是寄居鸟，在每个宿主的巢里产下一枚卵。

拟䴕非常喜欢唱歌。因为它们不停地单调地叫着，有些被叫做“头脑发热的鸟”。啄木鸟在树上敲鼓，这在鸟类中是非常独特的。其音调和方式独具特色。

黑喉响蜜䴕
(Indicator indicator)

黄腰响蜜䴕
(Indicator xanthonotus)

非洲以外仅有的两种响蜜䴕之一。

北非响蜜䴕
(Indicator minor)

响蜜䴕是非常小的灰绿色鸟，尾巴两侧有独特的白色亮羽。

黑颈阿拉卡䴕
(Pteroglossus aracari)

曲冠阿拉卡䴕
(Pteroglossus beauharnaesii)

绿巨嘴鸟
(Aulacorhynchus prasinus)

巨嘴鸟
(Ramphastos toco)

长有独特的斑纹嘴，生活在安第斯山脉北部雨林山中。

灰胸山巨嘴鸟
(Andigena hypoglauca)

有对生趾，两趾向前，两趾向后，这种结构更适合抓住树枝而不是奔跑。

凹嘴巨嘴鸟
(Ramphastos vitellinus)

在树枝上或发声时，稍稍交叉的尾巴会暂时竖起。

长有红色宽胸和暗色嘴，生活在南美洲热带雨林低地，以棕榈果、果实、昆虫为食，喝凤梨科植物的汁或张开嘴接雨水。

小档案

黑喉响蜜䴕 因其将人们引到野生蜂巢而闻名。人们将蜂房割下，剩下的留给它们。这种鸟对蜡有特殊偏好。

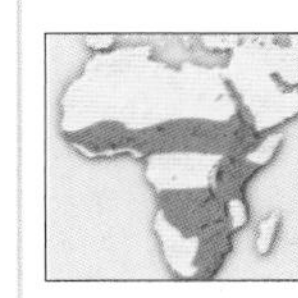

20厘米
5枚
雌雄相似
不迁徙
常见

除刚果盆地外，非洲撒哈拉沙漠以南和西南

北非响蜜䴕 像其他响蜜䴕一样，是寄生鸟。新孵出的幼鸟用嘴上的钩子杀死宿主的雏鸟，然后把它们推出巢，或者在宿主的卵孵化前将其打碎。

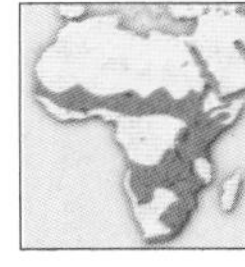

16厘米
2枚–4枚
雌雄相似
不迁徙
当地常见

除刚果盆地外，非洲撒哈拉沙漠以南和西南

绿巨嘴鸟 雌鸟和雄鸟颜色相似，大小不同，雄鸟较大。绿巨嘴鸟有时占用其他鸟用过的洞，或自己挖洞。

37厘米
1枚–5枚
雌雄相似
不迁徙
当地常见

墨西哥、南美中部和西北部

巨嘴鸟 成群生活在一起，在树洞里筑巢，经常大声啄树枝。两只鸟的嘴有时会碰在一起。

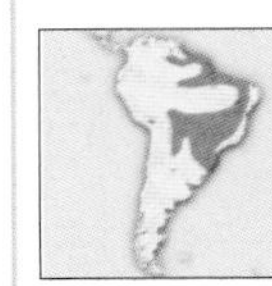

60厘米
2枚–4枚
雌雄相似
不迁徙
当地常见

南美洲东北部

保护警报

啄木鸟的警告 国际自然与自然资源保护联合会的《濒危物种红色目录》列出14种近危啄木鸟及其同类：7种易危，4种濒危，3种极危。所有极危的物种都是啄木鸟，其中一种象牙嘴啄木鸟可能已经灭绝。20世纪70年代，它们从美国大陆东南部消失，但在古巴一直坚持到了90年代。

小档案

橡树啄木鸟 这种极易识别的鸟常见于橡树林中。属群居鸟。鸣叫时发出叽叽喳喳的声音。它们以昆虫（从树干中找出或在空中捕捉）和橡子为食。

23厘米
4枚–6枚
雌雄相似
不迁徙
常见

北美洲西部到南美洲西北部

黄腹吸汁啄木鸟 雌鸟和雄鸟喉部颜色不同。在筑巢时会发出独特的鼓声和或急或慢交叉的砰砰声。

21厘米
4枚–7枚
雌雄不同
迁徙
常见

北美洲中北部到东南部、中美洲

地啄木鸟 几乎全在地上觅食。专门食蚁，头低垂着用嘴寻找蚁穴裂缝并挖开。在地上挖洞筑巢。洞长1米，主要是雄鸟挖。

30厘米
2枚–5枚
雌雄相似
不迁徙
当地常见

普罗旺斯角到德兰士瓦省和纳塔尔（南非）

吸　汁

黄腹吸汁啄木鸟是北美洲啄木鸟中的一种。它们在树干上凿出成排的洞，吸食洞里积累的树汁，也吃树汁吸引来的昆虫。这些在夏末和秋天挖的洞也被其他的鸟和哺乳动物利用。

寻找汁液
一只黄腹吸汁啄木鸟在桦树上寻找树皮裂缝。

栗啄木鸟
(Celeus brachyurus)

长有黄头、闪亮的红颊、金色的斑背。生活在南美洲中东部的森林和稀树大草原中。

淡黄冠啄木鸟
(Celeus flavescens)

黑啄木鸟
(Dryocopus martius)

北美黑啄木鸟
(Dryocopus pileatus)

印第安品种，生活在干或湿的林地。在树上各层觅食蚂蚁和其他昆虫。

黑腰啄木鸟
(Dinopium benghalense)

欧亚品种，生活习性和欧洲绿啄木鸟相似。

啄木鸟垂直攀附在树干和树枝上觅食时，坚硬的锥形尾巴起到支撑作用。

绿啄木鸟
(Picus viridis)

大黄冠啄木鸟
(Picus flavinucha)

灰头啄木鸟
(Picus canus)

小档案

栗啄木鸟 这种鸟经常出现在花园里，它们有一个不同寻常的习惯，那就是常常在树上蚁穴的中间挖洞筑巢，这样就可以在家里获得现成的食物。

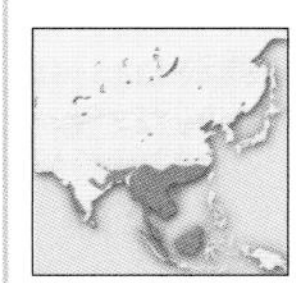

25厘米
2枚–3枚
雌雄相似
不迁徙
常见

亚洲南部和东南部、加里曼丹岛和苏门答腊岛

北美黑啄木鸟 分布广泛，适应性强，体形较大，甚至可在摩天大楼上见到。主要食枯树和落枝上的蚂蚁。用带边的黏舌将蚂蚁从洞中舔出。

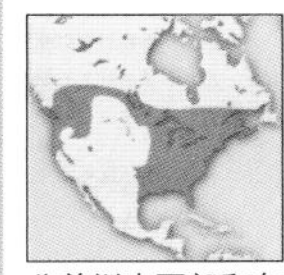

46厘米
2枚–6枚
雌雄不同
不迁徙
罕见

北美洲中西部和东部

绿啄木鸟 飞行时翅膀拍打三四下，然后收回，两者交替进行，方式独特。有时能产11枚卵。

33厘米
4枚–8枚
雌雄不同
不迁徙
常见

欧洲、非洲西北部

地面上的鸟 *欧洲绿啄木鸟主要在地上觅食。*

舌和凹槽

长嘴啄木鸟在这一科中是最典型的。它们在树干上钻孔，用长嘴将里面的昆虫拖出来。啄木鸟的舌头极长，可以伸到嘴外。舌尖肌肉从颅骨后绕过。

燕　雀

纲	鸟纲
目	雀形目
科	(96)
属	(1218)
种	(5754)

燕雀属雀于形目。雀形目是目前鸟中最大的目，包括5754个种。同时，这个目包括的科却少得不成比例。这说明每个科所包含的种类相对较多。这两个事实证明燕雀的成功进化。较晚的鸟——人们认为在7500万年前的超级大陆冈瓦纳古陆南部进化而来——已经证明它们适应性很强，遍布南极洲外的各个大洲。有时被认为是栖鸟或鸣禽。其显著特征是有独特的上颌、音盒和脚。

小而有力的歌手 黄莺 *(Dendroica petechia；上图）*在树枝上高歌，其嘹亮的歌声被解释为“可爱可爱可爱，我真可爱”。黄莺属鸣禽亚目，这一目的鸟都有着最细微肌肉控制的音盒，是最好的歌手。

觅食 蓝山雀（*Parus caeruleus*；上图）在橡树旁盘旋，寻找枝叶上的昆虫。蓝山雀随着季节更换食物。冬天猎物难以寻觅时，它们改吃种子；春天，为了繁殖，它们吃昆虫以获得蛋白质。

训练有素的歌唱家

燕雀是典型的小鸟或中等鸟，但形状、大小和羽毛颜色相差很大（从最单调到最绚丽的颜色）。

和其他目的鸟不同，它们的脚有四个趾，在相同的水平面和腿连接。三个脚趾向前，最里面的向后。这种结构非常适合抓握各种树、灌木丛和叶片。

许多燕雀的翅膀呈锥形，逐渐变尖。这种形状可以迅速起飞，提高飞行时的灵活性，对于捕捉猎物和避免被捉也非常有用。它们不太擅长持续高速飞行。

许多燕雀是鸣禽或歌鸟。它们不像哺乳动物用喉发声，而是用叫“鸣管”的音盒发声。这种独特结构以气管为基础，包括两个腔，依靠六组肌肉控制隔膜的紧张程度。震动的弹性隔膜共有三个。鸟的气管、锁骨间的气囊和嘴共同协调发出声音。两个腔使鸟自己就可以进行二重唱。

许多燕雀的音盒有较少肌肉控制，只能唱简单而单调的歌，其中包括旧大陆热带地区的八色鸫和丝冠鸟，以及中美洲和南美洲的灶巢鸟、蚁鸟、霸鹟和伞鸟。

过去，由于外表的相似性，雀形目的许多科都归在一起。在许多情况下，这是由于趋同进化而不是相似的遗传基因，比如澳

绝配 镰嘴管舌雀（*Vestiaria coccinea*；右图）是夏威夷蜜旋木雀。它们的嘴细长而弯曲，和它们觅食的镰刀形花朵形状正好相配。这一小亚科的三种鸟曾在夏威夷文化中占有重要地位，目前已经灭绝。

保护警报

1039种雀形目鸟类被列入国际自然与自然资源保护联合会的《濒危物种红色目录》，请见下表：

40种灭绝
73种极危
168种濒危
326种易危
1种依赖保护
389种近危
42种数据缺乏

开饭时间 一只吵闹的八色鸫（*Pitta versicolor*；左图；澳大利亚土著鸟）成功捕获蠕虫后站在一根栖息木上。它是地域性林鸟，是颜色最鲜艳的鸟之一。有些捕食昆虫的燕雀在飞行中捕猎。

嗷嗷待哺 在美国纽约的长岛上，一只长嘴沼泽鹪鹩（*Cistothorus palustris*；右图）正在给巢中的幼鸟喂食。所有燕雀雏鸟都是晚成鸟，即它们出生时没有毛，看不见东西。雏鸟张大嘴表示饿了。成鸟父母的喂食本能非常强烈，偶尔也给其他鸟喂食。

大利亚的鹪鹩和北半球的鹪鹩并非近亲。

多数燕雀以植物或昆虫为食，或两者都吃。在每个繁殖季节，成鸟和幼鸟会消耗更多的蛋白质。

这一目中的多数鸟是单配偶。父母双方共同抚养雏鸟，多数情况下是雌鸟孵卵。

涉入 一只美洲河乌（*Cinclus mexicanus*；左图）站在水窝里。5种河乌都没有蹼，它们张开翅膀扑向水里的昆虫。这是雀形目中惟一真正的水禽。

小客人 在非洲，一群黄嘴牛椋鸟（*Buphagus africanus*；下图）站在一只水牛背上。它们是食虱鸟，经常骑在不同的大型哺乳动物身上，啄食它们背上的扁虱。和它们有关的八哥以牲口上的寄生虫为食，有时也会扑下来捕食被牲口惊扰的昆虫。

靠近 在哥斯达黎加的雾林里，一只雄肉垂钟伞鸟（*Procnias tricarunculatus*；下图）正靠近雌鸟。钟伞鸟是世界上叫声最响亮的鸟之一。在繁殖季节，雄鸟站在树顶的栖息木上，发出类似大锤敲击砧板的声音，1千米外都能听得见。

小档案

蚁鸟及其同类 这种种类繁多的鸟生活在南美洲和中美洲的林地和森林里，跟踪成群的军蚁，吃惊飞的昆虫。有时它们的鸟群里有好几种鸟。

蚁鸫 蚁鸫鸟的名字来自某些鸟的习惯。它们攀附在蚁群上方的树枝上，有些喜欢行走觅食，有些在飞行中觅食。它们的叫声通常像口哨声。

属（7）
种（62）

墨西哥中部到南美洲北部

灶鸟科 该科的棕灶鸟和类似的鸟筑泥巢，这些巢像传统的炉灶，因而得名。这种巢可以给雏鸟遮阳、保暖，以及提供保护。灶鸟活动范围较窄。

白脸蚁鸟
这只蚁鸟在一群抢劫军蚁上方等待扑向任何被蚂蚁惊扰的昆虫。

属（55）
种（236）

墨西哥南部到南美洲

䴕雀科 该科的䴕雀有时容易和啄木鸟混淆，因为它们有一个共同的习惯，用尾巴抵着树干做支撑。䴕雀长着雀鸟的脚，羽毛全部是棕色的，常有浅色条纹。

属（13）
种（50）

墨西哥到南美洲北部

保护警报

衰减的森林居民 灶鸟科中的两种之一出现在国际自然与自然资源保护联合会的《濒危物种红色目录》上。须雀（*Xiphocolaptes falcirostris*）生活在巴西东部的干燥森林中，属易危品种，原因是许多栖息地的树木被砍伐。

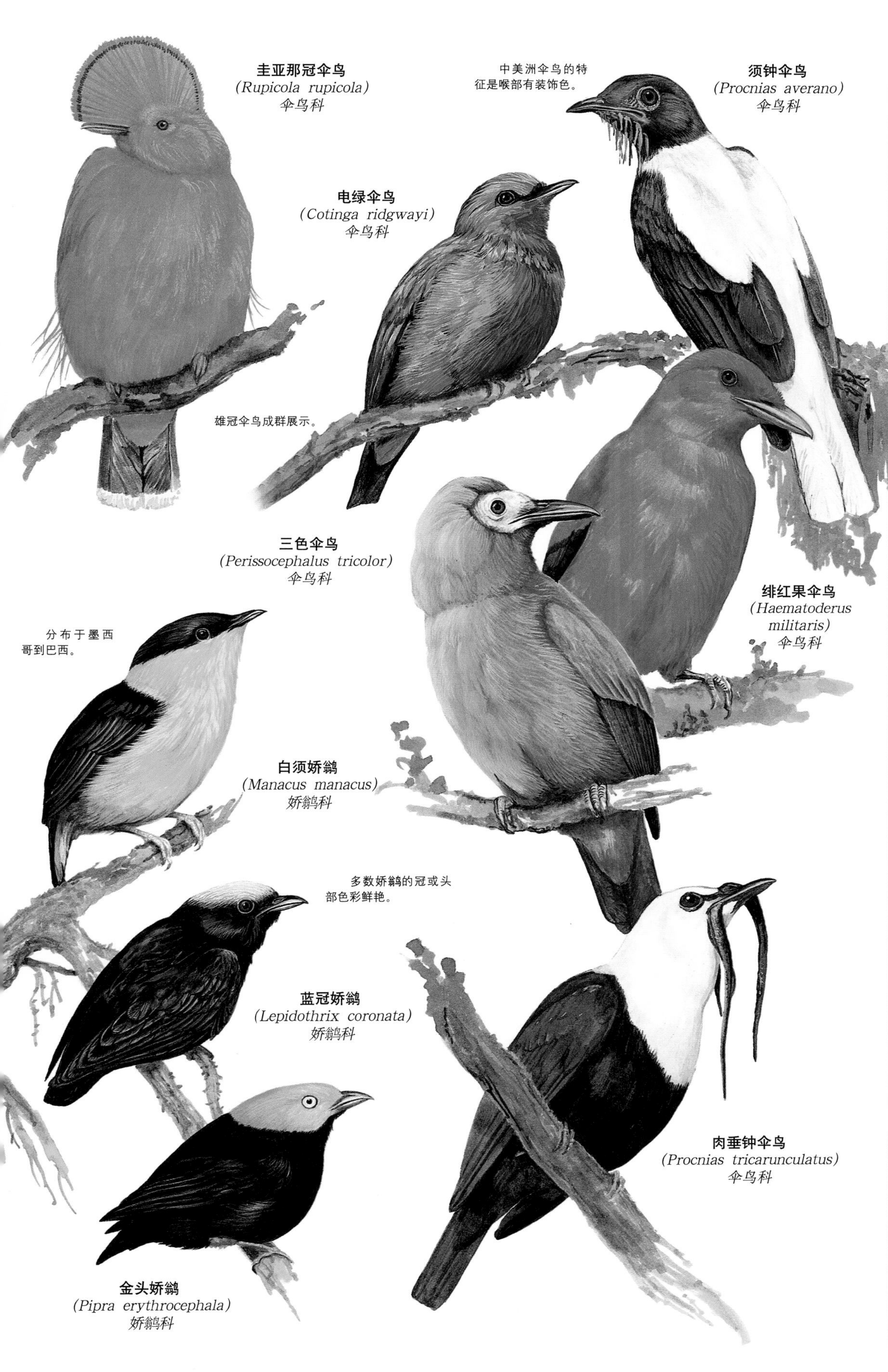

小档案

娇鹟和伞鸟 娇鹟科的娇鹟和伞鸟科的伞鸟吃的食物和分布地区相似。两科雌鸟和雄鸟羽毛的颜色差异都很大，这表明它们有同样复杂的社会行为。

伞鸟科 该科鸟以果实为食，主要集中在南美洲和中美洲森林上层。它们也聚集在一起，但数量不多，所以不为人所知。在许多种类中，只有雄鸟色彩鲜艳，雌鸟普通而单调。其典型代表是圭亚那冠伞鸟。雄鸟集中在一起，像公鸡般展示自己。交配后，雌鸟离开，在岩石缝隙中筑巢。

属（33）
种（96）
墨西哥到南美洲

娇鹟科 该科鸟以果实为食，颜色鲜艳，体形小，尾短，喙宽短。生活在中美洲和南美洲的森林低地。其复杂的社会行为包括精致的求偶仪式，雄鸟聚集在一起准备舞台。

拂拭仪式
在求偶中，雄线尾娇鹟（右图）用线般的尾羽快速拂拭雌鸟的喉部。

属（13）
种（48）
墨西哥南部到南美洲热带

保护警报

数目微小 一般认为目前只有不到50只姬伞鸟（*Calyptura cristata*）。姬伞鸟是小型黄色伞鸟，生活在巴西里约热内卢北部，属于极危的鸟。这种高纬度地区的候鸟已经受到森林减少的影响。

小档案

霸鹟 这种美洲鸟和旧大陆的霸鹟没有关系，虽然它们的生态环境相似。有些鸟从树枝上飞起扑向昆虫，有些在地上寻找昆虫。

霸鹟科 雀形目中最大的科，包括霸鹟、长尾霸鹟、扁嘴霸鹟、拟霸鹟、王霸鹟和绿霸鹟。雌雄相似，羽毛呈绿色、棕色、黄色和白色。

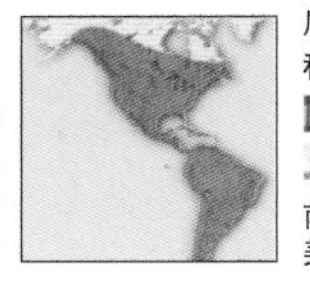

属（98）
种（400）
南美洲、西印度群岛、北美洲

食物专门化

霸鹟科的不同鸟寻找环境内独特的小环境，容纳几十种共存。在某些情况下是由于所喜欢的食物不同，如果实还是昆虫，但在大多数情况是由于猎物大小、栖息地、植被类型、捕食地点和捕食方法稍微不同。

地面捕食者 *白眉地霸鹟（下图右）和穗鸟相似，腿长，挺立，长有相似的羽。*

拾穗者 *须雀霸鹟（下图左）与旧大陆的霸鹟极为相似，如冠顶和捕食技巧都类似。*

保护警报

零散分布 三岛小霸鹟（*Zimmerius villarejoi*）属于霸鹟科新发现的种类，主要生活在秘鲁保护区内。自然分布很少且零散，已经被列入易危物种。

合作亲养

大约三分之一的鸟类被归为合作亲养者，也就是说，有其他鸟——不管是成年或未成年的鸟——帮助鸟类父母抚养它们的幼鸟。最近的研究表明，这种现象在燕雀中的普遍程度比之前人们认为的要高。合作亲养共分两种：一种是不繁殖的鸟帮助鸟类父母保护并抚养它们的雏鸟；另外一种被称作公共抚养的合作亲养是某些鸟类分享后代父母亲权（不论是父权还是母权，或者两者都分享），由一组成鸟来抚养雏鸟。

集体喂食 白翅澳鸦（*Corcorax melanorhamphos*；上图）属群居鸟——最典型的是一对父母和前些年生下的后代——全年都居住在一起。年轻的鸟帮助父母建巢、抚育幼鸟和喂食。鸟类父母的喂食本能非常强烈，它们对喂食叫声做出反应，可能会去给其他雏鸟喂食，即使它们属于不同的鸟类。

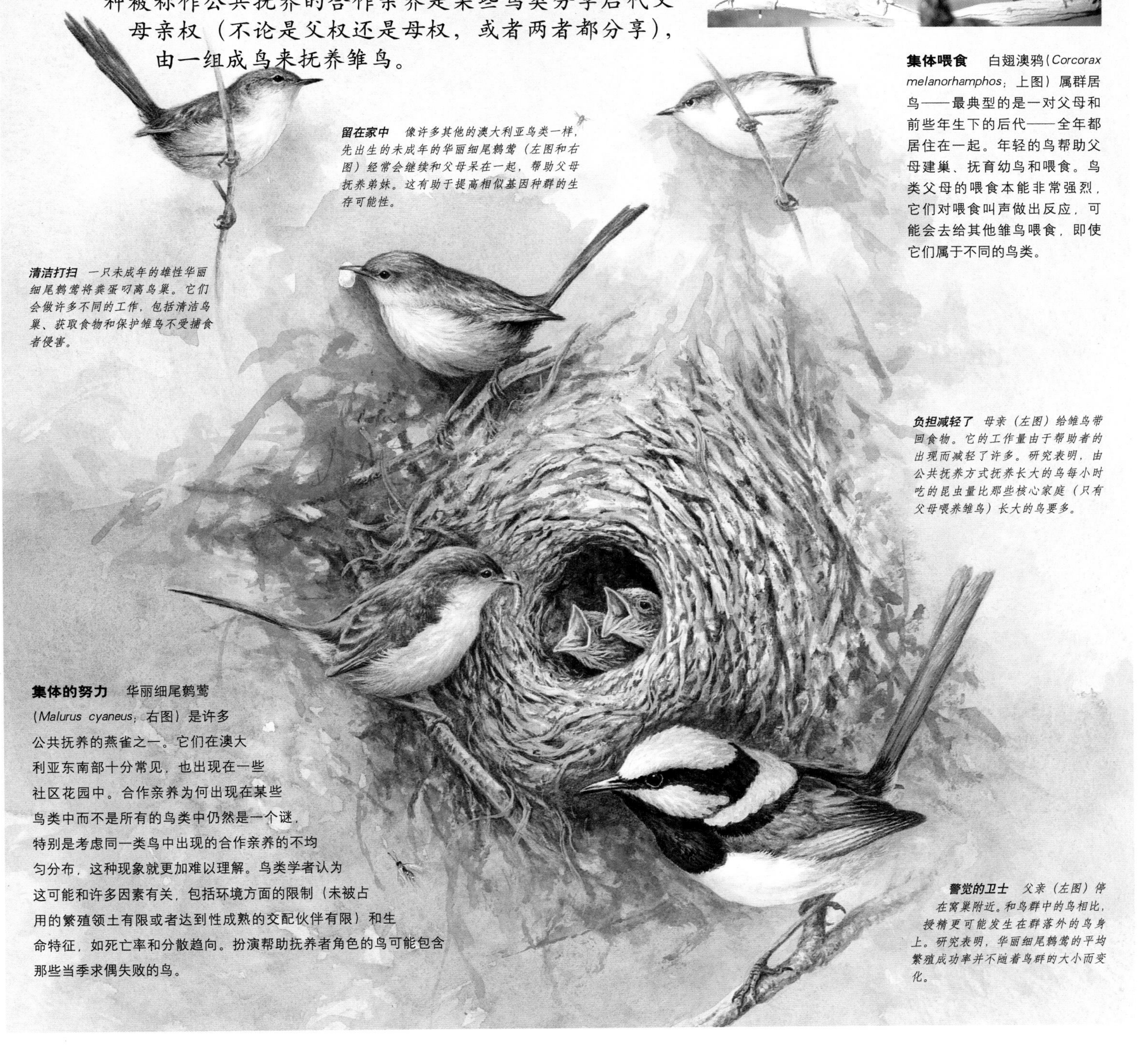

留在家中 *像许多其他的澳大利亚鸟类一样，先出生的未成年的华丽细尾鹩莺（左图和右图）经常会继续和父母呆在一起，帮助父母抚养弟妹。这有助于提高相似基因种群的生存可能性。*

清洁打扫 *一只未成年的雄性华丽细尾鹩莺将粪蛋叼离鸟巢。它们会做许多不同的工作，包括清洁鸟巢、获取食物和保护雏鸟不受捕食者侵害。*

负担减轻了 *母亲（左图）给雏鸟带回食物。它的工作量由于帮助者的出现而减轻了许多。研究表明，由公共抚养方式抚养长大的鸟每小时吃的昆虫量比那些核心家庭（只有父母喂养雏鸟）长大的鸟要多。*

集体的努力 华丽细尾鹩莺（*Malurus cyaneus*；右图）是许多公共抚养的燕雀之一。它们在澳大利亚东南部十分常见，也出现在一些社区花园中。合作亲养为何出现在某些鸟类中而不是所有的鸟类中仍然是一个谜，特别是考虑同一类鸟中出现的合作亲养的不均匀分布，这种现象就更加难以理解。鸟类学者认为这可能和许多因素有关，包括环境方面的限制（未被占用的繁殖领土有限或者达到性成熟的交配伙伴有限）和生命特征，如死亡率和分散趋向。扮演帮助抚养者角色的鸟可能包含那些当季求偶失败的鸟。

警觉的卫士 *父亲（左图）停在窝巢附近。和鸟群中的鸟相比，授精更可能发生在群落外的鸟身上。研究表明，华丽细尾鹩莺的平均繁殖成功率并不随着鸟群的大小而变化。*

小档案

热带和南半球家族 对于鸟类最多的关注一般来自于世界上那些最具生物多样性的地区，因为在那里鸟类能够找到更多的立足之处，而这种地区又以热带为主。南半球的温和气候也同样有利于多种鸟类生存。这些地区的鸟儿色彩绚丽，很多为绿色，像披着美人草一般。

阔嘴鸟科 顾名思义，本科鸟身体粗短，头部宽大，喙扁而宽，腿短。它们的羽毛色彩艳丽，某些为亮丽的红色、绿色或黄色。大部分阔嘴鸟吃昆虫、蜥蜴、蛙类和水果。

属（9）
种（14）
热带非洲、东南亚、大巽他群岛、菲律宾南部

八色鸫科 八色鸫科的鸟状似鸫鸟，尾短，捕食昆虫。它们颜色鲜亮，生活在森林中，更喜欢跳跃或奔跑，而不是飞翔。它们在地面或者低矮的植物上筑较大的鸟巢，就像成堆的树木残枝。叫声响亮，富有韵律。

属（1）
种（30）

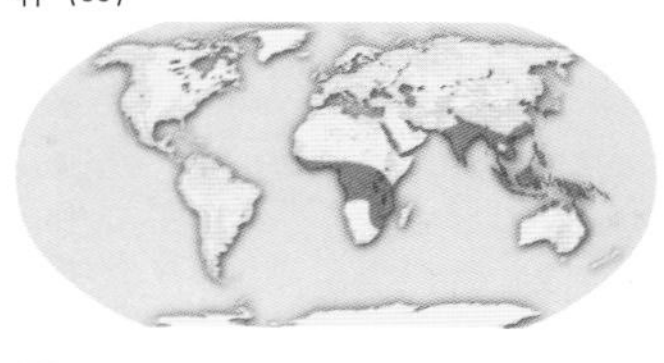

中非、东南亚至澳大利亚北部和东部、美拉尼西亚群岛

安静的小鸟
斑八色鸫虽然色彩艳丽，但是在森林里却不惹人注目。它们安静地进食，很少鸣叫。

保护警报

正在减少的红树林 在国际自然与自然资源保护联合会的《濒危物种红色目录》上的八色鸫科的13个成员包括红树八色鸫（*Pitta megarhyncha*）。它被列为近危，因为它的栖息地——南亚的红树林被大量砍伐后用做建筑材料、燃料和煤炭生产原料。

绿阔嘴鸟
(*Calyptomena viridis*)
阔嘴鸟科

头部奶油色的斑点在森林中闪烁，可能是社交信号。

尖喙鸟
(*Oxyruncus cristatus*)
阔嘴鸟科

长尾阔嘴鸟
(*Psarisomus dalhousiae*)
阔嘴鸟科

红胸八色鸫
(*Pitta erythrogaster*)
八色鸫科

红胸八色鸫的分布从菲律宾到澳大利亚。

棕尾割草鸟
(*Phytotoma rara*)
伞鸟科

刺鹩
(*Acanthisitta chloris*)
刺鹩科

丝绒裸眉鸫
(*Philepitta castanea*)
裸眉鸫科

嘈杂薮鸟
(*Atrichornis clamosus*)
薮鸟科

歌唱着展示自己姿态的琴鸟。

华丽琴鸟
(*Menura novaehollandiae*)
琴鸟科

小档案

太阳鸟、旋木雀和啄花鸟 这些小型的树栖鸟类在旧大陆热带和南部温带地区十分常见。澳大拉西亚本地的鸟种最为引人注目。

太阳鸟科 太阳鸟科的鸟和花朵关系密切。它们是活泼而艳丽的鸟类，喙细长、弯曲，长有锯齿。它们管状分叉深的舌头是为了吸食花蜜。

属（16）
种（127）

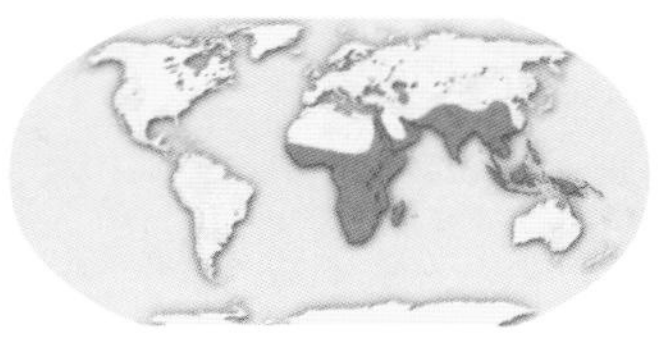

非洲撒哈拉以南地区、南亚至美拉尼西亚群岛和澳大利亚东北部

啄花鸟科 啄花鸟科的鸟体形矮胖，翅膀带尖，尾巴短粗，喙短，呈圆锥形。它们的裂舌是用来吸食花蜜及水果的。

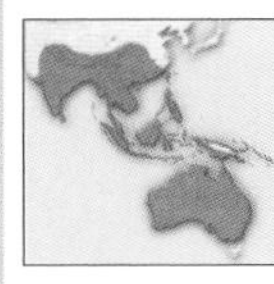

属（2）
种（44）

印度、东南亚及其群岛至美拉尼西亚和澳大利亚

旋木雀 这种喜爱攀爬树干的鸟仅分布在澳大利亚和新几内亚。它们的喙细长，尾短而方，腿部强壮。

属（2）
种（7）

澳大利亚大陆（除了沙漠地区）、新几内亚

啄果鸟科 普通而色彩多样的该科鸟大小与比例和啄花鸟十分相像。它们几乎只吃树叶间食叶昆虫的幼虫和幼虫产生的分泌液。

属（1）
种（4）

澳大利亚、塔斯马尼亚

穴居者

啄果鸟（如斑啄果鸟）一般将巢建在树洞或地穴中，有时也在建筑物内筑巢。

小档案

吸蜜鸟和绣眼鸟 均为树栖鸟，分布在非洲、亚洲和澳大利亚。大小从7.5厘米到48厘米不等。比起绣眼鸟，吸蜜鸟的大小变化要多。

吸蜜鸟科 这科中的吸蜜鸟、采蜜鸟、垂蜜鸟、矿鸟和脊柱鸟都长有独特的舌头——深度分叉，舌尖带边——以帮助吸食花蜜。吸蜜鸟经常只吸食某种植物的蜜，特别是桉树。

属（44）
种（174）

甜蜜的进食 *一只东部松啄鸟吸食桉树的花蜜。*

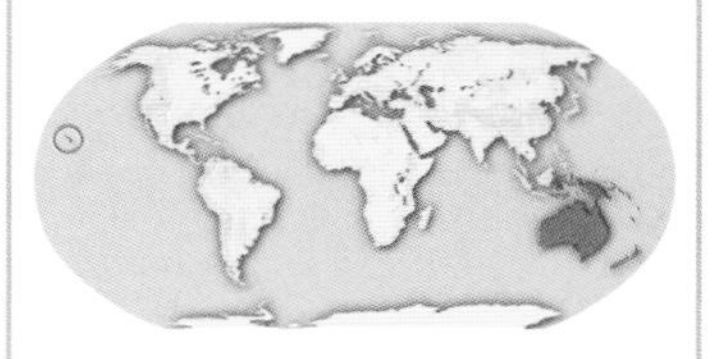

澳大利亚和美拉尼西亚至小巽他群岛、苏拉威西岛和大洋洲

绣眼科 绣眼科的鸟几乎分布在各种林地及社区公园和花园中。许多种从外表看十分相似。它们有柠檬色的羽毛，细而尖的喙，眼部还长有一圈密密的白色羽毛。它们用毡笔般的舌头吸食花蜜、水果和昆虫。

属（14）
种（95）

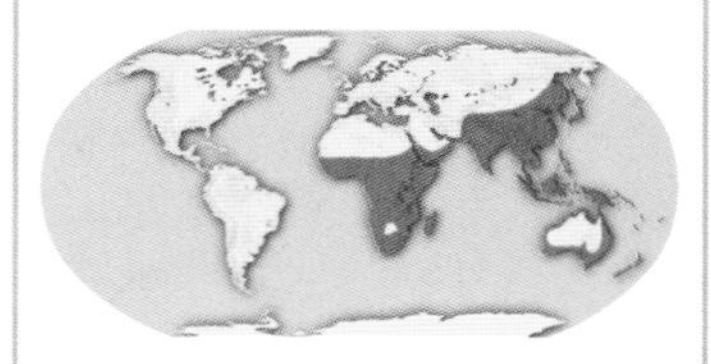

非洲撒哈拉沙漠以南地区、东南亚至澳大利亚

保护警报

岛上的居民 萨摩亚的黑胸裸吸蜜鸟（*Gymnomyza samoensis*）是一种濒危的大型吸蜜鸟。砍烧耕作法和非本地树种的引进已经威胁到了它们在森林中的栖息地。其他六个太平洋岛屿的吸蜜鸟已经灭绝了。

小档案

山雀和鹟 这些小鸟基本以昆虫为食。其中许多鸟是根据其与身长不成比例的长扇尾来辨别的。

王鹟科 该科鸟被称作鸟之王，本科的鸟类为小型鸣禽。它们偏爱扇动自己的尾巴和突击觅食，喜爱有树林的栖息地，经常在鸟儿混杂的地区觅食。

属（15）
种（87）

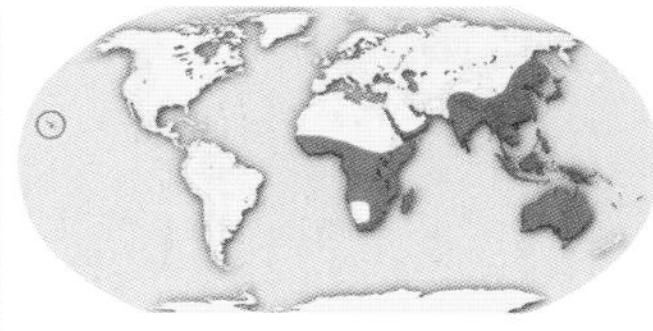

澳大利亚和美拉尼西亚至大洋洲、东南亚、南亚和非洲

扇尾鹟科 该科鸟的名字源自它们扇动长尾的动作。它们在空中旋转，显得特别活跃。阔嘴周围的鬃毛有助于捕食昆虫。

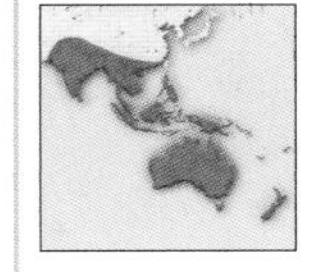

属（1）
种（43）

澳大利亚和美拉尼西亚、大洋洲、东南亚和印度

山雀科 该科的山雀、雀和鼠雀大都有黑色的头顶，某些长有鸟冠和白颊。大多数为森林中定居鸟类，用短而直的喙捕食昆虫，也吃草种子。

表现杰出
彩色的大山雀居住在树林、公园和花园中。它们在树上和树洞内筑巢，也在人工鸟巢内安家。

属（3）
种（54）

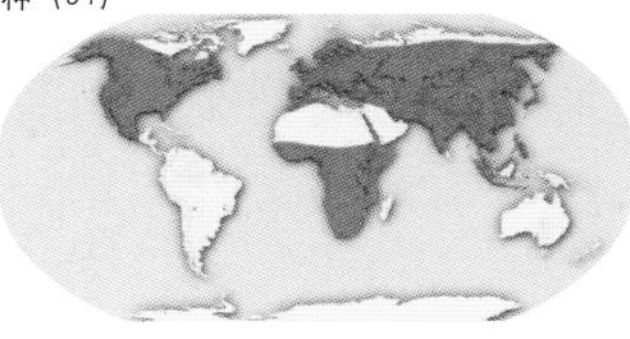

北美洲、非洲和欧亚大陆至日本和小巽他群岛

小档案

鳾科 该科鸟在北半球分布广泛，它们在树林中度过一生。这种攀树的鸟类外表和澳大拉西亚的澳鸟相似，但是这两科的关系并不紧密，是生态趋同的结果，是对相似环境因素做出的反应。

鳾鸟
鳾鸟和澳鸟都能在树干上爬上爬下，寻找昆虫。

属（2）
种（25）

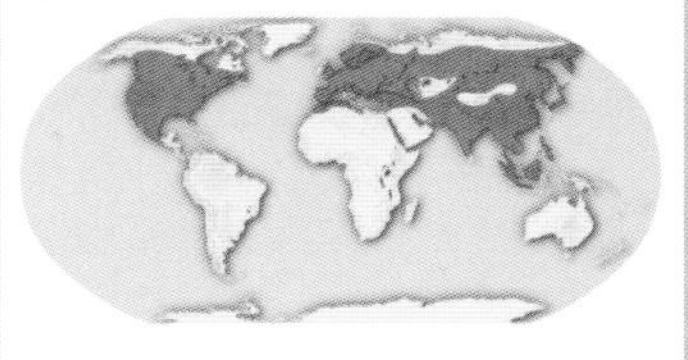

北美洲、欧亚大陆至日本、菲律宾和大巽他群岛

细尾鹩莺科 就像和它们联系并不密切的北方刺莺一样，构成这一科的细尾鹩莺、草鹩莺和棕帚尾鹩莺都能将尾巴翘起。它们捕食昆虫，大部分在地上和灌木丛中觅食。

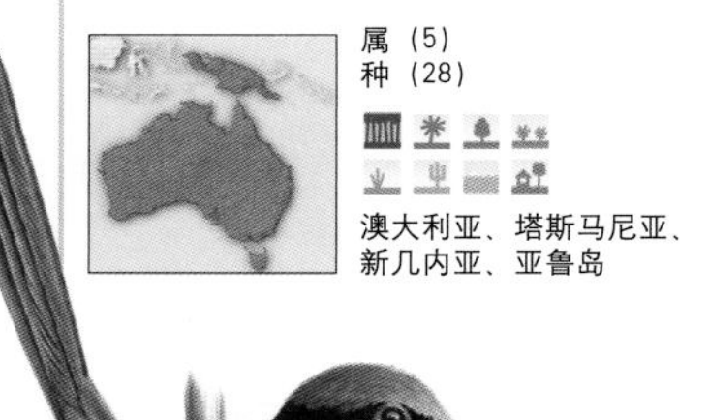

属（5）
种（28）

澳大利亚、塔斯马尼亚、新几内亚、亚鲁岛

表现杰出
颜色亮丽的刺尾鹩莺十分惹眼，没有比它们更漂亮的鸟类了。它们居住在澳大利亚的西部和内陆的灌木丛林地。

保护警报

分布稀疏 几种鳾鸟被认为已经受到威胁，而许多鳾鸟几乎看不到了。濒危的阿尔及利亚鳾鸟（*Sitta ledanti*）只在阿尔及利亚的几个地方被发现。它们彼此关系密切，其中一种已经受到森林砍伐的威胁。

红翅旋壁雀
(Tichodroma muraria)
鳾科

旋壁雀在悬崖壁上的岩石缝隙间筑巢。

点颏噴背鹟
(Batis molitor family platysteirdae)

雄鸟胸部有黑色条纹。

杂色澳
(Neositta chrysoptera)
澳科

杂色细尾鹩莺
(Malurus lamberti)
细尾鹩莺科

头部的彩蓝色是许多细尾鹩莺的特征。

旋木雀
(Certhia familiaris)
旋木雀科

白胸鳾鸟
(Sitta carolinensis)
鳾科

白眉丝刺莺
(sericornis frontalis)
刺嘴莺科

黑头噪刺莺
(Gerygone palpebrosa)
刺嘴莺科

黄尾刺嘴莺
(Acanthiza chrysorrhoa)
刺嘴莺科

噪刺莺、丝刺莺和刺嘴莺生活在澳大利亚和新几内亚。

小档案

伯劳及其同类 基本上为食虫鸟，虽然大多数生活在旧大陆，但本种在世界各地均有分布。

燕鵙科 该科鸟的翅膀尖而有力，喙为灰蓝色带黑色尖头，腿短。它们在飞翔时觅食。属群居性禽鸟，它们肩靠肩停落在一起，彼此梳理羽毛。

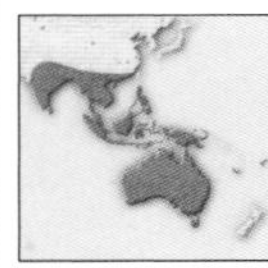

属（1）
种（10）
澳大利亚和美拉尼西亚至东南亚和印度

黄鹂科 和新大陆鹂鸟不同，黄鹂科鸟分布在旧大陆的森林和林地中。它们身体强壮，雄鸟大都长有黄色羽毛，它们常常在树顶度过一生的大部分时间，所以，虽然经常听到它们的叫声，却很少能看到它们。

非同寻常的鸟 *裸眼鹂和其他黄鹂科鸟不同，这表现在它们很合群、嘈杂，并且眼睛周围皮肤是裸露的。它们的食谱几乎全是水果，基本上是无花果。*

属（2）
种（29）

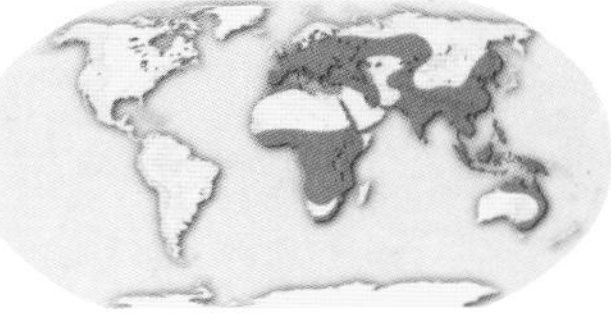

澳大利亚和新几内亚至温带欧亚大陆、非洲撒哈拉沙漠以南地区

伯劳科 伯劳科鸟的数量一直在下降，原因是杀虫剂将它们喜爱的昆虫都除掉了。长有钩形喙的伯劳经常将剩余的食物穿刺在荆棘上。钩嘴鵙是其相关的鸟类，其分布已经辐射到马达加斯加的许多栖息地，和科隆群岛上的雀类很相似。

属（4）
种（30）

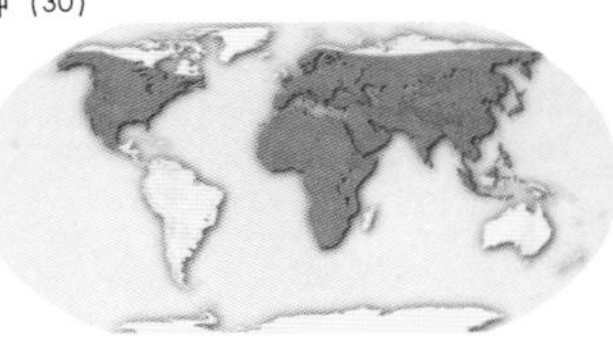

北美洲、非洲、欧亚大陆至新几内亚山地

栖息 *长尾伯劳是乡村间安静而富于攻击性的鸟。在寻找食物时，它们停落在电线杆或树上，十分显眼。*

鸣叫 长嘴沼泽鹪鹩(*Cistothorus palustris*；左图)在加拿大阿尔伯塔的一株蒲菜上鸣叫。这种小小的鸟除了换羽季节，几乎所有的时间都在歌唱，鸣叫的变化根据群落而不同。

久经研究的歌手 斑马芬雀(*Taeniopygia guttata*)在澳大利亚的干燥区域分布广泛，是人们研究最多的鸟类之一。为了能使叫声传得更远，它们从尽可能高的地方鸣叫。这也是为什么许多鸟类喜欢在清晨鸣叫的一个原因，因为那时清新的空气能帮助将声音传得更远。鸟类的声音频率比人类的高。

声音大小至关重要 *当有其他鸟在场的时候，雄性斑马芬雀（左图左）鸣叫的声音更大，为了引起雌鸟（左图右）对它做出反应，同时阻退其他雄鸟。*

鸣　叫

鸟的鸣叫一直是音乐家、诗人等艺术家的灵感来源。鸣管——鸟类用来发声的共振器官非常复杂，而作为鸣禽目成员的燕雀类的共振器官是发育最好的。不同的鸟可以通过鸣叫来辨别，虽然某些鸟类，如乡村寄生雀非常善于模仿其他鸟类的叫声。鸣叫通常是完全或部分学来的，而且在相邻的群落间还存在着差异。在大多数鸟类中，都是雄鸟歌唱来吸引雌鸟或是警告其他雄鸟不要靠近某一领地。研究已经表明，雄鸟能够从其他雄鸟的鸣叫中分辨出它们邻居的声音。有时鸟儿们会合奏二重唱。

歌单的重要性 *大多数雄性鸣禽能发出两种或更多种不同的叫声。雌性斑马芬雀已经一再证明更偏爱能唱出更多复杂曲调的雄鸟。*

声音的刺激 *鸣叫能够协调交配伙伴的繁殖周期，促进雌鸟排卵、建巢。*

嗷嗷待哺 四只饥饿的北方知更鸟(*Mimus polyglottos*；右图)张开嘴巴要食物。父母不单对张大的嘴巴，也对要求进食的叫声做出反应。这种叫声比鸣叫要短得多，也没有鸣叫那么复杂，能够传达威胁、饥饿、性兴趣和不同的社交信号。

小档案

乌鸦 这种燕雀分支的祖先很有可能来自澳大利亚。它们到达北半球后广泛进化产生了今天许多不同种类的鸟：乌鸦、星鸦、喜鹊、丛鸦、树鹊。

鸦科 该科鸟体形为中到大型，它们的鼻孔内覆盖有鬃毛，腿特别长。羽毛的颜色从乌鸦的深黑色到亚洲喜鹊的亮红色和绿色都有。它们食用莓果、昆虫或种子，甚至动物尸体的腐肉。

鸟巢强盗
北美丛鸦因掠夺许多鸣禽窝巢中的鸟蛋和幼鸟而臭名昭著。

属（24）
种（117）

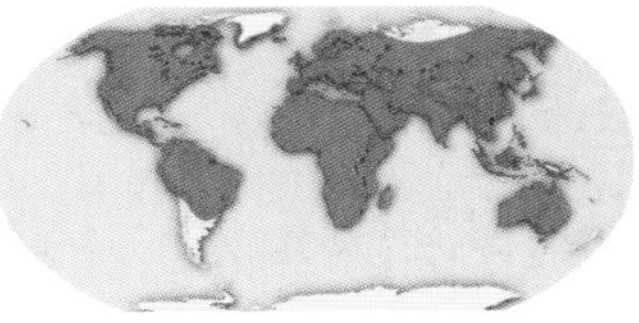

除南美洲南部和极地地区外的世界各地

储存食物的习惯

许多鸦科鸟会将多余的食物储藏起来，之后很久会回到储藏处。它们能够准确地回想起储藏处的位置，这引起了科学家的兴趣，他们相信鸦科鸟是依靠地标和知名的高度进化的空间记忆能力做到这点的。下图中，一只加州星鸦将坚果藏入地下的一个浅洞里以备日后之需。

保护警报

矮星鸦 矮星鸦（*Cyanolyca nana*）是一种小型蓝灰色鸟，身体细长灵活，只分布在墨西哥东南部。由于在它们一度濒临灭绝的栖息地出现新景观，其状态已经从濒危降到易危，但是它们的栖息地仍然在遭到破坏和分裂。

小档案

极乐鸟和园丁鸟 这两种鸟只分布在新几内亚、澳大利亚和摩鹿加群岛。雄鸟通过给雌鸟建巢求爱（园丁鸟），或是以复杂的求偶程序展示它们奇异的羽毛（极乐鸟）。

极乐鸟科 该科的鸟体态粗壮，喙长，腿足有力，大小和外形与乌鸦相似。雄鸟为了吸引雌鸟或是纯粹炫耀而展示出的华丽羽毛使它们和乌鸦区分开来。它们生活在森林山区。

属（16）
种（40）
新几内亚和卫星岛屿、澳大利亚东部、摩鹿加北部

园丁鸟科 大部分园丁鸟科的鸟生活在森林中，也有一些更偏爱澳大利亚灌木丛的开阔林地。大多数园丁鸟能模仿鸟叫或其他声音，还有几种由于叫声像猫而被叫做猫鸟。它们主要食用水果和其他植物，虽然它们的幼鸟有时被喂食昆虫或其他鸟类的幼鸟。

属（8）
种（18）
新几内亚和卫星岛屿、澳大利亚

求偶中的园丁鸟 *雄园丁鸟建造精美的窝巢，用各种不同的小东西装饰。*

保护警报

蓝美人 拥有独特羽毛的蓝极乐鸟（*Paradisaea rudolphi*）生活在新几内亚的山地森林中，是极乐鸟科几种易危的鸟之一。对其生存的威胁包括栖息地的流失和以其美丽羽毛为目标的狩猎。它们所生活的部分山脉人类还无法到达。

小档案

百灵和其他的鸟类 百灵、燕子、鹡鸰和摆尾鸟——曾经一度被认为是互相关联的科。现在研究已经表明它们其实是完全不同的。

燕科 典型的燕子很容易根据尾巴上又长又细的羽毛分辨出来，然而，某些燕科鸟长有方尾。许多为候鸟，除了在窝巢附近时都很沉默。像燕子一样，岩燕会在飞翔中捕食昆虫。

属（20）
种（84）

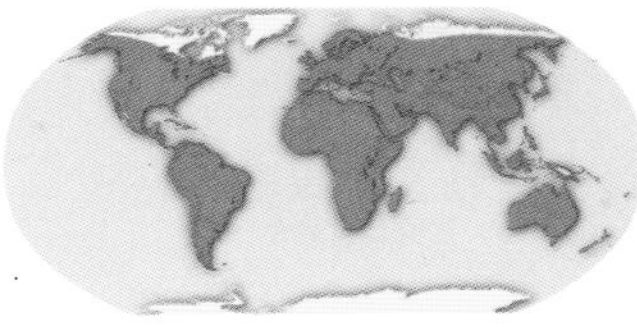

除极地地区外的世界各地

百灵科 在百灵科中，云雀的声音最动听，正因为这样，它们被引入到世界许多地方。其他的百灵在飞翔或栖落时也会歌唱。云雀的腿和后趾很长，行进时更像是走而不是跳跃。它们的食物包括昆虫、其他无脊椎动物、植物种子和谷粒。

属（19）
种（92）

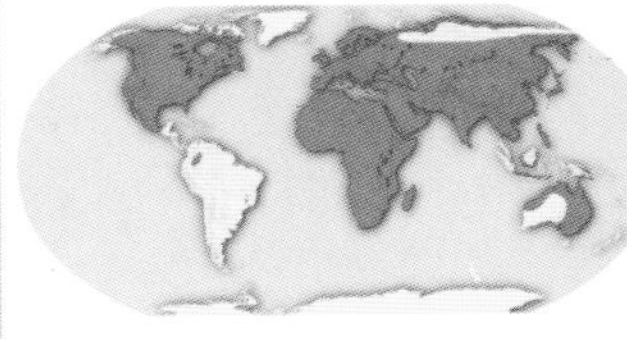

除南美洲中部和南部，以及澳大利亚西南部的世界各地

求爱 *雄角百灵的求爱包括某些复杂的杂技动作。*

保护警报

近危 巴哈马燕（*Tachycineta cyaneoviridis*）是加勒比地区的易危鸟种。作为燕科的一员，它经常在人类聚居地建巢，被迫和其繁殖区域内引进的捕食者竞争。

小档案

山椒鸟科 该科鸟臀部的羽毛斑驳，飞羽呈波浪形，让人联想到布谷鸟。它们的色彩多样，不同属间差异很大。它们非常神秘，以昆虫和树上的果实为食，在高高的树枝上建造小小的碟形窝巢。

属（7）
种（81）

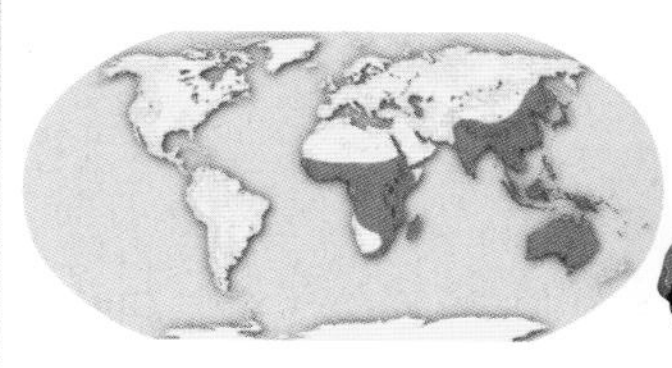

澳大利亚和美拉尼西亚至东南亚、马达加斯加、非洲

鹡鸰科 该科鸟身体小而细长，大都为长尾，又被称作摆尾鸟或鹨。它们一般在地上建巢，捕食昆虫。典型的摆尾鸟曾被发现在流水附近、河岸上和潮湿的草地上活动。鹨十分普遍，喜欢开阔的乡村。

属（5）
种（64）

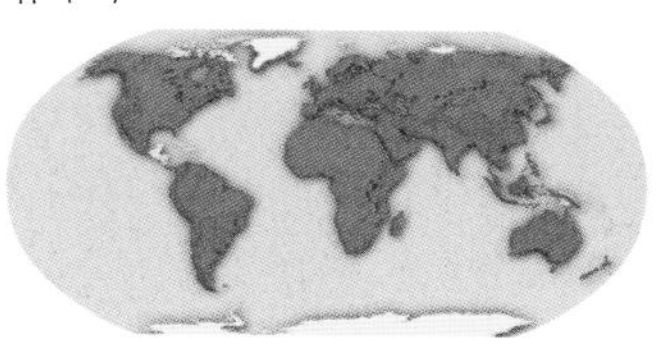

世界各地（北美洲仅有一种）

灰摆尾鸟
灰摆尾鸟(Motacilla cinerea)很少出现在离水较远的地方。

保护警报

有限的分布 夏氏长腿鹡鸰（*Macronyx sharpei*）是鹡鸰科里的陆栖定居鸟种，形似鹨。它们仅生活在肯尼亚。因为栖息地很小，并且高度分散，该鸟已被列为濒危，剩余的栖息地在未来十年内会下降至少一半。

小档案

鹎鸟和其他鸟 体形为中小型，科目众多，栖息地多样。它们主要捕食昆虫，食用果实。灰连雀是三种独特的湿地鸟之一。它们的栖息地由于伊拉克战乱而遭受到破坏。

河乌科 该科鸟是惟一真正水栖的，它们很少在离水很远的地方。它们在水面上一掠而过，捕食水生昆虫幼虫，偶尔也捕食小鱼。它们通常俯冲至水中捕猎，然后沿着河底游动或是走动。它们利用自己的翅膀在水下行走。

属 (1)
种 (5)

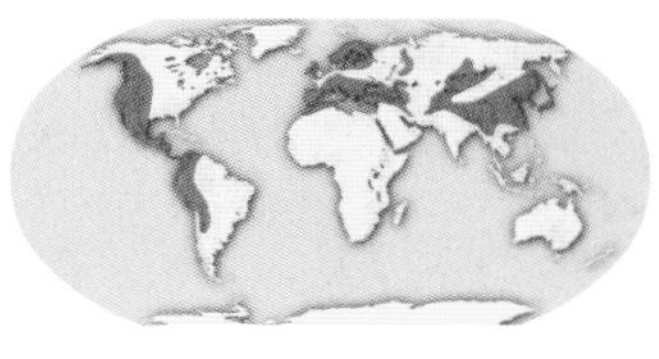

北美洲西部、南美洲西北部、欧亚大陆

太平鸟科 该科的太平鸟又叫波希米亚蜡翅鸟。蜡翅鸟得名于其两个次羽尖部的红色蜡状点，而这些点的功能仍不为人知。群居，通常为浅黄褐色，身体曲线柔和，喜爱流浪，经常在意想不到的地方出现。

属 (5)
种 (8)

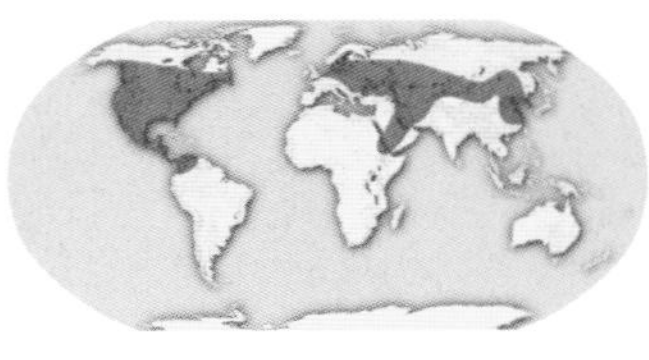

北美洲至南美洲西北部、欧亚大陆

鹪鹩科 该科的鸟是新大陆鸟，只有冬鹪鹩例外。冬鹪鹩被认为曾经穿过白令海峡到达亚洲和欧洲。大多数并不善于飞翔，不迁徙。

属 (16)
种 (76)

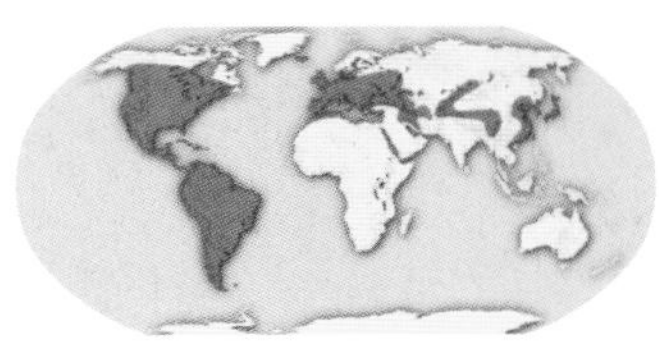

南美洲、北美洲、欧亚大陆温带至日本

展示的舞场

鸟类对视觉信号极为敏感，它们有许多沟通都涉及到展示。展示可能有许多功能，包括求偶、问候、威胁、顺从，或是为了分散敌人的注意力。求偶展示的内容宽泛，可能涉及到例行的飞翔、建造复杂的窝巢、显示自己的技巧，或是做出单一的动作，如雄鸟用自己的尾羽轻轻刷过雌鸟的喉部。在某些情况下，只有雄鸟进行求偶展示，雌鸟只是一个旁观者；而在另外某些情况下，雄鸟和雌鸟一起进行这种展示。许多求偶展示包括炫耀自己的羽毛，特别是覆盖身体大部分的羽毛，如头部、颈部、胸部、上翅或是尾巴上的羽毛。有时许多雄鸟聚集在一起，形成一个舞台，被称作“舞场”。它们在那里互相竞争，吸引雌鸟的注意。大部分鸟类实行一夫一妻制，在一个或更多个繁殖季节里形成双双对对的夫妇。

力图留下深刻印象 一只雄性大园丁鸟（*Chlamydera nuchalis*；上图）在一只雌鸟面前展示自己建造的窝巢。在这一过程中，雌鸟一直在旁边观看。在园丁鸟中，那些相对而言羽毛颜色比较单一的雄鸟要比羽毛多彩的雄鸟更善于建造复杂的窝巢。这些窝巢形状各异，上面装饰有各种各样的小东西。交配后，雌园丁鸟离开，去建造独立的杯状窝巢。

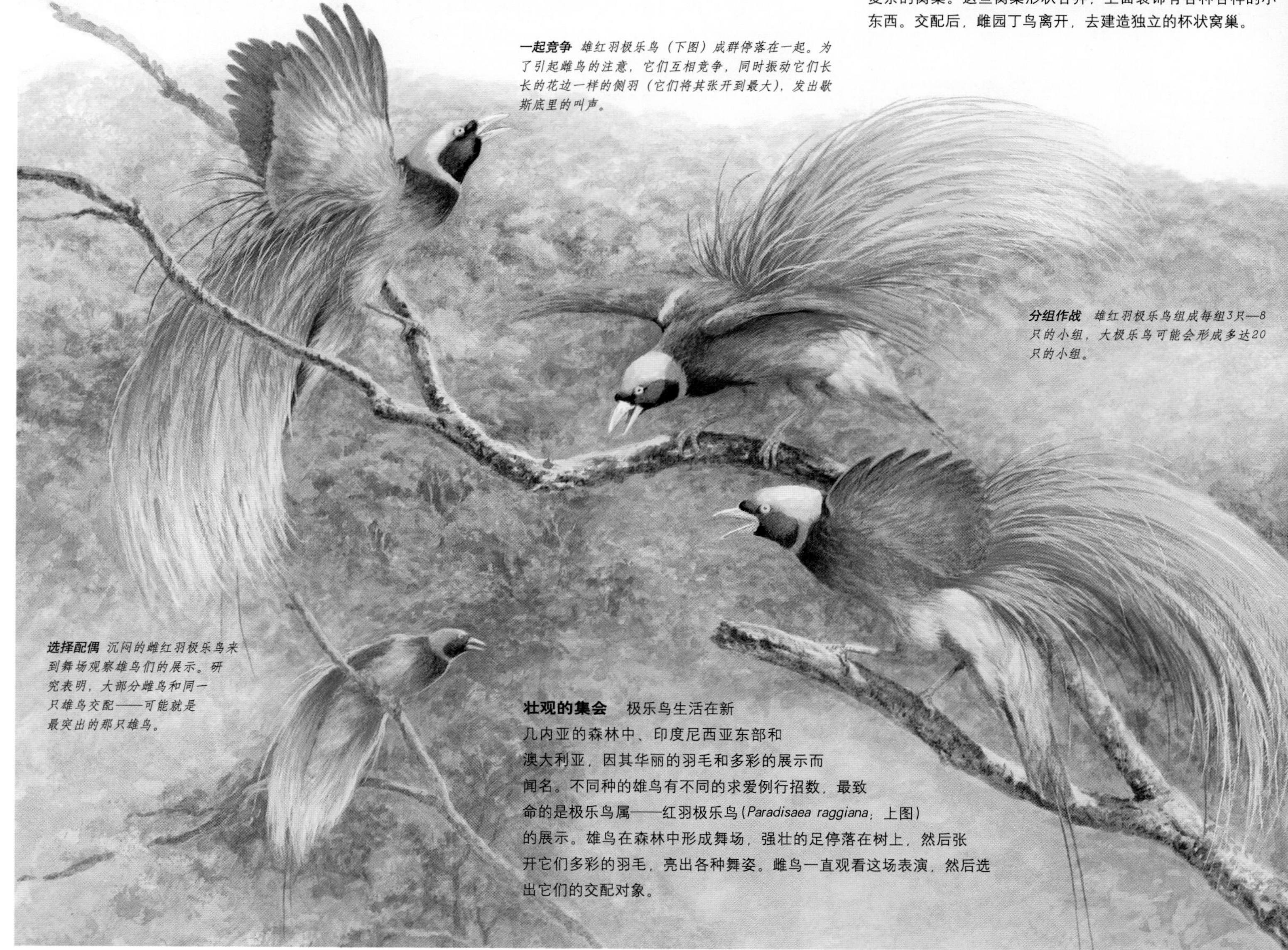

一起竞争 雄红羽极乐鸟（下图）成群停落在一起。为了引起雌鸟的注意，它们互相竞争，同时振动它们长长的花边一样的侧羽（它们将其张开到最大），发出歇斯底里的叫声。

分组作战 雄红羽极乐鸟组成每组3只—8只的小组，大极乐鸟可能会形成多达20只的小组。

选择配偶 沉闷的雌红羽极乐鸟来到舞场观察雄鸟们的展示。研究表明，大部分雌鸟和同一只雄鸟交配——可能就是最突出的那只雄鸟。

壮观的集会 极乐鸟生活在新几内亚的森林中、印度尼西亚东部和澳大利亚，因其华丽的羽毛和多彩的展示而闻名。不同种的雄鸟有不同的求爱例行招数，最致命的是极乐鸟属——红羽极乐鸟（*Paradisaea raggiana*；上图）的展示。雄鸟在森林中形成舞场，强壮的足停落在树上，然后张开它们多彩的羽毛，亮出各种舞姿。雌鸟一直观看这场表演，然后选出它们的交配对象。

森林中的优雅 华丽琴鸟(*Menura novaehollandiae*;左图)生活在澳大利亚东南部的森林里，拥有最让人惊讶的禽鸟展示之一。为了吸引配偶，它们利用自己独特的尾巴，张开最外面两根羽毛，整个尾巴状似一把希腊古琴，由此而得名。它们站在土堆上，张开尾巴形成美丽的扇面，然后将尾巴向上超过头部，并在歌唱和舞蹈时振动羽毛。

独唱 新几内亚的雄阿法六弦风鸟（右图）在散开的舞场上表演或是自己独舞。它们在森林中一个干净的小表演舞台上跳舞以吸引雌鸟。其他类型的燕雀，如华丽极乐鸟和风鸟也是自己独舞，在停落时展开翅膀。

最好的留到最后 面对展示时，雌红羽极乐鸟(下图右）表现出对雄鸟的足够兴趣，它停落在雄鸟旁，然后雄鸟开始最惊人的表演。它向前倾斜身子直到身体几乎倒立，然后伸展多彩的翅膀并将它们扣在一起，这样雌鸟就能更好地欣赏它美丽的羽毛。这对雄鸟是非常费力的动作。交配后，雌鸟飞走，雄鸟对着另一只雌鸟重新开始展示。雄鸟并不承担抚养后代的责任。

灵感来源 *雄红羽极乐鸟的舞姿给新几内亚东部的居民带来灵感。他们用它们的羽毛装饰自己，在正式的仪式上也表演舞蹈。红羽极乐鸟是巴布亚新几内亚的国鸟。它们的贸易已经受到控制，而且非本国公民不可以拥有极乐鸟或其羽毛。*

不同的招数 *雄极乐鸟有不同的求偶模式，视其种类而定。极乐王鸟(Cicinnurus regius)的倒立动作比红羽极乐鸟更甚，它们是倒挂在枝干上。*

表现出兴趣 *雌红羽极乐鸟观察求爱者的单独展示，衡量其作为配偶是否合意。它们还会轻啄雄鸟的喙。由于大部分雌鸟都选择和同一只雄鸟交配——那只超出其他对手的雄鸟，雌鸟将雄鸟最好的基因传给它们的后代。*

小档案

画眉、鸫和其他 这一种群已经根据DNA分析而广泛重建。它们包括世界上某些最著名的鸟，如欧亚鸲和美洲鸲、普通的夜莺和篱雀。

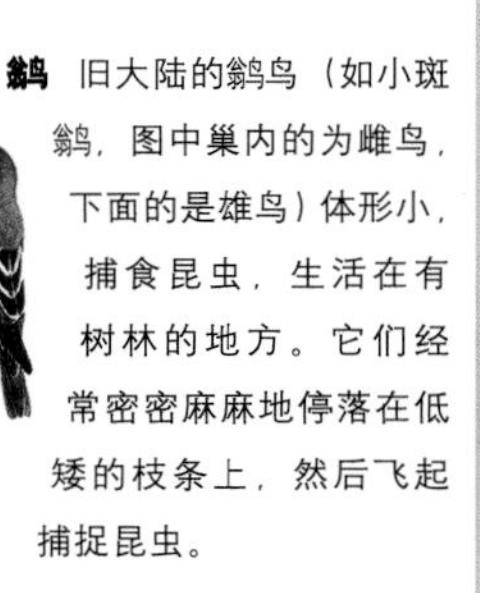

鹟 旧大陆的鹟鸟（如小斑鹟，图中巢内的为雌鸟，下面的是雄鸟）体形小，捕食昆虫，生活在有树林的地方。它们经常密密麻麻地停落在低矮的枝条上，然后飞起捕捉昆虫。

属（48）
种（275）

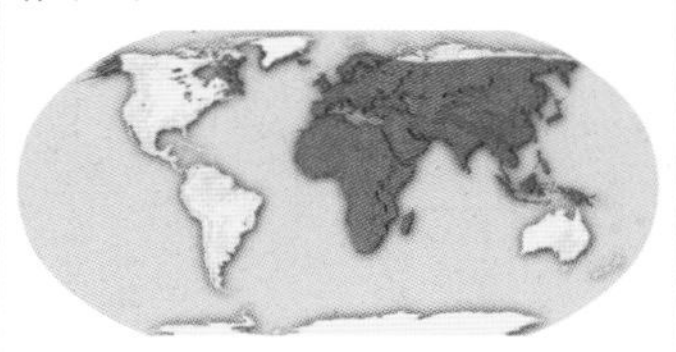

阿拉斯加西部、加拿大东北部、非洲、欧亚大陆至美拉尼西亚西部

山雀 这种普通的澳大拉西亚鸟类和欧亚鸲、美洲鸲没有什么联系，只是在体形、大小和特性上比较相像。它们生活在森林和林地中。

红头鸲
红头鸲从停落处猛然出击捕食昆虫。

属（13）
种（45）

澳大利亚、新几内亚、新西兰、太平洋西南部

岩鹨 本种虽然被称作岩鹨，但看起来却像是喙细长的燕子。它们喜欢海拔高的栖息地，食用植物种子、昆虫和莓果。它们用羽毛把自己在地面上的窝巢隔开。

属（1）
种（13）

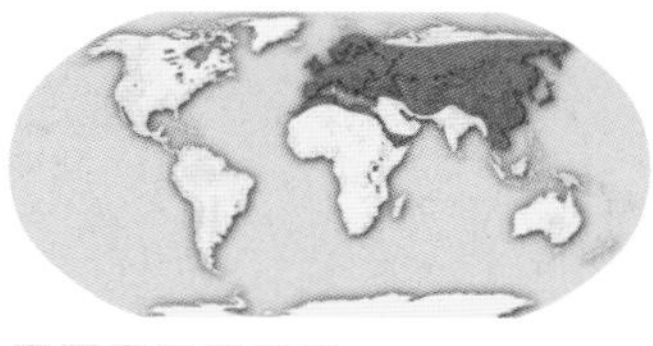

非洲西北部、欧亚大陆热带以外

小档案

鸫科 该科的鸫鸟分布在世界大部分地区，较为熟知的是欧亚黑鸫和美洲鸲。它们的颜色和偏爱的栖息地各不相同。雌鸟和雄鸟形状相似，基本上在地面觅食果实和动物。

优美的歌者 白腰鹊鸲拥有美妙的歌喉，其声音不但传得远，而且丰富程度可以和夜莺媲美。

属（24）
种（165）

除澳大利亚西部和中部及新西兰外的世界各地

画眉科 该科的鸟为旧大陆鸟类，居住在温暖的地方，捕食昆虫，喜欢有树林的栖息地，可以在灌木丛和叶下生活。体形小，为群居鸟。大多数鸟为无明显特征的棕色。

属（50）
种（273）

美国西海岸、非洲、欧亚大陆热带至温带地区、东亚各岛

弯嘴鹛 亦称澳大利亚鸫鸟。它们仅分布在澳大利亚和新几内亚，和真正的鸫鸟一起进化，在外表和行为上都模仿它们。大多数鸟种为灰色、白色和红色。

属（2 ）
种（5）

澳大利亚、新几内亚低地

有人在家吗 一只澳大利亚灰冠鹎来到自己的一个用小树枝建成的圆顶窝巢。

小档案

旧大陆莺和其他鸟类 其特点是发出令人印象深刻的叫声。莺及其同类大部分捕食昆虫，某些也吃果实和其他东西。奇怪的非洲白头鸦的分布不规则，蚋鹩则只居住在美洲。

莺 大部分莺是旧大陆的居民。它们生活在林地、杂树林和森林中，许多在高海拔的地方繁殖，但是却迁徙很远的距离到冬天较温暖的地区。它们的导航能力与基因有关。

属（48）
种（265）

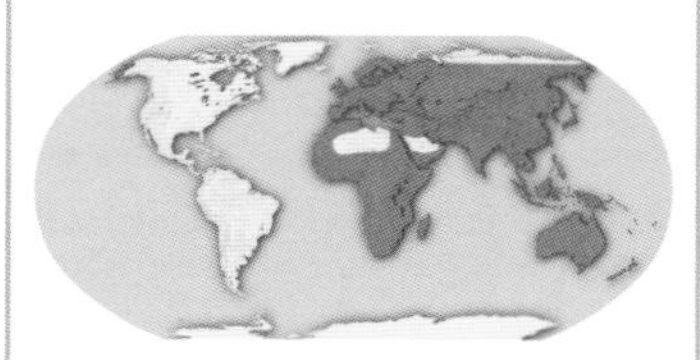

非洲、欧亚大陆至澳大拉西亚和大洋洲、阿拉斯加西部

小小的鸣禽
金冠小王鸟生活在针叶树林中。这种莺小小胖胖的，鸟冠上有鲜亮的红色和黄色。

岩鹛科 该科的白头鸦是不寻常的鸟，看起来像长腿的鸫。头部没有羽毛，呈橙黄色、蓝色或粉红色。它们生活在西非的密林中，在那里建造碗状的泥巢，以昆虫、两栖动物和植物果实为食。

属（1）
种（2）
西非（几内亚至加蓬）

蚋鹩科 该科的鸟捕食昆虫。即便算上长长的尾巴，体形也非常小。大多数种只发现于中美洲和南美洲。长喙蚋莺的喙是整个身长的三分之一。

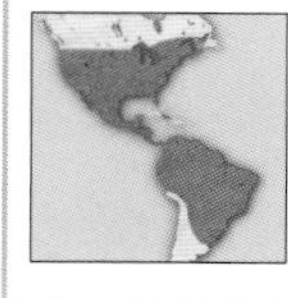

属（3）
种（14）
北美洲温带区域至南美洲亚热带区域

小档案

椋鸟和织雀 椋鸟广泛分布在旧大陆。它们曾经被特意引入（并繁殖）北美洲和超出它们祖先领地的地区。织雀像雀一样仅分布在非洲。

椋鸟科 该科的普通椋鸟是人类最熟悉的花园鸟之一。这种胖胖的尾巴较短的鸟非常自信，好斗成性。某些椋鸟居住在开阔的乡村，捕食昆虫，大部分在雨林中，食用植物果实。

远征的小鸟

栗头丽椋鸟经常被东非的远足狩猎者发现。它们经常拜访他们的营地。羽毛使其成为最为美丽的椋鸟之一。

属（25）
种（115）

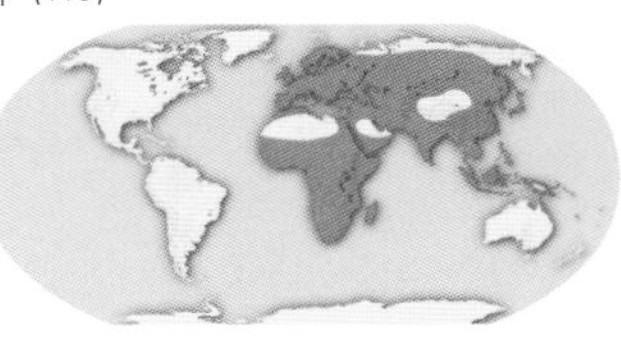

非洲、欧亚大陆到澳大利亚东北部和大洋洲

文鸟科 该科的织雀以其窝巢闻名。某些雄鸟通过类似于编篮子那样圈绕和编织草叶来筑窝，还有一些鸟用荆棘或小木棍建造共同的大巢。红嘴奎利亚雀形成巨大的鸟群，食用谷粒。

属（11）
种（108）

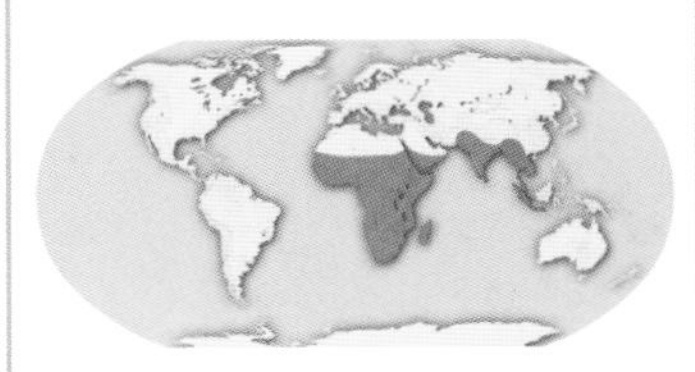

非洲撒哈拉以南地区、南亚和东南亚、大巽他群岛（加里曼丹岛除外）

保护警报

织雀的痛苦 极危的毛里求斯织雀(*Foudia rubra*)是一种中等大小的文鸟科森林织雀，仅生活在毛里求斯西南部。那里的旱地森林被清除和其天敌（如田鼠）的引入导致其数量的大幅下降。

小档案

蜡嘴鸟、维达鸟和雀 这些像雀一样的鸟类包括最普遍的笼鸟。它们大都用圆锥形喙啄食种子。歌声优美。在世界各地，从公园到草地、干旱地区均有分布。

雀科 该科几乎所有的雀鸟的羽毛中都有红羽和黄羽。它们是栖息在温带气候下的候鸟。每一个翅膀上只有九根大羽，第十根羽毛已经退化。它们很少捕食昆虫，在建巢时也是一样。

专门用途的喙
鹦交嘴雀用大大的嘴从坚硬的松果中啄出松仁。

属（42）
种（168）

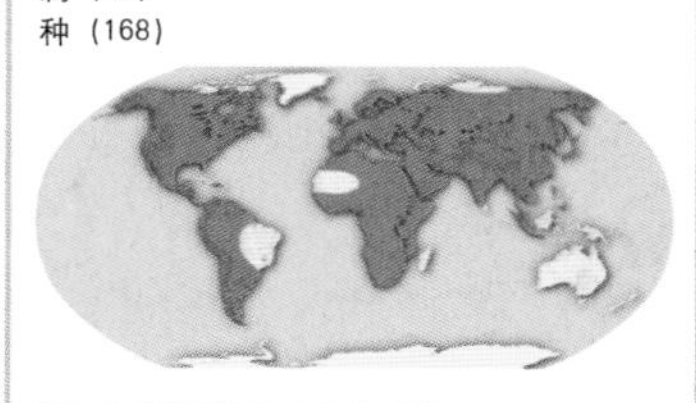

美洲、非洲、欧亚大陆至东南亚

维达鸟科 该科的维达鸟得名自葡萄牙语，意为"寡妇的面纱"，指的是雄鸟极长的尾巴。维达鸟是在一种特别的蜡嘴鸟那里寄养长大的，甚至雏鸟的喙纹和叫声都和其养父母的雏鸟相同。

属（2）
种（20）

非洲撒哈拉以南地区（刚果雨林和纳米比亚沙漠除外）

绿鹃的巢

绿鹃鸟——美洲灰绿色的小鸟一直鸣叫，它们捕食昆虫，在树上或低矮的灌木丛中筑巢。它们几乎总是将窝编织成杯状，"杯子"的边缘卡在分杈的树枝上。

普通的森林群居鸟。

唐纳雀亮丽的羽毛吸引了鸟禽贸易市场的注意。

小档案

唐纳雀和蕉森莺 体形为中小型，只分布于新大陆，主要在南美洲的热带地区和山地。大部分食用果实，某些鸟也捕食昆虫或吸食花蜜。大多数偏爱森林或是半开阔地区，但是某些并没有对栖息地有特别要求。

唐纳雀科 该科的鸟以安第斯山脉为中心向四周辐射分布。几种唐纳雀颜色单一，行动神秘，但是也有一些羽色十分艳丽。旋蜜雀的嘴细长而精致，适合吸食花蜜。而这一科捕食昆虫的鸟则长有带斑点的厚喙。大多数唐纳雀的窝巢为杯形，建在青苔或枯叶上。雌鸟承担大部分的筑巢工作。

属（50）
种（202）
北美洲至南美洲

华丽的羽毛
七彩唐纳雀生活在巴西的一个小地方。宠物贸易和栖息地的流失已经使其数量大幅下降。

蕉森莺科

蕉森莺是本科惟一的鸟种。它们生活在南美洲的热带地区，有时还会出现在美国的最南端。这种小鸟的喙细长弯曲，适合吸食花蜜。它们有时从旁边刺破花朵吸食而不为其授粉。经常出现在花园中。

属（1）
种（1）
墨西哥南部至南美洲中西部

保护警报

蓝腰唐纳雀 咔吧尼斯唐纳雀是唐纳雀科超过6种的濒危雀之一。它是一种群居鸟，生活在墨西哥西南部和危地马拉附近。由于那里的森林栖息地和咖啡种植的互相融合，引起了该种的数量下降。

小档案

新大陆莺 也称林莺，是旧大陆莺的对应。尽管叫做莺，但它们的歌声却并不闻名。它们几乎占据了冻原南部的每一个栖息地。

森莺科 该科的鸟是活跃的草籽啄食者，有时形成多种的"互助协会"。每一种鸟进食的方式各不同。大部分在树木上、灌木中或是葡萄藤上建巢。和旧大陆的对应鸟不同，它们的翅膀上只有九根大羽。

属（24）
种（112）
北美洲至南美洲、西印度

羽毛体现性别

大多数新大陆莺羽毛亮丽。在北美洲种类中，繁殖期的雄鸟比雌鸟要漂亮得多，但是在秋季迁徙开始前体色都会变得暗淡。

变化 *该物种雌雄羽毛二态性体现在橙冠虫森莺的雌雄相似性、纹胸林莺的细微重叠和橙尾鸲莺雌雄间的巨大差异。*

保护警报

墨西哥的沼泽居民 墨西哥黄喉地莺（*Geothlypis flavovelata*）仅生活在墨西哥东北部，被列为易危。在这么大的区域内，它们只占据了几块小小的淡水沼泽地。由于养牛场的发展，其栖息地已经开始减少。

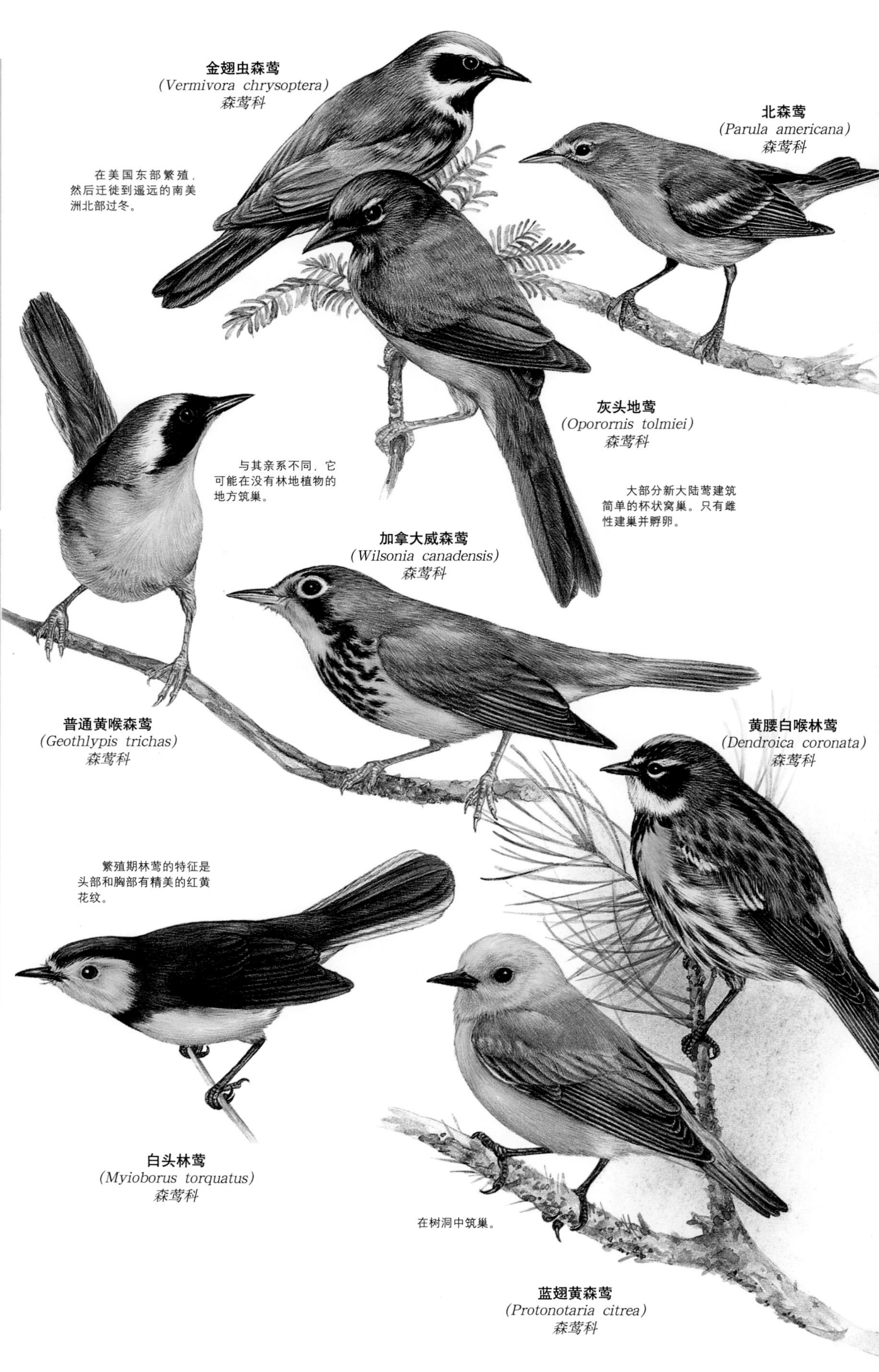

小档案

草鹀、彩鹀和拟鹂 这些鸟或者只限于新大陆，或者来自美洲，随连续几次殖民迁徙分布在旧大陆。它们差异较大，大部分食用种子，利用植物建筑杯状的窝巢。

拟黄鹂科 该科的鸟经常被误认为"美国黑鸟"，是新大陆鸣禽中进化和形态最多样化的鸟。主要生活在热带，只有少数几种为真正的森林鸟，偏爱湿地、沼泽、稀树草原、干燥地区和开阔的林地。雄鸟的体形比雌鸟大得多。

属（26）
种（98）

北美洲至南美洲、西印度

鹀科 该科包括新大陆燕鸟雀和雀，以及旧大陆的草鹀。这些小鸟的喙很短，呈圆锥形，适合捕食昆虫，但是它们更倾向于用昆虫喂食雏鸟。基本为陆栖。大部分羽毛带棕色条纹。雪草鹀的与众不同之处是它们在更北的地方繁殖（格林兰北部）。这些鸟的鸣叫曲调不丰富。

属（73）
种（308）

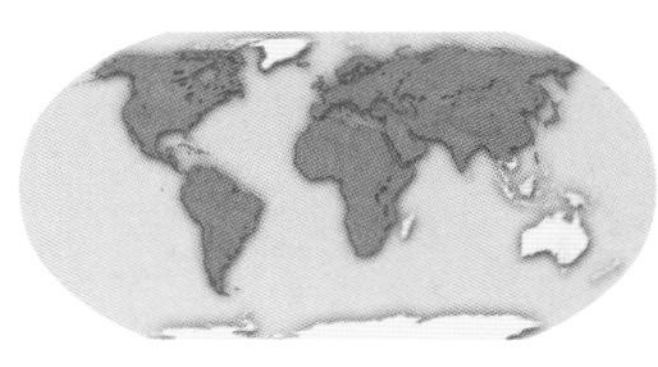

除马达加斯加、印度尼西亚和欧亚大陆外的世界各地

更加突出

彩鹀（如丽彩鹀）比其他草鹀的色彩更加亮丽，尤其是雄鸟的羽毛色彩多样美丽。

保护警报

坏消息 橙头黑鹂（*Xanthopsar flavus*）是拟黄鹂科几种易危鸟种之一。由于外表惹眼，一直被捕来进行宠物贸易。另外，杀虫剂的使用和其他因素也在威胁着它们在草原的栖息地。

喙的进化

鸟喙的大小和形状各异是为了适应它们不同的觅食方法。查尔斯·达尔文提供了令人信服的证据说明这种体态特征并不是一成不变的，会随着时间，根据环境的变化而变化。他认为科隆群岛上的雀类在喙的大小和形状上的差异最为突出，但是它们却来自同一祖先，并且已经做出这种进化，去寻找还没有被其他动物占据的自己的最佳生物定位。有助于某种鸟类繁荣的基因突变可能会一直延续到下一代。这种适应性辐射在遥远的岛屿上最为明显，那里几乎没有来自外部的影响和竞争鸟种。

生产关系 色彩艳丽的夷伊尾鸟（上图）是夏威夷旋蜜雀的一种，它的喙使它能轻松地得到热带花朵上的花蜜。它还经常倒挂着吸食花蜜。

与世隔绝的栖息地 从左到右：夏威夷、科隆群岛、马达加斯加。

快速散播 吃昆虫（H1和H3）或是种子（H2）的特别鸟种发展迅速——在几百万年内覆盖了夏威夷的生物空白。

胃口不同 花蜜专家，如H4进化出长而弯曲的喙，使它们能够到花蜜，而吃种子的鸟，如H5长有强壮的喙，一般能够敲开硬壳。

限制 尽管它们的喙能在夏威夷岛屿上自由进食，但许多旋蜜雀，如H6已经灭绝了。进化改变跟不上引进的敌人和其他威胁的出现。

特殊技能 一种达尔文雀（G1）已经学会了如何用一根仙人掌刺或是一根小木棍从树皮下或树缝里拨出昆虫。最大的地雀（G2）用坚实的喙啄食较大的种子。

差异的彩虹 夏威夷旋蜜雀属于裸鼻雀亚科，包括超过30种（其中许多已经灭绝）鸟。它们的外观和行为各不相同，尽管它们都是来自于同一个鸟种。旋蜜雀的祖先最有可能是欧亚朱雀（*Carpodacus carpodacus*）。它们飞过4000千米的开阔海洋，可能是借助了风暴的力量，几百万年前在这个火山岛上安顿下来。许多旋蜜雀进化出适合某种花朵的喙。图中的夏威夷旋蜜雀（上图）：H1为小绿鸟（*Hemignathus parvus*），H2为雷桑雀（*Telespyza cantans*），H3为冠旋蜜雀或阿可和鸟（*Palmeria dolei*），H4为夷伊尾鸟（*Vestiaria coccinea*），H5为毛伊鹦嘴（*Pseudonestor xanthophrys*），H6为黑监督吸蜜雀（*Drepanis funereal*；灭绝）。

大岛上的多样性 钩嘴鵙科是燕雀中一种多样化的鸟科，仅生活在马达加斯加岛上。科内22种鸟都捕食无脊椎动物或是小型爬行动物，但是它们已经进化很多来适应这个长期与世隔绝的岛屿上的不同的生物，因为这个岛屿上不同的栖息地纬度跨度之宽可以和加利福尼亚相提并论。图中的钩嘴鵙为：M1为弯嘴鵙（*Falculea palliata*），M2为珀式钩嘴鵙（*Xenopirostris polleni*），M3为头盔钩嘴鵙（*Eurycerus prevostii*），M4为红肩钩嘴鵙（*Calicalicus rufocarpalis*），M5为蓝钩嘴鵙（*Cyanolanius madagascarinus*）。

多样化的角色 钩嘴鵙科分工如此之细，科内种的数目和属的数目几乎一样。M1的长喙在荆棘森林中捕食最理想，M2 的喙适合刺入朽木，M4的喙适合在飞翔中和灌木中捕食昆虫。

填补空白 查波特钩嘴鵙（*Leptopterus chabert*；左图）停落在马达加斯加的一根枝条上。这种鸟从落脚处飞起捕食昆虫，或是像林燕那样捕食。

和其他鸟类的相似性 单体的钩嘴鵙和其他地方的同样鸟类填补了生物空白，而发展也和它们相似。比如M3和小角嘴鸟相似。

吸血鸟 G5也叫吸血鬼雀，因为它们会攻击海鸟，吸食它们的血。

全能的小鸟 地雀（G6）的一种进化出较长的喙，能够吃仙人掌的花朵、果实和种子。进食的不同在食物匮乏时非常重要。

同一鸟种 现代基因分析已经证明达尔文是正确的，分析表明，以科隆群岛为基地的14种鸟（现在叫做达尔文雀）事实上来自于同一个鸟种，即一种从南美洲大陆来到那里以种子为食的雀。图中的科隆群岛上的鸟类包括：G1为啄木雀（*Camarhynchus pallidus*），G2为大地雀（*Geospiza magnirostris*），G3为莺雀（*Certhidea olivacea*），G4为面具海鹅（*Sula dactylatra*），G5为利喙地雀（*Geospiza difficilis*），G6为普通仙人掌雀（*Geospiza scandens*）。

少数的捕食者 一只加拉帕戈斯鹰（*Buteo galápagoensis*；右图）在佛纳迪安岛上空盘旋。这是除了雀之外的少数几种陆鸟之一。它们成功地在这些遥远的小岛上安顿下来，是当地的三种猛禽之一。

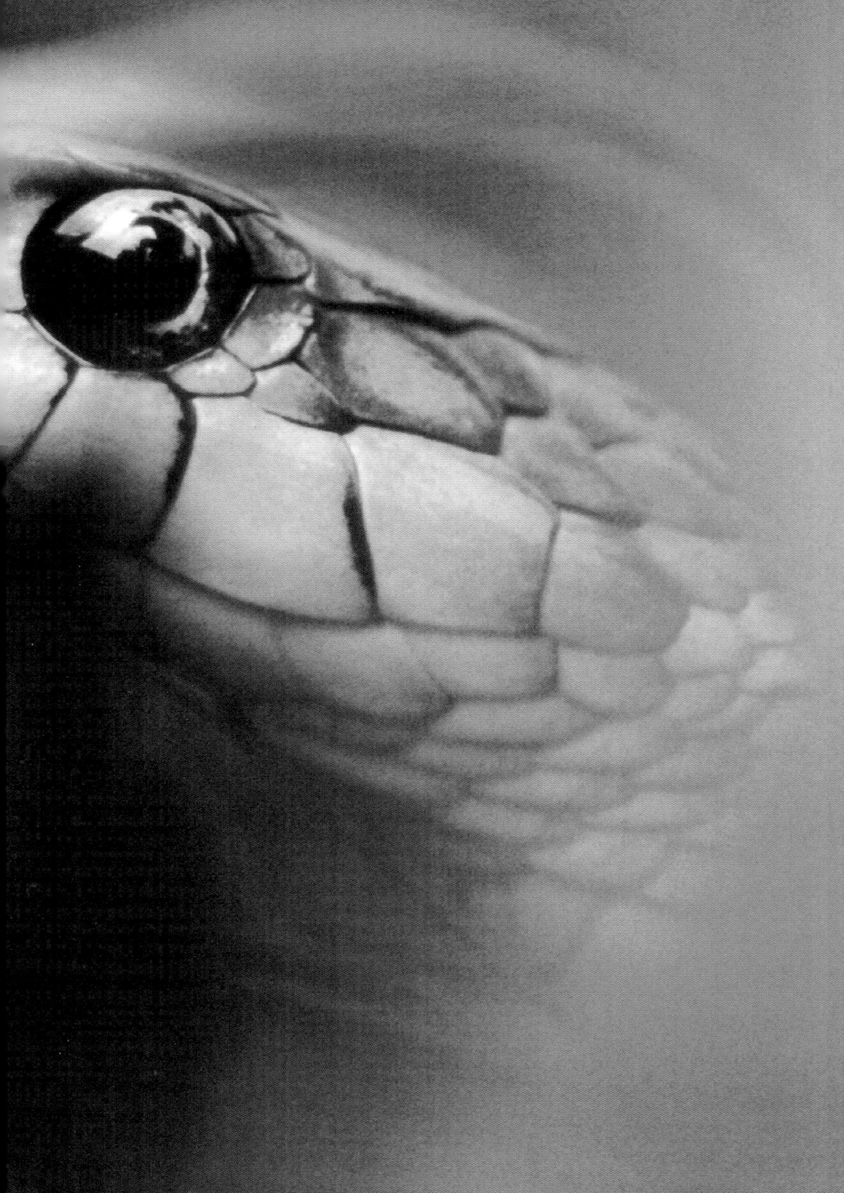

爬行动物

综 述

门	脊索动物门
纲	爬行纲
目	(4)
科	(60)
属	(1012)
种	(8163)

爬行动物一直被认为是逝去的一个时代的遗物，是恐龙时代的幸存者。事实上，爬行动物一直不断地在进化着。现在的物种是由基本的羊膜卵动物分裂为两个血缘分支以后，经过3亿年的进化所形成的产物，这两个血缘分支的一支进化为哺乳动物(下孔亚纲)，另外一支进化为鸟类和爬行动物(双孔亚纲)。双孔亚纲又分为两大类：鳞龙下纲(鳞片爬行动物——蜥蜴、蛇类、蚓蜥和鳄蜥)和初龙次亚纲(鳄鱼、翼龙、恐龙和始祖鸟)。龟类出现在化石纪年大约2.1亿年前。虽然现在爬行动物的骨骼形状和2亿年前的物种相似，但是，今天的爬行动物已经高度发达了。

来自父母的疼爱 某些鳄类保卫自己的巢，并在孵化出小鳄后将它们带入水中，有些甚至和它们的孩子共同生活一年多。

取暖的龟 亚马孙河龟（*Podocnemis unifilis*）排出的盐分吸引了蝴蝶。它们通过晒太阳来提高体温并吸收紫外线，以帮助合成维他命D。这个过程同时可以晒干龟壳，除掉壳上的藻类。

有壳卵

卵是一个封闭的系统——水、营养物质，以及无用成分一直被储存到孵化的那一刻，这使爬行动物可以不依赖水并侵入陆地。所有的卵都需要呼吸，它们的壳上有微小的毛孔以便氧气进入。有些卵的壳是可以渗透的，如果它们没有被埋在潮湿的地方，就会脱水。为了避免脱水，有些物种进化为产厚壳的卵。有时候，蛇和蜥蜴将卵保存在体内，并在母体内发育。对于卵的不同的处理方式导致了蜥蜴类和蛇类进化为胎生，即将大粒的带蛋黄的无壳卵保留在输卵管内直到孵化。这样，在母体和胎儿之间就会有营养交换，最终形成胎盘。

体内受精是将爬行动物从水中生活解放出来的一种方式。蜥蜴和蛇有两个起作用的交配器，鳄蜥的交配器官与自己的泄殖腔相邻，而龟类和鳄类则有着可以体内射精的阴茎。

慢慢发展的不渗水的皮肤使得爬行动物有机会永远生活在水外而不会脱水，它们的表皮以相反的方向辐射——如赫拉毒蜥身上的皮肤颗粒、鬣蜥的鸟冠、蛇身上的龙骨、响尾蛇的响尾、龟背上的龟甲，以及鳄鱼身上的甲片。各种爬行动物皮肤的透气性和透水性分别有所不同。

陆地上的温度比水中变化得快，所以，爬行动物必须发展一套行为构造来控制它们主体的体温，以便可以进行酶的处理。和哺乳动物不同，大多数爬行动物并不通过燃烧卡路里来维持体温，而是通过自己的行为来调节，如清晨晒太阳，中午躲在阴影中或地下，在炎热的环境里只在夜间活动。许多行为方面、结构方面和身体构造方面的进化发展使得爬行动物能比哺乳动物更高效地运用能量。

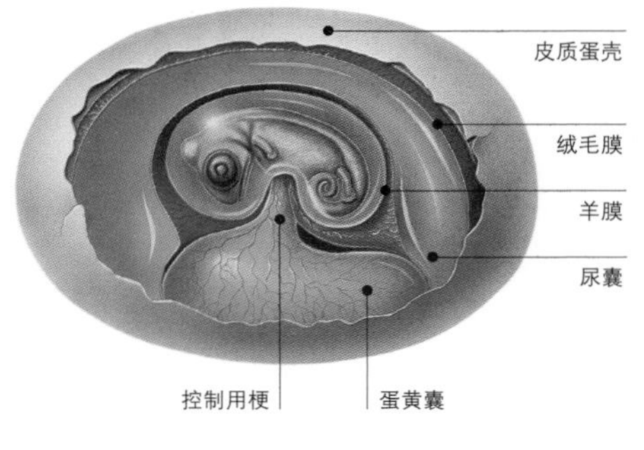

爬行动物的胎儿 胎儿通过壳上毛孔附近的血管吸收氧气，无用的成分被储存在尿囊里，羊膜维持卵内的水分平衡，同时起到减震器的作用。胎儿靠吸收蛋黄囊提供的能量、蛋壳过滤后的氧气，以及皮质蛋壳所吸收的水分生长。

多刺 多刺的蜥蜴是蜥蜴世界里的豪猪。由于它们身体的每一部分都覆盖着尖刺，包括蛇和蜥蜴在内的许多肉食动物都不会动它们，但是，某些王蜥（巨蜥科）却能将它们吞下肚后继续存活。

陆龟和海龟

纲	爬行纲
目	龟鳖目
科	(14)
属	(99)
种	(293)

陆龟和海龟的壳由连接在一起的肋骨和骨头组成，骨盆和胸都连在其内，这种情况在脊椎动物中是绝无仅有的。最先表明这种特点的化石出现在2.2亿年前的三叠纪时期，那时正是恐龙在地球上漫步的时期。自那时起，龟壳的花纹经历了各种各样的变化。非洲饼龟的壳扁平灵活，可以轻松插入岩石裂缝中，然后开始膨胀，这样不会被敌人拉出来。软壳龟缺少坚硬的壳，但它们的头部覆盖着光滑的皮质外壳，能提升它们的速度。对于海龟是不是从不同于爬行动物的另外一个血统分支进化而来的，人们至今仍有争议。

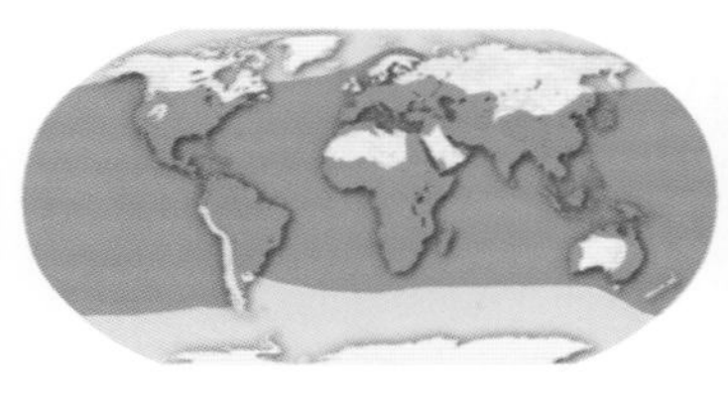

分布 除了南极洲，所有的大陆和海洋中都有海龟的身影：241种海龟已经适应了淡水，陆龟45种，只有7种海龟生活在海洋中。

鞍背巨龟 加拉帕戈斯象龟（上图）的龟甲酷似鞍背。由于交配成功率的提高，在比较干燥和贫瘠的科隆群岛上，这种情况更常见于成年雄龟。

皮龟的幼龟 皮龟（龟背是皮质的）几十年中每年在6个巢中产卵200枚。上图中的幼龟刚刚通过第一关：在2个月的沙滩孵化期里没有被在海滩上到处觅食的肉食动物发现。现在，它必须面对海洋里的更多危险。

海龟龟骨 海龟的龟壳外覆盖有一层表皮鳞片（通常龟甲上38片，龟板上16片），在表皮下支持身体的是由一层连接在一起的肋骨组成（即龟板）的，脊椎骨和龟甲内部相连接。

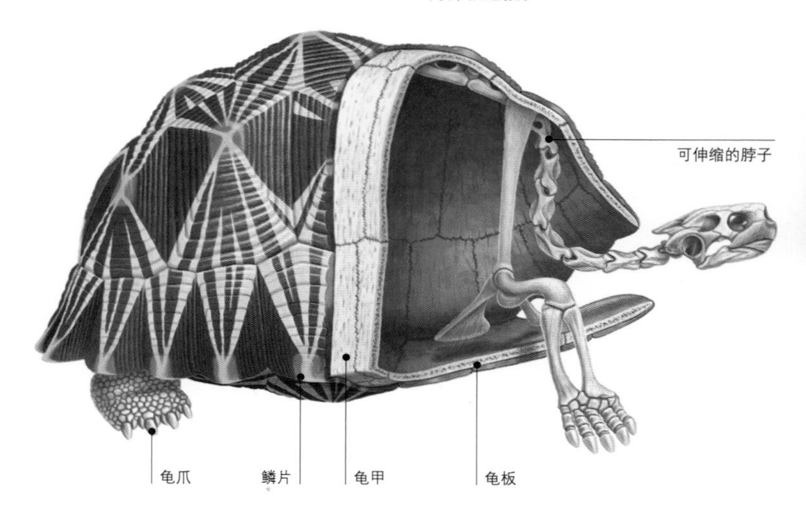

畅游的海龟 海龟的前肢已经进化为可以同时划动的桨状的蹼，使海龟游动时看起来像是在飞而不是在游。海龟在水中如此自如，它们除了回巢，几乎不离开海水。而淡水龟轮流使用四肢在水中游动。

进化的回报

除了龟壳，海龟和陆龟还逐步形成许多独一无二的特点，如海龟的肌肉可以承受高度的乳酸，快速游动后不会感觉疲劳，它们还在自己巨大的膀胱内储水保持浮力。

海龟和陆龟既是肉食动物，又是草食动物，还是谷食、腐食动物。有些龟通过内脏肠道群菌来消化植物细胞，还有些龟则是种子的播撒者，木龟用前足在地上重重地拍打，将蚯蚓震出地面后吃掉。

有些海龟和淡水龟在几天之内将窝建在同一个沙滩上。这些聚集在一起的数目庞大的窝叫做阿里巴达斯。它们渐渐以繁多的数目压倒那些当地的肉食动物——对那些觅食者而言，要吃掉所有的龟卵或母龟是不可能的。这种成功的对策使海龟得以存活几百万年。现在，由于有了人类的帮助，三分之二的海龟物种生活在国际自然与自然资源保护联合会的监控之下。

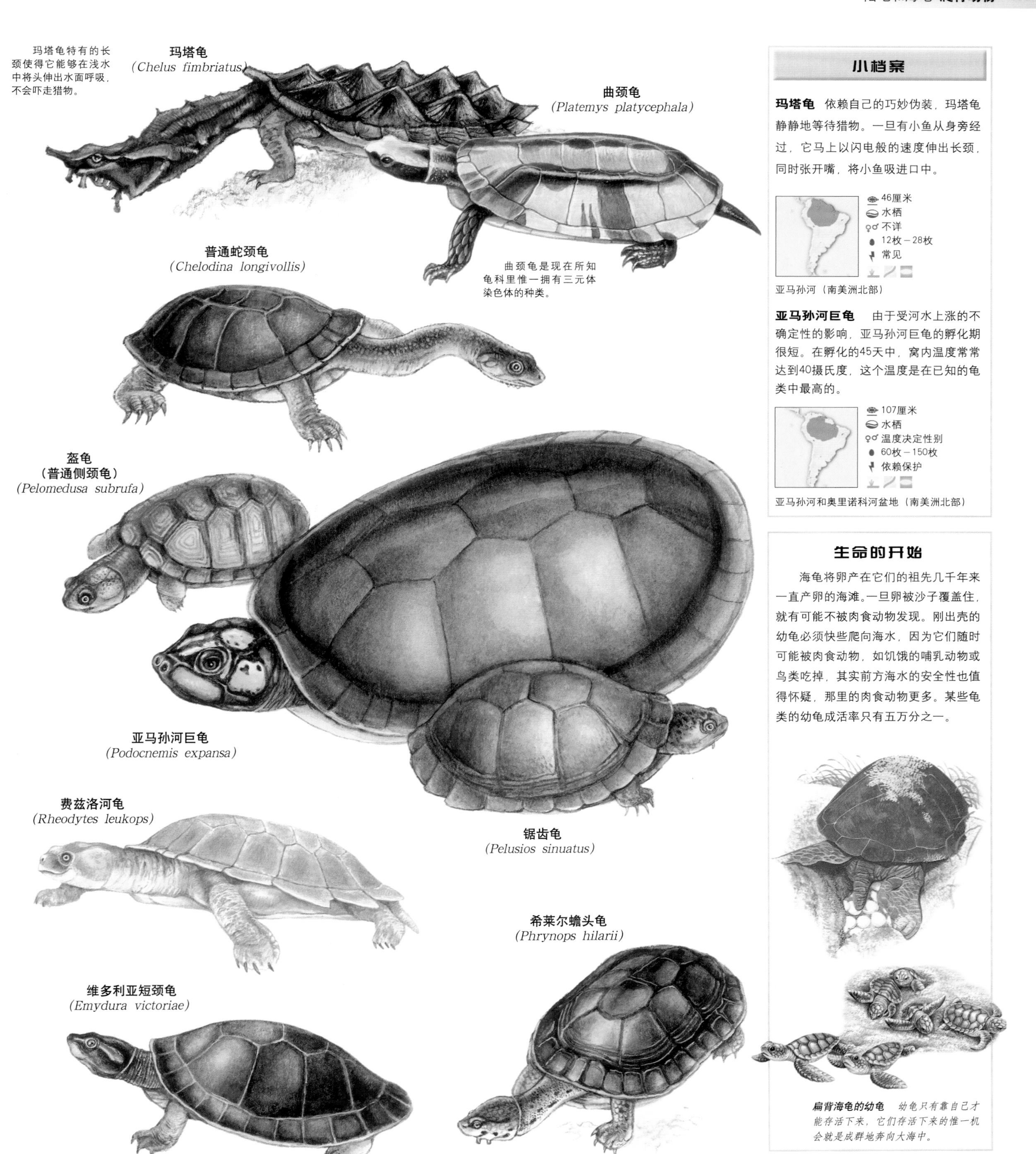

小档案

玛塔龟 依赖自己的巧妙伪装，玛塔龟静静地等待猎物。一旦有小鱼从身旁经过，它马上以闪电般的速度伸出长颈，同时张开嘴，将小鱼吸进口中。

46厘米
水栖
不详
12枚－28枚
常见

亚马孙河（南美洲北部）

亚马孙河巨龟 由于受河水上涨的不确定性的影响，亚马孙河巨龟的孵化期很短。在孵化的45天中，窝内温度常常达到40摄氏度，这个温度是在已知的龟类中最高的。

107厘米
水栖
温度决定性别
60枚－150枚
依赖保护

亚马孙河和奥里诺科河盆地（南美洲北部）

生命的开始

海龟将卵产在它们的祖先几千年来一直产卵的海滩。一旦卵被沙子覆盖住，就有可能不被肉食动物发现。刚出壳的幼龟必须快些爬向海水，因为它们随时可能被肉食动物，如饥饿的哺乳动物或鸟类吃掉，其实前方海水的安全性也值得怀疑，那里的肉食动物更多。某些龟类的幼龟成活率只有五万分之一。

扁背海龟的幼龟 *幼龟只有靠自己才能存活下来，它们存活下来的惟一机会就是成群地奔向大海中。*

小档案

绿海龟 绿海龟能从它们的觅食地长距离游到产卵的海滩。它们以在浅水中浸泡的植物为食。成年绿龟基本上以草为食，而未成年的绿龟更倾向于以肉为食。

- 1.5米
- 水栖
- 温度决定性别
- 50枚－240枚
- 濒危

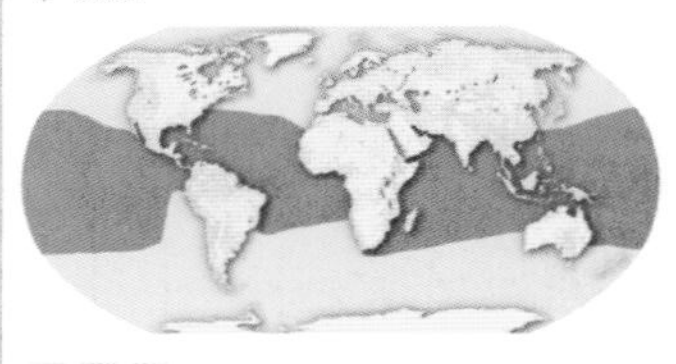

北大西洋西部、美国北部至阿根廷

橄榄丽龟 橄榄丽龟的特征为阿里巴达斯式建窝。大部分橄榄丽龟两三天内在同一个海滩建窝。每年在印度奥里萨邦的阿里巴达斯中有超过100,000只橄榄丽龟建窝。

- 79厘米
- 水栖
- 温度决定性别
- 30枚－168枚
- 濒危

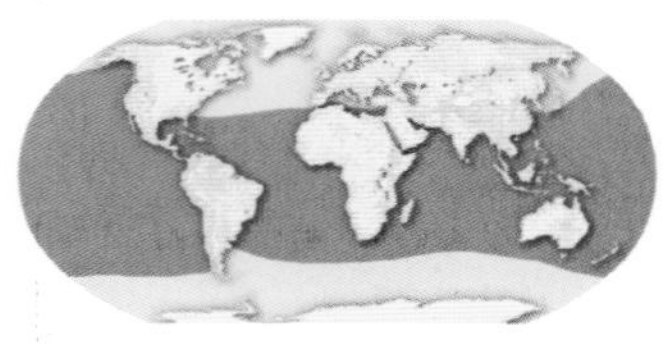

太平洋、印度洋、大西洋、 南美洲北部和西非

龟壳形状

陆龟龟壳很圆，可以保护它们不受肉食动物的袭击，同时还有利于储水。塘龟的外壳更趋流线型，可以减少游动时的阻力。半陆地龟也有较圆的壳来保护自己不受肉食动物的袭击。海龟龟壳的形状使其减少在水中划动时遇到的阻力。

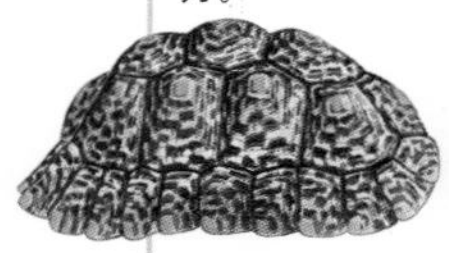

陆龟

半陆地龟

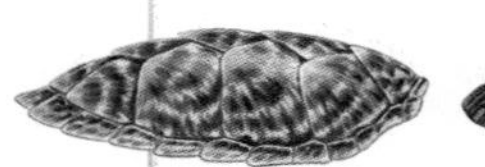

海龟

塘龟

恒河软壳龟
(Aspideretes gangenticus)

印第安扁壳海龟
(Lissemys punctata)

澳大利亚猪鼻海龟
(Carettochelys insculpta)

多刺软壳海龟
(Apalone spinifera)

尼罗河软壳海龟
(Trionyx triunguis)

尼罗河软壳海龟通过咽喉呼吸与皮肤过滤来吸收所需要的大量氧气。

滑软壳海龟
(Apalone mutica)

小档案

恒河软壳龟 它们是非常重要的清道夫。它们以在火葬仪式中被扔进恒河中的人类遗体为食，从而降低了恒河的污染程度。

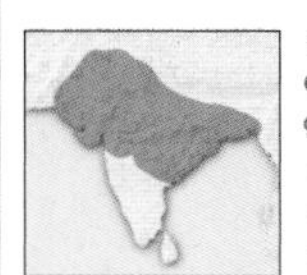

71厘米
水栖
♀♂ 不详
25枚－35枚
易危

印度北部、巴基斯坦西北部、孟加拉国和尼泊尔

热量与性别

正如大多数脊椎动物那样，某些海龟的性别是由基因决定的（这种情况被称作GSD，即基因决定性别）。在人们研究过的大多数海龟中，包括一些蜥蜴、所有的鳄鱼类和鳄蜥，它们的性别是由孕育时的温度决定的（这种情况被称作TSD，即温度决定性别）。孕育中间第三个时期的温度决定生下的小海龟的性别。如果温度极低或极高，生下的将是雌龟；如果温度适中，则为雄龟。因此，雌龟可以通过选择产卵地来控制后代的性别：得到充足阳光的窝巢将会生下雌龟，而在阴影中建巢就会生下雄龟；夏天最初的幼龟为雌性，而秋日最后的幼龟为雄性。

木海龟的幼龟

木海龟是龟科中少见的几种基因决定性别的北美洲海龟之一，其他大多数海龟是由温度决定性别的。

保护警报

在国际自然与自然资源保护联合会的《濒危物种红色名录》上，龟鳖目的198个物种的保护等级分类如下：

- 7种灭绝
- 1种野外灭绝
- 25种极危
- 46种濒危
- 57种易危
- 1种依赖保护
- 41种近危
- 13种数据缺乏
- 7种无危

小档案

菱背龟 惟一生活在微咸沼泽中的海龟。因其在美食者的餐桌上大受欢迎，曾一度濒临灭绝。

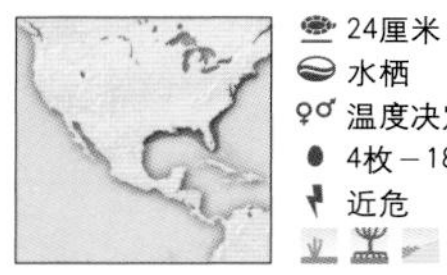

24厘米
水栖
温度决定性别
4枚－18枚
近危

美国东海岸地区和海湾海滨

圆环锯背龟 生长于快速流动的水中，以水里的昆虫幼虫为食。由于珍珠河的污染，它们已经处于濒危状态，宠物交易和打靶练习也使其数量减少。

21厘米
水栖
温度决定性别
4枚－8枚
濒危

美国密西西比河、珍珠河

欧洲塘龟 孕育温度为24℃—28℃时，只产下雄龟，而在30℃时，96%的幼龟为雌性，如果温度更高，只产雌性。

20厘米
水栖
温度决定性别
3枚－16枚
常见

欧洲南部和亚洲西部

彩龟 春天，这种适应寒冷气候的海龟会在冰块下游动，同时在冰流中交配。幼龟在巢内过冬，温度达-4℃也不会冻坏。

25厘米
水栖
温度决定性别
4枚－20枚
常见

美国东部和海岸地区

甜甜圈龟 彻底的草食动物。它们经常在漂浮的圆木上晒太阳，以提高自己的体温，促进消化。晒太阳还有助于去除壳和四肢上的真菌和藻类。

43厘米
水栖
温度决定性别
6枚－28枚
常见

美国东南部

梨沟木纹龟
(*Rhinoclemmys areolata*)

印度棱背龟
(*Kachuga tecta*)

黄喉拟水龟
(*Mauremys caspica*)

马来亚箱龟
(*Cuora amboinensis*)

马来亚食蜗海龟
(*Malayemys subtrijuga*)

建巢于海滩上的淡水海龟之一。幼龟可以在海水内存活至少2周。

斑点塘龟
(*Geoclemys hamiltoni*)

黑胸叶海龟
(*Geoemyda spengleri*)

河鳖
(*Batagur basca*)

彩鳖
(*Callagur borneoensis*)

几乎仅以陆地植物为食。

小档案

河鳖 在繁殖季节，即每年的9月到11月，雄龟头部的颜色一直在变化。鼻孔变为蓝色，虹膜变为白色，头部变为深黑色，颈部和前肢分别变为深红和黑色。沙矿开采正在破坏这种海龟喜爱在其上筑巢的海滩。

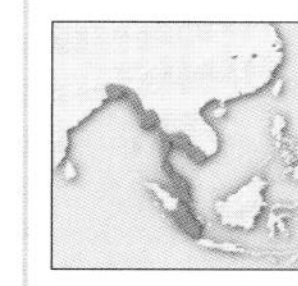

60厘米
水栖
♀♂ 不详
12枚－34枚
极危

印度东部、孟加拉国到缅甸、泰国、柬埔寨和印度尼西亚

彩鳖 彩鳖卵的价格为鸡蛋的五倍，因此成为开发的目标。人们对其栖息地的破坏也加剧了彩鳖的衰落。现仅在一两条河中栖息有一百多只卧巢雌龟。

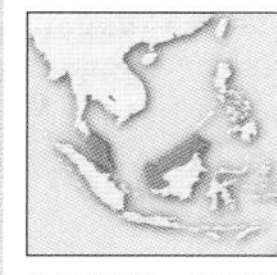

76厘米
水栖
♀♂ 不详
10枚－15枚
极危

泰国南部、马来西亚、苏门答腊和加里曼丹岛

腿部的改变

根据海龟腿部、脚和爪子的形状，可以推断出它们所适应的栖息地，但是，它们现在并不一定仍然栖息在那里。

__海龟__ 海龟的前肢符合气体动力学原理，利于在水中游动。脚趾在鳍状肢内连在一起，趾间无蹼。

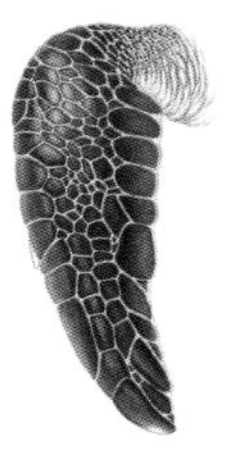

__陆龟__ 陆龟的腿主要用来在陆地上负重行走，而不是用来游动。腿部有装甲般的鳞片、大象般的无蹼脚趾和用来支撑体重的扁足。

__塘龟__ 腿部呈微桨状，以便在水生植物中游动，同时可以在陆地上行走。脚趾间有蹼，并长有长长的爪子一样的脚趾甲，以便爬上圆木晒太阳时产生牵引力。

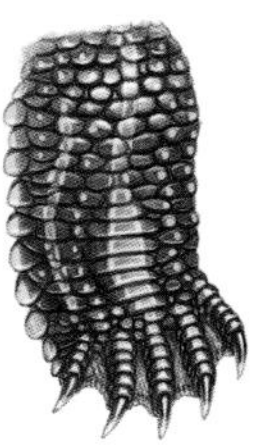

小档案

豹龟 在求偶季节，雄龟追在雌龟身后，使它顺从自己。交配后，雄龟伸长脖颈，发出低吼。在5月至10月间，雌龟产卵5次－7次，每次产5枚－30枚。

68厘米
陆栖
不详
5枚－30枚
常见

苏丹南部、埃塞俄比亚至非洲南部

非洲帐篷龟 9月到10月做窝，每年产卵1次，产下最多3枚椭圆形卵。卵在4月到5月孵化。幼龟长2.5厘米。

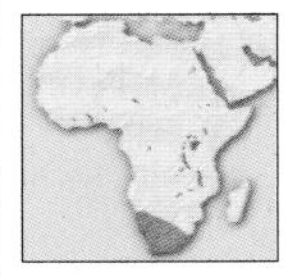

16厘米
陆栖
不详
1枚－3枚
常见

非洲西南部至好望角（南非）

得克萨斯龟 以仙人掌的果肉、花朵和果实为食。在芝华环大沙漠中，它们清晨出来活动，而当正午天气变得炎热时，它们则躲在阴影里或洞穴中休息。

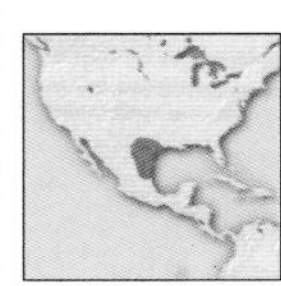

22厘米
陆栖
温度决定性别
1枚－4枚
易危

美国得克萨斯南部至墨西哥北部

求　偶

为确保种内交配，求偶发生在共域的海龟中。雄龟爬到雌龟对面，振动头部或是用前爪为雌龟面部搔痒。不同的海龟振动的次数和长度不同。

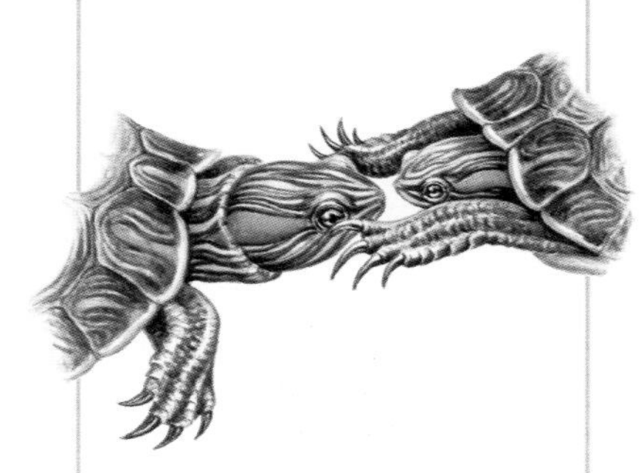

给雌龟搔痒 *红耳滑板龟的雄龟体形比雌龟小。求爱的雄龟在雌龟头部一侧振动前爪，如果每分钟振动的次数正确，雌龟就将接受雄龟作为交配对象。*

小档案

拟鳄龟 因其能迅速向侧前方伸出颌咬食食物而闻名，这种能力是为方便捕食小龙虾并保护自己而做的改变。它们是杂食性动物，以甲壳类动物、腐臭的鱼、鸭藻和水生植物为食。

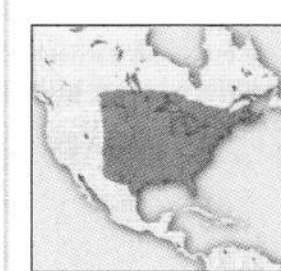

48厘米
水栖
温度决定性别
25枚－96枚
常见

加拿大南部、美国东部和中部

大鳄龟 北美洲最大的海龟，正被制汤业逼向灭绝边缘。直到最近，用这种珍稀动物做成的红白色的罐头还可以在美国杂货商店的货架上找到。

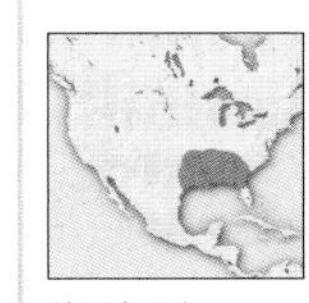

80厘米
水栖
温度决定性别
8枚－52枚
易危

美国东南部

中美洲河龟 这种水栖的海龟很少离开水，即使到自己的窝去。它们经常在低于水线的河岸做窝挖穴。卵直到河水低于窝时才开始孵化。

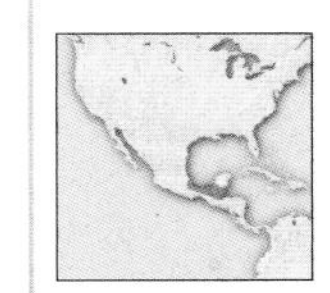

66厘米
水栖
温度决定性别
8枚－26枚
濒危

墨西哥南部、危地马拉和伯利兹

伪　装

大鳄龟是伪装大师。它轻轻拍动脖颈上垂下的松弛的皮肤和长在壳上的如丝的海藻，混迹于圆木和植物中，随时等待对猎物发动袭击。只是它的粉红色诱饵看起来有点突兀。

大鳄龟 *在河流或湖泊的底部大张着嘴巴，用它特有的亮粉色的诱饵钓食猎物。*

死亡线

在过去的5年中，海龟数量锐减，为此，龟类拯救联盟（*TSA*）成立了，以便观察并试图改变这种趋势。龟类拯救联盟选出25种濒危绝种龟类，以提高人们对这个问题的认识。这些龟类大多生活在生物高度多样性的地区，而这些地区对于其他很多生物来说也是重要的栖息地。由于当地的过度开发，宠物的栖息地情况恶化，龟类处于危险境地。这些龟类中只有5种是因为栖息地情况恶化而处于危险境地——25种中的15种因为人类的过度开发正处于濒危边缘。

面临绝境 濒危的牟氏龟仅生长于皮得蒙特高原和美国阿巴拉契亚山脉的依赖地下水的牧场和酸性湿地中，由于栖息地的破坏和分裂，以及宠物贸易，使其数量大减，而通过创建保护区可以减缓灭绝的速度。

数量减少 现在的野生犁铧龟（下图）不足400只，仅生活于马达加斯加东北部的百利湾附近。由于当地的食物消耗、宠物贸易和栖息地情况恶化，使得它们的数量越来越少。犁铧龟的名字来自于其长长的一直延伸到头部的颈甲，它是雄龟用来战斗的武器。

孤独的巨人 加拉帕戈斯象龟曾经有15种来自不同岛屿的品种，其中一些已经灭绝，现在仅存一种阿宾顿岛龟（*Geochelone nigra*）。人类的捕食和野生的哺乳动物对其有很大的危害。

快速衰落 由于人们对卵和成龟的捕猎，马来亚河龟（上图）在印度支那的大部分地区已经绝迹。自2001年以来，在柬埔寨有很小一部分受到保护，并于2002年放生了30只幼龟。澳大利亚的玛丽河龟（*Elusor macrurus*）虽然也处于灭绝边缘，但由于适当的保护而获救。

世界濒临灭绝龟类

1. 中美洲热点地区
   中美洲河龟
   (*Dermatemys mawii*)
2. 厄瓜多尔寇寇西部廊道热点地区
   哥伦比亚蟾头龟
   (*Batrachemys dahli*)
3. 地中海盆地热点地区
   埃及陆龟
   (*Testudo kleinmanni*)
4. 马达加斯加和印度洋岛屿热点地区
   马达加斯加大头龟
   (*Erymnochelys madagascariensis*)
   犁铧龟
   (*Geochelone yniphora*)
   扁尾龟
   (*Pyxis planicauda*)
5. 卡鲁多肉植物热点地区
   斑点鹦嘴龟
   (*Homopus signatus cafer*)
6. 南开普敦植物角热点地区
   几何陆龟
   (*Psammobates geometricus*)
7. 印度－缅甸热点地区
   印度纹背鳖
   (*Chitra chitra*)
   中国三线箱鳖
   (*Cuora trifasciata*)
   缅甸山龟
   (*Heosemys depressa*)
   缅甸星龟
   (*Geochelone platynota*)
   缅甸高背龟
   (*Kachuga trivittata*)
   叶龟
   (*Mauremys annamensis*)
   长江斑鳖
   (*Rafetus swinhoei*)
8. 桑达兰岛热点地区
   巴达库尔龟
   (*Batagur baska*)
   彩鳖
   (*Callagur borneoensis*)
9. 菲律宾热点地区
   菲律宾山龟
   (*Heosemys leytensis*)
10. 华莱氏热点地区
    罗地岛长颈龟
    (*Chelodina mccordi*)
    苏拉威西山龟
    (*Leucocephalon yuwonoi*)
11. 澳大利亚西南部热点地区
    澳大利亚短颈龟
    (*Pseudemydura umbrina*)

鳄

爬行纲
鳄目
(3)
(8)
(23)

短吻鳄、凯门鳄、鳄鱼、食鱼鳄都属鳄目，血统属于初龙下纲一支。初龙下纲包括恐龙和鸟类。鳄目与鸟类的关系比和其他爬行动物的关系更密切，自三叠纪时期以来，它们已经存在了2.2亿年。它们能存活如此之久，部分原因是由于它们在自己的领域中处于水栖捕食者的顶端。由于鳄目的体形基本上没有变化，它们经常被称为活化石，但是，这些动物已经进化了几百万年，和它们在恐龙时代的祖先已经大不相同。和大多数爬行动物不同，鳄目物种很爱发出声音，尤其是在求偶季节。

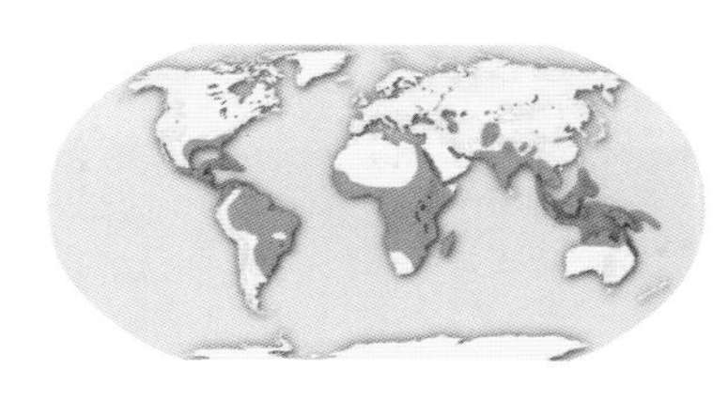

分布 鳄目分布在热带、亚热带和温带地区：如南亚的恒河鳄科，北美洲东部、中美洲和南美洲，以及中国东部的短吻鳄科。鳄科生活在非洲、印度、印度尼西亚、澳大利亚、南美洲北部、中美洲和西印度群岛的河口及淡水河流中。

尼罗鳄幼鳄 要孵化的时候，幼鳄在蛋内发出声音，母鳄做出反应，将蛋上的覆盖物刮去。孵化时，母鳄轻轻地将蛋放在嘴内的小袋里吞咽数次，然后再放到湿地里。

尼罗鳄 尽管长相凶恶，但尼罗鳄基本以鱼类为食。身长超过1米的尼罗鳄主要吃那些以人类食用鱼类为食的鱼类。维持这种鳄鱼的野生数量，将会有助于当地的鱼类产业。

保护警报

在国际自然与自然资源保护联合会的《濒危物种红色目录》上的鳄目的品种有14种，如下所示：

- 4种极危
- 3种濒危
- 3种易危
- 2种依赖保护
- 1种数据缺乏
- 1种无危

鳄鱼的步态 虽然鳄鱼基本上是水栖的，但它们可以使用四肢在陆地行走，使用尾巴在水中游动。在陆地上，它们的球窝连接的脊椎使其可以有不同的步态。

同类相食和保护

鳄类的身躯为拉长了的圆柱形，四肢粗短有力，尾部为侧扁形。脖颈粗短，头盖骨巨大，带牙的颌极具特色。虽然鳄类在岸上晒太阳并建窝，但它们依然是水栖生物。

鳄类为卵生，体内授精，每次产卵通常为12枚－48枚，现在研究的所有品种均为温度决定性别的。温度极高或极低时产下雌鳄，只有很小范围内的适中温度时会产下雄鳄。

卵被产在用植物筑成的巢里或是挖在沙地的窝中。在何处建窝会决定幼鳄的性别。某些种类的雄鳄和雌鳄会保卫自己的窝。某些种类的雌鳄能对即将孵化的幼鳄的哼哼声做出反应，帮它们弄开巢穴。母鳄还会用嘴将幼鳄叼入水中，用土堆出一个小池塘，作为幼鳄的活动场所。

在幼鳄出生后的头2个月，母鳄会保护它们。雄鳄会为了保护自己的地盘和食物供应而杀死它们地盘内的雄性幼鳄，所以，母鳄常常会保护幼鳄不受它们父亲的攻击。雌性美洲鳄经常会和幼鳄在巢边一起生活1年－2年。

小档案

密西西比鳄 此种鳄鱼数量在20世纪50年代已经很少，于1967年被列为濒危保护动物。20年中，其数量已经恢复到800,000只。现在，为了控制其数量，已经允许人们对其进行狩猎活动。

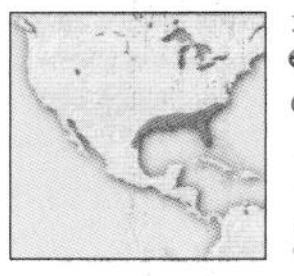

5.8米
水栖
卵生
10枚－40枚
常见

美国西南部

黑凯门鳄 此种鳄最近在巴西被从濒危名单上除去了。对其超过10年的保护非常成功，其数量恢复很快，而另一个对其进行持续保护的计划正在执行。

6米
水栖
卵生
35枚－50枚
依赖保护

亚马孙河盆地（南美洲北部）

扬子鳄 此类鳄一生大部分时间都呆在水下的洞穴中。它们利用地上和地下的水洞来建造洞穴，并留出气孔洞用来呼吸。

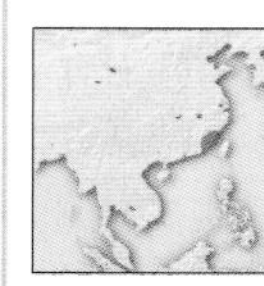

2米
水栖
卵生
10枚－40枚
濒危

中国长江流域

短吻鳄的活动

短吻鳄经常以水鸟巢下的鱼类为食。偶尔为了换换口味，它们还会利用尾巴的推进力跃向水鸟，发动袭击。它们可以达到惊人的速度和高度，常常看起来好像是在用尾巴行走。

小档案

美洲鳄 此物种曾经数量很多，分布广泛，但是，在许多区域，由于鳄皮交易和栖息地受到破坏，现在它们已经濒临灭绝。由于栖息地的流失和人们的持续狩猎，此物种的数量还未恢复。

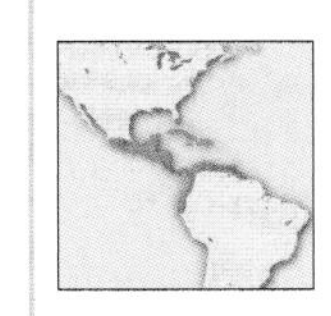

7米
水栖
卵生
30枚－40枚
易危

美国佛罗里达南部、墨西哥至哥伦比亚、厄瓜多尔。

尼罗鳄 12年－15年进入成熟期，身长1.8米－2.8米。雌鳄保护巢穴，在孵化时打开巢穴，并将幼鳄携带入水。父母双方都会保护幼鳄达2个月。

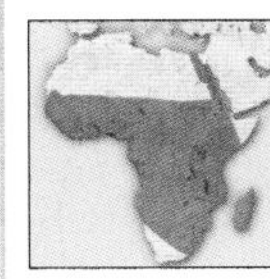

6米
水栖
卵生
16枚－80枚
常见

非洲撒哈拉沙漠以南地区

骨骼构造

鳄目物种对水栖生活有不同的适应方式。眼睛的位置、耳朵的开向，以及位于身体最高部位的鼻孔，使它们能紧贴并隐藏于水面下慢慢接近猎物。次颌使它们能够闭嘴呼吸。在它们张开下颌捕食猎物时，喉部的皮瓣可以防止水进入咽喉。

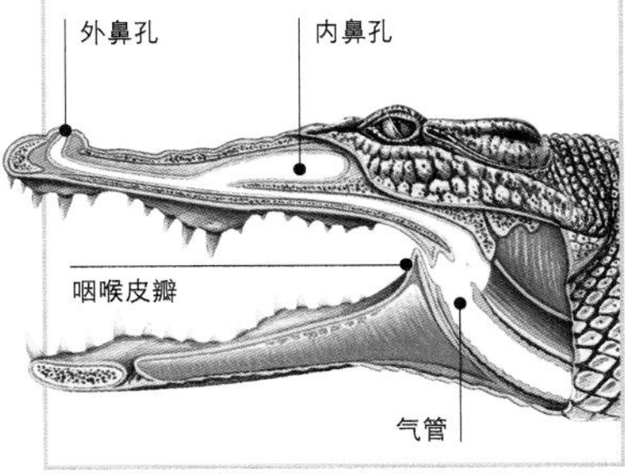

保护警报

时尚的牺牲品 鳄目中有15个物种的皮被作为奢侈品销售，这对它们的野生数目有负面的影响。同时，由于高费用、低需求和低价格，鳄鱼牧场正在渐渐消失。从长远看来，应该对野生鳄类进行持续保护。

楔齿蜥

纲	爬行纲
目	喙头目
科	楔齿蜥科
属	楔齿蜥属
种	(2)

楔齿蜥经常被称为“活化石”，现仅分布在新西兰的某些岛屿上。2.25亿年前，它们的祖先和恐龙一起漫步，6000万年前，与其同祖的其他物种已经灭绝，仅有楔齿蜥存活下来。楔齿蜥的牙齿排列独一无二：下颌的一排牙齿紧紧咬在上颌的两排牙齿之间。蜥蜴的耳朵开向可清楚看到，而楔齿蜥的耳朵开向则看不到。

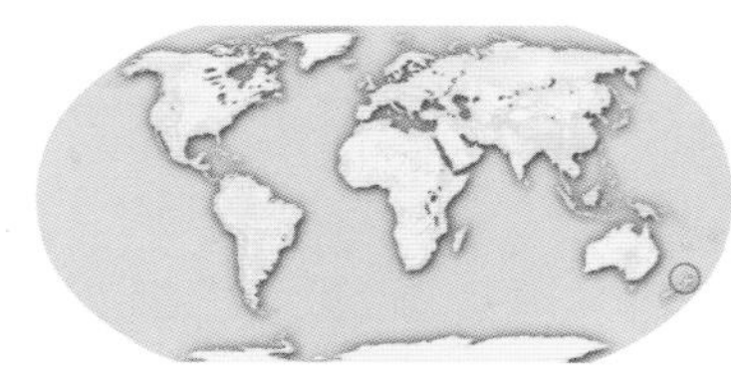

分布 大约400只斑点楔齿蜥生活在新西兰的北布拉泽岛，超过60，000只斑点楔齿蜥生活在离新西兰北部岛东北海岸以外的大约30个岛屿上。

斑点楔齿蜥
(Sphenodon punctatus)

楔齿蜥 楔齿蜥的名字来自毛里语，意为“背上的高峰”，指的是背部的嵴。楔齿蜥持续生长35年，寿命可达100多岁。性别由孕育时的温度决定。

蚓　蜥

纲	爬行纲
目	有鳞目
亚目	
蚓蜥亚目	
科	(4)
属	(21)
种	(140)

这些有鳞无足动物的胸和骨盆带已经退化，有环形鳞片和短尾。蚓蜥有高度骨化的头盖，可以用来挖洞。它们的大脑周围是前额骨。蚓蜥的右肺更小一些，而其他的无足蜥蜴或蛇类的左肺更小一些。4个虫蜥蜴科中有3种没有足，而其余的都有扩大的前肢，有助于运动和挖掘。

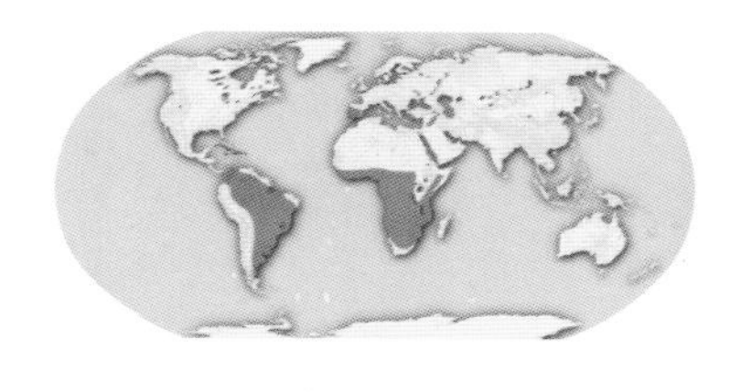

分布 蚓蜥生活在北美洲南部的热带和亚热带地区、南美洲到巴塔哥尼亚、西印度群岛、非洲、伊比利亚半岛、阿拉伯地区和西亚。

虫蜥蜴的铲形鼻 下图所示为虫蜥蜴如何用头部抵住隧道的顶部而将其拓宽。虫蜥蜴的上下牙齿巨大，并且环环相扣，可以抓住猎物将其拖进自己的洞穴。

双头无足蜥蜴 蚓蜥常被错误地称作双头蛇，其尾部生来就是为了模仿头部来迷惑潜在的捕食者的。尾部所受的伤要比头部所受的伤容易复原。

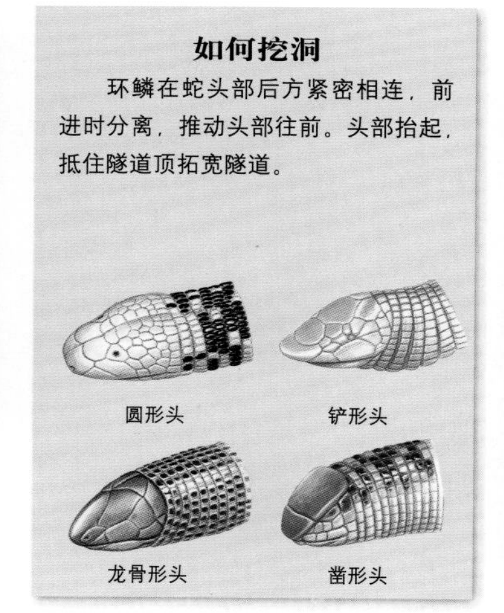

蜥 蜴

纲	爬行纲
目	有鳞目
亚目	蜥蜴亚目
科	(27)
属	(442)
种	(4560)

今天，蜥蜴几乎占领着除了南极洲和北极某些区域以外的大部分陆地。在白垩纪末期，大约6500万年前，当恐龙和大型的爬行动物灭绝的时候，蜥蜴存活了下来。蜥蜴现在是爬行动物的最大种群，有超过4000个物种。虽然最大的蜥蜴——柯莫多巨蜥的身长可达到惊人的3米，但是，只有很少的蜥蜴身长超过30厘米，这也是它们能存活至今的一个原因。蜥蜴喜欢呆在特定的适合其居住的地方， 山川及水流都是它们行动的极大障碍。

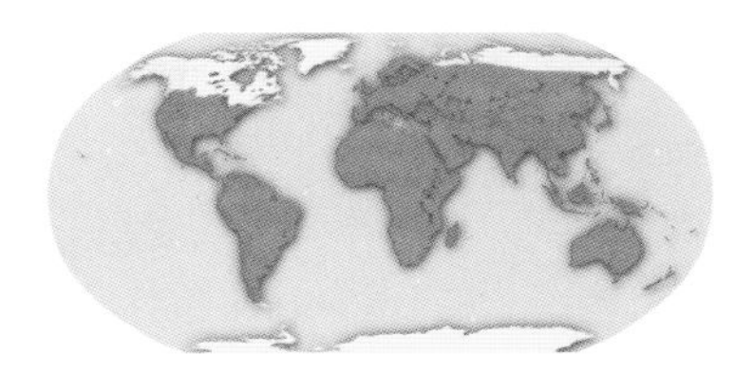

分布 蜥蜴的足迹从新西兰到挪威，从加拿大南部到火地岛均可见到，它们也生活于世界海洋中的许多岛屿中，惟一没有它们足迹的地方就是南极洲。

蜥蜴四肢着地，做出威胁对方的姿势。

背部弓起，眼睛直视前方。

后腿离地，跳起发动攻击。

保卫领地 成年雄蜥蜴可以在领地内猎食，寻求雌蜥蜴交配。如果有对手侵略领地， 哥罗沙蜥蜴会做出一系列的“鼓起”，使自己看起来更大，从而对不受欢迎的闯入者更具威胁性。

卷尾石龙子 所罗门岛石龙子（*Corucia zebrata*）是草食性的，食用树木。在吃树上的果实和树叶的时候，它们会用自己的卷尾卷住树枝。

蜥蜴的特点 *森林龙头部的圆锥状棘刺使其看起来比实际更大更可怕。在斑驳的森林光线里，它的多彩的鳞片成为完美的伪装。*

日行龙 *博意德森林龙白天在热带雨林的溪边和林边觅食。*

龙蜥 博意德森林龙是来自于澳大利亚东北部雨林的凿形齿蜥蜴，是世界上最大的龙蜥之一。它可以鼓起垂肉——咽喉上的皮瓣——和其他的森林龙交流。

防卫与逃逸

蜥蜴是蜘蛛、蝎子、其他蜥蜴、蛇、鸟和哺乳动物的捕食对象。吉拉巨蜥和墨西哥珠蜥是仅有的有毒的物种，但是，它们只是在冲突开始时采取恐吓的策略。许多蜥蜴已经进化出很多的策略来保护自己或者逃开攻击者。

大多数蜥蜴的伪装非常巧妙，并且它们会保持静止直到捕食者离开，特别是变色龙，它以能够变幻自身颜色适应周围的环境而闻名。有的蜥蜴为求逃生，会故意惊吓对手或分散其注意力。比如澳大利亚褶蜥遇到敌人时会张开嘴巴，发出很响的嘘嘘声，同时鼓起颈部的褶皱，然后快速逃开。

有些蜥蜴有着尖锐的棘刺，可以刺伤捕食者的嘴巴，或者拥有滑滑的皮肤使其很难被抓住。犰狳带蜥遇敌时卷起身子呈球形，只将一个能刺伤对方的尖峰露在外面，然后在水面上滑动逃逸，最后钻入水中安全逃脱。

水下的草食性动物 科隆群岛上的海鬣蜥自出生之日起就以植物为食。它们潜入水中食用海藻。在潜水前后，它们会晒晒太阳，提高自己的体温，以便更有效地消化食物，同时提升自己在冰冷的海水中游泳的耐力。

松果蜥尾巴

树生变色龙尾巴

蜥蜴的尾巴 某些蜥蜴的尾巴样子模仿树叶，某些模仿自己的头部。某些尾部是用来卷住树枝的，并且大都是再生的。如果捕食者咬住一只石龙子的尾巴，那么，在它嘴里的只是一截尾巴，而石龙子已经脱身逃走了。

石龙子尾巴

叶尾蜥虎尾巴

蜥蜴用自己的尾巴保卫自身，巨蜥和鬣蜥用尾巴击打它们的敌人，石龙子和其他的小型蜥蜴为了逃生，可能会牺牲自己的一截尾巴。这些蜥蜴的尾部颜色鲜艳，它们常会来回摆动，引诱敌人攻击尾部而不去攻击头部。即使在蜥蜴逃脱以后，这截尾巴仍会扭曲摆动。失去的尾巴过一段时间会再长出来。蜥蜴虽然损失了自己存储的一些能量，但是却保住了自己的性命。在为争夺地盘而战斗时，某些壁虎属蜥蜴会攻击并吃掉对手的尾巴。

当有角蜥蜴受到狐狸或者胡狼的攻击时，它们会从眼睛里喷出一股恶臭的血水来分散并吓退捕食者。有些蜥蜴也试图吓退捕食者，它们的方法是伸出自己的舌头，如澳大利亚石龙子发出咝咝的声音，并伸出自己色彩明亮鲜艳的舌头来惊吓敌人。吉拉巨蜥会用有毒性和鲜艳的色彩来警告敌人攻击自己危险，如果受到骚扰，它们会向敌人展示自己亮紫色的舌头，同时发出咝咝的声音。

雨林农场 普通绿鬣蜥（上图）是彻底的草食性动物，其低胆固醇的肉是中部美洲各国的精美小吃。

掠夺性蜥龙 印度尼西亚的柯莫多巨蜥（左图）通过空气的味道发现温血猎物。这些蜥蜴身长超过3米，以大型的哺乳动物，如鹿、猪、山羊，甚至水牛为食。

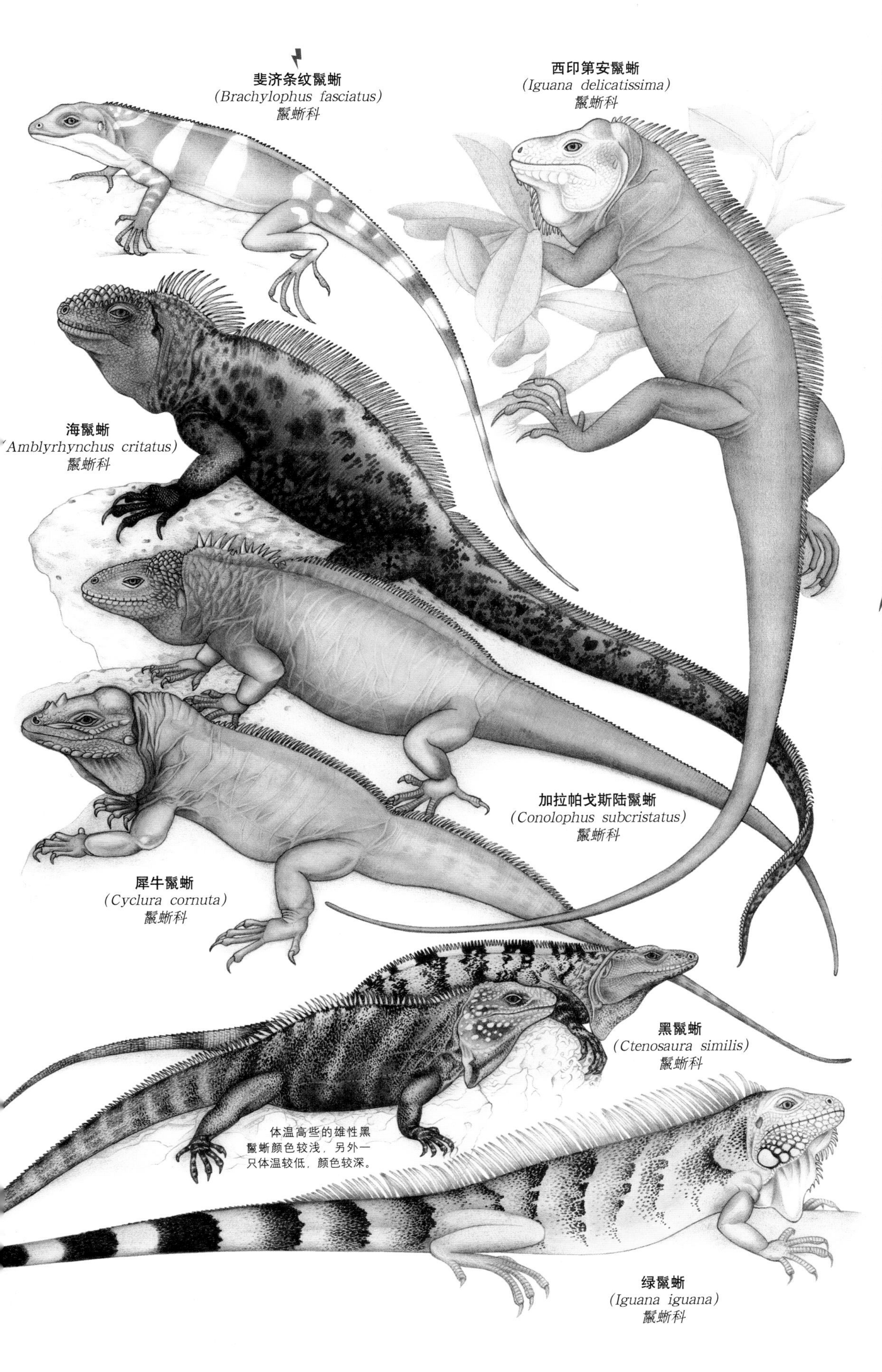

小档案

鬣蜥科 这一科包括生活在陆地上、岩石上、海上，以及树上的物种，从吻肛长为14厘米的沙鬣蜥，到超过70厘米的犀牛鬣蜥。某些鬣蜥科的幼蜥食用昆虫，但成年后就变为完全的草食动物，以树叶、果实，甚至海藻为食。所有的鬣蜥都为卵生。

属（8）
种（36）

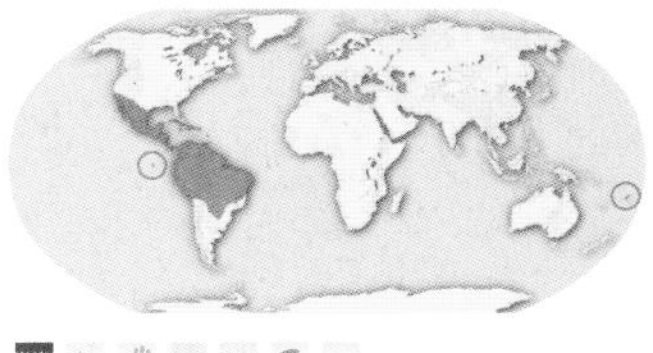

美国到巴拉圭、科隆群岛、斐济、西印度群岛

热爱海洋

海鬣蜥在海上的时间非常长，它们拥有一种特别的腺，能使盐分从身体中渗出。

好事多磨

斐济冠鬣蜥的孕育期为30周——时间是其他鬣蜥的3倍。

蜥蜴的舌头

巨蜥用长长的分叉的舌头来捕捉空气中的气味信息，并传送到亚各布森器官进行分析。变色龙长长的黏舌头是用来捕食猎物的，而蓝舌石龙子（下图）闪动自己的舌头来阻止进攻的鸟类。

保护警报

在国际自然与自然资源保护联合会的《濒危物种红色目录》上的鬣蜥物种有15种，如下所示：

- 5种极危
- 2种濒危
- 7种易危
- 1种近危

小档案

领豹蜥科 活跃在沙漠和其他干旱多岩石地区的日行性蜥蜴中，领豹蜥科的哥罗沙蜥和豹点蜥的长度为中等。它们捕食无脊椎动物、蜥蜴和其他小型的脊椎动物。当受到威胁时，它们会发出长而尖的叫声，并能只使用两足在岩石间移动。它们都为卵生，每窝产卵3枚到8枚。

红色警报
已妊娠的雌性哥罗沙蜥身体呈亮红色，这样，雄蜥便不会浪费时间和精力向其求爱。

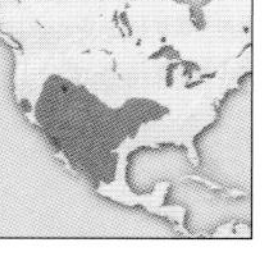

属（2）
种（12）
北美洲西南部

刺蜥科 这一科中物种最丰富多样的是多刺蜥蜴，品种多达70种。它们的体形说明它们都是“守株待兔”式的捕食者。它们在沙漠中占主导地位，既有陆栖也有树栖的物种。角蜥蜴为陆栖，体形扁平。斑马尾蜥是行动迅速的两足沙漠蜥蜴。

防卫棘刺
角王蜥是所有物种里长有最大棘刺冠的蜥蜴。这种棘刺冠在避免许多蛇类的捕食方面很有效。

属（9）
种（110）
加拿大南部和美国至巴拿马

保护警报

蜥蜴的减少 由于栖息地被侵占，领豹蜥科的钝鼻豹点蜥和刺蜥科的北美科车拉山谷褶趾蜥蜴在国际自然与自然资源保护联合会的《濒危物种红色名录》上被列为濒危等级。后者生活在流沙沙丘地区，而现在这些地区已经被植物和建筑所固定。然而，在美国西南部的沙漠中，哥罗沙蜥和豹点蜥的数量却非常多。

麦氏马达加斯加蜥
(Oplurus cyclurus)
刺蜥科

哥罗沙蜥
(Crotaphytus collariss)
领豹蜥科

边斑点蜥
(Uta stansburiana)
刺蜥科

胖身扣壁蜥
(Sauromalus obesus)
刺蜥科

钝鼻豹点蜥
(Gambelia sila)
领豹蜥科

角王蜥
(Phrynosoma solare)
刺蜥科

短角蜥
(Phrynosoma douglass)
刺蜥科

沙漠刺蜥
(Sceloporus magister)
刺蜥科

科罗拉多沙漠穗趾蜥
(Uma notata)
刺蜥科

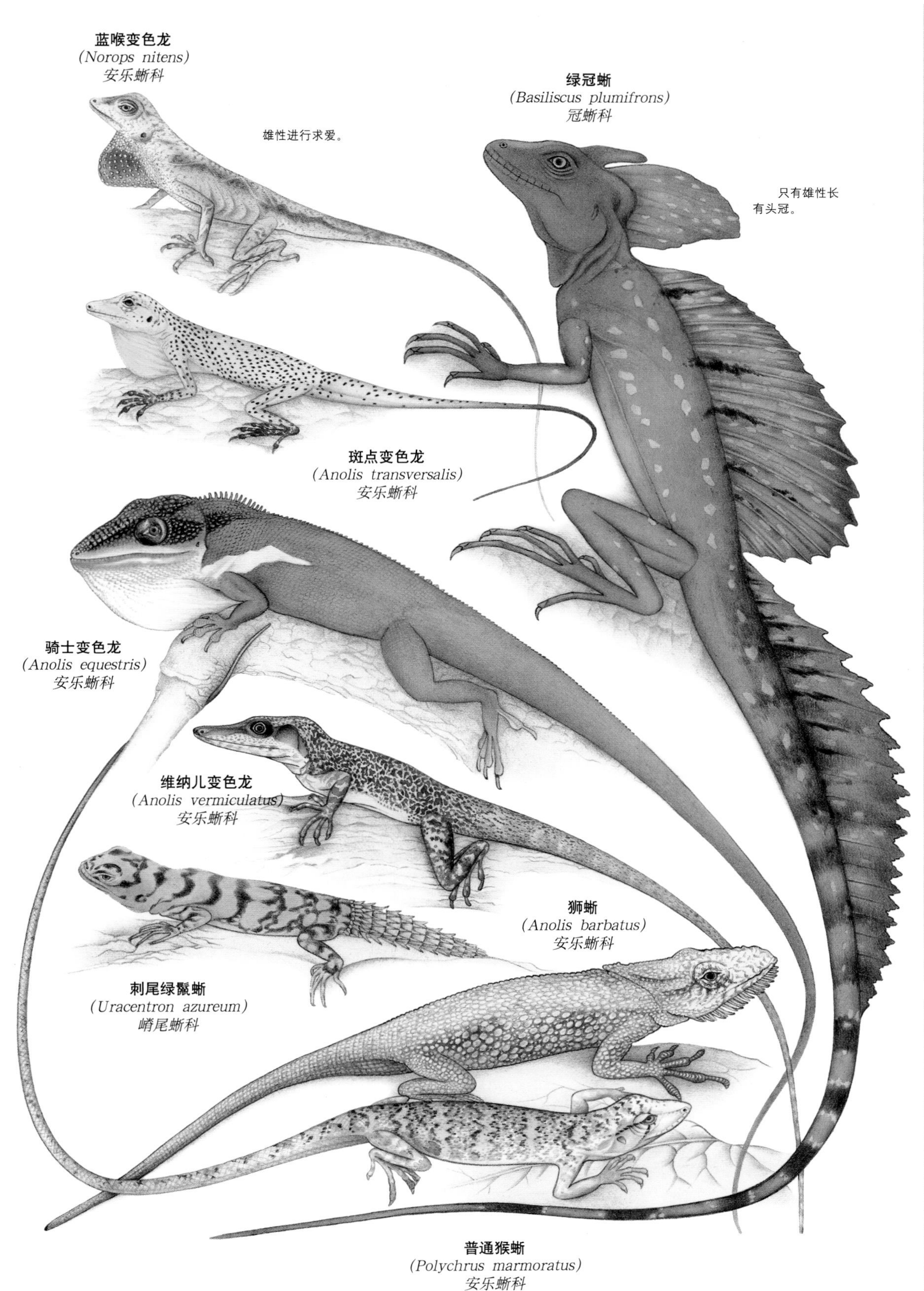

小档案

冠蜥科 本科蜥蜴都是肉食动物。长有头冠的蜥蜴是树栖的，生活在雨林或者热带地区的矮树丛中。吻肛长达20厘米，头部呈盔瓣形，身体细长，四肢及尾巴均较长。冠蜥主要在地面觅食，只有逃生时才爬到树上。

毫无问题 脚趾边的褶层增加了脚的表面面积，所以，冠蜥可以在水面上跑动。

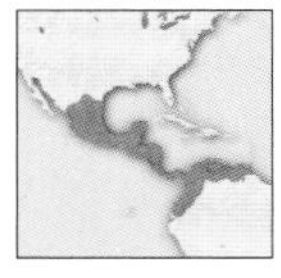

属 (3)
种 (9)
墨西哥至哥伦比亚、委内瑞拉

安乐蜥科 该科所有的变色龙都长有趾骨板，并且拥有彩色的垂肉可以在本种蜥蜴内交流。某些变色龙是陆栖的，也有水栖的，大都为树栖的。如果被抓住，所有变色龙都会舍弃自己的尾巴。它们均为卵生，每窝产卵1枚—2枚。大部分是完全肉食动物。

领地展示 雄性变色龙有一个喉褶，或者叫做垂肉，可以鼓起来向雌性变色龙展示自己的魅力，同时和其他雄性保持距离。

属 (8)
种 (395)
中美洲及南美洲、加勒比海、美国

保护警报

一般说来，冠蜥和变色龙栖息地的多样化保证了它们的数量。然而，人们对于生活在墨西哥和中美洲雨林等地的许多地方性较强的物种的研究还非常缺乏。由于这些栖息地的减少，这里的物种需要保护自己的数量。在国际自然与自然资源保护联合会的《濒危物种红色目录》上的石龙子物种如下所示：

- 1种极危
- 1种易危
- 1种数据缺乏

小档案

大蜥科 该科长有铲形牙齿的蜥蜴来自于非洲、亚洲和澳大利亚，共计有52属，身长从5厘米至35厘米。森林蜥种为绿色，沙漠蜥种为棕色、灰色或者黑色。雌雄二态性现象十分普遍。某些蜥种可以非常迅速地改变颜色。头部通常较大，和颈部有明显分界。身体被挤压后呈扁平状或圆柱形。厚厚的舌头分有槽口。

属（52）
种（420）

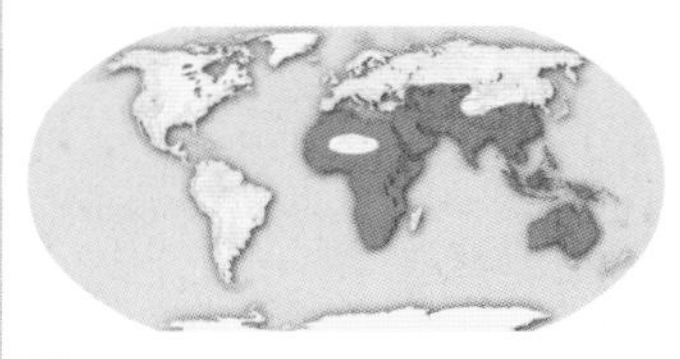

澳大利亚、印度尼西亚、亚洲、非洲

伞蜥 这种草食蜥蜴昼间在干燥的林地中非常活跃。逃跑时，双足跳跃行走。如果受到威胁，它会竖起自己的伞状褶皱使自己看起来比实际体形要大。

- 28厘米
- 树栖
- 卵生
- 8枚－23枚
- 常见

澳大利亚北部和新几内亚南部

肉食生物
伞蜥以树上的蝉为食，还会从树上爬到地面吃蚂蚁和蟋蟀。

刺鬼蜥 此种蜥蜴的皮肤有带槽沟的吸湿系统，一直延伸到嘴角，使它能够喝到落在自己背部的露水。它只食用蚂蚁，这一点和北美角蜥非常相似。

- 11厘米
- 陆栖
- 卵生
- 3枚－10枚
- 常见

澳大利亚西部

保护警报

在国际自然与自然资源保护联合会的《濒危物种红色目录》上的大蜥科物种如下所示：

2种濒危
1种易危
2种数据缺乏

1 **伞蜥** *(Chlamydosaurus kingii)* 大蜥科
2 **斑点蜥** *(Laudakia stellio)* 大蜥科
3 **刺鬼蜥** *(Moloch horridus)* 大蜥科
4 **东方狮龙蜥** *(Pogona barbata)* 大蜥科
5 **孔雀王者蜥** *(Uromastyx ocellata)* 大蜥科
6 **西奈鬣蜥** *(Pseudotrapelus sinaitus)* 大蜥科
7 **伊朗蟾头鬣蜥** *(Phrynocephalus persicus)* 大蜥科
8 **波斯鬣蜥** *(Trapelus persicus)* 大蜥科
9 **摩洛哥王者蜥** *(Uromastyx acanthinura)* 大蜥科
10 **普通鬣蜥** *(Agama agama)* 大蜥科

1 **长棘蜥**
(Acanthosaura armata)大蜥科

2 **五线飞龙**
(Draco quinquefasciatus)大蜥科

3 **印尼帆蜥**
(Hydrosaurus amboinensis)大蜥科

4 **森林巨龙**
(Gonocephalus grandis)大蜥科

5 **中国水龙**
(Physignathus cocincinus)大蜥科

6 **苏门答腊鼻角蜥**
(Harpesaurus beccarii)大蜥科

7 **印中森林蜥**
(Calotes mystaceus)大蜥科

8 **普通森林绿蜥**
(Calotes calotes)大蜥科

9 **热带森林龙**
(Gonocephalus liogaster)大蜥科

小档案

印尼帆蜥 半水栖，主要生活在河边。危险来临的时候，它们依靠后腿脚趾的穗状皮肤，使用双足跑过水面。由于宠物贸易导致的收藏热，以及它们作为食物所受到的欢迎，这种蜥蜴的数量正在减少。

100厘米
不定
卵生
6枚－12枚
常见

东南亚、新几内亚

中国水龙 半水栖，生活在河流的岸边，会爬到较矮树木的枝干上。一个穴内居住着占主导地位的一只雄性和几只雌性。雄性的冠较雌性的大。卵的孕育时间为60日。

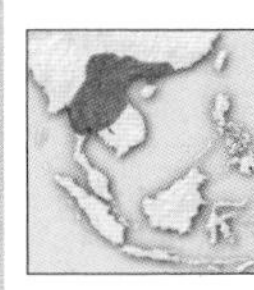

30厘米
不定
卵生
7枚－12枚
常见

泰国、印度支那东部、越南、中国南部

普通森林绿蜥 树栖，居住在海拔1500米的森林区域，在这里它们不会被其他蜥蜴取代。雄性是斯里兰卡最大的蜥蜴，色彩十分鲜艳。

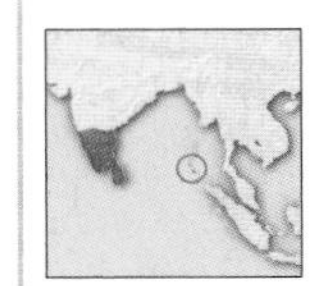

30厘米
树栖
卵生
10枚－20枚
常见

印度和斯里兰卡

树　龙

半树栖的树龙是体形最细长的蜥蜴之一。吻肛长8厘米，尾巴是吻肛长的4倍。

树顶的行进
攀爬树枝和在树枝间轻快地跳跃时，树龙使用它的长尾来保持平衡。

蜥蜴的繁殖

蜥蜴的繁殖方式差别很大。某些蜥蜴身体成熟很快，但是寿命较短，并且常常只产1枚卵。有些蜥蜴花上几年的时间成熟，并能在许多年内产下大量的卵。除了这两种极端的情况，还有些蜥蜴每年产卵的数量不同，甚至还有胎生的蜥蜴。在低纬度地区生活的蜥蜴为卵生，而在高纬度地区生活的种类则为胎生。雌性蜥蜴为母体，带着发育中的胎儿进入孕育的最佳温度。同样让人惊讶的是，某些蜥蜴受到进化惯性的影响，每窝产卵不超过2枚，不管其体形大小或是储存的能量多少。

产卵的数量 壁虎属的蜥蜴（下图上）无论大小还是营养条件好坏，每窝都产卵2枚。某些种类蜥蜴的产卵数量或是卵的大小都可以变化（下图中）。大型蜥蜴（下图下）产的卵较大，数量较多，这都是和其雌性体形的大小情况相匹配的。

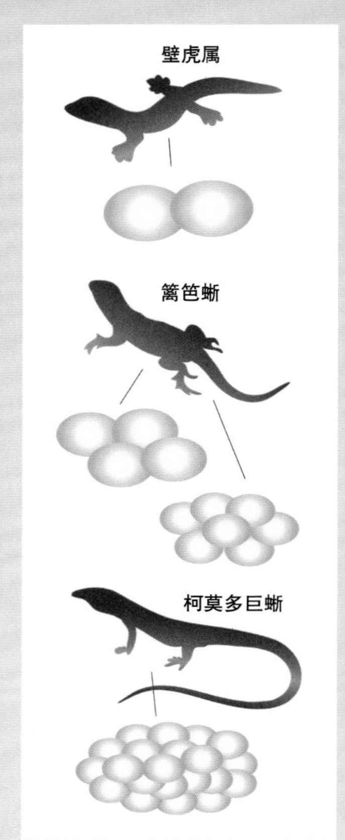

滑蜥 大多数滑蜥和玻璃蜥保护它们的卵。母蜥和卵呆在一起，赶走进攻的肉食动物，并且保护卵不被真菌侵蚀或是受到脱水的威胁，直到它们孵化好。某些滑蜥甚至在孵化时舔它们的幼蜥。

持续排卵 任何大小的变色龙每窝都只产卵1枚，它们可以持续产卵，先从一个卵巢，然后从另一个。

篱笆蜥 篱笆蜥能够根据每年的时间不同和它们的身体状况来变换产卵的数量和大小。它们在第一窝产下较大的卵，然后在接下来的时间里产数窝较小的卵，因为它们在冬季来临前发育的时间较短。

鬣蜥 鬣蜥通常在沙滩上挖一个洞穴，然后在里面放入25枚－40枚卵——这个数字是根据雌蜥的大小而定的。卵在3个月内孵化，然后幼蜥寻找其他的鬣蜥来吃掉它们的粪便。

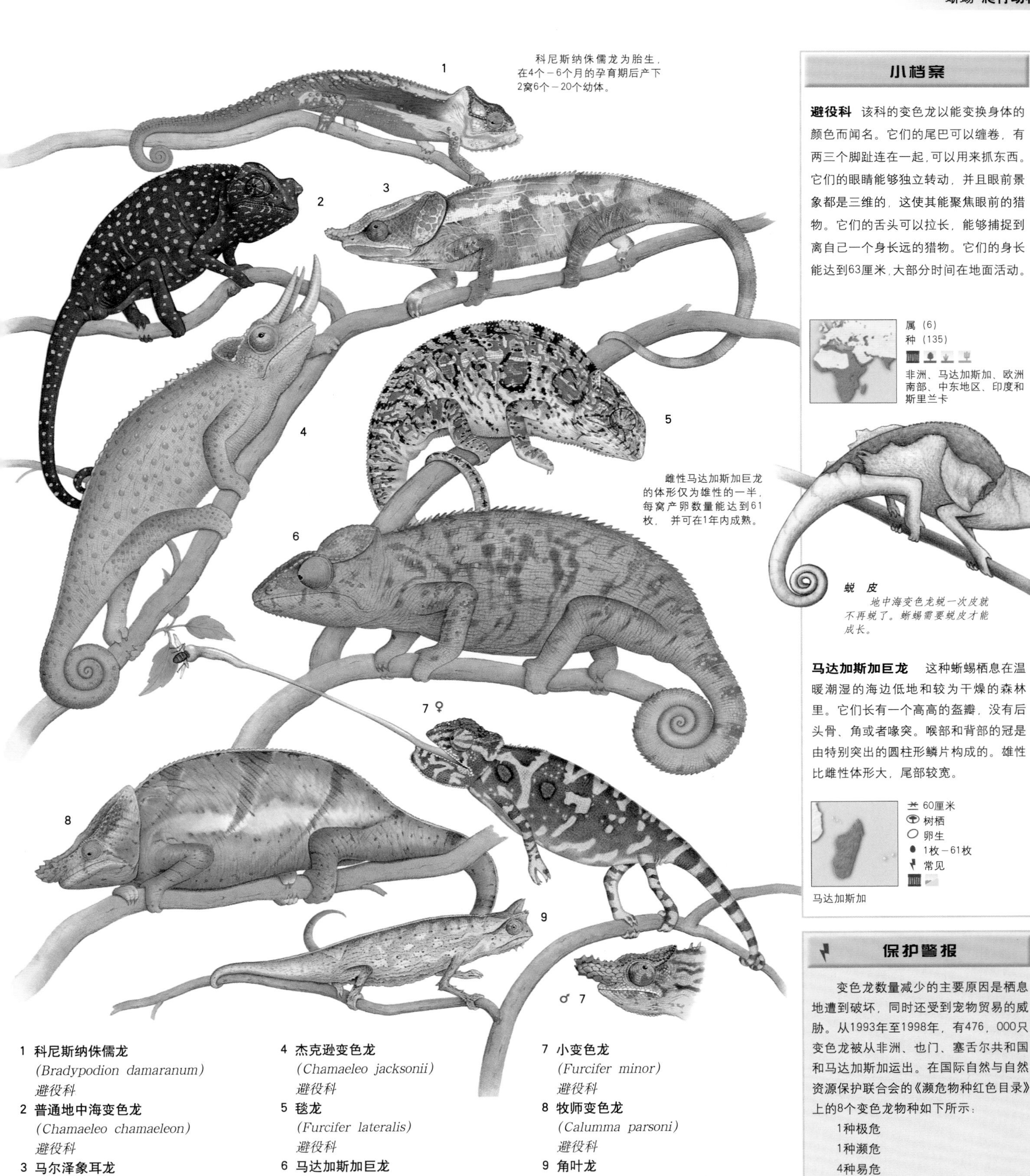

科尼斯纳侏儒龙为胎生，在4个－6个月的孕育期后产下2窝6个－20个幼体。

雌性马达加斯加巨龙的体形仅为雄性的一半，每窝产卵数量能达到61枚，并可在1年内成熟。

1 科尼斯纳侏儒龙
(Bradypodion damaranum)
避役科

2 普通地中海变色龙
(Chamaeleo chamaeleon)
避役科

3 马尔泽象耳龙
(Calumma malthe)
避役科

4 杰克逊变色龙
(Chamaeleo jacksonii)
避役科

5 毯龙
(Furcifer lateralis)
避役科

6 马达加斯加巨龙
(Furcifer oustaleti)
避役科

7 小变色龙
(Furcifer minor)
避役科

8 牧师变色龙
(Calumma parsoni)
避役科

9 角叶龙
(Brookesia superciliaris)
避役科

小档案

避役科 该科的变色龙以能变换身体的颜色而闻名。它们的尾巴可以缠卷，有两三个脚趾连在一起，可以用来抓东西。它们的眼睛能够独立转动，并且眼前景象都是三维的，这使其能聚焦眼前的猎物。它们的舌头可以拉长，能够捕捉到离自己一个身长远的猎物。它们的身长能达到63厘米，大部分时间在地面活动。

属（6）
种（135）
非洲、马达加斯加、欧洲南部、中东地区、印度和斯里兰卡

蜕 皮
地中海变色龙蜕一次皮就不再蜕了。蜥蜴需要蜕皮才能成长。

马达加斯加巨龙 这种蜥蜴栖息在温暖潮湿的海边低地和较为干燥的森林里。它们长有一个高高的盔瓣，没有后头骨、角或者喙突。喉部和背部的冠是由特别突出的圆柱形鳞片构成的。雄性比雌性体形大，尾部较宽。

60厘米
树栖
卵生
1枚－61枚
常见
马达加斯加

保护警报

变色龙数量减少的主要原因是栖息地遭到破坏，同时还受到宠物贸易的威胁。从1993年至1998年，有476，000只变色龙被从非洲、也门、塞舌尔共和国和马达加斯加运出。在国际自然与自然资源保护联合会的《濒危物种红色目录》上的8个变色龙物种如下所示：

1种极危
1种濒危
4种易危
2种近危

小档案

蜥虎科 蜥蜴各科中最易断尾的科，下分4个亚科。该科蜥蜴浑身长满粒状突起的鳞片，吻肛长1.5厘米–33厘米不等。尾部较脆弱，容易折断。

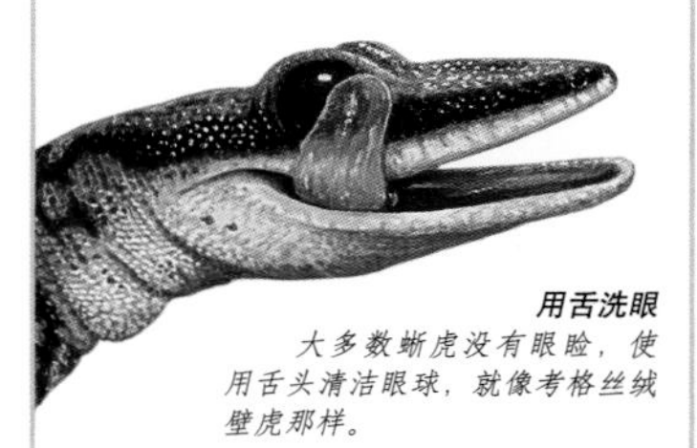

用舌洗眼
大多数蜥虎没有眼睑，使用舌头清洁眼球，就像考格丝绒壁虎那样。

属（109）
种（970）

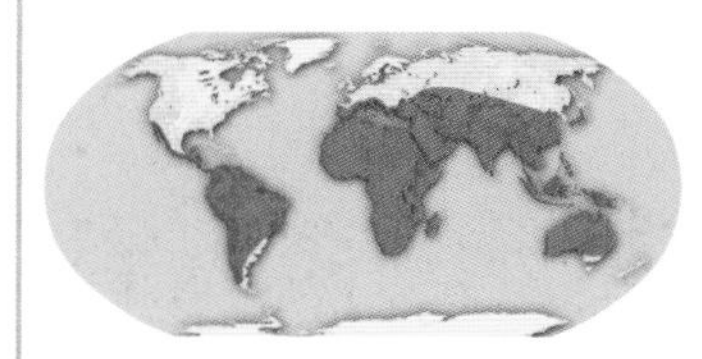

泛太平洋地区、北美洲南部、南美洲、非洲、欧洲南部、亚洲南部、澳大利亚

普通豹蜥 豹蜥的眼睑可以移动，但是没有脚趾肉垫。性别由孕育时的温度决定。

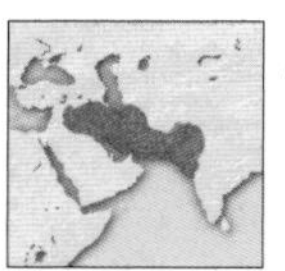

25厘米
陆栖
卵生
2枚
常见

阿富汗、巴基斯坦、印度西部、伊拉克、伊朗

斑纹蜥虎 夜间活动，长有大大的可移动的眼睑，臀前毛孔连成一片，无脚趾肉垫。尾部非常容易丢失。

10厘米
陆栖
卵生
2枚
常见

美国西南部至墨西哥和巴拿马

对沙地的适应

自由流动的沙地需要特别的足部可以在上面行走。非洲网足蜥虎（*Pallmatogecko rangeri*）像使用滑雪板那样使用其足部，使自己在地面行走。

沙鞋 *某些蜥蜴的脚趾上长有穗状物，能更好地在沙地上行走，还有一些蜥蜴的足呈桨状。*

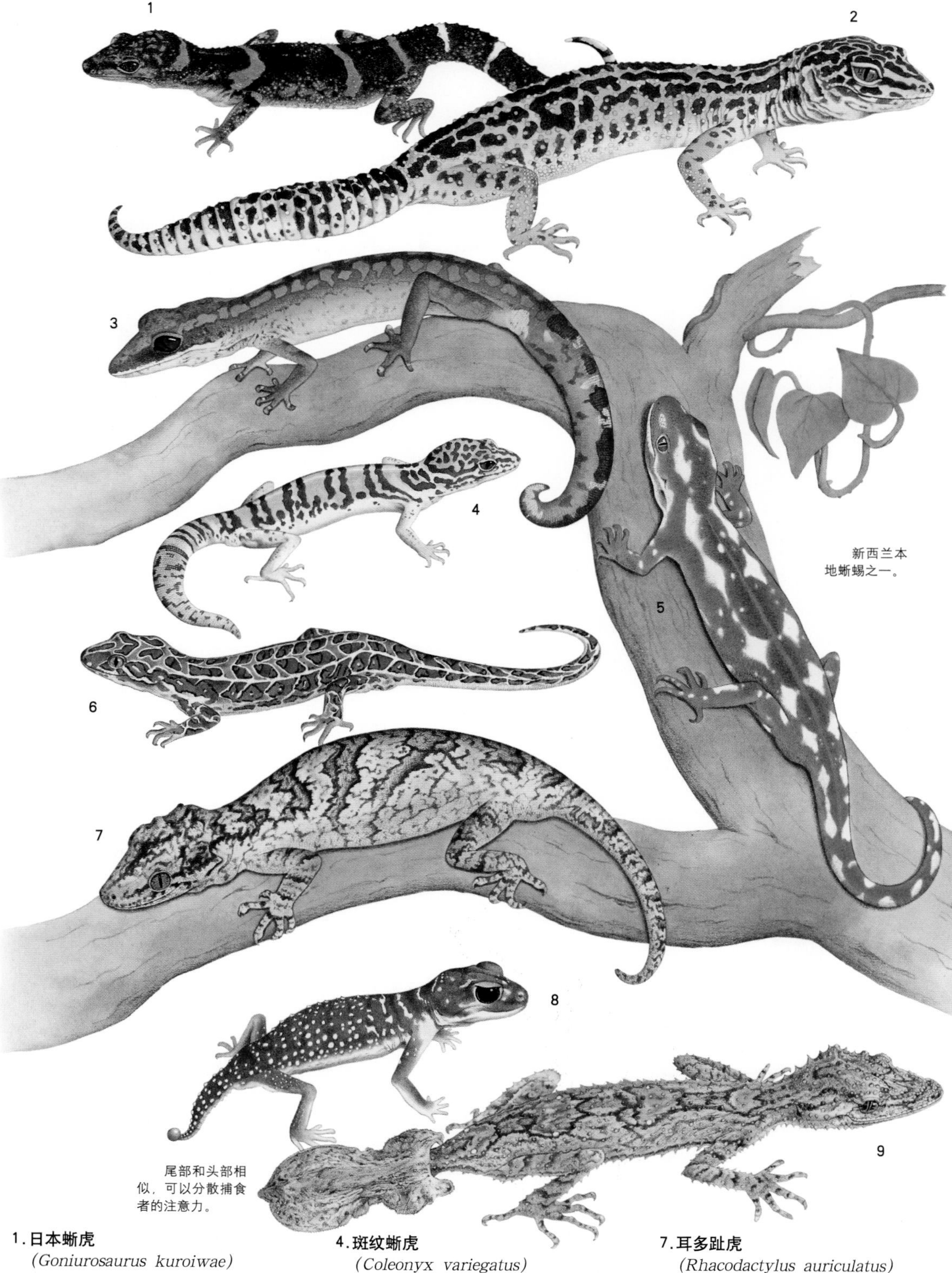

1. 日本蜥虎
(Goniurosaurus kuroiwae)
蜥虎科
2. 普通豹蜥
(Eublepharis macularius)
蜥虎科
3. 卷尾虎
(Aeluroscalabotes felinus)
蜥虎科
4. 斑纹蜥虎
(Coleonyx variegatus)
蜥虎科
5. 绿树虎
(Naultinus elegans)
蜥虎科
6. 托马斯黏趾蜥虎
(Hoplodactylus rakiurae)
蜥虎科
7. 耳多趾虎
(Rhacodactylus auriculatus)
蜥虎科
8. 流星纽尾沙虎
(Nephrurus stellatus)
蜥虎科
9. 叶尾蜥虎
(Saltuarius cornutus)
蜥虎科

1 **线蜥虎**
(Gekko vittatus)
蜥虎科

2 **汉高扁尾虎**
(Uroplatus henkeli)
蜥虎科

3 **大壁虎**
(Gekko gecko)
蜥虎科

4 **北刺尾虎**
(Diplodactylus ciliaris)
蜥虎科

5 **大理石绒虎**
(Oedura marmorata)
蜥虎科

6 **大理石虫蜥**
(Delma australus)
鳞角蜥科

7 **伯顿蛇蜥**
(Lialis burtonis)
鳞角蜥科

8 **格雷弓指虎**
(Cyrtodactylus pulchellus)
蜥虎科

9 **普通奇迹虎**
(Teratoscincus scincus)
蜥虎科

小档案

线蜥虎 这种蜥虎背部有明显的白色竖条纹，尾部上有横向斑纹，属夜行性动物，脚趾上有明显的大皮层，利于攀登。雄性长有V形扩大的臀前毛孔，在尾部有一对交配器。

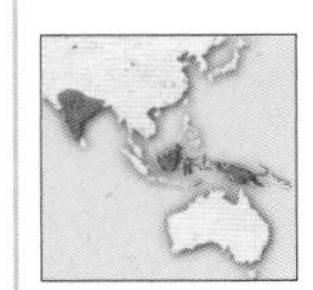

印度、印度尼西亚周围岛屿

格雷弓指虎 这种蜥虎身体紧凑扁平，脚趾长而细，向上弯曲，在最后的指节骨向下转，以小骨板结束。背部的粒状突起在尾部变得像脊柱一样。

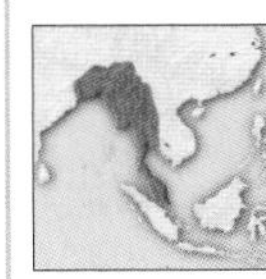

中亚、东南亚

鳞角蜥科 这一科和蜥虎科关系密切。它们没有前腿，后腿仅为泄殖腔前面的两片鳞片。尾部非常脆弱易折。眼睛类似蛇眼，没有眼皮，眼球不能转动。某些物种长有外部的耳朵开口。它们夏天繁殖，大多产卵2枚，通常以昆虫为食。

足 伯顿蛇蜥的后足已经退化成片状的鳞，非常有利于在流沙上行动。

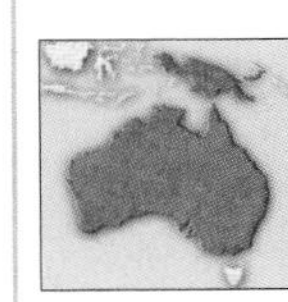

除了塔斯马尼亚外的澳大利亚、阿鲁岛、新几内亚、新布莱顿

保护警报

在国际自然与自然资源保护联合会的《濒危物种红色目录》上的7个鳞角蜥科的物种如下所示：

6种易危

1种近危

小档案

鳞趾虎 这种生活在树上的蜥虎浑身长满了细小的鳞片。尾部很长，压有横向的小棘状鳞片。

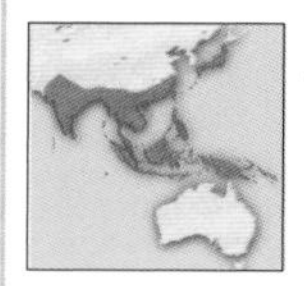

5厘米
树栖
卵生
2枚
常见

亚洲南部、日本、澳大利亚东北部、马来西亚至印度尼西亚

普通壁虎 这种蜥虎体形强壮，身上长有一排排隆起的结状鳞片。雄性为陆栖。卵的孵化需要10周，幼蜥成熟需要2年。

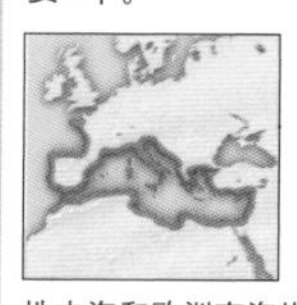

15厘米
陆栖
卵生
2枚
常见

地中海和欧洲南海岸

科尔飞虎 这种陆栖蜥虎每窝产卵2枚，间隔约30天。卵贴在树干或岩石上，大约60天后孵化。

15厘米
树栖
卵生
2枚
常见

南亚、东南亚

飞 虎

皮瓣使飞虎在高速飞翔时可以获得更小的滑翔角度，网状的足在滑翔中发挥作用。和其他爬行动物的滑翔相比，它们的空中运动和树蛙的飞翔更为相似。

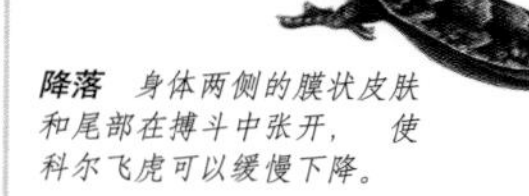

降落 身体两侧的膜状皮肤和尾部在搏斗中张开，使科尔飞虎可以缓慢下降。

保护警报

在国际自然与自然资源保护联合会的《濒危物种红色目录》上的27个蜥虎科的物种如下所示：

- 2种灭绝
- 1种极危
- 3种濒危
- 8种易危
- 7种近危
- 3种数据缺乏
- 3种无危

1 **马达加斯加日虎**
(Phelsuma madagascariensis)
蜥虎科

2 **宽尾日虎**
(Phelsuma laticauda)
蜥虎科

3 **鳞趾虎**
(Lepidodactylus lugubris)
蜥虎科

4 **普通壁虎**
(Tarentola mauritanica)
蜥虎科

5 **以色列扇趾虎**
(Ptyodactylus puiseuxi)
蜥虎科

6 **科尔飞虎**
(Ptychozoon kuhli)
蜥虎科

7 **安德森短趾虎**
(Stenodactylus petrii)
蜥虎科

8 **鲁拜尔叶趾虎**
(Hemidactylus flaviviridis)
蜥虎科

9 **蛙眼壁虎**
(Pachydactylus geitje)
蜥虎科

10 **韦格曼条纹虎**
(Gonatodes vittatus)
蜥虎科

长尾鞭蜥的尾巴占身长的三分之二。如果被捕食者捉住，尾部会自动断开，从而顺利逃跑。

1 **粗鳞碟蜥**
(Gerrhosaurus major)
盾蜥科

2 **马达加斯加带蜥**
(Zonosaurus madagascariensis)
盾蜥科

3 **长尾鞭蜥**
(Tetradactylus tetradactylus)
盾蜥科

4 **小扁蜥**
(Platysaurus guttatus)
棒蜥科

5 **卡鲁带蜥**
(Cordylus polyzonus)
棒蜥科

6 **峭壁黑蜥**
(Pseudocordylus melanotus)
棒蜥科

7 **鼹鼠蜥**
(Eumeces egregius)
石龙子科

8 **施奈德石龙子**
(Novoeumeces schneideri)
石龙子科

9 **沙鱼**
(Scincus scincus)
石龙子科

小档案

盾蜥科 该科碟蜥大而匀称的甲片上有骨板，身上的鳞片为重叠的矩形。它们属陆栖杂食性，主要食用昆虫和植物。腿部退化得和草地蜥蜴物种相同。大多为胎生，非胎生每窝产卵2枚－6枚。

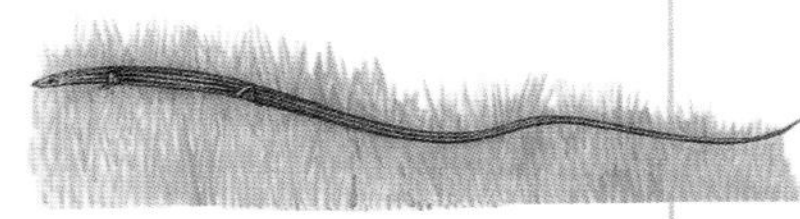

游走于草丛中
长尾鞭蜥在草中扭曲着身子快速穿行躲避捕食者时，可以将四肢缩起紧贴其身。

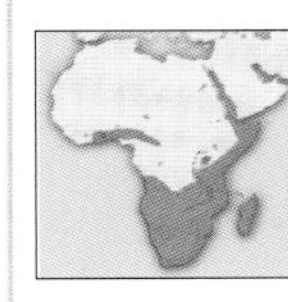

属（6）
种（32）
非洲南部和马达加斯加

棒蜥科 该科的带蜥鳞片大而匀称，头部长有骨板，身体上重叠的矩形鳞片高高隆起。但是身体扁平的蜥蜴鳞片为粒状。带蜥为陆栖，产下活的幼体。

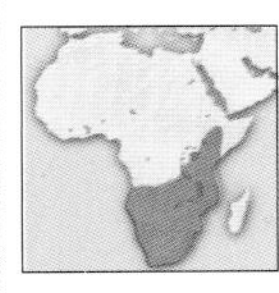

属（4）
种（52）
非洲南部

蜷成球
犰狳带蜥(Cordylus cataphractus)咬住自己的尾巴蜷成球状，使它的捕食者无从下嘴。

保护警报

在国际自然与自然资源保护联合会的《濒危物种红色目录》上的11个棒蜥科的物种如下所示：

1种灭绝
5种易危
5种近危

小档案

石龙子科 该科的石龙子一般全身覆盖着平滑交错的鳞片。成年石龙子体长从2.5厘米至35厘米不等，体形也不尽相同，有十足的，也有没有外足的。无足的石龙子通常是在洞穴中生活的，而其他的则为陆栖或树栖。尾部长度适中。石龙子是积极的觅食者，使用视觉和嗅觉发现猎物。大多数物种为卵生，科内胎生的最少进化了25次。

属（116）
种（993）

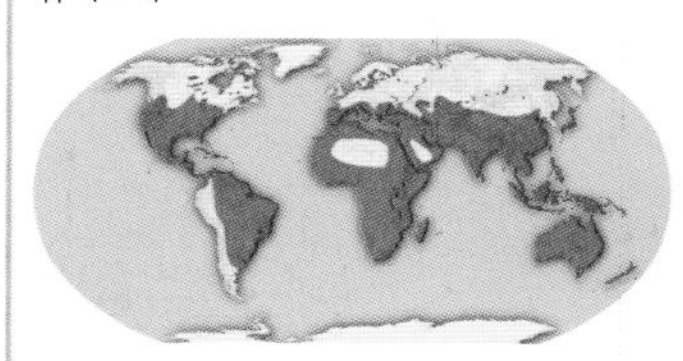

在世界很多地方

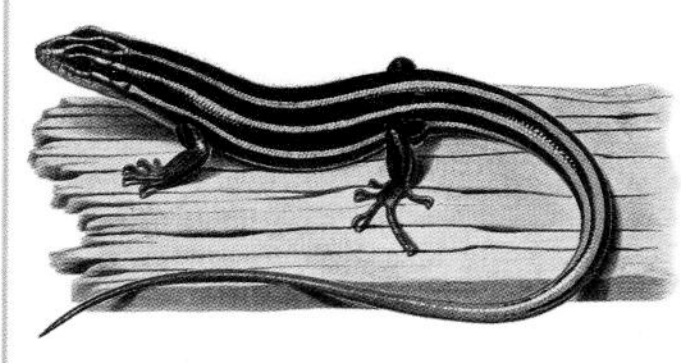

可以识别的尾巴 *陆栖雄性五线石龙子(Eumeces fasciatus)通过它们明亮的蓝色尾巴来辨认它们的雌性和幼蜥，并允许它们接近自己的领地。*

豪斯默刺尾石龙子 尾巴根部缺少扩大延伸的鳞片，长长的多皱的耳叶几乎盖住了耳朵。这是一种白天在岩石上活动的蜥蜴，可以在露出地面的岩层和满是石头的山坡上发现它们的身影。它们生活在裂缝中、大石下和容易滚落的岩面上。

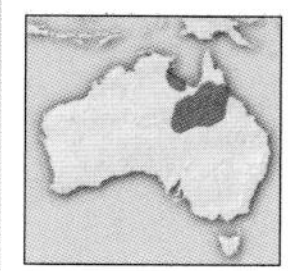

18厘米
陆栖
卵生
2枚
常见

澳大利亚东北部

中蓝舌蜥 这种蜥蜴长有亮丽的蓝色舌头、相对较短的五趾四肢，以及一条短短的尾巴。它们在岩石多的地方和半沙漠地区生活，以昆虫和其他无脊椎动物为食。尾巴约为吻肛长的一半。

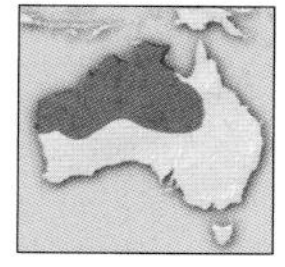

30厘米
陆栖
胎生
10个（活胎）
常见

澳大利亚北部和西北部

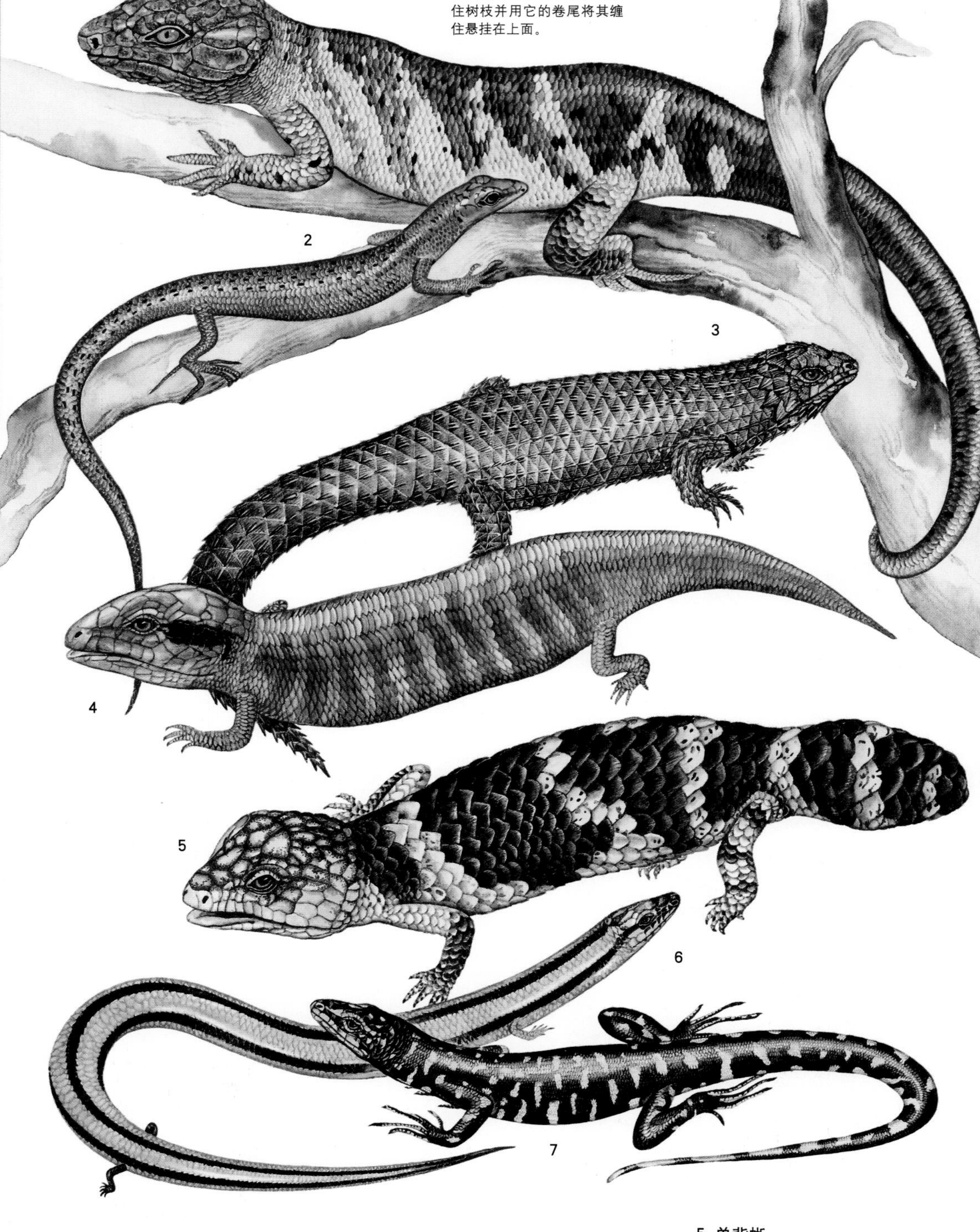

所罗门岛石龙子能够抓住树枝并用它的卷尾将其缠住悬挂在上面。

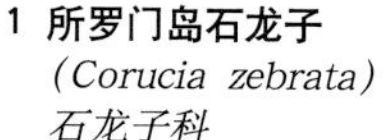

1 **所罗门岛石龙子**
(Corucia zebrata)
石龙子科

2 **翡翠石龙子**
(Dasia smaragdina)
石龙子科

3 **豪斯默刺尾石龙子**
(Egernia hosmeri)
石龙子科

4 **中蓝舌蜥**
(Tiliqua multifasciata)
石龙子科

5 **单背蜥**
(Tiliqua rugosa)
石龙子科

6 **三线洞蜥**
(Androngo trivittatus)
石龙子科

7 **奥塔哥石龙子**
(Oligosoma otagense)
石龙子科

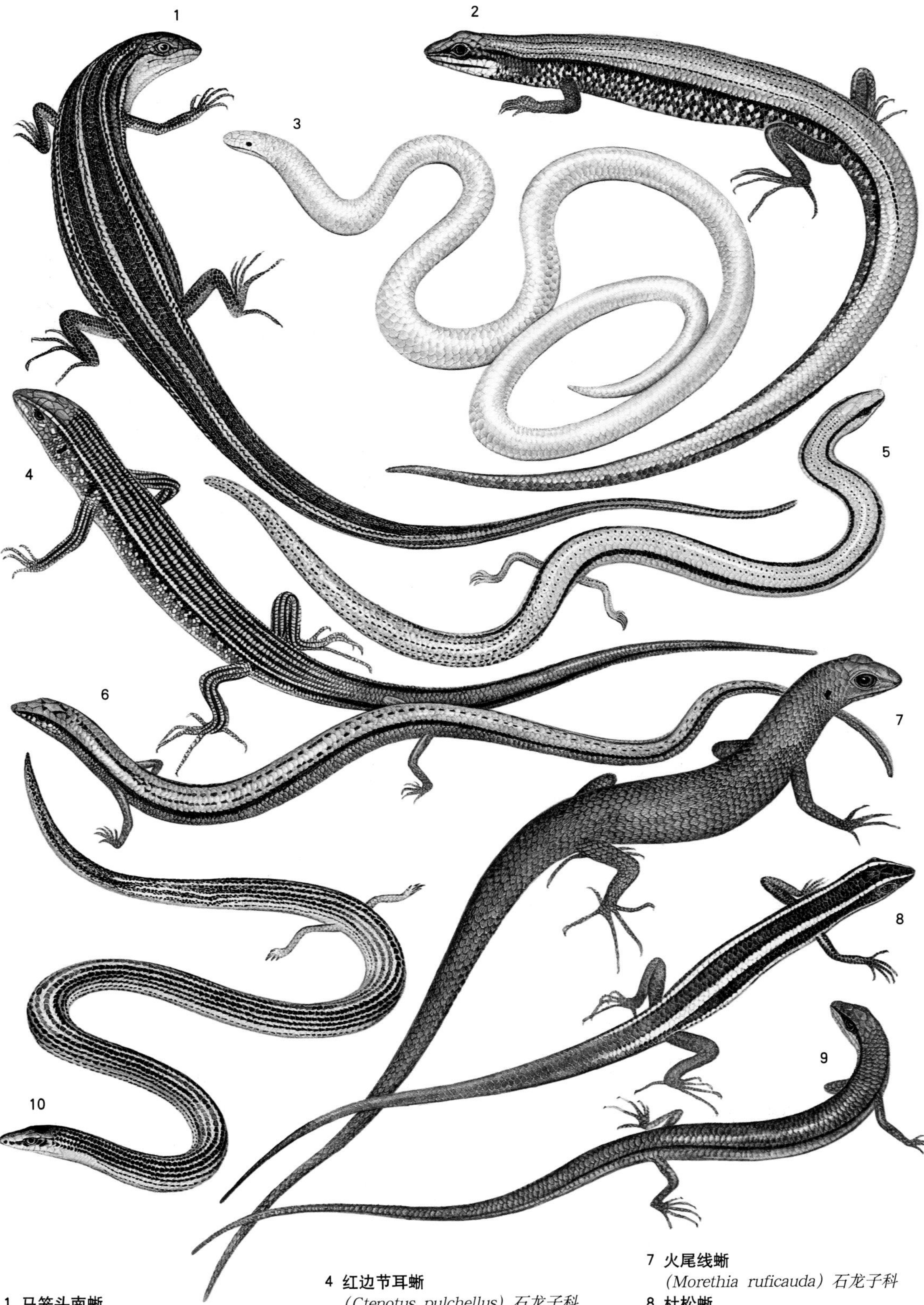

1 马笼头南蜥 (*Mabuya vittata*) 石龙子科
2 圣诞岛草蜥 (*Lygosoma bowringii*) 石龙子科
3 布兰格无腿蜥 (*Typhlosaurus vermis*) 石龙子科
4 红边节耳蜥 (*Ctenotus pulchellus*) 石龙子科
5 西北滑沙蜥 (*Lerista bipes*) 石龙子科
6 约克角护根蜥 (*Glaphyromorphus crassicaudum*) 石龙子科
7 火尾线蜥 (*Morethia ruficauda*) 石龙子科
8 杜松蜥 (*Ablepharus kitaibelii*) 石龙子科
9 沙漠彩虹蜥 (*Carlia triacantha*) 石龙子科
10 六线洞蜥 (*Scelotes sexlineatus*) 石龙子科

小档案

西北滑沙蜥 无前肢，可以在沙上滑行，后腿退化为仅剩2个脚趾。在沙质平原和沿海沙丘上都有它们的身影。

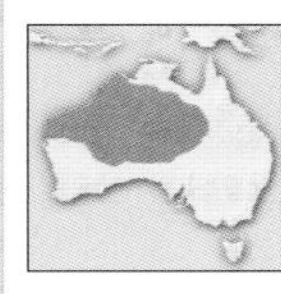

澳大利亚西北部

约克角护根蜥 这种蜥蜴鳞片光滑，生活在森林和沿海沙丘中，在圆木、石头和落叶堆下觅食。

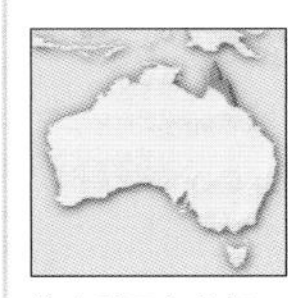

澳大利亚东北部

沙漠彩虹蜥 这种昼间活动的蜥蜴在可以活动的下眼皮中长有一个透明的碟形薄膜和一个环形的耳廓。在落叶堆中觅食。

澳大利亚西北部

澳大利亚蓝舌矮蜥

澳大利亚蓝舌矮蜥曾经一度被认为已经灭绝，但是，1992年，人们在一条蛇的胃里发现了一只这种蜥蜴。于是保护计划从那时开始展开，现在其数量已经达到5500只。

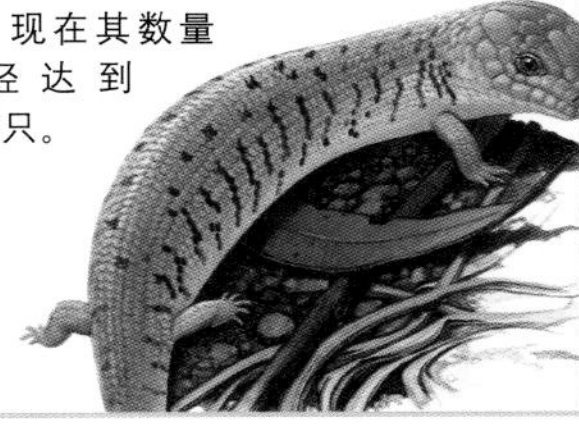

保护警报

在国际自然与自然资源保护联合会的《濒危物种红色目录》上的43个石龙子科的物种如下所示：

- 3种灭绝
- 2种极危
- 3种濒危
- 21种易危
- 5种近危
- 7种数据缺乏
- 2种无危

蜥蜴的求爱方式

蜥蜴的求爱方式已经进化到一定程度，可以确保在交配时不会因为交配对象是错误的物种或者较弱的个体而浪费精子。雄性通常有自己资源丰富的领地，并且为了维护自己的领地，会和其他的雄性交战。雌性被允许进入雄性的领地，并且被鼓励通过求爱而与雄性交配。当同一个栖息地生活有同一属的许多相似物种时，求爱方式更加复杂。安乐蜥科的求爱方式最为复杂，而且被研究得最仔细。王蜥求爱时，在开始阶段是雄性用舌头沿着雌性身体的不同部分轻轻拍打。石龙子科之间的交流则基本上是用化学方式。

变色龙的求爱 体形较小、色彩斑斓的树栖蜥蜴最适应求爱中的视觉交流。雄性有该物种特有的色彩亮丽的垂肉和可以振动的头部，能鼓起或者做其他吸引雌性和它们交配的动作。个体之间存在差异，因此，雌蜥可以选择适合自己的雄蜥。雄蜥在求爱中表现出来的活力是雌蜥在决定其交配对象时最先考虑的因素。

快速振动 *卡朋特变色龙（Norops carpenteri，上图）的求爱方式很简单：将亮橙色的垂肉向前伸展鼓起，同时以规律的频率振动头部。在求爱过程中，雄蜥有一系列超过一打的快速头部振动，*

振动的变化 *丝龙（N. sericeus，上图）的求爱方式是组合式的：垂肉的中心色和基本色呈强烈对比。当垂肉只伸展到某种程度时是看不到中心点的。头部的振动方式和垂肉的伸展毫不相关。雄性在开始五次振动时频率很快，然后接下来会较慢地振动，垂肉伸展和缩回两次。*

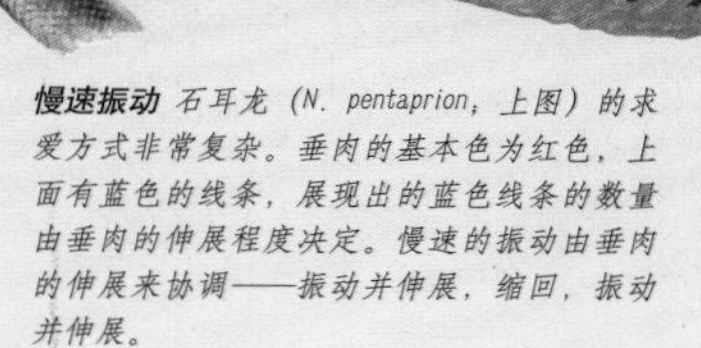

慢速振动 *石耳龙（N. pentaprion，上图）的求爱方式非常复杂。垂肉的基本色为红色，上面有蓝色的线条，展现出的蓝色线条的数量由垂肉的伸展程度决定。慢速的振动由垂肉的伸展来协调——振动并伸展，缩回，振动并伸展。*

伪交配 生活在美国西南部沙漠的鞭尾蜥即使没有雄蜥或是它们的精子，雌蜥一样可以进行繁殖（单性繁殖）。雌蜥的基因排列和它们的后代相同。某些物种的雌性会发生伪交配，雌蜥表现得像雄蜥一样，并且试图和另一只雌性交配。这会刺激排卵。

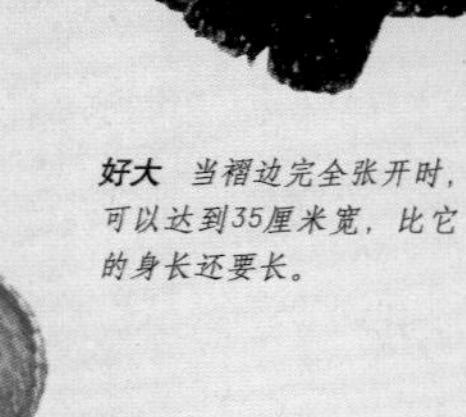

比自己还大 *在威胁其他雄蜥或试图吸引雌蜥时，伞蜥通过伸展有褶皱的颈部使自己看起来比实际大。*

好大 *当褶边完全张开时，可以达到35厘米宽，比它的身长还要长。*

雨的使者 *澳大利亚的原住居民不会捕杀长有褶边的蜥蜴，他们认为这种蜥蜴拥有呼风唤雨的魔力。如果没有雨水，整个国家将陷入干旱之中。*

张开的褶边 在向雌蜥求爱或是向雄蜥展示自己的领土时，雄性伞蜥会做出不同的动作。记录在案的方式已经超过75种，包括头部振动、鼓起、弓起身体、竖立毛发、改变颜色、膨胀身体、舔头部和张大下巴等。除了形状和大小的改变，蜥蜴在张开嘴巴时，颜色和亮度也会改变。

1 **欧洲绿蜥**
(Ablepharus kitaibelii) 正蜥科
2 **加纳利岛蜥**
(Gallotia stehlini) 正蜥科
3 **匝格洛先蜥**
(Timon princeps) 正蜥科
4 **虎蜥**
(Nucras tessellata) 正蜥科
5 **珠宝蜥**
(Timon lepidus) 正蜥科
6 **沙蜥**
(Lacerta agilis) 正蜥科
7 **加洛特蜥**
(Gallotia galloti) 正蜥科
8 **巴尔干翠蜥**
(Lacerta trilineata) 正蜥科

小档案

正蜥科 该科成年蜥蜴的吻肛长在4厘米至25厘米之间。身上的鳞片从交错平滑的大鳞片到龙骨状或粒状的小鳞片。所有的物种都长有四肢。尾部很长，有时超过身长的两倍。大多数正蜥科的蜥蜴为陆栖，但也有树栖的。大多为卵生，有些为胎生，还有一些为单性繁殖。几乎所有的物种都以昆虫为食，个别的则食用种子。

属（27）
种（220）

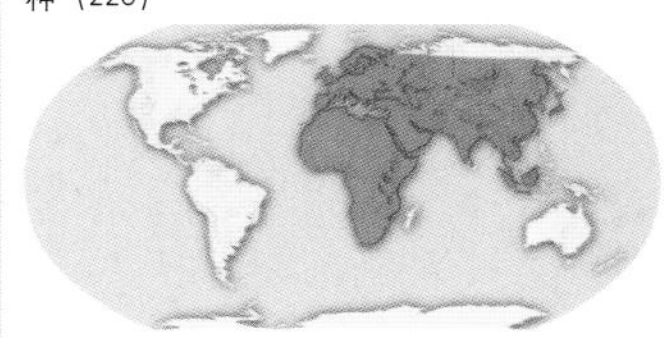

非洲、欧洲、亚洲和东印度群岛北部

加纳利岛蜥 能生活12年，幼蜥需要3年时间成熟。成蜥基本上为草食性，它们对植物种子的传播起到重要作用。雄性的后腿非常长，和身体不成比例，使它们能更快地逃离捕食者。

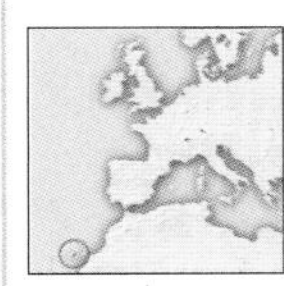

27厘米
陆栖
卵生
10枚
常见

加纳利群岛

虎蜥 喜食蝎子，白天处于休眠状态。它们分布稀疏，从而成为肉食鸟类的目标。为了躲避捕食者，虎蜥在白天的高温下积极活动，体温达到39℃。

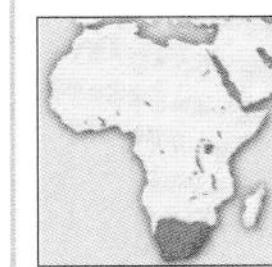

20厘米
陆栖
卵生
3枚－8枚
常见

纳米比亚南部、博茨瓦纳西南部、南非

保护警报

在国际自然与自然资源保护联合会的《濒危物种红色目录》上的13个正蜥科物种如下所示：

1种极危
1种濒危
5种易危
2种近危
1种数据缺乏
3种无危

小档案

夜蜥蜴科 尽管该科的夜蜥蜴被称为晚上活动的蜥蜴，但有许多是昼间活动的。它们体形小，身长最长10厘米，背部鳞片为小颗粒状，腹部鳞片较大。所有物种均为卵生。大多数以无脊椎动物为食，有一种生活在洞里的夜蜥蜴食用无花果。夜蜥蜴为陆栖或树栖。疣蜥是生活在墨西哥的一种夜蜥，被叫做蝎子，还被错误地认为有毒。像许多蜥蜴一样，疣蜥的尾巴在被抓住时会断掉，长出的新尾巴颜色和身体一致。

从雄蜥那里得到解放 *黄点夜蜥（Lepidophyma flavimaculata）为夜间活动的，卵生，某些为单性繁殖。*

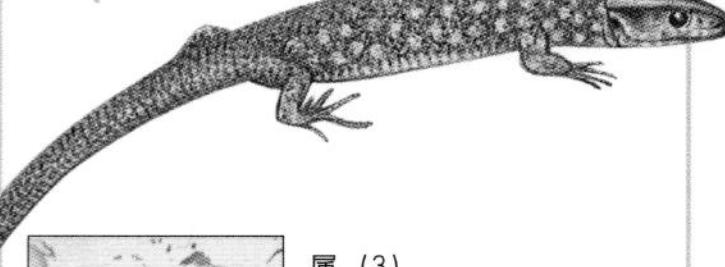

属（3）
种（20）

美国西部和墨西哥东部、中美洲和南美洲北部

普通壁虎 这是一种殖民蜥蜴，是优秀的攀登者，喜欢在岩石上晒太阳。壁虎以无脊椎动物为食。它们是猛禽和蛇类的猎物，特别是有角的幼蝰或大型的鞭蛇。

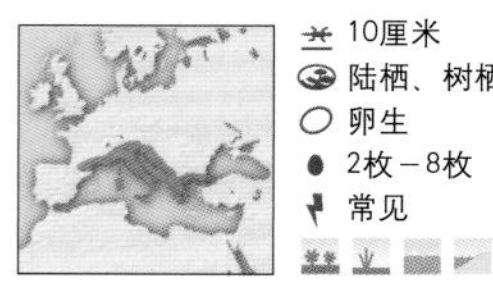

10厘米
陆栖、树栖
卵生
2枚－8枚
常见

欧洲南部和巴尔干群半岛

保护警报

范围的局限性 夜蜥蜴科的一个物种——北美洲岛夜蜥（*Xantusia riversiana*）在国际自然与自然资源保护联合会的《濒危物种红色名录》上被列为易危，仅分布在美国加利福尼亚海岸外的圣克莱门特、圣特巴巴拉和圣尼古拉斯岛。它们栖息于草地上、仙人掌丛中、悬崖上，以及有岩石的海滩。这种蜥蜴变为易危是由于它们的栖息地遭受到了破坏和人们对岛屿的过度开发。

1 **意大利壁虎**
(Podarcis sicula) 正蜥科
2 **普通壁虎**
(Podarcis muralis) 正蜥科
3 **玛诺可壁虎**
(Podarcis perspicillata) 正蜥科
4 **沙漠夜蜥**
(Xantusia vigilis) 夜蜥蜴科
5 **花岗岩夜蜥**
(Xantusia henshawi) 夜蜥蜴科
6 **胎生蜥蜴**
(Lacerta vivipara) 夜蜥蜴科
7 **拉德岩蜥**
(Lacerta raddei) 夜蜥蜴科
8 **乌兹尔岩蜥**
(Lacerta uzzeli) 夜蜥蜴科
9 **米罗壁虎**
(Podarcis milensis) 夜蜥蜴科

1 **埃及穗趾蜥**
(Acanthodactylus pardalis)
正蜥科

2 **快跑者**
(Eremias velox)
正蜥科

3 **阿尔及利亚奔蜥**
(Psammodromus algirus)
奔蜥科

4 **蓝喉龙骨蜥**
(Algyroides nigropunctatus)
正蜥科

5 **小斑蜥**
(Mesalina guttulata)
正蜥科

6 **亚洲草蜥**
(Takydromus sexlineatus)
正蜥科

7 **锯尾蜥**
(Holaspis guentheri)
正蜥科

8 **清晨快跑者**
(Heliobolus lugubris)
正蜥科

9 **长沙蜥**
(Meroles anchietae)
正蜥科

10 **蛇眼蜥**
(Ophisops elegans)
正蜥科

小档案

埃及穗趾蜥 这种蜥蜴的脚趾长有趾穗，使它们能够在风吹形成的沙丘上更好地活动，铲形的鼻子和缩进的下巴让它们能够在沙中穿行时放松。它们主要以蚂蚁为食。

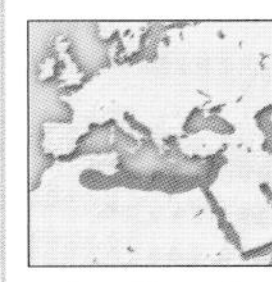

20厘米
陆栖
卵生
3枚－5枚
常见

阿尔及利亚、埃及、以色列、约旦和利比亚

蓝喉龙骨蜥 这类日行性蜥蜴是欧洲最小的蜥蜴，以葡萄园和建筑物中的昆虫为食。它们每年四月从冬眠中苏醒过来，然后开始繁殖，繁殖中的雄蜥喉部为亮蓝色，腹部为橙红色。

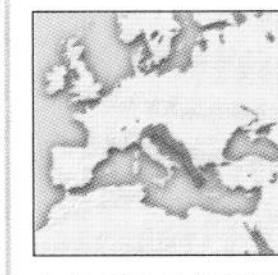

20厘米
陆栖、树栖
卵生
2枚－3枚
常见

意大利东北部到科林斯湾和爱奥尼亚岛屿

锯尾蜥 扁平的体形和惊人的色彩使这种蜥蜴不会被人误认。它们用扁扁的身体和宽大的尾巴在树与树之间跳跃。躯干和尾部长而结实，后腿相对强壮。

跳远 *锯尾蜥在树与树之间最远能跳10米，它的扁平的躯干和宽大的尾巴支持着这种惊人的跳跃。*

12.5厘米
树栖
卵生
2枚
常见

非洲东部、西部、中部和莫桑比克

蛇眼蜥 这种蜥蜴得名源自覆盖在其眼睛上大大的透明薄膜，使得其眼皮无法覆盖住眼睛。当逃离捕食者时，它们在灌木丛中快速穿行，然后竖直身子寻找侵略者。它们也可以双腿奔跑较短的距离。

5厘米
陆栖
卵生
4枚－5枚
常见

非洲北部、欧洲东南部到中东和印度

小档案

裸眼蜥科 该科的马克洛迪斯蜥为卵生的小型蜥蜴，吻肛长达6厘米，身上的鳞片形状不同。某些物种的四肢已经退化。裸眼蜥科物种繁多，其中大部分生活在森林的落叶堆下，少数几个物种为半水栖。所有的裸眼蜥科蜥蜴都食用无脊椎动物。

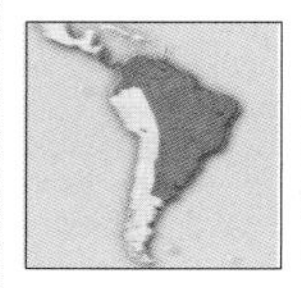

属（36 ）
种（160）
中美洲南部和南美洲东北部

美洲蜥科 该科的鞭尾蜥和特古蜥均为卵生，成蜥吻肛长5厘米－40厘米。背部和横向的鳞片呈小颗粒状，腹部鳞片为较大的矩形，排成一列列的。尾巴长。较小的鞭尾蜥喜欢生活在沙漠、草地和森林的开阔处，它们可以在那里捕食无脊椎动物。大的特古蜥则喜欢开阔的森林，为杂食性。

无性克隆 *方格鞭尾蜥（Cnemidophorus tesselatus）属无性繁殖，蜥群中只有雌蜥。*

属（9）
种（118）
美国南部至南美洲东北部

黄金特古蜥 这种大型蜥蜴是亚马孙盆地海龟卵的最大威胁。为了保护自己的卵不被吃掉，它们将卵产在树栖的蚁穴中。

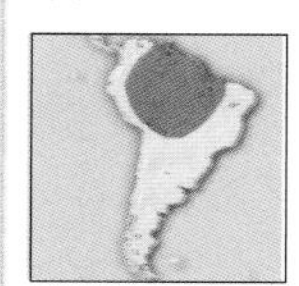

30厘米
陆栖
卵生
4枚－32枚
常见
南美洲北部

保护警报

在国际自然与自然资源保护联合会的《濒危物种红色目录》上的6个美洲蜥科的物种如下所示：

2种灭绝
1种极危
1种易危
2种数据缺乏

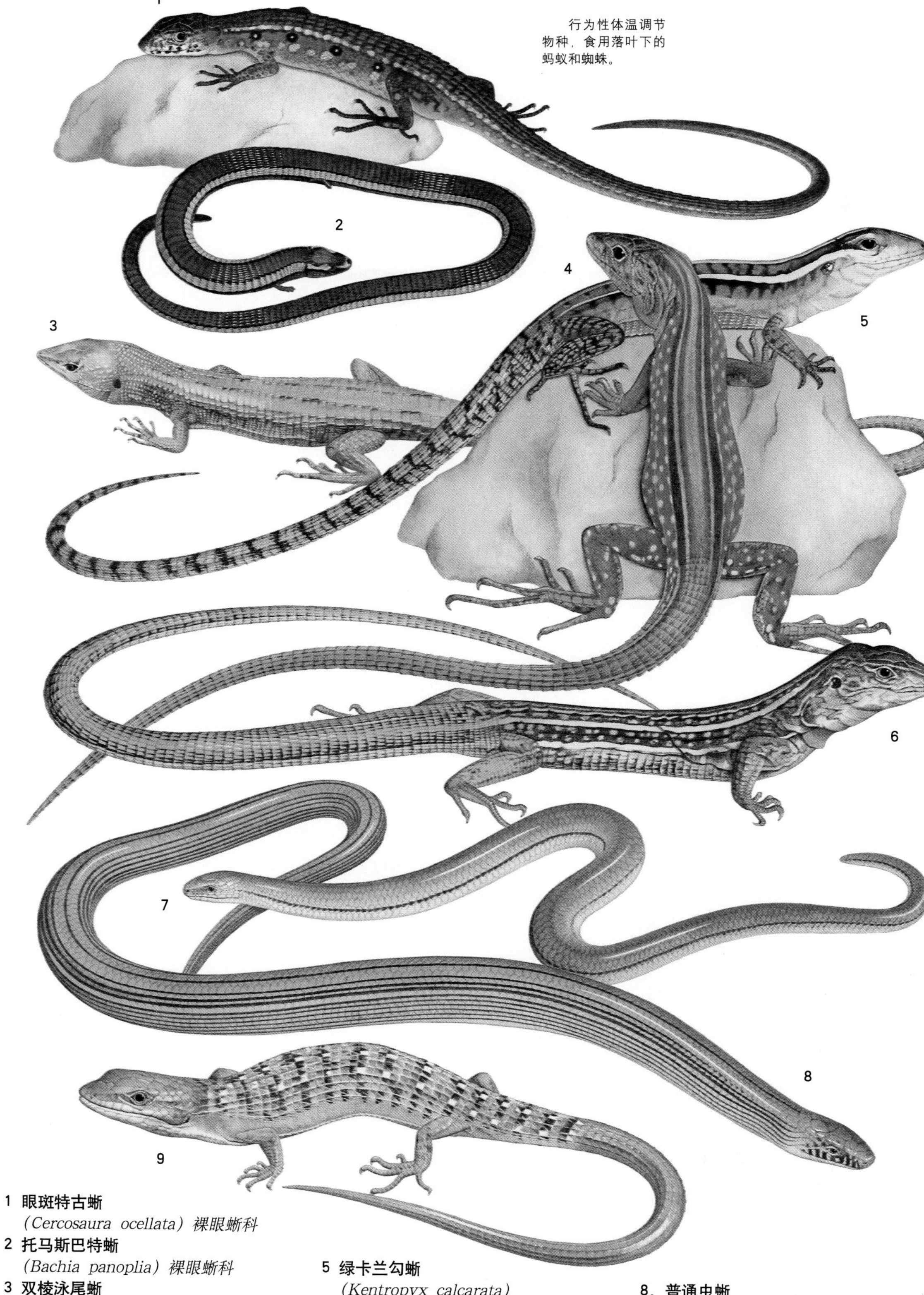

行为性体温调节物种，食用落叶下的蚂蚁和蜘蛛。

1 **眼斑特古蜥**
（Cercosaura ocellata）裸眼蜥科

2 **托马斯巴特蜥**
（Bachia panoplia）裸眼蜥科

3 **双棱泳尾蜥**
（Neusticurus bricarinatus）裸眼蜥科

4 **彩虹蜥**
（Cnemidophorus lemniscatus）美洲蜥蜴科

5 **绿卡兰勾蜥**
（Kentropyx calcarata）美洲蜥蜴科

6 **四趾特古蜥**
（Teius teyou）美洲蜥蜴科

7 **缓虫蜥**
（Anguis fragilis）蛇蜥科

8．**普通虫蜥**
（Ophiodes intermedius）蛇蜥科

9．**南部短吻鳄蜥**
（Elgaria multicarinata）蛇蜥科

1

2

3

4

5

6

7

8

在近水的下垂树枝上活动，尾部高且扁平，背部生有横向鳞片，利于游泳。

1 **绿色丛林蜥**
(Ameiva ameiva) 美洲蜥科

2 **斑带长蜥**
(Diploglossus fasciatus) 蛇蜥科

3 **中国鳄蜥**
(Shinisaurus crocodilurus)
异蜥科

4 **黄金特古蜥**
(Tupinambis teguixin) 美洲蜥科

5 **欧洲玻璃蜥**
(Pseudopus apodus) 蛇蜥科

6 **细玻璃蜥**
(Ophisaurus attenuatus) 异蜥科

7 **鳄特古蜥**
(Crocodilurus lacertinus)
美洲蜥科

8 **巴拉圭凯门蜥**
(Dracaena paraguayensis)

小档案

异蜥科 该科的鳄蜥或球鳞蜥浑身长满颗粒状的鳞片和巨大的结节。这些食虫蜥蜴生活在墨西哥和危地马拉多山的热带雨林中，在岩石缝隙或树洞中容身。中国鳄蜥作为它们的远房亲戚，则以山间溪流中的鱼类和蝌蚪为食。

属（2）
种（5）

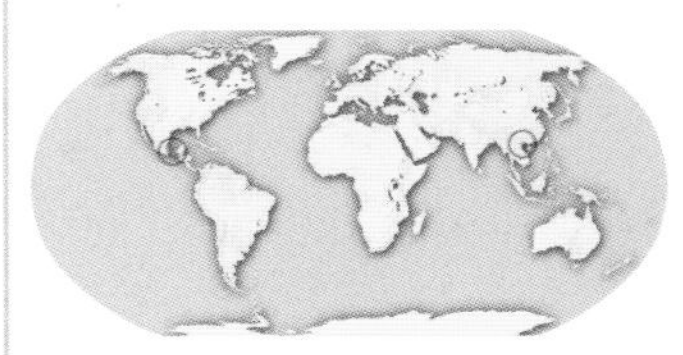

中国南部、墨西哥南部和危地马拉

蛇蜥科 该科的蛇蜥鳞片厚重如盔甲，大多长有四肢，也有很多为无足蜥，尾巴相当于整个吻肛长的三分之二。它们一般被称为玻璃蜥，因为当受到攻击时，它们的尾巴会像玻璃似的断裂成几块。

卷尾
考柏树栖短吻鳄蜥(Abronia aurita)已经适应了热带雨林中高高的天棚，它们会用自己的尾巴缠绕在上面。

属（13）
种（101）

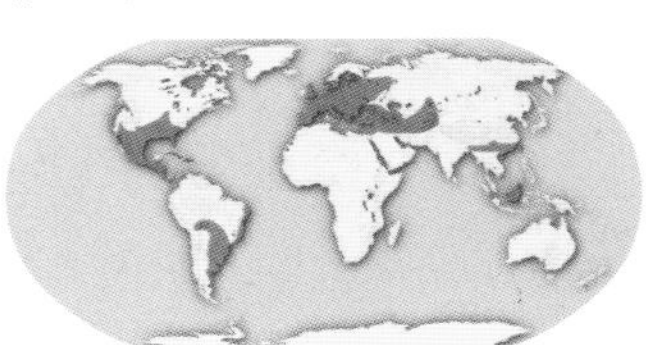

亚洲南部和西南部、欧洲、美洲

保护警报

在国际自然与自然资源保护联合会的《濒危物种红色目录》上的10个蛇蜥科物种如下所示：

- 1种灭绝
- 3种极危
- 1种濒危
- 1种易危
- 1种近危
- 3种数据缺乏

小档案

毒蜥科 该科的钝尾毒蜥和墨西哥珠蜥是已知的毒蜥。它们头部扁阔，躯干粗壮，四肢有力，尾巴厚重得可以用来储存脂肪。两种蜥蜴均为卵生，昼间活动，行动缓慢，食用幼鸟、蜥蜴和鸟的卵。

属（2）
种（2）
美国西南部至危地马拉

加里曼丹岛蜥科 该科的无耳王蜥长有侧翼肌齿，没有顶眼。它们和巨蜥、毒蜥都有血缘关系。夜间活动，半水栖，生活在森林的溪流附近，以水中和陆上的小动物为食。它们为卵生，每窝最多产卵6枚。

属（1）
种（1）
加里曼丹岛

蜕 皮

蜥蜴的外皮（表皮）由角蛋白组成，鳞片是加深的表皮。随着蜥蜴的生长，角蛋白的表皮会大片地蜕掉。

破茧而出
所有的蜥蜴都需要定期地蜕皮才能生长。

保护警报

追加保护 两种毒蜥在国际自然与自然资源保护联合会的《濒危物种红色名录》上都被列为易危。在美国的亚利桑那，钝尾毒蜥得到重点的保护，使得它们免遭屠杀，不会被宠物贸易吞没。墨西哥将两种蜥蜴列为保护动物，不准在国际宠物市场上出售，禁止屠杀或用它们的皮制成旅游纪念品贩卖。

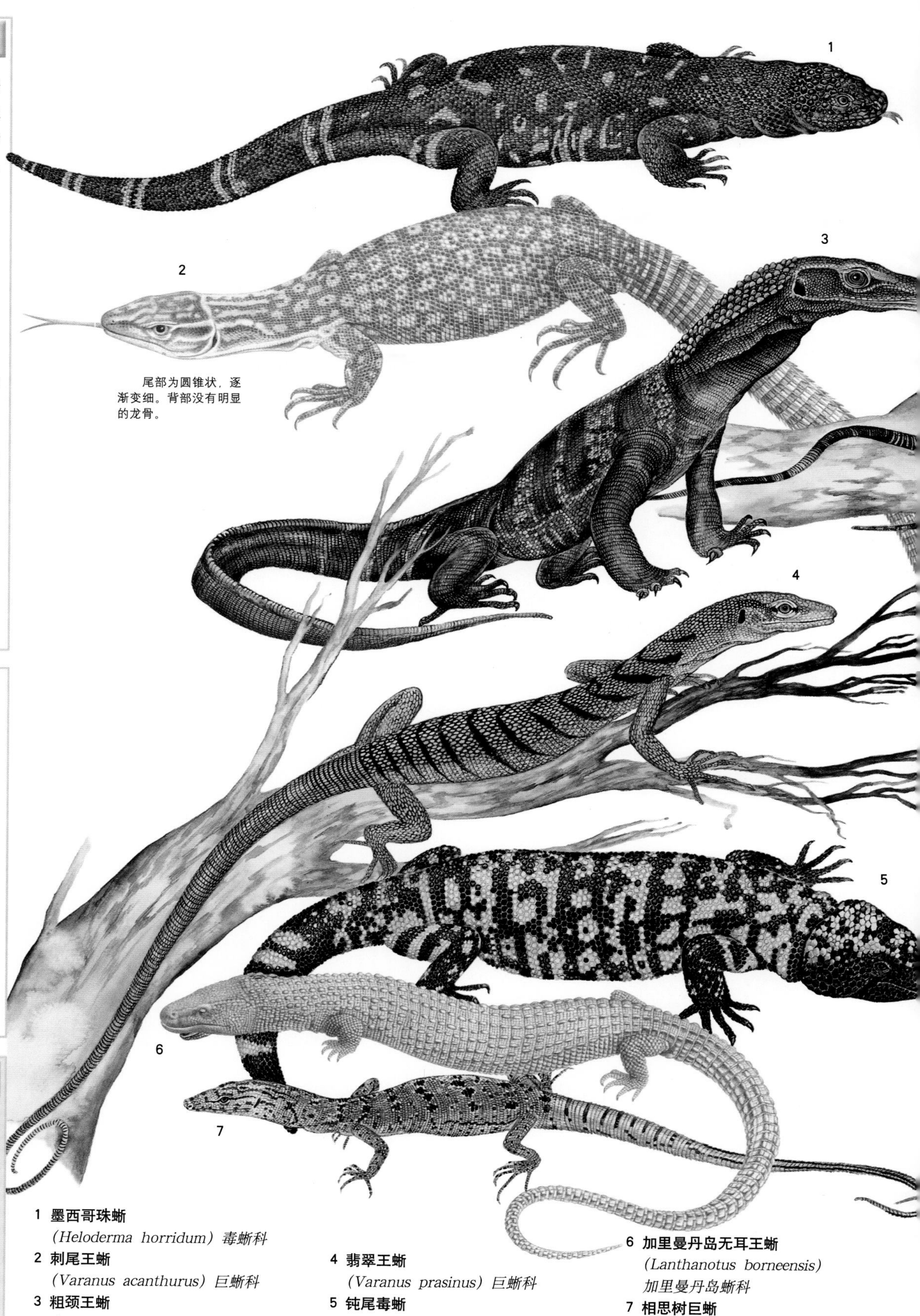

尾部为圆锥状，逐渐变细。背部没有明显的龙骨。

1 **墨西哥珠蜥**
(Heloderma horridum) 毒蜥科

2 **刺尾王蜥**
(Varanus acanthurus) 巨蜥科

3 **粗颈王蜥**
(Varanus rudicollis) 巨蜥科

4 **翡翠王蜥**
(Varanus prasinus) 巨蜥科

5 **钝尾毒蜥**
(Heloderma suspectum) 毒蜥科

6 **加里曼丹岛无耳王蜥**
(Lanthanotus borneensis) 加里曼丹岛蜥科

7 **相思树巨蜥**
(Varanus gilleni) 巨蜥科

柯莫多巨蜥的嘴中有一种恶性共生细菌，猎物被咬伤后的几个小时内会因为这种细菌引起的发烧而失去力量，然后摔倒在地。柯莫多巨蜥会追踪受伤的猎物，趁机将其吃掉。

1 **黄点鳄王**
(Varanus salvadorii) 巨蜥科
2 **珀伦帖蜥**
(Varanus giganteus) 巨蜥科
3 **格雷巨蜥**
(Varanus olivaceus) 巨蜥科
4 **沙漠巨蜥**
(Varanus griseus) 巨蜥科
5 **沙王蜥**
(Varanus gouldii) 巨蜥科
6 **尼罗河巨蜥**
(Varanus niloticus) 巨蜥科
7 **柯莫多巨蜥**
(Varanus komodoensis) 巨蜥科

小档案

巨蜥科 该科蜥蜴体形巨大，皮肤粗厚，脖颈长，身上长满小而圆的鳞片。尾巴长。舌长而分叉。最大的巨蜥是柯莫多巨蜥。

站立起来 *沙王蜥的尾巴非常结实有力，它们在寻找交配伙伴或猎食时可以呈稳定的三足站立。*

属（1）
种（50）

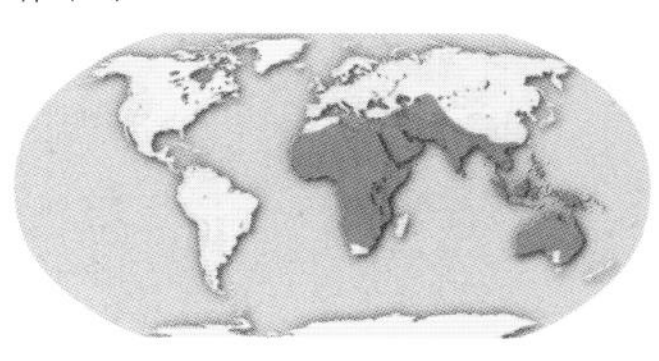

非洲、亚洲、澳大利亚和太平洋岛屿

亚各布森器官

很多蜥蜴通过舌头感知周围的空气，寻找有关食物和同种物群，如交配对象、敌人的线索。亚各布森器官在上颌顶部有一对生有感觉细胞的腔。蜥蜴舌头所搜集到的粒子被传送到舌头旁边的腔，这就是为什么它们的舌头是分叉的。亚各布森器官将收集到的信息传送到脑部，由大脑决定行动。

舌头的测试 *巨蜥和其他很多蜥蜴用它们分叉的舌头感知空气中的味道。*

保护警报

巨蜥的监控 很多巨蜥因为它们的皮和肉而被杀。在亚洲和非洲，它们被作为传统的药物，它们还是澳大利亚当地人食用的一道菜肴。每年有超过一百万只尼罗河巨蜥和亚洲巨蜥被杀掉，它们的皮被用来制作奢侈品，如鞋子、腰带、钱包和各种小装饰品。

蛇

纲	爬行纲
目	有鳞目
科	(17)
属	(438)
种	(2955)

蛇的种类惊人，有接近3000种，从身长只有十几厘米的小小的挖洞盲蛇，到身长十几米的巨大的蟒蛇，蛇类逐步形成了它们独特的行进方式、收集周围环境信息的不同方法和各种各样的毒液发送系统。化石记录显示蜥蜴比蛇类出现得早，某些原始蛇类身上残留的骨盆带和骨刺表明蛇类是从蜥蜴类进化而来的。蛇类和无足蜥蜴的左肺退化或者消失，但是蚓蜥为右肺退化。蛇类的大部分器官都退化得较细较长。

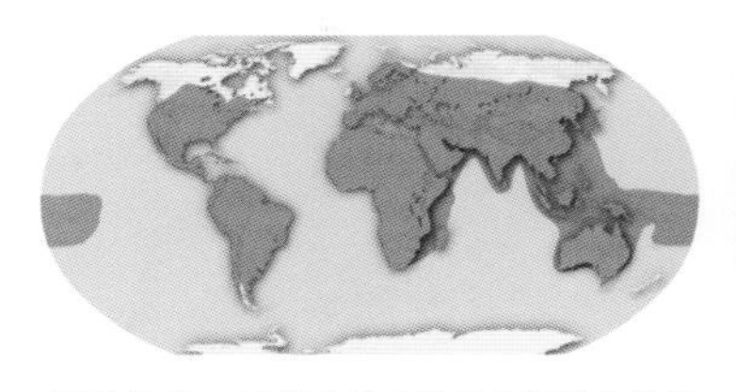

热爱热带 蛇类生活在除了南极洲之外的所有大陆上，甚至还有一些生活在北极圈内。有些岛屿是无蛇的，如新西兰、爱尔兰和冰岛。大西洋里没有海蛇。蛇类的多样性在热带地区最明显。

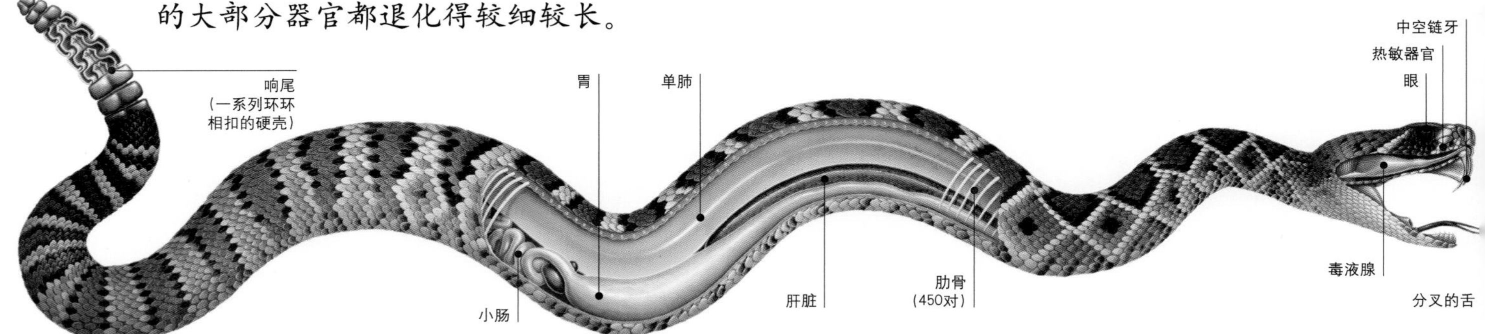

蛇类解剖 以西部钻背响尾蛇（上图）为例，蛇类的大部分器官都已退化，直径变小，长度增加。很多蛇的肺部已经退化得只剩一个，但是雄性有两个功能繁殖器官。

防卫展示 大部分眼镜蛇，如金黄眼镜蛇（*Naja nivea*；右图）长有一个环，可以将其张开，使自己看起来更大，以此恐吓敌人或者麻木猎物。有些蛇的背部表面长满了眼睛般的斑点，可以模仿更大型动物的眼睛。

藏起的牙 当蝮蛇——包括木材响尾蛇（下图）张大嘴巴威胁敌人时，它们的牙齿保持放松，使其不会挡住用来扫描来自对手或猎物的红外线信号的器官。

贴地生活

蛇类和它们的环境很接近。事实上，大多数时间，它们的腹部都保持和地面底层的接触——只有在树木间滑动，在水中游动，或是爬树时，它们才会从和地面的亲密接触中解放出来。正是通过这种和地面的接触，它们可以识别声音的振动，追踪猎物和可追求的雌蛇的踪迹。

蛇类的体形决定了它们生活的地方和做的事情。铲形鼻蛇类和虫蛇生活在地下，用它们特别的鼻子挖洞，食用地下的猎物。细脖子身体细长的树栖蛇类适应了在树枝间滑动，为了到达近处的树枝，会将身体尽量伸展。它们产下一窝窝细长的卵，以细长的猎物为食，如蜥蜴或者蛙类。身短体厚的蛇类，如某些蝰蛇是坐等其食的捕猎者，而且常常咽下比它们还要重的食物。尴尬的体形并不影响它们，因为它们很少活动，并且很多都是毒蛇。身体长而行动敏捷迅速的蛇类是蛇族中的运动健将，它们追赶蜥蜴和其他蛇类，并能快速逃生。非

蛇皮的种类

蛇皮由鳞片组成，它们不是分割独立的个体，而是皮肤的一个加厚部分，由更厚的弹性皮肤连接。精细的粒状鳞片在树蟒中较为常见，光滑并且相互交错的鳞片在跑蛇中比较常见，而龙骨状的鳞片则是响尾蛇的特点。

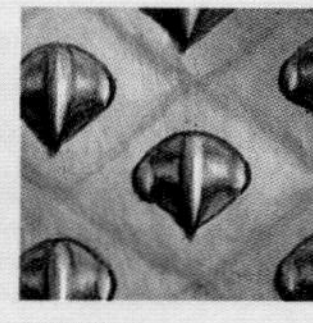

粒状鳞片

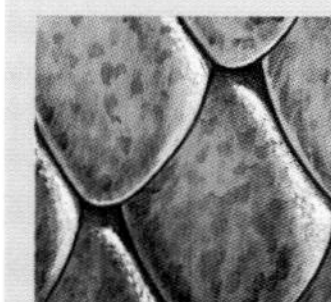

光滑的鳞片

龙骨状的鳞片

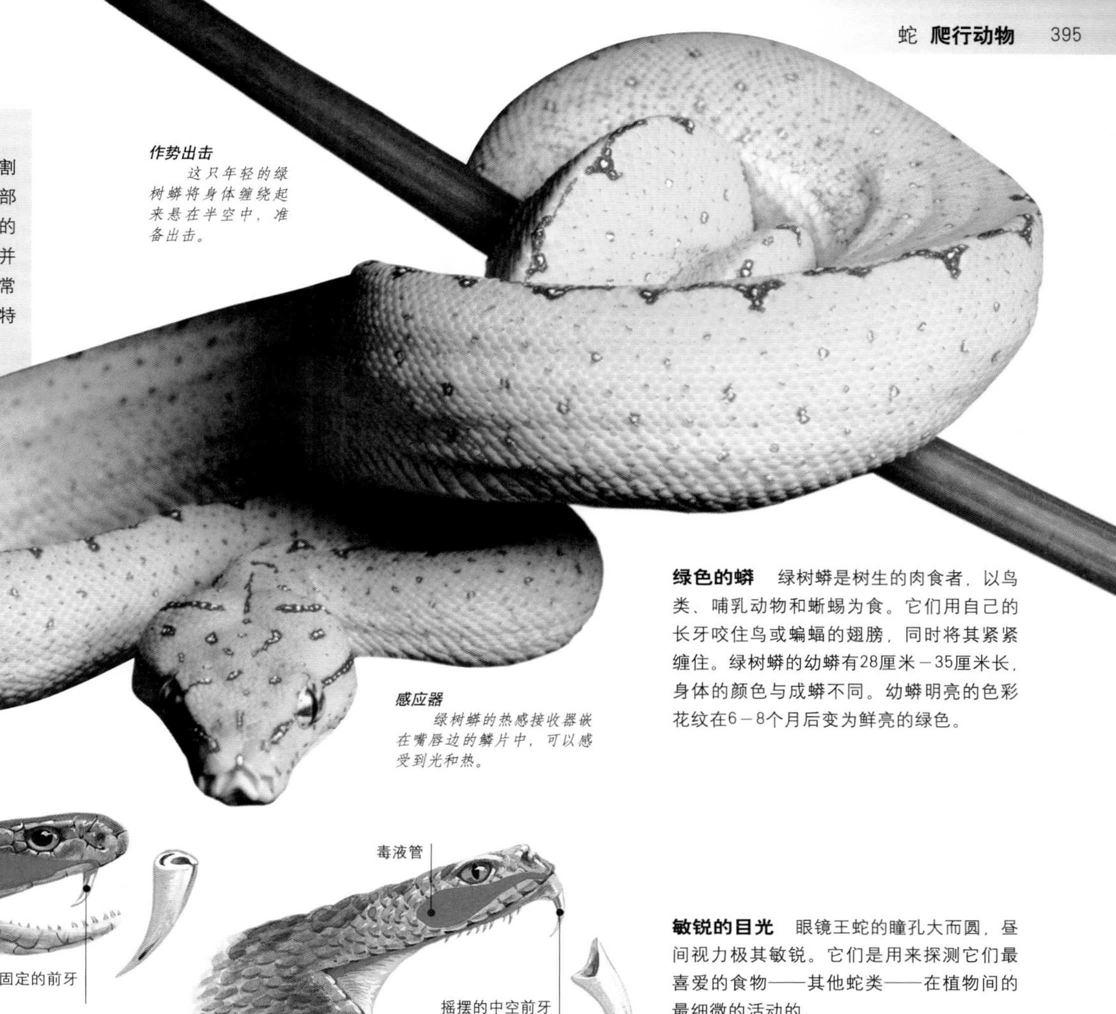

作势出击 这只年轻的绿树蟒将身体缠绕起来悬在半空中，准备出击。

感应器 绿树蟒的热感接收器嵌在嘴唇边的鳞片中，可以感受到光和热。

绿色的蟒 绿树蟒是树生的肉食者，以鸟类、哺乳动物和蜥蜴为食。它们用自己的长牙咬住鸟或蝙蝠的翅膀，同时将其紧紧缠住。绿树蟒的幼蟒有28厘米－35厘米长，身体的颜色与成蟒不同。幼蟒明亮的色彩花纹在6－8个月后变为鲜亮的绿色。

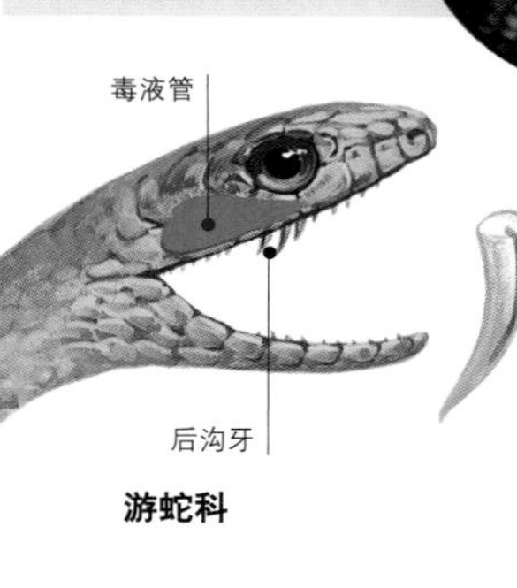

游蛇科

眼镜蛇科

蝰蛇科

多样的牙齿 后沟牙是和游蛇科游蛇的裘维耐氏腺分泌液有关的。眼镜蛇科（眼镜蛇、珊瑚蛇、海蛇和太攀蛇）有固定的短前牙，蝰蛇长有中空的前牙。

敏锐的目光 眼镜王蛇的瞳孔大而圆，昼间视力极其敏锐。它们是用来探测它们最喜爱的食物——其他蛇类——在植物间的最细微的活动的。

洲树蛇和鞭蛇在森林的林冠中的速度十分惊人：它们就像水流那样，非常平稳。海蛇已经逐渐地使自己的尾部发展成桨状，非常适合远洋生活。许多海蛇从未接触过陆地，一直在大海里捕食、生活、繁殖。

所有的雄蛇在尾巴根部都长有两个交配器，一般是交替使用的，每个接收来自一个睾丸的精液。这也许是为了参加冬眠以后的大型春季狂欢时能快速恢复。在被卵用来受精以前，精液可以储存几个月甚至一年多。

雌性也逐步发展了一套能改变其基因的行为方式。大多数蛇产卵，但是许多蛇已经进化成胎生。通过肌肉伸缩，蟒蛇可以在产卵时提高它们的体温。雌眼镜蛇在巢旁边建个松松的草窝，可以保护巢中的卵。

蛇类最奇妙的变化在于它们发展的用来寻找、捕捉、猎杀和吞食猎物的系统。蛇类上颌顶部高度发达的化学感应器官能帮助它们识别交配伙伴、敌人和猎物。蝮蛇、蚺和蟒蛇的红外线感应器官使它们能够利用温血猎物发出的热量来“看到”它们。蝰蛇科、眼镜蛇科和游蛇科所产生的毒液可以麻痹它们的猎物，并且有助于吞食和消化猎物。很明显，有些蛇类进化得要好一些，还有许多蛇类现在正失去自己的土地——人类以比蛇类进化速度快得多的速度改变着环境。

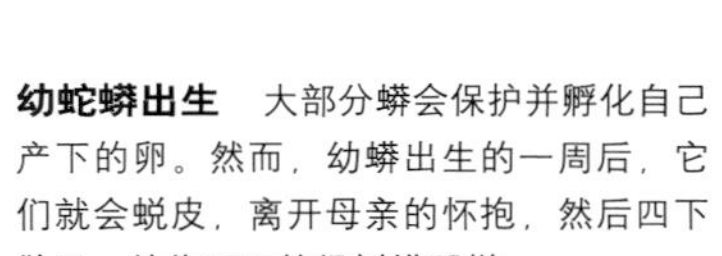

幼蛇蟒出生 大部分蟒会保护并孵化自己产下的卵。然而，幼蟒出生的一周后，它们就会蜕皮，离开母亲的怀抱，然后四下散开，就像下面的绿树蟒那样。

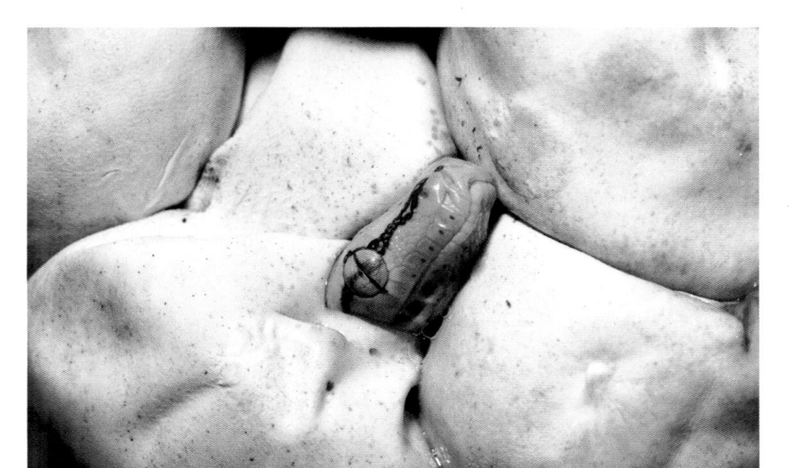

小档案

矮蟒科 西印度群岛上的矮蟒科蟒蛇体形较小，大约1米长。岛上的物种大都是从普通的大陆上的祖先进化而来的。它们吃蛙类、蜥蜴、啮齿类动物和鸟类。受到打扰时，它们的嘴角和眼睛会流血，然后将身体紧紧地蜷成一团，防御来犯者。

属（2）
种（31）

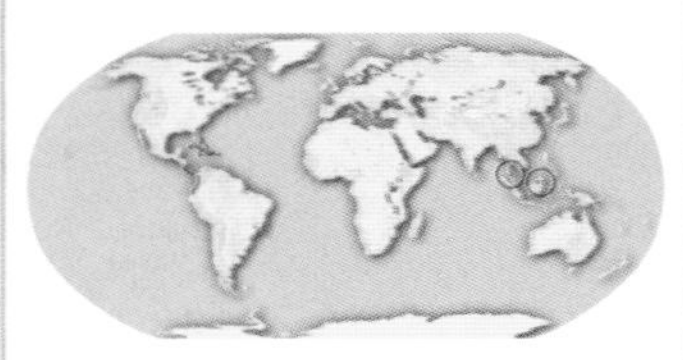

西印度群岛至厄瓜多尔、巴西东南部、东南亚

蚺和沙蟒的头骨

蛇类的动力颌能够吞食直径是它们5倍的食物。它们的牙齿呈流线型，这样通过先移动一边，然后另一边，可以将食物推进喉咙。

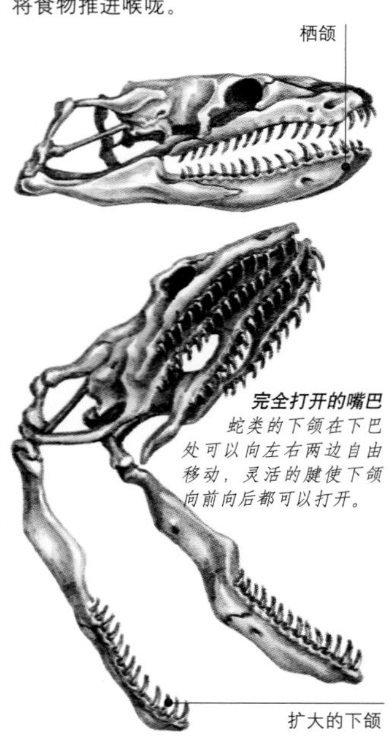

保护警报

圆岛岛蚺 现在已经灭绝的挖洞的雷蚺（*Bolyeria multocarinata*）仅分布在印度洋的圆岛上。另一种岛蚺——有龙骨状鳞片的蚺（*Casarea dusumieri*）已经濒临灭绝。由于这个岛上环境的破坏，20世纪70年代只有75只岛蚺存活。

1 **墨西哥玫瑰砂蚺**
(*Charina trivirgata*) *蟒蛇科*
2 **古巴林蚺**
(*Tropidophis melanurus*) *矮蟒科*
3 **新几内亚沙蟒**
(*Candoia aspera*) *蟒蛇科*
4 **西非钻地蟒**
(*Calabaria reinhardtii*) *蟒蛇科*
5 **橡皮蟒**
(*Charina bottae*) *蟒蛇科*
6 **东非沙蟒**
(*Gongylophis colubrinu*) *蟒蛇科*
7 **沙氏矮蟒**
(*Xenophidion schaeferi*) *矮蟒科*
8 **依思棉矮蟒**
(*Ungaliophis continentails*) *矮蟒科*
9 **鞑靼沙蟒**
(*Eryx tataricus*) *蟒蛇科*
10 **菲克矮蟒**
(*Tropidophis feicki*) *矮蟒科*

由于其温和的习性和美丽的花纹，几十年来，印度蟒在宠物贸易中一直颇受青睐。现在出售的印度蟒大部分为驯养的。

凹陷的热感器官在唇边的鳞中。

用舌头探测空气中的味道。

1 **普通红尾蚺**
(Boa constrictor) 蟒蛇科

2 **印度蟒**
(Python molarus) 蟒蛇科

3 **马达加斯加沙蟒**
(Acranphis madagascariensis) 蟒蛇科

4 **非洲岩蟒**
(Python sebae) 蟒蛇科

5 **网蟒**
(Python reticulatus) 蟒蛇科

6 **绿水蟒**
(Eunectes murinus) 蟒蛇科

7 **翡翠绿树蚺**
(Corallus caninus) 蟒蛇科

小档案

蟒蛇科 这一科包括蚺、蟒和沙蚺——现存最大的蛇——但是，某些物种的身长却不到50厘米，最大的蟒身长可达10米，以大型哺乳动物、水豚、鹿和凯门鳄为食。蚺和沙蟒为胎生，蟒为卵生。

孵卵

童蟒(Antaresia childreni)将它的卵紧紧缠绕隐藏起来，以保护它们。它通过收缩肌肉来提高体温。

属（20）
种（74）

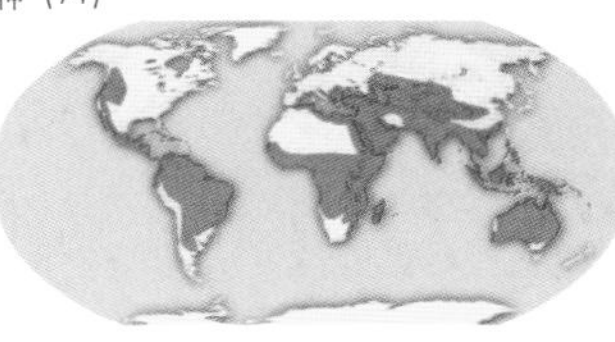

世界各地（除了欧洲和南极洲）

普通红尾蚺 大型树栖蛇类，通过收缩身体来杀死它们的猎物。泄殖腔两边都长有退化的肢作为骨刺，这暴露了它们的原始起源。

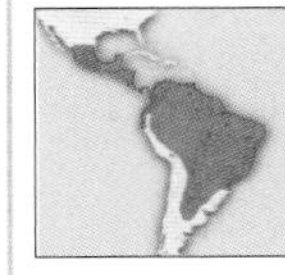

4.2米
陆栖、树栖
胎生
30枚－50枚
常见

墨西哥南部至阿根廷

网蟒 世界上最大的蛇类之一，这种蟒的体形比森蚺还要大。它的猎物包括大型的爬行动物，如蜥蜴和鳄类，中大型的哺乳动物，甚至包括人类。

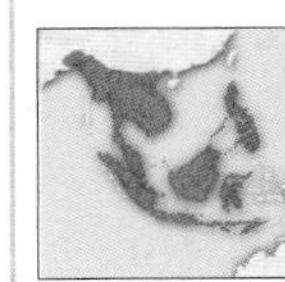

10米
陆栖
卵生
80枚－100枚
常见

东南亚

保护警报

在国际自然与自然资源保护联合会的《濒危物种红色目录》上的10个蟒蛇科的物种如下所示：

1种灭绝
2种濒危
4种易危
3种近危

小档案

绿树蟒 这种夜行性蟒以哺乳动物和鸟类为食。它们是平行进化的一个例子，南美洲的翡翠绿树蚺在同样的栖息地进化，它们有着相似的颜色和体形。

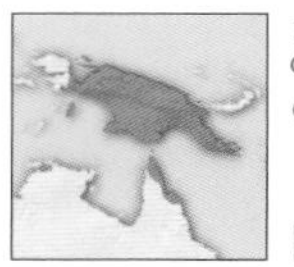

2米
树栖
卵生
12枚－18枚
不常见

澳大利亚东北部、新几内亚

多变的颜色
幼蟒和成蟒的体色不同，幼蟒刚孵出后为亮黄色或砖红色。

库克树蚺 这种蚺在年幼时吃体形较小的蜥蜴，随着身体的长大，渐渐地开始吃啮齿类动物和鸟类。它们伏击猎物时，用卷尾将自己悬在树上，然后一下子咬住猎物，再紧紧缠住。

1.9米
树栖
胎生
30个－80个（活胎）
常见

巴拿马、南美洲北部、西印度群岛

黑头蟒 这种蟒在较暖和的月份里夜间活动，在较凉爽的月份里白天活动。它们的食物包括王蜥、蛙类、鸟类、哺乳动物和蛇类——甚至蝰蛇。它们的主要敌人是野狗。

2.6米
陆栖
卵生
5枚－10枚
常见

澳大利亚北部

血蟒 体形巨大，活跃，半水栖，大部分时间呆在沼泽地和溪流中。它们主要吃哺乳动物和小型的鸟类。血蟒的数量由于蛇皮贸易而渐渐减少，它们色彩丰富的皮在奢侈品的皮货市场上大受欢迎。

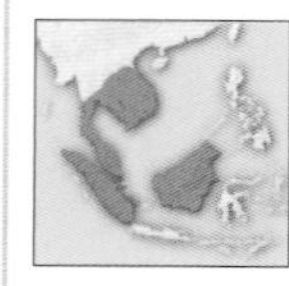

3米
陆栖、水栖
卵生
18枚－30枚
常见

东南亚

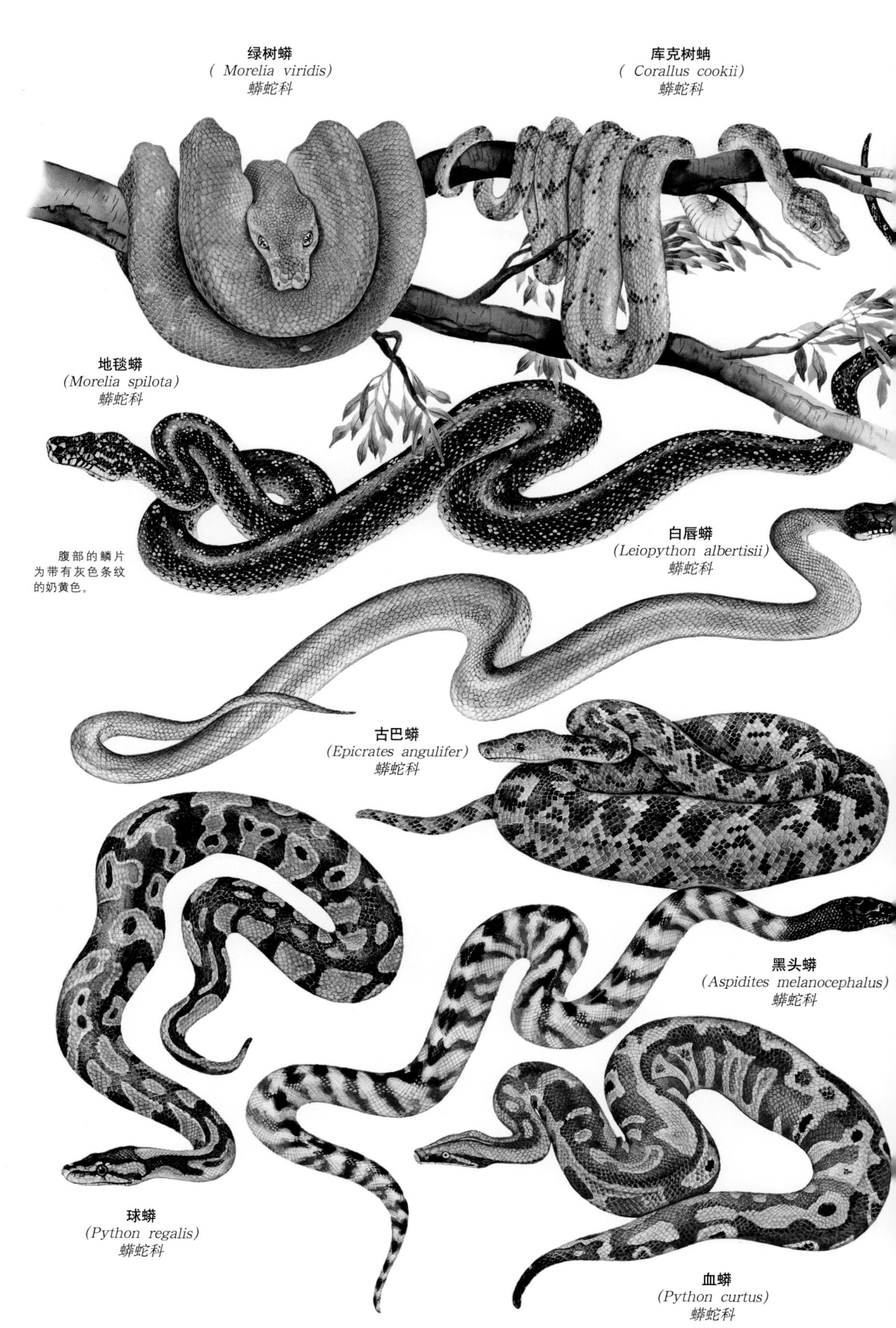

绿树蟒
(*Morelia viridis*)
蟒蛇科

库克树蚺
(*Corallus cookii*)
蟒蛇科

地毯蟒
(*Morelia spilota*)
蟒蛇科

腹部的鳞片为带有灰色条纹的奶黄色。

白唇蟒
(*Leiopython albertisii*)
蟒蛇科

古巴蚺
(*Epicrates angulifer*)
蟒蛇科

黑头蟒
(*Aspidites melanocephalus*)
蟒蛇科

球蟒
(*Python regalis*)
蟒蛇科

血蟒
(*Python curtus*)
蟒蛇科

小档案

美洲闪鳞蛇 这种夜行性蛇吃小型哺乳动物、爬行动物，以及海龟与蜥蜴的卵。突起的鼻子用来挖穴进入爬行动物的巢穴。头部的大型鳞片说明它们和游蛇类更接近，而不是外表看起来与其更接近的蚺类。

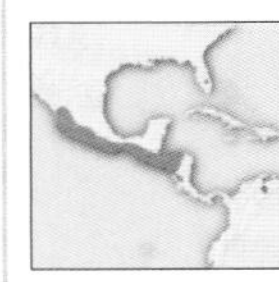

1.4米
陆栖、穴栖
卵生
2枚－4枚
罕见

墨西哥南部至哥斯达黎加

痔毒蛇科 该科卵生的蛇被称作匕首毒蛇，因为它们每一个上颌骨长有一个半直立又大又硬的牙齿。它们不是挖穴的啮齿类动物，狭窄的空间意味着它们不可能张嘴出击。所以，它们在咬住猎物后，头向一边甩，摆动猎物，将颌移向猎物的相反一边，露出长牙，然后用向反斜方向的动作把牙刺进猎物，将其毒死。

属（1）
种（18）

非洲和中东地区

筒蛇科 该科的蛇颜色斑斓亮丽，极似珊瑚蛇，生活在落叶堆里，以蚯蚓、螈、鳝鱼、蝾螈和蛇类为食。它们有的是水栖，但是更多为穴栖。受到攻击时，它们会蜷成一团。

属（1）
种（1）

亚马孙流域（南美洲）

瘰鳞蛇科 该科蛇的鳞片小而隆起。它们大都生活在水中，几乎无法在陆地上移动，为夜行性，食用鱼类和甲壳类动物。

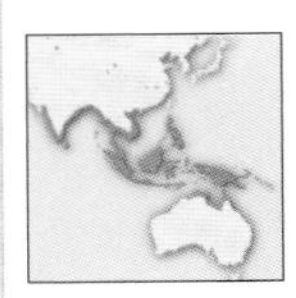

属（1）
种（3）

印度、东南亚、澳大利亚

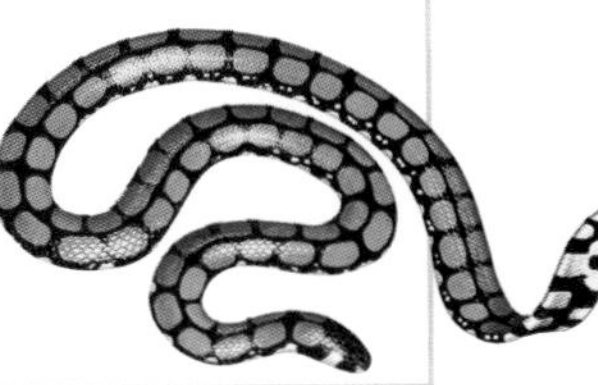

桨尾 为了适应在水中游动，小瘰鳞蛇(Acrochordus granulatus)的尾部竖向展开，使身体侧扁。

蛇的防卫策略

蛇有许多不同的防卫策略，以避免自己成为别人的美食，最普遍的方法是伪装——利用自身的颜色、花纹和形状。许多树栖的蛇长有细长的头部和颈部，就像小树枝一样，所以可以混迹于自己喜欢的地方。逃跑也是一种好方法，但是必须跑得够快，就像红跑蛇（*Masticophis flagellum*）那样，是天生的赛跑者。许多防卫的策略是专门用来对付鸟类和哺乳动物的。印度眼镜蛇（*Naja naja*）会将上半身挺起，鼓起颈环，展示自己像眼睛一样的大斑点，使自己看起来比实际大得多。亚利桑那珊瑚蛇（*Micruoides euryxanthus*）竖起尾巴，晃动它的泄殖腔来分散进攻者的注意力。草原环颈蛇（*Diadophis punctatus*）背部为黑色，当受到威胁时，将头部藏到蜷曲的身体里，然后竖起亮橙色的缠尾威吓进攻者。许多蛇类都会发出嗞嗞声，通过鞭打、啃咬或者排出粪便来分散对方的注意力。

警报环 澳蠕蛇（*Vermiculla annulata*）为夜行性毒蛇。受惊时，它会将自己的身体蜷成环状离开地面。这样做的原因很可能是为了使自己看起来更大，或者是要趁敌人不备，从另外的方向出击。

伪装大师 睫毛蝰蛇（*Bothriechis schlegelii*）是一种树栖的蝰蛇，它具有完美的伪装本领。它选择一处合适的地方，等待过路的老鼠或青蛙。由于它的颜色和形状使其混迹于植物中，它的天敌鸟类不会注意到它的存在。当它在雨林的林冠间穿行时，"睫毛"可以保护它的眼睛。

响尾 受惊时，响尾蛇会摆动自己的尾巴发出声响。这种噪音和动作分散了猎物或敌人的注意力，使它们只顾得看格格作响的尾巴而忘记了准备出击的蛇头。许多无毒蛇也会摆动自己的尾巴。

隐藏　在等待食物通过时，珀林圭边曲蛇（*Bitis peringueyi*；下图）会因为纳米比亚沙漠的流沙落在身上而渐渐变得看不见了。它的身体和金色的沙子混在一起，只有眼睛和尾巴上的小黑点还隐约可见。隐藏起来是对付犬类和猛禽的上佳防御方法。

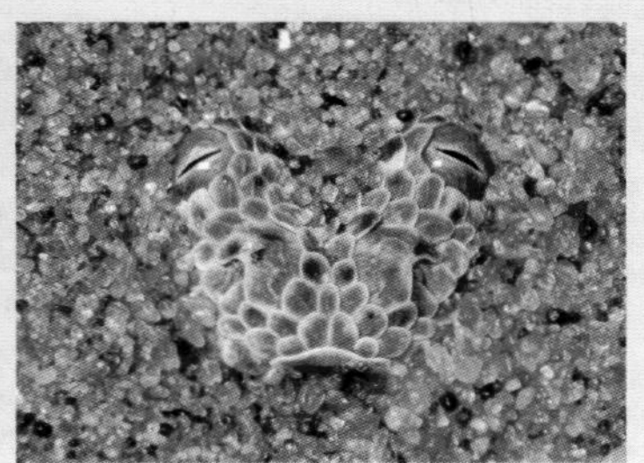

模拟危险　许多无毒的蛇类会进化出与同地区有毒的蛇类相似的花纹，享用这种花纹对捕食者的警告作用。这种演化被称作贝氏拟态。墨西哥犹加敦半岛上的长尾假珊瑚蛇（*Pliocercus elapoides*；右图右）就是这种模仿者之一，它和玛雅珊瑚蛇（*Micrurus hippocrepis*；右图左）十分相似。

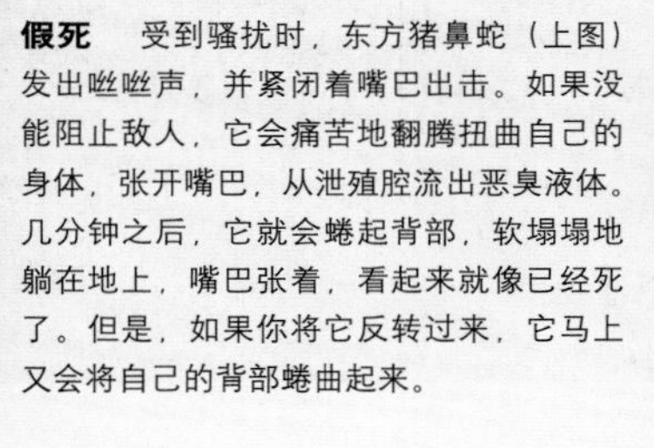

假死　受到骚扰时，东方猪鼻蛇（上图）发出嘶嘶声，并紧闭着嘴巴出击。如果没能阻止敌人，它会痛苦地翻腾扭曲自己的身体，张开嘴巴，从泄殖腔流出恶臭液体。几分钟之后，它就会蜷起背部，软塌塌地躺在地上，嘴巴张着，看起来就像已经死了。但是，如果你将它反转过来，它马上又会将自己的背部蜷曲起来。

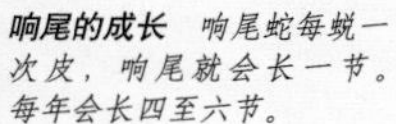

响尾的成长　*响尾蛇每蜕一次皮，响尾就会长一节。每年会长四至六节。*

草中蛇　公牛蛇（*Pituophis melanoleucus*）受到威胁时会将头部抬起，从气管向外吐气，同时摆动软骨，发出很响的嘶嘶声。它摆动尾巴在干燥的落叶或草丛中制造出咔哒咔哒的声音，这样产生的效果会吓走大部分的敌人。

威吓　有毒的佛罗里达棉口蛇（*Agkistrodon piscivorous*）张开自己的下颌，露出惊人的白色嘴巴。这是警告敌人注意它的存在和即将来临的危险。共域的无毒水蛇有类似的花纹，在防御时也模仿这样的做法。

小档案

游蛇科 蛇类的63%属于这一科。它们充分利用可利用的繁殖方式和栖息地点。毒游蛇科大致可以划分为6个亚科：环蛇亚科为小型水栖或陆栖蛇类；最大的亚科——游蛇亚科利用除了海水外的所有蛇类栖息地，基本为卵生的；闪皮鳞亚科包括小型的新世界热带和陆栖品种；钝头蛇亚科在中美洲和南美洲的种类繁多，在可利用的栖息地都能发现它们；水游蛇亚科包括从澳大利亚北部到亚洲的11个属地不同的水栖蛇；眼镜蛇亚科是小蛇类，分布在从非洲撒哈拉周边地区到中东地区。

属（320）
种（1800）

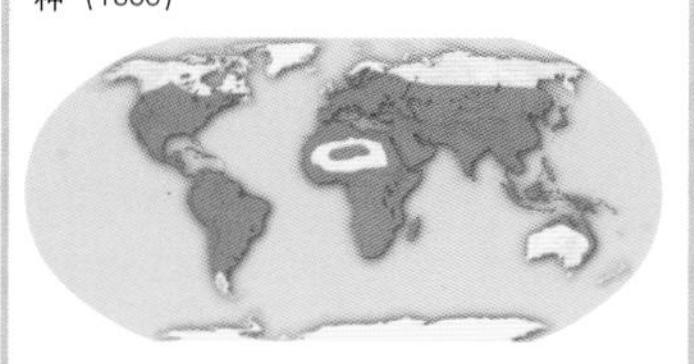

世界各地（南极洲和极地地区除外）

蛇类贸易
由于色彩诱人，性格温和，玉米蛇(Elaphe guttata)在宠物贸易中被追捧了五十多年。现在出售的大部分宠物蛇都来自于驯养基地。

游蛇的毒液

人们经常忽略一个事实，那就是大部分的游蛇在裘维耐氏腺产生毒液。毒液被释放出来，沿着后沟牙流到嘴巴后方。由于毒液不是像前牙毒液那样在压力下被送入中空的牙齿的（常见于蝰蛇和眼镜蛇），只有大约一半的毒液到达伤口。

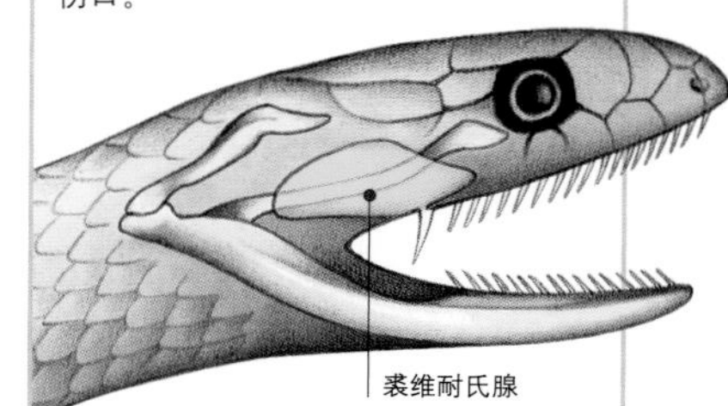

危险 *当游蛇的毒液从后沟牙流到伤口，这种毒液可能会有致命危险。曾有人由于低估了这种毒液的效力而死去。*

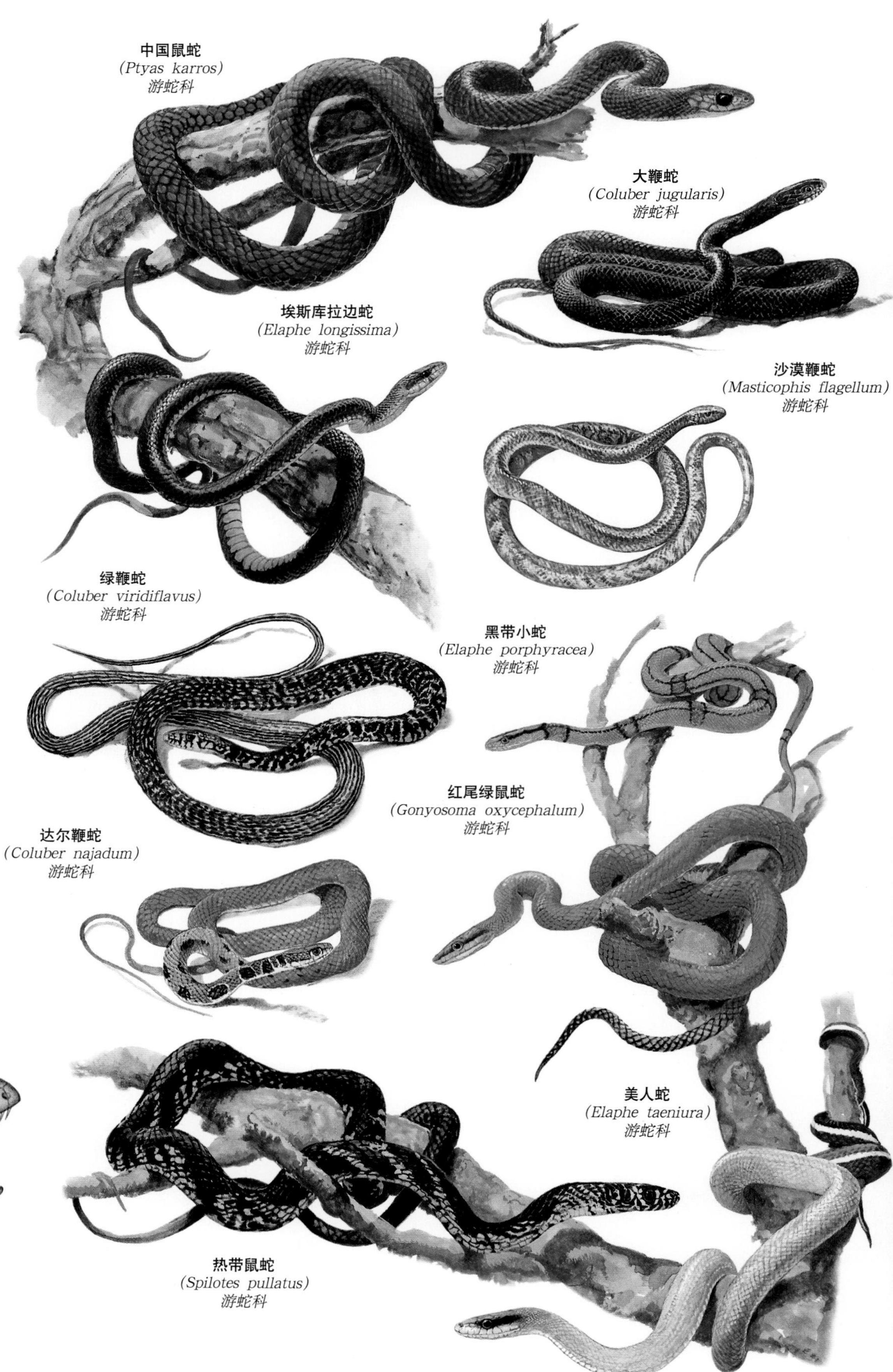

小档案

靛青蛇 因为它黑中带深蓝的色彩和驯服的脾气，所以，这种日行性大型蛇类在宠物市场上极得青睐。靛青蛇吃海龟卵、爬行动物、蝾螈、鸟类、小型哺乳动物和蛇类。

2.7米
陆栖
卵生
15枚－26枚
不常见

美国东南部、墨西哥至巴拉圭

牛奶蛇 这种蛇有24个亚种，分布广泛。牛奶蛇经常模拟珊瑚蛇的色彩花纹来进行防御。

1.2米
陆栖
卵生
8枚－12枚
常见

美国东部、墨西哥至委内瑞拉和厄瓜多尔

斯格卡里沙蛇 身体细长，日行性蛇，能快速移动，在沙漠中搜寻猎物。为后沟牙蛇类，毒性温和。

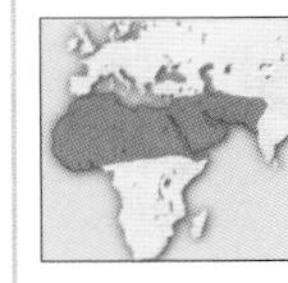

1.6米
陆栖
卵生
8枚–16枚
常见

印度西北部、阿富汗、巴基斯坦至非洲北部

特别的食蛋者

非洲食蛋蛇演化成钝脊椎的脊椎动物，能利用肌肉伸缩将蛋压进体内。蛋内液体被挤出，蛋壳回流出去。

蛋的空间

蛇不会吞食蛋壳，这样它们就可以在胃里给高蛋白质的蛋黄留出空间。

保护警报

兴趣饲养 由于在宠物市场上极受欢迎，稀有的灰带王蛇在20世纪70年代的美国得克萨斯洲得到了保护。从那以后，宠物爱好者们饲养了很多灰带王蛇，使得它们的野生数量已经恢复。现在，这种蛇已经不再需要特别的保护了。

小档案

西方地蛇 这种蛇行动隐秘，居住在干燥的松散冲积沙地区、灌木中、沙漠平地和满是岩石的山坡。它们喜欢夜间出来捕食，以蜈蚣、蜘蛛、蟋蟀、蚂蚱和昆虫幼虫为食。

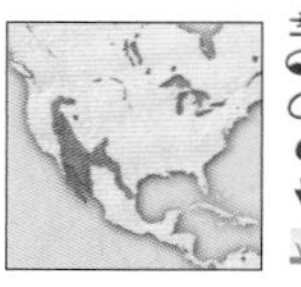

50厘米
陆栖
卵生
不详
不常见

美国西南部和墨西哥西北部

普通铜背蛇 铜背蛇基本栖息在热带雨林中的树木上、椰子园和市区里。它们食用蛙类、蜥蜴，包括飞蜥。

1米
陆栖、树栖
卵生
不详
常见

印度、缅甸、马来西亚西部、印度尼西亚、中国南部

环颈蛇 受到威胁时，这种小的林地蛇会把头部藏起来，竖起卷尾，露出亮橙色的腹部。它们吃蛞蝓、甲虫、蛙类、鲵和小型的蛇类。

71厘米
陆栖
卵生
1枚－7枚
常见

加拿大东南部、美国、墨西哥北部

束尾蛇

在加拿大，束尾蛇冬天全部在林线下深深的岩石缝隙里冬眠。春天，成千上万的束尾蛇同时出现，晒太阳，进行繁殖。雄蛇根据雌蛇留下的气味追寻能接受它的雌蛇。最多时，可能有一百只雄蛇滚成一团向同一只雌蛇求爱。交配之后，雄蛇在雌蛇体内留下胶状的精子栓，在其他的雄蛇精液进入之前，精子会成长为胚胎。

不同的父亲
DNA研究已经证明，一窝内的幼蛇经常会有不同的父亲。

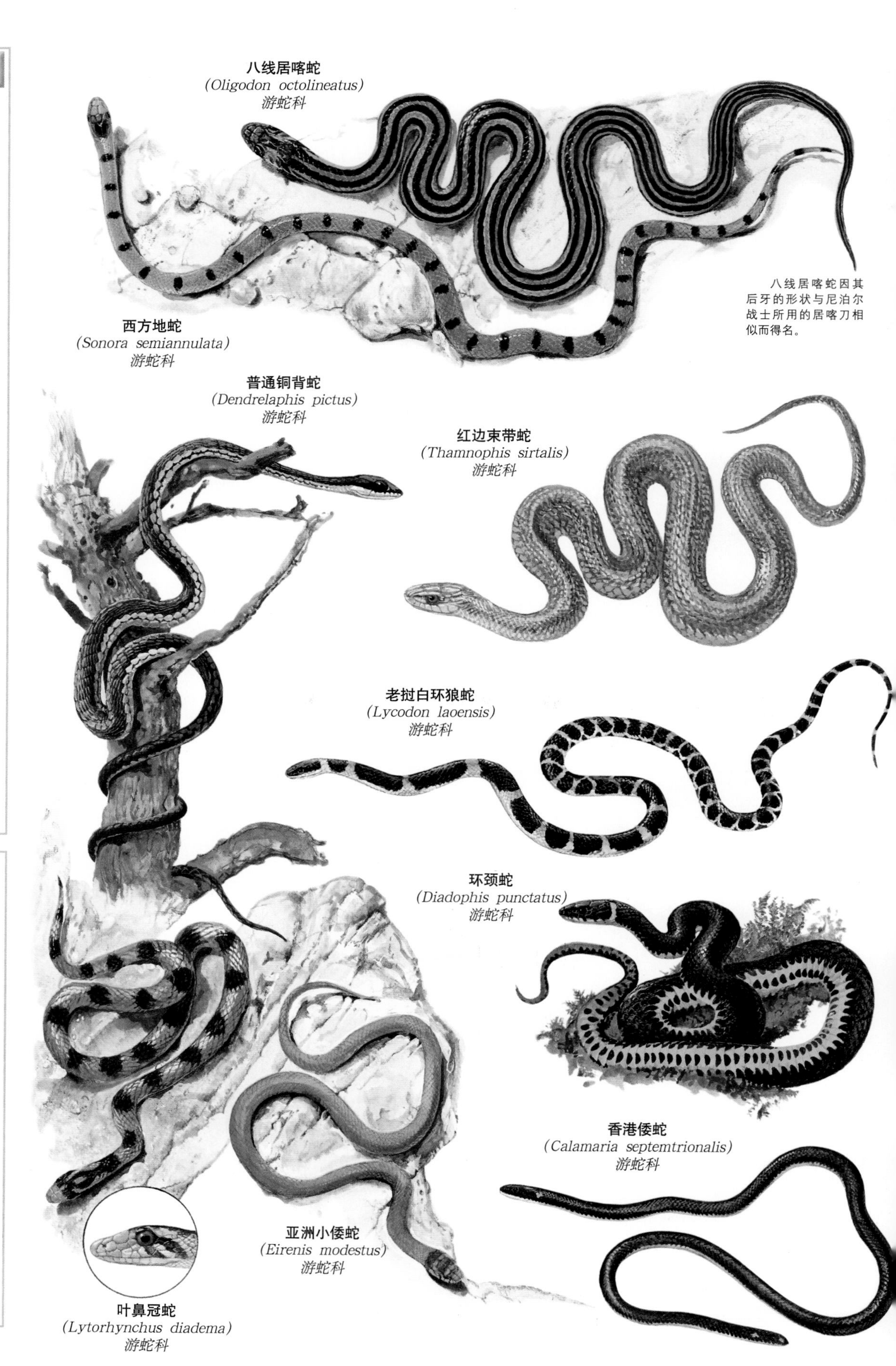

新几内亚波可丹蛇可以在海水中存活。

彩虹水蛇对蛇皮工业至关重要。

1 **蓝颈棱蛇**
(Macropisthodon rhodomelas)
游蛇科

2 **红颈棱蛇**
(Rhabdophis subminiatus)
游蛇科

3 **欧洲草蛇**
(Natrix natrix)
游蛇科

4 **北部水蛇**
(Nerodia sipedon)
游蛇科

5 **女王蛇**
(Regina septemvittata)
游蛇科

6 **面具水蛇**
(Homalopsis buccata)
游蛇科

7 **新几内亚波可丹蛇**
(Cerberus rynchops)
游蛇科

8 **钓鱼蛇**
(Erpeton tentaculatum)
游蛇科

9 **彩虹水蛇**
(Enhydris enhydris)
游蛇科

小档案

欧洲草蛇 少数可以居住在海拔2121米的北极圈内的蛇之一。主要的食物为蛙类。正在减少的青蛙数量意味着草蛇的数量也在减少。

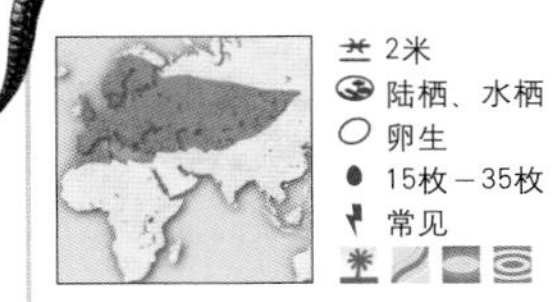

死了还是活的
当草蛇受到攻击，它们会鼓气，发出嘘嘘声，作势出击，从泄殖腔释放出恶臭的液体，同时张着嘴巴在地上痛苦地扭曲，然后软软地瘫在地上，就好像已经死去了。

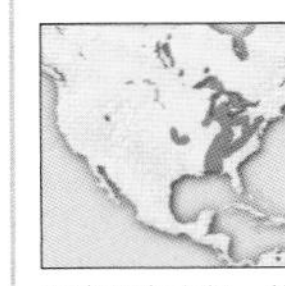

- 2米
- 陆栖、水栖
- 卵生
- 15枚－35枚
- 常见

欧洲、西亚、非洲西北部

女王蛇 在部分地区，女王蛇由于栖息地的破坏和污染而濒临灭绝。这种蛇生活在凉爽清澈的小溪中，在扁石下寻找刚蜕皮的小龙虾食用。

- 93厘米
- 水栖
- 卵胎生
- 5个—23个（活胎）
- 濒危

加拿大东南部、美国东部

面具水蛇 这种夜行性水栖蛇以鱼类和蛙类为食。它的裘维耐氏腺非常发达，产生的毒液被用来麻痹猎物，使其更容易食用。

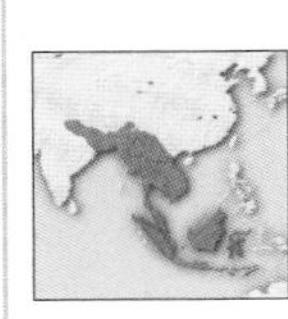

- 1.2米
- 水栖
- 胎生
- 不详
- 常见

东南亚

彩虹水蛇 这种热带水蛇主要以淡水鱼为食，并且不能在海水中存活。作为东南亚湿地中的主要水栖蛇，它们正处于危险边缘。这是因为，厄尔尼诺现象使其栖息地遭受到海水的入侵。

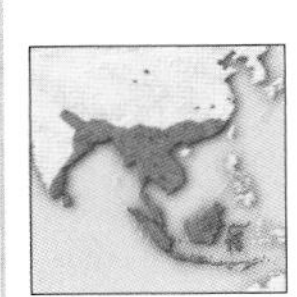

- 81厘米
- 水栖
- 胎生
- 不详
- 常见

东南亚

小档案

黄环林蛇 这种后牙蛇毒性温和，但是能致人于死地。半树栖，捕食小型哺乳动物、树鼩鼱、鸟类和红树沼泽里的其他蛇类。

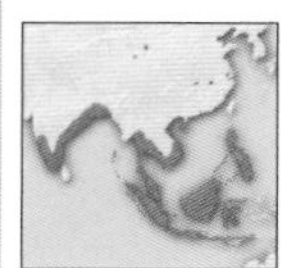

2.5米
水栖、树栖
卵生
7枚－14枚
常见

南亚、东南亚

非洲树蛇 这是毒性最强的后牙蛇，其毒性比蟒蛇和蝰蛇还要强，并会引起内出血。非洲树蛇十分活跃，主要捕食变色龙和其他树蜥、巢鸟和卵。

1.8米
树栖
卵生
10枚－25枚
常见

非洲南部地区

鸟藤蛇 后牙毒蛇，能给人致命一击，其毒液能引起内出血。咽喉处长有特别的软骨，可以将颈部鼓起，作势威胁对手。

1.6米
树栖
卵生
4枚－13枚
常见

非洲撒哈拉沙漠以南地区

棕藤蛇

这种日行性蛇在热带雨林的低矮树枝间捕食，能轻易地捕获到路过的穴栖类蜥蜴。它们也捕食树栖蜥蜴、蛙类、小型鸟类和小型哺乳动物。

咬住猎物

棕藤蛇为后牙蛇，能将猎物杀死，这样它就可以比较容易地咬住猎物，避免掉到地上。

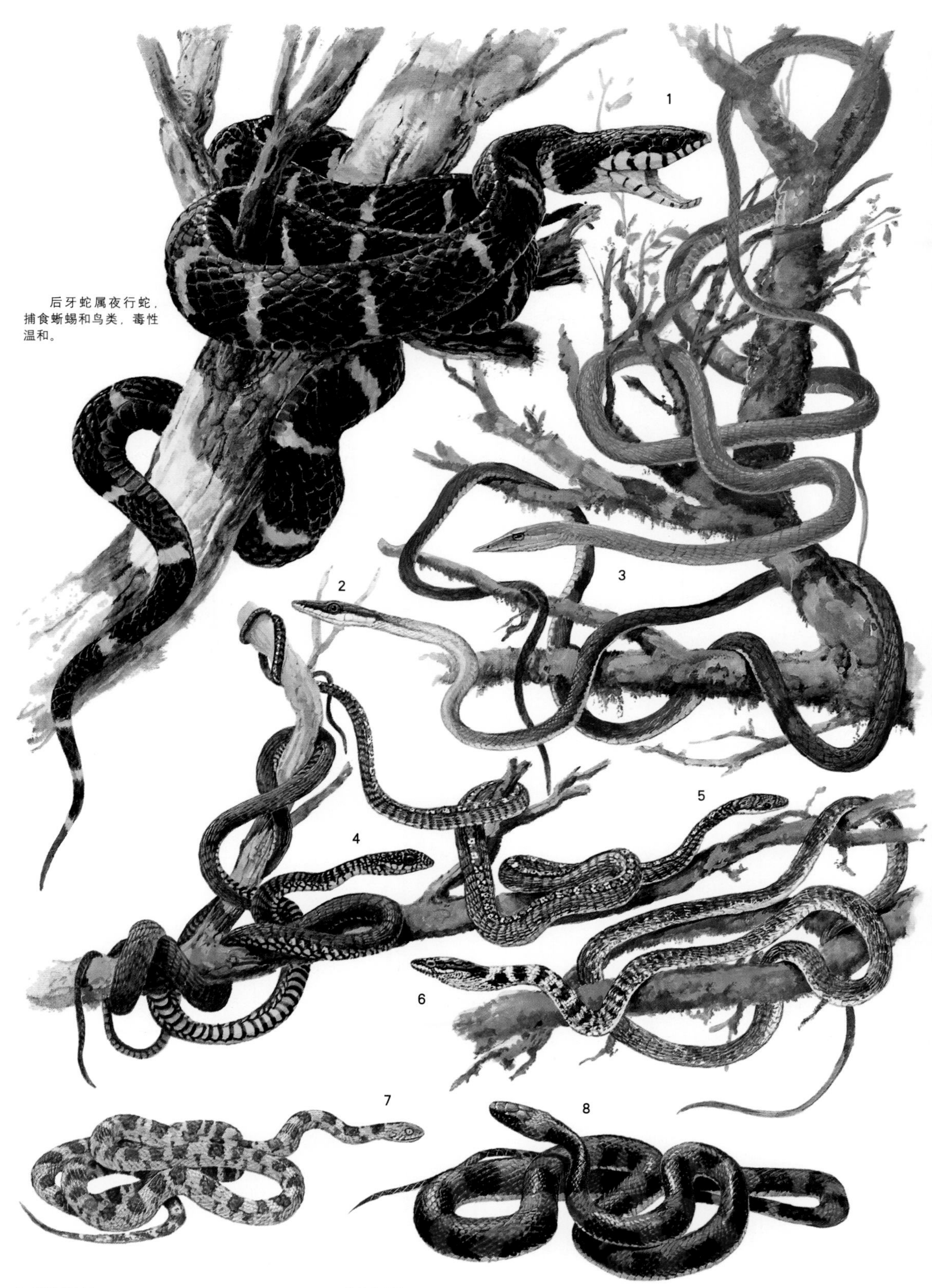

后牙蛇属夜行蛇，捕食蜥蜴和鸟类，毒性温和。

1 **黄环林蛇**
(*Boiga dendrophila*) 游蛇科
2 **棕藤蛇**
(*Oxybelis aeneus*) 游蛇科
3 **长鼻树蛇**
(*Ahaetulla nasuta*) 游蛇科
4 **非洲树蛇**
(*Dispholidus typus*) 游蛇科
5 **天堂金花蛇**
(*Chrysopelea paradisi*) 游蛇科
6 **鸟藤蛇**
(*Thelotornis capensis*) 游蛇科
7 **地中海猫蛇**
(*Telescopus fallax*) 游蛇科
8 **森林火焰蛇**
(*Oxyrhopus petola*) 游蛇科

热视觉 地毯蟒唇边长有热感器官，能够在看到温血动物之前探测并识别其大小。

掠食动物——蛇

所有的蛇类都是肉食动物，它们食用的动物种类和大小从白蚁到鳄鱼不一。小型的蛇类通过视觉或嗅觉找寻自己的猎物，然后在其巢穴中向它们发动攻击。蛇用自己的舌头搜集猎物的气味，追寻其踪迹，然后跟踪或者等待它们返回。许多大型的蝰蛇和蚺会等待啮齿类动物经过，或者与它们玩追踪游戏，使其自己送上门。大眼睛的日行跑蛇和鞭蛇为视觉捕食者，它们会追赶蜥蜴和其他蛇类。蝰蛇、眼镜蛇和某些游蛇的毒液可以杀死猎物，并有助于消化，因为毒液也是一种酶。许多大型蛇类一年中只吃几餐，它们的猎物往往比它们自己还要庞大。

随时出击 睫毛蝰蛇为树栖的守株待兔式的捕猎者，随时准备通过自己的视觉、红外线感官和嗅觉来快速识别猎物。当鸟、蝙蝠、蜥蜴、青蛙或诸如此类的动物经过时，它会马上出击。

蛇吃蛇 许多蛇，包括眼镜王蛇（上图）在内，会吃其他的蛇，如珊瑚蛇、王蛇、靛青蛇和拟蚺蛇。蛇类易于下咽，并且蛋白质丰富，非常容易消化。

吞下 裘维耐氏腺产生的温和毒液足以使一条鱼瘫痪。赤练蛇（*Natrix natrix*；上图）在毒瘫鱼之后，可以较容易地将其吞下。

蛇吃蛋 食蛋蛇的每一只眼睛后面都有一种腺，能向嘴巴提供额外的液体，润滑蛋壳，以便下咽。它能吞下直径是其三倍的东西。

窒息 许多蛇类，不仅仅包括蟒蛇、蚺和森蚺，都会把猎物紧紧缠绕住，然后将其杀死。紫晶蟒（*Morelia amethistina*；左图）用牙咬住猎物，同时紧紧缠绕几圈，圈越缩越小，直至猎物窒息而死。一般说来，在这个过程中不会出现骨折的现象。

小档案

短面食螺蛇 这种夜行蛇食用螺和黑蛞蝓。它们用带牙的颌将螺肉从壳内拽出。

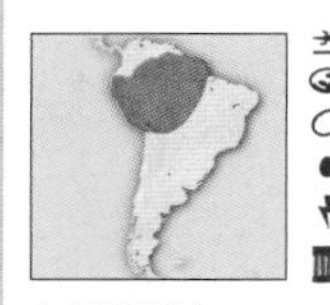

71厘米
陆栖、树栖
卵生
1枚－5枚
常见

南美洲西北部

色彩变化
拟蚺蛇在年幼时为带有警告意味的绚丽色彩，成年后慢慢变成较为隐蔽的黑色。

亚马孙异齿蛇 受惊吓时，这种蛇的头部和颈部都会呈扁形。属后牙蛇，人被咬伤后可能致命。

1.2米
陆栖
卵生
9枚－26枚
常见

南美洲西北部

伪水蛇 这种蛇并不太危险，但是如果人被其咬伤，将会有严重的副作用，所以一定要小心它们。成年蛇在对付哺乳动物和鸟类时，会将其咬伤后缠绕致死，但是对蛙类和鱼类则直接吞食。

2.8米
水栖
卵生
20枚－36枚
常见

南美洲中部

保护警报

在国际自然与自然资源保护联合会的《濒危物种红色目录》上的37个游蛇科的物种如下所示：

- 1种灭绝
- 6种极危
- 7种濒危
- 8种易危
- 4种近危
- 10种数据缺乏
- 1种无危

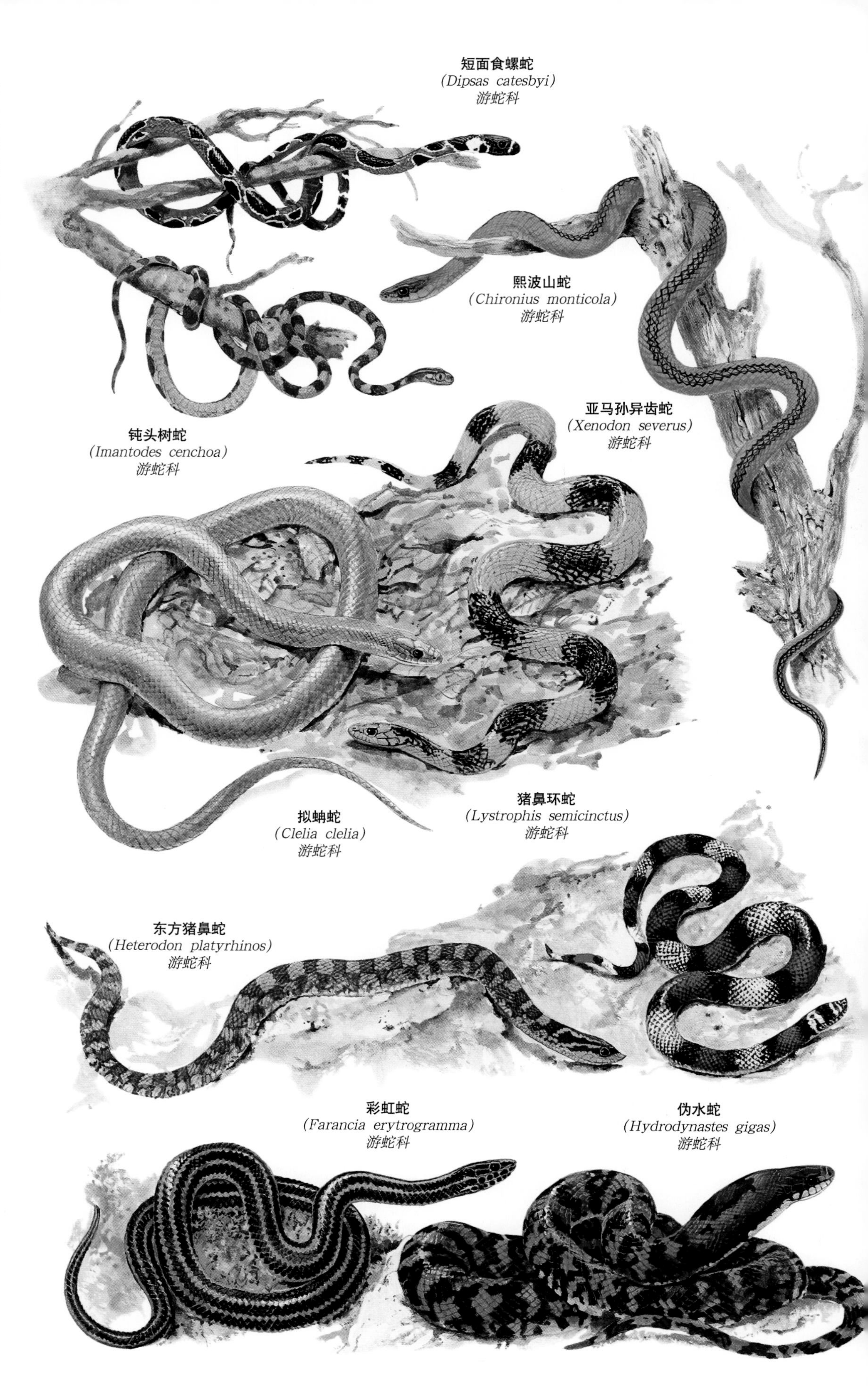

埃及眼镜蛇
(Naja haje)
眼镜蛇科

眼镜王蛇
(Ophiophagus hannah)
眼镜蛇科

水眼镜蛇
(Boulengerina annulata)
眼镜蛇科

孟加拉眼镜蛇
(Naja kaouthia)
眼镜蛇科

如果人被咬过之后不加医治，其毒液可导致眼盲。

喷毒眼镜蛇
(Naja nigricollis)
眼镜蛇科

西方绿树眼镜蛇
(Debdroaspis viridis)
眼镜蛇科

黑色树眼镜蛇
(Dendroaspis polylepis)
眼镜蛇科

已知的行动最迅速的蛇，速度可达到每小时20千米。

马来西亚蓝珊瑚蛇
(Maticora bivirgata)
眼镜蛇科

金环蛇
(Bungarus fasciatus)
眼镜蛇科

小档案

眼镜蛇科 本科包括眼镜蛇、孟加拉毒蛇、海蛇、珊瑚蛇、死亡蝰蛇及其同类。眼镜蛇有毒，在每一个上颌骨后都有向前突出的牙齿。只有树眼镜蛇为树栖。穴栖或生活在落叶内的蛇类颜色十分亮丽。大多数陆栖种为卵生或胎生。所有真海蛇均为胎生，大都在水中生产。孟加拉海蛇在陆地产卵。

属（62）
种（300）

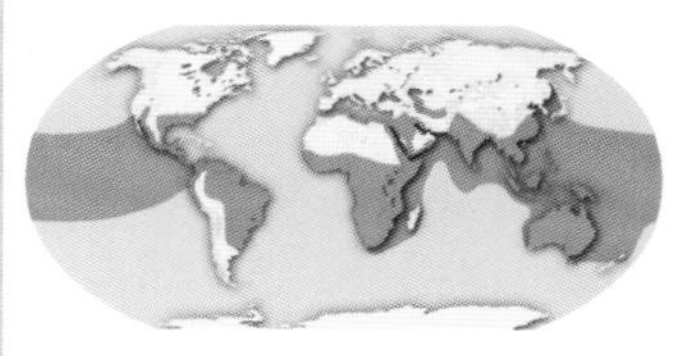

除南极洲和大西洋外的世界各地

喷毒眼镜蛇 通常不咬食猎物，但是可以将自己的毒液准确地喷射2.6米高，直接射入进攻者的眼内。

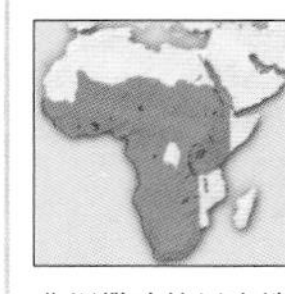

2.2米
陆栖
卵生
10枚–22枚
常见

非洲撒哈拉以南地区

黑色树眼镜蛇 这种大型蛇拥有足够杀死10个成年人的神经毒素。它是已知的行动最迅速、杀伤力最强的蛇类之一。它能够在身长的40%处出击（大部分蛇类只能在身长的25%处出击）。

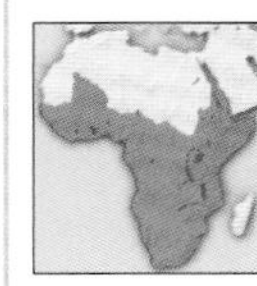

4.2米
陆栖、树栖
卵生
12枚–14枚
常见

非洲南部地区

喷毒眼镜蛇

喷毒眼镜蛇唇上方的牙齿前表面上有一个开口。牙齿内部有螺旋形的槽沟，使分泌出来的毒液旋转而出，杀伤力更强。

安全考虑

喷毒眼镜蛇通过眼内分泌毒液来避免和潜在的捕食者接触，这可以避免牙齿和嘴巴受伤。

小档案

东方珊瑚蛇 虽然它的毒液中含神经毒素，但是，由于体形较小，对人类的威胁并不大。有几种无毒蛇模拟其花纹颜色。

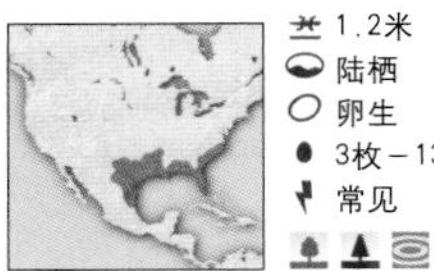

1.2米
陆栖
卵生
3枚－13枚
常见

美国东南部和墨西哥东部

红尾珊瑚蛇 每月产卵，3个月孵化出幼蛇。幼蛇身长17厘米。哥斯达黎加的寇普假珊瑚蛇（*Plilocercus euryzona*）模拟其身体的颜色花纹。

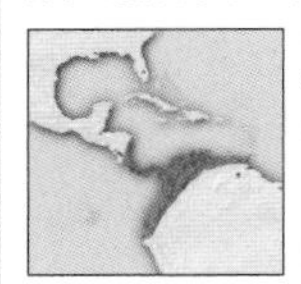

1.1米
陆栖
卵生
15枚－18枚
不常见

中美洲南部和南美洲西北部

普通死亡蝰蛇 有毒，齿大，为夜行性蛇。昼间钻进沙地或伏在落叶下，常呆在树根处或灌木丛中。

1米
陆栖
卵胎生
10枚－20枚
常见

澳大利亚和巴布亚新几内亚

蛇的眼睛

蛇的眼睛能表明其特性，眼睛小而退化了的为掘穴蛇，眼睛为竖直的椭圆形的则是夜行性蛇，大而圆的眼睛为活跃的日行性蛇类所拥有，这使它们可以追赶猎物。

保护警报

海蛇现状 克洛克海蛇（*Laticauda crockeri*）在国际自然与自然资源保护联合会的《濒危物种红色名录》上被列为易危。它是惟一在册的海蛇亚科种，也是惟一一种主要生活在淡水中的海蛇。它在所罗门群岛的有限分布导致其被列为易危。

拉佛里基束带蛇为夜行性蛇，行动隐秘，捕食蜥蜴。虽然有毒，但咬人的记录并不多见。

淡灰海蛇身体中间的鳞片为六角形。

小档案

太攀蛇 毒性猛烈，是最致命的毒蛇，捕食小型哺乳动物。它栖息在潮湿的热带森林和干燥的森林，以及开阔的热带稀树大草原。

2米
陆栖
卵生
3枚－20枚
常见

新几内亚南部、印度尼西亚和澳大利亚

灰蓝扁尾海环蛇 海环蛇为卵生蛇，在陆地上产卵。它们没有退化的腹鳞或者发达的桨状尾。和其他海蛇不同，它们会经常到岸边消化捕食的大型食物，并且拥有发达的肌肉，可以使其在陆地上自如行动。

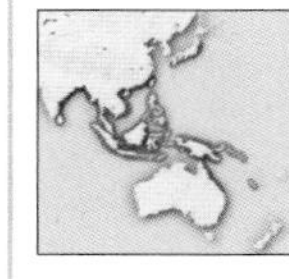

1米
水栖
卵生
1枚－10枚
常见

印度洋和太平洋

海　蛇

海蛇一度被归为海蛇科，但是现在被划为眼镜蛇科的亚科。它们有许多相似之处：都为毒蛇，除海环蛇外都为胎生，在海中生产。它们都有竖扁的身体、桨状的尾和退化的腹鳞，并且无法在陆地上自如行动。海蛇共有15属70种，分布在巴布亚新几内亚、澳大利亚，以及热带太平洋地区和印度洋地区。

不用餐桌 *海蛇的神经毒素毒性猛烈，所以，它们能快速毒昏鱼类，轻易地将其吞下，根本用不着将其放在海底后再食用。*

保护警报

在国际自然与自然资源保护联合会的《濒危物种红色目录》上的9个眼镜蛇科的物种如下所示：

7种易危

2种近危

小档案

蝰蛇科 该科的蛇均为毒蛇，长有可移动的前齿。蝮蛇亚科（响尾蛇及其同类）长有可感受红外线的颊窝。成年蛇身长从0.3米到3.75米不等。蝰蛇亚科没有可感受红外线的颊窝，成年蛇身长从0.3米到2米不等。大多数蝰蛇身体粗壮，头部为三角形，未成年时捕食蜥蜴、蜥蜴或蛇类，成年后转为捕食哺乳动物和鸟类。

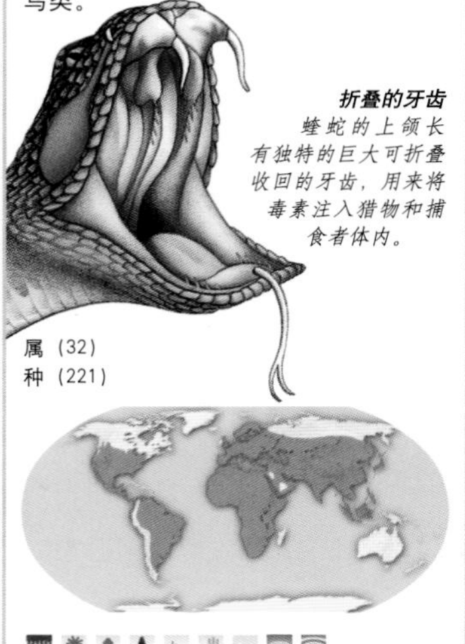

折叠的牙齿

蝰蛇的上颌长有独特的巨大可折叠收回的牙齿，用来将毒素注入猎物和捕食者体内。

属（32）
种（221）

中美洲和南美洲、非洲、欧洲、亚洲

角响尾蛇

角响尾蛇（*Crotalus cerastes*）在松散的沙地上曲线前进，头部和颈部抬离沙面，身体在沙地里。头部和颈部一接触到沙面，身体和尾巴就用力往后投掷，尾巴接触到沙面的时候，头部和颈部再次抬到空中，这样就形成了连续的环状行进。

曲线前进

非洲沙漠中的蝰蛇和北美洲沙漠中的角响尾蛇都进化成这种运动方式，在被风吹过的沙漠地区行动。

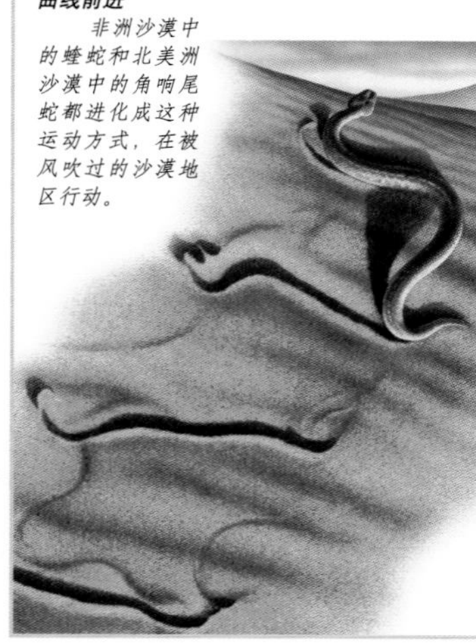

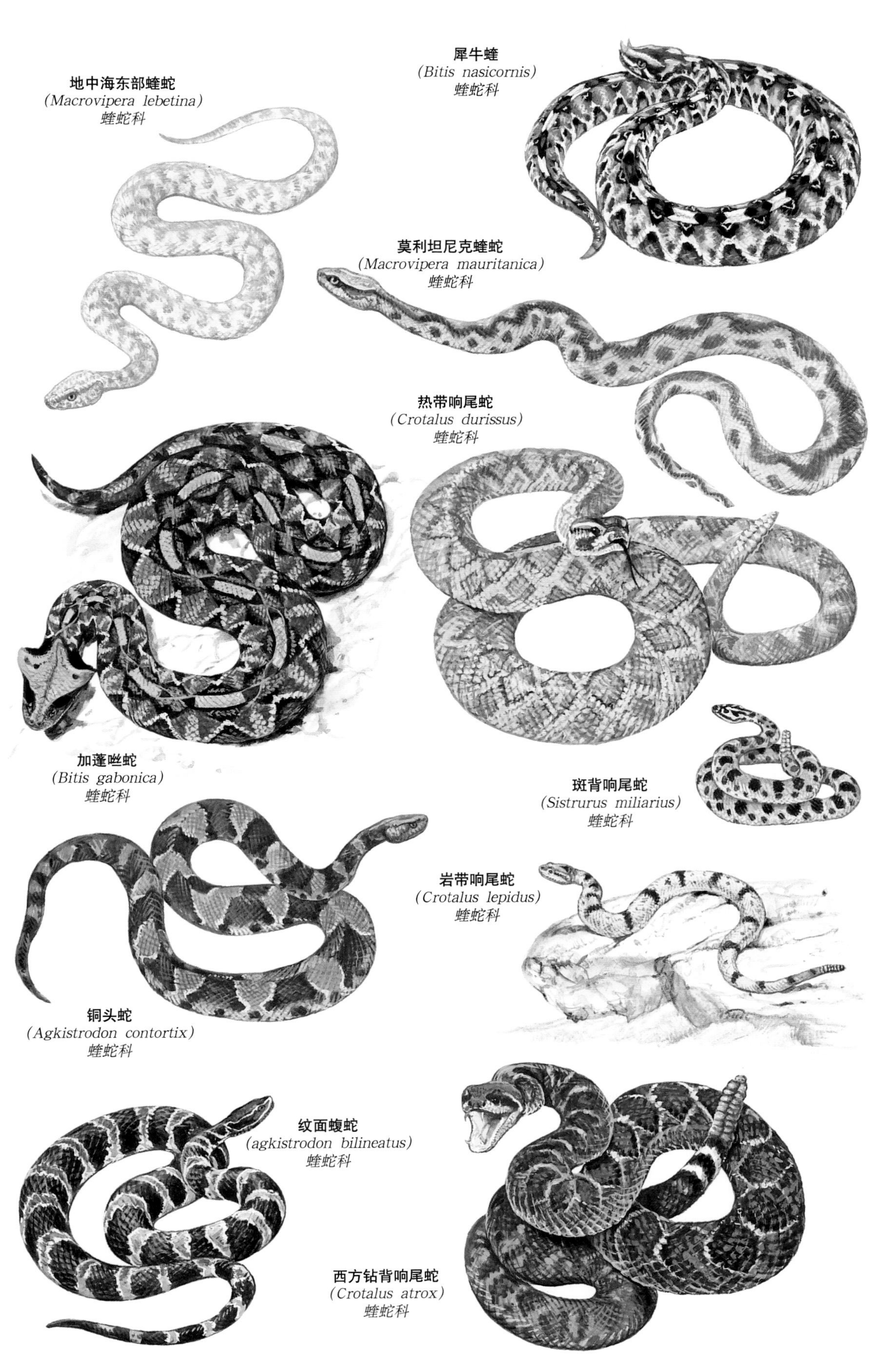

地中海东部蝰蛇
(Macrovipera lebetina)
蝰蛇科

犀牛蝰
(Bitis nasicornis)
蝰蛇科

莫利坦尼克蝰蛇
(Macrovipera mauritanica)
蝰蛇科

热带响尾蛇
(Crotalus durissus)
蝰蛇科

加蓬咝蛇
(Bitis gabonica)
蝰蛇科

斑背响尾蛇
(Sistrurus miliarius)
蝰蛇科

铜头蛇
(Agkistrodon contortix)
蝰蛇科

岩带响尾蛇
(Crotalus lepidus)
蝰蛇科

纹面蝮蛇
(agkistrodon bilineatus)
蝰蛇科

西方钻背响尾蛇
(Crotalus atrox)
蝰蛇科

小档案

犀牛蝰 身体沉重，鼻尖上长有2个到3个角，带毒性，但是不富于攻击性。为坐享其成的捕食者，主要捕食哺乳动物。

- 1.2米
- 陆栖
- 胎生
- 6个－35个（活胎）
- 常见

非洲中部和西部

斑背响尾蛇 这种蛇头部表面长有9片大鳞片。未成年的斑背响尾蛇尾尖为明黄色，它们摇动尾巴来诱惑并吸引小型的猎物。

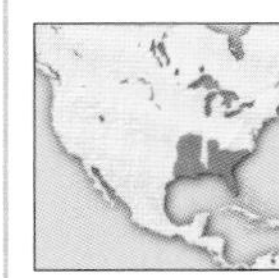

- 80厘米
- 陆栖
- 胎生
- 6个－10个（活胎）
- 常见

美国东南部

西方钻背响尾蛇 在美国数量极多，比其他任何蛇类所造成的咬伤都多。主要捕食啮齿类动物，未成年前捕食蜥蜴。

- 2.3米
- 陆栖
- 胎生
- 4个－25个（活胎）
- 常见

美国西南部和墨西哥西北部

响　尾

响尾蛇的尾部有一个独一无二的响尾。它是由相连的角蛋白空节组成的。响尾蛇每蜕皮一次，响尾就长出新的一节。当尾巴摇动时，中空的部分互相碰撞，发出声音，以警告进攻者。

保护警报

在国际自然与自然资源保护联合会的《濒危物种红色目录》上的20个蝰蛇科的物种如下所示：

- 7种极危
- 4种濒危
- 7种易危
- 1种数据缺乏
- 1种无危

小档案

老虎响尾蛇 夜行性蛇，体形小，长有长牙，毒性猛烈。昼间常见于林鼠（*Neotoma*）的窝中，夜间捕食啮齿类动物和蜥蜴。

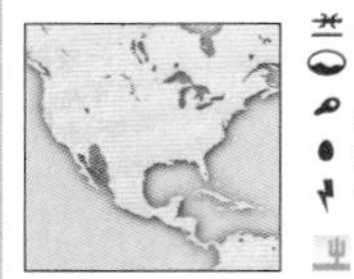

92厘米
陆栖
胎生
2个—5个（活胎）
常见

美国西南部和墨西哥西北部

马萨叟伽蛇 在齐佩瓦语中，马萨叟伽意为大河口。该种喜栖居在大河洪泛区的河底森林里。夏天，在享用完啮齿类动物和蛙类后，它们就在小龙虾的洞穴内冬眠。尾部发出的响声类似于蟋蟀发出的嗡嗡声。

76厘米
陆栖
胎生
8个—20个（活胎）
罕见

加拿大东南部、美国东北部至西南部、墨西哥北部

黑尾响尾蛇 春天，雄性追随雌性的气味轨迹向其求爱。求爱和交配常常持续几天。雌性在8月生产，并和它们的幼蛇呆在一起，直到幼蛇第一次蜕皮。它们会追踪猎物的气味到其洞穴或窝巢，然后等待猎物回巢。

1.3米
陆栖
胎生
3个—13个（活胎）
常见

美国西南部和墨西哥西北部

木材响尾蛇 在岩石底层间共同的巢穴通常是在小山或山脉的南面山坡。一般在春季群蛇分散之前在共同的巢穴里进行繁殖。未成年的蛇会在秋季循着成年蛇的味道找回到巢穴。基本为陆栖，人们也曾经在较低矮的树枝间发现过未成年的木材响尾蛇。最近的研究发现，有成年蛇在树顶捕食松鼠。

1.5米
陆栖
胎生
6个—15个（活胎）
常见

美国东北部

老虎响尾蛇
（*Crotalus tigris*）
蝰蛇科

马萨叟伽蛇
（*Sistrurus catenatus*）
蝰蛇科

黑尾响尾蛇由其坚硬的无带黑尾得名。

黑尾响尾蛇
（*Crotalus molossus*）
蝰蛇科

李点响尾蛇
（*Crotalus pricei*）
蝰蛇科

脊鼻响尾蛇
（*Crotalus willardi*）
蝰蛇科

墨加沃响尾蛇
（*Crotalus scutulatus*）
蝰蛇科

斑点响尾蛇
（*Crotalus mitchelli*）
蝰蛇科

草原响尾蛇
（*Crotalus viridis*）
蝰蛇科

木材响尾蛇
（*Crotalus horridus*）
蝰蛇科

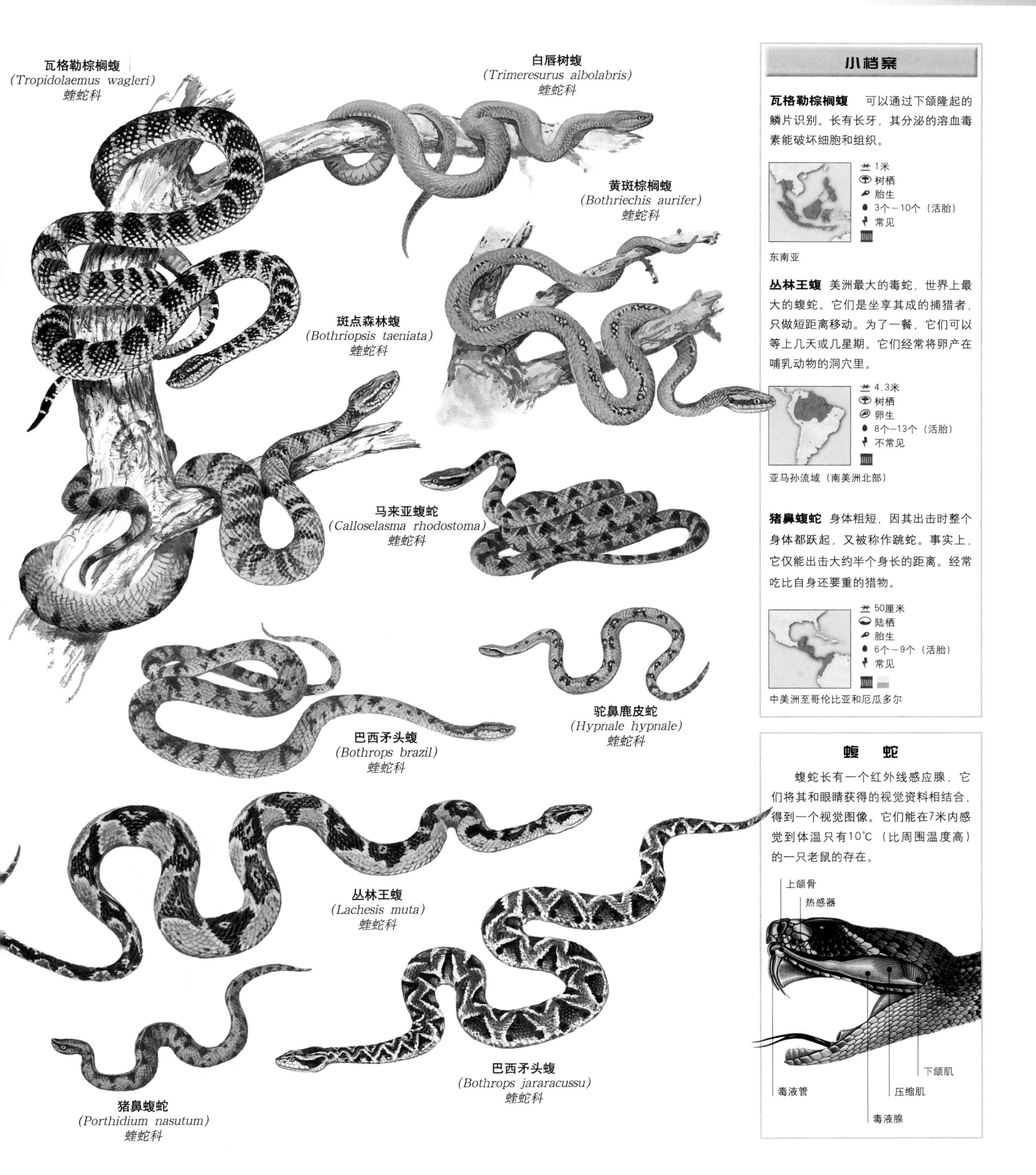

小档案

瓦格勒棕榈蝮 可以通过下颌隆起的鳞片识别。长有长牙，其分泌的溶血毒素能破坏细胞和组织。

- 1米
- 树栖
- 胎生
- 3个－10个（活胎）
- 常见

东南亚

丛林王蝮 美洲最大的毒蛇，世界上最大的蝮蛇。它们是坐享其成的捕猎者，只做短距离移动。为了一餐，它们可以等上几天或几星期。它们经常将卵产在哺乳动物的洞穴里。

- 4.3米
- 树栖
- 卵生
- 8个－13个（活胎）
- 不常见

亚马孙流域（南美洲北部）

猪鼻蝮蛇 身体粗短，因其出击时整个身体都跃起，又被称作跳蛇。事实上，它仅能出击大约半个身长的距离。经常吃比自身还要重的猎物。

- 50厘米
- 陆栖
- 胎生
- 6个－9个（活胎）
- 常见

中美洲至哥伦比亚和厄瓜多尔

蝮　蛇

蝮蛇长有一个红外线感应腺，它们将其和眼睛获得的视觉资料相结合，得到一个视觉图像。它们能在7米内感觉到体温只有10℃（比周围温度高）的一只老鼠的存在。

两栖动物

综 述

门 脊索动物门
纲 两栖纲
目 (3)
科 (44)
属 (434)
种 (5400)

两栖动物出现在约3.6亿年前。两栖动物是直接从早期的肉鳍鱼类进化而来的，它们是第一批在陆地上生活的脊椎动物，然后在陆地上衍生出爬行动物。两栖动物为冷血动物，皮肤湿润，无鳞片或爪。两栖动物共分3个目：蚓螈目和蚯蚓类似，无足，头尾都呈子弹形；有尾目（意为“长有尾巴”）为圆柱形，尾长，头部和颈部明显，四肢较发达；无尾目（意为“没有尾巴”），如青蛙与蟾蜍和其他脊椎动物都不同，它们体形粗短，无尾，身体和头部连在一起，四肢发达。

环管蚓和鱼螈 环管蚓（*Siphonops annulatus*）是典型的天生为掘洞的掘地体形：退化的眼睛、分节的身体和有力的子弹形的头部与尾部。鱼螈为水栖种，生活在热带，隐秘，非常少见。

分泌物 黏液腺分泌使皮肤能保持湿润的黏液，维持体内水分平衡，保护身体。这些分泌物里有抗菌素或者保护性物质，当然也包括毒素，味道恶劣，甚至常会给人带来致命危险。

生死飞跃 红眼树蛙大部分的时间都在热带雨林的树冠上。它们在树上捕食，喊叫，养育，甚至产卵。当受到树顶高处敌人的威胁时，它们只有一个选择——高高跃起并希望自己能跳到另一个树枝上。

闪彩 *红眼树蛙看起来全身是绿色的，直到跳跃时才露出大腿和腹股沟内部惊人的亮丽蓝色。*

双重生活

两栖动物这个词来自于希腊文，意思是“拥有双重生活的生物”。这是就大部分两栖动物的繁殖过程而言：它们未成年时生活在水中，成年后则在陆地上。大部分物种在水中交配产卵。在这种情况下，幼体用体外鳃呼吸，之后变形为陆栖成体小型版。在这一点上有很多例外，某些物种会直接在陆地上发育而没有幼体时期，有的为完全水栖和胎生，还有的为幼态持续。

两栖动物进化获得的能侵入陆地的显著特点包括：湿润并用来移动物体的舌头、湿润并保护角膜的眼睑和其临近的腺、体外定期脱落的一层死皮细胞、耳朵、被称作喉的发音组织和鼻中能让它们感受到味道的亚各布森感应器官。

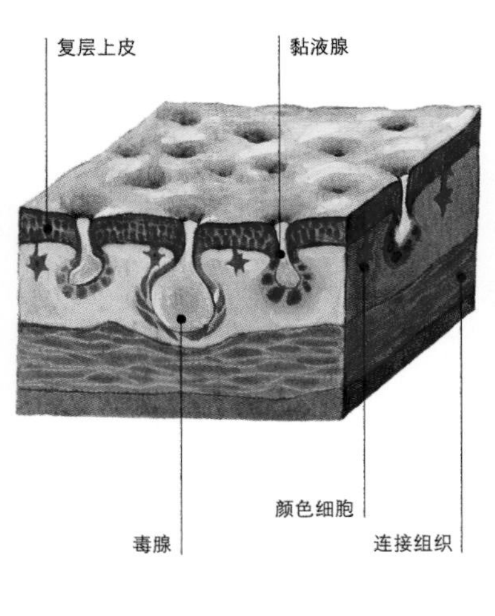

两栖动物的皮肤能控制体内水分平衡。通过仔细观察蛙类，我们可以说明这一点，它们皮肤的渗透性非常活跃，随着活动周期而变化。当青蛙离水觅食时，皮肤渗透性极强，可以吸收水分；当它们在水中时，皮肤的渗透性大大降低。某些陆栖的青蛙在骨盆处长有一块特别的高度脉管化的皮肤，使它们能从潮湿的地方吸收水分。当青蛙在水中进入冬眠时，它们必须改变它们的离子平衡和皮肤的渗透性，降低水的渗透。某些沙漠蛙类能通过保留尿液中的尿素，在干燥的土壤里保持水分，因而在其皮肤表面创造一种渗透梯度。

成年两栖动物都是肉食动物，虽然某几种蛙类曾被报道食用水果。鲵的幼体为肉食性，大部分无尾目为草食动物。某些蛙类的蝌蚪会吃同类，正如许多种类的成体那样。

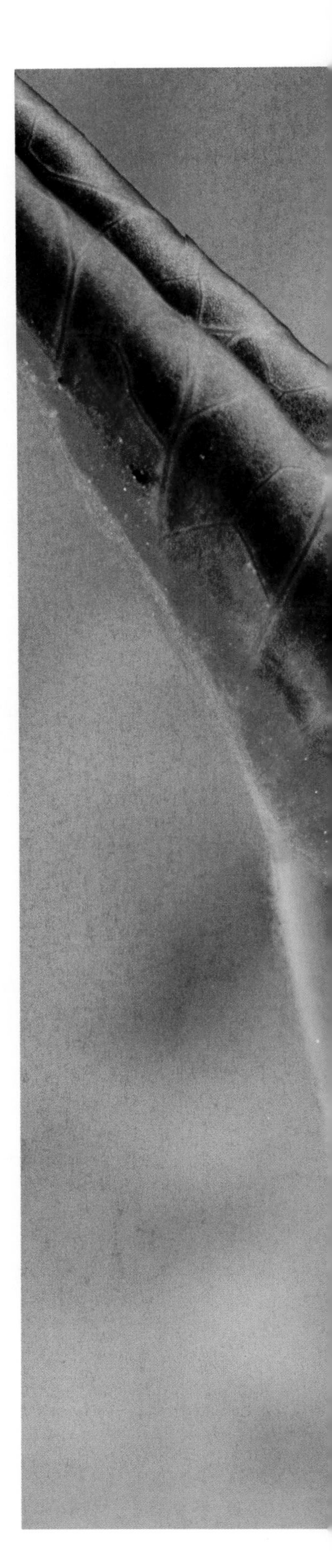

雄性的求爱 这只雄性大冠蝾螈（*Triturus cristatus*；右图）正处于繁殖时期。雄性背部和尾部的肉冠在求偶季节膨胀扩大。在水中交配结束后，卵在体内发育，并被产在植物上。幼体食肉。

鲵和蝾螈

纲	两栖纲
目	有尾目
科	(10)
属	(60)
种	(472)

鲵、蝾螈、泥小狗、水狗（斑泥螈）和鳗螈同属有尾目，都长有尾巴和四肢。该目大多数物种行动隐秘，生活在陆地上的落叶堆或朽木下、凤梨上、水下。某些在陆地居住，但繁殖时回到水中。令人惊讶的是，在北美洲的落叶森林中，鲵的生物量比鸟类和哺乳动物都大。所有的鲵和它们的幼体均为肉食动物，它们反过来又是许多较大的肉食动物，如蛇类、鸟类和哺乳动物的猎物。

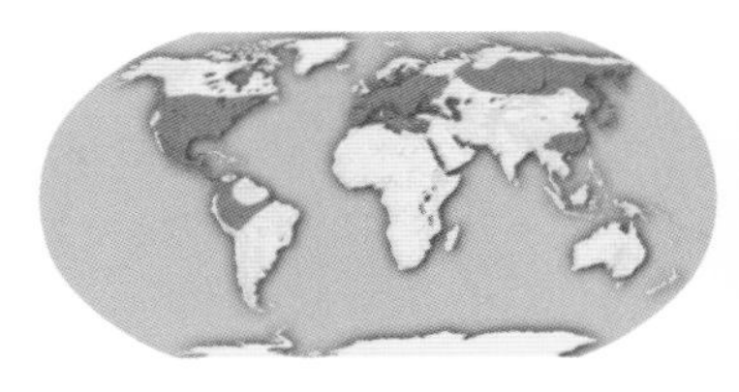

分布 鲵广泛分布在北美洲和中美洲、南美洲北部、欧洲、北非和亚洲。

警告色 红鲵（*Pseudotriton ruber*）为半水栖，生活在泉水里、泉边岩缝中的苔藓里或扁石下。它们喜欢流淌过树林或草地的凉爽清澈的水流。许多鲵色彩亮丽，这是为了警告它们的主要敌人鸟类，使其认为它们并不美味。

产卵 半趾螈在清水附近的岩缝里或圆木下产卵，每次最多24枚。雌性保护自己的卵直到它们孵化，然后幼虫进入水中完成自己的发育。

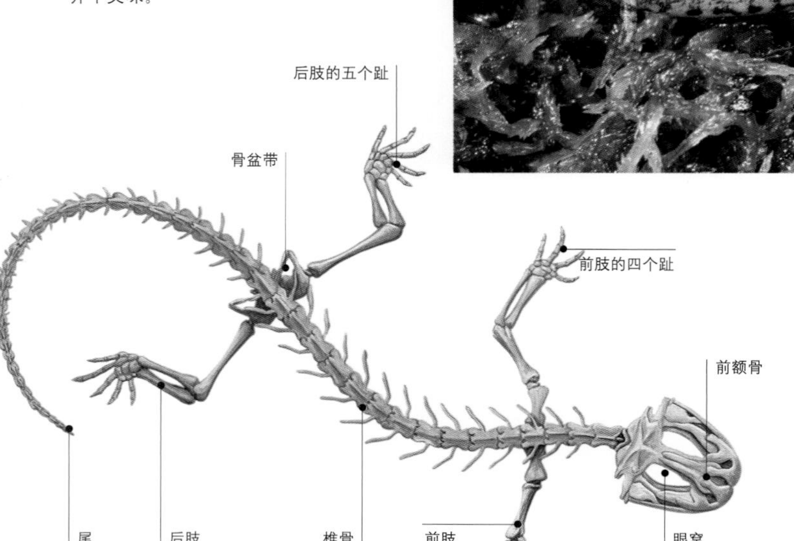

鲵的骨架 鲵的脊椎骨非常坚硬，能支持头部、骨盆、胸带，以及内脏，同时也很灵活，能允许横向和背腹部的运动。鲵有10节至60节骶前脊椎和不同数目的骶后脊椎，2节至4节尾前椎和许多尾椎。

沉默的肉食者

鲵进化为有尾巴和四肢，在陆地上生活。某些种又返回水中，永久生活在那里，四肢都退化了，这些被称作鳗螈。

鲵比青蛙和蟾蜍更接近早期的化石两栖动物。和青蛙不同，它们在繁殖期间并不强调声音的交流。鲵的皮肤通常是光滑、潮湿和柔软灵活的，氧气交换都是通过皮肤进行。许多鲵种也长有肺，但是某些没有，完全依靠皮肤呼吸。随着鲵的成长，它们会定期蜕皮。由于蜕掉的皮是由自己的细胞构成的，而且易于消化，所以，鲵通常会吃掉自己蜕掉的皮。

鲵和它们的幼虫是彻底的肉食者。成虫捕食昆虫、蜘蛛、蜗牛、黑蛞蝓、虫子和其他无脊椎动物。幼虫食用蚊子的幼虫和其他昆虫，随着越来越大，它们吃更大的猎物，包括蝌蚪和蜻蜓的幼虫，而这些都是它们曾经一度害怕过的敌人。有的鲵能将舌头快速伸出到自己半个身长处捕食猎物。

鲵的皮肤潮湿黏滑，而蝾螈的皮肤粗糙干燥，陆栖和水栖阶段都如此。某些蝾螈成年后在陆地生活，只在水中繁殖，而某些则为水栖。红点蝾螈在水中和陆地同样生活自如。水生的幼虫变为陆栖的水蜥，在陆地上生活1年－2年之后再回到水中繁殖。

小档案

隐鳃鲵 生活在溪流中的岩石下，捕食小龙虾、软体动物和小型鱼类。无害，身体十分黏滑，抓它们的时候必须紧紧抓住头部。

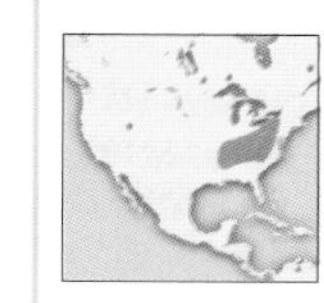

74厘米
水栖
秋季
常见

美国中东部

大鳗螈 虽然大多数鲵不发声，但大鳗螈被抓住时会发出尖叫。它们还会发出别的声音，这也许是种内交流的方式。

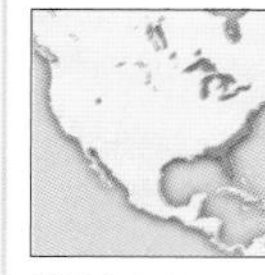

98厘米
水栖
不祥
常见

美国东南部

中国大鲵 在水下洞穴中进行繁殖，雌体产下一串串的卵，最多可达500枚。体外受精，雌体保护它们直到50天－60天后孵化。

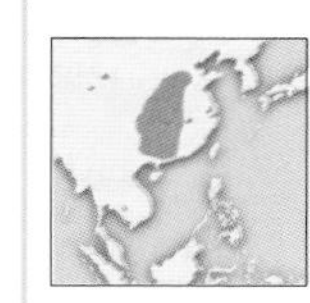

1.8米
水栖
秋季
数据缺乏

中国中东部

鲵的繁殖

交配季节，雄体的精囊被雌体的泄殖腔接受，直接发育的物种在潮湿的地方产卵，雌体一直保护着自己的卵，直到它们初具成年的模样。产在池塘或溪流中附着在植物上的卵会在1周－2周后孵化成自由游动的肉食幼虫，某些物种则直到幼虫后期才发育。

交 配

交配后，雄体将精囊射入雌体，与卵在泄殖腔内进行体内受精。

小档案

斑泥螈 这种幼态持续的蝾螈长有红色的大外鳃。它们夜间捕食甲壳动物、昆虫的幼虫、鱼类、蠕虫、软体动物和其他两栖动物。雌体露天产卵，会保护自己的卵。

48厘米
水栖
秋季
常见

美国中北部

身洞螈 生活在洪水泛滥的地下洞穴中，眼睛隐藏在皮肤下，视力为零。幼态持续。产卵最多70枚，可能保留卵或者生产较少的活胎。

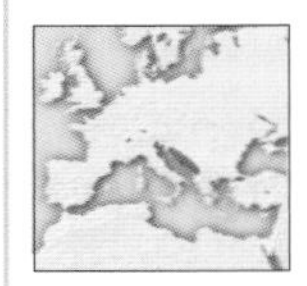

30厘米
水栖
春季
易危

亚得里亚海岸和意大利东北部

中国小鲵 陆栖，四肢短，繁殖时迁往溪流或者池塘。雌体通过化学和视觉信息吸引雄体。

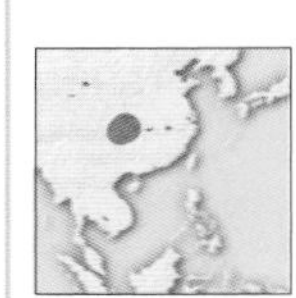

10厘米
陆栖
春季
常见

中国湖北省

保护警报

在国际自然与自然资源保护联合会的《濒危物种红色名录》上有三种鲵被列为极危。

墨西哥钝口螈（*Ambystoma lermaense*）已经多年未出现，被臆测为已经灭绝。它们仅仅分布在墨西哥的乐马湖，由于堤坝建设和污染而受到严重影响。

撒丁尼亚溪鲵（*Europroctus platycephalus*）是欧洲受威胁最严重的鲵，原因有三：一是用于抗疟疾而放在水中的杀虫剂；二是鳟鱼的引入，因为鳟鱼和鲵竞争捕食同样的食物；三是出于农业需要而降低的水位。

沙漠细鲵（*Batrachoseps major aridus*）仅分布在美国加利福尼亚河边镇的一个峡谷中。随着地下水位的降低，这种鲵的栖息地也在慢慢消失。

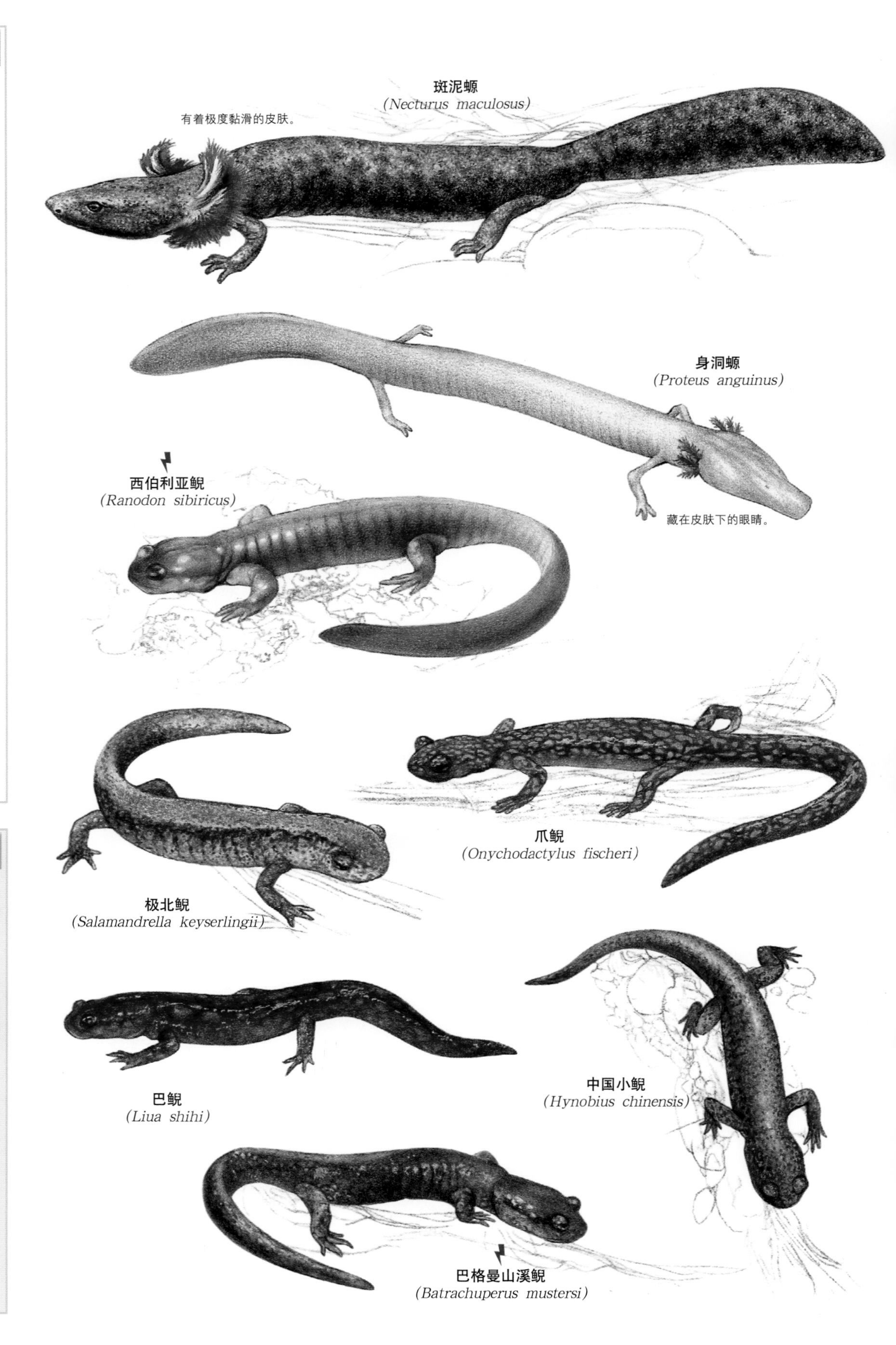

卢氏小默螈
(*Mertensiella luschani*)

欧洲火鲵
(*Salamandra salamandra*)

奥林匹克激流鲵
(*Rhyacotriton olympicus*)

金带鲵
(*Chioglossa lusitanica*)

比利牛斯山螈
(*Euproctus asper*)

加利福尼亚巨鲵
(*Dicamptodon ensatus*)

红点螈
(*Notophthalmus viridescens*)

普通螈
(*Triturus vulgaris*)

处于繁殖状态的雄体。

鲁利斯坦螈
(*Neurergus kaiseri*)

带螈
(*Triturus vittatus*)

小档案

欧洲火鲵 卵生，在陆地上繁殖。雌体将20枚－30枚卵产在水中，它们会马上孵化。幼体在2个－6个月之间变形为陆栖形态。

25厘米
陆栖（幼体水栖）
春季
常见

欧洲和西亚

加利福尼亚巨鲵 雌体在长达6个月的时间里，都在溪流的岩石下保护自己的卵。陆栖成体经常爬进离地面2.4米的低矮的灌木丛中。雄体受到干扰时会发出格格的声响。

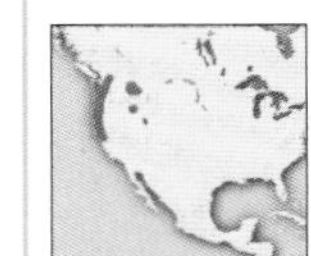

36厘米
陆栖、水栖
春季
常见

美国西北部

普通螈 雄体较雌体小。繁殖季节，雄体的头部至尾部呈波浪形，后脚趾上出现皱褶。它们3月到7月间呆在繁殖的池塘里，之后变为陆栖。

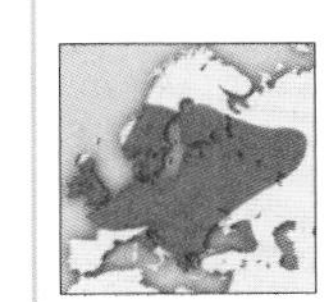

11.5厘米
陆栖、水栖
春季
数据缺乏

欧洲和西亚

幼态持续

幼态持续是指带外鳃的水栖幼体在成年期保留了下来。这种情况通常见于居住在缺氧的水中物种身上，某些物种为永久性幼态持续。墨西哥蝾螈在环境缺氧时为幼态持续。

***火鲵** 鲵在希腊语中的意思为“火蜥蜴”，因为人们看到它们从扔在营火中的原木中爬出来。*

小档案

环鲵 长有窄横纹，腹部为石板色，细长的身体两侧有浅灰色条纹，这与大理石钝口螈和虎鲵不同。

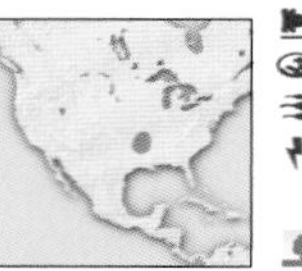

23厘米
水栖、穴栖
秋季
常见

美国中南部

虎鲵 一年中大部分时间都在挖穴，只在每年春雨开始的时候繁殖。在池塘和沼泽地繁殖后，成鲵退回到地下。

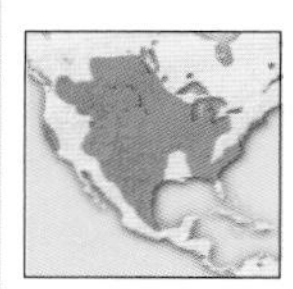

33厘米
水栖、穴栖
早春
常见

加拿大南部至墨西哥

大理石钝口螈 在9月至12月的干燥季节里聚集产卵达230枚。雌体将卵围住，保护它们免遭脱水和被捕食的危险，直到秋雨落满池塘。

13厘米
树栖、水栖
秋季
常见

美国东南部

日本火腹螈 雄体和雌体的不同之处在于雄体有膨胀的泄殖腔，繁殖期间，雄体的尾部呈蓝色，尾巴尖处有小细丝。

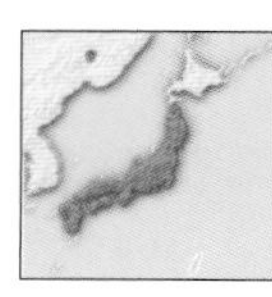

13.2厘米
水栖
春季
常见

日本

越南疣螈 属内最大的物种，特点为腹部有明显的橘黄色或火红色的大块斑点，上面都带有黑色或深棕色。

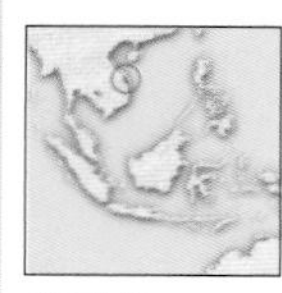

20厘米
水栖
春季
易危

越南北部

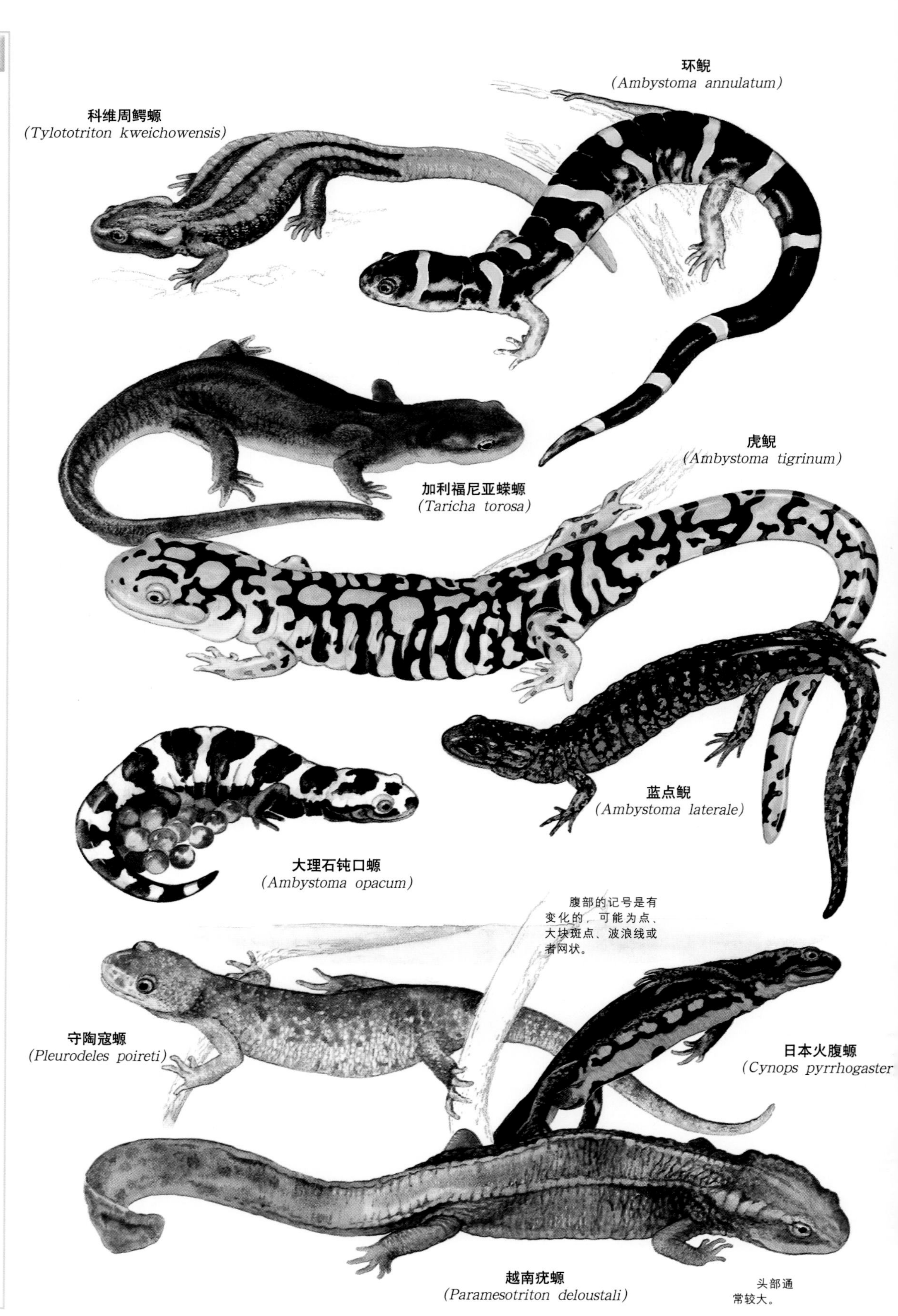

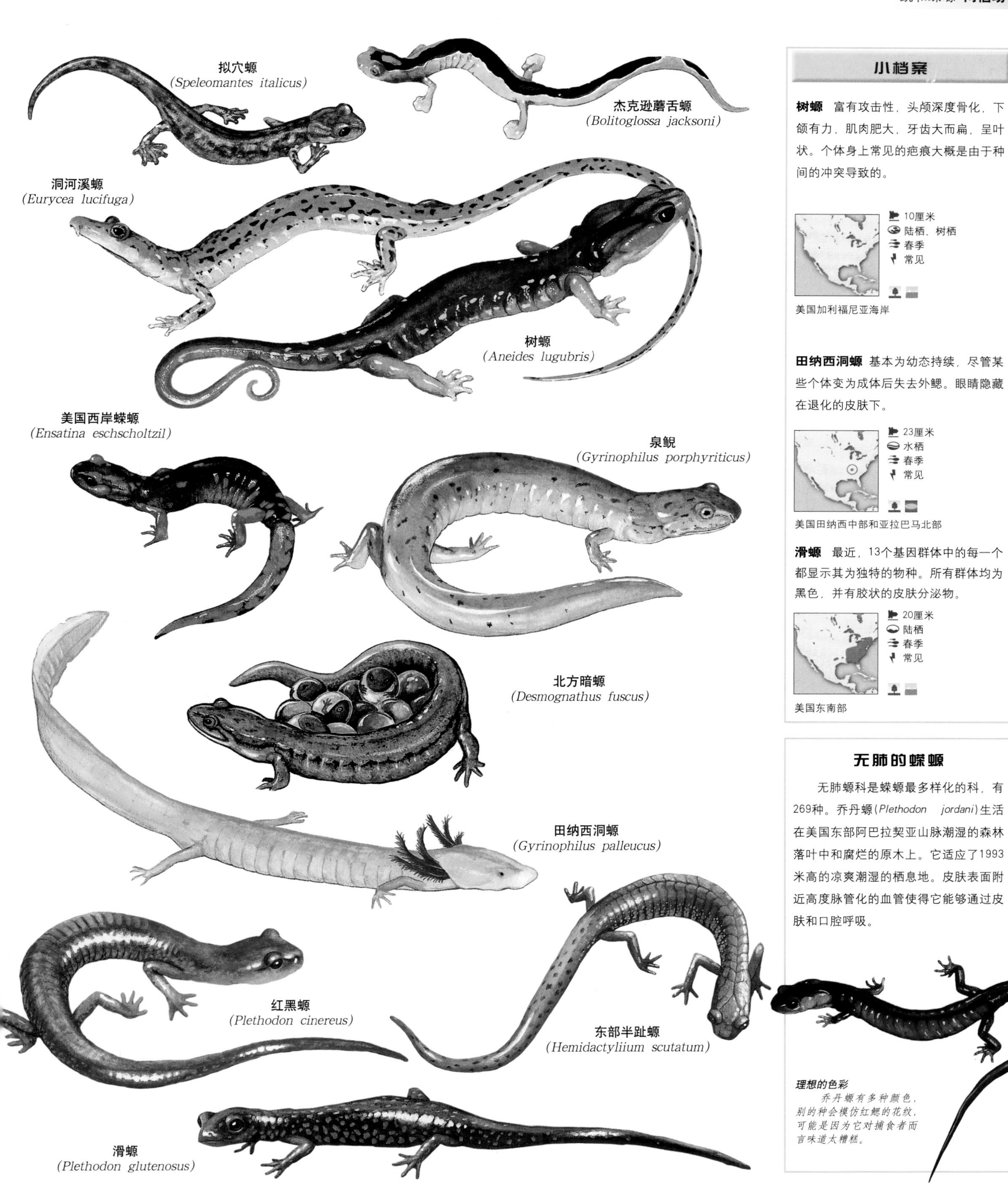

小档案

树螈 富有攻击性，头颅深度骨化，下颌有力，肌肉肥大，牙齿大而扁，呈叶状。个体身上常见的疤痕大概是由于种间的冲突导致的。

10厘米
陆栖、树栖
春季
常见

美国加利福尼亚海岸

田纳西洞螈 基本为幼态持续，尽管某些个体变为成体后失去外鳃。眼睛隐藏在退化的皮肤下。

23厘米
水栖
春季
常见

美国田纳西中部和亚拉巴马北部

滑螈 最近，13个基因群体中的每一个都显示其为独特的物种。所有群体均为黑色，并有胶状的皮肤分泌物。

20厘米
陆栖
春季
常见

美国东南部

无肺的蝾螈

无肺螈科是蝾螈最多样化的科，有269种。乔丹螈(*Plethodon jordani*)生活在美国东部阿巴拉契亚山脉潮湿的森林落叶中和腐烂的原木上。它适应了1993米高的凉爽潮湿的栖息地。皮肤表面附近高度脉管化的血管使得它能够通过皮肤和口腔呼吸。

理想的色彩

乔丹螈有多种颜色，别的种会模仿红鳃的花纹，可能是因为它对捕食者而言味道太糟糕。

两栖动物的生命循环

大部分的两栖动物都为双重生物循环，包括求偶、处理精子和卵子、外部供养、水栖幼体变为成体。这个循环也有一些变化，如体内供养、直接发育、胎生、幼态持续或亲代养育。如果卵小而多，则无亲代养育；如果卵大而少，则有亲代养育。

膨胀的卵囊　杰佛迅钝口螈（*Ambystoma jeffersonianum*）的卵囊在卵吸收水分后比成体螈还要大很多。该种既不孵卵，也不保护自己的卵。

蝾螈的生命循环　信息索刺激蝾螈的求爱。雄体以精囊的方式将精子放置在雌体的底部，雌体拾取精囊放置在泄殖腔内，在它将卵产在水中或湿地时完成体内受精。产在水中的幼体在水中孵化，产在陆地的卵直接发育。

陆栖成体

卵

长有鳃芽的幼体

发育中的鳃和前肢，以及即将发育的后肢

四肢和鳃发育完全的幼体

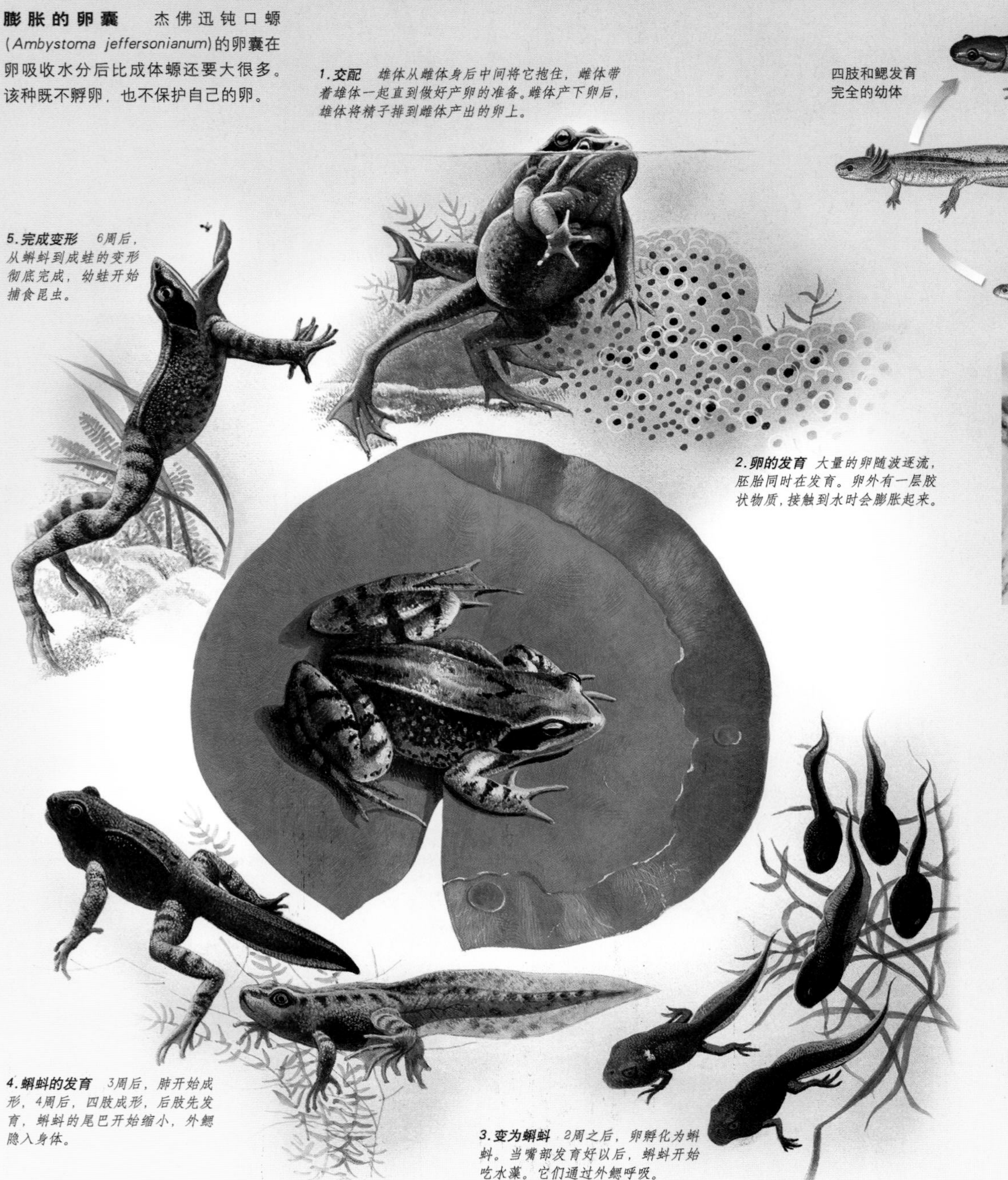

1.交配　*雄体从雌体身后中间将它抱住，雌体带着雄体一起直到做好产卵的准备。雌体产下卵后，雄体将精子排到雌体产出的卵上。*

2.卵的发育　*大量的卵随波逐流，胚胎同时在发育。卵外有一层胶状物质，接触到水时会膨胀起来。*

3.变为蝌蚪　*2周之后，卵孵化为蝌蚪。当嘴部发育好以后，蝌蚪开始吃水藻。它们通过外鳃呼吸。*

4.蝌蚪的发育　*3周后，肺开始成形，4周后，四肢成形，后肢先发育，蝌蚪的尾巴开始缩小，外鳃隐入身体。*

5.完成变形　*6周后，从蝌蚪到成蛙的变形彻底完成，幼蛙开始捕食昆虫。*

安全成长　囊蛙（*Gastrotheca*）有1个到2个囊，类似于有袋动物，从背部到泄殖腔。受精时，卵被放置在囊内，这样就可以在潮湿安全的环境中发育。幼体以蝌蚪或小蛙形式出现，根据种的不同有所变化。

蛙的生命循环　蛙和蟾蜍的生命循环非常复杂。雄体通过叫声吸引雌体，然后在一个选定的地点将精子排在雌体产下的卵上。卵吸收水分，几天之内发育成自由游动的草食蝌蚪。几周、几个月或者几年之后（取决于种的不同），蝌蚪变为和成体一模一样的只是小一些的幼体。在它们达到性成熟前的几个月或几年里都为肉食性。

鱼 螈

两栖纲
蚓螈目
(6)
(33)
(149)

鱼螈分布在不同的水陆栖息地，有其他任何脊椎动物都没有的化学感应触须，以及外部的下颌合拢肌肉和骨化为头盖骨的皮肤。成体的大小从不足7厘米到1.6米。体内受精。某些种为卵生，还有的直接发育，大约有一半的已知鱼螈种为胎生。它们捕食蚯蚓、甲壳虫幼虫、白蚁和蟋蟀。

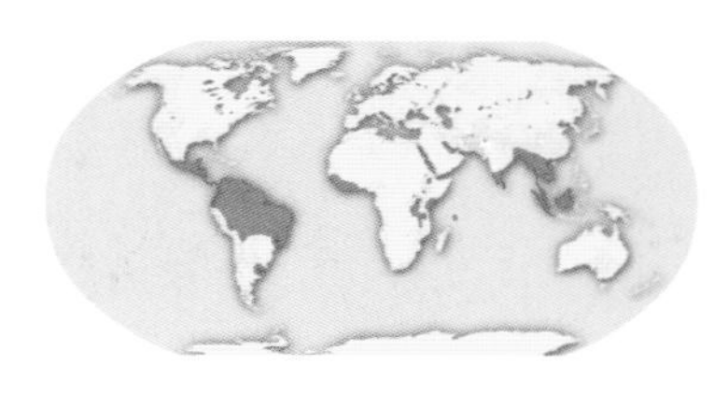

分布 鱼螈分布局限于热带地区的印度、中国南部、马来西亚、菲律宾、非洲、中美洲和南美洲，欧洲、澳大利亚和南极洲没有发现它们。

鱼螈头盖骨 为子弹形大头骨，适合挖掘。身体呈流线型。它们通过身体的波形运动在土壤中活动——头部至尾部的肌肉以波浪形运动，身体的曲线抵住土或水，以此向前活动。

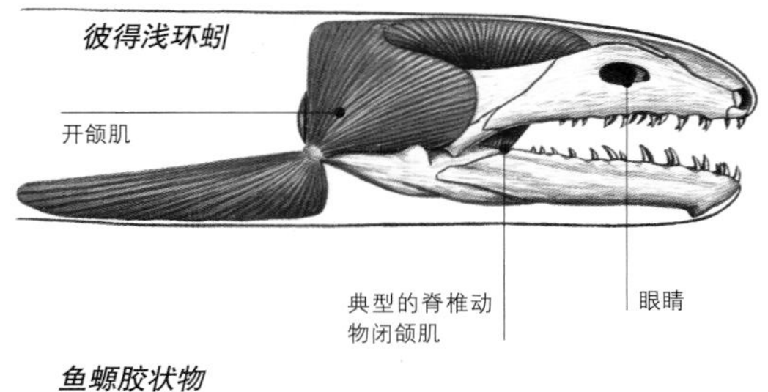

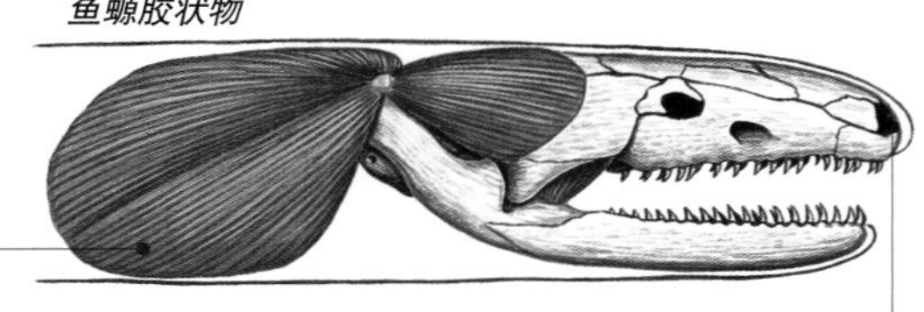

多样的裸蚓 真蚓科的物种都长有明显的环，人们常误把它们当做蚯蚓。真蚓头部两侧长有折叠的触须，有助于它们将化学信息传送到鼻洞去寻找猎物。

明显的宽环

环管蚓
(*Siphonops annulatus*)

蒙格拉县蚓
(*Ichthyophis bannanicus*)

卡岩蚓
(*Typhlonectes compressicauda*)

尾巴

幼真蚓

圣多美裂蚓（*Schistometopum thomense*；下图）为胎生，卵在输卵管内安全地发育。在卵孵化的7个月至10个月里，幼体以输卵管分泌的富有营养的液体为食。亮丽的色彩是对潜在捕食者的警告，使其认为它们并不美味。

平衡 *胎生真蚓每次生产幼真蚓较卵生真蚓数量少，但是它们对幼体的照顾要比卵生真蚓好。*

蛙和蟾蜍

纲 两栖纲
目 无尾目
科 (28)
属 (338)
种 (4937)

无尾目是对无尾的两栖动物的总称，它是两栖动物中最大的目，已知有近5000种。无尾目的形状和大小各异，有微小的身长不足1厘米的巴西金蛙（*Psyllophryne didactyla*），也有身长30厘米、体重3.3千克的非洲霸王蛙（*Conraua goliath*）。它们长有长长的后腿、粗短的脖子和潮湿的皮肤，没有尾巴，很容易被识别。无尾目是惟一在繁殖季节特别能叫的两栖动物。蛙内最大的属——卵齿蟾属（雨蛙）——是所有脊椎动物里最大的属。

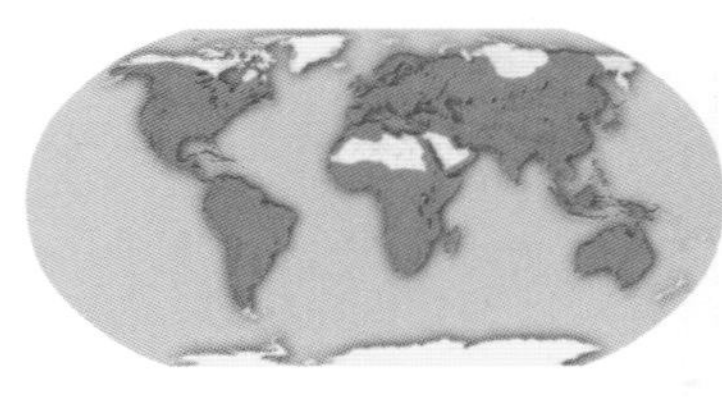

分布 除了南极洲，到处都有蛙和蟾蜍的身影，80%以上的种生活在热带，仅仅一个地区就有67种蛙记录在案。有2个物种延伸到北极圈北部。

飞翔的青蛙 爪哇飞蛙（*Rhacophirus reinwardtii*）的脚趾间长有宽宽的网状皮肤，使其能够灵活地在树木之间跳跃，这种改良对雨林林冠生活非常重要。

舌头的出击 蛙和蟾蜍的舌头长而黏，正如日本蛙（*Bufo japonicus*；上图）那样，被用来捕食猎物。一旦昆虫被黏住，蛙眨动眼睛，将其推到咽喉。雄体在战斗中也会使用舌头，在抢夺地盘或向雌蛙争宠时会用舌头袭击对方。

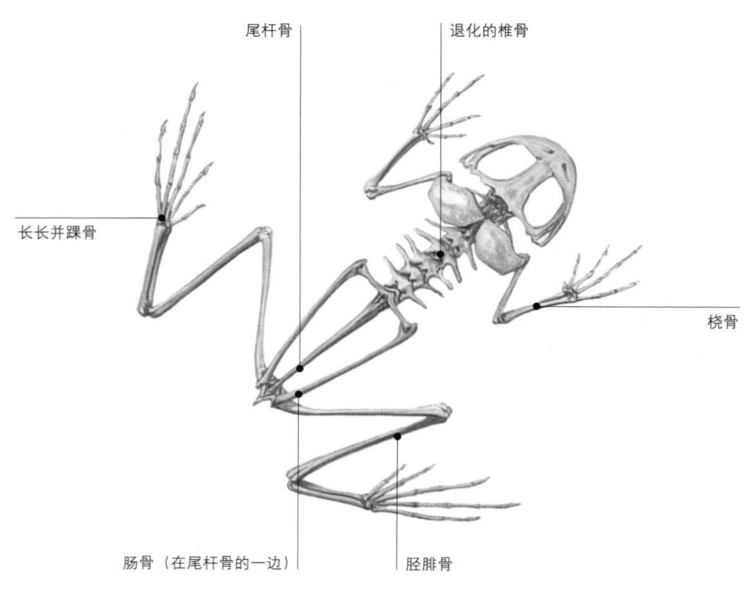

蛙的骨骼 无尾目由一组九块或更少的椎骨组成的短短的脊柱。前肢和后肢的足缘部分连接在一起，踝骨是加长的，并且由两个连接在一起的部分组成。后骶骨和尾杆骨连接在一起。长长的后肢使青蛙拥有推进力，能向前高高跃起。短而结实的身体更容易向前运动，加强的胸带和前肢被用来吸收着地时的冲击力。

生命之歌

蛙和蟾蜍的一个显著特点是雄体通过叫声来吸引配偶。蛙鸣是温带地区春天的信号，也预示着热带地区雨季的开始。蛙的叫声各不相同。雌蛙通过雄蛙的叫声判断雄蛙的大小和体态。雄蛙发出叫声，雌蛙会找到鸣叫的雄蛙进行交配。叫声的坏处就是会吸引捕食者，特别是蝙蝠。

某些蛙种鸣叫的地点对其而言是非常重要的，雄蛙出于自我防卫，常会和其他鸣叫的雄蛙发生冲突。为了避免这种冲突，卫星雄蛙会在鸣叫的雄蛙周围静静地等待，希望能在其之前拦截住一只雌蛙。这就减少了它们被蝙蝠吃掉的危险，同时也减少了自己鸣叫及与占优势的青蛙进行搏斗而造成的能量损耗。

以上是繁殖季节较长的蛙类的特点。许多蛙是爆炸性的繁殖者。它们在第一场大雨的时候来到交配的池塘，在2天至3天内产

鸣叫求偶 在繁殖季节，雄蛙和雄蟾发出叫声吸引雌性来交配。每一种蛙和蟾都有自己独特的叫声。这只黄条背蟾蜍（*Bufo calamita*；上图）鼓起喉部发出震颤的声音。

能量传递 北方豹蛙（*Rana pipiens*；右图）高高跃起躲避捕食者。蛙和蝌蚪将它们食物的能量转化为更大的捕食者的大能量包。

下成千上万的卵，然后离开直到来年。这种蛙的叫声通常响亮而持久。为了避免它们的卵被水里的捕食者吃掉，许多树蛙(*Hylidae*)将卵产在岸边悬垂下来的植物上。当卵孵化后，蝌蚪落入水中，完成发育过程。骨首蛙(*Osteocephalus*)在树洞内产下少量大的受精卵，雌蛙定期返回树洞，在窝中放置没有受精的卵子来喂养它们。许多箭毒蛙(*Dendrobatidae*)在陆上的窝内保护自己的卵，并在孵化之日将蝌蚪带入水中，或在某些情况下将它们带上树或者放在凤梨内。卵齿蟾在陆上的窝内产下15枚－25枚大的带蛋黄的卵，它们会直接发育。产婆蟾、负子蟾和胃育溪蛙的雌体带着自己的卵直到它们孵化出幼体，还有的蟾用卵泡放置自己的卵并喂养蝌蚪。

蛙能反映环境污染的程度。自20世纪70年代开始，越来越多的证据表明蛙的数量大大下降，而且许多种即将灭绝，尽管这些数量显示是在原始的区域。造成蛙数量下降的原因很多，包括污染、杀虫剂（如DDT）、除草剂、路面防滑盐、UV辐射、地球变暖、降水量降低或者湿度降低。还有一种可能是由于非洲的菌类侵蚀蛙类的皮肤，降低它们的免疫力，因此，现在它们更容易受到疾病的影响。

保护警报

在国际自然与自然资源保护联合会的《濒危物种红色目录》上的342种无尾目物种如下所示：

7种灭绝
27种极危
27种濒危
64种易危
1种依赖保护
15种近危
67种数据缺乏
134种无危

小档案

哈氏滑足庶蟾 本种雄体没有明显的求偶鸣叫。鸣叫的曲调是由头部和身体的共振形成的，而不是声带振动发出的。

5厘米
陆栖
春季
易危

斯蒂芬和缪德群岛（新西兰）

东方火腹蟾 这种蟾为其系列中最常见的，在有些地方构成了当地整个无尾目数量的三分之一。交配地点的密度可以达到每平方米9只。

6厘米
陆栖
夏季
常见

俄罗斯，韩国，中国

尾蛙 求偶时不鸣叫。它的"尾巴"在急流中用来体内受精——在无尾目中是独一无二的。它们将一串串的卵产在溪流中的岩石下。它们的蝌蚪需要1年－4年变形为幼蛙，然后再过7年－8年才能进行第一次交配。

5厘米
陆栖
夏季
常见

美国西北部

受 精

无尾目卵的受精通常发生在两蛙环抱时。雌体在水中产下卵之后，雄体在其上射出精子。多明尼加树蛙和其他某些陆栖种的蛙通过将泄殖腔并列而获得体内受精。只有尾蛙有间歇性器官。

环抱的蛙
雌蛙带着雄蛙到合适的地方产下卵。

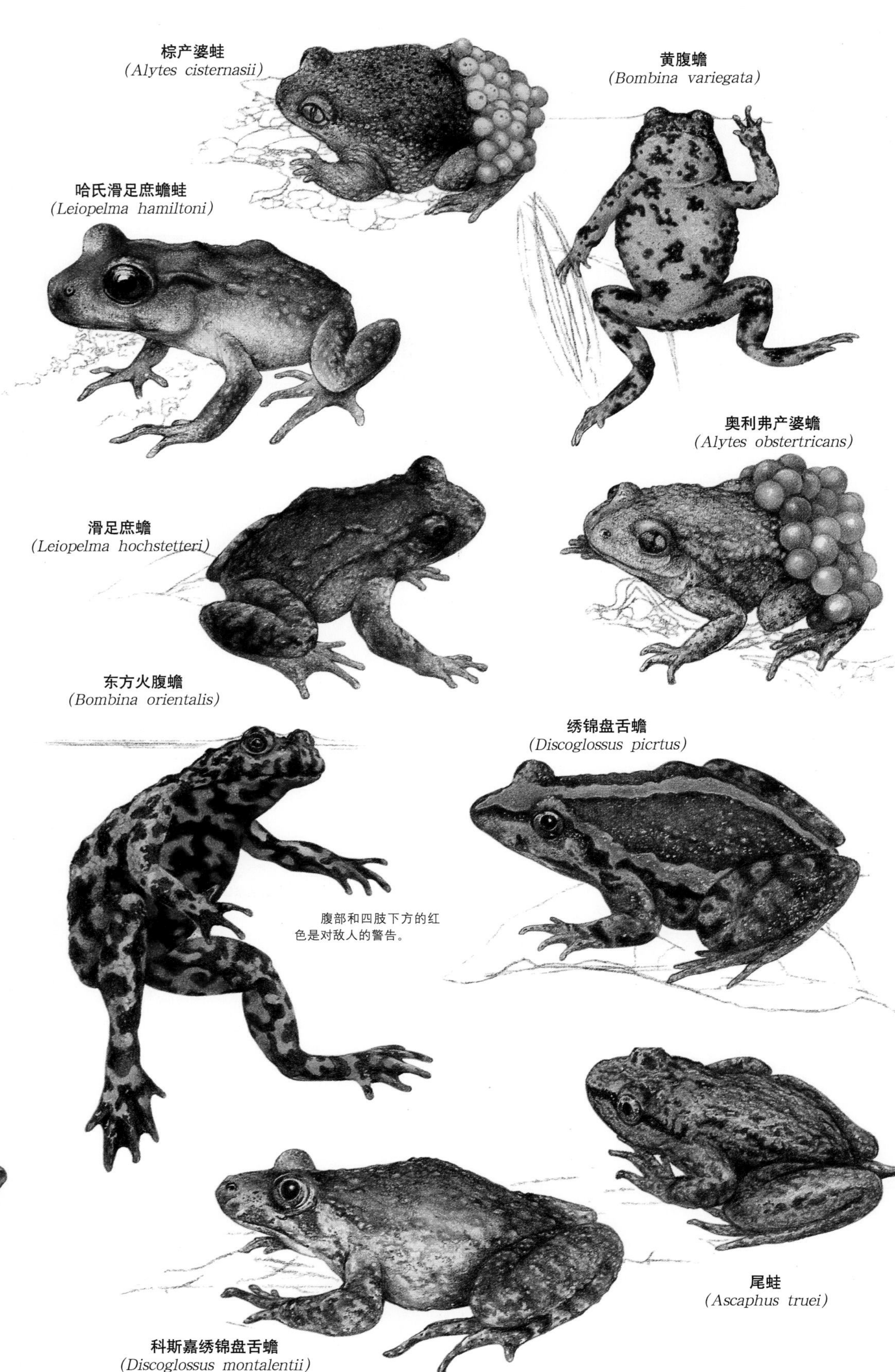

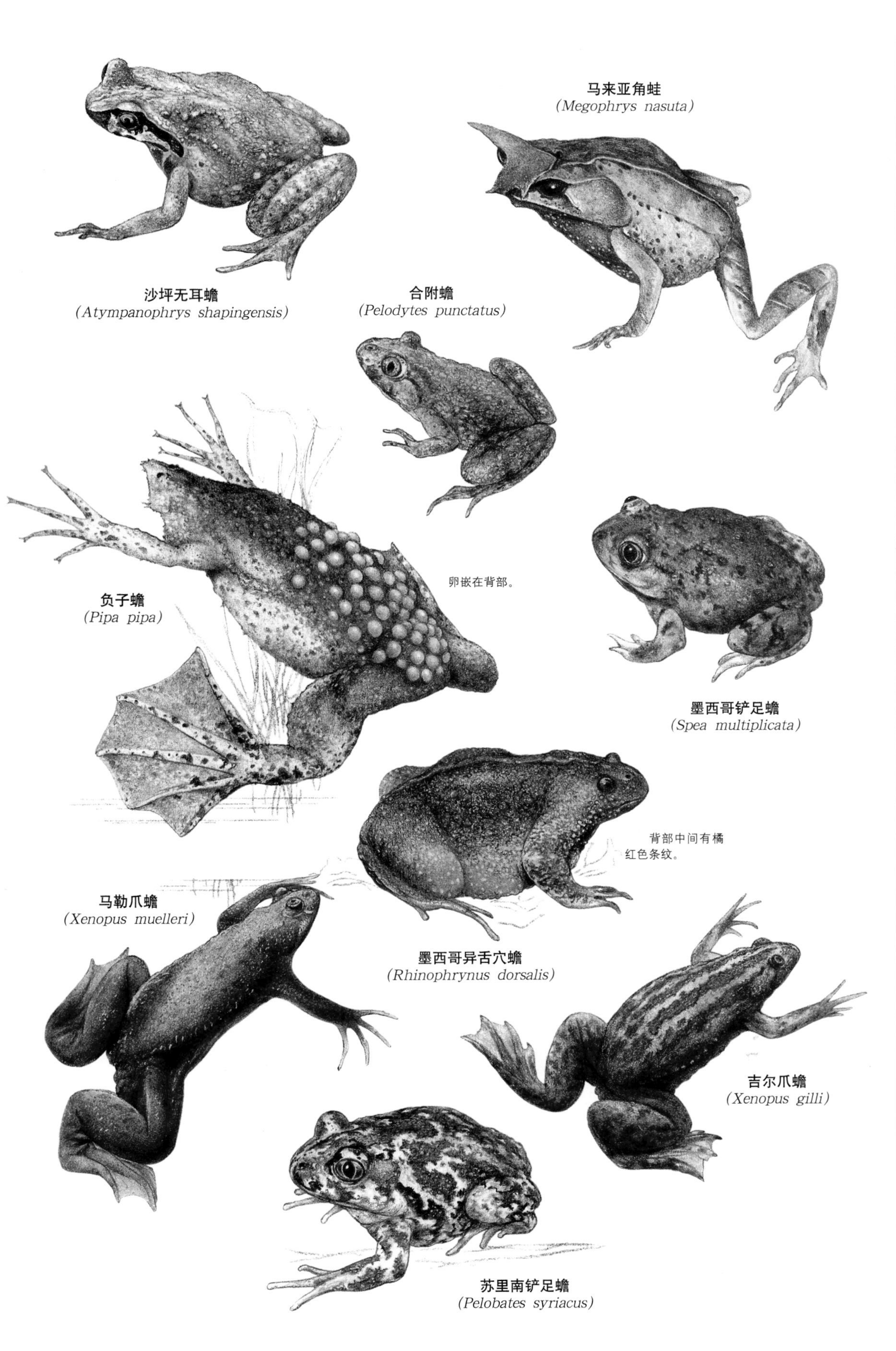

小档案

合附蟾 雄合附蟾的叫声从水面下方传出。蝌蚪比成蟾大，身长可达6厘米。它们将一串串的卵产在水中的植物上。

伊比利亚半岛、法国、比利时西部、意大利西北部

负子蟾 环抱时，雌体每次产卵1枚，雄体帮卵子授精并把它们一个个嵌到雌体背部的皮肤内，卵沉入背部形成蜂窝状袋囊。3个月至4个月之后，幼蟾从雌体背部出来。

南美洲北部

墨西哥铲足蟾 多雨的夏天为夜行性，那是它们的交配季节。在一年中的其他时间里，它们呆在松软土壤内的洞穴里。

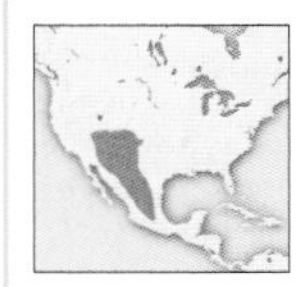

美国中南部、墨西哥北部

吉尔爪蟾 由于本种所生活的酸性黑水池塘的环境变化，导致了光滑爪蟾的入侵。这两种蟾可以交叉交配，繁殖出无繁殖能力的后代，从而加速了它们的灭绝。

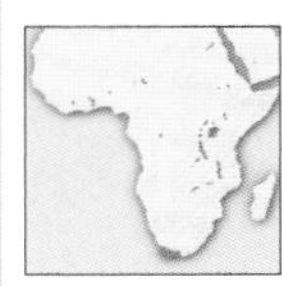

南非西南部

墨西哥异舌穴蟾 这种蟾的大部分时间都在地下度过，只有大雨过后才会从洞穴里出来进行交配。雄蟾的身体在鸣叫时变得异常鼓胀，看起来就像一只气球。

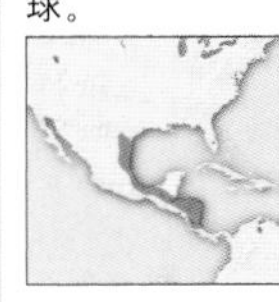

得克萨斯（美国）至哥斯达黎加

小档案

古氏龟蛙 本种用其强有力的前肢挖洞，经常挖掘蚁穴，食用白蚁。雄体从土下露出的头部发出求偶叫声。在地下产卵可达40枚。

6厘米
陆栖、穴栖
雨季
不常见

澳大利亚西南部

贝氏架纹蟾 这种挖穴蟾的大部分时间都在地下，只有大雨后的交配季节才出现在池塘里。雄体在池塘表面浮游时发出叫声。雌体在水中产下小型卵。

5.5厘米
陆栖、穴栖
雨季
常见

澳大利亚东南部

大斑鸠蟾 成体白天和干燥季节都藏在地下。雄蟾在水边的洞穴内或植物间跳跃时发出叫声。卵产在洞穴内。

9厘米
水栖
春季、夏季
不常见

澳大利亚东南部

用胃哺育

胃育溪蛙的雌体将受精卵或幼体吞下，使其在自己胃里发育。此时，雌体内的胃酸停止分泌。由于蝌蚪吸收蛋黄内的营养发育，所以无唇牙。

小蛙出世 *在母亲胃里呆了6周－7周后，幼蛙从母亲嘴里爬到这个世界。*

苏里南霸王角蛙
(*Ceratophrys cornuta*)

南美洲牛蛙
(*Leptodactylus pentadactylus*)

活跃的觅食者，只捕食小型猎物。

饰纹角花蟾
(*Ceratophrys ornata*)

维泽拉丝白唇蟾
(*Leptodactylus bufonius*)

滑疣鳞蟾
(*Lepidobatrachus laevis*)

舒米林蛙
(*Hydrolaetare schmidti*)

多美尔带纹蛙
(*Leptodactylus gracilis*)

哭泣蛙
(*Physalaemus biligonigerus*)

苏氏池蟾
(*Telmatobius yuracare*)

小档案

苏里南霸王角蛙 当猎物冒险接近时，霸王角蛙向前侧倾，张开占据整个头部顶端的嘴巴，把猎物整个吞进肚内。

12厘米
陆栖
秋天的雨季
常见

南美洲北部

南美洲牛蛙 本种发出的叫声单一响亮，类似口哨。在森林的凹处产卵可达3000枚。肉食的蝌蚪在大雨时分散到附近的溪流或沼泽中。

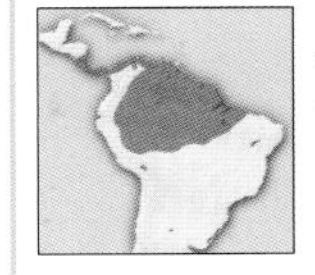

18厘米
陆栖
秋季
常见

洪都拉斯至玻利维亚

滑疣鳞蟾 水栖，大而强壮，身体扁平。头大而有活力，占整个身长的三分之一，下巴宽大。

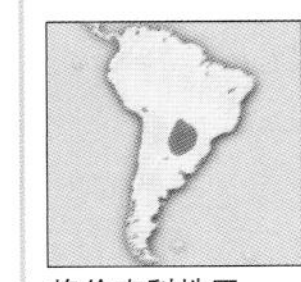

10厘米
水栖
夏季
常见

格伦查科地区

抵御干旱

在干旱的冬日，饰纹角花蟾在地下并不活跃，它们将自己裹在没蜕下的皮肤形成的硬壳中。这种“茧”保护着它们不会过多地失水，并且能够生存到雨季来临。这一切都标志着从10月持续到来年2月的南美洲潮湿夏季的开始。格伦查科地区的大暴雨造成的洪水泛滥为它们的猎食和交配提供了暂时的场所。

呆在地里 *饰纹角花蟾一直呆在地下，直到标志雨季来临的大雨落下。*

小档案

康桂蛙 得名是因为它的叫声尖而高，听起来像“康－桂”。在陆地上产卵，卵直接发育。康桂蛙被引入了美国的佛罗里达和夏威夷。

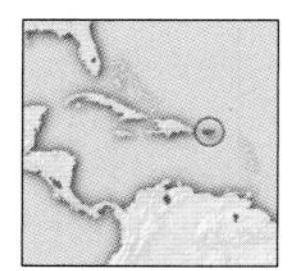

5.5厘米
陆栖、树栖
全年
常见

波多黎各（加勒比海）

犬吠蛙 求偶叫声从远处听如犬吠，近处听是喉部发出的“呜－呃”的声音。被抓住时，它们的身体充气鼓起。雌体被抓住时发出尖叫。

9.5厘米
陆栖
春季
常见

美国西南部至墨西哥中西部

秘鲁盗蛙 卵产在落叶中潮湿的地方，直接发育。雄蛙比雌蛙小得多，在森林中日夜鸣叫。

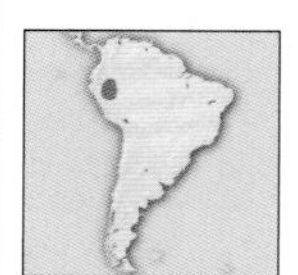

3厘米
陆栖
秋天的雨季
常见

亚马孙流域西部

热带低地蛙 雌蛙在卵泡中产下20枚无色卵。蝌蚪在卵泡内发育，完全依赖蛋黄生存。雄蛙从泥地里发出叫声。

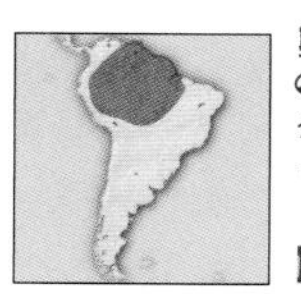

3厘米
陆栖
春季
普通

亚马孙流域（南美洲北部）

金线蛙 身上闪烁的颜色——腹股沟和大腿后方的亮红点——在移动时显现。这是模拟点股箭毒蛙(*Epipedobates femoralis*)的颜色。卵产在卵泡内。

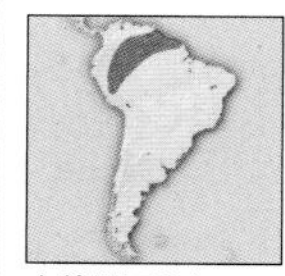

5厘米
陆栖
冬季
普通

南美洲西北部

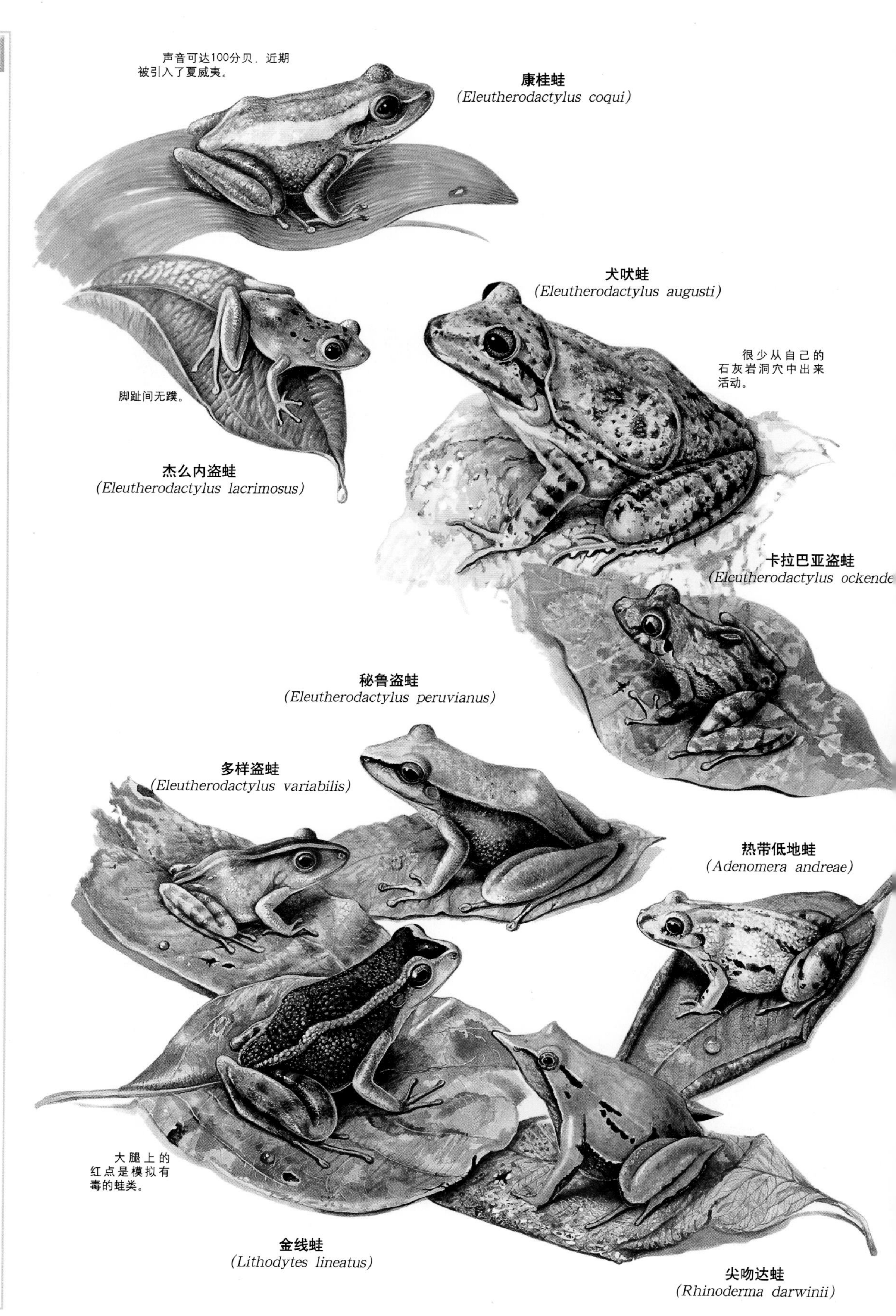

藤蟾的发展

波多黎各在甘蔗种植区引进了藤蟾（也被称作海水蟾），成功地控制了当地的害虫。这促使澳大利亚昆士兰的甘蔗种植者进口并繁殖了100只成年藤蟾。1935年，为了控制灰背藤虫（*Dermolepida albohirtum*），人们在昆士兰放养了62，000只藤蟾。由于这种新热带藤蟾在澳大利亚没有天敌，它们的数量已经达到了成灾的地步。它们非常适应当地的生活，捕食所有比它们小的动物，甚至和狗类抢夺食物。巴西正在研究找到解决这一问题的方法。

蟾蜍的噩梦 藤条地区没有足够的白昼，所以，引入的藤蟾分散到了乡间。它们的数量非常多，在夜间的花园有移动的蟾群，道路由于它们的跳来跳去而变得黏滑。

帕拉多德腺

藤蟾之毒 藤蟾受到威胁时会鼓起身体，从帕拉多德腺分泌一种类似橡胶的奶状液体。在某些极端情况下，它们能把分泌物喷向92厘米外的进攻者，但是一般只有在被抓住时它们才喷射这种毒液。这种毒素已经被人们用来制造致幻药物。

繁殖 藤蟾在澳大利亚的临时池塘、储水槽、湖泊或溪流中全年繁殖，一次可产下多达13，000枚卵。它们的蝌蚪很快变形，对生活地的要求很低：有水藻和水即可。藤蟾需要好几年时间才能成熟，它们的寿命长达20年。藤蟾发出的求偶声干扰了当地蟾蜍的求偶合唱。

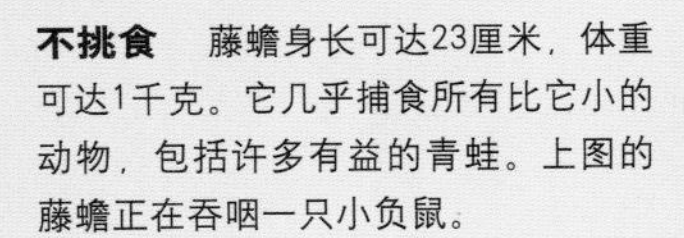

不挑食 藤蟾身长可达23厘米，体重可达1千克。它几乎捕食所有比它小的动物，包括许多有益的青蛙。上图的藤蟾正在吞咽一只小负鼠。

致命美味 藤蟾的帕拉多德腺分泌的分泌物对某些动物是致命的。右图的藤蟾已经调整自己帕拉多德腺的角度，对准了正在接近它的蛇。以当地无尾目为食的澳大利亚蛇类的数量正在下降，就是由于它们吞食有毒的藤蟾。对当地其他的动物也是一个问题，像鸟类、野狗、王蜥和其他无尾目都把藤蟾看作自己的猎物。很多鱼类死于食用有毒的藤蟾的蝌蚪。其实，这个问题并不局限于引进它的地区，在南美洲，有好多秘鲁印第安人因为食用了藤蟾做的汤后中毒而死。

小档案

科罗拉多河蟾 皮肤的分泌物中含有毒素，能导致人类产生幻觉。美国严格限制逮捕收集蟾蜍毒液的人。

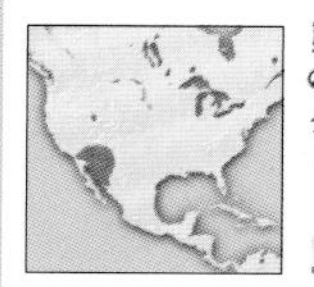

20厘米
陆栖
夏季
常见

美国西南部和墨西哥西北部

黑眶蟾蜍 本种曾经非常普遍，但是由于干旱、森林砍伐、栖息地水分流失、杀虫剂、肥料和污染物等导致了它们栖息地的变化和流失，进而造成其数量减少。

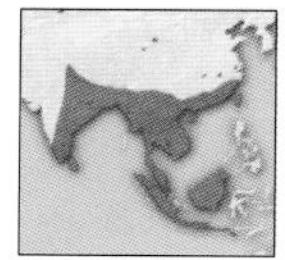

15厘米
陆栖
夏季
下降

南亚、东南亚

两栖动物的卵

两栖动物的胚胎外裹有胶凝状薄膜，但是没有爬行动物所具有的保护性羊膜。由于没有卵壳，它们必须确保不会脱水。卵内含有蝌蚪发育成自由游动的幼体所需要的养分。有的卵有足够的蛋黄来为胚胎提供养分，直到它们孵化成为小型个体。

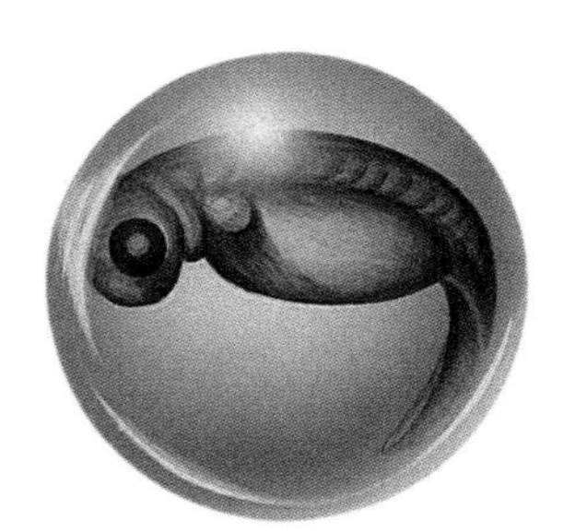

蝌蚪在卵内发育

无尾目必须将卵产在水中或潮湿的地方以避免脱水。

保护警报

在国际自然与自然资源保护联合会的《濒危物种红色目录》上的18个蟾蜍科的物种如下所示：

- 1种极危
- 6种濒危
- 6种易危
- 2种近危
- 3种数据缺乏

1 **小腔蟾蜍** (*Bufo paracnemis*)
2 **哥伦比亚巨蟾** (*Bufo blombrgi*)
3 **藤蟾** (*Bufo marinus*)
4 **喀麦隆蟾蜍** (*Bufo superciliaris*)
5 **豹蟾蜍** (*Bufo regularis*)
6 **查氏加勒比蟾蜍** (*Bufo pelticephalus*)
7 **科罗拉多河蟾** (*Bufo alvarius*)
8 **毛里蟾蜍** (*Bufo mauritanicus*)
9 **黑眶蟾蜍** (*Bufo melanostictus*)

小档案

角蛙 日行蛙，生活于林被中，食用白蚁，在森林的溪流中繁殖。

8.2厘米
陆栖
不详
常见

亚马孙流域（南美洲西北部）

绿蟾蜍 在人类居住区数量繁多，甚至超过生活在附近自然栖息地的数量。它们居住在啮齿类动物的洞穴中，密度可达每平方米1只。

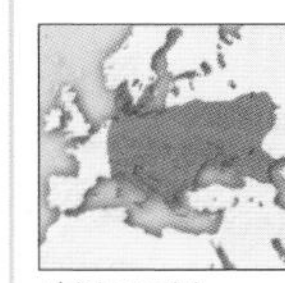

12厘米
陆栖
春季
常见

欧洲至亚洲

巴拿马金蛙 求偶过程没有记录，环抱时间长，雌体背负雄体的时间可达几天到几个月，直到其在水中产下20枚卵。

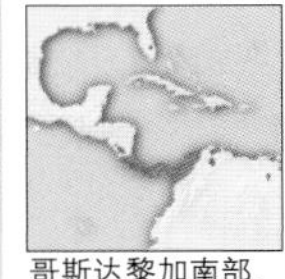

5厘米
陆栖、水栖
秋季
下降

哥斯达黎加南部、巴拿马、哥伦比亚北部

蟾蜍与青蛙

在欧洲和北美洲，人们认为蟾蜍（蟾蜍科）后腿粗短，皮肤干燥有疣，陆栖。青蛙（蛙科）腿长而细，能进行远距离跳跃，皮肤潮湿，水栖。"青蛙"或"蟾蜍"的叫法由不同的地区决定。在非洲，皮肤潮湿平滑的水栖角爪蛙（吉尔爪蟾）被叫做爪蟾。

蟾 蜍

南非将豹斑蟾蜍（上图）称作豹蛙，但它实际上属于蟾蜍科。

小档案

戴氏雨夜蛙 眼大，几乎为椭圆形，眼睑低，有金色网眼，经常能在海拔1200米的雨林急湍溪流中的岩石上和植物间看到它们。

6厘米
树栖
春季、夏季
濒危

澳大利亚东北部

南方铃蛙 雄体在水面漂游时发出求偶叫声，声音低沉，约持续一分钟。卵产在漂浮的胶状物上，之后沉入水中。它们捕食其他蛙类，甚至自己的同类。

10厘米
陆栖、水栖
夏季
当地常见

澳大利亚东南部和塔斯马尼亚岛

短足蛙 体壮，穴栖，身上花纹明显且富于变化。背部为深棕色，带有银棕色大块斑点。它们的背部通常有一条银棕色条纹，腹部为白色。

5厘米
陆栖、穴栖
不详
常见

澳大利亚东北部

奇异多指节蛙 趾间有蹼，皮肤极其滑腻。蝌蚪身长为成体的3倍，可达25厘米。

7.5厘米
水栖
雨季
常见

亚马孙流域（南美洲北部）至阿根廷北部

储水蛙 它们会在深深的洞穴中度过可能有几年之久的干旱季节。它们将自己的洞装饰得像一个椰子壳，被包围在自己的死皮中。

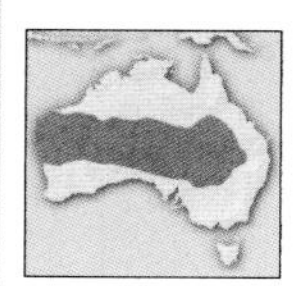

6厘米
陆栖、穴栖
不定
常见

澳大利亚中部

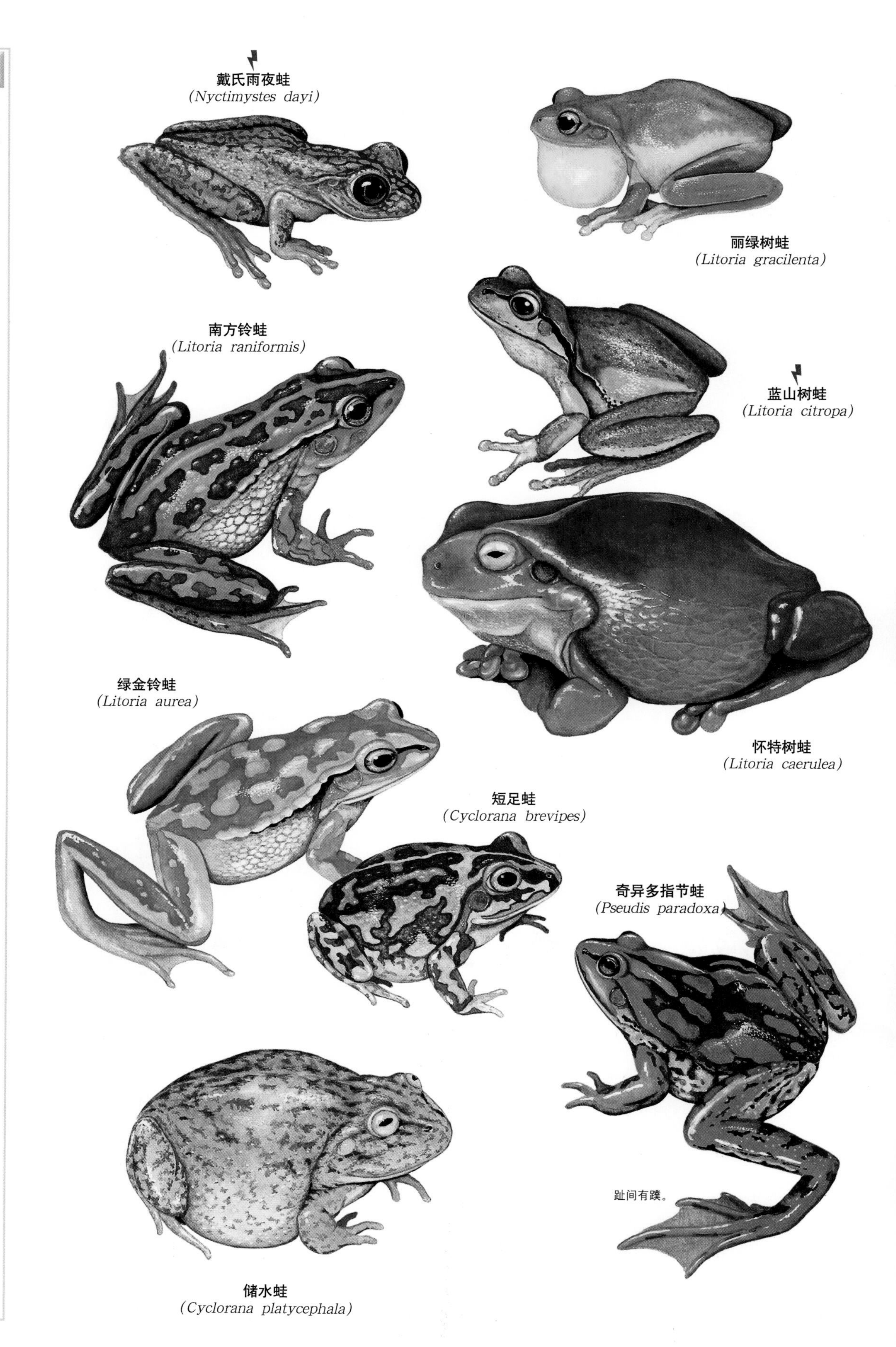

穗趾叶蛙
(*Agalychnis craspedopus*)

彩腹叶蛙
(*Phyllomedusa sauvagii*)

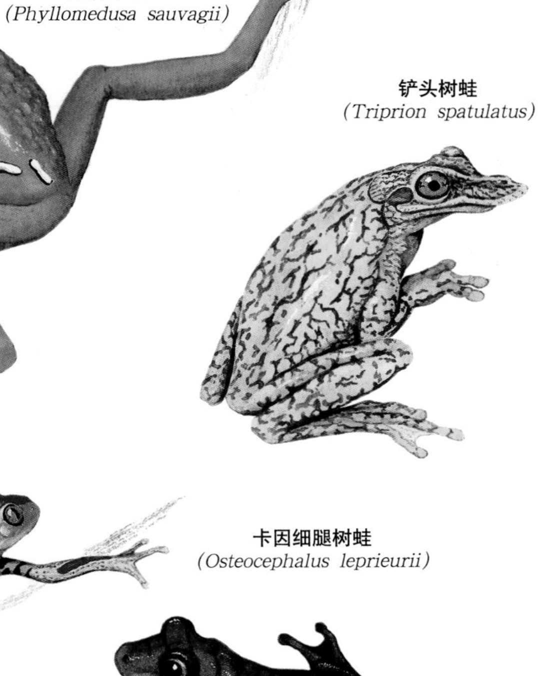

铲头树蛙
(*Triprion spatulatus*)

豹叶蛙
(*Phyllomedusa palliate*)

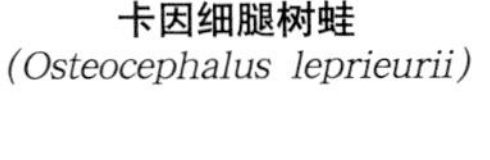

卡因细腿树蛙
(*Osteocephalus leprieurii*)

地图树蛙
(*Hyla geographica*)

红眼树蛙
(*Agalychnis callidryas*)

网脉树蛙
(*Phrynohyas venulosa*)

乔丹盔甲头树蛙
(*Trachycephalus jordani*)

锈树蛙
(*Hyla boans*)

小档案

彩腹叶蛙 分泌一种蜡状分泌物覆盖全身，保持湿润。在树叶上产卵，然后用自己的蜡状皮肤分泌物将其卷起。

8.5 厘米
树栖
雨季
常见

格伦查科地区

铲头树蛙 头部皮肤和头盖骨连在一起。在后退通过树洞或者岩石缝隙时，它们会用头堵住树洞，防止干化和被捕食。

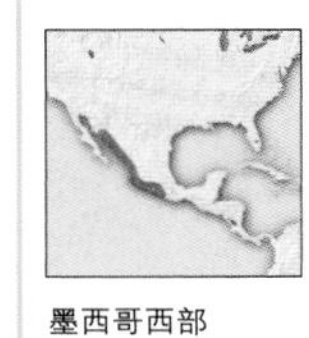

7.5厘米
陆栖、树栖
夏季
常见

墨西哥西部

红眼树蛙 在临时池塘边倒垂的植物或岩石上产下自己绿色的卵，孵化后落入池塘完成发育。雄蛙在一年后性成熟。

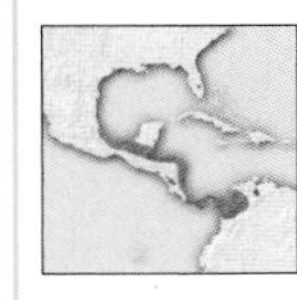

7.5厘米
树栖
夏季
常见

墨西哥南部至哥伦比亚

蛙 足

蛙类前肢有四个脚趾，后肢有五个。脚趾的形状因栖息地的不同而不同：完全网状的脚趾利于游泳，带有趾垫的脚趾适合爬山，带有额外皮脂腺的脚趾是用来挖洞的。

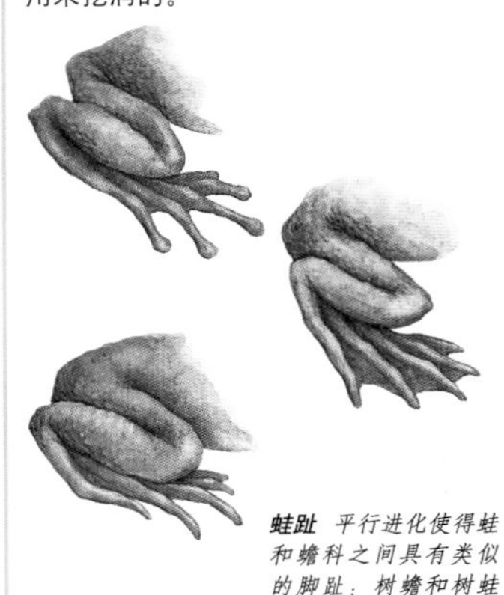

蛙趾 *平行进化使得蛙和蟾科之间具有类似的脚趾：树蟾和树蛙都长有圆形趾垫。*

小档案

尼加拉瓜巨玻璃蛙 叫声为三个音阶的高音，从溪流之上传出。它将卵产在倒悬于溪面的树叶上。蝌蚪用有吸力的嘴巴咬住岩石。

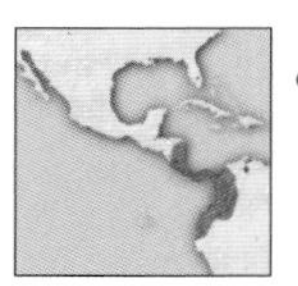

- 2.5厘米
- 树栖
- 夏季
- 常见

尼加拉瓜北部至哥伦比亚和厄瓜多尔

犬吠树蛙 得名因其来自高高树冠的响亮粗壮的叫声，很有可能是表示自己领土的叫声。本种的求偶叫声极为简单。雌体将卵产于交配的池塘的底部.

- 7厘米
- 陆栖、树栖
- 春季、夏季
- 常见

美国东南部

欧洲树蛙 在西欧和中欧的数量正在减少，其原因包括栖息地的流失和隔绝、污染和环境变化。

- 5厘米
- 陆栖、树栖
- 春季
- 常见

欧洲、 亚洲西部、非洲西北部

囊蛙 在环抱过程中，雄体将受精卵推入雌体背部的囊袋中。卵在囊袋中不经过蝌蚪阶段直接发育。

- 7厘米
- 陆栖、树栖
- 春季、夏季
- 常见

亚马孙河流域（秘鲁，玻利维亚）

保护警报

在国际自然与自然资源保护联合会的《濒危物种红色目录》上的72个雨蛙科的物种如下所示：

- 6种极危
- 5种濒危
- 5种易危
- 5种近危
- 8种数据缺乏
- 43种无危

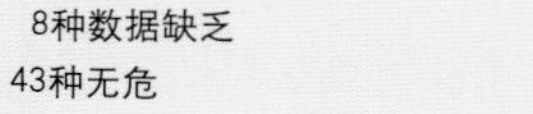

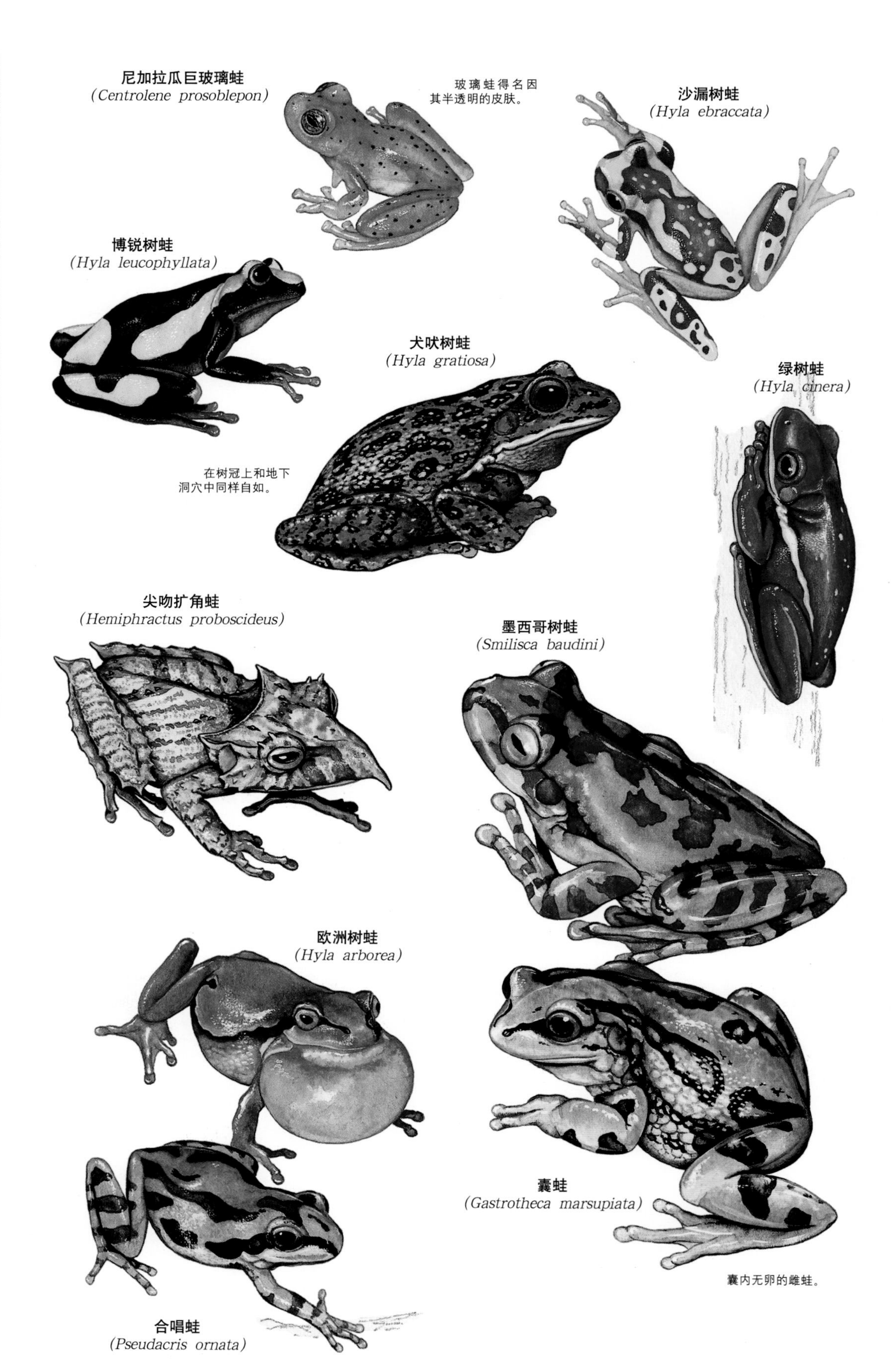

树　蛙

雨蛙科——树蛙——包括42个属共855种，主要分布在北美洲、南美洲和澳大利亚，欧洲和亚洲较少。树蛙的大小各异，有身长仅12毫米的标枪蛙（*Litoria microbelos*），也有身长14厘米的海底巨型树蛙（*Hyla vasta*）。大多数雨蛙科种为树栖，但也有陆栖、水栖或穴栖的种。大多数长有黏性趾垫，能够黏着在任何物体的表面上。几乎所有雨蛙科种体形扁平，呈流线型，腿长，有助于在树枝间跳跃。树蛙的瞳孔为水平的椭圆形，只有费叶蛙是个例外，它的瞳孔呈垂直的椭圆形。

炫目色彩　博锐树蛙的花纹极像长颈鹿的斑纹，别的树蛙的花纹没有这么绚丽多彩。大大的趾垫和松弛的腹部皮肤使其能够在攀爬或追寻猎物时附着在树上或其他光滑的表面。

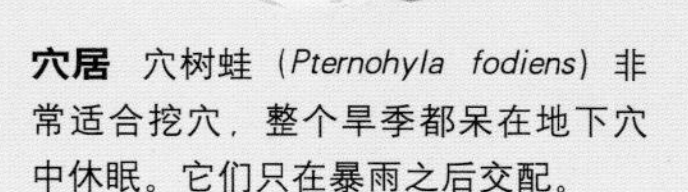

穴居　穴树蛙（*Pternohyla fodiens*）非常适合挖穴，整个旱季都呆在地下穴中休眠。它们只在暴雨之后交配。

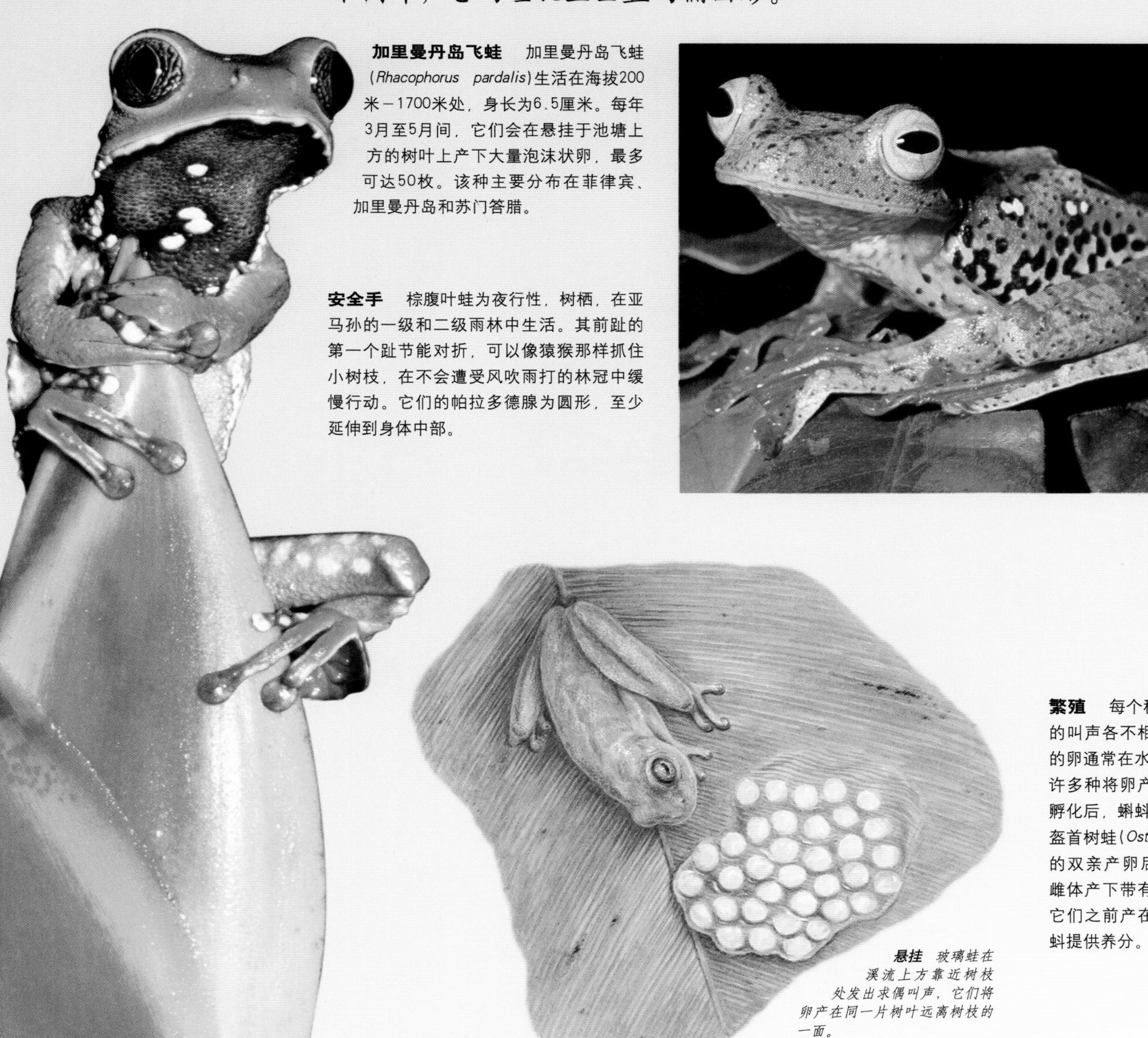

加里曼丹岛飞蛙　加里曼丹岛飞蛙（*Rhacophorus pardalis*）生活在海拔200米－1700米处，身长为6.5厘米。每年3月至5月间，它们会在悬挂于池塘上方的树叶上产下大量泡沫状卵，最多可达50枚。该种主要分布在菲律宾、加里曼丹岛和苏门答腊。

安全手　棕腹叶蛙为夜行性，树栖，在亚马孙的一级和二级雨林中生活。其前趾的第一个趾节能对折，可以像猿猴那样抓住小树枝，在不会遭受风吹雨打的林冠中缓慢行动。它们的帕拉多德腺为圆形，至少延伸到身体中部。

悬挂　*玻璃蛙在溪流上方靠近树枝处发出求偶叫声，它们将卵产在同一片树叶远离树枝的一面。*

繁殖　每个种的雄体用来吸引雌体的叫声各不相同。环抱刺激雌体产的卵通常在水中，之后卵变为蝌蚪。许多种将卵产在倒悬的植物上。卵孵化后，蝌蚪落入水中，完成发育。盔首树蛙（*Osteocephalus oophagus*）的双亲产卵后会养育和保护它们，雌体产下带有蛋黄的未受精卵，给它们之前产在凤梨上或树洞里的蝌蚪提供养分。

小档案

大噪蛙 求偶叫声为单调的口哨声，仅持续55毫秒－56毫秒，每分钟重复100多次。前趾间无蹼，后趾间也几乎无蹼。

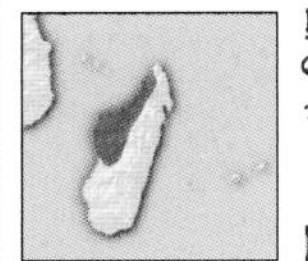

3厘米
陆栖、树栖
不详
常见

马达加斯加西北部

斑点唱蛙 与狼蛛共存同一穴中，捕食以狼蛛卵为食的蚂蚁。夜间，它们伏于洞口的狼蛛足间。

2.5厘米
陆栖
夏季
常见

厄瓜多尔东部、秘鲁东南部、玻利维亚西北部

番茄蛙 身上亮丽的红色对潜在的捕食者是一个警告，暗示自己有毒。皮肤分泌一种白色的黏稠液体，能够阻退蛇类，使人类产生过敏反应。

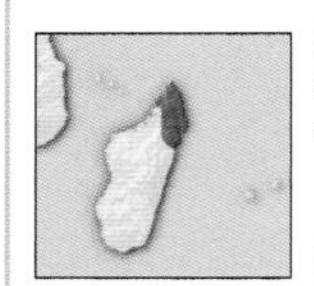

10厘米
陆栖、水栖
夏季
易危

马达加斯加东北部

非洲雨蛙

非洲雨蛙（短头蛙属）头短体壮，只在暴雨中出现于地面上。雄蛙的吼叫声非常响亮，在很远处便能听见。雄蛙黏稠的皮肤分泌物使它们环抱时黏在雌蛙身上。卵产于地下，幼蛙的发育不需要水。

鼓 气

沙漠雨蛙的雄蛙向雌蛙求爱时，身体充分鼓起成球状。

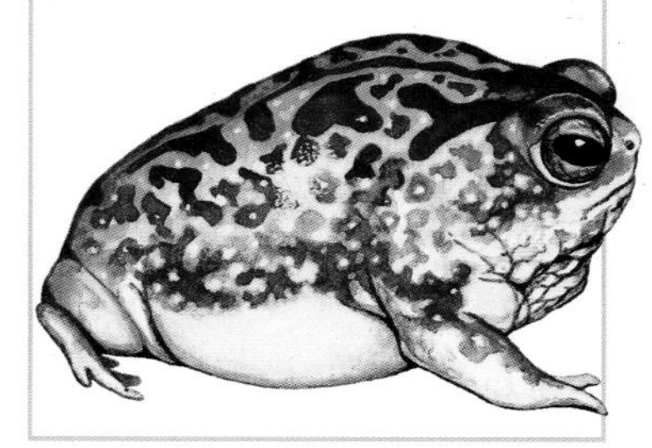

小雨蛙
(Microhyla ornata)

大噪蛙
(Platypelis milloti)

红犁足蛙
(Scaphiophryne gottlebei)

斑点唱蛙
(Chiasmocleis ventrimaculata)

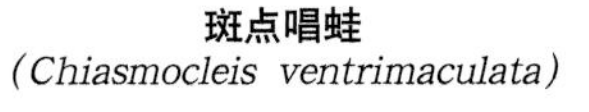

双条螳蛙
(Phrynomantis bifasciata)

防御姿态：头部放低，后肢伸展开。

穆勒白蚁蛙
(Dermatonotus muelleri)

大平原狭口蛙
(Gastrophryne olivacea)

番茄蛙
(Dyscophus antongilii)

马来西亚狭口蛙
(Kaloula pulchra)

雄蛙花纹和雌蛙相似，身体略小于雌蛙。

小档案

红带箭毒蛙 雄蛙在离地92厘米的树枝上发出叫声。在去往产卵的陆地上，雄蛙经常坐在雌蛙的背上。它们的求偶过程复杂，持续达2小时－3小时之久，包括一系列的坐、弓、蹲、触和绕圈动作。

哥伦比亚、厄瓜多尔

红背箭毒蛙 雌蛙产卵2枚—3枚，直径为2毫米。它们主要生活在林地上，雄蛙会带着1个或2个蝌蚪跳上树干，放在凤梨里。

秘鲁东北部、巴西西部

蓝色箭毒蛙 雌蛙将卵产在水中，雄蛙使其授精。雄蛙通常会保护受精的卵，直到蝌蚪发育后的12天。12周后，蝌蚪变形为幼蛙。

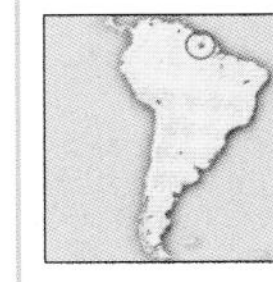

苏里南

箭毒蛙

当地部落的人把“丹灼巴蒂兹”——箭毒蛙的分泌物涂抹在自己的飞镖尖上。这种毒素会阻碍肌肉神经连接点的乙酰胆碱接受器官的神经传递。为了分泌出这种毒素，箭毒蛙需要食用产生甲酸的蚂蚁。

小档案

马达加斯加树蛙 在马达加斯加东海岸的沙丘地带、热带稀树草原上和严重被砍伐的森林中极为常见。夜间，在上述地区的植物中，或较浅的池塘和沼泽边上，该种极为活跃。

4厘米
陆栖
全年
常见

马达加斯加东部

蓝腿金蛙 有关它们的描述来自于宠物贸易中的一系列标本。现在，在雨季开始时（每年的10月至12月），它们被大量收集。第一场雨中，该种从藏身处出现并大量繁殖，十分容易捕捉到。

3.2厘米
陆栖
雨季
不常见

马达加斯加西南部

维尔跑蛙 雄蛙的叫声通常来自池塘岸边或浸在水中的植物附近。它们的声音沙哑、响亮，类似于酒瓶的木塞被拔起的声音。每次叫声大约持续半秒钟，每3秒－5秒发出1次。

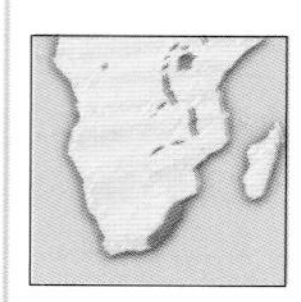

4.4厘米
陆栖
雨季
常见

南非东部和东南部

保护警报

处于危险中 至少有27种无尾目的物种在国际自然与自然资源保护联合会的《濒危物种红色名录》上被列为极危，造成这种情况的原因包括直接的人类侵占、 栖息地遭受破坏、水源污染，以及除草剂和杀虫剂的使用。但是，山顶保护区内的金蛙数量最近也在急剧下降。这可能是由于全球变暖和森林的砍伐影响了降雨形态，而降雨形态是维持山地雨林多雾环境的关键。

小档案

泽鱼蛙 皮肤的有毒分泌物能刺痛人的皮肤，对小型动物甚至是致命的，特别是对其他的两栖动物。许多食蛙蛇会避开本种。豹蛙在共生区域拟态泽鱼蛙的花纹来避免蛇类的袭击。

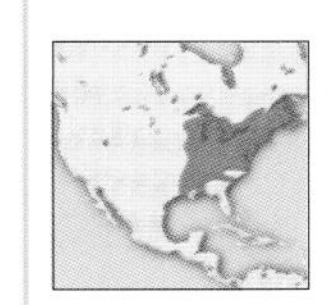

7.5厘米
陆栖、水栖
春季
常见

美国东部

亚马孙河蛙 水栖，在河边、池塘和湖泊中日夜活动，捕食无脊椎动物和脊椎动物，如昆虫、鱼类、其他蛙类和小型鸟类。

11.5厘米
水栖
雨季
常见

中美洲至秘鲁和巴西

牛蛙 体形大，吞食一切可以吞食得下的活物。被引入美国西部后，引起了当地两栖动物和爬行动物的减少，甚至造成了某些物种的灭绝。其蝌蚪需要2年时间发育，成蛙若干年后成熟。

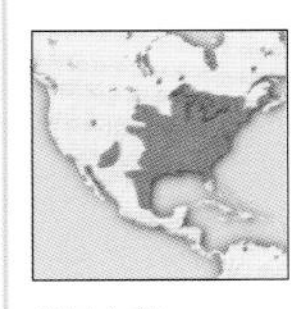

20厘米
水栖
夏季
常见

美国东部

大量产卵

欧洲普通蛙春季在3天内大量交配，每只都能产下大约400粒凝胶状的褐色卵。蛙卵吸收紫外线辐射。紫外线辐射可以提高水温，从而加速卵的发育速度。

群体交配 *大量的繁殖减少了卵被沼泽地里捕食者全部吃掉的可能性，因为卵的数量如此之多，捕食者根本吃不过来。*

小档案

新加坡疣蛙 通过眼后黑线的角度和上鼓膜清晰可见的黑色斑块，人们很容易将其与柏丽斯巨蛙分辨开来。

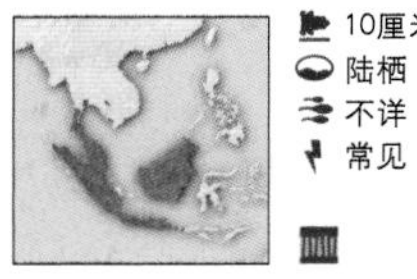

10厘米
陆栖
不详
常见

马来西亚西部、新加坡和苏门答腊岛、加里曼丹岛、爪哇岛

峡秀蛙 生活在洪泛区草原、沙丘凹处和干燥黏土的耕地上。

4厘米
陆栖
冬季
近危

非洲南部

畸形的无尾目

正如矿井中的金丝雀，当蛙类出现了极度畸形的形体时，它们是在对环境中的化学污染吹响警哨。污水处理厂没有将避孕药中的激素过滤出去是引起化学污染的部分原因。

多余的腿

请注意，池塘里的化学污染导致这只青蛙长出了多余的腿。

保护警报

在国际自然与自然资源保护联合会的《濒危物种红色目录》上的蛙科有49种，如下所示：

3种灭绝
7种极危
6种濒危
15种易危
4种近危
12种数据缺乏
2种无危

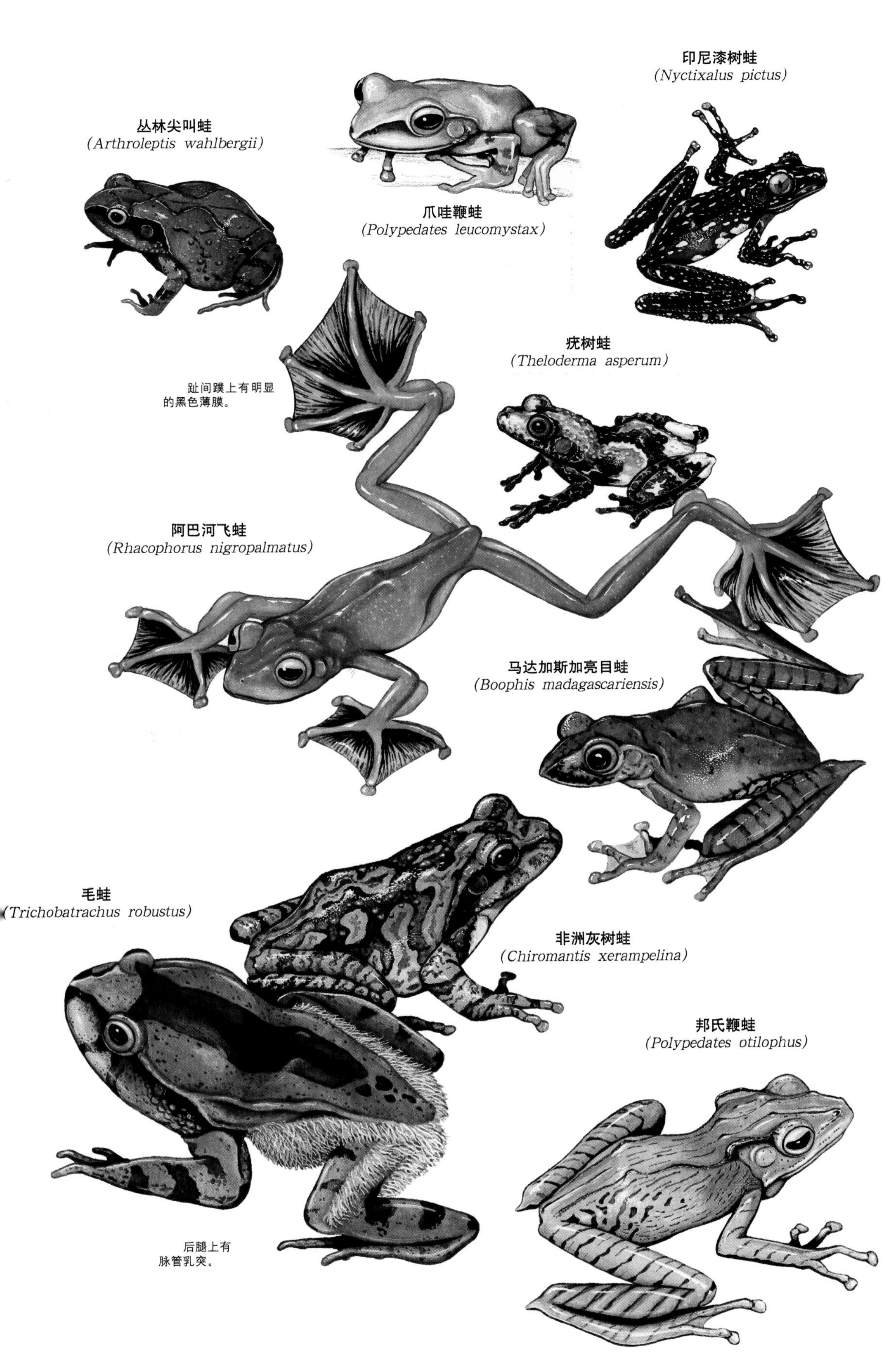

小档案

爪哇鞭蛙 本种为生存较成功的蛙之一，因为它们很好地适应了人类的环境。在浴室、水罐、下水道或其他潮湿的地方都能发现它们的卵泡。

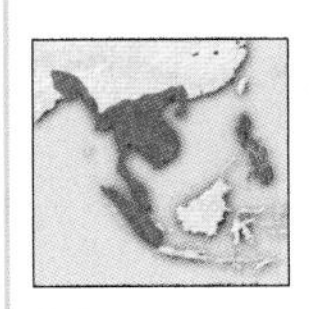

8厘米
树栖
4月－12月
普通

东南亚

阿巴河飞蛙 雌蛙在小树枝搭成的巢内将体液射入卵泡，然后将其放在水中。当受精胚胎孵化为蝌蚪，卵泡逐渐消失，最后蝌蚪落入水中。

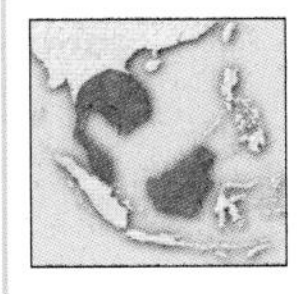

10厘米
树栖
雨季
常见

印度尼西亚、马来西亚、泰国

毛蛙 雄蛙的真皮乳突扩大了呼吸的面积。雄体需要扩大的呼吸表面，因为它们的肺部相对于其身体而言较小。蝌蚪为肉食性，并且长有牙齿。

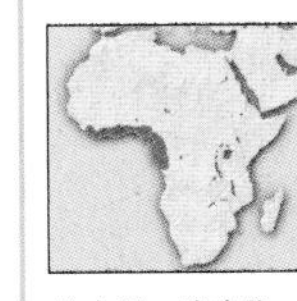

11厘米
陆栖
不详
常见

几内亚、喀麦隆、刚果、尼日利亚

可控制下落

趾间长有可扩展蹼的蛙类能够控制自己的下落，以避开捕食者或为了自己的活动。它们能够调节力度，同时控制自己下落的方向。

扩展的蹼 *爪哇飞蛙（Rhacophorus reinwardtii）借助扩展的蹼在树木间跳跃。*

鱼

综　述

门	脊索动物门
亚门	脊椎动物亚门
纲	(5)
目	(62)
科	(504)
种	(25,777)

鱼的种类占脊椎动物的一半以上，已知的鱼类已经达到25,777种，也许还有几千种需要辨别。鱼的祖先产生于5亿年前的淡水中，现在，它们已经占领了从极地地区到热带池塘几乎所有的水域。鱼的种类多样，既有身长仅1厘米的小虾虎鱼，也有身形巨大、身长12米的鲸鲨、褐鲨、振动的多彩蝴蝶鱼、凶猛的捕食者大白鲨和吃海藻的鹦鹉鱼。现存鱼类分5个纲：盲鳗纲、八目鳗纲、软骨纲、肉鳍纲和辐鳍纲。

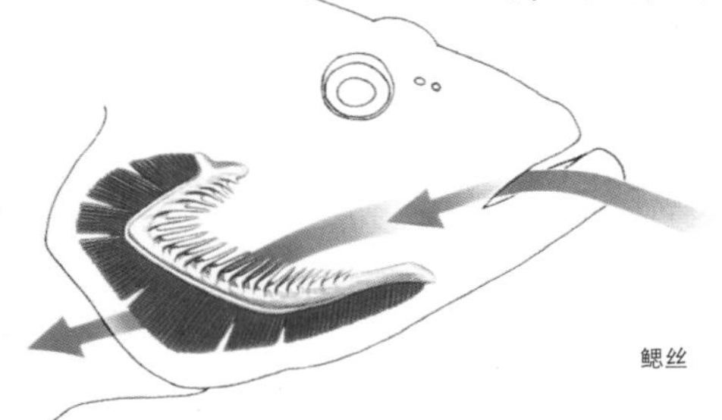

用鳃呼吸　水通过羽毛般的鳃丝进入嘴巴。鳃丝有很多层，为气体交换提供了大量的地方。随着血液和水以相反的方向流动，氧气在毛细血管中扩散，同时排出二氧化碳。

对水的适应

鱼类的许多进化都是由于水的物理和化学特性决定的。鱼雷鱼的体形已经进化得适合在水中快速游动，而水的密度比空气要大800倍。

大多数物种向前运动是通过摆动尾鳍和身体来完成的，其他的鳍维持稳定性和机动性。大多数鱼类的此种运动要求游泳肌肉达到体重的一半。水中的机动性是靠中性浮力（失重）来提高的，大多数鱼是通过鳔——体内充满气的袋囊来完成的。

某些鱼体内受精，然后产下幼鱼。水本身就可以混合性细胞，并将它们的后代传向四方。大多数鱼类产下受精的卵并在母体外孵化。

鱼类是惟一长有真正的鳍并且用它们来游动的脊椎动物。某些鱼类用鳍“行走”，还有的鱼类用鳍划动“飞行”。

鱼类——实际上脊椎动物也是如此——早期最重要的进化之一就是颌的进化。颌的进化最早发生在4.5亿年前，很有可能是从鳃弧进化而来的。人们认为前鳃弧的一个和头骨连接在一起，它上面的部分进化成上颌，较低的部分进化为下颌。

最早的鱼类为滤食性动物，颌的进化大大增加了它们对食物多样性的选择，并且形成了种族的多样化。

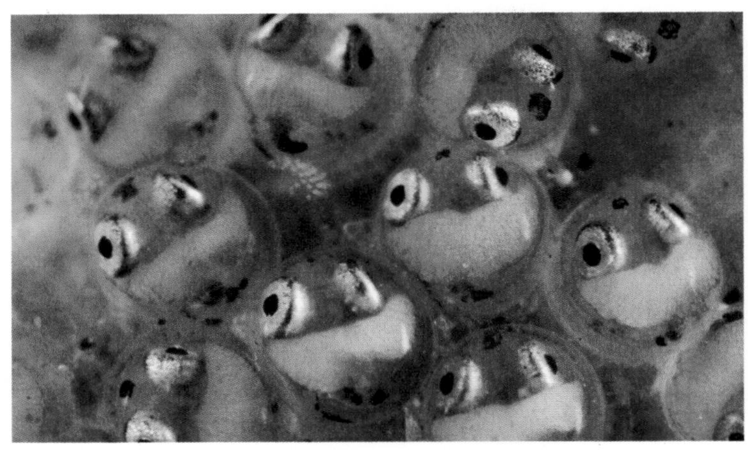

等待中的鱼　许多幼鱼在变为成鱼之前是从外部产下的卵成长而来的，而有些鱼，如条纹鱼（*Chasmodes bosquianus*；上图）的幼体阶段在卵内度过，然后以微小成体的形状出现。

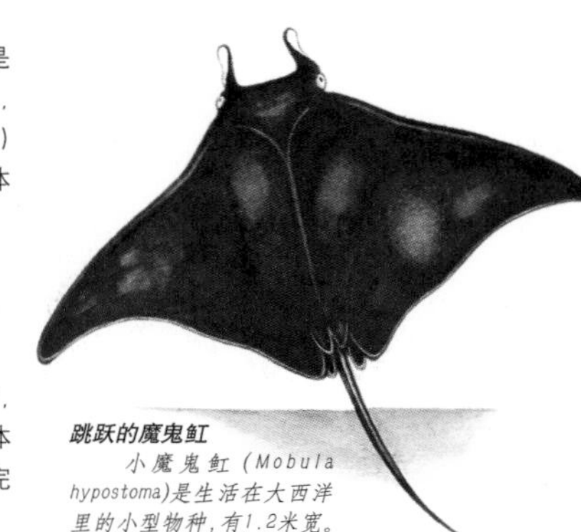

跳跃的魔鬼虹　小魔鬼虹（*Mobula hypostoma*）是生活在大西洋里的小型物种，有1.2米宽。

夜魔侠　某些魔鬼虹（右图）体形庞大，有的身宽达7米，体重达1000千克。尽管体形庞大，但它们中的某些鱼类仍然可以完全跃出水面。

极端的专家　蜂巢鲀（*Acanthostracion polygonius*；右图）属于较高级的物种，已经没有了鱼雷般的流线型身体。碟状的甲片阻碍了身体的活动，但是，它的鳍能够很好地控制身体的“盘旋”。

雌雄同体

大多数鱼类为雌雄异体，它们在幼小的时期就为雌性或雄性，并且整个一生性别不变。雌雄同体（个体在一生中同时拥有雄性和雌性性器官）在鱼类中也较为常见，并且数量比其他脊椎动物中多。某些鱼为序列性的雌雄同体，当它们的身体发育到一定程度或是种内出现某种性别缺乏时，它们会改变性别。同时拥有两种性别的情况较为少见。雌雄同体在纬度较低地区的鱼类中更为普遍，特别是热带珊瑚礁上的鱼类更是以此闻名。

变性中的鳗鱼 五彩鳗（*Rhinomuraena quaesita*）为雄性先熟，雌雄同体：雄性变为雌性。这只雄鱼完全变成雌鱼时，身体变为亮黄色。

支配权的转换 黑斑神仙鱼（*Genicanthus melanospilos*）为雌性先熟，一只雄鱼领导着一小群雌鱼。如果雄鱼死去或被杀，最大的雌鱼渐渐长大，颜色随之变化，最后变为领头的雄鱼。

幼年阶段：性不活跃。

成体开始阶段：通常为雌鱼。

最终阶段：一直为成熟雄鱼。

可替代的雄鱼 雌雄同体在鹦鹉鱼中十分普遍。领头的雄鱼领导着一群雌鱼，但是，如果它消失了，最大最具威胁性的雌鱼就会经历性别的转变，同时颜色发生巨大变化，这一切会在几周内完成。

1.陪伴雄鱼 *雌黑斑神仙鱼上表面为黄色，下表面为淡蓝色，尾部带有明显的黑色条纹。一只雄鱼身边通常会有3只－5只雌鱼陪伴。*

2.改变颜色 *当领头的雄鱼消失，最大的雌鱼身体开始变大，同时出现明显的体色变化，变为带有黑色斑纹的淡蓝色。*

3.雌鱼的力量 *随着雌鱼性别的改变，它的身体吸收它的卵，开始产出精子。同时，它的行为变得更具威胁性，开始向雌鱼求爱。*

4.快速的转变 *性别的改变在大约14天内完成，然后新的雄鱼开始和雌鱼交配。*

无颌鱼

纲 无颌总纲
(2)
(2)
(2)
(105)

无颌鱼是有史以来第一批鱼类，大约3.6亿年前几乎已经灭绝了。幸存的2种——盲鳗纲和八目鳗纲——互相之间的关系可能十分遥远。无颌鱼共包括105个物种。所有的种皆为软骨鱼，没有鳞片和颌。盲鳗纲外表似鳗鱼。也许是出于防卫的考虑，它们的黏液腺产生大量的黏液覆盖全身。它们有光感受器，没有真正的眼睛，也没有幼体时期，以死鱼、即将死去的鱼或无脊椎动物为食。八目鳗纲长有功能性的眼睛，它们有一个长长的幼体时期。幼八目鳗为滤食性，大多数成鱼是其他鱼类的外部寄生物。

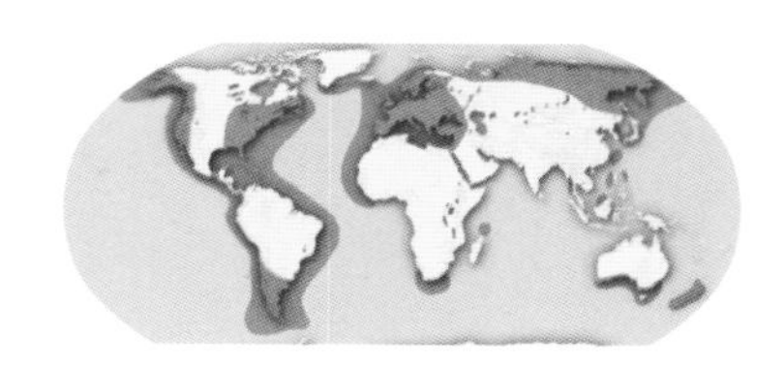

分布广泛 盲鳗纲和八目鳗纲分布在南半球和北半球的温带水域，以及部分热带地区凉爽的深水区域。八目鳗纲在淡水和海水中都有分布，盲鳗纲仅分布在海水中。八目鳗纲幼体钻入小溪流底部松软的土中，滤食水草、碎屑和水中的微生物。

牢牢吸住 八目鳗纲寄生在其他鱼类身上，通过自己带牙齿的口盘将身体吸着在其他鱼类身上。它们主要以寄主的体液为食，有时候也吃小块的碎肉，甚至体内器官。它们经常会使自己的寄主死亡。八目鳗看起来都非常相像，其口盘上的牙齿排列和嘴巴是分辨它们的重要参考。

保护警报

八目鳗数量减少 国际自然与自然资源保护联合会的《濒危物种红色名录》上将赞氏叉牙八目鳗(*Lethenteron zanandreai*)列为濒危，将海伦双齿八目鳗(*Eudontomyzon hellenicus*)和非寄生性的早熟袋八目鳗(*Mordacia praecox*)列为易危。栖息地受到破坏是对它们的主要威胁。

繁　殖

盲鳗纲的繁殖一直是一个谜。它们出生时为雌雄同体，之后要么变为雄性，要么变为雌性。它们一生中大量产卵，每次产下小数量较大的卵——约有2.5厘米长，且卵泡较硬。

八目鳗纲一生只产卵一次——在死前产下大量较小的卵。它们开始的几年为滤食性幼体，被叫做幼态八目鳗。当长到7.5厘米—16.5厘米时，它们开始向成体变形，这个过程需要3个－6个月。某些从河流下流迁往大海。

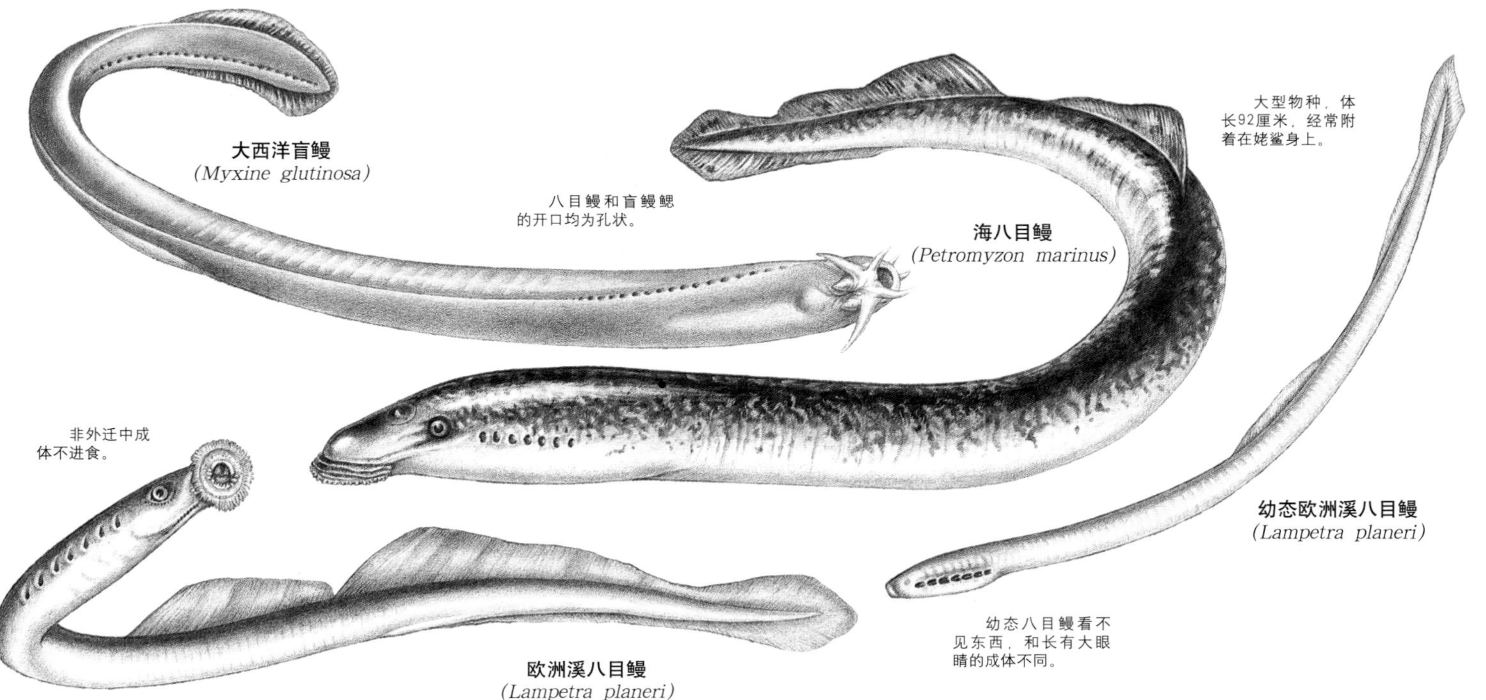

大西洋盲鳗
(*Myxine glutinosa*)

八目鳗和盲鳗鳃的开口均为孔状。

海八目鳗
(*Petromyzon marinus*)

大型物种，体长92厘米，经常附着在姥鲨身上。

非外迁中成体不进食。

幼态欧洲溪八目鳗
(*Lampetra planeri*)

幼态八目鳗看不见东西，和长有大眼睛的成体不同。

欧洲溪八目鳗
(*Lampetra planeri*)

鲨鱼、魟及其同类

纲	软骨纲
亚纲	（2）
目	（12）
科	（47）
种	（999）

由于骨骼为软骨而不是硬骨，鲨鱼和魟被统称为软骨鱼类。鲨鱼的进化史可以追溯到4亿年前，而魟可能最早出现在2亿年前。所有的鲨鱼和魟都捕食其他动物，且大部分生活在海中。它们的牙齿嵌在相连的组织中，并在整个生命中不断替换，嘴的两边长有5个外鳃——有时候是6个或7个，均为体内受精。除了老板鱼（一种魟）和鲛（一种深水鱼，包括长吻银鲛、鬼鲨和象鲨）之外，现在的鲨鱼和魟有999种。

鲨鱼打盹 加勒比礁鲨（上图）栖息在加勒比海岛屿附近的礁石上。它们一动不动地呆在洞穴里或是海底，就像是在睡眠。

温柔的大块头 最大的活体鱼鲸鲨（左图）大约有25岁，在性成熟前就有9米长。它在印度洋、太平洋和大西洋中漫游，张着大嘴巴，滤食水面上的浮游生物。

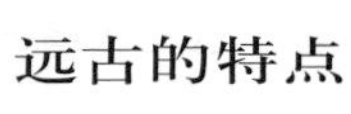

远古的特点

与无颌鱼类（它们也有软骨）不同，鲨鱼、魟和它们的近亲有很发达的颌、成对的鼻孔、成对的胸鳍和腹鳍。除了软骨，它们和非软骨鱼类的区别在于它们长有皮齿，和不断生长的骨片相连。

软骨鱼所属的软骨纲有两个亚纲。板鳃亚纲较大，包括多种鲨鱼、魟及其同类。较小的亚纲全头亚纲包括相对较“原始”的鲛鱼。这些奇形怪状的栖息在海底的鱼类与板鳃亚纲的不同之处在于，它们头部每边只有一个鳃裂和四个鳃，皮肤几乎为全裸，牙齿连着骨片，上颌连在头盖骨上。

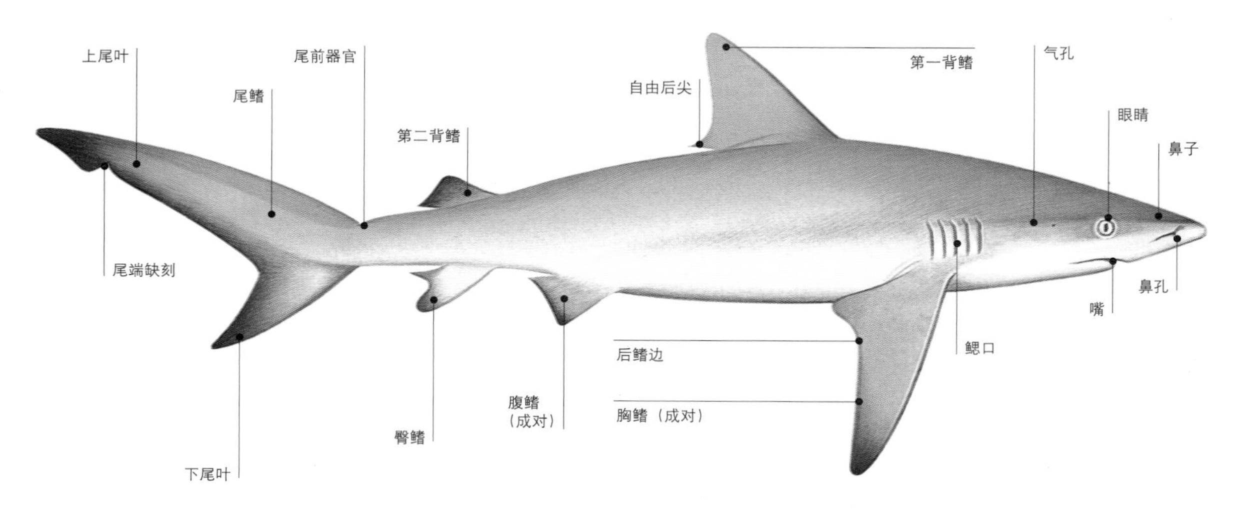

鲨鱼的骨骼 鲨鱼的基本特点（左图）自它们的早期进化后已经有了小小的变化，体形更适应水中游动和猎食的生活方式，鳍厚而坚硬，通常没有脊椎。所有的鲨鱼都有成对的胸鳍和腹鳍。鳃口从外部可见。

优秀的视力 *短短突起上的大眼睛使这种礁居魟看前方和侧面的视力非常好。*

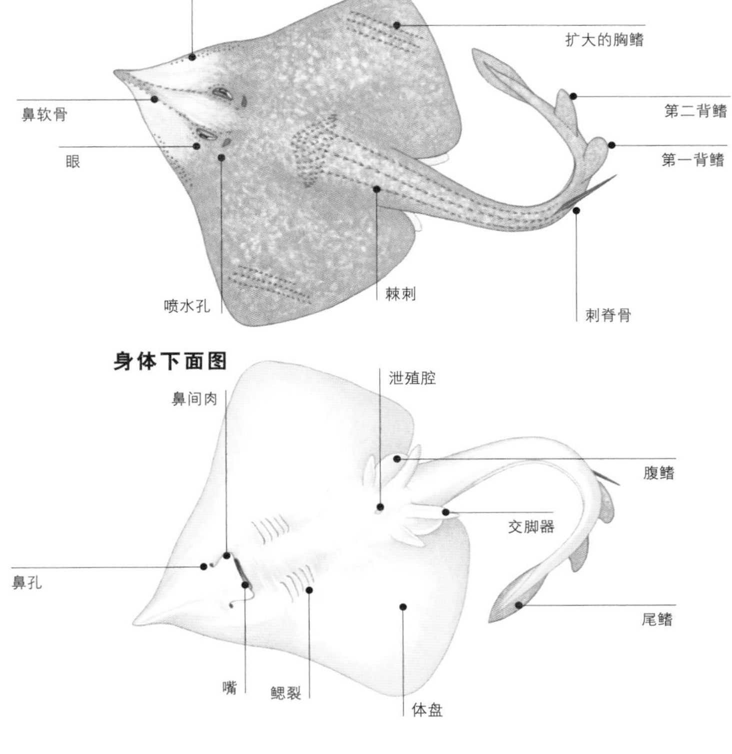

繁 殖

所有的软骨鱼类均为体内受精，繁琐的求爱仪式在这一种群中广泛适用。雄体没有阴茎，但是长有生殖交脚器。这些像鳍一样的硬杆状物从腹鳍后延伸出来，与身体平行，能插入雌体的泄殖腔内。每一次受孕的幼胎数量根据种类不同而有所变化。

大多数鱼类采取以量取胜的繁殖方法，一次散出上百万个微小的卵，这样至少其中有一部分会最终长大。鲨鱼和魟的情况恰好相反，它们生下数量极少的后代，但是在后代的早期投入大量的精力。

有些鲨鱼和魟产下大个的带蛋黄的卵，蛋黄可以给孵化前的胚胎提供几个月的养分。而大多数的鲨鱼和魟将幼体留在体内，直到经过长期的酝酿过程之后产下。无论上述哪种方法，幼鲨和幼魟出生时都以父母的小型翻版形式出现。

父母亲情几乎在幼体出生那一刻就消失了。事实上，许多鲨鱼的幼体会尽快离开母体，以免成为自己母亲的猎物。

进食迁移 蓝斑虹尾魟（*Taeniura lymma*；上图） 会和几个同伴在涨潮时捕食居住在礁石上的无脊椎动物。它们随着退潮的海水回到深海， 藏身于岩石缝中或洞穴内。

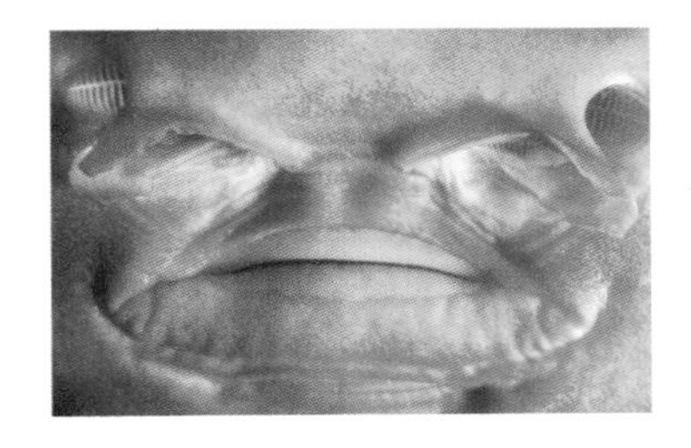

魟的构造 魟的身体扁平似盘子，眼睛长在背部，嘴巴在腹部。在其体侧长有5对或6对鳃裂。 魟通过身体上方头部表面的大气孔呼吸，有时也用嘴呼吸，有时干脆只用气孔呼吸。细长的尾巴上长有尖锐的刺脊骨，它们不是用来游泳的，而是用来阻退敌人的。魟类使用它们像翅膀一样的胸鳍推动自己前进，尾鳍和背鳍一般呈退化状态，甚至没有尾鳍和背鳍。

强有力的泳者 雪花鸭嘴燕魟（*Aetobatus narinari*）经常成群结队地在海面附近嬉戏。它们姿势优雅，毫不费力地游过水面。有报道称它们能将整个身体跃出水面逃避猎食者。

鲨　鱼

纲 软骨纲

亚纲 板鳃亚纲

目 (8)

科 (31)

种 (415)

虽然鲨鱼只占现存鱼类的2%以下，但它们在海洋生态系统中的生态位置至关重要。因为它们处在食物链的顶端，因此，和其他大多数有骨类鱼相比，数量自然较少。再加上它们的低繁殖率，使鲨鱼在过度开发前尤其脆弱。大多数鲨鱼需要6年时间达到性成熟，有的甚至需要18年或还多。它们的产胎量少，胚胎在出生前需要很长时间发育。银鲛类和鲨鱼有一定的关系，但它们属于全头亚纲。全头亚纲包括1个目、3个科和37个种。

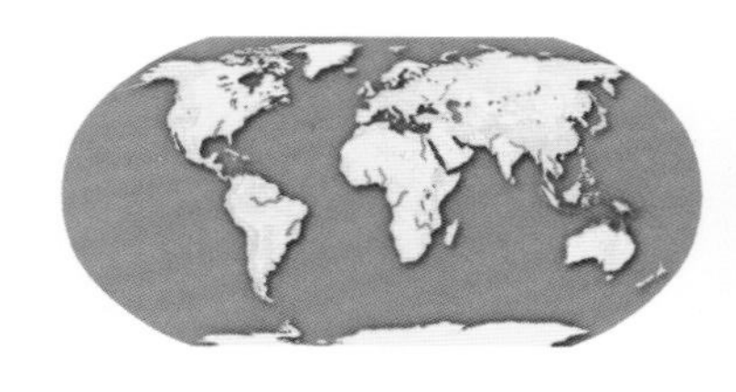

分布广泛　世界各地的海洋里都有鲨鱼的身影，只有极少数的鲨鱼能够适应极地的水况。大多数鲨鱼喜欢呆在较浅的海里，只有小部分的鲨鱼生活在深海中。

美人鱼手袋　鲨鱼的卵大而有蛋黄。手袋状的外皮是由结实的角蛋白构成的，能达到17厘米长。每一个卵包含一个胚胎，胚胎需要长达15个月的时间才能成熟。

聚集　鲨鱼不像有骨鱼类那样经常结伴而游，行动高度协调，但是许多种会出现聚集的情况。在科特斯海的鲨鱼高度繁殖地区（左图），主要由幼态的雌鲨构成的锤头双髻鲨群会定期聚集。它们如此做的原因至今不清。

捕　猎

大多数鲨鱼身体强壮，行动敏捷，是积极的捕猎者。某些鲨鱼会为了食物漫游数百千米。尽管鲨鱼被认为是嗜血杀手，但是由于新陈代谢比大多数鱼类都慢，不需要经常捕食，它们一般只在必要的时候出击。它们主要的猎物包括小型鱼类和无脊椎动物，大型的鲨鱼也会捕食海龟和海里的哺乳动物。

鲨鱼没有鳔，但是进化得有助于提高其浮力，增强游泳的能力。它们的软骨比真正的骨头轻很多，对它们非常有利，油性很强的大大的肝脏有助于它们漂浮。然而，它们确实需要小心，避免在海床搁浅。

鲨鱼通过组织内保持尿液来减少水分流失。

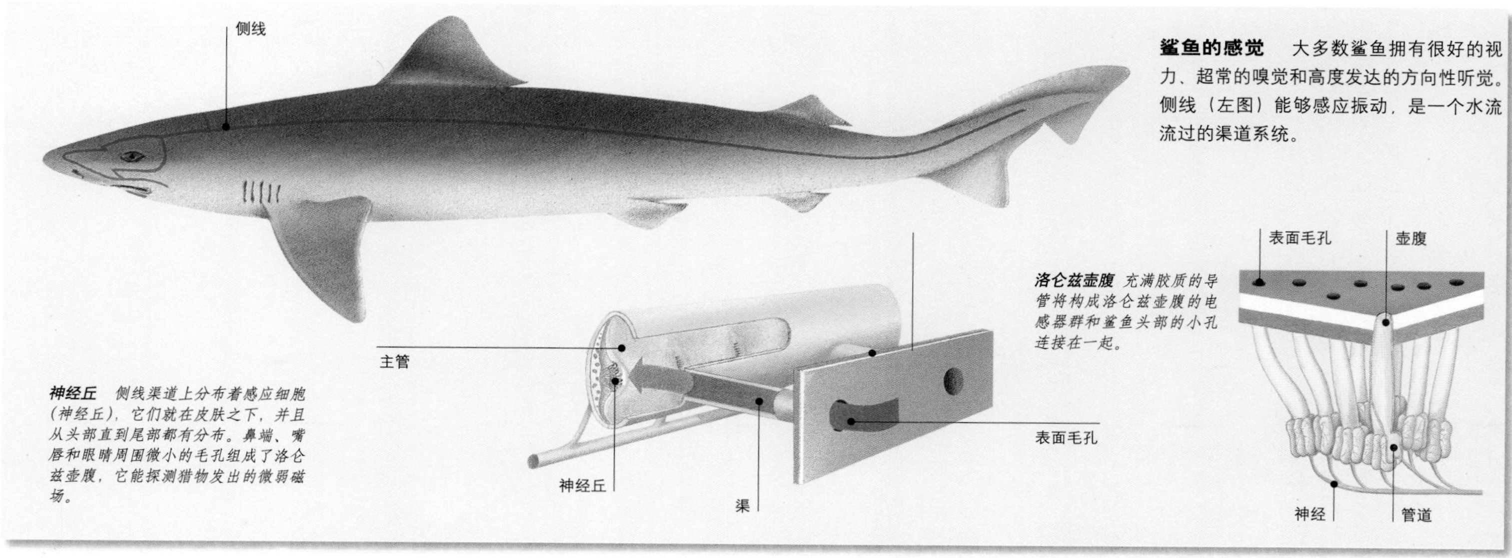

鲨鱼的感觉　大多数鲨鱼拥有很好的视力、超常的嗅觉和高度发达的方向性听觉。侧线（左图）能够感应振动，是一个水流流过的渠道系统。

洛仑兹壶腹 *充满胶质的导管将构成洛仑兹壶腹的电感器群和鲨鱼头部的小孔连接在一起。*

神经丘 *侧线渠道上分布着感应细胞（神经丘），它们就在皮肤之下，并且从头部直到尾部都有分布。鼻端、嘴唇和眼睛周围微小的毛孔组成了洛仑兹壶腹，它能探测猎物发出的微弱磁场。*

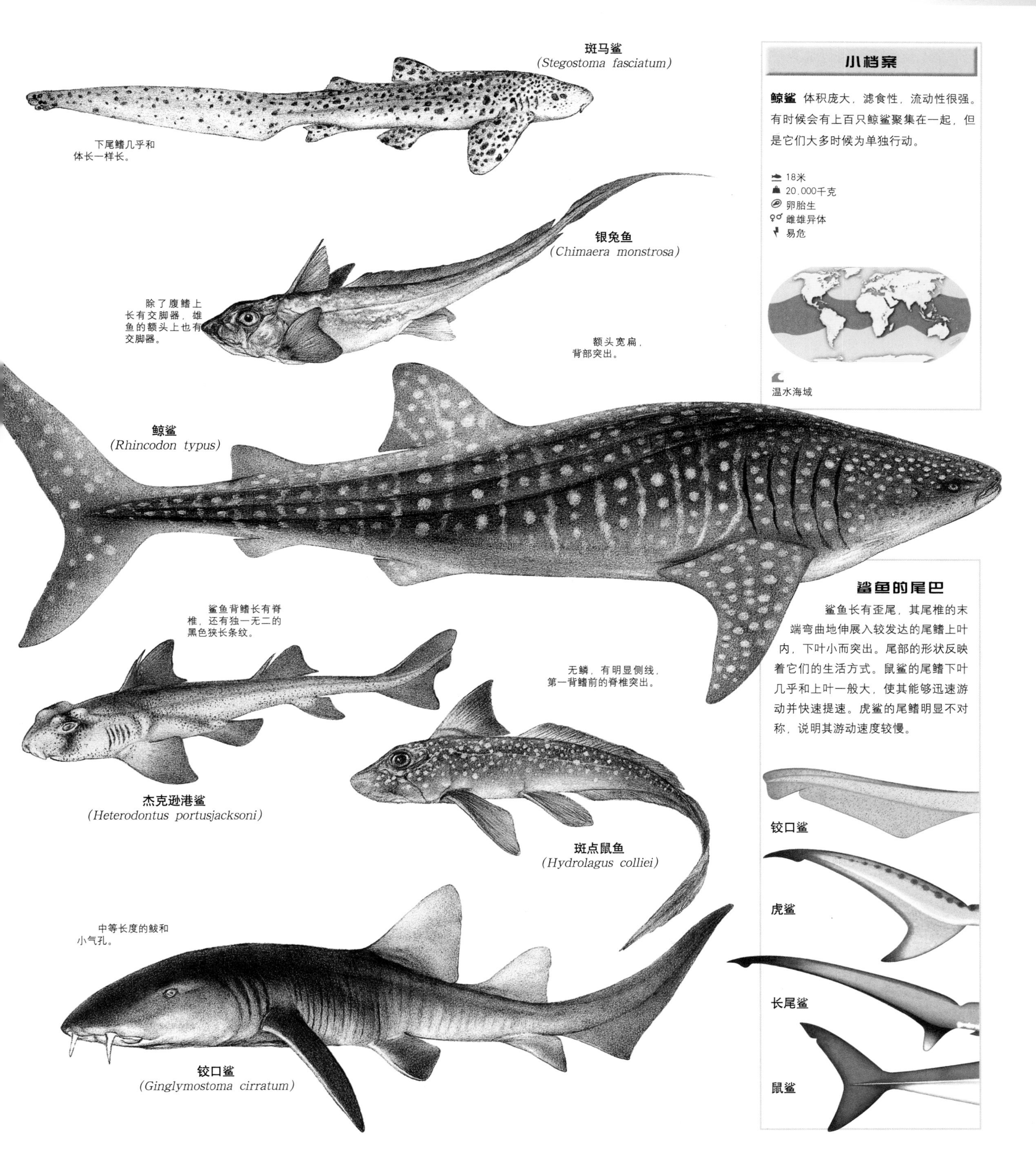

小档案

鲸鲨 体积庞大，滤食性，流动性很强。有时候会有上百只鲸鲨聚集在一起，但是它们大多时候为单独行动。

鲨鱼的尾巴

鲨鱼长有歪尾，其尾椎的末端弯曲地伸展入较发达的尾鳍上叶内，下叶小而突出。尾部的形状反映着它们的生活方式。鼠鲨的尾鳍下叶几乎和上叶一般大，使其能够迅速游动并快速提速。虎鲨的尾鳍明显不对称，说明其游动速度较慢。

小档案

平双髻鲨 主要生活在温带海域，食用有骨鱼类、小型鲨鱼、魟、甲壳类动物和鱿鱼。会成群迁移至较低海拔的海域。

- 5米
- 400千克
- 胎生
- 雌雄异体
- 近危

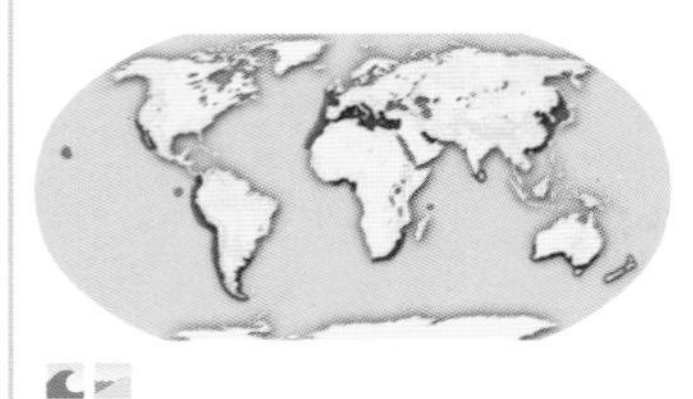

温带和热带海域

蓝鲨 求偶时具有很大的侵略性，为了对付雄性的挤压和啃咬，雌鲨的皮肤进化成为雄鲨皮肤的两倍厚。

- 4米
- 205千克
- 胎生
- 雌雄异体
- 近危

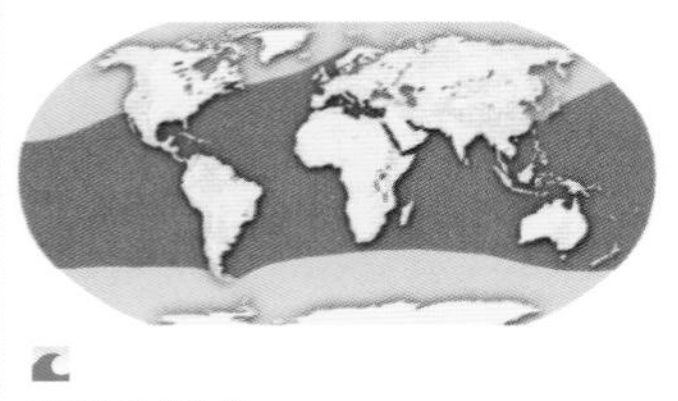

温带和热带海域

愤怒的表达

受到威胁时，灰礁鲨抬高鼻子，垂下胸鳍，尾巴偏向一边，同时弓起背部，表明自己随时准备进攻的态度。它们沿"八"字形游动，直到它们快速攻击对方或是选择撤退。

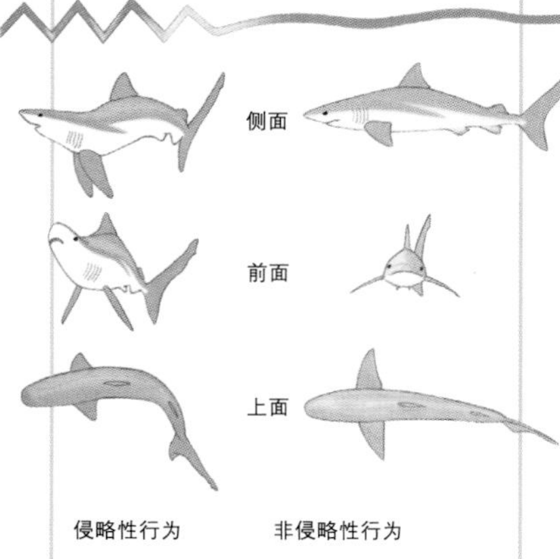

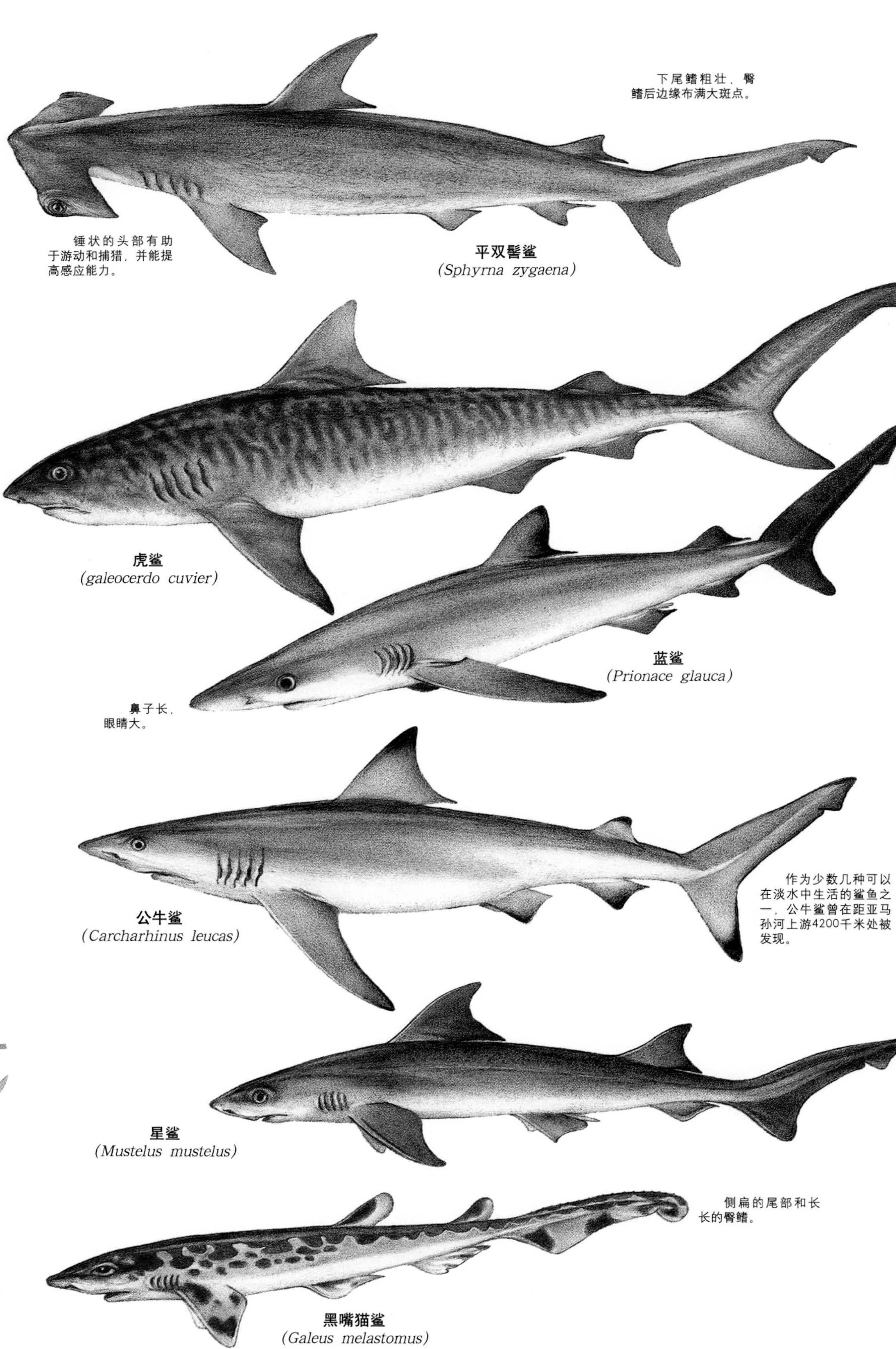

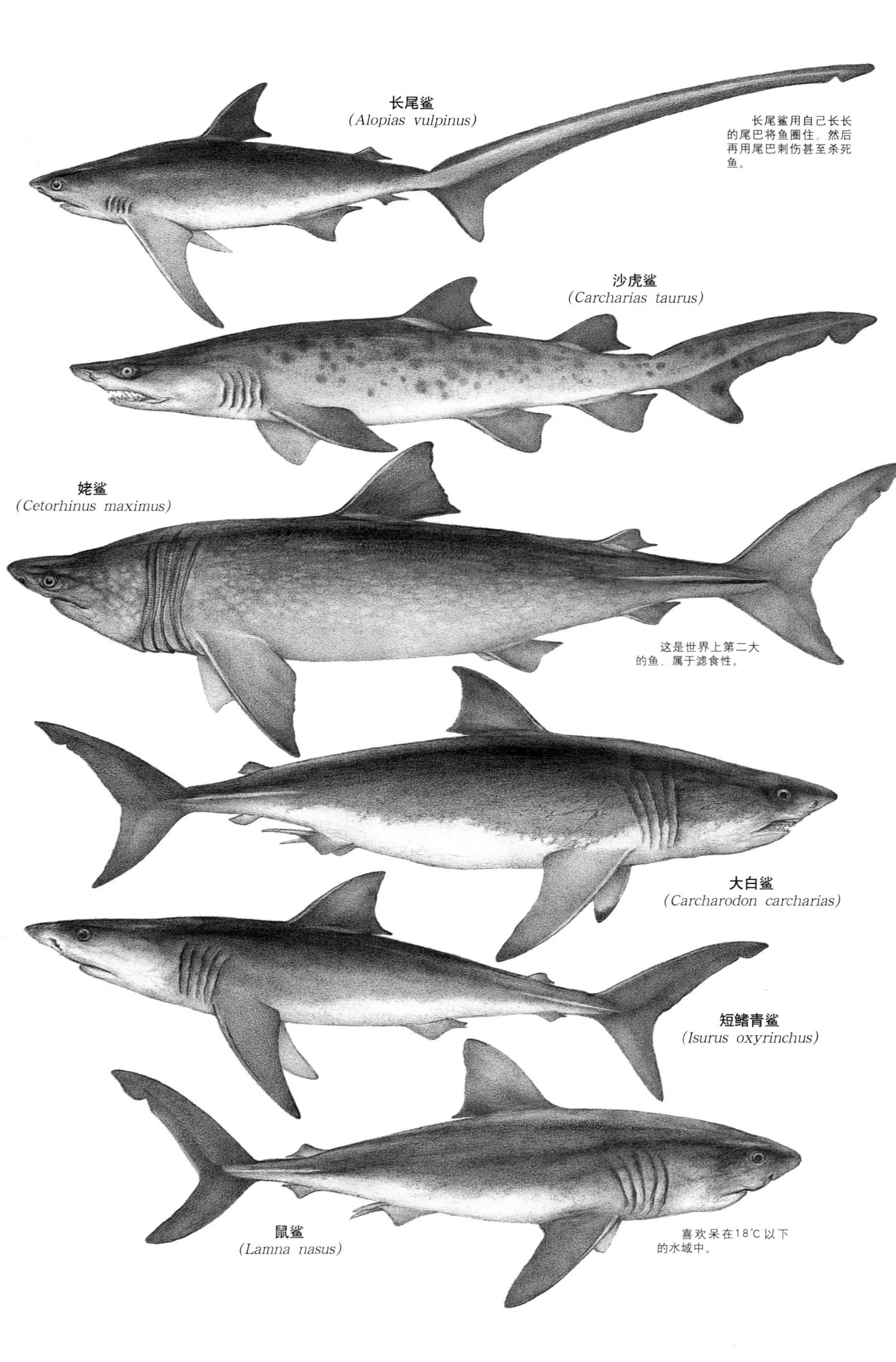

小档案

沙虎鲨 胚胎在子宫内互相吞噬，直到只剩下一个。本种每胎最多只能产下2胎。

- 3.2米
- 158千克
- 胎生
- 雌雄异体
- 易危

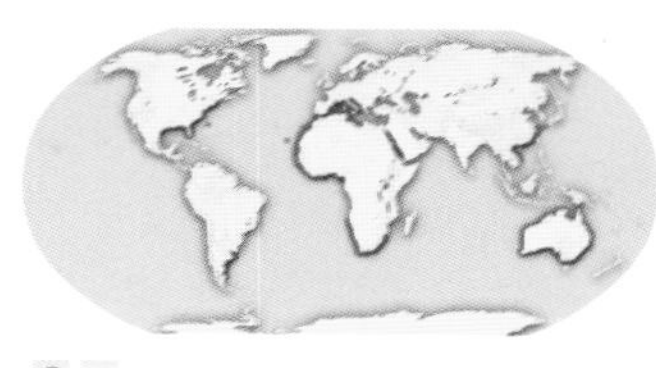

除太平洋东部之外的温水海域

姥鲨 身体庞大，从海面滤食微小生物，每小时在它体内进出的水差不多能装满奥林匹克运动会的游泳池。

- 9.8米
- 4000千克
- 卵胎生
- 雌雄异体
- 易危

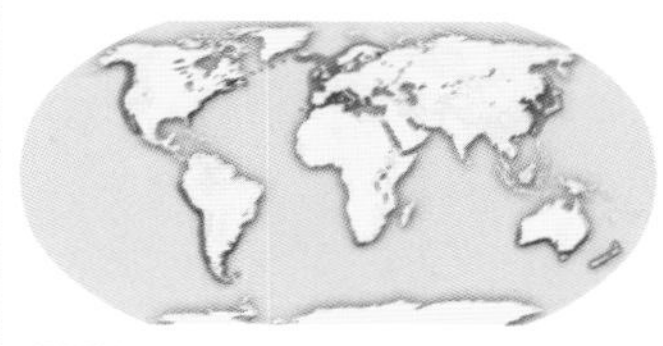

温带和热带海域

胎盘胎生

某些鲨鱼——包括蓝鲨和双髻鲨——在生育时是由母体提供营养的，就像哺乳动物。胚胎在输卵管内孵化，然后离开卵囊，空卵囊发展为胎盘，和子宫交织在一起，卵黄柄变为"脐带"，连接在胚胎和胸鳍间。胎盘胎生的鲨鱼每胎可产下多达100个后代，具体数量视种类而定。

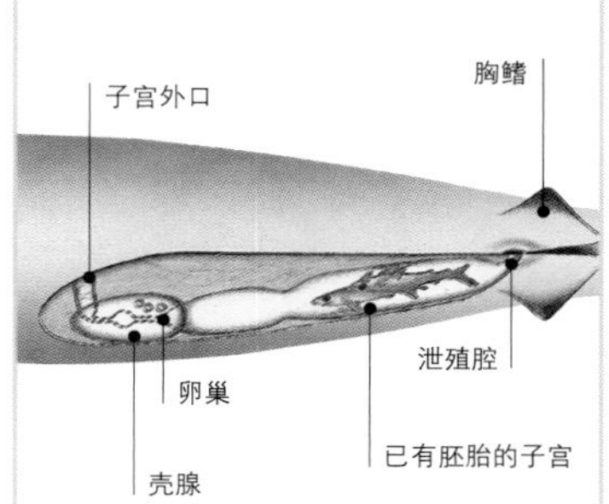

大块朵颐

作为日行性猎食者，大白鲨捕食鱿鱼、刺魟、海龟和海底哺乳动物等，被认为拥有超常的视力，能分辨颜色。这种大型肉食动物已经进化得习惯大块朵颐，并可以长途迁移至自己喜爱的猎食地。大白鲨是已知的曾经攻击人类或船只的27种鲨鱼之一。

夜晚的猎人 灰礁鲨（*Carcharhinus amblyrhynchos*）长有三角锯齿，主要在夜间捕食鱼类、软体动物和甲壳类动物。

血盆大口 大白鲨强有力的下颌和大嘴能轻松地咬下动物大块的肉，多排的刀锋般锋利的匕首状牙齿就像切牛排的刀子，它们经常换牙。

可伸出的颌 就像其他的鲨鱼一样，大白鲨的颌部在转角处互相连接，松散地挂在头盖骨下。准备咬东西时，鼻子抬起，下颌下沉，嘴巴张开，整个颌部向前能达到较远的地方。

垃圾收集者 虎鲨（左图）会袭击并食用海面漂浮的垃圾，如罐头盒等。

鲨鱼的牙齿

鲨鱼的牙齿能反映出它们对食物的喜好：大白鲨的牙齿巨大，呈三角形，边缘为锯齿状，可以撕裂肉块；角鲨扁平的后牙能咬碎有硬壳的软体动物；蓝鲨的锯齿能捕捉鱼类和鱿鱼；短鳍青鲨的针状牙齿则善于抓住大而黏滑的猎物。

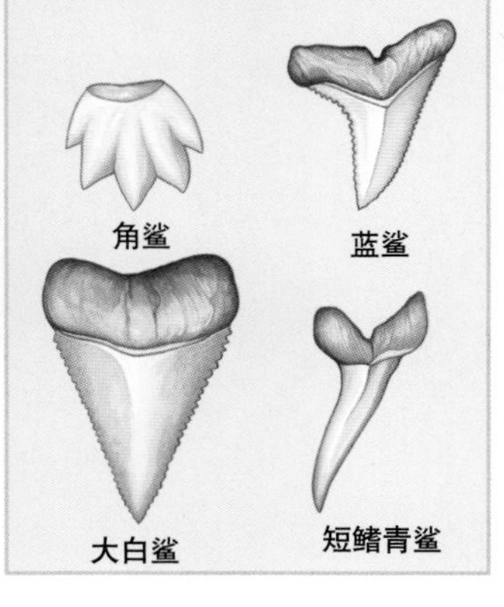

破坏行为 南非海豹聚居地的白鲨曾被发现突然从水中弹起，甚至完全跃出水面，其目的是为了捕住毫无防备的猎物。

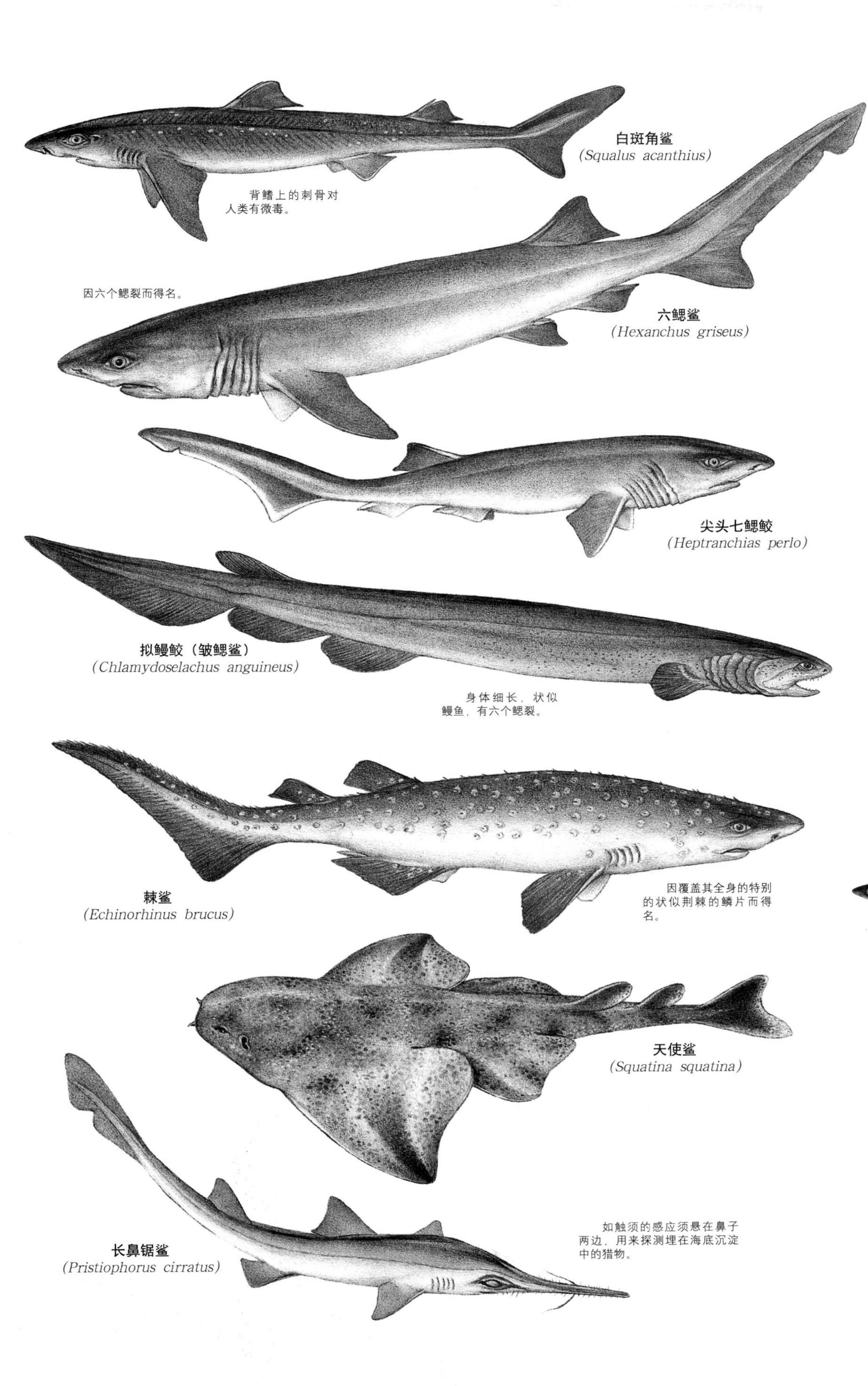

小档案

白斑角鲨 孕期为所有软骨鱼类中时间最长的——达到24个月。寿命约为70岁，是最长寿的鲨鱼之一。虽然为深水鱼种，但它们能够形成浅水海岸的群。

- 1.6米
- 9千克
- 卵胎生
- 雌雄异体
- 近危

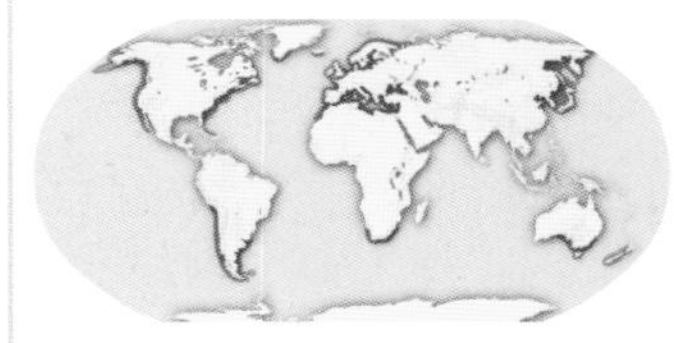

温带海域

天使鲨 白天，这种善于发动伏击的鲨鱼将自己埋在海底的沉淀物中，只露出眼睛。当有鱿鱼、老板鱼和甲壳类动物等游过其头顶时，它们会迅速出击捕食这些毫无准备的猎物。

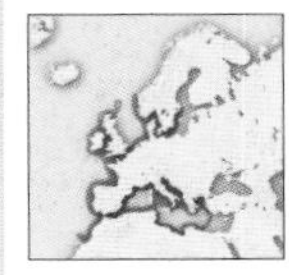

- 2.4米
- 80千克
- 卵胎生
- 雌雄异体
- 易危

大西洋东北部和地中海

达摩鲨的饮食行为

达摩鲨先用它们的吸口粘在猎物身上，然后用三角形的下牙刺入猎物的肉内，再用较小的钩状的上牙挂贴在猎物身上。它们身体下部的发光器官使它们从下面看比实际体形要小。这种错觉使想捕食它们的鱼发动攻击，最终却发现自己成了猎物。在大型鱼类和海底哺乳动物身上都曾发现过被达摩鲨咬伤所留下的疤痕，甚至潜水艇的声纳系统也曾被其光顾过。

长有巨大的牙齿和有力的下颌。

魟及其同类

纲 软骨纲

亚纲 板鳃亚纲

目 (3)
科 (13)
种 (547)

这类鱼和其他软骨鱼类最大的不同在于它们的体形。鲦类的老板鱼和魟鱼背腹扁平，适合水底生活。它们巨大的胸鳍从鼻子一直延伸到尾根处。身体和头部连在一起，形成三角形、圆形或者菱形的“碟子”。大多数鲦通过头部两侧的气孔吸水进行鳃呼吸，而这种气孔常被误认为是它们的眼睛。它们的牙齿也为碟形，可以用来挤压猎物。它们的猎物从水底的无脊椎动物到远洋鱼类，无所不包。

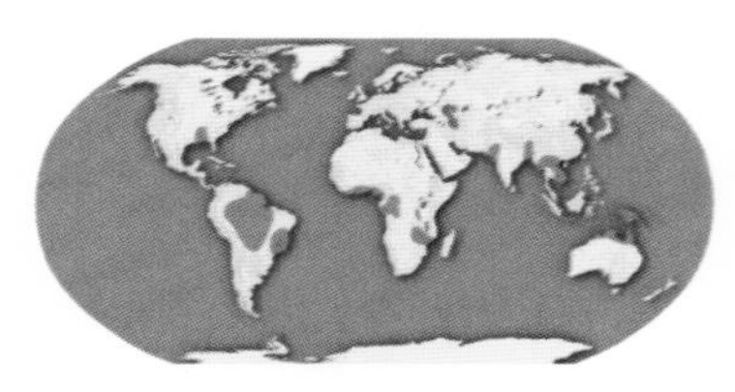

多数为海底底栖 老板鱼和魟大多生活在海底，少数几个科的魟生活在远海，还有少数刺魟和锯鲨生活在微咸的河口及淡水的河流湖泊中。犁头鳐也是如此——被发现生活在大西洋、太平洋和印度洋的温带和热带水域中，基本上为海底底栖。

聪明的鱼 魟为好奇而善交际的鱼类，行为复杂。虽然它们看起来经常独自活动，但很多的魟会形成组织松散的鱼群，特别是在交配或迁徙时。

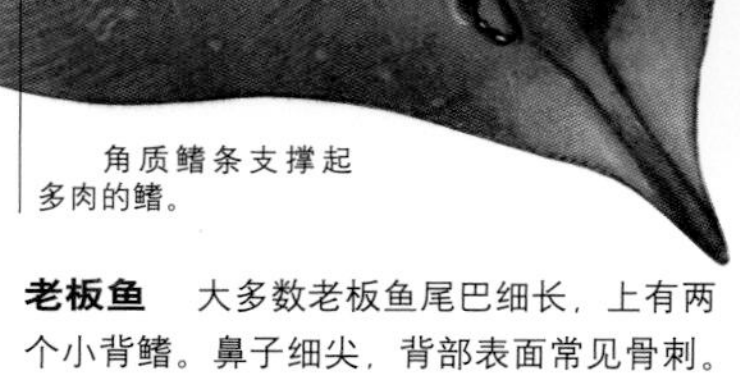

老板鱼 大多数老板鱼尾巴细长，上有两个小背鳍。鼻子细尖，背部表面常见骨刺。体形大多为菱形。

消失不见 通过眼睛后方的气孔吸水，使鳐（上图）即使嘴巴埋在沙内照样可以呼吸。大多数鳐的视力良好。

危险的尾巴

棘尾刺魟（*Dasyatis thetidis*）的尾巴能达到身长的两倍，对它们的进攻者是恐怖的武器。尾根厚实，尾端似鞭，上面布满了小而锐利的棘刺，并且还有一两个锋利的锯齿状的有毒倒刺，对人类有危险。

鳐类的多样性

现存鳐类半数为老板鱼，卵生，底栖，体大尾小。它们的背部表面常长有“荆棘”，用来抵御敌人，交配时雄鱼也用它抓住雌鱼。虽然某些种的身长可达2.4米，但大多数不到1米。多数老板鱼喜欢浅水，但是也曾在2750米深的水中发现过它们。

魟鱼可分为以下4类：电魟、锯鳐、刺魟及其同类的犁头鳐。

锯鳐长有特别的鼻子，边上有明显的“牙齿”。它们被扔入鱼群中刺伤或杀死猎物。现存的7种锯鳐中有的身长可超过7米。

电魟用眼睛后方的发电器官刺伤猎物。世界上共有40多种电魟，均为嗜睡的海底底栖者。

150多种刺魟的同类许多长有带锯齿状骨刺的细尾，善于游水。它们主要为底栖，其中3个科已经适应了远洋生活方式。最大的一种大鳐鱼的宽度超过6.4米。

犁头鳐包括50多个种类，尾部发达，而碟形的身体发育不良或根本没有。它们均为卵胎生，比其他鳐类更具有鲨鱼的特点，如拥有带两个背鳍的发达尾巴。

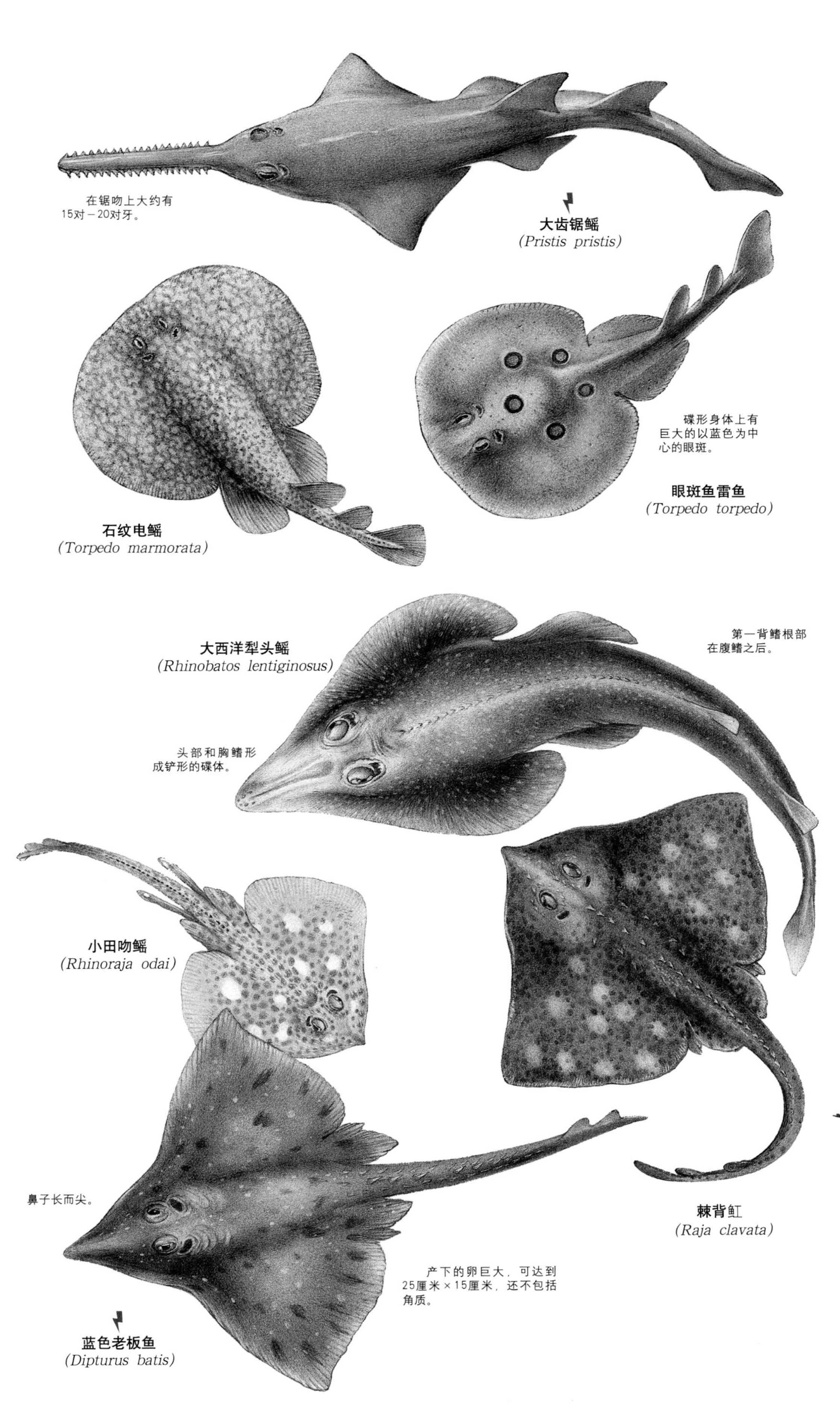

小档案

大齿锯鳐 这种极危鱼种的鼻子从头部前方延伸出来，长而扁，嘴上长满锯牙。像其他鳐类一样，它使用鼻子抽打隐藏在海底沉淀物内的猎物，在水柱中游动，同时抵御敌人。

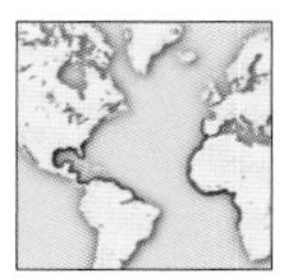

- 4.5米
- 454千克
- 卵胎生
- 雌雄异体
- 极危

大西洋东部和西部、亚马孙河

石纹电鳐 夜行性捕食者，运用休克技巧使猎物瘫痪。石纹电鳐头部的两个大的发电器官能产生多达200伏特的电。

- 60厘米
- 3千克
- 胎生
- 雌雄异体
- 不常见

大西洋东部和地中海

蓝色老板鱼 它的卵像其他老板鱼的卵一样，被包在有韧性的矩形胶原囊中，其中含有角蛋白和抗菌的硫。

- 2.85米
- 113千克
- 卵生
- 雌雄异体
- 濒危

大西洋东北部和地中海西部

水中的游动

大多数老板鱼和魟在水中使用胸鳍进行波浪形的垂直波浪运动，以此推进自己游动。但是，电魟和犁头鳐的游动方式更像鲨鱼，使用尾巴和尾鳍的水平运动来前进。

优雅的泳者
当胸鳍垂直摆动时，波浪形的涟漪水平滑过它们的身体。

小档案

大西洋刺魟 极少数的鲨鱼、老板鱼和魟能在淡水中生活，大西洋刺魟能在海中、河口、小河流，甚至淡水湖中繁殖。

60厘米
4.7千克
卵胎生
雌雄异体
当地常见

大西洋西部和墨西哥湾

普通刺魟 本种尾部的倒刺可以长到35厘米长，偶尔会脱落，但是会再长出一个新的倒刺。像大多数魟一样，本种不富进攻性，受到威胁时更喜欢逃离，而不是面对进攻者。

1.4米
25.4千克
卵胎生
雌雄异体
当地常见

大西洋东部和地中海

刺魟尾

刺魟是最大的有毒鱼类。许多刺魟尾部长有一个或两个软骨倒刺或棘刺。它们通常长有锋利向后的牙齿，并被包裹在一层薄薄的纤维护套中，使其沐浴在一层有毒的黏液（从每一个棘刺根部腺分泌出来的）中。当几次刺入进攻者身体时，护套破裂后释放出毒液。

利器 除了有毒之外，魟鱼的刺能划破肌肤，引起严重的外伤。

保护警报

消失的锯鳐 有7种锯鳐（锯鳐科）都出现在国际自然与自然资源保护联合会的《濒危物种红色名录》上：5种濒危、2种极危。它们是商业性海岸和河口渔业特别脆弱的连带受害者。栖息地的破坏和污染导致其数量减少。它们成熟晚，寿命长，产胎数量少，这意味着数量恢复较慢。

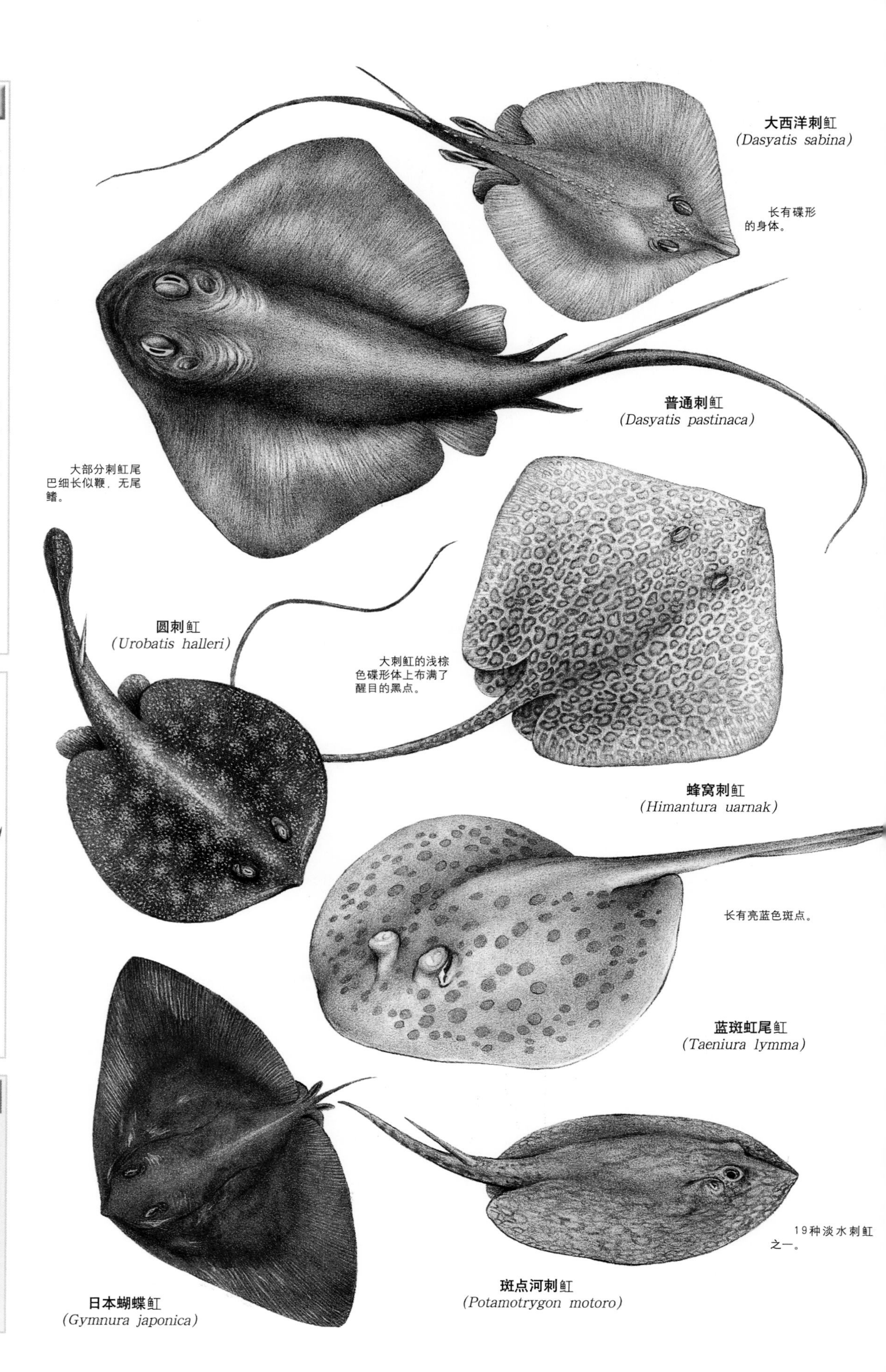

双吻前口蝠鲼
(*Manta birostris*)

翼幅可达8.8米宽。

牛鼻魟
(*Rhinoptera bonasus*)

斑点鹰魟
(*aetobatus narinari*)

鼻长头厚的鹰魟。

魔鬼鱼
(*Mobula mobula*)

蝙蝠魟
(*Myliobatis californica*)

长有短圆鼻子的普通鹰魟。

普通鹰魟
(*Myliobatis aquila*)

小档案

双吻前口蝠鲼 体形巨大，经常会回到礁石附近的“清洁站”，那里的小苏眉鱼会尽心尽责地清理它们体外的寄生虫。双吻前口蝠鲼曾被发现“排队”耐心等候轮到自己被清理。

- 6.7米
- 3000千克
- 卵胎生
- 雌雄异体
- 数据缺乏

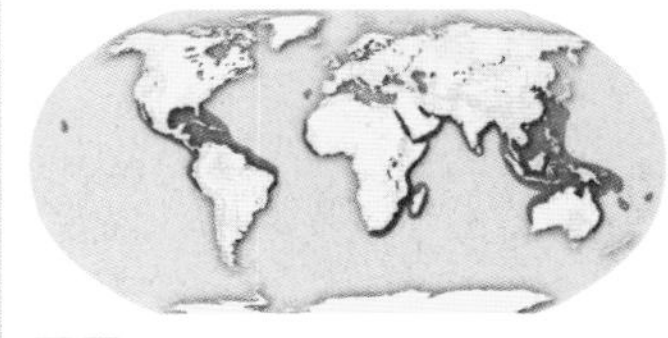

广泛分布在热带海域

蝙蝠魟 在交配时，雄体将眼睛周围的刺插入腹下的交配伙伴中。这有助于两鱼在水中保持在一起，雄鱼可以将交脚器插入雌鱼体内。

- 1.5米
- 82千克
- 卵胎生
- 雌雄异体
- 常见

太平洋东部：俄勒冈至加利福尼亚海湾

进 食

人们发现进食中的蝠鲼在水的表面沿大环形游动。这种游动可以将精力集中在从浮游生物中过滤出来的微小动物上。

进食帮助 *蝠鲼头部前方的头鳍将浮游生物通过嘴巴“放牧”到水中。*

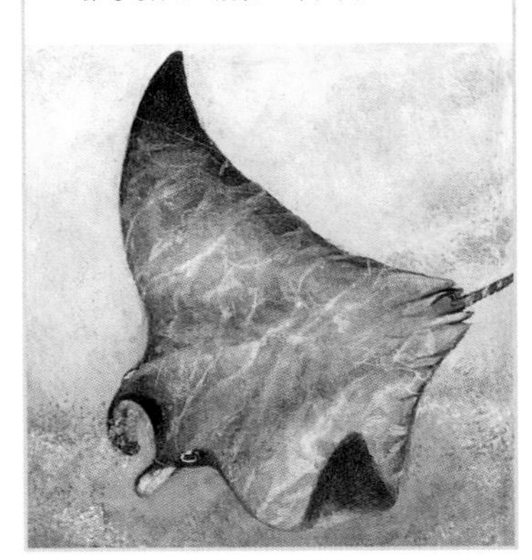

有骨鱼

总纲 有颌总纲

纲（2）
目（48）
科（455）
种（24,673）

若以种类和数量多少而论，有骨鱼无疑是现存的最成功的脊椎动物。有骨鱼第一次出现于3.95亿年前，化石记录显示其最早的物种形式生活在淡水中。有骨鱼有两个明显的进化血统。肉鳍有骨鱼（肉鳍纲）现在只有很少的种类存活。从进化方面讲，它们至关重要，因为它们的祖先后来进化为最早的四足动物——具有四肢的陆地脊椎动物——而四足动物最终产生了所有的脊椎动物。现存的数量巨大的有骨鱼类就是来自于辐鳍鱼类——辐鳍纲。

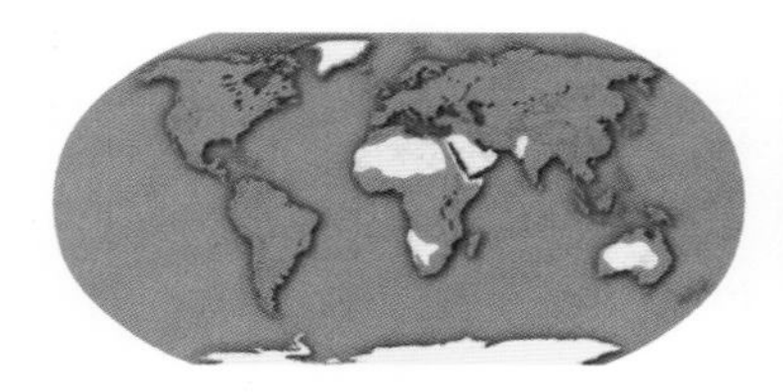

成功的辐射 世界上所有的水域，包括海水、淡水和微咸水域，甚至干燥环境中，几乎到处都有有骨鱼类生活。种类多样性在近热带地区明显上升，在近两极地区下降，在靠近海岸线处最多，在远洋最少。

数量保证安全 蓝黄梅鲷（*Caesio teres*；上图）呈延长子弹形，身上有彩虹般的色彩。像梅鲷科的所有成员一样，它们形成巨大的快速移动的变水层鱼群，白天食用浮游生物，夜晚栖息在礁石的斜壁上。它们有时会和其他梅鲷群合并。

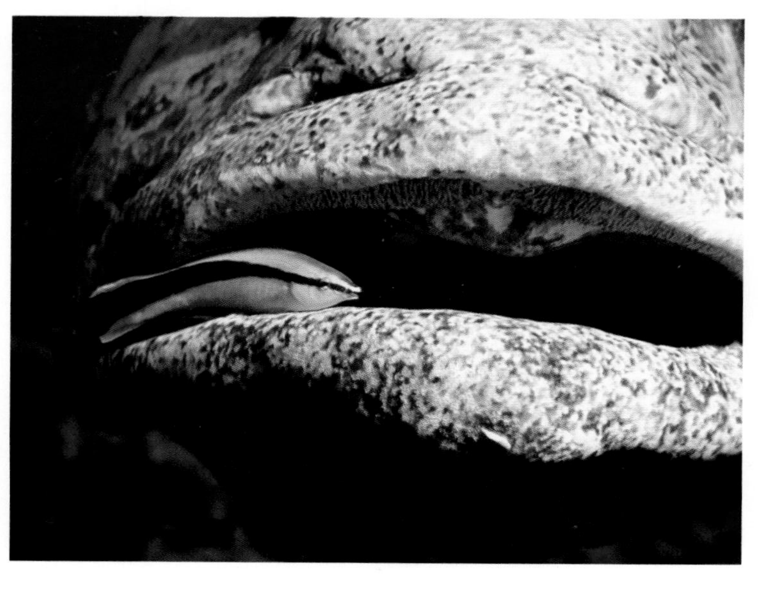

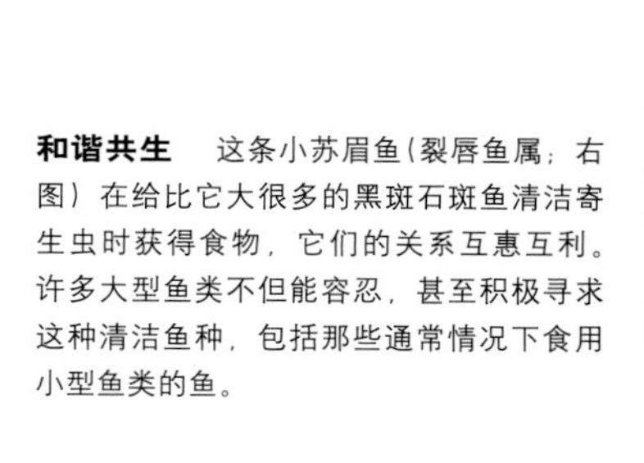

和谐共生 这条小苏眉鱼（裂唇鱼属；右图）在给比它大很多的黑斑石斑鱼清洁寄生虫时获得食物，它们的关系互惠互利。许多大型鱼类不但能容忍，甚至积极寻求这种清洁鱼种，包括那些通常情况下食用小型鱼类的鱼。

有效进化

有骨鱼的特点是重量较轻，体内骨骼完全或部分由真正的骨骼加强。

有骨鱼的鳍是由比软骨鱼更为复杂的骨骼肌肉组合来支撑的，这使得有骨鱼能够更好地控制自己的游动。因此，许多鱼种可以倒游，甚至在变水层盘旋游动。

它们能够精确及时地调整自己的浮力，有骨鱼的机动性很好，这是通过一个充满气体的囊——即鳔来实现的。在某些鱼类中，鳔和食道连接在一起，通过嘴巴倒空或充气，要求鱼类在水表吞咽空气。然而，多数情况没有外部连接，鳔内的气体是由附近血管的气体转移控制的。

有骨鱼的鳃上有一片鳃盖，鳃室内有骨，即鳃膜辐条支持，它们能通过鳃抽水，不需要向上移动呼吸。

约90%的有骨鱼从体内释放它们的繁殖细胞，利用它们生存的水环境提供营养，繁殖后代。

虽然软骨鱼有时候会形成鱼群，但它们的行动并不像有骨鱼那样高度协调，那是由于它们具有高度发达的侧线系统和超群的听力与视力。鱼群迷惑敌人，使其不易寻找单个的目标。

诱惑 安康鱼（下图）的头部有一个骨杆，骨杆顶端有一个肉质“鱼饵”吸引猎物。它们经常摇动“鱼饵”，设下陷阱，然而，这个诡计并非总能成功。曾有安康鱼被发现失去顶部的鱼饵，这说明它们的猎物有时候会带着鱼饵逃掉。

成功移动

迁徙是有骨鱼另外一个显著的特点，这有助于它们的生存。许多鱼种采取数量巨大的可预测的行动来探测新的食物资源，躲开捕食者，或是为了交配和产卵。

这种运动可以是上下的，从深水到较浅的水层，然后返回，往返的距离仅仅数米。但是，平行迁徙的距离可达数百甚至数千千米。如果迁徙是从淡水到海洋，然后返回，其中大部分鱼种的生命主要在海洋中度过，这种鱼就被称作溯河洄游生物，鲑鱼就是一个典型的例子。相反的，从海洋到淡水，再返回的鱼类——被称作降海洄游生物，其典型例子是淡水鳗鱼。

为产卵而进行的迁徙在有骨鱼中十分普遍，因为它们可以使成鱼或幼鱼利用不同的立足点甚至栖息地。

致命的潜行者 红狮子鱼（*Pterois volitans*；上图）的鳍骨根部的毒腺分泌的毒液对人类是致命的。这种富有进攻性的孤独的鱼昼间潜伏，夜间出击，通过伸出并扩展自己扇状的胸鳍来伏击小型鱼类和甲壳类动物。

艰苦之旅 像大多数金枪鱼一样，北方蓝鳍金枪鱼（*Thunnus thynnus*）也具有迁徙性。它们会形成按大小次序排列的鱼群，季节性进行迁徙。这种迁徙被认为是受产卵、水温和捕猎影响而形成的。有研究发现，北方蓝鳍金枪鱼以每天65千米的平均速度横越大西洋，在119天之内游程达到7,700多千米。

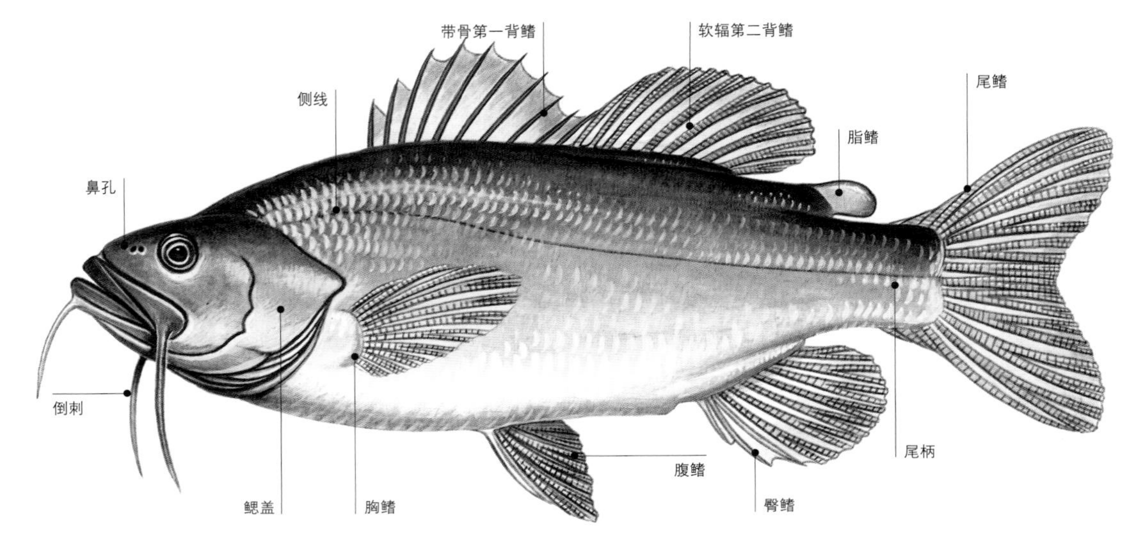

有骨鱼的构成 几乎所有成年有骨鱼的鳃上都有鳃盖。大多数鱼种有灵活的薄鳞，上面覆盖有一层分泌黏液的肤膜。牙齿和上颌相连。上下尾鳍通常是互相对称的，脊柱一直到尾鳍前。大多数有骨鱼长有至少一个背鳍、一个臀鳍和成对的胸鳍。除了几种胎生鱼种，雄鱼没有能帮助繁殖的体外器官。

肺鱼及其同类

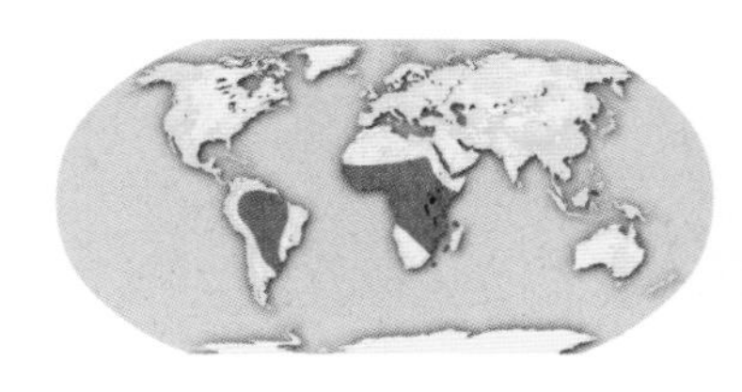

分布有限 肺鱼仅存活于非洲、南美洲和澳大利亚。两种腔棘鱼种之一（腔棘鱼）来自于印度洋科摩罗岛屿附近海岸线，另外一种是1999年在印尼水域的苏拉威西发现的。这就是已知的腔棘鱼生活的区域。

纲	肉鳍纲
亚纲	(2)
目	(3)
科	(4)
种	(11)

这个种群早已灭绝的老祖宗——肉鳍鱼或“叶鳍鱼”最终进化成了最早的陆地动物。现在，只有9个肺鱼种和2个腔棘鱼种存活了下来。它们均长有骨骼轮廓的肉质鳍和肌肉组织，比起其他现存鱼类的扇形鳍更容易使人联想到四足动物。事实上，19世纪的科学家错误地将肺鱼归类为既是爬行动物，又是两栖动物，后来才意识到它们属于鱼类。肺鱼幼体通过鳃呼吸，只有一种除外，成鱼依靠肺而生存，使它们可以在氧气含量较低的水中生存。它们生活在热带的淡水河流、湖泊和洪泛区，而用鳃呼吸的腔棘鱼只生活在海水中。

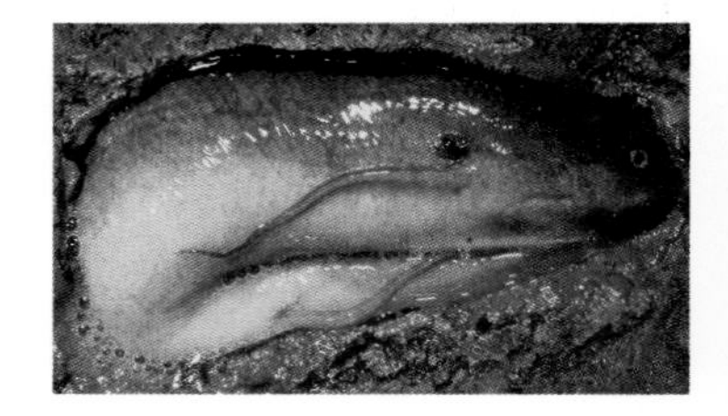

战胜脱水 非洲肺鱼（*Protopterus annectens*；上图）在一个垂直的洞穴（右图）中度过干燥季节。它蜷缩在一个干燥后的黏液形成的茧内保护自己，并通过一个连接地面的管道呼吸。它可以以这种休眠状态生活数年。

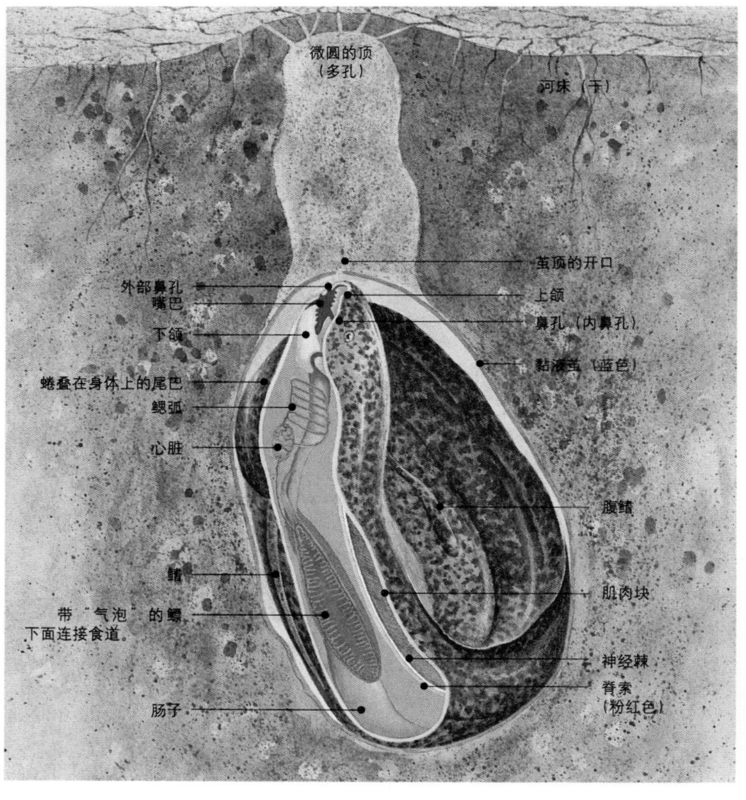

保护警报

面临灭绝 腔棘鱼在国际自然与自然资源保护联合会的《濒危物种红色名录》上被列为极危。它们主要来自于印度洋的科摩罗岛屿，尽管那里被认为是这种鱼数量最多的地方，但也只有数百条成鱼而已。这种鱼身长可达1.8米，成熟晚，寿命长。雌鱼的孕期较长，为13个月。

呼吸空气

非洲肺鱼和美洲肺鱼有两个肺，还有线状成对的胸鳍和腹鳍。产卵开始于雨季来临之际，可以帮助用鳃呼吸的幼体生存。成鱼通过藏身的洞穴来躲避延长的干燥期，通过肺部从空气中吸收氧气。

澳大利亚肺鱼只有一个肺和桨状的鳍。虽然它们能够呼吸空气，但是仍保留功能鳃，并且无法在完全脱水的情况下生存。

活化石 人们认为腔棘鱼在恐龙时期——即6500万年前就已经灭绝了，但是，1938年，有渔民在马达加斯加海岸捕到一条腔棘鱼。

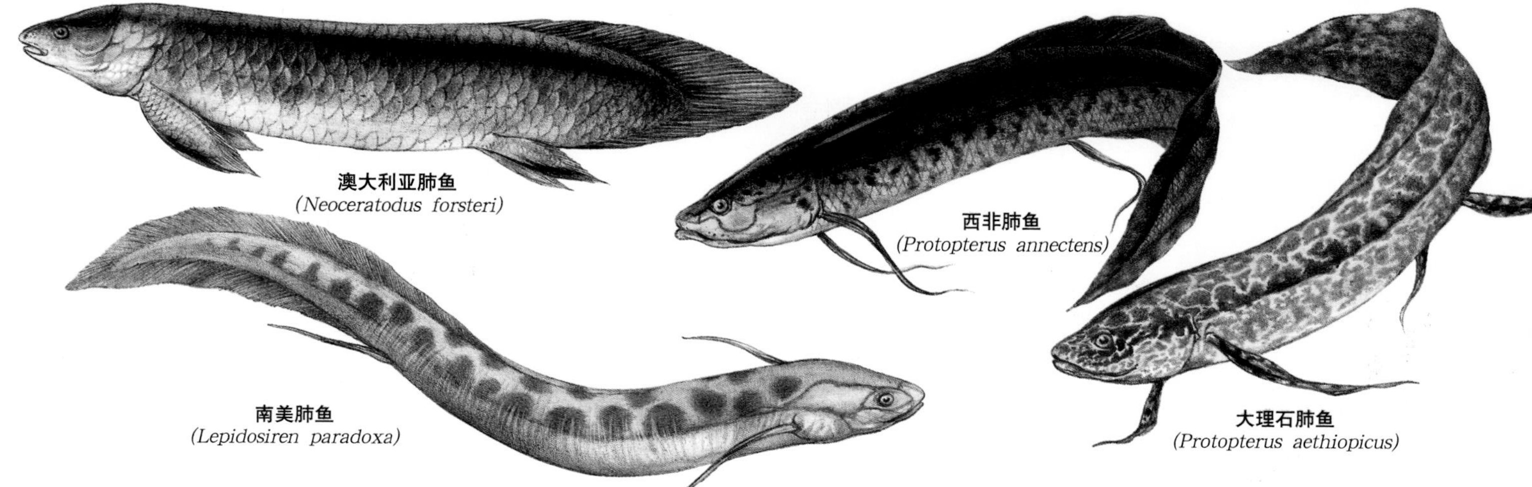

澳大利亚肺鱼
(*Neoceratodus forsteri*)

西非肺鱼
(*Protopterus annectens*)

南美肺鱼
(*Lepidosiren paradoxa*)

大理石肺鱼
(*Protopterus aethiopicus*)

多鳍鱼及其同类

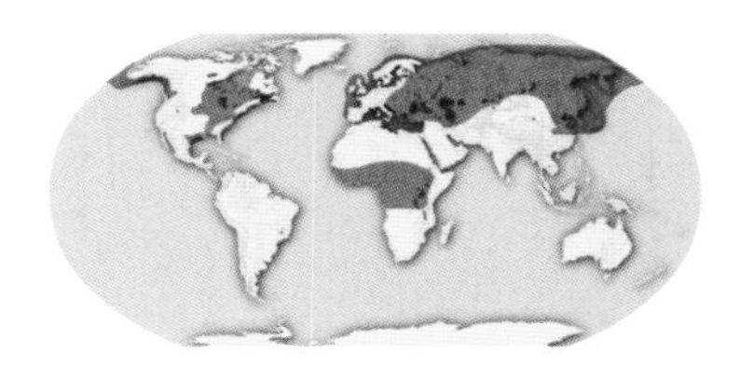

仅余的分布 虽然化石记录显示多鳍鱼曾经分布在世界各地，但是，现在它们仅分布在欧洲、亚洲、非洲和北美洲，美国东部和中国各有一个匙吻鲟鱼种。尽管淡水多鳍鱼和芦鳗的化石是在北非发现的，但现在它们仅存于热带非洲和尼罗河河系。

辐鳍纲
软骨硬鳞亚纲
(2)
(3)
(47)

在二叠纪时期（2.85亿年前至2.5亿年前），鱼类的直接祖先如多鳍鱼、芦鳗、鲟鱼和匙吻鲟——合称为鳇鲟类——种类繁多，分布广泛，数量巨大。今天，最原始的辐鳍类分布十分有限，并且被认为是带有远古特色的。它们的大部分鳞片为菱形，上面覆盖着一层叫做硬鳞质层的物质，这在现代物种中是没有的。气孔和肠肝总管更接近软骨鱼类的特点。大多数长有一个背鳍和一个鳔，与肝脏连接在一起，用来呼吸空气。

美味鱼子 鱼子酱（鲟鱼卵）已经成为富裕奢侈的象征。当成熟雌鱼被剥去鱼子后放生，它就成为新的鱼子酱资源。然而，大多数情况下，人们会杀鱼取卵。

感应鼻 匙吻鲟延长的鼻子几乎达到其身长的一半，有感应功能，上面覆有电感受器。这种鱼基本上生活在淡水中，滤食水中的浮游生物。它们曾被误认为鲨鱼，它们现存的最近的亲戚是鲟鱼。

多鳍鱼特有的一排小背鳍。

杂斑多鳍鱼
(Polypterus weeksi)

芦鳗
(Erpetoichthys calabaricus)

巨大的桨状鼻上覆有味蕾。

匙吻鲟
(Polyodon spathula)

白鲟
(Psephurus gladius)

中国最大的淡水鱼，身长可达3米。

鲟鱼的特点

因为具有很高的商业价值，人们对鲟鱼的研究比对其他的鳇鲟类鱼多。它们体形大，寿命长，生活在淡水和海水中，需要许多年才能达到性成熟。雌性每隔几年才产卵一次。

就像匙吻鲟，鲟鱼也有几个像鲨鱼的特点，如部分骨骼为软骨，尾部为歪尾，脊椎直通到上尾鳍。

在现存辐鳍纲中独一无二的是它们沿着身体长有五列骨板，还有长而扁平的鼻子和几个像触须的倒刺围在一个下面突出的嘴巴周围。

保护警报

鲟鱼的消失 对鱼子酱的过度追求、栖息地的恶化，以及过度捕猎等，导致了鲟鱼数量自20世纪晚期大幅下降。大多数鲟鱼种都被列进国际自然与自然资源保护联合会的《濒危物种红色名录》，其中5种被列为极危。为了阻止这种下降趋势，鲟鱼产品在1998年被列入《濒临绝种野生动植物国际贸易公约》。

小档案

美国白鲟 北美洲最大的淡水鱼，身体很长，体重也较重。白鲟普遍寿命较长，生命跨度至少有一个世纪。

6米
820千克
卵生
雌雄异体
近危

北美洲西北部

闪光鲟 具有鲟所有的特点：身体背部有五列骨板，长有扁平的鼻子和延长的V字形无牙嘴，嘴巴前方和鼻子下方有敏感、多肉、触须般突起的倒刺。它们会在海底拖动沉淀物，以便搜寻像小型鱼类和无脊椎动物等猎物。

2.2米
80千克
卵生
雌雄异体
濒危

黑海、亚速海、里海海底盆地、亚得里亚海

欧鳇 经常被描述为"世界上最昂贵的鱼"。它们经常被捕捞是由于鱼子质量好，数量多。一条4米长的雌欧鳇可以产下180千克的鱼子。

4米
800千克
卵生
雌雄异体
濒危

黑海和亚速海的海底盆地、亚得里亚海

小体鲟

小体鲟（*Acipenser ruthenus*）的鱼子可做成鱼子酱，它们在国际自然与自然资源保护联合会的《濒危物种红色名录》上被列为易危。它们仅生活在流入黑海和里海的淡水支流中。在寒冷的冬天，它们会像其他鲟鱼一样进入一种"假死状态"，伏在海水深处，不进食。成鱼在春天醒来，迁徙到上流产卵。

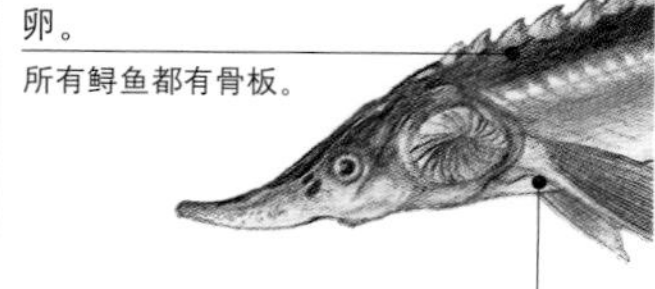

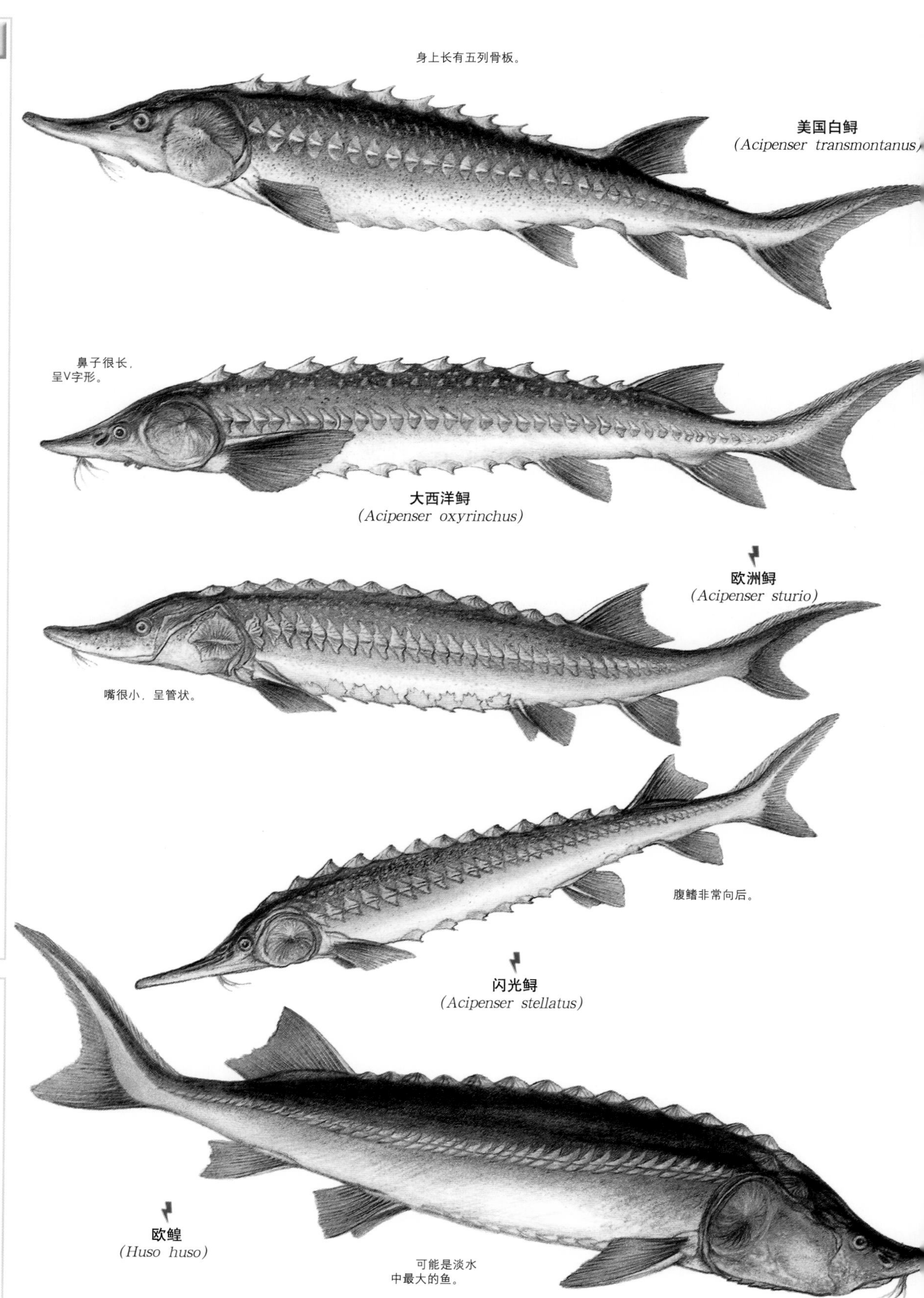

雀鳝和弓鳍鱼

辐鳍纲
纲 新鳍亚纲
(2)
(2)
(8)

新鳍亚纲是现存辐鳍纲的第二种。大约2.5亿年前，它们起源于原始鱼类——可能是早期的鳗鲟类鱼。和它们之前的鱼相比，它们的嘴部更灵活，尾部更平衡紧凑，鳍的结构更简单，这一切提高了它们的进食和游泳能力，最终形成了极为成功的硬骨鱼，包含了现存鱼种的大部分。最早的新鳍亚纲的特点在今天的弓鳍鱼和7种雀鳝身上仍然可以见到：均为敏捷贪吃的捕食者。

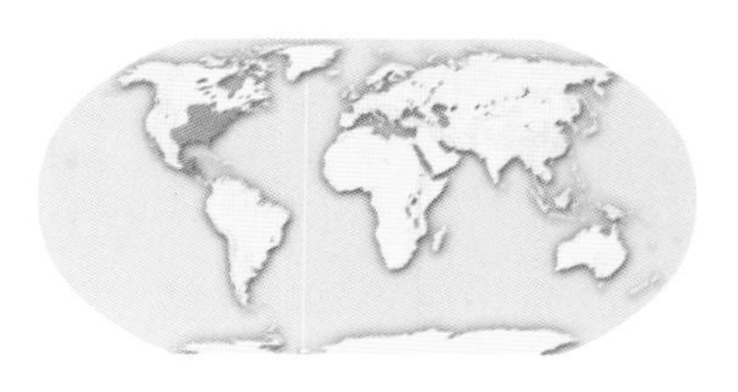

北半球居民 大部分弓鳍鱼生活在北美洲东部温带地区的淡水水域。在北美洲东部曾发现了5种雀鳝，剩下的2种生活在中美洲。

贪婪的肉食生物 长鼻雀鳝（上图）像所有其他现存雀鳝一样，伏击捕食其他鱼类和甲壳类动物。它们能很快加速。在突出的"喙"上有一排尖利的牙齿。

古老的鱼

雀鳝和弓鳍鱼有延长的身体、缩短的鲨鱼般的歪尾和许多利齿，大部分栖息在静水的沼泽和湿地中。在那里，它们能够使用自己像肺一样的鳔进行呼吸，从而在低氧的环境中生存。雀鳝长有原始的相互交错的硬鳞，而弓鳍鱼长有圆鳞，这在较现代的鱼类中极为普遍。

居住在小溪中 像其他的雀鳝一样，鳄雀鳝（*Atractosteus spatula*；上图）是一种富有攻击性的肉食动物，身体可反光，行动缓慢，喜欢呆在氧气不足的沼泽逆水中。它的身长可达3米，在雀鳝中算是体形最大的。

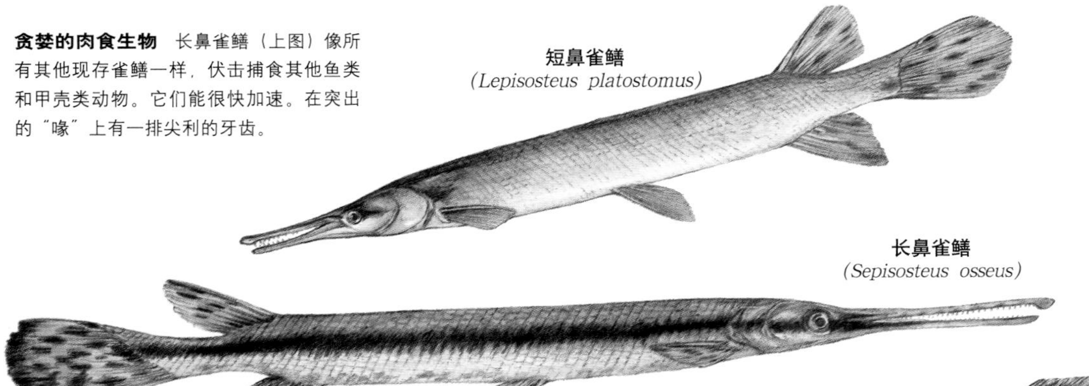

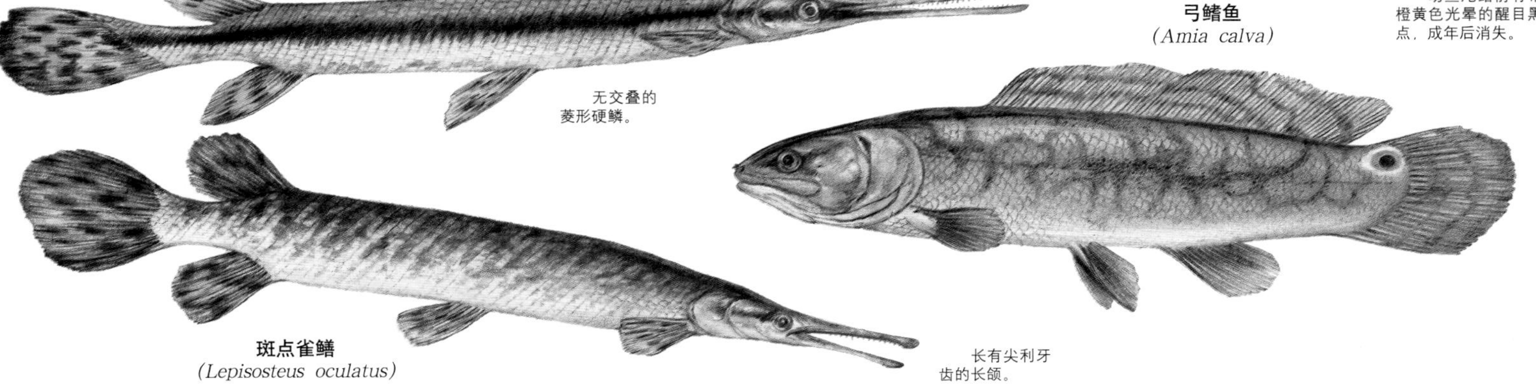

骨舌鱼及其同类

纲 辐鳍纲
亚纲 骨舌亚纲
次亚纲 骨舌次亚纲
科 (6)
种 (221)

骨舌鱼被认为是现代硬骨鱼中最原始的。骨舌这个词描述了这一种群共同的特点：有发达的像牙齿一样的骨舌和可以咬住嘴巴上腔的牙齿。除了这一共同特点，还有一个事实是它们均只在淡水中生活——尽管化石记录表明以前的某些骨舌鱼种曾在微咸的水中生活——种类和行为方式丰富多样。它们的身影出现在除欧洲大陆和南极洲之外的所有大陆，大部分出现在非洲，只有包含两个鱼种的一科出现在北美洲。

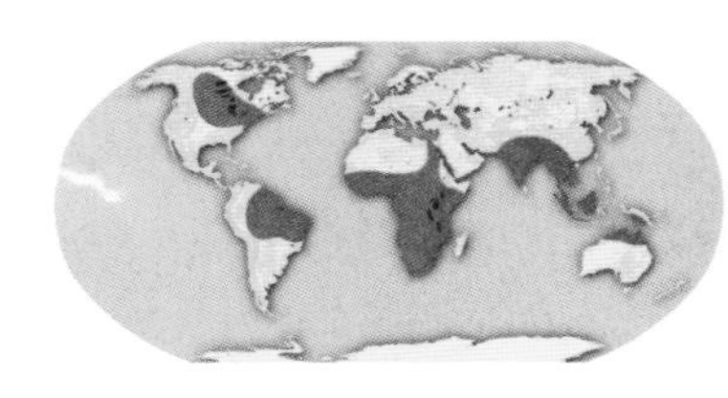

仅分布在热带 真骨舌鱼生活在南美洲、非洲、澳大利亚、马来西亚、加里曼丹岛、苏门答腊、泰国和新几内亚。刀鱼种仅限于亚洲和非洲。所有的象鱼种只生活在非洲。

奇形怪状的头 金龙鱼（右图）的外形极具代表性。它的下巴上长有两个指向前方的感应倒刺和一张巨大的陷阱般的嘴巴，下颌边几乎是垂直的。

高超的泳者 运用自己臀鳍的微小活动，非洲刀鱼（*Xenomystus Nigri*；上图）倒游和往前游一样自如。

淡水里的珍宝

骨舌鱼共有三个主要的目：

真骨舌鱼包括用自己发达的胸鳍划动的蝴蝶鱼和巨骨舌鱼。

刀鱼几乎没有尾鳍，臀鳍却占了体长的三分之二。

象鱼是第三种骨舌鱼，包括长有像大象鼻子般长鼻的鱼种。这种长相奇怪的鱼的臀鳍形状根据性别的不同而不同。雌鱼和雄鱼的鳍在产卵时放在一起，形成杯状，然后在里面射出精子和卵子，使其结合。

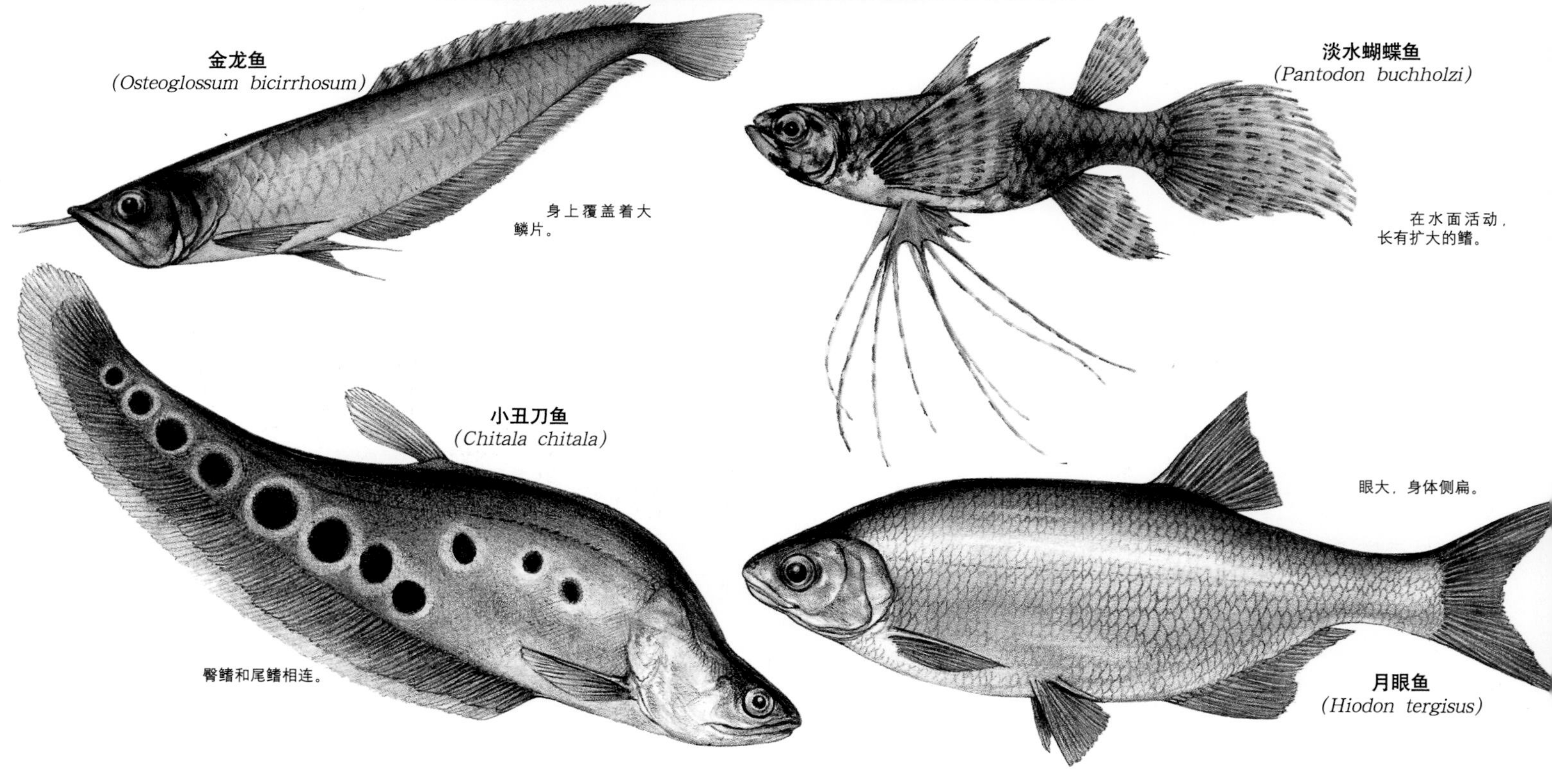

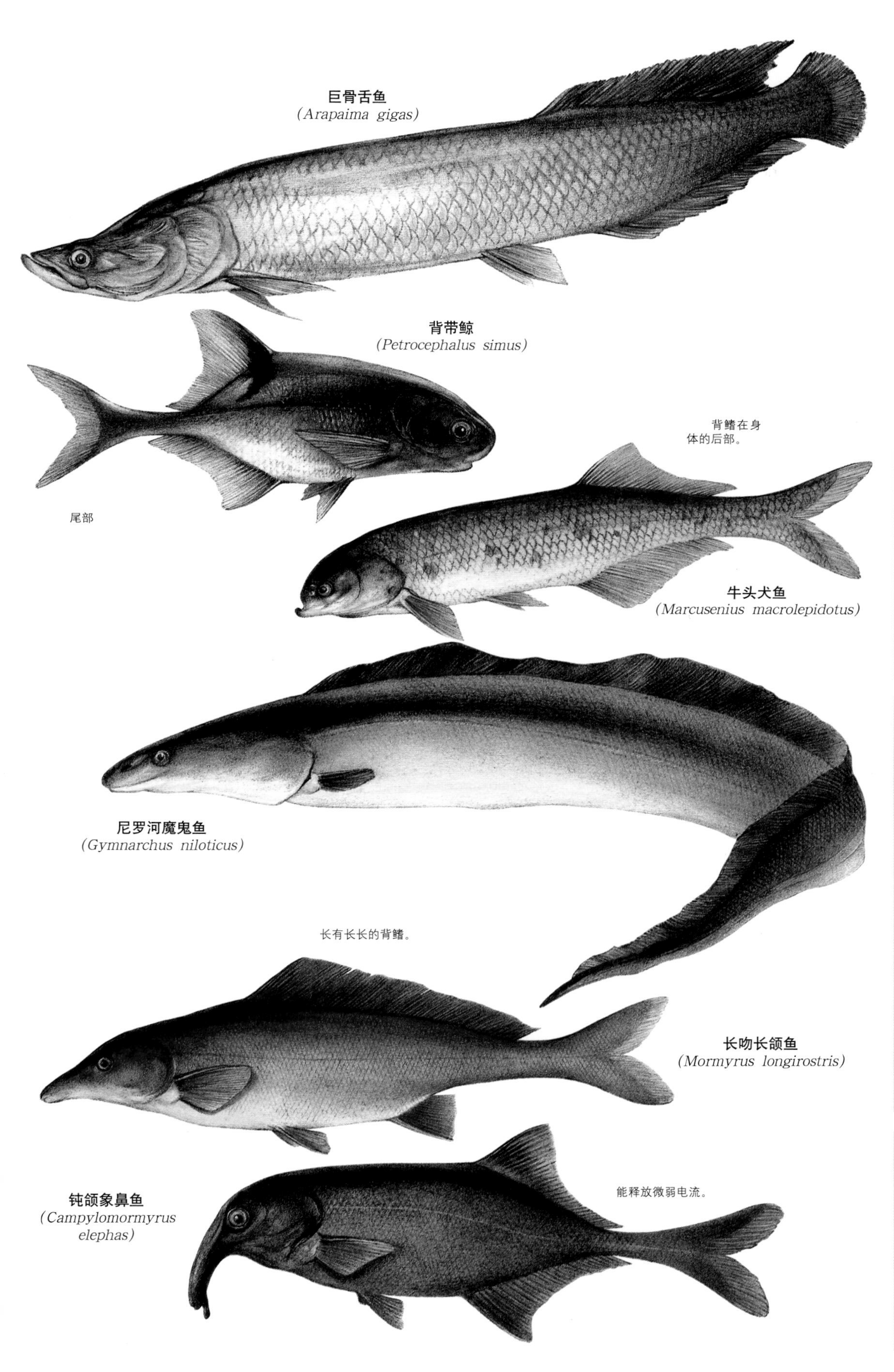

小档案

巨骨舌鱼 该种鱼又叫象鱼，是淡水鱼类中体形最大的。雌鱼和雄鱼的亲代养育一次产下的50,000枚卵，并从为它们做巢开始。一旦卵孵化，父母保护发育中的幼胎，然后再保护自由游动的鱼苗。

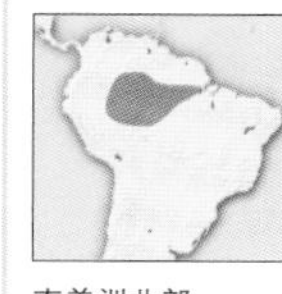

4.5米
200千克
卵生
雌雄异体
数据缺乏

南美洲北部

尼罗河魔鬼鱼 和象鱼属同一科，但又和同科的其他鱼种不同，它们没有尾鳍、臀鳍或胸鳍，却拥有一个极长的背鳍，几乎和身长相等，可以达到1.5米长。

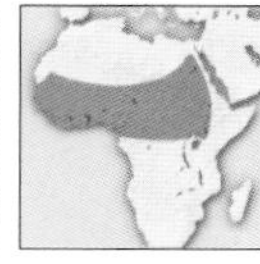

1.7 米
18千克
卵生
雌雄异体
常见

非洲北部和西北部

巨大的脑

超大的下颌被用来探测泥底，寻找食物。

象鱼的大脑非常巨大，和身体大小相比较，几乎和人类大脑所占的比例一样。它们有很强的学习能力，还有特别发达的小脑。它们能探测并产生微弱电流，使身体周围形成磁场，在黑暗的河水和夜间游行时使用。

保护警报

骨舌鱼目（骨舌鱼及其同类）所包含的221个鱼种中，有4个被列入国际自然与自然资源保护联合会的《濒危物种红色名录》中，如下所示：

1种濒危
2种近危
1种数据缺乏

鳗鱼及其同类

纲	辐鳍纲
次亚纲	海鲢次亚纲
目	(5)
科	(24)
种	(911)

在这些鱼中，一个种群有超过900个鱼种。海鲢次亚纲一开始出现时，和人们所熟知的有长长的像蛇一样身体的鳗鱼并没有多大关系。后来，它们被联系在一起，这是因为它们都从狭首幼体开始自己的一生。这种半透明的蝴蝶结状的东西在海流中漂浮长达3年，然后变形为成年体态的幼年版。这种主要生活在海水和港湾中的鱼种包括海鳝、海鳗、淡水鳝鱼、大海鲢、海鲢、骨鱼、海蜥鱼、刺鳅，以及奇特的深海宽咽鱼。

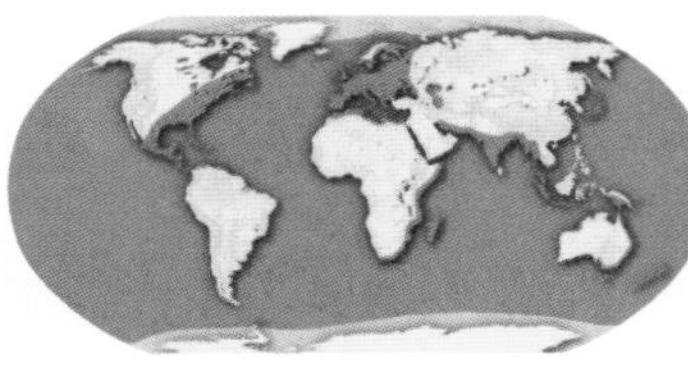

分布广泛 尽管鳗科的鱼种大半生都在温带淡水中度过，但大多数真鳝主要生活在热带和亚热带的海洋中，大海鲢和它的近亲则主要生活在温暖的海岸和河口水域中，刺鳅被发现生活在4900米深的海底，深海宽咽鱼的4个深海科种生活在世界各地的深海中。

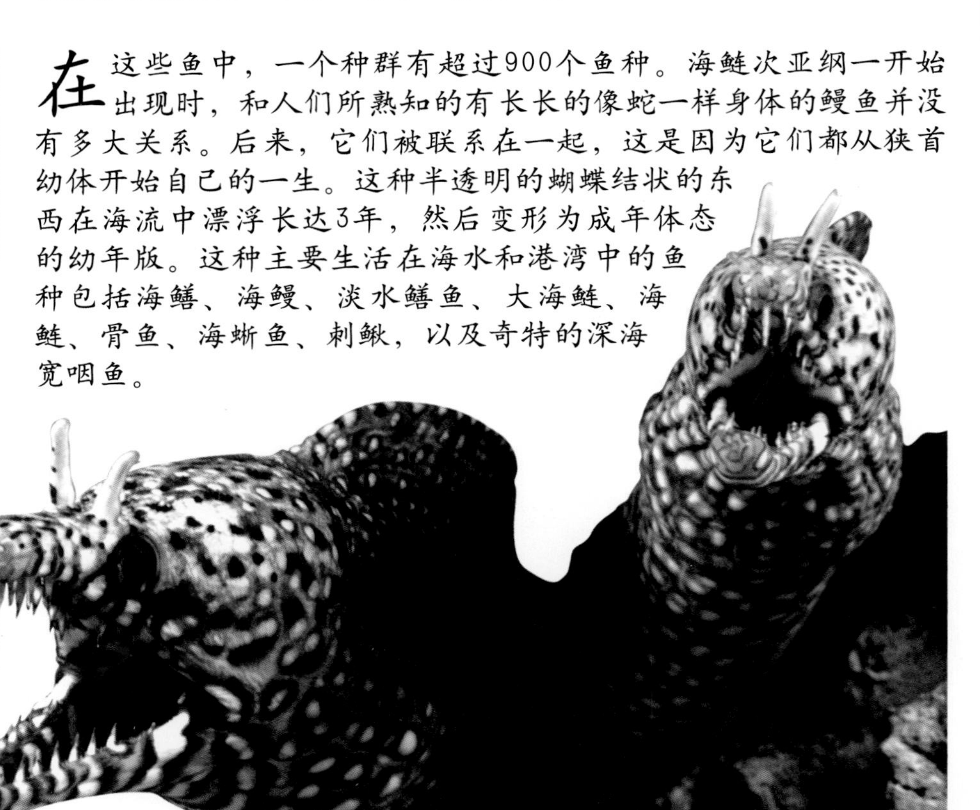

秘密又普通
夏威夷的科学家已经证实海鳝解决了热带礁石鳝几乎一半的肉食生物量。

凶猛的海鳝 许多海鳝，如龙鳝（上图）的颌很宽，牙齿巨大而锐利，且长有非常突出的鼻管。大胆的彩色花纹在海鳝中也十分普遍，这有助于它们在所居住的热带礁石上进行伪装。这种夜行性的肉食家族一共包括二百多个种类。它们的眼睛相对较小，视力较弱，所以，一般使用它们敏锐的嗅觉锁定猎物。

造型丰富

真鳝包括七百多个种，是海鲢次亚纲中最大的一群。它们有长长的身体，几乎都缺少胸鳍和腹鳍。流线型的身体适合穴栖生活，并能轻松地在珊瑚礁的孔洞间进进出出。

成年的大海鲢和骨鱼长有金属性的大鳞片，还有分叉的尾部和典型的鱼类身体，被认为是钓鱼比赛鱼种。

刺鳅适应深海生活，身体细长带鳞，捕食行动缓慢的底栖无脊椎动物。深海宽咽鱼身体细长而无鳞，嘴部奇大，胃部可以扩张，以便吞下不太经常能捕到的大型猎物。

几何海鳝 (*Gymnothorax griseus*)

欧洲鳗鱼 (*Anguilla anguilla*)

豆仔海鳝 (*Gymnothorax favagineus*)

龙鳝 (*Enchelycore pardalis*)

五彩鳗 (*Rhinomuraena quaesita*)

倭鳝 (*Gymnothorax melatremus*)

大海鲢
(*Megalops atlanticus*)

长有辅助鳞片的腹鳍和胸鳍。

牛眼鱼
(*Megalops cyprinoides*)

下颌突出，超过鼻子。

海鲢
(*Elops saurus*)

北梭鱼
(*Albula vulpes*)

钝鼻延伸超过里面的嘴巴。

黑吻北梭鱼
(*Albula nemoptera*)

小档案

大海鲢 经常成为钓鱼比赛传奇的主角，大西洋大海鲢被有些人称作“世界上最伟大的钓鱼比赛鱼种”。它们很难被钓到，即使被钓上岸，也会剧烈挣扎数小时，中间会从水中跃起。

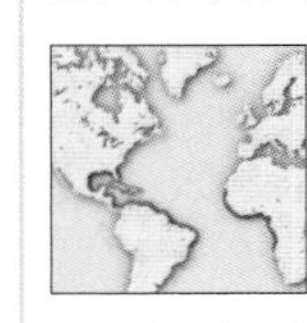

2.4米
135千克
卵生
雌雄异体
常见

加勒比海、大西洋西部和东部

牛眼鱼 正如它的近亲大海鲢，牛眼鱼能在缺氧的环境下呼吸空气，并经常浮上水面大口地吞咽空气。然而，这种鱼很难忍受低温，如果水温降低，可能会导致它们大批死亡。

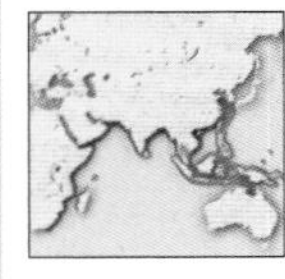

1.5米
18千克
卵生
雌雄异体
常见

印度洋至西太平洋

北梭鱼 主要生活在海岸附近，经常出没于河口和潮线间，如红树林中。一百条左右的北梭鱼常会组成行动高度一致的鱼群。体形细长似鱼雷，长有突出的圆锥形的鼻子，可以用来挖起沉淀物寻找食物。其食物主要包括无脊椎动物。

1米
10千克
卵生
雌雄异体
常见

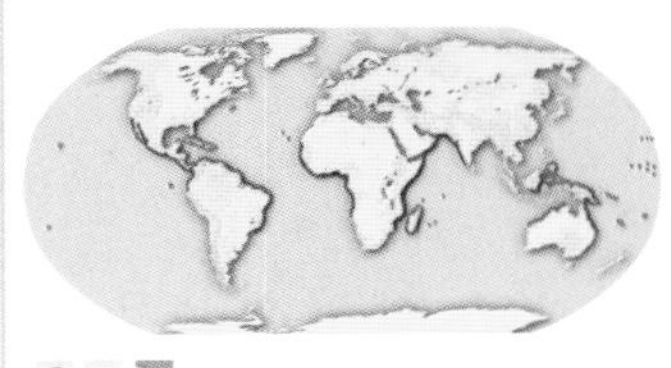

各地温水海洋中

带牙的火鸡海鳝

像其他的海鳝一样，火鸡海鳝(*Gymnothorax meleagris*)长有大大的犬齿和有力的下颌。当受惊或面临威胁时，它们会咬伤潜水者。通常它们只在猎食时才表现出侵略性。

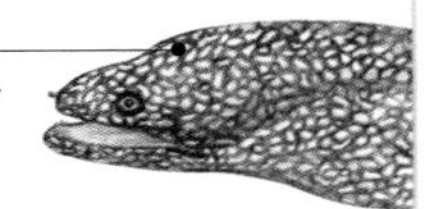

海鳝眼小，视力较差。

小档案

欧洲康吉鳗 身体很长，无鳞，夜行性的捕食者。成年前在海岸近处的礁石附近和多沙的沉淀物上活动，成年后生活在深水中。像其他康吉鳗一样，一生只产卵一次，数量达到800万枚。

- 2.8米
- 65千克
- 卵生
- 雌雄异体
- 常见

大西洋东部、地中海、黑海

鹈鹕鳗 典型的宽咽鱼，嘴巴特别巨大，口腔极富弹性，尾部能扩展到整个身体的三分之二长，所有的特点都是为了能吞下大型的无脊椎动物和其他鱼类。它们生活在2000米—5000米的深海中，尾部有发光器官。

- 1米
- 900克
- 卵生
- 雌雄异体
- 常见

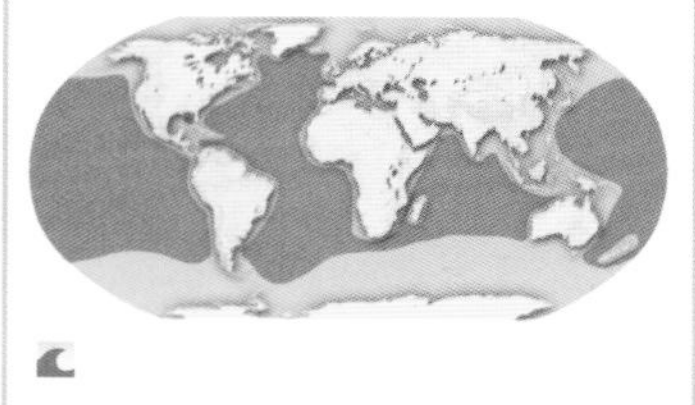

广泛分布在温带和热带海域

花园鳗鱼

至少20条康吉鳗种鱼在殖民地度过整个少年和成年时期——有时候能达到上百只——永远生活在沉淀物中。它们的尾部深入沉淀物中，头部抬起摆动，吃浮游生物。它们被称作花园鳗鱼，生活在300米的水下，受到威胁时就退回到它们满是黏液的洞穴中去。

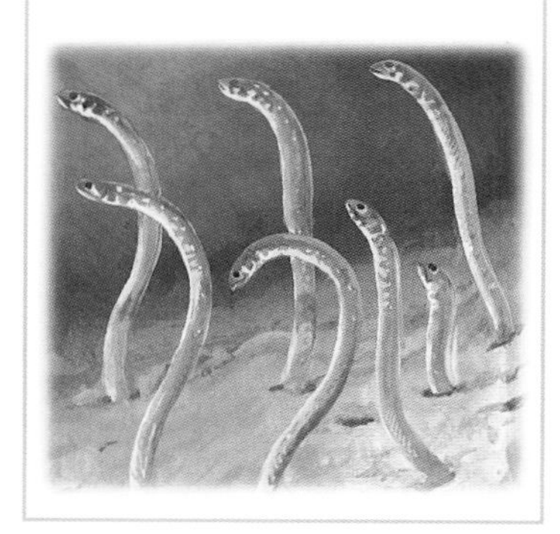

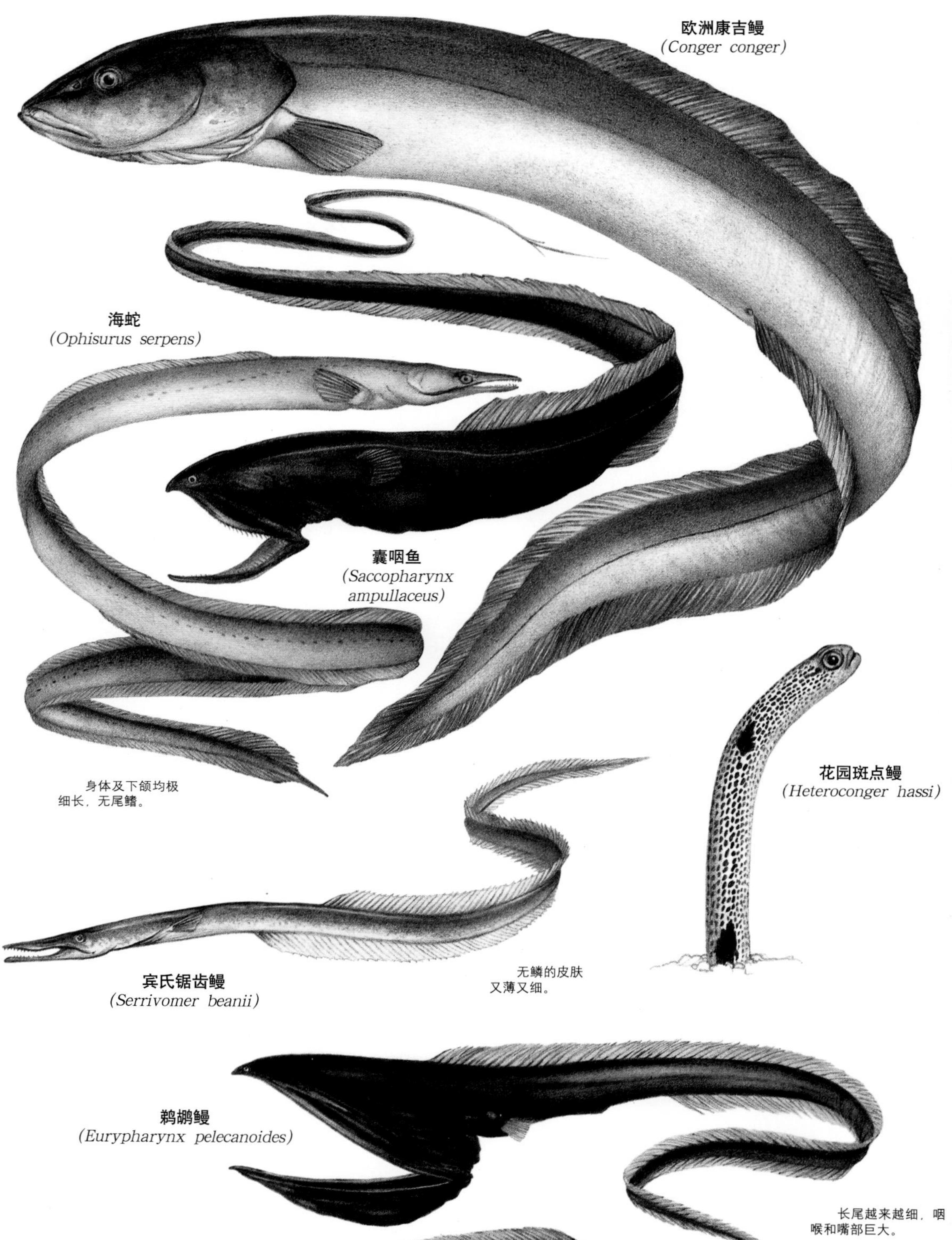

神秘的淡水鳗鱼

直到19世纪后期，科学家才开始对欧洲鳗和它的近亲美洲鳗的生命环有所认识。现在我们知道，这两种鳗都在马尾藻海产卵（马尾藻海对人类而言一直十分神秘），它们的生命里程需要数十年，游渡11,250千米才能完成。欧洲鳗向东游，美洲鳗向西游，都在淡水中度过其大半生，然后回到马尾藻海产卵，之后即死去。

小小的开始 欧洲鳗经过几年的海洋飘泊后，到达河口地区，这时它们的身长仅有5厘米－10厘米，河口的河流将把它们带到成年后生活的淡水水域。

平行的生命 成年欧洲鳗生活在欧洲和北非部分地区的淡水中。它们的生命历史（下图）和生活在北美洲东海岸的美洲鳗的生命历史互为镜像。研究表明，这两种鳗自20世纪70年代后数量大减。有调查显示，由于过度捕捞、污染、疾病和栖息地的破坏，成年欧洲鳗的数量下降了90%，甚至还要多。

银色的鱼 成年欧洲鳗生活的淡水最终流向北大西洋、波罗的海和地中海。雌鳗9年－20年成熟，雄鳗6年－12年成熟。

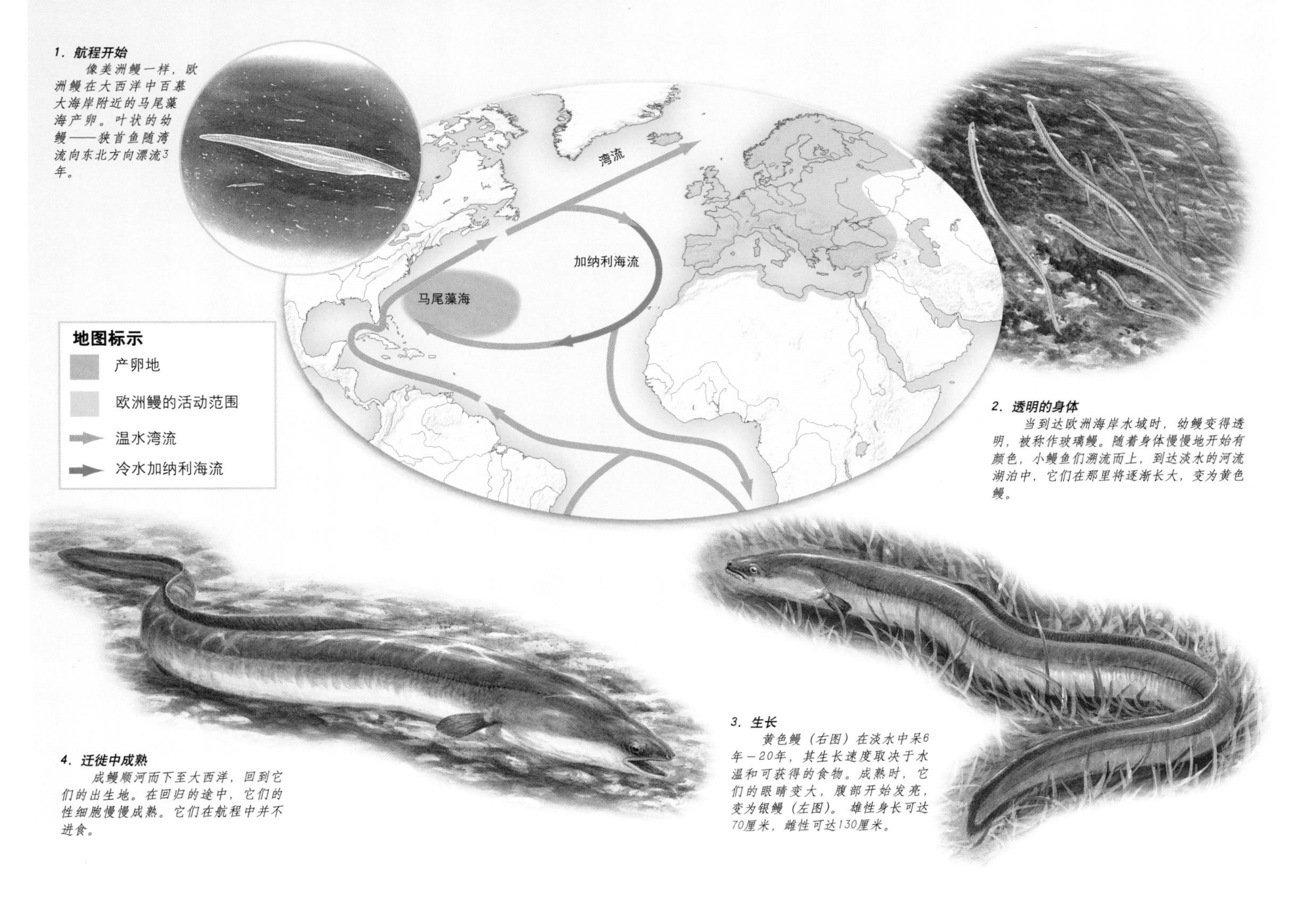

1. 航程开始
像美洲鳗一样，欧洲鳗在大西洋中百慕大海岸附近的马尾藻海产卵。叶状的幼鳗——狭首鱼随湾流向东北方向漂流3年。

2. 透明的身体
当到达欧洲海岸水域时，幼鳗变得透明，被称作玻璃鳗。随着身体慢慢地开始有颜色，小鳗鱼们溯流而上，到达淡水的河流湖泊中，它们在那里将逐渐长大，变为黄色鳗。

3. 生长
黄色鳗（右图）在淡水中呆6年－20年，其生长速度取决于水温和可获得的食物。成熟时，它们的眼睛变大，腹部开始发亮，变为银鳗（左图）。雄性身长可达70厘米，雌性可达130厘米。

4. 迁徙中成熟
成鳗顺河而下至大西洋，回到它们的出生地。在回归的途中，它们的性细胞慢慢成熟。它们在航程中并不进食。

沙丁鱼及其同类

纲	辐鳍纲
次亚纲	鲱次亚纲
目	鲱形目
科	(5)
种	(378)

鲱形目中含有一些世界上最具商业价值的鱼类，包括鲱鱼、沙丁鱼、鳀鱼、鲦鱼和沙脑鱼。它们大部分为海生滤食性，形成大鱼群，过远洋生活。但是，它们的分布却更近海岸而不是在远洋。经常在近岸的水面产卵，并且通常为季节性产卵。雌鱼产下大量的小卵，发育成幼虫，然后随着水面海流漂浮好几个月，之后变形为幼鱼。某些鱼种成年后要进行迁徙，历时数年，行程数千千米。

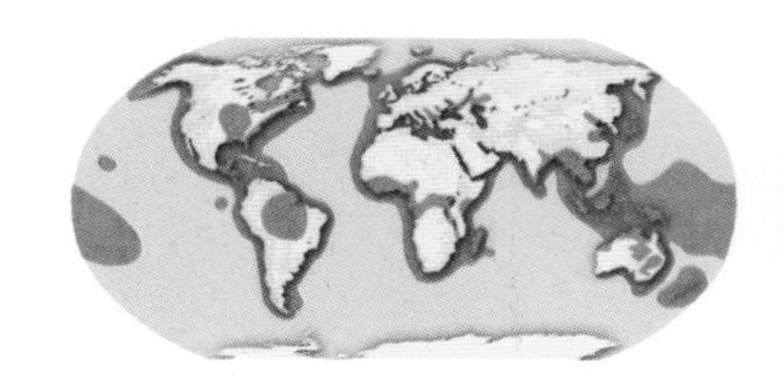

亲近海岸 鲱鱼主要分布在北半球。大部分鱼种的成鱼在热带和温带海域的海岸附近觅食，超过70个鱼种居住在淡水河流和湖泊中，很少的鱼种生活在远离岸边的远洋，极地海域和深水中都无此种鱼生存。前往产卵地的季节性迁徙在这类鱼中十分普遍。

成群结伴 所有鲱鱼的鳔都延伸至内耳，人们认为这能提高它们探测低频率声音（如拍打尾鳍产生的声音）的能力，并能帮助它们和鱼群不游散。长有鳔的幼鱼仅仅是将它鼓起，然后在夜间的水柱中上升。

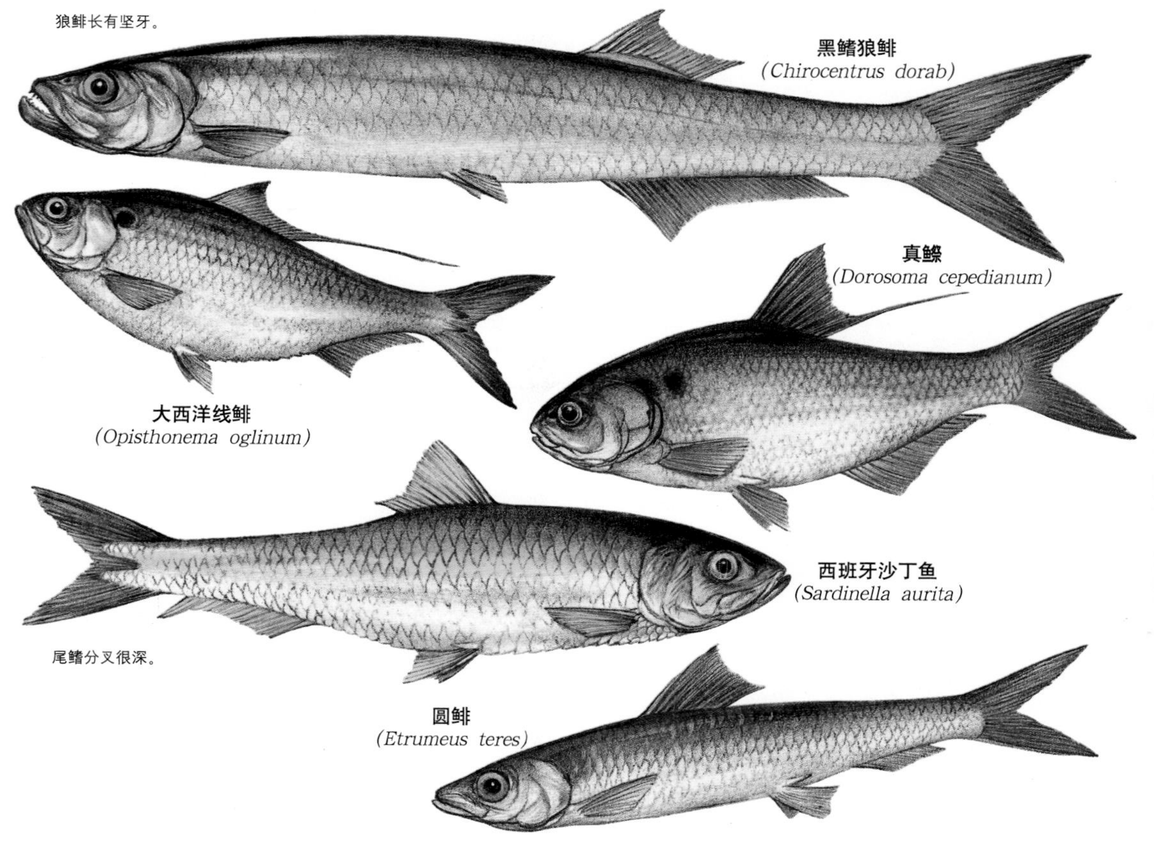

繁荣与萧条

由于自然界的盛衰循环，鲱鱼的死亡率非常高——经常达到99%——部分是由于它们在其生命各个阶段的捕食者太多，更主要的是由于环境的不断恶化，它们在成年后也很脆弱，可获得的食物有限。

大部分的鲱鱼繁殖率很高，达到性成熟所需时间较短（几乎不会拖到3岁后）。所以，一旦环境好转，数量很快会反弹上来。

鲱鱼族对全球水环境的生物做出了巨大的贡献，是许多水中食物链中关键的较低的一环。

鱼的模式 鲱鱼符合大多数人对鱼的认识：体小——大部分身长不到30厘米、流线型的身体、成群出游、长有银色的鳞片和分叉的尾巴。

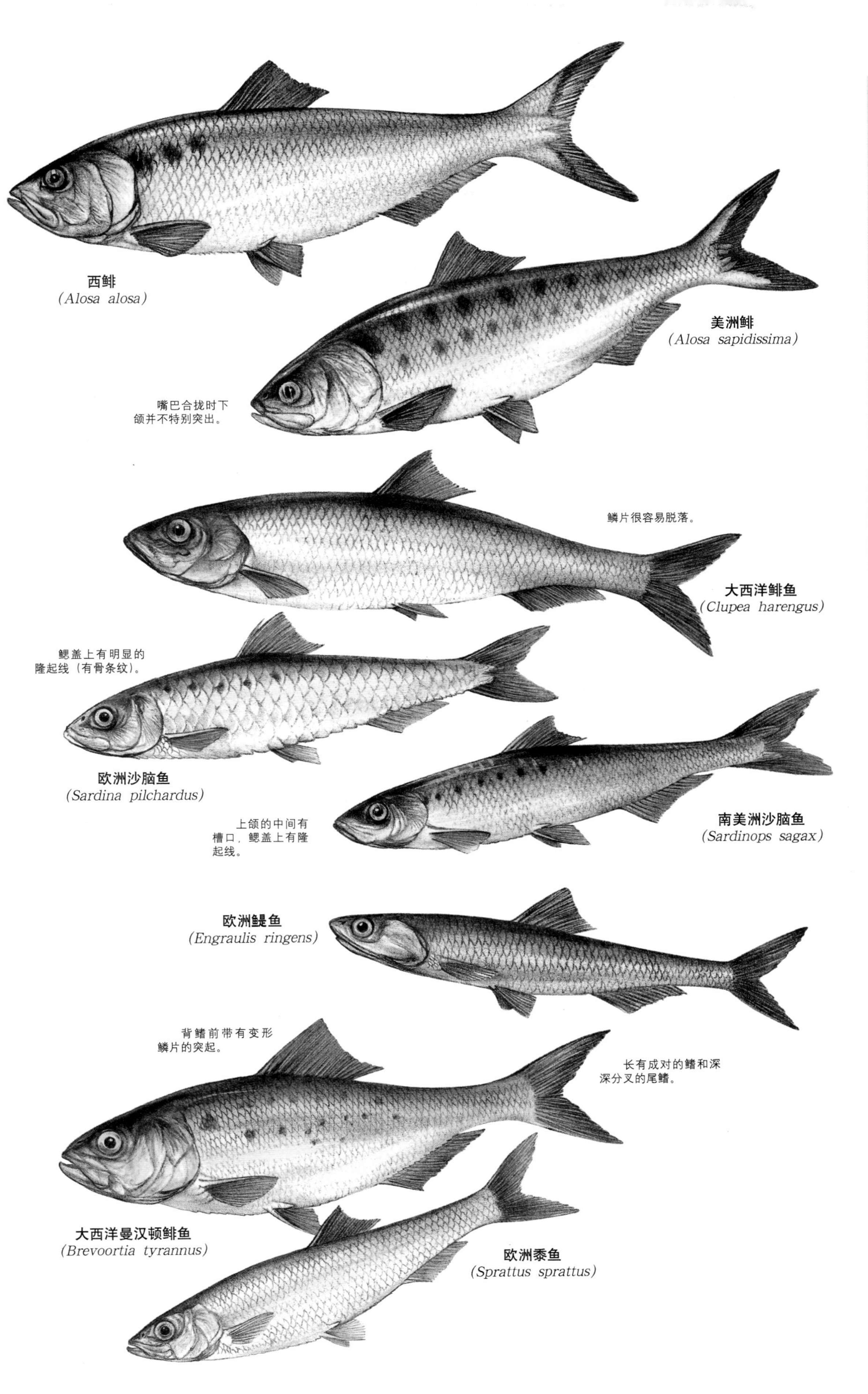

小档案

美洲鲱 成年美洲鲱大部分时间都在近岸的海水和咸水中度过，它们会迁徙到北美洲东部的淡水溪流中产卵，途中不进食。每条雌鱼可产下多达600,000枚卵。该种是体形最大的鲱鱼，被人们认为是最美味的鲱鱼，其鱼子价值很高。

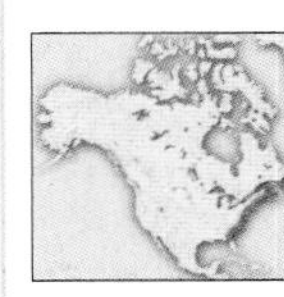
76厘米
5.4千克
卵生
雌雄异体
常见

北美洲

大西洋鲱鱼 一度被吉尼斯世界记录列为全球数量最多的鱼种，曾有上百万只鱼组成鱼群游过27千米的里程。这种鱼群每天会进行垂直迁徙。白天，它们一般歇息在海底，夜间上游觅食，主要食用浮游生物。

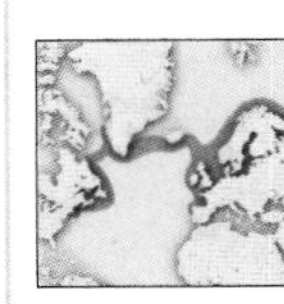
43厘米
680克
卵生
雌雄异体
常见

北大西洋

欧洲鳀鱼 可能是商业价值最高的鱼，欧洲鳀曾经每年被捕捞超过10,000,000吨。其数量由于过度捕捞而受到破坏。

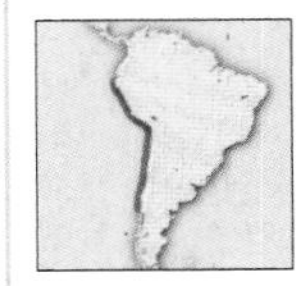
20厘米
60克
卵生
雌雄异体
常见

南美洲海岸西部

保护警报

鲱鱼缺乏 在国际自然与自然资源保护联合会的《濒危物种红色名录》上的12种鲱鱼包括濒危的亚拉巴马鲱鱼（*Alosa alabamae*）和老挝鲱鱼（*Tenualosa thibaudeaui*）。前者生活在墨西哥湾，由于大坝建设妨碍了它们迁徙到淡水中产卵，因而数量大幅下降；而印度支那的淡水老挝鲱鱼的数量下降可能是由于过度捕捞和建筑大坝。

鲶鱼及其同类

纲 辐鳍纲
总目 骨鳔鱼总目
目 (5)
科 (62)
种 (7023)

骨鳔鱼类占据了世界上的淡水栖息地。它们形成巨大的种群，有超过7,000个种。它们有两个重要特点：一组独一无二的骨骼韦伯氏器将鳔和内耳相连，可以提高听力；第二个特点是其特殊皮肤细胞所释放出的化学物质有报警反应。许多骨鳔鱼不但产生这种物质，而且还能感应并做出逃跑的反应。某些骨鳔鱼种会捕食其他的骨鳔鱼种，但是大多不能成功，因为后者中的大部分会产生报警化学物质，同时会抑制进食。

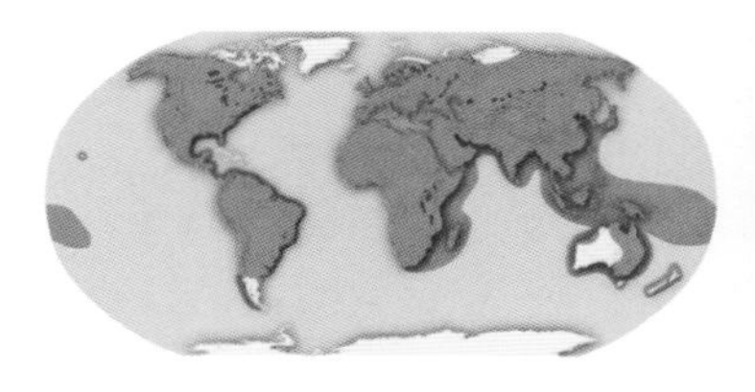

占据淡水水域 大多数脂鲤生活在热带。鲤科鱼自然生活在北美洲和非洲，但是大部分在欧亚大陆。鲶鱼在所有大陆都被发现过，电刀鱼仅分布在中美洲和南美洲。许多骨鳔鱼现在在它们原始生活范围之外的地方被发现了，部分原因是由于观赏鱼贸易。

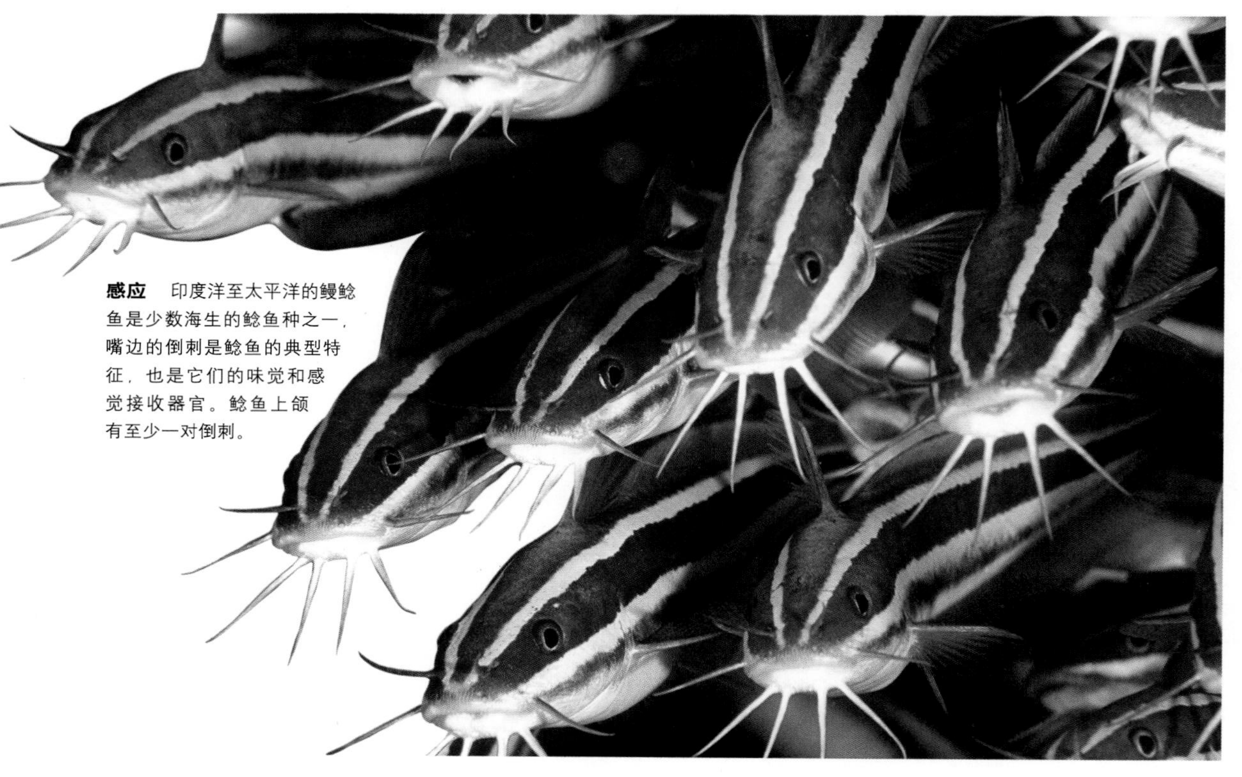

感应 印度洋至太平洋的鳗鲶鱼是少数海生的鲶鱼种之一，嘴边的倒刺是鲶鱼的典型特征，也是它们的味觉和感觉接收器官。鲶鱼上颌有至少一对倒刺。

多种多样

最原始的骨鳔鱼是长有不完全韦伯氏器的热带鱼种。牛奶鱼是东南亚居民的重要蛋白质来源，它属于这一种群。

最大的骨鳔鱼目鲤科鱼包括鲤鱼、鲦鱼和许多世界上最受欢迎的观赏鱼——从金鱼到清道夫。它们没有颌齿，但是会用咽喉的带牙骨头和头盖骨根部一个坚硬的角蛋白化的肉垫来磨碎食物。这一切已经被重复地改进，以提供许多不同的进食策略。

大部分南美洲脂鲤与淡水鱼和观赏鱼大脂鲤一样种类丰富，非常有名。

鲶鱼种类超过2000种，嘴边均长有触须状倒刺，易于辨认。所有都为沉淀物食用者。

电刀鱼种类较少，很少被研究，其中包括有传奇色彩的电鳗。

保护警报

几乎绝灭 “冒烟的疯汤姆”（*Noturus baileyi*）曾经一度被认为已经灭绝，但是，1980年，它在美国东部田纳西的一条溪流中再次被发现。这种身长6厘米的小鲶鱼现在在世界上存活的数量可能不到1000条。

在南非的突仪河及其支流，突仪红鳍鱼（*Barbus erubescens*）的生存状况也十分不稳定。它们面临着来自农业污染和过度抽水的威胁，引进鱼种也对其造成危险。它们是世界各地49种极危的骨鳔鱼种之一，另有45种濒危，18种已经灭绝。

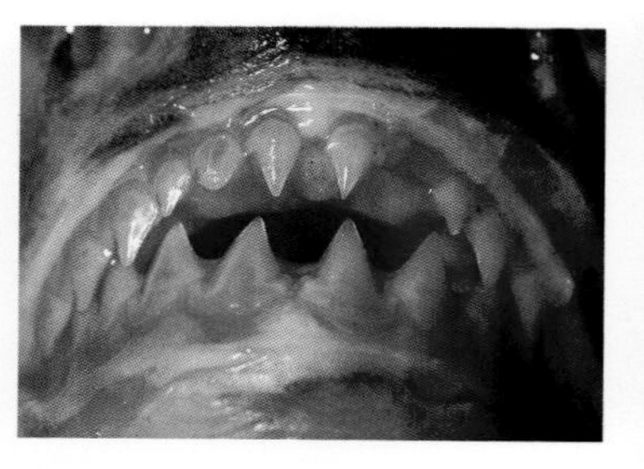

高效进食 某些（不是全部）淡水鱼种长有短而有力的颌和锋利而互相连接的牙齿（上图），可以轻易地将肉从猎物身上咬下来。

热门小鱼 原产于亚马孙河的上流，霓虹灯鱼（左图）已经成为世界各地观赏鱼贸易的支柱。

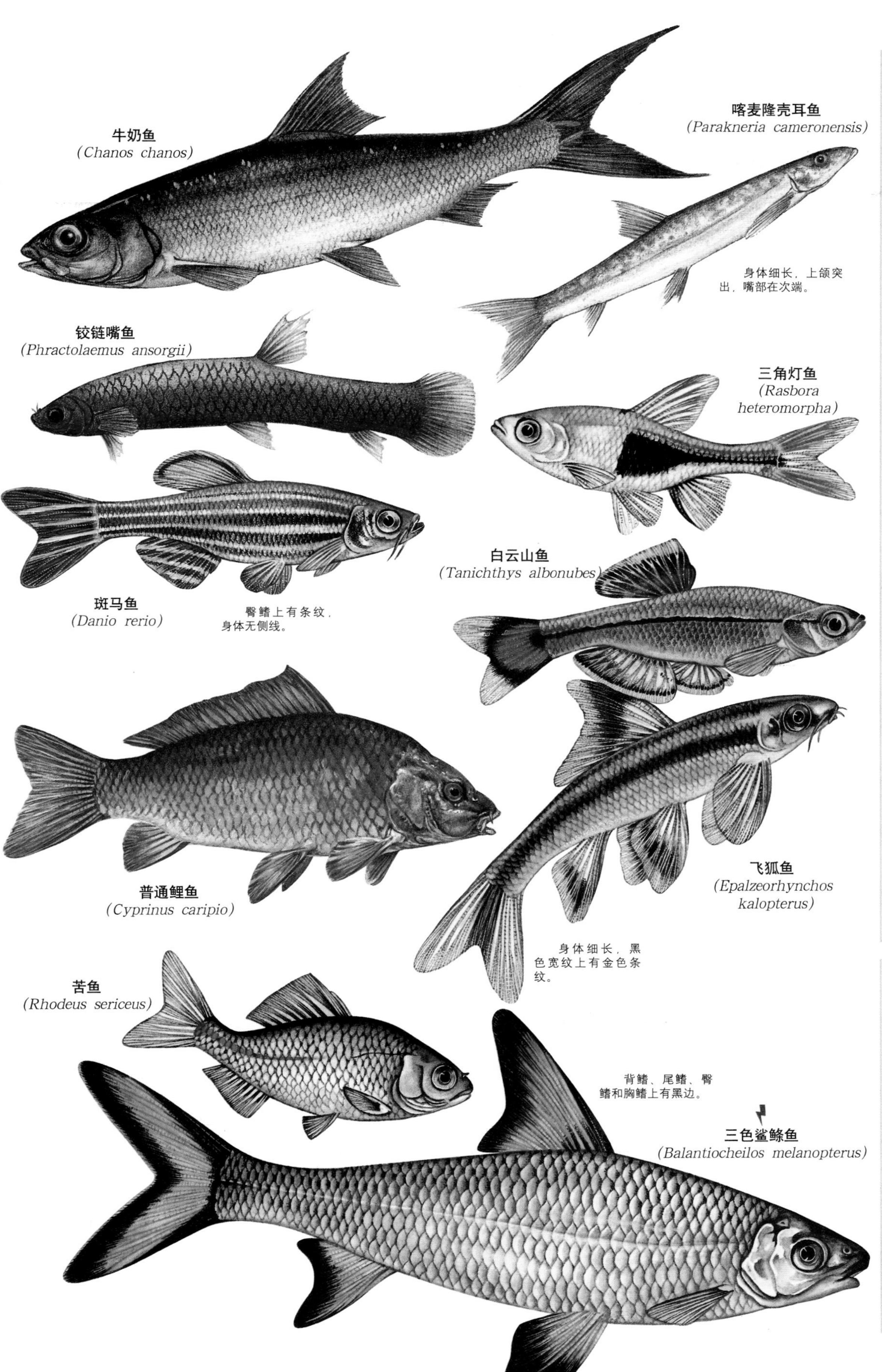

小档案

牛奶鱼 幼鱼在咸水海岸湿地生活，偶尔会进入淡水水域，但很快会回到海中。本种是印度洋至太平洋地区居民的重要蛋白质来源，它们在这些地方会被养殖在池塘中。

- 1.8米
- 14.5千克
- 卵生
- 雌雄异体
- 常见

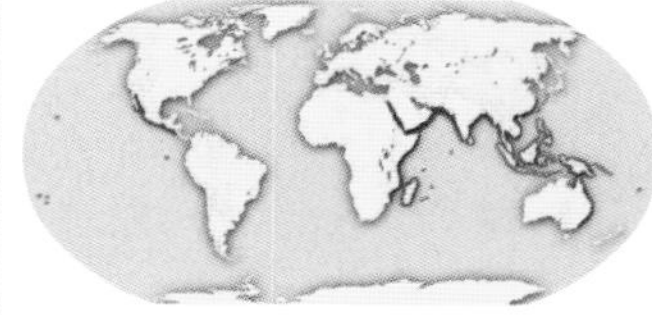

非洲东部、东南亚、大洋洲和太平洋东部

普通鲤鱼 原产于欧洲和亚洲的部分地区，现在已经被引入到世界各地，具有很强的适应性。这种杂食鱼在它们原始起源地之外的地方已经被当做害虫，因为它们经常和当地的本地鱼种争食。

- 1.2米
- 37千克
- 卵生
- 雌雄异体
- 野生鲤鱼的数据缺乏

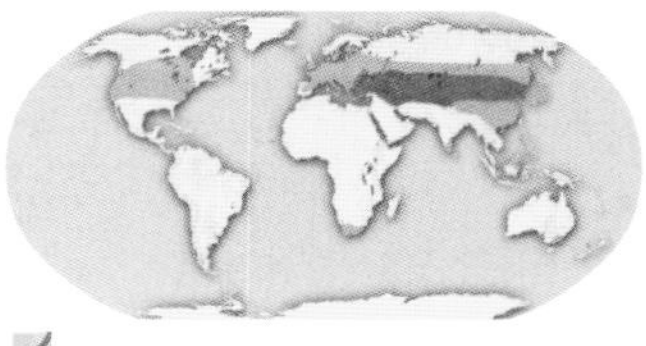

东欧至中国（现已被引进到世界各地）
引进的区域

苦　鱼

为了繁殖，雌苦鱼长有长长的产卵管，并通过它将卵子输入到一个淡水贻贝中。雄苦鱼通过贻贝双瓣吸入性孔径附近释放精子，进入贻贝和卵子结合。幼鱼在贻贝内生长一个月。

以鱼测孕

雌苦鱼一度被妇女用来检测自己是否怀孕。含有孕激素的尿液被注射进苦鱼里，会促进其产卵管的发育。

小档案

扳手鲃 许多鲃鱼在观赏鱼贸易中很受欢迎，虽然扳手鲃作为一种总是被买家追寻的鱼，但其体形稍嫌过大。

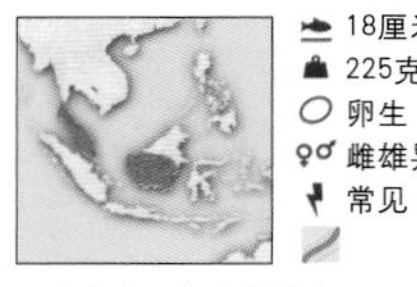

18厘米
225克
卵生
雌雄异体
常见

马来半岛至加里曼丹岛

中国吸鱼 原产在长江流域，得名于厚厚的嘴唇。它们用自己的厚唇吸食食物，如从沉淀物及河边岩石、树木上吸食无脊椎动物和水藻。某些标本表明，其背鳍的长度可以和身长一样长。

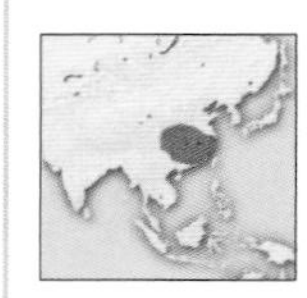

60厘米
3.6千克
卵生
雌雄异体
当地常见

中国长江流域

网鳅 亚洲热带淡水鱼种，又名巴基斯坦鳅。属夜行性，杂食，主要捕食底栖的无脊椎动物，如螺等，也食用水藻。受到威胁时，它们会快速将自己的身体埋进沉淀物中，只露出尾巴。

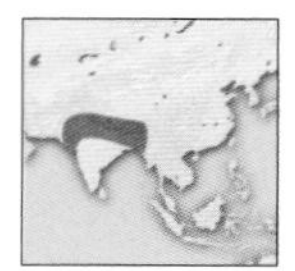

12厘米
115克
卵生
雌雄异体
常见

巴基斯坦、印度、孟加拉国、尼泊尔

石鳅 属夜行性底栖鱼，长有三对倒刺，主要以底栖无脊椎动物为食。对污染和水中缺氧十分敏感，被认为是绝佳的水质生物标示器。

21厘米
200克
卵生
雌雄异体
常见

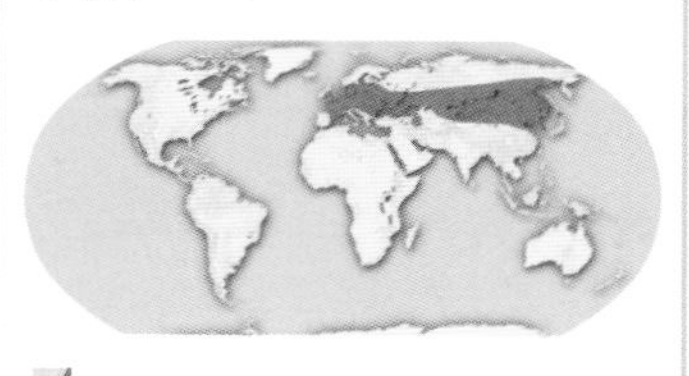

欧亚大陆

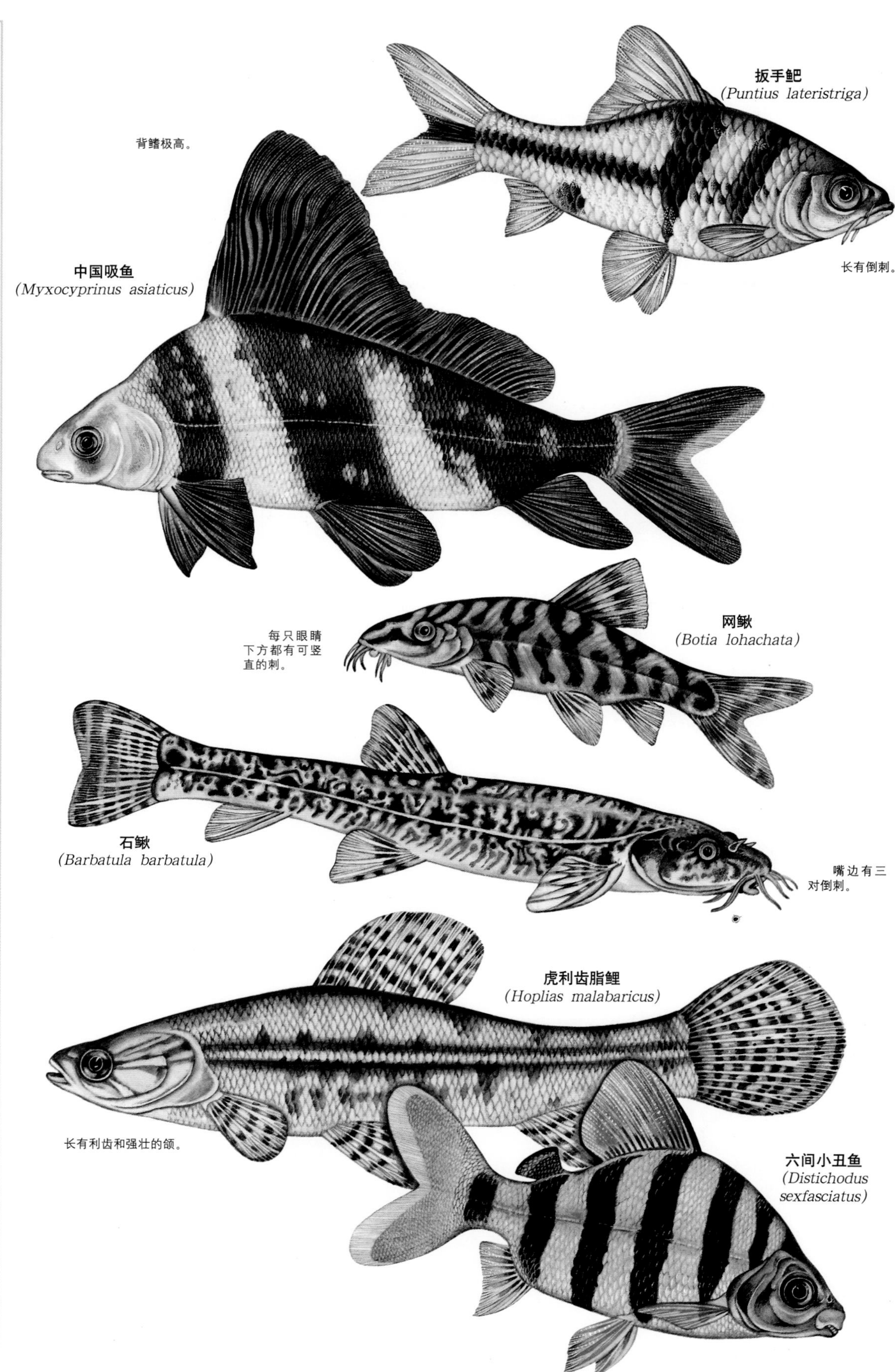

佳尔脂鲤
(*Ctenolucius hujeta*)

身体越来越细，背鳍靠近喉，后面就是脂鳍。

斑点矛脂鲤
(*Boulengerella maculata*)

水花脂鲤
(*Copella arnoldi*)

斑纹斧鱼
(*Carnegiella strigata*)

河斧鱼
(*Gasteropelecus sternicla*)

能捕食会飞的小昆虫。

大虎鱼
(*Hydrocynus goliath*)

红眼食人鱼
(*Serrasalmus rhombeus*)

食人鱼
(*Pygocentrus nattereri*)

胆小却拥有超强的咬合力。

帝王灯鱼
(*Nematobrycon palmeri*)

小档案

斑纹斧鱼 具有亚马孙斧鱼的典型体态，发达的肌肉支持夸大的胸鳍，面对捕食者时能在水面飞起逃跑。它们在水面捕食，被认为是消耗植物的鱼类，吃花和昆虫。

3.4厘米
15克
卵生
雌雄异体
常见

南美洲北部

食人鱼 这种鱼的声誉很糟糕，是南美洲最声名狼藉的鱼，但是人们对这一点有所夸大。它们会疯狂地进食，正是因为这一点出了名。但是仅仅在干旱的季节里，并且当鱼大量集中在缩小的水坑里的时候，才会出现这一现象。食人鱼有着高度发达的听力，在探测猎物方面是非常重要的。

36厘米
1.1千克
卵生
雌雄异体
常见

南美洲东北部

水花脂鲤

水花脂鲤通过将卵产在水外来避免水里的食卵者。雌鱼跳入空中，当它们湿润的身体靠近倒垂的叶子时，在落下前一次产下8枚卵。雄鱼很快跟上，两条鱼将鳍相扣，挂在叶子上，雄鱼射出精子。它们重复这个过程，直到产下几百枚的受精卵。雄鱼用尾巴轻拍鱼卵以保持湿润，直到它们孵化并落入水中。

小档案

条纹鳗鲶 海生鱼，其幼鱼是仅有的生活在珊瑚礁上的鲶鱼，会成群紧紧聚在一起迷惑捕食者。胸鳍和背鳍有能致人死命的毒素。

- 33厘米
- 340克
- 卵生
- 雌雄异体
- 常见

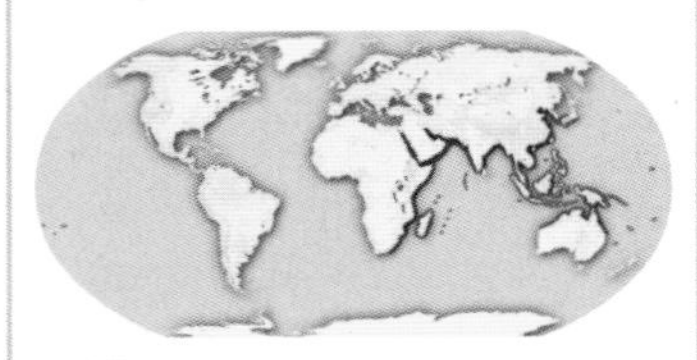

印度洋至太平洋

玻璃鱼 由于身体透明，它们已经成为很受欢迎的观赏鱼，其骨骼和内部器官一目了然。玻璃鱼是咸鱼酱的关键成分，这道菜是亚洲许多家庭的必备菜肴。

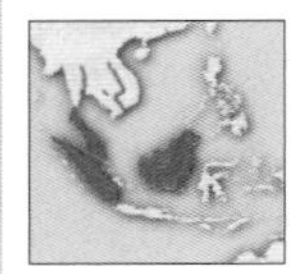

- 15厘米
- 60克
- 卵生
- 雌雄异体
- 常见

东南亚

寄生的孵卵室

非洲八哥鲶鱼是惟一寄生在另一种鱼的卵内繁殖的鱼类。成对的这种鲶鱼在产卵的鲷鱼的嘴巴周围产卵，并消耗鲷鱼的卵黄。当雌鲷鱼将自己的卵放在嘴内的时候，也把这种鲶鱼的卵放了进去。鲶鱼鱼苗先孵化，在卵囊中长大，在孵化时经常吃掉幼鲷鱼。

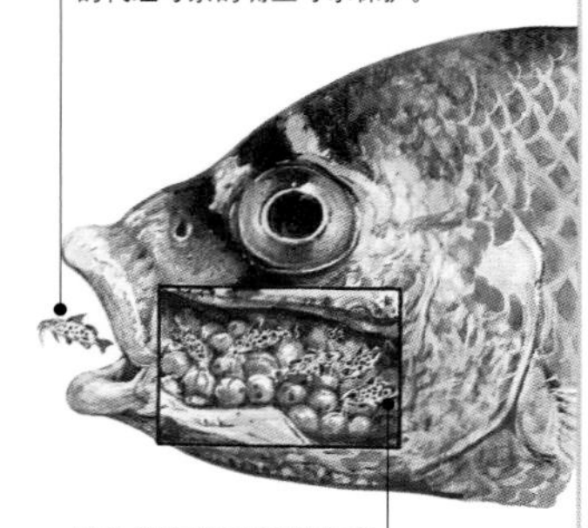

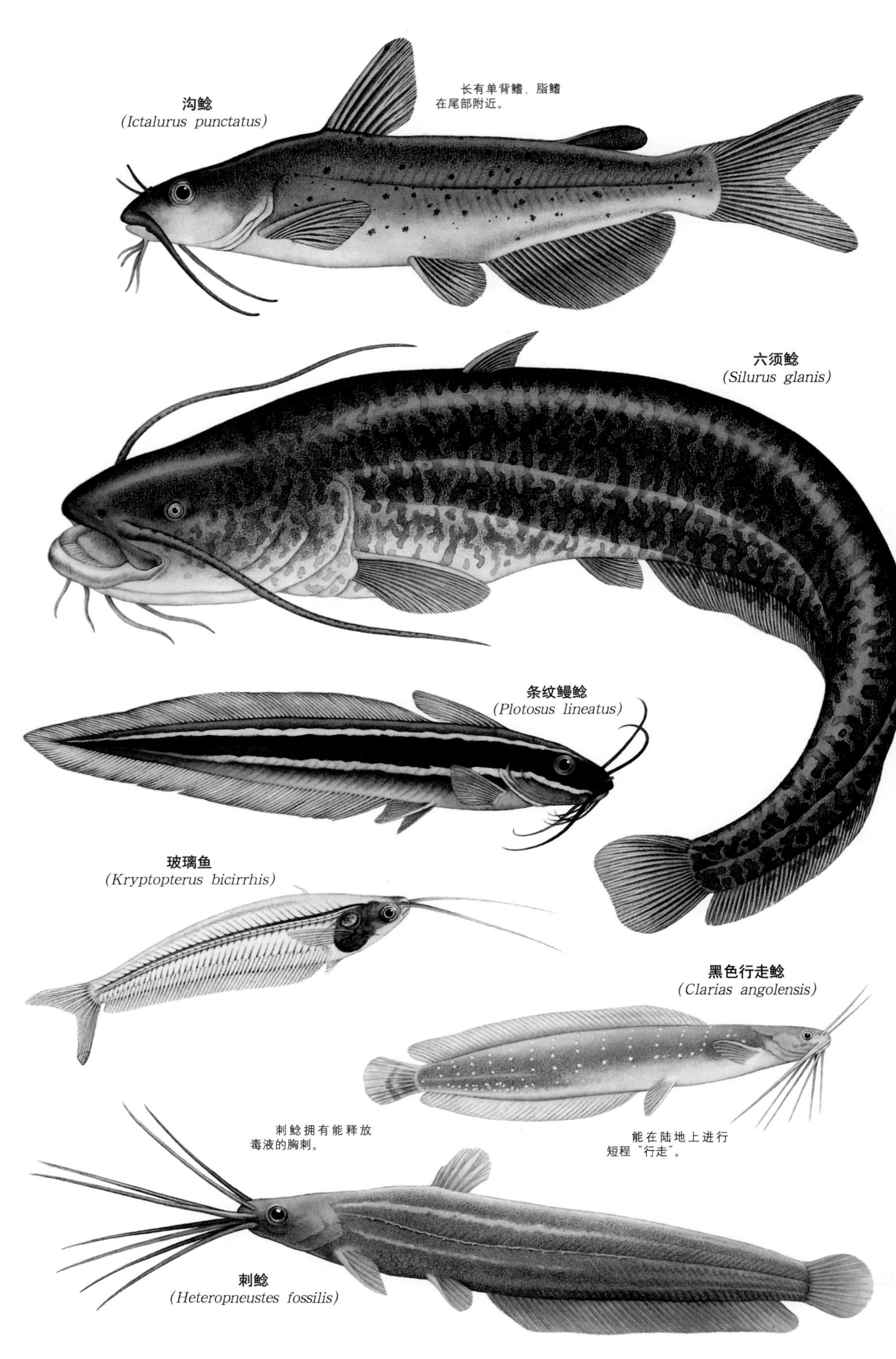

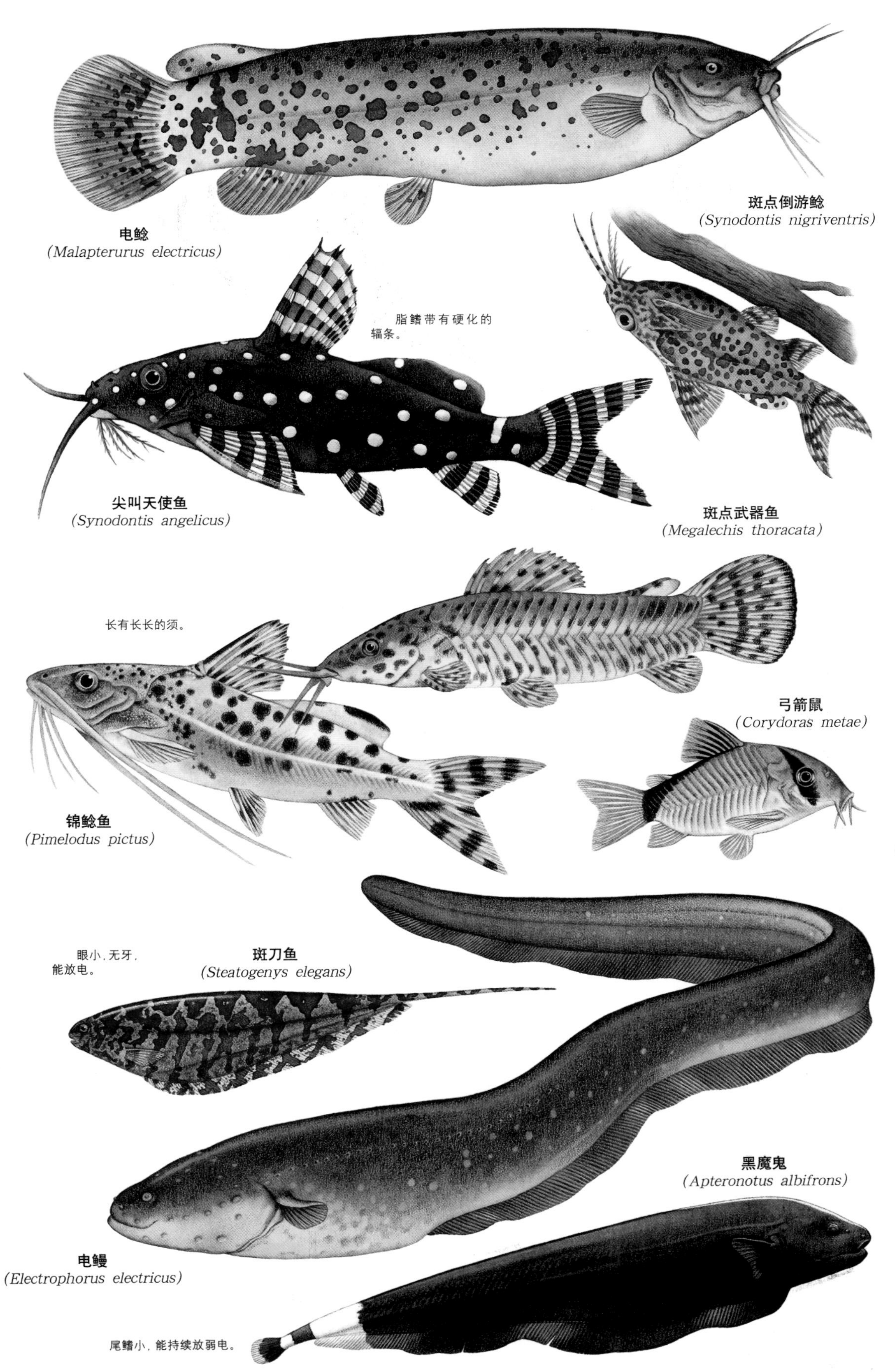

小档案

电鲶 身体肌肉经过改进，能放出大约400伏特的电。这种典型的非洲鲶鱼能电晕并阻止猎物。

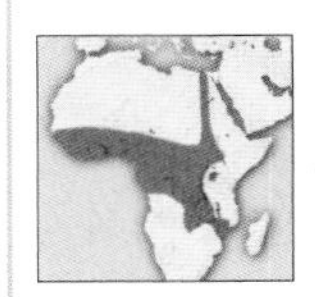

1.2米
20千克
卵生
雌雄异体
常见

尼罗河和中非

电鳗 原产于南美洲，和真正的鳗鱼无关，却与淡水鱼和脂鲤有关。它们无法通过鳃吸收足够的氧气，只能通过嘴巴大口呼吸空气。体内布满血管，血管就像肺一样。

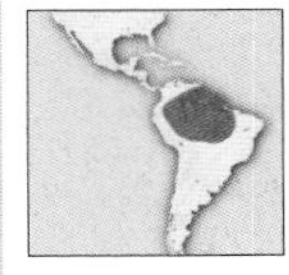

2.4米
20千克
卵生
雌雄异体
常见

南美洲北部

恐怖鱼

恐怖鱼是一种体长仅2.5厘米的鲶鱼，有自己独特的生活方式。它们生活在亚马孙河中，能游进一条较大的鱼的鳃内食用宿主的血。它们还能进入并宿住在游泳者的尿道内，这会引起出血，有时甚至致人死亡。

电鳗的尾巴

电鳗身体的大部分是尾巴，上面长满成千上万个能放电的细胞，这些细胞来自于进化后的肌肉组织。它们通过发出并探测弱电流游动。身形较大的鱼会发出高达500伏特的强电电晕猎物，这也足够电晕人类。

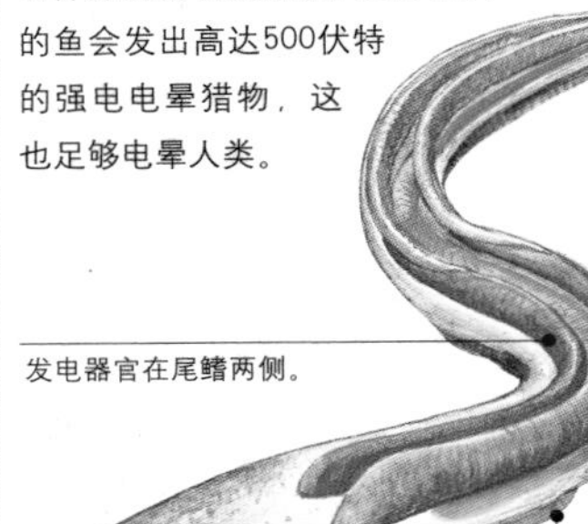

鲑鱼及其同类

纲 辐鳍纲

总目 鲑形总目

目（3）
科（15）
种（502）

鲑形鱼类是世界上最受欢迎的钓鱼目标和餐桌美味，起源可以追溯到白垩纪时期。它们通常被分为3个目、15个科、502种。3个目为后奇鳍目、异鲑目和鲑形目。它们大多为肉食性，长有巨嘴利齿。其中很多是强而敏捷的泳者，身体细长，呈流线型，尾鳍发达。这种好本事在鲑鱼和鳟鱼中尤为明显，它们中的许多要进行长距离艰苦的生殖洄游。生殖洄游几个世纪以来一直困惑并吸引着科学家。

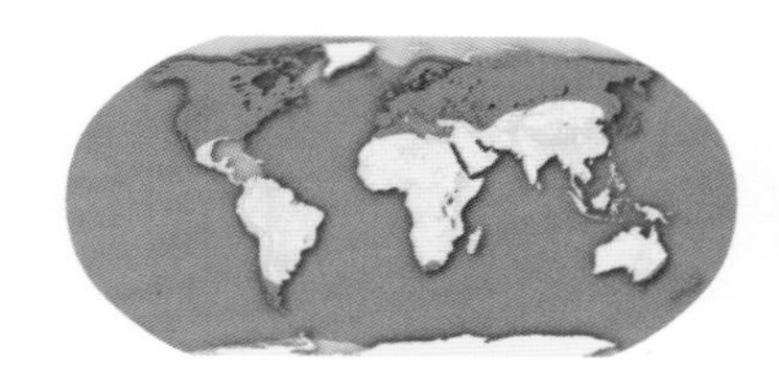

分布范围不断扩大 后奇鳍目仅分布在北美洲、欧洲和亚洲的温带地区。异鲑目也是温带鱼类，在南半球和北半球都有代表鱼种。鲑形目原产于北半球，许多鱼种已经被引入到世界各地合适的温带池塘、溪流和河流中，主要目的是为了繁荣消遣钓鱼业和水产农业。

鳟鱼鱼场 有几种鳟鱼，特别是彩虹鳟（*Oncorhynchus mykiss*）在温带地区被养在池塘和周边是网的自然水流中。人们在水中放入通过人工授精获得的鱼苗，待它们长到一定大小，就可以作为包装肉食产业的副产品——蛋白质球出售。

贪吃的鱼 矛鱼有巨大的嘴巴和锋利的牙齿，它们一动不动地潜伏在水柱间或是植物中，然后以非凡的速度突然伏击猎物。它们的食物通常包括水生的无脊椎动物和其他鱼类，某些大型鱼种也会吃小型哺乳动物和鸟类。

变化多端的捕食者

后奇鳍目包括矛鱼、狗鱼、梭鱼和泥荫鱼，均只生活在淡水中，大部分是可怕的伏击捕食者，其向后朝向尾巴的鳍是为了这种生活方式所做出的改变。

异鲑目有二百三十多种，最古怪的要算桶目鱼，它的眼睛是向上的桶管，它还有其他特别的为适应高压力的黑暗海底生活所做的改变。商业上最重要的异鲑目包括北半球的胡瓜鱼——温带海岸附近数量丰富的一种身体呈流线型的小型鱼。在南半球，最著名的异鲑目是南乳鱼——无鳞鱼种，生命循环复杂，幼年时期在淡水和咸水间游动。

鲑形目包括白鱼、白鲑、灰鱼、查斯鱼、鲑鱼和鳟鱼。大部分都为商业鱼种，鲑鱼因为其归巢和迁徙能力而具有特别的吸引力。

太平洋鲑鱼的六个种类在海中度过自己的大半生，然后都试图回到淡水溪流，在那里达到性成熟后产卵。人们相信这种鱼的嗅觉对确定它们的出生地至关重要。

迁徙的奇迹 每一条河流都有自己排水沟里的土壤和植物所产生的独特的味道。人们相信这种味道会印在幼鲑鱼的记忆中，帮助它们在生殖洄游中找到自己回家的路。

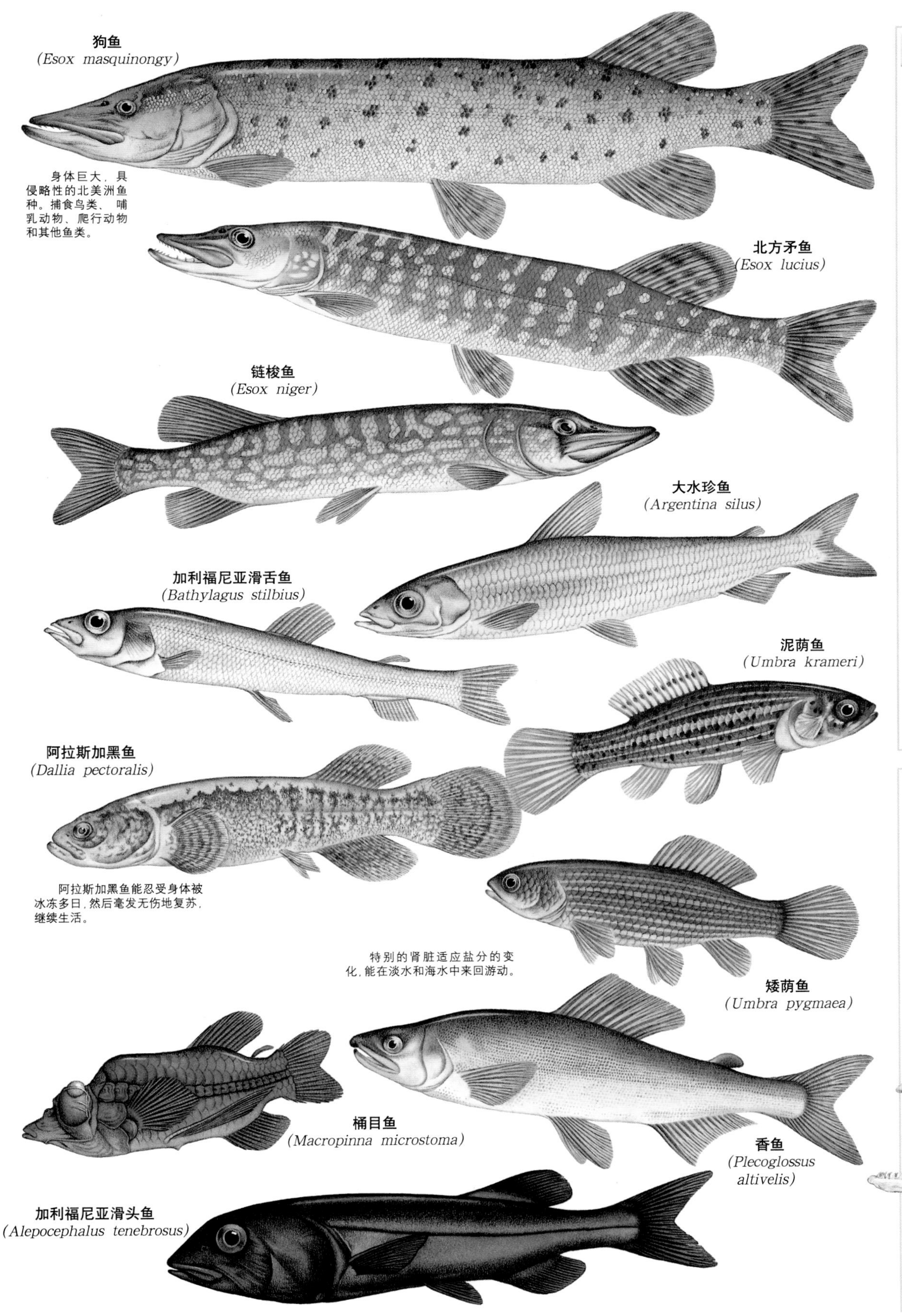

小档案

北方矛鱼 重要的食用鱼和钓鱼鱼种，生活在北美洲最北边缘和欧洲、亚洲，是自然分布最广泛的鱼种。

- 1.4米
- 34千克
- 卵生
- 雌雄异体
- 常见

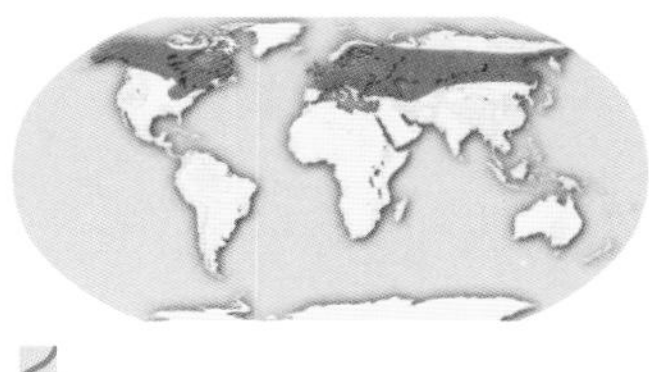

北美洲和欧亚大陆北部

泥荫鱼 栖息地被破坏、污染、与引进鱼种的竞争等等，都在威胁着泥荫鱼的未来。当附近水域中的氧气含量降低时，它们会露出水面直接呼吸。

- 13厘米
- 140克
- 卵生
- 雌雄异体
- 易危

欧洲东部

矛鱼的牙齿

矛鱼的下颌上长有一列针状的牙齿。它们锋利似刀，能在以每小时48千米的速度冲刺时刺透并切割猎物。嘴部上方向后弯的牙齿有助于咬住猎物防止逃掉。矛鱼经常攻击和自己一样大的猎物，游泳时，嘴里经常还含着没有完全消化的食物。

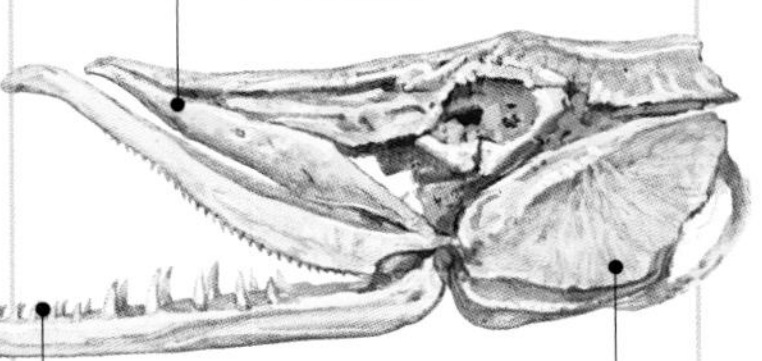

小档案

大西洋鲑鱼 大部分的幼鱼在淡水中呆多达4年的时间，然后迁徙到北大西洋。过1年–4年后，它们洄游到自己的出生地产卵，经常重复这种迁徙。某些内陆鱼种在深水和浅水间迁徙游动。

1.5米
36千克
卵生
雌雄异体
常见

大西洋北部、欧洲西北部、北美洲东北部

海鳟 在淡水中出生，然后迁徙到海水中，最后回到淡水产卵。它们寿命长，能够活20年。成鱼每年都进行生殖洄游。

1.4米
15千克
卵生
雌雄异体
常见

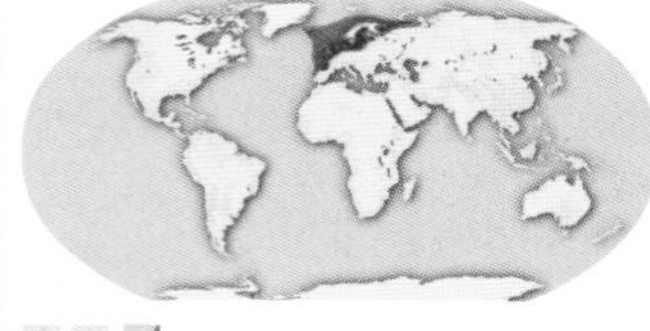

欧洲西北部（现在被广泛引入到世界各地）

棕鳟 淡水非迁徙鱼种，是钓鱼爱好者和美食家的最爱。它们产于欧洲，后来被引入到世界各地。就像其他的鲑形目鱼种一样，雌鱼用尾部在干净的砾石沉淀中建巢。

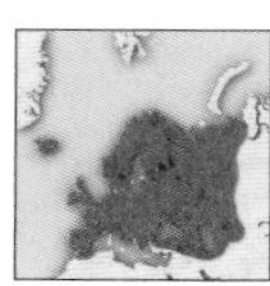

1.4米
15千克
卵生
雌雄异体
常见

欧洲、亚洲西部、非洲西北部（现在被引入到世界各地）

欧洲针鱼 就像它们的近亲鲑鱼和鳟鱼一样，针鱼也长有脂鳍。这个尾部附近脊背一边的小小的隆起的肉块被认为是原始的特点。

30厘米
200克
卵生
雌雄异体
数据缺乏

欧洲西北部

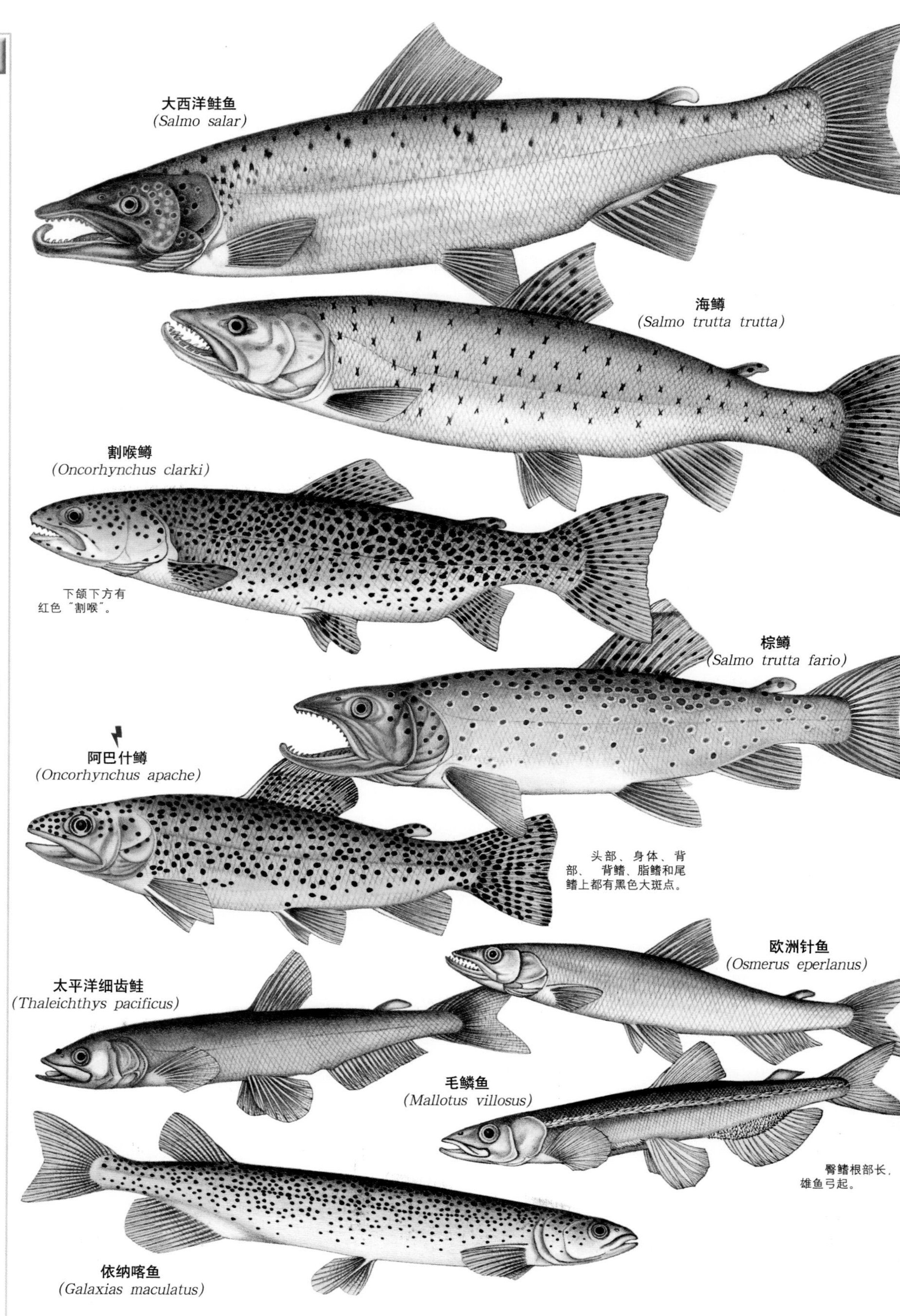

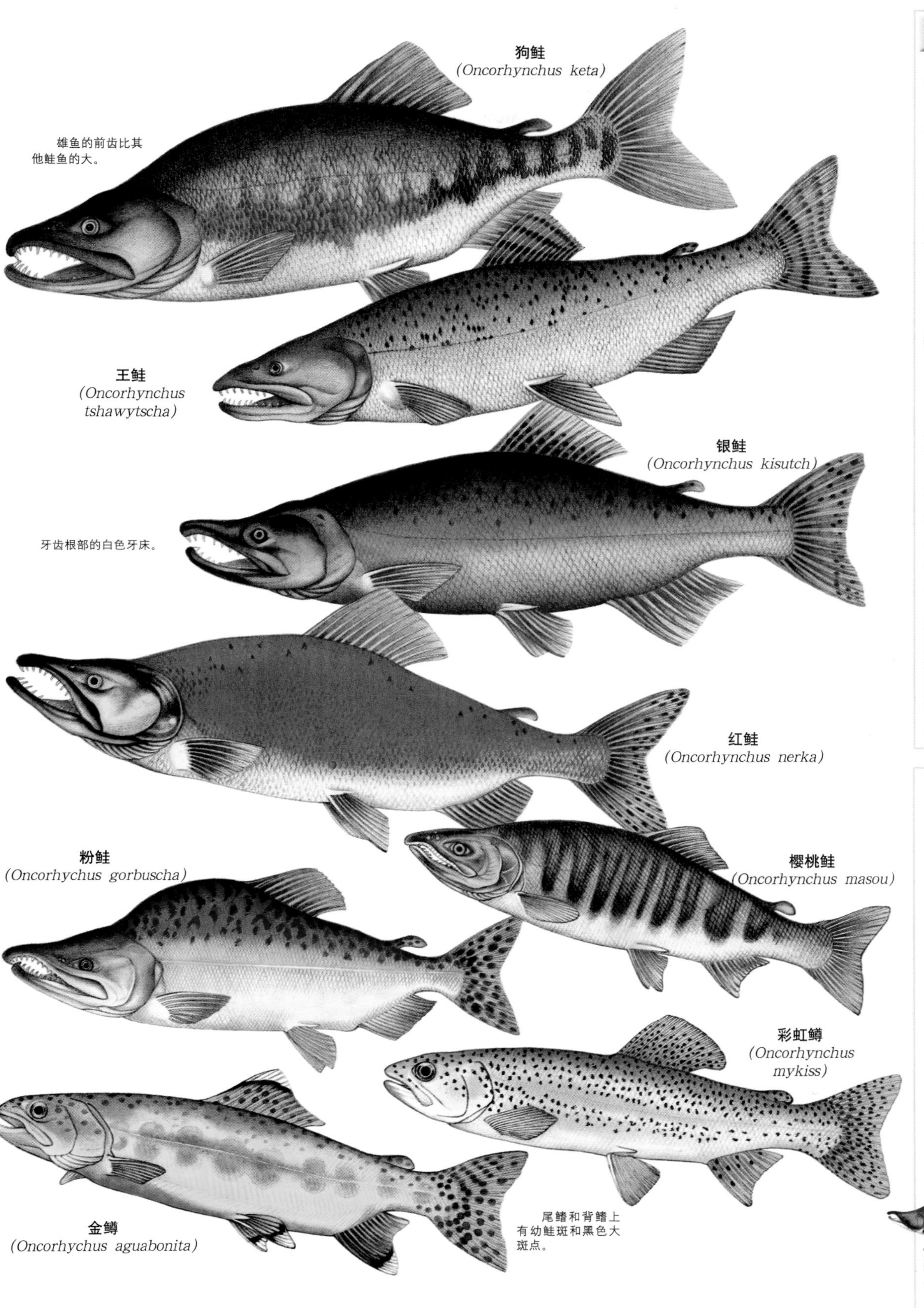

小档案

粉鲑 幼粉鲑在淡水中的时间很少，几乎一孵化就开始向海水迁徙，18个月后洄游到出生地产卵，之后死去。

76厘米
6.8千克
卵生
雌雄异体
常见

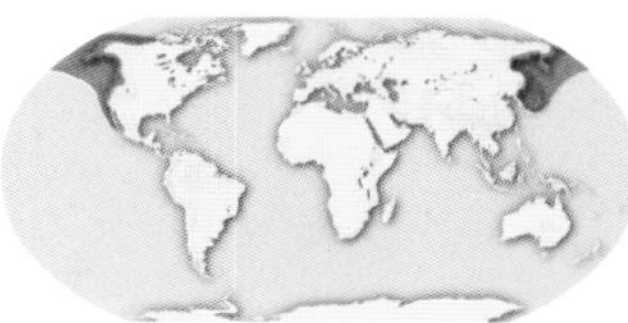

北极地区、太平洋北部、东南亚、北美洲西北部

彩虹鳟 被引入到世界很多地方，这种鱼已经成为飞鱼钓鱼爱好者最爱的淡水鱼。然而，某些北美洲本地彩虹鳟在成年后迁徙到海水中，只回到淡水中产卵。

114厘米
25千克
卵生
雌雄异体
常见

北美洲西北部（现在被引入到世界各地）

红鲑的生命环

雌红鲑将卵产于自己在砾石中筑的巢内。刚孵出的鱼苗还带着卵囊，但是几天之后就可以游动了。它们发育成幼鲑，可以在淡水中停留数年，然后变为银鱼进入海水，发育成熟之后，雄鱼和雌鱼都回到淡水中。这时，它们的头部为绿色，身体为红色，迁徙中的雄鱼发育出隆起的背部和钩状的鼻子。

红鲑为了回到出生地的淡水湖泊而进行的溯河而上的马拉松般的生殖洄游行程可达1600千米。

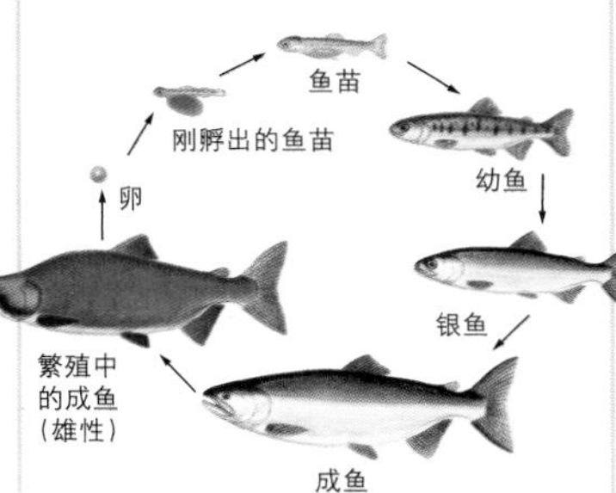

小档案

湖鳟 这种深水栖息的会发光的淡水鱼种食用其他鱼类、甲壳类动物和水生昆虫。雌鱼在孵卵处遇上北美小河鲑鱼(*Salvelinus fontinalis*)，于是产出快速生长的杂交鱼种。

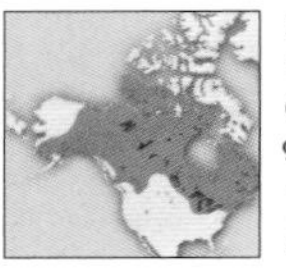

1.2米
32千克
卵生
雌雄异体
常见

北美洲北部

灰鱼 生活在欧洲北部未受污染的溪流和湖泊中，偶尔也能在咸水中发现这种鱼。它们在北方的春季大量产卵，雄鱼挖巢，雌鱼将受精卵埋入巢内。成鱼主要食用水生无脊椎动物，特别是昆虫。

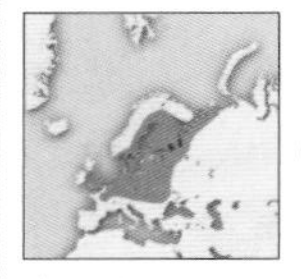

60厘米
3千克
卵生
雌雄异体
常见

欧洲北部

哲罗鲑 世界上最大的淡水鱼种。成鱼捕食青蛙、爬行动物、鸟类和小型哺乳动物。现在已经处于濒危，原因包括钓鱼者的垂青、污染和它们所居住的快速流动的水流被大坝阻挡。

1.5米
21千克
卵生
雌雄异体
濒危

多瑙河流域地区（欧洲）

保护警报

正在消失的南乳鱼 在国际自然与自然资源保护联合会的《濒危物种红色名录》上的68种鲑形鱼类中，有5种已经灭绝。在被列为极危的8种中，南乳鱼科有4种，每一种都仅在澳大利亚的淡水水域有有限的分布，并且都受到引进鱼种和栖息地遭受破坏的威胁。1996年，佩德南乳鱼(*Galaxias pedderensis*)被列为极危鱼类之一，将其移居到安全湖泊的保护行动保证了佩德南乳鱼的未来。

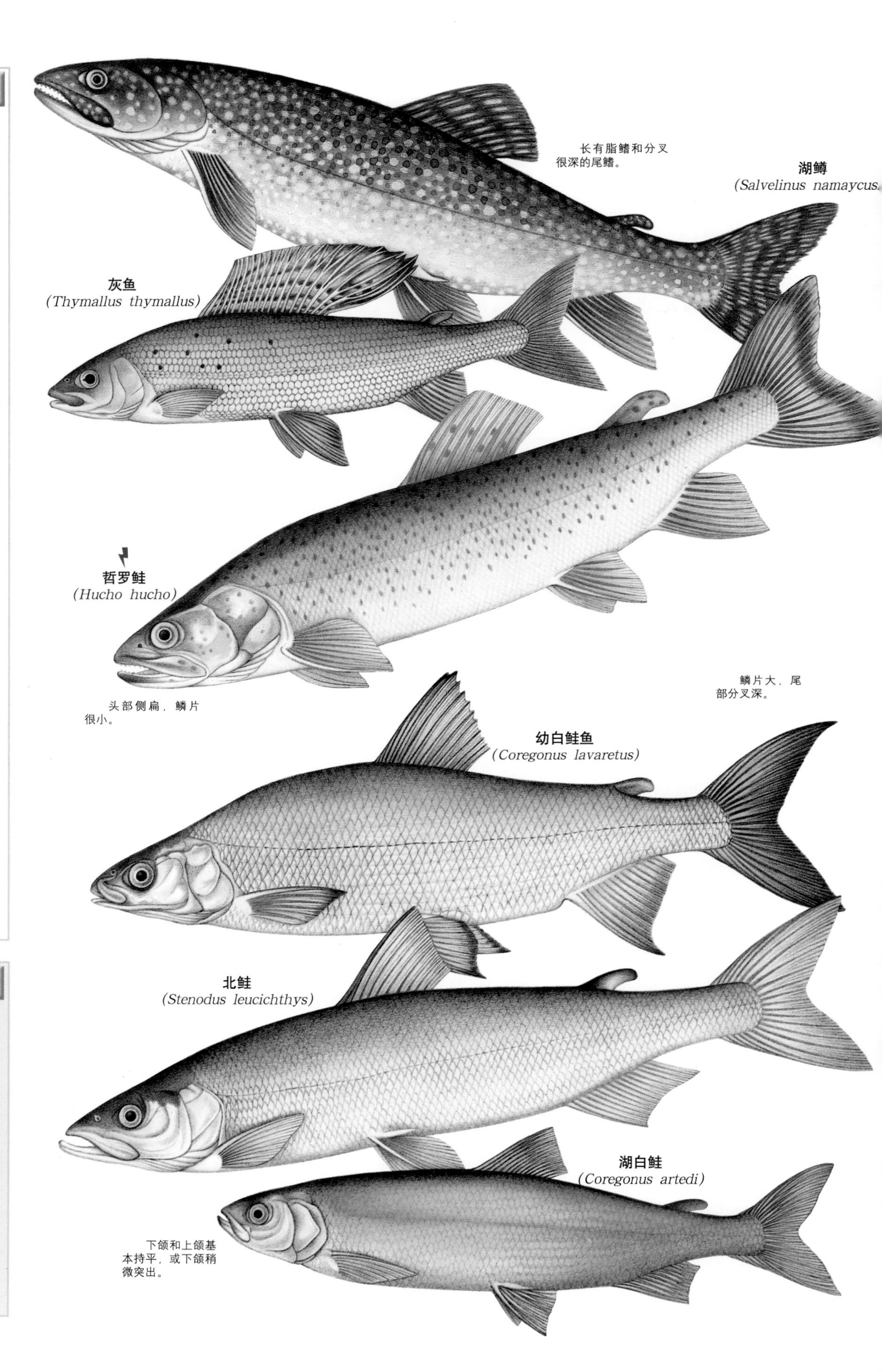

龙鱼及其同类

网 辐鳍纲
总目 巨口鱼总目
目 (2)
科 (5)
种 (415)

虽然种类繁多，分布广泛，但巨口鱼种却很少和人类相遇，因为它们主要生活在中层水域或深水中。它们很适应压力大的地区，那里的光线有限，生物的活动力低下。它们大部分都长有长牙大嘴，能对付不常遇到的大型猎物。除一种之外，所有鱼种都有发光器官——发光器。它们体侧和腹下的斑点逆着上面的微弱光线形成伪装，从而迷惑敌人，使它们对自己视而不见。大多数也通过伪装捕食，利用它们下颌伸出的倒刺或辐鳍引诱猎物，就像吸引扑火而来的飞蛾。

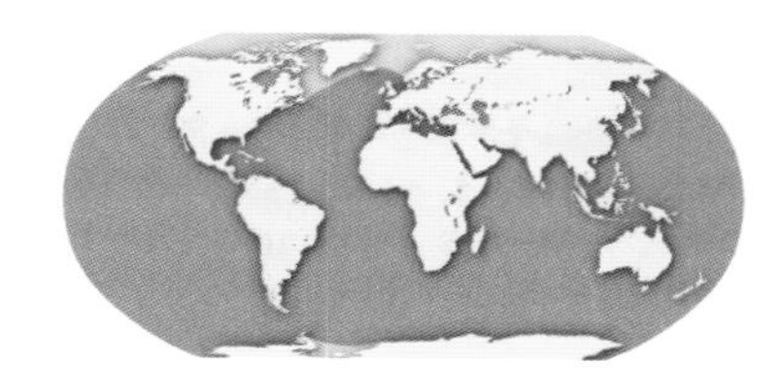

深海分布 巨口鱼主要生活在温带和亚热带海洋的深海远洋水域。它们夜间会在水中向上迁徙，白天向下返回。

凶猛的捕食者 这条深海龙鱼具有一切巨口鱼的特点，包括腹部的发光器和下颌上长长的倒刺。它们白天呆在海洋的最深处，处于完全的黑暗中，夜间垂直向上迁徙，在较适中深度的水层中捕食。雄鱼比雌鱼体形小，并且没有牙齿和胸鳍。

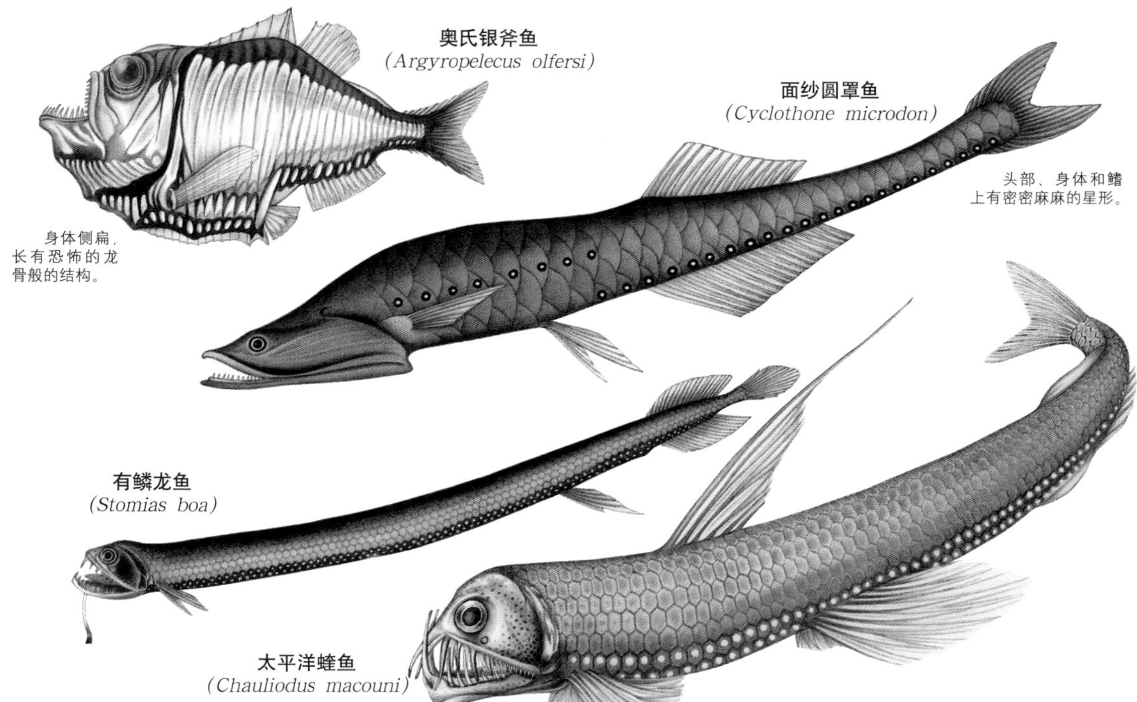

深海生活

巨口鱼类的特点为头大、体长，体色深暗，但也有身体为半透明或银色的鱼种。它们的俗称如光鱼、圆罩鱼、松嘴鱼、暴牙鱼和蝰鱼等，说明它们的外表有多么奇怪。

雌雄同体在本种鱼内十分普遍，这是为适应在同地的同种鱼不经常碰到彼此的情况。

卵和幼鱼随浮游生物漂浮在表面的水流中，稍大后即回到深水中。成年后，许多巨口鱼类白天在深水中休息，黄昏时游到较浅的水层，因为那里的小型鱼类和无脊椎动物更多。

保护警报

深水问题 由于深海栖息地像外太空般难以到达，所以，人类对于巨口鱼类的数量、构成、大小，以及繁殖行为所知甚少。可能其中一种，如圆罩鱼的数量比其他种类要多，有几十亿这种微小的中层鱼生活在海洋里。也可能某些鱼种在未被人类认知前就已经因为海洋污染而灭绝了。

狗母鱼及其同类

纲	辐鳍纲
总目	仙女鱼总目
目	仙女鱼目
科	(13)
种	(229)

仙女鱼类为海水栖息鱼类，有的生活在近海岸地方，也有的生活在深水中。它们包括狗母鱼、九肚鱼、绿眼鱼、伊珀诺兹鱼、蜥鱼、匕首牙鱼、望远镜鱼等。它们是少见的原始和现代特点的混合体，引起了科学家的特别兴趣，包括它们特别的眼睛改变的范围。许多深海鱼种由于它们的繁殖方式而闻名。它们为雌雄同体，也就是说，它们可以同时做雌鱼和雄鱼，甚至可以自己授精。仙女鱼类还由于从鱼苗变为幼鱼时体形变化之大而闻名。

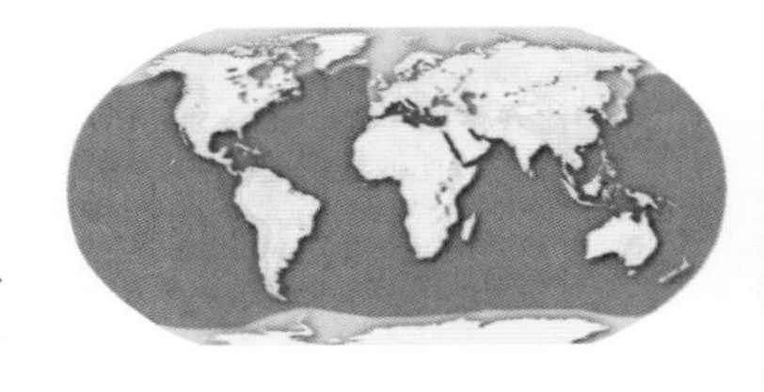

分布广泛 狗母鱼生活在温暖的海域，绿眼鱼生活在世界范围内的热带至温带水域，大部分九肚鱼分布在印度洋至太平洋，蜥鱼广泛分布在大西洋和太平洋的中层水里。

神秘的花纹 大部分狗母鱼的花纹（包括上图中这种生活在印度洋至太平洋的鱼种）与海底的沉淀物及其生活的海底环境十分融合。

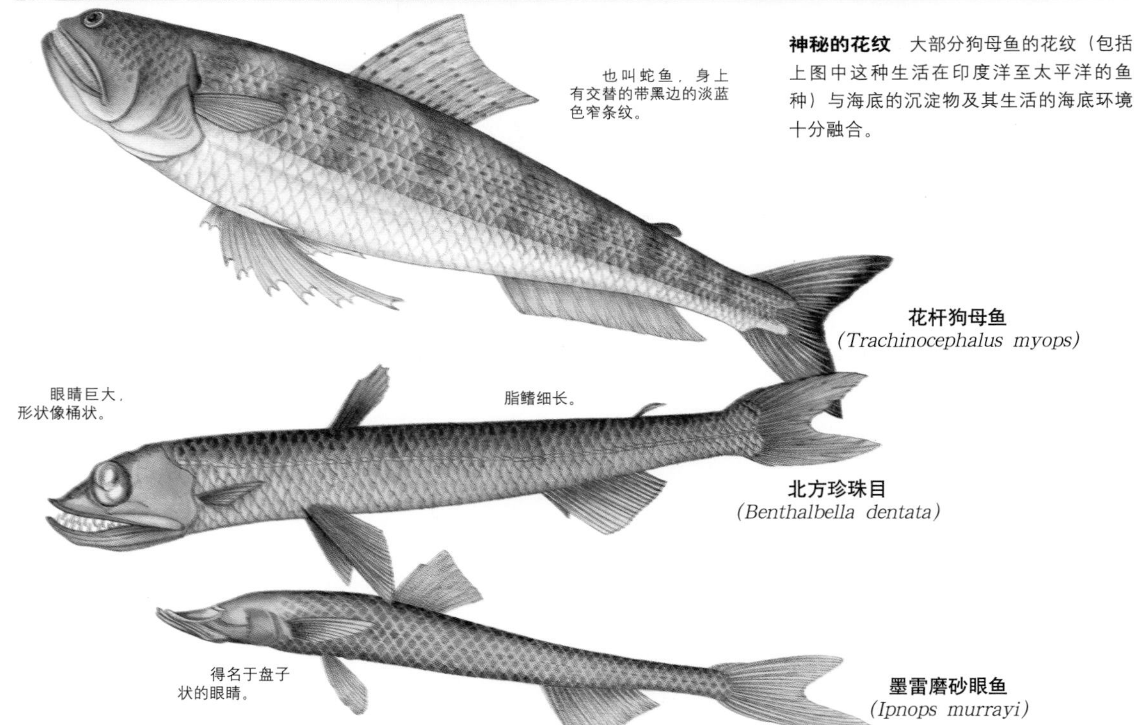

分类聚集

狗母鱼、九肚鱼和绿眼鱼为近海岸底栖伏击捕食者。它们经常用胸鳍支起身体前端，巧妙地将自己伪装起来。

伊珀诺兹鱼栖息在深水中，通常头部扁平，身体如铅笔，眼睛已经退化。

蜥鱼是深水肉食鱼种中最大的鱼之一，体长接近2.1米。它们的嘴巴巨大，牙齿像匕首，曾破坏过海底电缆。它们还曾被看到在海浪中挣扎。

三角架鱼 身体支在长长的胸鳍和尾鳍上，完全离开海底底部，它在等待自己的猎物。这些伊珀诺兹鱼体长最长可达36厘米。

灯笼鱼

纲	辐鳍纲
总目	灯笼鱼总目
目	灯笼鱼目
科	(2)
种	(251)

在深海远洋鱼种里，灯笼鱼分布最广泛，种类繁多，数量丰富。它们身体小，常常组成密度很高的鱼群，捕食浮游生物。由于它们是海鸟（特别是企鹅）、海洋哺乳动物和很多鱼类的猎物，它们几乎在所有海洋生物系统里都有非常重要的作用。它们被作为食物捕捞的数量相对较小，但是，由于它们在全球的总量几乎达到600,000,000吨，所以，它们被认为是还远未被开发的商业资源。它们和数量不太丰富的同类新灯笼鱼一起组成了灯笼鱼目。

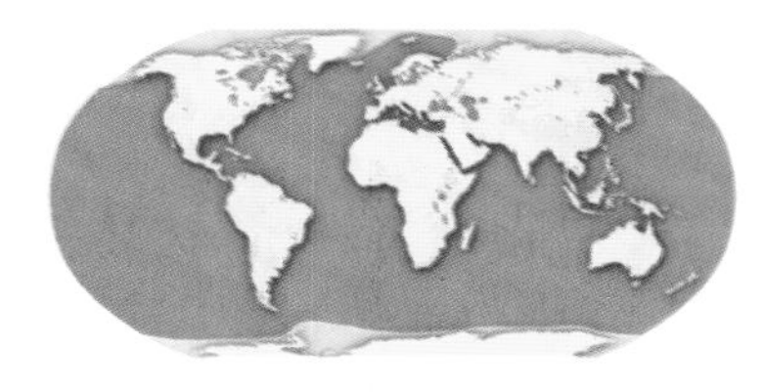

全球资源 灯笼鱼生活在远洋海域。种类的分布与海流及海水的物理和生物特征有关。许多鱼种白天呆在深水中，夜间向上迁徙，在水表捕食猎物。

领路灯 头部和腹部表面覆盖着发光器官。每一种灯笼鱼都有一种特别的花纹，可以当做帮助形成鱼群的识别信号。尾部发光器在性别识别中可能起到作用。

金属灯笼鱼
(*Myctophum affine*)

须　鱼

纲	辐鳍纲
总目	须鱼总目
目	须鱼目
科	须鱼科
种	(10)

须鱼得名于其下颌飘垂的一对感官倒刺，这种深海鱼种只包括10种鱼。正如更高级的硬骨鱼（刺鳍鱼），它们长有真正的鳍骨（和软辐相反），在第四和第六背鳍及臀鳍的第四鳍骨间。然而和现代特点一起出现的还有几个原始且独一无二的特点，由此展现的一系列特性使人们不能确定哪一种鱼和它们关系最近。

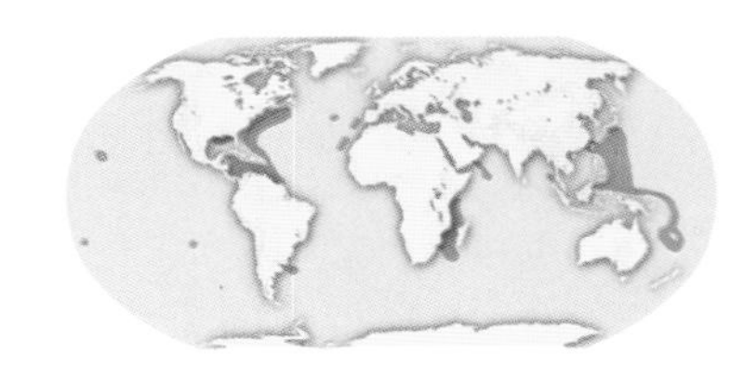

底栖者 须鱼生活在热带和亚热带海域，通常在20米—760米的大陆礁层外缘和大陆斜坡外缘的底部栖息。

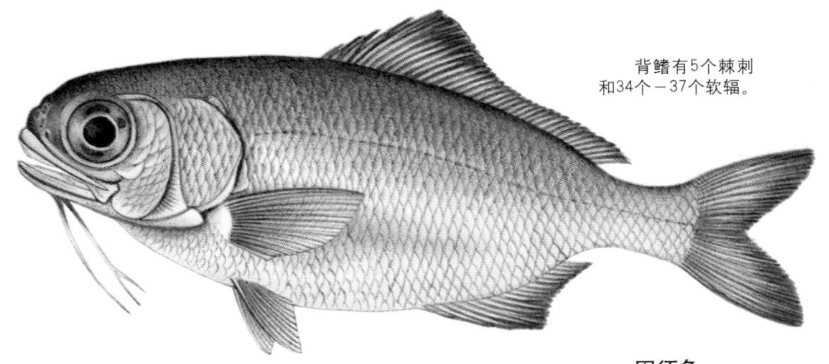

被捉 贝氏须银眼鲷（*Polymixia berndti*）常被在印度洋至太平洋热带和亚热带海域作业的商业拖网渔船顺带捞起来。

固须鱼
(*Polymixia nobilis*)

月鱼及其同类

次亚纲	正真骨鱼次亚纲
总目	月鱼总目
目	月鱼目
科	(7)
种	(23)

月鱼目包括23种深海鱼种。从外观上看，它们彼此相差很大，既有大而呈月亮形的鱼种，也有长而似蛇的鱼种。然而，它们却有共同的特征，如除一种外，月鱼类都有特别的下颌，使它们的嘴巴高高突起。它们通常没有鳞片，背鳍大都和身体等长，大部分有胸鳍，长在身体前部；许多鱼种身体上长有辐射状颜色和亮红色的鳍。这类鱼很可能起源于6500万年前。

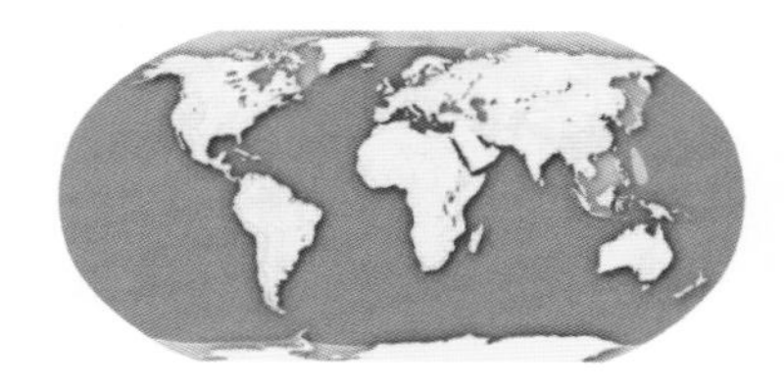

广泛分布之谜 月鱼类鱼通常在水深100米—1000米处被发现。月鱼、缎带鱼和管眼鱼广泛分布在温暖的水域中，旗月鱼生活在印度洋和太平洋中。它们的远洋深海生活方式使它们很少能和人类相遇。

神秘的鱼 有关海怪的描述很可能来自于看到白带龙——世界上最长的鱼。曾有报道说白带龙的一个标本长为17米，大部分这种鱼能达到8米的身长。它们通常生活在200米的水下，曾被见到在水表被海浪冲到岸边。

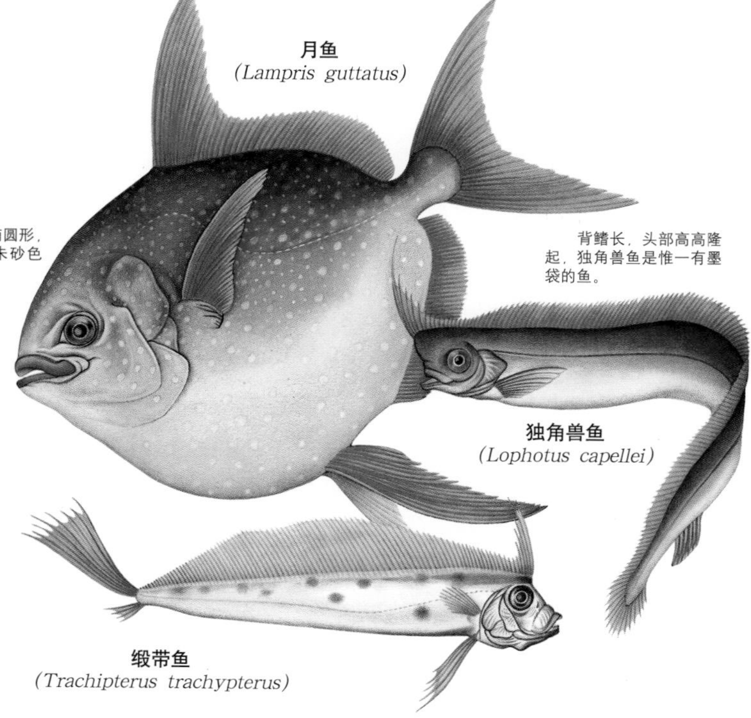

保护警报

谜一般稀少 本种没有被国际自然与自然资源联合会的《濒危物种红色名录》列为濒危的鱼种，但是大部分都被认为是珍稀物种。我们缺乏对它们真正保护状况的了解，而这只是我们对其缺乏认识的一个方面。现在我们对它们的所知，大部分来自于古代船员的故事和对北部活的独个鱼的观察。

奇怪的生活方式

月鱼类包括冠带鱼、月鱼、缎带鱼、管眼鱼、旗月鱼，它们中的某些表现出不同寻常的饮食行为。比如管眼鱼，它们每天从大约800米深的水下往上游数百米，只是以一种头上尾下的姿势捕食微小的甲壳类动物。

缎带鱼也采用一种类似的垂直姿势捕食其他鱼类和鱿鱼。

所有月鱼类都会产下很大的卵，直径达到6毫米。大部分卵覆盖有红色亮膜，孵化前在水面漂浮的1个月里保护卵不受紫外线伤害。大部分有骨鱼的卵发育为虚弱的鱼苗，需要营养丰富的蛋黄作为食物，月鱼的鱼苗发育最快，游动自由迅速。

鳕鱼、安康鱼及其同类

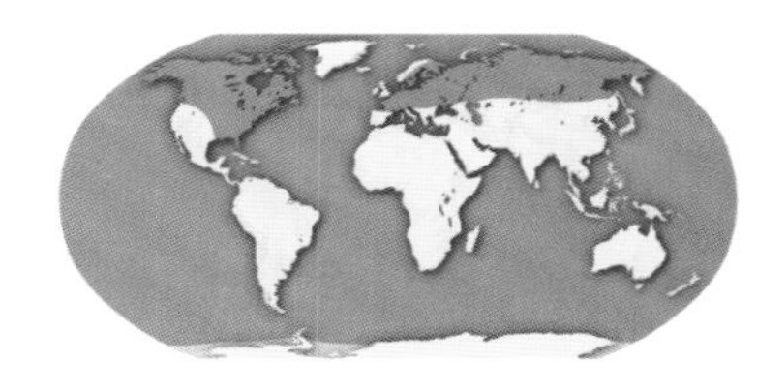

分布 鳕鱼和安康鱼生活在所有的海洋中。鳕鱼基本都为海生，除了山鳕鱼生活在淡水中。鲑鲈及其同类生活在淡水中，并且仅限于北美洲。鲀鱼生活在热带海岸线一带。

次亚纲 正真骨鱼次亚纲
总目 副棘鳍总目
目 (5)
科 (37)
种 (1382)

几个骨骼上有意义的小特点暗示了本类鱼内的种与种之间的关系，它们所偏爱的栖息地也很相似。比如，大部分为底栖者，虽然某些种（特别是那些商业上非常重要的鱼，如北大西洋鳕鱼、狗鲟和鳕鱼）形成巨大的远洋鱼群。除20种之外，该类鱼均生活在海水中，或是生活在黑暗的地方，如水下的洞穴和深海中，它们夜间活动频繁，某些鱼种有一个不同寻常的特点：通过运用鳔上的特别肌肉发出声音。这在求偶和交流痛苦时很重要。

小档案

棘茄鱼 底栖，身体扁平，状似圆盘，头部宽大。胸鳍像手一样从身体侧边伸出，帮助它们在海底沉淀物上移动。安康鱼在鼻子的凹处长有一个肉饵。

30厘米
900克
卵生
雌雄异体
常见

印度洋至太平洋西部

鲑鲈 美国东部淡水溪流和湖泊中的当地鱼，日间隐身在岩石下，夜间冒险到较浅的水层进行捕食迁徙。

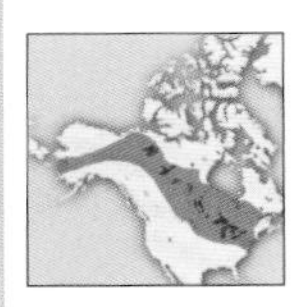

20厘米
170克
卵生
雌雄异体
当地常见

北美洲北部

保护警报

受威胁的未来 被列为濒危的亚拉巴马洞鱼（*Speoplatyrhinus poulsoni*）为白色，无视力。它们只生活在美国亚拉巴马的科伊洞。蝙蝠数量的增多间接影响了洞鱼的食物链，地下水的污染也是一个主要的威胁。斑点棘茄鱼（*Brachionichthys hirsutus*）只生活在澳大利亚的塔斯马尼亚岛，几乎可以肯定，引进的一种海星和河流沉淀物里淤泥的增加使它们处于了濒危状态。

重要的食用鱼

世界上某些最重要的渔业公司捕猎的鱼种包括阿拉斯加狭鳕、大西洋鳕鱼，并且全世界每年捕鱼量的10%来自于鳕科鱼类。

这些鱼种产下大量的卵，在各类鱼中也算产卵很多的。一条大阿拉斯加狭鳕每年可以产卵15,000,000枚。然而，鳕科鱼寿命长，成熟晚，它们非常容易受到过度捕猎的影响，所以，现在某些渔业已经处于困境中。

安康鱼 许多鳕鱼鱼种善于游泳，它们沿着海底的沉淀物积极地寻找食物。但是，安康鱼（左图）却恰恰相反，它们大部分行动迟缓、呆滞，等待猎物自己找上门来。然而，当它们对毫无防备的猎物动手时，速度却像闪电般惊人。

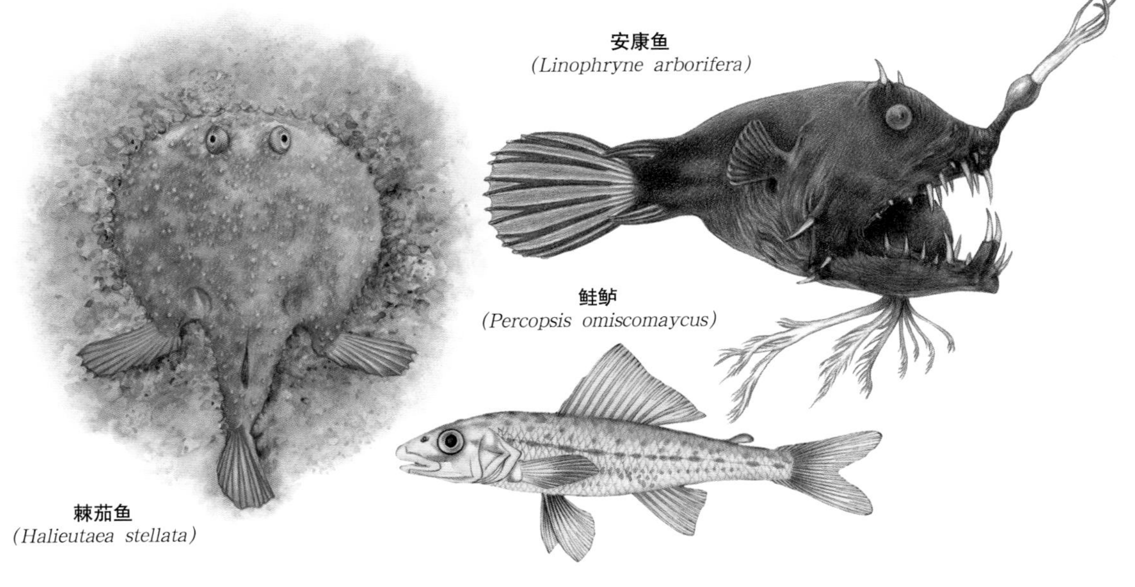

小档案

山鳕 生活于淡水的黑暗处，主要栖身在湖泊深处和流动缓慢的河流中。藏身处包括植物、合适的裂缝和水下深深的洞穴。

- 1.5米
- 34千克
- 卵生
- 雌雄异体
- 常见

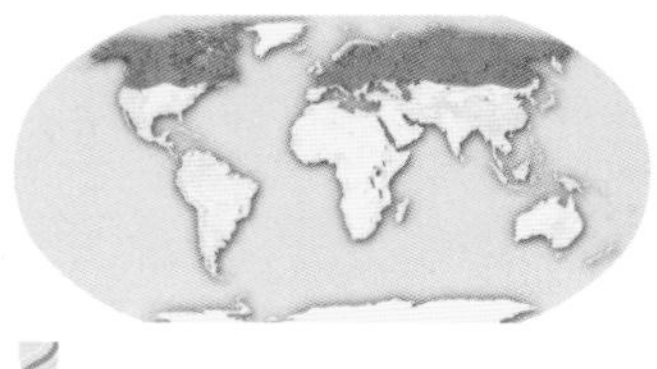

北美洲北部和欧亚大陆北部

欧洲鳕鱼 对它们的过度捕捞受到世界范围内的关注。虽然有记录的最重的该种鱼约为11.5千克，但现在很少能捕捞到体重超过5千克的鱼了。

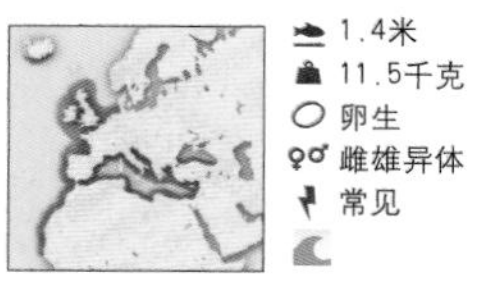

- 1.4米
- 11.5千克
- 卵生
- 雌雄异体
- 常见

北大西洋东部、地中海和黑海地区

雄体寄生

深海安康鱼生活在高压的深海，数量稀少。为了增加两性相遇的机会，某些鱼种的雄体已经进化为比寄生虫还小的鱼。作为成鱼，它们永久性地和雌鱼连在一起，并且从雌鱼那里吸取营养。以下图的三瘤海怪（*Cryptopsaras couesii*）为例，雌鱼身上附有多达四条雄鱼。

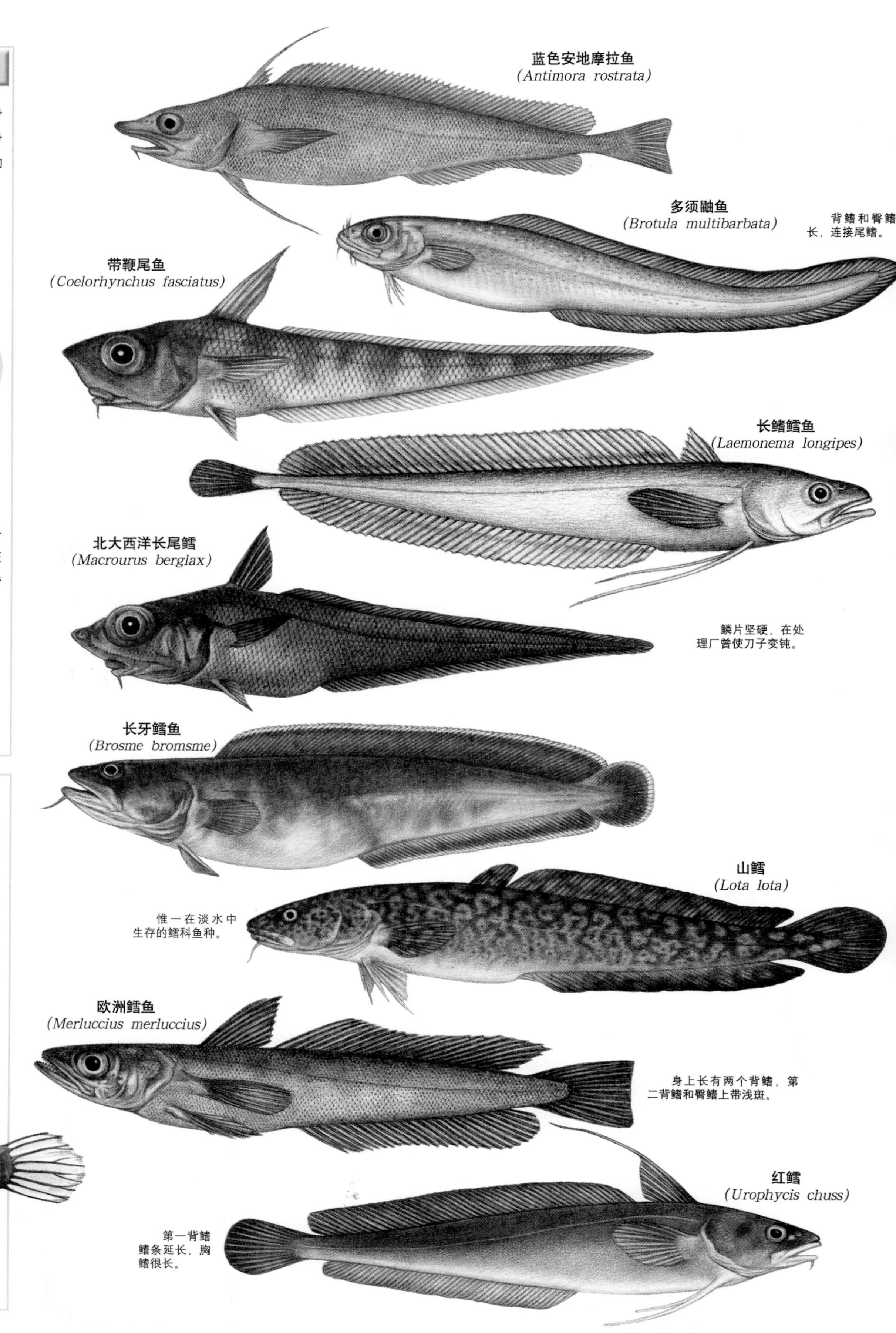

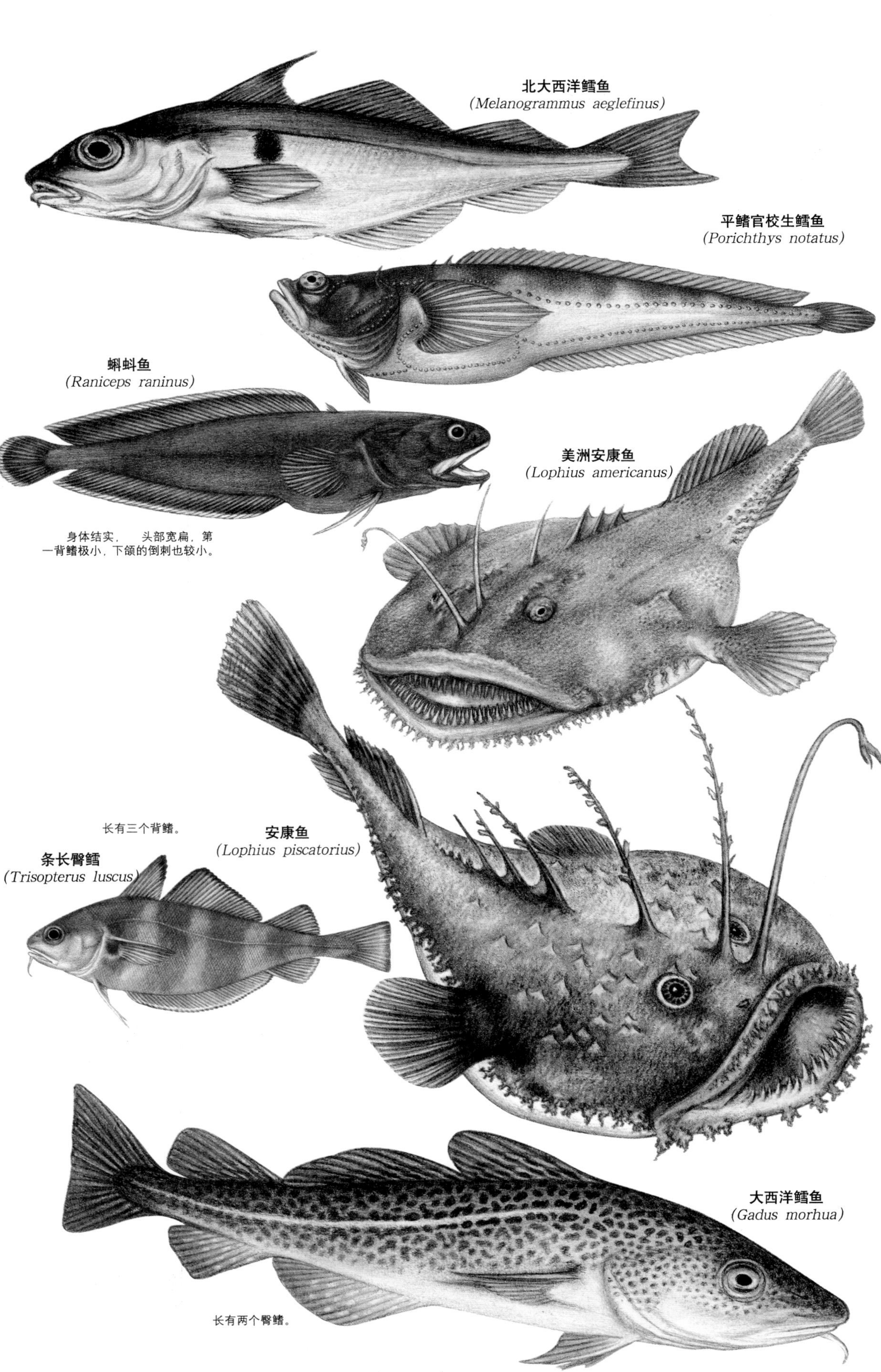

小档案

北大西洋鳕鱼 雄鱼和雌鱼受到威胁时，都会发出类似敲门的声音。雄鱼产卵时发出的声音特别沙哑，所以，它们的声音很可能在其繁殖过程中有着很重要的作用。

90厘米
8.2千克
卵生
雌雄异体
易危

北大西洋至斯匹次卑尔根岛

安康鱼 安康鱼的一种，生活在大西洋东部，嘴巴巨大，伏在海底等待猎物。它们会在海底的沙子和沉淀物间伪装得很好，通常捕食其他鱼类，也吃海鸟。

200厘米
58千克
卵生
雌雄异体
常见

北大西洋东部

大西洋鳕鱼 冷水鱼种，在北大西洋被大量捕捞，捕获的鱼重达11.5千克，但事实上它们能长到4倍于这个重量的体重。

1.5米
45千克
卵生
雌雄异体
易危

北大西洋至斯匹次卑尔根岛

精美的伪装

安康鱼不需要流线型的身体，事实上，这种守株待兔的捕食者的体形和颜色如果能和周围的环境相融合的话，对它们更加有利。比如海草娃娃鱼（*Histrio histrio*）和周围的海草混在一起，粗柄娃娃鱼（*Antennarius avalonis*）看起来就像一块岩石。

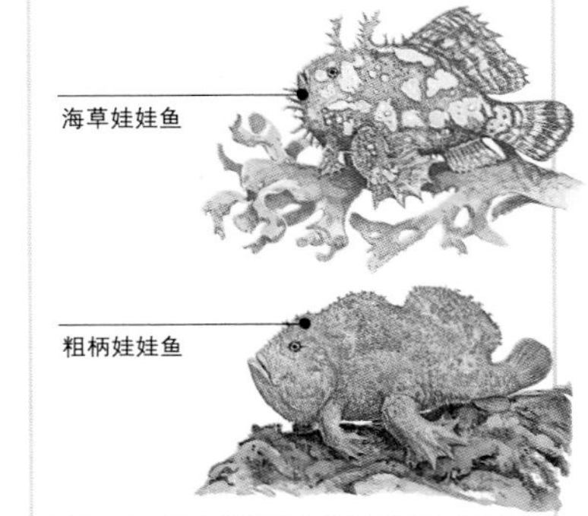

刺鳍鱼

纲 辐鳍纲

总目 棘鳍总目

目 (15)
科 (269)
种 (13,262)

刺鳍鱼是最大的鱼类单种，包括最先进的最近进化的真骨鱼类。刺鳍鱼被归入棘鳍鱼类，它包括二百六十多个科，一万三千多个种。该类鱼共有的特点包括高度可移动性和突出的上颌——这能帮助它们进行捕食。它们长有栉鳞，在某些情况下会失去或进一步发育为硬鳞，再成为鱼鳍里的硬刺。它们的分布范围很广，无所不在，尤其在海岸海水中更为丰富。它们有很多特别的进化，而这种改变使得它们能够找到其他鱼类无法得到的容身之处。

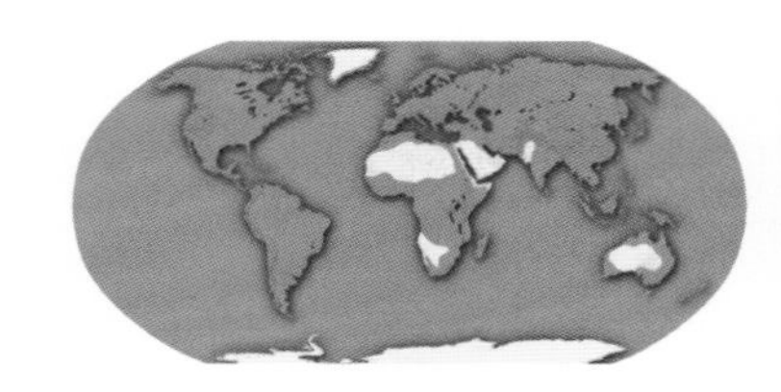

分布广泛 刺鳍鱼在所有鱼种里分布最广，几乎世界各地的各种水域——淡水、咸水、海岸浅水、深海——都是它们的栖身处。它们在形态和行为方面为适应环境做出的改变使得它们能够在很多不同的环境中生存，即使是冰冻的海洋和干旱的池塘。

互惠互利 小丑鱼生活在有毒的海葵触手中躲避敌人，但是海葵也得到小丑鱼的食物弃渣作为回报。

性别的多样性 刺鳍鱼的性别方式多种多样，海马繁殖中的一夫一妻制和雄性孕育的特点与众不同。很少有其他鱼类采用这种方式。

化妆大师 叶海龙在海草中将叶状鳍蓬开，如此绝妙的伪装使得它的猎物和敌人都无法探测到它。

先进的改变

在刺鳍鱼身上几乎可以发现所有在鱼的基本体态上进行的变化。比如鲽鱼，居然离弃了大多数鱼所拥有的平衡身体，苏眉鱼和鹦鹉鱼长有咽器，在喉咙里起到第二颌的作用，帮助进食。

鳉形目包括孔雀鱼、红剑和其他高度有弹性的淡水观赏鱼。银汉鱼在海里形成大鱼群，作为饵鱼具有很重要的商业价值。飞鱼则特别适应水上滑行。

虎科鱼大部分体形很小，如两栖弹涂鱼，它们的胸鳍连在一起，形成杯状的碟形。

炮弹鱼和其他许多它们的同类身上的鳞已经进化成能保护身体的甲片。

硬嘴沙丁鱼包括著名的小丑鱼，经常表现出高度的区域性行为。慈鲷的亲子照顾发挥到极致。本种是所有海鱼中活力十足的捕食者。枪鱼，如金眼鲷和帆鱼都是快速的泳者。

鳞头鱼包括某些可致人死地的鱼种。鼓鱼和石首鱼在受到威胁时发出深沉响亮的声音。蝴蝶鱼和神仙鱼则是色彩花纹最为精致美丽的水生生物。

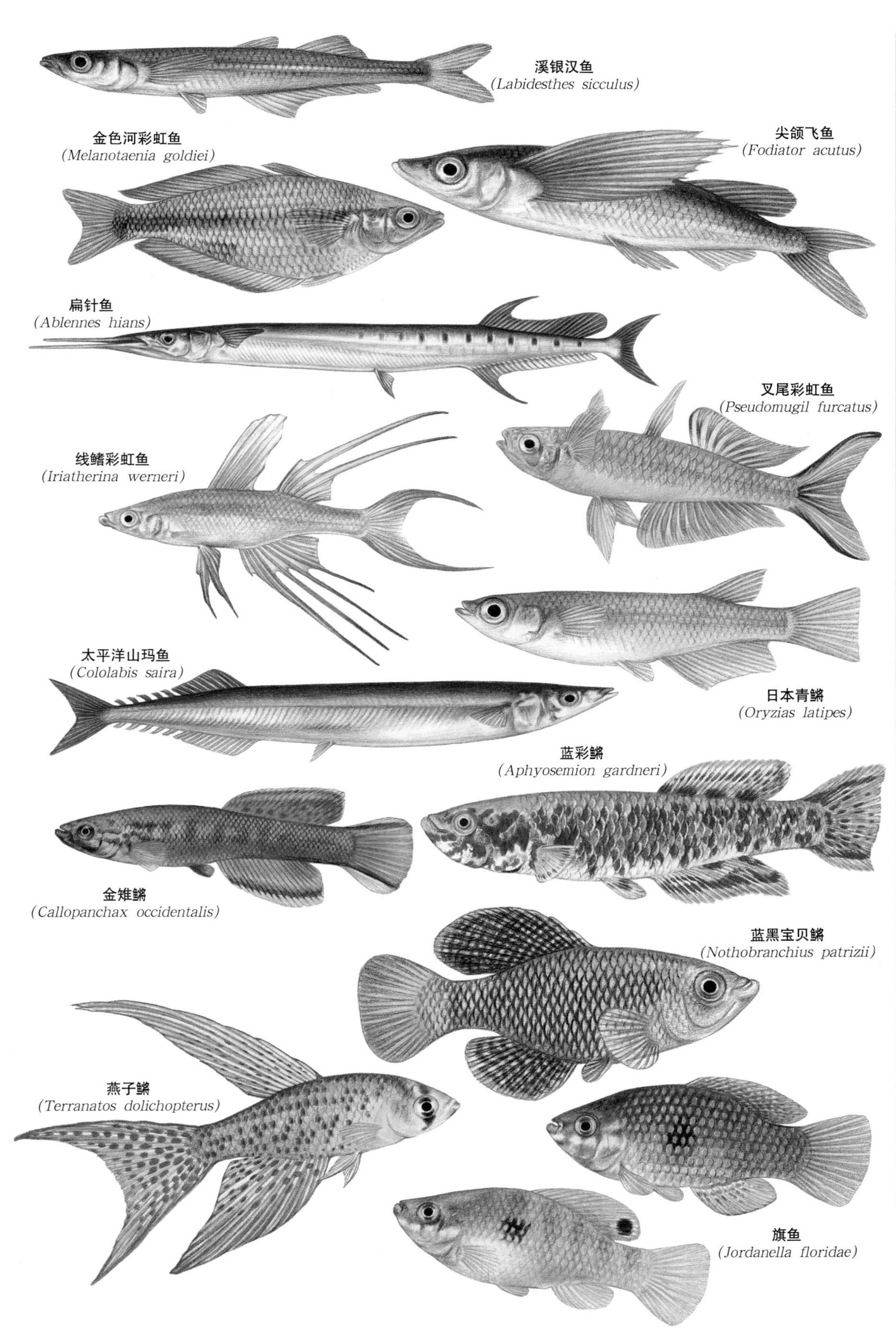

小档案

溪银汉鱼 北美洲亚热带淡水湖泊河流中的土产鱼种。这种透明的小鱼经常在近水面处形成鱼群，捕食微小的甲壳类动物、昆虫幼虫和小飞虫。受精在清水中进行，通常在植物边。每枚卵由于自身黏黏的丝状包裹而沉入水下的沉淀物上。

北美洲东南部

尖颌飞鱼 飞鱼属成员，飞鱼中最弱的“飞行者”之一。它们能够在水面上使用自己扩大的像翅膀一样的胸鳍滑行50米或更长的距离。它们生活在远海表面近处，食用浮游生物，通过“飞起”躲避来自水下的敌人。

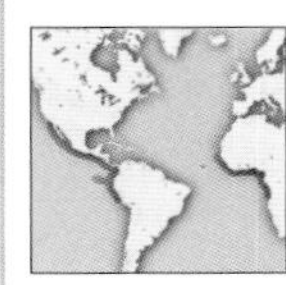

太平洋东部和大西洋东部

金雉鳉 淡水鱼种，生命短暂，生活在西非雨林和潮湿林地的短期池塘和水坑里。在旱季开始的时候，成鱼受精后死去，留下受精卵在泥地里生活达3个月之久。它们在雨季即将来临的时候孵化。

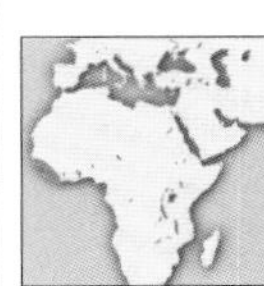

非洲西部

燕子鳉 短命鱼种，成鱼受精后不久即死去。受精卵被留在干泥中，进入休眠期，直到被雨季的第一滴雨激活，然后孵化。实际上，它们根本没有鱼苗阶段，在孵化后一个月即达到性成熟。

委内瑞拉

小档案

孔雀鱼 属于少有的几个有骨鱼科（胎鳉科）之一，胎生。源自南美洲，已经作为大受欢迎的观赏鱼被引入到世界各地温暖的淡水湖泊中。适应能力强，能够适应各种不同的栖息地和水质。

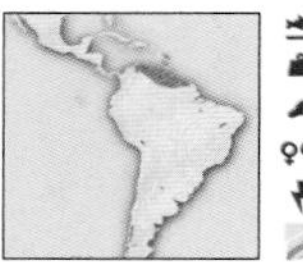

5厘米
20克
胎生
雌雄异体
常见

南美洲东北部、巴巴多斯、特立尼达（现在被世界各地广泛引入）

王冠松鼠鱼 大部分成年鱼生活在热带礁石边的浅水里，但是它们的幼鱼却要经过很长的远洋生命航行，并且常常最后到达大海。它们长有有毒的短鳃刺，夜间非常活跃，日间藏身于洞穴或岩石下，食用小型鱼类和无脊椎动物。

17厘米
225克
卵生
雌雄异体
常见

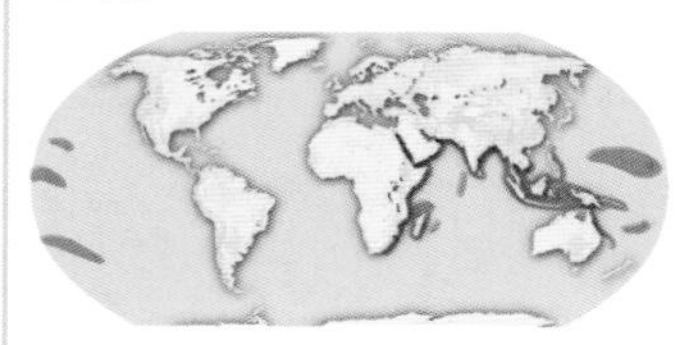

印度洋至太平洋地区、红海、大洋洲

红刺鲸口鱼 得名源自鲸鱼般的体形，而不是它们的大小。鲸口鱼生活在深海里，眼睛已经退化，但是侧线系统高度发达，所以能获得周围环境的信息。它们的嘴巴很大，胃可高度扩张，以便食用深海中大型的不常遇到的食物。

36厘米
450克
不详
不详
普通

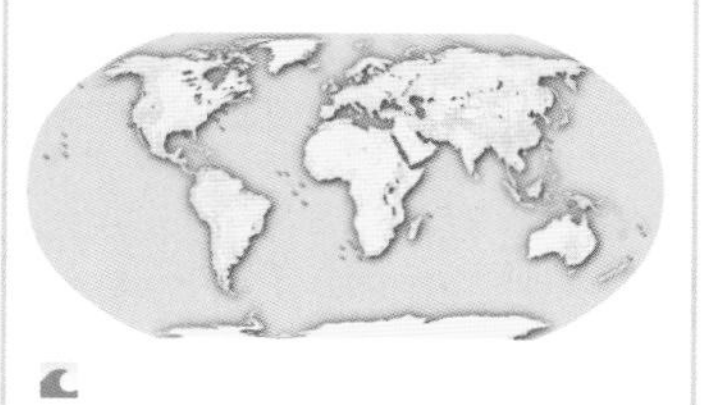

世界各地的热带和温带海洋

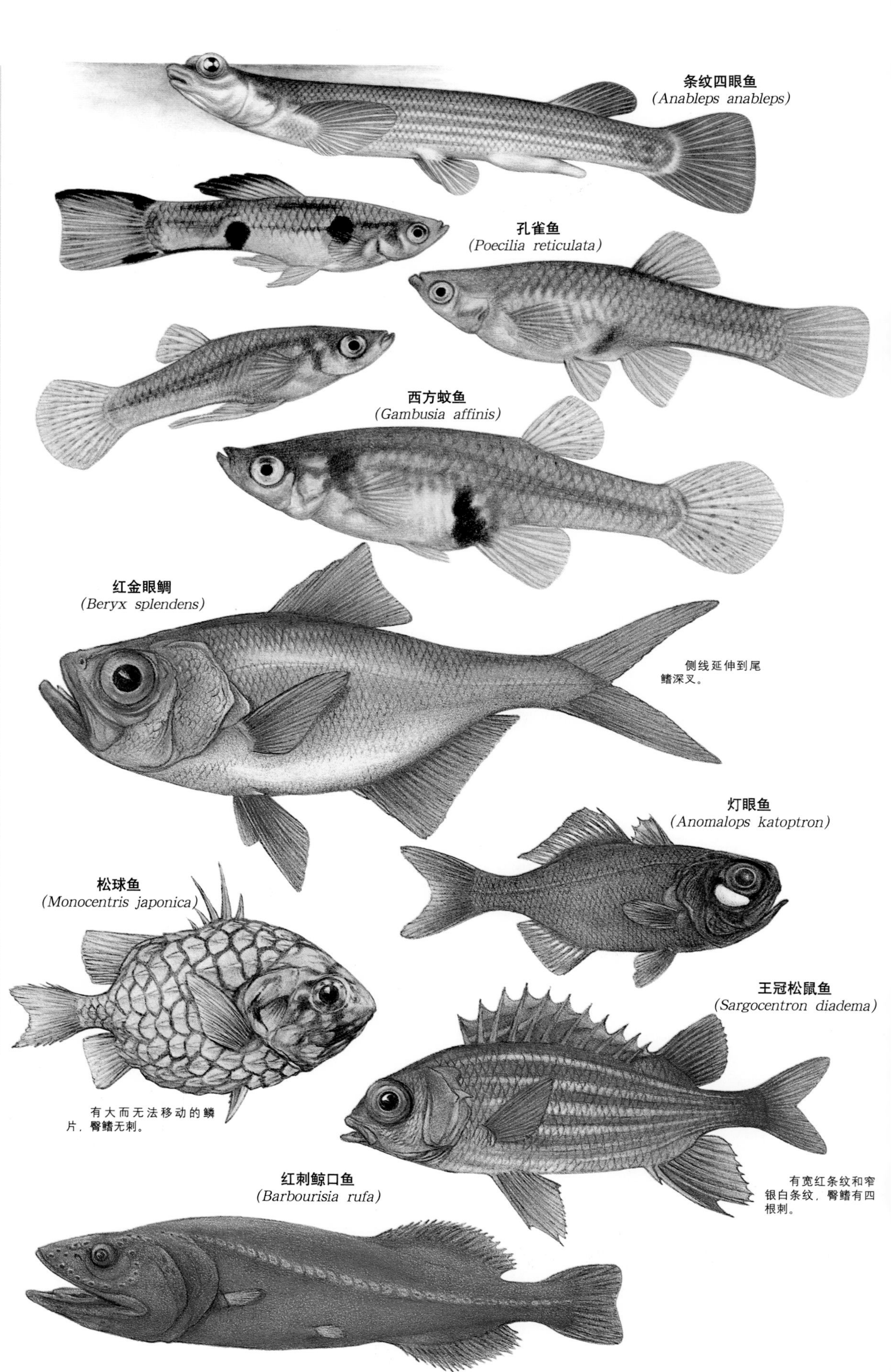

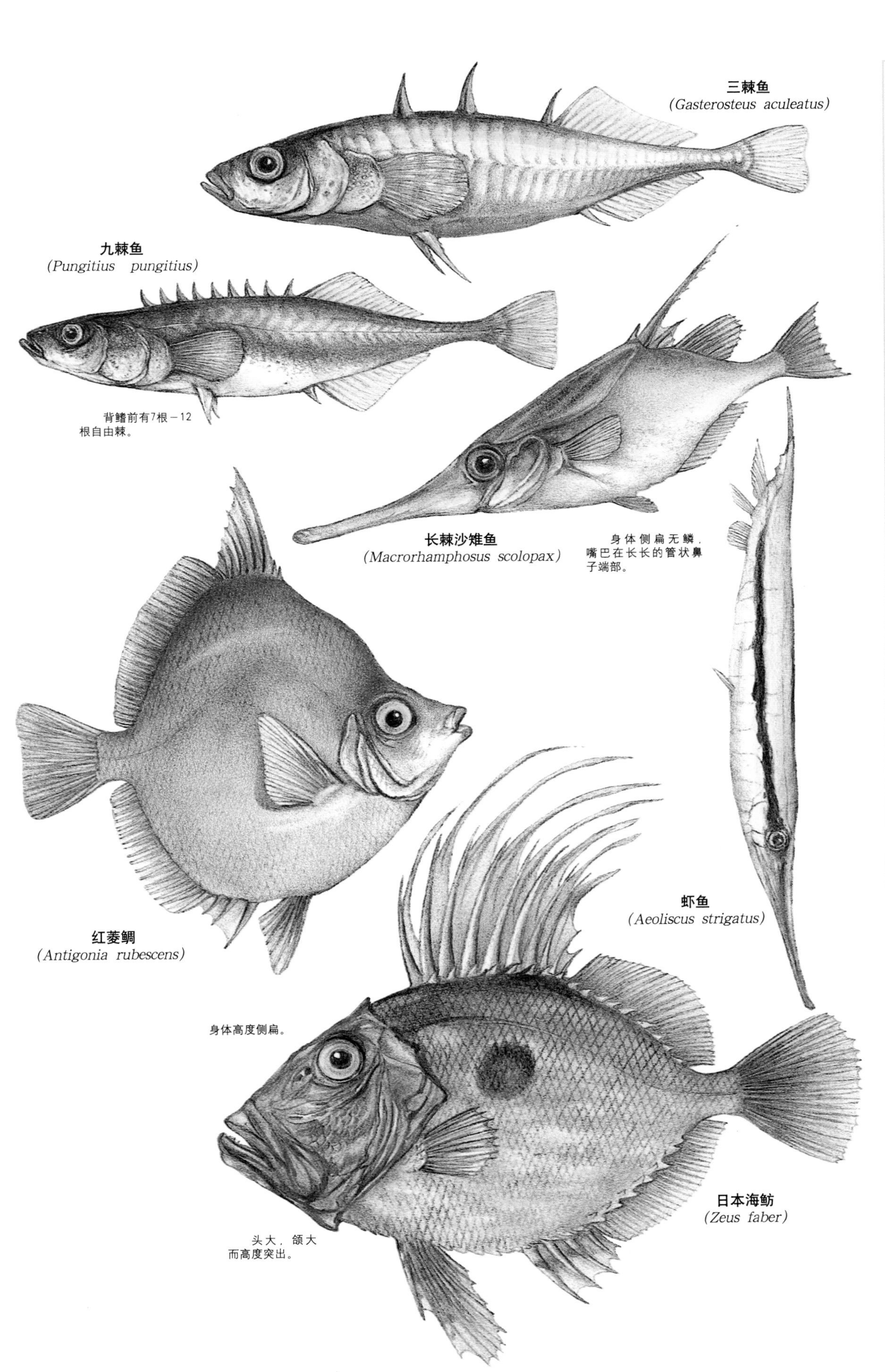

小档案

虾鱼 鼻子长，半透明，身体似虾，经常以头下尾上的姿势聚集成群。它们生活在海胆和大珊瑚间，食用浮游生物。人们曾在印度洋到太平洋的海滩上看到过暴风雨后散落在海岸上的它们。

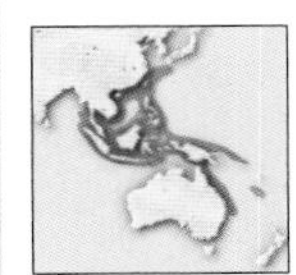

- 15厘米
- 115克
- 卵生
- 雌雄异体
- 常见

印度洋至西太平洋

日本海鲂 非常不善于游动，几乎一直呆在近海底，过着孤独的生活。身体高度侧扁，头部向上的轮廓非常狭窄，这有助于从后方潜游躲避猎物。非常突出的颌在捕捉没有防备的小鱼和甲壳类动物时非常有效。

- 66厘米
- 6千克
- 卵生
- 雌雄异体
- 常见

大西洋东部、地中海、太平洋西部和印度洋西部

忠诚的父亲

通过自己肾脏分泌的黏液将植物粘在一起，雄棘鱼为雌棘鱼建造精美的窝巢产卵。卵受精后，雄鱼通常将雌鱼赶走，自己继续保护窝巢，照顾卵，用胸鳍给卵扇去多氧的水。

小档案

剃刀海龙 海龙和海马皮肤下长有一列骨刺，它们无法像其他大多数鱼类那样弯曲身体来游动，而是快速扇动鳍游动。

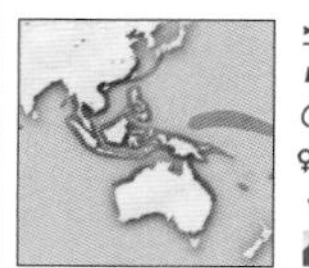

12厘米
30克
卵生
雌雄异体
不常见

印度洋至西太平洋

叶海龙 就像其近亲海马一样，雄性叶海龙孵卵。雌性在尾部下方的一块海绵组织上产下多达250枚卵，6周后孵化。

40厘米
225克
卵生
雌雄异体
数据缺乏

澳大利亚南部海域

黄鳝 适应性强，呼吸空气，淡水肉食动物，和鳗鱼一样，可以长时间离开水存活。在某些引入它们的地方，黄鳝已经被贴上潜在的"生物梦魇"的标签。

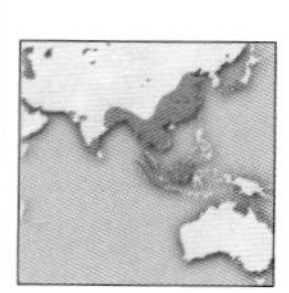

46厘米
700克
卵生
雌雄同体
常见

东南亚、澳大利亚海域

海马的进食

海马经常伏击附近水域中的小型浮游生物。像海龙、喇叭鱼和烟管鱼（海龙鱼科、管口鱼科和烟管鱼科）等近亲一样，它们都有延长的管状的嘴巴，作用就像一根吸管，产生强有力的真空吸力，将猎物吸入。

无牙的捕食者

海马和它们的近亲没有牙齿，只能将猎物囫囵吞下。

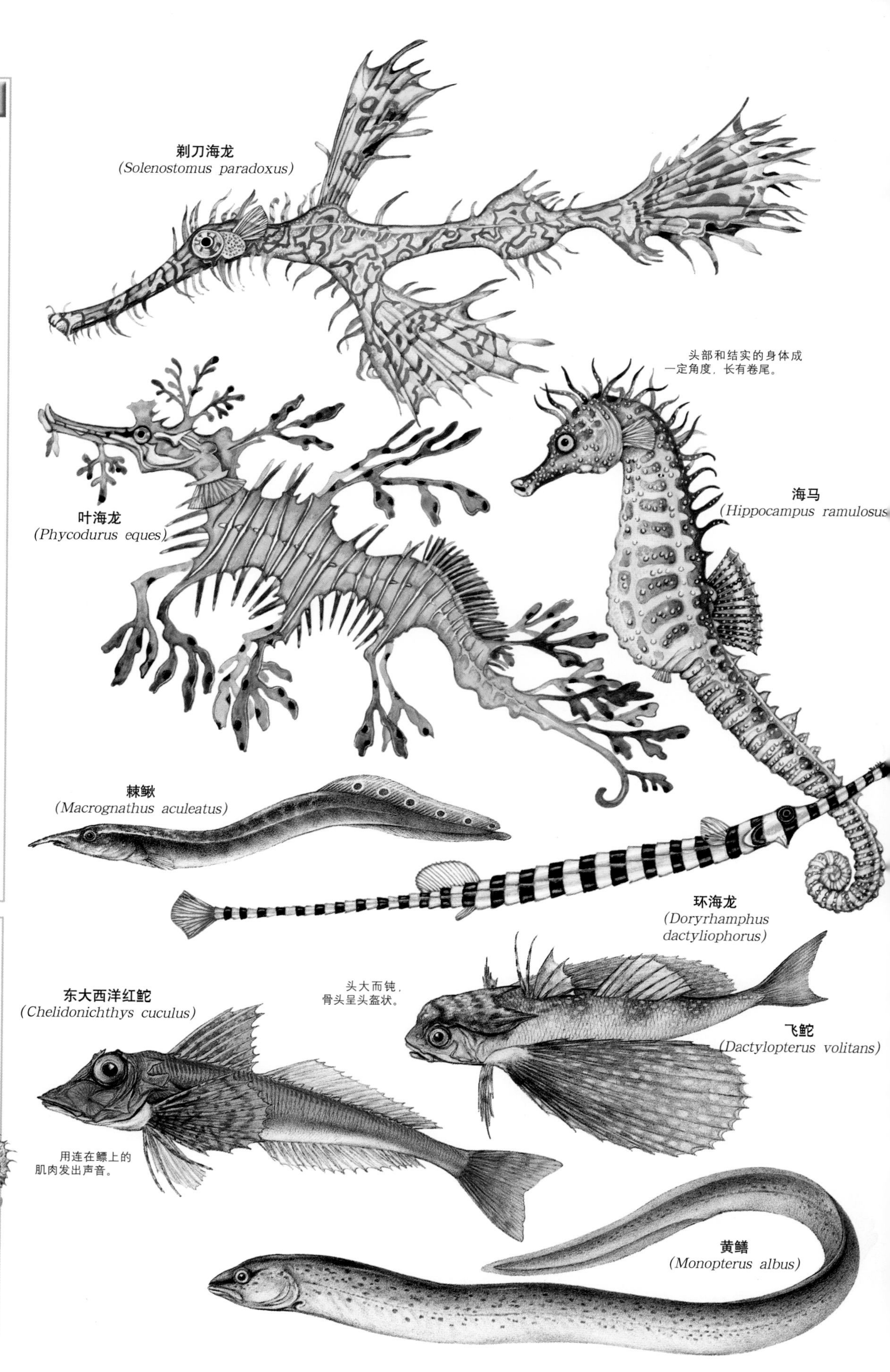

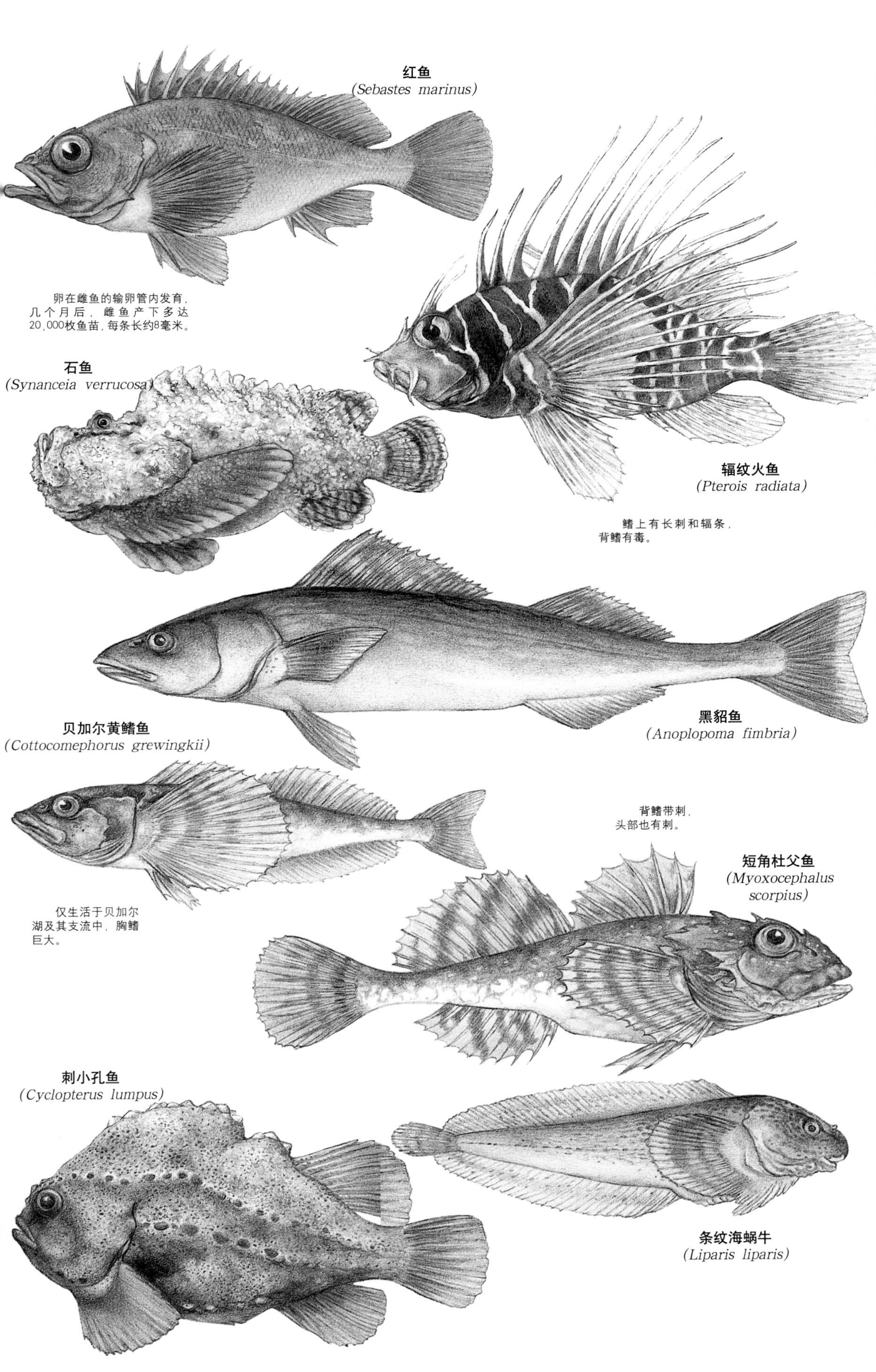

小档案

石鱼 背鳍上的刺就像注射器，射出毒刺和鱼类所能产生的最毒的毒液，曾经导致在礁石上误踏它们的人类死亡。

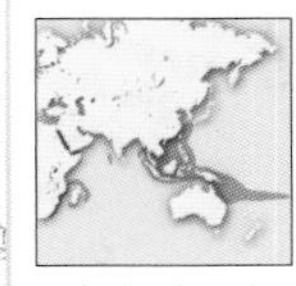

36厘米
2千克
卵生
雌雄异体
常见

印度洋至太平洋、红海

黑貂鱼 得名于其漂亮的由黑变为深绿色的皮肤，是阿拉斯加重要的商业鱼种。生活在深水中，寿命长，有报道说有单体曾生活九十多年。

1米
57千克
卵生
雌雄异体
常见

太平洋北部

短角杜父鱼 因"什么都吃"的贪婪胃口而著名。其大嘴能包住有它半个身体大的猎物，胃部可以轻松延展包住它要消化的食物。

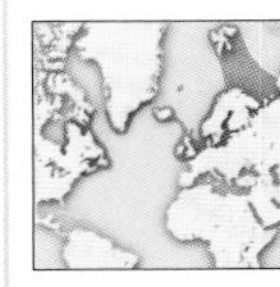

60厘米
900克
卵生
雌雄异体
常见

北大西洋和北冰洋

刺小孔鱼的身体构成

雌性刺小孔鱼将大量的卵产在潮位线附近的海岸边。雄鱼积极地保护着它们。它们用胸鳍进化而来的腹部吸盘紧紧地吸附在岩石或海藻上，保持自己不被潮间激流冲走。

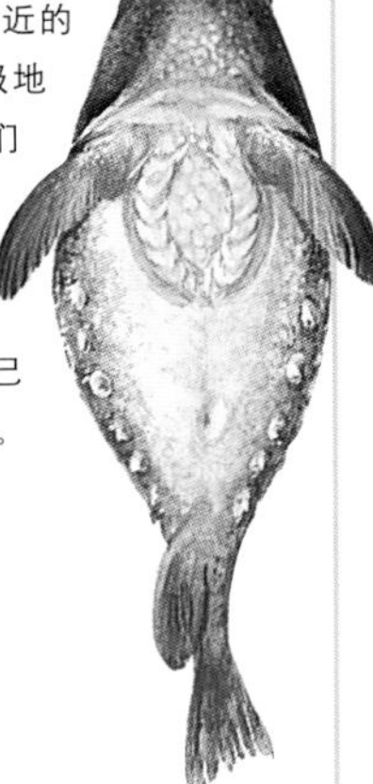

廉　价
刺小孔鱼卵被做成廉价的鱼子酱销售。

小档案

金目鲈 大部分雄性先成熟，雌雄同体：它们开始是雄性，大约3年后达到性成熟，5年后后变为雌性。因此，大的鱼大都是雌性，而小的鱼大部分为雄性。

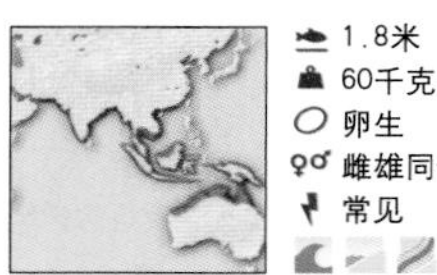

1.8米
60千克
卵生
雌雄同体
常见

印度洋至西太平洋

海金鱼 雌鱼和雄鱼像是不同的鱼种。雌鱼体色由橙变黄，雄鱼则为紫色。雄鱼有一个又大又长的背鳍刺和更长的尾鳍叶。

15厘米
225克
卵生
阶段性雌雄同体
常见

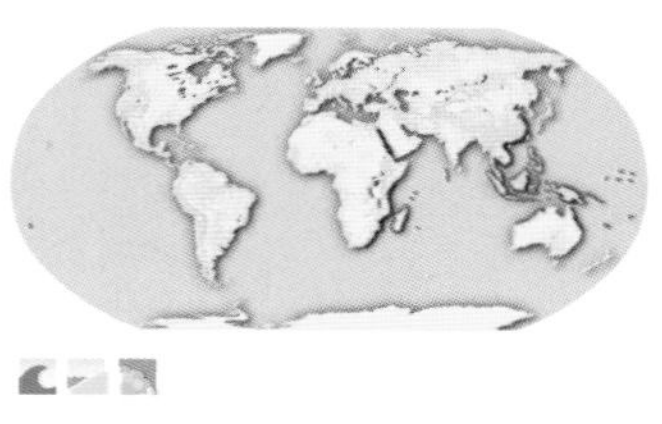

印度洋至西太平洋、红海

巧妙的模仿

为了躲避敌人，七夕鱼将头藏入洞穴，仅露出尾部。它的尾部看起来像是薯鳗（*Gymnothorax meleagris*）恐怖的头部，背鳍根部的环眼看起来像一只眼睛，臀鳍和尾鳍间的距离形成“嘴巴”。

蝴蝶的影响 *这种所谓的“贝氏拟态”和许多蝴蝶所采用的方法相似。*

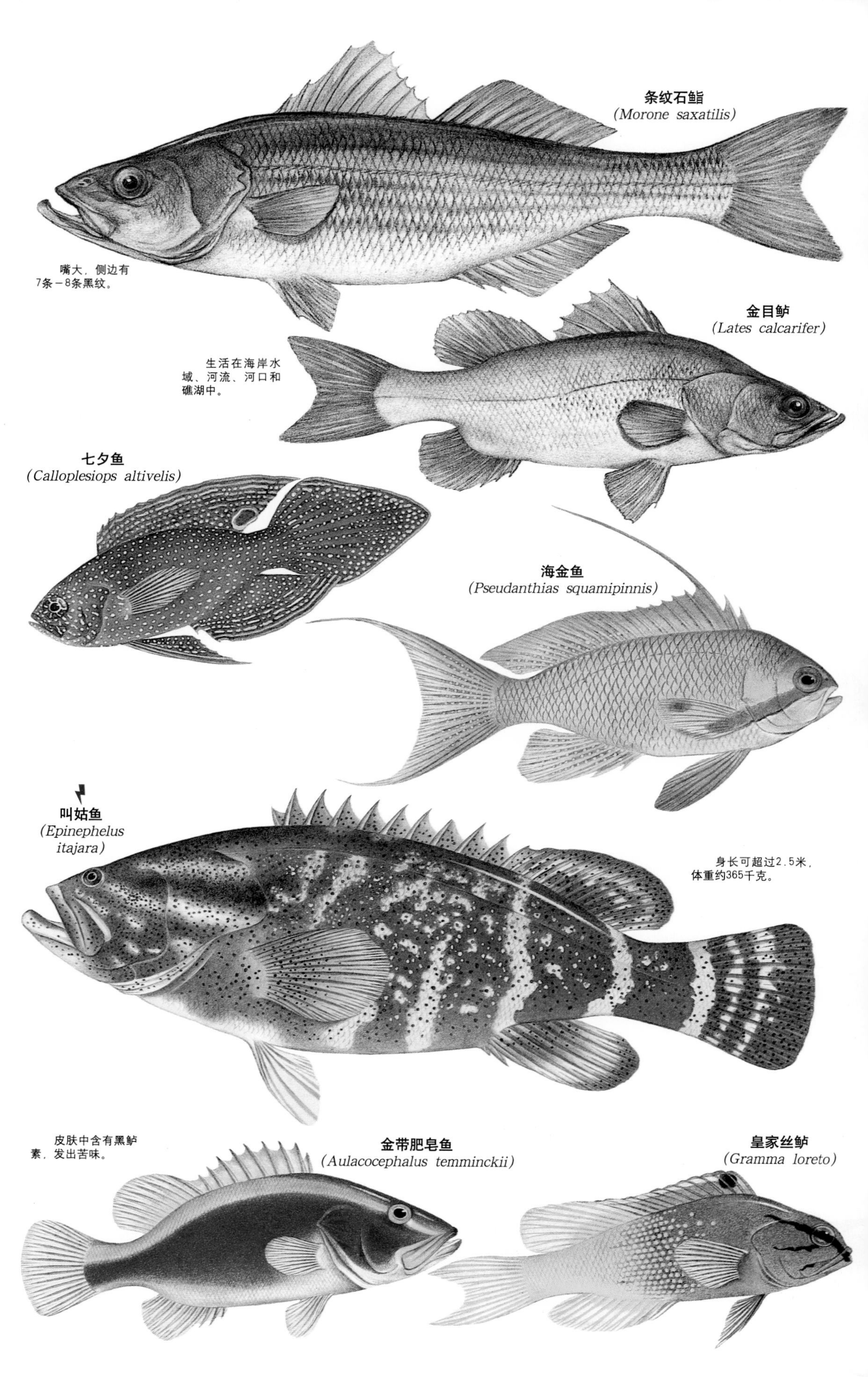

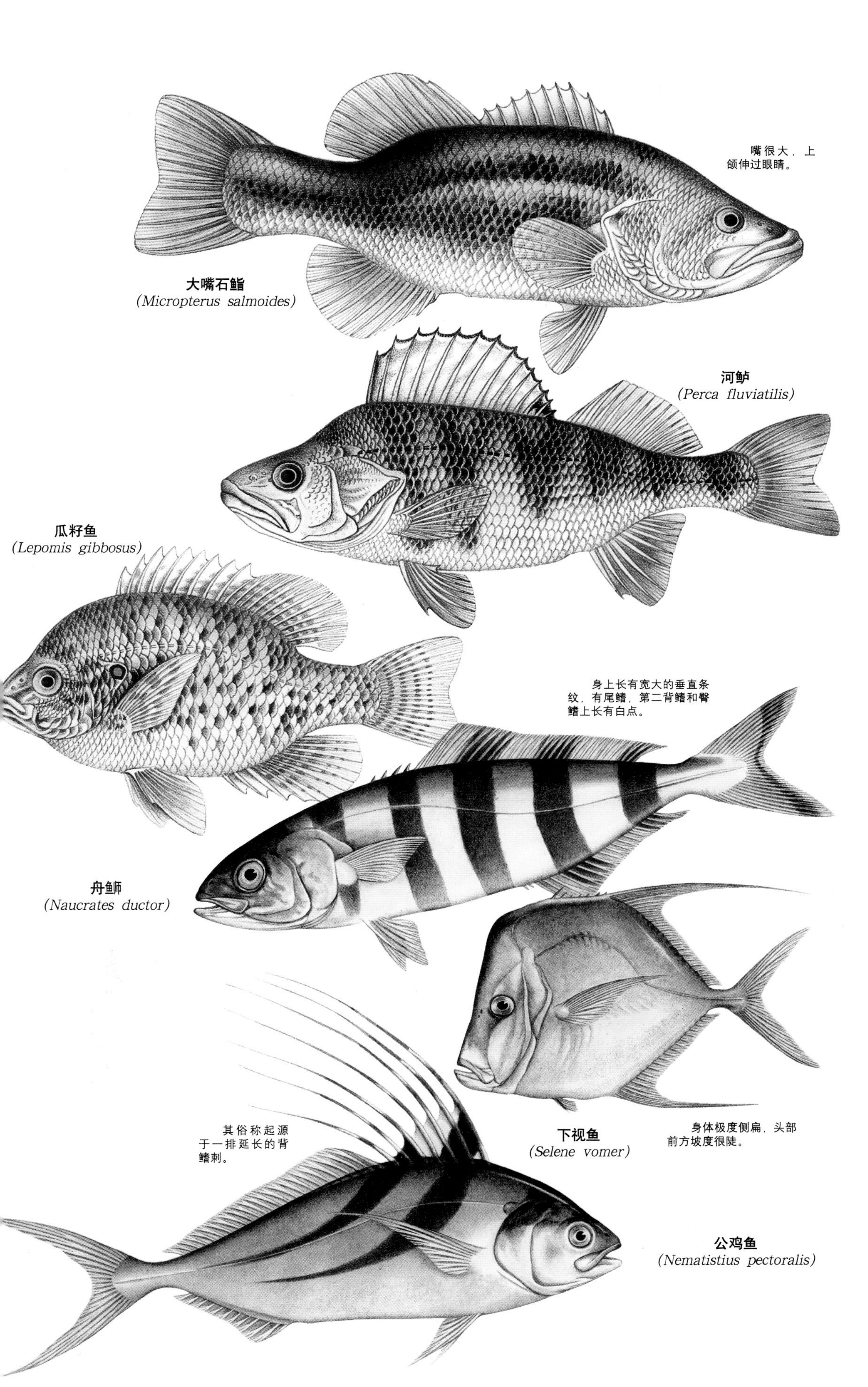

小档案

河鲈 雌鱼一次产下很多很多的卵，粘在长长的白色黏液带上，长度可达1米，被水下的岩石和植物覆盖着。

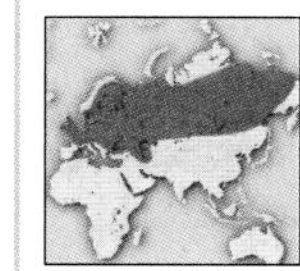

51厘米
4.7千克
卵生
雌雄异体
常见

欧亚大陆北部

瓜籽鱼 和大部分北美洲太阳鱼科一样，雄性瓜籽鱼是建巢者，卵子和精子在雄鱼和雌鱼围绕巢穴游动时产下。雄鱼保护卵和鱼苗，直到孵化后约11天。

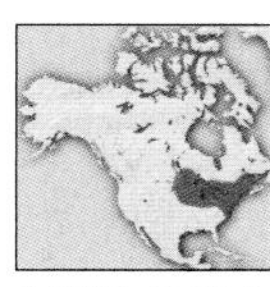

40厘米
630克
卵生
雌雄异体
常见

北美洲东部（各地广泛引入）

舟鰤 这个俗称来源于它们爱和鲨鱼及其他大型海洋生物一起游动的习惯，它们食用食物弃渣和寄生虫。幼鱼和水母一起游动。

70厘米
6.8千克
卵生
雌雄异体
常见

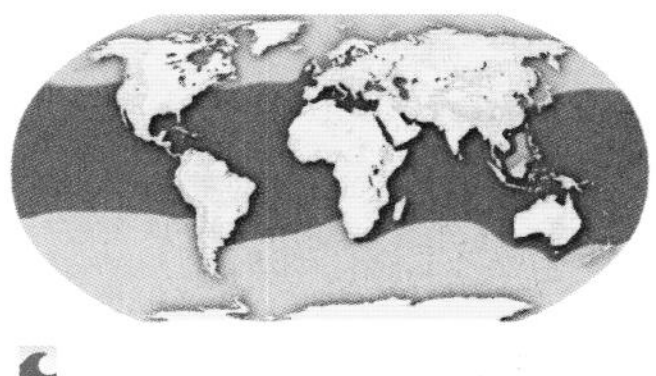

世界各地热带海域

公鸡鱼 一种鲹科鱼，就像鲹科很多鱼种一样，是一种钓鱼比赛鱼种，被钓起时激烈反抗。它们非常显眼的向后弯曲的背鳍看起来像一个鸡冠。

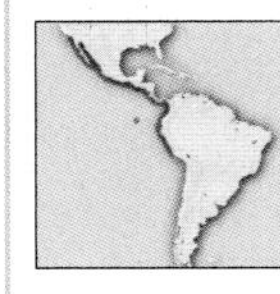

1.2米
45千克
卵生
雌雄异体
常见

太平洋东部

小档案

东方甜唇鱼 松松的胶状嘴唇是为了将无脊椎动物从沙底"真空吸入"而做出的适应性改变。由于进食太多，泥沙会从它们的鳃滤出，在身后的水中形成一片黑雾。本种还能通过磨动咽牙发出声音。

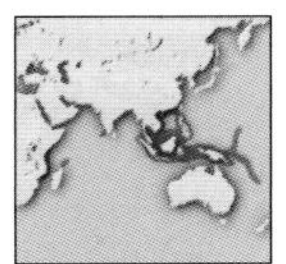

51厘米
1.8 千克
卵生
雌雄异体
常见

印度洋至西太平洋

红鲣 不是真正的鲣鱼，而是一种山羊鱼（羊鱼科）。它下颌上长有长长的感应倒刺，是羊鱼科的特征。倒刺用来探测底部沉淀物中的无脊椎动物。山羊鱼就像山羊一样，是杂食动物。

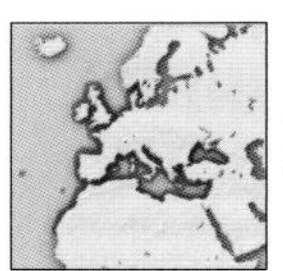

40厘米
1千克
卵生
雌雄异体
常见

北大西洋东部和地中海

国王海水鱼 幼鱼生活在热带浅水中，并且和海胆关系密切。大些的成鱼生活在较深的水中。鲜艳的红条纹是幼鱼的特征，随着年龄的增长，条纹逐渐淡去。成鱼全身为粉红色。

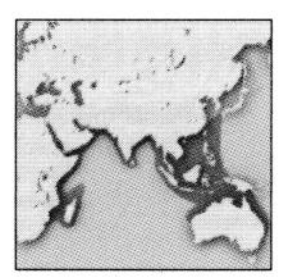

1米
16千克
卵生
雌雄异体
常见

印度洋至西太平洋、红海

杰克刀鱼 延长的背鳍使这种加勒比海本地鱼在所有鼓鱼和石首鱼中非常容易辨认。鼓鱼和石首鱼（石首鱼科）利用十分特别的鳔和特殊肌肉共同发出声音。属夜行性，日间藏身于珊瑚洞中。

25厘米
285克
卵生
雌雄异体
常见

大西洋西部

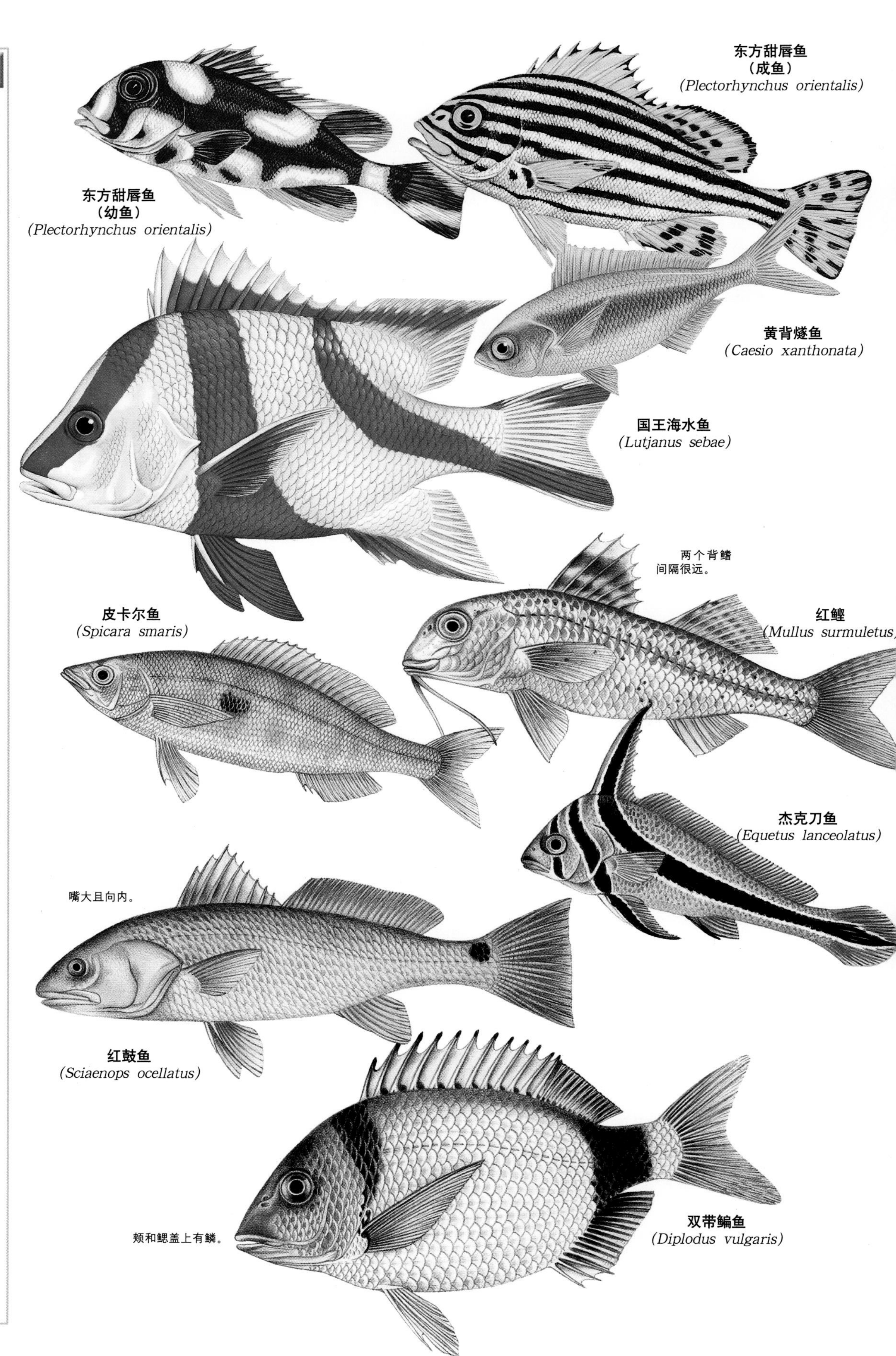

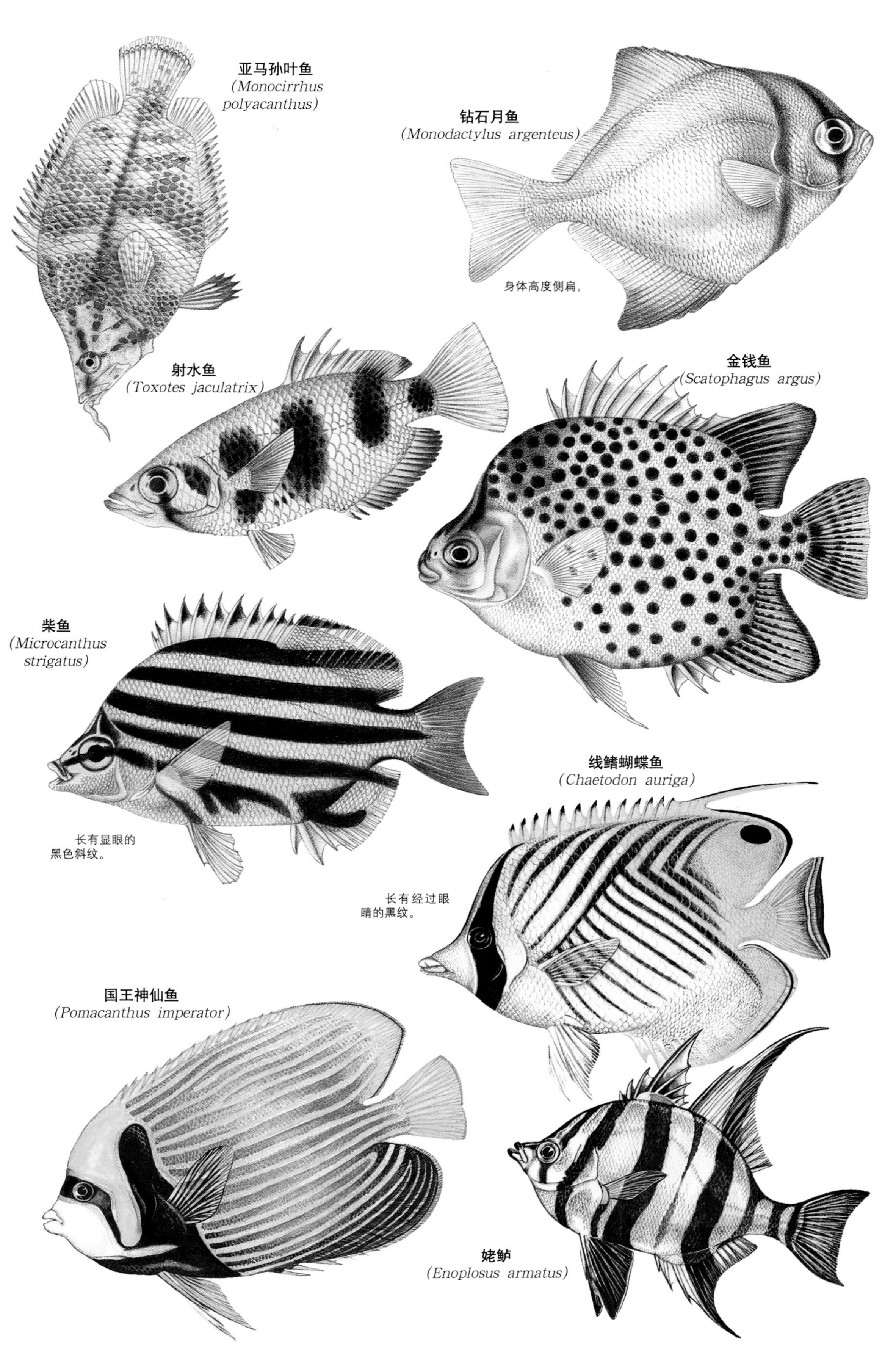

小档案

亚马孙叶鱼 来自南美洲，外表行为都像一片漂流的落叶。身上带棕色影子，下颌的倒刺看起来像小树枝，鳍为透明的，嘴大，会突然袭击毫无防备的猎物。

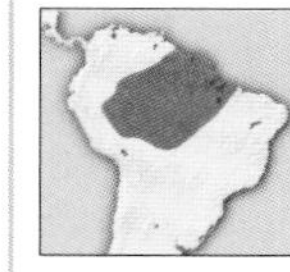

7.5厘米
30克
卵生
雌雄异体
常见

南美洲北部

国王神仙鱼 像大部分神仙鱼一样，幼鱼的颜色和成鱼颜色非常不同。幼鱼身上的花纹为蓝黑底色上有不完整的白蓝色圆环，而在性成熟时变为浅蓝和黄色条纹。

40厘米
1.4千克
卵生
雌雄异体
常见

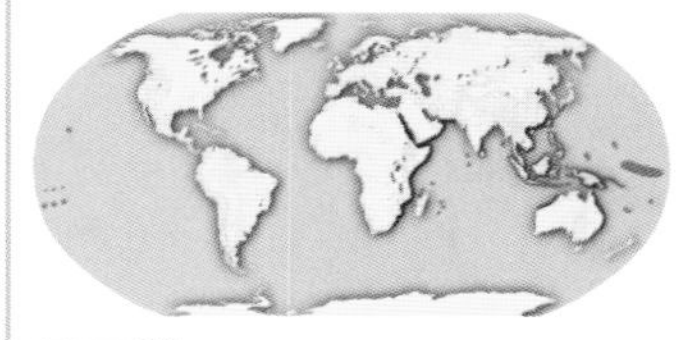

印度洋至太平洋和红海

瞄　准

射水鱼从嘴中发射水流，击打昆虫和其他倒垂在枝叶上的猎物。它们将舌头抵住特别的槽颌，形成一个管道，利用快速的口腔伸缩迫使水流通过这个管道射出，射程约为1.5米。它们经常射击水面上方成群的飞虫。

小档案

蓝带清道夫 在印度洋至太平洋，成对或成群的该种鱼在洞穴入口处和伸出海面的热带岩石下形成永久的“清洁站”。它们在这里为“顾客”——想要将身上的寄生物清除的较大鱼类服务。

11.5厘米
85克
卵生
雌雄异体
常见

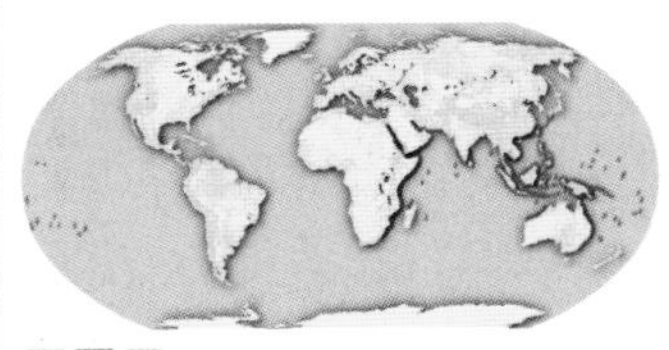

印度洋至太平洋和红海

淡水神仙鱼 将卵产在水生植物水下的叶子上。父母会保护着卵一直到孵化前3天。为了更好地保护鱼苗，它们每天晚上都会被收拢在一起。

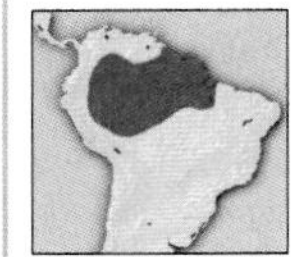

7.5厘米
225千克
卵生
雌雄异体
常见

南美洲东北部

嘴部孵育

所有的火口鱼都表现出某种形式的父母照顾，其中最先进的是持续的口腔孵卵。通常雌鱼在产下卵子后，很快将它们铲起放在嘴里，然后用鼻子挤压雄鱼的生殖器开口附近，将射出的精液含在嘴里，就在那里孵育幼鱼，时间超过3周。在这个时期快结束时，雌鱼将鱼苗分批释放出嘴巴，让它们自行去觅食。

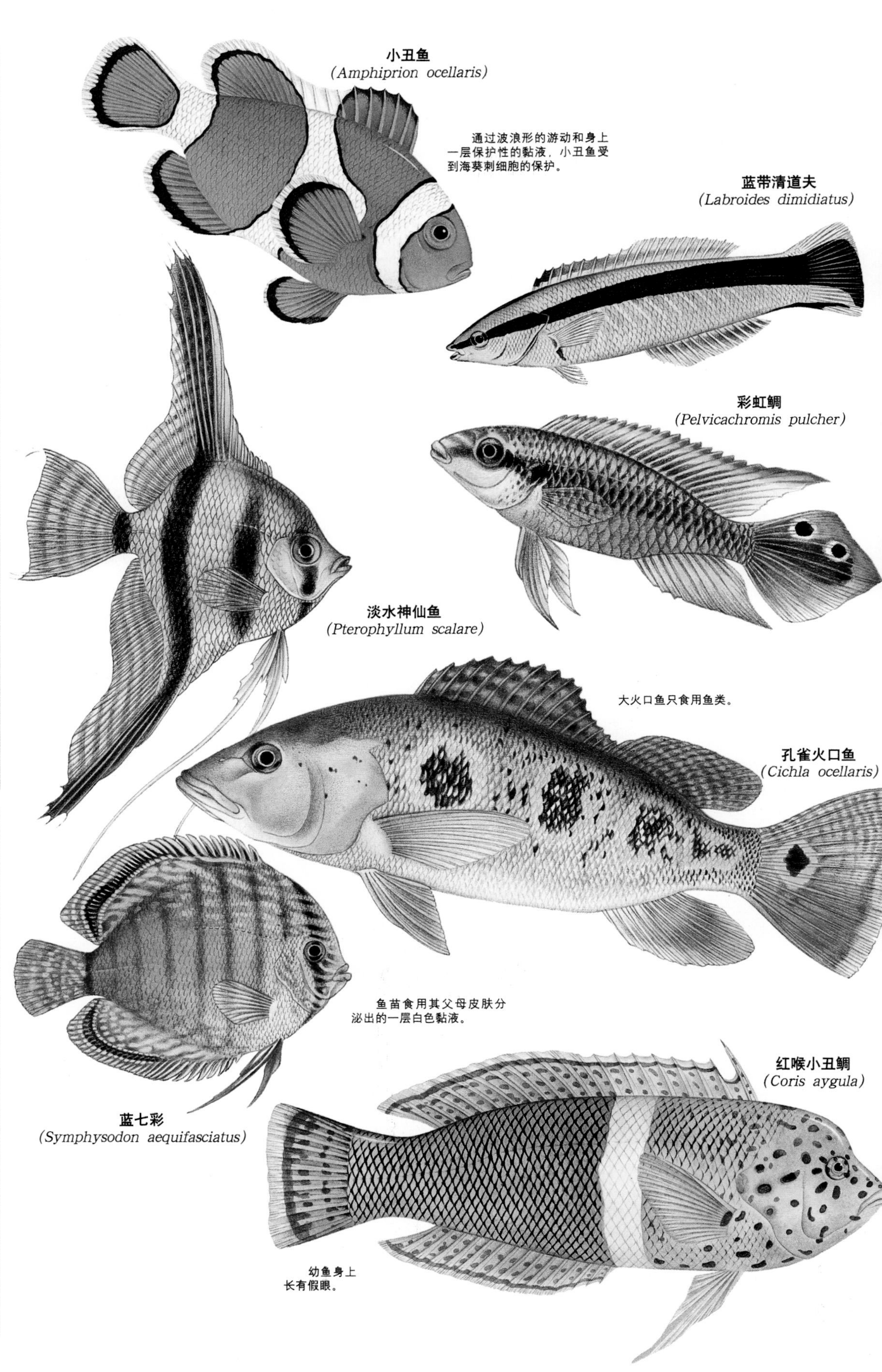

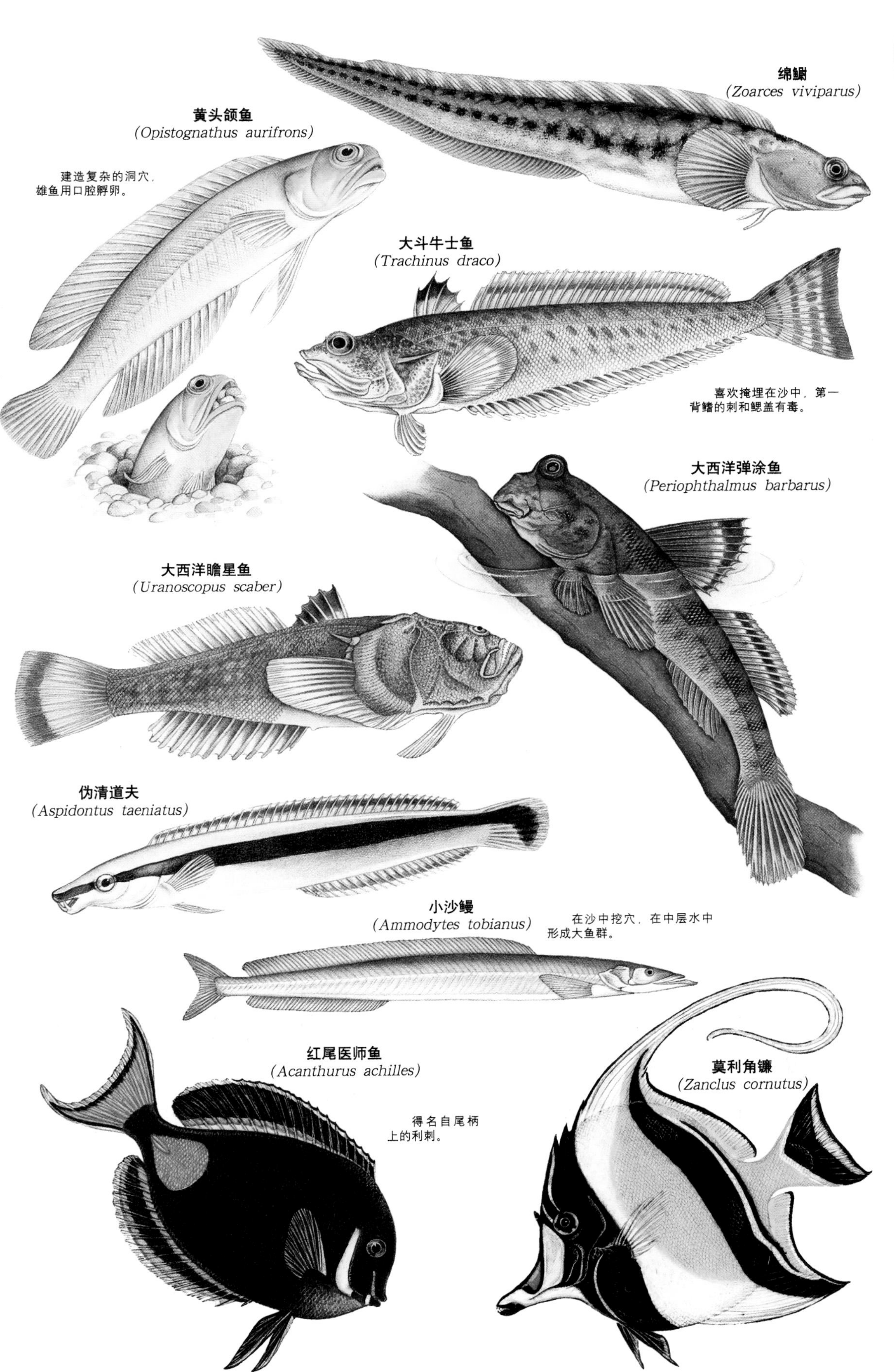

小档案

大西洋瞻星鱼 带伪装的底栖鱼，下唇上长有小虫般的附属物，用来蠕动吸引猎物。生物形态适应包括几乎完全埋在沙沉淀物中的生命，还包括高起的嘴部、鼻孔和眼睛。鳃盖后的毒刺和眼睛后方的发电器官都可以防御敌人。

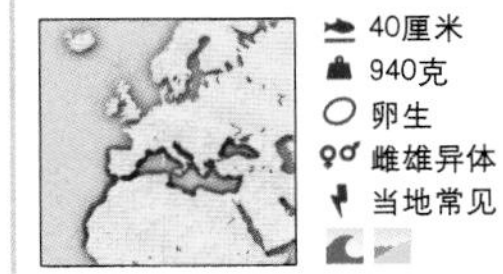

- 40厘米
- 940克
- 卵生
- 雌雄异体
- 当地常见

大西洋东部、地中海和黑海

伪清道夫 鳚鱼鱼种，拟态蓝带清道夫——为大型鱼类清除寄生物的鱼。这两种鱼在它们的自然栖息地看起来非常相似，很少有其他鱼类能分辨出。然而，伪清道夫受到威胁时，会放弃自己的几片肉逃生。

- 11.5厘米
- 75克
- 卵生
- 雌雄异体
- 当地常见

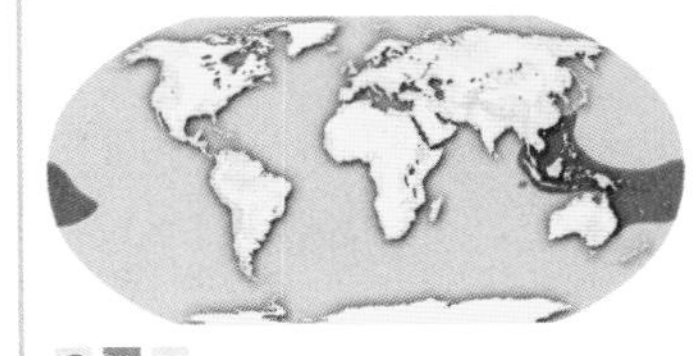

印度洋至太平洋

两栖鱼类

弹涂鱼用自己肌肉发达的尾鳍和胸鳍来“跳”过泥土，甚至能在胸鳍“吸盘”的帮助下攀爬树木。该种种类超过30种，主要生活在东南亚和非洲。它们用自己布满血管的潮湿皮肤吸收氧气。

热爱土地 *某些雄弹涂鱼会展现它们的雄性威力，它们通过在泥地里跳跃来圈定自己的领地。*

小档案

剑鱼 成鱼无鳞，无牙，无侧线。它们主要食用远洋生物——从水面到650米深的水域中的任何生物——用它们的剑鞭击打猎物。本种为剑鱼科惟一成员。

- 4.9米
- 650千克
- 卵生
- 雌雄异体
- 数据缺乏

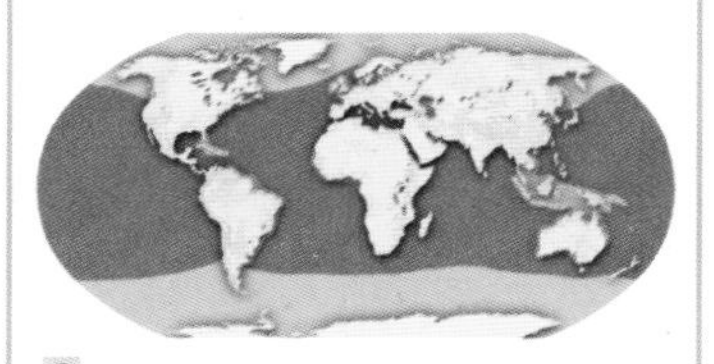

世界各地的热带和温带海域

东方旗鱼 至今未发现有其他鱼种游动速度比它们快。它们的游动速度高达110千米/小时。它们使用自己轻剑状的嘴巴戳刺猎物，使其受重伤，然后用无牙的颌铲起。

- 3.5米
- 100千克
- 卵生
- 雌雄异体
- 常见

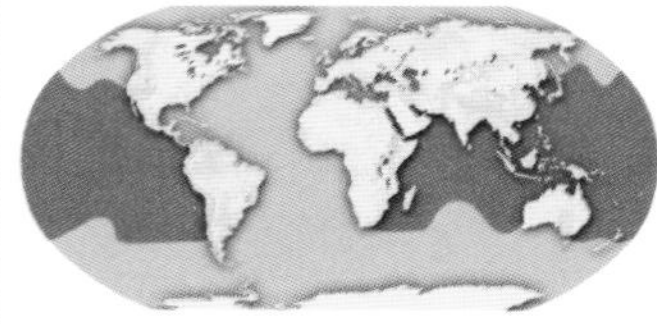

印度洋和太平洋地区的热带及温带海域

保护警报

大衰退 蓝枪鱼是最受欢迎的钓鱼鱼种之一，但是钓鱼不是它们面临的最大威胁。许多商业渔业捕捞金枪鱼和剑鱼的长线作业使得它们被偶然捞起和杀死。作为食物链顶端的捕食者，它们的数量自然不够丰富，从而极易受到任何过度开发的伤害。

2003年，国际科学杂志《自然》发表了一项由德国和加拿大科学家进行的历时10年的研究结果。这项研究结果表明蓝枪鱼的数量和那些世界各地海洋里的大型鱼类一样，在20世纪后半叶下降得惊人。

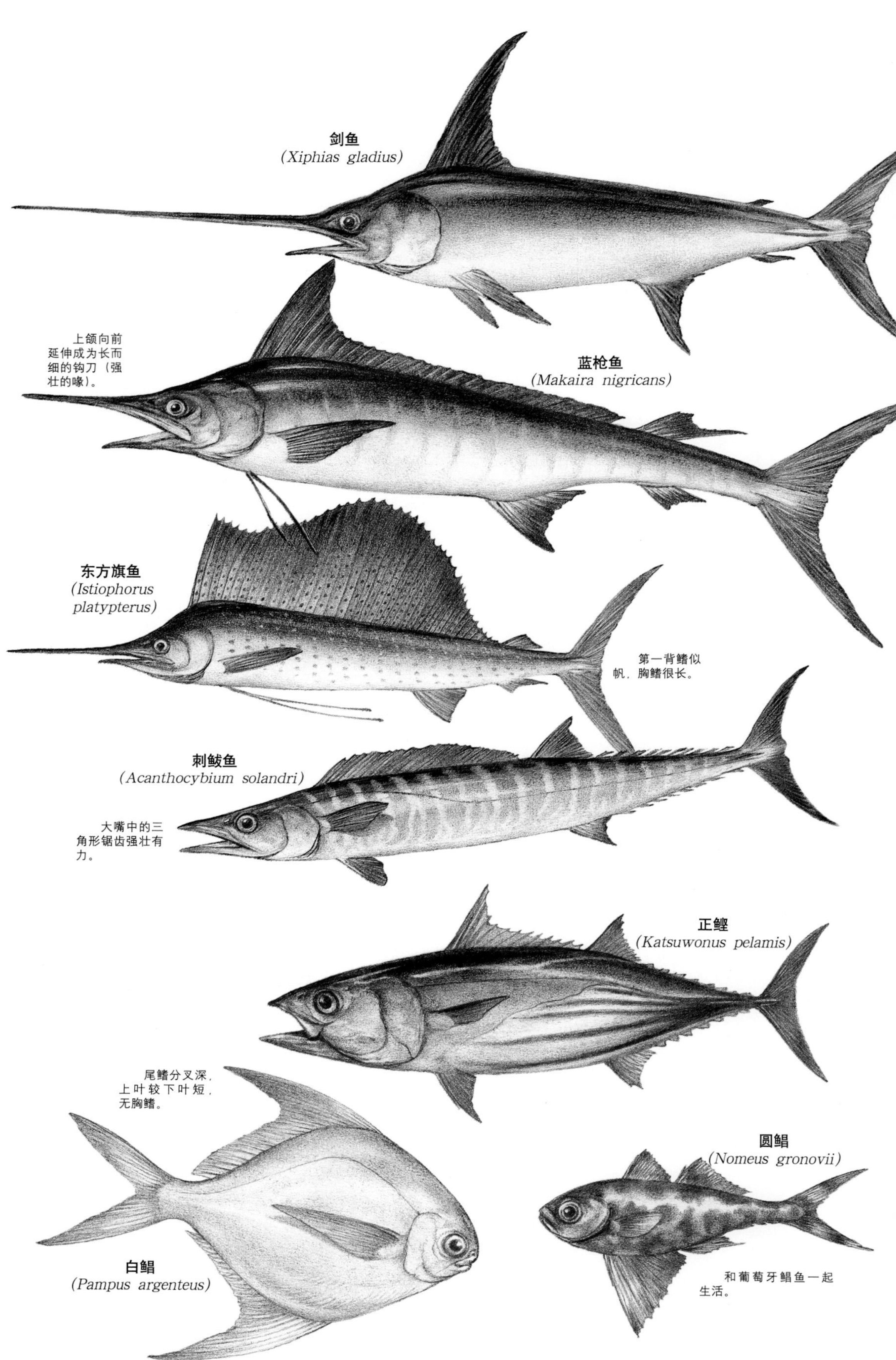

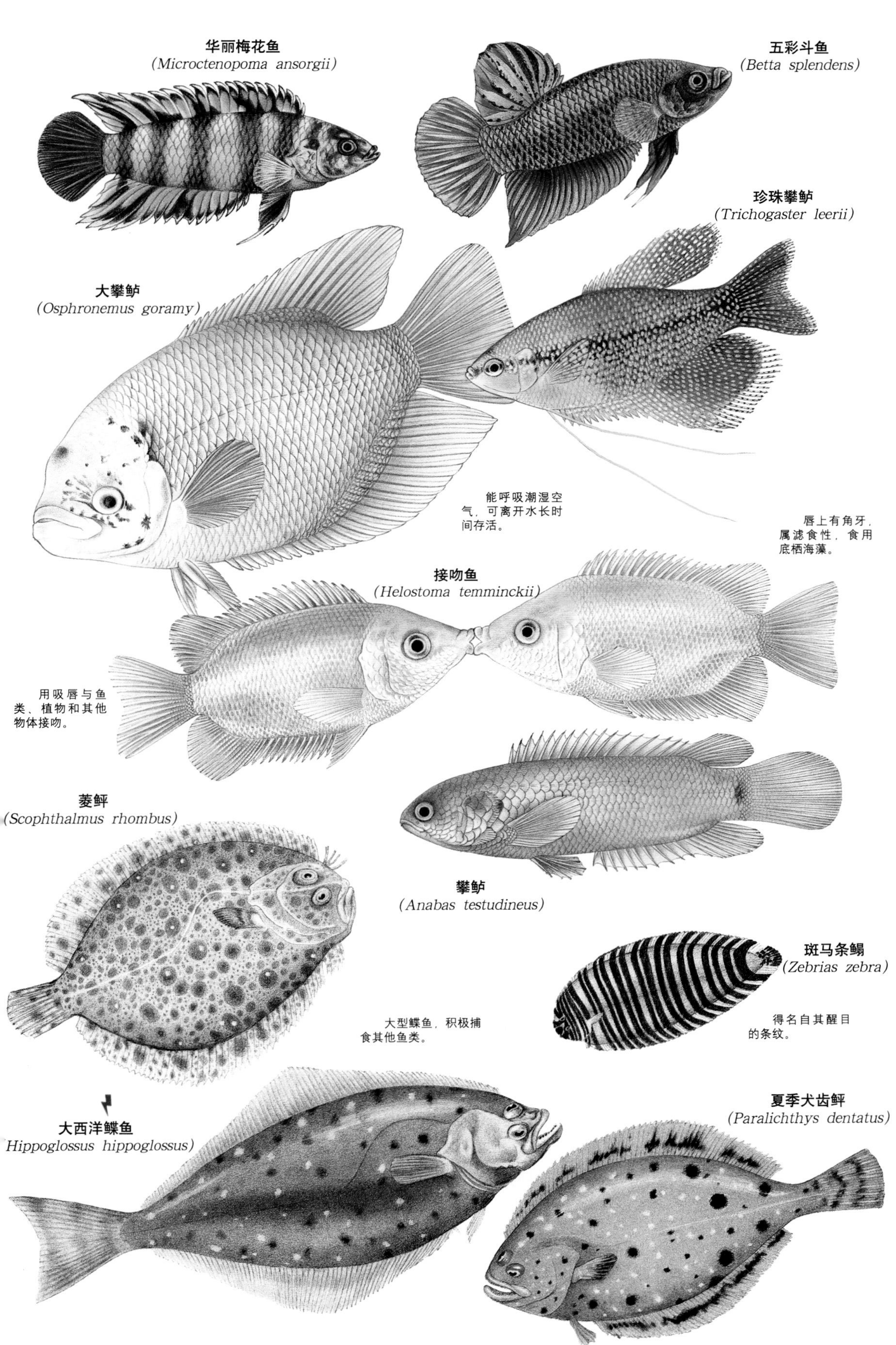

小档案

五彩斗鱼 淡水鱼种，雄鱼在叶子周围吐泡泡为卵建巢，然后在巢周围保护卵。本种著名的雄鱼之间的争斗包括互相展示有威胁的锋利鱼鳍。

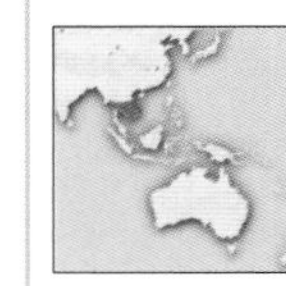

湄公河流域（亚洲）

攀鲈 鳃上连接有一个附属的空气呼吸器官，非常适应缺氧环境。当池塘干涸的时候，它们“步行”——用自己的鳍——去寻找水域，甚至有报道说它们会爬上较低的树木。

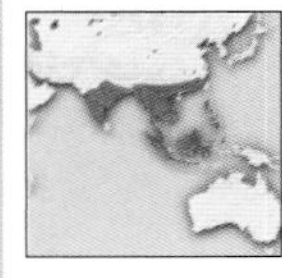

东南亚

菱鲆 和其他比目鱼一样，本种海生鱼种广泛依赖自己的伪装来躲避敌人和麻痹猎物，并且能改变体色来和周围海床的环境相一致。

北大西洋东部、地中海和黑海

向外迁徙的眼睛

幼鱼的眼睛开始和其他鱼种的眼睛一样，但是很快它们开始向一边倾斜，因为一只眼（某些是左眼，某些是右眼）开始迁徙到另一只眼旁边。同时，头盖骨前部扭曲，使颌部呈侧斜状。

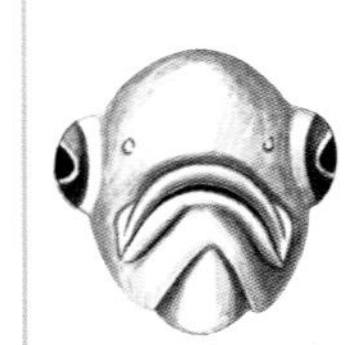
幼鱼的双眼位置正常。

左眼移到头顶。

成鱼的双眼都在右侧。

小档案

尖吻鲀 这种热带珊瑚礁专家的出现标志着环境健康。它们几乎只生活在珊瑚上。如果受到污染或者全球变暖，它们将会是第一批从珊瑚上消失的鱼种。

- 12厘米
- 85克
- 卵生
- 雌雄异体
- 常见

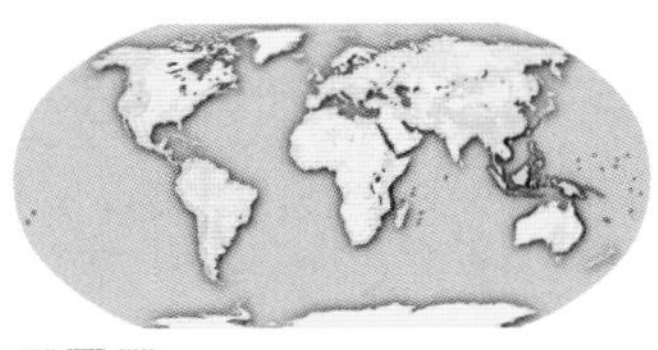

印度洋至西太平洋

白点叉鼻鲀 本种是鲀鱼的典型代表，它们的有毒牙齿和颌骨连接好像鹦鹉嘴一样。它们主要食用珊瑚分支顶上的软体珊瑚虫。

- 50厘米
- 1.8千克
- 卵生
- 雌雄异体
- 普通

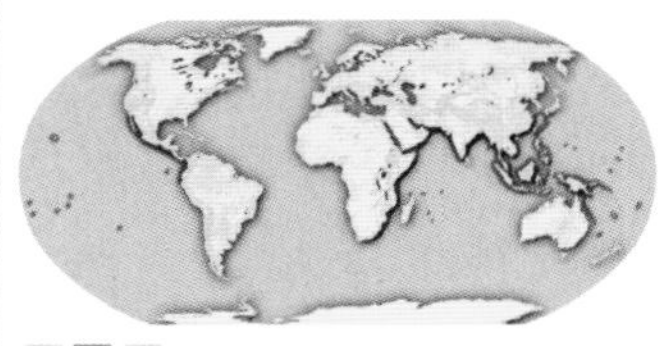

印度洋至太平洋、非洲东部至美洲

棘背牛鱼 像它们的近亲箱鱼一样，该种鱼会将自己保护在一个外部盔甲内。它们还有一种独一无二的运动方式——桨式游动——尾巴像船桨那样划动而身体不动。这种方式不会提高速度，但是能够允许几乎静止的盘旋动作。

- 23厘米
- 460克
- 卵生
- 雌雄异体
- 普通

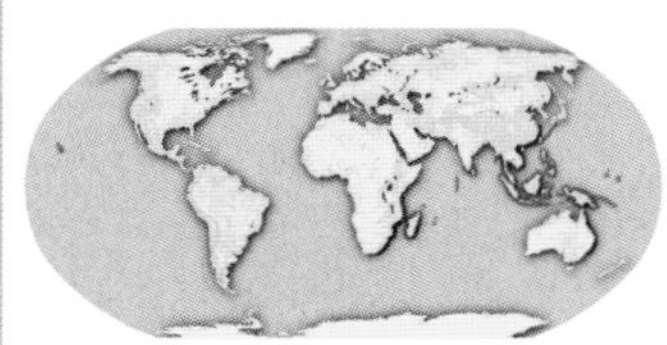

印度洋至西太平洋、非洲东部至夏威夷

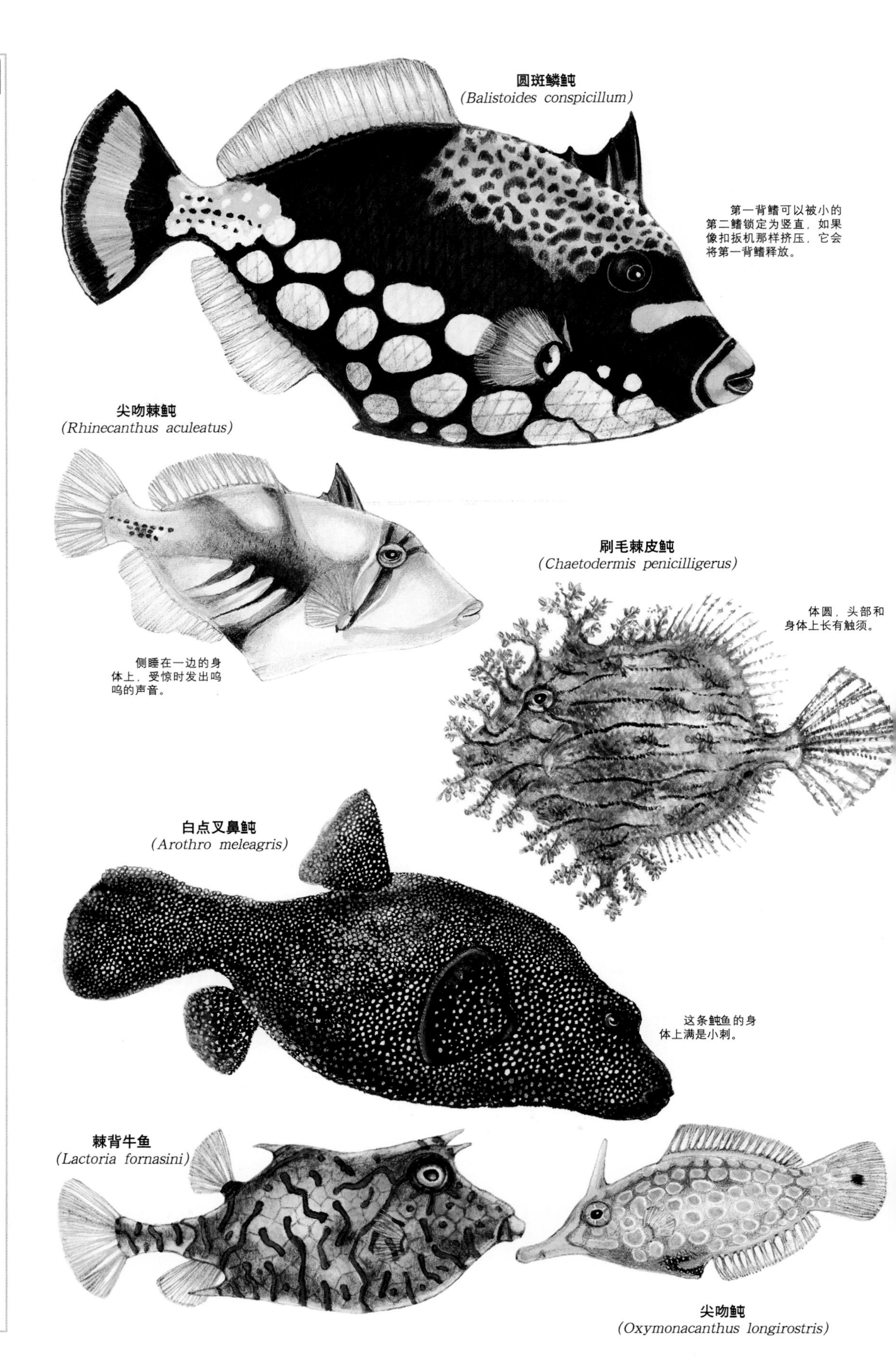

淡水鲀
(*Tetraodon mbu*)

四颗牙齿连在一起，被上颌和下颌各自的一条间缝分隔。

雌雄异形鱼种，身体包在一个骨质甲壳内。

白点箱鱼
(*Ostracion meleagris*)

窄带蝙蝠鱼
(*Platax orbicularis*)

看到的带子是一系列的黑色蠕虫。

翻车鲀
(*Mola mola*)

气球鱼
(*Diodon holacanthus*)

腹部巨大的皮肤下垂，体侧中间有一个黑斑。

三齿鲀
(*Triodon macropterus*)

小档案

淡水鲀 受到威胁时，它们将空气或水抽进自己弹性很大的胃囊，从而使自己的体积扩大很多，看起来更加恐怖。这也迫使身上的刺和鳞片突出，使它们更难下咽。

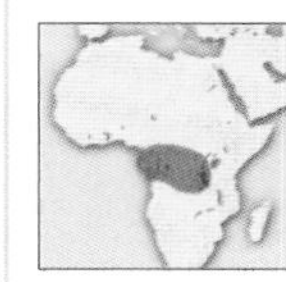

67厘米
6.8千克
卵生
雌雄异体
普通

非洲中部

翻车鲀 碟状的身体后端省略——没有尾鳍，背鳍和臀鳍靠近身体后部，向前的行进通过背鳍和臀鳍的桨状运动实现。

3.3米
1500千克
卵生
雌雄异体
普通

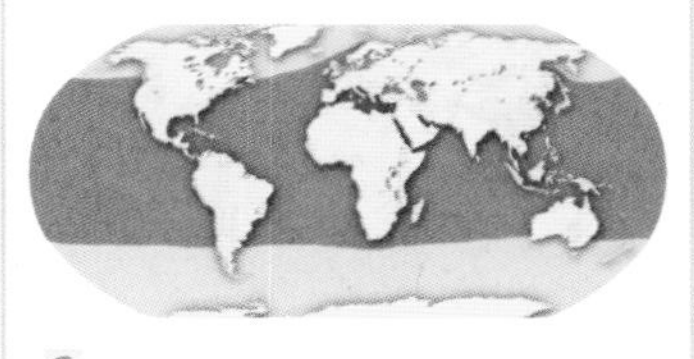

世界各地的温带海域

有毒的鲀鱼

某些鲀鱼有剧毒，特别是那些生活在印度洋至太平洋的鲀鱼。它们的整个鱼身，包括肝部、子宫和胆部，都带有河豚毒素。河豚毒素是强劲的神经毒素，毒性远远强于氰化物。这些鱼也会因潜在敌人受到威吓时向周围水域放毒。

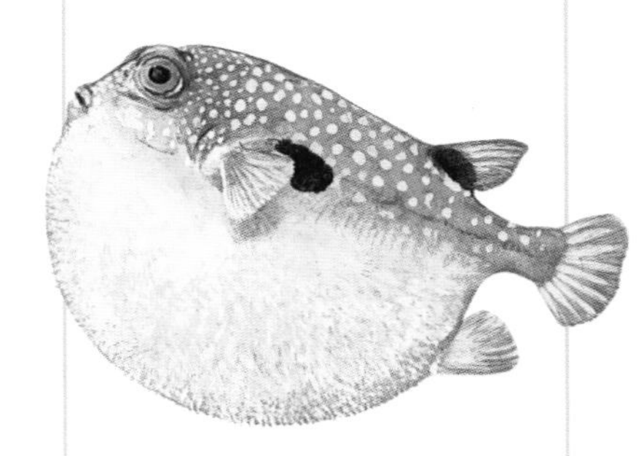

冒死进食 *即使它们的器官充满致命的河豚毒素，某些经过特别处理的鲀鱼种的无毒肉依然受到人们的高度喜爱，尤其是在日本和韩国。*

无脊椎动物

综 述

无脊椎动物
门 (>30)
纲 (>90)
目 (>370)
种 (>1,300,000)

无脊椎动物占所有已知动物种类的百分之九十五。这一群动物是以它们所缺少的东西命名的：脊椎、骨头、软骨。无脊椎动物作为一个分类术语经常被使用，但是几乎没有科学有效性。与只有一个门的脊椎动物不同，无脊椎动物由三十多个门组成，其中一些动物与脊椎动物之间的联系比它们彼此之间的联系更加密切。无脊椎动物包括这样一些不同形态的动物，像多孔海绵、漂浮的水母、寄生扁虫、喷气式的乌贼、硬壳的螃蟹、有毒的蜘蛛和翩翩飞舞的蝴蝶等。

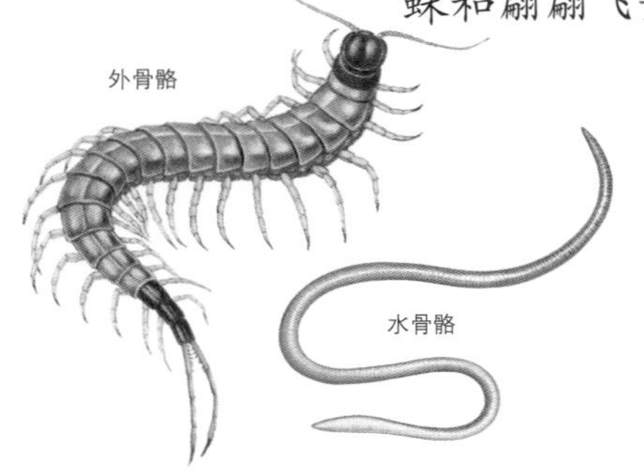

体内与体外 体内充满液体的水骨骼支撑着蠕虫和其他一些无脊椎动物的身体，它们仅能在潮湿的环境和水中生存。外部的外骨骼帮助节肢动物（像蜈蚣）在土中生活。

软体动物

无脊椎动物是进化的第一群动物，但是它们的柔软身体不会留下痕迹。虽然踪迹和洞穴出现在大约10亿年前的化石记录中。最古老的变成化石的动物只能追溯到大约6亿年前的前寒武纪末期。它们被称为埃地卡拉动物群，包括与这些动物相似的物种，像海绵、水母、软珊瑚、分节虫和棘皮动物。在大约6000万年以后的寒武纪时代出现了无脊椎动物大爆炸。总之，在大约5亿年前，所有今天的无脊椎动物大概都出现了。

不但海里有种类繁多的无脊椎动物，而且几乎在所有的水中和陆地上也都发现了无脊椎动物。大多数物种很小，有一些只有在显微镜下才能看见，如很多轮虫不到0.001毫米长，还有少数无脊椎动物到了难以置信的尺寸，如难以捕获的巨型乌贼长达18米，重达900千克。

无脊椎动物的身体有两种基本形状：一种是放射对称形的，像水母和海葵具有环形的身体，中心是嘴；另外一种形状，像蠕虫和昆虫是左右对称形的，有明显的头部和左右两侧身体。

无脊椎动物没有骨骼，但是有起支撑作用的骨干。很多看上去很软，它们是由蛋白质纤维连接在一起的。很多蠕虫的体腔内有体液支撑着，叫做水骨骼。海绵和棘皮动物有内骨骼，是组织内硬的成分。大多数软体动物和所有的节肢动物有外骨骼，就是硬硬的外壳。软体动物的外骨骼是硬甲，而节肢动物坚硬的外骨骼是分节的，并且容易弯曲。

大多数无脊椎动物是有性繁殖。它们产下大量的受精卵，通常自己孵化。但是，也有一些物种是由未受精的卵发育而来的，还有一些通过分裂或者生芽来繁殖，即把它们身体的某些部分变成自己的后代。无脊椎动物的幼体通常与它们的父母截然不同，必须通过变形才能变成成体。

体外受精 石松珊瑚虫（*Acropora sp.*）可以通过分裂进行无性繁殖，或者在水中产下卵和精子进行有性繁殖。每一个珊瑚虫都是雌雄同体，能同时产下卵和精子。它们产卵同月亮的变相是同步的。

运动方式 海葵的成虫长久固定在一个地点，它们挥动触手来取得食物。很多无脊椎动物是可移动的，它们可以进行以下动作：游泳、挖洞、爬、跑和飞。

猎手蜘蛛 塔兰台拉毒蛛是肉食的无脊椎动物。它们使用毒液来麻醉猎物。

无脊椎脊索动物

门	脊索动物门
亚门	(2)
纲	(4)
目	(9)
科	(47)
种	(>2000)

脊索动物门由三个亚门组成，其中最大的亚门是脊椎动物亚门，包括所有的脊椎动物（哺乳动物、鸟、爬行动物、两栖动物和鱼）。另外两个是海生无脊椎动物群：尾索动物亚门包括大约2000种海鞘和它们的近亲，头索动物亚门包括大约30种蛞蝓鱼类。这些无脊椎脊索动物没有椎骨组成的脊椎，但是它们有一条柔软的脊索。脊索存在于脊椎动物的胚胎里，后来被溶解并吸收，由脊椎代替。脊椎动物是从无脊椎脊索动物进化而来的。

在深海 肉食的被囊动物生活在深海的海底。像磷虾类小动物漂进嘴形的羽冠时，羽冠会迅速闭合捕获它们。

群体 这幅照片展示了几群华丽的海鞘（*Botrylloides magnicoecum*）。黑点是个体的吸入管，滤网状的鳞状物是公用的发散管。

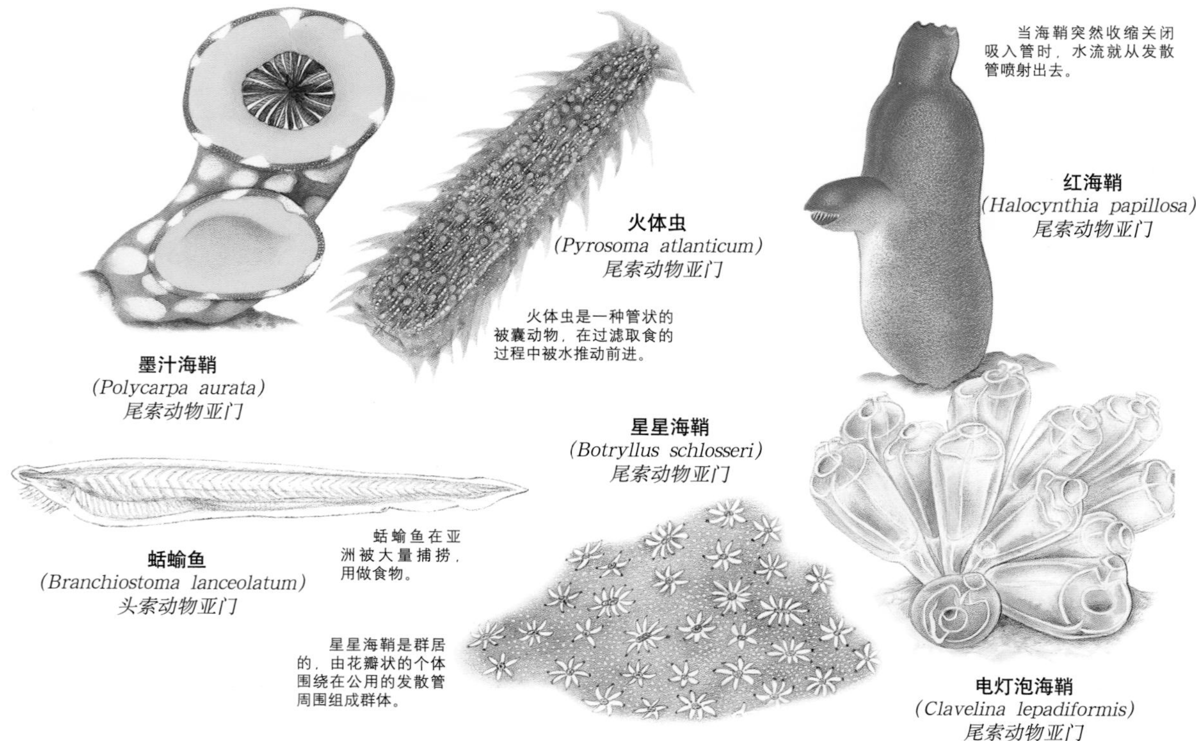

固定还是自由

海鞘是一种被囊动物，它们是由卵孵化成蝌蚪状的尾部带有脊索的幼虫。在散居到一个新的场所以后，蝌蚪状的幼虫通常附着在海底，溶解并吸收尾巴和脊索，同时把嘴巴移到未固定的一端。固定的海鞘是袋状的动物。水从吸入管流入，经发散管流出，途中经过穿孔的咽部，咽部用黏液过滤食物颗粒。海鞘有的是独居的，也有的是群居的。大多数成虫是固定的，少数是终生自由的。它们几乎都是雌雄同体，能同时在水中产下卵子和精子，生下它们的后代。

蛞蝓鱼外表同鳗很像，游泳游得很好，但是通常部分掩埋在浅水的沙和砂砾中，只有头部伸出来。它们使用和海鞘相同的方法过滤食物，水从一个开口流入，经过咽部，再从另一个开口流出。它们是雌雄异体，体外受精。

海绵

门 多孔动物门
纲（3）
目（18）
科（80）
种（约9000）

两千多年前，亚里士多德认为海绵是动物，但是他的断言直到1765年才得到证实。在此期间，大多数科学家认为不能运动，并且带有枝状物的海绵是植物。海绵在动物界里是独一无二的。它们没有神经系统、肌肉和胃。它们的细胞不形成组织和器官，而是具有一些特殊的功能，例如，食物采集、消化、自卫或者骨骼形成。细胞能在海绵的全身移动，从一种形态转化为另一种形态，使海绵从碎片甚至个体细胞获得完全再生。

带电的海绵 虽然没有神经，但玻璃海绵（六放海绵纲）在受到干扰时会发出电子脉冲，促使它们的食物过滤系统关闭。

骨针 海绵的骨骼是由骨针组成的，它们分布在海绵的全身或结合成纤维组织。这幅图显示的是针形和星形的骨针放大100倍后的效果。

繁殖 大多数海绵是有性生殖，也有的是无性生殖。有的物种分裂成碎片，也有的长芽（右图右），然后形成新的海绵。海绵也可以排出胚芽——细胞和食物的小颗粒集合物，胚芽处于蛰伏状态，当环境合适时，它们就长成海绵。

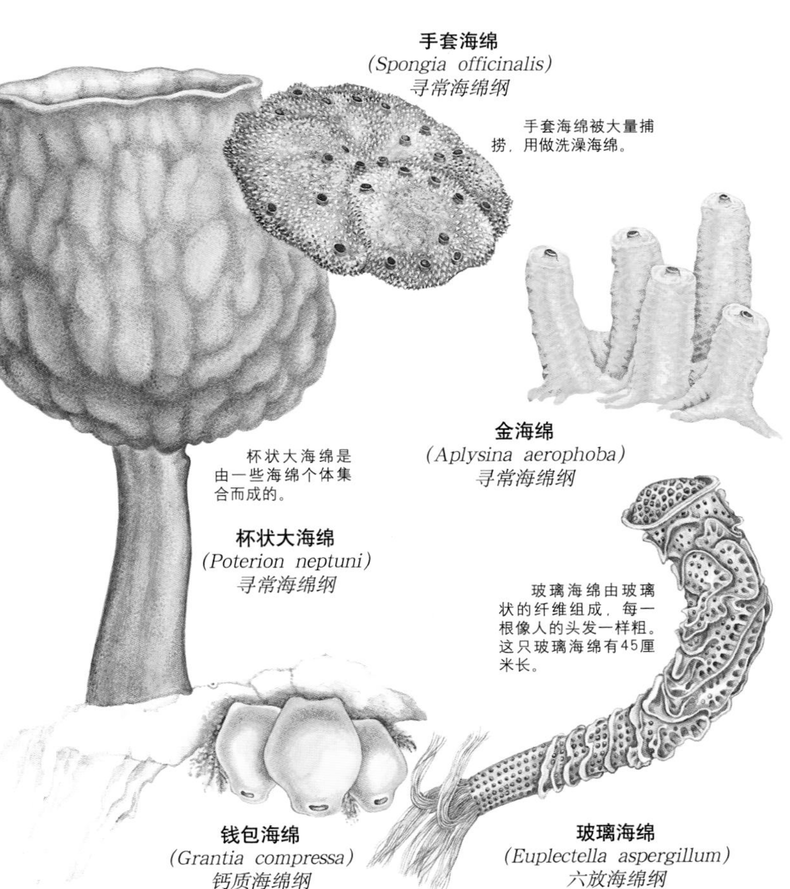

多孔过滤进食者

海绵的长度从不到1厘米到2米，形状各种各样，如大树状、灌木丛状、花瓶状、桶状、球状，垫子状、地毯状，或者可能仅仅是没有形状的一团。无论是在浅海还是深海，只要有海水，就有它们。少量的海绵已经移居到了淡水湖和淡水河中。

海绵的骨骼由矿物质或蛋白质组成，或者两者共同组成。钙质海绵纲有钙盐骨骼，显得小且呈土褐色。六放海绵纲有玻璃海绵，它们的骨骼是由硅石构成的。90%以上的海绵属于寻常海绵纲。它们的骨骼由硅石、蛋白质或二者共同组成。

海绵通常通过过滤水中的微生物来进食。水经过小孔进入，然后流经一个管道系统，最后通过叫做排水孔的大开口排出。排列在海绵内部的领细胞通过敲打它们的鞭毛来保持持续的水流。少数肉食海绵使用钩状的细丝来捕捉甲壳类动物。

大多数海绵是雌雄同体的。精子被排放在水中，让其他海绵来使它们的卵受精。幼虫能自由浮游一小段时间，然后固定附着在物体表面，发育成成虫。

刺细胞动物

门	刺细胞动物门
纲	(4)
目	(27)
科	(236)
种	(约9000)

刺细胞动物是许多海生的无脊椎动物里变化繁多的一类，包括海葵、珊瑚虫、水母和水螅虫。所有的这些动物都是肉食动物，使用刺细胞来捕食和抵御天敌。刺细胞动物的身体是由消化食物的消化与循环两用的体腔包裹着，起到水骨骼的作用。食物的进入和废物的排出经过同一个开口——嘴——通常是被触须包围着的。刺细胞动物有两种形态：水螅型珊瑚虫和水母。水螅型珊瑚虫是圆柱形的，附着在物体表面，嘴和触须在自由的一端；水母能自由浮游，呈伞形，嘴和触须向下垂。

固定不动 宝石海葵(*Corynactis viridis*)有一百多个触须环绕在嘴周围。它们通过吸管一样的圆盘附着在物体上，所以几乎不动，但是也有一些能慢慢地移动。

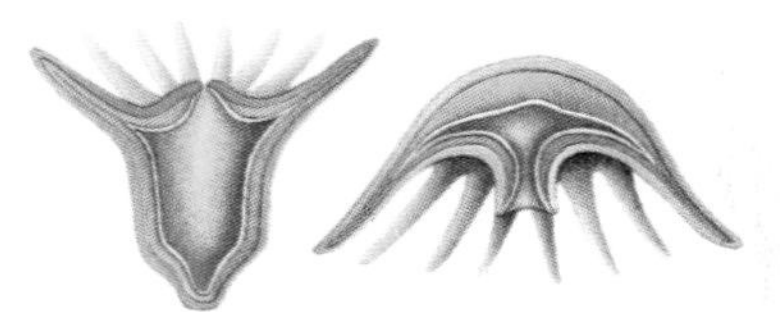

水螅型珊瑚虫　　水母

果冻三明治 在刺细胞动物的两个细胞层——内胚层和外胚层之间有果冻一样的细胞层，叫做中胶层（呈橘黄色）。在水螅型珊瑚虫中，中胶层比较薄，但是在水母中，中胶层形成动物的大块身体。

漂浮的家 45厘米宽的紫色水母(*Pelagia panopyra*)为鱼和小蟹提供了避风港。像其他水母一样，它们仅有微弱的喷射推动力，主要依靠洋流来迁移。

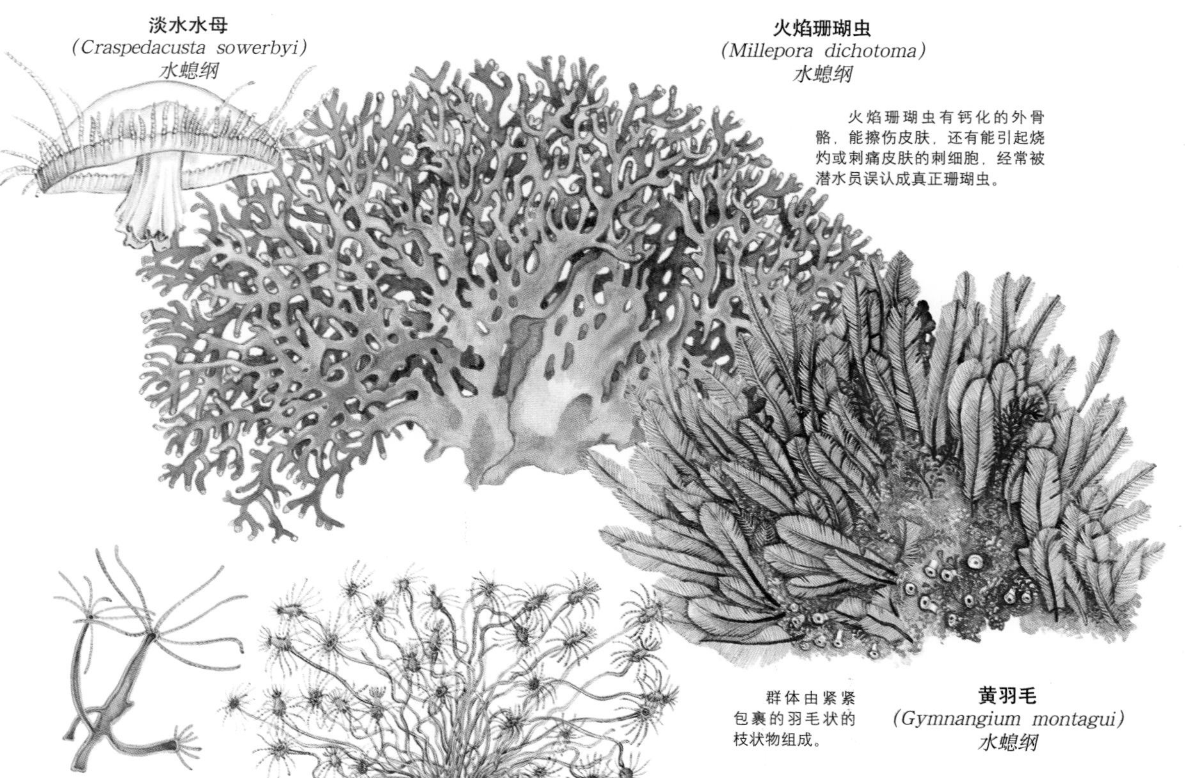

淡水水母
(*Craspedacusta sowerbyi*)
水螅纲

火焰珊瑚虫
(*Millepora dichotoma*)
水螅纲

火焰珊瑚虫有钙化的外骨骼，能擦伤皮肤，还有能引起烧灼或刺痛皮肤的刺细胞，经常被潜水员误认成真正珊瑚虫。

群体由紧紧包裹的羽毛状的枝状物组成。

黄羽毛
(*Gymnangium montagui*)
水螅纲

绿水螅
(*Chlorohydra viridis*)
水螅纲

燕麦管水螅
(*Tubularia indivisa*)
水螅纲

水螅型珊瑚虫和水母

少量的刺细胞动物生活在淡水中，但大多数是海生的。在海洋的各个海平面都能见到它们，尤其在热带浅海地区。它们以游过的鱼和甲壳类动物为食。触须（刺细胞动物的刺细胞）上盘绕带钩的细丝能喷出去刺穿麻醉猎物，然后移到嘴边。

珊瑚虫和海葵仅仅作为水螅型珊瑚虫存在，而很多其他刺细胞动物一生中在水螅型珊瑚虫和水母之间变换。通常，水螅型珊瑚虫通过无性繁殖产生水母，而水母通过有性繁殖产出幼虫，发育成水螅型珊瑚虫。水螅型珊瑚虫和一些水母通过长芽或者分裂身体产生它们自己的个体。如果幼虫和父母分开，就会形成克隆个体，如果不和父母分开，就会形成群体，如形成珊瑚礁的大群体。在一些群体中，每一个成员都有独特的形态和作用，如可以进食、自卫、繁殖和移动。

小档案

钵水母纲 典型的水母属于钵水母纲。一般情况下，它们一生都是水母，但这些水母的幼虫是作为水螅型珊瑚虫栖息在海底的，然后水螅型珊瑚虫分开，变成水母。大多数水母是自由浮游的。它们喷出水柱，提供微弱的推动力。

种（200）

世界范围（海生）

月亮水母

在世界沿海地区，经常发现月亮水母(Aurelia aurita)被冲到岸边。

水螅纲 包括水螅型珊瑚虫和水母，但是水母经常成为水螅型珊瑚虫身体表面的芽。很多物种是群居的，每种个体有特定的功能。

种（3300）

世界范围

淡水水螅

在湖泊和池塘中能发现褐色水螅(Pelmatohydra oligactis)。它们的触须能长达25厘米。

立方水母纲 这一纲的箱子水母是正方形的，这一点可以使它们与典型的水母区别开来。它们游动速度更快，而且身手敏捷，有一些还是海洋中的致命物种。

种（36）

世界范围的热带和温和的海洋

幼小的刺细胞动物

当刺细胞动物进行有性繁殖的时候，它们产生一种微小的浮浪幼体。它们可以用纤毛游动或者沿着海洋底部爬行。经过一段时期后，浮浪幼体转变成水螅型珊瑚虫。它们把身体前端附着在物体表面，在另外自由的一端长出触须。对于没有变为水母的珊瑚虫和海葵而言，幼虫时期是物种分散的仅有机会。

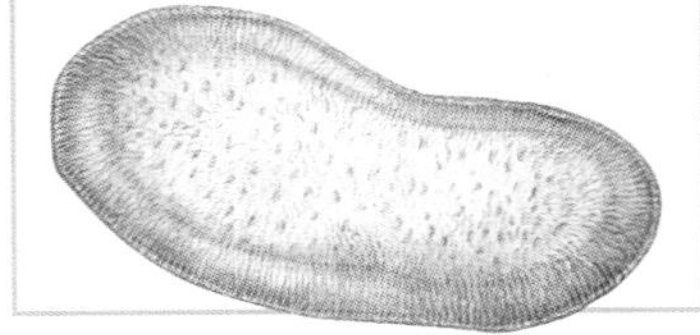

小档案

珊瑚纲　珊瑚纲的成虫是水螅型珊瑚虫，大多数是群居的。它们包括典型的轴孔珊瑚、赤裸的海葵、坚韧的软体珊瑚虫、分枝很多的海扇、红色珊瑚虫、海笔和黑色珊瑚虫。典型的珊瑚虫有外骨骼，而其他珊瑚虫则有内骨骼。

种（6500）

世界范围（海生）

形态各异　*管状海葵（Cerianthus lloydi，下图）和海笔（Pennatula grisea，右图）体现了珊瑚纲动物形态的丰富多样。*

大堡礁

大堡礁长达2240千米，在澳大利亚东北海岸，是世界上最大的珊瑚礁。它是百万年来由典型珊瑚虫外骨骼的钙碳酸盐形成的。共生的海藻生活在水螅型珊瑚虫的内部，为珊瑚虫提供大部分能量。珊瑚虫被限制在清澈的浅水区内，在那里海藻能进行光合作用。

充满多种生物的大堡礁　*大堡礁大约有400种珊瑚虫、1500种鱼、4000种软体动物。那里的生物多样性可以和热带雨林相媲美。*

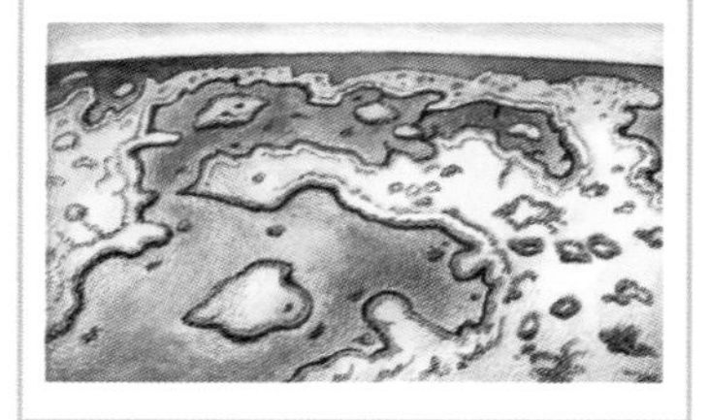

保护警报

即将消失的珊瑚礁　珊瑚虫对环境十分敏感，水的温度、盐分或者氮含量的微小变化等，都会使其死亡。因此，它们很容易受到海洋污染和全球变暖的攻击。大规模的旅游、过度的捕捞和物种的引进也会使它们的数量减少，世界范围内的珊瑚礁有一半将在以后的50年中消失。

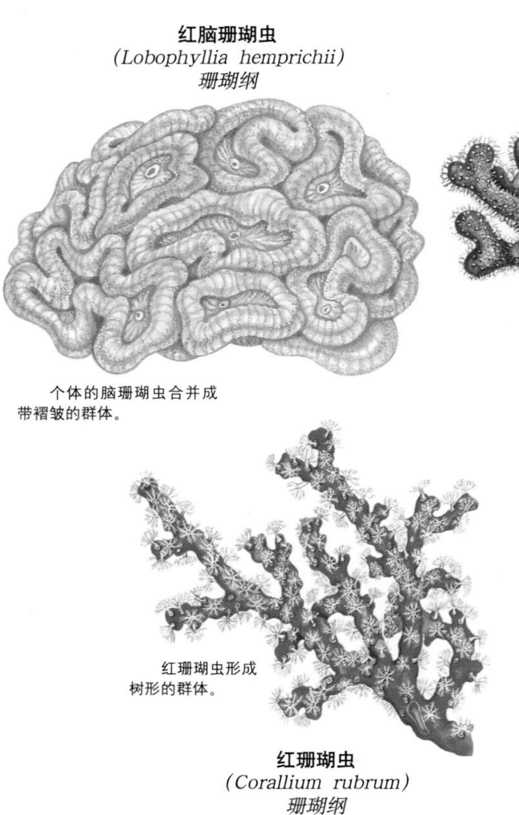

红脑珊瑚虫
(Lobophyllia hemprichii)
珊瑚纲

个体的脑珊瑚虫合并成带褶皱的群体。

红珊瑚虫形成树形的群体。

红珊瑚虫
(Corallium rubrum)
珊瑚纲

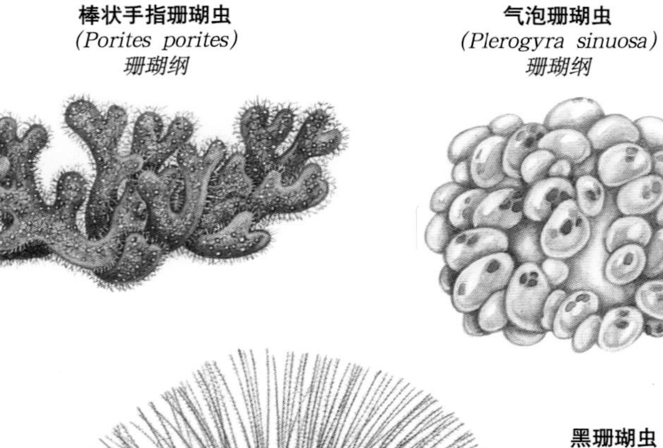

棒状手指珊瑚虫
(Porites porites)
珊瑚纲

气泡珊瑚虫
(Plerogyra sinuosa)
珊瑚纲

黑珊瑚虫
(Antipathes furcata)
珊瑚纲

退潮时，红海葵的触须会缩回去。

红海葵
(Actinia equina)
珊瑚纲

冷水珊瑚虫
(Lophelia pertusa)
珊瑚纲

冷水珊瑚虫是深水珊瑚，在寒冷的北大西洋形成珊瑚礁。

西印度红扇珊瑚虫
(Gorgonia flabellum)
珊瑚纲

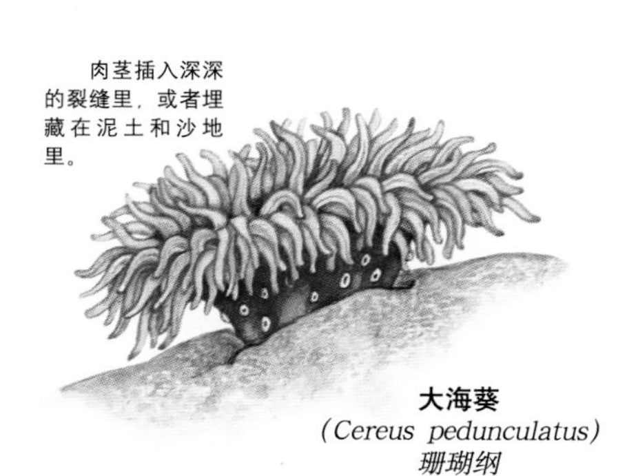

肉茎插入深深的裂缝里，或者埋藏在泥土和沙地里。

大海葵
(Cereus pedunculatus)
珊瑚纲

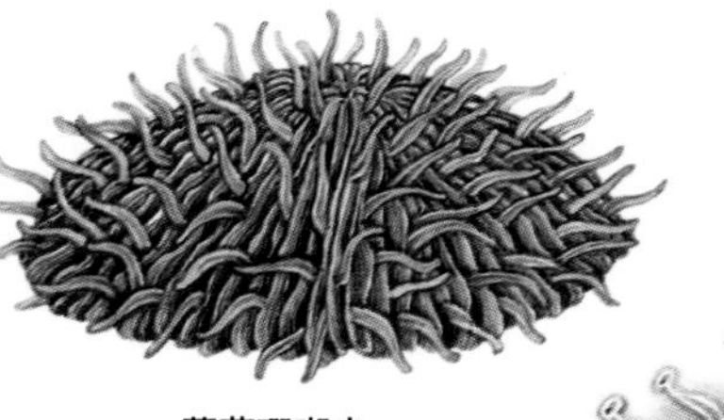

蘑菇珊瑚虫
(Fungia fungites)
珊瑚纲

核珊瑚虫
(Caryophyllia smithi)
珊瑚纲

扁 虫

门	扁形动物门
纲	(4)
目	(35)
科	(360)
种	(13,000)

组成扁形动物门的扁虫包括微小的共生物种和寄生在人和其他脊椎动物体内的绦虫。扁虫是最简单的左右对称的动物，它没有体腔，没有呼吸与循环系统。有些寄生物种也没有消化系统。大多数物种的肠子只有一个开口，用于进食和排放废物。不明显的头部有大脑和很多感觉器官，包括感觉光明和黑暗的单眼和探测化学物质、平衡、地心引力和水流的感受器。

长长的群体 下面图中是老鼠的寄生虫缩小膜壳绦虫个体的节片和头部的吸盘，是实际尺寸的50倍大，颜色也加重了。

形状 一些小的扁虫是圆柱形的，大多数扁虫是平的，很多海生的物种，如多肠目扁虫 是树叶形状的。

寄生生命

单生纲的吸虫一生仅有一个宿主，而大多数寄生扁虫在一生的不同时期有不同的宿主。

卵随人的粪便排出，被蜗牛吃掉。

后期的幼虫在蜗牛身上出现。

幼体附着在鱼身上。

成虫在人的肝脏里成熟。

中华肝吸虫的卵 *中华肝吸虫（吸虫纲）的卵被水生蜗牛吃掉。后期的幼虫附着在鱼身上，被人吃掉。一旦吸虫变成成虫，它们的卵随人的粪便排出。*

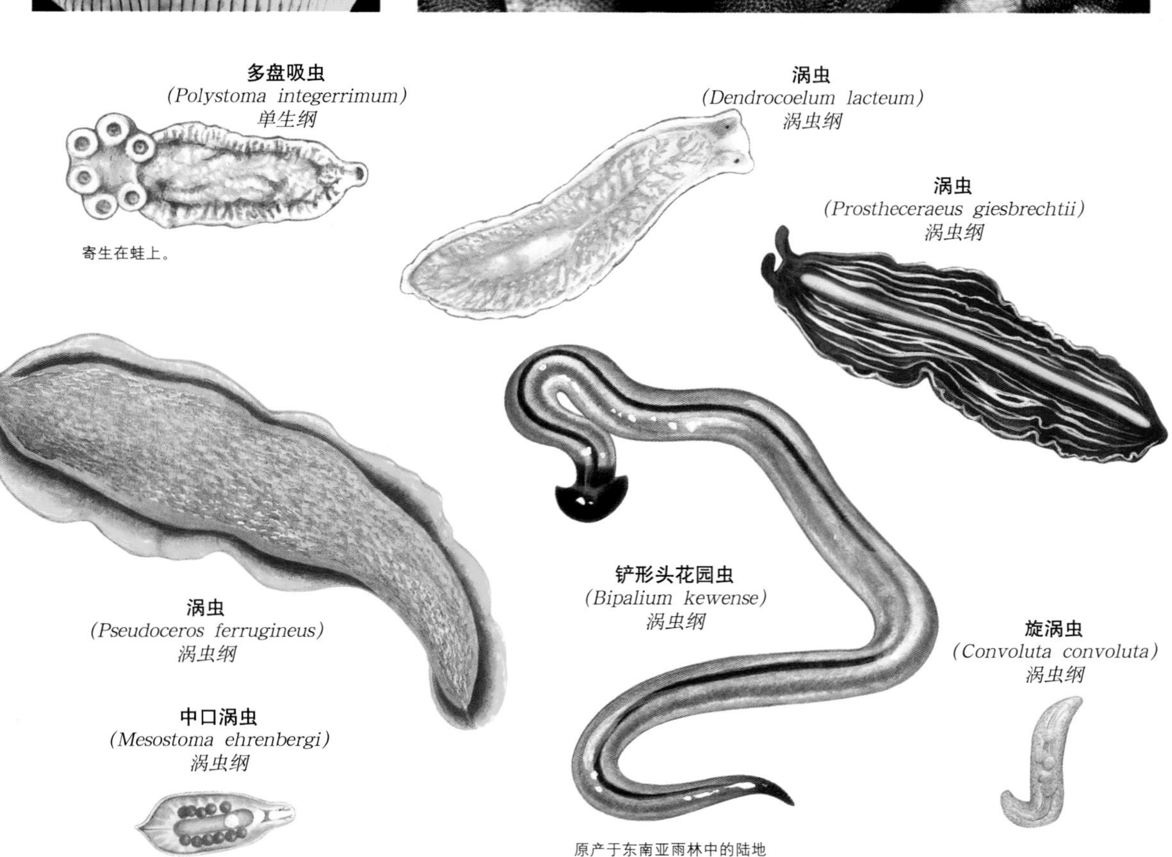

生活方式

扁形动物门包括四个纲。第一个纲是涡虫纲，大多是共生的。很多物种是海生的，但也有的生活在湖里、池塘里和河里，少数物种甚至既能生活在淡水里，也能生活在盐水里，还有一些物种生活在潮湿的地方。涡虫纲动物通常以无脊椎动物为食。它们沿着腺体分泌形成的黏液踪迹行走，拍动纤毛（小毛发）推动自身的运动。

其他三个纲的物种都是寄生的，或者一生中的部分时期是寄生的。单生纲的成员有小吸虫。它们的身体后端有后吸器，即球状吸盘和钩子，附着在鱼的鳃和青蛙的膀胱上。很多吸虫属于吸虫纲。它们的成虫是脊椎动物的寄生虫，使用吸盘附着在肠子和其他器官上。绦虫纲包括绦虫。绦虫是体内寄生虫，由叫做节片的个体组成长长的扁平的群体。几乎所有的扁虫都是雌雄同体的，绦虫的每一个节片上都有雌雄生殖器官。

蛔　虫

门	线虫动物门
纲	(4)
目	(20)
科	(185)
种	(>20,000)

虽然有一种寄生在抹香鲸身上的蛔虫能长到13米长，但大多数线虫动物门的成员只有在显微镜下才可以看到。像线虫一样，蛔虫是数量最多的物种之一，一只腐烂的苹果上能有90,000只蛔虫。共生的蛔虫生存在几乎所有的水中和陆地上，那些生活在土壤中的蛔虫在碎石再生中起着关键的作用。大量的动物和植物中都能发现寄生的蛔虫。普通的蛔虫、钩虫、蛲虫、线虫和其他蛔虫寄生在世界半数以上的人体中。

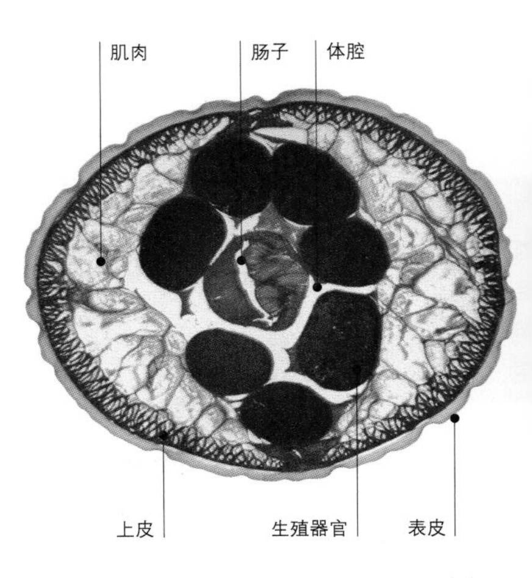

身体结构　这是蛔虫放大的截面部分的身体构造图。虽然简单，但并不表明它很原始，它可能来自更复杂的祖先。

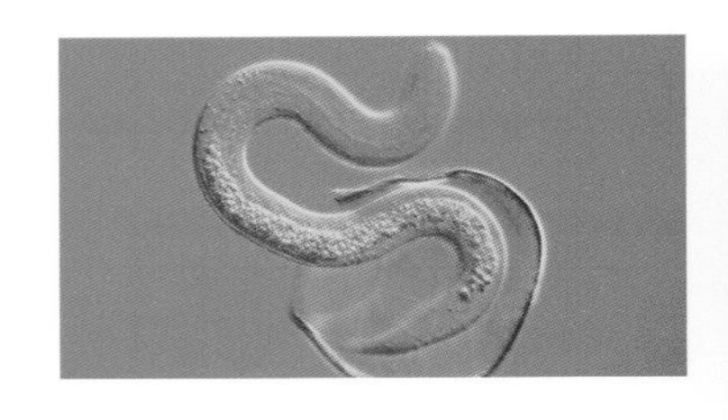

成长　这种孵化后的小寄生蛔虫拥有除生殖系统外的所有成虫的特征。它在完全变成成虫前要蜕四次皮。

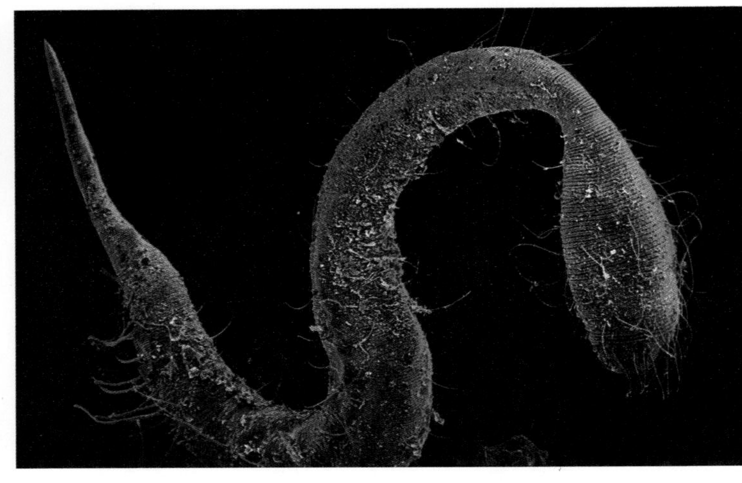

适应性强的虫子　共生的蛔虫可以生活在海水中（右图）、淡水中、陆地上，还有的生活在冰或温泉中，甚至有的在酸性环境中也能生存，例如醋中。

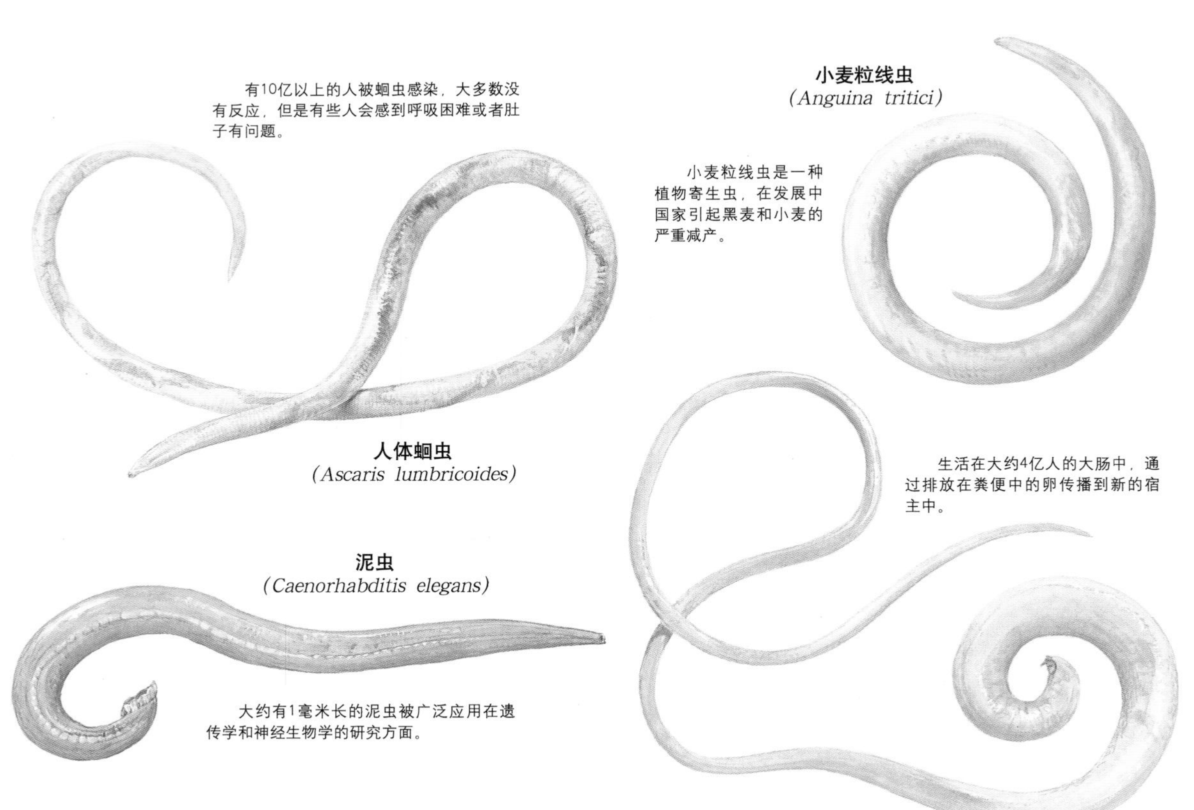

有10亿以上的人被蛔虫感染，大多数没有反应，但是有些人会感到呼吸困难或者肚子有问题。

人体蛔虫
(Ascaris lumbricoides)

生活在大约4亿人的大肠中，通过排放在粪便中的卵传播到新的宿主中。

小麦粒线虫
(Anguina tritici)

小麦粒线虫是一种植物寄生虫，在发展中国家引起黑麦和小麦的严重减产。

泥虫
(Caenorhabditis elegans)

大约有1毫米长的泥虫被广泛应用在遗传学和神经生物学的研究方面。

简单而有弹性

蛔虫有细长的圆柱形身体，通常很像细线。这种形状使得它们能够生活在土壤的颗粒中间。它们是左右对称的，通常在尾部变尖。上皮（皮肤）分泌一种柔韧的外表皮。像节肢动物一样，蛔虫在生长时也必须蜕皮。大多数蛔虫在成虫前要蜕四次皮。

蛔虫移动时，看起来像是在毫无目的地前后颠簸着前进。它们在内脏和体壁之间的体腔（实际是假体腔）内含有液体，承受压力。当虫子纵向收缩身体时，这种压力使身体从一边向另一边弯曲——一种使虫子很好地在土壤颗粒和水中行进的方法。

当食物进入蛔虫嘴里后，被咽部吸入，穿过肠子，废物通过后面的肛门排出。

如果碰到不利的情况，例如特别热、特别冷或者干旱，蛔虫可以进入类似死亡的状态。这被称为隐生现象，可以持续几个月，甚至几年。当情况改善以后，它们会重新活过来。

有些蛔虫是雌雄同体的，更多的是雌雄异体的。交配时，雄虫用带钩的尾部附着在雌虫身上。幼虫像微型的成虫。

软体动物

门	软体动物门
纲	(7)
目	(35)
科	(232)
种	(75,000)

数量巨大且适应性强的软体动物已经多样化到可以适应几乎所有的生态环境。它们主要是海生的，可以在不同的海平面发现它们，有时在淡水中和陆地上也能发现它们。居住环境的多样性可以反映它们形态的多样性，从靠喷气推动的乌贼，到爬行的蜗牛和固定不动的蛤。大多数软体动物所共有的特征是有发育良好的头部、含有内脏的体腔、套膜、覆盖身体且分泌碳酸钙的特殊皮肤、带有呼吸器的套膜腔和肌肉发达的分泌黏液的脚。

海底居住者 海蛞蝓是无壳的腹足纲动物，外部有被羽毛覆盖的鳃。上图的海蛞蝓正在吃珊瑚虫。

海洋中的巨大动物 虽然很多软体动物很小，甚至是微小的，但有一些物种的身体是巨大的。最大的双壳类动物——巨人蚌（下图）的长度大约是1.5米。可是，相对于巨型乌贼来说，它又成了侏儒。巨型乌贼的长度令人惊骇，长达18米。

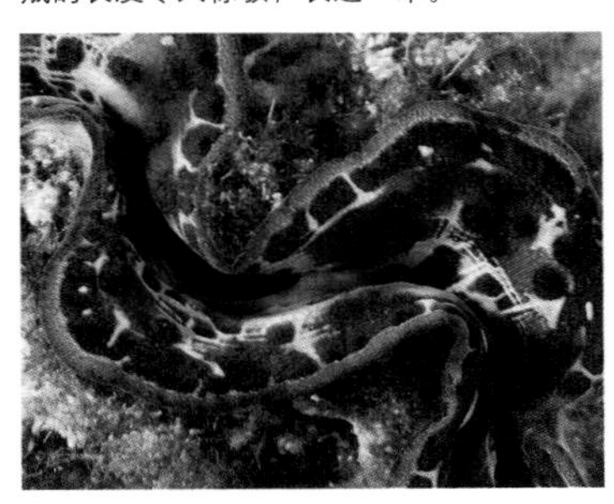

炫耀行为 很多头足动物能改变它们的体色和形状，通常是为了伪装，有时也是为了交流。在仪式化的竞争中，这两只加勒比暗礁乌贼（*Sepioteuthis sepioidea*）正在进行炫耀行为，以赢得交配的权利。

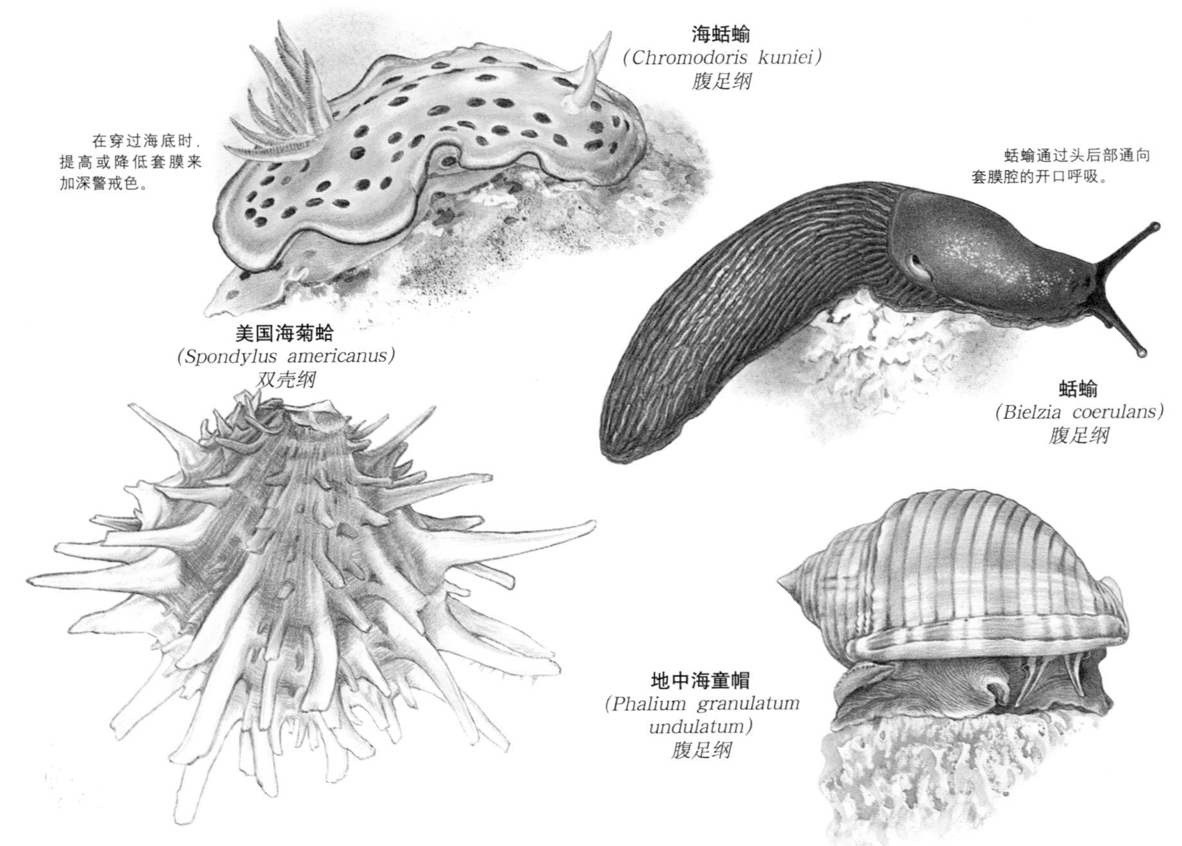

各式各样

软体动物分为7个纲：无板纲包括没有壳的虫子一样的软体动物；单板纲由大约20种结构简单的圆壳动物组成；多板纲的软体动物被8个钙质板片保护，并且靠吸盘一样的脚爬行；掘足纲有长牙形的贝壳，可以用来挖洞；蛤、牡蛎、贻贝和其他双壳纲动物有两枚合页形的贝壳和一个小头；腹足纲动物包括蜗牛和蛞蝓，有的有螺旋形的贝壳，但是很多根本没有贝壳；章鱼、乌贼和其他头足纲动物有活动的脚，通常没有贝壳。它们中有最大最聪明的无脊椎动物。

软体动物的饮食习惯是多种多样的。它们可以以废物为食，也可以从岩石上刮海藻吃，还可以吃树叶，从水中过滤微小生物，或者主动追赶甲壳类动物和鱼类等猎物。在叫做齿舌的齿形器官的帮助下，食物通过嘴进入体内，然后穿过复杂的消化系统，最后经肛门排出。

大多数软体动物是雌雄异体，其中一些把卵和精子产入大海中，还有的通过交配繁殖。幼虫是自由浮游的。

小档案

单板纲 1952年，人们才在贝壳化石中了解到这个纲。这一纲中稀少的物种是由生活在200米—7000米的海沟中的微小的帽贝一样的软体动物组成的。它们有多个同样的器官，如5对到6对鳃、6对肾、8对牵拉肌。

种（20）

大西洋、太平洋、印度洋（海底）

海底爬行者

单板纲动物中有一种动物大约有2.5厘米长，长有帽子一样的贝壳。它们使用一张大而扁平的脚在海底爬行。

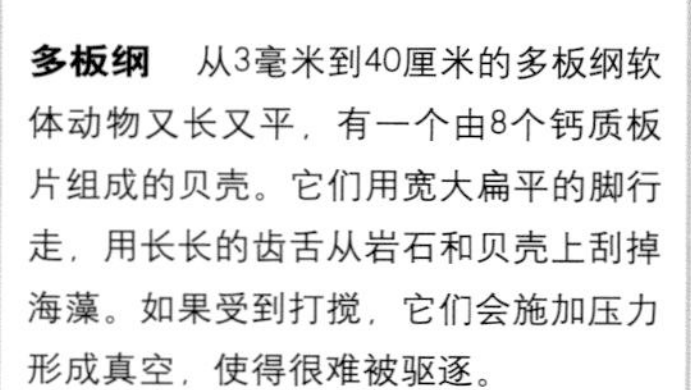

多板纲 从3毫米到40厘米的多板纲软体动物又长又平，有一个由8个钙质板片组成的贝壳。它们用宽大扁平的脚行走，用长长的齿舌从岩石和贝壳上刮掉海藻。如果受到打搅，它们会施加压力形成真空，使得很难被驱逐。

种（500）

世界范围潮间带到更深的海底

贝壳附着者

和其他软体动物一样，北美有一种软体动物的贝壳被套膜形成的环状物包围着。它们用这个环状物和脚来附着在岩石或贝壳上。

掘足纲 这个纲的动物有长牙形的贝壳，它们用长长的管状的贝壳来挖洞。贝壳大的一端有一只强健的脚和带有线状触须的黏黏的小头伸出。长牙形的贝壳以小的生物为食，它们先用触须收集起来，然后用齿舌嚼碎。

种（500）

世界范围的沙质或土质海底

挖洞的脚

象牙贝使用它们发育良好的脚在沙质或土质的海底挖洞。

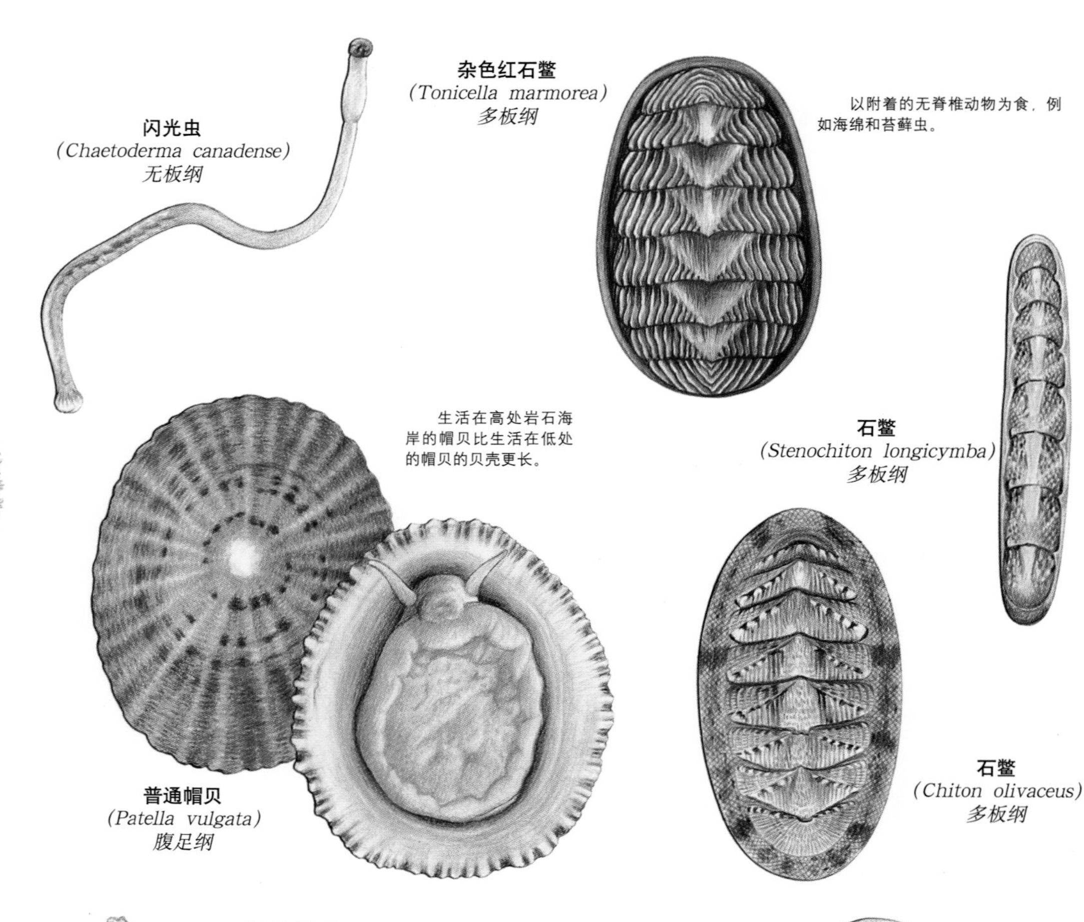

闪光虫
(Chaetoderma canadense)
无板纲

杂色红石鳖
(Tonicella marmorea)
多板纲

以附着的无脊椎动物为食，例如海绵和苔藓虫。

生活在高处岩石海岸的帽贝比生活在低处的帽贝的贝壳更长。

普通帽贝
(Patella vulgata)
腹足纲

石鳖
(Stenochiton longicymba)
多板纲

石鳖
(Chiton olivaceus)
多板纲

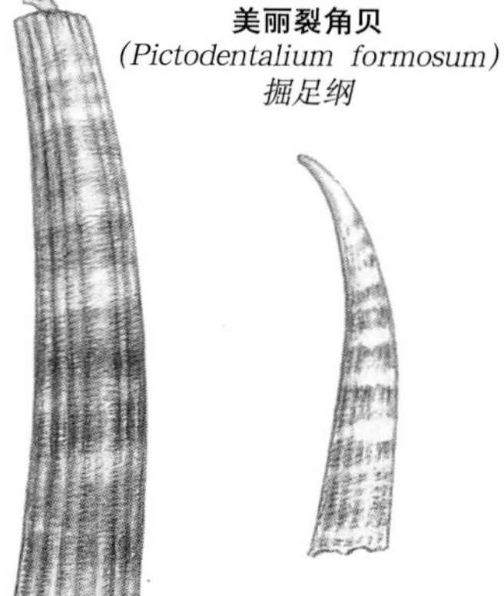

美丽裂角贝
(Pictodentalium formosum)
掘足纲

新帽贝
(Neopilina galatheae)
单板纲

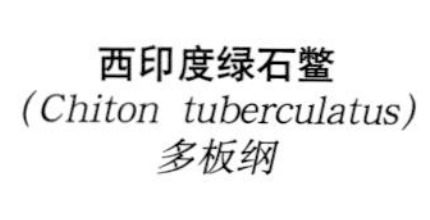

西印度绿石鳖
(Chiton tuberculatus)
多板纲

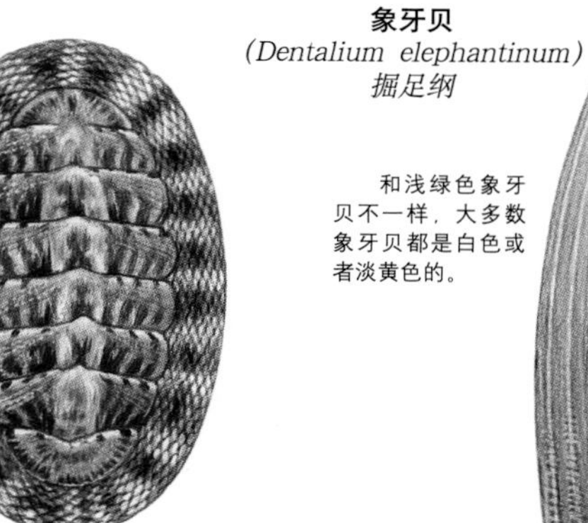

加勒比海最普通的软体动物之一。

象牙贝
(Dentalium elephantinum)
掘足纲

和浅绿色象牙贝不一样，大多数象牙贝都是白色或者淡黄色的。

掘足动物
(Antalis tarentinum)
掘足纲

象牙贝的长度从4毫米到15厘米不等。

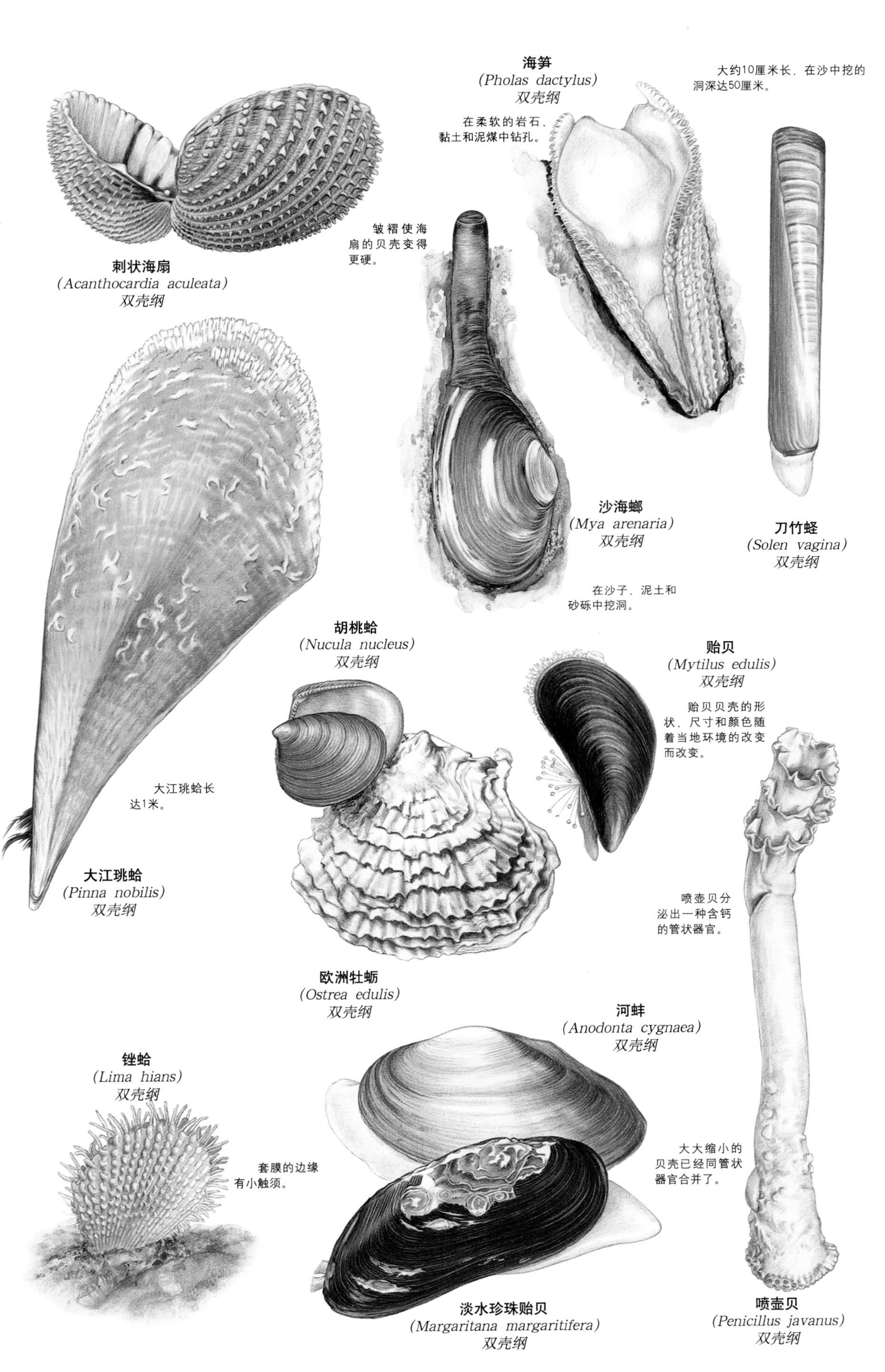

小档案

双壳纲 蛤、牡蛎、贻贝和其他双壳纲动物生活在两片贝壳中间。大多数双壳纲动物是挖洞者，也有一些双壳纲动物把一片贝壳粘在坚固的表面，或者用足丝把它们附着在上面，还有一些双壳纲动物自由地生活在沉积物或水里，或者寄生在其他水生动物身上。

种（10,000）

世界范围

孵卵器 *较大的欧洲豌豆蚬(Pisidium amnicum)在贝壳内孵卵，然后生成幼虫，体形像微型的成虫。*

巨人蚌

印度洋和太平洋的热带珊瑚礁上生活着最大的双壳纲动物——巨人蚌(*Tridacna gigas*)重达320千克，嵌入在沉淀物中，从水中过滤浮游生物。它们需要的大量营养来自于它们寄宿的海藻的暴露套膜的厚唇。

双壳纲动物内脏

双壳纲动物的套膜在两片贝壳上形成一排组织。闭壳肌用来关闭贝壳，刀片状的脚是用来挖洞的。双壳纲动物用鳃从水中过滤小颗粒，用触须根据大小整理分类。

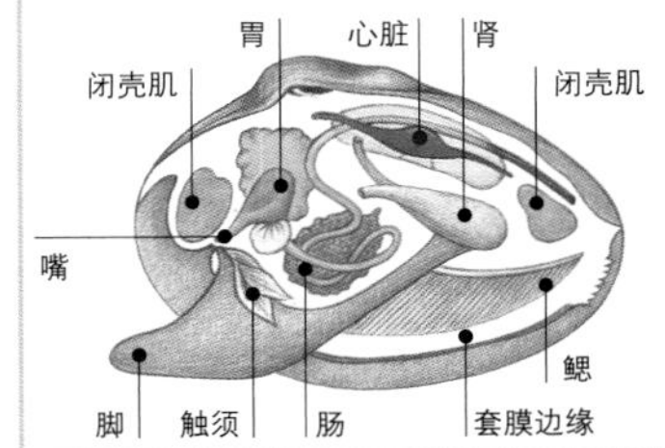

保护警报

不受欢迎的贻贝 20世纪80年代在北美洲五大湖区发现的欧洲斑马贻贝(*Dreissena* sp.)现在已经侵入美国很多河流和湖泊。它们从水中过滤大量的浮游植物，对水生食物链有戏剧性的效果，使当地的贻贝和其他物种处于濒危状态。

小档案

腹足纲 软体动物最大的纲，包括蜗牛、蛞蝓、帽贝和裸鳃亚目动物。一些腹足纲动物已经失去了贝壳，但是大多数有螺旋形的贝壳，里面是扭曲的身体。腹足纲动物通常有明显的头部，上面是眼睛和触须。套膜位于头部上方，使头部可以缩回到贝壳里。强健的脚用来爬行、游动和挖洞。

种（60,000）

世界范围

以同类为食的腹足纲动物 镶边郁金香(*Fasciolaria hunteria*)非常具有攻击性，会吃掉自己的同类。

齿 舌

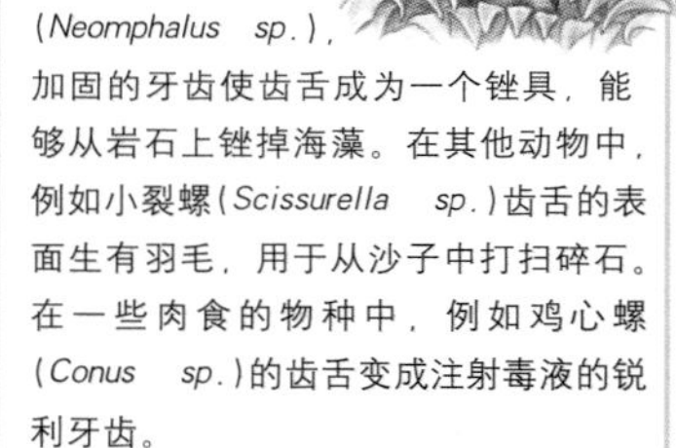

软体动物的嘴里有一个舌头样的器官，叫做齿舌。在一些物种中，例如深海帽贝(*Neomphalus* sp.)，加固的牙齿使齿舌成为一个锉具，能够从岩石上锉掉海藻。在其他动物中，例如小裂螺(*Scissurella* sp.)齿舌的表面生有羽毛，用于从沙子中打扫碎石。在一些肉食的物种中，例如鸡心螺(*Conus* sp.)的齿舌变成注射毒液的锐利牙齿。

腹足纲动物的贝壳

腹足纲动物的贝壳各种各样，有代表性的贝壳是圆锥形尖顶的。套膜在贝壳的里外边缘以不同的速度加入新的物质，这样贝壳就变成螺旋形的了。

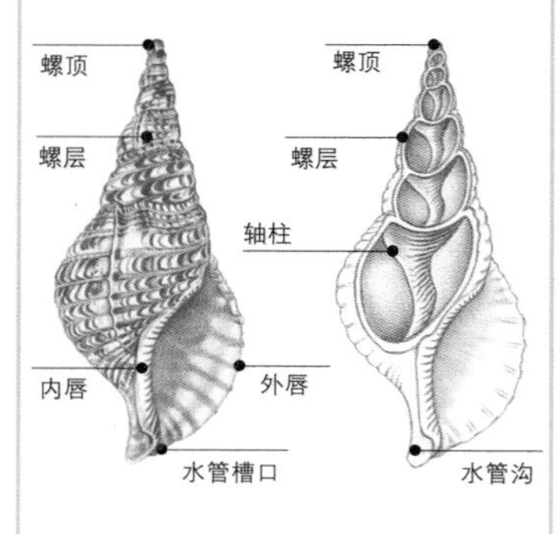

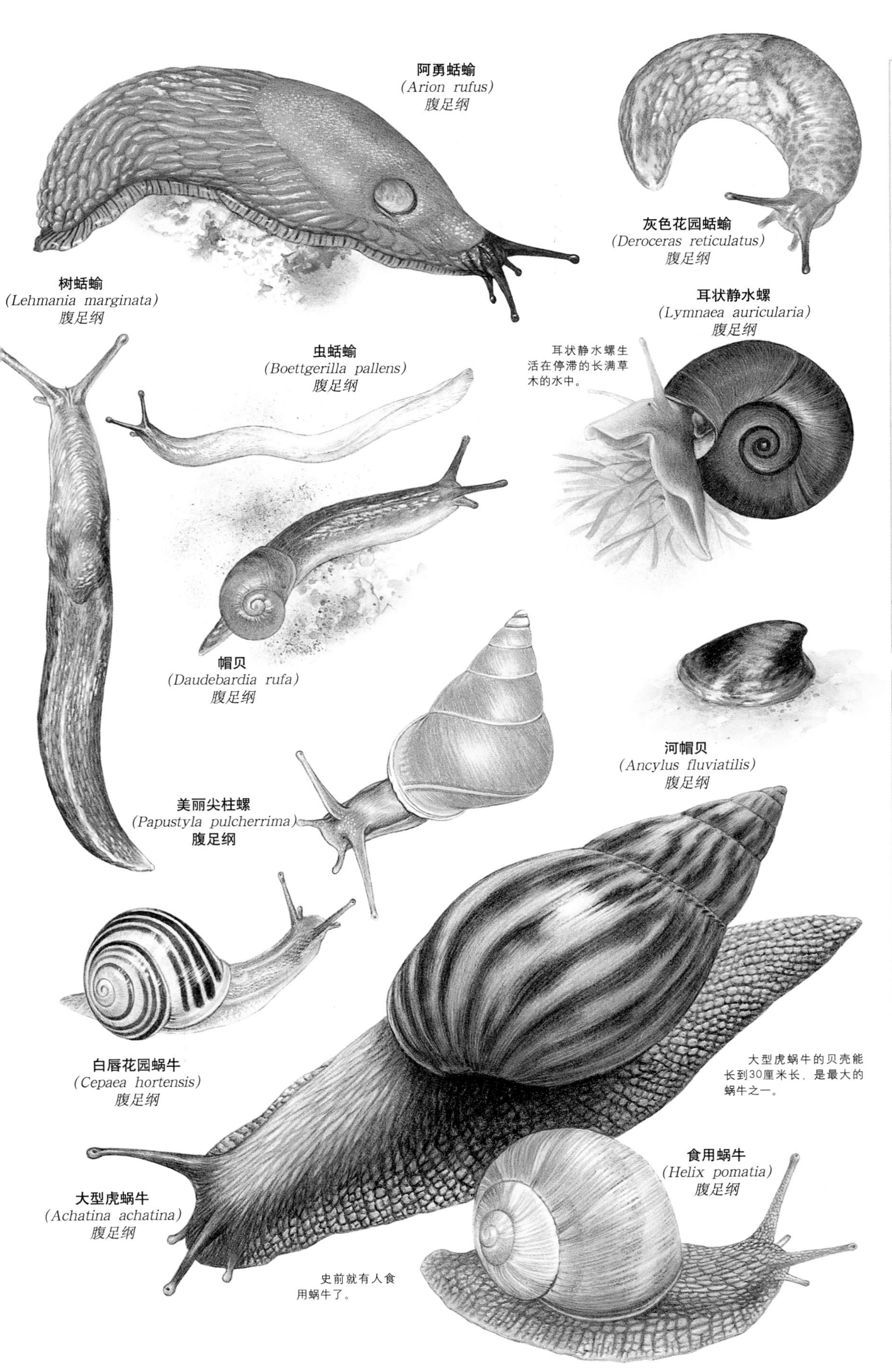

陆地生活

经过几次进化，腹足纲动物已经适应了陆地上的生活。现在有大约20,000种陆地蜗牛。很多物种的鳃已经被肺取代了，也有一些物种既有鳃，也有肺。在水外，贝壳变得很轻，可以抵御干燥和肉食动物。覆盖身体的套膜和黏液能使蜗牛保持潮湿。如果环境很干燥，蜗牛就附着在植物或其他物体的表面，并且进入睡眠状态。失去贝壳的蛞蝓大部分时间生活在岩石的裂缝里。

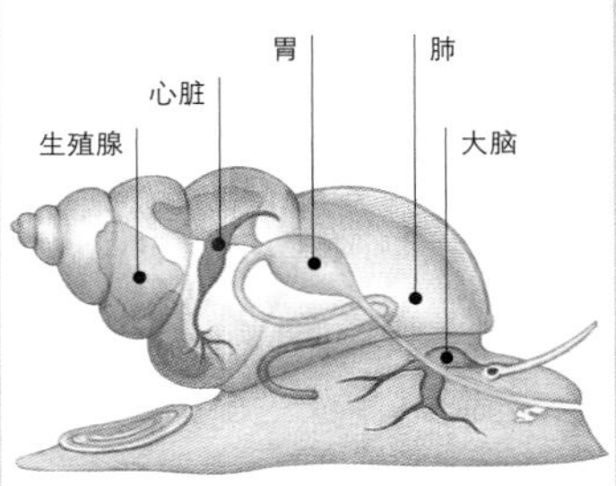

通气装置 *大多数陆地蜗牛没有鳃，取而代之的是套膜，套膜里充满了血液，起着肺的作用。*

雌雄同体动物的交配

陆地蜗牛是雌雄同体，但并不能自己受精。在交配前，两只蜗牛通常触碰触角，缠绕身体，互相轻咬。在以后的交配中交换精液，两只蜗牛的卵都能受精。

爱的刺 *一些陆地蜗牛的求爱方式是奇异的。当蜗牛缠绕在一起的时候，一只蜗牛就会从身体上拔一根刺发射到它的配偶身上。刺好像携带有化学物质，能帮助精液到达雌性生殖系统的储藏区域。*

保护警报

软体动物危机 非海生软体动物看上去好像是所有动物中受到威胁最严重的。在过去的300年中，284种非海生软体动物已经灭绝了——远远高于哺乳动物（74种灭绝）和鸟类（129种灭绝）。虽然海洋绝对不是纯净的，但陆地和淡水生活环境也已经被人类活动彻底改变了，所以，软体动物的数量会大大减少。

小档案

头足纲 头足纲动物的脚离头部很近，已经变形成了臂、触角和漏斗。鹦鹉螺保留了巨大的外部贝壳；鱿鱼的贝壳已经退化了，被组织包围着；章鱼已经把贝壳一起丢掉了。头足纲动物有无脊椎动物中最发达的大脑，能做出复杂的动作，还能够学习。

种（600）

世界范围（海生）

肉食动物 *像所有的头足纲动物一样，欧洲真枪乌贼（Loligo subulata）是肉食动物。它用触角和手臂捕捉猎物，然后用嘴和齿舌弄碎。*

分室鹦鹉螺

最古老的头足纲动物分室鹦鹉螺生活在大贝壳的最后一个室中。其他的室里充满了空气，鹦鹉螺向里面加入或取出液体来控制浮力。

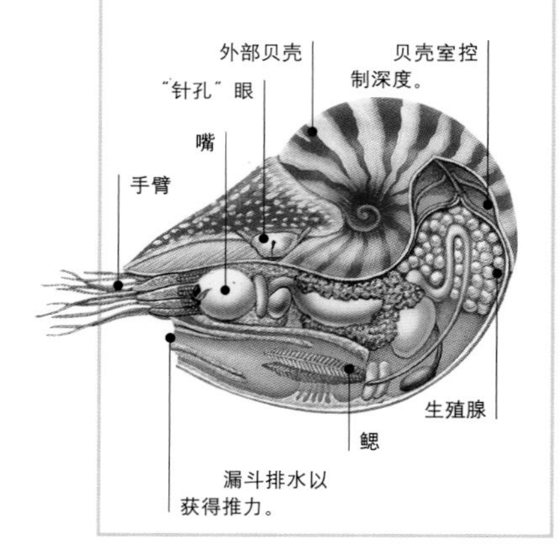

头足纲的视力

大多数头足纲动物有很好的视力。像脊椎动物的眼睛一样，它们的眼睛有角膜、虹膜、晶状体和视网膜。人类通过改变晶状体的形状来聚焦物体，而头足纲动物则移动整个晶状体远离或者接近视网膜。在平衡囊（平衡器官）的操纵下，无论头部处于什么角度，头足纲动物的狭缝形状的瞳孔都能保持水平。

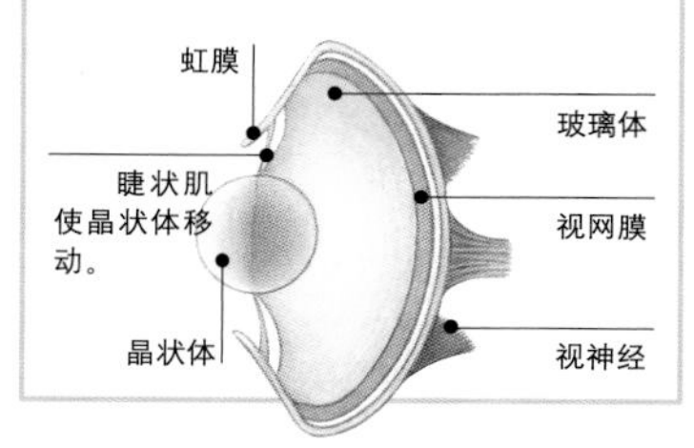

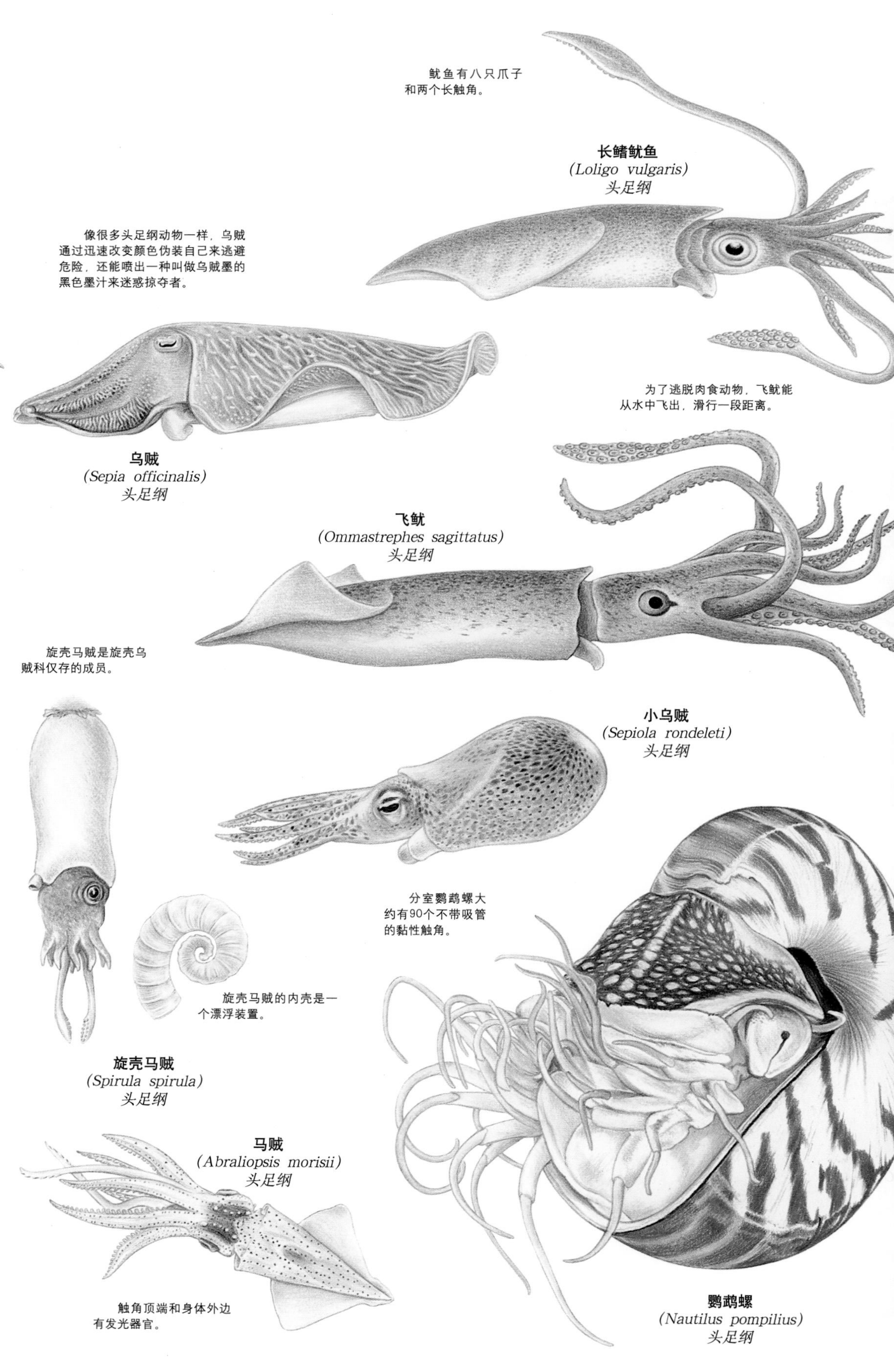

长鳍鱿鱼
(Loligo vulgaris)
头足纲

乌贼
(Sepia officinalis)
头足纲

飞鱿
(Ommastrephes sagittatus)
头足纲

小乌贼
(Sepiola rondeleti)
头足纲

旋壳马贼
(Spirula spirula)
头足纲

马贼
(Abraliopsis morisii)
头足纲

鹦鹉螺
(Nautilus pompilius)
头足纲

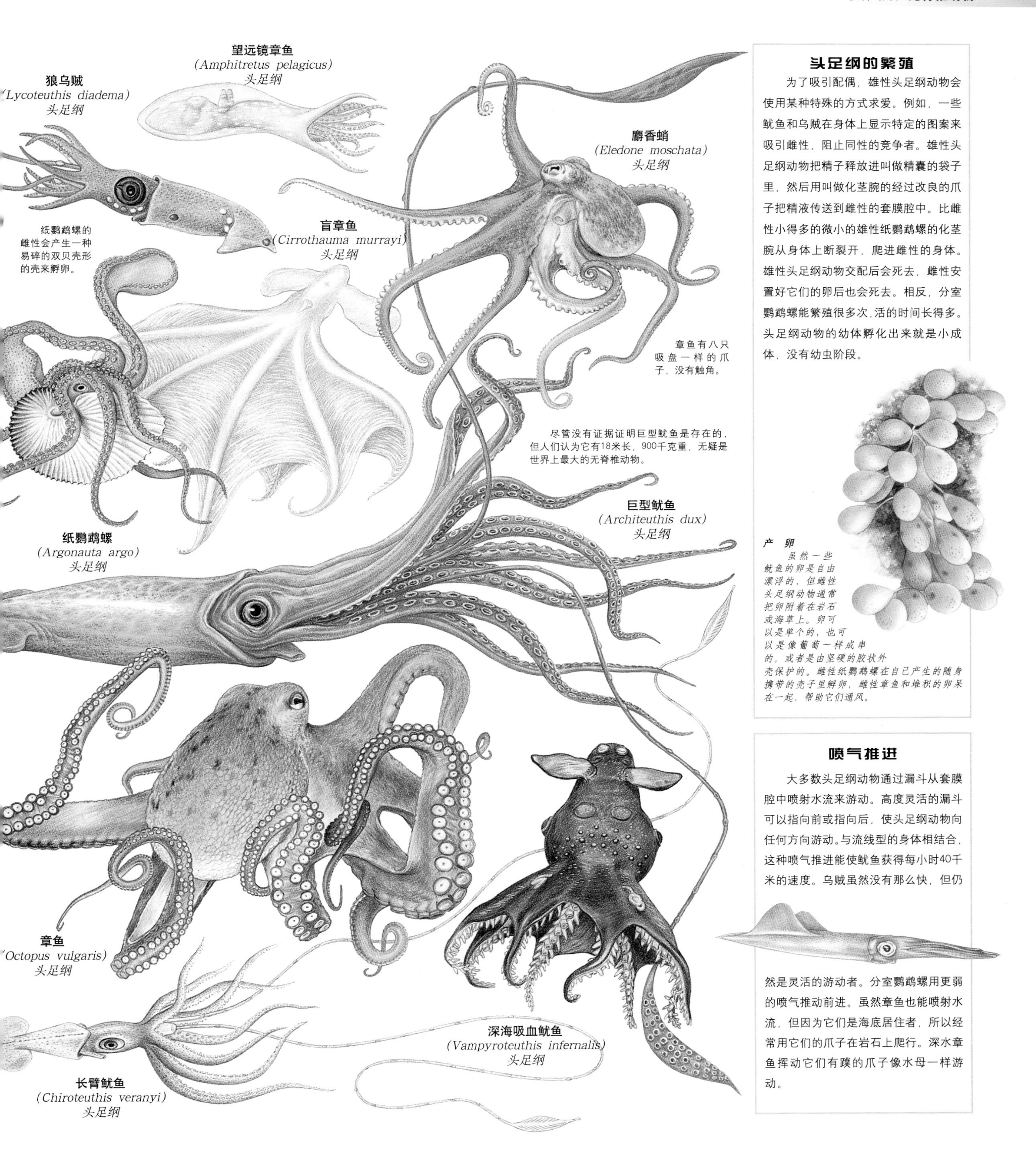

头足纲的繁殖

为了吸引配偶，雄性头足纲动物会使用某种特殊的方式求爱。例如，一些鱿鱼和乌贼在身体上显示特定的图案来吸引雌性，阻止同性的竞争者。雄性头足纲动物把精子释放进叫做精囊的袋子里，然后用叫做化茎腕的经过改良的爪子把精液传送到雌性的套膜腔中。比雌性小得多的微小的雄性纸鹦鹉螺的化茎腕从身体上断裂开，爬进雌性的身体。雄性头足纲动物交配后会死去，雌性安置好它们的卵后也会死去。相反，分室鹦鹉螺能繁殖很多次，活的时间长得多。头足纲动物的幼体孵化出来就是小成体，没有幼虫阶段。

产　卵

虽然一些鱿鱼的卵是自由漂浮的，但雌性头足纲动物通常把卵附着在岩石或海草上。卵可以是单个的，也可以是像葡萄一样成串的，或者是由坚硬的胶状外壳保护的。雌性纸鹦鹉螺在自己产生的随身携带的壳子里孵卵，雌性章鱼和堆积的卵呆在一起，帮助它们通风。

喷气推进

大多数头足纲动物通过漏斗从套膜腔中喷射水流来游动。高度灵活的漏斗可以指向前或指向后，使头足纲动物向任何方向游动。与流线型的身体相结合，这种喷气推进能使鱿鱼获得每小时40千米的速度。乌贼虽然没有那么快，但仍然是灵活的游动者。分室鹦鹉螺用更弱的喷气推动前进。虽然章鱼也能喷射水流，但因为它们是海底居住者，所以经常用它们的爪子在岩石上爬行。深水章鱼挥动它们有蹼的爪子像水母一样游动。

环 虫

门 环节动物门
纲 (2)
目 (21)
科 (130)
种 (12,000)

环虫也叫环节动物，有头部和从外面看像圆圈的环节组成的长身体。每一个环节都有自己充满液体的体腔，相当于水骨骼，里面有独立的排泄、运动和呼吸器官。然而，环节的消化、循环和神经系统是连接起来的。环虫通过来回扭动身体爬行或游动，或者通过贯穿身体的收缩波挖洞。坚硬的刚毛从每个环节伸出，提供牵引力。很多环虫是非常活跃的，有一些生活在洞里或管道里。

在土壤中 身体长而细、头部小的蚯蚓的形状正适合挖洞。每平方米土壤中有800只蚯蚓，它们在疏松土壤中起着很重要的作用。

过滤食物的扇子 扇虫是附着在海底的环节动物。它们的大部分身体隐藏在自己分泌或者由沉积物形成的管子里。细细的触角组成王冠，每一根触角上都覆盖着叫做纤毛的不断拍打的细小毛发，从水中过滤食物颗粒。

水中和陆地上

环虫存在于海洋的各个层面，以及淡水中、湖泊中、江河中和陆地上。它们包括滤食性动物、肉食动物和吸血动物，还有像蚯蚓一样的食碎屑动物，它们靠吃沉积物来取得营养。

一般被称为刚毛虫的多毛纲动物几乎完全是海生的，通常使用叫做疣足的桨一样的附肢来游动或爬行。在管道生存状态下，有一个变形的头部用来采集食物，疣足常常消失。性别是分开的，向水中排放卵和精子，在水中受精。

环带纲包括很多陆地和淡水物种，像蚯蚓和水蛭，还有一些海生的物种。大多数是雌雄同体，通过交配交换精液。它们都带有生殖带，含腺的环状皮肤分泌一层茧保护卵。

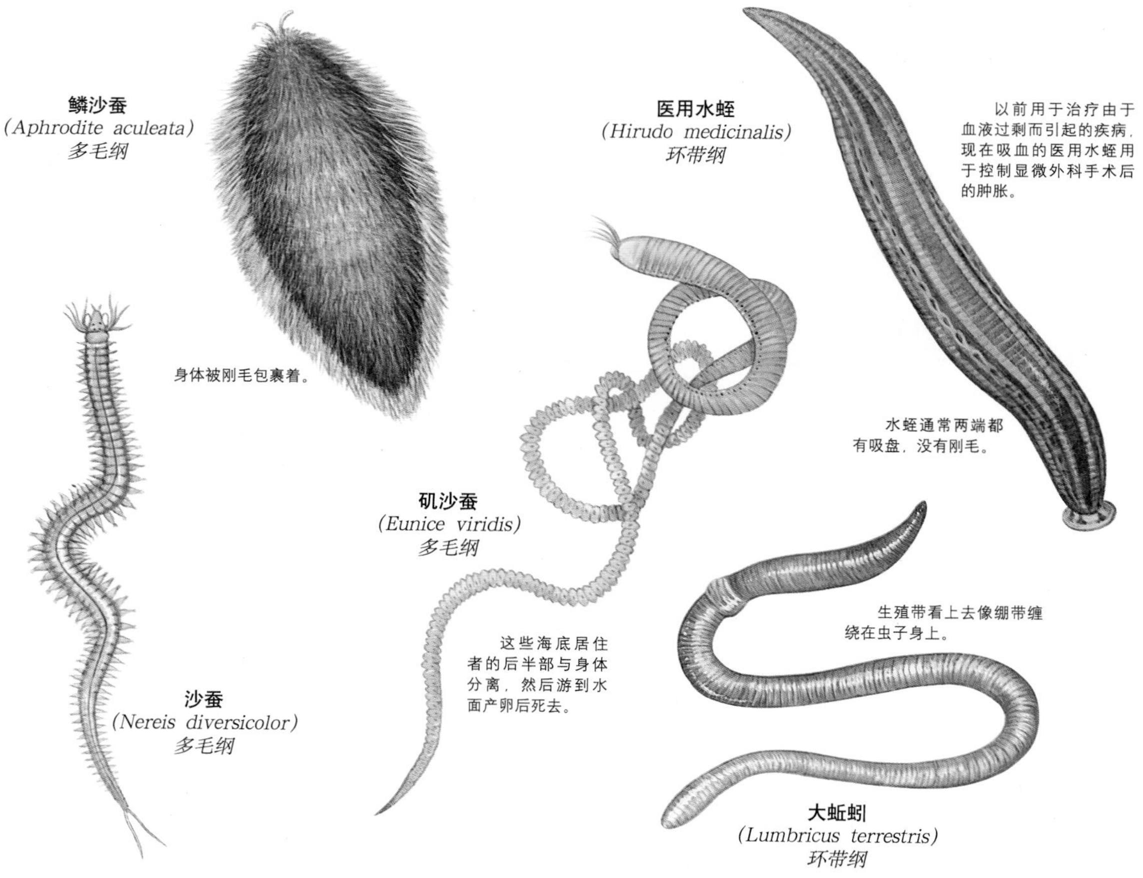

鳞沙蚕
(Aphrodite aculeata)
多毛纲

身体被刚毛包裹着。

医用水蛭
(Hirudo medicinalis)
环带纲

以前用于治疗由于血液过剩而引起的疾病，现在吸血的医用水蛭用于控制显微外科手术后的肿胀。

水蛭通常两端都有吸盘，没有刚毛。

矶沙蚕
(Eunice viridis)
多毛纲

这些海底居住者的后半部与身体分离，然后游到水面产卵后死去。

沙蚕
(Nereis diversicolor)
多毛纲

生殖带看上去像绷带缠绕在虫子身上。

大蚯蚓
(Lumbricus terrestris)
环带纲

受到打搅会立刻收缩羽冠。

红羽毛掸
(Spirographis spallanzanii)
多毛纲

变 形

虽然一些刚刚孵化的无脊椎动物像小的成体，但大多数看上去同它们的父母截然不同，并且有完全不同的生活方式。要成为成体，这些幼体必须经过一个变化，称为变形。珊瑚、蛤及很多甲壳类动物和大多数其他的无脊椎动物要经过短暂的幼体时期变形成为成体。对于大多数昆虫来说，幼体时期被延长了。一些昆虫，例如蟋蟀和臭虫的变形是不完全的。它们孵化的形态叫做蛹，结构上很像成虫，但是直到最后蜕完皮才出现翅膀和完全的生殖器官。其他昆虫，例如蝴蝶和蜜蜂是完全变形。幼虫与它们的父母是如此不同，它们必须经过蛹的阶段。在此期间，它们的身体要分解，逐渐形成成虫。

缘膜幼体 海生的腹足动物，例如海螺有自由浮游的缘膜幼体，用叫做纤毛的小细毛进食和推动自己前进。幼虫逐渐生出贝壳、外套腔和脚（上图），然后变形成为成虫（下图）。

海蟹幼虫 十足目动物，例如龙虾是作为海蟹幼虫被孵化的，海蟹幼虫是自由浮游的多刺幼虫（上图）。海蟹幼虫变形成为带有成虫附肢的后期蟹形幼虫，然后沉入海底，成为海底居住的成虫（下图）。

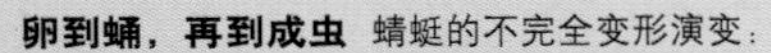

卵到蛹，再到成虫 蜻蜓的不完全变形演变：
1. 雄性和雌性交配。 2. 雌蜻蜓把卵产在水中或者水生植物的茎上。 3. 孵化出水生蛹。 4. 蛹以蝌蚪和虫子为食，经过一系列蜕皮。 5. 蛹从水中浮现，进行最后一次蜕皮。 6. 成虫从蛹中钻出。7. 成虫静止，直到翅膀干了。 8. 成虫以飞虫为食，飞到一个新的地点寻找配偶。

节肢动物

门	节肢动物门
纲	(22)
目	(110)
科	(2120)
种	(1,100,000)

节肢动物门的昆虫、蜘蛛纲动物、甲壳纲动物、蜈蚣和其他无脊椎动物占所有已知动物的四分之三，还有几百万种等待人们去发现。节肢动物几乎已经适应了所有的陆地、淡水和海水的生态环境，因此，它们的解剖结构和生活方式千差万别，但是它们有共同的特征。节肢的意思是“有节的肢体”，节肢动物身体确实有很多环节。它们区别于其他无脊椎动物的是它们有坚硬而柔韧的外骨骼，既能提供保护，又能起支撑作用。

成为化石的海生动物 大约5亿年前，叫做三叶虫的节肢动物在地球上占统治地位，在大约2.5亿年前它们就消失了。

到处都是昆虫 昆虫占节肢动物的百分之九十，在陆地和淡水中到处都有，但是在海洋中很少。昆虫包括肉食者和花蜜进食者。

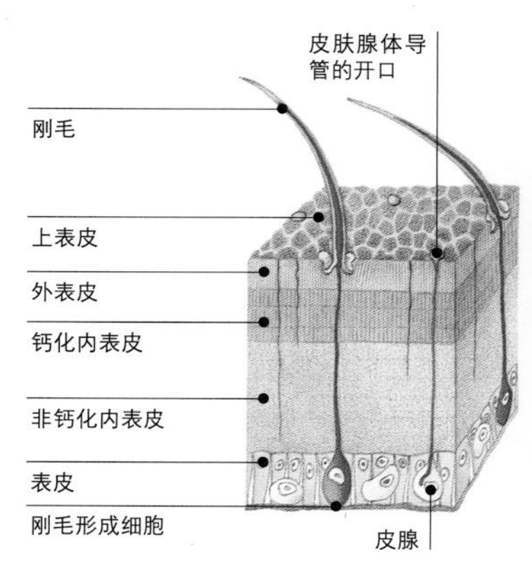

节肢动物甲壳 表皮细胞分泌的节肢动物外骨骼有薄薄的几层蜡和蛋白质，被称为上表皮，上面有几层几丁质和蛋白质。外表皮的蛋白质晒黑后使外骨骼更坚硬。像所有的节肢动物一样，红宝螺（*Hoplophrys oatesii*；右图）必须蜕皮才能替换外骨骼。

早期物种

第一批节肢动物出现在大约5.3亿年前的海上，包括甲壳类动物、马蹄蟹的祖先和现在已经灭绝的三叶虫。这些早期物种的身体有很多环节，每一个环节上都有相似的附肢。经过一段时期，附肢专门用于特定的任务，例如运动、采集食物、感触知觉和交配。身体的环节变成身体的独特区域，叫做体区，例如昆虫的头部、胸部和腹部。

节肢动物是第一批离开大海走向空中的动物。蝎子在3.5亿年前就冒险来到陆地上，很快出现了第一批陆生昆虫。不久，带翅膀的昆虫出现了。节肢动物的登陆成功，部分取决于它们含蜡的外骨骼，可以阻止它们变干，分节的腿使节肢动物高度灵活，提高了它们寻找食物和配偶、逃避掠夺者和拓展地盘的能力。翅膀的发育增加了昆虫的优势。

腿和身体 塔兰图拉毒蛛（左图）和其他蜘蛛有八条腿和分成两部分的身体：头胸部（合并的头部和胸部）和腹部。昆虫有六条腿和由头、胸、腹三部分组成的身体。

致命的传播 虽然一些节肢动物是有毒的，但很少是致命的，致命的是蚊子这样的吸血节肢动物传播的疾病。蚊子可以将一个脊椎动物宿主的疟疾和其他疾病传播给另一个宿主。

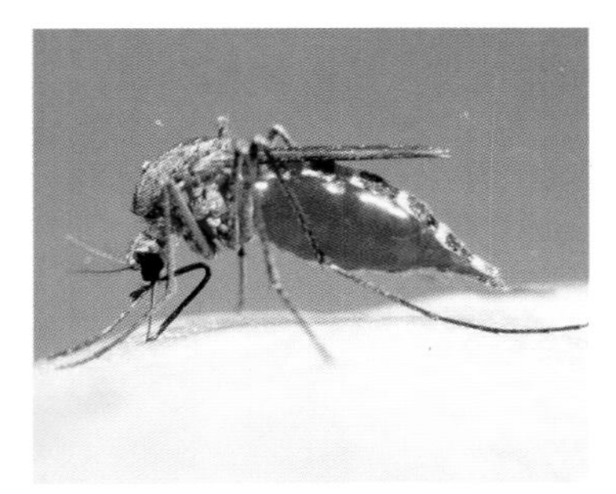

运动的肢体 通过改进分节的肢体用于走、跑、跳、推、挖洞和游泳，节肢动物已经能够适应各种各样的生活环境。一些动物，例如蝗虫（右图）的腿部也有听觉器官。

虽然很多节肢动物是肉食动物，但几乎所有的节肢动物都是脊椎动物和其他无脊椎动物的猎物。很多节肢动物的复眼是由许多晶状体组成的，在察觉动作方面非常灵敏。只有一个晶状体的单眼察觉光的强度。触角、口器和腿部的毛发（叫做刚毛）、凸出物和裂缝察觉敏感的振动。身体的每个环节都由神经索连接到神经节上。在节肢动物的开放循环系统中，心脏抽出淋巴血提供各个器官。

大多数节肢动物是雌雄异体的，繁殖通常是通过雄性的精子给雌性的卵子受精。通常情况下，精子转移到精囊里，雌性做好准备后再使用。节肢动物的生命各阶段大不相同。一些物种在孵化时就像小成体，而其他一些随着成长会增加环节。有的昆虫的幼虫根本不像它们的父母，必须经过蛹的阶段才能变形成为带翅膀的成虫。

呼吸方式

节肢动物的外骨骼能够提供保护，但是它通常是不透气的，不能进行气体交换。虽然一些微小的节肢动物能直接通过体壁呼吸，但是大多数动物已经有了专门的器官，像水生的节肢动物有鳃，蜘蛛纲动物有从鳃发展来的器官书肺，陆地节肢动物通常依靠叫做气管的微小空气管道器官，它可以把空气输送到全身。

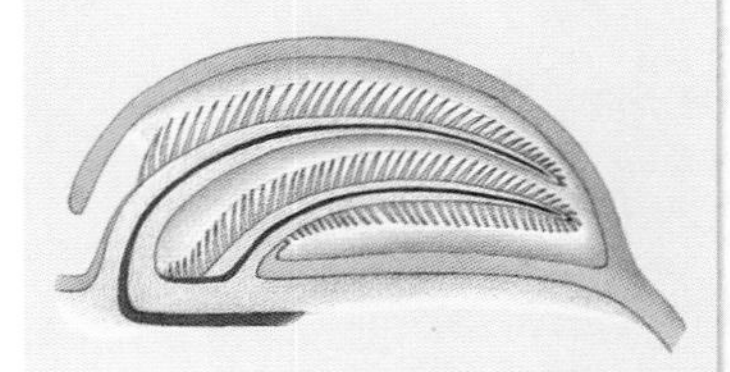

鳃 *从水中收集氧气，保持节肢动物体内的盐分平衡。在甲壳纲动物中，鳃是在外部的，通常在腿部被外骨骼保护着。马蹄蟹有独一无二的结构叫书鳃。*

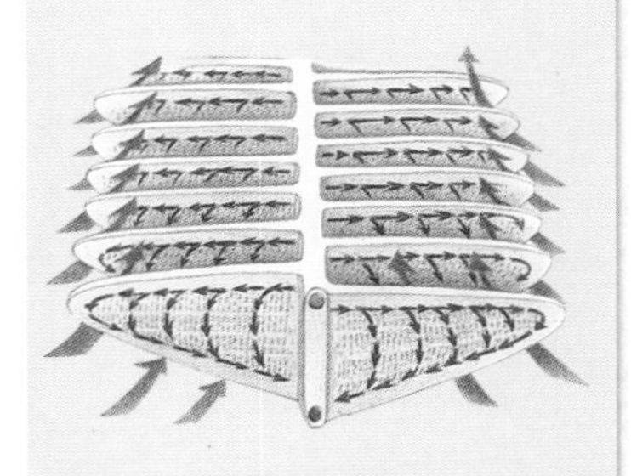

书肺 *很可能是由马蹄蟹的书鳃进化来的。在很多蜘蛛纲动物中发现有书肺。当血液在书肺中空扁平的板形器官中循环时，空气在板形器官的中间流通。蜘蛛纲动物的书肺和气管通常是连在一起的。*

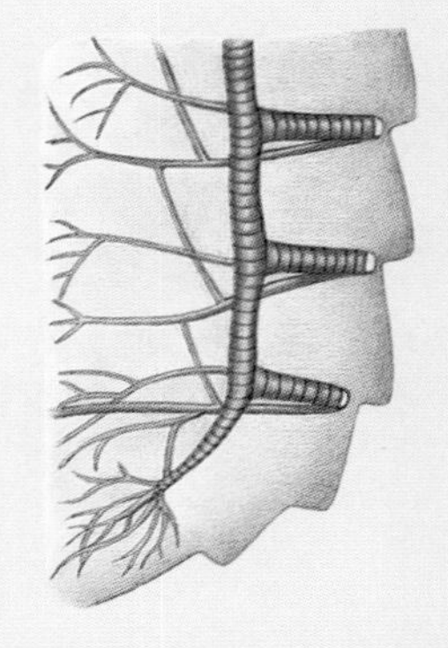

气管 *昆虫、蜘蛛纲动物、蜈蚣和千足虫都有气管。气管是一些管道，通过在外骨骼的叫做气门的微小开口收集空气，然后传送到组织或器官中。气门可以关闭，将体内水分的损失减低到最少。*

蜘蛛纲动物

门	节肢动物门
亚门	螯肢动物亚门
纲	蜘蛛纲
目	(17)
科	(450)
种	(80,000)

蜘蛛纲动物包括无脊椎动物中一些最可怕、最吸引人的物种，如蜘蛛、蝎子、盲蜘蛛（长腿蜘蛛）、壁虱、扁虱和几种少有人知的物种。除了一些水生壁虱和水生蜘蛛外，所有的蜘蛛纲动物都是陆生的，大部分是其他无脊椎动物的猎食者。很多蜘蛛用丝网来诱捕猎物，蝎子和蜘蛛把毒液注入猎物来麻醉或者杀死它们。大多数蜘蛛纲动物不能吞咽固体食物，必须把消化酶喷入猎物，然后把液化的肉吸入嘴中。

只有白天才能看到 大多数蜘蛛纲动物是夜间活跃的，它们的单眼只能探测到光线下的物体变化。在白天猎捕者中，跳蛛（跳蛛科）两只原生的单眼能够提供近距离的锐利视力。

解剖蜘蛛 蜘蛛具有很多蜘蛛纲动物的典型特征，包括分两部分的身体、八条分节的腿、一对螯肢、一对须脚和很多单眼。螯肢里也有毒液腺，后部有丝腺，它们在猎捕和自卫方面起着重要的作用。

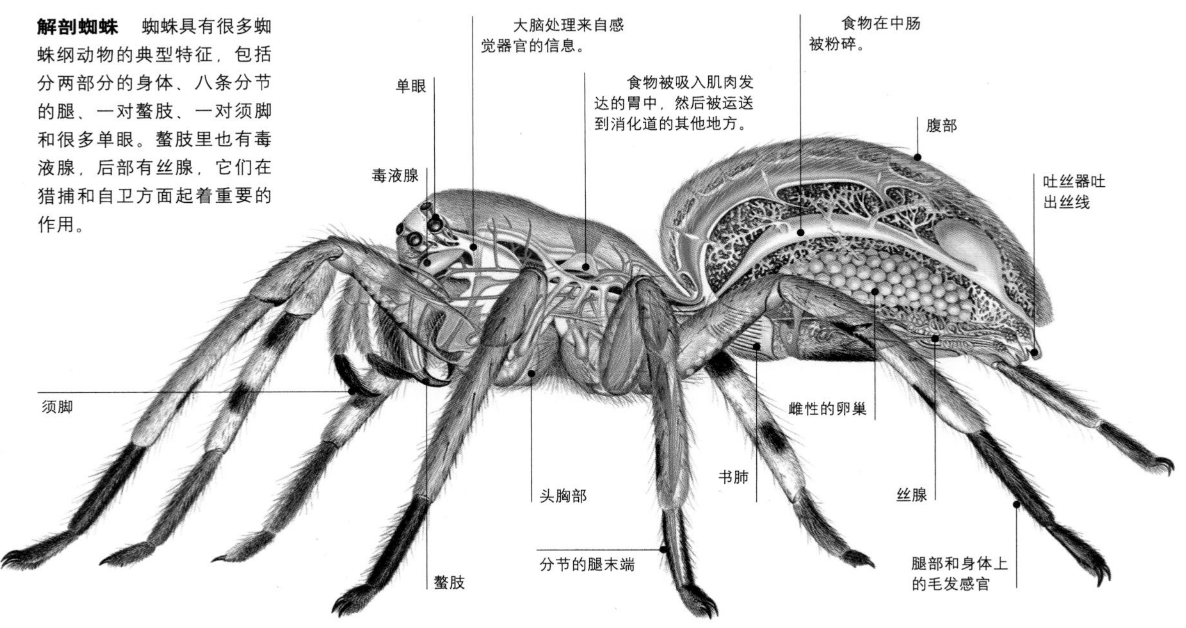

吸血的寄生虫 虽然大多数蜘蛛纲动物猎捕活的猎物，但是扁虱和一些壁虱是寄生虫。扁虱用带钩的口器刺破哺乳动物的皮肤，然后吸食它们的血液。一旦饱食之后，扁虱就离开宿主，然后蜕皮。

刺痛自卫 虽然像蜘蛛和蝎子这样的蜘蛛纲动物是非常让人害怕的，但是只有少数物种对人类是致命的。沙漠金蝎（*Hadrurus arizonensis*）咬人很疼，但是它的毒液对人类危害很小。

八条腿的掠夺者

像其他节肢动物一样，蜘蛛纲动物有分段的身体、柔韧的外骨骼和分节的肢体。壁虱和扁虱圆形的身体只有一部分，但是其他蜘蛛纲动物的身体包括带有眼睛、口器和肢体的头胸部和含有很多内脏器官的腹部两部分。

蜘蛛纲动物有八条腿，不像六条腿的昆虫。它们的嘴附近有两对附肢。第一对叫做螯肢，是钳子形状的或者形成注射毒液的螯针，用来制服猎物。第二对叫做须脚，像触角一样可以感觉环境。蝎子和其他蜘蛛纲动物使用须脚来抓获猎物，而雄蜘蛛则使用它们来向雌性输送精液。

为了发现猎物和避免危险，蜘蛛纲动物依靠身体和腿上的细小毛发感官感知外部环境。它们也有一些单眼。表皮上的细小开口可以探测气味、重力和振动。

蜘蛛纲动物使用书肺或气管系统呼吸，或者两者都用。书肺可能从书鳃进化而来，由几层组织构成。气管系统通过叫做气门的细小气孔吸入空气，然后通过一些管道网络把气体扩散到组织中。

蜘蛛纲动物的发育是直接的，幼体孵化出来就是它们父母的翻版，然后经过一系列蜕皮成为成虫。大多数蜘蛛纲动物是独居的。

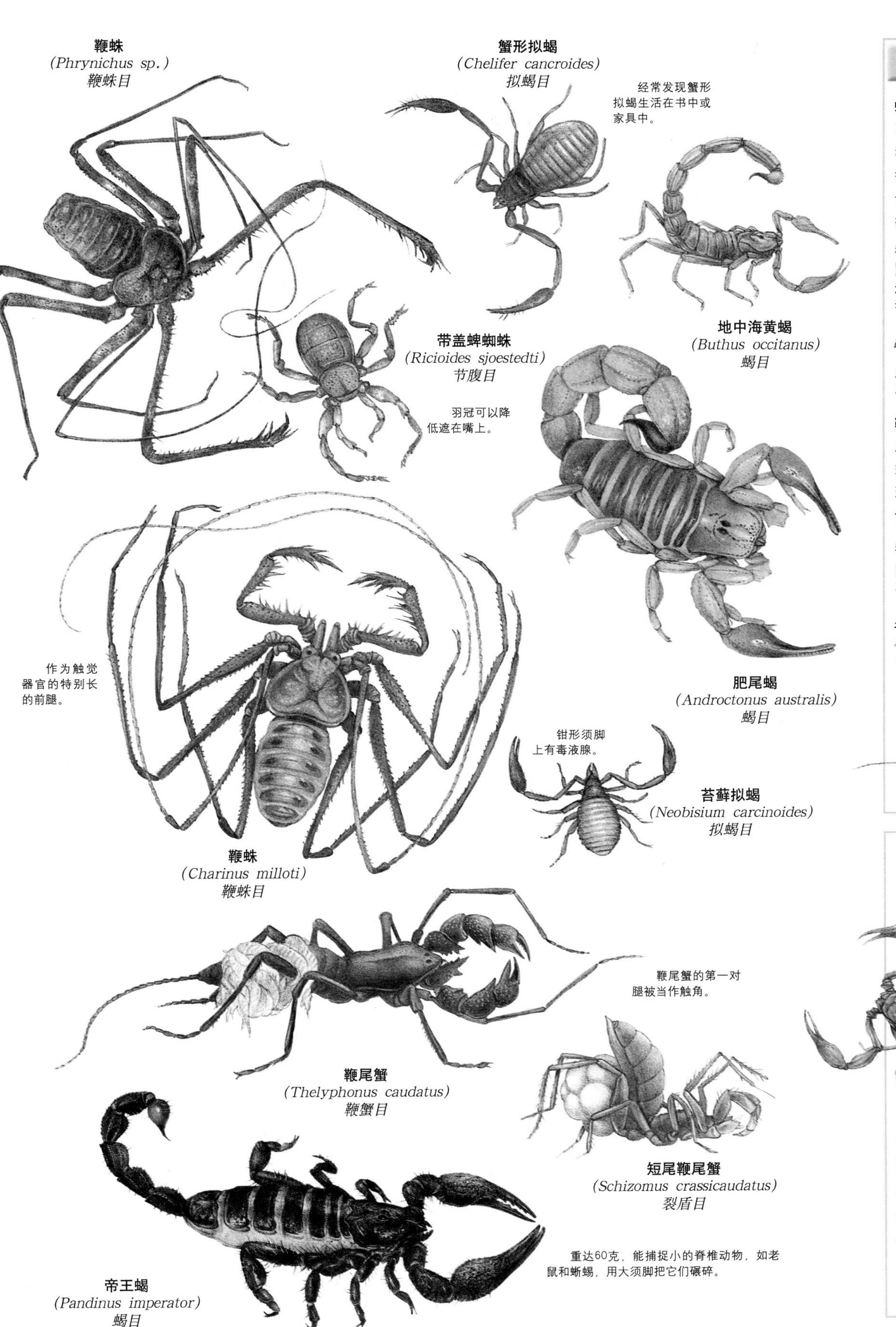

小档案

蝎目 该目的蝎子与其他蜘蛛纲动物的区别就是它们有两个巨大的有爪的须脚和分段的腹部，尾巴的顶端有突出的螯针，有时用于制服猎物，更主要起自卫作用。蝎子躲避在裂缝或者洞里，晚上捕食。

种（1400）

温暖地区以及岩石下和树皮下

家有客人 *美洲沙漠黑蝎(Centruroides gracilis)通常生活在热带森林中，有时也可能居住在所在地区的房子里。*

鞭蟹目 这一目的蜘蛛纲动物，例如鞭尾蝎或者巨鞭蝎很像蝎子，但是它们的须脚更加有力，尾巴又长又细。如果受到威胁，鞭尾蝎会从鞭形尾巴底部的腺体里喷射出酸性物质。

种（100）

主要在热带地区和岩石下

外卖食品 *雷达蝎(Mastigoproctus giganteus)用须脚抓住、碾碎无脊椎动物猎物，然后把它们带回洞里享用。*

母亲的关怀

大多数雌性蜘蛛纲动物在土壤中或者其他安全的地点产卵，然后让它们自己孵化。蝎子的受精卵在母体内发育，然后产下幼虫。母亲用第一对或者第一和第二对腿一起抓住它们。在这一阶段，幼虫相当无助，因为它们没有须脚，也不能刺叮。它们爬到母亲的背上，被带着四处走动，直到3天–14天后第一次蜕皮。这时它们有了须脚和活动的刺叮器官，能够捕食了。它们要在母亲吃掉它们以前散开，建立自己的领地。

小档案

蛛形目 这一目包括蜘蛛。蜘蛛是蜘蛛纲动物，有可以织网和制造防护性卵盒的丝腺。所有的蜘蛛都是肉食的，主要以其他无脊椎动物，包括其他蜘蛛为食。结网蜘蛛结网来捕捉它们的猎物，陆地蜘蛛是活跃的猎手。大多数蜘蛛有毒，通过像毒牙一样的螯针把毒液注入猎物体内。尽管它们有吓人的名声，但它们几乎不咬人，除非受到攻击。仅有大约30种蜘蛛会引起疾病。

种（40,000）

世界范围的陆地环境

夜间猎捕者

狼蛛是活跃的夜间猎捕者，不靠结网来猎捕无脊椎动物猎物。

蜘蛛的视力

大多数蜘蛛是夜间活动的，更多的是依靠触觉而不是视觉。白天活跃的蜘蛛通常在近距离内有很好的视力。蜘蛛通常有四对单眼。不同的科有不同的特点。

大区域

猎手蜘蛛（高脚蜘蛛科）是活跃的猎手。它们的视力能提供全方位的视野。

夜间猎捕者

吃土鳖虫的蜘蛛（红蛛科）有六只小眼睛，而不是通常的八只，夜间依靠触觉来探测猎物。

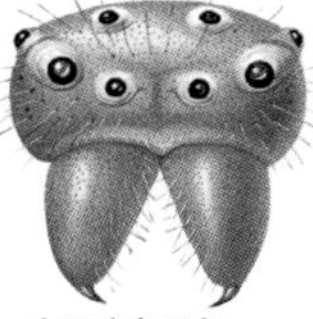

近距离视力范围

白天活跃的蟹蛛（蟹蛛科）在伏击昆虫猎物时，依靠它们锐利的近距离视力。

在黑暗中观察

妖面蛛（巨眼蛛科）的两个大眼睛使它们能够在几乎全黑的环境下看到猎物。

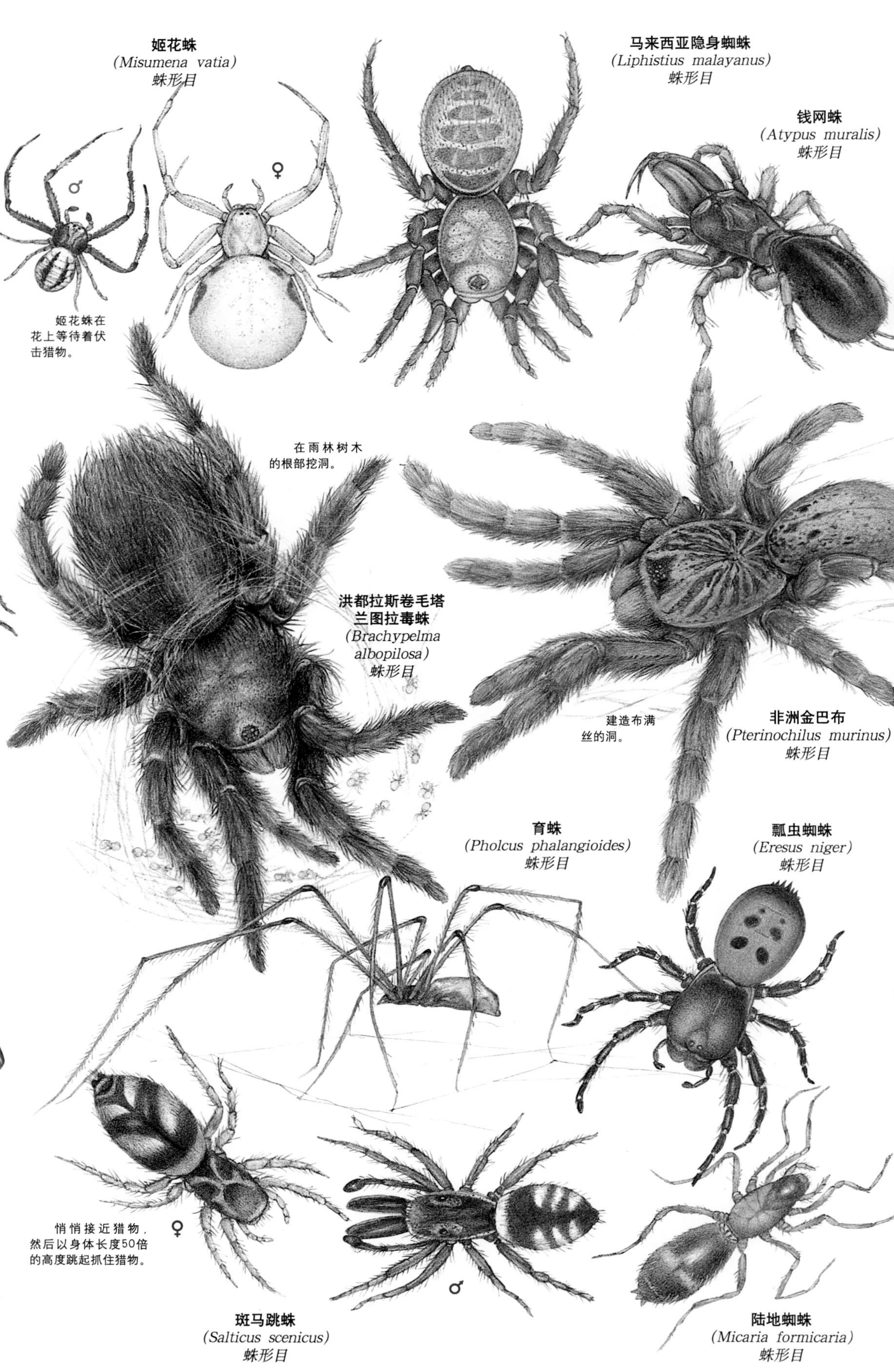

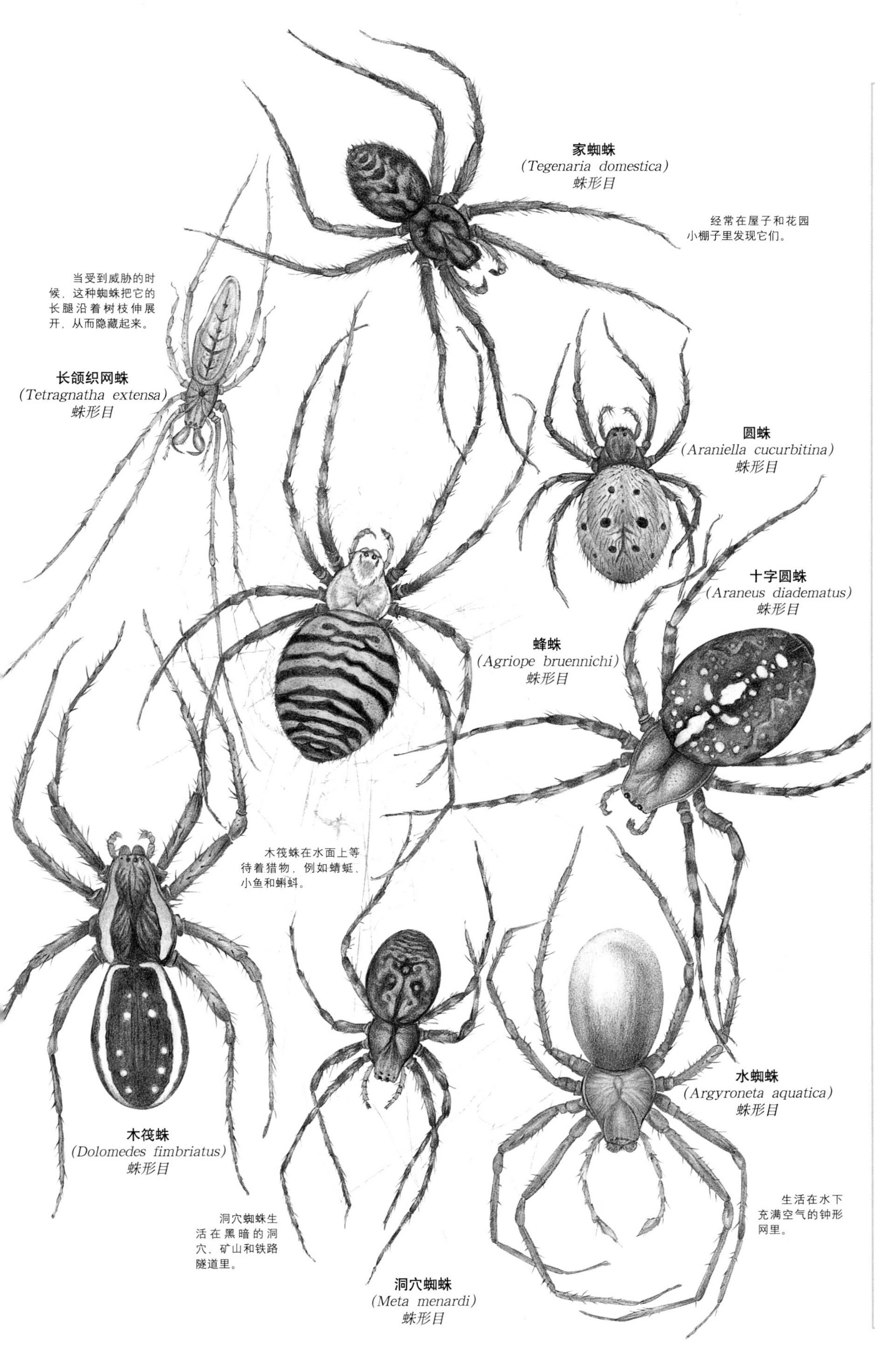

捕捉方法

不是所有的蜘蛛都坐在那儿等着猎物自投罗网。喷液蜘蛛（*Scytodes thoracica*）变大的头胸部连接着毒液腺和丝腺。它们在夜间捕捉猎物，悄悄接近猎物，直到喷射距离之内，喷射出两股毒丝线，形成锯齿形的图案，覆盖住猎物。猎物被丝线粘在地上，毒液把它们麻醉倒。

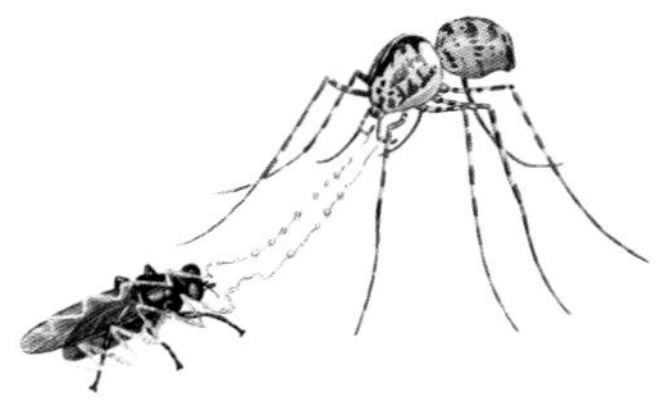

喷液蜘蛛 *仅仅有六只小眼睛的喷液蜘蛛视力很弱。它们使用前腿上的毛发感官来发现猎物，例如苍蝇和蛾。*

流星锤蛛属于织圆网的家族（圆蛛科），但是它们并不结圆网。相反，它们使用带有流星锤的黏性圆球丝线"钓"到它们的猎物。流星锤上似乎带有模仿某种雌性夜蛾的信息素。当雄蛾被吸引到流星锤上粘住以后，蜘蛛就收起它们。

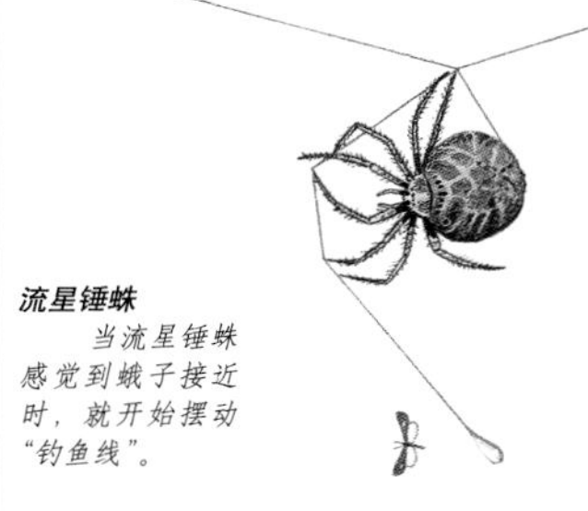

流星锤蛛 *当流星锤蛛感觉到蛾子接近时，就开始摆动"钓鱼线"。*

好几个科的蜘蛛的解剖结构很像蚂蚁。它们甚至能产生信息素，潜入蚁群。一些模仿蚂蚁者使用它们的伪装来猎捕毫无防备的蚂蚁。还有一些仅仅用来保护它们不受肉食动物，像黄蜂和鸟等的侵扰，因为它们害怕蚂蚁产生的蚁酸。

巴西仿蚁蛛 *像其他模仿蚂蚁者一样，巴西仿蚁蛛有长长的腰和长长的头胸部。头胸部分为两段，使身体看起来好像是三段。第一对腿在前面，好像是触角。*

丝和网

仅仅有一部分蜘蛛织网，几乎所有的蜘蛛都能产丝。由丝蛋白组成的蜘蛛丝同尼龙线一样结实而有弹性。蜘蛛在腹部有八个丝腺，每一个都能产生不同的丝。蜘蛛通常将一种用于拉索的丝纺在背后，就像登山者的安全绳。其他的丝用于包裹受精卵或者缠绕捕获的猎物。雄性蜘蛛可以用丝来盛它们的精囊，一些小蜘蛛使用丝线像气球一样飘向高处，这样它们就散开了。使用丝线最有名的是结网蜘蛛，它们结成各种各样的网来捕捉猎物。

捕获的猎物 投网蛛每夜准备一张小网，在等待猎物时，它用腿抓住网。当受害者经过的时候，它把网投过去，盖在它身上，然后迅速用另外的丝包裹住猎物，接下来开始咬它。

脚手架网 *脚手架网由陷阱线和有黏性的头部连接在地面上。如果爬行的昆虫碰到陷阱线，线会突然折断缩回，受害者就在空中摇摆了。*

吊床网 *钱蛛在矮灌木丛上结的吊床网看上去可能很凌乱，被它的细格子网网住的任何昆虫通常会掉入另一个悬挂在下面的网上。*

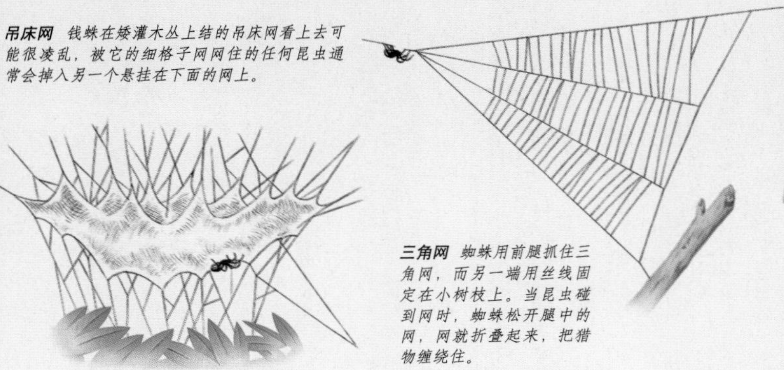

三角网 *蜘蛛用前腿抓住三角网，而另一端用丝线固定在小树枝上。当昆虫碰到网时，蜘蛛松开腿中的网，网就折叠起来，把猎物缠绕住。*

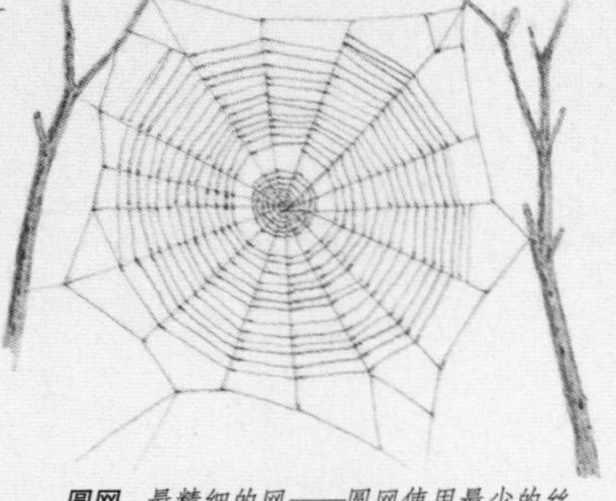

圆网 *最精细的网——圆网使用最少的丝覆盖最大的区域。外部的框架支撑着螺旋形和轮条般的丝线。网被吊在树枝中间捕捉飞虫。*

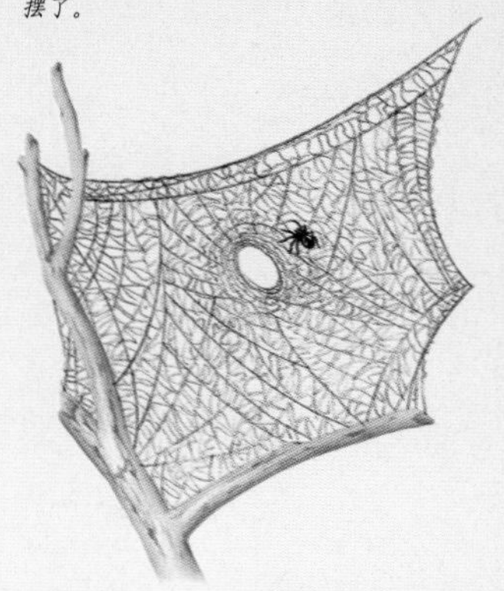

花边网 *结网蜘蛛制造的陷阱是由细细的毛茸茸的丝构成的。它可能不黏，但是昆虫很快就会被它的纤维缠绕住，挣扎着直到蜘蛛赶来进食。*

不黏的脚 这只结网蜘蛛（右图）能避免陷在自己的网中，因为有一些线是不黏的，它知道应该往哪儿走。

共享的网 大多数蜘蛛是独居的，一些蜘蛛享有共同的巢穴，还有一些蜘蛛完全是群居的，在一起捕猎、进食。其他的一些蜘蛛，例如盲蜘蛛自己守卫自己的圆网，自己进食，但是它们的网分享共同的框架线，形成一个大丝网（下图）。

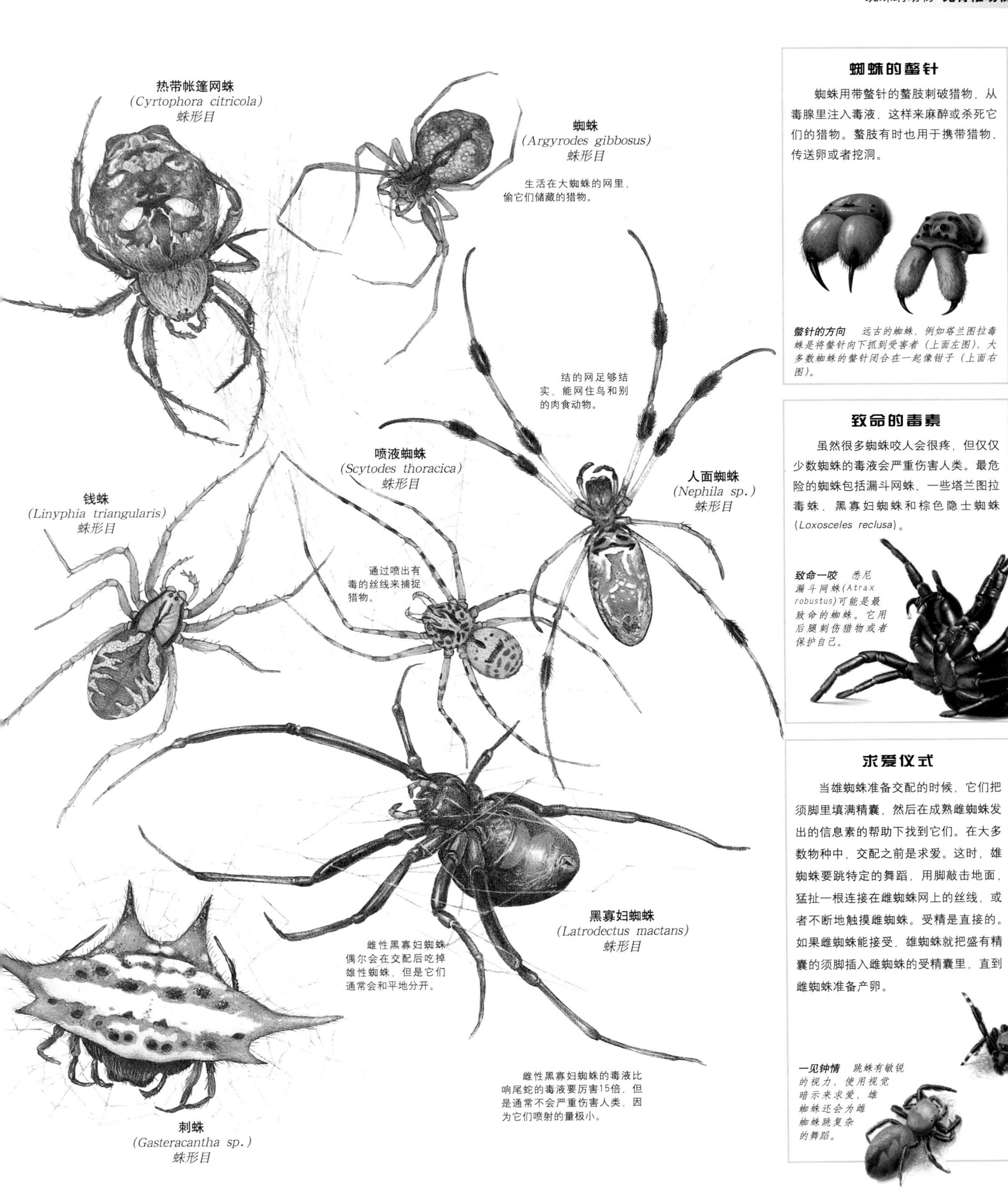

蜘蛛的螯针

蜘蛛用带螯针的螯肢刺破猎物，从毒腺里注入毒液，这样来麻醉或杀死它们的猎物。螯肢有时也用于携带猎物、传送卵或者挖洞。

螯针的方向 *远古的蜘蛛，例如塔兰图拉毒蛛是将螯针向下抓到受害者（上面左图），大多数蜘蛛的螯针闭合在一起像钳子（上面右图）。*

致命的毒素

虽然很多蜘蛛咬人会很疼，但仅仅少数蜘蛛的毒液会严重伤害人类。最危险的蜘蛛包括漏斗网蛛、一些塔兰图拉毒蛛、黑寡妇蜘蛛和棕色隐士蜘蛛（*Loxosceles reclusa*）。

致命一咬 *悉尼漏斗网蛛（Atrax robustus）可能是最致命的蜘蛛。它用后腿刺伤猎物或者保护自己。*

求爱仪式

当雄蜘蛛准备交配的时候，它们把须脚里填满精囊，然后在成熟雌蜘蛛发出的信息素的帮助下找到它们。在大多数物种中，交配之前是求爱。这时，雄蜘蛛要跳特定的舞蹈，用脚敲击地面，猛扯一根连接在雌蜘蛛网上的丝线，或者不断地触摸雌蜘蛛。受精是直接的。如果雌蜘蛛能接受，雄蜘蛛就把盛有精囊的须脚插入雌蜘蛛的受精囊里，直到雌蜘蛛准备产卵。

一见钟情 *跳蛛有敏锐的视力，使用视觉暗示来求爱，雄蜘蛛还会为雌蜘蛛跳复杂的舞蹈。*

小档案

盲蛛目 这一目的盲蜘蛛又叫长腿蜘蛛，同其他蜘蛛的不同在于它们缺少毒液腺、丝腺和腰部。大多数物种有长长细细的腿。不像大多数节肢动物，受精是直接的，雄性用阴茎把精子储藏在雌性体内。

种（5000）

世界范围

带来丰收 *长腿蜘蛛在树叶中寻找小的节肢动物。它们在庄稼中是很常见的，以害虫，例如蚜虫为食。*

蜱螨亚纲 壁虱和扁虱属于蜱螨亚纲的七个目，它们是品种最多的节肢动物。它们活跃在几乎每一种栖息地上，从两极冰盖地区到沙漠，从温泉到海沟。壁虱目的一些物种小到能够生活在人的毛囊里，因为它们是如此小，所以很少被注意。扁虱大一些，但是长度也很少超过1厘米。壁虱和扁虱孵化成幼虫的时候只有六条腿，在成虫之前还是蛹的时候就会有另外一对腿。

种（30,000）

世界范围

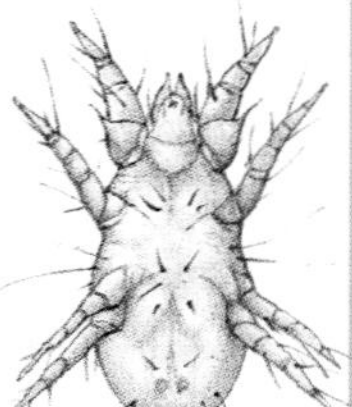

生活环境 *粗脚粉螨(Acarus siro)生活在谷物庄稼的粉末里、动物笼子里和食物里。*

疾病传播者

大多数蜱螨的成员是居住在土壤、树叶和水中的非寄生者，还有一些是其他动物和植物的寄生虫。那些以蔬菜为食的壁虱和扁虱经常传播引起人类致命疾病的细菌。还有几种扁虱能快速麻醉人类和驯养动物。

致病的扁虱 *欧洲蓖麻子虱(Ixodes ricinus)大批滋生在牲畜、狗和人类身上，能传播莱姆关节炎和其他疾病。*

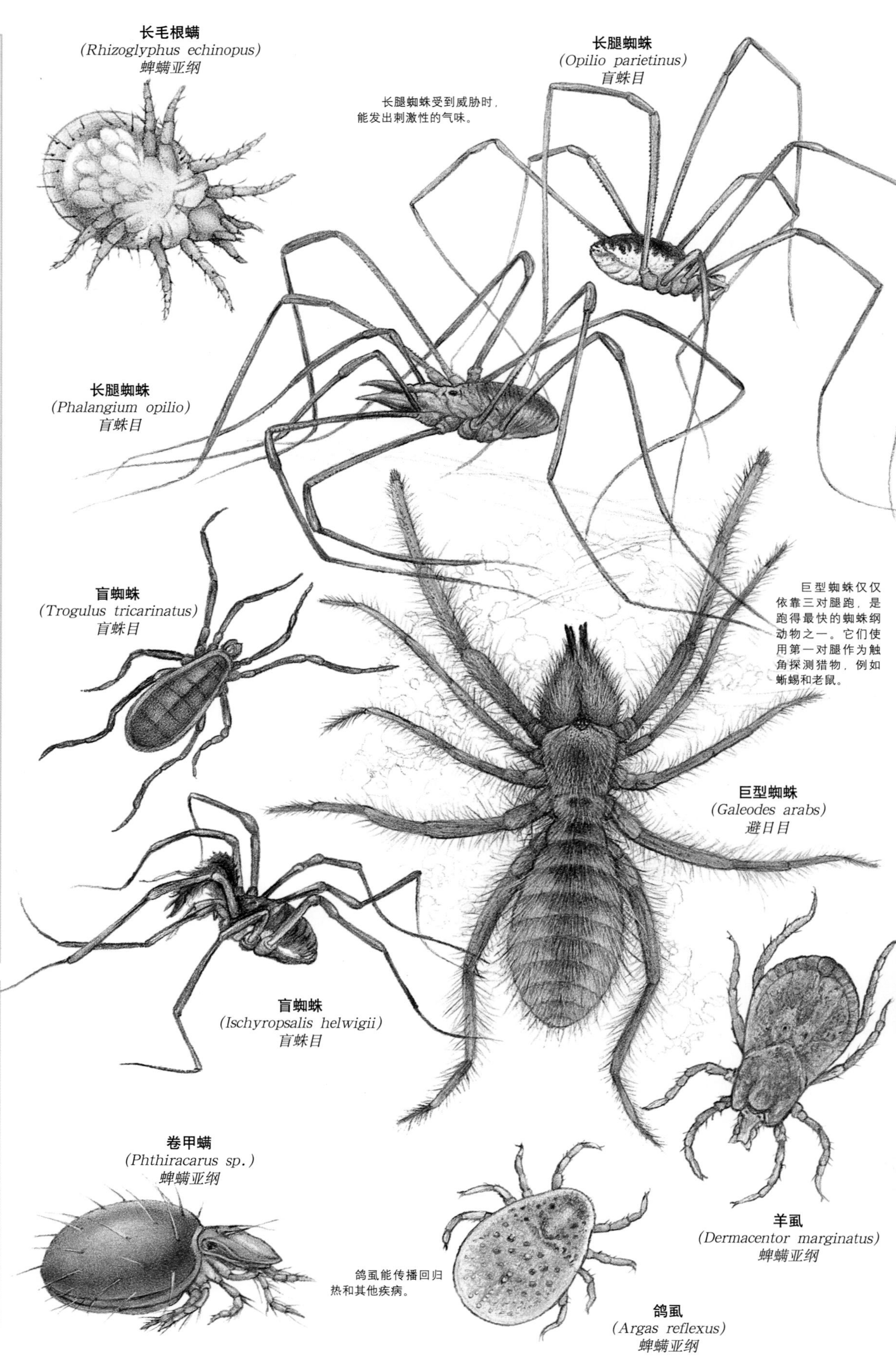

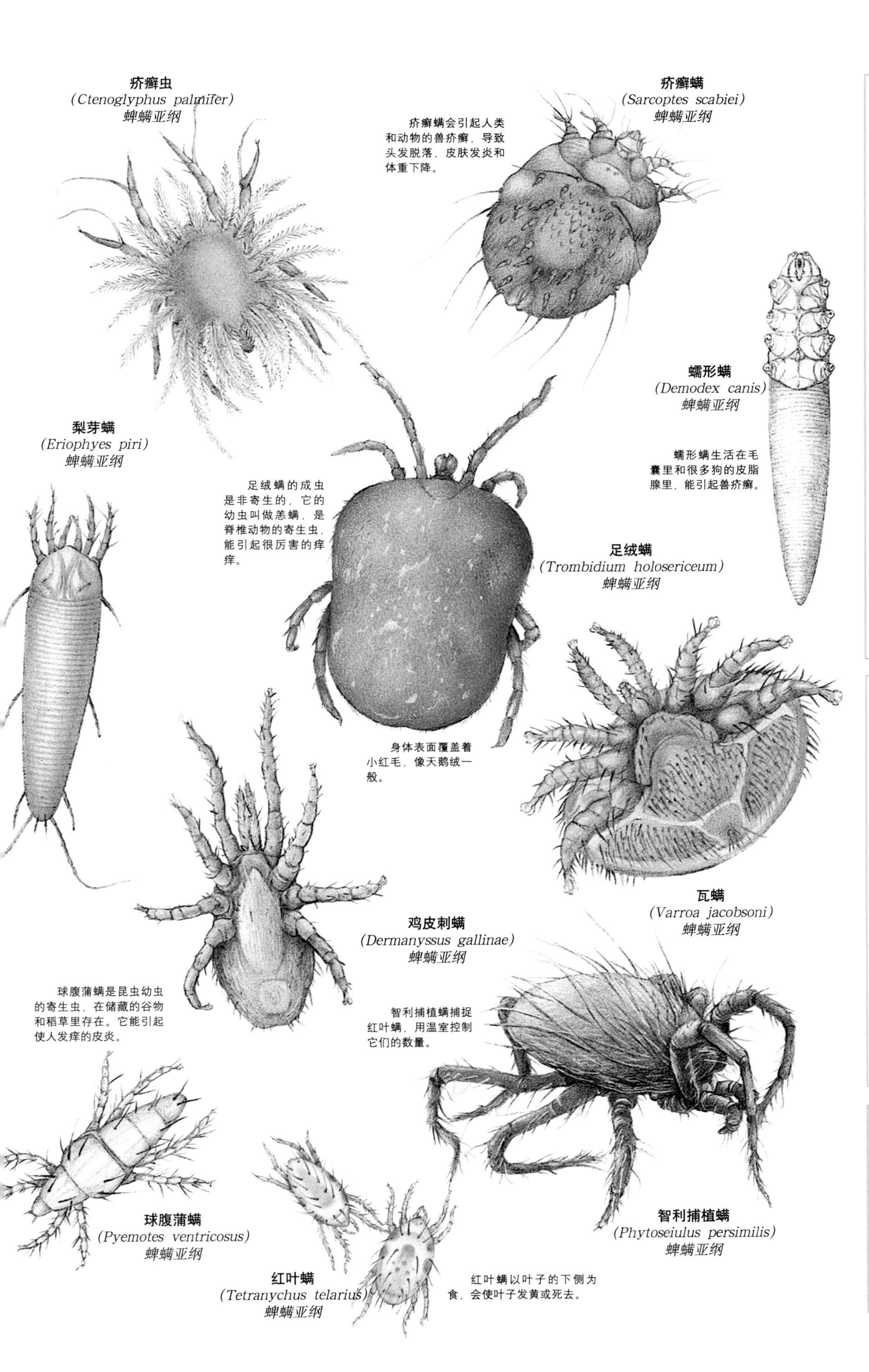

水生壁虱

一些壁虱已经适应了水中的生活。人们可以在从水坑到深湖、从温泉到咆哮的河流的淡水中发现它们，海洋中也发现了一些，它们生活在泥滩、珊瑚礁和海底，但开阔的水域中没有。半水生的壁虱属于蜱螨亚纲的很多群，40个科的完全水生壁虱属于水螨亚群。这些壁虱把它们的卵产在水下的石头上、植物上、海绵里、贻贝里。幼虫是寄生的，很快附着在无脊椎动物宿主身上。因为宿主通常是飞行的昆虫，例如蜻蜓，它们不仅给壁虱幼虫提供食物，而且把它们带到新的水域。作为蛹和成虫，水生壁虱是肉食动物，以其他壁虱、水生昆虫和甲壳类动物为食。

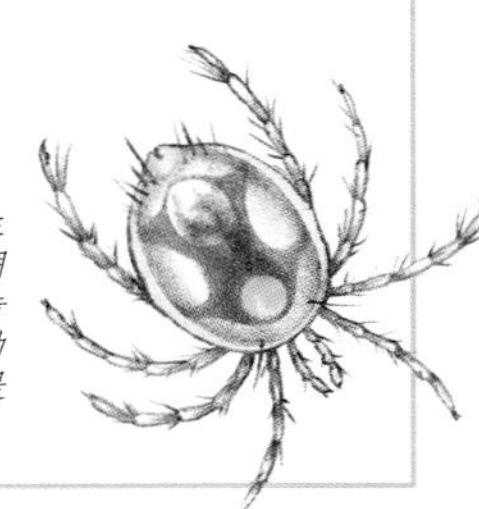

明亮警报 *有一种水生壁虱经常显示出明亮的颜色，以警告鱼和其他肉食动物，它们的味道是不好的。*

蜜蜂受到的威胁

蜜蜂能被瓦螨严重伤害甚至杀死。瓦螨的雌虫到蜜蜂芽胞里产卵。瓦螨和孵化的后代以蜜蜂幼虫为食。瓦螨的后代在芽胞里交配，雄性死去，但是雌性附着在蜜蜂的小幼虫上。然后雌性瓦螨寻找另一个芽胞，在里面存放卵。蜜蜂蛹会形成不成形的弱虫。

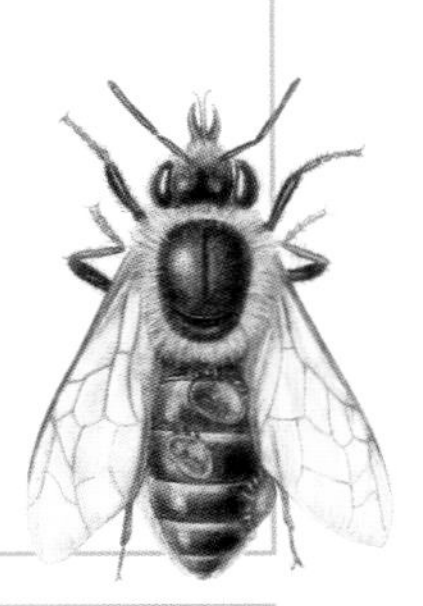

贴身隐藏 *瓦螨通常把自己插到蜜蜂的身体体节之间，使它们很难被发现。*

保护警报

蜘蛛警报 保护行动几乎很少关注蜘蛛纲动物。仅仅有18种蜘蛛纲动物被世界自然与自然资源保护联合会评定，但是所有的这些都在《濒危物种红色名录》上，需要进行进一步的调查研究。蜘蛛纲动物的多样性毫无疑问受到栖息地丧失、污染、使用杀虫剂和外来物种入侵的威胁。

马蹄蟹

门	节肢动物门
亚门	螯肢动物亚门
纲	肢口纲
目	剑尾目
科	鲎科
种	(4)

马蹄蟹同蜘蛛纲动物比，与甲壳类动物更接近。肢口纲的马蹄蟹在过去的2亿年中变化很小，在北美洲和亚洲东海岸发现的4种活着的物种是海生的。它们的身体由头胸部和腹部组成，每一部分都有硬壳。马蹄形的头胸部有钳子状的螯肢，用于从泥泞的海底抓住虫子和其他猎物，五对腿用于走路和抓住食物。强大的尾刺或者说是尾节不是武器，而是可以帮助马蹄蟹走正路，以及犁过土壤。

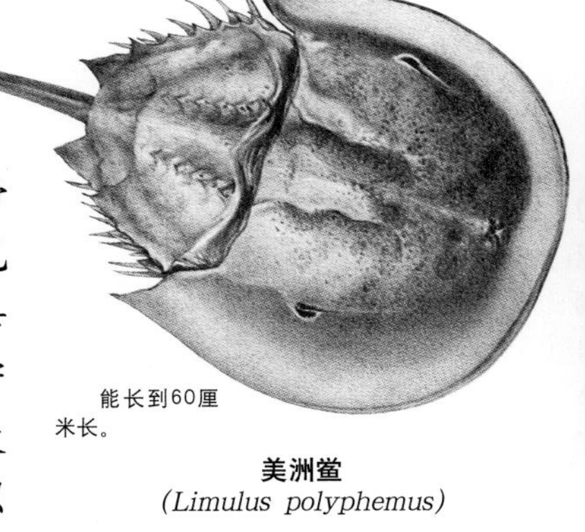

能长到60厘米长。

美洲鲎
(Limulus polyphemus)

繁殖期 马蹄蟹春天聚集在海岸上繁殖。卵被埋在沙子里，刚好在高潮汐线以下。在那儿，它们可以保持湿润，而且有阳光照射着。

海里和海岸

马蹄蟹的大部分时间呆在海里，用腹部的书鳃呼吸。它们在水中靠背部游动或者走路。

春季，马蹄蟹到岸边去繁殖。雄马蹄蟹会在雌马蹄蟹走过潮汐地区的时候附着在它的背部。雌马蹄蟹在沙滩上挖洞，然后在每个洞里产下300枚卵，雄马蹄蟹在卵上射出精子使它们受精。幼虫在9年–12年中经过16次蜕皮成为成虫。

海蜘蛛

门	节肢动物门
亚门	螯肢动物亚门
纲	海蜘蛛纲
目	海蜘蛛目
科	(9)
种	(1000)

长腿的海蜘蛛同蜘蛛表面很像，但是它们是各自进化的，有很多独特的特征。海蜘蛛的身体大大变小了，小头上有长长的吸管和嘴，肉柄上有四只单眼，还有两个螯肢（用于抓住猎物）和两个须脚（用做传感器）。第一对腿用于行走，第二对腿叫做携卵足，用于清洁和运送卵，分节的躯干上有三对腿，在后面形成小的腹部。因为腹部非常小，消化和生殖器官伸展到腿上去了。

南极形态 红色海蜘蛛（*Pycnogonum decalopoda*）和更小的海蜘蛛（*P. nymphon*）生活在海洋冰盖以下。

海底居住者

海蜘蛛生活在海洋中的各种水域，从浅浅的温暖水域到7000米深的冰冷水域。它们大多数都很小，但是一些深海类型有70厘米长的腿。有些海蜘蛛能够游泳，大多数是海底底栖者，以软体的无脊椎动物，如海绵和珊瑚虫为食。

在繁殖时，雌海蜘蛛把卵产到水里，然后雄海蜘蛛把它们覆盖上精子。雄海蜘蛛用携卵足携带受精卵，直到它们孵化。

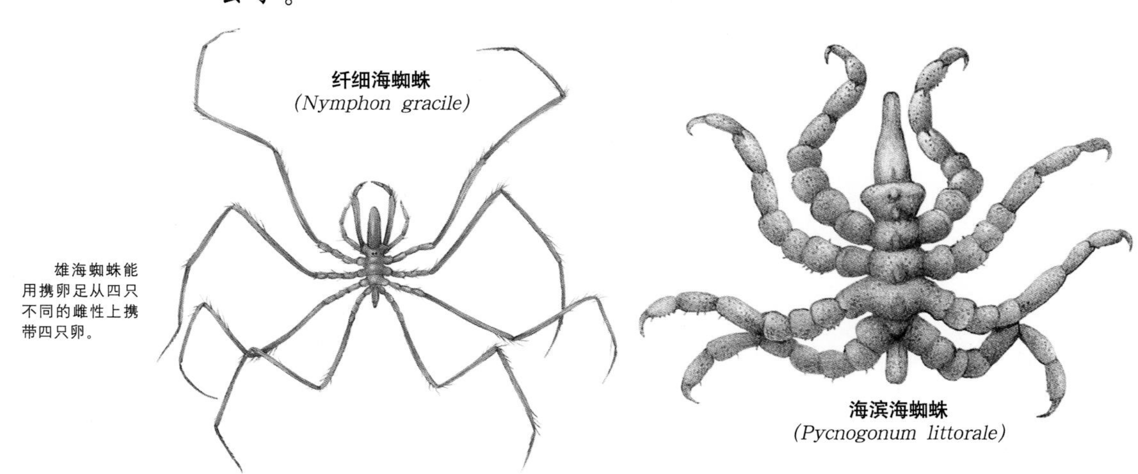

纤细海蜘蛛
(Nymphon gracile)

雄海蜘蛛能用携卵足从四只不同的雌性上携带四只卵。

海滨海蜘蛛
(Pycnogonum littorale)

多足动物

门 节肢动物门
亚门 多足动物亚门
纲 (4)
目 (20)
科 (140)
种 (13,500)

蜈蚣（唇足纲）、千足虫（倍足纲）、节足虫（结合纲）和少脚虫（寡足纲）都是多足动物，它们有长长的分节的身体、单眼、一对有节的触角和无数对腿。大多数蜈蚣是肉食动物，在树叶垃圾中猎捕其他小的无脊椎动物。它们用头下面的一对毒牙来麻醉猎物，这对毒牙咬人也很疼。千足虫只吃植物，不能咬东西，很多千足虫在遇到危险时会缩成一团，并且放出有毒物质。和小蜈蚣一样，节足虫和少脚虫生活在树叶和土壤里，以腐烂的植物为食。

热带品种 热带森林中的蜈蚣种类繁多。它们的腿可能短而带钩，也可能又长又细，最后一对腿可能是触角形的（如上图中的蜈蚣），也可能是钳子形的。

缩成一团进行防卫 森林木千足虫（*Narceus americanus*）已经缩成典型的千足虫自卫姿势，只有坚硬的石灰质的外骨骼鳞甲暴露着。它会喷出辛辣刺激性的液体。

蜈蚣
(*Lithobius forficulatus*)
唇足纲

触角形的后腿

少脚虫
(*Pauropus huxleyi*)
寡足纲

麦加拉条形蜈蚣
(*Scolopendra cingulata*)
唇足纲

钳子形的后腿。

刚毛千足虫
(*Polyxenus lagurus*)
倍足纲

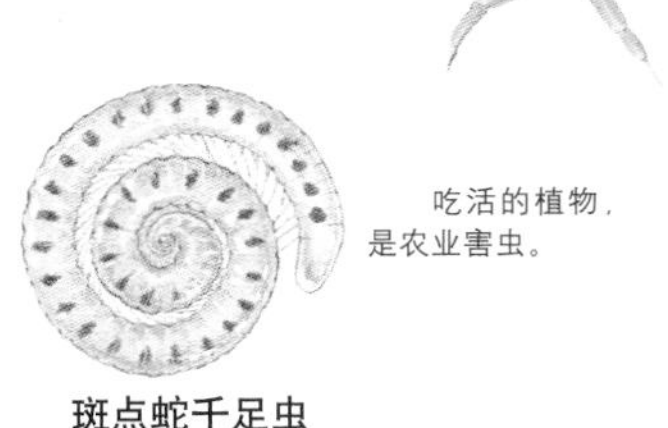

吃活的植物，是农业害虫。

斑点蛇千足虫
(*Blaniulus guttulatus*)
倍足纲

幺蚰
(*Scutigerella immaculata*)
结合纲

很多腿

蜈蚣长有扁平的虫子一样的身体，除了最后一节，每一节上都有1对腿。它们至少有15对腿，多的有191对。最大的蜈蚣，如美国热带地区的印尼蜈蚣长达28厘米。它们很强壮，能捕捉老鼠、青蛙和其他小的脊椎动物。

千足虫的身体是圆的，由2节组成，大多数还有2对腿。千足虫从2毫米到28厘米长，有的多达200对腿，

节足虫仅仅有1厘米长，却有12对腿。少脚虫甚至更小，不到2毫米长，有9对腿。

大多数多足动物是夜间活跃的，生活在潮湿的森林里，喜欢隐藏在树叶、土壤或者岩石、木头下面，在草地或沙漠里也能发现一些。千足虫通常把卵产在土壤巢穴里。有些蜈蚣围绕在它们的卵或者幼虫周围保护它们。

甲壳动物

门	节肢动物门
亚门	甲壳动物亚门
纲	（11）
目	（37）
科	（540）
种	（42,000）

从0.25毫米长的水蚤到腿长3.7米的巨大蜘蛛蟹，甲壳动物是相当丰富多彩的群体。虽然一些甲壳动物已经适应了陆地生活方式，但甲壳动物是在水生环境中繁荣起来的，逐渐进化得适应了各种海洋和淡水环境。自由浮游的物种，例如磷虾形成了巨大的水生食物网的基础。螃蟹和其他海底底栖者可以在沉积物上挖洞或者爬行。藤壶呆在那儿不动，从水中过滤食物。也有寄生的甲壳动物，它们中的一些以成虫的形态存在，作为一个细胞集合体存在于宿主的身体里。

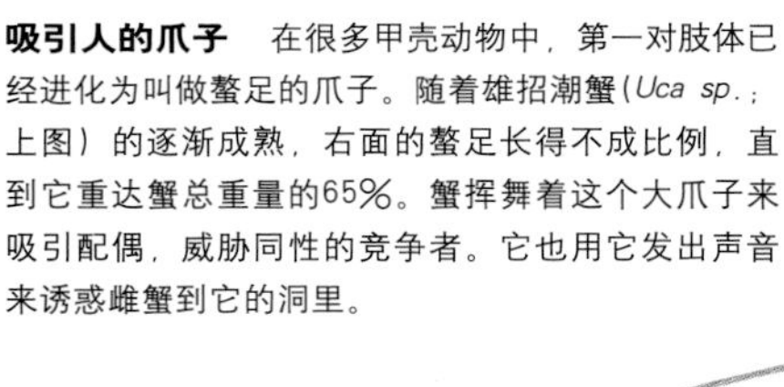

吸引人的爪子 在很多甲壳动物中，第一对肢体已经进化为叫做螯足的爪子。随着雄招潮蟹（*Uca sp.*；上图）的逐渐成熟，右面的螯足长得不成比例，直到它重达蟹总重量的65%。蟹挥舞着这个大爪子来吸引配偶，威胁同性的竞争者。它也用它发出声音来诱惑雌蟹到它的洞里。

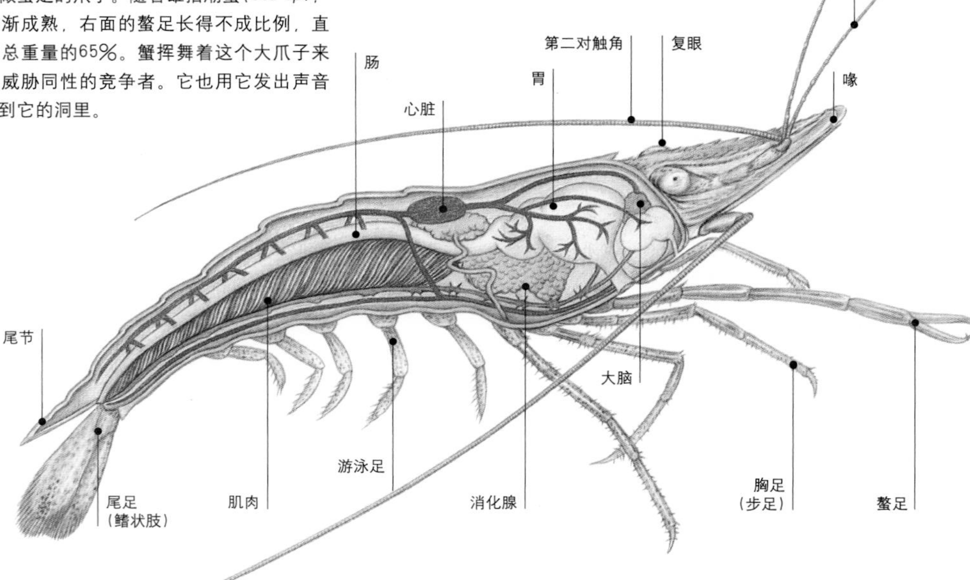

陆地入侵者

甲壳动物在水中数量很多，仅仅有少数适应了陆地上的生活。这些动物喜欢生活在潮湿的环境中，还有些回到水中繁殖。像球潮虫或潮虫、草鞋虫等潮虫科的动物是陆地化最好的甲壳动物，甚至还包括一些沙漠物种。草鞋虫在受到威胁的时候会缩成一个硬球（下图）。甲壳动物对陆地的有限开发可以归因于缺少光滑的不透水的表皮，以及依靠鳃来呼吸。

解剖甲壳动物

像其他的节肢动物一样，甲壳动物有分节的身体、有节的腿和外骨骼，通过蜕皮来生长。外骨骼是薄而易弯曲的，像水蚤，或者坚硬而钙化，像螃蟹。身体通常分为三部分：头、胸和腹。在很多大的物种中，头和胸形成头胸部，有甲壳保护着。腹部通常有尾巴一样的延伸，叫做尾节。

典型的甲壳动物头部有两对触角，一对复眼通常在肉茎上，还有三对口器。胸部（有时是腹部）带有肢体，每一个肢体通常有两个分支。在很多物种中，特别的肢体专门用于行走、游泳、收集食物和自卫。例如，螃蟹已经有两对肢体进化为螯足。

一些雌性甲壳动物在水中产卵，很多在自己身上孵卵。一些物种的卵孵化成自由浮游的无节幼体，有两对触角、一对上颌和一只单眼。在一些物种中，卵孵化成更高级的阶段，甚至成为小型成虫。

虾的构造 像大多数甲壳动物一样，虾有两对触角（第二对是高度灵活的）、一对复眼——每只有30,000个晶状体，它还有特殊的肢体。虾的血液由心脏泵出，通过连接在腿上的鳃来呼吸。

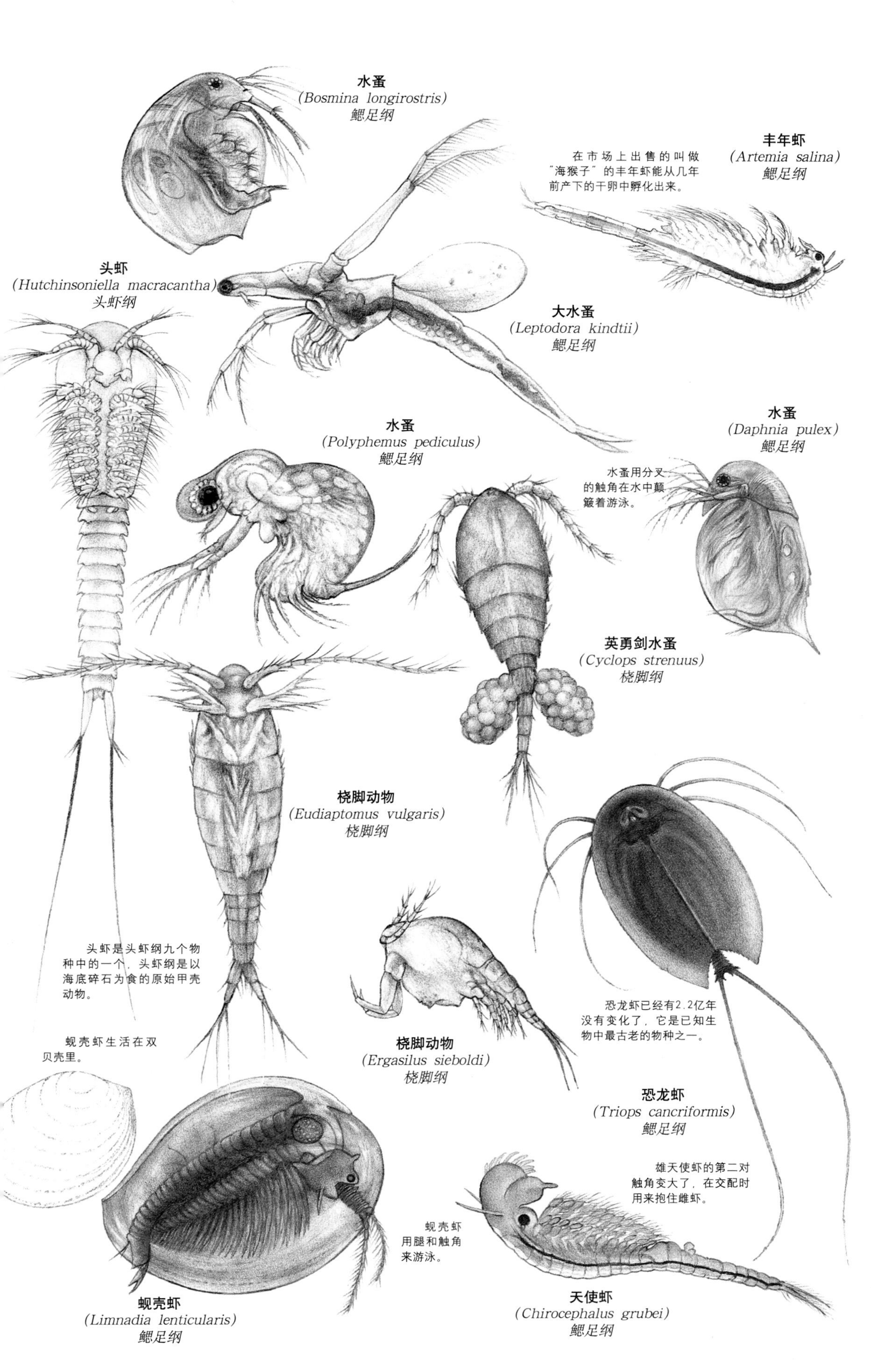

小档案

鳃足纲 鳃足纲的恐龙虾、水蚤、蚬壳虾、天使虾和丰年虾都很小，长度从0.25毫米到10厘米。它们有叶子形的腿，可以用来收集食物、游泳和呼吸。几乎在所有的淡水中都能发现的鳃足类动物有的生活在阶段性的池塘中，在干旱时期是休眠的卵。

种（800）

世界范围（主要是淡水中）

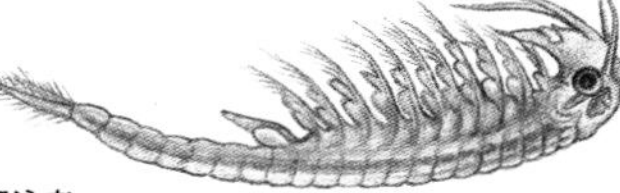

仰泳者
一种天使虾背朝下游泳，用它们的腿从水中过滤有机物颗粒。

桡脚纲 在海洋中发现的桡脚纲动物是海洋食物链的关键环节。它们的身体是圆柱形的，没有复眼，有一只单眼，是无节幼体时期保留下来的。

种（8500）

世界范围（主要是海生的）

分叉的尾巴 *桡脚动物长有分叉的尾节（尾巴样的突出），这是桡脚动物的典型特征。*

最新发现

1981年，当桨足动物在巴哈马海洞里被发现的时候，这促使了一个新纲——甲壳动物亚门桨足纲的发现。从那时起，在与海连接的加勒比海沟和澳大利亚海沟又发现了几个物种添加在这个纲中。这些远古动物有长长的像虫子一样的身体，可以分为32节，每一节上有一对腿，是肉食动物。

瞎子游泳
像桨足纲的其他动物一样，桨足动物没有眼睛。它们背朝下，用很多腿作为桨来游动。

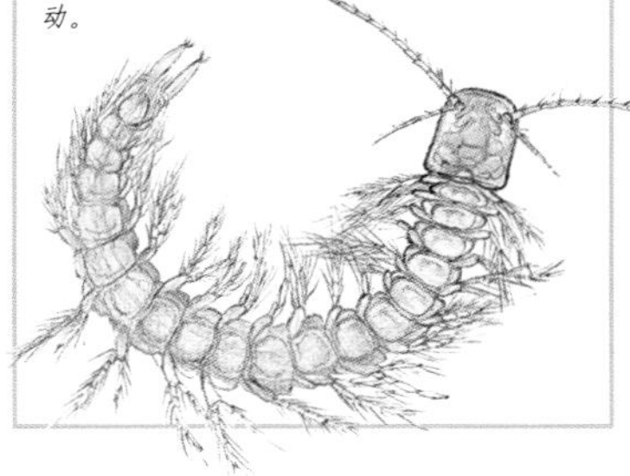

小档案

蔓足纲 组成蔓足纲的藤壶是甲壳动物中仅有的固定群体，完全是海生的。直到1830年，藤壶一直被认为是软体动物。1830年，人们发现它们是从卵里作为自由浮游的无节幼体孵化出来的，因此认为它们是甲壳动物。幼虫成熟后附着在岩石、船或者像鱼、海龟、鲸鱼这样的宿主体上。大多数成虫被含钙的鳞甲保护着，用长长的触须从水中收集食物颗粒。藤壶是雌雄同体的。它们以高度密集的群体生活，可以相互受精。

种（900）

世界范围（在海水中）

介形纲 贻贝虾和种子虾等介形纲动物由它们的甲壳来区别，甲壳是用铰链连接的双壳，仅仅有触角和腿部的刚毛从贝壳里伸出。

种（6000）

世界范围（在各种水中）

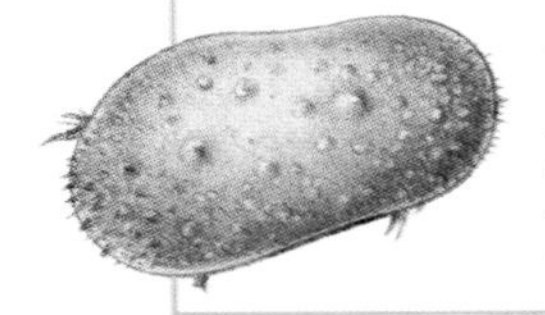

自我繁殖

介形纲动物介形虫能够进行有性繁殖，但经常使用孤雌生殖，幼虫从未受精卵中孵化出来。

完全入侵

寄生虫蟹奴仅仅看它的自由浮游的无节幼体可能被认为是藤壶。当雌虫成熟后，入侵一个宿主，通常是青圆蟹（*Carcinus maenas*）。幼虫变成针形，可以刺入宿主的细胞。细胞形成根形的系统叫做动脉，穿过螃蟹的身体。动脉最终形成繁殖体——螃蟹外的动脉。雄性的幼虫附着在动脉上，把细胞散布在上面形成精子，受精后产生无节幼体。

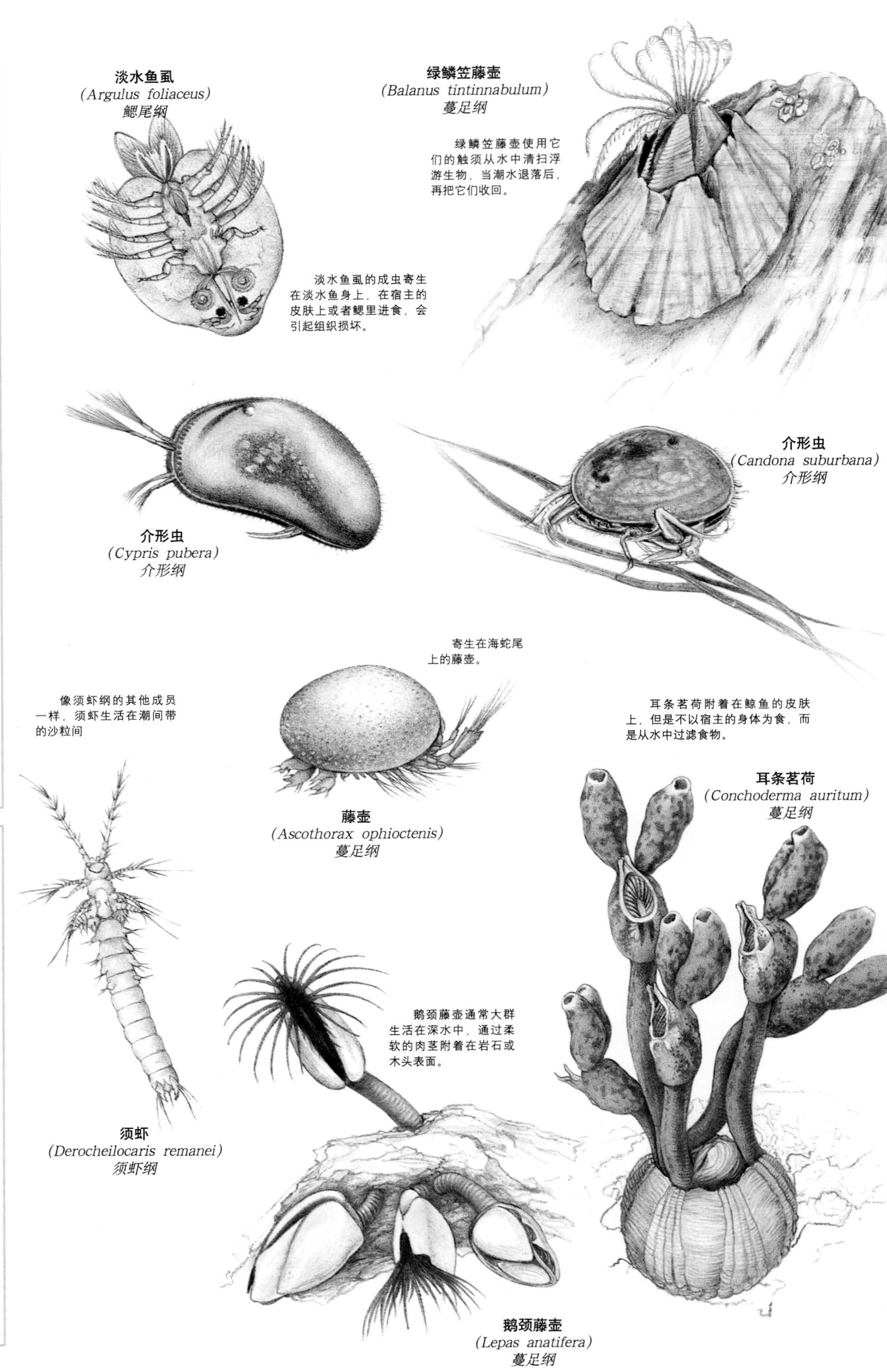

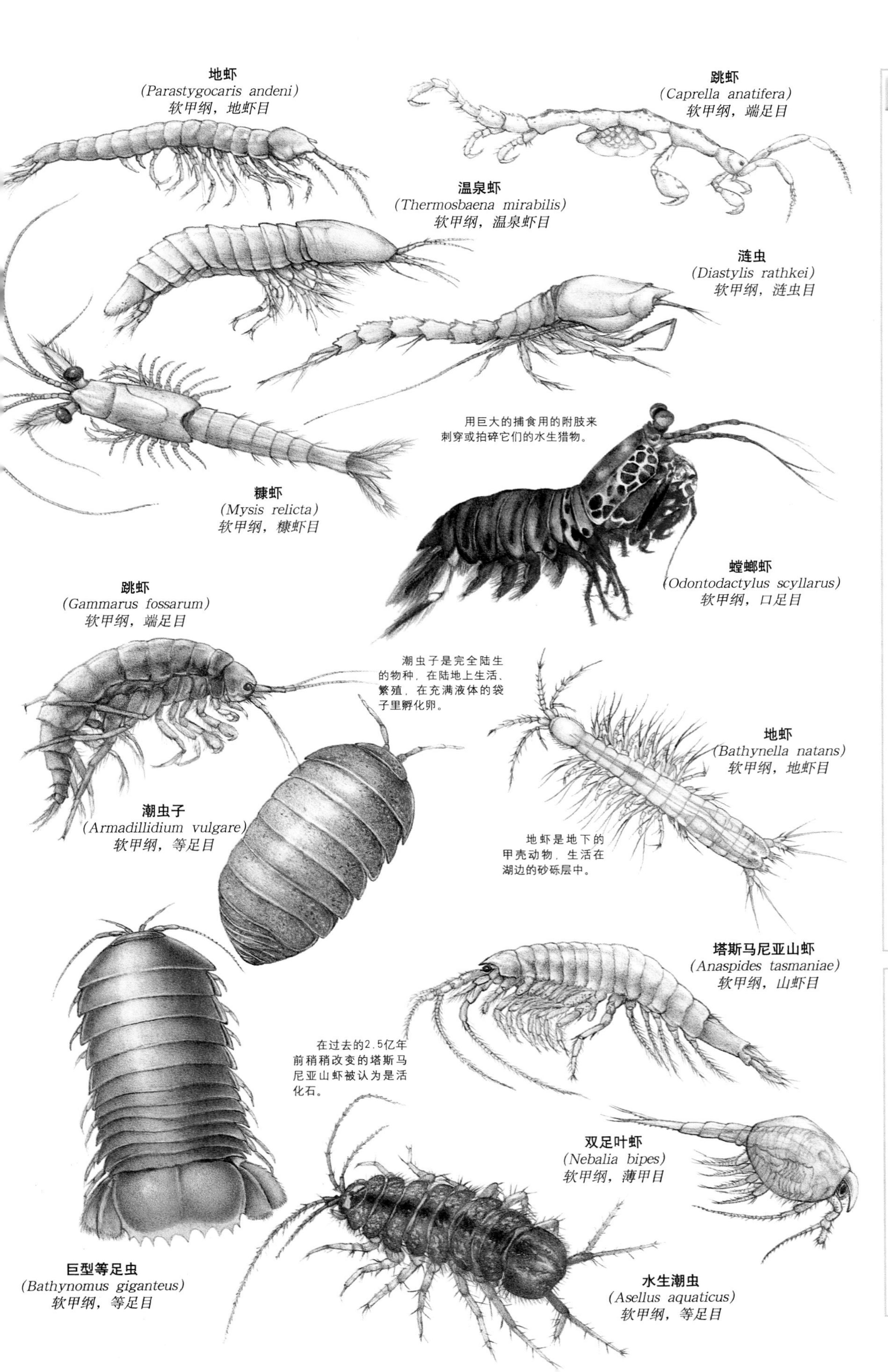

小档案

软甲纲 是目前为止甲壳动物中最大的纲，包括13个目。几乎所有的物种都有6个头部环节、8个胸部环节和6个腹部环节。除了第一个头部环节，每一个环节通常有2个附肢。

种（25,000）

世界范围（主要是水生）

熟悉的甲壳动物 *软甲纲有礁螯虾，还有十足目的其他龙虾、螃蟹和虾。*

端足目 这些软甲纲的小成员广泛分布在海洋、淡水和潮湿的陆地上。端足目动物的身体通常是扁平的，样子很像虾。

种（6000）

世界范围（通常是水生的）

不同的含盐量 *端足目动物旋卷螺赢蜚生活在盐水、含盐味的和淡水中的U形洞里。*

等足目 像端足目一样，等足目动物属于软甲纲。它们的身体从背部到腹部是扁平的。它们包括典型的陆生潮虫，大多数物种沿着水底爬行。

种（4000）

世界范围（主要是海生的）

等足目动物 *它们大多数是水生的，能爬行和游泳，是杂食动物。*

肉食动物的眼睛

口足目是软甲纲中一个高度分化的目。以螳螂虾为例，它的成员捕捉鱼、螃蟹和软体动物。它们作为肉食动物的成功，不仅取决于它们捕食的附肢，而且还取决于它们复杂的复眼。

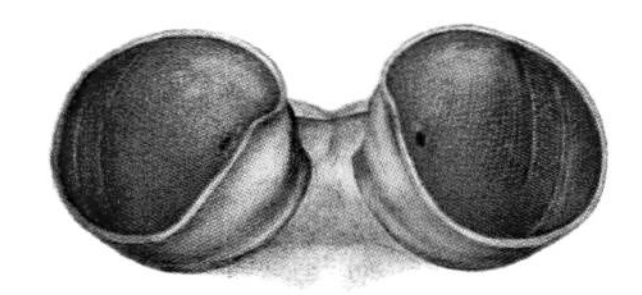

口足动物的视力 *每一只复眼被提供颜色视力和偏振光泽（对比）的带子分开。眼睛的其他部分提供单色觉和深度知觉（透视）。*

小档案

十足目 以胸部的五对腿而命名的十足目动物占甲壳动物的四分之一。它们可以分为游泳者（包括虾）和爬行者（包括龙虾、螯虾和螃蟹）。在很多物种中，第一对腿——螯足形成很重的钳子，用来捕捉猎物。还有一些物种是过滤进食者、食垃圾者和食草者。十足目动物随身携带着受精卵。大多数幼虫孵化成海蟹幼虫，其特点是在背甲上有一个或多个脊椎，在腹部和胸部有一个或多个未发育完全的肢体。

种（8000）

世界范围（主要是海生的）

喧闹的螃蟹 *雄性招潮蟹(Uca tangeri)能把它那特大的右螯足在身体的其他部分或地面上移动，发出击鼓、刺耳或雁叫的声音。*

至关重要的磷虾

小小的磷虾目包括大约85种磷虾，它们是虾形的浮游生物。它们是海洋食物链中至关重要的环节，特别是在南极，南极磷虾(*Euphausia superba*)是基础物种。磷虾通常白天呆在海洋深处，夜间在海平面上聚集成大群进食。大多数物种是过滤进食者，用带流苏的腿收集浮游植物。它们也捕食桡脚类动物。反过来说，磷虾是很多鱼、鱿鱼、海鸟、须鲸和海豹的主要食物。很多磷虾有特别的发光器官。它们的生物发光能帮助它们形成群体和寻找配偶。

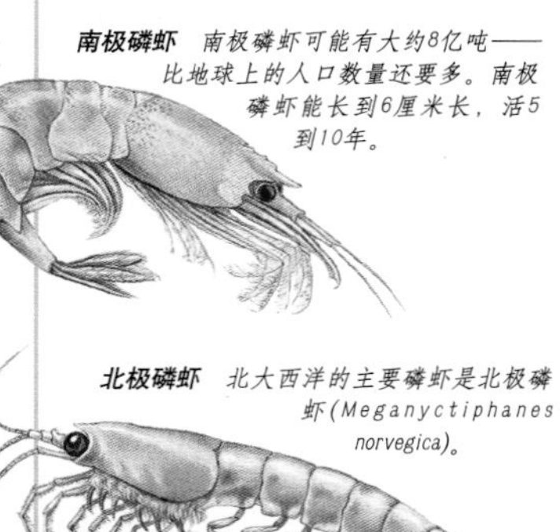

南极磷虾 *南极磷虾可能有大约8亿吨——比地球上的人口数量还要多。南极磷虾能长到6厘米长，活5到10年。*

北极磷虾 *北大西洋的主要磷虾是北极磷虾(Meganyctiphanes norvegica)。*

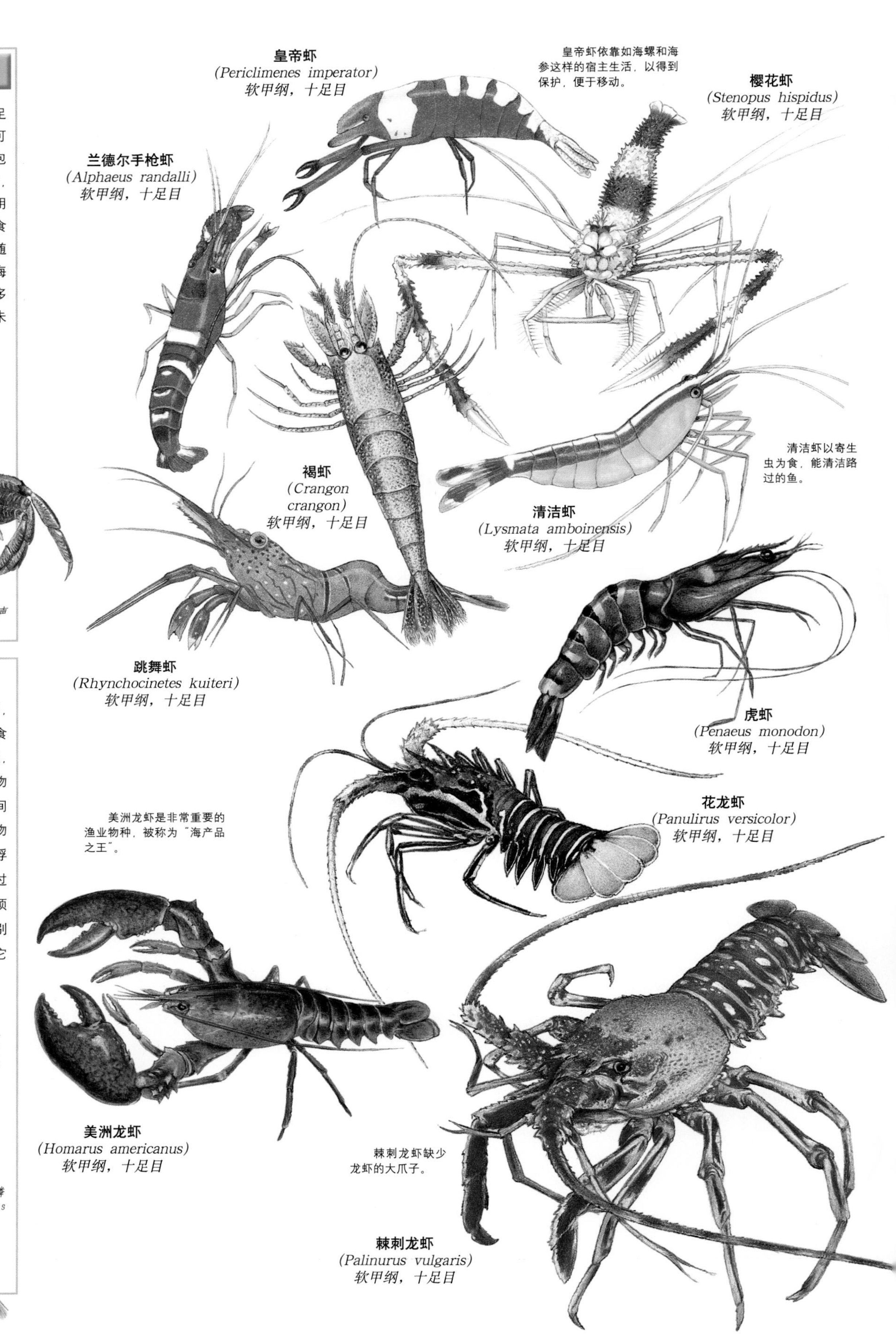

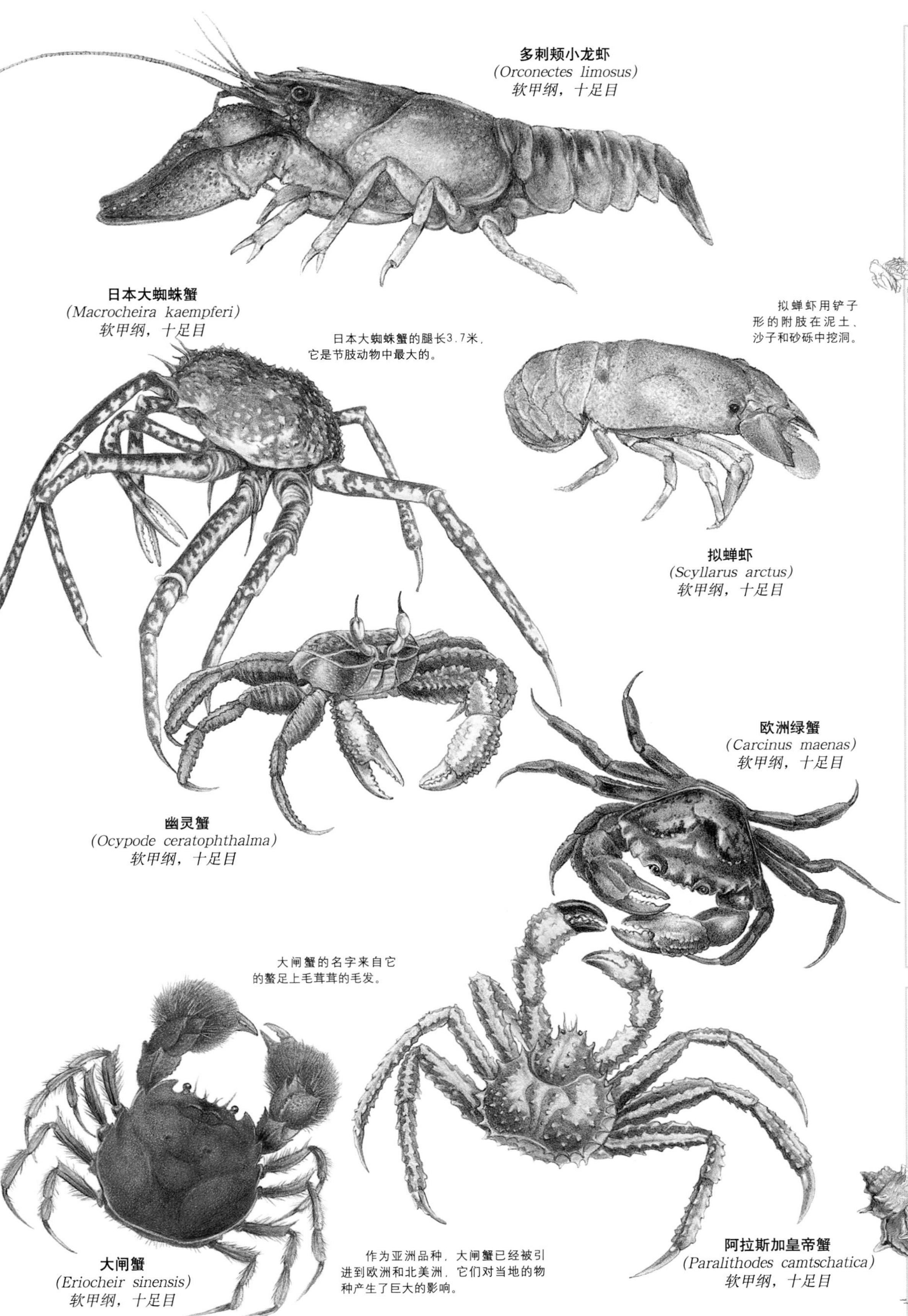

甲壳动物的迁移

从陆地到海洋 陆地螃蟹已经适应了陆地的生活方式，但是一些会回到水中繁殖。圣诞岛的红蟹（*Gecarcoidea natalis*）成体生活在潮湿的内陆雨林，到了产卵的时候，岛上的四千万只螃蟹经过危险的长达一周的旅程回到海

岸。雄性先到，挖掘巢穴。交配后，雌性把卵孵上两周左右，然后把它们散发在海中。水生的幼虫很少能够成活，成活的在一个月后回到岸边，蜕皮变成小的陆地蟹，慢慢爬回内陆。

穿过海底 一些多刺的龙虾进行季节迁徙，它们排成一列长长的队伍穿过海底。龙虾白天和黑夜能沿着直线行走几天。最近，人们通过对眼斑龙虾(*Panulirus argus*)的研究发现，它们是真正的航海家，甚至能够在不熟悉的地方确定方位。这种能力非常接近对地球磁场的精确探测。

移动的家

为了保护它们柔软的腹部，寄居蟹（寄居蟹科）和大多数陆寄居蟹（陆寄居蟹科）生活在腹足动物丢弃的贝壳中。随着一天天长大，它们必须寻找更大的贝壳搬进去住。两只螃蟹有时会为争夺一只贝壳打架。

昆 虫

门 节肢动物门
亚门 六足动物亚门
纲 昆虫纲
目 (29)
科 (949)
种 (>1,000,000)

从各个方面看，昆虫是地球上生活得最成功的动物。昆虫有超过一百万种，占已知动物物种的一半。还有许多昆虫等待着人们去发现，估计昆虫种类总数有两百万到三千万。就绝对数量来说，昆虫超过了其他所有的动物，有的科学家认为仅蚂蚁和白蚁就占世界动物数量的百分之二十。有些形态的昆虫已经设法在最热的沙漠和最冷的两极地区生存，事实上，每一块陆地和淡水环境中都有昆虫生存，还有的生活在海里。

极端环境 在加利福尼亚的盐水湖中发现的水蝇（水蝇科）的幼虫以藻类为食。在原油池、温泉，以及南极洲的冰下还发现了一些其他的昆虫。

父母的守护 大多数昆虫很少受到父母的关怀，它们的父母放置好大量的卵，然后让它们自己去孵化。但是，有些盾虫会守护它们的卵，然后和蛹呆在一起直到第一次蜕皮。

授粉者 当蜜蜂从花朵上采花蜜的时候，花粉沾在蜜蜂身上。当蜜蜂到另一朵花上采蜜的时候，一些花粉就留下了。很多开花植物依靠昆虫授粉，它们进化行成了不同形状、颜色和气味的花朵来吸引一定的物种，促使它们在进食的时候收集花粉。

保护警报

在已知的超过1,000,000种昆虫中，仅有768种已经被国际自然与自然资源保护联合会评估，其中97%在《濒危物种红色名录》上，如下：
- 70种灭绝或者野外灭绝
- 46种极危
- 118种濒危
- 389种易危
- 3种依赖保护
- 76种近危
- 42种数据缺乏

成功的秘密

昆虫令人难以置信的生存成功取决于它们生态的各个方面。它们坚硬而有韧性的外骨骼能够为它们提供保护，但又没有过度的约束。骨骼的外层涂有蜡，使水分损失降低到最少，保证昆虫能够在干燥的环境中活下去。

作为能够飞行的第一动物和惟一的无脊椎动物，昆虫能够发现食物和配偶，逃避猎捕者，迅速在新地方定居下来。大多数物种的翅膀在休息的时候可以折叠起来，这样使得它们能够利用狭窄的地方，例如树皮、粪便、树叶或者土壤。

昆虫通过气孔呼吸，气孔是身体两侧的小开口，关闭时可以防止水分损失。氧气不是通过血液在身体里流通，而是通过叫做螺旋纹管的一系列小管道直接散布到全身。这种气体散布方式只有在短距离内是有效的，这也许是昆虫为何体形较小的原因。大多数昆虫不到几厘米长。这种体形使昆虫能够利用大量的微小环境，这也是昆虫多样性的一个重要因素。

感觉器官散布在昆虫全身。头部通常有两只复眼和三只单眼。它们的两只触角探测味道和声音

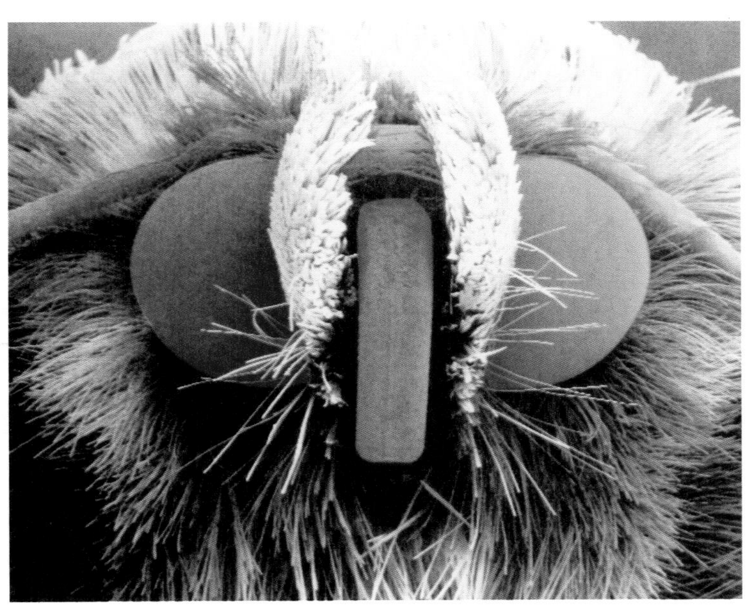

特制的口器 昆虫各式各样的饮食习惯反映在口器的形状上。蛀虫（上图）有长长盘旋的管子状喙，可以展开收集花蜜。蜜蜂的喙能刺穿猎物的皮肤，吸收其身体的液体，而蚜虫的能刺穿的口器可以收集植物的汁液。像步行虫这样的肉食昆虫的颌非常锋利，可以用来切割，而像蝗虫这样的草食动物的颌适应了磨碎食物。

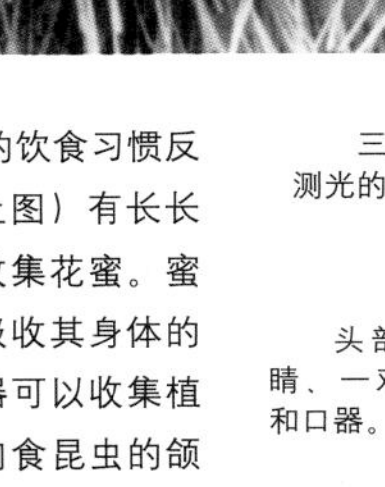

昆虫解剖 虽然昆虫形状的多样性令人惊讶，但它们的基本身体构造是相同的。像其他节肢动物一样，昆虫有分节的身体，有头部、胸部和腹部、分节的肢体，以及坚硬的外骨骼。它们有三对腿、通常两对翅膀、一对触角和一对复眼。

等。听觉器官在身体或者腿上。其他感觉器官探测空气的压力、湿度和温度的变化。

很多昆虫的生命周期顾及到快速繁殖，它们能够对有利环境迅速做出反应，很快从大灾难中恢复。大多数昆虫是体内受精，雌性也能够储存雄性的精子，在以后使用。一些昆虫，例如蚜虫能够不受精就繁殖，可以快速增加它们的数量，或者进行有性生殖，以保证遗传的多样性。昆虫的卵被贝壳一样的绒毛膜保护着，可以防止它干掉，这也是昆虫能够生存于干燥环境中的一个因素。有些昆虫一孵化出来就很像它们的父母，但大多数不像，必须经过一定形式的变形。幼虫和成虫经常居住在不同的生态环境中，吃不同的食物，这有助于避免彼此的竞争。

因为有些昆虫能引起人类的不适，如传播疾病，破坏食物和庄稼，所以，昆虫经常被认为是害虫。这忽视了一个重要的事实，大量的昆虫引起很小的危害，却在世界环境中扮演着重要的角色。几乎四分之三的开花植物依靠昆虫授粉，而且很多动物把昆虫作为食物。

天生的幼虫 金龟子（金龟子科）用它们强健的前腿把粪便滚成球，或者带到地下作为食物，或者被雌性金龟子作为巢穴来盛放卵。可能因为幼虫好像突然从粪便里出现，金龟子受到古埃及人的敬畏。

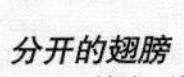

巨型昆虫 新西兰产长须无翅大蝗（*Deinacrida heteracantha*）像小老鼠那么大，重达70克，是最重的昆虫之一。最小的昆虫可能是寄生蜂，身长0.14毫米。

昆虫的飞行

有些昆虫没有翅膀，但大多数成虫有翅膀。甲虫和蝗虫飞行时，翅膀每秒拍打4次—20次，并且缺少灵活性。蜜蜂和苍蝇飞行时，翅膀每秒拍打190次，能够盘旋和急飞。有些蚊子的翅膀每秒拍打1000次。飞行最快的是蜻蜓，可以保持每小时50千米的速度。

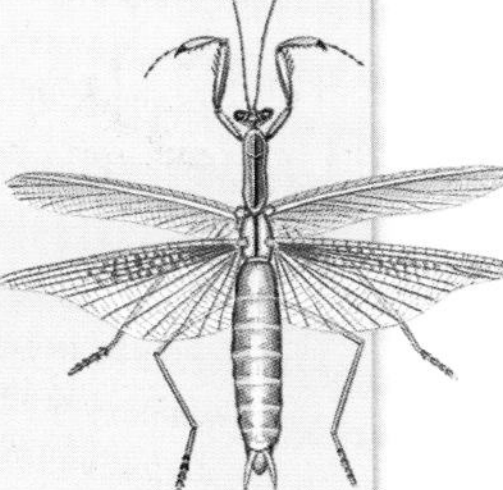

折叠翅膀 *蚊子的后翅在不用的时候像扇子一样折叠起来。这能够保护翅膀，可以使蚊子挤进紧凑的空间。*

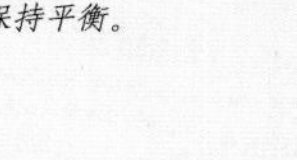

水平尾翼 *苍蝇看上去只有一对翅膀。事实上，第二对翅膀已经退化为叫做平衡棒的球形结构，可以在飞行中保持平衡。*

羽毛状的翅膀 *牧草虫和羽毛蛀虫的翅膀看起来像小羽毛，由细毛发组成。*

钩子连接的翅膀 *黄蜂的前翅和后翅由小钩子连接起来，能够上下一致活动。*

分开的翅膀 *蜻蜓的前翅和后翅能一起拍打，也可以独自拍打。像早期的飞行昆虫一样，翅膀不折叠在身体上。*

保护性的翅膀 *在瓢虫和其他甲虫中，前翅经过改进形成了保护性的盒子，叫做翅鞘。后翅用于飞行。*

蜻蜓和豆娘

门	节肢动物门
亚门	六足动物亚门
纲	昆虫纲
目	蜻蜓目
科	(30)
种	(5500)

蜻蜓目的第一批成员出现在3亿年前——在恐龙出现的1亿年前——包括曾经存在的最大的昆虫——蜻蜓的翅幅有70厘米。今天的蜻蜓和豆娘小得多，翅幅从18毫米到19厘米。这些经常在水面飞行的贪婪的空中掠食者在热带地区是最多的，除了两极地区，在世界各地都能见到它们。豆娘飞行的时候拍动翅膀，休息的时候通常把翅膀贴近身体；蜻蜓是强壮而又灵巧的飞行者，即使休息时，翅膀也从身体伸展出去。

锐利的视力 蜻蜓的大复眼可能有30，000个晶状体，它们的视力非常好，而且视野开阔。强壮尖锐的口器表明它们的肉食习性。

蜻蜓的特技飞行 蜻蜓有两对大大的有脉纹的翅膀，既能够一起拍打，又能够独自拍打，这使得蜻蜓有很大的灵活性，能够盘旋或者向后飞行。有的物种能达到每小时30千米的速度。

交配姿势 为了交配，雄性的蜻蜓目昆虫用腹部顶端的抱握器抓住雌性的头部（下图），雌性在雄性下面弯曲腹部，从它们的精囊里收集精子。

水中诞生

蜻蜓和豆娘一生中大部分时间是没有翅膀的水生蛹。蛹通过鳃呼吸，以其他昆虫的幼虫、蝌蚪和小鱼为食。它们特殊的稍低的口器通常位于头部下面，能够突然伸出抓住猎物。在几个星期到8年的时间里，根据物种的不同，蛹能够蜕17次皮。在最后一次蜕皮后，爬出水面，蜕去蛹的皮肤，露出成虫的特征：突出的眼睛、锐利的口器、两对透明的翅膀、一个倾斜的胸部和长长苗条的腹部。

刚刚形成的蜻蜓和豆娘成虫飞离水面，开始进食，它们在飞行中抓捕飞虫。为了寻找配偶，蜻蜓会聚集在一片水域上，雄性还要进行空中比赛。交配后，雄性会守卫着雌性，让它们在水里产卵。大多数成虫只能存活几个星期。

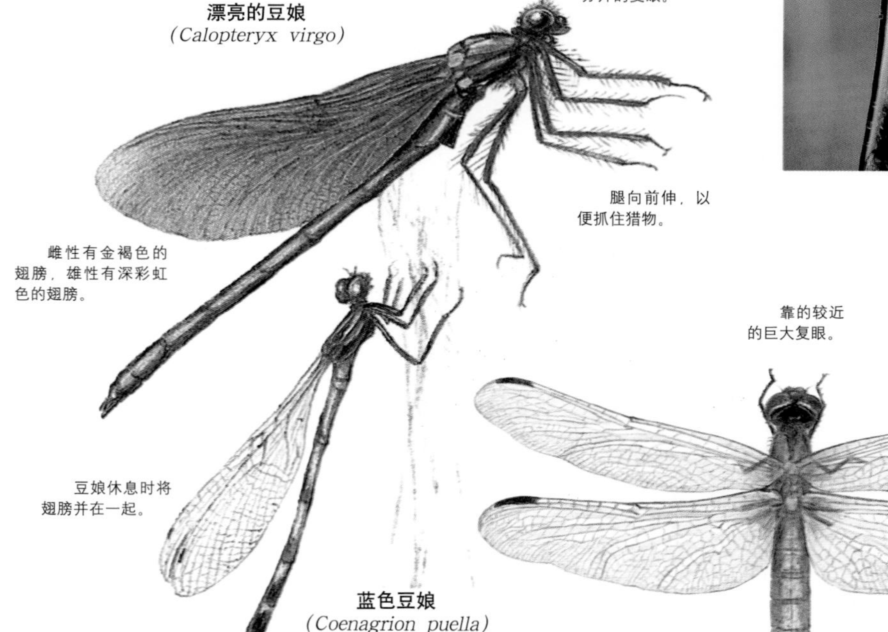

靠的较近的巨大复眼。

蓝蜻蜓
(*Pachydiplax longipennis*)

晓褐蜻
(*Trithemis aurora*)

蜻蜓休息时翅膀是伸展开的。

螳　螂

门	节肢动物门
亚门	六足动物亚门
纲	昆虫纲
目	螳螂目
科	(8)
种	(2000)

等待着伏击猎物的螳螂静静地坐着，把大前腿抱在胸前——这种姿势启发人们想起了合掌螳螂的名字。这种猎捕动物的前腿能以光一样的反应速度抓住猎物。大多数螳螂身体中等大小，大约5厘米长，有些热带品种能到25厘米。这些大型的螳螂把小鸟和爬行动物作为它们的基本虫类食物。大多数螳螂生活在热带和亚热带地区，在欧洲南部、北美洲、南非和澳大利亚的温暖地区也生活着一些螳螂。

精确的捕捉　合掌螳螂用面向前方的眼睛提供双目视觉，用长而尖的钩状前肢刺穿经过的黄蜂。螳螂强壮的下颌很快就吞吃了食物。

泡沫　雌螳螂把卵产在较黏的液体里，然后把液体鞭打成泡沫。泡沫变硬后形成一个盒子，或者叫卵囊，可以保护卵。

吃掉对方的交配　在一些螳螂品种中，如果雌性咬掉雄性的头，精子会转移得更快。雄性的牺牲可以提供营养，从而帮助后代活下去。

胸部的第一节像小提琴。

印度玫瑰螳螂
(*Gongylus gongyloides*)

螳螂的复眼提供很好的视力。

合掌螳螂
(*Mantis religiosa*)

坚韧的前翅。

兰花螳螂
(*Hymenopus coronatus*)

像花一样的伪装。

翅膀模仿兰花的花瓣。

兰花螳螂
(*Idolum diabolicum*)

静悄悄的猎捕者

螳螂是躲藏起来不被猎食者和猎物发现的专家。它们是惟一的不移动身体其他部位就能转动头部的昆虫，这使得它们能静悄悄地观察猎物。大多数物种有隐藏色，和周围环境的草地、树叶、树枝或者花朵的颜色相融合。意识到有危险的螳螂会采用一种威胁的姿势，抬高翅膀，发出沙沙的声音，同时暴跳起来，展示鲜艳的警告色。夜间被蝙蝠盯上的螳螂在胸部有一只“耳朵”，可以探测到蝙蝠的超声波信号。

在一些物种中，特别是在封闭的情况下，雌螳螂会在交配的时候吃掉雄螳螂。雌性一生仅仅交配一次，但是仅在这一次中，它们能产生20个卵囊，每一个卵囊包括30枚到300枚卵。幼体从卵囊中孵出时是活动性很强的蛹，看起来像缩小后没有翅膀的成虫，它们准备猎食时甚至互相残杀。幸存者疏散开，经过几次蜕皮，蛹成熟了，长出翅膀和成虫的颜色。

蟑 螂

门	节肢动物门
亚门	六足动物亚门
纲	昆虫纲
目	蜚蠊目
科	(6)
种	(4000)

有些蟑螂是能以几乎所有的动物和植物产品（包括储存的食物、垃圾、纸张和衣服）为食的净化昆虫，它们活跃在人类生活的环境中，却被认为是令人厌恶的害虫。事实上，只有不到百分之一的蟑螂是害虫——其余的在森林中和其他环境中重复利用树叶和动物的粪便，起着重要的生态作用。大多数蟑螂存在于温带和热带地区，大约有25种蟑螂生活在全世界，偶尔还有一些被船带到世界各地。蟑螂是现存昆虫中最原始的，它的解剖结构在3亿多年中几乎没有改变。

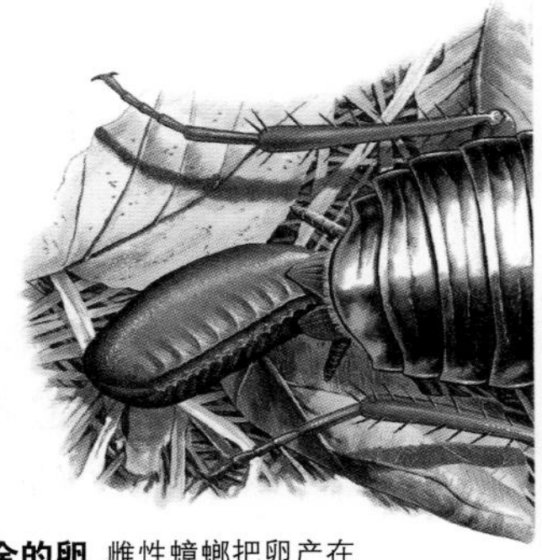

安全的卵 雌性蟑螂把卵产在卵囊中。蛹是白色的，而且很软，但是很快就会变硬，然后变成褐色。它们把卵囊作为第一顿食物。

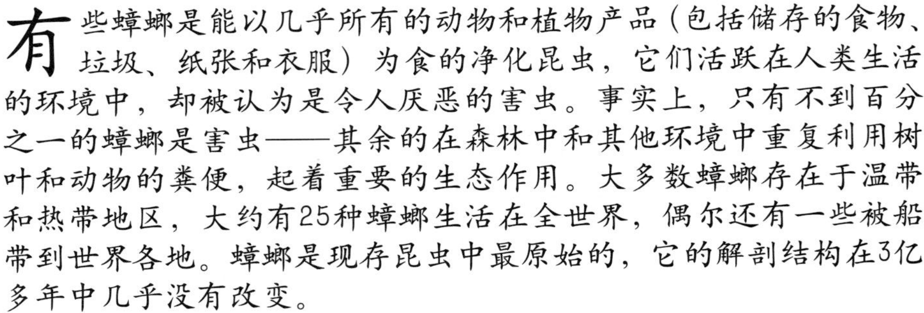

母亲的照顾 重达50克的澳大利亚巨型蟑螂（*Macropanesthia rhinoceros*）是蟑螂中最重的。它们的妈妈一次产下30个幼虫，会在洞中照顾它们9个多月。

感觉敏锐的昆虫

一系列的感觉器官帮助蟑螂探测周围环境的微小变化。它们长长的触角能发现极小量的食物和水分；腿部和腹部的感觉器官能感受到空气中的微小变化，提醒它们在瞬间逃离危险；椭圆形扁平的身体使它们能够逃进小裂缝中。并非所有的蟑螂都有翅膀，那些有翅膀的蟑螂的前翅通常已经硬化，并且是不透明的，后翅则是透明的。

当雌性发出信息素吸引雄性的时候，蟑螂开始进行交配。雌性通常在叫做卵囊的硬盒子里产下14枚—32枚卵，然后或者放到一边让它们独自孵化，或者卵囊被携带在母亲腹部的底端或在母亲的身体里孵化，这样就能产下小蟑螂。蛹在成虫前要蜕13次皮。蟑螂通常活2年—4年。

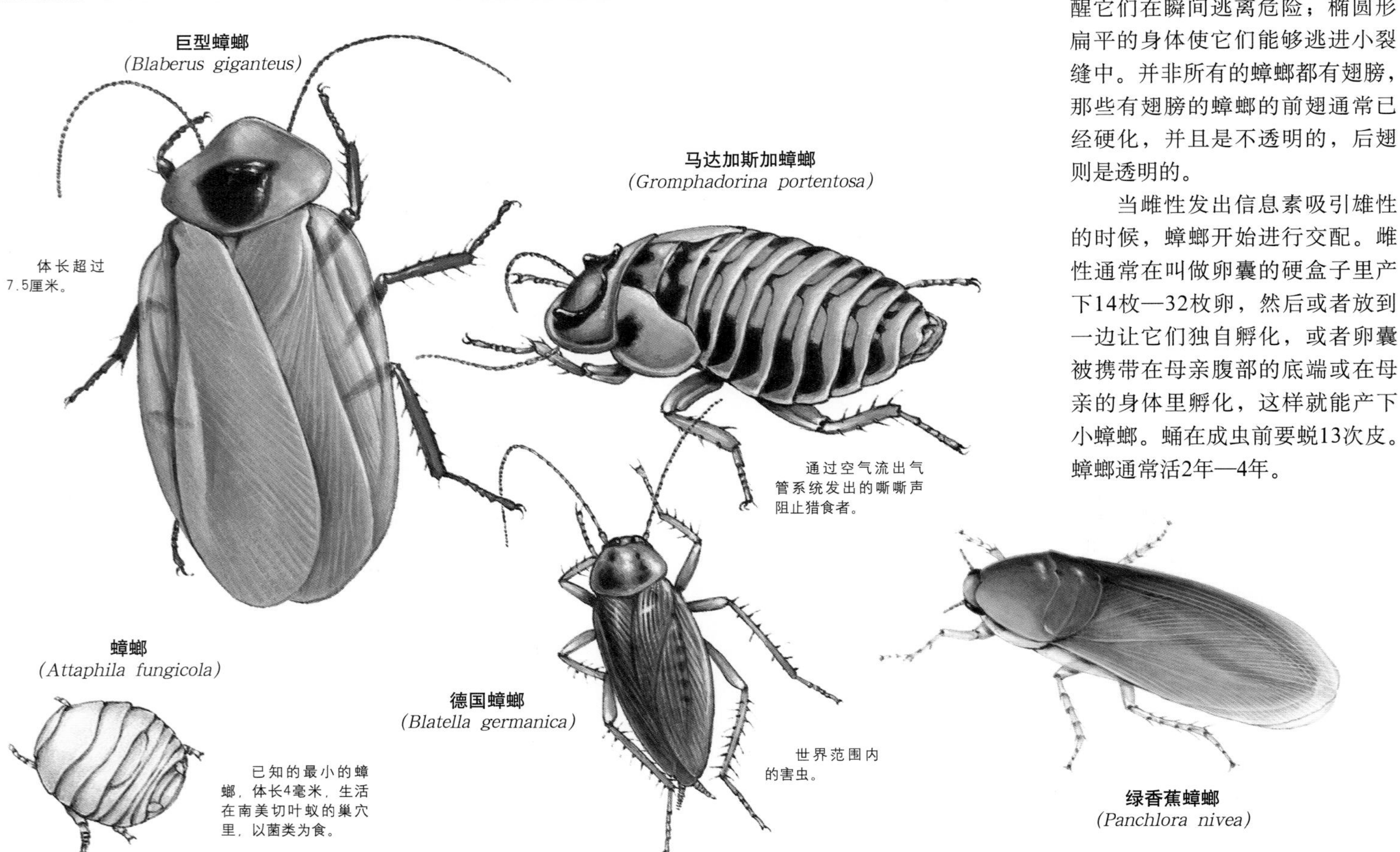

白 蚁

门	节肢动物门
亚门	六足动物亚门
纲	昆虫纲
目	等翅目
科	(7)
种	(2750)

白蚁是单配的动物（一夫一妻的），一生中只有蚁王和蚁后交配，产下成千上万只后代，在一起组成高度组织化的群体。虽然它们的社会系统和身体构造同蚂蚁很相似，但是它们是独自进化的，与蟑螂更接近。白蚁生活在世界很多地方，尤以热带雨林地区最为丰富，那里每平方千米有10,000只白蚁。它们以枯木为食，虽然它们在它们的自然环境中循环利用营养物，但是在城市中会对建筑物造成严重损害。

吃木头的动物 白蚁有锯齿状的颌，能啃咬木头，对建筑物造成惨重的破坏。一些引进的品种会成群出现。

产卵机器 白蚁的蚁后正在被蚁群的其他成员照顾。蚁后能长到11厘米长，庞大的腹部一天就能产下36,000枚卵。

社会性分工

成熟的白蚁群中有三种类型的白蚁：生殖型白蚁、工蚁和兵蚁。主要的生殖型白蚁是蚁王和蚁后，它们产下蚁群的其他成员，能存活25年。蚁王和蚁后死去后，第二代生殖白蚁来代替它们。

工蚁和兵蚁可能是雄性的，也可能是雌性的。它们没有翅膀，通常没有眼睛和成熟的生殖器官，能活5年。白色软软的工蚁给其他成员喂食和维修蚁巢。兵蚁用有力的上颌来保护蚁群。白蚁的蛹根据蚁群的需要能发育成任何一种类型的白蚁。

每年固定的时间，一群长翅膀的雄蚁和雌蚁会从蚁巢里出现，然后四散开来。它们蜕去翅膀，形成一对对新蚁群的蚁王和蚁后。

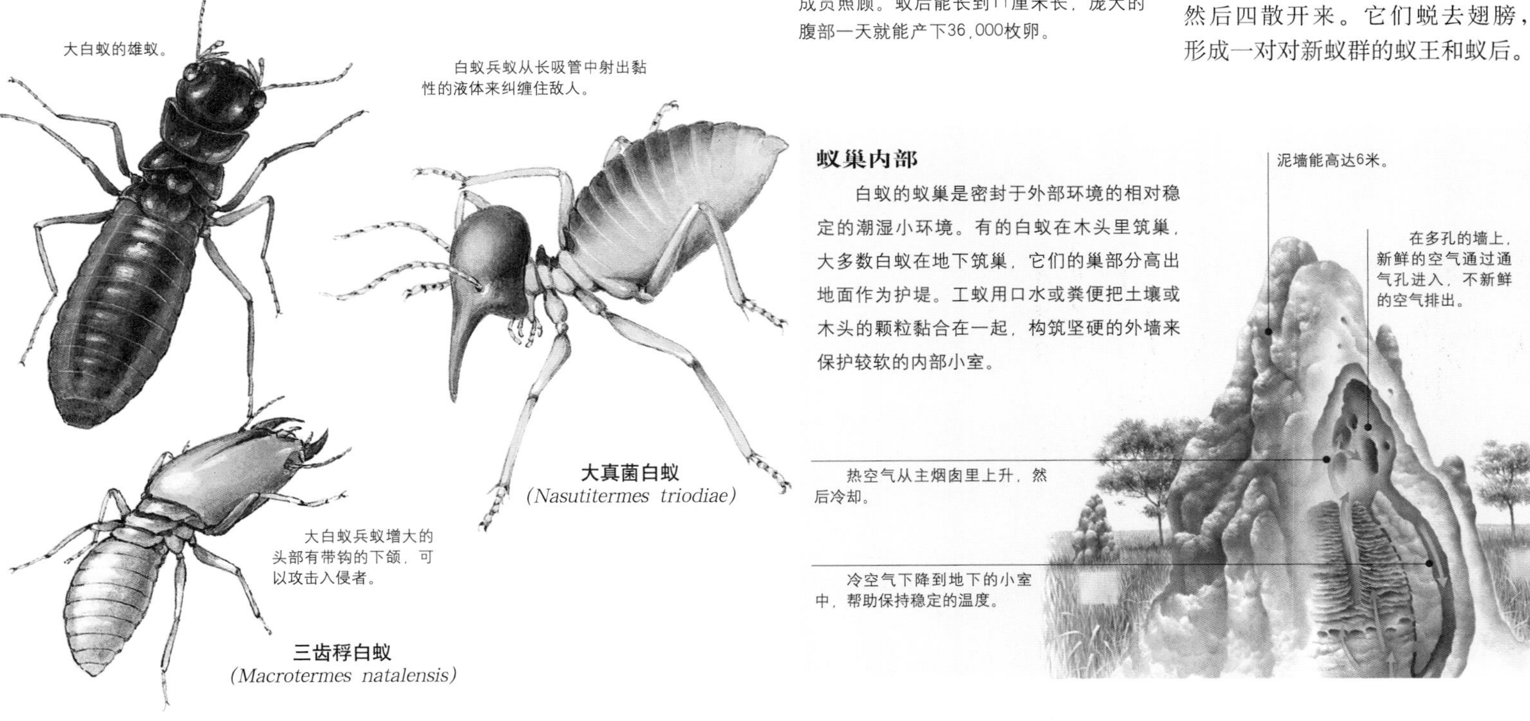

蚁巢内部

白蚁的蚁巢是密封于外部环境的相对稳定的潮湿小环境。有的白蚁在木头里筑巢，大多数白蚁在地下筑巢，它们的巢部分高出地面作为护堤。工蚁用口水或粪便把土壤或木头的颗粒黏合在一起，构筑坚硬的外墙来保护较软的内部小室。

蟋蟀和蝗虫

门	节肢动物门
亚门	六足动物亚门
纲	昆虫纲
目	直翅目
科	(28)
种	(>20,000)

以歌声和跳跃能力出名的直翅目昆虫包括蝗虫、蚱蜢、蟋蟀、树螽（纺织娘）和它们的近亲。它们的特点是有能使它们跳跃的细长的后腿。大部分物种是有翅膀的，微薄坚韧的前翅保护着膜状的扇形后翅。大多数直翅目昆虫是陆栖的，生活在草地和森林中，也有树栖的，还有穴栖或者半水栖的，它们生活在沙漠、洞穴、沼泽、湿地和海岸。蝗虫、陆地蝗虫和一些树螽是草食动物，大多数直翅目动物是杂食动物。

威胁姿势 头部长而尖的树螽（*Copiphora* sp.）的颜色与亚马孙雨林地区的植被相融合，身上被锋利的刺覆盖着，随时准备跳起来做出威胁的姿势吓退捕食者。

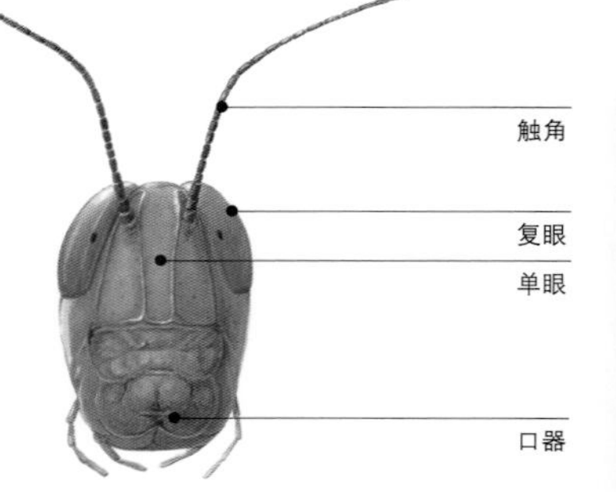

信息收集者 直翅目的头部有两个敏感的细触角、两只大复眼和用于咀嚼植物的口器。

警告色 很多蟋蟀和蝗虫都有隐藏色，可以帮助它们与背景相融和。像这种雨林蝗虫的颜色很鲜艳，是警告要攻击它们的动物它们是不好吃的。

会鸣叫的昆虫

大多数雄性直翅目昆虫通过摩擦身体的两部分发出声音，这是一种叫做摩擦发音的技术。蟋蟀和长角蝗虫用一只前翅上的刮刀摩擦另一只前翅上的一排齿状物，而短角蝗虫则用后腿上的刺状表面摩擦前翅，声音可以被腿部或腹部的鼓室器官听到。

昆虫的鸣叫有三种类型：鸣唱吸引远处的雌性；求偶唱诱惑附近的雌性交配；作战鸣叫吓退竞争的雄性。这些鸣叫有的声调很高，人的耳朵听不到，每个物种的鸣叫声都是不同的。蟋蟀的鸣叫往往随着天气变化，随着温度的升高，鸣叫的频率会加快。

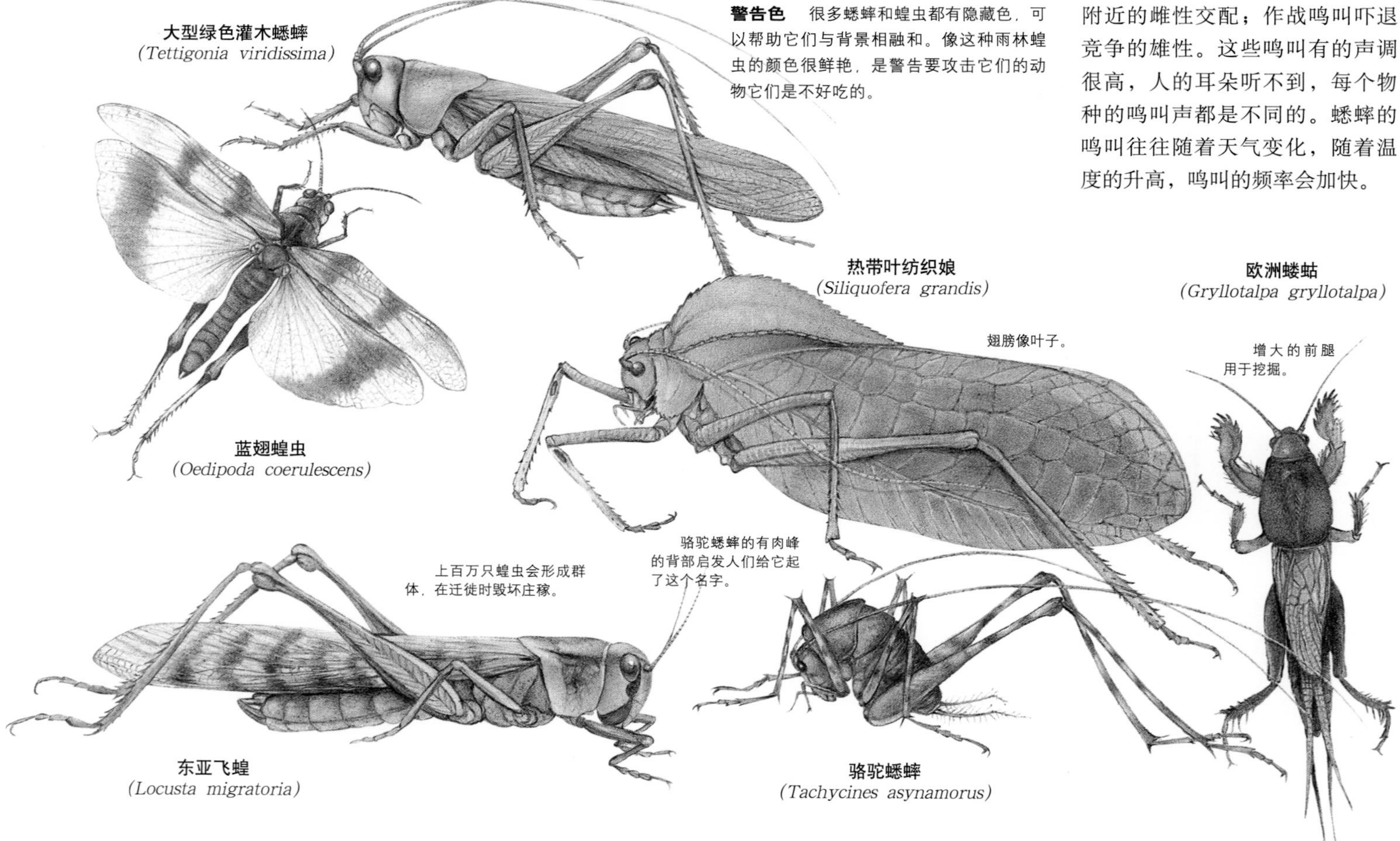

半翅目昆虫

门 节肢动物门
亚门 六足动物亚门
纲 昆虫纲
目 半翅目
科 (134)
种 (>80,000)

从微小的没有翅膀的蚜虫，到巨大的捉青蛙的水蝽，半翅目昆虫的成员是相当多的。半翅目的意思是“半个翅膀”，这是指很多半翅目昆虫有底部坚韧、顶部成膜状的前翅，当然，并非全部半翅目昆虫都是这样的。半翅目昆虫的共同特征是它们都有刺穿和吸吮用的口器。有了这些口器，它们就可以刺穿动物和植物的表面，然后注入唾液来消化它们吸到嘴里的食物。大多数半翅目昆虫以植物的汁液为食，有些是危害严重的农业害虫，还有的吸食脊椎动物的血液，或者捕食其他昆虫。

拟态 角蝉胸部的第一块盾形物形成刺状突出物。这会在它吸食汁液的时候伪装成昆虫，即使被敌人发现了，刺也会阻止对方进攻。

臭气防卫 很多盾虫有鲜艳的体色，可以警告猎食者，它们受到打搅的时候会发出有害的气味。盾虫通常是吸食汁液的，有少数是肉食的。

肉食昆虫 很多半翅目昆虫用它们的口器来吸吮植物液体，还有一些用它们的口器来诱捕活的猎物。这只刺蝽趴在那儿等待着，准备伏击未察觉的昆虫。

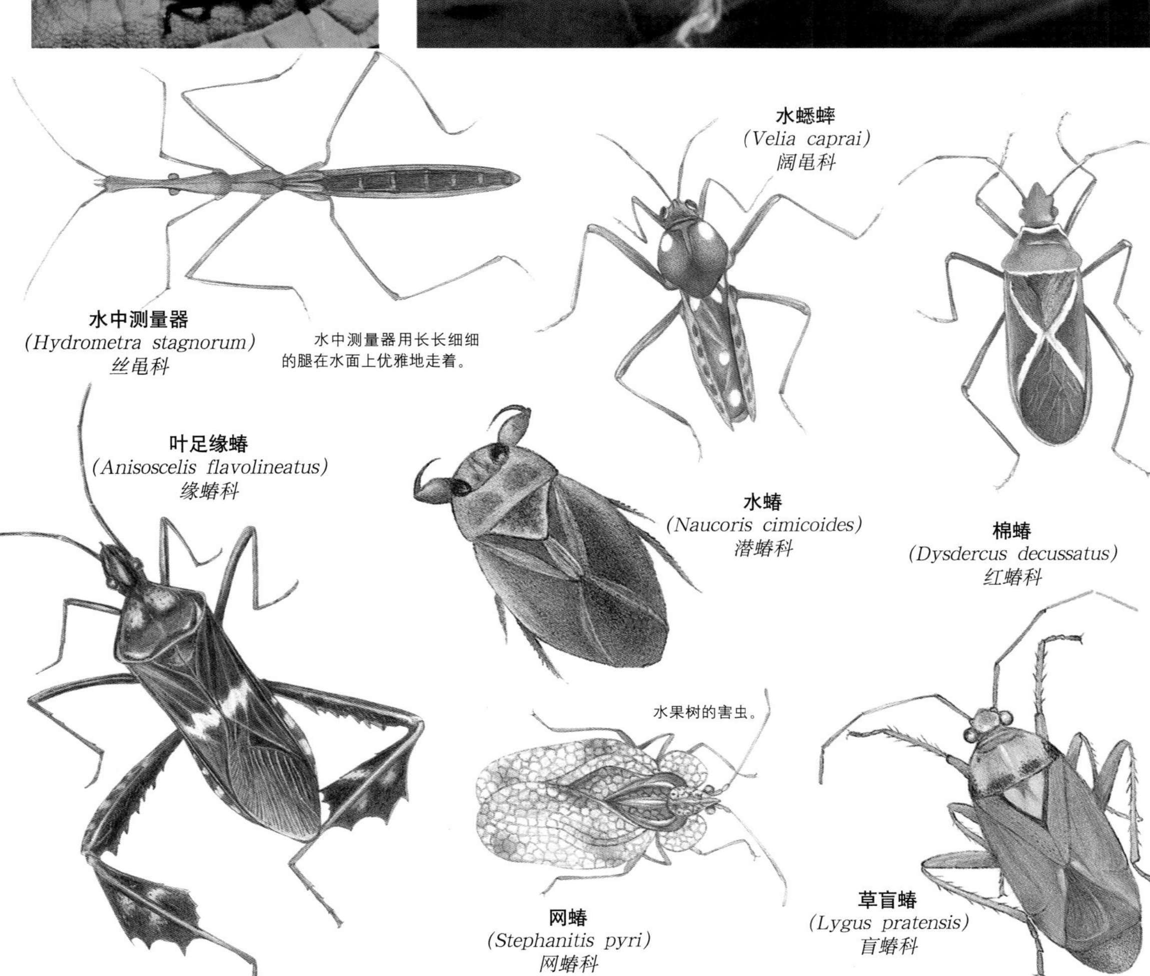

不同的半翅目昆虫

几乎能在所有的陆地环境中发现半翅目昆虫。有些物种已经适应了水中的生活——包括海水黾(*Halobates sp.*)——公海上惟一的昆虫。半翅目昆虫身长从1毫米到11厘米不等。它们经过不完全变态，蛹通常很像没有翅膀的小成虫。但蝉等一些物种的挖洞的蛹和成虫看起来很不相同。

半翅目分三个亚目。在异翅亚目昆虫中，前翅在底部变得坚韧，呈扁平状，遮挡住膜状的后翅。异翅亚目昆虫能向前弯曲它们的头部和口器，很多有臭腺。蝉和跳蚤属于颈喙亚目，它们把相同的前翅覆盖在腹部像一个帐篷，头部和口器指向下面和后面。蚜虫、介壳虫、粉介壳虫、粉虱和它们的亲属都属于胸喙亚目。它们大多有柔软的身体，外面有蜡状物或泡沫覆盖着保持湿润。成虫的翅膀通常没有或变小。

小档案

蝽科 因为盾形身体而被称为盾虫和由于胸部腺体发出的刺激性气味而被称为椿象的蝽科昆虫在背部有与众不同的一块大的三角形的盾。

它们大多数是吸食植物者，很多是危害严重的农业害虫。

种（5500）

世界范围（植物上）

与周围融合 *像很多椿象一样，带刺的椿象(Picromerus bidens)是褐色的，与周围的环境相融合，但是，一些物种有鲜艳的体色作为警告色。*

猎蝽科 猎蝽科包括刺蝽。刺蝽通常是以其他昆虫为猎捕目标的猎食者，有时也喝脊椎动物的血。这种半翅目昆虫向前方摆动它们弯曲的吸管刺穿猎物，注入口水，使其麻醉，然后吸食身体里的汁液。

种（6000）

世界范围（地上或者植物上）

锥鼻虫 *锥鼻虫(Triatroma sanguisuga)是吸血昆虫。它们之所以被称为锥鼻虫，这是因为有时它们会咬睡着的人的嘴。*

周期蝉

这是世界上最吵闹的昆虫，雄性蝉（蝉科）用腹部的鼓室发出声音。很多蝉能活8年，它们的一生大部分时间是蛹，是在地下度过的。蝉类的周期蝉以它们的同步发展为特征。在地下呆了18年以后，一个地区的所有的蝉就会同时成熟，然后同时出现。

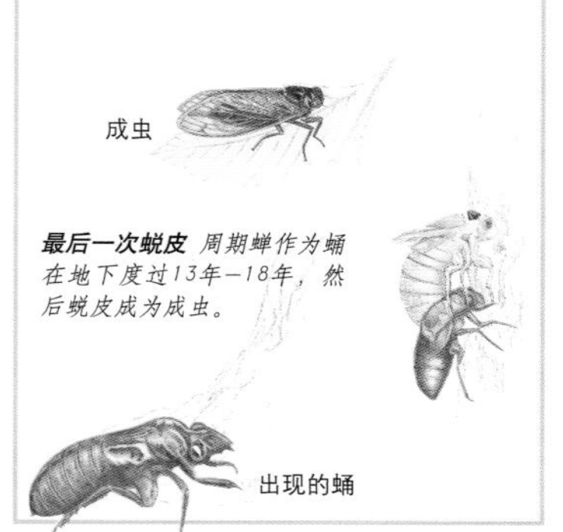

最后一次蜕皮 *周期蝉作为蛹在地下度过13年—18年，然后蜕皮成为成虫。*

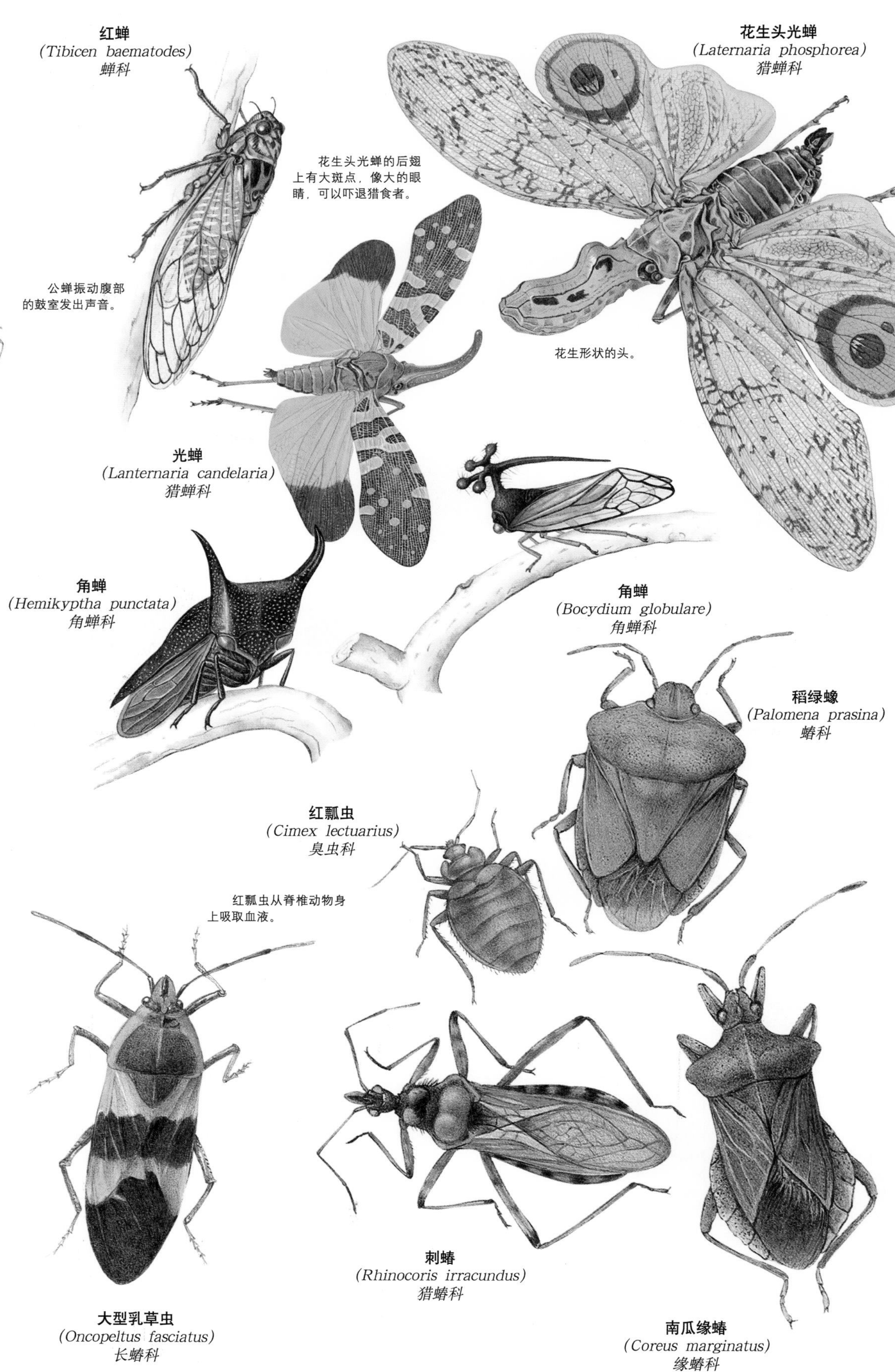

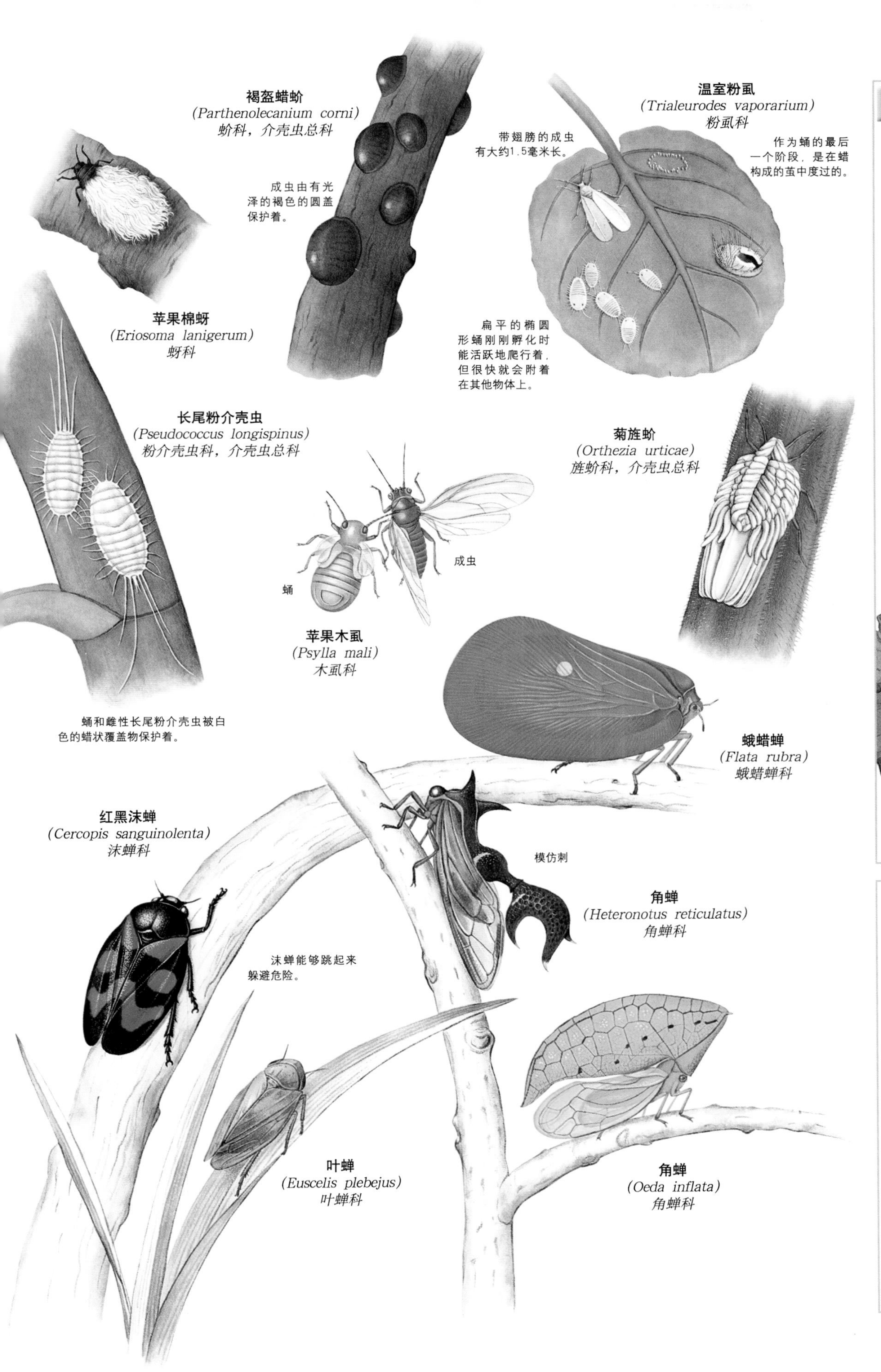

小档案

蚜科 该科的蚜虫是微小的软体吸食植物者，会对庄稼造成巨大的伤害。它们能够从未受精的卵中孵化出不带翅膀或者带翅膀的雌性昆虫，迅速增加它们的数量。秋季，带翅膀的雌性蚜虫产下雄性和雌性蚜虫，然后它们交配，受精卵在冬季冬眠，春季孵化成雌性蚜虫，重新开始这个循环。

种（2250）

世界范围（在植物上）

甘蓝蚜
产于欧洲的甘蓝蚜(Bravicoryne brassicae)已经分布到世界各地了。它们既以野生的植物，也以栽培的植物为食，尤其会对甘蓝造成伤害。

介壳虫总科 这一总科的介壳虫一生大部分时间都被涂有蜡的分泌物保护着，几乎不像昆虫。雌性成虫长有袋状的没有翅膀的身体，通常也没有腿和眼睛。雄性成虫通常有翅膀，有明显的头部、胸部和腹部，但是没有口器。它们不能进食，很快就会死去。

种（7300）

世界范围（在植物上）

保护良好 *榆蛎蚧(Lepidosaphes ulmi)通常以卵的形式过冬。*

作为食物的蚜虫

蚜虫经常成为其他昆虫的食物。它们是瓢虫（瓢虫科）、食蚜蝇（食蚜蝇科）和草蜻蛉（脉翅目）的猎物。它们同一些蚂蚁建立了良好的关系，蚂蚁会保护它们不受猎食者的袭击。作为回报，蚂蚁敲打蚜虫，或者说是从蚜虫身上"挤奶"，食用它们的蜜汁。蜜汁是蚜虫吸食植物汁液产生的甜蜜排泄物。

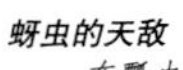

蚜虫的天敌
在瓢虫一生中的1个到2个月之间，它能吃掉2000多只蚜虫。

水生昆虫

仅仅有百分之三的昆虫，或者说是30,000种昆虫至少在一生中的部分时期是呆在水里的。水生昆虫不得不适应水中的低氧环境，以及在静止的水中移动和在流动的水中固定不动的困难。一些昆虫，例如水生蜘蛛生活在水的表面，还有一些昆虫，例如仰泳蝽在水面呼吸空气，在水下游动的时候则携带空气，其他的昆虫，例如蜻蜓的蛹所有的时间都呆在水下潜水，用鳃从水中吸收氧气。大量的水生昆虫生活在淡水中，仅仅有300种左右生活在盐水环境中，可能因为甲壳类动物首先在海中进化，产生了很大的竞争。

旋转游泳者 豉甲（豉翅蝇科）用它们扁平的后腿像桨一样在水面沿圆形游泳。它们潜水的时候带着很多水泡。它们的眼睛分成两部分，这样既可以看见水下，又可以看见水上。

气泡呼吸者 龙虱（龙虱科）一生都呆在水中。成虫到水面收集空气，然后储存在它们的翅鞘（前翅）下面的气泡里。它们用边上长满粗毛的后腿游泳。

水中运动 水生的昆虫已经进化形成了能四处游动的各种方法。蝎蝽（蝎蝽科）能游泳，但是经常在池塘底部爬行，很多时候是悬挂在池塘水草上，等待着伏击猎物。它们通过伸出水面的管子呼吸。划蝽（划蝽科）有长长的长毛的后腿，可以在水中有力地划动。水生蜘蛛（水黾科）的脚上有细细的毛发，使它们能够沿着水面进行跳跃。

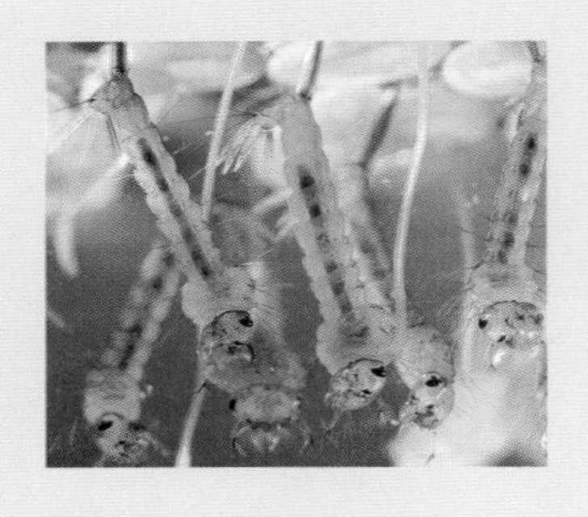

通过管子呼吸者 蚊子幼虫悬挂在水的表面，从水中过滤食物。虽然很多水生幼虫都是通过鳃呼吸，但蚊子幼虫却通过像通气管似的管子呼吸。这使得它们可以在停滞缺氧的水池中活下来。

水生肉食动物 虽然很多水生昆虫是杂食动物或草食动物，但是有一些昆虫，例如龙虱是肉食动物。即使龙虱幼虫也会攻击蝌蚪、小鱼和其他比它们大的猎物。成虫能用它们有力的上颌咬住结实的猎物，例如鲵。

蝎蝽攻击蝌蚪的时候从池塘的水草上悬挂下来。

水生蜘蛛利用表面张力在水面上行走。

划蝽用腿作为桨在水中游动。

甲 虫

门	节肢动物门
亚门	六足动物亚门
纲	昆虫纲
目	鞘翅目
科	(166)
种	(>370,000)

当被问及对自然界的研究最大的收获是什么的时候，科学家约翰·波顿·桑德森·霍尔丹说：“对甲虫的狂热。”在所有的已知动物物种中，大约有四分之一是甲虫。鞘翅目的成员几乎占据了地球的每一个角落，从北极冻原和暴露的山顶到沙漠、草原、森林和湖泊，在茂盛的热带雨林地区，它们的多样性达到了极限。大多数甲虫有着坚韧的前翅——翅鞘，保护膜状用于飞翔的后翅，使它们能够生活在紧凑的空间里，例如树皮下或者树叶里。

授粉的甲虫 被很多园丁认为是害虫的黄瓜十二点叶甲(*Diabrotica undecimpunctata*)与很多其他食用花粉和树叶的甲虫在帮助它们食用的植物授粉方面起着很重要的作用。

竞争的雄性甲虫 雄性鹿角锹甲巨大的有分叉的下颌像雄鹿的角，起着同样的作用，用于雄性竞争同雌性交配的权利。在一些物种中，它们的下颌同身体一样长。

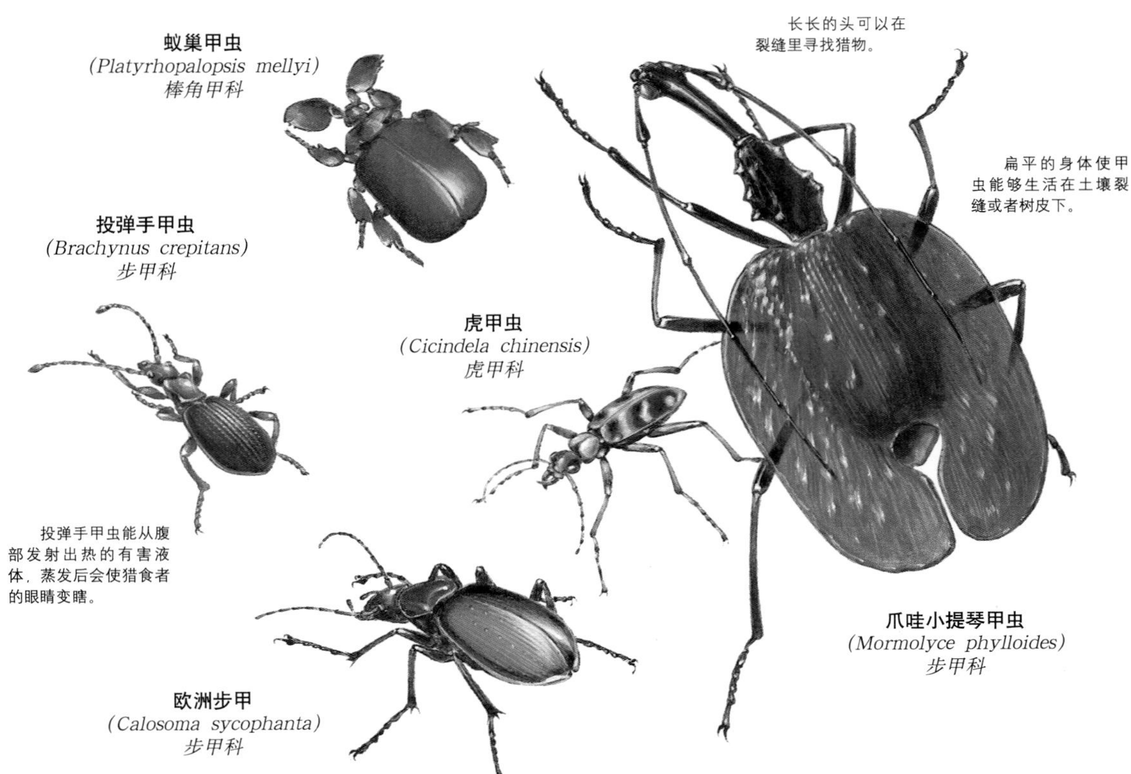

形态各异

从瓢虫到龙虱、圣甲虫到萤火虫，鞘翅目昆虫是多种多样的。羽翅甲虫(*Nanosella fungi*)仅有0.25毫米长，而南美长角天牛(*Titanus giganteus*)的长度超过了16厘米。甲虫成虫可能是椭圆的、扁平的、长而细的或半球形的。有些甲虫是强壮的飞行者，大多数不善长飞行，有一些没有翅膀，根本不能飞行。

甲虫的口器适合于啃咬东西，但是它们还有很多功能。食草甲虫可以吃根、茎、叶、花、果实、种子或木头。食肉甲虫通常攻击无脊椎动物猎物。食腐甲虫起着关键的生态作用，它们以死去的动物和植物、排泄物及其他废物为食。

大多数甲虫生活在地上，有一些已经进化得可以生活在树上、水中或地下，还有一些甚至能生活在蚂蚁和白蚁的巢穴里。

甲虫通过完全变态生长发育。幼虫看上去同成虫明显不同，在变成成虫前要经过不进食的化蛹阶段。

小档案

吉丁虫科 这一科有着引人注目的颜色和金属光泽，它们是最吸引人的昆虫。它们有长长的椭圆形的身体，是熟练的飞行者。很多成虫以花蜜为食，幼虫是树木的钻孔者。

种（15,000）

世界范围（植物上）

装饰性的翅膀 *南美玉甲(Euchroma gigantea)彩虹般的翅膀被当地人用在珠宝上。*

瓢虫科 这一科的瓢虫是最有名的昆虫之一。它们通常颜色鲜艳，身上有点，身体紧凑，呈圆形，带有短小的棒状触角。瓢虫经常出现在花园和田地里。少数物种以植物为食，大多数以蚜虫和其他害虫为食。幼虫一天能吃掉25只蚜虫，而成虫一天能吃掉50只蚜虫。

种（5200）

世界范围（在植物上）

线和点 *会聚长足瓢虫(Hippodamia convergens)是以在胸部第一节上会聚的白线命名的。它通常有13个点。*

萤科 这一科是由萤火虫组成的。萤火虫幼虫通过化学反应发光，但热量很少。它们发光可能是警告猎食者它们的味道是不好的。幼虫是肉食性的，跟随着踪迹捕食鼻涕虫和蜗牛。大多数萤火虫成虫用腹部的器官发光，以特定的方式闪烁，吸引异性来交配。

种（2000）

世界范围（植物上、土壤里、岩石下）

侵略性的模仿 *一些雌萤火虫模仿其他物种的闪光方式引诱雄性作为猎物。*

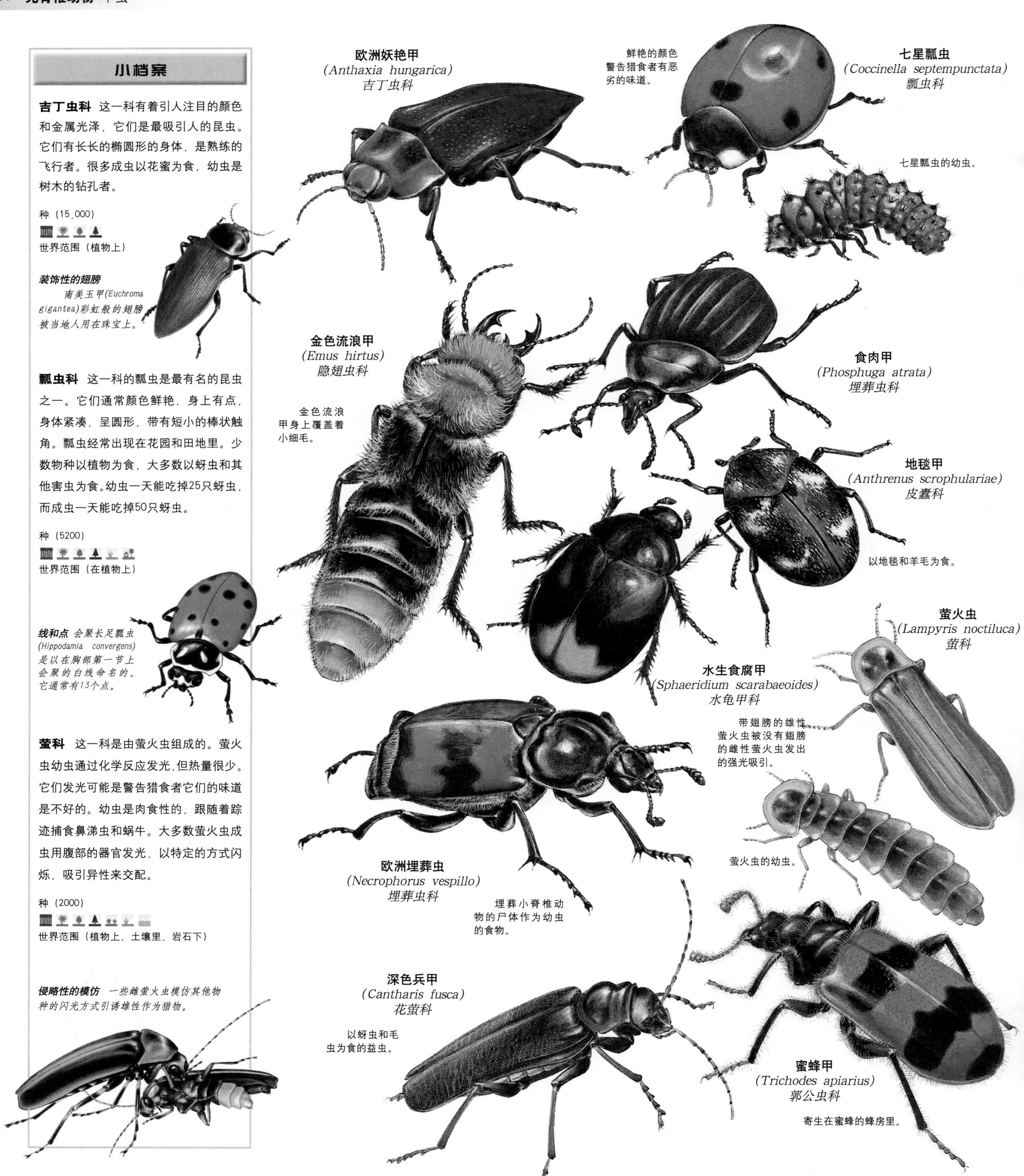

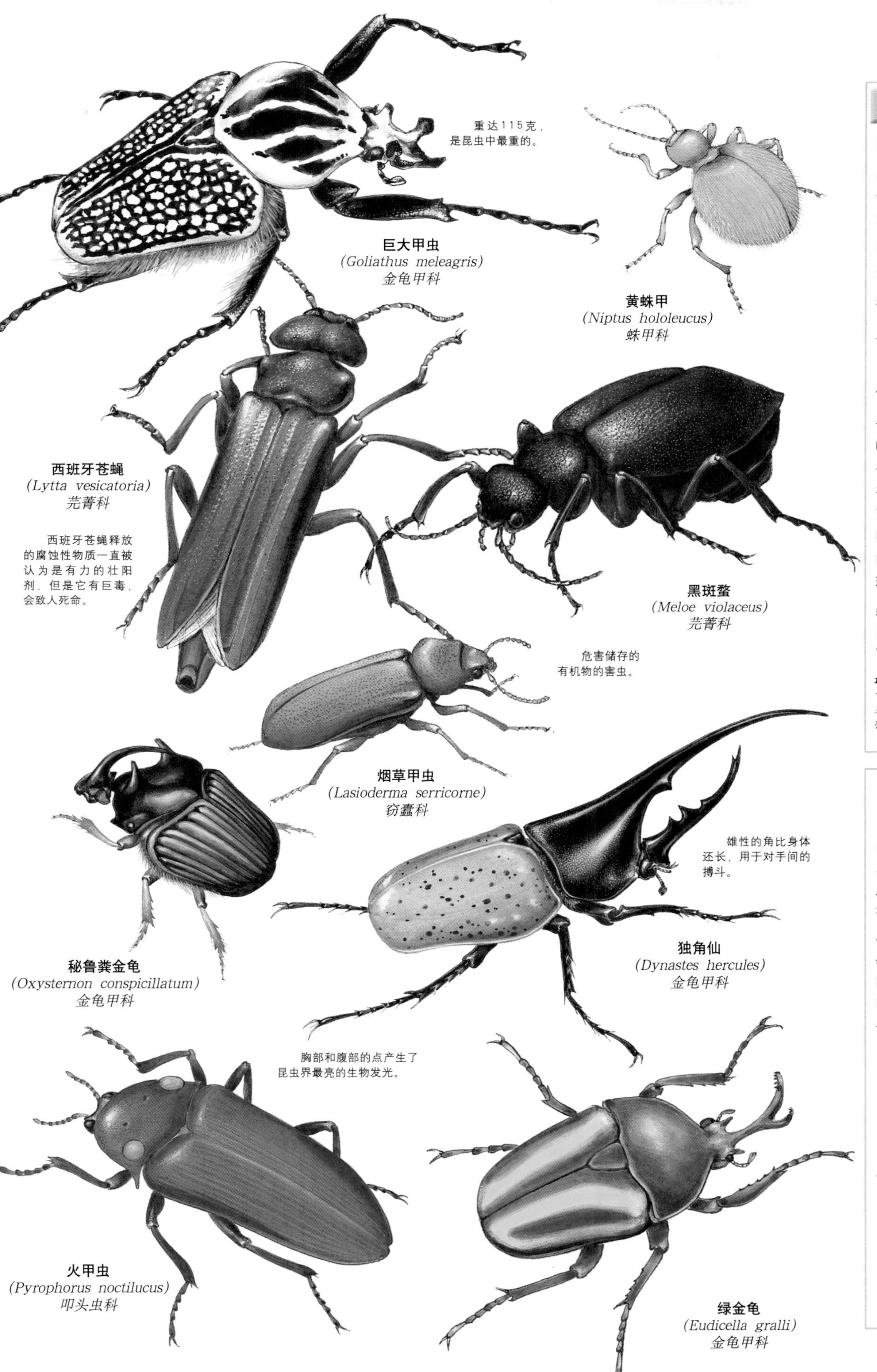

小档案

芫菁科 受到打搅时，这一科的斑蝥能从它们的关节处释放出有毒的腐蚀性液体，使人的皮肤起水泡。大多数成虫以花和树叶为食，幼虫是肉食动物，有的生活在蜂巢里，以蜜蜂的卵、幼虫和储存的食物为食。

种（2500）

世界范围（植物上）

与众不同的外形 *一种斑蝥有柔软纤细的身体和长长的腿。*

叩头虫科 这一科由叩头虫组成。如果一只叩头虫头朝下，它会伸直背部竖立在空中。当它这样做的时候，翅基上合页状的结构能发出很大的咔嗒声，就像叩头的声音。成虫以树叶为食，黄褐色的幼虫生活在土壤中，以树根和植物的球茎为食。

种（9000）

世界范围（在植物附近和土壤中）

最好的翅膀 *像其他叩头虫一样，右图的叩头虫有柔软纤细的身体和最棒的翅基。*

甲虫的生命周期

甲虫的发育要经过完全变态。在大多数物种中，卵是受精的，虽然少数甲虫可以不交配产下未受精的卵。卵孵化成幼虫，除了有咀嚼口器以外，几乎没有与成虫的相似之处。幼虫经过几次蜕皮长大，准备化蛹。茧中的幼虫转变成具有成虫特征的蛹。刚出来的时候，它的身体很软，而且发白，但是很快就会变硬，而且有了颜色。现在，成虫又准备繁殖了。

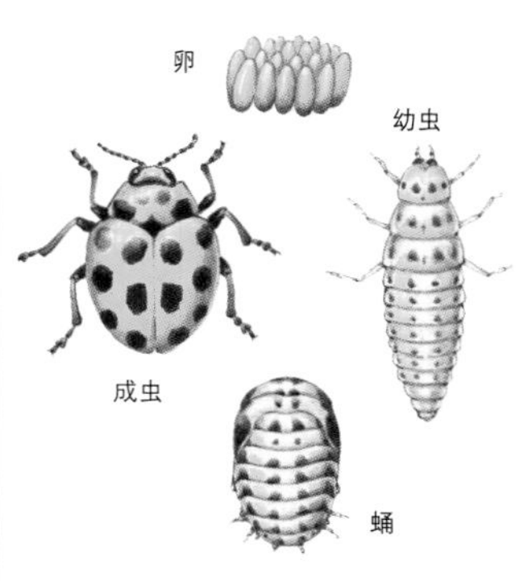

小档案

锹甲科 这一科包括鹿角甲虫。比雌性大很多的雄性鹿角甲虫有极大的上颌。雄性对手在交配竞争中使用它们的上颌。幼虫以死尸和腐烂的树木为食，要好几年才能成熟。有些成虫吃树叶，大多数以花蜜为食。

种（1300）

世界范围（在树上）

南美洲的鹿角甲虫 *在智利和阿根廷常见的智利长牙锹形虫(Chiasognathus grantii)长达9厘米。*

象甲科 象鼻虫组成象甲科，是动物界最大的科。象鼻虫有尖锐的口器，用于进食软的植物，或者在植物、种子、水果和土壤中为它们的卵钻孔。一些物种的喙比身体长很多，通常雌性更长。有些象鼻虫是危害严重的农业害虫。

种（50,000）

世界范围（在植物附近）

发光的象鼻虫 *新热带区的象鼻虫长有发光的鳞片，喙比其他的象鼻虫更加不明显。*

天牛科 这一科的成员长角牛甲虫有长长窄小的身体它们的触角是身体的几倍长。触角用于寻找食物，例如花粉、花蜜、树液或者树叶。幼虫以活的或死去的树木为食。

种（30,000）

世界范围（在花和树液附近）

处于危险中的长角牛甲虫 *由于热带森林栖息地的丢失，南美洲的长角牛甲虫的生存受到威胁。*

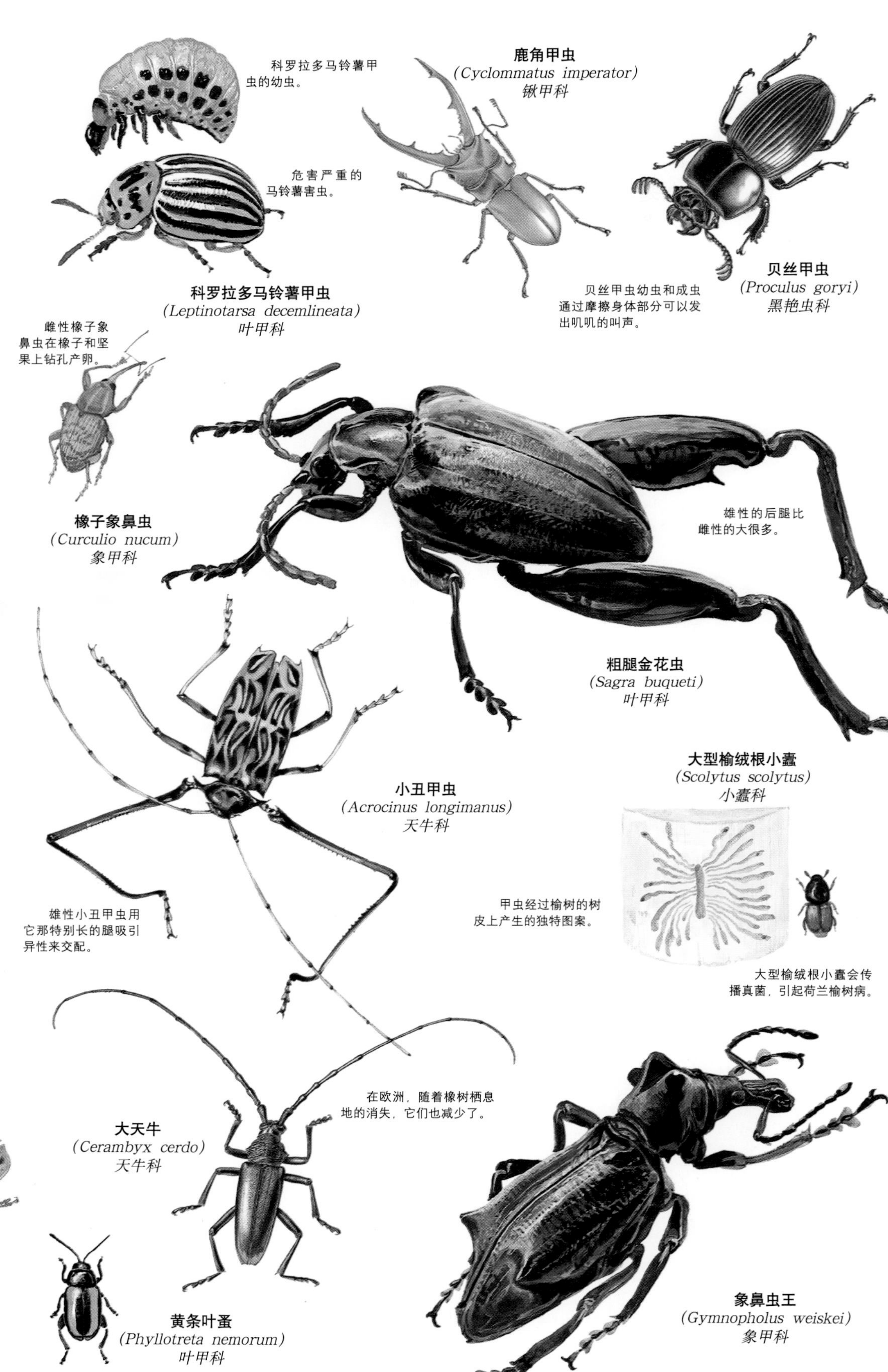

苍　蝇

门	节肢动物门
亚门	六足动物亚门
纲	昆虫纲
目	双翅目
科	(130)
种	(120,000)

家蝇和蚊子是双翅目最常见的成员，双翅目还包括蚋、蠓、丽蝇、果蝇、大蚊、马蝇、盘旋蝇和其他飞虫。大多数昆虫用四个翅膀飞行，双翅目昆虫的显著特点是有一对功能翅膀，后翅退化成平衡棒，同前翅一起上下振动，帮助飞虫在飞行中保持平衡。一些物种的翅膀完全消失，不能飞行了。苍蝇经常同潮湿的环境和腐烂的东西打交道，它们生活在世界上除南极洲以外的任何地方。

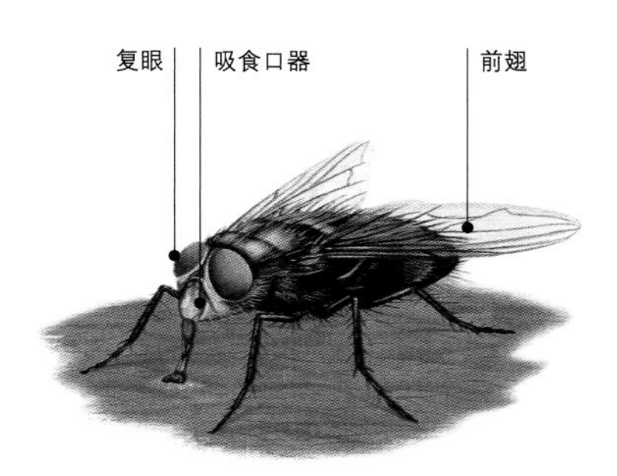

眼睛和翅膀　大部分白天活跃的苍蝇依靠它们的大复眼，每一只复眼有4000个晶状体。胸部的第一节变大，容纳推动前翅的大肌肉。

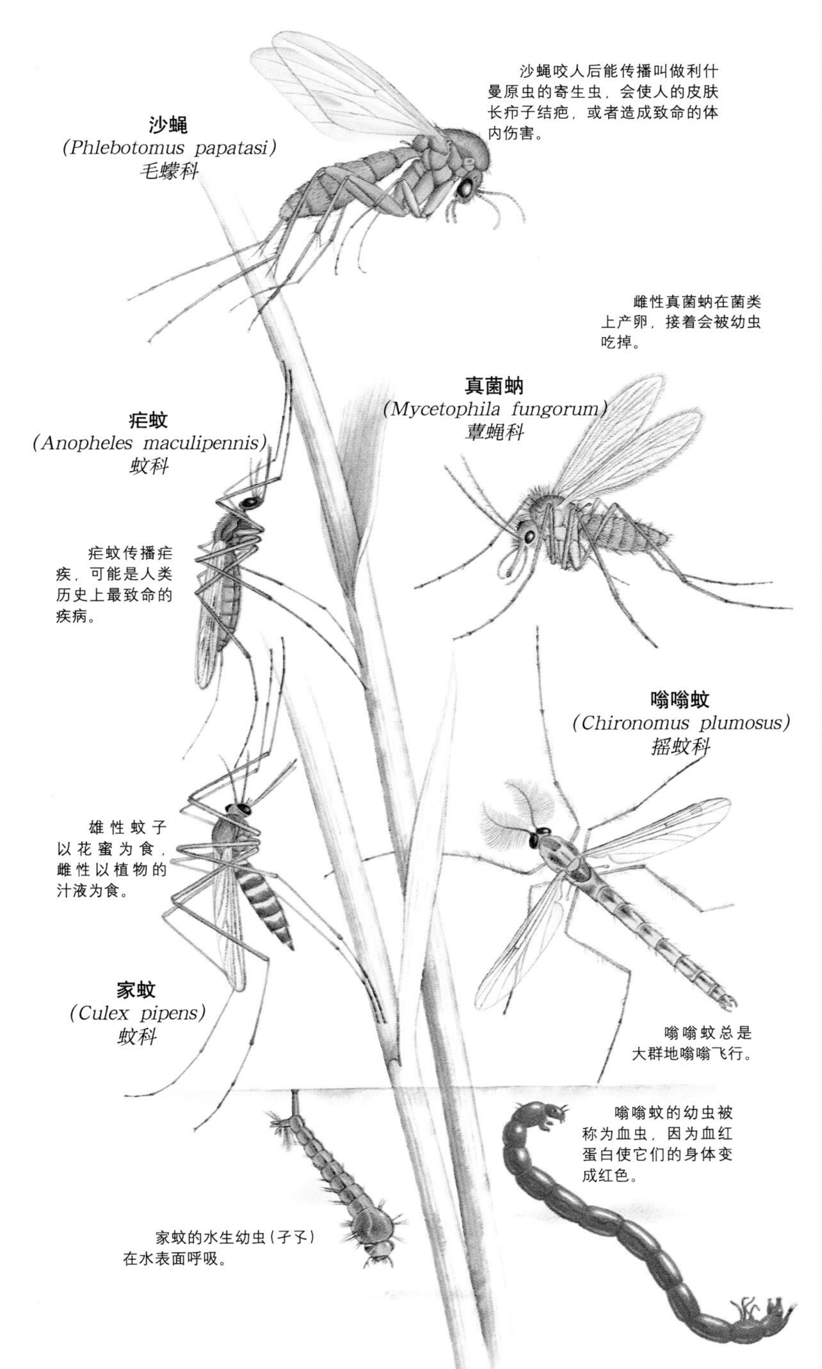

大蚊　大蚊组成大蚊科，是苍蝇里最大的科。成虫有蚊子一样的身体和长长的腿。它们经常以潮湿森林中的花蜜为食。幼虫生活在潮湿的土壤或水中。

黏性的吸食者

苍蝇是小昆虫，包括从1厘米的蠓到大约7厘米的强盗蝇。它们的脚上有黏性的垫子，上面有小爪子，使得它们能够在光滑的表面走动，甚至从天花板上倒挂下来。

苍蝇有口器用于吸食食物，仅仅能够进食液体食物。家蝇的嘴上有肉垫，可以像海绵一样吸食食物。蚊子有能刺穿的口器，可以进食花蜜和血液。强盗蝇用它们的口器刺伤昆虫猎物。

苍蝇的生命从卵开始，卵孵化出幼虫。被称为蛆的幼虫通常有白色柔软的身体，没有真正的腿。经过几次蜕皮后，它们成为成虫的样子。

由于进食方式、数量巨大和分布广泛，它们成为许多致命疾病（例如疟疾和昏睡病）的元凶。它们也扮演着重要的生态功能——授粉者、有机物的分解者和食物链的链。

小档案

食蚜蝇科 这一科的盘旋蝇在一个地点盘旋，然后向前或者向一边飞奔过去，一会儿会再次盘旋。它们有着黑黄相间的腹部和以花蜜为食的习惯，像蜜蜂和黄蜂，但是并不叮咬人。人们欢迎盘旋蝇来到花园里，因为它们吃蚜虫。

种（6000）

世界范围（花朵上）

授粉的害虫 *水仙蝇(Merodon equestris)被认为是害虫，因为它的幼虫以植物的块茎为食，像其他盘旋蝇一样，成虫也是重要的授粉者。*

虻科 这一科的胖蝇被称为马蝇或者鹿虻。雄性以花蜜、树液为食，雌性是吸血者，因为它们需要蛋白质来孵卵。

种（4000）

世界范围（哺乳动物附近）

俗名 *像同一类的其他物种，草蛉虻通常叫做鹿虻。虻属的物种通常叫做马蝇。*

不会飞的苍蝇

在苍蝇的几个科中，一些物种已经没有翅膀，不能飞行了。虻科中不会飞的雪虻（*Chionea sp.*）整个冬天在大雪覆盖的地方仍然非常活跃。它们能够忍受－6℃的温度，可以避开很多在更暖和的季节出现的猎食者。因为飞行需要温度更高的肌肉，在这一季节是不可能的，因此雪虻丢弃了翅膀，但平衡棒保存了下来。

没有翅膀的寄生虫 *斑腹蝇科的蜂虱(Braula caeca)是没有翅膀的苍蝇，它们把卵产在蜂窝里，这样幼虫就可以以蜂蜜为食了。*

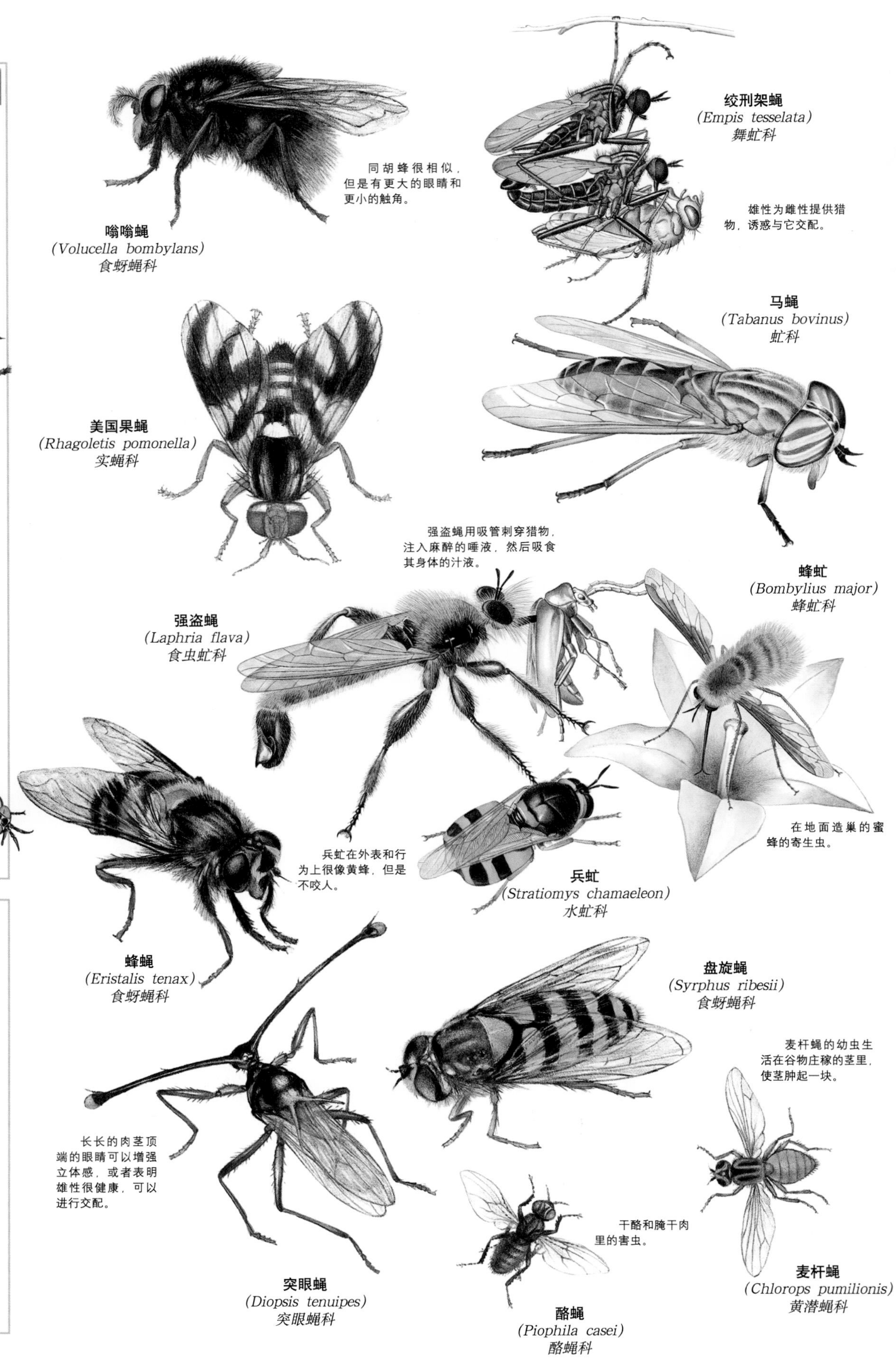

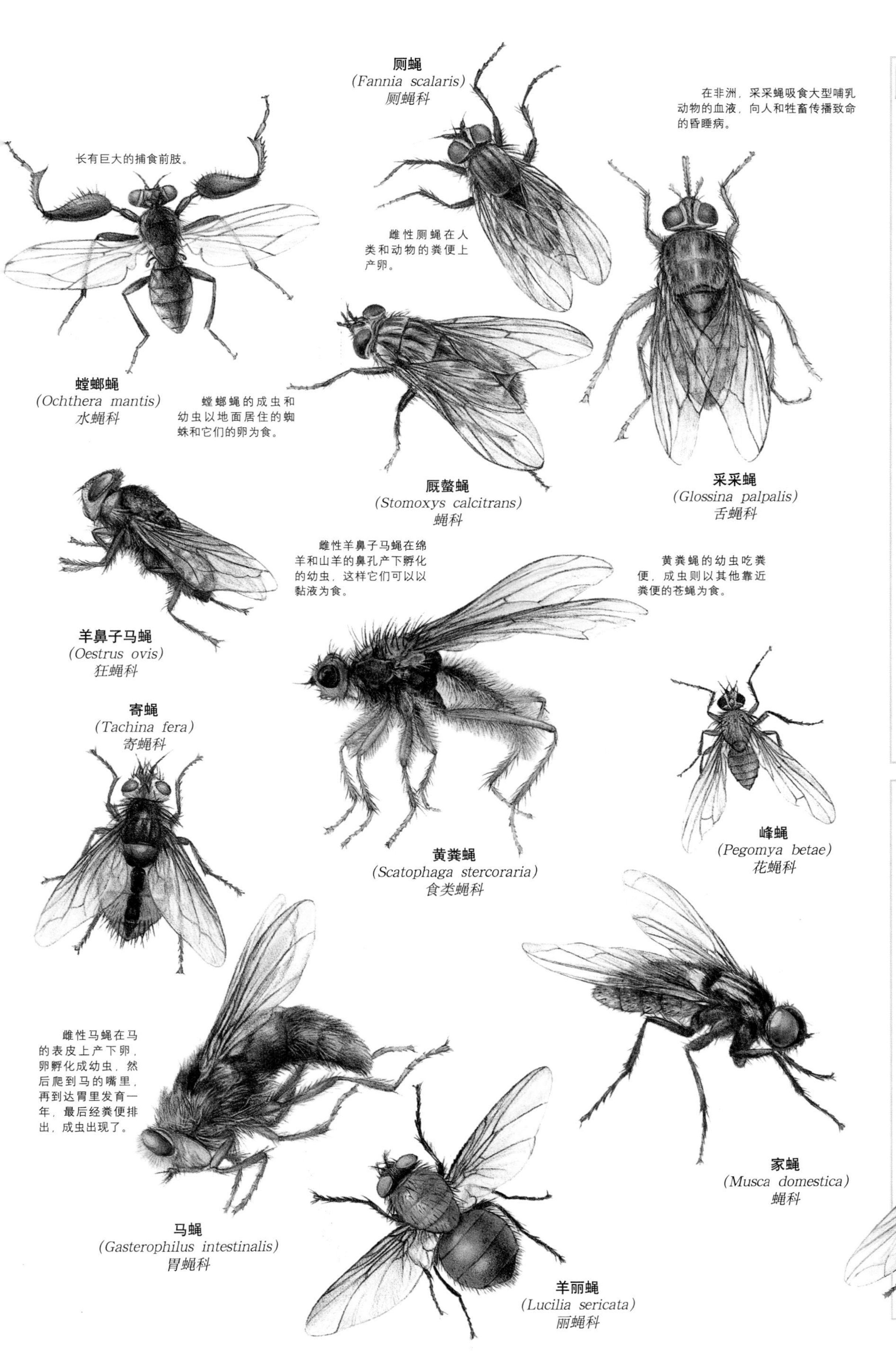

小档案

狂蝇科 这一科的羊鼻子马蝇没有功能性口器，也不进食，它们短暂的一生只是为了繁殖。它们在活的哺乳动物（例如羊和鹿）身上产卵。幼虫可以生活在宿主的鼻孔里，以黏液为食，或者钻到肉里。

种（70）

世界范围（靠近绵羊、山羊和鹿）

高速飞行者 *狂蝇属的羊鼻子马蝇是飞行最快的昆虫之一，以每小时80千米的速度飞行。*

丽蝇科 这一科的丽蝇飞行起来声音很大，而且嗡嗡作响。它们长有布满毛的肥胖身体，而且发出金属性的光芒。它们在腐肉上产卵，幼虫以腐肉为食。

种（1200）

世界范围（在腐肉或肉的附近）

活的进食者 *欧洲绿豆蝇（Calliphora vicina）的幼虫能够在牲畜和人的伤口上大量滋生。*

作为线索的苍蝇

法医能够通过分析生活在尸体上的动物群得知死者死亡的时间和其他信息。腐肉进食者有顺序地到达尸体。家蝇和丽蝇通常是第一批到达的。它们在肉里产卵，然后孵化、发育。它们的发育期可以揭示尸体死亡的时间。食肉蝇后来到达。当尸体变干了，死亡几个月以后，酪蝇（酪蝇科）、棺材蝇（蚤蝇科）、壁虱、甲虫随后来清理骨架。

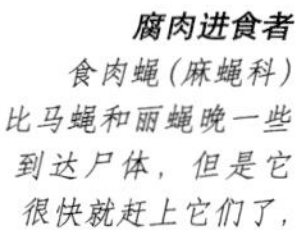

腐肉进食者 *食肉蝇（麻蝇科）比马蝇和丽蝇晚一些到达尸体，但是它很快就赶上它们了，因为它产下的是幼虫而不是卵。*

蝴蝶和蛾

门	节肢动物门
亚门	六足动物亚门
纲	昆虫纲
目	鳞翅目
科	（131）
种	（165,000）

蝴蝶和蛾用精巧的拍翅飞行，身上长有复杂的翅膀图案，它们是被研究的最多和最受喜爱的昆虫。它们属于鳞翅目——在希腊语中的意思是“鳞片翅膀”。它们的四只宽阔的翅膀被密密细小的鳞片——中空的扁平毛发覆盖着，能够在白天产生鲜艳的颜色。几乎所有的蝴蝶和蛾以植物为食。它们的幼虫叫做毛虫，能刺咬的口器使它们成为害虫。大多数成虫有长长的吸管，用于吸食花蜜，是重要的授粉者，但是也有一些没有口器，根本不进食。

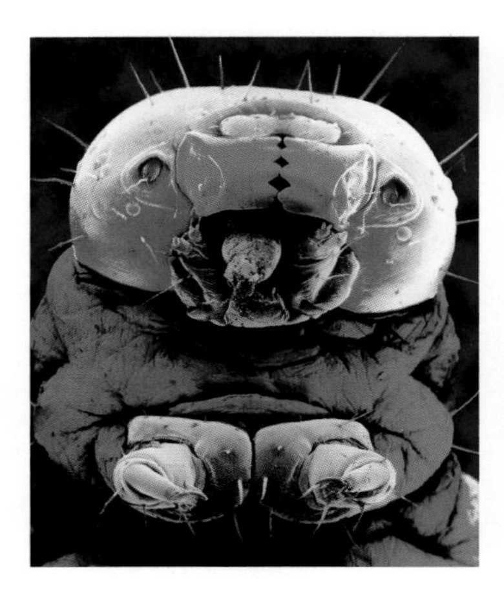

植物进食者 一只毛虫就是一台进食机器，有尖锐的口器，可以大力咀嚼树叶和其他植物食物。很多物种有鲜艳的颜色，警告猎食者它们的味道是不好的。

花蜜进食者 蝴蝶和蛾长有长长的吸管，可以从花朵中吸食花蜜。吸管不用的时候盘旋起来像钟表的发条。为了吸引这些授粉昆虫，很多开花的植物进化行成各种各样的颜色和图案。

欧洲卷蛾
(Rhyacionia buoliana)
卷蛾科

欧洲卷蛾的幼虫以松树芽为食，会对松树造成相当程度的损害。

日夜飞行者

仅仅在两极冰盖地区和海洋中不存在的蝴蝶和蛾是热带地区最多的昆虫，事实上，它们能在植物生长的任何地方生存。大多数物种已经进化了，专门以特定的开花植物为食。

蝴蝶和蛾的成虫有纤细的身体、宽阔的翅膀、长长的触角和两只大复眼。它们的翼展从4毫米到30厘米。85%以上的鳞翅目昆虫是蛾。它们大多数在夜间飞行，有灰暗的翅膀，还有叫做翅缰的刺状结构。蝴蝶在白天飞行，展示着鲜亮的颜色，有棒状的触角，没有翅缰。一些蛾子也是白天活动的，有鲜亮的颜色。

毛虫的身体上覆盖着毛发，用三对真腿和几对假腿行走。当准备化蛹的时候，它们通常用丝把自己包裹在茧或蛹里。生活周期从几个星期到几年。

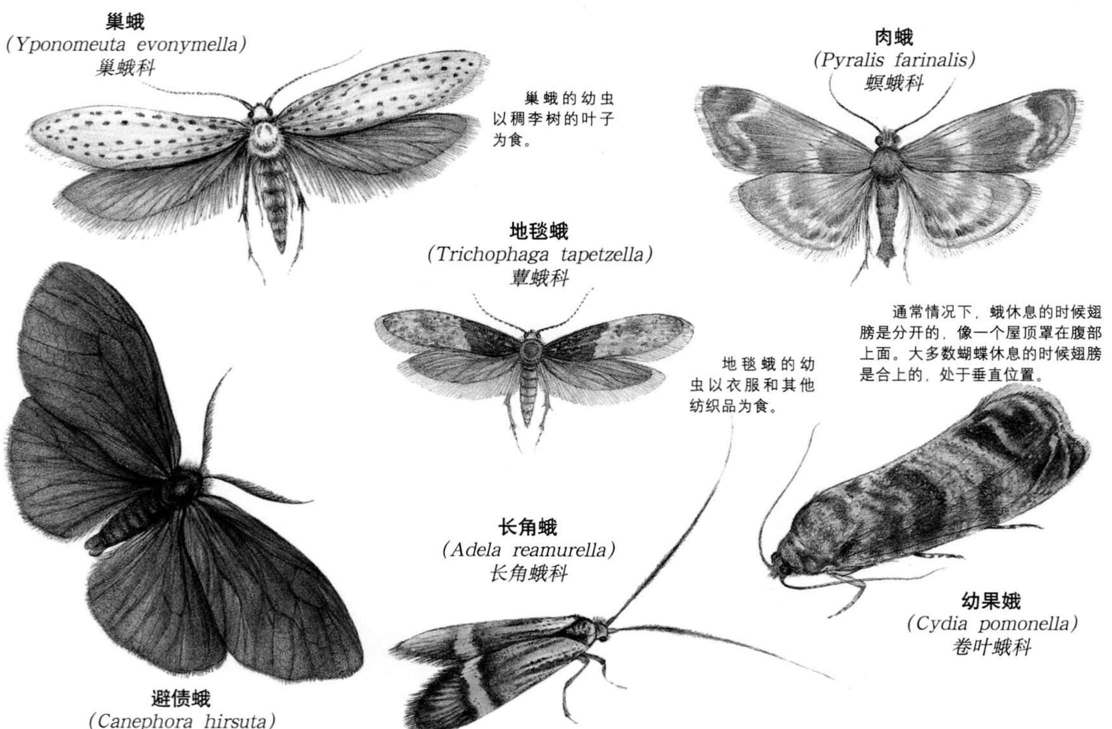

巢蛾
(Yponomeuta evonymella)
巢蛾科

巢蛾的幼虫以稠李树的叶子为食。

肉蛾
(Pyralis farinalis)
螟蛾科

地毯蛾
(Trichophaga tapetzella)
蕈蛾科

通常情况下，蛾休息的时候翅膀是分开的，像一个屋顶罩在腹部上面。大多数蝴蝶休息的时候翅膀是合上的，处于垂直位置。

地毯蛾的幼虫以衣服和其他纺织品为食。

长角蛾
(Adela reamurella)
长角蛾科

幼果娥
(Cydia pomonella)
卷叶蛾科

避债蛾
(Canephora hirsuta)
避债蛾科

保护警报

致命的贸易 仅仅有303种鳞翅目昆虫被国际自然与自然资源保护联合会评定，其中94%在《濒危物种红色名录》上，37种已经灭绝了。栖息地的丧失是主要原因，过度采集也对一些吸引人的物种（例如鸟翼凤蝶）产生了重要影响。

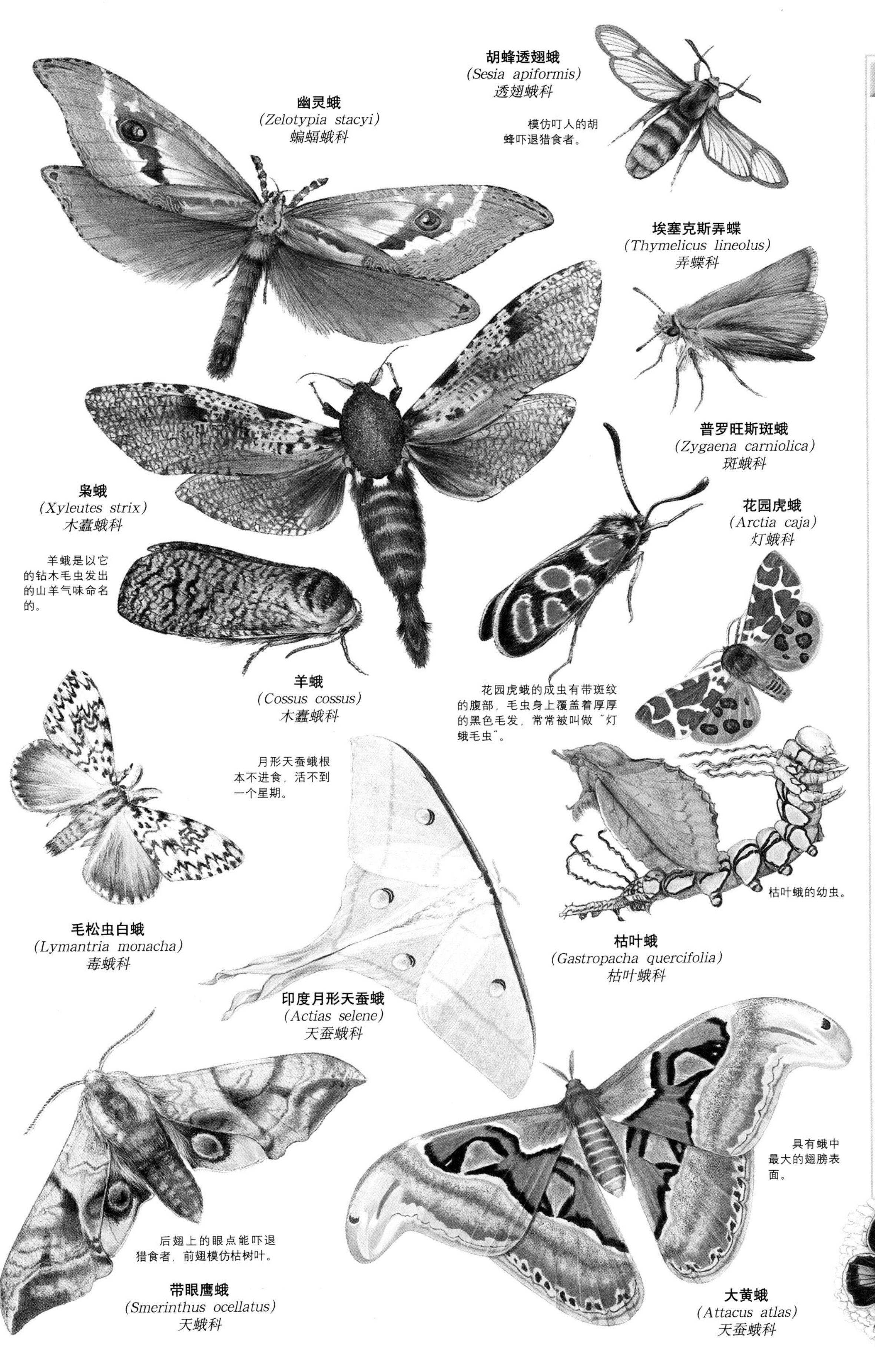

小档案

蝙蝠蛾科 这一科的蛾叫做幽灵蛾或者雨燕蛾。成虫没有功能性的口器，不进食，生下来就是为了繁殖。当它们飞行的时候，雌性产下大量的卵，有些物种能产下30,000只卵。幼虫在土壤里孵化，以树根为食，还有一些以树叶、草、苔藓和树木为食。

种（500）

除了非洲和马达加斯加外的世界各地（植物附近）

颜色 *在澳大利亚雨林中发现的雌性幽灵蛾是绿色的，雄性是白色的。*

透翅蛾科 这一科的透翅蛾没有鳞片，它们的翅膀是透明的。很多物种的透明翅膀和腹部的黄棕色条纹配合起来模仿能叮咬的昆虫，例如蜜蜂、黄蜂和胡蜂。很多幼虫钻进树干和树根里。

种（1000）

世界范围（花朵附近）

醋栗钻木者 *醋栗透翅蛾（Synanthedon tipuliformis）的幼虫被认为是害虫，因为它们钻进醋栗灌木的树干里进食。*

弄蝶科 这一科的成员叫做弄蝶。它们被认为是蝴蝶和蛾之间的中间形态。它们很小，结实的身体上有土褐色的长毛。它们确实很像蛾，但是没有大多数蛾的双翅结构，并且休息的时候翅膀是垂直的。

种（3000）

除了新西兰之外的世界各地
（在开阔的森林、草地和原野上）

带钩的触角 *像其他弄蝶一样，澳大利亚的伊莲娜弄蝶（Trapezites eliena）有棒状的触角，顶部有锋利的钩子。*

小档案

凤蝶科 这一科的凤蝶很大，而且颜色鲜艳。它们是根据后翅上尾巴状的延伸命名的。幼虫有一个丫腺，头上的叉状器官能发出臭气，吓退猎食者。在一些物种中，幼虫吸收足够的毒素，使它们自己和成虫的味道一样不好。

种（600）

世界范围（花朵附近）

鲜艳的警告色

红珠美凤蝶（Pachliopta hector）和很多其他凤蝶的鲜艳翅膀斑点警告猎食者它们的味道是不好的。

夜蛾科 鳞翅目最大的科。夜蛾的胸部有听觉器官，可以听到它们的主要天敌蝙蝠发出的回声定位信号。成虫以花蜜、树液、腐烂的水果、露珠或粪便为食，幼虫吃树叶或者种子，有时钻到树干或者水果里去。其中一些是危害严重的害虫。

种（35,000）

世界范围（植物上）

背景色

像很多夜蛾一样，缤夜蛾有隐藏色和带斑点的翅膀，可以和林地环境相融合。

尺蛾科 这一科的成员叫做尺蠖蛾。它们的身体比较纤细，而且较小。幼虫休息时像小树枝，缺少至少一对中间的假腿。它们移动时先伸展身体的前面部分，然后把尾巴拖过来赶上前面，形成环状或拱状运动。

种（20,000）

世界范围（树叶上）

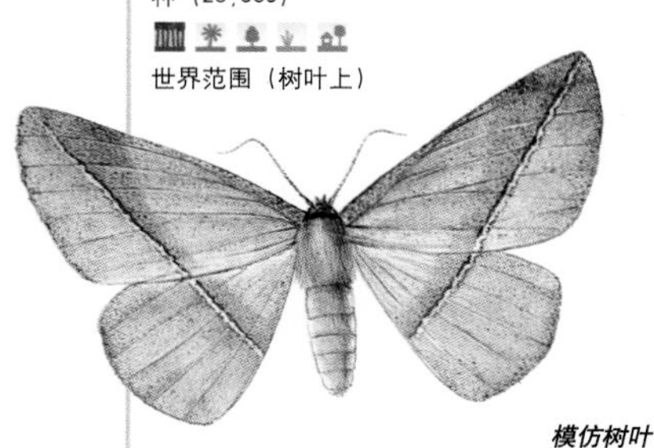

模仿树叶

东南亚尺蠖蛾（Sarcinodes restitutaria）的翅膀像树叶。

灰蝶
(Liphyra brassolis)
灰蝶科

灰蝶的幼虫以柑橘蚁的幼虫为食，它们有坚韧的皮肤，可以保护它们不受蚂蚁的叮咬。

非洲大凤蝶
(Papilio antimachus)
凤蝶科

非洲大凤蝶是非洲蝴蝶中最大的，它的翼展有25厘米或者更长。

黄粉蝶
(Phoebis philea)
粉蝶科

纹白蝶
(Pieris brassicae)
粉蝶科

铜色小灰蝶
(Lycaena virgaureae)
灰蝶科

大阿格里帕夜蛾
(Thysania agrippina)
夜蛾科

大阿格里帕夜蛾的翼展有30厘米，是所有的蝴蝶和蛾中最长的。

大蓝蛾
(Maculinea arion)
灰蝶科

英国国旗蛾
(Delias mysis)
粉蝶科

玻刚蛾
(Agrotis infusa)
夜蛾科

刚出来的玻刚蛾成虫为了避免炎热的夏季，会迁徙到山洞里休眠，直到秋季才返回植物上繁殖。

不丹光辉蝶
(Bhutanitis lidderdalii)
凤蝶科

后勋绶夜蛾
(Catocala nupta)
夜蛾科

阿波罗蝶
(Parnassius apollo)
凤蝶科

只有雄性斑点棕色蛾飞行，雌性不飞行。

斑点棕色蛾
(Erannis defoliaria)
尺蛾科

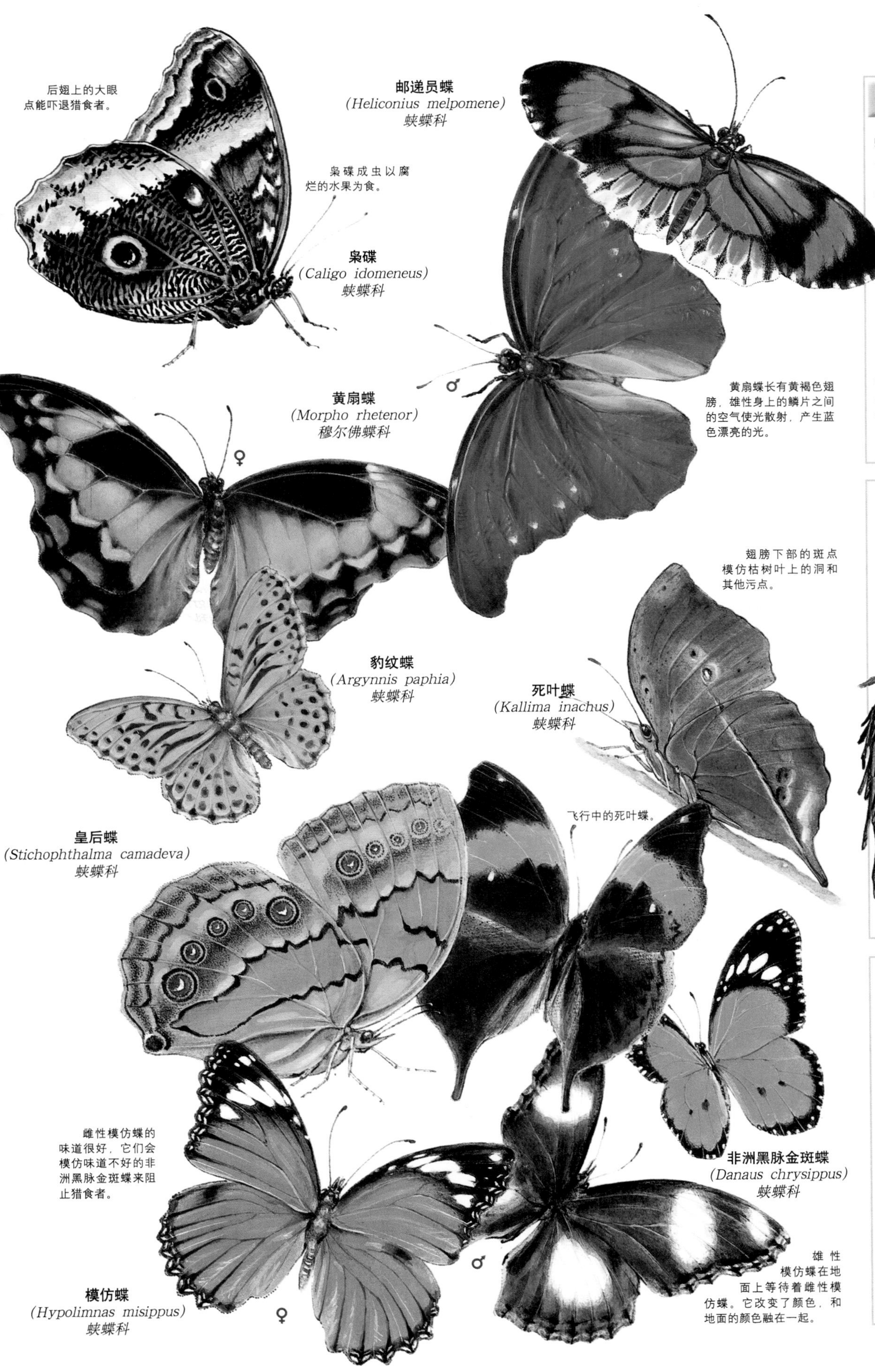

小档案

蛱蝶科 这一科的刷子脚蝴蝶的前腿非常小，而且长有毛，行走时仅用中腿和后腿。翅膀的上部往往是土褐色的，下部通常是强烈的对比色。

种（5200）

世界范围（花朵附近）

季节的不同 *春天出现的地图蝶(Araschnia levana)有橘色的翅膀，夏天出现的地图蝶则是黑白色的。*

茧

当毛虫准备变成成虫的时候，它们就不再吃东西了。它们会找一个安全的地方，有些在地下化蛹，不需要进一步的保护，大多数蛾吐丝形成茧。几乎所有的蝴蝶都会形成茧，毛虫的皮肤变成坚硬的外壳，用丝固定在树枝上。

黏的茧 *蓑蛾虫(Thyridopteryx ephemeraeformis)的幼虫生活在丝和植物碎片构成的丝袋里，在它们准备化蛹的时候硬化成茧。*

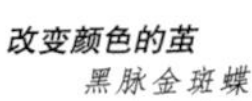

改变颜色的茧 *黑脉金斑蝶的浅绿色茧在蛹要出现的时候变成透明的。*

蝴蝶迁徙

黑脉金斑蝶在一生的9个月中能飞行2900千米。每个秋季，上百万只黑脉金斑蝶向南迁徙到加利福尼亚和墨西哥去过冬。图中大群的黑脉金斑蝶隐蔽在树上。秋季，它们开始向北返回，在途中产卵，然后死去。新生的一代完成到夏季进食地的旅途。

蜜蜂、黄蜂、蚂蚁和叶蜂

门	节肢动物门
亚门	六足动物亚门
纲	昆虫纲
目	膜翅目
科	(91)
种	(198,000)

膜翅目是根据希腊语命名的。大多数该物种有两对透明的翅膀。很多蜜蜂、黄蜂和叶蜂是独居的生物，蜜蜂的一些物种和所有的蚂蚁有高度复杂的社会结构，其中上百万只成员属于不同的社会阶层，做着不同的事情。益虫有很多是膜翅目昆虫。蜜蜂和一些黄蜂是庄稼和野生植物的主要授粉者，很多寄生蜂在控制其他昆虫的数量方面起着重要的作用。现在人们驯养蜜蜂，以获得它们的蜂蜜和蜂蜡。

食物 尽管有强大的颌，但公牛蚁的成虫还是以花蜜和植物的汁液为食，有时捕捉昆虫猎物来喂它们的幼虫。它们用腹部的刺来征服猎物，吓退猎食者。

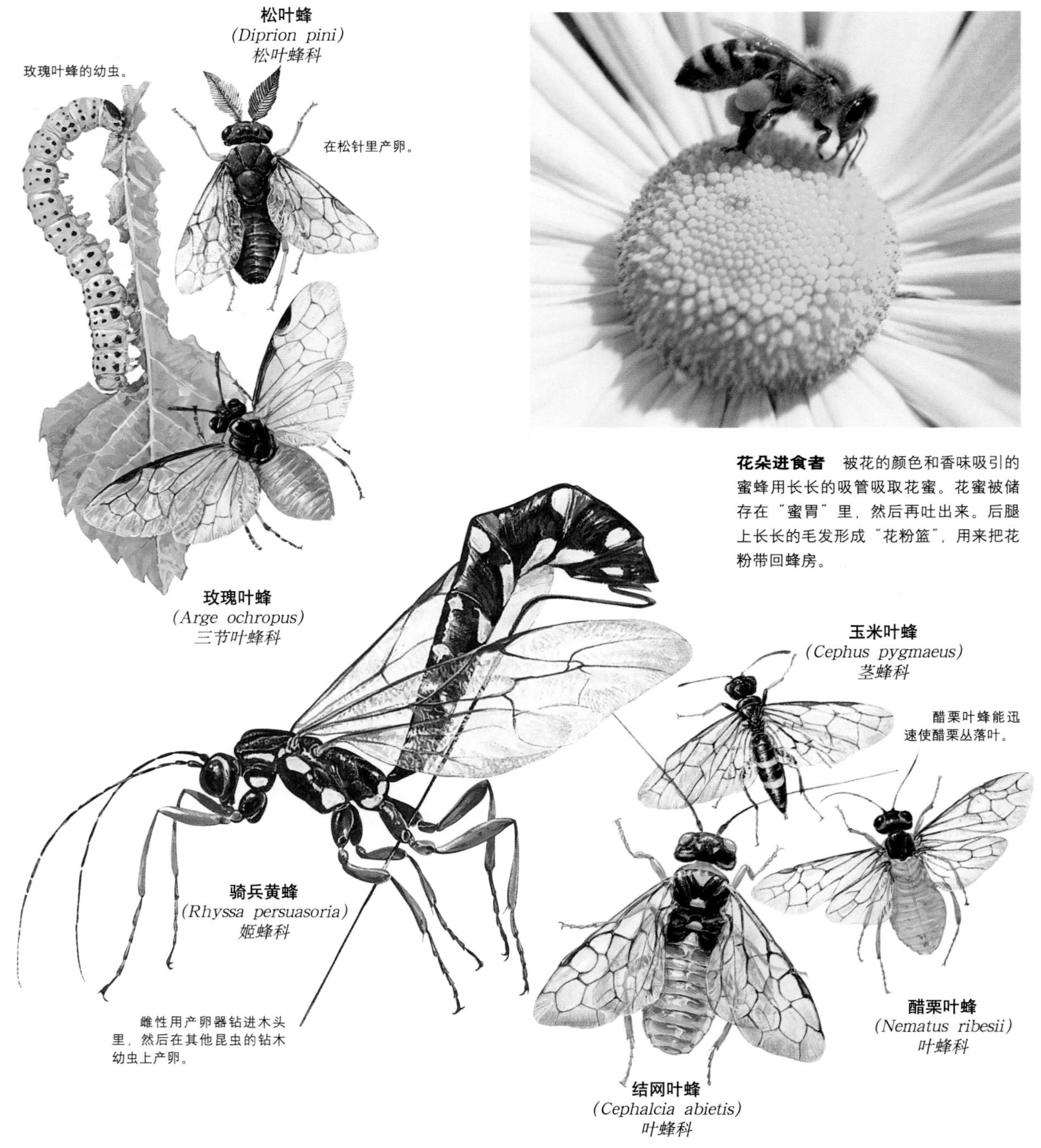

花朵进食者 被花的颜色和香味吸引的蜜蜂用长长的吸管吸取花蜜。花蜜被储存在“蜜胃”里，然后再吐出来。后腿上长长的毛发形成“花粉篮”，用来把花粉带回蜂房。

解剖体和生活周期

膜翅目昆虫包括寄生的赤眼蜂，它们大约有0.17毫米长，是最小的昆虫之一。膜翅目昆虫的后翅和更大的前翅通过小钩子连接起来，这样它们可以一起拍打。更远古的叶蜂和它们的亲属没有蜜蜂、黄蜂和蚂蚁那样分开胸部和腹部的细腰。

膜翅目昆虫有口器，用于叮咬或吸取食物。叶蜂、瘿蜂、部分蚂蚁和蜜蜂是草食的，该目的大多数物种是肉食或寄生的。在很多物种中，雌性的产卵器已经改进了——叶蜂用来锯开植物的茎，在上面产卵，而蜜蜂、黄蜂和蚂蚁经常用来刺穿或叮咬猎食者和猎物。

雌性膜翅目昆虫会在土壤里、植物上、巢穴里或活的昆虫宿主身上产卵。在很多物种中，雌性决定卵是否受精，没有受精的卵发育成雄性幼虫，受精的卵发育成雌性幼虫。在独居的物种中，幼虫在食物源附近孵化，单独发育，而在社会性物种中，它们要依靠成虫的照顾。发育是通过完全变态完成的，幼虫通常在茧里化蛹。

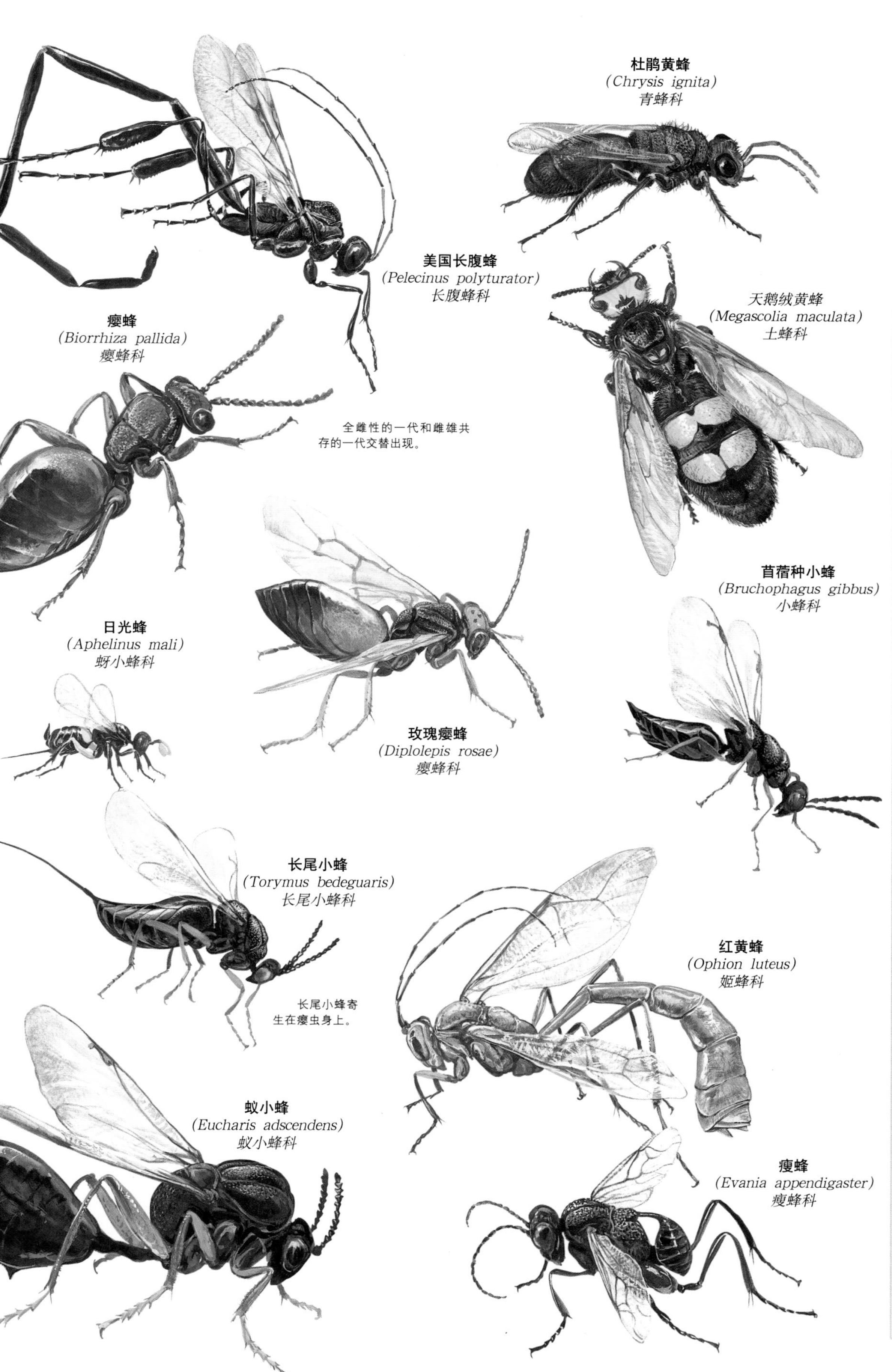

小档案

青蜂科 这一科的蜂被称为杜鹃黄蜂或者宝石黄蜂。它们在蜜蜂、黄蜂和其他昆虫的巢穴里产卵。杜鹃黄蜂以巢穴里的幼虫和留给幼虫的食物为食。为了抵抗宿主昆虫的叮咬，杜鹃黄蜂成虫有坚硬的外骨骼和柔韧的身体，可以蜷成一团。

种（3000）

世界范围（在花和昆虫宿主附近）

同伴寄生

大多数杜鹃黄蜂把卵产在其他黄蜂和蜜蜂的巢穴里，有些物种寄生在叶蜂、丝蛾或者竹节虫身上。

土蜂科 该科的成虫以花蜜和花粉为食，幼虫是寄生的。雌性成虫钻到土壤里寻找圣甲虫的幼虫，然后在它们的脖子上刺一下，把卵产在上面。当土蜂的幼虫孵化的时候，它们以寄生的幼虫为食，寄生的幼虫在化蛹的时候就死去了。

种（8000）

世界范围（在圣甲虫附近）

带条纹的身体

土蜂相对比较大且强壮。它们长毛的身体上经常有鲜艳的条纹。

瘿蜂科 这一科的蜂大多数是不显眼的昆虫，不到5毫米长。雌蜂在橡树和其他树上产卵，幼虫孵化后分泌一种唾液，能迫使植物在它们周围形成保护性的树瘿。幼虫以树瘿为食，直到它们从小孔里出来变成成虫。每一种瘿蜂产生一种树瘿。

种（1400）

主要在北半球（在树上）

玫瑰瘿蜂

由产在玫瑰枝上的未受精卵发育而来。大约50个幼虫分享一个树瘿。

活跃的蜂房

蜜蜂（蜜蜂属）的生活是动物界最复杂的社会生活之一。蜂后一天能产超过1500枚卵。受精卵发育成工蜂或蜂后，未受精卵发育成雄蜂。在孵化的幼虫被覆盖在蜂房里化蛹之前，工蜂喂养它们。当蜂巢到了最佳尺寸的时候，老蜂后就飞离旧巢去寻找新的地方，后面跟着成千上万只工蜂。第一个出现的新蜂后统治旧巢。

近距离观察 在电子显微照片中显示的蜜蜂的大复眼，每一只由超过4000个晶状体组成。眼睛中间还有两只灵敏的触角。

在蜂房里 （下图）所有的雄蜂和工蜂都是蜂后的后代，蜂后的惟一任务就是产卵。雄蜂仅有的工作是同新蜂后交配。工蜂采集食物，维修蜂房，以及喂养蜂后和幼蜂。它们的头部腺体分泌蜂王浆供幼蜂食用。工蜂也制造蜂蜜，首先吐出花蜜，然后在蜂房里铺开使它脱水，最后用蜂蜡密封起来。

蜂群 当老蜂后带着七万多只工蜂离开原来的蜂房去建立一个新家的时候，一大群蜜蜂聚集起来。蜂群等着侦察蜂寻找新蜂巢的地点。

幼蜂 当幼蜂在防水的蜡制巢室里发育的时候，工蜂为它们带来食物。这些幼蜂（上图）正在化蛹，最终成为成虫。

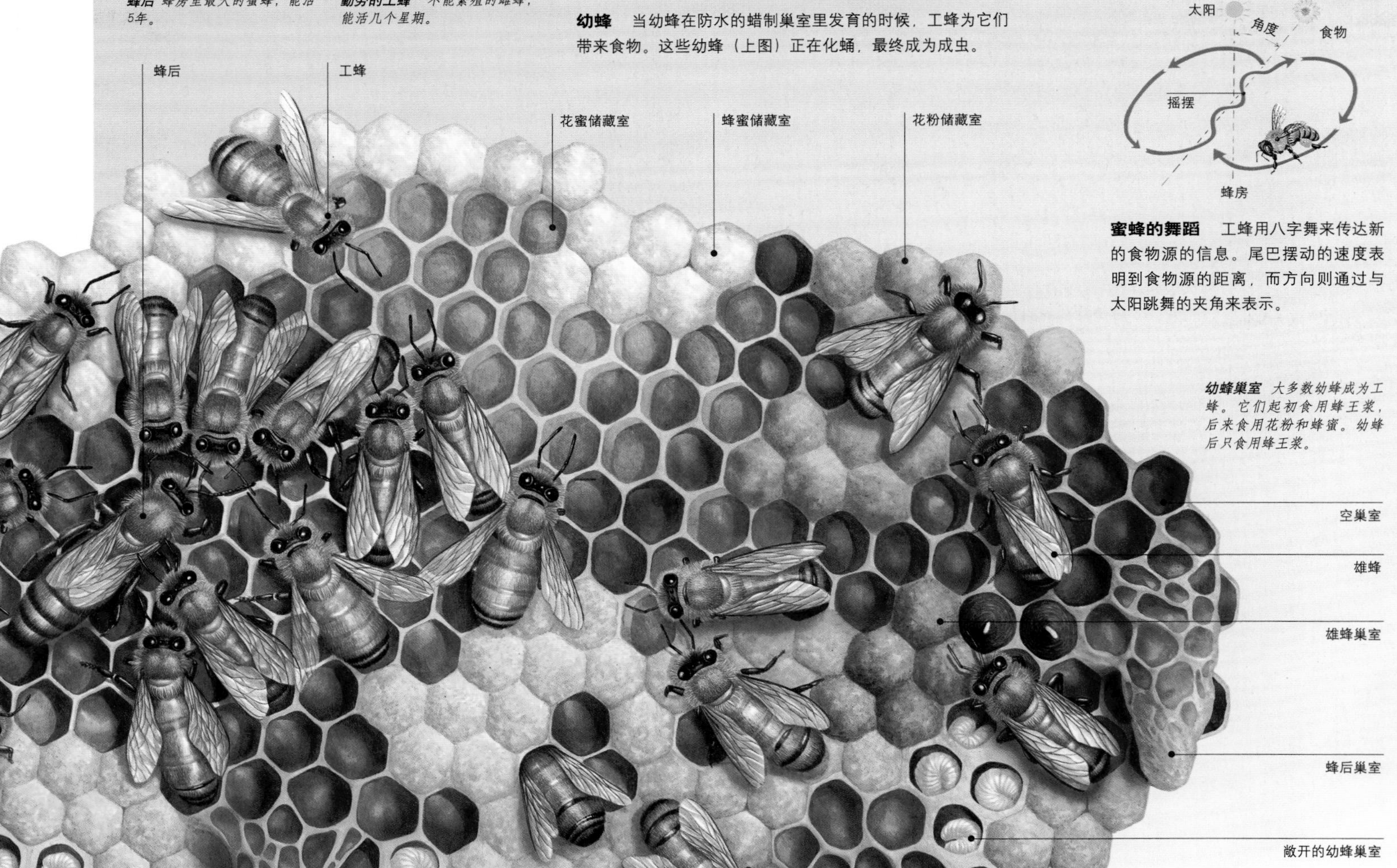

蜂后 *蜂房里最大的蜜蜂，能活5年。*

勤劳的工蜂 *不能繁殖的雌蜂，能活几个星期。*

蜜蜂的舞蹈 工蜂用八字舞来传达新的食物源的信息。尾巴摆动的速度表明到食物源的距离，而方向则通过与太阳跳舞的夹角来表示。

幼蜂巢室 *大多数幼蜂成为工蜂。它们起初食用蜂王浆，后来食用花粉和蜂蜜。幼蜂后只食用蜂王浆。*

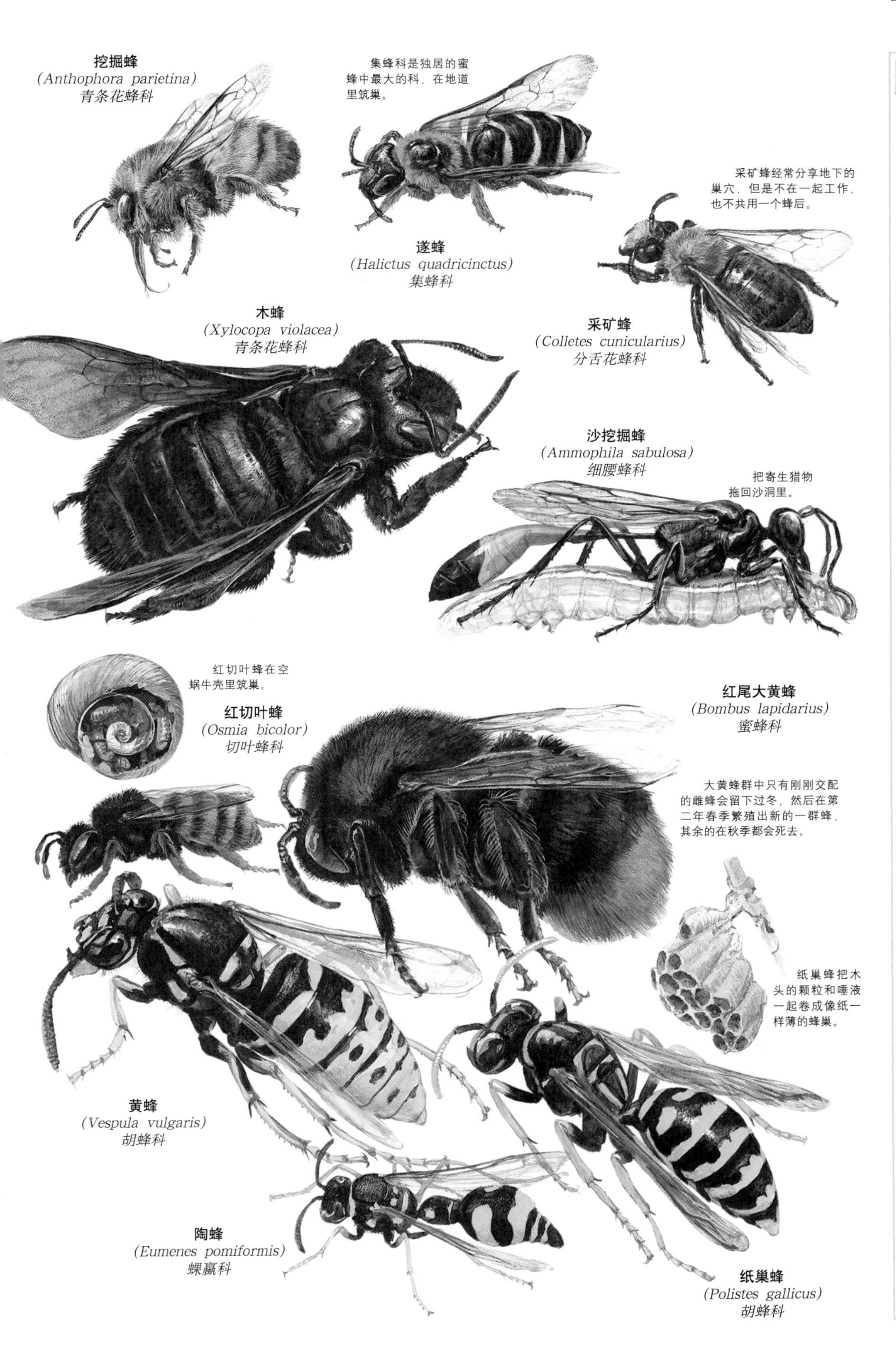

小档案

细腰蜂科 该科包括挖掘蜂、沙蜂、泥蜂和细腰蜂。雌性细腰蜂用刺来麻醉节肢动物猎物，然后放在巢穴里，幼虫以猎物的身体为食。大多数物种在地下钻洞筑巢，有些物种用植物的茎或者腐烂的木头筑巢，泥蜂则用泥球建造成排的巢穴。

种（8000）

世界范围（经常在沙地上）

独居的猎食者 *雌性三角泥蜂(Philanthus triangulum)会把麻醉的蜜蜂带回沙地洞穴里。*

蜜蜂科 这一科的大黄蜂和无刺蜜蜂生活在以蜂后为中心的公共巢穴里。工蜂寻找花蜜和花粉，然后把它们带回巢穴里喂养蜂后和幼蜂。蜜蜂通常在树上筑巢，而大黄蜂经常在土壤里筑巢。

种（1000）

世界范围（花朵附近）

凶猛的蜜蜂
受到挑衅后，东南亚大蜜蜂(Apis dorsata)能把人蜇死。

胡蜂科 这一科包括所有群居的黄蜂和一些独居的黄蜂。大黄蜂、黄色夹克蜂和纸巢蜂都使用嚼碎的木头和唾液来制造纸一样的巢穴。大多数物种的蜂群在秋季晚期死去，只有一些交配过的蜂后存活下来过冬，在春季建立新的蜂群。

种（4000）

世界范围

自我牺牲 *为了保护蜂群，群居的黄蜂的工蜂会叮咬进攻者，当刺从腹部脱落下后，它们马上死去。*

小档案

蚁科 所有的蚂蚁都属于这一科。据估计，它们占据了世界动物量的10%。它们都是群居的昆虫，这也正是它们能够大量生存的原因。一个巢穴里可能有50只或者百万只以上的蚂蚁。蚁穴通常由沙子、树枝或者砂砾构成，建在地下或者地上。一些物种通过叮咬来保护自己，还有一些能够喷射蚁酸。很多蚂蚁是杂食的，但是有一些已经进化了，以某些植物或者蚜虫的蜜水为食。

种（10,000）

世界范围（除了特别冷的地方）

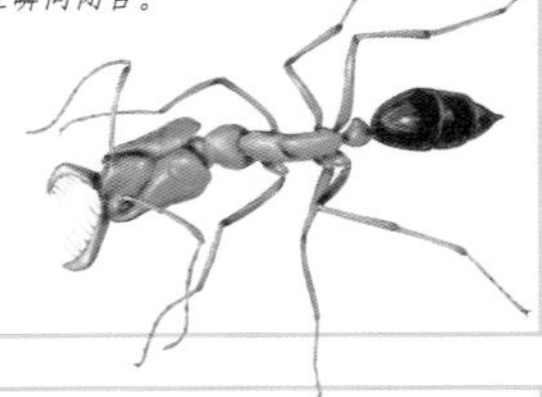

小窃贼 *小盗蚁(Solenopsis fugax)偷偷地溜进其他蚂蚁的蚁穴里偷食物。*

迅速合上的上颌 *领圈套蚁（Odontomachus haematodes）通常把大上颌张开，能在瞬间闭合。*

蚁群

虽然蚁群在复杂性方面有所不同，但它们都包括三个基本的群体——蚁后、工蚁和雄蚁。当带翅膀的雌蚁和雄蚁从巢穴里出现并且交配后，新的蚁群就出现了。雄蚁死去，而雌蚁失去翅膀开始作为蚁后产卵。

蚁后 *在蚁群形成以后，蚁后的惟一任务就是产卵。它有巨大的胸部和腹部。*

雄蚁 *从未受精卵发育而来的雄蚁是短命的，仅有的功能是同未交配的蚁后交配。*

兵蚁 *在一些物种中，有巨大头部的工蚁作为兵蚁，它们的职责是保卫蚁群不受侵害。*

工蚁 *蚁群里数量最多的是工蚁，它们采集食物，照顾蚁后、卵和幼虫，维修蚁穴。*

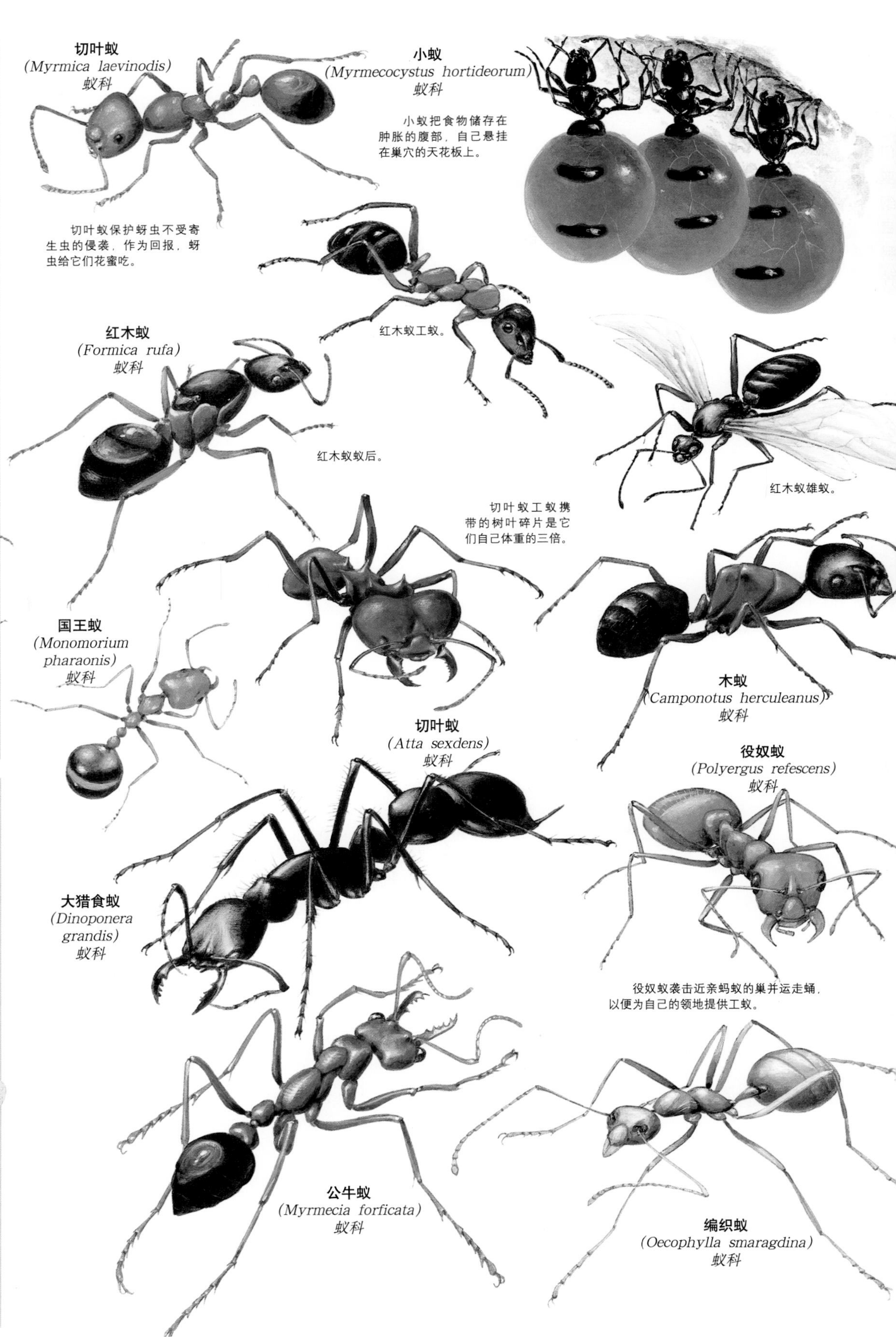

其他昆虫

门	节肢动物门
亚门	六足动物亚门
纲	昆虫纲
目	(19*)
科	(218*)
种	(>3000*)

*总数仅仅涉及组成“其他昆虫”的19个目。

昆虫纲剩余的19个目是丰富多彩的。它们包括远古的和无翅的形态，例如蠹虫和衣鱼；哺乳动物寄生虫，例如跳蚤和虱子；昆虫寄生虫，例如捻翅虫（捻翅目）；庄稼害虫，例如蓟马；在水中生活的昆虫，例如蜉蝣、石蛾、鱼蛉和石蝇；竹节虫和叶虫是草食动物；缺翅虫（缺翅目）、蛇蛉、蚁蛉、草蛉和绞刑架蝇捕食其他无脊椎动物；岩石爬行者（蛩蠊目）、足丝蚁、蠼螋和蝎蛉重复利用废物；一些书虫以纸张或储藏的谷物为食。

蠼螋 革翅目包括蠼螋，它们是以废物为食的小扁虫。雄性从腹部伸出的大“镊子”用于自卫和求偶，雌性用来保护它们的卵和新生的幼虫。

足丝蚁 足丝蚁（纺足目）是除了舞蝇以外，惟一在腿部有产丝腺的昆虫。足丝蚁用它们的丝线造一个共用巢穴和网络通道。它们通过不完全变态发育，蛹很像它们的成虫父母。

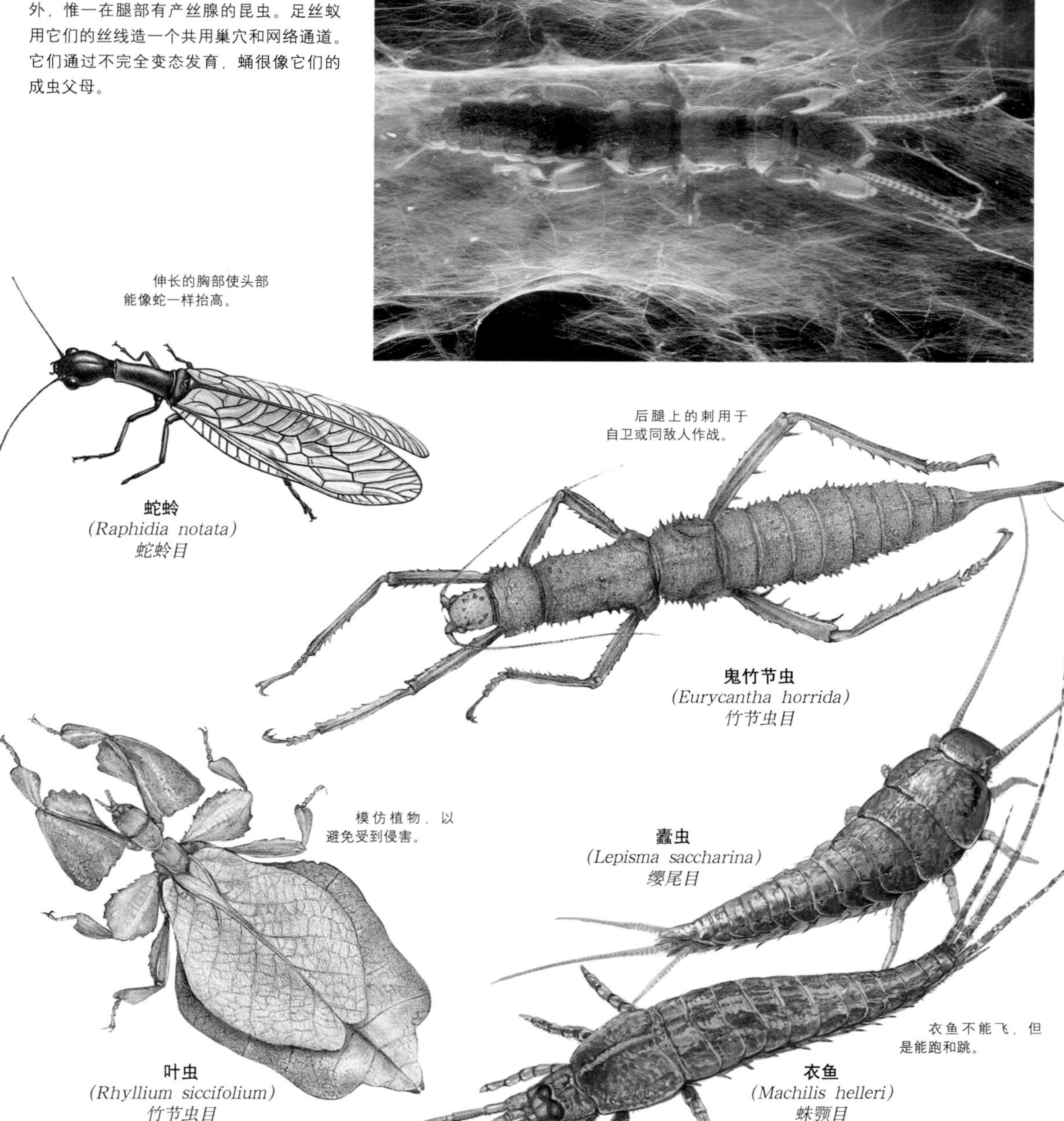

伸长的胸部使头部能像蛇一样抬高。

蛇蛉
(Raphidia notata)
蛇蛉目

后腿上的刺用于自卫或同敌人作战。

鬼竹节虫
(Eurycantha horrida)
竹节虫目

模仿植物，以避免受到侵害。

叶虫
(Rhyllium siccifolium)
竹节虫目

蠹虫
(Lepisma saccharina)
缨尾目

衣鱼不能飞，但是能跑和跳。

衣鱼
(Machilis helleri)
蛛颚目

小档案

缨尾目 这一目包括不会飞的昆虫，蠹虫同最早的昆虫很像。它们的头部有长长的触角，腹部有三条“尾巴”伸出。蠹虫是由产在裂缝里靠近食物源的卵孵化出来的。

种（370）

世界范围（在树、山洞和建筑物里）

房间里的客人 *在房间里经常会发现蠹虫。它们以纸张为食，黏在书的封面、衣服和干燥的食物里。*

竹节虫目 这一目的竹节虫和叶虫是高超的模仿者。它们以植物为食。大多数物种是没有翅膀的，有翅膀的通常是发育完全的雄性。很多雌性昆虫从未受精卵里产出后代。

种（3000）

世界范围（特别在热带地区，植物附近）

模仿者 *当竹节虫受到打搅的时候，会僵住或者摇摆几个小时，就像在风中被吹动着。*

小档案

蜉蝣目 这一目的蜉蝣作为成虫活的时间很短，通常仅仅能活一天。雌性从雄性群中选择一个进行交配。卵被产在水里或者水附近，蛹是水生的。蛹离开水，蜕皮成为带翅膀的形态，很快会再蜕一次皮成为成虫。蜉蝣是仅有的有翅膀后还蜕皮的昆虫。

种（2500）

世界范围（在淡水或者盐水中）

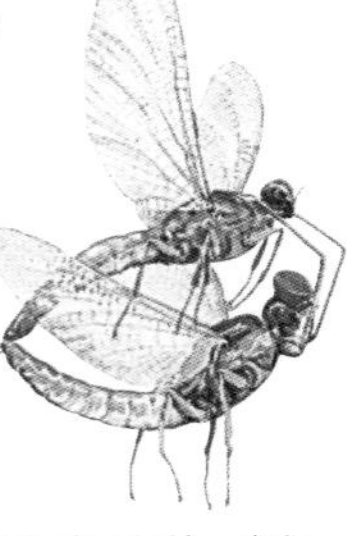

浪漫的飞行 *蜉蝣在飞行中交配，雄性用长长的前肢抓住雌性。*

广翅目 这一目有鱼蛉和泥蛉。它们一生的大部分时间是肉食的水生幼虫。幼虫离开水化成蛹，最后成为带翅膀的成虫。成虫通常不进食，交配后即死去。卵通常产在池塘或者小溪的岩石或植物上，幼虫爬到水里。

种（300）

世界范围（淡水中）

咬趾虫 *蜉蝣的幼虫叫做咬趾虫。它们通过腹部像腿一样的鳃呼吸。*

虱毛目 这一目的寄生虱是从带翅膀的祖先进化而来的没有翅膀的小昆虫。它们寄生在鸟和哺乳动物的身上，离开宿主不会活很长时间。仅仅当宿主物种的两个成员接触的时候，寄生虱才会转移到新的宿主身上去。大多数局限在特定的宿主物种身上，有些有吸食口器，有些有咀嚼口器。

种（5500）

世界范围（在鸟或者哺乳动物身上）

虱子咬狗 *咬狗虱（Trichodectes canis）用咀嚼口器来吃驯养的狗和其他犬类的毛发、皮肤和血。它们用腿上的爪子紧紧抓住宿主，很难赶走它们。*

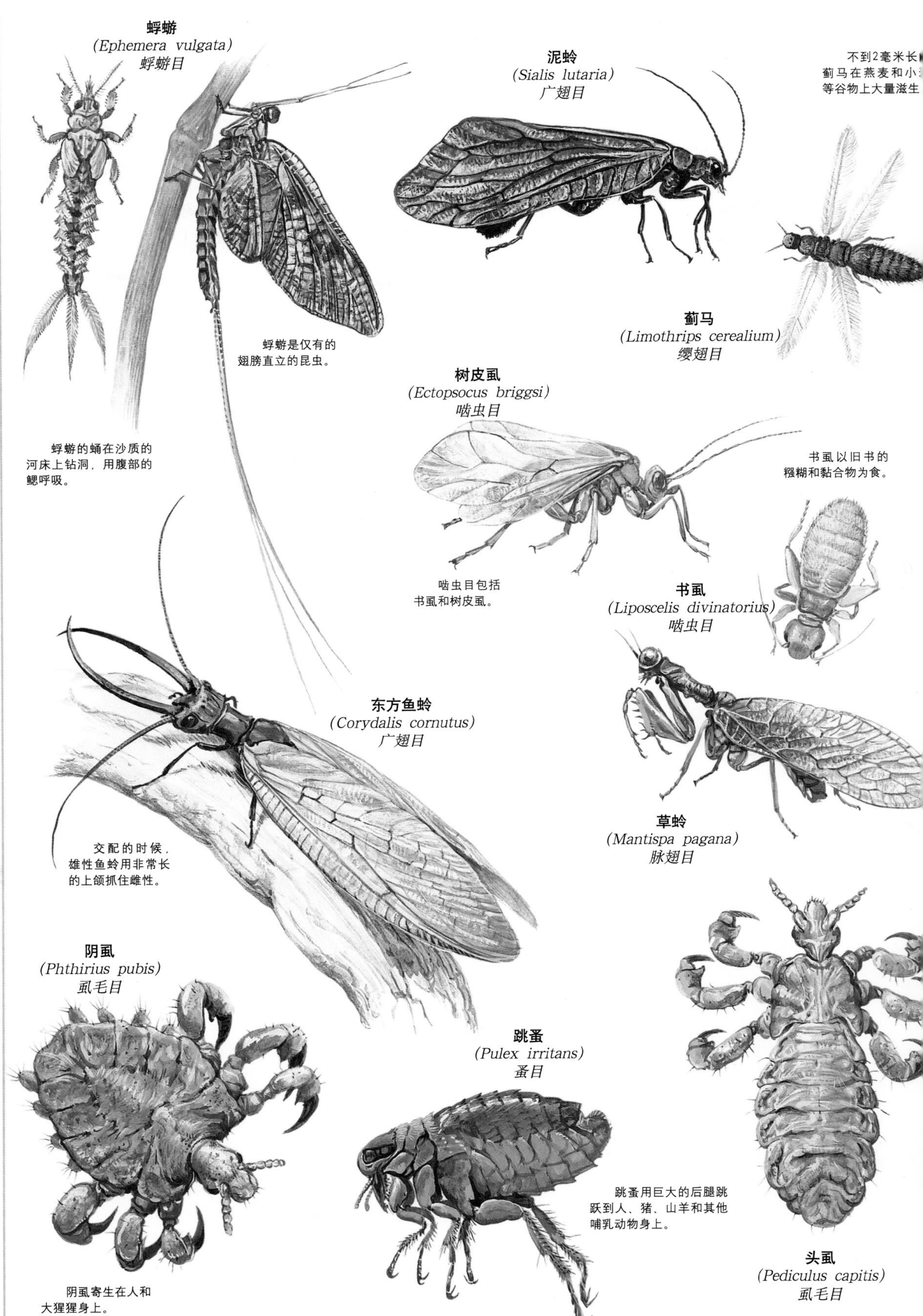

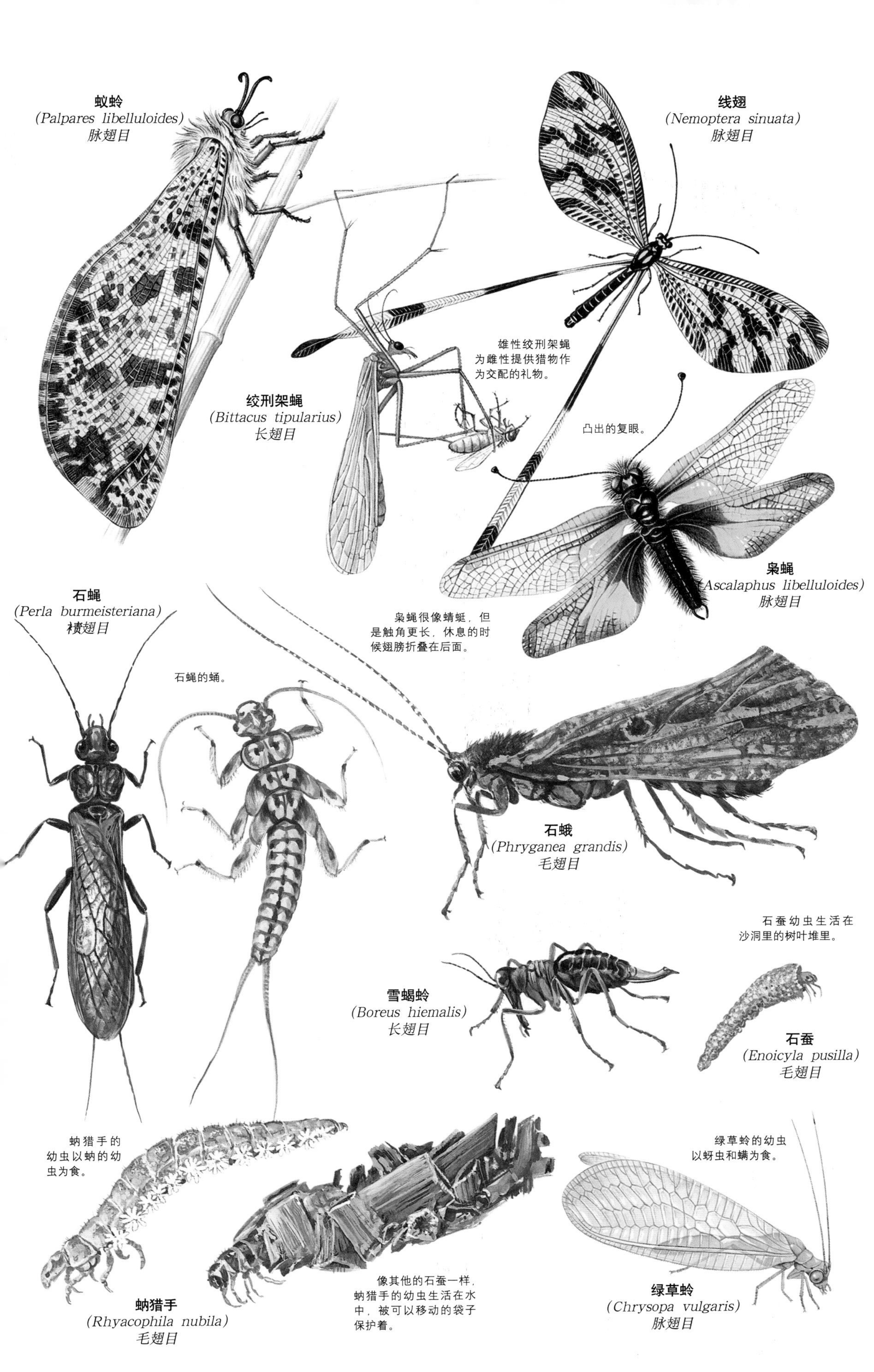

小档案

脉翅目 该目物种翅膀上都有复杂的血管分支，大多数的幼虫和成虫都是肉食动物。草蛉在花园是很受欢迎的，因为它们吃蚜虫、螨和介壳虫。蚁蛉的幼虫生活在沙子中，主要以蚂蚁为食。枭蝇的幼虫生活在石头附近的树叶堆里，捕食无脊椎动物。海绵蛉生活在淡水中，仅仅以海绵为食。

种（4000）

世界范围（通常在植物附近）

深坑陷阱 *蚁蛉的幼虫在北美洲叫做蚁狮，它们在松软的沙子上挖洞捕捉蚂蚁和其他猎物。*

长翅目 该目包括蝎蛉和绞刑架蝇。蝎蛉在交配的时候，雄性用长长的尾巴抱住雌性。绞刑架蝇从树叶上悬挂下来捕食和交配。它们交配的时候，雄性会给雌性提供猎物或者唾液作为礼物。大多数物种以废物、昆虫和植物为食。

种（500）

世界范围
（在潮湿的植被附近）

无刺的“蝎子”
像这一类的其他雄性一样，雄性的普通蝎蛉(Panorpa communis)是没有毒的，但是有一个增大的“尾巴”，很像蝎子的螯足针。

襀翅目 该目石蝇的蛹能反映小溪的环境状况。它们是完全水生的，仅仅能够在富含氧气的清凉干净的流动水中生存。经过30次蜕皮以后，蛹离开水，成为成虫。成虫通常是有翅膀的。

种（3000）

除了澳大利亚之外的世界范围
（在流水附近）

进食策略
虽然石蝇的成虫是根本不进食的，但水生的蛹是肉食动物，以其他幼虫为食。

六足动物

门	节肢动物门
亚门	六足动物亚门
纲	(3)
目	(5)
科	(31)
种	(8300)

六足动物有六条腿，身体分为三部分——头部、胸部和腹部。六足动物中大多数是昆虫，有三个目不是昆虫，它们包括跳虫（弹尾目）、原尾虫（原尾目）和铗尾虫（双尾目）。这些小生物生活在土壤和树叶堆里，长度从0.5毫米到3厘米。它们与昆虫的区别在于它们有口器。它们的口器是完全缩进头里面去的。同最古老的昆虫和蠹虫一样，这些微小的土壤居住者是从没有翅膀的祖先进化而来的，在它们的发育中仍然要蜕皮。

准备跳跃 跳虫无处不在。它们生活在淡水里、沿海的船只上和大多数陆地环境中，包括沙漠和两极地区。它们主要以微生物为食。水面居住者身上覆盖有毛发（上图）或者鳞片。

原生六足动物

组成弹尾目的跳虫是根据腹部的叉形器官命名的。它们能跳到自己身长100倍的距离之外——这是逃离危险最快的方式。它们是数量最多的动物之一，在一些草地环境中数量尤其多。

原尾虫的身长只有2毫米。它们很少被人看到，直到1907年才被发现。它们生活在土壤和树叶堆里，以真菌和腐烂的东西为食。它们是六足动物中最古老的，没有眼睛和触角。前腿起着感官的作用，伸向动物的前面而不是用于行走。每一次蜕皮后，原尾虫获得一节腹部。

铗尾虫没有眼睛，但是能用它们长长的触角和两只叫做尾毛的尾巴一样的结构感觉到土壤或者树叶堆里的路。在一些肉食的物种中，尾毛已经变成有力的尾铗，用于捕捉其他土壤居住者。其他物种是草食动物，以土壤里的真菌和废物为食。铗尾虫的身体某些部分可以再生。

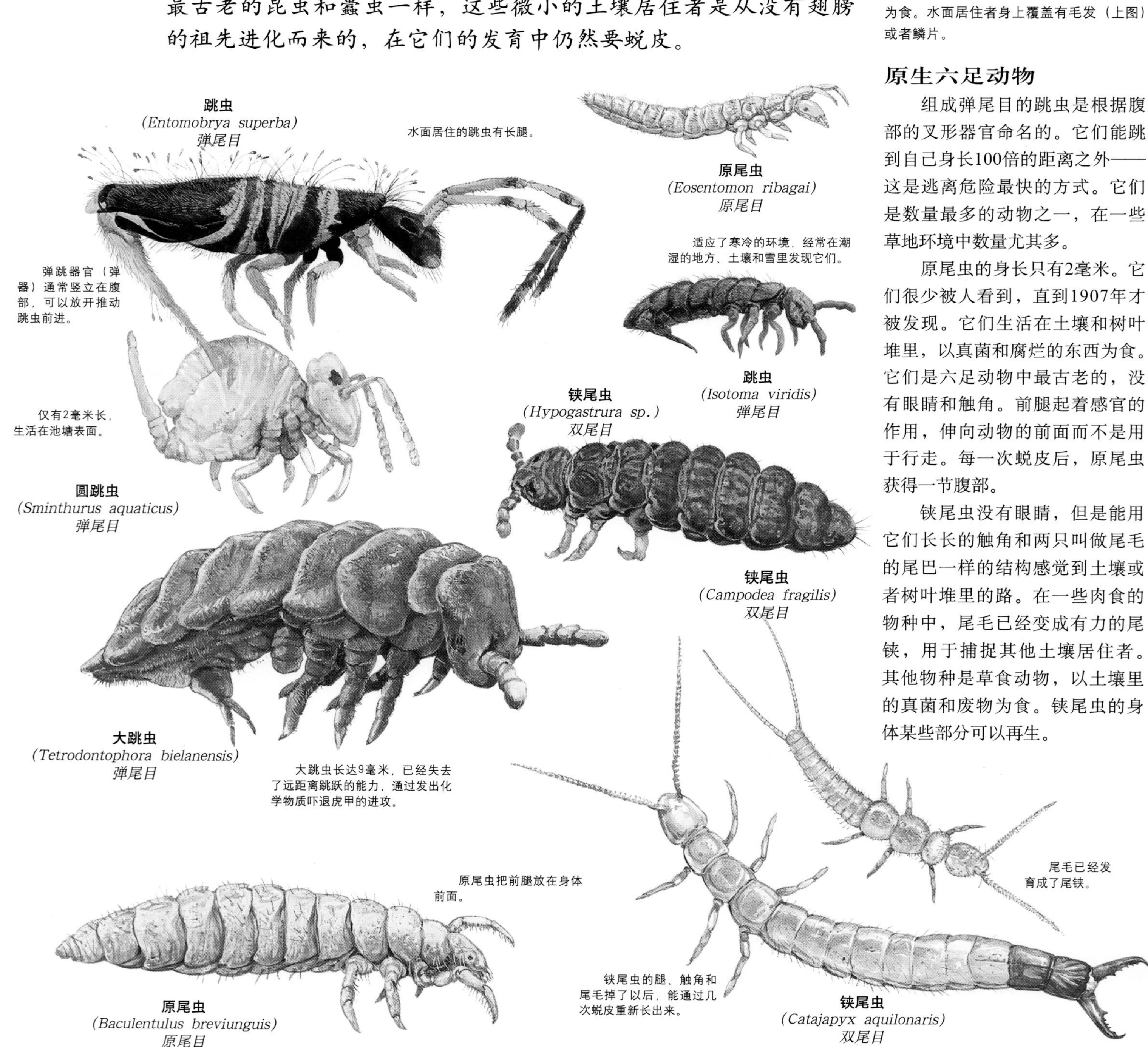

棘皮动物

门	棘皮动物门
纲	(5)
目	(36)
科	(145)
种	(6000)

棘皮动物门的海星、海胆、海蛇尾、毛头星和海参的身体形态各种各样，但是有一些共同的特征：成虫通常是五部分对称的，身体围绕一个轴，成为五个辐射对称的图案。大多数内部器官也是按照这种图案排列的。含钙鳞片的内部骨架提供保护和支撑。鳞片上有棘刺或者小块——“棘皮”正由此而来。体腔包括一个水导管系统——控制着管足进行运动、进食、呼吸和感觉的。

黏性保护 海参的骨骼已经退化了。豹海参（*Bohadschia argus*）喷射出大量的黏性白线，叫做居维叶细管，可以迷惑或者缠住猎食者。

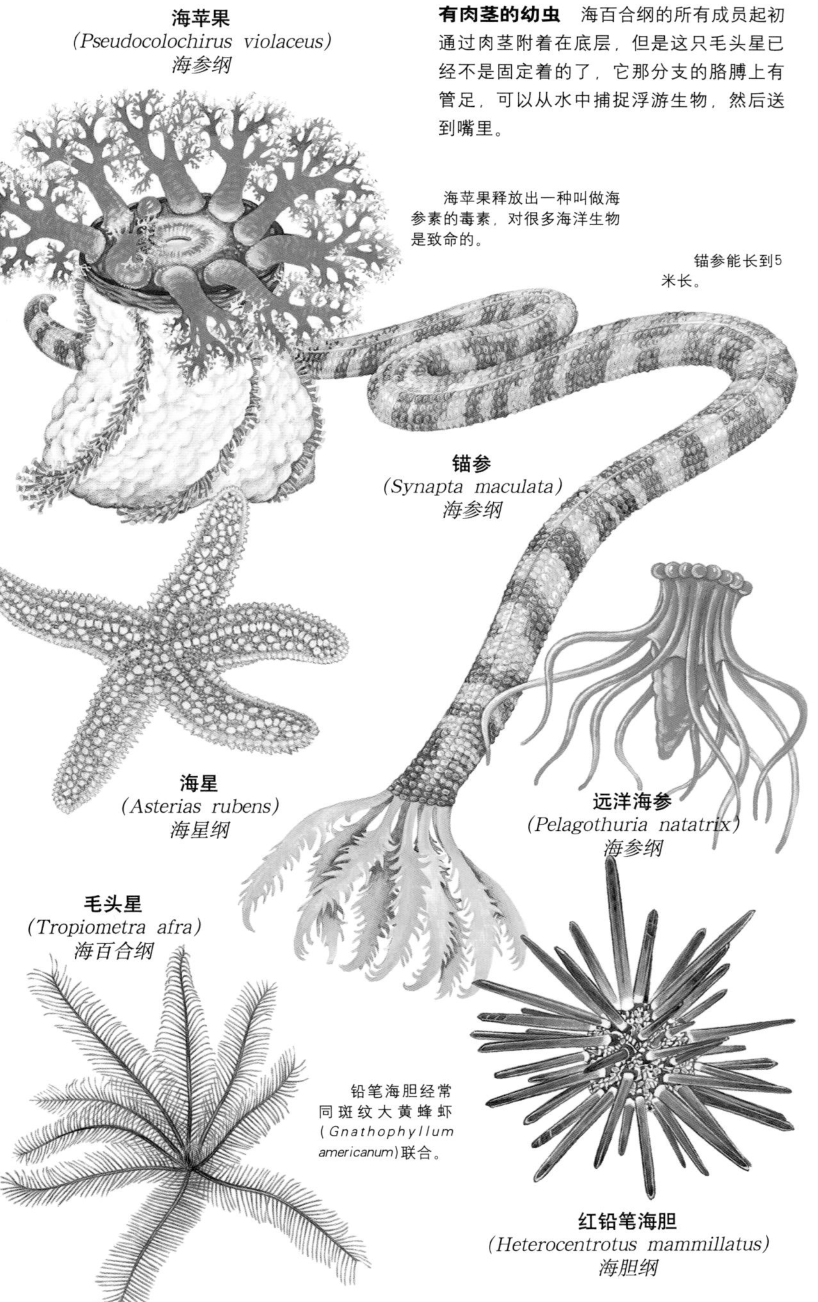

海苹果
(*Pseudocolochirus violaceus*)
海参纲

海苹果释放出一种叫做海参素的毒素，对很多海洋生物是致命的。

锚参能长到5米长。

锚参
(*Synapta maculata*)
海参纲

海星
(*Asterias rubens*)
海星纲

远洋海参
(*Pelagothuria natatrix*)
海参纲

毛头星
(*Tropiometra afra*)
海百合纲

铅笔海胆经常同斑纹大黄蜂虾（*Gnathophyllum americanum*）联合。

红铅笔海胆
(*Heterocentrotus mammillatus*)
海胆纲

有肉茎的幼虫 海百合纲的所有成员起初通过肉茎附着在底层，但是这只毛头星已经不是固定着的了，它那分支的胳膊上有管足，可以从水中捕捉浮游生物，然后送到嘴里。

多刺的海底居住者

所有的棘皮动物都是海生的，大多数是移动的海底居住者，除了海百合通过长长的肉茎固定在海底，还有一些海参在远海漂浮。棘皮动物在海中各个深度都存在。在海岸沿线经常能够看到海胆和海星。

棘皮动物门分为五个纲。海百合纲包括固定的海百合和移动的毛头星。它们是过滤进食者，嘴不面向海底。棘皮动物的其他纲包括肉食者、草食者和废物进食者。海星纲的海星和蛇尾纲的海蛇尾有胳膊从身体向四周伸出。它们的骨骼鳞甲被肌肉聚集在一起，使它们更有弹性。在海胆纲中，海胆和饼海胆有融合的鳞甲组成的坚硬的骨骼支撑着球形或扁形的身体，通常有突出的刺。海参（海参纲）通常身体柔软，它们的骨骼已经退化成小骨针。

少数棘皮动物能够无性繁殖，大多数是雌雄异体，产下卵和精子，在水中受精。幼虫通常是自由浮游的，经过变形成为海底居住者。在一些物种中，幼虫阶段没有了，刚生出来的幼体像小成虫。

聚集起来 很多棘皮动物，像这些海胆为了能得到食物，聚集成一大群。这个策略也能保护它们不受猎食者的侵袭，同时增强繁殖能力。

小档案

海星纲 这一纲的海星用胳膊上的吸吮管足移动和进食。大多数海星是肉食动物，它们翻转它们的胃覆盖在固定的或者行动缓慢的猎物上，然后开始消化它们。一些海星用它们的管足来捕获和打开贝壳，例如蛤。海星通常有鲜亮的颜色，例如红色、橘黄色或紫色，有平滑多刺的或者褶皱的表面。

种（1500）

世界范围（在海底）

很多胳膊 *太阳星（Crossaster papposus）有40只胳膊，直径长达30厘米。*

蛇尾纲 蛇尾纲的海蛇尾和蓝海星与胳膊排列在中间的圆盘海星不同，它们有明显分开的胳膊。它们不用管足爬行，而用灵活有节的胳膊以蛙式动作移动。这一纲包括肉食动物、腐食动物和废物进食者。

表 面 *海蛇尾通常生活在沙沉积物或泥沉积物的表面上，它们也可能浅浅地挖洞。*

种（2000）

世界范围（在海底）

海胆纲 这一纲的海胆有球形的身体，由叫做介壳的骨架和长长的移动刺保护着。饼海胆是扁平的，身上覆盖着更小的刺。很多海胆纲动物有叫做亚里士多德灯笼的鳞甲、肌肉和牙齿系统。它们用这一系统可以从岩石上刮擦海藻。

种（950）

世界范围（在海底表面或在海底里面）

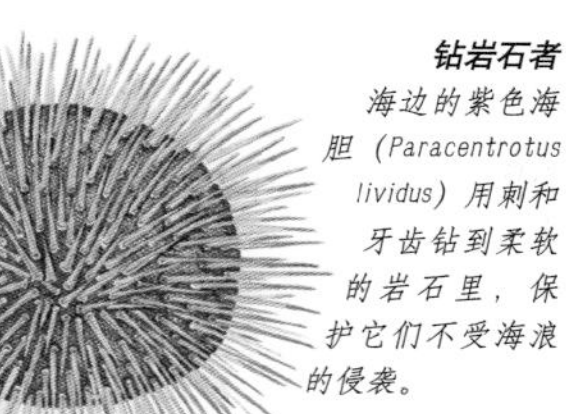

钻岩石者 *海边的紫色海胆（Paracentrotus lividus）用刺和牙齿钻到柔软的岩石里，保护它们不受海浪的侵袭。*

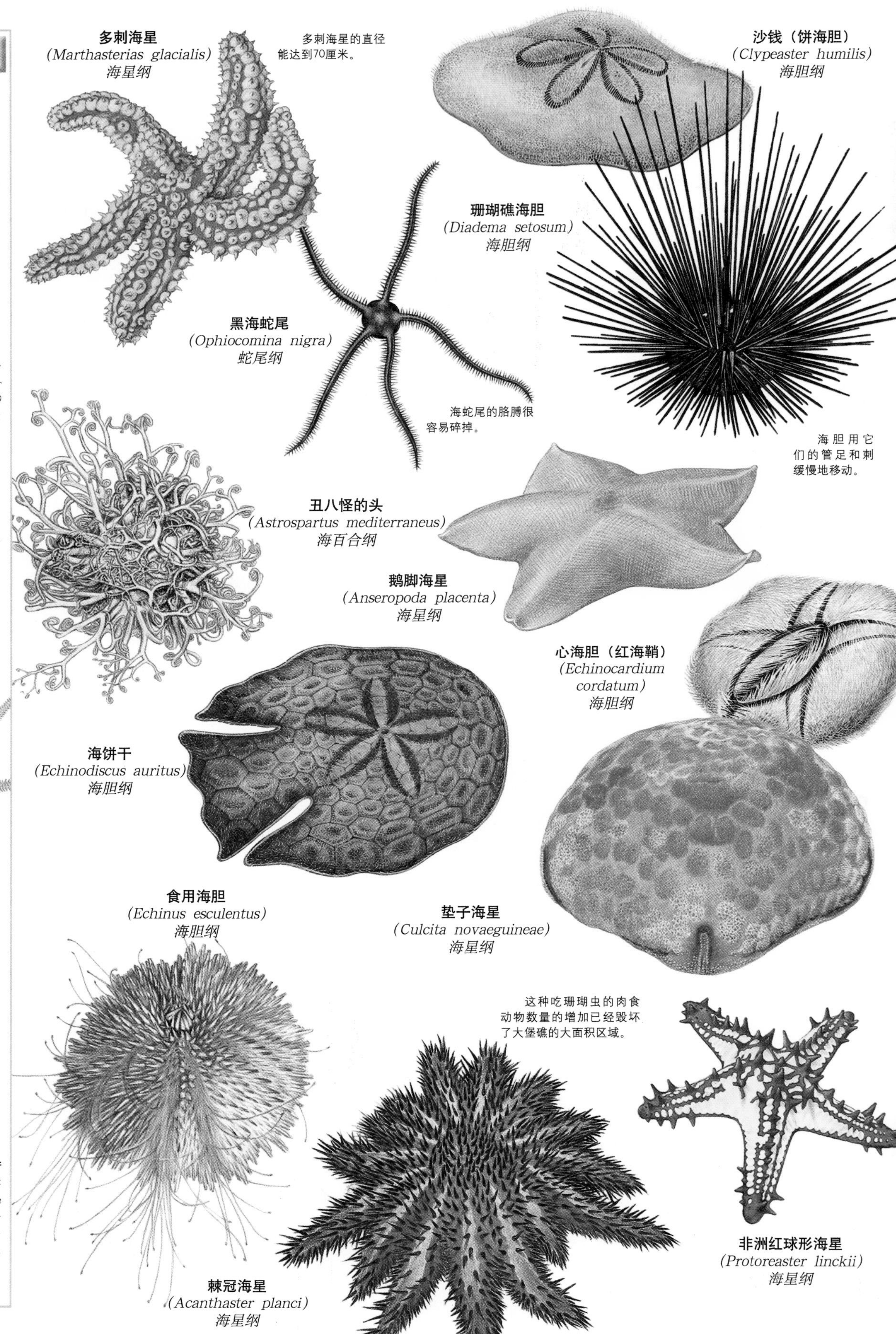

其他无脊椎动物

无脊椎动物
门（25）
纲（>40）
目（>60）
科（>12,000）

前面的篇章里涉及了8个无脊椎动物门，还有无脊椎脊索动物的2个亚门。除此之外，还有25个无脊椎动物门，在这一章里将介绍一些。苔藓虫门包括5000个物种，这些群体的成员大多很少——例如，帚虫动物门（马蹄虫）只包括20个种。它们的体形很小，有的只能在显微镜下看到。大多数是海生的，但在淡水中也发现了很多，陆地上也有一些。这25个无脊椎动物门虽然经常被忽略，但是它们在环境提出的挑战下起着重要的作用。

纽虫 大约有1000种纽虫组成纽形动物门。它们大多是海生的，也有一些生活在淡水或者潮湿的土壤里。它们用独一无二的可伸出的吸管诱捕无脊椎动物。

入侵的栉水母 原来生活在美洲大西洋沿岸的栉水母（*Mnemiopsis leidyi*）在20世纪80年代早期偶然被带到黑海。它们的数量大量增加，这种以浮游动物、鱼卵和幼虫为食的动物很快毁坏了当地的生态系统，引发了渔业危机。

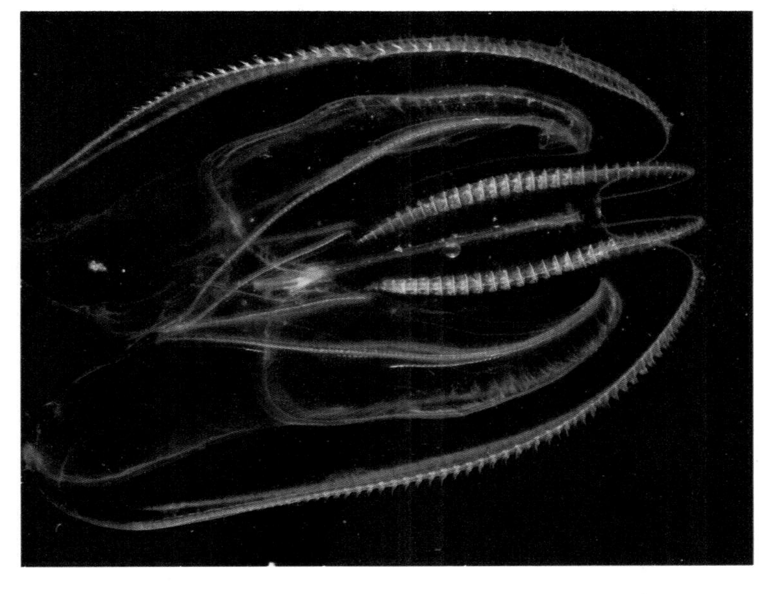

极限幸存者 缓步动物门的熊虫（此处放大了）能通过进入一种隐生的像死亡一样的状态来度过环境压力。在环境合适以前，它们能隐生许多年。

小档案

内肛动物门 高足杯虫依靠肉茎附着在海底，用一圈分泌黏液的触角在水中过滤颗粒。很多物种通过发芽繁殖。

种（150）

世界范围（大部分在海底）

缓步动物门 这一门直到1773年才被发现。熊虫用缓慢的像熊一样的步伐在海洋沉积物、土壤或者植物上爬行。这些小生物几乎能在所有的水中和潮湿的陆地环境中生存。

种（600）

世界范围（水中和潮湿的陆地环境）

栉水母动物门 海生的栉水母组成这一门。它们通过拍打身体两侧八个栉上融合的纤毛来游泳。

种（100）

世界范围（大部分是浮游生物）

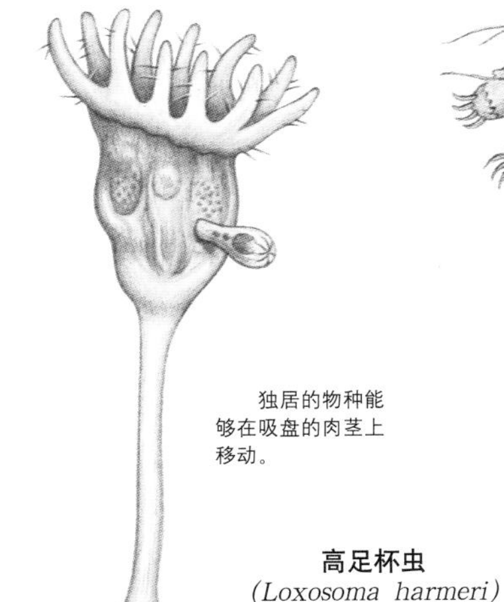

独居的物种能够在吸盘的肉茎上移动。

高足杯虫
(*Loxosoma harmeri*)
内肛动物门

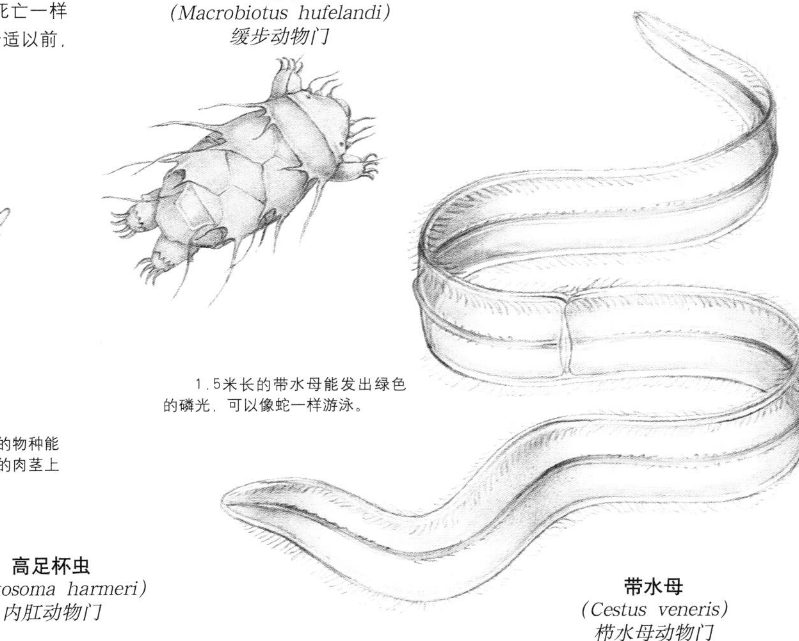

熊虫
(*Macrobiotus hufelandi*)
缓步动物门

1.5米长的带水母能发出绿色的磷光，可以像蛇一样游泳。

带水母
(*Cestus veneris*)
栉水母动物门

能吞食像它一样大的猎物（例如其他栉水母）。

瓜水母
(*Beroe cucumis*)
栉水母动物门

小档案

轮形动物门 该门的轮虫是微小的水生生物。它们通过嘴周围有纤毛的冠状器官迅速拍打来收集食物，或者像轮子一样推动自身前进。该类动物身上有坚硬的表皮保护，有的还长有自卫的刺。大多数轮虫生活在水中，它们组成大部分的浮游动物。

种（1800）

世界范围
（在水生植物里和潮湿的陆地环境中）

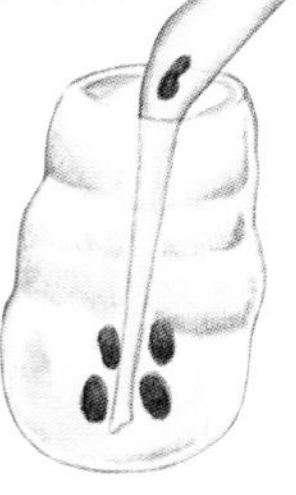

游泳的轮虫
很多轮虫物种（包括褶皱臂尾轮虫）是自由浮游的，还有的使用分泌黏合剂的脚趾固定在水面。

半索动物门 这一门的成员有玉钩虫。它们的身体分三部分：头部形成吸管；中间有硬领，有的物种有触须；躯体包括消化系统和生殖系统。它们以从水中过滤的或者沉积物吸收的颗粒为食。

种（90）

世界范围（在海底）

近亲属 *半索动物（例如黄岛长吻虫）同脊索动物很接近，但是没有脊索。*

毛颚动物门 这一门的箭虫是贪婪的肉食动物。头上有14个大针，用于抓取桡足动物或者小鱼等猎物。当这些刺不用的时候，从体壁形成羽冠盖在头上，保护着它们。很多物种是浮游动物，在夜间会从深水游到表面去进食。

种（90）

世界范围（在浮游生物里和海底）

鱼雷虫
像其他箭虫一样，鱼雷虫有鱼雷形状的身体，它们的背鳍和腹鳍用于保持平衡，尾鳍用于猛冲。

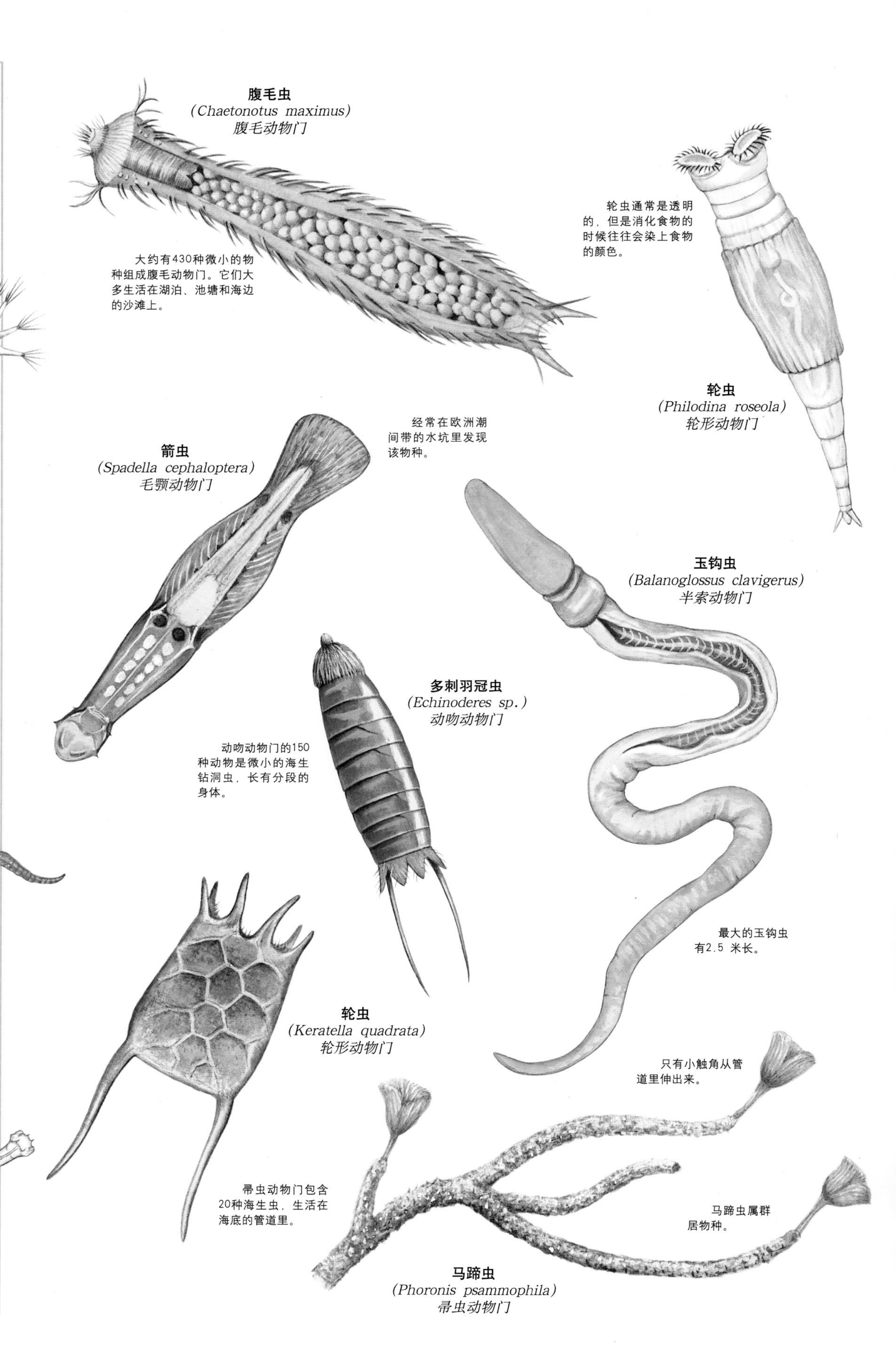

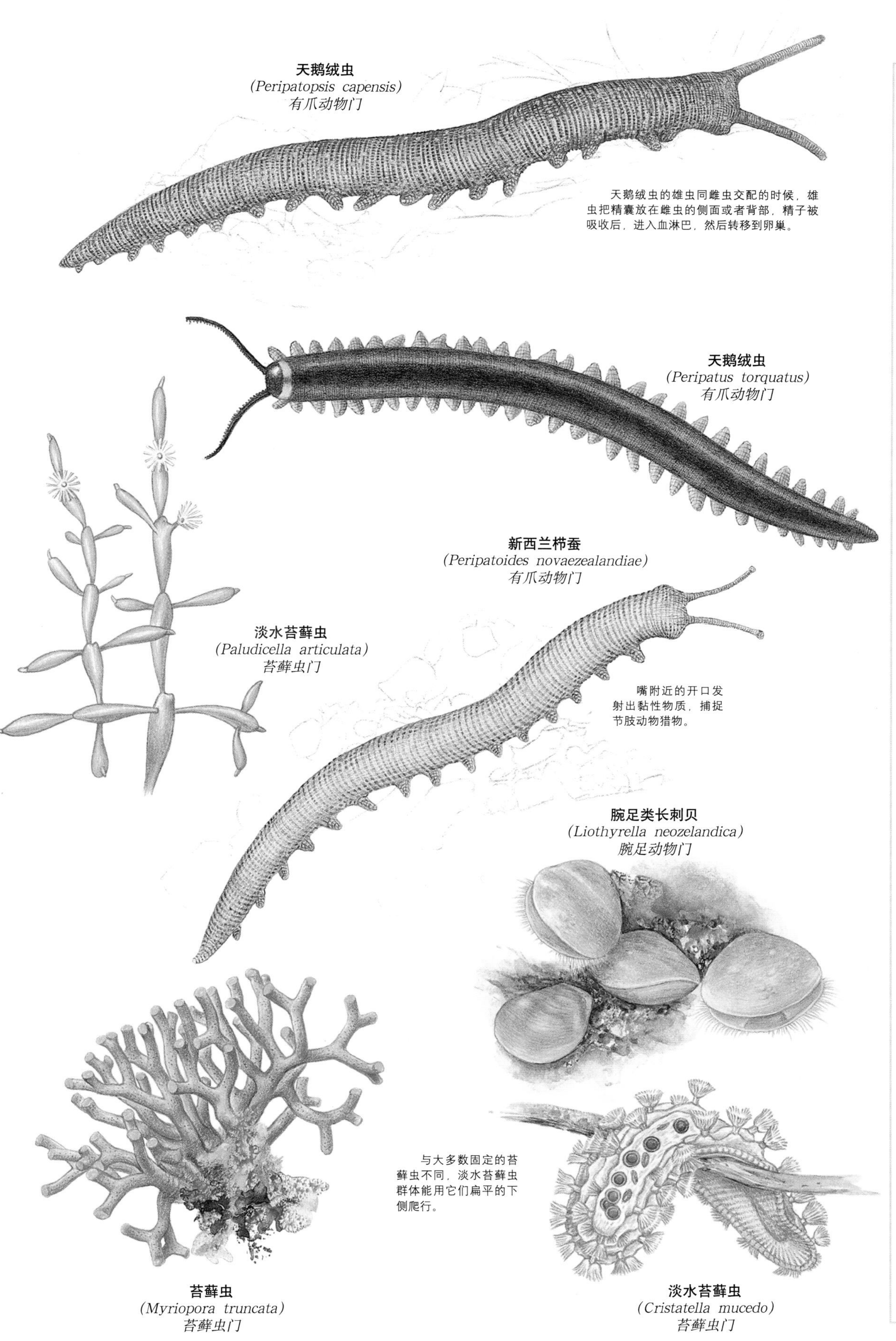

小档案

有爪动物门 这一门的天鹅绒虫由于有非蜡质的薄薄表皮，不能阻止水分丧失，所以必须生活在潮湿的陆地环境中。它们生活在树叶堆、土壤、石头下和腐烂的木头里。为了缠住昆虫和其他猎物，天鹅绒虫从黏液腺里喷射出黏性的丝线，自卫时也使用同样的方法。

种（70）

热带和南部温和地区

像天鹅绒一样

天鹅绒虫的身体表面覆盖着小突起，看起来像天鹅绒一样。圆柱形的身上有13条—43条粗短的腿。

腕足动物门 该门有双贝壳的腕足动物看上去像蛤或贻贝，但实际上它们同苔藓虫更接近。腕足动物和苔藓虫都是用触手冠——嘴周围的中空触须的羽冠从水中过滤食物颗粒。

种（350）

世界范围（在海洋的各个层面）

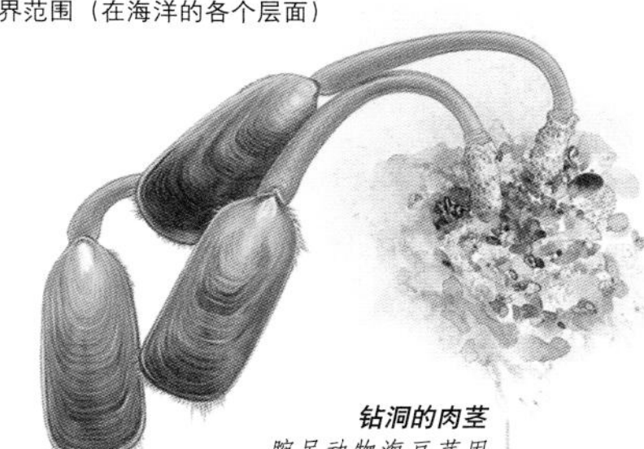

钻洞的肉茎

腕足动物海豆芽用肉茎在沉积物上钻洞，大多数腕足动物附着在岩石上。

苔藓虫门 该门的苔藓虫非常微小，它们是水生的，喜欢群居。大多数物种在身体周围分泌保护性的外壳，只给触手冠（进食的触角）留一个开口。通过生芽繁殖的群体通常作为硬壳在岩石或者海草上生长，有的有分枝的形态，但是也有一些是非固定的。

种（5000）

世界范围
（在水生环境的底部）

固定在一个地方

苔藓虫直立的分枝从固定的生殖根上长出。

术语表

Abdomen(腹部) 身体中包含消化系统和生殖系统的部分。在昆虫和蜘蛛中，腹部在身体后面。

Adaptation(适应性改变) 动物的行为或身体的改变使它能够在新的环境下生存和繁殖。

Adaptive radiation(适应性辐射) 一种物种或单个遗传类型变为多种，各自适应特定的周围环境之形式的多样化过程，例如科隆群岛的雀科鸣禽和马达加斯加岛的狐猴。

Algae(海藻) 最简单的植物形态。

Altricial(晚成性的) 某些幼鸟孵化出生时的无助状态，需要依赖成鸟的照顾。参看Precocial(早成性的)。

Amphibious(两栖的) 能生活在陆地和水中。两栖动物（如青蛙、蟾蜍、真螈、蚓螈和蝾螈）是脊椎动物，同爬行动物相似，但是有湿润的皮肤，它们的卵产在水中。

Amplexus(抱合) 雌蛙或雌蟾产卵于水中时，雄蛙或雄蟾的求偶行动。

Anadromous(溯河产卵的) 从海洋向上游到河流中，并在淡水中产卵，例如鲑鱼。参看Catadromous（由江河下海产卵的）。

Anal fin(臀鳍) 鱼腹部下侧的不成对鳍，在游泳时起着重要的作用。

Annulus(环状物) 环形的标志或一种生长环，鱼身上的环状物可以估计鱼的年龄。

Antenna(触角) 动物头部纤细的感觉器官，用来闻、触摸或者听。昆虫有两个触角。

Antlers(鹿角) 鹿和驼鹿头上分杈的骨质角，大多数情况下一年脱落后再长一次。它们被当作武器或者用于展示。参看Horns（角）。

Aquaculture(水产养殖) 对海水或淡水资源的养殖。

Aquatic(水栖的) 全部或者大部分时间生活在水中。参看Amphibious（两栖的）、Terrestrial（陆栖的）。

Arachnid(蜘蛛纲动物) 有四条行走腿的节肢动物，包括蜘蛛、扁虱和螨等。

Arboreal(树栖的) 全部或大部分时间生活在树上。

Arthropod(节肢动物) 有分节的腿和坚硬的外骨骼的动物。节肢动物组成地球上最大的动物群，包括昆虫、蜘蛛纲动物、甲壳动物、唇足类动物和多足类动物。

Avian(鸟的) 鸟的或者与鸟有关的。鸟属于动物界的鸟纲。

Baleen(鲸须) 鲸身上像梳子一样的纤维状鳞甲。鳞甲从上颌悬挂下来，用于从海水中过滤食物。

Barb(羽枝) 鸟羽毛的一部分，一个羽毛的羽干上突出的平行排列之一，橡梳子上的齿。

Barbel(触须) 在动物嘴唇或嘴附近纤细的肉质须状器官，上面有感觉器官和化学感受器，被海底居住的鱼类用于寻找食物。

Benthic(深海底的) 关于或者生存于海洋底部的；海底居住（例如一些鱼）。

Biodiversity(生物多样性) 在一个特定地点的动物和植物的总量。

Birds of prey(肉食鸟) 捕捉、杀死猎物的食肉的陆地鸟。鹰、鸢、猎鹰、秃鹰和秃鹫是白天活跃的肉食鸟，而猫头鹰则是夜间活跃的肉食鸟。

Blubber(鲸脂) 鲸、海豹和其他海洋哺乳动物的表皮与肌肉层之间的含有油脂的厚层。

Bony fish(有骨鱼) 有很多骨头的鱼。其他特征是鳃上有盖，有鳔。大多数有骨鱼皮肤上有鳞。

Book lungs（书肺） 在远古的昆虫和蜘蛛纲动物身上发现的肺，血液和氧气可以通过它循环。

Brachiation（摆荡） 动物（例如猿）的行进方式，交替用胳膊抓住东西，摇摆前进。

Brood parasite（寄养动物） 诱骗其他物种来饲养自己后代的动物，通常是鸟，例如，一些布谷鸟为了不再为食物和照料竞争，通常采用寄养的方法，年幼的寄养动物通常杀死同巢的动物。

Browser（吃嫩叶的动物） 一种草食哺乳动物，用爪子或者嘴唇从树上和灌木丛中捡树叶吃（例如无尾熊和长颈鹿），或者在低矮的植物上进食（例如黑犀牛）。

Camouflage（伪装） 动物用来和周围环境相适应的颜色和图案。伪装使动物隐藏起来不被猎食者发现，也可以伏击猎物。

Canine teeth（切齿） 哺乳动物的门牙和臼齿之间的牙齿。

Carnassials（裂齿） 肉食动物的特殊臼齿，有锋利如剪刀一样的边缘，用于撕裂食物。

Carnivore(肉食动物) 主要吃肉的动物。大多数肉食动物捕食其他猎物，也有的吃腐肉，还有一些既吃肉，又吃植物。

Carrion(腐肉) 死亡动物腐烂的肉和其他残留的东西。

Cartilaginous fish(软骨鱼) 一种骨胳主要由软骨组织构成的鱼，如鲨鱼、鳐鱼和银鲛。

Catadromous(由江河下海产卵的) 在淡水中生活，但移到海水中产卵繁殖，例如淡水鳗。参看Anadromous（溯河产卵的）。

Caudal(尾部的) 与动物尾部附近的区域相关。尾鳍是鱼尾的别称。

Cephalic(头部的) 与头部相关，位于头部或头部附近的。

Cephalothorax(头胸部) 在蜘蛛纲和甲壳纲动物中，包括头部和胸部的身体区域，由坚硬的壳覆盖着。

Chelicera(螯肢) 蜘蛛、扁虱、蝎子和螨身上像钳子一样的器官。

Chitin(几丁质) 一种坚硬的像塑料一样的物质，增加外骨骼硬度。

Chrysalis(蝶蛹) 蝴蝶变形过程中蛹的阶段，或者经过这一阶段时它居住的茧。

Claspers(交合突) 鲨鱼、鳐鱼和银鲛腹鳍的前端延伸，在交配中辅助精子的传递。

Cloaca(泄殖腔) 鱼、爬行动物、鸟和某些低级哺乳动物的肠道、生殖道和泌尿道通往的共用体腔。

Clutch(一窝卵) 鸟或爬行动物在一个生理周期里产的所有卵。

Cocoon（茧） 昆虫和蜘蛛吐丝做的用来保护它们和卵的壳。在两栖动物中，保护性的壳由泥、黏液和类似的物质构成，用于夏眠。

Cold-blooded(冷血的) 参看Ectothermic（冷血动物）。

Complete metamorphosis(完全变态) 昆虫发育过程中，从卵变成幼虫，再变成蛹，最后成为成虫。像甲虫和蝴蝶这样的昆虫都是通过完全变态发育的。

Compound eye(复眼) 由许多小眼组成的眼睛。大多数昆虫的眼睛是这样的，而蜘蛛的不是。

Conspecific(同种的) 属于同一个种的。

Convergent evolution(趋同进化) 互不关联的种群因处于相似环境中而逐步适应并形成表面上的相似结构。

Coral reef(珊瑚礁) 温水中的珊瑚虫或者水螅的骨骼形成的结构。

Crest(羽冠) 在蜥蜴中，指脖子或后背上一排大的有鳞的刺。在鸟中，指头部的一排羽毛。蜥蜴和鸟可以抬高或者降低羽冠来互相交流。

Crop(嗉囊) 鸟类食管部位囊状的扩大部分，用来对食物进行部分消化，或贮存食物进行反刍来喂食雏鸟。

Crocodilians(鳄目) 爬行动物的一类，包括短吻鳄、鳄、凯门鳄及长吻鳄。

Crustacean(甲壳纲) 大部分是水生的动物，例如龙虾、螃蟹和对虾，有坚硬的外骨骼。

Deforestation(森林砍伐) 砍伐掉森林树木用做木料，或者清除土地用于耕地或者建筑。

Dewlap(肉垂) 蜥蜴喉咙上一块下垂的皮肤，有时颜色鲜艳。肉垂通常与脖子很近，可以伸长同其他蜥蜴交流信息。

Dimorphic(二态的) 一个物种两种不同的形态。两性异形，是指同一物种的雄性和雌性在大小及外貌上的不同。

Dinosaurs(恐龙) 从三叠纪到白垩纪（2.45亿年前到6500万年前）统治地球的爬行动物。作为曾经生存的最大的陆地动物，恐龙同今天的鸟和鳄鱼最接近，而不是其他的爬行动物。

Dioecious(雌雄异体的) 生下来就有雄性和雌性区别，并且在以后还继续保持的。参看Hermaphrodite(雌雄同体的)。

Display(展示行为) 动物用来同它自己的物种或者其他动物交流的行为。展示行为可能是摆出姿势、做出动作或者显示身体鲜艳颜色的一部分，也可能是发出威胁、自卫或者准备交配的信息。

Diurnal(白天活动的) 白天行动活跃的。很多爬行动物是白天活动的，因为它们依靠太阳的热量为捕猎和其他活动提供能量。

Divergent evolution (分裂演进) 指的是两种或更多的相似物种为了适应环境而变得越来越不相似。

DNA(脱氧核糖核酸) 细胞核染色体上的分子，含有基因。

Domestication(驯养) 驯服、繁殖动物供人类使用的过程。驯养的动物包括宠物，还包括用于运动、食物或者工作的动物，例如绵羊、马和奶牛。

Dorsal fin(背鳍) 鱼或一些海洋哺乳动物背部主要的鳍，帮助动物在水中行进时保持平衡。有的鱼有两个或者三个背鳍。

Dragline(导索) 蜘蛛四处走动时拖在身后的一条丝线。

Drone(雄蜂) 雄性的蜜蜂。雄蜂同蜂后交配，但是同工蜂不同，它们不收集食物和维护蜂巢。

Echolocation(回声定位) 一种依靠声音而不是视觉或者触觉的导航系统。海豚、鼠海豚、蝙蝠和一些鸟使用回声定位来判断它们在哪儿，猎物在哪儿，以及是否有东西挡在路上。

Ecosystem(生态系统) 动物和植物及其适应的环境形成的生物群落。

Ectothermic(冷血动物) 不能够自身调节体温，主要以与外界环境交换热量的方式来调节自身体温的动物，如冷血动物中的爬行动物。

Egg sac(卵囊) 一些蜘蛛围绕在卵周围的丝袋。一些卵囊是可移动的，因此卵从一处被带到另一处；有一些卵囊更像外壳，附着在树叶上，或者悬挂在树枝上。

Egg tooth(卵齿) 胚胎爬虫或蛇的上颌长出的坚硬的齿状的突出物，用于孵化时敲破卵膜和卵壳以钻出壳。在动物孵化不久，卵齿就脱落了。

Electroreceptors(电接受器) 一些鱼（例如鲨鱼）和哺乳动物（例如鸭嘴兽）的特殊器官，用于探测其他动物身体发出的电场。它们也可以通过探测到周围环境的电场的失真——例如暗礁所引起的失真，帮助动物导航。

Elytra(鞘翅) 甲虫加厚的前翅，覆盖并且保护后翅。

Embryo(胚胎) 有机体发育的早期阶段。胚胎可能在母体的身体里生长，也可能在身体外的卵里生长。

Endothermic(温血的) 能够自身调节体温的，如在温血动物中的。参看ecothermic(冷血的)。

Estivate(夏眠) 通过睡觉或处于迟钝状态度过夏天。在干旱季节，很多青蛙大大降低它们全身的新陈代谢速度，在地下夏眠直到下雨。

Evolution(进化) 动物和植物为适应环境而出现的几代的逐渐变化。

Exoskeleton(外骨骼) 坚硬的外部骨骼或者身体的外壳。节肢动物都有外骨骼保护着。

Exotic(外来的) 外国的或者非本地的动物和植物物种，通常是通过人带到一个新的地方。

Feral(野生的) 野生的动物和植物，或者以前曾经驯养的，但是后来又回到野生状态的物种。

Fledgling(幼鸟) 这里指刚长上真正的羽毛，刚刚离开巢的幼鸟。

Flippers(鳍状肢) 一些水生动物的宽前肢。鳍状肢主要由爪子和上面的骨骼组成，像桨一样在水中划动。

Food chain(食物链) 一个生态群体中一系列的有机体，一个有机体以一个低级的有机体为食，反过来它又被另一个高一级的有机体吃掉，如此循环。食物链的开端通常是海藻，在水生食物链中是其他单细胞生物，在陆地食物链中是植物。

Fossil(化石) 埋置并保存于地层中的古生物遗体、遗物和生活遗址，经常在岩石中发现。

Fossorial(掘地的) 适应在地下挖洞或者钻洞的。

Frill(褶皱) 蜥蜴脖子上的一个硬领，像羽冠或者肉垂一样，褶皱被抬高，向其他蜥蜴发出信号或者吓退猎食者。

Fry(鱼苗) 小的幼鱼。

Gastroliths(胃石) 鳄鱼胃中的一种小石头，可以碾磨食物，帮助消化。

Gestation period(妊娠期) 雌性动物怀有小动物的时期。

Gills(鳃) 吸取水中氧气的呼吸器官。很多水生动物身上有鳃。

Gizzard(砂囊) 鸟的胃。里面有砂石帮助碾碎食物，食物通过砂囊进入肠。

Global warming(全球变暖) 由于森林砍伐、地表剥蚀、集中耕地和矿物燃烧等，地球的气温上升，气压下降。这会引起水蒸气吸收热量和“温室”气体（包括二氧化碳和甲烷）——这些聚集的热量会辐射到太空，引起冰盖融化，海平面上升。全球变暖也叫“温室效应”。

Gondwana(冈瓦纳古陆) 南半球一块假定性的大陆，根据地壳构造学说，这块大陆分离成印度、澳大利亚、南极洲、非洲和南美洲。参看Laurasia(劳亚古大陆)、Pangea(泛古陆)。

Gravid(妊娠的) 怀有卵的；怀孕的。

Grazer(草食动物) 以地面生长的草和植物为食的动物。

Greenhouse effect(温室效应) 参看Global warming（全球变暖）。

Groom(梳理毛发) 动物清洁、修复、整理毛发。

Grub(蛴螬) 昆虫的幼虫，通常是甲虫的幼虫。

Gullet(食道) 这里指鸟的食道。这个导管把食物从鸟嘴传递到砂囊。

habitat(栖息地) 动物自然生活的区域。很多不同种类的动物生活在同样的环境下（例如雨林中），但是，在同一个环境下却有不同的栖息地。例如，雨林中的一些动物生活在树上，而另一些生活在地面上。

Hatchling(新孵化的动物) 新孵化的鸟或爬行动物的幼体。

Heat-sensitive pit(热感觉器) 一些蛇的感觉器官，能探测温度的微小变化。

Herbivore(草食动物) 仅仅以植物（例如树叶、树皮、树根和种子等）为食的动物。

Hermaphrodite(雌雄同体的) 兼有雄性和雌性生殖器官的动物和植物，能够自己受精，或者起初是一种性别，后来变成另一种性别。

Hibernate(冬眠) 在冬天保持完全不活跃的状态。一些动物在冬天以前尽可能多地吃，然后蜷缩在隐蔽的地点，进入很深的睡眠。它们依靠储存的脂肪生活，减慢呼吸和心跳来帮助保存能量直到春季。昆虫的卵、幼虫、蛹和成虫都可以冬眠。

Hoof(蹄) 马、羚羊、鹿和相关的动物的脚趾，覆盖有厚厚的坚硬皮肤，有锋利的边缘。

Horns(角) 哺乳动物（例如反刍动物）头上尖的中空的骨质突出物。与Antlers(鹿角）不同，角不脱落。

Hybrid(杂种) 两个不同物种交配产生的后代。

Incisors(门牙) 动物前面的牙，用于切断或撕咬的牙齿，位于犬齿之间。

Incomplete metamorphosis(不完全变态) 昆虫逐渐改变形态，从卵到蛹，再到成虫的发育过程。

Incubate(孵卵) 把卵放在一定的环境下，通常是母体的外面，使其发育，孵化。大多数鸟用它们的体温孵卵。有的鸟和爬行动物把卵放在土壤、树叶堆或者类似的覆盖物里，让它们自己孵化。

Insectivore(食虫动物) 仅仅或者主要以昆虫或无脊椎动物为食的动物。一些食虫动物也吃小的脊椎动物，例如青蛙、蜥蜴和老鼠。在哺乳动物中，它们是食虫目的成员。

Introduced(引进的) 被人从另一个地方引入的动物和植物，故意地或者意外地释放到一个环境中。

Invertebrate(无脊椎动物) 没有脊椎的动物。很多无脊椎动物是软体动物，例如蠕虫、水蛭和章鱼，但是大多数有外骨骼，例如昆虫。

Ivory(象牙) 大象和海象的长牙，或者由象牙制造的物品。

Jacobson's organ(亚各布森器官) 蛇、蜥蜴和哺乳动物的嘴上部的两个小的感觉器官。它们用这个器官分析舌头从空气中和地面上收集的小颗粒。

Keratin(角蛋白) 在角、毛发、鳞片、羽毛和指甲上的蛋白质。

Krill(磷虾) 微小的像虾一样的甲壳纲动物，大量生存于北极和南极水域。

Lateral line(侧线) 鱼身体两侧的一系列感觉孔。它能通过记录水中的压力变化来探测移动的物体。

Larva(幼体) 同成体完全不同的幼小动物。昆虫的幼体有时叫做蛴螬、蛆或者毛虫，通过完全变态或者不完全变态变成成虫。在两栖动物中，变形前的幼虫阶段是通过鳃而不是肺呼吸（例如蝌蚪）。

Laurasia(劳亚古大陆) 北半球的原始大陆，它分裂为今天的北美洲、欧洲和亚洲。参看Gondwana(冈瓦纳古陆)、Pangea(泛古陆)。

Live-bearing(卵胎生) 生出完全成形的幼体。

Luminous(发光的) 反射或者放射出光线的。一些深海鱼类能通过发光器官产生自己的光源。

Maggot(蛆) 苍蝇的幼虫。

Mammal(哺乳动物) 温血的脊椎动物，用奶哺乳幼体，在它的下颌仅仅有一块骨头。虽然大多数哺乳动物有毛发，生出幼体，也有一些例外，例如鲸和海豚几乎没有或者根本没有毛发，单孔目动物通过产卵繁殖后代。

Mandibles(上颌) 昆虫用于撕咬的上颌。

Marsupial（有袋动物） 生出的幼体没有完全发育好的动物。这些幼体在四处跑动以前通常呆在育儿袋里（它们在里面吃奶）。

Mesopelagic(海洋中层的) 深度在200米到1000米之间的海洋层。

Metamorphosis(变态) 动物改变形态的发育过程。很多无脊椎动物，包括昆虫和一些脊椎动物，例如两栖动物在成熟的时候要变态。

Migration(迁徙) 从一个栖息地到另一个栖息地的季节性的移动。很多动物迁徙很远的距离到另一个地点去寻找食物、交配、产卵或者繁殖。一些深海鱼类在夜间垂直迁徙进食。

Molars(臼齿) 哺乳动物用于磨碎食物的牙齿。

Mollusk(软体动物) 像蜗牛和鱿鱼没有脊椎，身体柔软，身体部分或者全部装入贝壳。

Molt(蜕皮) 蜕去身体外面的一层表皮，例如毛发、皮肤、鳞甲、羽毛或者外骨骼。

Monotreme(单孔目) 同爬行动物有很多相似特征的哺乳动物。单孔目动物产卵，有泄殖腔。它们是仅有的没有乳头的哺乳动物，它们用腹部的管道释放的奶喂养幼体。

Morph(变种) 一个物种或者当地物种的颜色或者其他身体的变化。

Musth(狂暴状态) 当象的眼睛和耳朵之间的狂暴状态腺分泌液体的时候，大象的睾丸激素水平增高，经常会增强攻击性，急于找雌象交配。

Mutualism(互利共生) 对双方都有利的两个物种的联盟，例如公啄木鸟和草食动物。

Neoteny(幼态持续) 指某个物种在成熟期仍保持幼年特征。一些蝾螈常常出现幼态持续。

Niche(小生境) 一个物种在一个动物群体中起的生态作用。

Nocturnal(夜间活动的) 在夜间活跃的。夜间活动的动物有特殊的适应性，例如大大的眼睛和灵敏的耳朵帮助它们在黑暗中辨认方向。夜间活动的动物白天休息。

Nomadic(游牧的) 没有固定的地盘，从一处游荡到另一处寻找食物和水。

Nymph(蛹) 昆虫通过不完全变态发育的幼虫阶段。蛹通常同成虫很相似，但是没有完全发育的翅膀。

Ocellus(单眼) 只有一个晶状体的简单的眼。昆虫通常在头上有三个单眼。

Omnivore(杂食动物) 既吃植物，又吃动物的动物。杂食动物的牙和消化系统可以容纳几乎任何一种食物。

Opposable(可与其他手指相对的) 书中指一只手的大拇指能接触到所有的其他手指，或者一只脚的大拇指能接触到所有的其他的脚趾的。

Order(目) 分类学上位于科之上、纲以下的类别。

Osteoderm(皮肤骨化) 在爬行动物中，皮肤骨化能保护它们抵抗猎食者。大多数鳄鱼和蜥蜴有皮肤骨化保护，还有厚厚的坚硬皮肤。

Oviparous（卵生的） 在母亲体外产卵并发育和孵化的。在母体内几乎没有或者根本没有发育变化；胚胎在卵里发育。参看Ovoviviparous（卵胎生的）、Viviparous(胎生的)。

Ovipositor(产卵器) 雌性昆虫产卵的管状器官。

Ovoviviparous(卵胎生的) 在母体内产卵并发育。在产卵时或者产卵后不久卵就孵化了。参看Oviparous(卵生的)和Viviparous(胎生的)。

Pair bond(配对结合) 在求爱和交配期间，雌性动物和雄性动物之间形成的暂时的或永久的联系。

Paleontology(古生物学) 对出现在史前或古地质时代生命形成的研究的学科。

Pangea(泛古陆) 包括所有现在的大陆连接在一起的原始大陆。参看Gondwana(冈瓦纳古陆)、Laurasia(劳亚古大陆)。

Parallel evolution(平行进化) 关系相当密切的生物身上类似结构的独立演化，以应付类似的进化压力。

Parasitism(寄生状态) 一种动物或植物生活在另一种动物或植物上，或者以另一种动物或植物为食的情形，有时会有有害的结果。

Passerine(雀形目) 雀形目的鸟。雀形目鸟经常被称为鸣鸟或者栖木鸟。

Pectoral fins(胸鳍) 在鱼和哺乳动物中，身体的两侧用于提升或控制运动的成对的鳍。在鱼中，它们通常位于鳃的后面。

Pedicel(肉茎) 连接昆虫头部和胸部的或者蜘蛛的头胸部和腹部的“细腰”。

Pedipalp(须脚) 靠近蜘蛛或其他蜘蛛纲动物嘴部第二对附属器官的一个用于捕食或感觉的器官。在蜘蛛中，它们用于交配。

Pelagic(远洋的) 属于、有关或栖息于远洋而不是与近海或内陆水域相连的。参看Benthic（深海底的）。

Pelvic fins(腹鳍) 位于鱼的身体下侧的成对的鳍。

Photophores(发光器官) 常在一些深海鱼类身上发现的能发光的器官。

Pheromone(信息素) 一种由动物，尤其是昆虫分泌的化学物质，会影响同族其他成员的行为或成长。很多动物用信息素来吸引异性交配，或者警告危险。

Phytoplankton(浮游植物) 漂浮在海洋表面或者附近的微小的单细胞海藻。

Placental mammal(有胎盘哺乳动物) 不产卵或者生出未发育完全的幼体的哺乳动物。它们用血液丰富的叫做胎盘的器官在身体里孕育发育的幼体。

Plankton(浮游生物) 漂浮在远海的动物（浮游动物）和植物（浮游植物）有机体。浮游生物构成食物链的重要环节。

Pollen(花粉) 雄性花或花的雄性器官产生的粉状物质，用于繁殖。

Pollination(授粉) 花的雄性器官产生的花粉同花的雌性部分接触的过程，这样使花受精，形成种子。

Pore(毛孔) 细小的开口，例如在动物的皮肤上或者在植物的叶表面。

Precocial(早成性的) 刚出生就能活动，并且自力更生的。指的是一些刚孵出的小鸟，例如鸭子和小鸡。参看Altricial(晚成性的)。

Predator(猎食者) 主要以杀死和吃掉其他动物为生的动物。

Preen(用喙整理羽毛) 指的是鸟清洁、修复和整理羽毛的行为。

Prehensile(能握的) 能抓住或者能握住的。一些树上居住的哺乳动物和爬行动物有能握的爪子或者尾巴，被当作额外的肢体帮助它们安全地呆在树上。大象的鼻子顶端有能握的“手指”，这样它们就能捡起小的食物。吃嫩叶的动物，例如长颈鹿有能握的嘴唇帮助它们抓住树叶，鹦鹉卷曲的舌头使它们能够从壳里吸出果仁。

Proboscis(长鼻或吸管) 在昆虫中，指长长的管状口器，用于进食。在一些哺乳动物中，指长长的鼻子或者象鼻。象鼻有很多功能，例如闻、触摸和抬东西。

Protandrous(雄性先熟的) 在有序雌雄同体中（如一些鱼），以雄性开始生命，后来又变成雌性的。

Protogynous(雌性先熟的) 在有序雌雄同体中（如一些鱼），以雌性开始生命，后来又变成雄性的。

Pupa(蛹) 昆虫由幼虫转变为成虫的阶段。

Queen(后) 社会性昆虫群里的雌性昆虫。通常情况下，后是群里惟一产卵的成员。

Quill(刚毛) 针鼹鼠、豪猪、食蚁兽和一些哺乳动物的长长尖锐的毛发，用于自卫。

Rain forest(雨林) 每年至少下250厘米雨的热带森林。雨林是很多动物和植物的家。

Raptor(肉食鸟) 白天捕食的鸟，例如鹰和猎鹰。

Regurgitate(反刍) 把食物从胃里带回到嘴里。很多有蹄动物用这种过程把它们的食物粉碎成液体形态，这叫反刍。鸟也部分反刍消化的食物来喂养小鸟。

Roost(栖木) 一些动物，例如鸟和蝙蝠睡觉的地方。也指到这样的地方或者聚集在这样的地方的行动。

Refection(杂吃) 啮齿动物吃自己的粪便，以便在粪便排出前从食物中得到最大营养的行为。

Retractile claws(伸缩自如的爪子) 猫和类似的动物的有外壳保护的爪子。这样的爪子在动物准备捕食猎物或者战斗的时候会伸出来。

Rostrum(喙) 一些昆虫头上管状的嘴一样的进食器官。

Rudimentary(未成熟的) 动物简单的未充分发育的或者发育不全的部分，例如一个器官或者翅膀。一些现代动物的未成熟部分是早期祖先的功能部分的痕迹，但是现在没有用处了。

Ruminants(反刍动物) 有蹄动物——牛、水牛、野牛、羚羊、瞪羚、绵羊、山羊和其他牛科动物有四室的胃。这些室中的一个是瘤胃，食物在里面反刍及第二次咀嚼前被微生物发酵。有效的消化系统使牛科动物最充分地利用低营养的食物，例如草，以便在更广阔的范围生存。

Savanna(热带大草原) 分散有树的大草原。大多数热带大草原分布在有明显夏季湿季的亚热带地区。

Scales(鳞片) 在爬行动物中，指大小不等的明显加厚的皮肤区域；在鱼中，指覆盖在身体外面的鳞状物。

Scavenger(腐食动物) 一种以腐肉——通常是肉食动物杀死的动物的尸体——为食的动物。

Scutes(鳞甲) 在乌龟壳上或蛇腹底的一种角质状的外部片甲。

Sedentary(定居的) 生活中几乎不动的；也形容不迁徙的动物。

Semi-aquatic(半水栖的) 有时生活在水中，有时生活在陆地上。

Silk(丝) 很多昆虫和蜘蛛产生的坚韧有弹性的物质。丝在离开身体的时候还是液体。

Social(群居的) 生活在群体中的。群居的昆虫成对进食，有时和幼虫一起进食，或者在群体中和上千只动物一起进食。

Spawn(产卵) 向水中直接产卵和精子。

Species(物种) 有非常相似特征的一群动物，能在一起繁殖幼体。

Spermatophore(精囊) 在交配时从雄性进入雌性的精子囊或精子团。

Spicule(小针) 突针状结构或部分，例如碳酸硅或碳酸盐突起，存在于某些无脊椎动物中，用来支持软组织。

Spinnerets(吐丝器) 蜘蛛或某些昆虫的幼虫腹部顶端的分泌丝线的结构。

Spiracle(气门) 昆虫或蜘蛛外骨胳中的几个气管状开口的任何一个。在软骨鱼中，气门位于眼睛的后面。当鱼在水底休息或用嘴进食的时候，气门吸入水呼吸。

Squalene(鲨烯) 深海鲨鱼的肝油中发现的物质。它经过精炼，可以作为高技术工业的高级机油或者化妆品中的健康和营养补品。

Stinger(螯针) 昆虫和蝎子尾部的能刺破肉，注入毒液的中空的器官。

Streamlined(流线型的) 有光滑的身体形状，可以降低前进时的阻力，如海豹的体形是流线型的。

Stereoscopic vision(立体视觉) 两只眼睛都向前的视觉，给动物重叠的图像，这样就可以判断深度。

Stridulate(唧唧鸣叫) 摩擦身体部位产生的声音。很多昆虫用这种方式交流，一些用腿摩擦它们的身体。

Stylet(螯针) 用来刺穿动物和植物的尖锐的器官。

Subantarctic(亚南极的) 紧邻南极圈以北地区的海洋和岛屿的。

Swim bladder(鳔) 有骨鱼腹部充满气的袋子形状的器官。它使鱼能在水中保持一定的深度。

Symbiosis(共生现象) 两个种类的有机体之间互利的联合，这种联合不一定对每个成员都有益。动物同植物、微生物和其他动物结成共生关系。参看Mutualism（互利共生)、Parasitism(寄生行为)。

Sympatric(分布区重叠的) 两个或多个物种生活在同一地区的现象。

Syndactylic(并趾的) 后足上有融合的脚趾的，例如袋狸、袋鼠和袋熊。

Tadpole(蝌蚪) 青蛙或蟾蜍的幼虫。蝌蚪是水生的，从水中通过鳃吸收氧气。

Taxonomy(分类系统) 根据特征和适应性的相似之处把生物分成各种群体和亚群体的系统。

Teleosts(硬骨鱼) 包括最普通的鱼的一大类鱼，它与鲨鱼等软骨鱼不同。

Terrestrial(陆栖的) 全部或大部分时间生活在陆地上的。参看Amphibious（两栖的)、Aquatic(水栖的)。

Temperate(温带的) 指有温暖的（但不是很热）夏季和凉爽的（但不是很冷）冬季的环境或地区。大多数温带地区在热带和两极地区之间。

Tentacles(触手) 海生无脊椎动物身上长长细细的器官，用于感觉、抓握或者注射毒液。在蚓螈中，感觉器官位于头部的两侧。

Territory(地盘) 动物居住的区域，占有者经常对侵入这一区域者进行反击。这一区域往往包括动物需要的所有生活资源，例如食物、筑巢地或者栖木。

Thermal(上升的热空气) 鸟用来上升的上升气流，鸟也可以在上面滑翔，以节约能量。

Thorax(胸部) 动物身体的中间部分。在昆虫中，胸部是从头部到细“腰”。在蜘蛛中，胸部和头部形成一个整体。

Torpid(蛰伏的) 身体新陈代谢大大减慢的睡眠状态，例如寒冷和食物短缺时动物会蛰伏。夏眠和冬眠是两种形式的蛰伏。

Trachea(气管) 动物身体的呼吸管道。在脊椎动物中，有一根气管通到肺里。昆虫和一些蜘蛛有很多小气管遍布全身。

Tropical(热带的) 赤道附近全年都温暖或炎热的环境或地区。

Tropical forests(热带森林) 生长在热带地区的森林。例如中非、南美洲北部和东南亚的热带森林，全年的气温变化很小。参看Rain forest（雨林)。

Tundra(苔原) 北极地区冰盖和乔本植被线之间的无树地区，有永冻底土，并生长有低矮的植物，如苔藓、地衣和发育不全的灌木。

Tusks(獠牙) 一种伸长的尖的牙齿，通常有一对，延伸至嘴外，如海象、象、野猪等动物的长牙，用于战斗和自卫。

Ungulate(有蹄动物) 有蹄的大型草食哺乳动物。有蹄动物包括大象、犀牛、马、鹿、羚羊和野牛。

Venom(毒液) 动物通过毒牙、螯针、刺和类似的器官向猎食者或者猎物注入毒液。

Venomous(有毒的) 指能够向其他动物注入毒液的动物。有毒的动物通常通过咬和叮来攻击敌人。

Vertebrate(脊椎动物) 有脊椎的动物。脊椎动物有软骨或骨头组成的内部骨骼。鱼、爬行动物、鸟、两栖动物和哺乳动物都是脊椎动物。

Vertebral column(脊柱) 脊椎动物背部从头部到尾部的一系列椎骨，里面有脊髓。

Vestigial(退化的) 机能衰退的或丧失功能器官的。

Vibrissae(触须) 对触觉特别敏感的特殊毛发或者胡须。

Viviparous(胎生的) 在母体中发育产生后代的。大多数哺乳动物和一些鱼类（例如鲨鱼）是胎生的。

Warm-blooded(温血的) 参看Endothermic(温血的)。

Worker(职虫) 采集食物、照顾幼虫的昆虫，但是通常不繁殖。

Zooplankton(浮游动物) 和浮游植物一起构成海洋表面或者附近的浮游生物的小动物。浮游动物被一些鲸鱼、鱼和海鸟食用。

Zygodactylous(对趾的) 指的是鸟的四个脚趾中有两个向前伸，两个向后伸。

索 引

A

B

C

D

E

F

G

H

J

K

L

M

N

O

R

S

T

W

X

Y

Z

t=top; l=left; r=right; tl=top left; tcl=top center left; tc=top center; tcr=top center right; tr=top right; cl=center left; c=center; cr=center right; b=bottom; bl=bottom left; bcl=bottom center left; bc=bottom center; bcr=bottom center right; br=bottom right

AAP = Australian Associated Press; AFP = Agence France-Presse; APL = Australian Picture Library; APL/CBT = Australian Picture Library/ Corbis ; APL/MP = Australian Picture Library/Minden Pictures; ARL = Ardea London; AUS = Auscape International; BCC = Bruce Coleman Collection; COR = Corel Corp.; GI = Getty Images; IQ3D = imagequestmarine.com; NGS = National Geographic Society; NHPA = Natural History Photographic Agency; NPL=Nature Picture Library; NV = naturalvisions.co.uk; OSF = Oxford Scientific Films; PL = photolibrary.com; SP=Seapics.com; WA = Wildlife Art Ltd.

PHOTOGRAPHS

Front cover Rick Stevens/The Sydney Morning Herald
1 GI; 2-3 GI; 4c GI; 6tc APL/ CBT; tl, tr GI; 7tcl, tcr, tl, tr GI; 8c GI; 12–13c GI; 14bl APL/MP; br, tr APL/CBT; 15cr PL; tr GI; 16cr Artville; tr GI; 17bl, br, tl, tr APL/CBT; cr GI; 22bl AUS/Reg Morrison; c APL/CBT; tr Queensland Museum; 23bc GI; c PL; cr NPL/Rachel Hingley; 25br GI; tl, tr APL/CBT; 26bl, br, tr APL/CBT; 27cr APL/CBT; 28bl, tr APL/ CBT; tl AAP/103; 29bl APL/CBT; br, c, cl, tc GI; 30cr, tc APL/ CBT; 31br PL; cr, tl APL/CBT; tr APL/ MP; 32bl, t APL/CBT; 33cl APL/CBT; tl GI; 34bl, br, c, t APL/ CBT; 35br GI; t APL/ CBT; 36l GI; 37bl, br, tl, tr APL/CBT; 38t APL/CBT; 39bl AUS/Martyn Colbeck/OSF; br PL; c AUS/Kitchen & Hurst; tr AUS/OSF; 40bc GI; br PL; 41br, tl APL/CBT; 42bl PL; cl, tr APL/CBT; 43bl, br, cl, tr APL/CBT; 44b GI; c Esther Beaton; cl, tr PL; 45bl, c, cr APL/CBT; tr PL; 46br, cl, tc APL/CBT; c APL/MP; 47bl GI; br, cl, tr APL/CBT; 48bl, cr, tr APL/CBT; br, cl GI; 49bc, br, tr APL/CBT; 50b APL/CBT; t GI; 51bl, cl, cr APL/ CBT; tr GI; 52bl, br, tr APL/CBT; 53bc, bl, br, cl, tr APL/CBT; 54br, cl APL/CBT; tr Esther Beaton; 55br AAP/AP; Photo/Dita Alangkara; 56bl, tl APL/CBT; br, tr AAP Image; c PL; 57bl, br, tr APL/CBT; 58bcr, cl, cr, tr APL/ CBT; br PL; 59bl, tc GI; br, cr APL/CBT; 60–61c GI; 62bc AUS/Michael Maconachie; bl APL/MP; 63c PL; 64bl, cr, tcr, tl APL/CBT; 65br, tl PL; c, cr APL/CBT; 66bc PL; c APL/CBT; tr Kathie Atkinson; 68bl, cl PL; 79tr GI; 81bl, tr APL/CBT; c PL; 84bc APL/CBT; c PL; 89br PL; 90bl GI; cl National Geographic Image Collection; 91cr PL; 92cl APL/CBT; tl AUS/D Parker & E Parer-Cook; 98bl AUS/Daniel Cox/OSF; c AUS/David Haring/OSF; cr AUS/Ferrero-Labat; 99br, c, tl, tr PL; 100br AUS/Rod Williams; cl AUS/T-Shivanandappa; r APL/CBT; 106bl, cr PL; 118cl PL; tr APL/CBT; 121b, tr APL/MP; cl F W Frohawk; cr NHPA/ Mirko Stelzner; 122bc, c GI; tr APL/MP; 123c APL/CBT; cr GI; t APL/MP; 124cl GI; tr PL; 130br PL; cl APL/MP; 133c, tl GI; tr PL; 134bl, br, c APL/CBT; 139bl AUS/Daniel Cox/OSF; 142bc PL; cl APL/MP; 146tr APL/MP; 147cr APL/CBT; 148bl GI; 154bl GI; 160tr GI; 161bc, cl APL/CBT; 162bl PL; tr APL/MP; 163bl APL/MP; cr APL/CBT; tl GI; 164b APL/CBT; c PL; tr GI; 166c, cl, tr APL/CBT; 168bc, c APL/CBT; bl GI; 171cr APL/CBT; 172bl, c GI; tr PL; 174c APL/MP; cl PL; 175br PL; 176bc APL/CBT; cl APL/MP; 189br APL/CBT; tc Kirk Olson; tl APL/MP; 190b PL; c APL/CBT; cl GI; 196bl, tr APL/CBT; c PL; 197b GI; 198bl, br, cl APL/CBT; 200c, tr GI; 202c GI; cl APL/MP; 203c GI; tr APL/MP; 204bl, tr APL/MP; cl APL/CBT; 205br Spectrogram Program by Richard Horne (Original from Cornell Laboratory of Orinthology); cr GI; t APL/CBT; 206bl, c APL/CBT; tr GI; 208bl COR; 211br AUS; cr, tl PL; 213br GI; cl PL; tr APL/MP; 216b, cl GI; c PL; 217c, tr PL; tl GI; 218bl PL; cl GI; 222c PL; tl APL/CBT; tr BCC; 225bl APL/CBT; cl, tr PL; 232bc APL/MP; cl APL/CBT; tr GI; 239bc APL/ MP; c APL/CBT; cl GI; 243cl, cr PL; 244–245c GI; 246bc GI; tl APL/CBT; 247r GI; 248br, c, cl, tl, tr GI; 249br PL; cl APL/CBT; tl GI; 250c PL; cl APL/CBT; 252br GI; c APL/CBT; 256c APL/MP; cl PL; 260bc PL; bl, c APL/MP; 262bl, c APL/CBT; cl PL; 264c APL/MP; cl PL; 266tl, tr APL/CBT; 267c APL/MP; 268c, cl GI; 271br, c PL; 274bc GI; c, cr PL; 281cr, tr PL; 283c, cl PL; 287bc, br PL; cl GI; 294c PL; cr GI; 296bl PL; br APL/CBT; c GI; 301br, cl APL/CBT; 303bc APL/CBT; c GI; 306c, cl APL/CBT; 308bl ARL/Jean-Paul Ferrero; br APL/CBT; c APL/MP; 312br APL/MP; 313br GI; cl APL/ CBT; 314bl PL; c APL/CBT; 318bl, br, cr, tl APL/CBT; 319bl, br, tl, tr APL/CBT; 320c PL; cl APL/MP; 324br APL/MP; cl APL/CBT; tr GI; 325bl, c, tr APL/MP; br APL/ CBT; tl PL; 329tr PL; 336br GI; tl APL/MP; 342tr APL/MP; 343tl, tr APL/MP; 352tl VIREO/Peter La Tourette; 353br APL/MP; cl ARL/Alan Greensmith; 354–355c BCC; 356bl APL/MP; tl PL; 357c PL; 358bc PL; cl APL/MP; cr SP/Doug Perrine; 366bc, bl GI; br APL/CBT; tl PL; 367c, cl APL/MP; 370bc APL/CBT; cr APL/MP; 371cr PL; 372bc APL/CBT; cr GI; tl APL/MP; 378bl, br, c, tr PL; 386c GI; tr PL; 394bc APL/MP; bl APL/CBT; 395br, cr PL; t APL/MP; 400cl APL/MP; tl AUS/Jean-Paul Ferrero; 401br AUS/Joe McDonald; c GI; tl PL; tr APL/CBT; 407bc, cl GI; bl APL/MP; cr AUS/Paul de Oliveira/OSF; tl AUS/Glen Threlfo; tr APL/CBT; 416–417c GI; 418bl GI; cl PL; r BCC; 420c, t APL/CBT; 426cr PL; tl APL/CBT; 427cr TPL; 428cl AUS/Satoshi Kuribayashi/ OSF; cr AUS/Kitchin & Hurst; 429c AUS/Michael Fogden/OSF; r AUS/ Stephen Dalton/OSF; tl GI; 430bl, r MG; 435b, c APL/CBT; cl AUS/Kathie Atkinson; tl AUS/ Jean-Paul Ferrero; 441cl AUS/Michael Fogden/OSF; cr APL/CBT; tl APL/MP; 448–449c GI; 450bc MG; cl GI; 451c GI; 452tl PL; 453c NPL/Reijo Juurinen/ Naturbild; 454cl PL; tr APL/CBT; 455br SP/Doug Perrine; c SP/Phillip Colla; 456c AFP; cl PL; 460bc, bl, tl PL; c SP/Ben Cropp Productions; 462bc APL/CBT; br PL; cl GI; 466bc AUS/Kevin Deacon; cl AUS/Alby Ziebell; 467cr SP/Richard Herrman; tl AUS/Kevin Deacon; tr APL/CBT; 468cl PL; cr SP/Mark V Erdmann; 469c AUS/Tom & Therisa Stack; cl PL; 471cl APL/CBT; cr SP/Masa Ushioda; 472c PL; cl NV/Heather Angel; 474c PL; 477tl PL; tr NPL/Tim Martin; 478br GI; c IQ3D/Masa Ushioda; 480bc, br PL; cl APL/CBT; 486bl PL; c SP/Mark Conlin; cl APL; 491cl AUS/Paulo De Oliveira/OSF; 492br Picture taken with the ROV Victor 6000 of Ifremer, at 2500 meter depth, copyright Ifremer/biozaire2-2001; cl Kevin Deacon; 493bl John E. Randall; cl PL; 494c Carlos Ivan Garces del Cid & Gerardo Garcia; 495c GI; 498bl, br PL; cl GI; 514–515c APL/MP; 516bc GI; l APL/MP; 517c APL/MP; 518tcl AUS/Jean-Paul Ferrero; tr APL/MP; 519c, tr APL/CBT; 520c APL/MP; tr GI; 523l GI; tc PL; 524c PL; tr GI; cl PL; 532c APL/CBT; tr GI; 533cl, cr, tr APL/CBT; tl PL; 534bc APL/MP; c APL/CBT; tr PL; 535c GI; c PL; tl APL/CBT; 536bc GI; cl, tr APL/CBT; 540bl AUS/ Jean-Paul Ferrero; c PL; 544c, cr APL/CBT; 545c PL; tr APL/CBT; 546c, cr APL/CBT; 552c PL; tl AUS/Andrew Henely; tr PL; 553bc APL/MP; tc GI; tl APL/CBT; 554c GI; cl PL; cl PL; tr APL/MP; 555cl APL/CBT; cr, tr PL; 556c AUS/Kathie Atkinson; 557cl PL; tr GI; 558c GI; tr APL/MP; 559c PL; cl GI; tr AUS/John Cancalosi; 562c Austral; tl PL; tr APL/CBT; 563cl PL; tr APL/CBT; 567cr PL; 570c PL; tr GI; 574c APL/MP; tr GI; 576tl PL; tr PL; 579c NHPA; tr AUS/Pascal Goetgheluck; 582tr APL/CBT; 583cr GI; cr, tr APL/MP; 585c GI; cl PL; tr AUS/Karen Gowlett-Holmes/OSF.

ILLUSTRATIONS

All illustrations © MagicGroup s.r.o. (Czech Republic) - www.magicgroup.cz:
Pavel Dvorský, Eva Göndörová, Petr Hloušek, Pavla Hochmanová, Jan Hošek, Jaromír a Libuše Knotkovi, Milada Kudrnová, Petr Liška, Jan Maget, Vlasta Matoušová, Jiří Moravec, Pavel Procházka, Petr Rob, Přemysl Vranovský, Lenka Vybíralová;
except for the following:
Susanna Addario 576bl; Alistair Barnard 28br, 67br; Alistair Barnard/Frank Knight/John Bull 426bl; Andre Boos 150cl, 151br; Anne Bowman 20br, 205bl, 367bc, 539br, 558tl; Peter Bull Art Studio 62tl; Martin Camm 106tr, 159bl br, 211c, 455tr, 458bl, 460br; Andrew Davies/Creative Communication 15tl, 16br, 24c, 55tr, 188tl; Kevin Deacon 455tl, 562b; Simone End 19cr, 21bl c; Christer Eriksson 80cl, 215br, 365br, 368bl, 373br, 376cl; Alan Ewart 541cr; John Francis/Bernard Thornton Artists UK 380bl, 395c cl, 338bl; Giuliano Fornari 540cr, 454b, 457br, 567tr, 573cr; Jon Gittoes 33r, 110bl, 118b; Mike Golding 530cl; Ray Grinaway 21tr, 552r; Gino Hasler 209br, 249c cr tr, 456bl br, 459br, 460tr; Robert Hynes 371c, 557br; Ian Jackson 556tr; Frits Jan Maas 273br; David Kirshner 18bl, c, 19bl br, 20bl cl, 35cr, 55cr, 68bc, 102cl, 109br, 132bl, 204c, 246c, 257br, 295br, 300bl, 303cl, 327cr, 330bl, 334bl, 335br cr, 344cl, 345tr, 346cl, 347tr, 349cr, 351br, 356c, 358bl, 360bl, 363br, 369br, 370bl br, 371bl, 373cr, 375cr tr, 377br, 383cr, 384tl, 393br, 394c, 395tl, 399cr, 401cr, 409br, 413cr, 415cr, 426tr, 427cl, 436bl, 437br, 441tr, 450tl, 452tr, 467b, 474cr, 489br, 511br, 553; David Kirshner/John Bull 443bl; Frank Knight 125cr, 131br, 153br, 162br, 163br, 359br, 398cl; Alex Lavroff 211tr, 526tcr; John Mac/FOLIO 97br, 194bl cl tl, 248bl, 250br, 287bl; Robert Mancini 21cl, 337tr, 258bl, 540cr, c, 541tr; Map Illustrations 40cl; Map Illustrations & Andrew Davies/Creative Communication 50cl, 356bl, 366c; James McKinnon 222b, 235br, 370c; Karel Mauer 290bl, 344tl; Erik van Ommen 302bl, 307br, 340bl; Tony Pyrzakowski 274bl, 551cr; John Richards 576cr; Edwina Riddell 576c, 231br, 242bl, 359br, 364bl, 372cr tr, 374cl, 382bl, 393tr, 396bl cl; Barbara Rodanska 20cr, 79bl cl tl, 298bl, 300bl; Trevor Ruth 188b, 412bl; Peter Schouten 385br; Kevin Stead 66bl, 120cl, 204cl, 533c, 562cl, 578bl; Roger Swainston 461br cr, 462bl; Guy Troughton 15br, 30bl, 79bc c cr, 92b, 114b cr, 128bl, 133b, 152t, 160b, 161t, 175t, 182t, 266bl, 281c, 292bl, 336c, 342c, 352c, 386l, 400br, 452b, 468c, 477b; Trevor Weekes 315br; Rod Westblade 458bl; WA/Priscilla Barret 32br, 275br WA/B. Croucher 312l; WA/Sandra Doyle 21tl, 296bc, 297cr, 536c, 538bcl bl, 541br; WA/Phil Hood 27br; WA/Ken Oliver 380tl, 420bl, 428bl; WA/Mick Posen 22br, 23tr, 275br; WA/Peter Scott 19cl; WA/Chris Shields 539tr, cr; WA/Chris Turnbull 20c, 465cr, 561bl; WA 207br, 212bl, 464cl, 465br, 476bl, 481cl, 501br, 502bl, 513br.

MAPS/GRAPHICS

All maps by Andrew Davies/Creative Communication, except for those appearing on 450–499 by Brian Johnston.

INDEX

Tonia Johansen/Johansen Indexing Services.

The publishers wish to thank Brendan Cotter, Helen Flint, Frankfurt Zoological Society, Paul McNally, Kathryn Morgan, and Tanzania National Parks for their assistance in the preparation of this volume.